Fritze/Mutschler/Stockel-Veltmann

Kommunales Finanzmanagement NRW

Kommunales Finanzmanagement NRW

von

Christian Fritze
Klaus Mutschler
Christoph Stockel-Veltmann

Bibliografische Information der Deutschen Nationalbibliothek
Die Deutsche Nationalbibliothek verzeichnet diese Publikation in der Deutschen Nationalbibliografie; detaillierte bibliografische Daten sind im Internet über http://dnb.dnb.de abrufbar.

9., vollständig überarbeitete Auflage

Satz: MetaLexis · Niedernhausen
Druck: Druckerei C.H.Beck · Nördlingen

ISBN 978-3-8293-1813-6

Inhaltsverzeichnis

Vorwort

Die kommunale Finanzwirtschaft hat sich Jahrzehnte lang eines kameralen Finanzmanagementsystems bedient, das Ende der 60er Jahre konzipiert und in einem Übergangszeitraum bis einschließlich 2008 noch Anwendung gefunden hat. Dieses System genügte den Anforderungen moderner Gemeinden und Gemeindeverbände, die sich selbst als Dienstleister sehen, nicht mehr. Aufgrund der gesetzlichen Vorgaben haben ab dem Haushaltsjahr 2009 sämtliche Kommunen in Nordrhein-Westfalen auf ein Finanzmanagement umgestellt, das auf der Basis eines kaufmännischen Rechnungswesens die Anforderungen einer effektiven Finanzsteuerung erfüllt. Es wird regelmäßig mit der Bezeichnung **„Neues Kommunales Finanzmanagement (NKF)“** belegt.

Dieses Fachbuch beschäftigt sich ausführlich mit den rechtlichen und wirtschaftlichen Inhalten des NKF anhand der Gemeindeordnung, der Kommunalhaushaltsverordnung und den weiteren ergänzenden Rechtsnormen und Verwaltungsvorschriften. Zudem sind vor allem auch die Ergebnisse der Anwendungen in der kommunalen Praxis berücksichtigt.

In der jetzt vorgelegten vollständig überarbeiteten und erweiterten 9. Auflage werden die Darstellungen auf den Stand Januar 2023 gebracht, sodass u. a. auch die haushaltsrechtlichen Vorgaben zum Umgang mit Mehrbelastungen infolge der COVID-19-Pandemie und des Krieges in der Ukraine Berücksichtigung finden.

Insofern liegt auch mit der 9. Auflage ein Werk vor, dass das kommunale Haushaltsrecht in NRW und das gesamte kommunale Finanzmanagement abdeckt. Dabei beschränken sich die Darstellungen nicht auf die Buchungssystematik, sondern dokumentieren ausgehend von den Bilanzierungen die komplette Haushaltsplanung, Haushaltsausführung und Rechnungslegung. Der besondere Praxisbezug wird durch eine Vielzahl von Schaubildern und Beispielen sowie zu jedem Kapitel enthaltenen praktischen Beispielen und Übungen mit Musterlösungen erreicht. Insofern richtet sich das Buch an die Praktiker in den Kommunalverwaltungen, die das „Neue Kommunale Finanzmanagement“ konkret umsetzen müssen, und sei es auch nur in Teilbereichen. Durch die kritischen Würdigungen der haushaltsrechtlichen Regelungen, insbesondere in Bezug auf ihre praktische Anwendung, wird eine Weiterentwicklung der Materie unterstützt, was konkrete Verbesserungsvorschläge belegen. Nicht nur aus diesem Grunde kann das Buch auch für das Fachpersonal als Unterstützung seiner täglichen Arbeit in Form eines kommentarähnlichen Nachschlagewerkes dienen.

Nicht zuletzt ist das Fachbuch für Studierende an den Fachhochschulen, Studieninstituten und sonstigen Ausbildungseinrichtungen geeignet.

Die Verfasser bedanken sich bei den bisherigen Mitautoren Herrn Horst Bernhardt und Frau Prof. Dr. Bettina Golombiewski für die gute und anregende Zusammenarbeit.

Abschließend noch folgender Hinweis: Der Verordnungsgeber hat lediglich einen verbindlichen Kontenrahmen mit entsprechender Nummerierung der Kontengruppen vorgesehen (siehe Anlage 17 VV Muster zur GO und KomHVO). Die Vergabe der Nummern für die einzelnen Konten obliegt den Kommunen. Dabei sind die statistischen Vorgaben zu berücksichtigen. In diesem Buch wird der Kontenplan für das Studium an der Hochschule für Polizei und öffentliche Verwaltung NRW zugrunde gelegt, welcher u. a. in *Fritze*, Gesetzessammlung Kommunales Finanzmanagement in NRW (2022) abgedruckt ist. Teilweise werden zur Veranschaulichung von Sachverhalten auch Kontierungen vorgenommen, die die im vorgenannten Kontenplan enthaltenen Konten weiter untergliedern bzw. ergänzen.

Bei den Funktionsbezeichnungen wird im Buchtext die männliche Form (z. B. „Bürgermeister“) verwendet. Dieses stellt keine Diskriminierung der weiblichen Funktionsträger dar, sondern soll lediglich der einfacheren Lesbarkeit dienen.

Gütersloh, Dortmund und Rheine, im Januar 2023
Die Verfasser

Zu den Verfassern

Prof. Dr. Christian Fritze, Jahrgang 1985, schloss 2011 sein Masterstudium der Wirtschaftswissenschaften an der Universität Bielefeld ab. Anschließend war er als IT-Berater für öffentliche Verwaltungen und Nonprofit-Einrichtungen tätig, bevor er an die Universität Bielefeld zurückkehrte, um einer Tätigkeit als Wissenschaftlicher Mitarbeiter am Lehrstuhl für Unternehmensrechnung und Rechnungslegung nachzugehen. Während dieser Zeit promovierte er zum Dr. rer. pol. an der Fakultät für Wirtschaftswissenschaften. 2017 wechselte er an Hochschule für Polizei und öffentliche Verwaltung NRW (zum damaligen Zeitpunkt „Fachhochschule für öffentliche Verwaltung NRW“) und ist dort seit 2020 Inhaber der Professur für Öffentliche Finanzwirtschaft.

Klaus Mutschler, Jahrgang 1958, schloss 1981 sein Studium an der FHöV NRW ab. Er absolvierte den kommunalwissenschaftlichen Studiengang an der Verwaltungs- und Wirtschaftsakademie und schloss diesen 1989 mit Erwerb des Kommunaldiploms ab. Nach Wahrnehmung von Aufgaben als Standesbeamter und im Bereich des Stadtmarketing bei der Stadt Dortmund war er seit 1992 bis 2005 dort im Rechnungswesen tätig. Stationen waren hierbei die Hauptsachbearbeitung im Bereich Grundbesitzabgaben, die Geschäftsführung des Ausschusses für Finanzen und Liegenschaften sowie der Aufbau eines Immobilienmanagements und einer Anlagenbuchhaltung. Seit Beginn des überörtlichen Modellprojektes im Jahre 1999 war er Mitglied des Projektteams der Stadt Dortmund. Neben unterschiedlichen Fortbildungsmaßnahmen zum kaufmännischen Rechnungswesen schloss er in 2003 einen Zertifikats-Lehrgang zum Bilanzbuchhalter mit Erfolg ab. Letzte Aufgabenschwerpunkte waren die inhaltliche Betreuung von Fachbereichen beim Umstellungsprozess auf das doppische Rechnungswesen sowie die Durchführung von diesbezüglichen Aus- und Fortbildungsmaßnahmen. Im September 2005 wechselte er als hauptamtlicher Dozent zur Fachhochschule für öffentliche Verwaltung NRW (heute: Hochschule für Polizei und öffentliche Verwaltung NRW), zunächst Abteilung Köln, heute Abteilung Gelsenkirchen (Außenstelle Dortmund). Er vertritt dort die Fächer „Kommunales Finanzmanagement“ und „Rechnungswesen“.

Christoph Stockel-Veltmann, Jahrgang 1965, trat 1985 in den Dienst der Stadt Rheine ein. Nach Abschluss des dualen Studiums an der Fachhochschule für öffentliche Verwaltung NRW und einem kurzen Einsatz als Personalsachbearbeiter schloss sich von 1989 bis 1993 ein Studium der Volkswirtschaftslehre an der Westfälischen Wilhelms-Universität in Münster an. Nach Tätigkeiten als Wissenschaftlicher Mitarbeiter an der Universität Münster und als Abteilungsleiter in der Kämmerei der Stadt Telgte war er von 1999 bis 2004 Leiter des „Modellprojekts zur Einführung des doppischen Kommunalhaushalts“ im Finanzdezernat der Stadt Münster. In dieser Funktion war er maßgeblich an der Konzeption des „Neuen Kommunalen Finanzmanagement“ (NKF) beteiligt und verantwortlich für die Umsetzung des Konzepts in fünf Pilotämtern der Stadt Münster. Seit Juli 2004 ist er hauptamtlicher Dozent an der Hochschule für Polizei und öffentliche Verwaltung NRW an der Abteilung Münster.

Abkürzungsverzeichnis

a. a. O.	am angegebenen Ort
AbF	Abzinsungsfaktor
Abs.	Absatz
a. F.	alte Fassung
AG	Aktiengesellschaft
Anm.	Anmerkung
AO	Abgabenordnung
Art.	Artikel
BauGB	Baugesetzbuch
BBesG	Bundesbesoldungsgesetz
BekanntmVO	Bekanntmachungsverordnung
BFH	Bundesfinanzhof
BGA	Betriebs- und Geschäftsausstattung
BGB	Bürgerliches Gesetzbuch
BGBl.	Bundesgesetzblatt
BHO	Bundeshaushaltsordnung
BStBl.	Bundessteuerblatt
Buchst.	Buchstabe
BVerwG	Bundesverwaltungsgericht
DGO	Deutsche Gemeindeordnung
DIN	Deutsche Industrienorm bzw. „Das ist Norm“
d. J.	des Jahres
DV	Datenverarbeitung
DVO	Durchführungsverordnung
EFoG	Entlastungsfondsgesetz
EigVO	Eigenbetriebsverordnung
Entsch.	Entscheidung
Erl.	Erläuterung
EStG	Einkommensteuergesetz
EStR	Einkommensteuerrichtlinien
FAG	Finanzausgleichsgesetz
ff.	folgende
GmbH	Gesellschaft mit beschränkter Haftung
GemFinRefG	Gemeindefinanzreformgesetz
GemHVO	Gemeindehaushaltsverordnung
GewStG	Gewerbesteuergesetz
GFG	Gemeindefinanzierungsgesetz
GO	Gemeindeordnung
GG	Grundgesetz
GrStG	Grundsteuergesetz
GV	Gemeindeverband/Gemeindeverbände
GV NRW	Gesetz- und Verordnungsblatt Nordrhein-Westfalen
GWG	geringwertiges Wirtschaftsgut
HGB	Handelsgesetzbuch
HGrG	Haushaltsgrundsätzegesetz
i. d. F.	in der Fassung

i. d. R.	in der Regel
i. H. v.	in Höhe von
IM	Innenminister/Innenministerium
IMK	Konferenz der Innenminister und Innensenatoren
i. S. v.	im Sinne von
i. V. m.	in Verbindung mit
KAG	Kommunalabgabengesetz
Kap.	Kapitel
KGSt	Kommunale Gemeinschaftsstelle für Verwaltungsvereinfachung
KrO	Kreisordnung
KWahlG	Kommunalwahlgesetz
LHO	Landeshaushaltsordnung
LV	Landesverfassung
MeldeG	Meldegesetz
MinBl.	Ministerialblatt
NKF	Neues Kommunales Finanzmanagement
NKFG	Gesetz über ein Neues Kommunales Finanzmanagement für Gemeinden im Land Nordrhein-Westfalen
NKFWG	Erstes Gesetz zur Weiterentwicklung des Neuen Kommunales Finanzmanagement für Gemeinden und Gemeindeverbände im Land Nordrhein-Westfalen
NRW	Nordrhein-Westfalen
NSM	Neues Steuerungsmodell
öffentl.	öffentlich
OVG	Oberverwaltungsgericht
RdErl.	Runderlass
RGBl.	Reichsgesetzblatt
RVO	Reichsversicherungsordnung
S.	Seite
SGV	Sammlung der Gesetz- und Verordnungsblätter
SMBl.	Sammlung der Ministerialblätter
Sp.	Spalte
StAnpG	Steueranpassungsgesetz
StOV-Gem.	Stellenobergrenzenverordnung
StWG	Gesetz zur Förderung der Stabilität und des Wachstums der Wirtschaft
UARG	Unterausschusses zur Reform des Gemeindehaushaltsrechts
Urt.	Urteil
USt.	Umsatzsteuer
VG	Verwaltungsgericht
VO	Verordnung
Vorl. VV	vorläufige Verwaltungsvorschriften
VV	Verwaltungsvorschriften
VV-HS	Verwaltungsvorschriften zur Haushaltssystematik des Landes Nordrhein-Westfalen
VwGO	Verwaltungsgerichtsordnung
Ziff.	Ziffer

Literaturverzeichnis

Adler/Düring/ Schmaltz, Rechnungslegung und Prüfung der Unternehmen, 6. Aufl., Stuttgart 1998

Baetge/Kirsch/Thiele, Bilanzen, 14. Aufl., Düsseldorf 2017

Baetge/Kirsch/Thiele, Konzernbilanzen, 8. Aufl., Düsseldorf 2011

Bals/Fischer, Finanzmanagement im öffentlichen Sektor, 3. Aufl., Heidelberg u. a. 2014

Baßeler/Heinrich/Koch, Grundlagen und Probleme der Volkswirtschaft, 18. Aufl., Köln 2006

Bauer/Maier, Die Leistungsfähigkeit von Budgetierungskonzepten in Kommunen, der gemeindehaushalt 2006, S. 53

Beck/Schuster, Haushaltsreformen auf Landes- und Kommunalebene – ein Vergleich, der gemeindehaushalt 2012, S. 249

Benne, Der kommunale konsolidierte Gesamtabschluss, Zeitschrift für Kommunalfinanzen 2013, S. 1

Benne, Der kommunale Liquiditätsverbund, Zeitschrift für Kommunalfinanzen 2012, S. 52

Benne, Die kommunale Bürgschaft, Zeitschrift für Kommunalfinanzen 2012, S. 97

Bernhardt, Halten die Regelungen des NKF in Nordrhein-Westfalen den Anforderungen eines modernen kommunalen Finanzmanagements Stand?, der gemeindehaushalt 2005, S. 97 ff.

Bernhardt, Die Eröffnungsbilanz – Ihre Stellung im Reformprozess des kommunalen Haushalts- und Rechnungswesens, die Bedeutung ihrer Prüfung und Bestätigung, Zeitschrift für Kommunalfinanzen 2005, S. 26

Bernhardt/Erkes/Klümper/Schünemann/Schwingeler/Theisen, Reform des kommunalen Haushaltsrechts Nordrhein-Westfalen, Gelsenkirchen 1991

Bernhardt/Schünemann/Schwingeler, Kommunales Haushaltsrecht NRW, 15. Aufl., Witten 2002

Bernhardt/Schünemann/Schwingeler/Theisen, Effektivität und Akzeptanz der neuen Steuerungsmodelle in der kommunalen Haushaltswirtschaft, Gelsenkirchen 2001

Bickeböller/Pehlke, Haushaltsausgleich in der Doppik, der gemeindehaushalt 2003, S. 97

Bieg/Kußmaul/Waschbusch, Finanzierung, 3. Aufl., München 2016

Biskoping-Kriening, Öffentliche Rechnungsabschlüsse im NKF – Grundlagen für Kommunen, Eigenverlag, Düsseldorf 2015

Blankart, Öffentliche Finanzen in der Demokratie, 7. Aufl., München 2008

Brinkmeier, Die tragenden Grundsätze des neuen Haushaltsrechts – § 75 GO (NKF), die zentrale Norm im Rechtsvergleich, der gemeindehaushalt 2005, S. 175

Brixner/Harms/Noe, Verwaltungs-Kontenrahmen, München 2003

Bröer/Mankel/Odenthal/Wagner, Kosten- und Leistungsrechnung, Wirtschaftlichkeitsrechnung und Finanzierung für den Bachelorstudiengang, 5. Aufl., Witten 2019

Budde u. a., Beck'scher Bilanzkommentar, 12. Aufl., München 2020

Bühner/Schelgen, Der Betrieb 2001

Buschor, Internationale Entwicklungen der Verwaltungsrechnungssysteme, in Budäus/Küpper/Streitferdt (Hrsg.), Neues Öffentliches Rechnungswesen, Wiesbaden 2000

Corsten/Gössinger, Lexikon der Betriebswirtschaftslehre, 5. Aufl., München 2008

Dickertmann/Gelbhaar, Finanzwissenschaft, Herne 2000

Driehaus, Kommunalabgabenrecht (Kommentar), Herne (Loseblatt)

Eich, Der Bürgerhaushalt: Partizipation in der kommunalen Haushaltspolitik am Beispiel der Städte Freiburg und Köln, der gemeindehaushalt 2011, S. 253

Einmahl/Eleftheriadou, Zivilrecht für die öffentliche Verwaltung, 6. Aufl., Witten 2019

Ellerich/Lickfelt, Die Abbildung von beamtenrechtlichen Versorgungsverpflichtungen im Jahresabschluss einer Gebietskörperschaft, der gemeindehaushalt 2005, S. 121

Erkes, Allgemeine Rücklage und Ausgleichsrücklage im Haushaltsausgleich des NKF-Problemanalyse und Lösungsvorschläge-, der gemeindehaushalt 2005, S. 265

Falterbaum/Bolk/Reiß, Buchführung und Bilanz, 19. Aufl., Achim 2003

Fiand, Steuerlicher Querverbund und das BFH-Urteil vom 4. März 2009, Kommunale Steuer-Zeitschrift 2010, S. 109

Fischer, Neues Haushalts- und Rechnungswesen in der Diskussion, Zeitschrift für Kommunalfinanzen 2008, S. 1

Ficher/Lasar, Der konsolidierte Gesamtabschluss als Informations- und Steuerungsinstrument, Zeitschrift für Kommunalfinanzen 2010, S. 145

Fritze, Die Vermögensbewertung nach dem Wirklichkeitsprinzip im Entwurf des 2. NKF-Weiterentwicklungsgesetzes – eine Begriffsbestimmung, der gemeindehaushalt 2019, S. 14–16.

Fritze, Entwicklung rechnungswesenbasierter Systeme zur Stabilisierung der Kommunalfinanzen, Wiesbaden 2019

Frischmuth, Gesamtreform des öffentlichen Haushaltsrecht ist geboten, Zeitschrift für Kommunalfinanzen 2008, S. 49

Frischmuth, Neues Kommunales Finanzmanagement (NKF): Neue Einsichten zur schwierigen Finanzsituation der Großstädte in Nordrhein-Westfalen, Zeitschrift für Kommunalfinanzen 2010, S. 29

Gemeindeprüfungsanstalt NRW (Hrsg.), Kommunalhaushaltsrecht NRW, Kommentar (Loseblatt), Wiesbaden

Gräfer/Schiller/Rösner, Finanzierung, 6. Aufl., Berlin 2008

Große Lanwer/Mutschler, Neues Kommunales Finanzmanagement – Was ändert sich beim Haushaltsausgleich?, der gemeindehaushalt 2002, S. 7

Große Lanwer/Stockel-Veltmann, Das nordrhein-westfälische Modellprojekt „Doppik“, der gemeindehaushalt 2000, S. 243

Günsch, Kommunale Finanzierung – Überblick, in: Haufe Finanz Office für die öffentliche Verwaltung, HaufeIndex 1810191

Häfner, Doppelte Buchführung für Kommunen nach dem NKF, 3. Aufl., Freiburg 2005

Hansmann, Haushaltskonsolidierung als mission impossible, der gemeindehaushalt 2012, S. 78

Hartmann, Anlagenabgänge nach dem 1. NKFWG, CuraCommunal 01/2014, S. 2

Hartisch, Rechtliche Rahmenbedingungen für Kassenkredite, der gemeindehaushalt 2008, S. 85

Heidler, Öffentliches Rechnungs- und Prüfungswesen – Band 1, Berlin 2018

Heinemann/Feld/Geys/Gröpl/Hauptmeier/Kalb, Der kommunale Kassenkredit zwischen Liquiditätssicherung und Missbrauchsgefahr, Schriftenreihe des ZEW, Baden-Baden 2009

Henneke, Schuldenbegrenzung und Konsolidierungshilfen 2011–2019, der gemeindehaushalt 2010, S. 265

Hellenbrand/Frischmuth, Reform des kommunalen Haushalts- und Rechnungswesens – Evaluierung der doppischen Steuerung in großen Städten, Zeitschrift für Kommunalfinanzen 2011, S. 66

Hofmann/Theisen/Bätge, Kommunalrecht in Nordrhein-Westfalen, 18. Aufl., Witten 2019

Hufnagel/Jürgens/Sudmann, Die Abgrenzung von Instandhaltungsaufwendungen und aktivierungspflichtigen Herstellungskosten im neuen Haushalts- und Rechnungswesen, der gemeindehaushalt 2007, S. 109

IM-Konferenz, Eckpunkte für die Reform des kameralistischen Haushalts- und Rechnungssystems der Kommunen, der gemeindehaushalt 2001, S. 112

IM-Konferenz, Eckpunkte für ein kommunales Haushaltsrecht zu einem doppischen Haushalts- und Rechnungssystem, der gemeindehaushalt 2001, S. 55

IM NRW (Hrsg.), Neues Kommunales Finanzmanagement: Abschlussbericht des Modellprojekts „Doppischer Kommunalhaushalt in Nordrhein-Westfalen“ 1999 – 2003, Freiburg 2003

IM NRW (Hrsg.), Neues Kommunales Finanzmanagement in Nordrhein-Westfalen, Handreichung für Kommunen, 7. Aufl., Düsseldorf 2016

IM NRW (Hrsg.), Praxisleitfaden zur Aufstellung eines NKF-Gesamtabschlusses, 4. Aufl., Düsseldorf 2009

Jethon, Die haushaltswirtschaftliche Periodenzurechnung von Transferleistungen (nach § 11 Abs. 2 Satz 1 GemHVO), der gemeindehaushalt 2011, S. 131

Jossè, Buchführung aber locker, 9. Aufl., Hamburg 2006

Jugfer, Die Stadt in der Krise – Ein Manifest für starke Kommunen, Bonn 2005

Jung, Allgemeine Betriebswirtschaftslehre, 12. Aufl., München 2010

Junkernheinrich/Lenk/Boettcher/Hesse/Holler/Micosatt, Haushaltsausgleich und Schuldenabbau, Kaiserslautern, Leipzig, Bottrop 2011

Katz, „Kommunale Schuldenbremse“ – Realität, Zielsetzung oder Illusion, der gemeindehaushalt 2012, S. 265

Kiaman/Wielenberg, Welche Informationen liefert gegenwärtig die Abbildung des abnutzbaren Anlagevermögens im kommunalen Jahresabschluss?, der gemeindehaushalt 2010, S. 49

Klieve, Die Rechtsstellung des Kämmerers nach der Einführung des NKF in Nordrhein-Westfalen, der gemeindehaushalt 2005, S. 49

Klieve, Haushaltssicherungskonzept und kein Ende?, der gemeindehaushalt 2011, S. 245

Klieve, Das nordrhein-westfälische Stärkungspaktgesetz, der gemeindehaushalt 2012, S. 52

Klümper/Möllers/Zimmermann, Kommunale Kosten- und Wirtschaftlichkeitsrechnung, 20. Aufl., Witten 2019

Klümper/Zimmermann, Die produktorientierte Kosten- und Leistungsrechnung, München/Berlin 2002

Knirsch, Zur Genehmigungsfähigkeit von Haushaltssanierungsplänen nach dem nordrhein-westfälischen Stärkungspaktgesetz, der gemeindehaushalt 2012, S. 97

Körner, Erleichterungen für die Erstinventur: Hohe Wertaufgriffgrenzen für bewegliches Sachvermögen, der gemeindehaushalt 2005, S. 193

Körner/Portis, Direkte versus indirekte Finanzrechnung – Vor- und Nachteile in der Praxis, der gemeindehaushalt 2006, S. 9

Löchert/Riedel, Arbeiten mit dem produktorientierten Haushalt im NKF, Innovative Verwaltung 12/2004, S. 25 f.

Lüder, Internationale Standards für das öffentliche Rechnungswesen – Entwicklungsstand u. Anwendungsperspektiven, in: Eibelshäuser, Finanzpolitik und Finanzkontrolle – Partner für Veränderung, Baden-Baden 2002

Lüder, Vom Ende der Kameralistik, hrsg. v. der Deutschen Hochschule für Verwaltungswissenschaften Speyer, Speyerer Vorträge, Speyer 2003

Marettek, Steuerungsorientierte Gestaltung von doppischen Haushalten – das richtige Maß finden, der gemeindehaushalt 2010, S. 97

Modellprojekt „Doppischer Kommunalhaushalt in NRW“ (Hrsg.), Neues Kommunales Finanzmanagement: Betriebswirtschaftliche Grundlagen für das doppische Haushaltsrecht, 2. vollst. überarb. Aufl. auf der Basis der Endergebnisse des Modellprojektes, Freiburg 2003

Meier, Die Bilanzierungsfähigkeit der Mitgliedschaft im Zweckverband VRR unter Beachtung des Neuen Kommunalen Finanzmanagements, der gemeindehaushalt 2010, S. 160

Mühlenkamp/Magin, Zum Eigenkapitel von Gebietskörperschaften – populäre Irrtümer und Missverständnisse, der gemeindehaushalt 2010, S. 8

Mülhaupt, Probleme der staatlichen und kommunalen Rechnungslegung und ihre Lösung, Die Betriebswirtschaft 1990, S. 731 ff.

Mutschler, Finanz- und Abgabenrecht NRW, 14. Aufl., Witten 2018

Mutschler/Schlösser, Praktische Fälle aus dem Externen Rechnungswesen und Kommunalen Finanzmanagement, 5. Aufl., Witten 2019

Mutschler/Stockel-Veltmann, Externes Rechnungswesen, 5. Aufl., Witten 2019

Mutschler/Stockel-Veltmann, Kommunales Finanzmanagement, Studienbuch für den Bachelorstudiengang, 6. Aufl., Witten 2019

Odenthal, Das interne Kontrollsystem als Teil des Risikomanagements, der gemeindehaushalt 2012, S. 127

Odenthal/Beckermann, Einführung in die öffentliche Betriebswirtschaftslehre, 10. Aufl., Witten 2019

Oebecke, Konnexitätsprinzip, Die Kosten- und Mehrbelastungsermittlung, der gemeindehaushalt 2011, S. 61

Perridon/Steiner/Rathgeber, Finanzwirtschaft der Unternehmung, 17. Aufl., München 2017

Nieland/Semelka/Meier, Zur Zulässigkeit von „sale-and-lease-back"-Verträgen im kommunalen Bereich, der gemeindehaushalt 2005, S. 227

Nieland/Meier/Semelka/Dörschell, Sparkassen als ansatzpflichtige Vermögensgegenstände in der kommunalen Eröffnungsbilanz?, der gemeindehaushalt 2006, S. 6

Owczarzak, Kennzahlen für die kommunale Jahresabschlussanalyse, der gemeindehaushalt 2007, S. 8

Ramke/Angermüller, Bewertung von Beteiligungen in Kommunen, der gemeindehaushalt 2008, S. 32

Rohde/Lustig/Wöhler, Allgemeines Verwaltungsrecht mit Verwaltungsvollstreckung und verwaltungsgerichtlichem Rechtsschutz, 15. Aufl., Witten 2018

Schaller, VOB- und VOL-Verträge: Ausschreibungs- und Vergabearten im nationalen Bereich, Zeitschrift für Kommunalfinanzen 2005, S. 8

Schaller, Wichtige Änderungen im Vergaberecht, der gemeindehaushalt 2007, S. 40

Scheel/Steup/Schneider/Lienen, Gemeindehaushaltsrecht Nordrhein-Westfalen, Kommentar, 5. Aufl., Köln 1997

Scherf, Öffentliche Finanzen, 2. Aufl., Konstanz 2011

Schmolke/Deitermann, Industrielles Rechnungswesen, 48. Aufl., Braunschweig 2019

Schrader, Die Kapitalflussrechnung als Abbildung der Finanzlage, Frankfurt 1999

Schwarting, Der kommunale Haushalt, 3. Aufl., Berlin 2006

Schwarting, Ziele und Kennzahlen – zwischen Steuerung und Aufwand –, der gemeindehaushalt 2010, S. 277

Schwarz, Der kommunale Anspruch auf eine angemessene Finanzausstattung, Zeitschrift für Kommunalfinanzen 2011, S. 220

Schuster, Neues Kommunales Finanzmanagement (NKF) – eine Zwischenbilanz, der gemeindehaushalt 2003, S. 148

Seidel, Die Balanced Scorecard als Instrument kommunaler strategischer Steuerung, Diplomarbeit an der Fakultät für Raumplanung der Universität Dortmund 2002

Sprenger-Menzel, Volkswirtschaftslehre und Wirtschaftspolitik, 7. Aufl., Witten 2018

Sprenger-Menzel/Brockhaus, Grundlagen des Controllings, 5. Aufl., Witten 2018

Statistisches Bundesamt, Eckpunkte der Finanzstatistik für die Reform des kommunalen Haushaltsrechts, Wiesbaden 2000

Stein/Franke, Die Bewertung von Kunstgegenständen und Kulturgütern in kommunalen Bilanzen, der gemeindehaushalt 2005, S. 270

Stockel-Veltmann, Die kommunale Haushaltswirtschaft in Nordrhein-Westfalen im Überblick, Kommunal-Kassen-Zeitschrift 1994, S. 45

Stockel-Veltmann, Das Gemeindehaushaltsrecht – Funktionsbedingte Anforderungen und Reformansätze, der gemeindehaushalt 1994, S. 33

Stockel-Veltmann, Abwendung einer (drohenden) bilanziellen Überschuldung, der gemeindehaushalt 2010, S. 34

Stockel-Veltmann, Drohende Überschuldung kommunaler Haushalte, der gemeindehaushalt 2010, S. 1

Stoffers/Vaitis/Krampe, Kleines Comeback – Hannover und Essen begeben Kommunalanleihen, Der Neue Kämmerer 2010, S. 8

Storms, Wirkungsorientierter Haushalt – ein praxisorientierter Weg zu mehr Steuerungsqualität, der gemeindehaushalt 2010, S. 156

Stuhlert, Der kommunale Lagebericht und Empfehlungen zur Ausgestaltung, der gemeinehaushalt 2010, S. 128

Thielmann, Finanzierung: mit Übungsaufgaben und Lösungen, 2. Aufl., Köln 1992

Thormann, Die Gestaltung der kommunalen Eröffnungsbilanz im Hinblick auf den doppischen Haushaltsausgleich und eventuelle spätere Vermögensveräußerungen, der gemeindehaushalt 2008, S. 10

Walz, Das Ziel der Auslegung und die Rangfolge der Auslegungskriterien, ZJS 2010, S. 487

Weber/Weißenberger, Einführung in das Rechnungswesen, 7. Aufl., Stuttgart 2006

Weißnicht, Besonderheiten der Jahresabschlussanalyse in der Kommunalverwaltung, der gemeindehaushalt 2012, S. 25

Wolfrum, Nachhaltigkeit als Richtschnur für die kommunale Finanzpolitik der gemeindehaushalt 2010, S. 148

Wolfrum, Welche wesentlichen Veränderungen ergeben sich durch die kommunale Finanzstrukturreform und welche Vorteile und Chancen sind damit verbunden?, der gemeindehaushalt 2011, S. 73

Wolfrum, Gibt es Chancen für ein zukünftiges einheitliches Haushalts- und Rechnungssystem der drei Ebenen der Gebietskörperschaften in Deutschland, der gemeindehaushalt 2010, S. 217

Zimmermann/Jöhnk, Die Balanced Scorecard – ein Instrument zur Steuerung öffentlich-rechtlicher Kreditinstitute, in: Budäus/Küpper/Streitferdt (Hrsg.), Neues Öffentliches Rechnungswesen, Wiesbaden, 2000, S. 631 ff.

1. Einführung

1.1 Öffentliche Finanzwirtschaft

1.1.1 Begriff

Unter „öffentlicher Finanzwirtschaft“ wird die Behandlung aller Fragestellungen verstanden, die sich mit der Herkunft, der Verwaltung und der Verwendung öffentlicher Gelder beschäftigen und sich dabei im Wesentlichen auf das wirtschaftliche und buchhalterische Management dieser Gelder beziehen.[1]

Die öffentliche Finanzwirtschaft hat demnach zunächst die Aufgabe, die zur Erfüllung der öffentlichen Aufgaben erforderlichen Ressourcen bereitzustellen und diese entsprechend zu finanzieren (Bedarfsdeckungsprinzip). Der Begriff der „öffentlichen Aufgaben“ hat aber insbesondere in den letzten Jahrzehnten eine erhebliche Wandlung bzw. Ausweitung erfahren. Die Übertragung neuer und die Erweiterung bestehender Aufgaben erfordern zwangsläufig einen höheren Finanzbedarf. Da dieser Finanzbedarf dem Volkseinkommen entnommen werden muss, ergeben sich hierdurch enge Verflechtungen der öffentlichen Finanzwirtschaft mit der Privatwirtschaft. Dies wiederum führt dazu, dass der öffentlichen Finanzwirtschaft in verstärktem Maße Aufgaben der Steuerung und Beeinflussung der Gesamtwirtschaft zufallen. Art. 109 Abs. 2 GG bestimmt, dass Bund und Länder (und somit auch die Gemeinden als Bestandteile der Länder) bei ihrer Haushaltswirtschaft den Erfordernissen des gesamtwirtschaftlichen Gleichgewichts Rechnung zu tragen haben. Die öffentliche Finanzwirtschaft hat sich somit in das Gesamtsystem der Volkswirtschaft einzuordnen.[2]

1.1.2 Innere Abgrenzung der öffentlichen Finanzwirtschaft

- „Die öffentliche Finanzwirtschaft“ gliedert sich in die Bereiche
- Einnahmebeschaffung[3],
- Finanzmanagement (Haushaltswirtschaft),
- wirtschaftliche Betätigung und
- Prüfungswesen.

Die **Einnahmebeschaffung** umfasst die Bereiche

- Abgaben (Steuern, Gebühren, Beiträge),
- übrige öffentliche Einnahmen (z. B. Buß- und Zwangsgelder, Zuwendungen, Umlagen) und
- privatrechtliche Einnahmen (z. B. Mieten, Zinsen, Verkaufserlöse).

Das **Finanzmanagement** (die Haushaltswirtschaft) umfasst die Bereiche

- Planung des Haushaltsjahres,
- mittelfristige Planung,

---

1 Vgl. *Dickertmann/Gelbhaar*, Finanzwissenschaft, Herne/Berlin 2000, S. 13.

2 *Mutschler*, Kommunales Finanz- und Abgabenrecht NRW, 14. Aufl., Witten 2018, S. 4

3 Vereinfacht wird in der Einführungsphase dieses Buches der Begriff „Einnahmen“ verwendet. Die im kommunalen Finanzmanagement notwendige Konkretisierung nach Erträgen und Einzahlungen bleibt den weiteren Kapiteln vorbehalten. Zur Begriffsdefinition siehe Kap. 3.

- Steuerung der Haushaltswirtschaft,
- Ausführung des Haushalts mit Buchführung und Zahlbarmachung,
- Jahresabschluss.

Die **wirtschaftliche Betätigung** der öffentlichen Hand umfasst die Bereiche

- öffentlich-rechtliche Betriebsführung (Eigenbetriebe, eigenbetriebsähnliche Einrichtungen und rechtlich selbständige Anstalten des öffentlichen Rechts) und
- privatrechtliche Betriebsführung (AG, GmbH usw.).
- privatrechtliche Betriebsführung (AG, GmbH usw.).

Dem **Prüfungswesen** obliegt es, die öffentliche Verwaltung bei ihrer Aufgabenerfüllung in rechtlicher und zweckmäßiger Hinsicht zu überwachen. Es greift also in alle Bereiche der öffentlichen Finanzwirtschaft ein. Eine Kurzübersicht ergibt bezüglich der Bereiche der öffentlichen Finanzwirtschaft folgendes Bild:

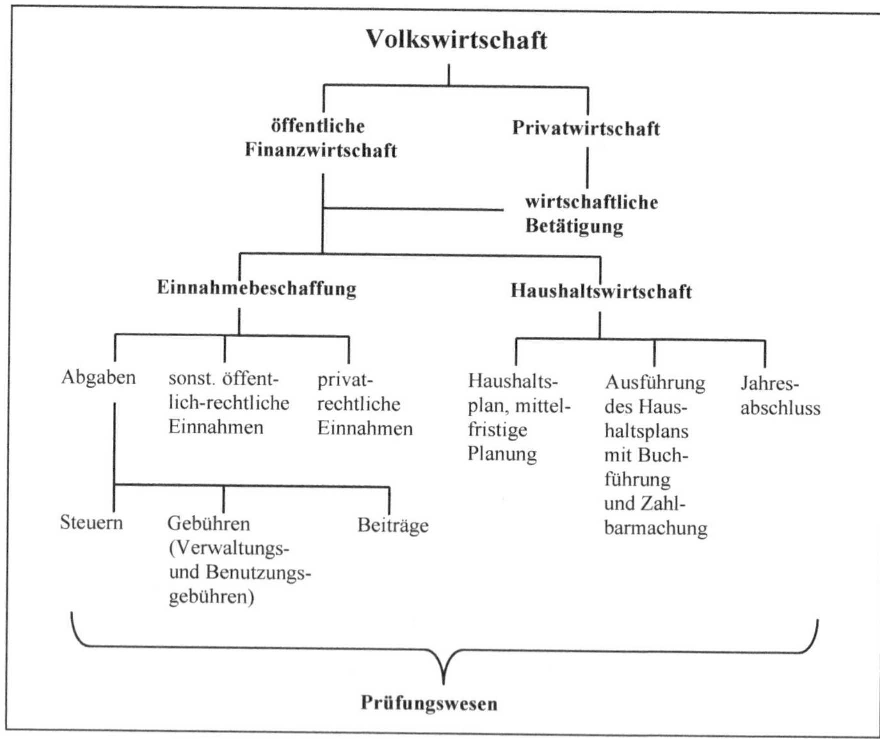

1.2 Träger der öffentlichen Finanzwirtschaft

Die öffentliche Hand benötigt zur Erfüllung ihrer Aufgaben die Bereitstellung der dafür notwendigen Ressourcen. Dies bedeutet, dass zwangsläufig alle juristischen Personen des öffentlichen

Rechts, die mit der Erledigung öffentlicher Aufgaben betraut sind, Ausgaben[4] tätigen und diese gleichzeitig finanzieren (Einnahmebeschaffung).

Im Ergebnis sind also Träger der öffentlichen Finanzwirtschaft alle juristischen Personen des öffentlichen Rechts. In Anlehnung an das „Allgemeine Verwaltungsrecht"[5] sind die Träger der öffentlichen Finanzwirtschaft im Einzelnen:

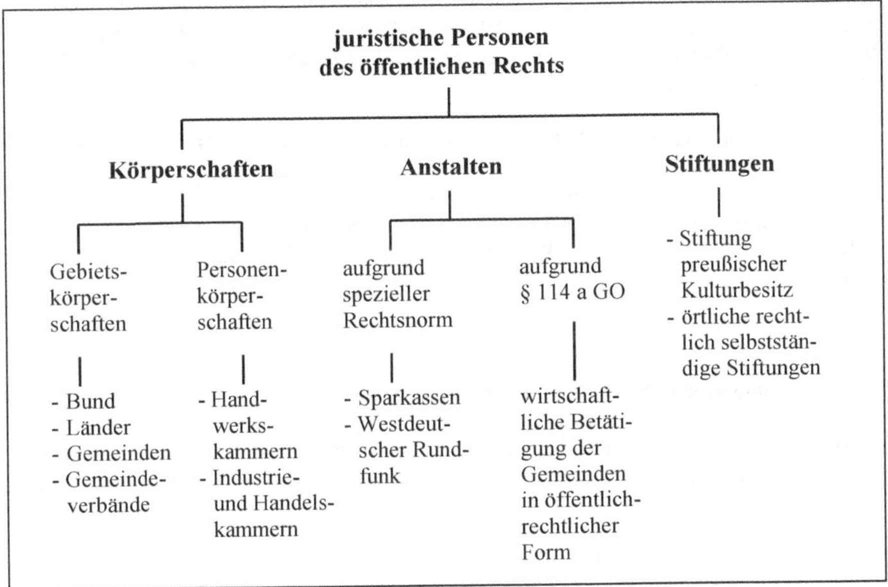

Von ihrer politischen und finanzwirtschaftlichen Bedeutung her sind die Träger – unabhängig vom Haushaltsvolumen – in folgender Reihenfolge zu nennen:

- der Bund,
- die Länder,
- die Gemeinden/Gemeindeverbände und
- die sonstigen Körperschaften, Anstalten und Stiftungen
- des öffentlichen Rechts

Letztlich kann man zu den Trägern der öffentlichen Finanzwirtschaft im weiteren Sinne auch die Unternehmungen und Institutionen des privaten Rechts hinzurechnen, die von der öffentlichen Hand betrieben und „kontrolliert" werden.

4 Vereinfacht wird in der Einführungsphase dieses Buches der Begriff „Ausgaben" verwendet. Die im kommunalen Finanzmanagement notwendige Konkretisierung in Aufwendungen und Auszahlungen bleibt den weiteren Kapiteln vorbehalten. Zur Begriffsdefinition siehe Kap. 3.

5 Für alle: *Rohde/Lustig/Wöhler*, Allgemeines Verwaltungsrecht, 15. Aufl., Witten 2018, S. 1 ff.

1.3 Abgrenzung der öffentlichen Finanzwirtschaft zur Privatwirtschaft

Einleitend muss darauf hingewiesen werden, dass diese Darstellung keine detaillierte und umfassende Abgrenzung im Sinne der Volkswirtschaftslehre sein kann. Das soll der speziellen wissenschaftlichen Disziplin vorbehalten bleiben. An dieser Stelle sollen jedoch die wesentlichen Abgrenzungsmerkmale aufgezeigt werden. Dabei wird das Verständnis für die hier vorgenommene Abgrenzung deutlicher, wenn man die Zielsetzungen und Ergebnisse der öffentlichen Verwaltung allgemein herausstellt:

- **Die öffentliche Verwaltung liefert vor allem immaterielle Güter (Dienstleistungen) für die Bedürfnisse ihrer Bürger** (z. B. Rechtsschutz, Bildung, innere und äußere Sicherheit). Es ist aber dennoch festzustellen, dass im Bereich der Daseinsversorgung auch materielle Güter produziert werden (z. B. Ver- und Entsorgung durch die Gemeinden bzw. deren Betriebe in den Bereichen Strom, Gas, Wasser, Entwässerung, Abfallbeseitigung, Straßenreinigung usw.),

und

- **ihre Leistungen sind häufig nicht unmittelbar messbar.**
  Der Nutzen für erhöhte Aufwendungen – z. B. für die innere Sicherheit – kann nicht unmittelbar nach betriebswirtschaftlichen Gesichtspunkten gemessen werden. Das bedeutet jedoch nicht, dass nicht auch im öffentlichen Bereich nach ökonomischen Gesichtspunkten gehandelt werden muss.

Doch nun zu den wesentlichen Unterscheidungen:

Öffentliche Finanzwirtschaft	**Privatwirtschaft**
Bedarfsdeckung Die öffentliche Verwaltung hat gesetzlich und politisch vorgegebene Aufgaben, für die eine entsprechende Bereitstellung von Ressourcen erforderlich ist. Der notwendige Ressourcenbedarf soll gedeckt werden, wobei kein Gewinnstreben vorliegt. Das Ziel ist demnach vorgegeben, die notwendigen Mittel müssen bestimmt werden.	**Gewinnmaximierung** Der Kaufmann beabsichtigt, größtmöglichen Gewinn zu erzielen. Er beginnt mit seiner Tätigkeit nur, wenn er sich daraus einen Gewinn erhofft. Ziel und Mittel werden in seinen Überlegungen gegenübergestellt.
Bindung an den Plan Die Haushaltswirtschaft des öffentlichen Gemeinwesens wird durch den Haushaltsplan bzw. das Budget bestimmt, welches durch die/das vom „Parlament“ beschlossene Haushaltssatzung/-gesetz normiert ist.	**Anpassung an die Marktlage** Der Kaufmann stellt zwar Pläne auf, jedoch kann er jederzeit von ihnen abweichen. Dies ist schon dadurch bedingt, dass eine ständige Anpassung an die Marktlage erfolgen muss.
Zwangseinnahmen Die wesentlichen Einnahmen beruhen auf Zwang, wobei die Steuern den größten Teil ausmachen. Die Erhebung von Zwangseinnahmen ist Ausfluss der Finanzhoheit.	**Eigenmittel** Der Kaufmann kann nur auf Eigenmittel zurückgreifen, die zu erwirtschaften sind. Fremdmittel (z. B. Kredite) sind letzten Endes auch Eigenmittel, weil sie zurückgezahlt werden müssen.

Gesamtwirtschaftliches Gleichgewicht Die öffentliche Hand hat im Rahmen ihrer Finanzwirtschaft dem gesamtwirtschaftlichen Gleichgewicht Rechnung zu tragen. Sie hat sich konjunkturgerecht zu verhalten. Die öffentliche Finanzwirtschaft verfügt über rd. 51 % des Sozialproduktes (siehe auch Kap. 1.4.4).	**Egoistische Ziele** Stabilitätsbewusstes Handeln wird der Privatwirtschaft von den Politikern zwar immer nahegelegt, jedoch fehlt jeglicher Zwang. Da der Kaufmann auf Gewinn bedacht ist, führt seine konsequente Marktausnutzung zu einem gewissen wirtschaftlichen Egoismus.
Minimalprinzip Mit dem geringsten Mitteleinsatz den gewünschten Erfolg erzielen.	**Maximalprinzip** Mit gegebenen Mitteln den größten Erfolg erzielen.

Bei aller „Abgrenzung" darf nicht übersehen werden, dass vielfältige Verbindungen zwischen beiden Bereichen bestehen und auch notwendig sind. Insofern sind die vorstehenden „Abgrenzungen" nur grundsätzlicher Natur.

1.4 Aufgaben und Ziele der öffentlichen Finanzwirtschaft

1.4.1 Allgemeines

Die öffentliche Verwaltung hat – wie in Kap. 1.1.1 dargelegt – die Aufgabenerfüllung zu sichern. Hieraus ergeben sich die nachfolgend dargestellten Aufgaben und Ziele (Funktionen) der öffentlichen Finanzwirtschaft. An dieser Stelle kann und soll jedoch nur Grundsätzliches angesprochen werden. Erschöpfend wird dieses Thema in der Volkswirtschafts- und Betriebswirtschaftslehre zu behandeln sein.

1.4.2 Finanzpolitische Funktion

Das öffentliche Gemeinwesen (Staat/Gemeinden) kann die ihm übertragenen Aufgaben und Verpflichtungen nur erfüllen, wenn es in die Lage versetzt wird, die öffentlichen Bedürfnisse befriedigen zu können. Der Haushaltsplan konkretisiert nun die zu erfüllenden Aufgaben in finanzieller Hinsicht, während gleichzeitig die zur Deckung des Finanzbedarfs erforderlichen Mittel aufgeführt werden. Gleichzeitig werden Ziele und Kennzahlen zur Zielerreichung zu den einzelnen kommunalen Tätigkeitsfeldern ausgewiesen.

Die beiden Seiten des Haushalts (Mittelherkunft und Mittelverwendung) müssen aber miteinander in Einklang gebracht werden, d. h. der Haushaltsausgleich für die jeweilige Periode muss herbeigeführt werden. Der Haushaltsplan erfüllt insofern eine finanzpolitische Funktion, die auch als „finanzwirtschaftliche Ordnungsfunktion" bezeichnet werden kann. Hierzu gehört insbesondere das Prinzip des Haushaltsausgleichs, das die Solidität der öffentlichen Finanzwirtschaft zu sichern hilft. Gleichzeitig wird intergenerative Gerechtigkeit erzeugt, da bei einem ausgeglichenen Haushalt jede Nutzerperiode den von ihr verursachten Aufwand erwirtschaftet.

1.4.3 Politische Funktion

Der Etat kann als der „ziffernmäßige Ausdruck des politischen Programms" bezeichnet werden. Die überwiegende Mehrzahl der öffentlichen Aufgaben ist nämlich mit dem Verbrauch von

Haushaltsmitteln verbunden. Der Haushaltsplan ist auch das Ergebnis politischer Auseinandersetzungen, letztlich ein Kompromiss der verschiedenen politischen Kräfte.

Durch die parlamentarische Zustimmung wird dem Parlament/Rat die Möglichkeit geboten, regelmäßig lenkend, begrenzend und kontrollierend die Tätigkeit der Verwaltung zu beeinflussen. Insofern stellt der Haushaltsplan einen wesentlichen Generalkontrakt zwischen Politik und Verwaltung dar. Die Möglichkeiten der Einflussnahme sind dennoch begrenzt, weil der überwiegende Teil der Haushaltsmittel durch gesetzliche und andere rechtliche sowie durch politische Verpflichtungen festgelegt ist (z. B. Personalkosten, Sachaufwand, Investitionsfolgekosten). Die Beeinflussung durch das Parlament bzw. den Rat richtet sich daher insbesondere auf die freie „Manövriermasse" des Haushalts, die oft nur einen geringen Teil des Gesamtvolumens beträgt, und auf die Gestaltung der Einnahmeseite.

Wie sehr die „öffentliche Finanzwirtschaft" in den Blickpunkt des politischen Interesses rückt, wird immer dann deutlich, wenn der „Etat" des Bundes, Landes oder einer Gemeinde im Parlament bzw. Rat behandelt wird oder wenn z. B. steuerpolitische Maßnahmen diskutiert werden.

1.4.4 Wirtschaftspolitische Funktion

Die wirtschaftspolitische Aufgabenstellung ist eine weitere Funktion der öffentlichen Finanzwirtschaft.

Der Faktor „öffentliche Finanzwirtschaft" hat einen entscheidenden Einfluss auf die Aktivitäten in der Volkswirtschaft. Die Staatsausgaben betragen derzeit rd. 51 % des Bruttoinlandsprodukts. Zu den Staatsausgaben zählen dabei der Staatskonsum, die staatlichen Investitionen, die Zinsausgaben, die Sozialtransfers und die staatlichen Subventionen. Zum Sektor „Staat" werden die Gebietskörperschaften (Bund, Länder, Kommunen) sowie die Sozialversicherungen gezählt. Der staatliche Sektor insgesamt hat demnach einen erheblichen Einfluss auf die Entwicklung der Volkswirtschaft. Dies betrifft sowohl den privaten und öffentlichen Arbeitsmarkt als auch die Preisentwicklung.

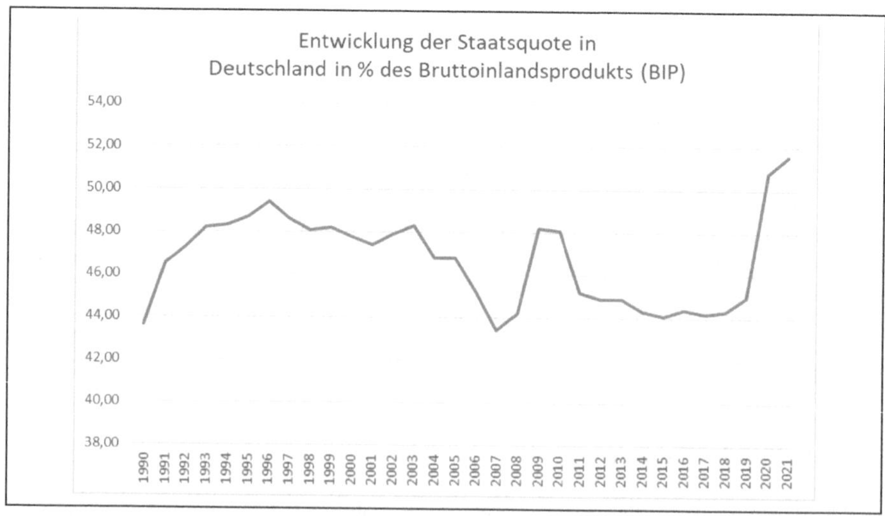

Quelle: Eigene Darstellung nach Daten des Monatsberichts des BMF, Januar 2022

1.4.5 Betriebswirtschaftliche Funktion

Insbesondere im kommunalen Bereich wird der betriebswirtschaftlichen Funktion der öffentlichen Finanzwirtschaft besondere Beachtung geschenkt.

Die Betriebswirtschaftslehre befasst sich mit den wirtschaftlichen Problemen der Betriebe, wobei ihre Erkenntnisse die praktische Konsequenz haben sollen, die Betriebe wirtschaftlich effizienter zu gestalten. Wenn nun in § 75 Abs. 1 Satz 2 GO die Forderung aufgestellt wird, dass die Kommunalverwaltung nicht nur sparsam, sondern auch wirtschaftlich und effizient zu führen ist, so ergab sich früher unter dem Aspekt der reinen Hoheitsverwaltung die Frage, ob in der gesamten Verwaltung die betriebswirtschaftlichen Erkenntnisse zugrunde zu legen sind oder ob diese einer öffentlichen Verwaltung wesensfremd sind.

Unstreitig haben betriebswirtschaftliche Erkenntnisse Bedeutung in solchen öffentlichen Bereichen, in denen Entgelte für die von diesen Bereichen erbrachten Leistungen erhoben werden. Neben den Eigenbetrieben und eigenbetriebsähnlichen Einrichtungen gehören hierzu auch die öffentlichen Einrichtungen der Daseinsvorsorge. Beispiele hierfür sind: Abfallbeseitigung, Entwässerung, Straßenreinigung, Märkte, Schwimmbäder, Sportanlagen, Volkshochschulen, Musikschulen und Bibliotheken.

Aber auch für die übrigen Bereiche der „öffentlichen Tätigkeiten" sind betriebswirtschaftliche Grundsätze verstärkt zu berücksichtigen. So müssen Managemententscheidungen auch im Bereich der Hoheitsverwaltung nicht nur unter haushaltsrechtlichen, sondern auch unter ökonomischen Gesichtspunkten (z. B. im Hinblick auf Effektivität und Effizienz) getroffen werden. Insofern ist es selbstverständlich, dass auch in kommunalen Sozial- oder Ordnungsämtern betriebswirtschaftliches Denken verstärkt Eingang findet.

2. Kommunales Haushaltsrecht

2.1 Haushaltswirtschaft

Unter „Haushaltswirtschaft“ versteht man die Bewirtschaftung der Haushaltsmittel öffentlicher Körperschaften. Da das staatliche Haushaltsrecht i. d. R. noch auf der Verwaltungsbuchführung (Kameralistik) beruht, handelt es sich bei diesen Haushaltsmitteln um veranschlagte Einnahmen und Ausgaben. Das kommunale Haushaltsrecht in NRW, auf das sich dieses Buch bezieht, basiert dagegen auf dem Rechnungsstoff der doppelten kaufmännischen Buchführung (Doppik). Die veranschlagten Haushaltsmittel orientieren sich daher vor allem an den Rechengrößen der Doppik, nämlich an Aufwendungen und Erträgen. Darüber hinaus werden zumindest für den Bereich der Investitionen Haushaltsmittel auf der Grundlage von Einzahlungen und Auszahlungen bereitgestellt. Die Haushaltswirtschaft beginnt – unabhängig vom zugrunde liegenden Rechenstoff – mit der Planung und formalen Aufstellung des Etats, setzt sich mit der Ausführung des Haushalts und der damit verbundenen buchhalterischen Erfassung der Geschäftsvorfälle (Buchführung) fort und endet mit der Erstellung des Jahresabschlusses sowie der Kontrolle der Haushaltswirtschaft und der politischen Entlastung.

Die nachfolgende Darstellung soll die einzelnen Stationen der Haushaltswirtschaft und deren Beziehungen zueinander verdeutlichen. Dabei wird das Verfahren der Haushaltsplanung auch in die sonstige gemeindliche Planung eingeordnet. Die Systematik ist gleichermaßen für den Bund, die Länder und Gemeinden (GV) und unabhängig vom Rechnungsstoff gültig.

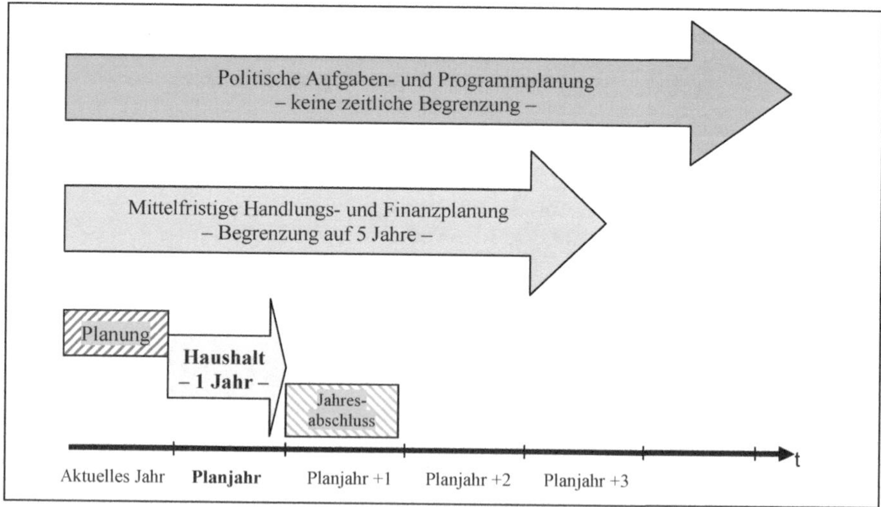

2.2 Verfassungsrechtliche Grundlagen und Finanzhoheit

Die verfassungsrechtlichen Grundlagen des kommunalen Haushaltsrechts ergeben sich nicht unmittelbar aus der Verfassung (Grundgesetz bzw. Landesverfassung NRW). Im Gegensatz zum Bund und den Ländern haben die Gemeinden und Gemeindeverbände nur eine abgeleitete Finanzhoheit. Art. 28 Abs. 2 GG gewährleistet den Gemeinden (GV) die Selbstverwaltungsgarantie und als deren wesentlichen Bestandteil auch die Haushaltsautonomie. So bestimmt Art. 28 Abs. 2 S. 2 GG ausdrücklich, dass die Gewährleistung der Selbstverwaltung der Gemeinden (GV) auch die Grundlagen der finanziellen Eigenverantwortung umfasst. Auch die Landesverfassung NRW garantiert in Art. 1 und Art. 78 die Existenz und Selbstverwaltung der Gemeinden (GV). Somit ist die Finanzhoheit der Gemeinden (GV) verfassungsrechtlich verankert, wird allerdings durch einen Gesetzesvorbehalt („im Rahmen der Gesetze") maßgeblich eingeschränkt.[6]

Die Gemeindeordnung NRW bestimmt nun im Einzelnen Umfang und Inhalt der tatsächlich vorhandenen Haushaltsautonomie. Sie hat sich in dem von der Landesverfassung gesteckten Rahmen zu bewegen. Hierbei darf jedoch nicht übersehen werden, dass das Land bei der Abfassung der kommunalen haushaltsrechtlichen Vorschriften in seinen Handlungen und Regelungen im Wesentlichen durch Art. 109 GG festgelegt ist.

In Art. 109 GG ist das Haushaltsverfassungsrecht von Bund und Ländern geregelt. Die Bestimmung enthält folgende Grundsätze:

- den Grundsatz der Haushaltsautonomie von Bund und Ländern (Absatz 1),
- die bund- und länderverpflichtende gesamtwirtschaftliche Budgetfunktion (Absatz 2),
- die Kreditbegrenzungen für Bund und Länder (Absatz 3) sowie
- die Gesetzgebungskompetenz des Bundes für die Haushaltsgrundsätze, eine konjunkturgerechte Haushaltswirtschaft und eine mehrjährige Finanzplanung von Bund und Ländern (Absatz 4).

Die Haushaltswirtschaft der öffentlichen Hand sollte bei den vorgegebenen Aufgaben in gesamtwirtschaftlicher Hinsicht möglichst nach einheitlichen Kriterien und Regelungen geführt werden. Im Hinblick auf die Entwicklung des Haushaltsrechts ist festzustellen, dass die Gemeinden hier eine Vorreiterrolle einnehmen. Zwar hat inzwischen das Land Hessen seinen Landeshaushalt vollständig auf das kaufmännische Rechnungswesen umgestellt, und auch das Land NRW macht mit dem Projekt „EPOS"[7] seit vielen Jahren Versuche, seinen Haushalt zu modernisieren. Diese Projekte fristen auf Landes- und Bundesebene derzeit allerdings ein Schattendasein, was auch an den wenig ehrgeizigen Zeitplänen deutlich wird, die den Reformvorhaben zugrunde liegen. Offensichtlich sind die Verfechter der Kameralistik insbesondere in den Finanzministerien noch immer in der Überzahl. Dies kann seine Ursache aber durchaus auch darin haben, dass insbesondere auf Länderebene die Ergebnisse einer Eröffnungsbilanz verheerend sein dürften.[8] Im Hinblick auf die Verfassungsmäßigkeit der Haushalte könnte eine erhebliche Überschuldung hier die Handlungsfähigkeit weiter einschränken.

Die Einheitlichkeit des Haushaltsrechts ist insofern in Zukunft nicht garantiert, was in vielen Bereichen (Verwendungsnachweise, Statistiken, Ausbildung etc.) sicherlich zu Problemen führen wird.

Art. 109 GG gibt den Status an, den Bund und Länder jeder für sich und zueinander haben. Sie sind selbstständig und unabhängig voneinander, aber dem Gemeinwohl verpflichtet. Die einzelnen Haushaltswirtschaften können sich nur innerhalb der in Art. 109 GG gesetzten Grenzen entfalten.

Hierbei ist ferner zu berücksichtigen, dass aufgrund des Art. 109 GG der Bund mit Zustimmung der Länder zwei für die Haushaltswirtschaft bedeutsame Gesetze erlassen hat, nämlich

6 Vgl. *Schwarting,* Der kommunale Haushalt, 3. Aufl., Berlin 2006, S. 34.

7 Weitere Informationen unter https://www.finanzverwaltung.nrw.de/dienststellen/ministerium-der-finanzen-nordrhein-westfalen/eposnrw (Abruf: Juli 2022).

8 Vgl. hierzu z. B. *Lüder*, Vom Ende der Kameralistik, hrsg. von der Deutschen Hochschule für Verwaltungswissenschaften Speyer, Speyerer Vorträge H. 74, Speyer 2003.

- das Gesetz zur Förderung der Stabilität und des Wachstums der Wirtschaft und
- das Gesetz über die Grundsätze des Haushaltsrechts des Bundes und der Länder, jeweils in der z. Zt. geltenden Fassung.

Diese Rechtsnormen stecken im Interesse des Gesamtstaates detailliert den eigentlichen Rahmen für die Haushaltswirtschaft der öffentlichen Hand (Bund, Länder, Gemeinden usw.) ab. Die Haushaltsautonomie von Bund, Ländern und Gemeinden (GV) ist also in der Verfassungswirklichkeit bei der gegebenen Aufgabenstellung wie folgt zu sehen:

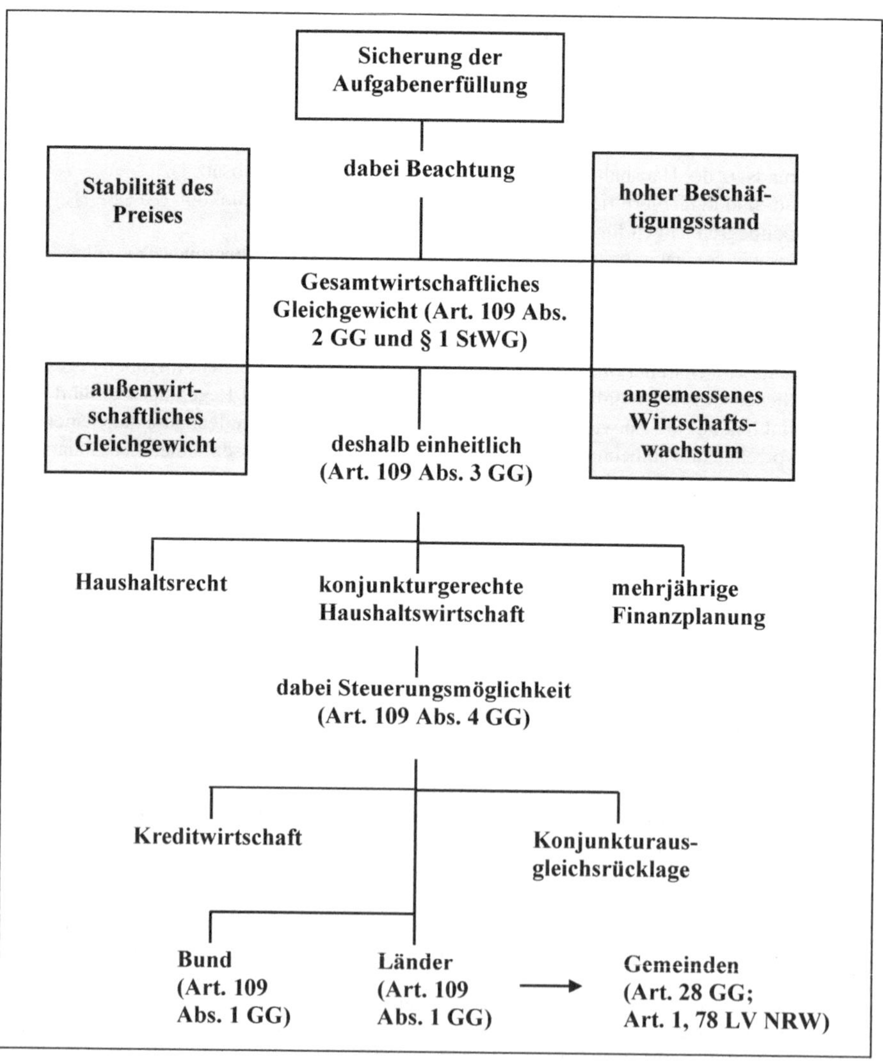

2.3 Geschichtlicher Überblick

2.3.1 Frühere Entwicklung

Die Entwicklung des Haushaltsrechts hat im Wesentlichen seinen Ursprung im gemeindlichen Bereich. Bedingt durch die „demokratische“ Struktur der Städte war hier zuerst ein Bedürfnis nach allgemeingültigen „Normen“ gegeben. Im staatlichen Bereich war durch die monarchistische Führung zunächst allein der Wille des jeweiligen Monarchen maßgebend.

Konkrete Formen nahm das Haushaltsrecht im 16. Jahrhundert an. Der erste kommunale Haushalt wird 1516 erwähnt. Der erste staatliche Haushalt wird rd. 100 Jahre später (1618 bis 1619) genannt. In der Folgezeit wurde die Entwicklung im Wesentlichen von staatlicher Seite beeinflusst, wobei die Gemeinden mit einbezogen wurden. Daher soll nachfolgend auch die Entwicklung des Haushaltsrechts in seiner Gesamtheit dargestellt werden.

Die ersten Versuche – allerdings auf Teilbereiche beschränkt –, eine Haushaltsplanung nach „Normen“ zu erstellen, wurden 1689 in Preußen unternommen. Mit der Erstellung eines „Generaletats“ aller Domäneneinkünfte und -ausgaben wurde hier so etwas wie ein Haushaltsplan aufgestellt. Im gleichen Jahr bestimmte eine kurfürstliche Instruktion, dass alle Provinzen „einen Domänenetat formieren, darin ein balance der einnahmen und ausgaben machen und Sr.K.D. gnädigster vollanziehung gehörigen Ohrts überliefern“ sollten.

In den preußischen Gebieten wurden diese Etats für weitere Bereiche eingeführt und die Normen verbessert. Im süddeutschen Raum wurden dagegen erst 1803 Etats aufgestellt.

Im kommunalen Bereich wurde auch zuerst in den preußischen Gebietsteilen der zaghafte Versuch unternommen, Formvorschriften über das Haushalts-, Kassen- und Rechnungswesen zu erstellen. Die Städteordnung für die östlichen Provinzen von 1853, für die Provinz Westfalen von 1856 und die Rheinische Städteordnung von 1856 bestimmten die Aufstellung eines Haushaltsplans über alle voraussehbaren Ausgaben, Einnahmen und Naturaldienste.

Das Kommunalabgabengesetz von 1893 legte das Haushaltsjahr auf die Zeit vom 1. April bis zum 31. März des Folgejahres fest. Unter bestimmten Voraussetzungen konnte die Haushaltsperiode bis zu drei Jahre umfassen. Nach Ablauf der Haushaltsperiode war gegenüber der Stadtverordnetenversammlung Rechnung zu legen, der auch die Prüfung und Feststellung der Jahresrechnung und die Entlastung des Gemeindevorstandes oblag. Für den Fall, dass eine preußische Gemeinde ihrer Verpflichtung zur Aufstellung eines Haushaltsplans nicht nachkam, räumte das preußische Zuständigkeitsgesetz von 1883 den Aufsichtsbehörden das Recht auf Zwangsetatisierung ein.

Ein Haushaltsrecht im heutigen Sinne kam erstmals mit Einführung der Demokratie (1918/19) in Deutschland auf. Die folgende Darstellung der wesentlichen gesetzlichen Entwicklung verdeutlicht dieses sehr anschaulich, wobei bewusst keine Trennung in staatliches und kommunales Haushaltsrecht vorgenommen wurde.

1922	Reichshaushaltsordnung
1927	Reichskassenordnung
1929	Wirtschaftsbestimmungen für die Reichsbehörden
1931	Preußische Gemeindefinanzverordnung
1933	Preußisches Gesetz über die Staatshaushaltsordnung
1933	Preußisches Gemeindefinanzgesetz
1935	Deutsche Gemeindeordnung
1936	Gesetz über die Haushaltsführung, Rechnungslegung und Rechnungsführung des Deutschen Reiches und die IV. Änderung der Reichshaushaltsordnung
1936	Rücklagenverordnung der Gemeinden

1936 Eigenbetriebsverordnung der Gemeinden
1937 Gemeindehaushaltsverordnung
1938 Gemeindekassen- und Rechnungsverordnung

– nach dem 2. Weltkrieg –

1945 Finanztechnische Anweisung Nr. 33 der britischen Kontrollkommission für die ehemaligen preußischen Provinzen
1945/46 Revidierte Deutsche Gemeindeordnung der britischen Kontrollkommission
1946 Verordnung Nr. 46 der Militärregierung vom 23. August über die „Auflösung der Provinzen des ehemaligen Landes Preußen in der britischen Zone und ihre Neubildung als selbstständige Länder“
= **Gründung des Landes Nordrhein-Westfalen** (am 21.1.1947 wurde durch Verordnung Nr. 77 das ehemalige Land „Lippe Detmold“ eingegliedert. Die Gemeinden und Gemeindeverbände wurden als bestehendes „Gebilde“ weitergeführt.)
1948 Gesetz über die Einrichtung eines Landesrechnungshofes und die Rechnungsprüfung im Lande NRW
1950 Verfassung für das Land Nordrhein-Westfalen
1952 Gemeindeordnung NRW
1953 Amtsordnung NRW, Kreisordnung NRW, Landschaftsverbandsordnung NRW
1953 Eigenbetriebsverordnung NRW
1954 Gemeindehaushaltsverordnung NRW
1955 Gemeindliche Kassen- und Rechnungslegungsverordnung und Weitergeltung der Rücklagenverordnung NRW

Der erste Schritt zur umfassenden Reform des Haushaltsrechts der öffentlichen Hand wurde am 6.4.1960 mit dem Gesetz zur Anpassung des Rechnungsjahres an das Kalenderjahr unternommen. Ab dem Jahre 1967 wurden dann jedoch wichtige Schritte zur ersten grundlegenden Haushaltsreform der öffentlichen Hand unternommen:

8.6.1967 15. Gesetz zur Änderung des Grundgesetzes
8.6.1967 Gesetz zur Förderung der Stabilität und des Wachstums der Wirtschaft
12.5.1969 20. Gesetz zur Änderung des Grundgesetzes
19.8.1969 Gesetze über die Grundsätze des Haushaltsrechts des Bundes und der Länder
19.8.1969 Bundeshaushaltsordnung
14.12.1971 Gesetz zur Änderung der Landesverfassung NRW
14.12.1971 Landeshaushaltsordnung NRW
14.12.1971 Gesetz über den Landesrechnungshof NRW
11.7.1972 Gesetz zur Änderung der Gemeindeordnung, der Kreisordnung und anderer kommunalverfassungsrechtlicher Vorschriften des Landes NRW
6.12.1972 Verordnung über Aufstellung und Ausführung des Haushaltsplans der Gemeinden (GemHVO) NRW
5.11.1976 Verordnung über die Kassenführung der Gemeinden (GemKVO) NRW
30.4.1991 Änderung des § 62 Abs. 3 GO NRW (jetzt § 75 GO NRW)
14.7.1994[9] Neufassung der Gemeindeordnung, der Kreisordnung und der Landschaftsverbandsordnung sowie Neufassung des Gesetzes über den Kommunalverband Ruhrgebiet

9 Die gesetzlichen Änderungen in den Jahren 1991–1995 enthalten keine wesentlichen Reformen, sondern dienen überwiegend der Aktualisierung.

14.5.1995	Neufassung der Verordnung über Aufstellung und Ausführung des Haushaltsplans der Gemeinden (GemHVO) NRW
14.5.1995	Neufassung der Verordnung über die Kassenführung der Gemeinden (GemKVO) NRW
15.6.1999	Erstes Modernisierungsgesetz[10]

2.3.2 Fortentwicklung des kommunalen Haushaltsrechts durch die Einführung des Neuen Kommunalen Finanzmanagements (NKF)

Rund 30 Jahre nach der ersten umfassenden Haushaltsrechtsreform wurde der Anstoß für eine tiefgreifende Reformierung des kommunalen Haushaltsrechts in Nordrhein-Westfalen gegeben. Im Mai 1999 erschien eine Broschüre des Innenministeriums mit dem Titel: „Neues kommunales Finanzmanagement – Eckpunkte einer Reform". In dieser Broschüre kündigte der Innenminister eine grundlegende Änderung des gemeindlichen Haushaltsrechts und dabei vor allem den Übergang zur kaufmännischen Buchführung in den Kommunalverwaltungen an. Als wesentliche Eckpunkte des Finanzmanagements in den Kommunen werden in der Broschüre genannt:[11]

- Budgetierung,
- Organische Haushaltsgliederung,
- Steuerung durch Leistungsvorgaben,
- Ressourcenverbrauchskonzept,
- Zuordnung von Kosten und Erlösen im Haushalt,
- Kommunale Bilanz,
- Doppik (kaufmännische Buchführung),
- Berichtswesen und Controlling,
- Steuerung der Beteiligungen.

Gleichzeitig mit der Veröffentlichung des Innenministeriums wurde ein kommunales Modellprojekt eingerichtet, in dem die Grundlagen für ein neues kommunales Haushaltsrecht erarbeitet und praktisch überprüft wurden.

Die Ergebnisse dieses Modellprojekts liegen als betriebswirtschaftliches Konzept[12] vor. Auf dieser konzeptionellen Grundlage basieren das „Gesetz über ein Neues Kommunales Finanzmanagement für Gemeinden in NRW" vom 16.11.2004 sowie eine Berichtigung vom 6.1.2005, die im Gesetz- und Verordnungsblatt des Landes Nordrhein-Westfalen 2004 auf S. 644 und in 2005 auf S. 15 veröffentlicht wurden. Damit sind diese Ergebnisse nun rechtliche Grundlagen für das kommunale Haushaltsrecht in NRW.

Die Ständige Konferenz der Innenminister und -senatoren (IMK) hatte bereits 1999 die Orientierung des Haushalts- und Rechnungswesens an den Grundlagen des Neuen Steuerungsmodells und die Umsetzung des Ressourcenverbrauchskonzeptes im zukünftigen kommunalen

10 Das Gesetz hat in seinem haushaltsrechtlichen Teil vor allem die Erweiterung der beweglichen Haushaltsführung bewirkt.

11 Die 1999 in der Broschüre aufgeführten Eckpunkte bildeten den Ausgangspunkt für die Reform des Haushaltsrechts in NRW. Im Laufe der weiteren Projektarbeit (s. u.) wurden diese Eckpunkte allerdings überprüft und weiterentwickelt. Sie haben daher nicht mehr in vollem Umfang Gültigkeit.

12 Modellprojekt „Doppischer Kommunalhaushalt in NRW" (Hrsg.), Neues Kommunales Finanzmanagement: Betriebswirtschaftliche Grundlagen für das doppische Haushaltsrecht, 2., vollst. überarb. Aufl. auf der Basis der Endergebnisse des Modellprojektes, Freiburg 2003.

Haushaltsrecht beschlossen. Im November 2003 hat die Innenministerkonferenz die Standards für den Übergang vom zahlungsorientierten zum ressourcenorientierten Haushalts- und Rechnungswesen veröffentlicht.

Die Musterentwürfe der IMK und die Regelungsvorschläge der nordrhein-westfälischen Modellkommunen bildeten die Grundlage für das NKF-Gesetz, das am 1.1.2005 in Kraft getreten ist. Neben NRW haben inzwischen auch die meisten anderen Bundesländer die gesetzlichen Grundlagen für ein doppisches Gemeindehaushaltsrecht geschaffen. Aus kommunaler Sicht ist es bedauerlich, dass es trotz der IMK-Standards zwischen den unterschiedlichen Gesetzen erhebliche konzeptionelle Unterschiede gibt und eine stärkere Vereinheitlichung offenbar nicht mehr angestrebt wird.

Die nach § 10 Abs. 1 NKFEG NRW für 2010 vorgesehene Revision des neuen Haushaltsrechts ist mit deutlicher Verzögerung abgeschlossen und im September 2012 vom Landtag beschlossen worden.[13] Im Oktober 2016 hat das für Kommunales zuständige Ministerium die 7. und letzte Auflage der „Handreichungen für Kommunen“ zum Haushaltsrecht erstellt und veröffentlicht, die die bis dahin geltenden haushaltsrechtlichen Regelungen z. T. erläuterten und ergänzende Hinweise zu verschiedenen Themen gaben.[14]

Weitere umfangreiche Änderungen des kommunalen Haushaltsrechts in NRW ergaben sich zum Jahresbeginn 2019 aus dem 2. NKF-Weiterentwicklungsgesetz[15] und der Veröffentlichung der Kommunalhaushaltsverordnung (KomHVO), die die bisherige Gemeindehaushaltsverordnung (GemHVO) ersetzte.

In den Jahren 2020–2022 wurden verschiedene haushaltsrechtliche Sonderregelungen zur Abfederung von Belastungen aus der Corona-Pandemie und aus dem Ahr-Hochwasser im Jahr 2021 für die nordrhein-westfälischen Gemeinden eingeführt.

Der Gesetzesstand nach dem 2. NKF-Weiterentwicklungsgesetz unter Berücksichtigung dieser aktuellen Sonderregelungen ist Grundlage des vorliegenden Fachbuchs.

2.4 Öffentliches Haushaltsrecht im System und im Vergleich

2.4.1 Vergleich der einzelnen Ebenen

Trotz der Umstellung des kommunalen Haushaltsrechts auf den Rechnungsstil „Doppik“ bleibt das kommunale Haushaltsrecht in verschiedenen Vorschriften mit dem staatlichen Haushaltsrecht vergleichbar. Dies gilt – mit einigen Ausnahmen bzw. Abweichungen – auch für einige tragende Grundsätze des Haushaltsrechtes. Dazu gehören z. B. der Grundsatz der Gesamtdeckung (§ 7 HGrG), die Möglichkeit der Aufstellung eines Haushaltsplans für zwei Haushaltsjahre (§ 9 HGrG), die Brutto- und Einzelveranschlagung (§ 12 HGrG), die Verpflichtungsermächtigungen (§§ 5 und 22 HGrG) und die haushaltswirtschaftlichen Sperren (§ 25 HGrG).

Abweichungen vom staatlichen Haushaltsrecht ergeben sich im Wesentlichen aus der Struktur der Drei-Komponenten-Rechnung, die die Aufstellung eines Ergebnisplans und eines Finanzplans sowie die Erstellung einer Bilanz erfordert, und aus den Vorschriften zur Einbeziehung von Zielen und Kennzahlen (Output) in den Haushaltsplan. Die sich hieraus ergebenden Unterschiede sind praktisch von erheblicher Bedeutung, da sie ein grundlegend anderes Verständnis des Haushalts- und Rechnungswesens erfordern. Die Entwicklung des kommunalen Haushaltswe-

13 Landtag NRW, 16. Wahlperiode, LT-Drs. 16/47 vom 12.6.2012.

14 Innenministerium NRW (Hrsg.), Neues Kommunales Finanzmanagement in NRW – Handreichung für Kommunen, 7. Aufl., Düsseldorf 2016.

15 Landtag NRW, 17. Wahlperiode, LT-Drs. 17/3570 vom 11.9.2018.

sens steht dabei aber eher in Übereinstimmung mit der internationalen Entwicklung des öffentlichen Rechnungswesens[16], während der staatliche Bereich in Deutschland der internationalen Entwicklung des öffentlichen Rechnungswesens bislang zumeist nicht einmal „hinterherhinkt", sondern sie schlichtweg ignoriert oder sogar blockiert.[17]

2.4.2 Stellung im System der Volkswirtschaft

Lange Zeit war der Grundsatz des Haushaltsausgleiches, also die Bedarfsdeckung, beherrschendes Thema des Haushaltsrechts. Wirtschaftswissenschaftler (insbesondere *Keynes*) haben sich gegen diese Art der Fiskalpolitik gewandt und sich dafür ausgesprochen, dass die öffentliche Finanzwirtschaft als ein bewusstes Instrument zur Steuerung der Konjunktur angewandt wird. Ihnen schwebte als Ziel vor, die öffentlichen Haushalte als Instrument der Gegensteuerung gegen Konjunkturausschläge (antizyklische Haushaltspolitik) zu benutzen. Das Gesetz zur Förderung der Stabilität und des Wachstums der Wirtschaft hat diese Vorstellungen übernommen. Bund und Länder werden verpflichtet, bei ihren wirtschafts- und finanzpolitischen Maßnahmen die Erfordernisse des gesamtwirtschaftlichen Gleichgewichts zu beachten. Dabei sind die Maßnahmen so zu treffen, dass sie im Rahmen der marktwirtschaftlichen Ordnung gleichzeitig die Ziele anstreben:

- Stabilität des Preisniveaus,
- hoher Beschäftigungsstand und
- außenwirtschaftliches Gleichgewicht bei
- stetigem angemessenen Wirtschaftswachstum (§ 1 StWG).

Die Gemeinden werden in § 16 StWG aufgefordert, bei ihrer Haushaltswirtschaft den Zielen des § 1 StWG Rechnung zu tragen. Mit der ersten Reform des kommunalen Haushaltsrechtes, d. h. also mit der Novellierung der Gemeindeordnung vom 11.7.1972, wurde hier auch kommunalverfassungsrechtlich die Aufgabe „Beachtung des gesamtwirtschaftlichen Gleichgewichts" zwingende Verpflichtung. Inzwischen stehen viele Wissenschaftler aber auch die politischen Parteien der ursprünglichen Konjunkturpolitik keynesianischer Prägung eher skeptisch gegenüber. Zunehmend wird der Kontinuität und Verlässlichkeit öffentlichen Handelns eine wichtigere Bedeutung eingeräumt als dem ständigen Reagieren auf konjunkturelle Entwicklungen.[18] Dem sollte auch haushaltsrechtlich Rechnung getragen werden, indem konjunkturpolitische Ziele aus dem Haushaltsrecht entfernt werden.

---

16 Vgl. hierzu die zahlreichen Beiträge von *Lüder*, z. B.: Internationale Standards für das öffentliche Rechnungswesen – Entwicklungsstand und Anwendungsperspektiven, in: Eibelshäuser (Hrsg.), Finanzpolitik und Finanzkontrolle – Partner für Veränderung, Baden-Baden 2002, und insbesondere die aktuelle Diskussion um die deutsche Sonderrolle bei der Einführung der EPSAS: IDW (Hrsg.), Rechnungslegung der öffentlichen Hand – IDW-Positionspapier zur Doppik in Deutschland und zur Harmonisierung durch EPSAS in Europa (Stand: 25.3.2019), online verfügbar unter: https://www.idw.de/blob/116138/1545b3d0bed6c112cce922e10a048c4e/down-positionspapier-rechnungslegung-oeffentliche-hand-data.pdf (Abruf: Juli 2022).

17 Vgl. Institut der Wirtschaftsprüfer, Presseinformation 3/2021, IDW-Factsheet: Einheitliche EU-Rechnungslegung – Schlusslicht Deutschland, online verfügbar unter: https://www.idw.de/blob/129156/54cfc43d24daf59d7eb26a88c84bbbf9/down-presseinfo-2021-03-epsas-data.pdf (Abruf: Juli 2022).

18 Vgl. hierzu z. B. die Ausführungen zum konjunkturneutralen Haushalt in *Dickertmann/Gelbhaar*, Finanzwissenschaft, Herne/Berlin 2000, S. 274.

Problematisch wird besonders die Einbeziehung der Gemeinden in die staatliche Konjunkturpolitik beurteilt.[19] Insbesondere im kommunalen Bereich kann es aus der Konkurrenz zwischen der Aufgabenerfüllung auf der einen Seite und des konjunkturgerechten Verhaltens auf der anderen Seite i. S. v. § 75 Abs. 1 GO zu Problemen kommen. Da jedoch die Sicherung der Aufgabenerfüllung oberster Grundsatz im kommunalen Haushaltsrecht ist, muss sie letztlich den Vorrang haben, so dass zumindest eine abgestimmte Konjunkturpolitik aller Gemeinden und Gemeindeverbände als illusorisch anzusehen ist.

2.4.3 Verhältnis zur Betriebswirtschaft

Das kommunale Haushaltsrecht in NRW basiert auf einer Reihe von betriebswirtschaftlichen Elementen. Insbesondere fußt es auf den Grundlagen des betriebswirtschaftlichen externen Rechnungswesens („doppelte Buchführung" oder „Doppik"). Durch die Einbeziehung von internen Leistungsverrechnungen (§ 16 KomHVO) und die Ermittlung von Teilergebnissen (§ 4 Abs. 3 KomHVO) auf Produkt-, Produktgruppen- oder Produktbereichsebene ist das kommunale Haushaltsrecht auch eng mit den betriebswirtschaftlichen Elementen der Kosten- und Leistungsrechnung verknüpft, die darüber hinaus als eigenständiger und unreglementierter Bereich des Rechnungswesens von den Gemeinden gefordert wird (§ 17 KomHVO). Die betriebswirtschaftliche Ausrichtung wird auch deutlich durch die systematische Gegenüberstellung von Input und Output (§§ 4 Abs. 2, 41 Abs. 2 KomHVO) im Haushaltsplan und im Jahresabschluss. Die Feststellung von Wirtschaftlichkeit im Sinne der Betriebswirtschaftslehre stellt im kommunalen Finanzmanagement ein wesentliches Abbildungsziel dar.

Im Bereich der Liquiditätssteuerung und im Bereich der Investitionsrechnung wird von den Gemeinden ebenso der Einsatz moderner betriebswirtschaftlicher Elemente erwartet.[20]

Insgesamt wird durch die Verwendung der kaufmännischen Buchführung als Rechensystem in der Kommunalverwaltung der Einsatz betriebswirtschaftlicher Verfahren und Instrumente in den Gemeinden gefördert und vereinfacht. Zwar ist eine ungeprüfte Übernahme betriebswirtschaftlicher Elemente für öffentliche Körperschaften nicht immer ohne weiteres möglich. In vielen Bereichen ist jedoch der Einsatz erprobter Verfahren schon mit kleinen Anpassungen sinnvoll. Die Übernahme betriebswirtschaftlicher Instrumente fördert dabei die Wirtschaftlichkeit und erhöht die Akzeptanz in den politischen Gremien und bei den Bürgern, die im eigenen beruflichen Umfeld häufig mit denselben Instrumenten in Berührung kommen.

2.5 Staatliche Überwachung der gemeindlichen Haushaltswirtschaft

Mit „staatlicher Überwachung" ist die Aufsicht des Landes gegenüber den Gemeinden angesprochen. Sie wird als „Staatsaufsicht" bezeichnet und hat ihre verfassungsmäßige Grundlage im Art. 78 LV NRW, wonach das Land die Gesetzmäßigkeit der Verwaltung der Gemeinden und Gemeindeverbände zu überwachen hat. Die Gemeindeordnung umschreibt die Grenzen der Staatsaufsicht in einer Doppelfunktion, nach der sie einerseits die Gemeinden in ihren Rechten schützt und andererseits die Erfüllung ihrer Pflichten sichert (§ 11 GO). Das in diesen Be-

19 Hierzu mit weiteren Argumenten auch *Stockel-Veltmann*, Das Gemeindehaushaltsrecht – Funktionsbedingte Anforderungen und Reformansätze, der gemeindehaushalt 1994, S. 33.

20 Vgl. z. B. § 31 Abs. 6 KomHVO, wobei der in dieser Regelung hergestellte Bezug der Liquiditätsplanung zum Finanzplan wegen der unterschiedlichen Fristigkeit betriebswirtschaftlich unstimmig ist.

stimmungen verankerte Recht des Landes, die Gemeinden zu überwachen, findet im 12. Teil der Gemeindeordnung seine nähere Ausgestaltung. Das Aufsichtsrecht des Landes ist nach diesem Abschnitt in eine allgemeine Aufsicht (§ 116 Abs. 1 GO) und eine Sonderaufsicht geteilt. Der allgemeinen Aufsicht (auch „Rechtsaufsicht“ genannt) unterliegen die Selbstverwaltungsaufgaben der Gemeinden, und zwar die freiwillig übernommenen wie auch die gesetzlich übertragenen Selbstverwaltungsaufgaben. Die Sonderaufsicht, die auch als „Fachaufsicht“ bezeichnet wird, erstreckt sich auf die Pflichtaufgaben der Gemeinden, die ihnen zur Erfüllung nach Weisung übertragen sind (§ 3 Abs. 2 GO), wie z. B. die Aufgaben des Feuer- und Katastrophenschutzes, Wohnungsbauförderung, untere Bauaufsichtsbehörde, örtliche Ordnungsbehörde und Auftragsangelegenheiten.

Die gemeindliche Haushaltswirtschaft gehört zu den gesetzlich zugewiesenen Selbstverwaltungsaufgaben. Sie ist entsprechend der vorstehenden Systematik der allgemeinen Aufsicht des Landes unterworfen. Nach den verschiedenen Wirkungen und Wirkungsmöglichkeiten der Staatsaufsicht muss sie nach einer schützenden, kontrollierenden und vorbeugenden Aufsicht unterschieden werden. Die Grenzen zwischen diesen einzelnen Aufsichtsarten fließen in der Praxis häufig ineinander. Als einige typische Beispiele sind jedoch angeführt:

- Anzeige der vom Rat beschlossenen Haushaltssatzung (§ 80 Abs. 5 GO),
- Genehmigung der Verringerung der Allgemeinen Rücklage (§ 75 Abs. 4 GO),
- Genehmigung des Haushaltssicherungskonzeptes (§ 76 Abs. 2 GO),
- Vorlage der Beschlüsse des Rates über den Jahresabschluss und die Entlastung (§ 96 Abs. 2 GO),
- Prüfung des Kassen- und Rechnungswesens unter Verwendung von zweckgebundenen Staatszuweisungen (§ 105 Abs. 1 Nr. 1 GO) und
- Genehmigung der Kreditaufnahme in der vorläufigen Haushaltsführung (§ 82 Abs. 2 GO).

Darüber hinaus kann sich das Land auf Grund seines Informationsrechtes, dem eine Informationspflicht der Gemeinde entspricht, zusätzlich über alle anderen finanzwirtschaftlichen Angelegenheiten erschöpfend unterrichten lassen.

In einer Kurzübersicht ergibt sich folgendes Bild:

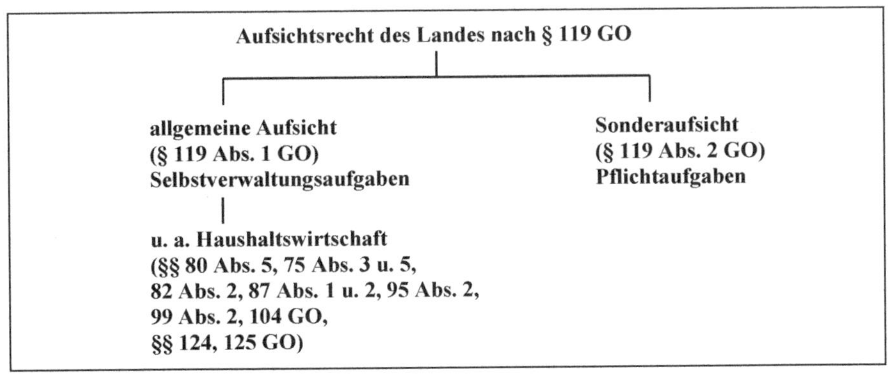

Die Aufsichtskompetenzen sind in § 120 GO geregelt. Danach sind Aufsichtsbehörden:

Aufsichtsbehörde	kreisangehörige Städte und Gemeinden	Kreisfreie Städte
untere	Landrat als untere staatl. Aufsichtsbehörde	Bezirksregierung
obere	Bezirksregierung	Kommunalministerium[21]
oberste	Kommunalministerium	Kommunalministerium

Aufsichtsbehörde der Kreise sind nach § 57 KrO:

- die Bezirksregierung als untere staatliche Aufsichtsbehörde,
- das für Kommunales zuständige Ministerium als obere und oberste Aufsichtsbehörde.

Aufsichtsbehörde der Landschaftsverbände ist das für Kommunales zuständige Ministerium (§ 24 Landschaftsverbandsordnung).[22]

21 Aktuell ist dies das Ministerium für Heimat, Kommunales, Bau und Digitalisierung des Landes NRW (MHKBD NRW).

22 Eine ausführliche Darstellung der Problematik der Kommunalaufsicht findet sich bei *Hofmann/ Theisen/ Bätge*, Kommunalrecht in Nordrhein-Westfalen, 18. Aufl., Witten 2019, S. 507 ff.

3. Grundzüge der kaufmännischen (doppelten) Buchführung

3.1 Inhalt und Abgrenzung zu anderen Rechnungssystemen

Das Kommunale Finanzmanagement bedient sich der kaufmännischen (doppelten) Buchführung (auch „Doppik"[23] genannt). Insofern ist es zum Verständnis der Finanzwirtschaft dringend erforderlich, Grundkenntnisse dieses Buchführungssystems zu besitzen. Die nachfolgenden Ausführungen in diesem Kapitel dienen deshalb dazu, die Buchführungs*technik* zu erläutern. Die Besonderheiten einzelner Bilanz- und Ergebnisrechnungspositionen, Bewertungsfragen und Problemstellungen haushaltsrechtlicher Art sind den späteren Spezialkapiteln vorbehalten. Eine vertiefte Darstellung, die zur Bilanzsicherheit führt, würde den Inhalt dieses Buches sprengen. Insofern erfolgen an dieser Stelle auch keine Darstellungen zu den Nebenbuchhaltungen (Anlage-, Debitoren- und Kreditorenbuchhaltungen).[24] Alle in diesem Kapitel dargestellten Buchungen erfolgen deshalb unmittelbar auf den Sachkonten. Die dann folgenden Kapitel vertiefen dann die Materie.

Die Darstellung in diesem Kapitel enthält das Grundsystem der in der Unternehmenspraxis eingesetzten Doppik. Die Besonderheiten der Buchführung im kommunalen Finanzmanagement (u. a. Drei-Komponenten-System) werden in den nachfolgenden speziellen Kapiteln abgehandelt. Der gewählte Darstellungsaufbau bietet sich an, weil die spezielle Buchführungstechnik der Kommunalverwaltung auf dem bereits vor Jahrhunderten entwickelten[25] und weltweit angewendeten Grundsystem der doppelten Buchführung aufbaut, ja in den meisten Bereichen mit diesem weitgehend übereinstimmt.

Zunächst ist es erforderlich, eine grundsätzliche Einordnung der kaufmännischen Buchführung in die Rechnungssysteme vorzunehmen, zumal gemäß § 1 NKFEG seit dem Haushaltsjahr 2009 alle Gemeinden und Gemeindeverbände in Nordrhein-Westfalen das doppische Rechnungswesen anwenden müssen.[26] Zudem ist die Verbindung zur Kosten- und Leistungsrechnung zu dokumentieren.

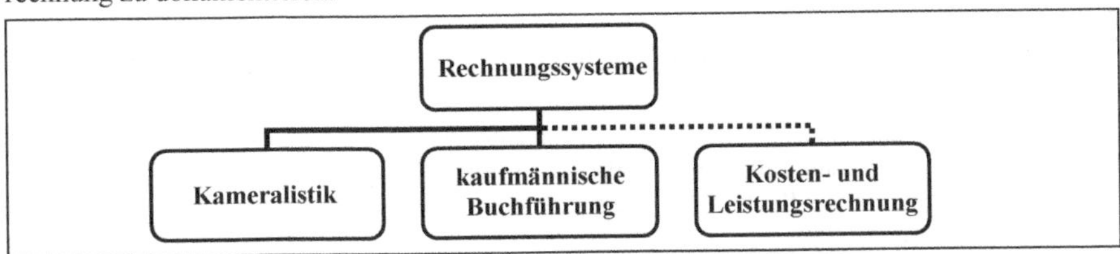

23 Kunstwort für doppelte Buchführung (Knauer Universallexikon München Ausgabe 2002).

24 Diese Thematik ist der Spezialliteratur vorbehalten. Siehe dazu für alle *Schmolke/Deitermann*, Industrielles Rechnungswesen IKR, 50. Aufl., Braunschweig 2021. Eine umfassende Einführung mit Verbindungen zum Kommunalen Finanzmanagement ist auch enthalten in *Klümper/Möllers/Zimmermann*, Kommunale Kosten- und Wirtschaftlichkeitsrechnung, 20. Aufl., Witten 2019, S. 69 ff.

25 Die doppelte Buchführung entstand in den mittelalterlichen italienischen Stadtstaaten, wobei die frühesten noch erhaltenen Bücher aus Genua (1340) stammen. Allgemein wird das jetzt vorhandene kompakte, in sich geschlossene Buchführungssystem auf den venezianischen Franziskanermönch Luca Pacioli zurück geführt, der im Jahre 1494 die erste veröffentlichte theoretische und praktische Abhandlung zur Buchführungsarbeit verfasste. Siehe dazu Gablers Wirtschaftslexikon, 19. Aufl., Wiesbaden 2018.

26 In anderen Bundesländern wie z. B. Bayern, Thüringen oder Schleswig-Holstein wird die Kameralistik weiterhin neben der Doppik zulässiges Buchführungssystem für Kommunen bleiben. Hier kann jede Gemeinde bzw. jeder Gemeindeverband eine eigenständige Entscheidung treffen (Optionsmodell).

Die **Kameralistik**[27] ist eine reine Einnahme- und Ausgaberechnung und stellt somit lediglich die Geldmittelzuflüsse (Einnahmen) und Geldmittelabflüsse (Ausgaben) eines Betriebes in einer Periode dar. Dabei orientiert sie sich im Wesentlichen an den Grundsätzen der Kassenwirksamkeit und der Fälligkeit einer Zahlung, was auch an den in Kürze folgenden Beispielen deutlich werden wird.[28] Weitergehende finanzielle Geschäftsvorfälle, vor allem der Ressourcenverbrauch, werden nicht erfasst. Zuweilen geäußerte Meinungen, dass die Kameralistik „nichts taugen" würde, sind allerdings als unqualifiziert anzusehen. Die Kameralistik ist hervorragend geeignet, Einnahmen und Ausgaben zu dokumentieren. Mehr kann und will sie ja auch nicht.[29] Große Dienstleister, wie sie die Gemeinden und Gemeindeverbände sind,[30] benötigen jedoch für ihre Betriebssteuerung (Controlling) Finanzinformationen, die über Einnahmen und Ausgaben hinausgehen. Insofern ergeben sich für die Kameralistik eine Vielzahl von Schwachstellen, wobei einige nachstehend schlagwortartig aufgelistet sind:[31]

Nachteile der Kameralistik[32]

- keine Abbildung des Ressourcenverbrauchs und Ressourcenaufkommens (nur Einnahmen und Ausgaben)
- ausschließlich inputorientiert, keine Produkt- und Leistungsinformationen
- keine periodengerechte Zuordnung des Werteverzehrs
- kein integrierter Vermögensnachweis
- keine Abbildung der kommunalen Aktivitäten (Produkte)
- keine Kennzahlen und Messgrößen für die einzelnen Bereiche
- keine Aussagen zur Zielsetzung und Aufgabenerfüllung
- keine einheitliche Darstellung aller kommunaler Aktivitäten (Konzern Stadt)
- kein international anerkanntes Rechnungssystem

Die **erweiterte Kameralistik** versucht, diese Schwachstellen dadurch zu beseitigen, dass Rechengrößen aus der kaufmännischen Buchführung durch Nebenrechnungen eingefügt und teilweise sogar in die kommunalen Haushalte aufgenommen werden (z. B. Abschreibungen). Die Vielzahl der notwendigen Neben- und Ergänzungsrechnungen „vergewaltigen" dann aber das Rechnungssystem der Kameralistik derart, dass die Übersichtlichkeit verlorengeht. Ein geschlossenes, logisch aufgebautes Rechnungssystem entsteht dadurch nicht. Dabei verkennen die Ver-

27 Der Begriff stammt aus dem Lateinischen, wobei „camera" die fürstliche Schatzkammer umschrieb (Knauer Universallexikon, München, Ausgabe 2002).

28 Eine umfangreiche Darstellung des Gesamtssystems der Kameralistik enthält *Bernhardt/Schünemann/ Schwingeler*, Kommunales Haushaltsrecht NRW, 15. Aufl., Witten 2002 sowie *Bernhardt/Schünemann/Schwingeler*, Kommunales Anordnungs-, Kassen-, Rechnungslegungs- und Prüfungsrecht NRW, 7. Aufl., Witten 1999.

29 So kommen private Haushalte durchaus mit der Aufzeichnung ihrer Einnahmen und Ausgaben aus. Ebenfalls bedienen sich kleinere Untenehmen einer solchen Rechnungslegung, indem sie eine Einnahmeüberschussrechnung erstellen.

30 In der Regel sind die Gemeinden und Kreise die größten Dienstleistungsunternehmen vor Ort.

31 Eine ausführliche Darstellung von Schwachstellen der Kameralistik mit einer konkreten Untersuchung der gesetzlichen Bestimmungen enthält *Bernhardt/Schünemann/Schwingeler/Theisen*, Effektivität und Akzeptanz der neuen Steuerungsmodelle in der kommunalen Haushaltswirtschaft, Ergebnis eines Forschungsprojekts an der Fachhochschule für öffentliche Verwaltung NRW, Gelsenkirchen 2001.

32 Abgestellt wird hierbei auf das übergangsweise von den Kommunen noch bis 2008 anwendbare kamerale Haushaltssystem nach der bis dahin geltenden, kameral geprägten GO .

fasser nicht, dass es die erweiterte Kameralistik weitgehend vermag, gewisse Basisdaten für die Kosten- und Leistungsrechnung auszuweisen.

Die **kaufmännische Buchführung** dagegen dokumentiert zunächst auch die Einnahmen und Ausgaben,[33] indem sie die liquiden Mittel, Forderungen und Verbindlichkeiten einschließlich ihrer Veränderungen in der Bilanz nachweist. Im Mittelpunkt steht aber die Dokumentation der Aufwendungen und der Erträge. Bei den Aufwendungen handelt es sich um den bewerteten Verbrauch von Gütern und Dienstleistungen in einer Periode (Ressourcenverbrauch, Werteverzehr). Der Ertrag entspricht dagegen den bewerteten Gütern und Dienstleistungen eines Betriebes, die in einer Periode erbracht werden (Zuwachs an Ressourcen, Wertezuwachs). Der Kaufmann bedient sich dazu einer Gewinn- und Verlustrechnung (im kommunalen Finanzmanagement „Ergebnisrechnung" genannt), in der Aufwendungen und Erträge gegenübergestellt werden. Übersteigen die Erträge die Aufwendungen, entsteht ein Gewinn (Jahresüberschuss). Decken die Erträge dagegen die Aufwendungen nicht, liegt ein Verlust (Jahresfehlbetrag) vor.

Die nachfolgenden Beispiele verdeutlichen die Unterschiede zwischen Kameralistik und kaufmännischer Buchführung und belegen die sachlich korrekte periodengerechte Zuordnung durch die Doppik:[34]

Geschäftsvorfall	**Kameralistik Ausgabe 2022**	**Kfm. Buchf. Aufwendung 2022**	**Kameralistik Ausgabe 2023**	**Kfm. Buchf. Aufwendung 2023**
Zahlung einer Pacht von 12.000 € im Juli 2022 für die Zeit vom 1.8.2022–31.7.2023[35]	12.000 €	5.000 €	0 €	7.000 €
Kauf eines LKW am 1.7.2022 (100.000 €), Nutzungsdauer 10 Jahre, linearer Werteverzehr[36]	100.000 €	5.000 €	0 €	10.000 €
Gehaltsnachzahlung im Februar 2023 für Dezember 2022 in Höhe von 14.000 €[37]	0 €	14.000	14.000	0 €

33 In diesem Einführungskapitel wird noch nicht zwischen Einnahmen und Einzahlungen sowie Ausgaben und Auszahlungen unterscheiden. Dieses erfolgt erst später mit der Einführung der speziellen Begrifflichkeiten des kommunalen Finanzmanagements.

34 Eine ausführliche Darstellung dieser betriebswirtschaftlichen Begriffe mit einer Reihe von praktischen Übungen und Beispielen (auch weitergehend hinsichtlich der Abgrenzung zu Kosten und Leistungen) enthält *Klümper/Möllers/Zimmermann*, Kommunale Kosten- und Wirtschaftlichkeitsrechnung, 20. Aufl., Witten 2019, S. 12 ff.

35 Die Pachtanteil für das Jahr 2023 wird im Jahre 2022 dem Konto „Aktive Rechnungsabgrenzung" zugeordnet. Die Auflösung dieses Kontos erfolgt in 2023 zulasten des Kontos „Mietaufwendungen".

36 Der LKW wird in zehn Jahren gleichmäßig verbraucht. Insofern wird der Werteverzehr als lineare Abschreibung beim entsprechenden Aufwendungskonto nachgewiesen (in 2022 zeitanteilig für ein halbes Jahr).

37 Die Gehaltsnachzahlung ist trotz Fälligkeit und Zahlung im Februar 2023 in der kaufmännischen Buchführung noch den Aufwendungen des Jahres 2022 zuzuordnen, da die Leistung in 2022 in Anspruch genommen wurde. Die Gegenbuchung erfolgt als Verbindlichkeit gegenüber Mitarbeitern.

Geschäftsvorfall	Kameralistik Einnahme 2022	Kfm. Buchf. Ertrag 2022	Kameralistik Einnahme 2023	Kfm. Buchf. Ertrag 2023
Erstellen einer Rechnung im Januar 2023 für eine Leistung, die im November 2022 in Höhe von 1.000 € erbracht wurde[38]	0 €	1.000 €	1.000 €	0 €
Zinsen 2022 für festverzinsliche Wertpapiere zum Fälligkeitstermin am 5.1.2023 (50.000 €)[39]	0 €	50.000 €	50.000 €	0 €
Mieteinzahlung am 28.12.2022 für Januar 2023 (1.300 €), Betrag ist im Voraus fällig[40]	1.300 €	0 €	0 €	1.300 €

Neben dem periodengerechten Nachweis von Aufwendungen und Ertrag weist die Doppik die Vermögenssituation[41] und Finanzierung des Betriebes mittels einer Bilanz nach. Die Bilanz ist eine Gegenüberstellung der Vermögenswerte auf der einen Seite (Aktiva) und deren Finanzierung durch Eigen- und Fremdkapital auf der anderen Seite (Passiva).

Die Inhalte und Vorteile der kaufmännischen Buchführung lassen sich stichwortartig wie folgt zusammenfassen:

- Sachlich geordnete und lückenlose Aufzeichnung **aller** Geschäftsvorfälle eines Unternehmens
- Feststellung des **Stands des Vermögens und der Schulden** und lückenloses **Nachhalten aller Veränderungen der Vermögens- und Schuldenwerte**
- Ermittlung des **Erfolgs des Betriebs**, also des **Gewinns (Jahresüberschuss)** oder des **Verlusts (Jahresfehlbetrag)**, indem alle Aufwendungen und Erträge erfasst werden
- Bereitstellung von Daten für das **innerbetriebliche Controlling** zur Steigerung der Wirtschaftlichkeit und Effektivität
- Grundlage für die **Berechnung der Steuern**
- Wichtiges **Beweismittel** bei Rechtsstreitigkeiten mit Kunden, Lieferanten, Banken, Behörden (Finanzamt, Gerichten) u. a.

Bei der **Kosten- und Leistungsrechnung** (KLR) handelt es sich um ein internes ergänzendes Rechnungswesen, das die benötigten Finanzinformationen aus einem Grundrechnungssystem (Doppik, Kameralistik oder erweiterte Kameralistik) entnimmt und weiterverarbeitet. Insofern ist die Kosten- und Leistungsrechnung kein eigenständiges Rechnungssystem. Die Kosten und Leistungen werden den kommunalen Produkten zugeordnet, sodass die Wirtschaftlichkeit kommunalen Handelns outputorientiert nachgewiesen wird. Das Ziel, Produkte und Leistungen für

38 Die Rechnung ist trotz Fälligkeit und Zahlung im Januar 2023 in der kaufmännischen Buchführung noch dem Ertrag des Jahres 2022 zuzuordnen, da die Leistung in 2022 erbracht wurde. Die Gegenbuchung erfolgt als Forderung aus Lieferung und Leistung.

39 Trotz des Überweisungstermins im Januar 2023 erfolgt die Zuordnung in der Doppik periodengerecht als Ertrag des Jahres 2022 (Gegenbuchung als Forderung gegenüber Kreditinstituten).

40 Entscheidend ist, dass es sich unabhängig von der Zahlung um einen Ertrag des Monates Januar 2023 handelt. Die kaufmännische Buchung im Jahr 2022 erfolgt als „Passive Rechnungsabgrenzung“.

41 In der Einführungsphase dieses Kapitels wird noch nicht zwischen Anlage- und Umlaufvermögen unterschieden.

den Bürger wirtschaftlich anzubieten und damit der Daseinsvorsorge zu dienen, soll mithilfe der Kosten- und Leistungsrechnung nachgewiesen werden. Hier finden auch die konkreten Kalkulationen von Produktkosten und Entgelten statt.

Dabei handelt es sich bei den Kosten um die **betriebstypischen** Aufwendungen einer Periode, bei den Leistungen um die **betriebstypischen** Erträge einer Periode. Insofern ist es für die Kosten- und Leistungsrechnung wesentlich effektiver, auf die Daten der kaufmännischen Buchführung zurückgreifen zu können. Hier werden nämlich bereits Erträge und Aufwendungen dokumentiert, die nur noch auf jene Eigenschaft – als „betriebstypisch" – abgeprüft werden müssen, um Eingang in die Kosten- und Leistungsrechnung zu finden. Allerdings ist dabei nicht zu übersehen, dass in der Kosten- und Leistungsrechnung abweichend zur kaufmännischen Buchführung zum Teil jedoch Kosten nach besonderen Verfahren angesetzt werden.[42]

Allein an diesen Definitionen wird deutlich, dass es für die Ermittlung der Kosten und Leistungen effektiver ist, die Daten aus einer kaufmännischen Buchführung zu entwickeln, weil die Kameralistik nur Einnahmen und Ausgaben dokumentiert.

Allerdings ist ausdrücklich festzustellen, dass die doppelte Buchführung keine Kosten- und Leistungsrechnung ersetzt, sondern lediglich die Kosten- und Leistungsarten als betriebstypische Aufwendungen und betriebstypische Erträge bereitstellt. Die Verteilung der Kosten und Leistungen auf Betriebsteile (Kostenstellen) und Produkte (Kostenträger) sowie darauf aufbauenden Auswertungen (z. B. unter Einsatz von Kennziffern) oder Kalkulationen (z. B. Entgeltermittlungen) bleibt der Kosten- und Leistungsrechnung vorbehalten.

Insgesamt ist somit deutlich belegt, dass die kaufmännische Buchführung auch für Kommunalverwaltungen ein Rechnungssystem darstellt, das gegenüber der Kameralistik wesentlich leistungsfähiger ist und die Kosten- und Leistungsrechnung optimal bedient.

3.2 Die kommunale Bilanz

3.2.1 Inventur als Datenermittlung für die Bilanz

Da die kaufmännische Buchführung sämtliche Finanzdaten dokumentiert, werden zunächst das Vermögen und die Schulden erfasst und aufgelistet. Die Gegenüberstellung von Vermögen und Schulden erfolgt in einer Bilanz. Die Ermittlung und Feststellung des Vermögens geschehen meist durch eine körperliche **Inventur**, wobei die Auflistung des bewerteten Vermögens **„Inventar"** genannt wird. Die Inventur der Schulden erfolgt durch eine Buchinventur (z. B. Abgleich mit Saldenbestätigungen der Banken).

Als Beispiel für eine mengen- und wertmäßige Erfassung des Vermögens dient das nachstehend abgedruckte Inventurprotokoll:

42 So werden die bilanziellen Abschreibungen durch die kalkulatorischen Abschreibungen (z. B. mögliche Berücksichtigung von Wiederbeschaffungszeitwerten) und die Fremdkapitalzinsen durch kalkulatorische Zinsen (z. B. Verzinsung des Gesamtkapitals nach der Methode „Verzinsung des mittleren gebundenen Kapitals") ersetzt. In der Praxis werden solche geänderten Daten als „Anderskosten" bezeichnet. Zudem werden weitere Kosten – auch „Zusatzkosten" genannt – in die Kosten- und Leistungsrechnung einbezogen (z. B. kalkulatorische Wagnisse). Siehe dazu im Einzelnen *Bröer/Mankel/Odenthal/Wagner*, Kosten- und Leistungsrechnung, Wirtschaftlichkeitsrechnung und Finanzierung, 6. Aufl., Witten 2021, S. 23 ff.

Inventurtermin:		**31.12.2022**	**Standort:**	**FB I, Hauptstr. 15 Raum 27**		**Produkt:**	**120 02 02**
Lfd. Nr.	**Bezeichnung des Gegenstandes**	**Menge**	**Jahr der Anschaffung**	**Anschaffungsausgaben in €**	**Abschreibungsdauer**	**bereits abgeschrieben**[43]	**Wert zum Invenurtag in €**
1	Schreibtisch	2	2015	1.500	15 Jahre	8 Jahre	700
2	Schreibtischstuhl	2	2015	525	15 Jahre	8 Jahre	245
3	Besucherstuhl	4	2018	720	10 Jahre	5 Jahre	360
4	Aktenschrank	1	2021	2.300	20 Jahre	2 Jahre	2.070
5	Handy Siemens 205	2	2020	520	4 Jahre	3 Jahre	130

Unterschrift des/der Erfassenden:		**Unterschrift der Inventurleitung:**	

Eine Gesamtinventarliste einer Gemeinde könnte zum 31.12.2022 folgendes Aussehen haben, wobei die Angaben rein willkürlich und nicht vollständig sind:

I.	**Vermögenswerte**	
	Software-Lizenzen	100.000 €
	Grünflächen	1.200.000 €
	Wälder	4.000.000 €
	Schulen (Grundstücke und Gebäude)	10.000.000 €
	Kindertagesstätten (Grundstücke und Gebäude)	3.000.000 €
	Straßengrundstücke	14.000.000 €
	Kunstgegenstände	300.000 €
	Fahrzeuge	400.000 €
	Büroausstattungen	600.000 €
	Aktien aus Firmenbeteiligungen	500.000 €
	Materialbestände (Vorräte)	100.000 €
	Abgabenforderungen	400.000 €
	Bankguthaben	1.800.000 €
II.	**Verbindlichkeiten (Schulden)**	
	Landeskredite	1.000.000 €
	Bankkredite	18.000.000 €
	Verbindlichkeiten gegenüber Lieferanten	1.700.000 €
III.	**Reinvermögen (Eigenkapital)**	
	Summe der Vermögenswerte	36.400.000 €
	./. Summe der Verbindlichkeiten	20.700.000 €
	= **Reinvermögen**	**15.700.000 €**

Die Bewertung des Vermögens und der Finanzierung sowie die besonderen Problemstellungen der einzelnen Finanzpositionen sind der Darstellung in Kap. 10 vorbehalten.

43 Vereinfacht wird eine Beschaffung der Gegenstände jeweils zum Jahresanfang unterstellt.

3.2.2 Inhalt und Aufbau der kommunalen Bilanz

Aus den Ergebnissen der Inventur, der Inventarliste, wird nun die Bilanz entwickelt, wobei diese nach folgenden Strukturregelungen zu gestalten ist:

- Auf der Aktivseite wird das Vermögen mit den zum Bilanzstichtag ermittelten Werten aufgeführt. Es handelt sich somit um die Dokumentation der Kapitalverwendung (Mittelverwendung). Beantwortet wird die Frage: Wie ist das Kapital der Gemeinde angelegt?
- Auf der Passivseite werden die Verbindlichkeiten und das Eigenkapital der Gemeinde (Letzteres entspricht dem Reinvermögen) dargestellt. Es handelt sich somit um die Dokumentation der Finanzierung (Mittelherkunft). Beantwortet wird die Frage: Wie wurde das Vermögen der Gemeinde finanziert?
- Die Gliederung der beiden Bilanzseiten erfolgt nach der Fristigkeit. Auf der Aktivseite wird deshalb zwischen langfristig gebundenem Vermögen (Anlagevermögen) und kurzfristigem Vermögen (Umlaufvermögen) unterschieden. Innerhalb dieser Vermögensklassen wird wiederum nach der Fristigkeit sortiert. So werden z. B. Gebäude länger als Fahrzeuge genutzt, sodass diese Werte höherrangig in die Bilanz einzustellen sind. Auf der Passivseite wird zunächst das Eigenkapital und dann das Fremdkapital (Verbindlichkeiten) aufgelistet. Auch hier gilt wiederum das Sortiermerkmal der Fristigkeit. Deshalb werden z. B. Investitionskredite vor Dispositionskrediten (Liquiditätskredite) eingeordnet.

Die genaue Gliederung der kommunalen Bilanz schreibt der Gesetzgeber vor. Sie ist in Kap. 10 dargestellt und ausführlich erläutert.

Aus der Inventarliste zu Kap. 3.2.1 ergibt sich folgende Eröffnungsbilanz zum 1.1.2023:[44]

Aktiva	**Bilanz zum 1.1.2023**		**Passiva**
Immaterielles Vermögen	100.000 €	Eigenkapital	15.700.000 €
Unbebaute Grundstücke	5.200.000 €	Landeskredite	1.000.000 €
Bebaute Grundstücke	13.000.000 €	Bankverbindlichkeiten	18.000.000 €
Straßengrundstücke	14.000.000 €	Lieferantenverbindlichkeiten	1.700.000 €
Kunstgegenstände	300.000 €		
Fahrzeuge	400.000 €		
BGA[45]	600.000 €		
Beteiligungen	500.000 €		
Vorräte	100.000 €		
Abgabenforderungen	400.000 €		
Flüssige Mittel	1.800.000 €		
Insgesamt	**36.400.000 €**	**Insgesamt**	**36.400.000 €**

Für die Eröffnungsbilanz ergeben sich die Werte der Aktivseite und der Schulden durch Inventur. Der Wert des Eigenkapitals ergibt sich aus der Differenz der Vermögens- und Schuldenwerte. Daher ist die Bilanzsumme auf der Aktiv- und Passivseite immer gleich hoch.

44 Die Darstellung der Bilanz erfolgt vereinfacht und nicht in der Detaillierungsform der echten kommunalen Bilanz. Insofern werden einige Positionen des Inventars zusammengefasst und eine Reihe von Bilanzpositionen nicht ausgewiesen. So sind u. a. noch keine Rechnungsabgrenzungsposten enthalten.

45 Betriebs- und Geschäftsausstattung.

In den Folgejahren ergeben sich die Veränderungen der Bilanzwerte durch die Buchungen des Geschäftsjahres (Haushaltsjahres). Die Inventurwerte dienen dann zur Kontrolle.

Wichtig zum Verstehen und Lesen einer Bilanz ist, dass man Eigenkapital nicht mit Geld gleichsetzen darf. Die Geldwerte und das übrige Vermögen einer Kommune werden auf der Aktivseite ausgewiesen. Die Passivseite hat die Aufgabe, zu zeigen, ob dieses Vermögen selbst finanziert wurde (Eigenkapital) oder schuldenfinanziert ist.

3.2.3 Bilanzveränderungen (Bestandsbuchungen)

Das Vermögen einer Gemeinde kann sich im Laufe eines Jahres durch Zugänge (z. B. Neukauf eines Fahrzeuges) oder Abgänge (z. B. Verkauf eines Grundstückes) verändern. Dies gilt auch für die Positionen der Passivseite, wenn z. B. Bankkredite getilgt werden oder neue Lieferantenverbindlichkeiten entstehen. Insofern werden zu jeder Bilanzposition (mehrere) Konten geführt, auf denen zunächst die Anfangsbestände zu Beginn des Haushaltsjahres dokumentiert und dann sämtliche Veränderungen im Laufe der Rechnungsperiode nachgehalten werden. Am Ende der Rechnungsperiode wird der aktuelle Kontostand ermittelt. Sämtliche Konten werden dann zur Schlussbilanz abgeschlossen, die dann wiederum übereinstimmende Summen auf der Aktiv- und Passivseite ausweist.

Die Kontenstruktur stellt sich wie folgt dar:

S(oll)	Aktivkonto H(aben)
Anfangsbestand	**Abgänge**
Zugänge	**Saldo = Endbestand**
Summe	**Summe**

S(oll)	Passivkonto H(aben)
Abgänge	**Anfangsbestand**
Saldo = Endbestand	**Zugänge**
Summe	**Summe**

Ausgehend von einer stark vereinfachten Bilanz soll das Buchungssystem der Bestandsbuchungen[46] erläutert werden:

Aktiva	**Bilanz zum 1.1.2023**		**Passiva**
Bebaute Grundstücke	1.000.000 €	Eigenkapital	1.150.000 €
Fahrzeuge	200.000 €	Bankverbindlichkeiten	600.000 €
BGA	100.000 €	Lieferantenverbindlichkeiten	50.000 €
Bankguthaben	500.000 €		
Insgesamt	**1.800.000 €**	**Insgesamt**	**1.800.000 €**

Die Aufgliederung auf die Konten stellt sich wie folgt dar (Angaben in €):

46 Geschäftsvorfälle, die ausschließlich Konten der Bilanz berühren, werden durch Bestandsbuchungen erfasst.

S	Bebaute Grundstücke		H
AB[47]	1.000.000		

S	Eigenkapital		H
		AB	1.150.000

S	Fahrzeuge		H
AB	200.000		

S	Bankverbindlichkeiten		H
		AB	600.000

S	BGA		H
AB	100.000		

S	Lieferantenverbindlichkeiten		H
		AB	50.000

S	Bankguthaben		H
AB	500.000		

Die kaufmännische Buchführung ist dadurch gekennzeichnet, dass jeder Geschäftsvorfall auf zwei Konten gebucht wird (doppelte Buchführung). Dieses entspricht dem Grundgedanken der Bilanz, die Mittelherkunft und die Mittelverwendung jeweils zu dokumentieren. Je nach Wirkung auf das Bilanzvolumen wird zwischen vier Typen von Bestandsbuchungen unterschieden:

a) Aktivtausch

Erfasst werden Geschäftsvorfälle, die ausschließlich Konten der Aktivseite der Bilanz berühren und damit das Gesamtvolumen der Bilanz nicht verändern. Ein Konto erhält eine Bestandsmehrung, das andere Konto erfährt eine Bestandsminderung in übereinstimmender Höhe. Die nachstehenden Beispiele verdeutlichen dies:

(1) Kauf von Büromöbeln mit sofortiger Bezahlung vom Bankkonto (20.000 €)

S	BGA		H
AB	100.000		
(1)[48]	20.000		

S	Bankguthaben		H
AB	500.000	(1)	20.000

Buchungssatz:[49] BGA an Bankguthaben 20.000 €

(2) Verkauf eines Fahrzeuges zum Bilanzwert von 5.000 € (Eingang bei der Bank)

S	Fahrzeuge		H
AB	200.000	(2)	5.000

S	Bankguthaben		H
AB	500.000	(1)	20.000
	5.000		

Buchungssatz: Bankguthaben an Fahrzeuge 5.000 €

b) Passivtausch

Erfasst werden Geschäftsvorfälle, die ausschließlich Konten der Passivseite der Bilanz berühren und damit das Gesamtvolumen der Bilanz nicht verändern. Ein Konto erhält eine Bestands-

47 Anfangsbestand.

48 Nummer des Geschäftsvorfalls.

49 Üblich ist es, beim Buchungssatz immer zuerst das Konto mit der Soll- und dann das Konto mit der Haben-Buchung zu nennen, wobei die Verbindung durch das Wort „an“ erfolgt, also: „Soll an Haben“.

mehrung, das andere Konto erfährt eine Bestandsminderung in übereinstimmender Höhe. Das nachstehende Beispiel verdeutlicht dies:

(3) Ablösung einer Lieferverbindlichkeit durch einen Bankkredit (32.000 €)

S	Bankverbindlichkeiten		H	S	Lieferantenverbindlichkeiten		H
		AB	600.000	(3)	32.000	AB	50.000
		(3)	32.000				

Buchungssatz: Lieferverbindlichkeiten an Bankverbindlichkeiten 32.000 €

c) Aktiv-Passiv-Mehrung (Bilanzverlängerung)

Erfasst werden Geschäftsvorfälle, die sowohl ein Konto der Aktivseite als auch ein Konto der Passivseite der Bilanz im Bestand vermehren und damit das Gesamtvolumen der Bilanz erhöhen, somit die Bilanz verlängern. Die nachstehenden Beispiele verdeutlichen dies:

(4) Kauf eines Fahrzeuges mit Zahlungsziel von einem Monat (28.000 €)

S	Fahrzeuge		H	S	Lieferantenverbindlichkeiten		H
AB	200.000	(2)	5.000	(3)	32.000	AB	50.000
(4)	28.000					(4)	28.000

Buchungssatz: Fahrzeuge an Lieferantenverbindlichkeiten 28.000 €

(5) Aufnahme eines Bankkredites mit Gutschrift auf dem Bankkonto (140.000 €)

S	Bankguthaben		H	S	Bankverbindlichkeiten		H
AB	500.000	(1)	20.000			AB	600.000
(2)	5.000					(3)	32.000
(5)	140.000					(5)	140.000

Buchungssatz: Bankguthaben an Bankverbindlichkeiten 140.000 €

d) Aktiv-Passiv-Minderung (Bilanzverkürzung)

Erfasst werden Geschäftsvorfälle, die sowohl ein Konto der Aktivseite als auch ein Konto der Passivseite der Bilanz im Bestand vermindern und damit das Gesamtvolumen der Bilanz verringern, somit die Bilanz verkürzen. Das nachstehende Beispiel verdeutlicht dies:

(6) Bezahlung von Lieferantenverbindlichkeiten durch Überweisung (4.000 €)

S	Bankguthaben		H	S	Lieferantenverbindlichkeiten		H
AB	500.000	(1)	20.000	(3)	32.000	AB	50.000
(2)	5.000	(6)	4.000	(6)	4.000	(4)	28.000
(5)	140.000						

Buchungssatz: Lieferantenverbindlichkeiten an Bankguthaben 4.000 €

Zum Bilanzstichtag am Jahresende werden die Konten dadurch abgeschlossen, dass zunächst die Seite des Kontos mit dem größeren Volumen addiert wird. Das ist bei Aktivkonten die Soll-Seite, bei Passivkonten die Haben-Seite. Die so ermittelten Summen werden jeweils auf die andere Seite übertragen, sodass dort Differenzen (Salden) entstehen. Diese Salden stellen den neusten Stand der Konten zum Bilanzstichtag dar und werden als Gegenbuchung in der Schlussbilanz dokumentiert. Die Summen der Schlussbilanz stimmen dann überein.

Die Schlussbuchungen lauten:

Schlussbilanz an bebaute Grundstücke	1.000.000 €
Schlussbilanz an Fahrzeuge	223.000 €
Schlussbilanz an BGA	120.000 €
Schlussbilanz an Bankguthaben	621.000 €
Eigenkapital an Schlussbilanz	1.150.000 €
Bankverbindlichkeiten an Schlussbilanz	772.000 €
Lieferantenverbindlichkeiten an Schlussbilanz	42.000 €

Danach ergibt sich der im Folgenden abgedruckte Kontenabschluss und die Bilanz zum 31.12. des Jahres 2023:[50]

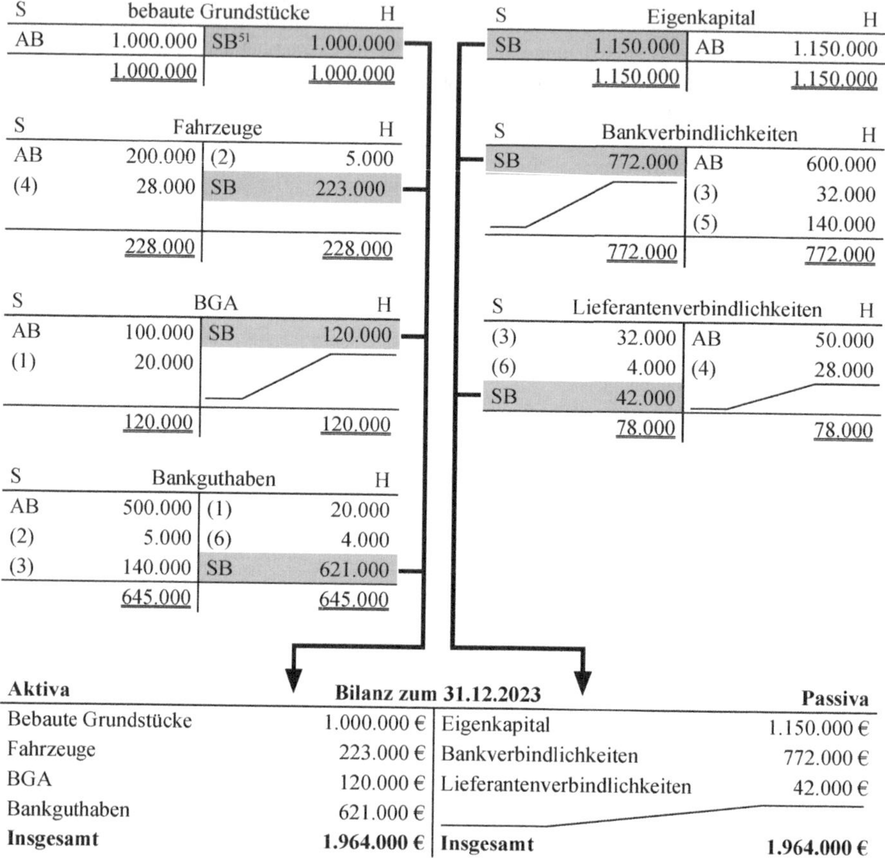

S	bebaute Grundstücke		H
AB	1.000.000	SB[51]	1.000.000
	1.000.000		1.000.000

S	Fahrzeuge		H
AB	200.000	(2)	5.000
(4)	28.000	SB	223.000
	228.000		228.000

S	BGA		H
AB	100.000	SB	120.000
(1)	20.000		
	120.000		120.000

S	Bankguthaben		H
AB	500.000	(1)	20.000
(2)	5.000	(6)	4.000
(3)	140.000	SB	621.000
	645.000		645.000

S	Eigenkapital		H
SB	1.150.000	AB	1.150.000
	1.150.000		1.150.000

S	Bankverbindlichkeiten		H
SB	772.000	AB	600.000
		(3)	32.000
		(5)	140.000
	772.000		772.000

S	Lieferantenverbindlichkeiten		H
(3)	32.000	AB	50.000
(6)	4.000	(4)	28.000
SB	42.000		
	78.000		78.000

Bilanz zum 31.12.2023

Aktiva			**Passiva**
Bebaute Grundstücke	1.000.000 €	Eigenkapital	1.150.000 €
Fahrzeuge	223.000 €	Bankverbindlichkeiten	772.000 €
BGA	120.000 €	Lieferantenverbindlichkeiten	42.000 €
Bankguthaben	621.000 €		
Insgesamt	**1.964.000 €**	**Insgesamt**	**1.964.000 €**

3.3 Die Erfolgsrechnung (Gewinn- und Verlustrechnung)

Neben der Darstellung des Vermögens, der Schulden und des Eigenkapitals in der Bilanz (Mittelverwendung und Mittelherkunft) ist es Aufgabe des Rechnungswesens, den Erfolg eines Unternehmens in einer Rechnungsperiode zu ermitteln. Dies wird durch das Gegenüberstellen von Erträgen und Aufwendungen in einer Gewinn- und Verlustrechnung erreicht. Die Gewinn- und Verlustrechnung wird auf kommunaler Ebene als „Ergebnisrechnung“ bezeichnet. Übersteigen

50 An dieser Stelle sei darauf verwiesen, dass der Abschluss in der Praxis dv-mäßig technisch anders erstellt wird. Die Darstellung im nachfolgenden Beispiel soll die Verbindungen zwischen den einzelnen Finanzdaten aufzeigen. Die Abschlusszahlen sind selbstverständlich auch bei einer Datenverarbeitung identisch mit den Werten im Beispiel.

51 Schlussbilanz.

die Erträge die Aufwendungen entsteht ein Gewinn. Sind die Aufwendungen einer Periode größer als die Erträge, liegt ein Verlust vor. Ebenso wie im Handelsrecht werden auf kommunaler Ebene die Gewinne als Jahresüberschuss und die Verluste als Jahresfehlbetrag bezeichnet.

Eine kommunale Erfolgsrechnung gliedert sich im Wesentlichen wie folgt:[52]

Soll Aufwendungen	Ertrag Haben
Personalaufwendungen	Steuern und ähnliche Abgaben
Versorgungsaufwendungen	Zuwendungen und allgemeine Umlagen
Aufwendungen für Sach- u. Dienstleistungen	sonstige Transfererträge
bilanzielle Abschreibungen	öffentlich-rechtliche Leistungsentgelte
Transferaufwendungen	privatrechtliche Leistungsentgelte
sonstige ordentliche Aufwendungen	Kostenerstattungen und Kostenumlagen
Zinsen- und sonstige Finanzaufwendungen	sonstige ordentlichen Erträge
außerordentliche Aufwendungen	aktivierte Eigenleistungen
Aufwendungen aus internen Leistungsbeziehungen[53]	Bestandsveränderungen
	Finanzerträge
	außerordentliche Erträge
	Erträge aus internen Leistungsbeziehungen[54]

Bei der Erläuterung der Buchungssystematik wird wiederum auf die in Kap. 3.3 dargestellte Bilanz mit dem Auseinanderziehen auf die Einzelkonten zurückgegriffen, wobei die dort dargestellten Buchungen übernommen und durch die nachstehenden Erfolgsbuchungen ergänzt werden. Damit wird erreicht, dass die Verbindungen zwischen Erfolgsbuchungen und der Bilanz deutlich werden.

An den folgenden Geschäftsvorfällen können die Wirkungsweise und das Verfahren für Erfolgsbuchungen erkannt werden. Auch hier greift die doppelte Buchführung, sodass jeder Geschäftsvorfall auf zwei Konten mit Soll- und Haben-Buchungen im selben Volumen angesprochen wird.

Die Erfolgskonten haben keine Anfangsbestände, da es sich bei der Ergebnisrechnung (Gewinn- und Verlustrechnung) – anders als bei der Bilanz, bei welcher eine Darstellung zu einem bestimmten Stichtag erfolgt –, um eine Periodenrechnung (Bewegungsrechnung) handelt. Jeder Periode wird eine eigenständige Erfolgsmessung zugeordnet, sodass zu Beginn des Geschäftsjahres die Konten ohne Vortragungen aus der abgelaufenen Periode eröffnet werden.

a) Aufwandsbuchungen (Buchung von Aufwendungen)

Die Aufwendungen werden im Soll gebucht. Aufwendungsberichtigungen erfolgen auf der Habenseite. Erinnert sei noch einmal an die Definition der Aufwendungen: bewerteter Verbrauch (Ressourcenverbrauch/Werteverzehr) von Gütern und Dienstleistungen in einer Periode. Die nachstehenden Buchungsbeispiele verdeutlichen die Systematik.

52 Die Besonderheiten der einzelnen Positionen sind im Kap. 11 erläutert.

53 Ein Ausweis ausschließlich in den Teilergebnisrechnungen der Produktbereiche, Produktgruppen und Produkte (siehe Kap. 11).

54 Siehe vorangehende Fußnote.

(7) Zahlung von Löhnen durch Überweisung vom Bankkonto (320.000 €)[55]

S	Lohnaufwand		H
(7)	320.000		

S	Bankguthaben		H
AB	500.000	(1)	20.000
(2)	5.000	(6)	4.000
(3)	140.000	(7)	320.000

Buchungssatz: Lohnaufwand an Bankguthaben 320.000 €

(8) Abschreibung der Fahrzeuge (46.000 €)[56]

S	Abschreibungen		H
(8)	46.000		

S	Fahrzeuge		H
AB	200.000	(2)	5.000
(4)	28.000	(8)	46.000

Buchungssatz: Abschreibung an Fahrzeuge 46.000 €

(9) Zahlung von Zinsen durch Überweisung vom Bankkonto (11.000 €)[57]

S	Zinsaufwendungen		H
(9)	11.000		

S	Bankguthaben		H
AB	500.000	(1)	20.000
(2)	5.000	(6)	4.000
(5)	140.000	(7)	320.000
		(9)	11.000

Buchungssatz: Zinsaufwendungen an Bankguthaben 11.000 €

(10) Rücküberweisung von zu viel gezahltem Lohn auf das Bankkonto (2.000 €)[58]

S	Lohnaufwand		H
(7)	320.000	(10)	2.000

S	Bankguthaben		H
AB	500.000	(1)	20.000
(2)	5.000	(6)	4.000
(5)	140.000	(7)	320.000
(10)	2.000	(9)	11.000

Buchungssatz: Bankguthaben an Lohnaufwand 2.000 €

b) Ertragsbuchungen (Buchung von Erträgen)

Der Ertrag wird im Haben gebucht. Ertragsberichtigungen erfolgen auf der Sollseite. Erinnert sei noch einmal an die Definition des Ertrages: bewertete Güter und Dienstleistungen eines Betriebes, die in einer Periode erbracht werden (Zuwachs an Ressourcen, Wertezuwachs). Die nachstehenden Buchungsbeispiele verdeutlichen die Systematik:

55 Bewerteter Verbrauch von Personalressourcen.
56 Bewerteter Verbrauch von Fahrzeugen.
57 Bewerteter Verbrauch einer Dienstleistung des Kreditinstitutes (Bereitstellung von Kapital).
58 Berichtigungsbuchung zu Nr. 7.

(11) Eingang von Mieten auf dem Bankkonto (484.000 €)[59]

S	Bankguthaben		H
AB	500.000	(1)	20.000
(2)	5.000	(6)	4.000
(5)	140.000	(7)	320.000
(10)	2.000	(9)	11.000
(11)	484.000		

S	Mieterträge		H
		(11)	484.000

Buchungssatz: Bankguthaben an Mieterträge 484.000 €

(12) Ein Möbelgeschäft spendet Büromöbel im Wert von 23.000 €[60]

S	BGA		H
AB	100.000		
(1)	20.000		
(12)	23.000		

S	außerordentlicher Erträge		H
		(12)	23.000

Buchungssatz: BGA an außerordentlicher Ertrag 23.000 €

(13) Rücküberweisung einer zu viel berechneten Miete (3.000 €)[61]

S	Bankguthaben		H
AB	500.000	(1)	20.000
(2)	5.000	(6)	4.000
(3)	140.000	(7)	320.000
(10)	2.000	(9)	11.000
(11)	484.000	(13)	3.000

S	Mieterträge		H
(13)	3.000	(11)	484.000

Buchungssatz: Mieterträge an Bankguthaben 3.000 €

Am Ende des Geschäftsjahres werden die Konten dadurch abgeschlossen, dass zunächst die Seite des Kontos mit dem größeren Volumen addiert wird. Das ist bei Aufwendungskonten die Soll-Seite, bei Ertragskonten die Haben-Seite. Die so ermittelten Summen werden jeweils auf die andere Seite übertragen, sodass dort Differenzen (Salden) entstehen. Diese Salden stellen den neuesten Stand des Kontos zum Periodenende dar und werden als Gegenbuchung in der Ergebnisrechnung (Gewinn- und Verlustrechnung) dokumentiert. Die Differenz zwischen Ertrag

59 Bewerteter Zuwachs an produzierten Dienstleistungen (Bereitstellung von Mietobjekten).

60 Bewerteter Zuwachs an Ressourcen, wenn auch nicht selbst produziert (deshalb außerordentlicher Ertrag). Die Darstellung ist vereinfacht. Die Behandlung der Sachspende im kommunalen Finanzmanagement als Sonderposten gemäß § 44 Abs. 5 KomHVO ist in Kap. 10.3.6 ausführlich erläutert, hier aber nicht berücksichtigt worden. Ansonsten stellt sich die Frage, ob es sich wegen der Höhe des Betrages um einen sonstigen ordentlichen Ertrag oder außerordentlichen Ertrag handelt. Da der Betrag jedoch rund 5 % der Ergebnisrechnung ausmacht (siehe nachfolgende Schlussbilanz), ist der Ausweis als außerordentlicher Ertrag vertretbar.

61 Berichtigungsbuchung zu Nr. 11.

und Aufwendungen ist das Jahresergebnis. Dabei wird ein Jahresüberschuss (Gewinn) auf der Soll-Seite und ein Jahresfehlbetrag (Verlust) auf der Habenseite dargestellt.

Die Schlussbuchungen lauten:

Ergebnisrechnung an Lohnaufwand	318.000 €
Ergebnisrechnung an Abschreibungen	46.000 €
Ergebnisrechnung an Zinsaufwendungen	11.000 €
Mieterträge an Ergebnisrechnung	481.000 €
Außerordentliche Erträge an Ergebnisrechnung	23.000 €
Jahresüberschuss an Eigenkapital	129.000 €

Danach ergibt sich nachstehende Ergebnisrechnung:

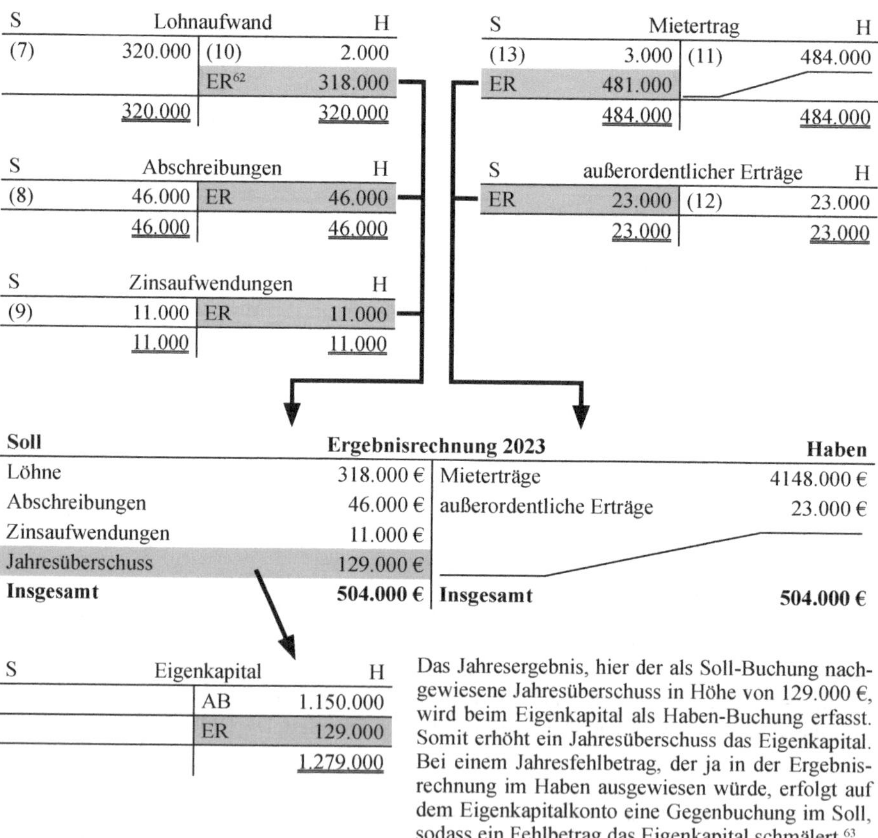

Das Jahresergebnis, hier der als Soll-Buchung nachgewiesene Jahresüberschuss in Höhe von 129.000 €, wird beim Eigenkapital als Haben-Buchung erfasst. Somit erhöht ein Jahresüberschuss das Eigenkapital. Bei einem Jahresfehlbetrag, der ja in der Ergebnisrechnung im Haben ausgewiesen würde, erfolgt auf dem Eigenkapitalkonto eine Gegenbuchung im Soll, sodass ein Fehlbetrag das Eigenkapital schmälert.[63]

62 Ergebnisrechnung.

63 Das Verfahren ist vereinfacht dargestellt. Zur speziellen Verbuchung im kommunalen Finanzmanagement siehe Kap. 21.

Die Schlussbilanz wird wiederum nach dem in Kap. 3.2.3 geschilderten Verfahren wie folgt erstellt:

S	bebaute Grundstücke		H
AB	1.000.000	SB	1.000.000
	1.000.000		1.000.000

S	Eigenkapital		H
SB	1.279.000	AB	1.150.000
		ER	129.000
	1.279.000		1.279.000

S	Fahrzeuge		H
AB	200.000	(2)	5.000
(4)	28.000	(8)	46.000
		SB	177.000
	228.000		228.000

S	Bankverbindlichkeiten		H
SB	772.000	AB	600.000
		(3)	32.000
		(5)	140.000
	772.000		772.000

S	BGA		H
AB	100.000	SB	143.000
(1)	20.000		
(12)	23.000		
	143.000		143.000

S	Lieferantenverbindlichkeiten		H
(3)	32.000	AB	50.000
(6)	4.000	(4)	28.000
SB	42.000		
	78.000		78.000

S	Bankguthaben		H
AB	500.000	(1)	20.000
(2)	5.000	(6)	4.000
(5)	140.000	(7)	320.000
(10)	2.000	(9)	11.000
(11)	484.000	(13)	3.000
		SB	773.000
	1.131.000		1.131.000

Bilanz zum 31.12.2023

Aktiva			**Passiva**
Bebaute Grundstücke	1.000.000 €	Eigenkapital	1.279.000 €
Fahrzeuge	177.000 €	Bankverbindlichkeiten	772.000 €
BGA	143.000 €	Lieferantenverbindlichkeiten	42.000 €
Bankguthaben	773.000 €		
Insgesamt	**2.093.000 €**	**Insgesamt**	**2.093.000 €**

Die Gesamtzusammenhänge des Buchungssystems der kaufmännischen Buchführung werden noch einmal an dem nachstehenden Schaubild[64] deutlich:

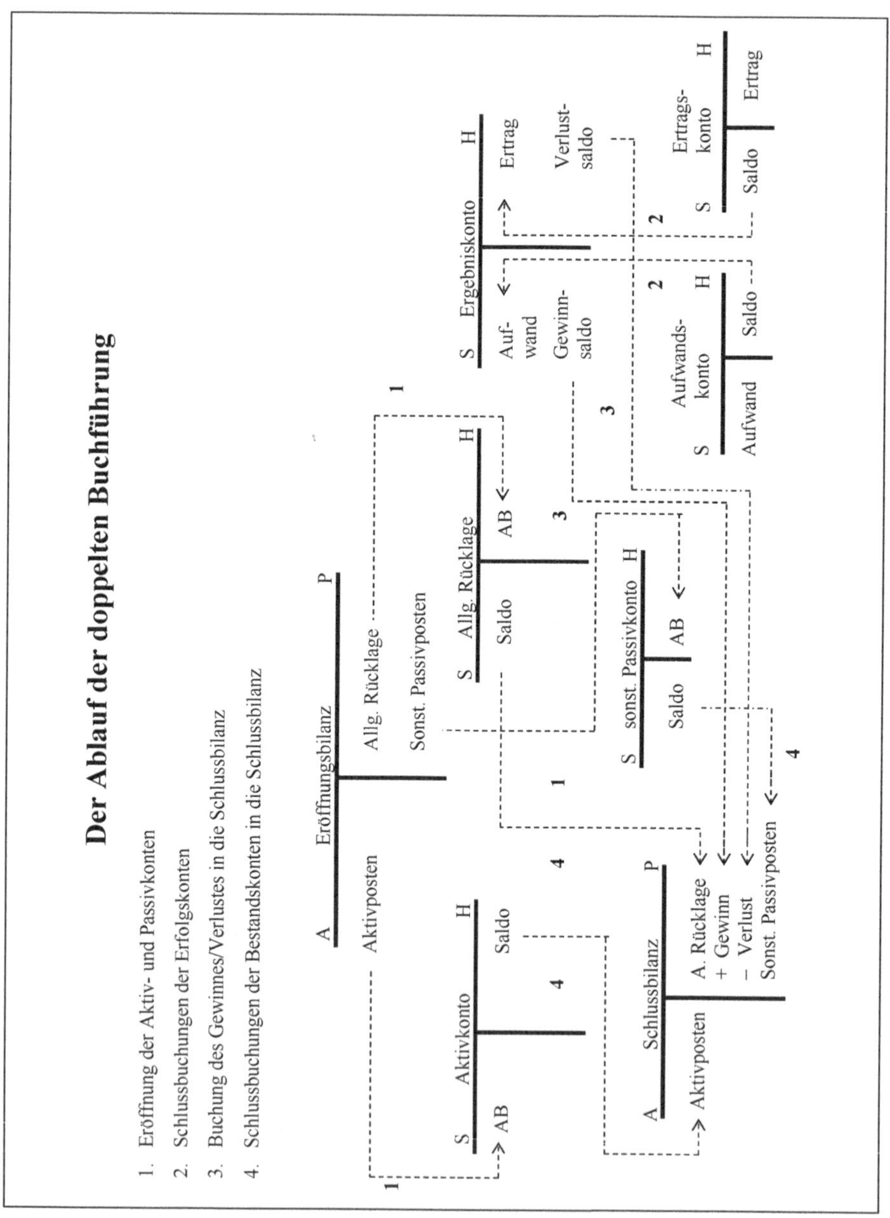

64 Entnommen aus *Klümper/Möllers/Zimmermann*, Kommunale Kosten- und Wirtschaftlichkeitsrechnung, 20. Aufl., Witten 2019, S. 85.

Als weitere Hilfestellung mögen auch die nachstehenden schlagwortartigen Merksätze zur kaufmännischen Buchführung dienen:[65]

Arbeitsschritte und Merksätze

1. Eröffnung der Konten

- Aktivkonto: Bestand aus der Abschlussbilanz des Vorjahres auf der Sollseite vortragen, d. h. Anfangsbestände stehen im Soll.
- Passivkonto: Bestand aus der Abschlussbilanz des Vorjahres auf der Habenseite Vortragen, d. h. Anfangsbestände stehen im Haben.
- Aufwendungs- und Ertragskonten werden bei Bedarf eingerichtet. Hier liegen keine Bestände vor, weil Aufwendungen und Ertrag jeweils für ein Jahr ermittelt werden.

2. Buchung auf den Konten im laufenden Jahr

- Aktivkonto:
  Zugänge werden im Soll gebucht.
  Abgänge werden im Haben gebucht.
- Passivkonto:
  Zugänge werden im Haben gebucht.
  Abgänge werden im Soll gebucht.
- Aufwendungskonto:
  Aufwendungen werden im Soll gebucht.
  Abgänge auf die Aufwendungen (Berichtigungen) werden im Haben gebucht.
- Ertragskonto:
  Erträge werden im Haben gebucht.
  Abgänge auf die Erträge (Berichtigungen) werden im Soll gebucht.

3. Abschluss der Konten

- Aufwendungs- und Ertragskonten werden zur Ergebnisrechnung (Gewinn- und Verlustrechnung) abgeschlossen.
- Die Differenz in der Ergebnisrechnung (Gewinn oder Verlust) wird zum Eigenkapitalkonto abgeschlossen. Der Gewinn erhöht das Eigenkapital (Haben-Buchung auf dem Eigenkapitalkonto), der Verlust verringert das Eigenkapital (Sollbuchung auf dem Eigenkapitalkonto).
- Die Aktiv- und Passivkonten werden zur Bilanz abgeschlossen.
- Die Aktiv- und Passivseite der Bilanz müssen übereinstimmende Summen aufweisen.

65 Die Darstellungen sind ohne die im kommunalen Finanzmanagement gemäß § 40 KomHVO erforderliche Finanzrechnung erfolgt. Die Finanzrechnung bewirkt, dass die Ein- und Auszahlungen nicht nur dem Bankkonto zugeordnet werden, sondern zusätzlich in einer besonderen Buchungskomponente nachgewiesen werden. So ist z. B. die Mieteinzahlung nicht nur beim Bankkonto nachzuweisen, sondern auch einem speziellen Mieteinzahlungskonto zuzuordnen. Im Einzelnen siehe dazu Kap. 12.

3.4 Praktische Beispiele und Übungen

Sachverhalt 1 (Abgrenzung der Rechnungssysteme)
Die seit 2013 von der katholischen Kirchengemeinde mit Hilfe des kameralen Rechnungssystems betriebene Bücherei wird der Stadt S zum 1.1.2023 übertragen. Es werden Überlegungen angestellt, die Bücherei mit Beginn des Jahres 2023 als eigenbetriebsähnliche Einrichtung nach § 107 Abs. 2 Satz 2 GO zu führen, sodass dann die Vorschriften für die Eigenbetriebe Anwendung finden würden. Nach § 19 Abs. 1 EigVO würde dieses dann die Einführung der kaufmännischen Buchführung bedeuten. Insofern überlegt die Leitung der Bücherei, welche Ergebnisse die unterschiedlichen Buchführungsverfahren erbringen würden. Für die Entscheidungsfindung kann sie dabei auf folgende Informationen[66] zurückgreifen, wobei im Finanzierungsbereich zum 31.12.2022 lediglich Bankverbindlichkeiten von 60.000 € bestehen:

• Kaufpreis des Büchereigebäudes zum 2.1.2013: (Nutzungsdauer 40 Jahre, linearer Werteverzehr)	800.000 €
• Kaufpreis des Mobiliars zum 2.1.2019: (Nutzungsdauer 10 Jahre, linearer Werteverzehr)	180.000 €
• Kaufpreise der Bücher jährlich zum Jahresanfang je: (Nutzungsdauer 5 Jahre, linearer Werteverzehr)	30.000 €
• Personalausgaben/-aufwendungen in 2023:	200.000 €
• Energieausgaben/-aufwendungen in 2023:	5.000 €
• Geschäftsausgaben/-aufwendungen 2023:	3.000 €
• Spende an die Bibliothek der Partnergemeinde zur Beseitigung von Hochwasserschäden, zahlbar in 2023:	10.000 €
• Ausleihgebühren/-ertrag 2023:	40.000 €
• Mieteinnahmen/-ertrag 2023:	1.000 €

Aufgabe:
Ermitteln Sie die Jahresergebnisse 2023 (Stichtag: 31.12.2023) nach den Buchungsverfahren der Kameralistik, der kaufmännischen Buchführung und der Kosten- und Leistungsrechnung. Unterstellen Sie dabei, dass die im Sachverhalt genannten Finanzdaten unverändert in den Jahresabschluss 2023 einfließen, soweit Sie nicht aufgrund des Sachverhaltes zu bearbeiten sind.

Lösung:
Das Rechnungssystem der Kameralistik stellt die Einnahmen und Ausgaben des Jahres 2023 gegenüber, sodass folgendes Ergebnis zum 31.12.2023 zu erwarten ist:[67]

66 Es handelt sich um einen Einstiegsfall zur Verdeutlichung der Grundstrukturen der Rechnungssysteme. Insofern sind die Ergebnisse nicht mit einer echten Abrechnung zu vergleichen, zumal vor allem für die kaufmännische Buchführung wichtige Finanzdaten wie z. B. Bestände an liquiden Mitteln fehlen.

67 Auf die Trennung in vermögenswirksame und vermögensunwirksame Geschäftsvorfälle wird verzichtet.

Ausgaben		**Einnahmen**	
Kauf von Büchern	30.000 €	Ausleihgebühren	40.000 €
Personalausgaben	200.000 €	Mieteinnahmen	1.000 €
Energieausgaben	5.000 €	**Summe**	**41.000 €**
Geschäftsausgaben	3.000 €		
Spenden	10.000 €		
Summe	**248.000 €**	**Fehlbetrag**	**207.000 €**

In der kaufmännischen Buchführung werden eine Gewinn- und Verlustrechnung 2023 (Ergebnisrechnung) mit der Gegenüberstellung von Aufwendungen und Erträgen sowie eine Bilanz zum Stichtag 31.12.2023 erstellt.

Soll	**Gewinn- und**	**Verlustrechnung 2023**	**Haben**
Personalaufwendungen	200.000 €	Gebührenerträge	40.000 €
Energieaufwendungen	5.000 €	Mieterträge	1.000 €
Geschäftsaufwendungen	3.000 €	**Verlust 2010**	**245.000 €**
Spende	10.000 €		
Abschreibungen für			
Gebäude	20.000 €		
Mobiliar	18.000 €		
Bücher[68]	30.000 €		
Insgesamt	**286.000 €**	**Insgesamt**	**286.000 €**

Aktiva	**Bilanz zum**	**31.12.2023**	**Passiva**
Büchereigebäude	580.000 €	Eigenkapital	370.000 €
Mobiliar	90.000 €	Bankverbindlichkeiten	60.000 €
Buchbestand[69]	60.000 €		
Insgesamt	**730.000 €**	**Insgesamt**	**730.000 €**

In die Kosten- und Leistungsrechnung fließen die betriebstypischen (betriebserforderlichen) Aufwendungen und Erträge ein. Die Aufwendungen und Erträge sind der Gewinn- und Verlustrechnung zu entnehmen. Dabei ist lediglich die Spende an die Partnergemeinde nicht für den Betrieb der Stadtbücherei in S notwendig, sodass es sich hierbei zwar um Aufwand, aber nicht um Kosten der Stadtbibliothek S handelt.[70] Insofern ergibt sich folgende Darstellung in der Kosten- und Leistungsrechnung:

68 Die Buchbeschaffungen mit jährlich 30.000 € werden bei einer Nutzungsdauer von fünf Jahren mit 6.000 € je Jahr abgeschrieben: 5 × 6.000 € = 30.000 €. Zur Besonderheit einer möglichen Festwertbildung für den Buchbestand siehe Kap 10.

69 Die Beschaffungen aus dem Jahr 2019 und früher sind bereits vollständig abgeschrieben (Restbuchwert von 0 €). Die Beschaffungen aus dem Jahr 2020 sind mit 4 × 6.000 €, die Beschaffungen aus dem Jahr 2021 mit 3 × 6.000 €, die Beschaffungen aus dem Jahr 2022 mit 2 × 6.000 € und die Beschaffungen aus dem Jahr 2023 mit 1 × 6.000 € abgeschrieben, sodass Ende 2023 ein Restbuchwert von 60.000 € verbleibt.

70 Es stellt sich ohnehin die Frage, ob die Zuordnung der Spende von 10.000 € zum Budget der Stadtbibliothek vertretbar ist. Sachgerechter wäre sicherlich die Einordnung der Spende in den Budgetbereich der Städtepartnerschaften.

Aufwendungen	286.000 €	**Leistungen**	**41.000 €**
Spende	10.000 €		
Kosten	**276.000 €**		

Sachverhalt 2 (Betriebswirtschaftliche Grundbegriffe)
Bei der Gemeinde G werden die folgenden Geschäftsvorfälle bearbeitet:

a) Am 15.5.2022 werden für die Toiletten des Freibades für 10.000 € Einmalhandtücher angeschafft. Nach Beendigung der Freibadsaison am 18.9.2022 wird festgestellt, dass davon lediglich 60 % verbraucht wurden. Die restlichen Handtücher werden winterfest für das kommende Betriebsjahr gelagert.
b) Bei der Kraftfahrzeugwerkstatt der Abfallbeseitigung fallen in 2022 300.000 € Arbeiterlöhne für insgesamt 6.000 Arbeitsstunden an. Nach den Aufzeichnungen des Meisters entfielen davon 5.000 Stunden auf Reparaturarbeiten für die Fahrzeuge der Abfallbeseitigung. 1.000 Arbeitsstunden wurden für den Umbau eines Lastkraftwagens zu einem Spezialfahrzeug für die Abfallbeseitigung eingesetzt. Dieses Fahrzeug ist erst zu Beginn des Jahres 2023 betriebsbereit.
c) Die Abfallbeseitigung nimmt im Januar 2023 Gebühren für die Entleerung von Hausmüllbehältern in Höhe von 400.000 € ein. Darin enthalten sind Nachzahlungen für 2022 von 10.000 €, für die Ende 2022 eine Veranlagung mit Fälligkeit im Januar 2023 erfolgte.
d) Die Gemeinde G besitzt ein Straßenreinigungsfahrzeug. Das Fahrzeug wurde am 2.1.2020 zu einem Preis von 150.000 € beschafft und wird jedes Jahr in vollem Umfang für die Straßenreinigung eingesetzt. Beim Fahrzeug wird eine voraussichtliche Lebensdauer (= Nutzungsdauer) von fünf Jahren unterstellt.
e) Mieteinnahme in Höhe von 300 € in 2022 für den Monat August 2022 aus einer Hausmeisterwohnung.
f) Auf Grund eines Orkanschadens im Dezember 2022 muss das Dach des Hallenbades neu eingedeckt werden. Die Rechnung für die im Jahr 2022 durchgeführte Dachreparatur in Höhe von 80.000 € geht erst im Januar 2023 ein.
g) Die Pacht für ein Grundstück auf dem gemeindlichen Deponiegelände ist als Jahrespacht jährlich im Voraus zu entrichten. Die Pacht für die Zeit vom 1.10.2022 bis 30.9.2023 in Höhe von 12.000 € wird am 28.9.2022 gezahlt.
h) Kauf und Bezahlung von Dieselkraftstoff (50.000 €) am 28.12.2022, obwohl das Tanklager des Fuhrparks noch halb gefüllt ist. Der Kauf ist darin begründet, dass die Mineralölpreise auf Grund einer Steuererhöhung zum 1.1.2023 um ca. 10 Cent je Liter steigen werden. Der Dieselkraftstoff wird erst im folgenden Jahr verbraucht.

Aufgabe:
Begutachten Sie, welchen Jahren die Kameralistik und welchen Jahren die kaufmännische Buchführung die im Sachverhalt genannten Geschäftsvorfälle zuordnet.[71]

Lösung:
Die Kameralistik ordnet die Einnahmen und Ausgaben dem Jahr zu, in dem der Geldmittelfluss stattfindet (Grundsatz der Kassenwirksamkeit). Die kaufmännische Buchführung dagegen do-

71 Seit dem Haushaltsjahr 2009 werden die kommunalen Haushalte in Nordrhein-Westfalen doppisch geführt. Insofern dient diese Aufgabe vor allem der Vermittlung der Grundbegriffe der kaufmännischen Buchführung, grenzt aber auch von einer rein kameralen Einnahmen-/Ausgabenrechnung ab.

kumentiert den Werteverzehr (Ressourcenverbrauch) und den Wertezuwachs (Ressourcenzuwachs). Daraus folgend kann die Zuordnung zu den beiden Rechnungssystemen tabellarisch dargestellt werden:

Fall	Kameralistik		Kaufmännische Buchführung	
Buchstabe	Einnahme/Jahr	Ausgabe/Jahr	Ertrag/Jahr	Aufwendung/Jahr
a		10.000 €/ 2022		6.000 €/2022 4.000 €/2023
b		300.000 €/ 2022	50.000 € 2022	300.000 €/ 2022[72]
c	400.000 €/ 2023		10.000 €/2022 390.000 €/2023	
d		150.000 €/ 2020		je 30.000 €/ 2020–2024
e	300 €/ 2022		300 €/ 2022	
f		80.000 €/ 2023		80.000 €/ 2022
g		12.000 €/ 2022		3.000 €/2022 9.000 €/2023
h		50.000 €/ 2022		50.000 €/ 2023

Sachverhalt 3 (Erstellung einer Eröffnungsbilanz)[73]

Die Stadt S übernimmt mit Wirkung vom 1.1.2023 Sporthallen, Sportplätze und Schwimmbäder eines Vereins und wird diesen Bereich als Eigenbetrieb mit dem Namen „Freizeit" führen. Sie muss deshalb zum 1.1.2023 eine Eröffnungsbilanz erstellen. Dabei übernimmt sie das Vermögen, die Verbindlichkeiten sowie alle Rechte und Pflichten des Vereins zu Buchwerten. Die Inventur hat Folgendes ergeben:

a) Der Wert der Fahrzeuge betrug zum 31.12.2022 200.000 €.
b) Die Betriebs- und Geschäftsausstattung hatte zum Ende 2022 einen Wert in Höhe von 100.000 €.
c) Die Sporthalle hat zum 31.12.2022 einen Wert von 1.170.00 €. Das Hallenbad wurde in 2010 neu errichtet (Fertigstellung und Inbetriebnahme zum 1.7.2010). Der Bau des Hallenbades verursachte Ausgaben (Herstellungskosten) von 2.000.000 €. Das Grundstück wurde in 2010

72 In 2022 sind an Personalaufwendungen 300.000 € zu buchen. Der Betrag von 50.000 € ist als Aktivierte Eigenleistung (Ertrag) nachzuweisen. D. h. dem Personalaufwand in Höhe von 50.000 € wird ein Ertrag in dieser Höhe gegenübergestellt, da die Mitarbeiter durch den Umbau einen Vermögenswert geschaffen haben. Der Buchwert des Lkw ist um den Betrag von 50.000 € zu erhöhen (Herstellungskosten). Ab 2023 ist der Lastkraftwagen abzuschreiben (in der Lösung nicht dargestellt).

73 Diese Übungsaufgabe soll die Erstellung einer Bilanz verdeutlichen. Dabei geht sie über die bisher dargestellten Gliederungsebenen hinaus. Insofern sind zusätzliche Kenntnisse zu besonderen Bilanzpositionen und Bewertungen erforderlich. Die einzelnen Problemstellungen werden in der Textlösung erläutert, sodass jederzeit die Gliederungsproblematik nachvollzogen werden kann. Die Bewertung soll auf der Basis der historischen Anschaffungskosten erfolgen. Zur besonderen Bewertung nach den Regeln des kommunalen Finanzmanagements siehe Kap. 10.

für 940.000 € erworben. Die Nutzungsdauer des Hallenbades beträgt 50 Jahre. Zum 15.6.2010 wurden an Erschließungsbeiträgen 50.000 € und Kanalanschlussbeiträgen 10.000 € entrichtet.

d) In 2022 wurden den die Anlagen nutzenden Sportvereinen 100.000 € Nutzungsentgelte in Rechnung gestellt. Der Sportverein „FC Schienbein 09" hat trotz mehrfacher Mahnungen des früheren Eigentümers die Entgelte von 10.000 € noch nicht überwiesen. Daraufhin hat der frühere Eigentümer entschieden, eine in 2022 zugesagte Spende an diesen Verein in Höhe von 20.000 € trotz Fälligkeit nicht zu überweisen. Eine Verrechnung der beiden Zahlungen wurde nicht vorgenommen.

e) Das von der Stadt S zu übernehmende Bankguthaben des Vereins beläuft sich zum 31.12.2022 auf 50.000 €.

f) Der Verein führte im Sportstättenbereich ein umfangreiches Materiallager (rote Asche für die Sportplätze). Die Bewertung erfolgt nach dem FiFo-Verfahren („first in – first out"). Der Lagerbestand zum 1.1.2022 betrug 5 t Asche zu einem Wert von 6.050 €. Am Jahresende 2022 befanden sich noch 4 t Asche im Lager. In 2022 erfolgten folgende Zukäufe:

27.2.2022	5 t zum Einkaufspreis von 1.200 €/t
14.6.2022	7 t zum Einkaufspreis von 1.100 €/t
19.9.2022	6 t zum Einkaufspreis von 1.500 €/t

g) In 2009 hatte der Verein zur Finanzierung des Hallenbades einen Kredit in Höhe von 1.200.000 € aufgenommen. Bis Ende 2022 hat der Verein dafür einen Schuldendienst von insgesamt 400.000 € geleistet, wovon 300.000 € auf die Zinsen und der Rest auf die Tilgung entfielen. Außerdem wurde in 2009 eine zweckgebundene Landeszuweisung in Höhe von 200.000 € als Ertragszuschuss für das Gebäude gewährt.

h) Die Firma Raffke GmbH und Co. KG hatte in 2022 einen größeren Reparaturauftrag im Hallenbad ausgeführt (Rechnungsbetrag: 80.000 €). Der Verein war der Auffassung, dass die Reparatur nur mit Mängeln ausgeführt wurde, und hatte deshalb auf den Rechnungsbetrag in 2022 nur 60.000 € gezahlt. Die restlichen 20.000 € wurden zurückgehalten, bis eine gerichtliche Klärung erfolgt. Nach Auffassung des den Verein betreuenden Rechtsanwaltes zeichnet sich ein Vergleich über 15.000 € ab. Diesen Betrag hat der Verein vorsichtshalber auf ein Postbankkonto angelegt. Das Postbankkonto geht auch in das Vermögen des Eigenbetriebes über.

i) Der Verein hatte vertragsgemäß am 12.12.2022 bereits die Leasingrate 2023 für einen Großflächenmäher (Sportplatzpflege) in Höhe von 8.000 € gezahlt.

j) Außerdem besteht ein Bargeldbestand von 1.000 €. Dieser beruht auf eine bereits am 17.12.2022 erfolgten Einzahlung des Schwimmvereins „Bei uns ertrinkt keiner e. V." als Benutzungsentgelt für das erste Quartal 2023. Der Kassierer hatte den Betrag trotz Fälligkeit zum 15.2.2023 wegen seines Langzeiturlaubs auf Mallorca vorzeitig gezahlt.

Aufgabe:

Stellen Sie die Eröffnungsbilanz für den Eigenbetrieb „Freizeit" zum 1.1.2023 auf. Begründen Sie die einzelnen Arbeitsschritte.

Lösung:

Aktiva	Eröffnungsbilanz zum 1.1.2023		Passiva
Hallenbad	2.500.000 €	Eigenkapital	2.7744.000 €
Sporthalle	1.170.000 €	Investitionszuwendungen	150.000 €
Fahrzeuge	200.000 €	Rückstellungen	15.000 €
BGA	100.000 €	Bankverbindlichkeiten	1.100.000 €
Vorräte	6.000 €	Leasingverbindlichkeiten	1.170.000 €
Forderungen an Vereine	10.000 €	Verbindlichkeiten an Vereine	20.000 €
Bankguthaben	50.000 €	Passive Rechnungsabgrenzung	1.000 €
Postbankguthaben	15.000 €		
Kasse	1.000 €		
Aktive Rechnungsabgrenzung	8.000 €		
Insgesamt	**4.060.000 €**	**Insgesamt**	**4.060.000 €**

Im Einzelnen ergeben sich folgende Begründungen:

a) Das Inventurergebnis von 200.000 € für die Fahrzeuge wird auf die Aktivseite eingestellt.
b) Das Inventurergebnis von 100.000 € für die Betriebs- und Geschäftsausstattung (BGA) wird auf die Aktivseite eingestellt.
c) Die Sporthalle wird zum Buchwert übernommen und das Hallenbad muss folgender Bewertung zugeführt werden:

	Grundstück in €	**Gebäude in €**
Anschaffungsausgaben 2010 (lt. Sachverhalt als Basis zu verwenden)	940.000	2.000.000
Erschließungsbeitrag 2010 (Wertverbesserung des Grundstücks[74])	50.000	
Kanalanschlussbeitrag 2010 (Wertverbesserung des Grundstücks[75])	10.000	
abzüglich lineare Abschreibungen (1.7.2010 bis 31.12.2022 = 12,5 Jahre)	0	500.000
Wert 31.12.2022	1.000.000	1.500.000
Gesamtbilanzwert	**2.500.000**	

d) Das noch nicht eingegangene Nutzungsentgelt ist auf der Aktivseite als Forderung einzustellen. Der noch nicht überwiesene Betriebszuschuss stellt eine Verbindlichkeit gegenüber dem Verein dar und ist auf der Passivseite zu platzieren.
e) Das Bankguthaben von 50.000 € wird auf die Aktivseite als Umlaufvermögen eingestellt.
f) Der Bestand an roter Asche ist nach einem gängigen Verfahren zu bewerten. Die Lösung hat sich des FiFo-Verfahrens („first in – first out“) bedient, sodass der Bestand nach dem letzten Einstandspreis bewertet wird.[76] Insofern werden 4 t × 1.500 €/t = 6.000 € der Aktivseite der Bilanz zugeordnet.

74 Die Grundstücksbezogenheit steht im Vordergrund, so auch die ständige Rechtsprechung im Steuerrecht (z. B. BFH, Urt. vom 7.11.1995 [BStBl. S. 190]).

75 Die Grundstücksbezogenheit steht im Vordergrund, so auch die ständige Rechtsprechung im Steuerrecht (z.B. BFH, Urt. vom 18.7.1972 [BStBl. S. 931]).

76 § 35 KomHVO lässt seit dem 1.1.2019 auch das FiFo-Verfahren zu (siehe dazu auch Kap. 10).

g) Kredite sind als Verbindlichkeiten auf der Passivseite der Bilanz nachzuweisen. Der bis zum Bilanzierungsstichtag bereits geleistete Schuldendienst von 400.000 € enthielt Zinsen in Höhe von 300.000 €, sodass der Tilgung 100.000 € zuzuordnen sind. Dieser Betrag verringert die Ursprungsverbindlichkeit entsprechend. Investitionszuwendungen sind als Finanzierungsmittel des Anlagevermögens zu passivieren und entsprechend der Nutzungsdauer des geförderten Vermögensgegenstandes aufzulösen. Wie bei Buchst. c) dargestellt, sind bereits Abschreibungen von 12,5 Jahre erfolgt, sodass auch für diesen Zeitraum eine Auflösung in Höhe von 50.000 € abzusetzen ist (200.000 € : 50 Jahre Gesamtnutzungsdauer × 12,5 Jahre).

h) Hier sind zwei Lösungsansätze vertretbar: In Höhe des zu erwartenden Vergleichsbetrages ist eine Rückstellung auf der Passivseite zu bilden (Rückstellung für ungewisse Verbindlichkeiten). Dies setzt voraus, dass eine Verbindlichkeit in Höhe des ausstehenden Rechnungsbetrages nicht gebucht bzw. ausgebucht wurde. Von dieser Variante wurde in der Lösung ausgegangen. Als Lösungsvariante denkbar ist auch: Es besteht weiterhin eine Verbindlichkeit aus Lieferung und Leistung in Höhe von 20.000 €. Erst wenn der Vergleich abgeschlossen wurde, ist diese zu reduzieren.
Unstrittig ist das Postbankkonto als Umlaufvermögen der Aktivseite zuzuordnen.

i) Bei der Leasingrate für den Großflächenmäher handelt es sich zwar um eine Auszahlung des Jahres 2022, jedoch um Aufwendungen des Jahres 2023. Insofern ist der Betrag als aktive Rechnungsabgrenzung zu bilanzieren und damit der Erfolgsrechnung des Jahres 2023 zuzuordnen.[77]

j) Die Einzahlung des Jahres 2022 stellt einen Ertrag des Jahres 2023 dar. Insofern muss der Betrag der Erfolgsrechnung des Jahres 2023 zugeführt werden. Die bilanzielle Darstellung erfolgt als passive Rechnungsabgrenzung.[78]

Der Gesamtsumme des Vermögens von 4.060.000 € stehen Investitionszuwendungen und Verbindlichkeiten in Höhe von 1.286.000 € gegenüber, sodass sich als Differenz ein Reinvermögen von 2.774.000 € ergibt, das als Eigenkapital ausgewiesen wird.

Sachverhalt 4 (Bestandsbuchungen)

Die Eröffnungsbilanz einer Eigengesellschaft der Gemeinde G zum 1.1.2023 hat folgenden Inhalt:

Aktiva	**Eröffnungsbilanz zum 1.1.2023**		**Passiva**
Bebaute Grundstücke	1.000.000 €	Eigenkapital	1.150.000 €
Fahrzeuge	200.000 €	Hypothekenverbindlichkeiten	560.000 €
BGA	100.000 €	Dispositionskredite	40.000 €
Forderungen	7.000 €	Lieferantenverbindlichkeiten	50.000 €
Bankguthaben	493.000 €		
Insgesamt	**1.800.000 €**	**Insgesamt**	**1.800.000 €**

Im Jahre 2023 fallen folgende Geschäftsvorfälle an:

1. Kauf eines Fahrzeuges (10.000 €), Überweisung erfolgt aus dem Bankguthaben.
2. Eingang von 4.000 € auf die ausstehenden Forderungen auf dem Bankkonto.

77 Eine aktive Rechnungsabgrenzung kann vereinfachend als Gegenbuchung einer „Auszahlung mit Aufwand in späteren Jahren“ bezeichnet werden.

78 Eine passive Rechnungsabgrenzung kann vereinfachend als Gegenbuchung einer „Einzahlung mit Ertrag in späteren Jahren“ bezeichnet werden.

3. Ein neues bebautes Grundstück wird gekauft (200.000 €). Es wird zunächst aus dem Bankguthaben bezahlt. Nach einmonatiger Verhandlung werden 180.000 € über ein langfristiges Hypothekendarlehen finanziert. Die Hypothekenbank überweist den Betrag auf das Bankkonto.
4. Abbuchung von 30.000 € beim Bankkonto, wovon 25.000 € der Tilgung des Dispositionskredits (Liquiditätskredit) und 5.000 € der Tilgung der Hypothekenkredite dienen.
5. Kauf eines PC mit Zahlungsziel in 2024 (2.000 €).
6. Bezahlung von Rechnungen aus dem Vorjahr (2022) durch Überweisung vom Bankkonto (10.000 €).
7. Die Stadt als Eigentümer übergibt der Eigengesellschaft Fahrzeuge im Wert von 80.000 € zur Eigenkapitalaufstockung.
8. Verkauf eines bebauten Grundstückes für 120.000 €, zahlbar mit je 60.000 € in 2023 und 2024. Der Betrag für 2023 wird sofort dem Bankkonto gutgeschrieben.

Aufgabe:
Verarbeiten Sie die Geschäftsvorfälle in der kaufmännischen Buchführung und erstellen Sie die Schlussbilanz zum 31.12.2023. Formulieren Sie auch die entsprechenden Buchungssätze und entscheiden Sie, welche Auswirkungen die Geschäftsvorfälle auf die Bilanz haben.

Lösung:

S	bebaute Grundstücke		H
AB	1.000.000	(8)	120.000
(3)	200.000	SB	1.080.000
	1.200.000		1.200.000

S	Fahrzeuge		H
AB	200.000	SB	290.000
(1)	10.000		
(7)	80.000		
	290.000		290.000

S	BGA		H
AB	100.000	SB	102.000
(5)	2.000		
	102.000		102.000

S	Forderungen		H
AB	7.000	(2)	4.000
(8)	60.000	SB	63.000
	67.000		67.000

S	Bankguthaben		H
AB	493.000	(1)	10.000
(2)	4.000	(3)	200.000
(3)	180.000	(4)	30.000
(8)	60.000	(6)	10.000
		SB	487.000
	737.000		737.000

S	Eigenkapital		H
SB	1.230.000	AB	1.150.000
		(7)	80.000
	1.230.000		1.230.000

S	Hypothekenverbindlichkeiten		H
(4)	5.000	AB	560.000
SB	735.000	(3)	180.000
	740.000		740.000

S	Dispositionskredite		H
(4)	25.000	AB	40.000
SB	15.000		
	40.000		40.000

S	Lieferantenverbindlichkeiten		H
(6)	10.000	AB	50.000
SB	42.000	(5)	2.000
	52.000		52.000

Aktiva		Schlussbilanz zum 31.12.2023	Passiva
bebaute Grundstücke	1.080.000 €	Eigenkapital	1.230.000 €
Fahrzeuge	290.000 €	Hypothekenverbindlichkeiten	735.000 €
BGA	102.000 €	Dispositionskredite	15.000 €
Forderungen	63.000 €	Lieferantenverbindlichkeiten	42.000 €
Bankguthaben	487.000 €		
	2.022.000 €		**2.022.000 €**

Lfd. Nr.	Buchungssätze	Bilanzauswirkung
1	Fahrzeuge an Bankguthaben 10.000 €	Aktivtausch
2	Bankguthaben an Forderungen 4.000 €	Aktivtausch
3	Bebaute Grundstücke an Bank 200.000 € Bankguthaben an Hypothekenverbindlichkeiten 180.000 €	Aktivtausch Aktiv-Passiv-Mehrung
4	Dispositionskredit 25.000 € und Hypothekenverbindlichkeiten 5.000 € an Bankguthaben 30.000 €	Aktiv-Passiv-Minderung
5	BGA an Lieferantenverbindlichkeiten 2.000 €	Aktiv-Passiv-Mehrung
6	Lieferantenverbindlichkeiten an Bankguthaben 10.000 €	Aktiv-Passiv-Minderung
7	Fahrzeuge an Eigenkapital 80.000 €	Aktiv-Passiv-Mehrung
8	Bankguthaben 60.000 € und Forderungen 60.000 € an bebaute Grundstücke 120.000 €	Aktivtausch

Sachverhalt 5 (Erfolgsbuchungen)[79]

Die Eröffnungsbilanz einer als eigenbetriebsähnliche Einrichtung geführten Musikschule der Gemeinde G zum 1.1.2023 hat folgenden Inhalt:

Aktiva		Eröffnungsbilanz zum 1.1.2023	Passiva
Bebaute Grundstücke	1.000.000 €	Eigenkapital	1.090.000 €
BGA	200.000 €	Bankverbindlichkeiten	610.000 €
Bankguthaben	500.000 €		
Insgesamt	**1.700.000 €**	**Insgesamt**	**1.700.000 €**

Im Jahre 2023 fallen folgende Geschäftsvorfälle an:

1. Versendung von Bescheiden über Musikschulbeiträge in Höhe von 190.000 € mit sofortigem Zahlungseingang auf dem Bankkonto.
2. Malermeister Pinsel stellt für den Unterhaltungsanstrich des Musikschulgebäudes 15.000 € in Rechnung, die sofort per Banküberweisung bezahlt werden.
3. Die Abschreibungen betragen für die bebauten Grundstücke 80.000 € und für die Betriebs- und Geschäftsausstattung 22.000 €.
4. Es werden Gehälter in Höhe von 120.000 € per Banküberweisung bezahlt.
5. An einen Musikschulbenutzer wird ein Schadensersatzbetrag in Höhe von 1.000 € per Banküberweisung geleistet.

79 Die Bilanz und die Fallgestaltung sind stark vereinfacht, um die Möglichkeit zu geben, reine Erfolgsbuchungen zu trainieren.

6. Die Musikschule nimmt Bescheide in Höhe von 3.000 € zurück und überweist die bereits eingegangenen Beträge an die Musikschulbenutzer zurück.
7. Für die Vermietung von Räumen gehen 10.000 € auf dem Bankkonto ein.
8. Es werden weitere Gehälter in Höhe von 27.000 € per Banküberweisung gezahlt.

Aufgabe:
Verarbeiten Sie die Geschäftsvorfälle in der kaufmännischen Buchführung und erstellen Sie die Ergebnisrechnung 2023 sowie die Schlussbilanz zum 31.12.2023. Formulieren Sie auch die entsprechenden Buchungssätze für die Geschäftsvorfälle 1 bis 8.

Lösung:

Bilanzkonten

S	bebaute Grundstücke		H
AB	1.000.000	(3)	80.000
		SB	920.000
	1.000.000		1.000.000

S	Eigenkapital		H
ER	68.000	AB	1.090.000
SB	1.022.000		
	1.090.000		1.090.000

S	BGA		H
AB	200.000	(3)	22.000
		SB	178.000
	200.000		200.000

S	Bankverbindlichkeiten		H
SB	610.000	AB	610.000
	610.000		610.000

S	Bankguthaben		H
AB	500.000	(2)	15.000
(1)	190.000	(4)	120.000
(7)	10.000	(5)	1.000
		(6)	3.000
		(8)	27.000
		SB	534.000
	700.000		700.000

Erfolgskonten

S	Personalaufwand		H
(4)	120.000	ER	147.000
(8)	27.000		
	147.000		147.000

S	Musikschulbeiträge		H
(6)	3.000	(1)	190.000
ER	187.000		
	190.000		190.000

S	Gebäudeunterhaltung		H
(2)	15.000	ER	15.000
	15.000		15.000

S	Mieterträge		H
ER	10.000	(7)	10.000
	10.000		10.000

S	Abschreibungen		H
(3)	102.000	ER	102.000
	102.000		102.000

S	Sonstiger ordentlicher Aufwand		H
(5)	1.000	ER	1.000
	1.000		1.000

Soll	**Ergebnisrechnung 2023**		**Haben**
Personalaufwand	147.000 €	Musikschulbeiträge	187.000 €
Gebäudeunterhaltung	15.000 €	Mieterträge	10.000 €
Abschreibungen	102.000 €	Jahresfehlbetrag	68.000 €
Sonst. ordentlicher Aufwand	1.000 €		
Insgesamt	**265.000 €**	**Insgesamt**	**265.000 €**

Aktiva	**Schlussbilanz zum 31.12.2023**		**Passiva**
Bebaute Grundstücke	920.000 €	Eigenkapital	1.022.000 €
BGA	178.000 €	Bankverbindlichkeiten	610.000 €
Bankguthaben	534.000 €		
Insgesamt	**1.632.000 €**	**Insgesamt**	**1.632.000 €**

Lfd. Nr.	Buchungssätze
1	Bankguthaben an Musikschulbeiträge 190.000 €
2	Gebäudeunterhaltung an Bankguthaben 15.000 €
3	Abschreibungen 102.000 € an Gebäude 80.000 € und BGA 22.000 €
4	Personalaufwand an Bankguthaben 120.000 €
5	Sonstiger ordentlicher Aufwand an Bankguthaben 1.000 €[80]
6	Musikschulbeiträge an Bankguthaben 3.000 €
7	Bankguthaben an Mieterträge 10.000 €
8	Personalaufwand an Bankguthaben 27.000 €

Sachverhalt 6 (Bestands- und Erfolgsbuchungen)[81]

Die Städte A, B und C haben sich zu einem nach kaufmännischen Regeln geführten Schulzweckverband zusammengeschlossen, wobei folgende Eröffnungsbilanz erstellt wurde:

80 Ein Ausweis als außerordentlicher Aufwand scheitert in der Doppik an der Geringfügigkeit des Betrages. In der Kosten- und Leistungsrechnung ist dieser Betrag allerdings als nicht betriebstypisch zu behandeln, sodass dort keine Zuordnung zu den Kosten erfolgt (Ausweis in der neutralen Rechnung).

81 Diese Übungsaufgabe soll das Zusammenwirken aller Buchungsbereiche verdeutlichen. Dabei geht sie über die bisherigen Besprechungsinhalte teilweise hinaus. Insofern sind zusätzlich Kenntnisse zu einzelnen Bilanz- und Erfolgspositionen erforderlich. Besondere Problemstellungen werden bei den Buchungssätzen mithilfe von Fußnoten erläutert, sodass die Lösungsproblematik nachvollzogen werden kann. Ansonsten wird auf die spezielle Behandlung der einzelnen Positionen in den Kap. 10 bis 12 verwiesen.

Aktiva	Eröffnungsbilanz zum 1.1.2023		Passiva
Schulausstattung	1.315.000 €	Eigenkapital	670.000 €
Forderungen	200.000 €	Verbindlichkeiten gegenüber:	
Bank	550.000 €	Banken	1.200.000 €
Kasse	5.000 €	Lieferanten	200.000 €
	2.070.000 €		**2.070.000 €**

Im Jahre 2023 ergeben sich folgende Geschäftsvorfälle:

1. Verkauf von gebrauchten Schulmöbeln. Die Möbel werden in den Anlagenachweisen des Zweckverbandes mit einem Restbuchwert von 1.000 € geführt. Der Verkaufserlös von 3.000 € wird sofort in bar bezahlt.
2. Einkauf und Bezahlung (Bank) von sofort verbrauchtem Büromaterial (4.000 €).
3. Eingang einer Rechnung des Busunternehmens B für Schülertransporte in 2023 über 30.000 € (Zahlungsziel in 2024).
4. Ein Gymnasium stellt der Arbeiterwohlfahrt für Gruppenabende Klassenräume zur Verfügung. Vertraglich ist eine Jahresmietpauschale für 2023 von 5.000 € vereinbart. Die Arbeiterwohlfahrt überweist einen Monat nach Unterzeichnung des Mietvertrages auf das Bankkonto einen Betrag von 2.000 €.
5. Für die Schulhausmeister sind Beschäftigungsentgelte in Höhe von 400.000 € zu zahlen (Banküberweisung). Darin enthalten sind laut Arbeitsaufzeichnung Entgeltanteile von 1.000 € für das Zusammenbauen eines Regalsystems (Einkauf im Baumarkt in 2022 zum Preis von 3.000 €, wurde bereits als Schulausstattung aktiviert).
6. Nach dem Mietvertrag mit der Arbeiterwohlfahrt hat die Stadt die Reinigung der genutzten Räumlichkeiten zu übernehmen. Die Reinigungsfirma stellt dafür eine Jahrespauschale von 1.500 € in Rechnung (sofortige Bezahlung vom Bankkonto).
7. Das Land überweist Mitte Dezember 2023 für einen Schulversuch einen Betriebskostenzuschuss von 90.000 € (Bescheid und Zahlung auf das Bankkonto gehen am selben Tag ein). Davon sind 50.000 € für 2023 und 40.000 € für 2024 bestimmt.
8. Die reiche Erbin Irmgard M ist über das Zeugnis ihres Sohnes sehr erfreut (Verbesserung in Mathematik von „ungenügend" auf schwach „mangelhaft") und spendet spontan in bar ohne besondere Zweckbindung 2.000 €.
9. Bei einem missglückten Versuch im Chemieunterricht werden bei einer Explosion der Lehrer und zwei Schüler verletzt. Außerdem ist der Chemieraum stark beschädigt. Die Reparaturarbeiten werden von der Firma F durchgeführt, die dafür 5.000 € in Rechnung stellt (sofortige Banküberweisung).
10. Die beteiligten Städte überweisen den Betriebskostenzuschuss 2023 in Höhe von 400.000 €.

Aufgabe:
Buchen Sie die Geschäftsvorfälle auf T-Konten und schließen Sie die Konten bis hin zum Schlussbilanzkonto ab. Formulieren Sie auch die Buchungssätze. (Hinweis: Abschreibungsbuchungen und Buchungen in der Finanzrechnung sind nicht durchzuführen.)

Lösung:

Bilanzkonten

S	Schulausstattung		H
AB	1.315.000	(1)	1.000
(5)	1.000	SB	1.315.000
	1.316.000		1.316.000

S	Eigenkapital		H
SB	689.500	AB	670.000
		ER	19.500
	689.500		689.500

S	Forderungen		H
AB	200.000	(4)	2.000
(4)	5.000	SB	203.000
	205.000		205.000

S	Bankverbindlichkeiten		H
SB	1.200.000	AB	1.200.000
	1.200.000		1.200.000

S	Bankguthaben		H
AB	550.000	(2)	4.000
(4)	2.000	(5)	400.000
(7)	90.000	(6)	1.500
(10)	400.000	(9)	5.000
		SB	631.500
	1.042.000		1.042.000

S	Lieferantenverbindlichkeiten		H
SB	230.000	AB	200.000
		(3)	30.000
	230.000		230.000

S	Kasse		H
AB	5.000	SB	10.000
(1)	3.000		
(8)	2.000		
	10.000		10.000

S	Passive Rechnungsabgrenzung		H
SB	40.000	(7)	40.000
	40.000		40.000

Erfolgskonten

S	Materialverbrauch		H
(2)	4.000	ER	4.000
	4.000		4.000

S	Erträge aus Verkäufen		H
ER	2.000	(1)	2.000
	2.000		2.000

S	Schülerbeförderung		H
(3)	30.000	ER	30.000
	30.000		30.000

S	Mieterträge		H
ER	5.000	(4)	5.000
	5.000		5.000

S	Personalaufwand		H
(5)	400.000	ER	400.000
	400.000		400.000

S	aktivierte Eigenleistungen		H
ER	1.000	(5)	1.000
	1.000		.000

S	Reinigungsaufwand		H
(6)	1.500	ER	1.500
	1.500		1.500

S	Zuschüsse		H
ER	450.000	(7)	50.000
		(10)	400.000
	450.000		450.000

S	Gebäudeunterhaltung		H
(9)	5.000	ER	5.000
	5.000		5.000

S	Sonstiger Ertrag		H
ER	2.000	(8)	2.000
	2.000		2.000

Soll	**Ergebnisrechnung 2023**		**Haben**
Materialverbrauch	4.000 €	Erträge aus Verkäufen	2.000 €
Schülerbeförderung	30.000 €	Mieterträge	5.000 €
Personalaufwand	400.000 €	aktivierte Eigenleistungen	1.000 €
Reinigungsaufwand	1.500 €	Zuschüsse	450.000 €
Gebäudeunterhaltung	5.000 €	Sonstiger Ertrag	2.000 €
Jahresüberschuss	19.500 €		
Insgesamt	**460.000 €**	**Insgesamt**	**460.000 €**

Aktiva	**Bilanz zum 31.12.2023**		**Passiva**
Schulausstattung	1.315.000 €	Eigenkapital	689.500 €
Forderungen	203.000 €	Verbindlichkeiten gegenüber:	
Bank	631.500 €	Banken	1.200.000 €
Kasse	10.000 €	Lieferanten	230.000 €
		Passive Rechnungsabgrenzung	40.000 €
	2.159.500 €		**2.159.500 €**

Lfd. Nr.	Buchungssätze
1	Kasse 3.000 € an Schulausstattung 1.000 € und Erträge aus Verkäufen 2.000 €[82]
2	Materialaufwand an Bank 4.000 €
3	Schülerbeförderungsaufwand an Lieferantenverbindlichkeiten 30.000 €
4	Forderungen an Mieterträge 5.000 € Bank an Forderungen 2.000 €
5	Personalaufwand an Bank 400.000 € Schulausstattung an aktivierte Eigenleistungen 1.000 €[83]
6	Reinigungsaufwand an Bank 1.500 €
7	Bankguthaben 90.000 € an Erträge aus Zuschüssen 50.000 € und passive Rechnungsabgrenzung 40.000 €[84]
8	Kasse an sonstiger ordentlicher Ertrag 2.000 €[85]
9	Gebäudeunterhaltungsaufwand an Bank 5.000 €[86]
10	Bankguthaben an Erträge aus Zuschüssen 400.000 €[87]

82 Möglich ist auch eine Bruttobuchung mit den Buchungssätzen: Kasse an Erlöse aus Verkäufen mit 3.000 € und Aufwendungen aus Anlagenabgang an Schulausstattung mit 1.000 €. Auf eine Anwendung des § 44 Abs. 3 KomHVO wurde verzichtet.

83 Die Tätigkeit des Hausmeisters beim Zusammenbau des Regalsystems erhöht den Wert des Regals (Anlagevermögen) und ist deshalb zu aktivieren. Gemeinkostenzuschläge konnten wegen fehlender Angaben im Sachverhalt nicht berücksichtigt werden. Auf die Buchung der sich daraus ergebenden Abschreibungen wurde aufgrund des Hinweises in der Aufgabenstellung verzichtet.

84 Es erfolgt eine periodengerechte Angrenzung. Erfolgswirksam für 2023 ist nur der Betrag für dieses Geschäftsjahr. Insofern ist der Betrag für das Jahr 2024 als passive Rechnungsabgrenzung auszuweisen.

85 Ein Ausweis als außerordentlicher Ertrag scheitert in der Doppik an der Geringfügigkeit des Betrages. In der Kosten- und Leistungsrechnung ist dieser Betrag allerdings als nicht betriebstypisch zu behandeln, sodass dort keine Zuordnung zu den Leistungen erfolgt (Ausweis in der neutralen Rechnung).

86 Ein Ausweis als außerordentlicher Aufwand scheitert in der Doppik an der Geringfügigkeit des Betrages. In der Kosten- und Leistungsrechnung ist dieser Betrag allerdings als nicht betriebstypisch zu behandeln, sodass dort keine Zuordnung zu den Kosten erfolgt (Ausweis in der neutralen Rechnung).

87 Der Einfachheit halber erfolgt die Zuordnung zu dem allgemeinen Zuschusskonto, obwohl es sich hier eher um eine Zweckverbandsumlage handeln könnte.

4. Ablauf, Organisation und Personal im kommunalen Finanzmanagement

4.1 Stationen der Haushaltswirtschaft und Haushaltskreislauf

Bereits in Kap. 2.1 ist dargestellt, in welche Stationen (Phasen) der kommunale Haushaltskreislauf gegliedert ist. Im Mittelpunkt des kommunalen Finanzmanagements steht dabei das Haushaltsjahr, wobei man sich den Ablauf der Haushaltswirtschaft einer Gemeinde als einen Kreislauf vorstellen kann, in dem sich die einzelnen Phasen in jedem Haushaltsjahr in stets gleich bleibender Reihenfolge wiederholen:

- Planung und Aufstellung des Haushaltsplans,
- Ausführung des Haushaltsplans und
- Rechnungslegung, Prüfung und Entlastung.

Die Abwicklung eines Haushaltes erfolgt etwa über drei Jahre von der Aufstellung bis zur Entlastung.

Folgendes Beispiel soll dieses verdeutlichen:

		Haushaltsplan für das Jahr 2024		
2023	Aufstellung	(Jahr vor dem Inkrafttreten = Haushaltsplanjahr)		
		Beteiligt	=	Fachämter/Fachbereiche, Kämmerei/Fachbereich Finanzen, Rat
2024	Ausführung	(laufendes Jahr = Haushaltsjahr)		
		Beteiligt	=	gesamte Verwaltung, Finanzbuchhaltung, Rat
2025	Abrechnung, Prüfung und Entlastung (nachfolgendes Jahr)			
		Beteiligt	=	Finanzbuchhaltung, Kämmerei/Fachbereich Finanzen, Rechnungsprüfungsamt, Rechnungsprüfungsausschuss, Rat

4.2 Ausführung des Haushaltsplans

Bei der Ausführung des Haushaltsplans wirken zwei Stellen der Gemeindeverwaltung zusammen, und zwar die einzelnen Fachbereiche einschließlich Kämmerei/Fachbereich Finanzen und die Finanzbuchhaltung. Die Fachämter verfügen über die Haushaltsmittel, schließen Verträge ab, erstellen Rechnungen, erlassen Finanzbescheide, begründen Aufwendungen und Zahlungen. Die Fachämter haben somit grundsätzlich allein das Recht, über die im Haushaltsplan veranschlagten Beträge zu verfügen, und die Pflicht, die Einhaltung des Haushaltsplans zu bewirken (siehe § 24 KomHVO).

Die Abwicklung der Erträge/Aufwendungen bzw. Einzahlungen/Auszahlungen sowie die Dokumentation der Geschäftsvorfälle obliegen dagegen der Finanzbuchhaltung. Die Finanzbuchhaltung ist dabei wie folgt gegliedert:[88]

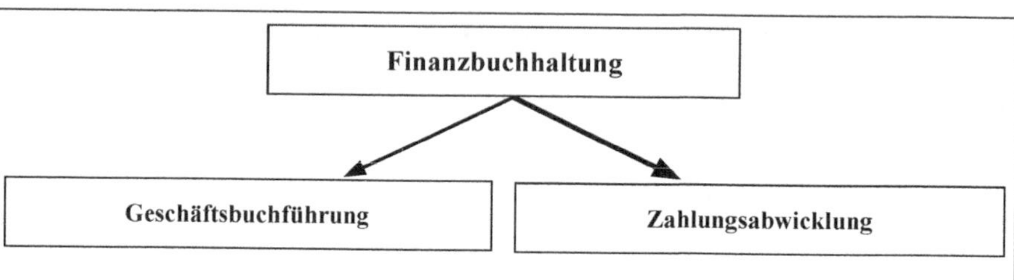

Geschäftsbuchführung	Zahlungsabwicklung
• Erfassung/Vormerkung von Aufträgen (Haushaltsüberwachung) • Vorprüfung und Kontierung von Eingangs-/Ausgangsrechnungen • Buchen von Forderungen und Verbindlichkeiten auf Debitoren- und Kreditorenkonten • Führen der Anlagenbuchhaltung (Nebenbuchführung) • Buchung von Geschäftsvorfällen auf Bestands- und Erfolgskonten (Hauptbuchführung) • Erstellung von Anweisungen für Zahlungen • Sammlung der Belege • Erstellung der Jahresabschlüsse (Ergebnisrechnung, Finanzrechnung und Bilanz)	• Abwicklung des Zahlungsverkehrs (Einzahlungen, Auszahlungen) • Verwaltung der Finanzmittel –zentrale Liquiditätsplanung • Buchen der Einzahlungen und Auszahlungen auf Debitoren- bzw. Kreditorenkonten und in der Finanzrechnung • Offene-Posten-Verwaltung einschließlich Mahnungen • Abstimmung der Bankkonten und der Finanzrechnung (täglich und zum Stichtag 31. Dezember) • Ermittlung der liquiden Mittel, ggf. durch Abschluss der Finanzrechnungskonten zum Stichtag 31. Dezember

Die Geschäftsbuchführung kann dabei dezentral in den Fachbereichen, gebündelt für mehrere Fachbereiche oder auch von einer zentralen Stelle geführt werden. Dagegen bietet es sich an, die Zahlungsabwicklung ausschließlich zentral zu erledigen, weil es u. a. wirtschaftlich sinnvoll ist, die Bankgeschäfte sowie die Liquidität einer Gemeinde als Ganzes zu steuern. Aus Sicherheitsgründen ist hier ein sogenanntes „Vier-Augen-Prinzip" eingeführt worden. Gemäß § 93 Abs. 4 GO dürfen die mit der Prüfung und Feststellung eines Zahlungsanspruchs bzw. einer Zahlungsverpflichtung beauftragten gemeindlichen Beschäftigten nicht auch den Zahlungsverkehr abwickeln. Damit erfolgt eine Trennung des Buchungs- vom Zahlungsgeschäft. Außerdem darf der für die Finanzbuchhaltung Verantwortliche und sein Stellvertreter nicht Angehöriger des Bürgermeisters, des Kämmerers und der mit der Rechnungsprüfung beauftragten Beschäftigten oder beauftragter Dritter sein (§ 93 Abs. 5 GO).

Die Gemeinde hat zudem gemäß § 94 Abs. 1 GO die Möglichkeit, ihre Finanzbuchhaltung mit Ausnahme der Zwangsvollstreckung ganz oder zum Teil von Dritten erledigen zu lassen,

88 Entnommen und geringfügig erweitert aus Modellprojekt „Doppischer Kommunalhaushalt in NRW" (Hrsg.), Neues Kommunales Finanzmanagement: Betriebswirtschaftliche Grundlagen für das doppische Haushaltsrecht, 2., vollst. überarb. Aufl. auf der Basis der Endergebnisse des Modellprojektes, Freiburg 2003, S. 452. Es bleibt anzumerken, dass man die Anlagenbuchhaltung – als wichtigste Nebenbuchhaltung – organisatorisch auch als neben der Geschäftsbuchhaltung eigenständigen Bereich ansehen kann.

sofern es sich dabei um eine juristische Person des öffentlichen Rechts handelt. Die Gemeinde kann dafür durchaus selbst eine solche Institution gründen oder sich mit anderen Gemeinden und Trägern zu öffentlich-rechtlich organisierten Buchführungszentren zusammenschließen, z. B. in Form eines kommunalen Zweckverbandes. Es müssen jedoch die ordnungsgemäße Erledigung der Buchungs- und Zahlungsgeschäfte sowie die Prüfung nach den kommunalrechtlichen Vorschriften gewährleistet sein.

Im Rahmen des Buchungsverfahrens werden die Geschäftsvorfälle den entsprechenden Konten zugeordnet (Hauptbuchhaltung), wobei zu bestimmten Konten Nebenbuchhaltungen bestehen.

In der **Anlagenbuchhaltung** wird das kommunale Vermögen erfasst, und es werden Vermögenszugänge und Vermögensabgänge dokumentiert. Hier sind für jeden Vermögensgegenstand oder jede Vermögensgruppe einzelne Konten (Anlagenblätter) eingerichtet, die dann zum Gesamtvermögen addiert werden. Insofern wird bei einer Vermögensveränderung nicht unmittelbar das Bilanzkonto, sondern das konkrete Einzelvermögenskonto (z. B. statt „Fahrzeugbilanzkonto 074" das Einzelkonto des Anlagegegenstandes Nr. xxx = Dienst-PKW des Bürgermeisters) bebucht.

Für jeden Schuldner (Debitor) und jeden Gläubiger (Kreditor) wird ein einzelnes Konto geführt. Insofern werden diese Konten auch als „Personenkonten" bezeichnet. Debitoren können z. B. ein Gewerbesteuerpflichtiger oder ein Musikschulentgeltzahlender sein. Kreditor könnte ein Bauunternehmer sein, der eine Baurechnung eingereicht hat. Jeder kommunale Bedienstete ist ebenfalls gegenüber der Gemeinde Kreditor, weil er Anspruch auf Beschäftigungsentgelte hat. Der **Kreditoren- und Debitorenbuchhaltung** kommen somit erhebliche Funktionen zu, weil diese Nebenbuchhaltungen praktisch bei den meisten Geschäftsvorfällen berührt sind.

Das Zusammenwirken der Haupt- und Nebenbuchhaltungen zeigt das nachfolgende Schaubild. Das Zusammenwirken der Fachämter sowie der Finanzbuchhaltung mit Geschäftsbuchführung und Zahlungsabwicklung wird an den danach abgedruckten Beispielen deutlich.

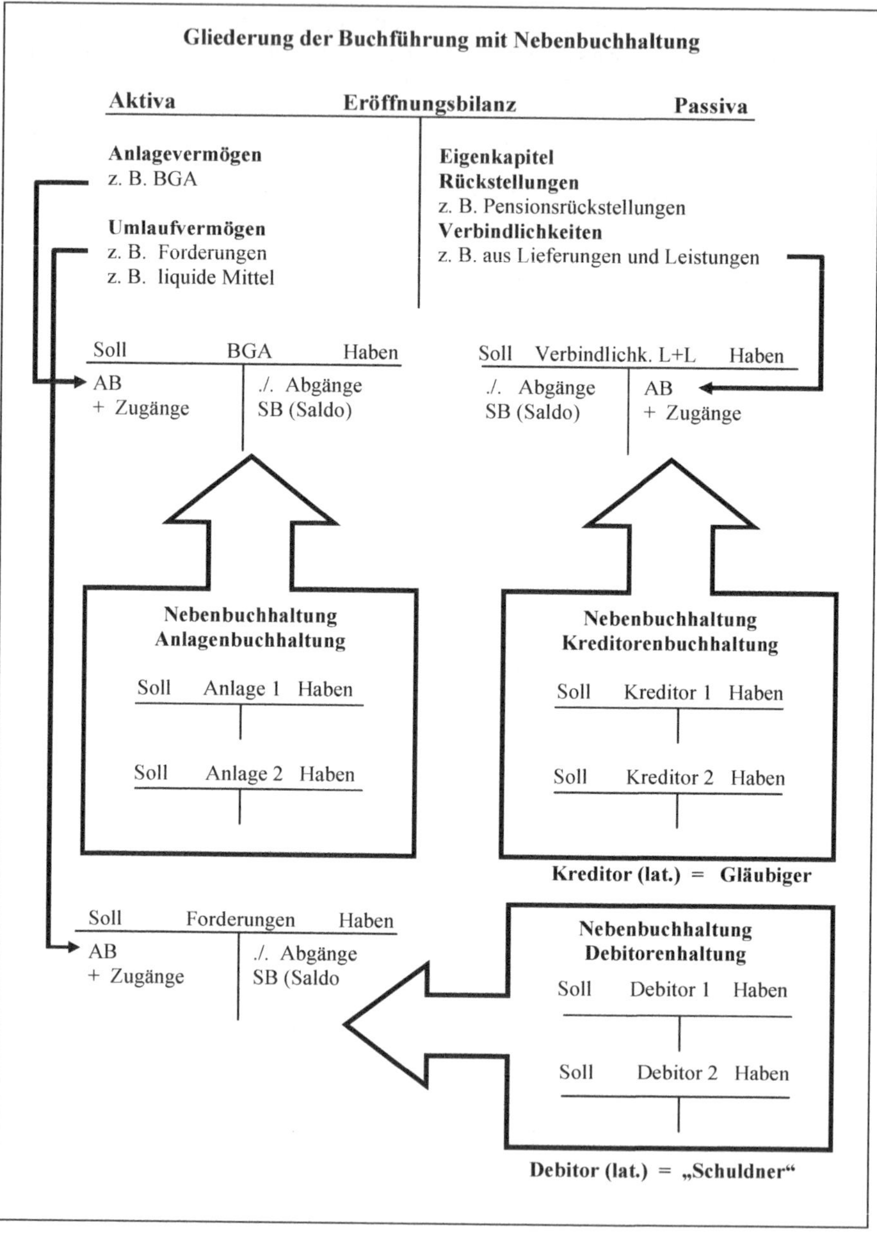
Gliederung der Buchführung mit Nebenbuchhaltung
Aktiva
Eröffnungsbilanz
Passiva
Anlagevermögen
z. B. BGA
Umlaufvermögen
z. B. Forderungen
z. B. liquide Mittel
Eigenkapitel
Rückstellungen
z. B. Pensionsrückstellungen
Verbindlichkeiten
z. B. aus Lieferungen und Leistungen
Soll BGA Haben
AB
+ Zugänge
./. Abgänge
SB (Saldo)
Soll Verbindlichk. L+L Haben
./. Abgänge
SB (Saldo)
AB
+ Zugänge
Nebenbuchhaltung
Anlagenbuchhaltung
Soll Anlage 1 Haben
Soll Anlage 2 Haben
Nebenbuchhaltung
Kreditorenbuchhaltung
Soll Kreditor 1 Haben
Soll Kreditor 2 Haben
Kreditor (lat.) = Gläubiger
Soll Forderungen Haben
AB
+ Zugänge
./. Abgänge
SB (Saldo
Nebenbuchhaltung
Debitorenhaltung
Soll Debitor 1 Haben
Soll Debitor 2 Haben
Debitor (lat.) = „Schuldner“

Beispiel: Verkauf von gebrauchten Schulmöbeln[89]

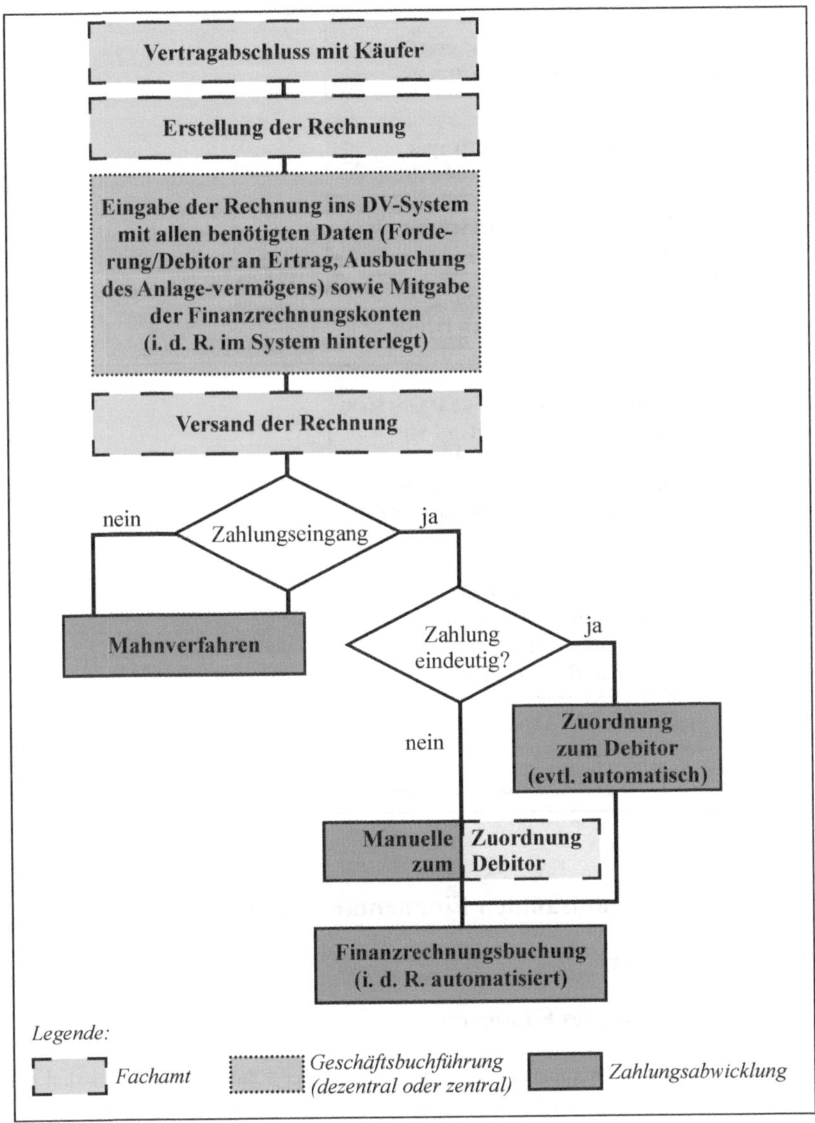

89 Entnommen und geringfügig erweitert aus Modellprojekt „Doppischer Kommunalhaushalt in NRW“ (Hrsg.), Neues Kommunales Finanzmanagement: Betriebswirtschaftliche Grundlagen für das doppische Haushaltsrecht, 2., vollst. überarb. Aufl. auf der Basis der Endergebnisse des Modellprojektes, Freiburg 2003, S. 454.

Beispiel: Erwerb von Büromaterial[90]

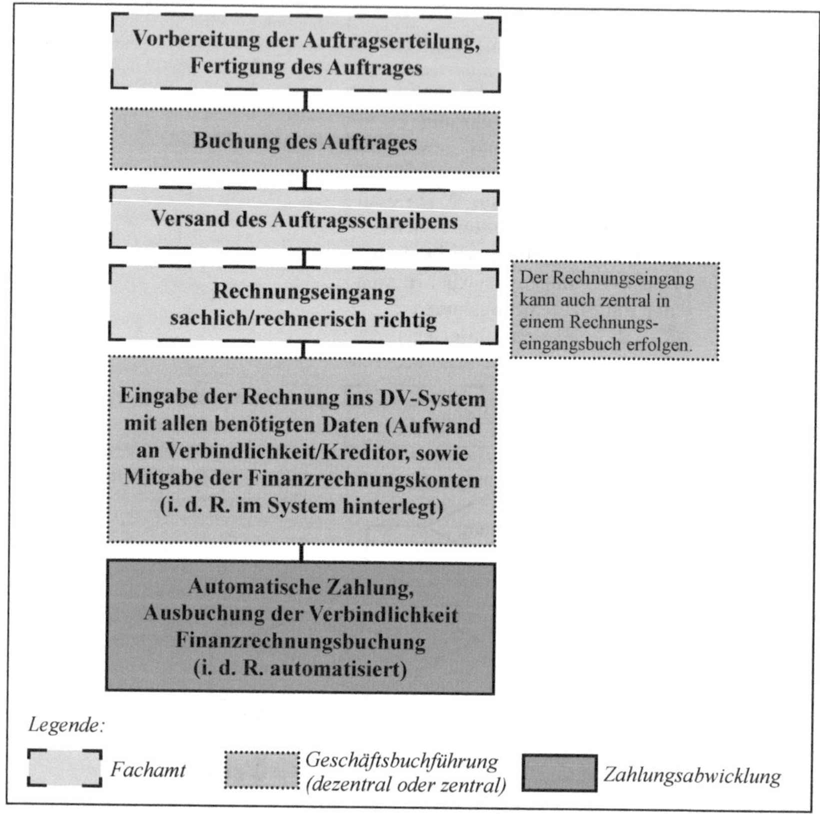

4.3 Personal im kommunalen Finanzmanagement

4.3.1 Der Kämmerer

4.3.1.1 Rechtsstellung des Kämmerers

Eine Sonderstellung als kommunaler Bediensteter nimmt der Kämmerer ein. Ihm sind durch eine Reihe von Vorschriften der Gemeindeordnung, Kommunalhaushaltsverordnung und Eigenbetriebsverordnung ganz bestimmte Aufgaben, Rechte und Pflichten übertragen, die der Bürgermeister im Rahmen seines Rechtes, die Geschäfte der Gemeindeverwaltung zu verteilen, nicht entziehen darf. Auch der Rat kann dem Kämmerer diese Rechte nicht nehmen.

90 Angelehnt an die Übersicht in Modellprojekt „Doppischer Kommunalhaushalt in NRW“ (Hrsg.), Neues Kommunales Finanzmanagement: Betriebswirtschaftliche Grundlagen für das doppische Haushaltsrecht, 2., vollst. überarb. Aufl. auf der Basis der Endergebnisse des Modellprojektes, Freiburg 2003, S. 452.

Damit unterscheidet sich die Rechtsstellung des Kämmerers von der Rechtsstellung der übrigen Beigeordneten und Bediensteten. In etwa ist sie vergleichbar mit der haushaltsrechtlichen Stellung des Finanzministers im staatlichen Bereich. Der Kämmerer hat selbstständige, fest umrissene Befugnisse auszuüben und bestimmte Entscheidungen zu treffen mit der Wirkung, dass sie unmittelbar als Handlung der Gemeinde gelten. Somit kommt dem Kämmerer praktisch eine Organstellung zu.

Es ist unerheblich, ob der Kämmerer Zeitbeamter, Beamter auf Lebenszeit oder tariflich Beschäftigter ist. Entscheidend ist, dass er zum Kämmerer bestellt ist. Nach § 71 Abs. 4 GO ist in kreisfreien Städten ein Beigeordneter als Kämmerer zu bestellen. Somit können kreisfreie Städte nicht auf die Bestellung eines Kämmerers verzichten. Zuständig für die Bestellung eines Kämmerers in einer kreisfreien Stadt ist nach § 41 Abs. 1 Buchst. c und § 71 Abs. 1 GO ausschließlich der Rat. Er wählt den Kämmerer auf die Dauer von acht Jahren (§ 71 Abs. 1 GO – Wahlzeit des Beigeordneten). Nach § 71 Abs. 3 GO hat der Kämmerer die für sein Amt erforderlichen fachlichen Voraussetzungen zu erfüllen und eine ausreichende Erfahrung für das Amt nachzuweisen.

Im Bereich der kreisangehörigen Gemeinden ist die Bestellung eines Kämmerers nicht förmlich im Gesetz vorgeschrieben. Aus einer Vielzahl von haushaltsrechtlichen Bestimmungen muss jedoch hergeleitet werden, dass auch kreisangehörige Gemeinden einen Kämmerer bestellen müssen. So wird z. B. gemäß § 80 Abs. 1 GO der Entwurf der Haushaltssatzung vom Kämmerer aufgestellt. Das Gleiche gilt für den Entwurf des Jahresabschlusses (§ 95 Abs. 5 GO).[91]

Aus den vorgenannten Gründen **müssen** die Kreise ebenfalls einen Kämmerer bestellen, weil gemäß § 53 Abs. 1 KrO für die Haushalts- und Wirtschaftsführung des Kreises die Vorschriften der Gemeindeordnung maßgebend sind. Die Regelung des § 47 Abs. 4 KrO, wonach der Kreis lediglich einen Beamten zum Kämmerer bestellen **soll**, ist insofern nicht haltbar.[92] Die Funktion des Kreiskämmerers kann sowohl einem Wahlbeamten als auch einem Beamten auf Lebenszeit übertragen werden. Auch scheidet die Funktionsübertragung zugunsten eines tariflich Beschäftigten bei Vorliegen gewichtiger Gründe nicht aus, da insofern die Vorschrift als „Soll-Vorschrift" wirkt. Dieser erhält damit jedoch nicht zwangsläufig die Zuständigkeit für die Finanzaufsicht über die kreisangehörigen Gemeinden. Diese obliegt nach § 59 KrO dem Landrat.

Für die Landschaftsverbände gelten die vorstehenden Ausführungen entsprechend, da auch für sie gemäß § 23 Abs. 3 Landschaftsverbandsordnung die Gemeindeordnung Gültigkeit hat.

4.3.1.2 Aufgabenbereich des Kämmerers

Eine eindeutige Abgrenzung des Aufgabenbereiches des Kämmerers wird weder im Kommunalrecht noch im Haushaltsrecht vorgenommen. Das Recht des Bürgermeisters, die Geschäfte zu verteilen, und das Recht des Rates, den Geschäftskreis der Beigeordneten zu bestimmen, besteht im Grundsatz auch hinsichtlich des Aufgabenbereichs des Kämmerers. Jedoch benennen verschiedene Rechtsnormen eine Reihe von Aufgaben, die dem Kämmerer zugewiesen worden sind und die nicht entzogen werden können. Im Überblick sind es Folgende:

91 Die Regelungen der Gemeindeordnung bestätigen diese Rechtsauffassung faktisch ausdrücklich, da sie gegenüber der früheren kameralen Gemeindeordnung keinen für das Finanzwesen zuständigen Bediensteten mehr vorsehen. Dieser konnte in der kameralen Haushaltswirtschaft statt eines Kämmerers benannt werden. Ihm standen dann eine Reihe von Kämmererfunktion zu (siehe z. B. § 79 Abs. 3 GO kameral).

92 Siehe die Begründung in der vorangehenden Fußnote.

Eigener Aufgabenbereich des Kämmerers	
Beschreibung des Aufgabenbereichs	**Fundstelle**
Aufstellung des Entwurfs der Haushaltssatzung und des Haushaltsplans	§ 80 Abs. 1 GO
Abweichende schriftliche Stellungnahme zum Haushaltssatzungsentwurf	§ 80 Abs. 2 Satz 2 GO
Mündliche Stellungnahme vor dem Rat bei Abweichung vom Haushaltssatzungsentwurf	§ 80 Abs. 4 Satz 2 GO
Entscheidung über die Leistung über- und außerplanmäßiger Aufwendungen und Auszahlungen	§ 83 Abs. 1 Satz 3 GO
Haushaltswirtschaftliche Sperre	§ 25 Abs. 2 KomHVO
Aufsicht über die Finanzbuchhaltung	§ 32 Abs. 4 Satz 3 KomHVO
Erstellung des Entwurfs des Jahresabschlusses	§ 95 Abs. 5 GO
Auskunfts- und Unterrichtungsrecht über Eigenbetriebe	§ 7 EigVO
Mitglied des Verwaltungsvorstandes	§ 70 Abs. 1 Satz 1 GO

Im Einzelnen umfasst der haushaltsrechtliche Aufgabenbereich des Kämmerers folgende Punkte:

a) Gemäß § 80 Abs. 1 GO hat der Kämmerer den Entwurf der Haushaltssatzung aufzustellen. Hiermit ist gleichzeitig auch die Aufstellung des Haushaltsplans mit seinen Anlagen gemeint. Auch wenn die Gemeindeordnung die Anlagen zur Haushaltssatzung nicht näher bestimmt, kann festgestellt werden, dass der Haushaltsplan und seine Anlagen unverzichtbarer Bestandteil der Haushaltssatzung sind.
b) Der Kämmerer legt den Entwurf der Haushaltssatzung mit Anlagen dem Bürgermeister vor (§ 80 Abs. 1 GO). Der Bürgermeister hat gemäß § 80 Abs. 2 Satz 1 GO die Aufgabe, den Entwurf der Haushaltssatzung zu bestätigen und dem Rat zuzuleiten. Dabei hat er die Möglichkeit, vom Entwurf des Kämmerers abzuweichen. Hinsichtlich der Abweichung ist jedoch festzustellen, dass diese sicherlich nicht das Recht des Bürgermeisters beinhaltet, den Entwurf vollkommen zu ändern und damit praktisch einen neuen Entwurf aufzustellen. Er kann lediglich in Teilbereichen vom Entwurf des Kämmerers abweichen.
c) Sollte der Bürgermeister vom Entwurf des Kämmerers abweichen, hat der Kämmerer das Recht, dazu eine Stellungnahme abzugeben. Diese Stellungnahme muss der Bürgermeister dem Rat vorlegen (§ 80 Abs. 2 Satz 2 GO).
d) Gemäß § 80 Abs. 4 Satz 2 GO kann der Kämmerer bei der Beratung des Entwurfs der Haushaltssatzung im Rat seine abweichende Auffassung vertreten.
e) Nach § 83 Abs. 1 Satz 3 GO ist der Kämmerer im Rahmen der Ausführung des Haushaltsplans für die Bewilligung von über- und außerplanmäßigen Aufwendungen und Auszahlungen zuständig. Allerdings hat der Rat das Recht, eine andere Zuständigkeitsregelung zu treffen. Dieses Recht bezieht sich jedoch nur auf die Verlagerung seiner Entscheidungskompetenzen an Ratsausschüsse, nicht aber auf die Bereiche innerhalb der Verwaltung. Der Kämmerer kann sein Recht mit Zustimmung des Bürgermeisters und des Rates aber auch auf andere Bedienstete übertragen. Dies wird vor allem bei Budgetierung mit dezentraler Ressourcenverantwortung der Fall sein, wobei dann die Übertragung der Befugnis auf Fachbereichsleiter oder Budgetverantwortliche erfolgen kann (§ 83 Abs. 1 GO). Bei erheblichen Mittelbereitstellungen benötigt der Kämmerer allerdings gemäß § 83 Abs. 2 GO die Zustimmung des Rates.
f) Die Erstellung des Entwurfs des Jahresabschlusses ist gemäß § 95 Abs. 5 GO ebenfalls eine Aufgabe des Kämmerers.

g) Ein besonderes Recht fließt dem Kämmerer durch § 25 Abs. 2 KomHVO zu. Danach darf er eine sog. „haushaltswirtschaftliche Sperre“ aussprechen, d. h. der Kämmerer kann, wenn die Entwicklung der Erträge/Einzahlungen und Aufwendungen/Auszahlungen es erfordert, die Inanspruchnahme von Aufwendungs- bzw. Auszahlungsermächtigungen und Verpflichtungsermächtigungen sperren. Hiermit ist aber gleichzeitig auch eine Unterrichtungspflicht des Rates verbunden (§ 25 Abs. 1 Nr. 3 KomHVO). Der Rat hat dann die Möglichkeit, die vom Kämmerer verfügte haushaltswirtschaftliche Sperre gemäß § 81 Abs. 4 Satz 2 GO wieder aufzuheben.[93]
h) Gemäß § 32 Abs. 4 Satz 3 KomHVO hat der Kämmerer die Aufsicht über die Finanzbuchhaltung. Die Finanzbuchhaltung muss so eingerichtet und organisiert werden, dass sie ihre Aufgaben ordnungsgemäß und wirtschaftlich erledigen kann. Diese Anforderung schließt gleichzeitig die Verpflichtung zur Überwachung mit ein. Dadurch ergibt sich die Verantwortlichkeit des Kämmerers für die Ausführung des Haushaltsplans und seine Pflicht, sich laufend über den Zustand und die Führung der Finanzbuchhaltung zu unterrichten. Bei Unregelmäßigkeiten sind die erforderlichen Maßnahmen zu treffen. Die Aufsicht über die Finanzbuchhaltung beinhaltet jedoch nicht die Leitung der Finanzbuchhaltung. Dafür sind nach § 93 Abs. 2 GO ein Verantwortlicher und ein Stellvertreter zu bestellen (siehe dazu Kap. 4.3.2). Sofern der Kämmerer jedoch formell zum Leiter (Verantwortlichen) der Finanzbuchhaltung bestellt wird, erlischt zwangsläufig sein Aufsichtsrecht über die Finanzbuchhaltung. Dieses wird dann vom Bürgermeister wahrgenommen, der allerdings auch einem Beigeordneten oder einem sonstigen Beschäftigten die Aufsicht übertragen kann (§ 32 Abs. 4 Satz 1 KomHVO).
i) Nach § 7 EigVO hat die Werkleitung der Eigenbetriebe dem Kämmerer den Entwurf der Wirtschaftspläne, Jahresabschlüsse usw. zuzuleiten. Sie hat ferner auf Anforderung alle sonstigen finanzwirtschaftlichen Auskünfte zu erteilen.[94]
k) Nach § 70 Abs. 1 Satz 1 GO ist der Kämmerer immer Mitglied des Verwaltungsvorstandes, wenn ein solcher gebildet werden muss. Ein Verwaltungsvorstand ist einzurichten, wenn hauptamtliche Beigeordnete bestellt sind.

4.3.2 Der Verantwortliche für die Finanzbuchhaltung

Gemäß § 93 Abs. 2 GO hat die Gemeinde einen Verantwortlichen und einen Stellvertreter für die Finanzbuchhaltung zu bestellen, sofern sie nicht die Finanzbuchhaltung durch eine Stelle außerhalb der Verwaltung erledigen lässt. Die Bestellung der vorgenannten Personen wird vom Bürgermeister vorgenommen, weil das Bestellungsrecht zur Organisationsgewalt des Bürgermeisters gemäß § 62 Abs. 1 Satz 3 GO gehört.

Fachliche Voraussetzungen, die der Verantwortliche für die Finanzbuchhaltung und sein Stellvertreter erfüllen müssen, sind weder in der Gemeindeordnung noch in der Kommunalhaushaltsverordnung normiert. Der Bürgermeister wird nach seinem pflichtgemäßen Ermessen und auf der Grundlage von Organisationsuntersuchungen die Anforderungen der Stelle und damit die berufliche Qualifikation beurteilen müssen. Allerdings muss bei den Anforderungen im kommunalen Finanzmanagement von diesen Personen neben ihrer Führungsqualität auch „Bilanzsicherheit“ im kommunalen Rechnungswesen erwartet werden.

93 Neben dem Kämmerer hat auch der Rat gemäß § 81 Abs. 4 Satz 1 GO ein originäres Recht, eine haushaltswirtschaftliche Sperre auszusprechen.

94 Unverständlich ist, dass dieses Auskunftsrecht dem Kämmerer nicht auch gegenüber den rechtsfähigen Anstalten des öffentlichen Rechts nach § 114 a GO eingeräumt wird.

Ein besonderes Problem ist darin begründet, dass die Finanzbuchhaltung ganz oder in Teilen auch dezentral wahrgenommen werden kann. § 31 Abs. 3 Satz 1 KomHVO schreibt lediglich eine Trennung von Zahlungsabwicklung und Geschäftsbuchführung vor (Vier-Augen-Prinzip), enthält aber keine Pflicht zur zentralen Finanzbuchhaltung. Insofern können auch Fachbereiche ganz oder teilweise mit der Finanzbuchhaltung betraut werden. Auch in diesem Fall hat die Gemeinde einen Verantwortlichen für die Finanzbuchhaltung und einen Stellvertreter zu bestellen. Diese Personen sind dann Fachvorgesetzte mit konkreter fachlicher Weisungsbefugnis in Bezug auf die Finanzbuchhaltung.

Aus Sicherheitsgründen sieht § 93 Abs. 5 GO ein Verbot bestimmter verwandtschaftlicher Beziehungen des für die Finanzbuchhaltung Verantwortlichen und seines Stellvertreters mit dem Bürgermeister, dem Kämmerer und den mit der Rechnungsprüfung beauftragten Beschäftigten bzw. mit der Prüfung beauftragter Dritter vor. Der kommunalrechtliche Begriff „Angehöriger" wird im § 31 Abs. 5 GO abschließend definiert. Angesichts der heutigen gesellschaftlichen Entwicklung erscheint die Regelung fortschreibungsbedürftig. So z. B. wird zwar die Form der eingetragenen Lebenspartnerschaft erfasst,[95] nicht aber die der eheähnlichen Verhältnisse, was allerdings auch in der praktischen Umsetzung äußerst schwierig wäre.

4.3.3 Sonstige Mitarbeiter einschließlich Beschäftigte im Finanzmanagement

Das kommunale Haushaltsrecht enthält keine weiteren Vorschriften über das sonstige Personal der Haushaltswirtschaft. Der Bürgermeister hat die Befugnis, im Rahmen seiner Rechte entsprechende Zuständigkeiten zu schaffen. So werden die Fachbereiche Budgetverantwortliche besitzen, die sich um das dezentrale Finanzmanagement kümmern. Daneben wird es Mitarbeiter geben, die die einzelnen Erträge/Aufwendungen sowie Einzahlungen/Auszahlungen veranlassen.

Budgetierung, dezentrale Ressourcenverantwortung und produktorientierter Haushalt bedingen daneben ein ausgebautes Controlling. Damit ist nicht die Kontrolle durch die Rechnungsprüfung gemeint. Vielmehr beinhaltet Controlling die Steuerung des Budgets. Dazu muss der Controller, der in der Regel unmittelbar dem Fachbereichsleiter bzw. beim zentralen Controlling der Verwaltungsführung zuzuordnen ist, fundierte betriebswirtschaftliche Kenntnisse besitzen.

Eine besondere Bedeutung kommt der Finanzbuchhaltung zu. Die Beschäftigten in diesem Bereich müssen die kaufmännische Buchführung mit den kommunalen Besonderheiten beherrschen.

4.3.4 Rechnungsprüfungspersonal

Die örtliche Rechnungsprüfung ist gemäß § 101 Abs. 2 Satz 2 GO unmittelbar dem Rat verantwortlich. Die Bestellung und Abberufung als Leiter der Rechnungsprüfung oder als Prüfer sowie die Übertragung von Aufgaben an die örtliche Rechnungsprüfung liegt in der Zuständigkeit des Rates (§ 41 Abs. 1 Buchst. r GO). Insofern stellt dieser Fachbereich eine Besonderheit dar. Dies ist auch notwendig, da gemäß §§ 102 und 104 GO die örtliche Rechnungsprüfung eine Reihe von Kontrollfunktionen gegenüber der sonstigen Verwaltung wahrnimmt. Insofern kann davon gesprochen werden, dass der Rat und der Rechnungsprüfungsausschuss sich zur Unterstützung ihrer Funktionen des Rechnungsprüfungsamtes bedienen.

95 Lebenspartnerschaftsgesetz vom 16.2.2001 (BGBl. I S. 266) in der derzeit geltenden Fassung.

Wie bereits oben ausgeführt, besteht gemäß § 93 Abs. 4 GO eine strikte Trennung zwischen dem den Zahlungsanspruch bzw. die Zahlungsverpflichtung feststellenden Fachbereich und der Rechnungsprüfung. Das Rechnungsprüfungspersonal darf nicht in diesem Bereich tätig werden. Zahlungen der Gemeinde darf das Rechnungsprüfungspersonal nicht abwickeln (§ 93 Abs. 4 Satz 2 GO).

Nach § 93 Abs. 5 GO dürfen der für die Finanzbuchhaltung Verantwortliche und sein Stellvertreter u. a. nicht Angehörige der mit der Rechnungsprüfung beauftragten Beschäftigten sein. Nach § 104 Abs. 7 Nr. 1 GO können der Leiter und die Prüfer nicht Mitglieder des Rates sein. Ebenfalls nach § 104 Abs. 7 Nr. 1 GO dürfen der Leiter der Rechnungsprüfung und die Prüfer nicht Angehörige des Bürgermeisters, des Kämmerers oder des für den Zahlungsabwicklung Verantwortlichen und dessen Stellvertreters sein. Der kommunalrechtliche Begriff „Angehöriger“ wird im § 31 Abs. 5 GO abschließend definiert.

4.4 Praktische Beispiele und Übungen

Sachverhalt Nr. 1
Der Kämmerer der kreisfreien Stadt S legt dem Oberbürgermeister den Entwurf der Haushaltssatzung nebst Anlagen vor. In der Haushaltssatzung ist eine Erhöhung der Realsteuerhebesätze vorgesehen. Mit dieser Erhöhung ist der Oberbürgermeister nicht einverstanden. Er beauftragt den Leiter der Kämmerei, einen völlig neuen Entwurf der Haushaltssatzung nebst Anlagen zu erstellen mit dem Ziel, eine Steuererhöhung zu vermeiden.

Aufgabe:
Begutachten Sie die Anordnung des Oberbürgermeisters aus haushaltsrechtlicher Sicht.

Lösung:
Die haushaltsrechtlichen Vorschriften übertragen dem Kämmerer bestimmte Rechte. Eines dieser Rechte ist die Aufstellung des Entwurfs der Haushaltssatzung nebst Anlagen gemäß § 80 Abs. 1 GO. Dieses Recht kann weder vom Rat noch vom Bürgermeister entzogen werden. Somit kann nur der Kämmerer den Entwurf der Haushaltssatzung nebst Anlagen aufstellen. Nach § 80 Abs. 2 Satz 2 GO darf zwar der Oberbürgermeister vom Entwurf des Kämmerers abweichen. Diese Abweichung kann jedoch nicht so weit gehen, dass der Wesensgehalt des Entwurfs beeinträchtigt wird. Es ist wohl zulässig, Teilbereiche des Entwurfs der Haushaltssatzung nebst Anlagen zu ändern, aber nicht, eine grundsätzliche Gesamtänderung vorzunehmen.

Im vorliegenden Sachverhalt hat der Bürgermeister durchaus die Möglichkeit, den Entwurf der Satzung insoweit zu ändern, dass eine Steuererhöhung vermieden wird. Er kann jedoch nicht durch die Beauftragung des Leiters der Kämmerei einen neuen Haushaltsentwurf schaffen. Ein solchermaßen aufgestellter Entwurf des Kämmereileiters wäre im Sinne der Gemeindeordnung nicht existent. Somit ist die Maßnahme des Bürgermeisters im vorliegenden Fall rechtswidrig.

Sachverhalt Nr. 2
Der Rat der Gemeinde G überträgt per Ratsbeschluss die Entscheidung über die Zustimmung zu über- und außerplanmäßigen Aufwendungen und Auszahlungen auf die jeweiligen Fachbereichsleiter.

Aufgabe:
Begutachten Sie die Rechtmäßigkeit des Ratsbeschlusses.

Lösung:

§ 83 Abs. 1 Satz 3 GO besagt: „*Über die Leistung dieser Aufwendungen und Auszahlungen entscheidet der Kämmerer, soweit der Rat keine andere Regelung trifft.*“ Diese Bestimmung ist nicht so auszulegen, dass etwa der Rat, wie im vorliegenden Fall geschehen, die Entscheidung auf die Fachbereichsleiter übertragen kann. Dieses Übertragungsrecht steht ausdrücklich gemäß § 83 Abs. 1 Satz 4 GO dem Kämmerer zu. Er benötigt allerdings die Zustimmung von Rat und Bürgermeister. Der Rat kann die Entscheidungskompetenz wohl aber auf „Organe“ übertragen, die zwischen dem Bürgermeister und dem Rat angesiedelt sind, also auf Ratsausschüsse (§ 41 Abs. 2 GO). So kann er z. B. den Finanzausschuss, der ohnehin gemäß § 59 Abs. 2 GO bei der Ausführung des Haushaltes zu beteiligen ist, mit der Bewilligung von über- und außerplanmäßigen Aufwendungen und Auszahlungen betrauen. Letztlich ist auch der Hauptausschuss als Entscheidungsgremium denkbar.

Insgesamt ist somit festzustellen, dass der Rat keine Kompetenz besitzt, die Übertragung auf die Fachbereichsleiter vorzunehmen. Diese Befugnis hat nur der Kämmerer. Der Ratsbeschluss ist demnach rechtswidrig, sodass der Bürgermeister ihn gemäß § 54 Abs. 2 GO zu beanstanden hat.

Sachverhalt Nr. 3:

Die Gemeinde G richtet zum 1.1.2023 ein Rechnungsprüfungsamt ein. Die Stelle der Leitung der Rechnungsprüfung wird in verschiedenen Zeitungen ausgeschrieben. Aufgrund dieser Anzeigen bewerben sich einige Damen und Herren aus der eigenen Verwaltung und von außerhalb. Darunter sind auch die folgenden Personen:

a) Heinz Schmidt, wohnhaft in G, Staufenstr. 3
Herr Schmidt ist zurzeit als stellvertretender Jugendamtsleiter beim Kreis K beschäftigt. Seine Bewerbung wird von seinem Onkel (Bruder seines Vaters) unterstützt. Dieser ist Bürgermeister in G.
b) Jutta Weber, wohnhaft in G, Waldmarkstr. 7
Frau Weber ist zurzeit Gemeindeinspektorin im Sozialamt der Gemeinde G. Ihr Ehemann ist als Leiter der Finanzbuchhaltung der Gemeinde G beschäftigt.
c) Karl Meerhahn, wohnhaft in G, Hohe Str. 15
Herr Meerhahn ist zurzeit als Stadtoberinspektor in der Kämmerei der Stadt S tätig. Sein Bruder, der Kämmerer in der Gemeinde G ist, möchte aus fachlichen und menschlichen Gründen mit ihm zusammenarbeiten.
d) Brigitte Altmann, wohnhaft in G, Neue Str. 37
Frau Altmann ist zurzeit als tariflich beschäftigte Mitarbeiterin im Bauamt der Gemeinde F eingesetzt. Ihre Ehe mit dem Bürgermeister der Gemeinde G wurde vor zwei Jahren geschieden.
e) Ines Pamann, wohnhaft in G, Kleine Str. 75
Frau Pamann ist zurzeit als Stadtamtsfrau in der Finanzbuchhaltung der kreisfreien Stadt S beschäftigt. Bekannt ist, dass sie seit geraumer Zeit mit dem Bürgermeister der Gemeinde G in einer eheähnlichen Gemeinschaft zusammenlebt.

Aufgabe:

Beurteilen Sie, ob die vorgenannten Personen für die Besetzung der Stelle als Leiter des Rechnungsprüfungsamtes aus kommunalrechtlicher Sicht in Betracht kommen. Fachliche und wirtschaftliche Voraussetzungen sind bei der Prüfung außer Betracht zu lassen.

Lösung:

Grundsätzlich

Die Aufgabe ist nach den einschlägigen Bestimmungen des § 104 Abs. 7 GO in Verbindung mit § 31 Abs. 5 GO zu lösen. Nach dieser Vorschrift darf die Leitung der örtlichen Rechnungsprüfung nicht Angehörige des Bürgermeisters, des Kämmerers sowie des für die Zahlungsabwicklung Verantwortlichen oder dessen Stellvertreter sein. Angehörige sind gemäß § 31 Abs. 5 GO:

- der Ehegatte,
- Verwandte und Verschwägerte gerader Linie sowie durch Annahme als Kind verbunden Personen,
- Geschwister,
- Kinder der Geschwister,
- Ehegatten der Geschwister und Geschwister der Ehegatten und
- Geschwister der Eltern.

Dem Ehegatten gleichgestellt ist der Partner in einer Eingetragenen Lebenspartnerschaft nach dem Lebenspartnerschaftsgesetz vom 16.2.2001 in der derzeit geltenden Fassung.

Die Ehegatten, Verwandte und Verschwägerte gerader Linie sowie durch Annahme als Kind verbundenen Personen, Ehegatten der Geschwister und Geschwister der Ehegatten gelten nach § 31 Abs. 5 Satz 2 GO nicht als Angehörige, wenn die Ehe rechtswirksam geschieden oder aufgehoben ist.

Zu den einzelnen Bewerbern

a) Gemäß § 104 Abs. 7 GO darf die Leitung der Rechnungsprüfung nicht Angehörige des Bürgermeisters sein. Zu den Angehörigen zählen nach § 31 Abs. 5 Nr. 4 GO auch die Kinder der Geschwister. Herr Schmidt ist der Sohn des Bruders des Bürgermeisters. Er darf deshalb nicht zum Leiter der Rechnungsprüfung berufen werden.
b) Nach § 104 Abs. 7 GO darf die Leitung der Rechnungsprüfung nicht Angehörige des für die Zahlungsabwicklung verantwortlichen Beschäftigten sein. Zu den Angehörigen zählt gemäß § 31 Abs. 5 Nr. 1 GO auch der Ehegatte. Frau Weber ist mit dem Leiter der Finanzbuchhaltung der Gemeinde G verheiratet. Dieser ist u. a. für den Zahlungsverkehr der Gemeinde G verantwortlich. Sie kommt deshalb für die Besetzung der Stelle nicht in Frage.
c) Die Leitung der Rechnungsprüfung darf nach § 104 Abs. 7 GO nicht Angehörige des Kämmerers sein. Zu den Angehörigen zählen nach § 31 Abs. 5 Nr. 3 GO die Geschwister. Herr Meerhahn ist der Bruder des Kämmerers der Gemeinde G, sodass seine Bewerbung nicht berücksichtigt werden kann.
d) Gemäß § 104 Abs. 7 GO darf die Leitung der Rechnungsprüfung nicht Angehörige des Bürgermeisters sein. Zu den Angehörigen zählt nach § 31 Abs. 5 Nr. 1 GO der Ehegatte. Die Ehe der Frau Altmann mit dem Bürgermeister ist seit zwei Jahren geschieden. Dadurch wird das Angehörigkeitsverhältnis im Sinne des § 31 Abs. 5 Satz 2 GO aufgehoben. Die Bewerbung von Frau Altmann kann Berücksichtigung finden. Dass Frau Altmann tariflich beschäftigt ist, ist dabei ohne Belang. Sie könnte die Stelle ohne Überleitung in ein Beamtenverhältnis wahrnehmen.
e) Die Form der eheähnlichen Verhältnisse wird durch die Regelungen der Mitwirkungsverbote nicht erfasst. Die Bewerbung von Frau Pamann könnte somit formell berücksichtigt werden.

5. Der Haushaltsplan

5.1 Grundlagen und Funktionen

Das kommunale Haushaltsrecht in NRW enthält keine Legaldefinition des Begriffes „Haushaltsplan“. Ausgehend von den Inhalten und Zielen des Haushalts nach der Gemeindeordnung (GO) und der Kommunalhaushaltsverordnung (KomHVO) bietet sich folgende Definition an:

> *Unter dem „Haushaltsplan“ ist die nach den Vorschriften der GO und der KomHVO festgestellte, für die Wirtschaftsführung der Gemeinde maßgebende, produktorientierte Zusammenstellung der im Haushaltsjahr zu erreichenden Ziele des Verwaltungshandelns und den hierfür veranschlagten Erträgen und Aufwendungen sowie Einzahlungen, Auszahlungen und Verpflichtungsermächtigungen zu verstehen.*

Die hergebrachten Definitionen[96] der verwandten Begriffe „Budget“ und „Etat“, wonach diese Ordnungsinstrumente und Rechenwerke sind, die mit Blick in die Zukunft einen systematischen Überblick über die Einnahmen und Ausgaben eines Gemeinwesens in einer bestimmten Referenzperiode gewähren, werden dem Haushaltsplan in der für die nordrhein-westfälischen Kommunen vorgesehenen Form nicht gerecht.

Das Haushaltsrecht, in den Bestimmungen der GO und KomHVO festgelegt, zeigt den Inhalt, die Bestandteile und die Systematik des Haushaltsplans auf. Aus den Einzelregelungen ergibt sich der genaue Begriff des Haushaltsplans.

§ 79 Abs. 1 GO sagt aus, dass der Haushaltsplan die anfallenden Erträge und eingehenden Einzahlungen, die entstehenden Aufwendungen und zu leistenden Auszahlungen und die notwendigen Verpflichtungsermächtigungen enthält. Zusätzlich spricht diese Vorschrift an, dass die veranschlagten Positionen für die Erfüllung der Aufgaben der Gemeinde vorzusehen sind. Hier ergibt sich ein Bezug zu der in § 75 Abs. 1 GO geforderten Sicherung der stetigen Aufgabenerfüllung. Konkret sieht § 4 Abs. 2 KomHVO vor, dass im Haushaltsplan Produktgruppen und Produkte beschrieben werden sollen. Darüber hinaus soll der Haushaltsplan die Ziele des Verwaltungshandelns näher beschreiben und Kennzahlen zur Messung der Zielerreichung vorgeben. Es besteht somit eine Verpflichtung („sollen“), die reine Finanzsteuerung mit einer Produktsteuerung zu verbinden.[97] Diese Verpflichtung besteht trotz Wegfall des ursprünglichen § 12 GemHVO weiter. Zwar stellt der Runderlass des Ministeriums für Heimat, Kommunales, Bauen und Gleichstellung (MHKBG) vom 28.6.2019 klar, dass *„nicht mehr die Verpflichtung (besteht) zu ausnahmslos allen Produkten des kommunalen Haushaltes Ziele und Kennzahlen zur Zielerreichung abzubilden.“* Allerdings kann bezweifelt werden, ob eine solche Verpflichtung je bestand. Jedenfalls ist die in diesem Erlass angekündigte Anpassung des § 4 Abs. 2 KomHVO auch drei Jahre später noch nicht erfolgt.

Die Aufgabenerfüllung ist durch eine entsprechende Veranschlagung im Haushaltsplan sicherzustellen. Ergänzend ist die Bestimmung des § 79 Abs. 3 GO zu sehen, wonach der Haushaltsplan die Grundlage für die Haushaltswirtschaft der Gemeinde darstellt. Der Haushaltsplan, der die ergebnis- und finanzrelevanten Aktivitäten der Gemeinde enthält, ist somit im Innenverhältnis für die Haushaltsführung verbindlich. Diese Verbindlichkeit entsteht nach Maßgabe der Gemeindeordnung und der aufgrund der Gemeindeordnung erlassenen Rechtsverordnungen.

---

96 Vgl. z. B. Bundeszentrale für politische Bildung (Hrsg.), Das Lexikon der Wirtschaft, Bonn 2004, S. 176.

97 Vgl. hierzu insb. *Bals/Fischer*, Finanzmanagement im öffentlichen Sektor – Budgets, Produkte, Ziele, 3. Aufl., Heidelberg 2014, S. 82 ff.

Nach § 84 GO hat die Gemeinde ihrer Haushaltswirtschaft eine fünfjährige Ergebnis- und Finanzplanung zugrunde zu legen und in den Haushaltsplan einzubeziehen. Die Planung der drei über das Haushaltsjahr hinausgehenden Jahre wird als „mittelfristige Planung" bezeichnet. Die Ergebnis- und Finanzplanung geht damit nach dem Wortlaut der GO zeitlich über den Haushaltsplan nach § 79 GO hinaus, der sich ausdrücklich nur auf das Haushaltsjahr bezieht. Praktisch hat dies nur zur Folge, dass die Veranschlagungen für das Haushaltsjahr durch die Haushaltssatzung haushaltsrechtliche Verbindlichkeit erlangen, während die Veranschlagungen der mittelfristigen Planung lediglich Grundlagen für zukünftige Haushaltsplanungen darstellen.

Zusammenfassend kann gesagt werden: Der Haushaltsplan ist die Grundlage für die Haushaltswirtschaft der Gemeinde und enthält für die Zeit des Haushaltsjahres und die mittelfristige Planung die inhaltliche Konkretisierung der Aufgabenerfüllung durch Produktbeschreibungen, Zielformulierungen und Festlegung von zielbezogenen Kennzahlen sowie die hierfür voraussichtlich eingehenden Erträge und Einzahlungen, Aufwendungen und zu leistenden Auszahlungen und die notwendigen Verpflichtungsermächtigungen. In seiner Eigenschaft als haushaltsrechtliches Ermächtigungsinstrument ist er – bezogen auf das Haushaltsjahr – für die Haushaltsführung der Gemeinde im Innenverhältnis verbindlich. Ansprüche und Verbindlichkeiten Dritter werden durch ihn jedoch weder begründet noch aufgehoben; der Haushaltsplan entfaltet demnach keine Außenwirkung (§ 79 Abs. 3 GO).

5.2 Abgrenzung zu anderen Plänen und Rechnungen

5.2.1 Haushaltssatzung und Haushaltsplan

Die Haushaltssatzung (siehe Kap. 17) enthält die Festsetzung des Haushaltsplans unter Angabe

- des Gesamtbetrags der Erträge und Aufwendungen des Haushaltsjahres (§ 1 der Haushaltssatzung[98]),
- des Gesamtbetrags der Einzahlungen und Auszahlungen aus laufender Verwaltungstätigkeit des Haushaltsjahres (§ 1 der Haushaltssatzung),
- des Gesamtbetrags der Einzahlungen und Auszahlungen aus der Investitions- und Finanzierungstätigkeit des Haushaltsjahres (§ 1 der Haushaltssatzung),
- des Gesamtbetrags der vorgesehenen Kredite für Investitionen (§ 2 der Haushalts-satzung),
- des Gesamtbetrags der vorgesehenen Verpflichtungsermächtigungen (§ 3 der Haushaltssatzung),
- der vorgesehenen Verringerung der Allgemeinen Rücklage (§ 4 der Haushaltssatzung) und
- des Höchstbetrags der Kredite zur Liquiditätssicherung (§ 5 der Haushaltssatzung).

Die in den §§ 1 bis 3 der Haushaltssatzung angegebenen Gesamtbeträge werden aus dem Ergebnis- und Finanzplan übernommen und ergeben sich aus der Addition aller in den Teilplänen veranschlagten Erträge, Einzahlungen, Aufwendungen, Auszahlungen und Verpflichtungsermächtigungen. Die Einzahlungen aus der Aufnahme von Krediten für Investitionen sind zum einen als Einzahlungen in § 1 der Haushaltssatzung enthalten und zum anderen bei der Ermittlung der Kreditermächtigung nach § 2 der Haushaltssatzung zu berücksichtigen.[99]

98 Vgl. hierzu und zu den weiteren Paragraphen der Haushaltssatzung die Anlage 1 zur VV Muster zur GO und KomHVO.

99 Näheres zur Ermittlung der Kreditermächtigungen und zum Problem der Differenzierung zwischen Investitionskrediten und Krediten zur Liquiditätssicherung ist im Kap. 15 ausgeführt.

In § 6 der Haushaltssatzung können die Realsteuerhebesätze festgesetzt werden. Durch Anwendung der Realsteuerhebesätze auf die vom Finanzamt festgesetzten Steuermessbeträge ermitteln die Gemeinden die Höhe der festzusetzenden Grund- und Gewerbesteuern. Demzufolge sind die Realsteuerhebesätze wesentliche Grundlage für die Veranschlagung der voraussichtlich eingehenden Steuererträge, die im Produktbereich 16 – Allgemeine Finanzwirtschaft – veranschlagt und als Folge der Aufrechnung auch in der Gesamtsumme der Erträge und Einzahlungen des § 1 der Haushaltssatzung enthalten sind.[100]

Diese Darstellung soll vorab verdeutlichen, dass die Haushaltssatzung mit dem Haushaltsplan nicht identisch ist und nicht identisch sein kann. Festzuhalten ist, dass der Haushaltsplan notwendiger und wichtiger Bestandteil der Haushaltssatzung ist.[101]

5.2.2 Mittelfristige Planung und Haushaltsplan

Gemäß § 84 GO hat die Gemeinde ihrer Haushaltswirtschaft eine mittelfristige Planung zugrunde zu legen.

Die Unterschiede zwischen der mittelfristigen Planung und dem Haushaltsplan ergeben sich aus der Zielrichtung der beiden Planungskomponenten. Die mittelfristige Planung bezieht sich in dem vom Haushaltsplan unabhängigen Planungszeitraum auf drei Jahre.[102]

Ergebnisplan bzw. Finanzplan	Ergebnis des Vorvorjahres	Ansatz des Vorjahres	**Ansatz des zu planenden Haushaltsjahres**	Planung Haushaltsjahr + 1	Planung Haushaltsjahr + 2	Planung Haushaltsjahr + 3
	1	2	**3**	4	5	6

Sie besitzt keinerlei Vollzugsverbindlichkeit und dient der Verwaltung als Orientierung für die Planung der künftigen Jahre. Sachzwänge, die sich unmittelbar auf die zukünftige Haushaltsplanung auswirken, können sich allerdings aus der Planung von Investitionsmaßnahmen ergeben, soweit diese über ein Haushaltsjahr hinausgehen. Beispielsweise betrifft die Planung eines Schulbaus über zwei Jahre nach Beginn der Durchführung im ersten Jahr auch die Planung des zweiten Jahres.

Festzustellen ist, dass sowohl der Haushaltsplan als auch die mittelfristige Planung vorausschauend für die Zukunft aufgestellt werden und in der Zukunft verwirklicht werden sollen. Beide Pläne wirken, wie bereits dargestellt, nur im Innenverhältnis und haben keine Drittwirkung. Die Unterschiede liegen in der Zielsetzung. Während der Haushaltsplan für ein Haushaltsjahr eine verbindliche Grundlage der Haushaltswirtschaft darstellt, ist die mittelfristige Planung ein auf den Zeitraum von weiteren drei Jahren angelegter Orientierungsrahmen ohne Verbindlichkeit. Die mittelfristige Planung ist gem. § 1 Abs. 3 KomHVO in den Haushaltsplan

100 Aufgrund der Realsteuergesetze kann die Gemeinde eine besondere Hebesatzsatzung erlassen. Dann entfällt die Festsetzung in § 6 der Haushaltssatzung, sodass die dortige Angabe der Steuersätze nur deklaratorische Bedeutung besitzt.

101 Vgl. auch *Stockel-Veltmann*, Die kommunale Haushaltswirtschaft in Nordrhein-Westfalen im Überblick, Kommunal-Kassen-Zeitschrift 1994, S. 45.

102 Das erste Planungsjahr ist das Jahr der Aufstellung des Haushaltsplans (laufendes Haushaltsjahr) und das zweite Jahr bezieht sich auf das entsprechende Jahr des zu erstellenden Haushaltsplanes. Insofern bezieht sich die weitergehende Planung nur noch auf die drei Folgejahre.

einzubeziehen. Da sie jedoch im Hinblick auf ihre Verbindlichkeit rechtlich anders zu beurteilen ist, kann es sich bei dieser Einbeziehung nur um eine formale oder abbildungstechnische Integration handeln. Die Positionen der mittelfristigen Ergebnis- und Finanzplanung stellen keinesfalls haushaltsrechtliche Ermächtigungen dar.[103] Dies wird insbesondere daraus deutlich, dass die Daten der mittelfristigen Planung nicht Bezugspunkt oder Inhalt der Haushaltssatzung sind.

5.2.3 Wirtschaftsplan und Haushaltsplan

Für Eigenbetriebe (§ 114 GO), Anstalten des öffentlichen Rechts (§ 114 a GO) sowie eigenbetriebsähnliche Einrichtungen gem. § 107 Abs. 2 GO sind Wirtschaftspläne aufzustellen. Für den Geltungsbereich der Eigenbetriebsverordnung und der Kommunalunternehmensverordnung tritt ein Wirtschaftsplan mit seinen Untergliederungen „Erfolgsplan", „Finanzplan" und „Stellenübersicht" an die Stelle des Haushaltsplans. Bereits vor der Einführung des Kommunalen Finanzmanagements empfahlen die an der Ausgestaltung des Systems beteiligten Projektkommunen, zukünftig auch für diese Einrichtungen Haushaltspläne nach den Vorschriften der KomHVO verbindlich vorzuschreiben.[104] Der Gesetzgeber hat diese Empfehlung bislang nicht aufgegriffen, was im Hinblick auf das Ziel der Einheitlichkeit des kommunalen Rechnungswesens nicht einleuchten will. Auch bei einer Verpflichtung dieser Einrichtungen zur Haushaltsplanung nach der KomHVO wären die jeweiligen Pläne allerdings nicht Bestandteil des gemeindlichen Haushaltsplans geworden, da es sich bei den o. a. Einrichtungen um selbstständig wirtschaftende Teile der Kommune bzw. – im Fall der Anstalt des öffentlichen Rechts – um eigenständige juristische Personen handelt, die separate Pläne und Abschlüsse aufzustellen haben.

5.2.4 Jahresabschluss und Haushaltsplan

Der Jahresabschluss ist das Gegenstück zum Haushaltsplan. Während der Haushaltsplan das auf die Zukunft gerichtete Programm für die Aufgabenerledigung der Gemeinde für ein Jahr darstellt, soll der Jahresabschluss nach Ablauf der Haushaltsperiode die Rechenschaft darüber liefern, was wirklich geschehen ist. Er ist insofern das auf die Wirklichkeit bezogene Spiegelbild des Haushaltsplans, das in tatsächlichen Ergebnissen aufzeigt, wie sich der Verlauf des Haushaltsjahres de facto gestaltet hat.[105] Zusätzlich zu den Komponenten des Haushaltsplans enthält der Jahresabschluss eine Bilanz als stichtagsbezogene Auswertung der Vermögens- und Schuldenlage der Gemeinde. Der Jahresabschluss der Gemeinde, mit dem der Bürgermeister über die Aufgabenerledigung und die Haushaltsführung Rechenschaft ablegt, gliedert sich demnach in die Ergebnisrechnung, die Finanzrechnung, die Teilrechnungen, die Bilanz und den Anhang (§ 38 Abs. 1 KomHVO). Nach § 38 Abs. 2 KomHVO ist dem Jahresabschluss ein Lagebericht[106] beizufügen.

---

103 So auch Gemeindeprüfungsanstalt Nordrhein-Westfalen (GPA NRW), *Rettler/Kummer/Heß/Kapp/ Diebel/Ehrbar-Wulfen/Brennenstuhl/Rothermel*, Kommentar zu § 6 KomHVO, Loseblatt, Wiesbaden 9/2019, S. 2.

104 Innenministerium des Landes NRW (Hrsg.), Neues Kommunales Finanzmanagement: Abschlussbericht des Modellprojekts „Doppischer Kommunalhaushalt in Nordrhein-Westfalen" 1999–2003, Freiburg 2003, S. 38 u. 108.

105 Vgl. hierzu im Einzelnen die Ausführungen in Kap. 21.

106 Die Darstellungserfordernisse des Lageberichts sind im § 49 KomHVO ausführlich dargestellt.

5.3 Bedeutung des Haushaltsplans

5.3.1 Allgemeines

Der Haushaltsplan ist nicht mit der Haushaltssatzung identisch. Er bildet jedoch einen unverzichtbaren Teil der Haushaltssatzung (§ 78 Abs. 2 Nr. 1 GO).

Die Bedeutung des Haushaltsplans kann anhand seiner Funktionen in folgender Weise abgebildet werden:[107]

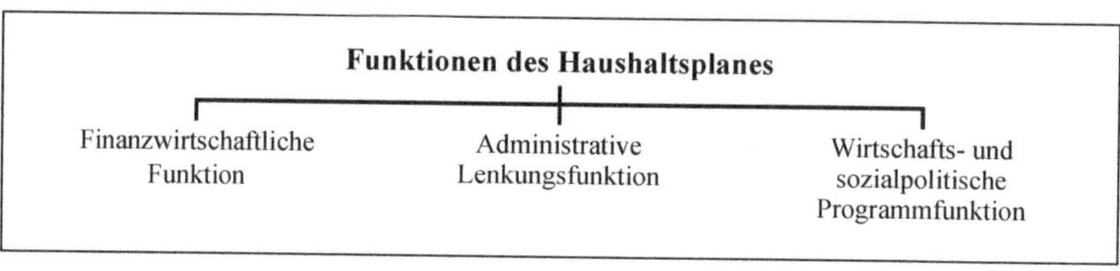

5.3.2 Finanzwirtschaftliche Funktion

Der Haushaltsplan der Gemeinde hat in erster Linie finanzwirtschaftliche Funktionen zu erfüllen. Er enthält nach § 79 Abs. 1 GO alle im Haushaltsjahr für die Erfüllung der Aufgaben der Gemeinde voraussichtlich

- anfallenden Erträge und eingehenden Einzahlungen,
- entstehenden Aufwendungen und zu leistenden Auszahlungen und
- notwendigen Verpflichtungsermächtigungen.

Daraus ist zu ersehen, dass im Haushaltsplan alle Vorgänge, die den Bestand an Finanzmitteln oder den Bestand an Eigenkapital verändern, veranschlagt werden müssen. Darüber hinaus sind im Bereich der Investitionen nach § 85 Abs. 1 GO Vorgänge zu veranschlagen, die zu Verpflichtungen in späteren Perioden führen.

Es soll durch die Veranschlagung der Erträge und Einzahlungen, Aufwendungen und Auszahlungen sowie Verpflichtungsermächtigungen in einem fest gefügten Plan, der nach bestimmten Grundsätzen aufgestellt wird, die übersichtliche und rationale Bewirtschaftung des Gemeindevermögens (einschließlich der Finanzmittel) erreicht werden.

Folgende Gesichtspunkte sind zur Erreichung dieses Zieles im Einzelnen maßgeblich:

- Durch die planmäßige Vorausschau der Veränderungen des Geld- und Vermögensbestandes wird die öffentliche Finanzwirtschaft in die Lage versetzt, die gestellten Aufgaben nachhaltig durchführen zu können, und
- durch das Erfordernis des Ausgleiches von Erträgen und Aufwendungen[108] wird der Verbrauch des öffentlichen Vermögens zu Lasten nachfolgender Generationen vermieden.

107 Vgl. hierzu auch *Dickertmann/Gelbhaar*, Finanzwissenschaft, Herne/Berlin 2000, S. 81 ff.
108 Vgl. die Ausführungen zum Haushaltsausgleich in Kap. 16.

5.3.3 Administrative Lenkungsfunktion

Der Haushaltsplan ist für die Haushaltsführung verbindlich. Ansprüche und Verbindlichkeiten Dritter werden durch ihn weder begründet noch aufgehoben (§ 79 Abs. 3 GO). Durch den Haushaltsplan wird der Verwaltung ein Handlungsrahmen gesteckt, den sie bezüglich der Aufwendungen, Auszahlungen und Verpflichtungen einhalten muss. Er ermächtigt sie, im Rahmen der Aufgabenerfüllung Aufwendungen entstehen zu lassen, Auszahlungen zu leisten und Verpflichtungen einzugehen. Der Haushaltsplan schränkt mit seinen Detaillierungen den Handlungsspielraum der Verwaltung ein und dient damit ihrer Lenkung. Gleichzeitig dient der Jahresabschluss, der die gleiche Ordnungssystematik wie der Haushaltsplan aufweist, der Rechenschaftslegung durch die Verwaltung. Rat und Öffentlichkeit können somit feststellen, ob die Verwaltung den ihr gesteckten Rahmen eingehalten hat.

5.3.4 Wirtschafts- und sozialpolitische Programmfunktion

Das Ergebnis zahlreicher Beratungen, Diskussionen und Auseinandersetzungen innerhalb und außerhalb des Rates und der Verwaltung ist die Beschlussfassung über die Haushaltssatzung und den Haushaltsplan. In diesem Haushaltsplan ist demzufolge das politische Programm und der damit verbundene Ressourcen- und Geldverbrauch mindestens der Ratsmehrheit enthalten. Dieses Programm beinhaltet die lokalpolitischen Ziele im Allokations-[109], Distributions-[110] und Stabilisierungbereich[111]. Durch die Einbeziehung von konkreten Zielen und Kennzahlen der Zielerreichung in den Haushaltsplan wird die politische Programmfunktion in den kommunalen Haushalten gegenüber den bei anderen Körperschaften üblichen „inputorientierten" Haushaltsplänen deutlich gestärkt. Im Bereich der finanziellen Daten sind die geplanten Investitionen, die sich im Finanzplan wiederfinden, von besonderer politischer Bedeutung. Durch sie werden die maßgeblichen politischen Impulse für die Zukunft gesetzt. Durch den Haushaltsplan werden die Aufwendungen und Auszahlungen sowie die Ermächtigungen zum Eingehen von Verpflichtungen zur Verwirklichung der formulierten Ziele bereitgestellt. Der Haushaltsplan ist also die praktische Umsetzung der politischen Programme. Die Grenzen des Machbaren werden allerdings angesichts der schlechten Finanzausstattung der Gemeinden sehr schnell deutlich.[112] Nach Erfüllung der gesetzlichen und vertraglichen Verpflichtungen besteht – unter Beachtung der Anforderungen des Haushaltsausgleichs – häufig nur noch ein geringer politischer Handlungsspielraum.

Zusätzlich wird durch Art. 109 Abs. 2 GG die gesamtwirtschaftliche Funktion der kommunalen Haushaltspläne festgesetzt. Der Grundsatz, dass Bund und Länder bei ihrer Haushaltswirtschaft den Erfordernissen des gesamtwirtschaftlichen Gleichgewichts Rechnung zu tragen haben, ist in den Regelungen des Gesetzes zur Förderung der Stabilität und des Wachstums der Wirtschaft – Stabilitätsgesetz enthalten. Die Gemeindeordnung übernimmt diesen Grundsatz. Bei der Planung und Durchführung ihrer Haushaltswirtschaft haben die Gemeinden gemäß § 75 Abs. 1 Satz 3 GO den Erfordernissen des gesamtwirtschaftlichen Gleichgewichts Rechnung zu tragen. Durch

109 Fragestellung: Wofür sollen die kommunalen „Produktionsfaktoren" eingesetzt werden?

110 Fragestellung: Welchen Einfluss soll die Gemeinde auf die (Um-)Verteilung von Einkommen und Vermögen auf verschiedene Wirtschaftsbereiche oder Personengruppen nehmen?

111 Fragestellung: Welchen Beitrag soll die Gemeinde zur Stabilisierung der wirtschaftlichen Entwicklung leisten?

112 Zur finanziellen Situation der Gemeinden vgl. u. a. die regelmäßigen Gemeindefinanzberichte der kommunalen Spitzenverbände.

diese Regelungen haben die Haushaltspläne der Gemeinden als volkswirtschaftliches Ordnungsinstrument einen Platz in der Konjunkturpolitik erhalten. Tatsächlich erscheint es jedoch zunehmend fragwürdig, ob das mit dem Stabilitätsgesetz angestrebte „antizyklische Verhalten" ein geeignetes Instrument der Konjunkturpolitik ist. Insbesondere ist festzustellen, dass dieses Ziel wegen der Finanzautonomie der Gemeinden nicht einheitlich mit allen kommunalen Haushalten verfolgt werden kann.[113]

5.4 Wirkung des Haushaltsplans

5.4.1 Allgemeine Wirkung

Wie bisher schon dargestellt, sind im Haushaltsplan die konkreten Vorstellungen des Rates und der Verwaltung über die Aufgabenerledigung, die Vermögens- und Finanzentwicklung der Gemeinde niedergelegt. Der Haushaltsplan enthält alle im Haushaltsjahr für die Erfüllung der Aufgaben der Gemeinde voraussichtlich notwendigen Änderungen des Eigenkapitals (Erträge und Aufwendungen) und der Finanzmittel (Einzahlungen und Auszahlungen) sowie die notwendigen Ermächtigungen zum Eingehen von zukünftigen Verpflichtungen (Verpflichtungsermächtigungen). Dadurch bedingt ist die Verwaltung verpflichtet und gehalten, die im Haushaltsplan ausgewiesenen Ziele im Rahmen der veranschlagten Haushaltsansätze zu verfolgen. Der Haushaltsplan stellt demnach eine konkrete Richtlinie für die im Haushaltsjahr zu erfüllenden Aufgaben der Gemeinde dar (§ 79 Abs. 3 GO). Gelingt es nicht, die vorgegebenen Ziele zu erreichen, ist ein den Haushaltsplan ändernder Ratsbeschluss in Erwägung zu ziehen.

5.4.2 Wirkung bezüglich der Aufwendungen und Auszahlungen

Zu beachten ist in diesem Zusammenhang, dass die im Haushaltsplan veranschlagten Aufwendungen und Auszahlungen für die Verwaltung Ermächtigungen, jedoch keine Verpflichtungen darstellen. Die veranschlagten Mittel dürfen nur unter Beachtung der Haushaltsgrundsätze in Anspruch genommen werden; besonders ist hier der Grundsatz der Sparsamkeit und Wirtschaftlichkeit zu erwähnen.

Mit der Höhe der Aufwands- und Auszahlungsansätze wird durch die Festsetzung des Haushaltsplanes eine Obergrenze gezogen, die nur unter den Voraussetzungen des § 83 GO (Unabweisbarkeit und Deckung) oder im Rahmen der Budgetierung nach § 21 KomHVO (echte oder unechte Deckungsfähigkeit) überschritten werden darf. Liegt für einen Geschäftsvorgang der Verwaltung keine Ermächtigung im Haushaltsplan vor, so darf die erforderliche Aufwendung oder Auszahlung nicht geleistet werden. Die Leistung einer außerplanmäßigen Auszahlung wäre nur unter den Voraussetzungen des § 83 GO überhaupt möglich. Im Bereich der Aufwendungen, ist dies grundsätzlich ebenso zu beurteilen. Es ist jedoch zu berücksichtigen, dass bestimmte Aufwendungen (z. B. außerplanmäßige Abschreibung eines PKW durch einen Unfall) ohne bewusstes oder gezieltes Zutun entstehen. In diesen Fällen muss eine nachträgliche Aufwands-

113 Weitere Argumente gegen das Funktionieren einer kommunalen Konjunkturpolitik sind der hohe Anteil der zur stetigen Aufgabenerfüllung unabweisbaren Investitionen, die politisch nicht durchsetzbare Selbstbeschränkung in Phasen einer Hochkonjunktur und die mit der Konjunktur gleichläufig schwankende Einnahmesituation der Gemeinden. Vgl. hierzu *Stockel-Veltmann*, Das Gemeindehaushaltsrecht – Funktionsbedingte Anforderungen und Reformansätze, der gemeindehaushalt 1994, S. 33 f.

ermächtigung (unabhängig von der Deckung!) erlassen werden können. Zusammenfassend gilt der Grundsatz, dass für jede Aufwendung oder Zahlung der Verwaltung eine Ermächtigung im Haushaltsplan vorliegen muss.[114]

5.4.3 Wirkung bezüglich der Verpflichtungsermächtigungen

Verpflichtungen zur Leistung von Investitionsauszahlungen in künftigen Jahren dürfen nur eingegangen werden, wenn der Haushaltsplan hierzu ermächtigt (§ 85 GO).[115]

Hinsichtlich der Wirkung ist grundsätzlich auf die Ausführungen im Zusammenhang mit den Wirkungen bezüglich der Auszahlungen zu verweisen. Es wird eine Obergrenze gezogen. Ausnahmsweise dürfen auch über- und außerplanmäßige Verpflichtungsermächtigungen eingegangen werden, wenn sie unabweisbar sind und der in der Haushaltssatzung festgesetzte Gesamtbetrag der Verpflichtungsermächtigungen nicht überschritten wird.

5.4.4 Wirkung bezüglich der Erträge und Einzahlungen

Die im Haushaltsplan veranschlagten Erträge und Einzahlungen stellen keine Obergrenzen für ihre Erzielung dar, sodass Mehrerträge und -einzahlungen unbedenklich sind. Diese Erträge und Einzahlungen sind bei der Planung und Aufstellung des Haushaltsplans unter Beachtung des Grundsatzes der Gesamtdeckung (§ 20 KomHVO) den Aufwendungen und Auszahlungen gegenüber gestellt worden. Das angestrebte Ziel, die für die Erfüllung der Aufgaben der Gemeinde zu leistenden Aufwendungen durch die entsprechenden Erträge zu decken (Haushaltsausgleich nach § 75 Abs. 2 GO), sollte dadurch erreicht werden. Da die Vorschrift des Haushaltsausgleichs nicht nur für den Bereich der Aufstellung des Haushaltsplans, sondern auch für die Ausführung und den Jahresabschluss Gültigkeit hat, sollten die Ansätze für die Einzahlungen und Erträge in der Form bewirtschaftet werden, wie sie zur Deckung der Aufwendungen und Auszahlungen benötigt werden. Eine mögliche Konsequenz bei Mindererträgen und die dadurch bedingte Gefährdung des Haushaltsausgleichs könnte der Erlass einer Nachtragssatzung gemäß § 81 Abs. 2 Nr. 1 GO sein. Mindereinzahlungen können darüber hinaus die Liquidität (§ 89 GO) gefährden. Die möglicherweise notwendige Erhöhung des Höchstbetrages der Kredite zur Liquiditätssicherung in der Haushaltssatzung kann ebenfalls nur durch eine Nachtragssatzung erreicht werden (§ 81 Abs. 1 GO).

Über die veranschlagten Einzahlungen und Erträge hinaus ist es der Gemeinde möglich, zusätzliche Deckungsmittel zu erzielen. Grundsätzlich ist es Aufgabe der Verwaltung, die im Haushaltsplan veranschlagten Erträge und Einzahlungen der Gemeinde rechtzeitig einzuziehen und ihren Eingang zu überwachen (siehe auch Kap. 11.2.1). Die Entscheidung, auf einen Anspruch zu verzichten, die Weiterverfolgung eines fälligen Anspruchs zurückzustellen oder den Zahlungstermin hinauszuschieben, kann nur im Einzelfall unter Beachtung der konkreten gesetzlichen Bestimmungen erfolgen (z.B. § 27 KomHVO).

114 Es ist allerdings darauf hinzuweisen, dass die Gemeinde rechtliche Verpflichtungen zur Leistung von Aufwendungen oder Auszahlungen nicht mit dem Hinweis auf die haushaltsrechtliche Unzulässigkeit vernachlässigen kann. Die Gemeinde ist dann vielmehr verpflichtet, die entsprechenden haushaltsrechtlichen Vorkehrungen zu treffen. Vgl. hierzu im Einzelnen die Ausführungen in Kap. 11.

115 Zu den Einzelheiten der Verpflichtungsermächtigungen siehe Kap. 7.4.4.

5.4.5 Bindung im Innenverhältnis

Durch den Erlass der Haushaltssatzung und des Haushaltsplans hat der Rat ein politisches Programm in Form von Ortsrecht beschlossen, an welches die Verwaltung gebunden ist. Im Gegensatz zur Haushaltssatzung, die durch die Festsetzung der Realsteuerhebesätze noch bedingt Außenwirkung hat, fehlt dem Haushaltsplan diese Wirkung nach außen vollständig. Er beschränkt sich auf Regelungen von Beziehungen innerhalb der Gemeindeverwaltung. In diesem Bereich ist er für die Haushaltsausführung verbindlich. Ansprüche und Verbindlichkeiten Dritter (Außenverhältnis) werden nach § 79 Abs. 3 Satz 3 GO durch den Haushaltsplan weder begründet noch aufgehoben.

5.5 Eigeninteressen von Rat und Verwaltung bei der Gestaltung des Haushaltsplans

Das Verhältnis von Rat und Verwaltung einer Gemeinde lässt sich mit dem Verhältnis eines Gesellschafters und eines Geschäftsführers einer GmbH vergleichen. Während der Rat als Vertreter der Bürger (zumindest indirekt) die Eigentümerinteressen vertritt, wird die Verwaltung lediglich als Instrument für die operative Führung der Geschäfte benötigt. Wie bereits dargestellt, kommen dem Haushaltsplan mit der politischen Programmfunktion und der administrativen Lenkungsfunktion in diesem Zusammenspiel wesentliche Aufgaben zu.

Bei einer kritischen Auseinandersetzung mit den rechtlichen und organisatorischen Grundlagen der Haushaltsplanung darf man jedoch nicht vergessen, dass die an den Haushaltsplanungsprozessen beteiligten Parteien (z. B. Kämmerer, Bürgermeister, Amts- und Einrichtungsleiter, Ratsmitglieder) in aller Regel Personen mit Eigeninteressen sind. Bei der Einschätzung und Beurteilung von Argumenten und Verhaltensweisen im Zusammenhang mit der Haushaltsplanung hilft es häufig, sich über die naheliegenden Eigeninteressen der jeweiligen Gruppen und deren Möglichkeiten der Ausnutzung von Informationsvorteilen klar zu werden.

Mit solchen Überlegungen setzt sich insbesondere die „Prinzipal-Agent-Theorie“[116] aus dem Bereich der Neuen Institutionenökonomik auseinander. Nach dieser Theorie beauftragt ein Eigentümer (Prinzipal) einen Geschäftsführer (Agenten) mit der Erledigung seiner Geschäfte in der Hoffnung, dass dieser die Aufgabe in seinem Sinne erledigt. Er kann jedoch den Einsatz und die Qualitäten des von ihm beauftragten Geschäftsführers nicht vollständig beurteilen und sieht lediglich am Ende das Ergebnis der Bemühungen.

Demgegenüber hat der Geschäftsführer (Agent) einen Informationsvorsprung, da er seine eigenen Qualitäten einschätzen und das eigene Verhalten selbst festlegen und darstellen kann. Nach der „Prinzipal-Agent-Theorie“ wird der Geschäftsführer diese Informationsasymmetrie zum Nachteil des Eigentümers ausnutzen, wenn dies seinen eigenen Zwecken, z. B. der Sicherung seiner Position, der Aufwertung seines Status oder der Erhöhung seines Gehalts, dienlich ist.

Überträgt man diese Überlegungen auf das Verhältnis von Bürgerschaft, Rat und Verwaltung lassen sich durchaus einige Verhaltensmuster erklären, die u. a. zu ständig wachsenden öffentlichen Budgets führen.

116 Vgl. z. B. *Scherf*, Öffentliche Finanzen, 2. Aufl., Konstanz 2011, S. 100 ff.

5.6 Praktische Beispiele und Übungen

Sachverhalt Nr. 1

Im Haushaltsplan der Gemeinde G für 2023 ist die Erneuerung der Fahrbahndecke der Hauptstraße mit Auszahlungen von 100.000 € veranschlagt. Im Mai 2023 beschließt der Rat der Gemeinde G jedoch, die veranschlagten 100.000 € nicht für die Erneuerung der Hauptstraße, sondern vielmehr für den Rathausplatz zu verwenden. Die an der Hauptstraße wohnende Anliegerin A schreibt nun an die Gemeinde G und verlangt aufgrund des Haushaltsplanes noch für 2023 den Ausbau der Hauptstraße.

Aufgabe:

Erläutern Sie, was die Verwaltung der Anliegerin A mitteilen wird.

Lösung:

Im Haushaltsplan ist eine Auszahlungsermächtigung in Höhe von 100.000 € enthalten. Durch diese Veranschlagung im Haushaltsplan ist die Verwaltung verpflichtet worden, die vorgesehene Maßnahme auch durchzuführen. Die Verwaltung ist bei ihrer Aufgabenwirtschaft an die Ansätze des Haushaltsplanes gebunden. Eine Änderung des Verwendungszwecks – wie in diesem Fall – bedarf eines Ratsbeschlusses oder einer Nachtragssatzung. Der Haushaltsplan regelt die Beziehungen zwischen Verwaltung und Rat. Dies wird deutlich gemacht durch die Bestimmung des § 79 Abs. 3 GO, wonach der Haushaltsplan Grundlage für die Haushaltswirtschaft der Gemeinde und als solcher für die Haushaltsführung selbst verbindlich ist. Unterstützend kommt hinzu, dass Ansprüche und Verbindlichkeiten Dritter durch ihn weder begründet noch aufgehoben werden.

Die Anliegerin A meldet einen Anspruch auf den Ausbau der Hauptstraße an. Jedoch folgt aus der Regelung des § 79 Abs. 3 Satz 3 GO, dass aus der Veranschlagung einer Maßnahme im Haushaltsplan kein Rechtsanspruch auf Realisierung abgeleitet werden kann. Diese Mitteilung wird die Verwaltung der Anliegerin geben.

Sachverhalt Nr. 2

Das Sozialamt der Gemeinde G teilt den Empfängern der Hilfe zur Pflege mit, dass die finanziellen Hilfeleistungen für den Monat Dezember erst im Januar des folgenden Jahres ausgezahlt werden, weil die Haushaltsmittel dieses Jahres erschöpft sind.

Aufgabe:

Begutachten Sie die Mitteilung des Sozialamtes aus haushaltsrechtlicher Sicht.

Lösung:

Der Haushaltsplan enthält gemäß § 79 Abs. 1 GO alle im Haushaltsjahr für die Erfüllung der Aufgaben der Gemeinde voraussichtlich anfallenden Erträge, eingehenden Einzahlungen, entstehenden Aufwendungen, zu leistenden Auszahlungen und notwendigen Verpflichtungsermächtigungen. Zu den gemeindlichen Aufgaben gehört auch die Leistung von Sozialhilfe.

Die Mitteilung des Sozialamtes bezieht sich auf einen im Haushaltsplan abgebildeten Aufwandsansatz im Bereich der Transferaufwendungen. Gleichzeitig ist mit dem Aufwand eine Transferauszahlung verbunden, die ebenfalls einer haushaltsrechtlichen Ermächtigung bedarf. Aufwands- und Auszahlungsansätze aus dem Haushaltsplan stellen für die Verwaltung grundsätzlich eine Ermächtigung und keine Verpflichtung dar. Jedoch müssen die von der Gemeinde zu leistenden Aufwendungen und Auszahlungen aufgrund gesetzlicher oder vertraglicher Verpflichtung und in solche aufgrund freier Entscheidung unterteilt werden. Der Leistung der Hilfe zur

Pflege liegt für die Berechtigten ein Anspruch auf der Grundlage des SGB XII zugrunde. Es besteht also ein gesetzlich begründeter Anspruch. § 79 Abs. 3 Satz 3 GO besagt, dass Ansprüche Dritter – hier: der Sozialhilfeempfänger – nicht durch den Haushaltsplan und somit auch nicht durch fehlende Haushaltsmittel beeinträchtigt werden dürfen. Insofern muss die Verwaltung die Hilfe zur Pflege für den Monat Dezember noch im laufenden Haushaltsjahr auszahlen. Die Verschiebung auf das kommende Haushaltsjahr ist rechtswidrig.

Durch die Veranschlagung von Aufwands- und Auszahlungsmitteln wird zwar eine Obergrenze gezogen, die nicht überschritten werden soll. Die Gemeinde kann sich jedoch, wie bereits festgestellt, in diesem Fall nicht auf diese formal-haushaltsrechtliche Position zurückziehen. Vorrangig ist die Erfüllung des gesetzlichen Anspruchs aus der Hilfe zur Pflege. Die fehlende Ermächtigung muss also durch Erhöhung des Ansatzes gemäß § 81 GO (Nachtragssatzung mit Nachtragsplan)[117], durch eine Mittelbereitstellung im Sinne von § 83 GO (überplanmäßige Aufwendungen und Auszahlungen)[118] oder innerhalb der Budgetbewirtschaftung nach § 21 KomHVO (unechte und echte Deckungsfähigkeit)[119] geschaffen werden.

117 Siehe auch Kap. 20.

118 Siehe auch Kap. 18.

119 Siehe auch Kap. 18.

6. Gliederung des Haushalts nach Produktbereichen

6.1 Notwendigkeit einer Haushaltsgliederung

Bereits in den ersten Kapiteln dieses Buches wurde auf die Aufgaben und Ziele der öffentlichen Finanzwirtschaft hingewiesen. Dabei nimmt die wirtschafts- und sozialpolitische Programmfunktion des Haushalts sicherlich eine wesentliche Stellung ein. Der Haushaltsplan ist das wichtigste Planungs- und Steuerungsinstrument im Bereich aller öffentlichen Körperschaften. Durch die Darstellung von quantitativen und qualitativen Zielen des Verwaltungshandelns für das kommende Haushaltsjahr und darüber hinaus bestimmt die Mehrheit des Gemeinderates über die grundsätzliche Ausrichtung der zukünftigen Politik. Der Etat ist damit eine konkrete planerische Umsetzung der politischen Programme unter Berücksichtigung der tatsächlichen finanzpolitischen Möglichkeiten.

Im Gegensatz zu den meisten privaten Unternehmen und auch zu den öffentlichen und halböffentlichen Betrieben und Gesellschaften ist die Kommunalverwaltung dadurch gekennzeichnet, dass sie für ihre Bürger und Einwohner sehr unterschiedliche Leistungen erbringt. Diese Leistungen beziehen sich zudem auf sehr unterschiedliche Lebensbereiche der Einwohner. Beispiele für solche unterschiedlichen Leistungen lassen sich vielfältig anführen:

- Betreuung von Kindern in einer Kindertagesstätte,
- Erschließung von Baugrundstücken,
- Betrieb einer Bibliothek,
- Gewährleistung der öffentlichen Sicherheit und Ordnung,
- Beurkundung von Änderungen des Personenstands,
- Förderung junger Unternehmen,
- Organisation und Durchführung von Stadtfesten.

Damit der Haushaltsplan der politischen Programmfunktion gerecht werden kann, muss er demnach Aussagen darüber enthalten, auf welche Leistungen oder Lebensbereiche sich seine finanziellen und inhaltlichen Vorgaben beziehen. Während die Aktiengesellschaft, die am Markt nur ein Produkt oder eine Produktreihe absetzt, dem Aufsichtsrat in der Regel nur eine Gesamtplanung für das ganze Unternehmen vorlegt, würde eine solche Gesamtplanung für die notwendige Festlegung von Handlungsschwerpunkten im „Unternehmen" Kommunalverwaltung nicht ausreichen.

Der Haushaltsplan als wichtigstes Planungs- und Steuerungsinstrument muss daher die Tätigkeitsbereiche der Kommunalverwaltung in einer Weise erkennbar machen, die eine politische Schwerpunktsetzung ermöglicht. Bürger und Politiker müssen aus dem Haushaltsplan nicht nur erkennen können, wie sich die finanzielle Lage der Kommune im Planungszeitraum voraussichtlich darstellt, sondern sie müssen feststellen können, woraus die Ertragslage resultiert und wofür in Zukunft die vorhandenen Ressourcen eingesetzt werden sollen. Dies ist nur möglich, wenn der Haushaltsplan neben der Gesamtplanung eine Planung von Teilbereichen (Teilplanung) enthält.

6.2 Anforderungen an die Gliederung eines Haushaltsplans

Die Tatsache, dass sich der kommunale Gesamthaushaltsplan aus mehreren Teilplänen zusammensetzen muss, um seiner politischen Programmfunktion gerecht werden zu können, führt unmittelbar zu der Fragestellung, nach welchen Kriterien diese Teilpläne zu bilden sind bzw. wie der Haushaltsplan gegliedert werden soll. Diese Fragestellung lässt sich einerseits anhand der vorgesehenen gesetzlichen Regelungen (siehe Kap. 6.4.) und andererseits im Hinblick auf die Anforderungen, die die Adressaten des Haushaltsplans an diese Gliederung stellen, beantworten. Diese Anforderungen sollen daher zunächst einmal dargestellt werden.

6.2.1 Die Anforderungen der Bürger und der politischen Gremien

Wesentlicher Adressat des Haushalts sind die Bürger und die politischen Gremien. Die oben dargestellte politische Programmfunktion bestimmt die Anforderungen dieser Adressaten an die Gliederung des Haushalts. Es geht demnach darum, dass Einwohner und Politiker anhand des Haushalts erkennen können, wo die politischen Schwerpunkte des zukünftigen Handelns liegen und welche Ziele im Haushaltsjahr und in den drei folgenden Jahren verfolgt werden sollen.

Solche Informationen bietet ein Haushalt, der nach Aufgabenbereichen (in der Privatwirtschaft würde man von „Geschäftsbereichen" reden), d. h. *funktional* gegliedert ist. Diese Aufgabenbereiche lassen sich z. B. aus den Politikfeldern ableiten, die Grundlage politischer Programme sind. Sie lassen sich aber auch aus den Lebensbereichen ableiten, auf die sich das kommunale Handeln bezieht. Letztlich sollte daher die Grundlage der Gliederung die (Dienst-) Leistung der Verwaltung sein, die den Einwohner, das örtliche Unternehmen oder andere „Kunden" der Kommunalverwaltung erreicht. Im Sprachgebrauch des durch die KGSt geprägten „Neuen Steuerungsmodells" (NSM) handelt es sich bei diesen Ergebnissen des Verwaltungshandelns aus Sicht der Einwohner um den „Output" oder das „Produkt" der Verwaltung.

Gleichzeitig stellt der Haushaltsplan im Sinne des NSM auch den sogenannten „Hauptkontrakt" zwischen Rat und Verwaltung dar,[120] in dem die Ziele und die zur Umsetzung dieser Ziele einzusetzenden Ressourcen vereinbart werden. Bei dieser eher vertragsähnlichen Sichtweise des Haushaltsplans erscheint es zusätzlich wichtig, festzustellen, wer auf Seiten der Verwaltung für die Umsetzung dieser Ziele verantwortlich ist. Das Kommunale Finanzmanagement setzt auf diesen Grundüberlegungen des NSM auf. Das spricht dafür, dass der Haushalt nach Verantwortungsbereichen, d. h. nach der Aufbauorganisation der Verwaltung oder *institutionell* gegliedert sein sollte, so dass für den Rat als „Auftraggeber" feststellbar ist, wer für die Ergebnisse des Verwaltungshandelns die Verantwortung trägt.

Diese Sichtweise findet allerdings ihre Beschränkung in den Vorschriften der Gemeindeordnung, die die Delegation einer solchen Verantwortung gegenüber dem Rat vom Bürgermeister auf die Beigeordneten beschränkt (§ 62 Abs. 1 Satz 1 und 2 i. V. m. § 68 Abs. 2 GO). Die Ausweisung eines Amts- oder Abteilungsleiters als verantwortlichen Kontraktpartner des Rates im Haushaltsplan kann daher nicht mit der Gemeindeverfassung im Einklang stehen. Sie sieht allenfalls eine „auftragsweise Erledigung bestimmter Angelegenheiten" durch andere Beamte und tariflich Beschäftigte vor.[121] Die institutionelle Gliederung im Sinne einer *echten* Darstellung von Verantwortungsbereichen kann sich daher nur auf die Aufgabenbereiche der Beigeordneten beziehen.

6.2.2 Die Anforderungen der Aufsichtsbehörden

Ein weiterer Adressat des Haushaltsplans ist die jeweils zuständige Aufsichtsbehörde. Gemäß § 80 Abs. 5 GO ist die vom Rat beschlossene Haushaltssatzung vollständig mit allen Anlagen der Aufsichtsbehörde anzuzeigen.

120 Vgl. *Bals/Fischer*, Finanzmanagement im öffentlichen Sektor, Heidelberg u. a., 3. Aufl. 2014, S. 9 ff.

121 § 68 Abs. 3 Satz 1 GO.

Für die Aufsichtsbehörden ist es wichtig, dass die Gliederung der Haushalte einem einheitlichen System entspricht und ausreichend differenziert ist, um die zukünftigen Handlungsschwerpunkte der einzelnen Gemeinden erkennen zu können. Da es für die Aufsichtsbehörden wesentlich darum geht, sicherzustellen, dass die dauernde Aufgabenerfüllung in der jeweiligen Kommune gesichert ist (§ 11 GO), sollte die Gliederung funktional sein. Nur eine funktionale Gliederung erlaubt intertemporäre und interkommunale Vergleiche, die eine wesentliche Grundlage für die Beurteilung von Haushaltsplänen sein sollten.

6.2.3 Die Anforderungen der Finanzstatistik

„Die Finanzstatistiken haben im föderalen Aufbau der Bundesrepublik Deutschland die wichtige Aufgabe, aus den verschiedenen voneinander unabhängigen Haushaltsebenen ein in sich konsistentes Gesamtbild der öffentlichen Finanzwirtschaft zu erstellen und damit die Grundlage für zentrale wirtschafts-, finanz-, haushalts-, währungs- und geldpolitische Entscheidungen zu schaffen. Sie sind auch ausschließliche Datenbasis für das Staatskonto der Volkswirtschaftlichen Gesamtrechnung.“[122] Die Anforderungen der Finanzstatistik sind im Finanz- und Personalstatistikgesetz (FPStatG) festgelegt und ergeben sich mittelbar aus den Anforderungen, die die Nutzer der Statistik haben. Hauptnutzer der Statistik sind die Bundesministerien für Finanzen, Wirtschaft und Arbeit, Inneres, Bildung und Forschung, die Spitzenverbände der Kommunen und der Wirtschaft sowie die Bundesbank. Schwerpunkte des Bedarfs an statistischen Informationen liegen in den Bereichen

- Schulen,
- Wissenschaft, Forschung, Kulturpflege,
- Soziale Sicherung und
- Bau- und Wohnungswesen, Verkehr.

In diesen Bereichen werden besonders detaillierte Daten nachgefragt.

Nach Darstellung des Statistischen Bundesamtes[123] besteht ein Bedarf sowohl an einer funktionalen als auch an einer institutionellen Gliederungsstruktur. So ist es aus Sicht der Finanzstatistik z. B. erforderlich, die Zahlung für den Schulbereich sowohl nach Schulformen (funktional) als auch nach Organisationsbereichen (z. B. Schulverwaltung) zu gliedern.

Auf supranationaler Ebene und für die Volkswirtschaftliche Gesamtrechnung ergeben sich die Mindestanforderungen an die Gliederung aus der COFOG („Classification of Functions of Government“). Wie der Begriff bereits deutlich macht, geht es dabei um eine funktionale Gliederung der Daten aus dem Haushalts- und Rechnungswesen.

Zusammenfassend lässt sich festhalten, dass die Anforderungen der Finanzstatistik an die Gliederung des kommunalen Rechnungswesens ausgesprochen hoch und teilweise auch widersprüchlich sind. Allerdings erscheint es nicht erforderlich, dass sich die haushaltsrechtliche Gliederung des Etats diesen Anforderungen unterordnet. Insofern sind die Anforderungen der Finanzstatistik an die Haushaltsgliederung lediglich als Nebenbedingungen anzusehen, die die Kommunen erfüllen müssen. Eine Übernahme der statistischen Anforderungen in die haushalts-

122 *Statistisches Bundesamt*, Eckpunkte der Finanzstatistik für die Reform des kommunalen Haushaltsrechts, Wiesbaden 2000.

123 *Statistisches Bundesamt*, Besprechungsunterlage für die Sitzung der Arbeitsgruppe „Finanzstatistik“ am 9.4.2002 in Wiesbaden, Wiesbaden 2002 (unveröffentlicht).

rechtlichen Bestimmungen erscheint nur dann geraten, wenn sie den Steuerungsanforderungen von Rat und Verwaltungsspitze nicht entgegenläuft.[124]

6.2.4 Die Anforderungen der Verwaltung

Als diejenige, die den Etat verwaltet und die dort vorgegebenen Ziele umsetzen soll, ist auch die Verwaltung ein wesentlicher Adressat des Haushaltsplans. Da der Haushaltsentwurf gleichzeitig von ihr selbst erstellt wird, ist zunächst davon auszugehen, dass sich die Gestaltung des Haushaltsplanes auch an ihren Anforderungen orientiert.

Im Hinblick auf die Gliederung des Haushalts spiegeln sich weitgehend die Anforderungen von Einwohnern und Politik wider. Die Verwaltung muss erkennen können, welche Ziele der Rat mit dem Haushaltsentwurf verbindet. Hierzu ist eine *funktionale* Gliederung erforderlich, die genau zeigt, in welchem Aufgabenbereich welche Ziele mit welchem Ressourceneinsatz zu verfolgen sind. Nur so kann die Verwaltung die politisch gesetzten Prioritäten auch tatsächlich umsetzen. Für diese Umsetzung trägt gegenüber dem Rat der Bürgermeister oder der zuständige Beigeordnete die Verantwortung (s. o.).

Gleichzeitig erfolgt die Umsetzung in der Verwaltung durch Organisationseinheiten. So kann die Verbesserung der Übermittagbetreuung für Grundschüler z. B. eine Aufgabe des Schulamtes sein. Aus Sicht der Verwaltung wäre es daher hilfreich, wenn sich die Zielformulierungen des Haushaltsplans im Hinblick auf Out- und Input (Gewährleistung einer Betreuung vom Ende des Unterrichts bis mindestens 16.00 Uhr an allen Grundschulen, wofür Aufwendungen in genau bestimmter Höhe bereitgestellt werden) unmittelbar auf die zuständigen Organisationseinheiten der Verwaltung beziehen ließen. Insbesondere im Hinblick auf die Überwachung der Zielerreichung und die Einhaltung der Budgetvorgaben erscheint diese Gliederungsweise für die Umsetzung des Haushaltsplans erforderlich.

6.3 Anknüpfungspunkte für eine Gliederung: Verwaltungsaufbau oder Aufgabenbereiche

Die dargestellten Anforderungen der wichtigsten Adressaten des Haushaltsplans an die Gliederung sind mit einer einheitlichen Struktur nicht vollständig abzudecken. Dieses Dilemma tritt allerdings in der Praxis nur dann auf, wenn in einem speziellen Fall funktionale und institutionelle Gliederung nicht übereinstimmen. Denkbar wäre z. B., dass für einen Aufgabenbereich zwei Organisationseinheiten zuständig sind, die die Aufgaben arbeitsteilig erledigen. Auch die Einrichtung sog. „Zentraler Dienstleister“ in der Verwaltung, wie z. B. eines zentralen Gebäudemanagements, führt dazu, dass funktionale und institutionelle Gliederung nicht notwendigerweise übereinstimmen.

In solchen Fällen ist einer der beiden Gliederungssysteme der Vorrang im Haushalt einzuräumen.[125] Dieser Vorrang im Haushalt bedeutet aber keinesfalls, dass die nachrangige Gliederungsstruktur nicht zusätzlich ebenfalls abgebildet werden kann (und sollte).

124 So im Ergebnis auch die „Stellungnahme zu den Ergebnissen des UARG des AK III zur Reform des kommunalen Haushaltsrechts“ des Deutschen Städtetages vom 20.8.03, die darüber hinaus noch eine Begrenzung der Anforderungen der Finanzstatistik fordert.

125 Zur Abwägung der Gliederungsmodelle vgl. insb. Modellprojekt „Doppischer Kommunalhaushalt in NRW“ (Hrsg.), Neues Kommunales Finanzmanagement: Betriebswirtschaftliche

Aus volks- und betriebswirtschaftlicher Sicht wird die funktionale Gliederung eindeutig präferiert,[126] da sie erforderlich ist, um die politische Programmfunktion zu erfüllen. Die Zuweisung von Mitteln an Organisationseinheiten lässt jedoch zunächst keinerlei Schluss darüber zu, welchen Zielen die Aktivitäten dieser Einheiten dienen. Außerdem erscheint eine institutionelle Gliederung der Verwaltung ungeeignet für Wirtschaftlichkeitsprüfungen. Interkommunale Vergleiche scheiden bei einer institutionellen Haushaltsgliederung vollständig aus, und Zeitreihenvergleichen wird – z. B. durch Reorganisationsmaßnahmen, die kommunaler Verwaltungsalltag sind – ebenfalls die Grundlage entzogen.

Im Ergebnis entspricht dies auch am besten den Anforderungen der Hauptadressaten (der Einwohner und Ratsmitglieder) an den Haushaltsplan (s. o.). Zusätzlich ist jedoch festzustellen, dass insbesondere zur internen Steuerung der Verwaltung eine Zuordnung von Zielen und Ressourcen auf Organisationseinheiten erforderlich ist, um Verantwortungsbereiche abzugrenzen.[127] Soweit dabei die Organisationsstruktur nicht der funktionalen Gliederung der Verwaltung folgt,[128] ist es zwar sinnvoll, diese Struktur im Rechnungswesen zu hinterlegen, aber sie ist nicht zur Grundlage der Haushaltsgliederung zu machen.

6.4 Gliederungsvorschriften für den kommunalen Haushalt im kommunalen Finanzmanagement

Der o. a. Argumentation folgend hat sich in § 4 Abs. 1 Satz 1 KomHVO eine einheitliche produktorientierte (funktionale) Gliederung für den Haushalt durchgesetzt. Dies entspricht auch dem Beschluss der ständigen Konferenz der Innenminister und -senatoren (IMK) über die Grundlagen des zukünftigen kommunalen Haushaltsrechts vom 21.11.2003. Zwar wird in allen Regelungen auf die Möglichkeit einer institutionellen Gliederung hingewiesen, diese wird allerdings immer einer einheitlichen Produktorientierung unterworfen.

Grundlage für die rechtlich verbindliche Gliederung der Kommunalhaushalte in Nordrhein-Westfalen ist nach § 4 Abs. 1 Satz 3 KomHVO der vom Innenministerium bekanntgegebene Produktrahmen.[129]

Die in der Anlage 7 VV Muster zur GO und KomHVO vorgeschlagene Gliederung stellt drei unterschiedliche Ebenen dar:

- Produktbereiche,
- Produktgruppen,
- Produkte.

Diese Hierarchie entspricht der überwiegenden Struktur der Produktpläne in den Kommunalverwaltungen.

Grundlagen für das doppische Haushaltsrecht, 2., vollst. überarb. Aufl. auf der Basis der Endergebnisse des Modellprojektes, Freiburg 2003, S. 302 ff.

126 Vgl. *Mülhaupt*, Probleme der staatlichen und kommunalen Rechnungslegung und ihre Lösung, Die Betriebswirtschaft 1990, S. 731 ff. m. w. N.

127 Vgl. z. B. *Klümper/Zimmermann*, Die produktorientierte Kosten- und Leistungsrechnung, München/ Berlin 2002, S. 22 ff.

128 Viele Gemeinden versuchen, eine produktorientierte Aufbauorganisation zu etablieren. Vgl. *Löchert/ Riedel*, Arbeiten mit dem produktorientierten Haushalt im NKF, innovative Verwaltung 12/2004, S. 25 f.

129 Vgl. VV Muster zur GO und KomHVO, Anlagen 6 und 7.

Die oberste Gliederungsebene (Produktbereiche) stellt die nach Anlage 6 VV Muster zur GO und KomHVO **verbindliche** Mindestgliederung der Kommunalhaushalte dar. Jeder Kommunalhaushalt in Nordrhein-Westfalen muss die vorgeschriebenen 17 Produktbereiche des Produktrahmens abbilden. Ausnahmen hiervon können sich nur dann ergeben, wenn die Kommune die in einem Produktbereich abgebildeten Aufgaben (z. B. aufgrund ihrer Größe) nicht wahrnimmt.

Die inhaltliche Bestimmung der Produktbereiche erfolgt durch die weitere Darstellung in Anlage 6 VV Muster zur GO und KomHVO („Inhaltsbestimmung"). Sie ist für die Gemeinden ebenfalls verbindlich.

Innerhalb der verbindlichen Produktbereiche ermöglicht der Gesetzgeber jedoch eine individuelle weitere Untergliederung der Haushalte. Anhaltpunkte und Erläuterungen zu einer solchen differenzierten Haushaltsgliederung geben § 4 Abs. 2 KomHVO und Anlage 7 VV Muster zur GO und KomHVO. Grundsätzlich lässt sich feststellen, dass die hohe, verbindliche Aggregationsebene „Produktbereich" auch bei kleinen und mittleren Kommunen vermutlich nicht die niedrigste funktionale Gliederungsstufe des Rechnungswesens darstellen wird. Auch wenn die Haushaltspläne auf dieser Ebene abgebildet werden, ist davon auszugehen, dass sowohl bei der Haushaltsplanung als auch bei der Bewirtschaftung eine detailliertere Gliederung zugrunde liegt.

6.4.1 Der Sonderproduktbereich „Innere Verwaltung"

Die Zuordnung von Verwaltungsabläufen zu Produktbereichen kann nicht in allen Bereichen ohne Schwierigkeiten sichergestellt werden. Immer wenn aus organisatorischen Gründen zentrale Einrichtungen für mehrere oder alle Verwaltungsbereiche tätig werden, stellt sich die Frage, wie dies im Rahmen der Haushaltsgliederung abzubilden ist. Während man sich im internen Rechnungswesen hier mit einer Kostenverteilung hilft, weist der Produktrahmen des Innenministeriums für diesen Zweck einen separaten Produktbereich aus. Der Produktbereich 01 „Innere Verwaltung" enthält zum einen die Steuerungsleistungen (z. B. Rat, Ausschüsse, Bürgermeister/in, Fraktionen, Controlling), zum anderen aber auch interne Service- oder Dienstleistungen, die im Produktrahmen als „Einrichtungen für die gesamte Verwaltung" bezeichnet werden. Je nach Aufbauorganisation der einzelnen Verwaltung können darunter Einrichtungen wie eine zentrale Druckerei, die IT-Abteilung, die zentrale Vollstreckungsstelle, ein zentrales Gebäudemanagement oder ein Baubetriebshof fallen.

Um dennoch den übrigen Produktbereichen ihren verursachungsgerechten Ressourcenverbrauch zuordnen zu können, bietet das Haushaltsrecht in § 4 Abs. 3 i. V. m. § 16 KomHVO die Möglichkeit, auch interne Leistungsbeziehungen im Haushaltsplan abzubilden. So ist es über solche interne Verrechnungen z. B. möglich, den Produktbereich „Schulträgeraufgaben" bereits bei der Haushaltsplanung mit den Gebäudekosten für die Schulen zu belasten, auch wenn die Bereitstellung der Schulgebäude über ein zentrales Gebäudemanagement sichergestellt wird, das dem Produktbereich „Innere Verwaltung" zugeordnet werden muss.

6.4.2 Der Sonderproduktbereich „Allgemeine Finanzwirtschaft"

Die funktionale Gliederung des Haushalts lässt sich insbesondere aufgrund des Gesamtdeckungsprinzips[130] nicht vollständig durchhalten. Da eine spezifische Zuordnung von allgemeinen Deckungsmitteln (z. B. Steuern, allgemeinen Zuweisungen und Krediten) auf einzelne Verwen-

130 Die finanzwissenschaftliche Literatur benutzt häufig den Begriff „Non-Affektationsprinzip".

dungszwecke nicht vorgesehen ist, ist eine Regelung erforderlich, die eine sachgerechte und transparente Abbildung dieser Positionen im Haushaltsplan und im Jahresabschluss gewährleistet.

Die Festlegung der Produktbereiche sieht daher einen separaten Bereich „Allgemeine Finanzwirtschaft“ vor. Für diesen Bereich sind verbindlich Teilergebnis- und Teilfinanzpläne zu erstellen, die sich haushaltsrechtlich in ihrer Struktur nicht von den Plänen der übrigen Produktbereiche unterscheiden. Insbesondere müssen darin die Steuerarten und Zuweisungen nicht weiter differenziert und die allgemeinen Umlagen (Kreis- bzw. Landschaftsverbandsumlage) nicht separat ausgewiesen werden. Damit ist dem Haushaltsplan nach den vorliegenden Vorschriften die Höhe der Grundsteuererträge, der Erträge aus Gewerbesteuern, die Höhe der Kreisumlage und die Höhe der Schlüsselzuweisungen nicht mehr zu entnehmen.[131]

6.4.3 Zentrale Veranschlagung und Bewirtschaftung von Personal- und Versorgungsaufwendungen

Aus Gründen der Wirtschaftlichkeit des Rechnungswesens – und im Bereich der Beihilfeaufwendungen auch aus Gründen des Datenschutzes – sind nach § 18 Abs. 2 KomHVO im Bereich der Personal- und Versorgungsaufwendungen weitere Ausnahmen von der verursachungsgerechten Zuordnung einzelner Aufwendungsarten zu den Teilplänen des Haushalts zulässig. Dies betrifft

- die Versorgungsaufwendungen und
- die Aufwendungen für Beihilfen.

Diese Aufwendungen sind im Produktbereich 01 „Innere Verwaltung“ – nach Möglichkeit in einer separaten Produktgruppe „Allgemeine Personalwirtschaft“ – abzubilden.[132] Auch bei der zentralen Veranschlagung und Buchung dieser Personal- und Versorgungsaufwendungen ist darauf zu achten, dass eine den tatsächlichen Verhältnissen entsprechende Abbildung des Ressourcenverbrauchs in den verbindlich vorgeschriebenen Produktbereichen weiterhin gewährleistet wird. Die zentrale Veranschlagung und Bewirtschaftung soll eine Ausnahme bleiben. Insofern ist einer zentralen Abbildung eine geschlüsselte Verteilung dieser Aufwendungen auf die Elemente der Haushaltsgliederung grundsätzlich vorzuziehen, soweit hierdurch kein unvertretbar hoher Mehraufwand bei der Planung und Bewirtschaftung entsteht.

Nicht erwähnt als Ausnahme zur verursachungsgerechten Zuordnung zu den Teilplänen sind im § 18 Abs. 2 KomHVO die Aufwendungen aus Schuldzinsen. Offen bleibt indes, ob damit automatisch eine Zuordnung zu den Teilplänen erforderlich ist. Nach § 20 KomHVO i. V. m. §§ 86 und 89 GO dienen Kredite zur Liquiditätssicherung und Investitionskredite insgesamt zur

131 Nach Auffassung der Autoren ist für den Produktbereich „Allgemeine Finanzwirtschaft“ ein separates Muster mit einer stärkeren Differenzierung der wichtigsten Ertragsarten erforderlich. Vorschläge hierzu liegen vor in: Modellprojekt „Doppischer Kommunalhaushalt in NRW (Hrsg.), Neues Kommunales Finanzmanagement: Betriebswirtschaftliche Grundlagen für das doppische Haushaltsrecht, 2., vollst. überarb. Aufl. auf der Basis der Endergebnisse des Modellprojektes, Freiburg 2003, S. 308.

132 § 18 Abs. 2 KomHVO sagt nichts über die Art der zentralen Veranschlagung aus. Schlüssig erscheint der Vorschlag aus: Modellprojekt „Doppischer Kommunalhaushalt in NRW (Hrsg.), Neues Kommunales Finanzmanagement: Betriebswirtschaftliche Grundlagen für das doppische Haushaltsrecht, 2., vollst. überarb. Aufl. auf der Basis der Endergebnisse des Modellprojektes, Freiburg 2003, S. 308.

Deckung der Auszahlungen für die laufende Verwaltungstätigkeit bzw. die Investitionstätigkeit. Eine Zuordnung dieser Finanzierungsmittel zu den einzelnen Produktbereichen oder zu einzelnen Investitionen ist durch das Gesamtdeckungsprinzip ausdrücklich ausgeschlossen. Da auch andere allgemeine Deckungsmittel wie z. B. Steuern oder allgemeine Zuweisungen den Teilplänen nicht zugeordnet, sondern zentral im Produktbereich 16 „Allgemeine Finanzwirtschaft" abgebildet werden, ohne dass dies in der KomHVO ausdrücklich erwähnt wird, könnte auch eine zentrale Veranschlagung der Schuldzinsen als zulässig angesehen werden.

Gegen diese Auslegung spricht jedoch, dass der Gesetzgeber im § 18 Abs. 2 KomHVO die Schuldzinsen nicht erwähnt, obwohl eine zentrale Veranschlagung auch hier im Vorfeld des Gesetzgebungsverfahrens zur Diskussion stand.[133] Auch würde eine zentrale Veranschlagung der Schuldzinsen dem produktorientierten Ressourcenverbrauchskonzept widersprechen, da die Kapitalkosten vollständig aus der Abbildung der Teilpläne entfernt würden.

Zu berücksichtigen ist allerdings, dass eine dezentrale Veranschlagung der Schuldzinsen einen erheblichen Zusatzaufwand erfordern würde, da sowohl für die Investitionskredite als auch für die Liquiditätskredite eine Schlüsselung erfolgen müsste. Weiterhin spricht die fehlende dezentrale Steuerung der Kreditaufnahmen gegen eine Aufteilung der Schuldzinsen auf die Teilpläne.

6.4.4 Gestaltungsfreiheit bei der Gliederung des Haushalts

Die vorliegende VV Muster zur GO und KomHVO und § 4 KomHVO bieten den Gemeinden und Gemeindeverbänden einen Freiraum zur Gestaltung ihrer Haushaltspläne, der insbesondere dort genutzt werden wird, wo bereits vor der Umstellung auf das Kommunale Finanzmanagement funktionierende Produkthaushalte erstellt und bewirtschaftet wurden oder wo eine Gliederung nach Produktbereichen als nicht ausreichend angesehen wird.

§ 4 Abs. 2 KomHVO sichert die Vergleichbarkeit der Haushalte dadurch, dass die monetären Elemente der Teilpläne (Teilergebnisplan und Teilfinanzplan) unabhängig von der gewählten Gliederungsstruktur auf der Produktbereichsebene verpflichtend und in der vorgegebenen Reihenfolge[134] abzubilden sind.

Zusätzlich kann jedoch nach § 4 Abs. 2 KomHVO auf einer niedrigeren Gliederungsebene, die sich ebenfalls an der Produktstruktur (Produkte oder Produktgruppen) oder an der Aufbauorganisation der Verwaltung orientiert, eine vollständige Abbildung der Teilpläne (Teilergebnisplan, Teilfinanzplan, Ziele, Kennzahlen, Stellen) erfolgen. Diese detaillierteren Teilpläne werden dann regelmäßig Beratungsgrundlage für die politischen Gremien sein und stellen die für die Verwaltung verbindliche Ermächtigungsgrundlage für die Leistung von Aufwendungen und Auszahlungen dar. Nachfolgende Abbildung macht die vorgesehene Struktur deutlich:[135]

133 Vgl. Modellprojekt „Doppischer Kommunalhaushalt in NRW (Hrsg.), Neues Kommunales Finanzmanagement: Betriebswirtschaftliche Grundlagen für das doppische Haushaltsrecht, 2., vollst. überarb. Aufl. auf der Basis der Endergebnisse des Modellprojektes, Freiburg 2003, S. 308

134 Ziff. 1.2.4 VV Muster zur GO und KomHVO.

135 Abbildung in Anlehnung an Modellprojekt „Doppischer Kommunalhaushalt in NRW (Hrsg.), Neues Kommunales Finanzmanagement: Betriebswirtschaftliche Grundlagen für das doppische Haushaltsrecht, 2., vollst. überarb. Auflage auf der Basis der Endergebnisse des Modellprojektes, Freiburg 2003, S. 32.

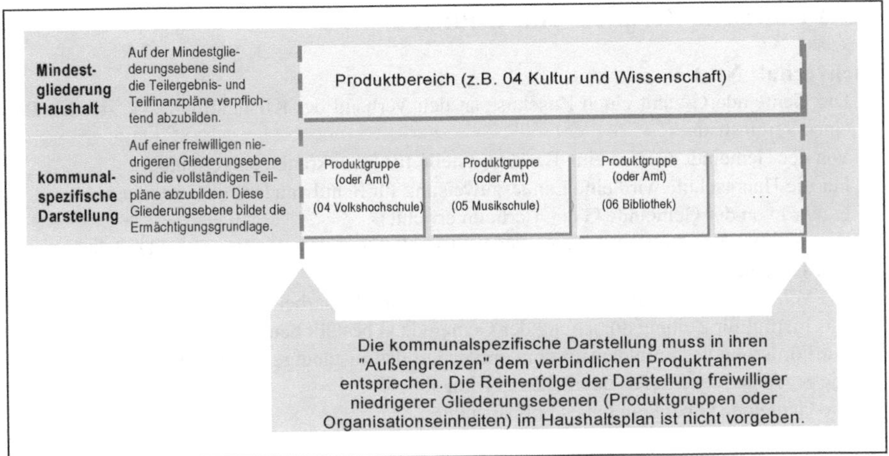

Bei einer individuellen Untergliederung der verbindlichen Produktbereiche muss nach § 4 Abs. 2 KomHVO eine eindeutige Zuordnung zum Produktbereich möglich sein. Andernfalls ist die nach den Ziffern 2 und 3 geforderte Übersicht über die Produktbereiche aus den Plänen nicht abzuleiten. Nicht vorgeschrieben ist eine Reihenfolge der Abbildung im Haushaltsplan. Ebenso ist den Kommunen die Möglichkeit gegeben, andere als in Anlage 7 VV Muster zur GO und KomHVO vorgesehene Aggregationen im Haushaltsplan (zusätzlich) abzubilden.

Diese Gestaltungsfreiheit führt letztlich dazu, dass jede Kommune eine individuelle Haushaltsgliederung erstellen kann, soweit sie in der Lage ist, auf der Grundlage dieser Gliederung eindeutig eine Aggregation der monetären Daten auf die verbindlichen Produktbereiche vorzunehmen. Diese Aggregation ist bei einer freiwilligen tieferen Gliederung allerdings Pflichtbestandteil des Haushaltsplans und des Jahresabschlusses.

Die nachfolgende Darstellung zeigt ein mögliches Modell für eine Abbildung von drei unterschiedlichen Aggregationsstufen des Haushalts, wobei zwischen dem Politikhaushalt (fachliche Gliederung) und dem Managementhaushalt (institutionelle Gliederung) unterschieden wird.

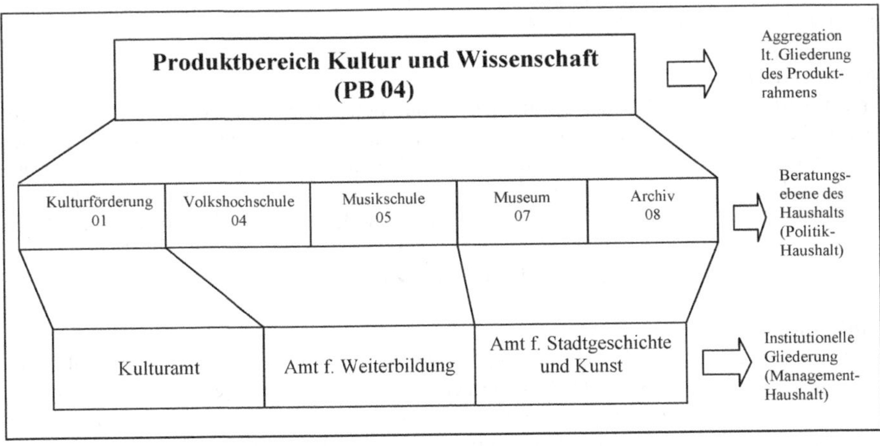

6.5 Praktische Beispiele und Übungen

Sachverhalt Nr. 1

a) Die Gemeinde G zahlt einen Zuschuss an den Verband der Kleingärtner e. V. für den Bau eines Vereinshauses
b) Von der Gemeinde G wird eine Beratungsstelle für Suchtkranke eingerichtet.
c) Für die Hauptschule wird eine Landeszuweisung für Schulwanderungen zugesagt.
d) Es wird von der Gemeinde G ein Tierheim errichtet.
e) Die Stadt vereinnahmt im Rahmen der Wirtschaftsförderung die Zinsen für Darlehen an private Unternehmen.
f) Die Volkshochschule erhält Landeszuweisungen für Hausarbeitskurse.
g) Das Institut für Zeitungsforschung der Gemeinde G bestellt neues Büromaterial.
h) Zur Förderung des Fremdenverkehrs organisiert das zuständige Amt einen Basar.
i) Die Stadtsparkasse liefert den Bilanzgewinn ab.
j) Die Gemeinde G baut ein neues Fußballstadion.

Aufgabe:
Ordnen Sie jeden Geschäftsvorfall einem verbindlichen Produktbereich zu.

Lösung:
Die Geschäftsvorfälle werden aufgrund der Anlage 6 VV Muster zur GO und KomHVO zugeordnet.

a) Produktbereich 13 = Natur- und Landschaftspflege
b) Produktbereich 07 = Gesundheitsdienste
c) Produktbereich 03 = Schulträgeraufgaben
d) Produktbereich 02 = Sicherheit und Ordnung
e) Produktbereich 15 = Wirtschaft und Tourismus
f) Produktbereich 04 = Kultur und Wissenschaft
g) Produktbereich 04 = Kultur und Wissenschaft
h) Produktbereich 15 = Wirtschaft und Tourismus
i) Produktbereich 15 = Wirtschaft und Tourismus
j) Produktbereich 08 = Sportförderung

Sachverhalt Nr. 2

In der Stadt S gibt es neben der Städtischen Musikschule, die als städtisches Amt geführt wird und insbesondere die Einwohner des Stadtzentrums mit ihren Leistungen versorgt, auch noch private Musikschulen in außerhalb gelegenen Ortschaften. Um eine einheitlich gute Versorgung der Bevölkerung mit den Leistungen musikalischer Bildung in allen Bereichen der Stadt sicherzustellen, unterstützt die Stadt S die privaten Musikschulen mit jährlichen Zuschüssen, die an die Einhaltung bestimmter Standards gebunden sind. Die Überprüfung und Gewährung der Zuschüsse erfolgen bei der Stadt S zentral durch die Kämmerei.

Aufgabe:
Erarbeiten Sie einen Vorschlag für eine mögliche Gliederung des Produktbereichs 04 „Kultur und Wissenschaft“, der den organisatorischen Gegebenheiten der Stadt S Rechnung trägt. Gehen Sie davon aus, dass der Rat der Stadt S beschlossen hat, den Haushaltsplan freiwillig tiefer zu gliedern und dort auf der niedrigsten Ebene Produktgruppen abzubilden. Begründen Sie Ihre Lösung.

Lösung:
Der Produktbereich 04 „Kultur und Wissenschaft“ ist eine durch Anlage 6 VV Muster zur GO und KomHVO aufgrund des § 4 Abs. 1 Satz 3 KomHVO zu beachtende Gliederungsebene des Haushalts. Ihre inhaltliche Abgrenzung ergibt sich aus den Inhaltsbestimmungen der Anlage 6.

Die Inhaltsbestimmung lässt keinen Zweifel daran, dass sowohl der Bereich der städtischen als auch der Bereich der Förderung privater Musikschulen dem Produktbereich 04 „Kultur und Wissenschaft“ zuzurechnen ist. Gleichzeitig eröffnet sich für die Gemeinde die Möglichkeit, innerhalb dieses Produktbereichs eine freiwillige weitere Untergliederung vorzunehmen. Die Abbildung der Aufgabenbereiche „Betrieb der städtischen Musikschule“ und „Förderung privater Musikschulen“ in zwei verschiedenen Teilplänen im Haushaltsplan der Stadt S würde dazu führen, dass zwei unterschiedliche Maßnahmen, die letztlich dasselbe Ziel verfolgen (nämlich die Förderung der musikalischen Bildung) im Haushaltsplan an zwei verschiedenen Stellen abgebildet würden. Dies wäre intransparent und könnte zusätzlich kontraproduktiv sein, wenn das Ziel einer gleichmäßigen, guten und wirtschaftlichen musikalischen Bildung unabhängig davon verfolgt wird, wer diese musikalische Bildung bereitstellt. Es erscheint daher zur konsequenten Umsetzung einer „Outputorientierung“ richtig, beide Aufgabenbereiche in einer Produktgruppe „Musikalische Bildung“ abzubilden. Zu dieser Produktgruppe kann der Rat sinnvolle Ziele formulieren und zur Messung der Zielerreichung geeignete Kennzahlen und Indikatoren bestimmen. Die Höhe der vorgesehenen Zuwendungen an die privaten Musikschulen kann der Rat über die Aufwandsart „Transferaufwendungen“ unmittelbar festlegen.

Zur verwaltungsinternen Budgetierung erscheint es dagegen sinnvoll, die Produktgruppe nach den Zuständigkeiten der beteiligten Ämter weiter in Produkte aufzuteilen. Dies wäre z. B. das Produkt „Städtische Musikschule“ und „Förderung privater Musikschulen“. Mit Hilfe dieser zusätzlichen Unterteilung im internen Rechnungswesen besteht z. B. die Möglichkeit, eine Kostenrechnung für die städtische Musikschule zu erstellen und bei einer möglichen weiteren Untergliederung den Deckungsbeitrag verschiedener Unterrichtsstunden zu ermitteln. Diese können dann wiederum mit den Förderkosten bei den privaten Musikschulen verglichen werden. Aus den dargestellten Überlegungen ergibt sich folgende mögliche Struktur:

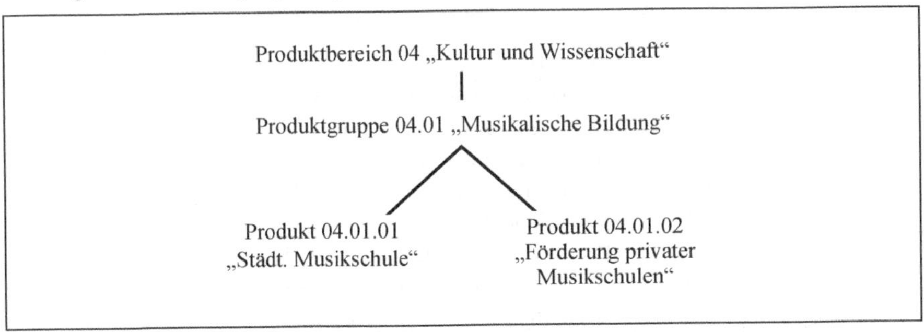

Für die Stadt S ergäbe sich daraus eine Abbildung der Produktgruppe „Musikalische Bildung“ im Haushaltsplan. Da diese Produktgruppe eine freiwillige Untergliederung des verbindlich abzubildenden Produktbereichs „Kultur und Wissenschaft“ darstellt, muss die Stadt S nach § 4 Abs. 2 Nr. 2 KomHVO die Teilergebnis- und Teilfinanzpläne aller Produktgruppen des Produktbereichs „Kultur und Wissenschaft“ aggregieren und diese Aggregation ebenfalls im Haushaltsplan abbilden.

Sachverhalt Nr. 3

Der bisherige Haushalt der Stadt S enthielt im Bereich des Dezernats II Teilpläne für die 22 Produkte des Dezernats. Der Rat der Stadt S hat die Verwaltung beauftragt, einen Vorschlag für die Neugliederung des Haushalts im Dezernat II vorzulegen, der nicht mehr als acht Gliederungseinheiten enthält. S hat folgende Aufbauorganisation:

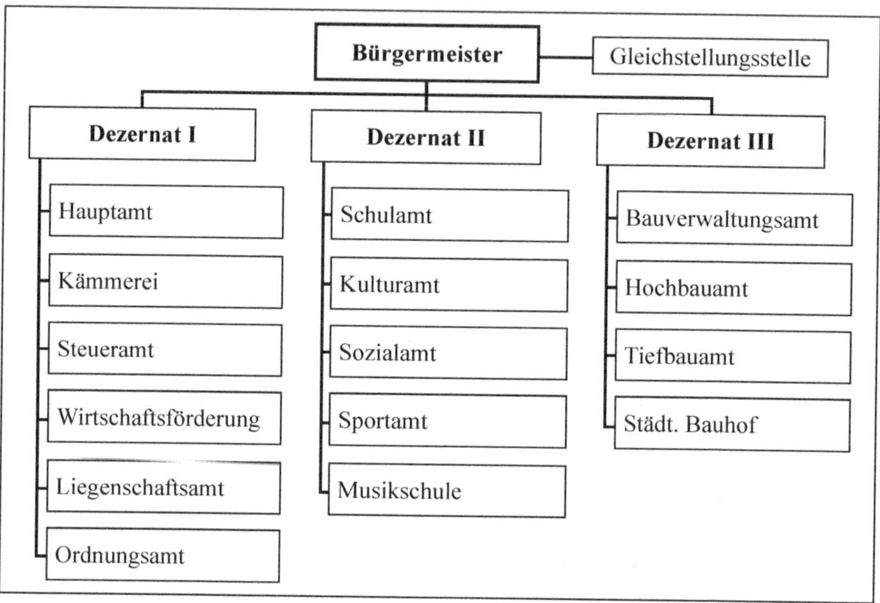

In den Ämtern wurde unter Federführung des Hauptamtes eine Produktbildung durchgeführt. Dabei hat sich im Dezernat II u. a. folgende Produktstruktur ergeben:

Amt	Ziffer	Produkt
Schulamt	40.1	Bereitstellung von Grundschulen
	40.2	Bereitstellung von Hauptschulen
	40.3	Bereitstellung von Realschulen
	40.4	Bereitstellung eines Gymnasiums
	40.5	Schülerbeförderung
	40.6	Bereitstellung von städt. Turn- und Sporthallen
	40.7	Schulische Kinder- und Jugendarbeit
	40.8	Hortbetreuung von Schulkindern (6–14 Jahre)
Kulturamt	41.1	Veranstaltungsmanagement
	41.2	Förderung kirchlicher Büchereien
	41.3	Offener Jugendtreff
	41.4	Stadtwerbung und Tourismusförderung
Sozialamt	50.1	Sozialhilfe
	50.2	Hilfen für Aussiedler, Flüchtlinge u. Asylbewerber
	50.3	Einrichtungen der Kinderbetreuung (0–6 Jahre)
	50.4	Wohnungshilfe und Wohngeld

Amt	Ziffer	Produkt
Sportamt	52.1	Förderung der Sportvereine
	52.2	Bereitstellung von Sportplätzen
	52.3	Freibad
	52.4	Organisation von Kinder-/Jugendferienmaßnahmen
Musikschule	44.1	Musikunterricht
	44.2	Städtisches Jugendorchester

Aufgaben:

a) Bereiten Sie anhand der Organisation und der Produktgliederung einen Vorschlag für eine zukünftige Haushaltsgliederung für den Bereich des Dezernats II vor, der sowohl den Anforderungen des § 4 KomHVO und der VV Muster zur GO und KomHVO als auch dem Wunsch des Rates nach acht oder weniger Teilplänen entspricht. Überschneidungen mit Ämtern aus anderen Dezernaten sind zulässig.

b) Kann die von Ihnen vorgeschlagene Haushaltsgliederung auch für eine amtsbezogene Budgetierung verwendet werden?

Lösung:

a) Folgende Produktbereichsgliederung kann dem Haushalt zugrunde gelegt werden:

Produktbereich	Ziffer	Produkt
Schulträgeraufgaben	40.1	Bereitstellung von Grundschulen
	40.2	Bereitstellung von Hauptschulen
	40.3	Bereitstellung von Realschulen
	40.4	Bereitstellung eines Gymnasiums
	40.5	Schülerbeförderung
Kultur und Wissenschaft	41.1	Veranstaltungsmanagement
	44.1	Musikunterricht
	44.2	Städtisches Jugendorchester
	41.2	Förderung kirchlicher Büchereien
Soziale Hilfen	50.1	Sozialhilfe
	50.2	Hilfen für Aussiedler, Flüchtlinge u. Asylbewerber
Sportförderung	52.2	Bereitstellung von Sportplätzen
	40.6	Bereitstellung von städt. Turn- und Sporthallen
	52.3	Freibad
	52.1	Förderung der Sportvereine
Kinder-, Jugend- und Familienhilfe	40.7	Schulische Kinder- und Jugendarbeit
	50.3	Einrichtungen der Kinderbetreuung (0–6 Jahre)
	40.8	Hortbetreuung von Schulkindern (6–14 Jahre)
	41.3	Offener Jugendtreff
	52.4	Organisation von Kinder-/Jugendferienmaßnahmen
Wirtschaft u. Tourismus	41.4	Stadtwerbung und Tourismusförderung
Bauen und Wohnen	50.4	Wohnungshilfe und Wohngeld

Die dargestellte Lösung orientiert sich an Anlage 6 VV Muster zur GO und KomHVO und legt der Haushaltsgliederung die verbindlichen Produktbereiche des Produktrahmens zugrunde. Da alle von der Stadt S gebildeten Produkte den Produktbereichen eindeutig zurechenbar sind, ist auch eine andere, auf diesen Produkten basierende Haushaltsgliederung denkbar. Nach § 4 Abs. 2 KomHVO ist allerdings sicherzustellen, dass für die bei der vorliegenden Lösung abgebildeten Produktbereiche vollständige Teilergebnis- und Teilfinanzpläne abgebildet werden können. Damit wäre z. B. eine Zusammenfassung der Sozial- und Wohnungshilfe in einer Gliederungseinheit des Haushalts nicht möglich.

b) Die vorgenommene Gliederung ermöglicht auch eine institutionelle Abbildung des Haushalts und eine entsprechende Budgetierung, wenn die Haushaltsplanung vollständig auf der Produktebene durchgeführt wird. Anhand der Produktziffern kann dann ein eindeutiger Amtsbezug hergestellt werden.

7. Die Elemente des Haushaltsplans

Der Haushaltsplan ist die zentrale Grundlage der Haushaltswirtschaft der Gemeinden und Gemeindeverbände. Er steht im Zentrum der kommunalen Planungen, bestimmt die laufende Buchhaltung und ist Grundlage für die Rechenschaftslegung. Diese zentrale Position wird dem Haushaltsplan nicht zuletzt durch die rechtliche Bedeutung verliehen, die ihm die Gemeindeordnung zuweist. Diese Bedeutung ergibt sich in der Gemeindeordnung insbesondere aus den §§ 78 bis 80, 95, 96 GO.

Der Haushalt der Gemeinden und Gemeindeverbände ergibt sich im Wesentlichen aus den Rechnungskomponenten der Drei-Komponenten-Rechnung:

- Ergebnisrechnung,
- Finanzrechnung,
- Bilanz.

Bezogen auf den Haushalts*plan* stehen nach § 79 Abs. 1 GO die voraussichtlich anfallenden Erträge und Aufwendungen, Einzahlungen und Auszahlungen sowie Verpflichtungsermächtigungen im Mittelpunkt. Diese werden abgebildet im Ergebnisplan und im Finanzplan, die wiederum in Teilpläne weiter zu untergliedern sind (§ 79 Abs. 2 GO). Die Bilanz ist dagegen nach den haushaltsrechtlichen Vorschriften nur für den Jahresabschluss und nicht als Planbilanz im Haushaltsplan vorgesehen. Durch die Verknüpfung der Positionen der drei Rechnungskomponenten wirken sich jedoch auch die Bilanzpositionen mittelbar auf die Ergebnis- und Finanzpläne aus. Beispielsweise beziehen sich die bilanziellen Abschreibungen begriffsgemäß auf das in der Bilanz ausgewiesene Anlagevermögen. Ebenso mindert die ergebniswirksame Auflösung erhaltener Investitionszuweisungen den Sonderposten auf der Passivseite der Bilanz.

Wichtiges Ziel der Einführung des Neuen Kommunalen Finanzmanagements zwischen 2005 und 2009 war die Einbindung von Leistungszielen in die Haushaltsplanung (Outputorientierung).[136] Dies hat dazu geführt, dass nach § 4 Abs. 2 KomHVO sowohl die Ziele des Verwaltungshandelns als auch Kennzahlen zur Messung der Zielerreichung verpflichtende Bestandteile des Haushaltsplanes und des Jahresabschlusses sind.[137] Die Regelung sieht zumindest eine Soll-Vorschrift für die Abbildung dieser Outputdaten vor, die einer Verpflichtung rechtlich gleichkommt.[138]

Durch die Haushaltssatzung werden die Inhalte des Stellenplans und des Haushaltsplans ortsrechtlich miteinander verbunden. Mit Beschluss der Haushaltssatzung erhalten sie rechtliche Verbindlichkeit.[139]

---

136 Vgl. hierzu auch *Jungfer*, Die Stadt in der Krise – Ein Manifest für starke Kommunen, Bonn 2005, S. 100 f.

137 Der mit der Einführung der KomHVO erfolgte Wegfall des bisherigen § 12 GemHVO, der die Rolle der Ziele und Kennzahlen im Haushaltsplan ausdrücklich thematisierte, hat keine praktischen Konsequenzen für die Gestaltung der Haushaltspläne, da sich die Verpflichtung zur Ausweisung von Produktbeschreibungen, Zielen und Kennzahlen auch weiterhin aus § 4 Abs. 2 KomHVO ergibt. Das Ministerium hat aber mit Erlass vom 28.6.2019 eine Anpassung des § 4 Abs. 2 KomHVO angekündigt. Darin soll konkretisiert werden, dass sich die Abbildung von Zielen und Kennzahlen im Haushaltsplan auf bedeutsame Produkte beschränken kann. Eine Umsetzung der Ankündigung steht weiterhin aus.

138 Die Outputorientierung des Haushalts wird in der GO leider nicht grundsätzlich geregelt, wie es nach Auffassung der Autoren sinnvoll wäre. Ziele und Kennzahlen sind im § 79 GO nicht erwähnt, sondern werden lediglich in der KomHVO angesprochen.

139 Siehe zur Haushaltssatzung die ausführliche Darstellung im Kap. 9.

Die nach § 4 KomHVO vorgeschriebene Gliederung des Haushaltsplanes in Teilpläne bildet die wesentliche Grundlage für die politische Beratung des Haushaltsplans.

Im Überblick ergibt sich daraus eine Zusammensetzung des Haushaltsplans entsprechend der nachfolgenden grafischen Darstellung:

Haushaltsplan	**Ergebnisplan**	**Finanzplan**	**Teilpläne**	Unter den Voraussetzungen des § 76 Abs. 1 GO:
	+ Erträge – Aufwendungen = Ergebnis	+ Einzahlungen – Auszahlungen = Cash Flow	– Ziele – Kennzahlen – Erträge – Aufwendungen – investive Einzahlungen – investive Auszahlungen – investive Einzelmaßnahmen	**Haushaltssicherungskonzept**

Anlagen				
	Vorbericht	**Stellenplan**	**Haushaltsquerschnitt**	**Wirtschaftspläne und Jahresabschlüsse der Sondervermögen**
	Übersicht Verbindlichkeiten	**Übersicht Eigenkapitalentwicklung**	**Übersicht Verpflichtungsermächtigungen**	
	Ergebnis-, Finanzrechnung, Bilanz des Vorvorjahres	**Übersicht Bezirkshaushalte**	**Übersicht Wirtschaftspläne und Entwicklung Beteiligungen**	**Wirtschaftspläne und Jahresabschlüsse der Beteiligungen**

Im Folgenden werden die einzelnen Elemente des Haushaltsplans ausführlich erläutert. Den Anlagen ist das Kap. 8 gewidmet.

7.1 Ergebnisplan

Das kommunale Haushaltsrecht stellt das Ressourcenverbrauchskonzept in den Mittelpunkt der Planung und der Bewirtschaftung. Im Gegensatz zum Geldverbrauchskonzept, das der z. B. in der Bundesverwaltung verwendeten Kameralistik zugrunde liegt, legt das Ressourcenverbrauchskonzept das Augenmerk auf den Verzehr von Vermögen (Ressourcenverbrauch) und den Zuwachs an Vermögenswerten (Ressourcenaufkommen). Die Darstellung des vollständigen Ressourcenverbrauchs und des Ressourcenaufkommens erfolgt im Ergebnisplan.[140] Dabei werden Ressourcenaufkommen und -verbrauch im Kommunalen Finanzmanagement mit den

140 Leider entfernt sich der Gesetzgeber von diesem ursprünglichen Leitgedanken der Einführung des NKF immer weiter, indem er ermöglicht, dass Aufwendungen direkt mit dem Eigenkapital verrechnet oder zu Investitionen umdeklariert werden. Zur Verschleierung der Belastungen aus der Covid-19-Pandemie müssen die Gemeinden sogar fiktive Erträge buchen und als Bilanzierungshilfen aktivieren. Hierdurch wird den Gemeinden der Haushaltsausgleich zwar kurzfristig erleichtert, diese Vorgehensweise steht aber im Widerspruch zum Ressourcenverbrauchskonzept und führt zur Belastung zukünftiger Steuerzahler.

betriebswirtschaftlichen Größen „Aufwand“[141] und „Ertrag“[142] gleichgesetzt. Der Saldo dieser Größen in einem Jahr ergibt das Jahresergebnis, das in der Logik der kaufmännischen Buchführung die Änderung des Eigenkapitals zum vorherigen Bilanzstichtag abbildet.[143] An der Entwicklung des Eigenkapitals lässt sich feststellen, ob die Kommune nachhaltig wirtschaftet oder ob sie „von der Substanz“ lebt. Sobald sich das Eigenkapital reduziert, verbraucht sie Vermögen, das in vorigen Jahren erwirtschaftet wurde, oder sie schiebt Lasten z. B. durch die Aufnahme von Krediten oder das Eingehen sonstiger Verpflichtungen in die Zukunft. Der Ergebnisplan stellt gem. § 2 KomHVO eine Planung von Aufwands- und Ertragsgrößen dar. In der Privatwirtschaft würde dies als „Plan-Gewinn- und Verlustrechnung“ (Plan-GuV) bezeichnet.

Der Ergebnisplan bezieht sich auf alle Bereiche, die in der Kernverwaltung geführt werden. Er wird in Staffelform aufgestellt und beinhaltet nach § 2 Abs. 2 KomHVO verpflichtend die Darstellung verschiedener Zwischensalden:

- Ordentliche Erträge,
- Ordentliche Aufwendungen,
- Ordentliches Ergebnis,
- Finanzergebnis,
- Ergebnis der laufenden Verwaltungstätigkeit,
- Außerordentliches Ergebnis,
- Jahresergebnis.

Zusätzlich ist im Ergebnisplan die Veranschlagung „Globaler Minderaufwand“ gem. § 75 Abs. 2 Satz 4 GO zu ermöglichen. Unter „globalem Minderaufwand“ werden noch nicht konkretisierte Einsparverpflichtungen bei den Aufwendungen verstanden, die von der Verwaltung im Rahmen der Haushaltsbewirtschaftung zu erfüllen sind. Soweit die Gemeinde von diesem Wahlrecht Gebrauch macht, sind entsprechend dem nachfolgenden Muster zwei zusätzliche Zeilen in den Ergebnisplan einzufügen.

Die ordentlichen Erträge ergeben sich dabei aus der Summe der nach § 2 Abs. 1 Nr. 1 bis 9 KomHVO verpflichtend auszuweisenden Ertragsarten. Ebenso ergeben sich die ordentlichen Aufwendungen aus der Summe der nach § 2 Abs. 1 Nr. 10 bis 15 KomHVO verpflichtend auszuweisenden Aufwandsarten. Die Differenz der ordentlichen Erträge und der ordentlichen Aufwendungen ergibt das Ordentliche Ergebnis. Nicht beinhaltet in diesem Ergebnis sind Aufwendungen- und Erträge aus Finanzierungstätigkeit (insbesondere Zinsen) und die außerordentlichen Aufwendungen und Erträge. Diese Positionen werden unterhalb des Ordentlichen Ergebnisses ausgewiesen. Nach der Auflistung der Finanzerträge und -aufwendungen wird zunächst ein weiterer Saldo (Finanzergebnis) ausgewiesen. Die Saldierung von Finanzergebnis und Ordentlichem Ergebnis ergibt das Ergebnis der laufenden Verwaltungstätigkeit.

Als letztes werden noch die außerordentlichen Aufwendungen und Erträge aufgeführt. Eine Legaldefinition von außerordentlichen Geschäftsvorfällen enthält das kommunale Haushalts-

141 Vgl. *Klümper/Zimmermann*, Die produktorientierte Kosten- und Leistungsrechnung, München 2002, S. 28: *„Der Aufwand entspricht dem bewerteten Verbrauch von Gütern und Dienstleistungen eines Betriebs innerhalb einer Periode. Es handelt sich um den gesamten Wereteverzehr innerhalb einer Periode. Er führt zu einer Eigenkapitalminderung.“*

142 Vgl. *Klümper/Zimmermann*, Die produktorientierte Kosten- und Leistungsrechnung, München, 2002 S. 32: *„Der Ertrag entspricht dem Wertezuwachs in einem Betrieb innerhalb einer Periode. Er führt zu einer Eigenkapitalerhöhung.“*

143 Auf die Besonderheiten der unmittelbaren Verrechnung von Erträgen und Aufwendungen gem. § 44 Abs. 3 KomHVO wird weiter unten eingegangen.

recht nicht. Als außerordentlich werden daher, wie im kaufmännischen Rechnungswesen, solche Geschäftsvorfälle angesehen, die gleichzeitig

- in einem hohen Maße ungewöhnlich sind,
- selten vorkommen und
- von erheblicher finanzieller Bedeutung

sind.[144] Beispiele hierfür sind Aufwendungen, die sich aus Naturkatastrophen oder anderen Unglücken ergeben, oder Erträge, die auf Spenden oder Erbschaften zurückzuführen sind, wenn die obigen Kriterien erfüllt sind. Durch Hinzurechnung des außerordentlichen Ergebnisses zum Ergebnis der laufenden Verwaltungstätigkeit ergibt sich das Jahresergebnis.

Zusätzlich sind nach dem NKF-Covid-19-Ukraine Isolierungsgesetz (NKF-CUIG)[145] die Belastungen aus der Covid-19-Pandemie bis einschließlich 2023 zu ermitteln und als fiktiver außerordentlicher Ertrag gem. §§ 4 Abs. 6 bzw. 5 Abs. 5 NKF-CUIG zu veranschlagen bzw. zu erfassen. Gleiches gilt gem. § 4 Abs. 3 NKF-CUIG auch für die Aufstellung der Haushaltssatzung 2023 und der mittelfristigen Planung für die Mehrbelastungen aus dem Krieg in der Ukraine. Der Gesetzgeber begibt sich hier durch einen willkürlichen Missbrauch des kaufmännischen Rechnungssystems auf einen gefährlichen Irrweg, der alleine dem zweifelhaften Ziel dient, eine Darstellung der tatsächlichen Vermögens-, Finanz- und Ertragslage der Gemeinden zu verhindern.

Unterhalb des Jahresergebnisses werden nachrichtlich geplante Erträge und Aufwendungen ausgewiesen, die gem. § 44 Abs. 3 KomHVO unmittelbar mit der Allgemeinen Rücklage zu verrechnen sind und daher nicht Bestandteil des Jahresergebnisses werden können, obwohl sich aus ihnen eine Veränderung des Eigenkapitals ergibt.

Der Ergebnisplan bildet insgesamt sechs Haushaltsjahre ab (§ 1 Abs. 3 KomHVO). Neben dem Jahr, für das der Haushaltsplan aufgestellt wird (Planjahr), werden abgebildet:

- das Rechnungsergebnis des Vorvorjahres,
- die Planansätze des Vorjahres,
- die Planungen für die drei auf das Planjahr folgenden Jahre.

Durch diese Integration der mittelfristigen Planung kann einerseits auf separate Planwerke verzichtet werden, andererseits wird hierdurch die mittelfristige Planung in ihrer Bedeutung gestärkt, da sie bei der politischen Beratung automatisch im Blickfeld steht.

Der Ergebnisplan gibt einen Gesamtüberblick über die voraussichtliche Entwicklung der Gemeinde. Insbesondere ist aus dem ausgewiesenen Planergebnis erkennbar, ob sich das Eigenkapital voraussichtlich erhöht (Planüberschuss) oder verringert (Planfehlbetrag). Dies ergibt sich daraus, dass die Ergebniskonten (Aufwands- und Ertragskonten) Unterkonten des Eigenkapitalkontos sind und im Jahresabschluss über das Bilanzkonto Eigenkapital abgeschlossen werden. Eine Verringerung des Eigenkapitals bedeutet dabei, dass die Gemeinde in einer Rechnungsperiode mehr Vermögensverzehr (Ressourcenverbrauch) hat als ihr an neuem Vermögen zufließt (Ressourcenaufkommen). Umgekehrt führt ein Jahresüberschuss durch die Erhöhung des Eigenkapitals zu einem Substanzaufbau.

---

144 Vgl. Gemeindeprüfungsanstalt Nordrhein-Westfalen (GPA NRW), *Rettler/Kummer/Heß/Kapp/Diebel/Ehrbar-Wulfen/Brennenstuhl/Rothermel*, Kommentar zu § 2 KomHVO, Loseblatt, Wiesbaden 9/2019, S. 10.

145 Grundlage ist der Gesetzentwurf vom 21.9.2022. Das Gesetz war bei Fertigstellung dieser Auflage noch nicht beschlossen.

Durch die ab 2013 geltende Neuregelung der Veräußerung und des Abgangs von Vermögensgegenständen sowie der Wertveränderungen aus Finanzanlagen nach § 44 Abs. 3 KomHVO werden die hier entstehenden Erträge und Aufwendungen jedoch außerhalb des Jahresergebnisses abgebildet. Wie dies im Rahmen der Haushaltsplanung zu berücksichtigen ist, lässt der Gesetzgeber weitgehend offen. Ein Verzicht auf die Abbildung solcher Geschäftsvorfälle in den Teilergebnisplänen ist im Hinblick auf das Vollständigkeitsgebot des § 79 Abs. 1 GO sicher unzulässig. Der Gesetzgeber hat bislang keine Anpassung der Vorschriften zu den (Teil-)Ergebnisplänen und den (Teil-)Ergebnisrechnungen an die aktuelle Fassung des § 44 Abs. 3 KomHVO vorgesehen. Er beschränkt sich vielmehr auf eine Berücksichtigung der Verrechnungen in den Anlagen zur VV Muster zur GO und KomHVO. Diese Abweichung von Verordnungstext und VV erscheint zumindest unsystematisch.

Im Sinne der Nachhaltigkeit des kommunalen Wirtschaftens und dem damit verknüpften Ziel der intergenerativen Gerechtigkeit, sollte sich der Substanzabbau und -aufbau über einen Zeitraum ausgleichen, der einer „Generation" zugerechnet werden kann. Hierdurch wird vermieden, dass

- eine Generation z. B. zu Lasten einer nachfolgenden mehr verbraucht als sie erarbeitet oder
- eine Generation der Gemeinde mehr Steuern zuführt als sie an Gegenleistungen von der Gemeinde erhält.

Zusammengefasst lässt sich die Struktur des Ergebnisplans anhand des nachfolgenden Musters[146] abbilden:

		Ergebnisplan	Ergebnis 2021	Ansatz 2022	Ansatz 2023	Planung 2024	Planung 2025	Planung 2026
			1	2	3	4	5	6
1		Steuern und ähnliche Abgaben						
2	+	Zuwendungen und allgem. Umlagen						
3	+	Sonstige Transfererträge						
4	+	Öffentlich-rechtliche Leistungsentgelte						
5	+	Privatrechtliche Leistungsentgelte						
6	+	Kostenerstattungen und Kostenumlagen						
7	+	Sonstige ordentliche Erträge						
8	+	Aktivierte Eigenleistungen						
9	+/–	Bestandsveränderungen						
10	=	**Ordentliche Erträge**						
11	–	Personalaufwendungen						
12	–	Versorgungsaufwendungen						
13	–	Aufwendungen für Sach- und Dienstleistungen						
14	–	Bilanzielle Abschreibungen						
15	–	Transferaufwendungen						
16	–	Sonstige ordentliche Aufwendungen						
17	=	**Ordentliche Aufwendungen**						
18	=	**Ordentliches Ergebnis (= Zeilen 10 und 17)**						

146 Muster in Anlehnung an Anlage 4 VV Muster zur GO und KomHVO.

Ergebnisplan			Ergebnis 2021	Ansatz 2022	Ansatz 2023	Planung 2024	Planung 2025	Planung 2026
			1	2	3	4	5	6
19 20	+ –	Finanzerträge Zinsen und sonstige Finanzaufwendungen						
21	=	**Finanzergebnis (= Zeilen 19 und 20)**						
22	=	**Ergebnis der laufenden Verwaltungstätigkeit (= Zeilen 18 und 21)**						
23 24	+ –	Außerordentliche Erträge Außerordentliche Aufwendungen						
25	=	Außerordentliches Ergebnis (= Zeilen 23 und 24)						
26	=	**Jahresergebnis (= Zeilen 22 und 25)**						
27	–	Globaler Minderaufwand						
28	=	**Jahresergebnis nach Abzug des globalen Minderaufwands (= Zeilen 26 und 27)**						
Nachrichtlich: Verrechnung von Erträgen und Aufwendungen mit der allgemeinen Rücklage								
29		Verrechnete Erträge bei Vermögensgegenständen						
30		Verrechnete Erträge bei Finanzanlagen						
31		Verrechnete Aufwendungen bei Vermögensgegenständen						
32		Verrechnete Aufwendungen bei Finanzanlagen						
33		Verrechnungssaldo (= Zeile 29, 30 ./. Zeile 31, 32)						

7.2 Finanzplan

Neben die Planung des Ergebnisses tritt innerhalb des Haushaltsplans nach § 79 Abs. 2 GO eine zweite wesentliche Plangröße: der Finanzplan.

Er bezieht sich auf die betriebswirtschaftlichen Rechengrößen „Einzahlungen“ und „Auszahlungen“. Im Finanzplan werden somit alle Geschäftsvorfälle abgebildet, die das Geldvermögen (d. h. die Bilanzposition *Liquide Mittel* der Kommune) verändern. Insofern ist auch beim Finanzplan ein unmittelbarer Bezug zur Bilanz hergestellt.

Ziel des Finanzplans ist die sorgfältige Planung der Veränderung des Zahlungsmittelbestandes, die Ermächtigung der Investitionstätigkeit (Auszahlungs- und Verpflichtungsermächtigungen), die Feststellung eines notwendigen Kreditbedarfs und die Bedienung der Finanzstatistik im Planungszeitraum.[147] Da für die Aufnahme von Krediten eine gesonderte Ermächtigung des Rates in der Haushaltssatzung erforderlich ist, ist diese Position besonders sorgfältig zu

147 Vgl. *Körner/Portis*, Direkte versus indirekte Finanzrechnung – Vor- und Nachteile in der Praxis, der gemeindehaushalt 2006, S. 9.

planen. Eine wesentliche Grundlage für diese Planung ist der Finanzplan. Allerdings bildet der Finanzplan nur den Kreditbedarf für Investitionen bezogen auf die gesamte Planungsperiode ab. Unberücksichtigt bleiben unterjährige Finanzierungsspitzen zur Sicherung der Liquidität im laufenden Jahr, für deren Abdeckung ein zusätzlicher Kreditbedarf erforderlich sein kann.[148]

Wie der Ergebnisplan wird auch der Finanzplan gem. § 3 KomHVO in Staffelform aufgestellt und weist gem. Absatz 2 dieses Paragraphen verpflichtend nachfolgende Zwischensalden aus:[149]

- Einzahlungen aus laufender Verwaltungstätigkeit,
- Auszahlungen aus laufender Verwaltungstätigkeit,
- Cash-Flow aus laufender Verwaltungstätigkeit,
- Cash-Flow aus Investitionstätigkeit,
- Finanzmittelüberschuss/-fehlbetrag,
- Cash-Flow aus Finanzierungstätigkeit,
- Änderung des Bestandes an Finanzmitteln,
- Liquide Mittel.

Die Einzahlungen aus laufender Verwaltungstätigkeit ergeben sich dabei aus der Summe der verpflichtend auszuweisenden Einzahlungsarten (§ 3 Abs. 1 Nr. 1 bis 8 KomHVO) für die laufende Verwaltungstätigkeit. Ebenso ergeben sich die Auszahlungen aus laufender Verwaltungstätigkeit aus der Summe der verpflichtend auszuweisenden Auszahlungsarten im Bereich der laufenden Verwaltungstätigkeit (§ 3 Abs. 1 Nr. 9 bis 14 KomHVO). Die Differenz der Einzahlungen und der Auszahlungen für die laufende Verwaltungstätigkeit ergibt den Cash-Flow aus laufender Verwaltungstätigkeit. Separat ausgewiesen wird die Investitionstätigkeit der Kommune mit vorgeschriebenen Einzahlungs- und Auszahlungsarten. Für den Bereich der Investitionen wird ein separater Saldo als Cash-Flow aus Investitionstätigkeit ausgewiesen. Die Saldierung von Cash-Flow aus laufender Verwaltungstätigkeit und Cash-Flow aus Investitionstätigkeit ergibt den originären Finanzmittelüberschuss bzw. -fehlbetrag. Ein möglicher Fehlbetrag kann im Bereich der Finanzierungstätigkeit durch Kreditaufnahme abgedeckt werden. Ein Überschuss kann möglicherweise zur Kredittilgung verwendet werden. Sowohl die Kreditaufnahme als auch die Tilgung von Krediten werden im Finanzplan separat ausgewiesen und schließen ab mit dem Cash-Flow aus Finanzierungstätigkeit. Finanzmittelüberschuss/-fehlbetrag und der Cash-Flow aus Finanzierungstätigkeit ergeben zusammen die Änderung des Bestandes an Finanzmitteln. Gemeinsam mit dem Anfangsbestand der Finanzmittel lässt sich hieraus der voraussichtliche Finanzmittelbestand zum Ende der Planungsperiode ermitteln. Dieser Finanzmittelbestand entspricht der Bilanzposition „Liquide Mittel" im Umlaufvermögen. In der Übersicht stellt sich der Finanzplan[150] wie folgt dar:

148 Hierauf wird ausführlich in Kap. 6.2.4.2 dieses Buches eingegangen.

149 Der Gesetzgeber vermeidet die gängigen Fachtermini und Anglizismen, formuliert dadurch aber so sperrig und unklar, dass eine Umsetzung dieser Formulierungen in die Haushaltspläne der Gemeinden auf noch weniger Verständnis stoßen wird als die Verwendung der z. T. englischsprachigen Fachbegriffe.

150 Muster in Anlehnung an Anlage 5 VV Muster zur GO und KomHVO. Die Zeilen 33 und 35 enthalten nach dieser Anlage auch die Gewährung von Darlehen (Z. 35) und die Rückflüsse aus gewährten Darlehen (Z. 33). Dies entspricht nicht der Vorschrift des § 3 Abs. 1 Ziff. 26 u. 28 KomHVO. Gleiches gilt für die Zeilen 34 und 36, die lt. Anlage 5 VV Muster zur GO und KomHVO auch jeweils Rückflüsse von gewährten Liquiditätskrediten und die Gewährung solcher Kredite beinhalten. Eine Änderung des Verordnungstextes über die Gestaltung der Muster in einer Verwaltungsvorschrift ist aus Sicht der Verfasser allerdings nicht zulässig.

		Finanzplan	Ergebnis 2021	Ansatz 2022	**Ansatz 2023**	Planung 2024	Planung 2025	Planung 2026
			1	2	**3**	4	5	6
1		Steuern und ähnliche Abgaben						
2	+	Zuwendungen und allgemeine Umlagen						
3	+	Sonstige Transfereinzahlungen						
4	+	Öffentlich-rechtliche Leistungsentgelte						
5	+	Privatrechtliche Leistungsentgelte						
6	+	Kostenerstattungen, Kostenumlagen						
7	+	Sonstige Einzahlungen						
8	+	Zinsen und sonstige Finanzeinzahlungen						
9	=	**Einzahlungen aus laufender Verwaltungstätigkeit**						
10	–	Personalauszahlungen						
11	–	Versorgungsauszahlungen						
12	–	Auszahlungen für Sach- und Dienstleistungen						
13	–	Zinsen und sonstige Finanzauszahlungen						
14	–	Transferauszahlungen						
15	–	Sonstige Auszahlungen						
16	=	**Auszahlungen aus laufender Verwaltungstätigkeit**						
17	=	**Saldo aus laufender Verwaltungstätigkeit (= Zeilen 9 und 16)**						
18	+	Zuwendungen für Investitionsmaßnahmen						
19	+	Einzahlungen aus der Veräußerung von Sachanlagen						
20	+	Einzahlungen aus der Veräußerung von Finanzanlagen						
21	+	Einzahlungen aus Beiträgen u. ä. Entgelten						
22	+	Sonstige Investitionseinzahlungen						
23	=	Einzahlungen aus Investitionstätigkeit						
24	–	Auszahlungen für den Erwerb von Grundstücken und Gebäuden						
25	–	Auszahlungen für Baumaßnahmen						
26	–	Auszahlungen für den Erwerb von beweglichem Anlagevermögen						
27	–	Auszahlungen für den Erwerb von Finanzanlagen						

		Finanzplan	Ergebnis 2021	Ansatz 2022	**Ansatz 2023**	Planung 2024	Planung 2025	Planung 2026
			1	2	**3**	4	5	6
28	–	Auszahlungen für aktivierbare Zuwendungen						
29	–	Sonstige Investitionsauszahlungen						
30	=	**Auszahlungen aus Investitionstätigkeit**						
31	=	**Saldo aus Investitionstätigkeit (Zeilen 23 und 30)**						
32	=	**Finanzmittelüberschuss/-fehlbetrag (= Zeilen 17 und 23)**						
33	+	Aufnahme von Krediten für Investitionen u. ä. Rechtsverh.						
34	+	Aufnahme von Krediten zur Liquiditätssicherung						
35	–	Tilgung von Krediten für Investitionen u. ä. Rechtsverh.						
36	–	Tilgung von Krediten zur Liquiditätssicherung						
37	=	Saldo aus Finanzierungstätigkeit						
38	=	**Änderung des Bestands an eigenen Finanzmitteln (= Zeilen 32 und 37)**						
39	+	Anfangsbestand an Finanzmitteln						
40	=	**Liquide Mittel (= Zeilen 38 und 39)**						

Der Finanzplan gibt einen systematischen Überblick über die voraussichtliche finanzielle Lage der Kommune im Planjahr und in den drei Folgejahren. Er stellt insbesondere dar, inwieweit sich der Finanzmittelbedarf aus laufender Tätigkeit oder aus Investitionstätigkeit ergibt und wie diese Fehlbeträge gedeckt werden sollen.

Die mit der Einführung der KomHVO festgeschriebene Ergänzung um die Ein- und Auszahlungen aus der Aufnahme von Krediten zur Liquiditätssicherung erhöht die Transparenz und die Aussagekraft des Finanzplans. Da die Kreditermächtigung für die Liquiditätskredite nach § 78 Abs. 2 Nr. 3 GO sich aber nicht an der Summe der Ein- und Auszahlungen, sondern am Höchstbetrag der tatsächlichen Verschuldung orientiert, kommt auch im Finanzplan nur eine saldierte Darstellung der voraussichtlichen Ein- und Auszahlungen in Frage. Niemand kann z. B. bei einem Kontokorrentkredit im Vorhinein seriös planen, wie häufig in einem Jahr die Möglichkeit der Kontoüberziehung in Anspruch genommen und wie oft diese Überziehung wieder ausgeglichen wird.

Insgesamt soll der Finanzplan die Planung im Hinblick auf die notwendige Finanzmittelbereitstellung vervollständigen. Berücksichtigt werden dabei sowohl die Finanzmittelüberschüsse oder -defizite, die sich aus der laufenden Verwaltungstätigkeit ergeben, als auch die vorgesehenen Investitionen und die dafür notwendige Finanzierungstätigkeit, die im Ergebnisplan nicht abgebildet werden und dennoch zu Recht im Blickpunkt der Öffentlichkeit stehen, wenn es um die kommunale Haushaltsplanaufstellung geht.

7.3 Praktische Beispiele und Übungen

Sachverhalt Nr. 1

Die Gemeinde G stellt für das Jahr 2023 den Haushaltsplan auf. Für das Planjahr werden im Ergebnis- und Finanzplan nachfolgende Werte veranschlagt:

Ergebnisplan 2023	
	Tausend €
Steuern und ähnliche Abgaben	355.000
+ Zuwendungen und allgemeine Umlagen	52.000
+ Sonstige Transfererträge	5.000
+ Öffentlich-rechtliche Leistungsentgelte	55.000
+ Privatrechtliche Leistungsentgelte	23.500
+ Kostenerstattungen und Kostenumlagen	9.500
+ Sonstige ordentliche Erträge	36.500
+ Aktivierte Eigenleistungen	1.000
+/– Bestandsveränderungen	–10
= **Ordentliche Erträge**	**537.490**
– Personalaufwendungen	195.000
– Versorgungsaufwendungen	520
– Aufwendungen für Sach- und Dienstleistungen	25.180
– Bilanzielle Abschreibungen	35.790
– Transferaufwendungen	227.050
– Sonstige ordentliche Aufwendungen	38.200
= **Ordentliche Aufwendungen**	**521.740**
= **Ordentliches Ergebnis**	**15.750**
+ Finanzerträge	980
– Zinsen und sonstige Finanzaufwendungen	28.500
= **Finanzergebnis**	**–27.520**
= **Ergebnis der laufenden Verwaltungstätigkeit**	**–11.500**
+ Außerordentliche Erträge	0
– Außerordentliche Aufwendungen	0
= Außerordentliches Ergebnis	0
= **Jahresergebnis**	**–11.500**
Nachrichtlich: Verrechnung von Erträgen und Aufwendungen mit der allgemeinen Rücklage	
Verrechnete Erträge bei Vermögensgegenständen	11.500
Verrechnete Aufwendungen bei Vermögensgegenständen	0
Verrechnungssaldo (= Zeile 27 und 28)	11.500

Finanzplan 2023	
	Tausend €
Steuern und ähnliche Abgaben	361.000
+ Zuwendungen und allgemeine Umlagen	35.000
+ Sonstige Transfereinzahlungen	5.000
+ Öffentlich-rechtliche Leistungsentgelte	53.000
+ Privatrechtliche Leistungsentgelte	24.000
+ Kostenerstattungen, Kostenumlagen	9.500
+ Sonstige Einzahlungen	35.500
+ Zinsen und sonstige Finanzeinzahlungen	800
= **Einzahlungen aus lfd. Verwaltungstätigkeit**	**523.800**

Finanzplan 2023	
	Tausend €
– Personalauszahlungen	145.000
– Versorgungsauszahlungen	53.000
– Auszahlungen für Sach- und Dienstleistungen	31.000
– Zinsen und Finanzauszahlungen	29.500
– Transferauszahlungen	227.500
– Sonstige Auszahlungen	37.500
= Auszahlungen aus lfd. Verwaltungstätigkeit	**523.500**
Saldo aus laufender Verwaltungstätigkeit	**300**
+ Investitionszuwendungen	10.000
+ Einzahlungen aus der Veräußerung von Sachanlagen	22.500
+ Einzahlungen aus der Veräußerung von Finanzanlagen	13.000
+ Einzahlungen aus Beiträgen u. ä. Entgelten	11.200
+ Sonstige Investitionseinzahlungen	0
= Einzahlungen aus Investitionstätigkeit	**56.700**
– Auszahlungen für den Erwerb von Grundstücken und Gebäuden	30.000
– Auszahlungen für Baumaßnahmen	34.000
– Auszahlungen für den Erwerb von beweglichem Anlagevermögen	800
– Auszahlungen für den Erwerb von Finanzanlagen	0
– Auszahlungen für aktivierbare Zuwendungen	0
– Sonstige Investitionsauszahlungen	0
= Auszahlungen aus Investitionstätigkeit	**64.800**
Saldo aus Investitionstätigkeit	**–8.100**
Finanzmittelüberschuss/- fehlbetrag	**–7.800**
+ Aufnahme von Krediten für Investitionen	23.200
+ Aufnahme von Krediten zur Liquiditätssicherung	0
– Tilgung von Krediten für Investitionen	15.200
– Tilgung von Krediten zur Liquiditätssicherung	0
= Saldo aus Finanzierungstätigkeit	**8.000**
Änderung des Bestandes an eigenen Finanzmitteln	**200**

Die nachrichtlich ausgewiesenen „Verrechneten Erträge" i. H. v. 11,5 Mio. € ergeben sich aus der geplanten Veräußerung von Anteilen an der Stadtwerke G GmbH. Diese Anteile wurden im Rahmen der Erstellung der Eröffnungsbilanz zum 1.1.2023 mit einem anteiligen Eigenkapitalwert von 1,5 Mio. € bewertet. Der erwartete Verkaufserlös beträgt 13 Mio. €. Diese 13 Mio. € sind in der Finanzplanung als Einzahlung aus der Veräußerung von Finanzanlagen ausgewiesen.

Aufgabe:
Was lässt sich ohne nähere Betrachtung von Einzelpositionen aus der vorliegenden gesamtstädtischen Ergebnis- und Finanzplanung im Hinblick auf die allgemeine Haushaltslage der Gemeinde G erkennen?

Lösung:
Der Ergebnisplan der Gemeinde G für das Jahr 2023 weist als geplantes Jahresergebnis ein Defizit von 11,5 Mio € aus. In gleicher Höhe wird nachrichtlich ein Ertrag aus einer Vermögensveräußerung ausgewiesen, der gem. § 44 Abs. 3 KomHVO direkt mit der Allgemeinen Rücklage zu verrechnen ist. Es ist damit bilanziell keine Änderung des Eigenkapitals vorgesehen. Dies bedeutet gleichzeitig, dass die Gemeinde G die formalen Anforderungen des Ressourcenverbrauchskonzepts einhält (Ressourcenaufkommen ≥ Ressourcenverbrauch).

Festzustellen ist jedoch, dass die Erhaltung des Eigenkapitals nur durch einen erheblichen Veräußerungsertrag erreicht werden kann. Ein solch erheblicher Veräußerungsertrag stellt eine Abweichung vom Normalfall dar. Im vorliegenden Fallbeispiel ergibt sich dieser Ertrag aus der Veräußerung von Anteilen einer städtischen Gesellschaft. Da die Unternehmensanteile in der Eröffnungsbilanz lediglich mit ihrem anteiligen Eigenkapitalwert bewertet werden, ergibt sich eine erhebliche Differenz zwischen dem bilanziellen Wert und dem erwarteten Veräußerungserlös. Diese Differenz wird bei einer tatsächlichen Veräußerung einmalig als Ertrag erfasst und unmittelbar mit der Allgemeinen Rücklage verrechnet.

Da das geplante Jahresergebnis mit immerhin 11,5 Mio. € negativ ist, liegt bei der Gemeinde G ein strukturell unausgeglichener Haushalt vor, der in 2023 nur durch die vorgesehene einmalige Veräußerung von Unternehmensanteilen aufgefangen werden kann.

Der Finanzplan weist eine erforderliche Netto-Kreditaufnahme von 8 Mio. € aus. Aus laufender Verwaltungstätigkeit kann lediglich ein Finanzierungsbeitrag von 300.000 € zu den Investitionen geleistet werden. Der weitaus größte Teil der Investitionen wird aus Veräußerungserlösen von Finanzanlagen und Vermögensgegenständen (35,5 Mio. €) finanziert. Addiert man zu diesem geplanten Vermögensabgang noch die bilanziellen Abschreibungen von 35,8 Mio. € hinzu, wird deutlich, dass für das Jahr 2021 das Anlagevermögen in erheblichem Umfang (real 71,3 Mio. €) reduziert werden soll. Dem stehen Investitionen i. H. v. lediglich 64,8 Mio. € gegenüber. Insgesamt ist demnach eine Verringerung des realen Anlagevermögens in 2023 vorgesehen. Da gleichzeitig eine Netto-Kreditaufnahme von 8 Mio. € veranschlagt ist, kann man auch auf der Finanzierungsseite feststellen, dass die Haushaltslage der Gemeinde G nicht nachhaltig gesichert ist.

Berücksichtigt man zudem, dass immerhin 21,2 Mio. € der Investitionen durch Dritte über Zuweisungen und Beiträge finanziert werden, ergibt sich ein verbleibender Finanzierungsbedarf von (netto) 43,6 Mio. €. Bei einer strukturell ausgeglichenen Haushaltslage könnte dieser Betrag ohne die Inanspruchnahme von Fremdkapital aus erwirtschafteten Abschreibungen und Vermögensveräußerungen bereitgestellt werden. Gleichzeitig hätte eine Reduzierung des Kreditbestandes durch zusätzliche Tilgung erreicht werden können.

Im Ergebnis ist anhand der vorliegenden Zahlen festzustellen, dass trotz einer nominalen Erhaltung des Eigenkapitals und trotz einer im Hinblick auf das Investitionsvolumen moderaten Neuverschuldung der Haushalt mit erheblichen Risiken behaftet ist. Diese Risiken können nur vorübergehend durch die vorgesehenen Vermögensveräußerungen ausgeglichen werden. Es ist zu erwarten, dass bei gleichbleibenden Rahmenbedingungen die Gemeinde G nicht in der Lage sein wird, ihren Ressourcenverbrauch durch ein ausreichendes Ressourcenaufkommen zu decken. Um dies zu erreichen, sollte die Gemeinde G bereits in 2023 notwendige Konsolidierungsschritte einleiten, um den Aufwand zu reduzieren oder die Erträge zu erhöhen.

Fraglich erscheint auch die Höhe des geplanten Veräußerungserlöses für die GmbH-Anteile. Da der Haushaltsplan öffentlich zugänglich ist, wird der Kämmerer der Gemeinde G möglicherweise aus verhandlungstaktischen Gründen nicht den tatsächlichen von ihm erwarteten Veräußerungserlös in den Haushaltsplan einstellen. Andererseits ist eine realistische Schätzung bei einem solchen außerordentlichen Geschäftsvorfall in jedem Fall sehr schwierig.

7.4 Teilpläne

Ergebnis- und Finanzplan stellen gesamtstädtische Planwerke dar, die einen wichtigen Beitrag zur Aussage über die allgemeine Lage der Kommune liefern können. Wie aber bereits in Kap. 6 dargestellt, reicht im Bereich der Kommunalverwaltung die gesamtstädtische Betrachtung weder für die Planung noch für die Rechenschaftslegung aus. Kern des Haushaltsplans und damit auch

Kern der politischen Beratung des Etats sind die Teilpläne, die nach § 4 Abs. 1 u. 2 KomHVO mindestens nach den vom für Kommunales zuständigen Ministerium vorgeschriebenen Produktbereichen oder alternativ nach Verantwortungsbereichen aufzustellen sind. Diese Produktbereiche sind in etwa gleichzusetzen mit politischen Handlungsfeldern, die sich z. B. auch aus den politischen Programmen der Parteien ableiten lassen.

Bei der Zuordnung von bestimmten Ergebnis- oder Finanzpositionen zu den produktorientierten Teilplänen können allerdings Schwierigkeiten entstehen. Dies ist z. B. bei den Versorgungsaufwendungen und -auszahlungen der Fall. Da im Rahmen der Bildung von Pensionsrückstellungen die Produktbereiche bereits mit dem Aufwand für die Alterssicherung belastet wurden, erscheint es nicht erforderlich, dass durch Aufwendungen für ehemalige Bedienstete, die nicht durch diese Rückstellung abgedeckt werden können, den Produktbereichen zusätzliche Belastungen entstehen. Dies ist auch deswegen kaum möglich, da eine Zuordnung von ehemaligen Bediensteten (oder deren Angehörigen) zu den aktuellen Produktbereichen nicht mehr sinnvoll durchgeführt werden kann. Beispielsweise würde bei einer anteiligen Verrechnung der Versorgungsaufwendungen nach aktuellen Personalaufwendungen oder nach der Anzahl der Bediensteten auch eine neu geschaffene Einrichtung (z. B. ein neues Stadtmuseum) mit Aufwendungen für Bedienstete belastet, die bereits vor dem Entstehen dieser Einrichtung in Ruhestand gegangen sind. Aus diesem Grunde sieht § 18 Abs. 2 KomHVO die Möglichkeit vor, Versorgungs- und Beihilfeaufwendungen zentral im Bereich der inneren Verwaltung zu veranschlagen. Bezüglich der zentralen Veranschlagung von Fremdkapitalzinsen sei auf die Ausführungen in Kap. 6.4.2 verwiesen.

Die Teilpläne haben eine vorgegebene Struktur und gliedern sich jeweils in[151]:

- Inhaltliche Beschreibung des Produktbereichs,
- Ziele des Produktbereichs und der zugehörigen Produktgruppen und Produkte,
- Kennzahlen und Indikatoren der Zielerreichung,
- Teilergebnisplan,
- Teilfinanzplan A (Zahlungsübersicht),
- Teilfinanzplan B (Einzelmaßnahmen),
- optional: Auszug aus dem Stellenplan.

Zusätzlich sollten die Teilpläne Erläuterungen und Bewirtschaftungsregeln enthalten.

151 Vgl. hierzu das unverbindliche Muster in Anlage 8 VV Muster zur GO und KomHVO.

Nachfolgendes Schaubild stellt eine mögliche Abbildungsform eines Teilplanes schematisch dar:

Haushaltsplan **2023** **Verantwortlicher Dezernent:**
Produktbereich: **04 Kultur und Wissenschaft** **Dr. Friedrich Schiller**

Produktbereichsziele: Verbale Beschreibung der Ziele

Produkte und Produktgruppen: Struktur der zum Produktbereich gehörenden Produktgruppen und Produkte

Kennzahlen zur Zielerreichung:

	Ergebnis 2021	Ansatz 2022	**Ansatz 2023**	Planung 2024	Planung 2025	Planung 2026
Erreichter Anteil der Bevölkerung						
....						

Teilergebnisplan:

	Ergebnis 2021	Ansatz 2022	**Ansatz 2023**	Planung 2024	Planung 2025	Planung 2026
Erträge						
Aufwendungen						
Ergebnis aus laufender Verwaltungstätigkeit						
Finanzergebnis						
Außerordentliches Ergebnis						
Interne Leistungsbeziehungen						
Jahresergebnis						

Teilfinanzplan A (Zahlungsübersicht):

	Ergebnis 2021	Ansatz 2022	**VE 2023**	**Ansatz 2023**	Planung 2024	Planung 2025	Planung 2026
Investive Einzahlungen							
Investive Auszahlungen							
Saldo der Investitionstätigkeit							

Teilfinanzplan B (Planung einzelner Investitionsmaßnahmen):

	Ergebnis 2021	Ansatz 2022	**VE 2023**	**Ansatz 2023**	Planung 2024	Planung 2025	Planung 2026	Bish. Bereitgest.	Gesamt
Maßnahme X									
Investive Einzahlungen									
Investive Auszahlungen									
Saldo Maßnahme X									
Maßnahme Y									
...									

7.4.1 Teilergebnisplan

Der Teilergebnisplan bildet das voraussichtliche Ressourcenaufkommen und den Ressourcenverbrauch bezogen auf den jeweiligen Produktbereich bzw. die von der Gemeinde individuell gewählte Gliederungsebene ab. Die abzubildenden Aufwands- und Ertragsarten in Kombination mit der gewählten Gliederungsebene bezeichnet man als „Ergebnispositionen". Beispielsweise stellt die Kombination der Aufwandsart „Personalaufwand" in dem Produktbereich „Sicherheit und Ordnung" eine Ergebnisposition dar. Die Ergebnispositionen stellen nach der Beschlussfassung durch den Rat gleichzeitig die Ermächtigung der Verwaltung zum Einsatz der jeweiligen Ressourcen (z. B. Personal) für den jeweiligen Produktbereich (Sicherheit und Ordnung) dar.

Die Gliederung des Teilergebnisplanes ist nach § 4 Abs. 3 KomHVO identisch mit der Gliederung des Ergebnisplans. Alle Aufwands- und Ertragspositionen sind in der gleichen Struktur und mit denselben Zwischensalden in den Teilergebnisplänen abzubilden. Nach der Zeile 26 „Jahresergebnis" sind in den Teilergebnisplänen zusätzlich nachfolgend abgebildete Zeilen auszuweisen, soweit Erträge und Aufwendungen aus internen Leistungsbeziehungen für die Haushaltswirtschaft erfasst werden:[152]

26	=	**Ergebnis *vor* Berücksichtigung interner Leistungsbeziehungen**						
27	+	Erträge aus internen Leistungsbeziehungen						
28	–	Aufwendungen aus internen Leistungsbeziehungen						
29	=	**Teilergebnis** (= Zeilen 26, 27, 28)						
30	–	Globaler Minderaufwand						
31	=	Teilergebnis nach Abzug des globalen Minderaufwands (= Zeilen 29, 30)						
	Nachrichtlich: Verrechnung von Erträgen und Aufwendungen mit der allgemeinen Rücklage							
32	Verrechnete Erträge bei Vermögensgegenständen							
33	Verrechnete Aufwendungen bei Vermögensgegenständen							
34	Verrechnungssaldo (= Zeile 32 und 33)							

Zunächst wird die Zeile 26 in den Teilergebnisplänen „Jahresergebnis vor Berücksichtigung interner Leistungsbeziehungen" benannt. Im Gegensatz zum Ergebnisplan, in dem sich alle internen Leistungsbeziehungen in der Summe gegenseitig aufheben, spielen Leistungsbeziehungen zwischen verschiedenen Produktbereichen für die Teilergebnisplanung eine wichtige Rolle. Da-

152 Muster entsprechend Anlage 9 VV Muster zur GO und KomHVO. Der Verordnungsgeber hat die Zeilen 27 bis 29 aus dem Muster des Ergebnisplans (Verrechnung von Erträgen und Aufwendungen mit der Allgemeinen Rücklage) in das Muster des Teilergebnisplans nicht aufgenommen. Es bleibt daher offen, ob und in welcher Form diese Erträge und Aufwendungen nach Auffassung der obersten Kommunalaufsicht in den Teilergebnisplänen zu berücksichtigen sind. Es erscheint den Autoren jedoch sinnvoll, das Muster des Teilergebnisplans entsprechend zu ergänzen.

mit auch auf der Ebene der Teilpläne der vollständige Ressourcenverbrauch abgebildet wird, ermöglicht § 16 KomHVO eine interne Leistungsverrechnung. Umfang, Inhalt und Berechnungsverfahren für die Verrechnung interner Leistungen werden allerdings nicht vorgeschrieben.[153]

In der Regel ist davon auszugehen, dass die für die interne Leistungsverrechnung erforderlichen Daten das Ergebnis einer Kosten- und Leistungsrechnung[154] sind. Es erfolgt damit an dieser Stelle eine Verknüpfung zwischen dem klassischen betriebswirtschaftlichen externen Rechnungswesen (Gewinn- und Verlustrechnung mit den Rechengrößen „Aufwand“ und „Ertrag“) und einem internen Rechnungswesen (Kosten- und Leistungsrechnung mit den Rechengrößen „Kosten“ und „Erlöse“). Diese Verknüpfung macht im Hinblick auf den Zweck des Rechnungswesens in der öffentlichen Verwaltung durchaus Sinn. Es geht bei der Planung und Rechnungslegung in der öffentlichen Verwaltung nämlich nicht nur um die Rechenschaftslegung, die das klassische Ziel des privatwirtschaftlichen externen Rechnungswesens ist, sondern ebenso um die Steuerung, für die in der Privatwirtschaft das interne Rechnungswesen eingesetzt wird.

Um die unterschiedlichen Inhalte dennoch transparent abzubilden, wird bei den Teilplänen zwischen einem Ergebnis *vor* und *nach* interner Leistungsverrechnung unterschieden. Die internen Leistungsverrechnungen sind damit für den Leser des Haushaltsplans und des Jahresabschlusses eindeutig zu erkennen. Damit wird auch deutlich, dass diese Positionen einem hohen Maß an individuellem Bewertungsspielraum unterliegen.

Die Abweichungen zwischen Teilergebnisplan und Gebührenkalkulation bei den Produktbereichen, die sich aus Gebühren nach § 6 KAG NW finanzieren, kann durch die Ergänzung des Teilergebnisplans erfolgen. Ein solcher zusätzlicher Nachweis der Abweichungen erleichtert die Erläuterung der Differenzen zwischen der Gebührenkalkulation, die nach aktueller Rechtsprechung z. B. die Abschreibung nach Wiederbeschaffungszeitwerten und die Verzinsung des eigenfinanzierten Anlagekapitals erlaubt, und der Teilergebnisrechnung, in der nach historischen Anschaffungs- und Herstellungskosten abzuschreiben ist und die lediglich einen Ausweis tatsächlicher Zinsaufwendungen (Fremdkapitalzinsen) zulässt. Ein freiwilliger nachrichtlicher Ausweis der Abweichungen zwischen Gebührenkalkulation und Teilergebnisplan könnte wie folgt aussehen:[155]

153 Die Unverbindlichkeit dieser Regelung gibt den Gemeinden die Möglichkeit, durch die zentrale Bewirtschaftung der wesentlichen Aufwandspositionen und den Verzicht auf interne Leistungsverrechnungen die Ergebnisse der Teilpläne nach Belieben auszuhöhlen. Hierdurch wird das Ziel einer produktorientierten Darstellung von Ressourcenverbrauch und -aufkommen insgesamt ad absurdum geführt.

154 § 17 Abs. 1 KomHVO sieht für die Gemeinden die Führung einer KLR als Soll-Vorschrift vor.

155 Vgl. hierzu auch Modellprojekt „Doppischer Kommunalhaushalt in NRW“ (Hrsg.), Neues Kommunales Finanzmanagement: Betriebswirtschaftliche Grundlagen für das doppische Haushaltsrecht, 2., vollst. überarb. Aufl. auf der Basis der Endergebnisse des Modellprojektes, Freiburg 2003, S. 314, aus dem das Muster entnommen wurde.

Teilergebnisplan		Ergebnis des Vorvorjahres	Ansatz des Vorjahres	Ansatz des Haushaltsjahres	Planung Haushaltsjahr + 1	Planung Haushaltsjahr + 2	Planung Haushaltsjahr + 3
		1	2	3	4	5	6
	(…)						
31	= Teilergebnis nach Abzug des globalen Minderaufwands (= Zeilen 29, 30)						
	Nachrichtlich: Überleitung Ergebnis zum Saldo der Gebührenkalkulation						
32	– Differenz zwischen kalkulatorischer und bilanzieller Abschreibung						
33	– Differenz zwischen kalkulatorischen Zinsen und effektiven Schuldzinsen						
34	–/+ sonstige Abweichungen zwischen Gebührenkalkulation und Teilergebnisplan						
35	= Saldo der Gebührenkalkulation (= Zeilen 31 bis 34)						

Nimmt die Gemeinde die Möglichkeit der Veranschlagung von globalem Minderaufwand nach § 75 Abs. 2 Satz 4 GO wahr, sind die entsprechenden Einsparvorgaben den Teilergebnisplänen zuzuordnen und dort in einer separaten Zeile abzubilden.

Die Teilergebnispläne stellen im Hinblick auf den Ressourcenverbrauch den zentralen Bestandteil des Haushaltsplans im Kommunalen Finanzmanagement dar. Auf der vom Rat festzulegenden Gliederungsebene wird mit den Teilergebnisplänen abgebildet, welchen Anteil am gesamtstädtischen Ressourcenverbrauch bzw. -aufkommen der betrachtete Produktbereich, Verantwortungsbereich, die Produktgruppe oder das Produkt leistet. Dabei werden sowohl die Komponenten einbezogen, die unmittelbar zu Geldzuflüssen oder -abflüssen führen, als auch solche Positionen, die in der betrachteten Periode zwar einen Vermögensverzehr bedeuten, die aber nicht unmittelbar zu Finanzmittelbewegungen führen (z. B. Abschreibungen und Bildung von Rückstellungen). Das Teilergebnis stellt – zumindest soweit die vorgesehene direkte Verrechnung von Erträgen und Aufwendungen mit der allgemeinen Rücklage wie vorgeschlagen ergänzt wird – den jeweiligen Beitrag des betrachteten Teils zur Eigenkapitaländerung der Gesamtkommune dar.

7.4.2 Teilfinanzplan

Der Teilfinanzplan weist den Finanzmittelbedarf der im Haushaltsplan abgebildeten Gliederungsebene – mindestens den des Produktbereichs – aus. Im Gegensatz zum Teilergebnisplan, der die Struktur und den Inhalt des Ergebnisplanes vollständig wieder aufnimmt, stellt sich der Aufbau des Teilfinanzplans nach § 4 Abs. 4 KomHVO anders dar als der des Finanzplans. Im Teilfinanzplan müssen lediglich die Positionen aus Ziff. 15 bis 25 des § 3 Abs. 1 KomHVO, in denen die Ein- und Auszahlungen für die Investitionstätigkeit[156] der Kommune abgebildet werden, bezogen auf die jeweilige Gliederungsebene dargestellt werden. Damit stellt der Teilfinanzplan ein Pendant zum privatwirtschaftlichen Investitionsplan dar. Eine zusätzliche freiwillige Abbildung aller nicht investiven Zahlungsarten im Teilfinanzplan bleibt den Gemeinden jedoch unbenommen.[157] Haushaltsrechtlich erlangen die freiwillig dargestellten Positionen damit aber Verbindlichkeit und schränken die Verwendung der Finanzmittel ein. Ist dagegen nur eine unverbindliche Abbildung dieser Informationen gewollt, muss dies im Haushaltsplan oder in der Haushaltssatzung ausdrücklich so festgelegt werden. Die abgebildeten Auszahlungs- und Einzahlungsarten in Kombination mit der gewählten Gliederungsebene bezeichnet man als „Finanzpositionen".

Die Planung und der Beschluss über die kommunalen Investitionen ist eine der wesentlichen Gestaltungsbereiche des Rates. Hier sind sowohl in der Fachplanung als auch besonders in der Haushaltsplanung detaillierte Informationen vorzulegen. Die Gestaltung des Teilfinanzplans trägt diesem Gesichtspunkt Rechnung und konzentriert sich i. d. R. ausschließlich auf die Abbildung der Informationen zum Bereich der Investitionstätigkeit. Für jeden Produktbereich ist ein Saldo der Investitionstätigkeit auszuweisen.

Unberücksichtigt auf der Teilebene des Haushalts können die nicht-investiven Ein- oder Auszahlungen bleiben, die nicht im Teilergebnisplan ausgewiesen (d. h. nicht ergebniswirksam) sind. Die Ermächtigung für solche Auszahlungen lag entweder bereits zum Zeitpunkt des Entstehens des Aufwandes (z. B. bei der Bildung einer Rückstellung) vor, oder die Ermächtigung ergibt sich aus den Zahlungsansätzen des Finanzplans auf gesamtstädtischer Ebene.

Die nachfolgende Tabelle zeigt Beispiele für nicht in der Zahlungsperiode ergebniswirksame Ein- und Auszahlungen der laufenden Verwaltungstätigkeit, für die im Haushaltsplan keine Einzelermächtigungen in den Teilplänen erforderlich sind:

Nicht ergebniswirksame Einzahlungen	**Nicht ergebniswirksame Auszahlungen**
Einzahlung der Gewerbesteuervorauszahlung, die bereits im Vorjahr fällig war	Pensionszahlungen, die durch eine entsprechende Rückstellung abgedeckt sind
Einzahlung einer Miete für das Folgejahr für ein städtisches Gebäude	Auszahlungen für Instandhaltungsmaßnahmen, für die eine ausreichende Rückstellung gebildet wurde
	Bezahlung von Umlaufvermögen (Papiervorrat), das auf Lager geht
	Zahlung einer Versicherungsrate für das folgende Jahr

Die abgebildete Zeitkette innerhalb der Zeilen ist identisch mit denen in den übrigen Plänen. Ausgewiesen werden neben dem Planjahr die drei folgenden und die zwei vorhergehenden Jahre. Nach § 4 Abs. 4 und § 12 Abs. 1 KomHVO sind die Verpflichtungsermächtigungen in den Zahlungsübersichten des Teilfinanzplans nicht abzubilden. Das Muster in Anlage 10 A VV Muster zur GO und KomHVO sieht dennoch eine entsprechende Spalte vor.

Im Überblick stellt sich der Aufbau des Teilfinanzplans folgendermaßen dar:[158]

156 Nicht abzubilden ist hier allerdings die Kreditfinanzierung von Investitionen.

157 Vgl. hierzu die Darstellung in Anlage 10 A, VV Muster zur GO und KomHVO.

158 Muster entsprechend Anlage 10 A VV Muster zur GO und KomHVO.

Teilfinanzplan		Ergebnis 2021	Ansatz 2022	Ansatz 2023	VE[159] 2023	Planung 2024	Planung 2025	Planung 2026
		1	2	3	4	5	6	7
Einzahlungen								
1	aus Zuwendungen für Investitionsmaßnahmen							
2	aus der Veräußerung von Sachanlagen							
3	aus der Veräußerung von Finanzanlagen							
4	aus Beiträgen u. ä. Entgelten							
5	Sonstige Investitionseinzahlungen							
6	**Summe der investiven Einzahlungen**							
Auszahlungen								
7	für den Erwerb von Grundstücken und Gebäuden							
8	für Baumaßnahmen							
9	für den Erwerb v. beweglichem Anlagevermögen							
10	für den Erwerb von Finanzanlagen							
11	von aktivierbaren Zuwendungen							
12	Sonstige Investitionsauszahlungen							
13	**Summe der investiven Auszahlungen**							
14	**Saldo der Investitionstätigkeit**							

Fußnote: Zu den Verpflichtungsermächtigungen in Spalte 4 ist anzugeben, wie sich die Belastung auf die folgenden Jahre verteilt.

7.4.3 Planung einzelner Investitionsmaßnahmen

Zusätzlich zur Abbildung in der Zahlungsübersicht des Teilfinanzplans sind die wichtigsten Investitionsmaßnahmen gem. § 4 Abs. 4 Satz 2 KomHVO i. V. m. Anlage 10 B VV Muster zur GO und KomHVO je Gliederungsebene getrennt nach Einzelmaßnahmen abzubilden. Da der Teilfinanzplan lediglich eine Differenzierung von Zahlungsarten vorsieht, ist er nicht zur Planung und Beratung von einzelnen Investitionsmaßnahmen geeignet.

Die Übersicht über die Investitionsmaßnahmen ergänzt daher den Teilfinanzplan, indem hier die Aufteilung der Finanzmittel auf die wichtigsten Investitionsvorhaben der jeweiligen Gliederungsebene (z. B. Produktbereich oder Produktgruppe) abgebildet wird.

159 Verpflichtungsermächtigungen.

Diese Aufteilung soll allerdings nicht für alle Investitionsmaßnahmen erfolgen, sondern gem. § 4 Abs. 4 Satz 2 KomHVO nur für solche, deren Finanzvolumen über einer vom Rat festzulegenden Wertgrenze liegen. Die Festlegung der Wertgrenze kann vom Rat einheitlich erfolgen, es kann aber auch eine Differenzierung nach Produktbereichen, Vermögensarten oder nach Investitionsobjekten erfolgen. Die Wertgrenze kann sich dabei auf vollständige Maßnahmen (z. B. bei mehrjährigen Baumaßnahmen) oder auch auf die Veranschlagung in einzelnen Haushaltsjahren (z. B. bei regelmäßigen Ersatzbeschaffungen von Anlagegütern) beziehen.

Beispiel für einen Ratsbeschluss zur Festlegung der Wertgrenzen:
Die Wertgrenze für die Einzelausweisung von Investitionsmaßnahmen im Teilfinanzplan nach § 4 Abs. 4 S. 2 KomHVO wird für die Gemeinde G festgelegt

a) für Baumaßnahmen auf 100.000 € Gesamtauszahlungsbedarf,
b) für einmalige Beschaffungen auf 50.000 € Jahresbedarf,
c) für regelmäßige Beschaffungen auf 20.000 € Jahresbedarf.

Die Verwaltung hat sicherzustellen, dass alle Investitionsmaßnahmen, die die festgelegte Wertgrenze überschreiten, im Teilfinanzplan B separat ausgewiesen werden. Alle anderen Maßnahmen werden dort zusammengeführt als eine separate Position „unter der Wertgrenze“ abgebildet.

Zusätzlich sind in diesen Übersichten nach § 4 Abs. 4 Satz 3 KomHVO die Investitionssummen und die Verpflichtungsermächtigungen für spätere Jahre auszuweisen.[160] Dabei muss lt. Fußnote der Anlage 10 B VV Muster zur GO und KomHVO erkennbar sein, für welche Jahre die Verpflichtungsermächtigungen vorgesehen sind. Insbesondere für Investitionsmaßnahmen, die über mehrere Jahre laufen, wird hierdurch eine Gesamtübersicht hergestellt.

Die Planung der einzelnen Investitionsmaßnahmen erfolgt nach folgendem Muster:[161]

Investitionsmaßnahmen	Ergebnis 2021	Ansatz 2022	Ansatz 2023	VE 2023	Planung 2024	Planung 2025	Planung 2026	Bisher bereitgestellt	Gesamtzahlungen
	1	2	3	4	5	6	7	8	9
Investitionsmaßnahmen oberhalb der Wertgrenze									
Maßnahme 54/2021: Erweiterungsbau Janusz-Korczak-Grundschule									
+ Einzahlungen aus Investitionszuwendungen									
– Auszahlungen für den Erwerb von beweglichem Anlagevermögen									
– Auszahlungen für den Erwerb von Grundstücken und Gebäuden									
– Auszahlungen für Baumaßnahmen									
Saldo Maßnahme 54/2018:									

160 Die Verpflichtungsermächtigung müssen auch nach § 12 Abs. 1 KomHVO hier abgebildet werden.

161 Muster in Anlehnung an Anlage 10 B VV Muster zur GO und KomHVO.

Investitionsmaßnahmen	Ergebnis 2021	Ansatz 2022	Ansatz 2023	VE 2023	Planung 2024	Planung 2025	Planung 2026	Bisher bereitgestellt	Gesamtzahlungen
	1	2	3	4	5	6	7	8	9
Maßnahme 68/2023: Renovierung Turnhalle Euregio Gesamtschule									
+ Einzahlungen aus Investitionszuwendungen – Auszahlungen für den Erwerb von beweglichem Anlagevermögen – Auszahlungen für Baumaßnahmen									
Saldo Maßnahme 68/2023:									

Investitionsmaßnahmen unterhalb der Wertgrenzen									
Summe der investiven Einzahlungen Summe der investiven Auszahlungen									
Saldo Investitionszahlungen unterhalb der Wertgrenze									

7.4.4 Verpflichtungsermächtigungen

Innerhalb der Teilpläne finden sich neben den Ermächtigungen für Aufwendungen und Auszahlungen auch die Verpflichtungsermächtigungen. Hierbei handelt es sich nach § 85 Abs. 1 Satz 1 GO um Ermächtigungen zum Eingehen von Verpflichtungen für Investitionen, die erst in späteren Jahren zu Auszahlungen führen. Gemeint sind hier verbindliche Bestellungen und Auftragserteilungen, die erst im Jahr nach der vertraglichen Verpflichtung zu Investitionsauszahlungen führen. Für solche Rechtsgeschäfte müssen spezielle haushaltsrechtliche Ermächtigungen vorliegen, die in den Teilfinanzplänen veranschlagt werden. Einzelheiten zu den Verpflichtungsermächtigungen werden in Kap. 14 erläutert.

7.4.5 Teilergebnis- und Teilfinanzplan im Sonderproduktbereich 16 „Allgemeine Finanzwirtschaft“

Das Kommunale Finanzmanagement sieht nach § 4 Abs. 1 KomHVO eine Produkt- oder Outputorientierung bei der Darstellung der Teilpläne vor. Es ist allerdings festzustellen, dass diese Produktorientierung sachlich nicht vollständig durchgehalten werden kann, da es insbesondere im Bereich der Einzahlungen und Erträge Positionen gibt, die dem Output oder einem einzelnen Produkt nicht direkt zugerechnet werden können. Steuern sind z. B. Deckungsmittel des Haushalts, die ausdrücklich *nicht* für eine bestimmte Gegenleistung gezahlt werden und daher auch nicht einem Produkt, einer Produktgruppe oder einem Produkt- oder Verantwortungsbereich zugerechnet werden können. Gleiches gilt auch für allgemeine Zuweisungen wie z. B. die Schlüsselzuweisungen des Landes nach dem Gemeindefinanzierungsgesetz oder die Umlagen der Gemeindeverbände.

Auch im Bereich der Aufwendungen und Auszahlungen kommen solche Positionen vor. Beispiele sind die Gewerbesteuerumlagen, die Kreis- oder Landschaftsverbandsumlage der Kommunen. Für solche Positionen in der Ergebnis- oder Finanzrechnung sieht der Produktrahmen einen eigenen Bereich vor, der wie ein Produktbereich behandelt wird. Dieser Produktbereich ist mit der Ziffer 16 gekennzeichnet und wird mit „Allgemeine Finanzwirtschaft“ bezeichnet.

Da insbesondere im Bereich der Steuererträge hier Positionen mit überragendem Gewicht ausgewiesen werden, sieht das betriebswirtschaftliche Konzept des Neuen Kommunalen Finanzmanagements für den Teilergebnisplan im Produktbereich 16 sog. „Davon-Ausweise“ bei

- den Steuern,
- den Erträgen aus Zuweisungen und Zuschüssen,
- den Transferaufwendungen

vor.[162] Mit Hilfe dieser Ausweise können diese Positionen weiter aufgeschlüsselt werden, so dass auch hier die Aussagekraft des Teilplanes erhöht wird. Separat ausgewiesen werden sollten dabei mindestens:

- Grundsteuer A,
- Grundsteuer B,
- Gewerbesteuer,
- Schlüsselzuweisungen,
- allgemeine Umlagen.

Eine Beschränkung der Teilpläne auf die gesetzlich vorgeschriebene Differenzierung lt. § 4 Abs. 3 und 4 i. V. m. §§ 2 f. KomHVO würde den Aussagegehalt des Teilplans für den Produktbereich 16 in nicht akzeptabler Weise reduzieren. Eine entsprechende Klärung in den rechtlichen Regelungen wäre daher angebracht.

Da gem. § 4 Abs. 6 KomHVO grundsätzlich nur die Zeilen auszuweisen sind, in denen sich auch Werte befinden, stellt sich das Muster für den Teilergebnisplan im Produktbereich „Allgemeine Finanzwirtschaft“ bei freiwilliger Differenzierung der wichtigsten Aufwands- und Ertragsarten wie folgt dar:[163]

162 Vgl. Modellprojekt „Doppischer Kommunalhaushalt in NRW“ (Hrsg.), Neues Kommunales Finanzmanagement: Betriebswirtschaftliche Grundlagen für das doppische Haushaltsrecht, 2., vollst. überarb. Aufl. auf der Basis der Endergebnisse des Modellprojektes, Freiburg 2003, S. 307 f. Das Gesetz nimmt diese Forderung jedoch nicht auf.

163 Vgl. Modellprojekt „Doppischer Kommunalhaushalt in NRW“ (Hrsg.), Neues Kommunales Finanzmanagement: Betriebswirtschaftliche Grundlagen für das doppische Haushaltsrecht, 2., vollst. überarb. Aufl. auf der Basis der Endergebnisse des Modellprojektes, Freiburg 2003, S. 308.

		Teilergebnisplan Allgemeine Finanzwirtschaft	Ergebnis 2021	Ansatz 2022	Ansatz 2023	Planung 2024	Planung 2025	Planung 2026
			1	2	3	4	5	6
1		Steuern						
		davon Grundsteuer A						
		davon Grundsteuer B						
		davon Gewerbesteuer						
2	+	Erträge aus Zuweisungen und Zuschüssen						
		davon Schlüsselzuweisungen						
3	+	Sonstige Transfererträge						
7	+	Sonstige ordentliche Erträge						
10	=	**Ordentliche Erträge**						
15	+	Transferaufwendungen						
		davon allgemeine Umlagen						
16	+	Sonstige ordentliche Aufwendungen						
17	=	**Ordentliche Aufwendungen**						

7.4.6 Ziele

Mit dem Übergang des kommunalen Haushalts- und Rechnungswesens auf das Rechnungssystem der kaufmännischen Buchführung wurde im kommunalen Haushaltsrecht der Übergang von der Input- zur Outputsteuerung verbunden. Diese Änderung der Haushaltssteuerung soll einen wesentlichen Beitrag zur Verbesserung der Wirtschaftlichkeit des Verwaltungshandelns leisten. Die Änderung der Steuerung kann allerdings nicht – wie der Wechsel des Rechnungsstoffes – durch technische und systematische Änderungen erreicht werden. Die haushaltsrechtlichen Grundlagen in der GO und in der KomHVO können daher lediglich Hinweise darauf geben, wie eine solche Outputsteuerung erreicht werden kann.

Wichtiger Bestandteil dieser neuen Steuerung ist die Orientierung der Planung und der Bewirtschaftung der Ressourcen an Zielen, die politisch vorgegeben werden.[164] Die Ziele sollten sich bei einer vollständig ausgebauten Outputsteuerung zu einer Zielhierarchie zusammenfassen lassen, d. h. das Erreichen eines Unterziels – z. B. im Bereich eines Produktes – liefert jeweils einen Beitrag zur Erreichung höherrangiger Ziele. Es ist dabei eine wesentliche Aufgabe der Verwaltung, für Zielkongruenz zu sorgen. Insbesondere dürfen zur Vermeidung von Ressourcenverschwendung von der Verwaltung keine widersprüchlichen Ziele verfolgt werden. Gleichzeitig ist mit dem Aufbau einer Zielhierarchie auch der Aufbau eines entsprechenden Controllings zu verbinden.

Das kommunale Haushaltsrecht in NRW nach der GO und KomHVO bietet die Voraussetzungen dafür, eine solche outputorientierte Steuerung vollständig umzusetzen.[165] Es ist allerdings ebenfalls möglich, die Steuerung über Ziele zunächst beschränkt auf die jeweils im Haushalt abgebildete Gliederungsebene einzuüben und erst zu einem späteren Zeitpunkt die Ziele der

164 Vgl. *Buschor*, Internationale Entwicklungen der Verwaltungsrechnungssysteme, in Budäus/Küpper/Streitferdt (Hrsg.), Neues Öffentliches Rechnungswesen, Wiesbaden 2000, S. 30 ff.

165 Es mehren sich allerdings auch kritische Stimmen zur Praxistauglichkeit der angestrebten Steuerung mit Zielen und Kennzahlen. Vgl. z. B. *Jethon*, Das Neue Kommunale Finanzmanagement (NKF) zwischen Ergebnissteuerung und Mikropolitik, Wiesbaden 2017, zugl. Diss., S. 69 ff. m. w. N.

Produktbereiche zu einem Zielsystem zu verbinden. Ein vollständiger Verzicht auf die Formulierung von Zielen ist nach § 4 Abs. 2 KomHVO allerdings nicht möglich. Gleichzeitig ergibt sich allerdings auch keine Verpflichtung dazu, in allen Bereichen des Haushalts flächendeckend Ziele zu formulieren.[166]

Beispiele für produktbezogene Ziele lassen sich den Haushaltsplänen der Kommunen entnehmen:

Der Kreis Gütersloh weist im Haushalt 2022[167] u. a. folgende Ziele aus:

Produkt	Ziel
Informationstechnologien	Bereitstellung einer aktuellen IT-Infrastruktur Durch den zunehmenden Einsatz spezieller Softwareprodukte in den Fachabteilungen (z. B. Geodatenmanagement) steigen die Anforderungen an die zentral bereitgestellte Infrastruktur. Ziel der IT ist es, die vorhandene Infrastruktur (Netzwerk, Server, PCs, Drucker) unter den gegebenen Rahmenbedingungen laufend an die steigenden Anforderungen anzupassen und somit einen reibungslosen Arbeitsablauf zu ermöglichen.
Kommunalaufsicht und Betreuung der Mitgliedschaften	Sicherstellung einer einheitlichen Rechtsanwendung, Verhinderung kommunaler Fehlentscheidungen und -entwicklungen sowie ggf. Wiederherstellung der Rechtmäßigkeit der gemeindlichen Verwaltung
Presse- und Öffentlichkeitsarbeit	Verdeutlichung der Aufgaben, Entscheidungen und Leistungsangebote des Kreises Gütersloh gegenüber der Öffentlichkeit, allgemeine Darstellung des Kreises Gütersloh gegenüber der Öffentlichkeit, Außenwerbung, Dokumentation, interne Information, Stärkung der Identifikation und (Heimat-) Verbundenheit mit dem Kreis Gütersloh (Maßnahmen: Herausgabe und ergänzende Finanzierung des jährlich erscheinenden Kreisheimatjahrbuches und die Herausgabe des Grundschulsachbuchs „Unser Kreis Gütersloh“)
Technisches Gebäudemanagement	Bedarfsgerechte und wirtschaftliche Bereitstellung von Raumressourcen von Verwaltungs- und Schulgebäuden durch Einhaltung des vereinbarten Planungs-, Umsetzungs- und Finanzrahmens (s. auch Teilfinanzplan sowie Teilfinanzpläne in den Produkten „Schulen“). Gleichzeitig werden zur Wertsubstanzerhaltung jährlich Unterhaltungsmaßnahmen in Höhe von 1,2 % des Wiederbeschaffungszeitwertes (KGSt-Richtwert aus dem Kennzahlenvergleich) der Gebäude angestrebt.
Infrastrukturelles Gebäudemanagement	Wirtschaftliches Betreiben und Bewirtschaften der Gebäude und Grundstücke des Kreises.
Rettungsdienst	Weitere Optimierung der rettungsdienstlichen Versorgung der Bevölkerung im Kreis Gütersloh durch Umsetzung des rettungsdienstlichen Bedarfsplans, insbesondere der Festlegungen zur bedarfsgerechten Ausstattung und zur Umsetzung des Notfallsanitätergesetzes.
Fahrzeugzulassungen und Halterpflichten	Die durchschnittliche Wartezeit für Zulassungen liegt jährlich bei maximal 30 Minuten (K056-02).

166 Vgl. hierzu den Erlass des MHKBG vom 28.6.2019 zur Abbildung von Zielen und Kennzahlen zur Zielerreichung.

167 Vgl. die Veröffentlichung des Kreishaushalts unter https://www.kreis-guetersloh.de/unser-kreis/verwaltung/finanzen/haushaltsplan-des-kreises-guetersloh-22// (Abruf: Juli 2022).

Produkt	Ziel
Tiergesundheit	– Verhinderung des Auftretens von Tierseuchen – Verbesserung der Bestandshygiene – Erzeugung von zoonosefreien Lebensmitteln – schnellstmögliche Erkennung und Tilgung einer Seuche – Sicherstellung d. ordnungsgem. Einsatzes von Tierarznei- u. – Futtermitteln zum Schutz von Mensch und Tier
Kinder- und Jugend-gesundheit	Optimale Förderung der Gesundheit und Leistungsfähigkeit von Schulkindern durch Begutachtung und Bearbeitung der Aufträge zum sonderpädagogischen Förderbedarf innerhalb von 2 Monaten nach Auftragseingang (sh. K199-02).
Trink- und Badewasser-überwachung	Gesundheits- und Verbraucherschutz vor mikrobiologischen und chemischen Risiken und damit Sicherstellung der Unbedenklichkeit von Wasser für den menschlichen Gebrauch. Verbesserung der Trinkwasserqualität im Kreisgebiet, z. B. durch Gefährdungsabschätzung nach regelmäßiger risikoadaptierter Besichtigung von Einzelwasserversorgungsanlagen, Eigenversorgungsanlagen und sonstigen Trinkwasserversorgungsanlagen (K205-01). Erstellung eines jährlichen Berichtes über die Schadstoffbelastung für den Gesundheitsausschuss.
Erich-Kästner-Schule Harsewinkel	1. Bereitstellung der notwendigen Schulräume und Sportanlagen 2. Bereitstellung der notwendigen finanziellen und personellen Ressourcen 3. Ausstattung entsprechend des Medienentwicklungsplanes von 2017 4. Überlassung von Räumen und Sportanlagen gemeinnützigen Vereinen usw. (Drittnutzung)

Ziele sollten grundsätzlich so formuliert werden, dass sich ihre Erreichung (bzw. ihre Nichterreichung) feststellen lässt. Andernfalls kann sich auch das Verhalten der Mitarbeiter in der Verwaltung nicht an den Zielen ausrichten. Eine schlichte Aufzählung der (geplanten) Aktivitäten oder Leistungen geht an der Intention eines Produkthaushalts grundsätzlich vorbei und verspricht keinerlei Steuerungsvorteil.

Die Überwachung der Ziele erfolgt in der Regel über Messgrößen wie Kennzahlen oder Indikatoren. Die Darstellung dieser Hilfsgrößen ist nach § 4 Abs. 2 KomHVO Bestandteil der Teilpläne im Haushaltsplan.

7.4.7 Kennzahlen und Indikatoren

Im Gegensatz zur Privatwirtschaft sind viele Ziele in der öffentlichen Verwaltung nicht allein mit monetären Größen wie Gewinn, Umsatz o. ä. zu messen. Die Ziele, die politisch gesetzt sind, sollten gleichwohl überwacht werden können, wenn ein wirtschaftlicher Mitteleinsatz zur Zielerreichung gewährleistet werden soll. Zur Konkretisierung der Zielsetzung und zur Überwachung der Zielerreichung ist der Einsatz von geeigneten Messgrößen erforderlich. Dabei sollten vorrangig Messgrößen eingesetzt werden, die direkt Auskunft über die Erreichung eines Ziels Auskunft geben. Solche Messgrößen, die als absolute oder relative Zahlen Verwendung finden, werden im Weiteren als „Kennzahlen" bezeichnet. Messgrößen, die die Zielerreichung nicht direkt dokumentieren können, sondern lediglich einen Hinweis auf die Zielerreichung geben können, weil sie in Korrelation mit dem Ziel stehen und daher als Hilfsgröße für die Messung von Zielen geeignet erscheinen, werden als „Indikatoren" bezeichnet.[168] Solche Indikatoren wer-

168 Vgl. u. a. *Corsten*, Lexikon der Betriebswirtschaftslehre, 2. Aufl., München 1993, S. 324 u. 423.

den immer dann eingesetzt, wenn die Zielformulierung eine unmittelbare Messung der Zielerreichung nicht zulässt. In Abhängigkeit von dem ausgewählten Ziel kann dieselbe Messgröße eine Kennzahl oder ein Indikator sein.

Beispiel:
Ist ein kommunales Ziel, eine Gewährleistung der Übermittagbetreuung bis 15.00 Uhr an allen städtischen Grundschulen, so kann dieses Ziel direkt gemessen werden. Der Anteil der Grundschulen, der eine Übermittagbetreuung gewährleistet, kann als v. H.-Wert ausgewiesen werden. Der Zielwert ist 100 v. H. und stellt bezogen auf das definierte Ziel eine Kennzahl dar.

Ist das kommunale Ziel die Verbesserung der Vereinbarkeit von Familie und Beruf, stellt der Anteil der Grundschulen, die Übermittagbetreuung gewährleisten, lediglich einen Indikator für die Erreichung dieses Ziels dar. Gleichzeitig weist dieser Indikator darauf hin, mit welchem Mittel das Ziel erreicht werden soll. Der Indikator kann allerdings die Zielerreichung nicht vollständig abbilden.

Im Haushaltsplan ist die Abbildung von nicht monetären Messgrößen nach § 4 Abs. 2 KomHVO ausdrücklich vorgesehen. Es besteht allerdings keine Verpflichtung, zu ausnahmslos allen Produkten des kommunalen Haushalts, Ziele und Kennzahlen zur Zielerreichung abzubilden.[169] Entscheidet sich die Kommune dazu, bei einem Produkt ein Ziel zu formulieren und dies mit Hilfe von Kennzahlen zu überwachen, kann sich die Abbildung der Kennzahlen zur Zielerreichung zum einen auf die Konkretisierung der Zielsetzung beziehen. In diesem Fall sind für die ausgewählten Ziele geeignete Messgrößen (Kennzahlen oder Indikatoren) auszuwählen, mit deren Hilfe die Zielerreichung messbar (operational) gemacht werden kann. Zum anderen können aber auch weitere Leistungsmerkmale des Produktbereichs bzw. der Produktgruppe im Haushaltsplan abgebildet werden, soweit diese Leistungsmerkmale zur Beurteilung des betroffenen Bereichs einen Beitrag liefern können. So kann z. B. ein Personalschlüssel (MA je Besucher), eine Investitionsmesszahl (Neuerwerbungen p. a.) oder eine andere Leistungsmesszahl (z. B. Öffnungsstunden p. a.) einen Hinweis auf die Leistungsfähigkeit einer Einrichtung geben, auch wenn diese Zahlen nicht in direktem Bezug zu den im Haushaltsplan ausgewiesenen Zielen der Einrichtung stehen.

Rechtlich sind der Darstellung von Informationen hier keine Grenzen gesetzt. Praktisch sollte sich der Ausweis auf die wichtigsten Informationen beschränken, um eine tatsächliche Verwertung der ausgewiesenen Informationen zu Zwecken der Steuerung überhaupt zu ermöglichen. Unter diesem Blickwinkel ist sicherlich auch die Entwicklungen des Einsatzes der Balanced Scorecard im Bereich der Öffentlichen Verwaltung zu beobachten.[170] Mit dem Einsatz der Balanced Scorecard wird versucht, ein übersichtliches und ausgewogenes Kennzahlenset gezielt für die strategische Unternehmenssteuerung einzusetzen. Dieser Ansatz scheint auch für den Einsatz in der Kommunalverwaltung und speziell in Verbindung mit dem Neuen Kommunalen Finanzmanagement eine geeignete Grundlage zur Weiterentwicklung der Haushaltspläne zu strategischen Steuerungsinstrumenten zu sein.

169 Vgl. hierzu den Erlass des MHKBG vom 28.6.2019 zur Abbildung von Zielen und Kennzahlen zur Zielerreichung.

170 Vgl. u. a. *Zimmermann/Jöhnk*, Die Balanced Scorecard – ein Instrument zur Steuerung öffentlich-rechtlicher Kreditinstitute, in Budäus/Küpper/Streitferdt (Hrsg.), Neues Öffentliches Rechnungswesen, Wiesbaden, 2000, S. 631 ff. und *Seidel*, Die Balanced Scorecard als Instrument kommunaler strategischer Steuerung, Diplomarbeit an der Fakultät für Raumplanung der Universität Dortmund 2002.

Die Abbildungsform der Kennzahlen und Indikatoren in den kommunalen Haushaltsplänen steht im Ermessen der einzelnen Kommunen. Dies bezieht sich sowohl auf die Zeiträume, für die Daten abgebildet werden, als auch auf die Frage, ob für die Abbildung grafische Hilfsmittel, wie Diagramme o. ä. genutzt werden sollen. Der Gesetzgeber macht hier keine verbindlichen Vorgaben.

7.4.8 Auszug aus dem Stellenplan

Die Stellenübersicht stellt eine Anlage zum Stellenplan dar, der wiederum eine Pflichtanlage des Haushaltsplanes ist. Die Stellenübersicht bildet die vorgesehene Aufteilung der Stellen auf die Produktbereiche des Haushalts ab. Diese Abbildung ist allerdings als Anlage des Stellenplans nach § 8 Abs. 3 Nr. 1 KomHVO nur dann erforderlich, wenn eine unmittelbare Abbildung der Stellen in den Teilplänen des Haushalts nicht vorgenommen wurde.[171]

Nach § 74 Abs. 2 GO ist der Stellenplan einzuhalten; die Gemeinden sind bei Stellenbesetzungen und Beförderungen an den erlassenen und genehmigten Plan gebunden. Der Inhalt des Stellenplans wird durch § 8 KomHVO und die Muster in den Anlagen 11 und 12 VV Muster zur GO und KomHVO festgelegt. Die Stellenübersicht orientiert sich danach an den verbindlichen Produktbereichen des Produktrahmens, die auch die Grundlage der Haushaltsgliederung bildet.

Der Ausweis der vorgesehenen Stellen für den weiteren Planungszeitraum kann nach den vorliegenden Grundlagen nur zusätzlich und nachrichtlich erfolgen, da sich der Stellenplan nach den beamtenrechtlichen Bestimmungen nur auf das nächste Haushaltsjahr bezieht.

Weil nicht das gesamte Personal der Kommunalverwaltung in der Stellenübersicht des Stellenplans geführt wird, sollte bei einer Abbildung der Stellenübersicht in den Teilplänen auch ein Hinweis darauf gegeben werden, in welchem Umfang solches Personal (z. B. Beamte in der Probezeit bzw. in der Ausbildung) in dem jeweiligen Bereich eingesetzt wird. Dies kann ggf. auch dadurch erfolgen, dass die hierfür eingesetzten zusätzlichen Finanzmittel (in €) in dieser Übersicht dargestellt werden.

7.5 Praktische Beispiele und Übungen

Sachverhalt

Der Kämmerer der Gemeinde G bereitet das Haushalts- und Rechnungswesen für den neuen VHS-Zweckverband vor, der ab dem folgenden Jahr die Volkshochschulen von fünf Gemeinden zusammenführen soll. Nach § 18 Abs. 1 GkG finden für die Haushaltswirtschaft des Zweckverbandes die Vorschriften für die Gemeinden sinngemäß Anwendung. In dem Gründungsprojekt müssen auch die Inhalte und das Layout der Teilpläne des neuen Haushalts festgelegt werden. Bevor die Erarbeitung der Teilpläne in dem Projekt beginnt, gibt der Kämmerer Ihnen als Projektleiter folgende Vorgaben, die einzuhalten sind:

1. Für den Zweckverband sei die Abbildung der vorgegebenen Produktbereiche im Haushalt zu grob. Es sollen stattdessen Teilpläne für Einheiten abgebildet werden, die den Produktgruppen oder Produkten im Produktrahmen entsprechen.

171 Weitergehende Informationen sind den einschlägigen Lehrbüchern zum Öffentlichen Dienstrecht zu entnehmen, z. B. *Gunkel/Hoffmann*, Beamtenrecht in Nordrhein-Westfalen, 7. Aufl., Witten 2016.

2. Bei den Teilergebnisplänen sollen die Personalaufwendungen und die Aufwendungen für Sach- und Dienstleistungen weiter unterteilt werden. Hierzu sollen mit Hilfe von „Davon-Ausweisen" die Aufwendungen für die Bildung von Pensionsrückstellungen, die Beihilfeaufwendungen und die Instandhaltungsaufwendungen dargestellt werden.
3. Da es sich bei den Finanzerträgen und den Zinsen und ähnlichen Aufwendungen um ordentliche Erträge und Aufwendungen handelt, sollen diese oberhalb des Ergebnisses der laufenden Verwaltungstätigkeit abgebildet werden. Auf eine separate Abbildung des Finanzergebnisses soll bei den Teilplänen verzichtet werden.
4. Um eine Einheitlichkeit zu erhalten, sollen die Teilfinanzpläne genauso aufgebaut werden wie der Gesamtfinanzplan. Da in diesem Fall alle Zahlungen abgebildet werden, erfolgt kein zusätzlicher Ausweis der nicht ergebniswirksamen Zahlungen aus laufender Verwaltungstätigkeit.
5. Bei der Übersicht über die Investitionsmaßnahmen soll zusätzlich eine Spalte „Spätere Jahre" eingefügt werden, in der die Beträge ausgewiesen werden, die ggf. noch nach dem beplanten Zeitraum (Haushaltsjahr + 3) vorgesehen sind.
6. Ziele sollen nur auf der untersten im Haushalt abgebildeten Gliederungsebene ausgewiesen werden. Auf der Produktbereichsebene werden keine Ziele abgebildet.
7. Kennzahlen und Indikatoren sollen für den gesamten Zeitraum abgebildet werden, für den auch die Finanz- und Ergebnisplanung erfolgt.
8. Ein Auszug aus dem Stellenplan des Zweckverbands für die jeweiligen Gliederungseinheiten des Haushalts soll nur im Überblick, d. h. nach Laufbahnen getrennt abgebildet werden. Dabei sollen auch nur das Haushaltsjahr und die beiden vorangegangenen Jahre berücksichtigt werden.
9. Für die Teilbereiche des Haushaltsplans sollen jeweils vollständige „Teilbilanzen" als Planbilanzen vorgelegt werden.

Aufgabe:
Prüfen Sie die Vorgaben darauf, ob sie so umgesetzt werden dürfen oder ob sie gegen die Vorschriften für das Haushaltswesen der Gemeinden verstoßen.

Lösung:
1. Nach § 4 Abs. 1 u. 2 KomHVO und Anlage 6 VV Muster zur GO und KomHVO stellen die Produktbereiche des Produktrahmens lediglich die Mindestgliederung des Haushalts dar. Eine vom Kämmerer vorgesehene tiefere Untergliederung des Haushaltsplanes für den Zweckverband steht dem grundsätzlich nicht entgegen. Dabei sind allerdings zwei wichtige Voraussetzungen zu beachten: Zum einen ist es erforderlich, dass die tieferen Gliederungseinheiten (z. B. Produktgruppen), die im Haushalts abgebildet werden, sich immer vollständig einem verbindlichen Produktbereich des Produktrahmens zuordnen lassen. Des Weiteren ist die Abbildung der Summen von Erträgen, Aufwendungen, Einzahlungen und Auszahlungen für die verbindlichen Produktbereiche gem. § 4 Abs. 2 Nr. 2 u. 3 KomHVO zusätzlich erforderlich.
2. Die Muster und Vorgaben für die (Teil-) Ergebnis- und Finanzpläne (§ 4 KomHVO und Anlagen 7, 8, 9) geben jeweils nur die Mindestanforderungen wieder. Der Abbildung von zusätzlichen Informationen steht grundsätzlich nichts entgegen. Es ist allerdings darauf zu achten, dass dadurch die vorgesehenen Mindestinformationen weiterhin eindeutig erkennbar bleiben und die Haushaltspläne nicht durch eine Anhäufung von Detailinformationen in einer Weise überladen werden, dass dies der Transparenz abträglich ist.
3. Der Kämmerer hat zu Recht festgestellt, dass es sich bei den Finanzerträgen und bei den Zinsen und ähnlichen Aufwendungen um ordentliche Erträge und Aufwendungen handelt.

§ 2 Abs. 1 KomHVO sieht allerdings verbindlich einen separaten Ausweis dieser Erträge und Aufwendungen und ergänzend dazu im § 2 Abs. 2 Nr. 2 KomHVO die Darstellung eines „Finanzergebnisses" vor. Auch wenn dieses Finanzergebnis für die meisten Produktbereiche nur einen geringen Aussagegehalt haben wird, handelt es sich um eine verbindliche Vorgabe, auf die sich der Zweckverband einstellen muss. Als Projektleiter müssen Sie Ihren Kämmerer darauf hinweisen.

4. Aufbau und Inhalt von Finanzplan und Teilfinanzplan unterscheiden sich nach §§ 3 und 4 KomHVO. Diese Unterscheidung wurde bewusst gewählt, da beide Planwerke unterschiedliche Ziele verfolgen. Während der Finanzplan eine Darstellung des gesamten Geldverbrauchs und Geldaufkommens und damit für den gesamten Zweckverband wichtige Informationen wie den Kreditbedarf, Cash-Flows und die Entwicklung der Kassenlage liefert, ist die Zielrichtung der Teilfinanzpläne insbesondere die Darstellung der Investitionstätigkeit auf der abgebildeten Gliederungsebene des Haushalts. Diese Informationen spielen bei der Haushaltsplanberatung eine ganz entscheidende Rolle. § 4 Abs. 4 KomHVO sieht daher in den Teilplänen keine zwingende Abbildung der Einzahlungen und der Auszahlungen aus laufender Verwaltungstätigkeit vor. Eine vollständige und zahlungsartenscharfe Abbildung (wie im Finanzplan) ist allerdings gem. § 4 Abs. 4 Satz 1 KomHVO ausdrücklich zulässig.
5. Bei langfristigen Investitionsmaßnahmen kann es durchaus vorkommen, dass nicht alle zu erwartenden Ein- und Auszahlungen in dem Zeitraum vorgesehen sind, der im Haushaltsplan abgebildet wird. Da sich in diesem Fall die Spalte „Investitionssumme" nicht rechnerisch aus den übrigen Spalten ermitteln lässt, macht eine Spalte zur Abbildung der fehlenden Zahlungen in späteren Jahren durchaus Sinn. Diese Spalte ist allerdings in § 4 Abs. 4 KomHVO und den Anlagen 10 A und B der VV Muster zur GO und KomHVO nicht vorgesehen. Da es sich bei der zusätzlichen Einstellung einer solchen Spalte jedoch um eine Ausweitung der Informationen des Haushalts handelt, die zudem noch dazu geeignet ist, die Transparenz der Planung zu verbessern, ist einer solchen Abbildung sicher nichts entgegenzuhalten.
6. Die Abbildung vollständiger Teilpläne auf der nach dem Produktrahmen verbindlichen Gliederungsebene des Haushalts (Produktbereiche) ist gem. § 4 Abs. 2 Nr. 2 u. 3 KomHVO nicht erforderlich, wenn für die Aufstellung der Teilpläne eine niedrigere Gliederungsebene (z. B. Produktgruppen) gewählt wird. Insbesondere ist es nicht verpflichtend, auf der verbindlichen Ebene zusätzliche Ziele und Kennzahlen abzubilden. Langfristig macht der Aufbau einer Zielhierarchie, die dann möglicherweise der Struktur des kommunalspezifischen Produktplans entspricht, durchaus Sinn. Als Projektleiter sollten Sie daher den Kämmerer darauf hinweisen, dass es durchaus sinnvoll erscheint, sich zumindest softwaretechnisch die Option zum späteren Einfügen von produktbereichsbezogenen Zielen offenzuhalten.
7. Wenn eine outputorientierte Planung erstellt werden soll, ist es unumgänglich, dass die Planungszeiträume für den Output und den Input einander entsprechen. Es erscheint daher selbstverständlich, dass die Planung der Kennzahlen und Indikatoren sich nicht nur auf das Haushaltsplanjahr beschränkt. In jedem Fall wird durch die Abbildung dieser Kennzahlen für die späteren Jahre der Informationsgehalt des Haushalts in keiner Weise eingeschränkt, so dass eine Abbildung unbedenklich erscheint.
8. Die Abbildung der Informationen der Stellenübersicht in den Teilplänen des Haushalts ist lediglich ein Vorschlag zur Gestaltung der Teilpläne. Eine Verpflichtung der Kommunen, die Stellenübersicht vollständig in die Teilpläne des Haushalts zu übernehmen, gibt es nicht. Die Vorgabe des Kämmerers kann daher ohne Schwierigkeiten Berücksichtigung finden. Allerdings ist zu beachten, dass alle für den Stellenplan verpflichtenden Angaben entweder in den Teilplänen des Haushalts oder im separaten Stellenplan abgebildet werden müssen. Werden daher in den Teilplänen des Haushalts die Stellen nur nach Laufbahnen abgebildet, muss gem.

§ 8 Abs. 2 KomHVO zusätzlich noch eine Abbildung im Stellenplan erfolgen, aus der eine vergütungs- bzw. besoldungsgruppenscharfe Zuordnung der Stellen zu den Produktbereichen hervorgeht. Die Beschränkung der Abbildung der Stellen auf die vorangegangenen Jahre und das Haushaltsjahr erscheint im Hinblick auf eine Stärkung der mittelfristigen Planung nicht zielführend. Gleichzeitig ist aber festzustellen, dass eine darüber hinausgehende Planung der Stellen rechtlich nicht vorgeschrieben ist. Als Projektleiter sollte man darauf achten, dass eine spätere Ergänzung der mittelfristigen Daten für die Stellenplanung in den Teilplänen technisch ermöglicht wird.

9. Der Vorschlag des Kämmerers führt in zweifacher Weise zu einer Ergänzung der vorgeschriebenen Elemente des Haushaltsplans. Zum einen soll neben die Ergebnis- und Finanzplanung eine Bilanzplanung gestellt werden. Weiterhin soll diese Planbilanz nicht nur auf der gesamtstädtischen Ebene (wie für den Jahresabschluss vorgesehen), sondern zusätzlich auf der jeweiligen Gliederungsebene des Haushalts (Geschäftsbereichsbilanzen oder Teilbilanzen) aufgestellt werden. Durch diese Ergänzungen des Haushaltsplans soll der Informationsgehalt des Haushalts und damit seine Steuerungs- und Überwachungsfunktion verbessert werden. Gegen eine solche Ergänzung ist aus haushaltsrechtlicher Sicht nichts einzuwenden. Festzuhalten bleibt allerdings, dass den Positionen der Planbilanzen rechtlich keine Relevanz zukommt, da sie keine haushaltsrechtlichen Ermächtigungen darstellen können. Dies ist allein dadurch ausgeschlossen, dass es sich bei Bilanzwerten immer um eine Stichtagsbetrachtung und nicht um eine Zeitraumbetrachtung handelt. Weiterhin ist festzustellen, dass die Erstellung einer Planbilanz weitgehend dadurch erfolgt, dass die Daten der Ergebnis- und Finanzplanung im Hinblick auf ihre bilanziellen Auswirkungen analysiert und nach Bilanzpositionen zu einer Bewegungsbilanz[172] zusammengefasst werden. Die Planbilanz stellt damit weitgehend eine aus den anderen Planungsobjekten abgeleitete Planung dar.

172 Vgl. z. B. *Schrader*, Die Kapitalflussrechnung als Abbildung der Finanzlage, Frankfurt 1999, S.72 ff.

8. Die Anlagen zum Haushaltsplan

8.1 Einführung

Dem Haushaltsplan sind verschiedene Anlagen beizufügen. Durch diese Pflichtanlagen soll die Entwicklung einer Gemeinde umfassend und aus unterschiedlichen Perspektiven dargestellt werden. Zusätzlich sollen in verständlicher Form Informationen gegeben werden, die der Haushaltsplan allein nicht vermitteln kann.

In § 1 Abs. 2 Nrn. 1 bis 10 KomHVO sind die Pflichtanlagen aufgeführt. Vorbericht und Stellenplan werden in §§ 7 und 8 KomHVO ausdrücklich näher erläutert. Insgesamt sind folgende Anlagen zum Haushaltsplan vorgesehen:

Pflichtanlagen zum Haushaltsplan

- **Vorbericht**
- **Stellenplan**
- **Haushaltsquerschnitt**
- **Übersicht über den voraussichtlichen Stand der Verbindlichkeiten**
- **Übersicht über die Entwicklung des Eigenkapitals**
- **Übersicht über die Verpflichtungsermächtigungen**
- **Ergebnisrechnung, Finanzrechnung und Bilanz des Vorvorjahres**
- **Wirtschaftspläne und Jahresabschlüsse der Sondervermögen**
- **Wirtschaftspläne und Jahresabschlüsse der Beteiligungen**
- **Übersichten mit bezirksbezogenen Haushaltsangaben (in kreisfreien Städten)**

8.2 Vorbericht

Der Vorbericht ist für die Beurteilung der Ergebnis-, Vermögens- und Finanzlage der Gemeinde für die Gemeindevertretung (Rat), interessierte Einwohner und Abgabepflichtige sowie für die Aufsichtsbehörde von entscheidender Bedeutung.

Er wird auf der Grundlage des Haushaltsplans und der anderen Anlagen zum Haushaltsplan erstellt und gibt einen Gesamtüberblick über die wichtigsten Eckpunkte des Haushaltsplans (§ 7 Abs. 1 KomHVO). Darüber hinaus sind auch die Zielsetzungen der Planung für das Haushaltsjahr und die mittelfristige Planung sowie die Rahmenbedingungen dieser Planung zu erläutern. Der Vorbericht stellt also nicht nur eine Bewertung der Leistungsfähigkeit der Gemeinde im Haushaltsjahr dar, sondern gibt insbesondere Hinweise auf die zukünftigen Gestaltungsmöglichkeiten der gemeindlichen Haushaltswirtschaft.

Der Vorbericht soll dem Leser einen Überblick über die Inhalte des Haushaltsplans geben. Hierzu bietet es sich an, von der Möglichkeit tabellarischer und grafischer Darstellungen Gebrauch zu machen. Allerdings entspricht allein die Zusammenstellung von Zahlen ohne entsprechende verbale Erläuterungen und Bewertungen den Ansprüchen eines Vorberichtes nicht.

Aus seiner Bedeutung für die Beurteilung der Haushaltswirtschaft ergibt sich, dass er schriftlich vorzulegen ist. Als Anlage zum Haushaltsplan muss er mit diesem für die Öffentlichkeit ausgelegt und der Aufsichtsbehörde angezeigt werden.

Mit der Einführung der KomHVO im Jahr 2019 hat der Verordnungsgeber im § 7 Abs. 2 KomHVO zahlreiche Mindestinhalte des Vorberichts detailliert vorgegeben. Diese detaillierte inhaltliche Bestimmung des Vorberichts ist nach Auffassung der Autoren eine unnötige Einschränkung der kommunalen Gestaltungshoheit im Haushalts- und Rechnungswesen. Soweit im Einzelfall ein Vorbericht den Anforderungen des Absatzes 1 nicht gerecht würde, wäre es sicher eher angebracht, dass die Aufsichtsbehörde Einfluss nimmt.

Mindestinhalt des Vorberichts sind nach § 7 Abs. 2 KomHVO:

- **Wesentliche Ziele und Strategien der Kommune und ihre Veränderungen gegenüber dem Vorjahr (Nr. 1)**
  Der Vorbericht setzt, wie der Haushaltsplan, bei den inhaltlichen Schwerpunkten der aktuellen und künftigen Arbeit der Kommunalverwaltung an. Lang- und mittelfristige Ziele und Strategien bilden den Ausgangspunkt jeder sinnvollen Finanz- und Ergebnisplanung. Insbesondere bei Änderung der politischen Mehrheiten in den Vertretungskörperschaften können sich hier erhebliche Veränderungen ergeben. Fraglich erscheint hier, ob eine Erläuterung solcher politischer Kurswechsel im Vorbericht des Haushaltsplans angebracht ist.
- **Aktuelle und zukünftige Entwicklung der wesentlichen Erträge, Aufwendungen, Einzahlungen, Auszahlungen, des Vermögens, der Verbindlichkeiten, der Zinsbelastungen sowie der Verpflichtungen aus Bürgschaften, Gewährverträgen und ihnen wirtschaftlich gleichkommenden Rechtsgeschäften (Nr. 2)**
  Festzustellen ist, dass Nr. 2 der Aufzählung im § 7 Abs. 2 KomHVO faktisch eine Tautologie zu § 7 Abs. 1 Satz 1 KomHVO darstellt. Hier heißt es: *„Der Vorbericht soll einen Überblick über die Eckpunkte des Haushaltsplans geben."* Der Verordnungsgeber hat nun den Begriff „Haushaltsplan" durch die ihn bestimmenden Inhalte und Anlagen nach § 1 KomHVO ersetzt. Praktisch sollte hierfür eine verbale Erläuterung der entsprechenden Pflichtanlagen zum Haushaltsplan (§ 1 Abs. 2 KomHVO), hier insbesondere des Haushaltsquerschnitts (Nr. 3), der Übersicht über die Verbindlichkeiten (Nr. 4) sowie der Ergebnis-, Finanzrechnung und Bilanz des Vorvorjahres (Nr. 7) diese Vorgabe erfüllen.
- **Aktuelle und zukünftige Entwicklung des Eigenkapitals und Zusammenhang zur Entwicklung des Deckungsbedarfs im Finanzplan (Nr. 3)**
  Auch die Entwicklung des Eigenkapitals ist Inhalt einer Pflichtanlage des Haushaltsplans (§ 1 Abs. 2 Nr. 5 KomHVO). Im Vorbericht wird verpflichtend eine verbale Erläuterung dieser Pflichtanlage gefordert. Hier ist eine Überschneidung mit der Erläuterung der wesentlichen Erträge und Aufwendungen nicht zu vermeiden, da die Entwicklung des Eigenkapitals sich zwingend daraus ergibt. Die Forderung des Verordnungsgebers, einen Zusammenhang der Eigenkapitalentwicklung zur Entwicklung des Deckungsbedarfs des Finanzplans darzustellen, erscheint auf der Grundlage der Logik des Rechnungssystems fragwürdig. So kann der zusätzliche Finanzbedarf, der sich aus gestiegenen rechtlichen Anforderungen an den Brandschutz oder die Kinderbetreuung ergibt, kaum mit der Eigenkapitalentwicklung in einen kausalen Zusammenhang gebracht werden. Auch Investitionsentscheidungen des Gemeinderates, die zu steigendem Deckungsbedarf im Finanzplan führen, stehen in keinem logischen Zusammenhang zur Entwicklung des Eigenkapitals. Bis es dem Verordnungsgeber gelingt, aufzuklären, welcher Zusammenhang hier gemeint ist, sollte die ohnehin unter Nr. 1 geforderte Erläuterung der wesentlichen Ein- und Auszahlungen des Finanzplans und deren Entwicklung auch für diesen Teil der geforderten Erläuterung aus Nr. 3 ausreichen.
- **Wesentliche Investitionen, Instandsetzungen und Erhaltungsmaßnahmen und deren Auswirkungen auf die folgenden Jahre (Nr. 4)**
  Die hier aufgeführten Positionen sollten bereits vollständig unter Nr. 2 („wesentliche Erträge, Aufwendungen, Einzahlungen und Auszahlungen") erläutert worden sein. Eine doppelte Berücksichtigung im Vorbericht macht hinsichtlich der Lesbarkeit keinen Sinn. Insbesondere bei großen Investitionen sollte die Gemeinde darauf achten, dass bei der Erläuterung der

entsprechenden Auszahlungen auch die Auswirkungen auf die folgenden Jahre berücksichtigt werden.

- **Entwicklung der Cash-Flows aus laufender Verwaltungstätigkeit und aus Finanzierungstätigkeit und Entwicklung der Kredite zur Liquiditätssicherung (Nr. 5)**
  Zu erläutern sind die entsprechenden Salden, die sich im Finanzplan ablesen lassen. Eine nähere Erläuterung des Zustandekommens der unterschiedlichen Cash-Flows kann nur durch eine Darstellung der Entwicklung der wesentlichen Ein- und Auszahlungen aus laufender Verwaltungstätigkeit und aus Finanzierungstätigkeit erfolgen. Die entsprechende Erläuterung ist bereits in Nr. 2 enthalten. Eine nochmalige Erläuterung sollte vermieden werden. Dass der Verordnungsgeber hier die Entwicklung der Kredite zur Liquiditätssicherung und einen möglichen Abbauplan erwähnt, verdeutlicht, dass er bereits von einer zweckfremden Verwendung dieser Kreditform ausgeht. Grundsätzlich sollten Kredite zur Liquiditätssicherung in keinem Zusammenhang zu den o. a. Cash-Flows stehen und sich lediglich aus kurzfristigen Finanzierungsengpässen ergeben. Kommunen, die Kredite zur mittel- oder langfristigen Finanzierung der laufenden Aufgabenerfüllung verwenden, sollten dies an dieser Stelle erläutern und nach Möglichkeit auch darstellen, wie diese nicht nachhaltige Form der Haushaltsfinanzierung beendet werden kann.
- **Verwirklichung der Maßnahmen aus dem Haushaltssicherungskonzept im Haushaltsplan und Auswirkungen auf die zukünftige Ertrags-, Finanz- und Vermögenslage (Nr. 6)**
  Da das Haushaltssicherungskonzept nach § 1 Abs. 1 Nr. 4 KomHVO Bestandteil des Haushaltsplans ist, wenn es erstellt werden muss, sind auch im Vorbericht entsprechende Erläuterungen vorzunehmen. Entgegen dem Wortlaut dieser Vorschrift sollten sich die Erläuterungen auf wesentliche Maßnahmen beschränken. Dies ergibt sich auch aus § 7 Abs. 1 Satz 1 KomHVO, der ausdrücklich auf den Überblick über die „Eckpunkte" des Haushaltsplans abstellt. Für eine Information über die Details steht dem interessierten Leser das Haushaltssicherungskonzept selbst zur Verfügung.
- **Wesentliche haushaltswirtschaftliche Belastungen insbesondere aus Verlustabdeckungen, Umlagen, Straßenentwässerungskostenanteilen, Übernahme von Bürgschaften und anderen Sicherheiten sowie aus Sondervermögen, Beteiligungen und interkommunaler Zusammenarbeit (Nr. 7)**
  Die hier genannten wesentlichen haushaltswirtschaftlichen Belastungen führen, wenn sie sich ergeben oder zu erwarten sind, zwangsläufig zu wesentlichen Aufwendungen oder Auszahlungen zumindest in der mittelfristigen Planung und sind daher bereits in der Erläuterungspflicht nach Nr. 2 enthalten. Eine doppelte Berücksichtigung im Vorbericht macht hinsichtlich der Lesbarkeit keinen Sinn.

Zusammenfassend lässt sich feststellen, dass der Inhaltskatalog des § 7 Abs. 2 KomHVO in sich nicht schlüssig erscheint und an vielen Stellen Überschneidungen beinhaltet, die zu einer unnötigen Aufblähung des Vorberichts führen könnten. Ein guter Vorbericht enthielt auch bisher schon die im Absatz 2 geforderten Inhalte. Eine Umgestaltung ist daher sicher in den meisten Fällen nicht erforderlich. Es kann davon ausgegangen werden, dass die Verwaltungen vor Ort das beste Gespür dafür haben, welche Informationsbedürfnisse bei den Ratsmitgliedern und bei den interessierten Bürgern besteht.

8.3 Stellenplan

Der Stellenplan findet seinen Ursprung im öffentlichen Dienstrecht. Bei seiner Aufstellung sind die besoldungs- und tarifrechtlichen Vorschriften zu beachten. Er ist die Grundlage für die Personalwirtschaft der Gemeinde und enthält:

- die Zahl der Mitarbeiter,
- die Zuordnung der Mitarbeiter zu den Besoldungs- und Tarifgruppen und
- die Aufteilung der Mitarbeiter auf die einzelnen Produktbereiche im Rahmen der Stellenübersicht.

Die Verpflichtung der Gemeinde, einen Stellenplan aufzustellen, ergibt sich aus dem Besoldungsrecht. Zuständig für den Erlass der Stellenpläne ist gemäß § 41 Abs. 1 Buchst. h GO der Rat, sodass auch jede Änderung des Stellenplans nur durch Ratsbeschluss möglich ist.[173] Diese Änderungen sind der Aufsichtsbehörde mitzuteilen. Die Genehmigungspflicht des Stellenplans ergibt sich aus den Rechtsnormen des öffentlichen Dienstrechtes. Für das Haushaltsrecht von Belang ist, dass er als Anlage des Haushaltsplans (§ 79 Abs. 2 GO) gemäß § 80 Abs. 5 GO der Aufsichtsbehörde anzuzeigen ist. Nach § 74 Abs. 2 GO ist der Stellenplan einzuhalten; die Gemeinden sind bei Stellenbesetzungen und Beförderungen an den erlassenen und genehmigten Plan gebunden. Inhalt und Aufbau des Stellenplanes und seiner Anlage ist durch § 8 KomHVO i. V. m. VV Muster zur GO und KomHVO festgelegt.

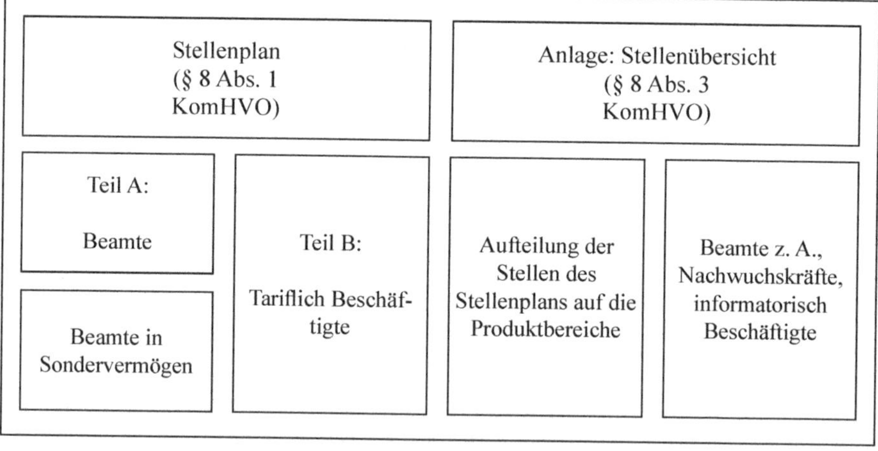

Zusammenfassend ist festzustellen, dass dem Stellenplan als Anlage zum Haushaltsplan große Bedeutung zukommt, da er die Berechnungsgrundlage für die Personalaufwendungen darstellt, die einen erheblichen Teil der Gesamtaufwendungen ausmachen.

173 So auch Gemeindeprüfungsanstalt Nordrhein-Westfalen (GPA NRW), *Rettler/Kummer/Heß/Kapp/ Diebel/Ehrbar-Wulfen/Brennenstuhl/Rothermel*, Kommentar zu § 1 KomHVO, Loseblatt, Wiesbaden 9/2019, S. 4.

8.4 Haushaltsquerschnitt

Einen schnellen und vollständigen Überblick über den Haushaltsplan soll der Haushaltsquerschnitt liefern. Auch wenn es sich hier faktisch um eine wiederholende Darstellung einer im Haushaltsplan ohnehin verpflichtenden Abbildung nach § 4 Abs. 2 Satz 2 und Abs. 3 Satz 2 KomHVO handelt, ist entsprechend Anlage 3 VV Muster zur GO und KomHVO eine weitere Anlage zu erstellen.

Sowohl aus § 1 Abs. 2 Nr. 3 KomHVO als auch aus Anlage 3 lässt sich entnehmen, dass der Haushaltsquerschnitt aus zwei Teilen besteht. Beim ersten Teil handelt es sich um eine Übersicht über die Teilergebnispläne. Dieser Teil soll in folgender Weise aufgebaut werden:

Teil 1: Ergebnisplanung

PB	PG	Bezeichnung	ordentliche Erträge EUR	ordentliche Aufwendungen EUR	ordentliches Ergebnis EUR	Finanzergebnis EUR	Ergebnis der laufenden Verwaltungstätigkeit EUR	Außerordentliches Ergebnis EUR	Ergebnis des Teilhaushaltes EUR

Die in den Spalten angesprochenen Salden des Teilergebnisplans sollen demnach je Produktgruppe abgebildet werden. Zu berücksichtigen ist dabei, dass eine Gliederung des Haushaltsplans in Produktgruppen nach § 4 KomHVO nicht zwingend vorgeschrieben ist. Produktgruppen sind darüber hinaus als Gliederungssystematik des Haushaltsplans nicht definiert. Hat sich eine Kommune entschieden, ihren Haushaltsplan lediglich in die verpflichtenden Produktbereiche zu gliedern oder eine Gliederung nach Verantwortungsbereichen vorgezogen, ist eine entsprechende Systematik auch im Haushaltsquerschnitt vorzunehmen.[174] Die beiden ersten Spalten des Haushaltsquerschnitts sind dann entsprechend anzupassen.

Auch für die Teilfinanzpläne ist ein separater Haushaltsquerschnitt vorzunehmen. Nach den Vorgaben des § 1 Abs. 2 Nr. 3 KomHVO und dem entsprechenden Muster ergibt sich folgender Aufbau:

Teil 2: Finanzplanung

PB	PG	Bezeichnung	Einzahlungen aus laufender Verwaltungstätigkeit EUR	Auszahlungen aus laufender Verwaltungstätigkeit EUR	Saldo aus laufender Verwaltungstätigkeit EUR	Einzahlungen aus Investitionstätigkeit EUR	Auszahlungen aus Investitionstätigkeit EUR	Saldo aus Investitionstätigkeit EUR	Finanzmittelüberschuss/-fehlbetrag EUR	Einzahlungen aus Finanzierungstätigkeit EUR	Auszahlungen aus Finanzierungstätigkeit EUR	Saldo aus Finanzierungstätigkeit EUR	Verpflichtungsermächtigungen EUR

Hinsichtlich der Gliederung nach Produktgruppen gilt hier das Gleiche wie für den Teil 1 des Haushaltsquerschnitts.

Zusätzlich ist hier allerdings festzustellen, dass abweichend von § 4 Abs. 4 Satz 2 KomHVO, der ausdrücklich eine Beschränkung der Teilfinanzpläne auf die investiven Ein- und Auszahlungen erlaubt, im Haushaltsquerschnitt eine Abbildung zumindest des Cash-Flows aus laufender Verwaltungstätigkeit vorgesehen ist. Das Muster sieht zusätzlich noch die Summen der Ein- und Auszahlungen vor, was zumindest nicht eindeutig dem Verordnungstext zu entnehmen ist. Praktisch könnte diese Anforderung zu erheblichen Problemen führen, wenn die Planungssoftware eine Zuordnung der laufenden Ein- und Auszahlungen auf die Teilpläne des Haushalts nicht vorsieht. Davon ausgehend, dass die am Ressourcenverbrauch orientierten Planungsgrößen „Ertrag“

174 Vgl. Gemeindeprüfungsanstalt Nordrhein-Westfalen (GPA NRW), *Rettler/Kummer/Heß/Kapp/Diebel/ Ehrbar-Wulfen/Brennenstuhl/Rothermel*, Kommentar zu § 1 KomHVO, Loseblatt, Wiesbaden 9/2019, S. 5.

und „Aufwand" weiterhin im Mittelpunkt der kommunalen Haushaltsplanung stehen sollen und das im § 4 Abs. 4 KomHVO geltende Wahlrecht auch für die Anlagen zum Haushaltsplan gilt, sollte ggf. auf eine notwendige kostenintensive Umprogrammierung der Planungssoftware verzichtet werden, da der Zugewinn an Informationen minimal erscheint. Hier bleibt abzuwarten, ob solche Umsetzungsprobleme tatsächlich entstehen und wie die Aufsichtsbehörden mit dieser Problematik umgehen.

Eine Verpflichtung zur Aufstellung eines Haushaltsquerschnitts im Jahresabschluss lässt sich aus § 1 Abs. 2 Nr. 3 KomHVO nicht herleiten.

8.5 Übersicht über den voraussichtlichen Stand der Verbindlichkeiten

Dem Haushaltsplan ist gemäß § 1 Abs. 2 Nr. 4 KomHVO eine Übersicht über den voraussichtlichen Stand der Verbindlichkeiten zu Beginn des Vorjahres sowie zu Beginn und zum Ende des Haushaltsjahres beizufügen. Ein entsprechendes Muster enthält Anlage 14 VV Muster zur GO und KomHVO. In diesem Muster wird bezüglich der Struktur auf den Verbindlichkeitenspiegel gem. § 45 Abs. 3 i. V. m. § 48 KomHVO verwiesen, die auf die Bilanzgliederung des § 42 Abs. 4 Nr. 4 KomHVO verweisen.

Abzubilden sind demnach:

1. Anleihen
   1.1 für Investitionen
   1.2 zur Liquiditätssicherung
2. Verbindlichkeiten aus Krediten für Investitionen
   2.1 von verbundenen Unternehmen
   2.2 von Beteiligungen
   2.3 von Sondervermögen
   2.4 vom öffentlichen Bereich
   2.5 von Kreditinstituten
3. Verbindlichkeiten aus Krediten zur Liquiditätssicherung
4. Verbindlichkeiten aus Vorgängen, die Kreditaufnahmen wirtschaftlich gleichkommen
5. Verbindlichkeiten aus Lieferungen und Leistungen
6. Verbindlichkeiten aus Transferleistungen
7. Sonstige Verbindlichkeiten
8. Erhaltene Anzahlungen

Zusätzlich sollte die Übersicht um die Summe aller Verbindlichkeiten ergänzt werden.

Ausdrücklich fordert § 1 Abs. 2 Nr. 4 KomHVO eine Ergänzung der Übersicht um die den Krediten wirtschaftlich gleichkommenden Rechtsgeschäften sowie um die Verpflichtungen aus Bürgschaften, aus Gewährverträgen und aus den diesen wirtschaftlich gleichkommenden Rechtsgeschäften.

8.6 Übersicht über die Entwicklung des Eigenkapitals

Nach § 1 Abs. 2 Nr. 5 KomHVO ist dem Haushaltsplan eine Übersicht über die Entwicklung des Eigenkapitals beizufügen. Die Notwendigkeit einer solchen Anlage wird im betriebswirtschaftlichen Konzept des Neuen Kommunalen Finanzmanagements deutlich herausgestellt.[175] Die Übersicht ist zur Beurteilung der Einhaltung des Haushaltsausgleichs gem. § 75 Abs. 4 GO und zur Beurteilung der Erforderlichkeit eines Haushaltssicherungskonzepts gem. § 76 Abs. 1 Nr. 3 GO notwendig.

Obwohl auch die bisherigen haushaltsrechtlichen Vorschriften die Eigenkapitalübersicht als Pflichtanlage zum Haushaltsplan enthielt, beinhaltete die VV Muster zur GO und KomHVO in der aktuellen Fassung hierfür kein Muster.

Anknüpfend an das Muster für einen Eigenkapitalspiegel (Anlage 26 VV Muster zur GO und KomHVO) gem. § 45 Abs. 3 KomHVO sollte die Übersicht über die Entwicklung des Eigenkapitals als Zeilen die verbindlichen Eigenkapitalposten nach § 42 Abs. 4 Nr. 1 KomHVO enthalten. Als Spalten sollten ausgehend von der Schlussbilanz des Vorvorjahres die geplanten Änderungen durch Ergebnisverwendung gem. § 96 Abs. 1 Satz 2 GO und durch Verrechnungen nach § 44 Abs. 3 KomHVO für den gesamten Zeitraum der mittelfristigen Planung nach § 84 GO abgebildet werden. Dieser Zeitraum ist erforderlich, um eine Beurteilung der Verpflichtung zur Aufstellung eines Haushaltssicherungskonzepts vorzunehmen. Soweit zusätzlich Veränderungen im Bereich der Sonderrücklagen vorgesehen sind, sind diese ergänzend abzubilden.

Ein entsprechendes Muster sollte zur Vereinheitlichung auch in die VV Muster zur GO und KomHVO übernommen werden.

8.7 Übersicht über die Verpflichtungsermächtigungen

Verpflichtungsermächtigungen sind vorgesehene Ermächtigungen zum Eingehen von Verpflichtungen, die künftige Haushaltsjahre mit Auszahlungen für Investitionen belasten (§§ 78 Abs. 2 Nr. 1 Buchst. d, 85 Abs. 1 GO).[176]

Durch Verpflichtungsermächtigungen verpflichtet sich die Gemeinde zur Leistung von Auszahlungen in späteren Jahren, sodass der Dispositionsspielraum dieser Jahre um diese Beträge reduziert wird. Damit die Gemeinde die finanzielle Entwicklung genau planen kann, ist dem Haushaltsplan eine Übersicht über die aus Verpflichtungsermächtigungen voraussichtlich fällig werdenden Auszahlungen beizufügen.

Anlage 15 VV Muster zur GO und KomHVO zeigt ein unverbindliches Muster für diese Übersicht über die Verpflichtungsermächtigungen.

8.8 Ergebnisrechnung, Finanzrechnung und Bilanz des Vorvorjahres

Gemäß § 1 Abs. 2 Nr. 7 KomHVO sind dem Haushaltsplan als Anlage die Ergebnisrechnung, die Finanzrechnung und die (Schluss-)Bilanz des Vorvorjahres beizufügen. Es handelt sich dabei regelmäßig um die zum Zeitpunkt der Verabschiedung der Haushaltssatzung aktuellsten vom Rat nach § 96 Abs. 1 GO festgestellten Bestandteile des Jahresabschlusses.[177] Wird z. B. der Haushaltsplan für das Jahr 2020 im November 2019 verabschiedet, sollte der Jahresabschluss für das

175 Vgl. Modellprojekt „Doppischer Kommunalhaushalt in NRW" (Hrsg.), Neues Kommunales Finanzmanagement: Betriebswirtschaftliche Grundlagen für das doppische Haushaltsrecht, 2., vollst. überarb. Aufl. auf der Basis der Endergebnisse des Modellprojektes, Freiburg 2003.

176 Siehe hierzu im Einzelnen auch Kap. 14.

177 Ist der Jahresabschluss zu diesem Zeitpunkt noch nicht vom Rat festgestellt (§ 96 Abs. 1 GO), müssen die Unterlagen aus dem vom Bürgermeister nach § 95 Abs. 3 GO bestätigten Jahresabschluss dem Haushaltsplan als Anlage beigefügt werden.

Jahr 2018 in der Regel bereits festgestellt sein. Ergebnis- und Finanzrechnung des Jahres 2018 sowie die Bilanz zum 31.12.2018 sind damit Pflichtanlagen zum Haushaltsplan 2020. Diese können unmittelbar dem entsprechenden Jahresabschluss entnommen werden. Die vorgegebenen Strukturen nach §§ 39, 40 und 41 KomHVO sind dabei zu beachten.

Stellt die Gemeinde einen Doppelhaushalt nach § 78 Abs. 3 GO auf, hat sie vor Beginn des zweiten Haushaltsjahres der Aufsichtsbehörde die aktualisierten Unterlagen vorzulegen.

Die Bilanz gibt eine stichtagsbezogene Darstellung der Vermögens- und Schuldenlage der Gemeinde. Sie liefert damit den Entscheidungsträgern wichtige Hinweise im Hinblick auf die Grundlagen der zukünftigen Haushaltswirtschaft. Zwar liegen diese Informationen bereits in Form des Jahresabschlusses vor, jedoch sollen die Bilanzinformationen ausdrücklich noch einmal bei der Aufstellung des Haushaltsplans Berücksichtigung finden und mit dem Haushaltsplan veröffentlicht werden.

Die Ergebnis- und Finanzrechnung des Vorvorjahres stellen keine sinnvollen Ergänzungen der Anlagen zum Haushaltsplan dar. Da die abzubildenden Daten bereits Bestandteil des Ergebnis- bzw. Finanzplans sind (siehe § 1 Abs. 3 KomHVO), werden die Gemeinden hier zu Lasten der Lesbarkeit des Haushaltsplans gezwungen, dieselben Informationen zweifach abzubilden.

8.9 Wirtschaftspläne und Jahresabschlüsse der Sondervermögen

Pflichtanlage zum Haushaltsplan sind nach § 1 Abs. 2 Nr. 8 KomHVO die Wirtschaftspläne und neuesten Jahresabschlüsse der Sondervermögen, für die Sonderrechnungen geführt werden.

Hierunter fallen nach § 97 Abs. 1 und 2 GO:

- Wirtschaftliche Unternehmen ohne eigene Rechtspersönlichkeit (Eigenbetriebe),
- organisatorisch verselbständigte Einrichtungen ohne eigene Rechtspersönlichkeit (eigenbetriebsähnliche Einrichtungen),
- rechtlich unselbstständige Versorgungs- und Versicherungseinrichtungen.

Für diese Unternehmen und Einrichtungen sind Wirtschaftspläne gem. § 14 EigVO zu erstellen. Für diese Wirtschaftspläne gelten grundsätzlich die gleichen zeitlichen Vorgaben wie für den gemeindlichen Haushaltsplan. Es ist dem Haushaltsplan demnach der aktuelle Wirtschaftsplan (d. h. im Haushaltsplanentwurf für das Jahr 2023 der Entwurf des jeweiligen Wirtschaftsplans für das Jahr 2023) als Anlage beizufügen.

Gem. § 21 EigVO besteht der Jahresabschluss der o. a. Unternehmen und Einrichtungen aus der Bilanz, der Gewinn- und Verlustrechnung und dem Anhang. Alle drei Bestandteile sind dem Haushaltsplan als Pflichtanlage beizufügen. Der neueste Jahresabschluss dürfte i. d. R. der des Vorvorjahres sein, d. h. dem Haushaltsplanentwurf des Jahres 2023 werden die Jahresabschlüsse des Jahres 2021 beigefügt.

8.10 Wirtschaftspläne und Jahresabschlüsse der Beteiligungen

Pflichtanlage zum Haushaltsplan sind nach § 1 Abs. 2 Nr. 9 KomHVO auch die Wirtschaftspläne und neuesten Jahresabschlüsse der Unternehmen und Einrichtungen mit eigener Rechtspersönlichkeit, an denen die Kommune mit mehr als 20 % unmittelbar oder mittelbar beteiligt ist.

Bei den Unternehmen und Einrichtungen mit eigener Rechtspersönlichkeit kann zwischen öffentlich-rechtlichen und privatrechtlichen unterschieden werden. Zu den öffentlich-rechtlichen

Unternehmen mit eigener Rechtspersönlichkeit zählen insbesondere die Anstalten des öffentlichen Rechts gem. § 114a GO. Diese sind gem. § 16 KUV verpflichtet, einen Wirtschaftsplan aufzustellen. Auch bei ihnen besteht der Jahresabschluss gem. § 22 KUV aus einer Bilanz, einer Gewinn- und Verlustrechnung und einem Anhang.

Zu den privatrechtlichen Unternehmen mit eigener Rechtspersönlichkeit, an denen die Kommunen beteiligt sein können, zählen wegen der notwendigen Haftungsbeschränkung nach § 108 Abs. 1 Nr. 3 GO vorrangig solche in der Rechtsform einer GmbH oder AG. Nach § 108 Abs. 3 Nr. 1a GO soll die Gemeinde, zumindest wenn sie die Mehrheit der Anteile hält, darauf hinwirken, dass diese Unternehmen ebenfalls einen Wirtschaftsplan erstellen. Die Inhalte des Jahresabschlusses ergeben sich für diese Unternehmen aus §§ 242 Abs. 3 und 264 Abs. 1 HGB.

Für die Wirtschaftspläne gelten grundsätzlich die gleichen zeitlichen Vorgaben wie für den gemeindlichen Haushaltsplan. Es ist dem Haushaltsplan demnach der aktuelle Wirtschaftsplan (d. h. im Haushaltsplanentwurf für das Jahr 2023 der Entwurf des jeweiligen Wirtschaftsplans für das Jahr 2023) als Anlage beizufügen.

Der neueste Jahresabschluss dürfte i. d. R. der des Vorvorjahres sein, d. h. dem Haushaltsplanentwurf des Jahres 2023 werden die Jahresabschlüsse des Jahres 2021 beigefügt.

Ausdrücklich lässt § 1 Abs. 2 Nr. 9 KomHVO es zu, dass anstelle der Wirtschaftspläne und Jahresabschlüsse der Unternehmen und Einrichtungen mit eigener Rechtspersönlichkeit kurz gefasste Übersichten über die Wirtschaftslage und die voraussichtliche Entwicklung der Unternehmen und Einrichtungen treten können. Dies wird insbesondere in den Fällen genutzt werden, in denen die Gemeinde nicht über eine ausreichende Beteiligung verfügt, um eine Erstellung von Wirtschaftsplänen durchzusetzen.

8.11 Übersichten mit bezirksbezogenen Haushaltsangaben (in kreisfreien Städten)

Kreisfreie Städte in Nordrhein-Westfalen sind gem. § 35 Abs. 1 GO verpflichtet, das Stadtgebiet in Stadtbezirke einzuteilen. Für jeden dieser Stadtbezirke ist eine Bezirksvertretung zu wählen (§ 36 Abs. 1 GO). Diesen Bezirksvertretungen werden im § 37 GO auch Aufgaben und Rechte im Zusammenhang mit der städtischen Haushaltswirtschaft zugewiesen. Dabei ist zu unterscheiden zwischen der Verfügung über eigene Haushaltsmittel (§ 37 Abs. 3 GO) und der mitwirkenden Beratung über Haushaltsansätze, die die Bezirke und ihre Aufgaben betreffen (§ 37 Abs. 4 GO).

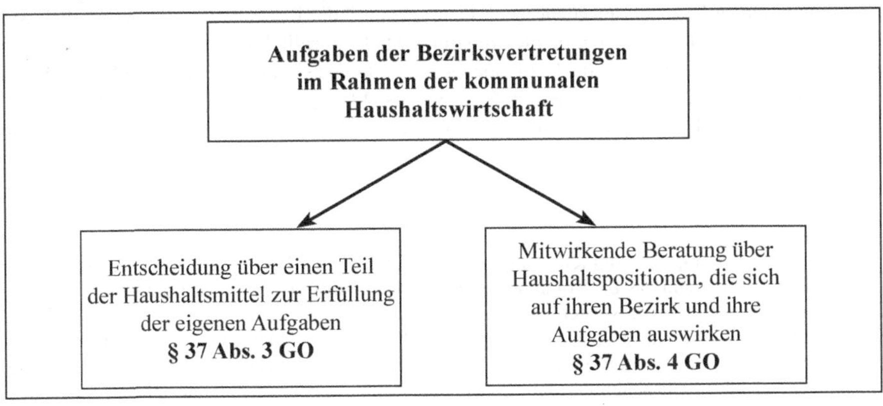

Konkreter als im § 1 Abs. 2 KomHVO führt § 37 Abs. 4 GO aus, dass dem Haushaltsplan eine Übersicht über die Haushaltsmittel nach Satz 2 und die Haushaltspositionen nach Absatz 1 als Anlage beizufügen ist.

Praktisch stellt diese Anforderung die kreisfreien Städte vor große Probleme. Nicht ohne Grund hat der Gesetzgeber für diese Anlage bislang kein Muster erstellt. Vielmehr weist die ursprüngliche Begründung des Gesetzentwurfs *großzügig* darauf hin, dass den Gemeinden *„die Art und Weise der Darstellung und Aufbereitung der bezirksbezogenen Daten bzw. der Beratungsunterlagen freigestellt"* sei.[178]

Die Mittel nach § 37 Abs. 3 GO können im Haushaltsplanentwurf nur pauschal als *„eigene Mittel der Bezirksvertretungen"* ausgewiesen werden. Da erst im Rahmen der Beratung der Bezirksvertretungen über die Verwendung der Mittel entschieden wird, ist es weder möglich, diese Mittel einem Produktbereich, noch, sie einer Aufwands- oder Auszahlungsart zuzuordnen. Systematisch passen diese Mittel nicht in das Planungsverfahren und die Struktur des Haushalts. Letztlich wird den Bezirksvertretungen nur die Summe mitgeteilt werden können, über die sie im Rahmen des § 37 Abs. 3 GO verfügen können. Erst nach Abschluss der Beratungen in den Bezirksvertretungen werden diese Mittel dann den entsprechenden Aufwands- und Auszahlungspositionen zugeordnet.

Welche Haushaltspositionen der § 37 Abs. 4 GO umfasst, lässt sich praktisch nicht abgrenzen. Während im Bereich der Bauinvestitionen davon ausgegangen werden kann, dass Mittel speziell für konkrete Maßnahmen geplant werden und damit auch ein Bezug zu einer Bezirksvertretung hergestellt werden kann, ist dies bei Investitionen unterhalb der Erheblichkeitsgrenze des § 4 Abs. 4 Satz 3 KomHVO und für die Aufwandspositionen nicht der Fall. So bleibt die Frage offen, ob im Falle einer Budgetierung der Auszahlungen für den Erwerb von beweglichem Anlagevermögen im Bereich der Musikschule diese Mittel unter § 37 Abs. 4 GO fallen, wenn die Musikschule mehrere Standorte in verschiedenen Bezirken hat. Ziel des neuen Finanzmanagements ist ja gerade ein flexiblerer Mitteleinsatz, der durch eine Pflicht zur bezirksbezogenen Aufteilung der Ansätze konterkariert würde. Gleiches gilt für die Instandhaltungsaufwendungen eines zentralen Immobilienmanagements. Auch hier ermöglicht das neue Haushaltsrecht eine flexible und zentrale Planung und Bewirtschaftung, die wesentlich durch baufachliche und wirtschaftliche Notwendigkeiten und nicht durch bezirks- oder fachpolitische Durchsetzungsfähigkeit bestimmt wird. Auch hier bleibt unklar, ob die kreisfreien Städte verpflichtet sind, solche Ansätze zur Erfüllung des § 37 Abs. 4 Satz 3 GO auf die einzelnen Bezirke aufzuteilen.

Die stark aggregierte Haushaltssystematik führt in jedem Fall dazu, dass eine unmittelbare Zuordnung der im Haushalt ausgewiesenen Positionen auf die Bezirke praktisch unmöglich ist. Hier bedarf es einer Klarstellung, ob die kreisfreien Städte verpflichtet sind, dem Planungs- und Rechnungswesen eine zusätzliche, bezirksbezogene Ordnungsstruktur zugrunde zu legen. Wenn dies nicht der Fall ist, wird die Forderung des § 37 Abs. 4 GO praktisch wohl auf die Bauinvestitionen beschränkt bleiben, was im Hinblick auf eine effiziente Planung und Steuerung ohnehin Sinn machen würde.[179]

---

178 Nach Auffassung der Autoren wäre es aus Gründen der Einheitlichkeit und Vergleichbarkeit sachgerecht, wenn das für Kommunales zuständige Ministerium für den Bereich der Bezirkshaushalte verbindliche Muster vorschreiben würde.

179 Der Gesetzgeber hat bislang nicht den Mut gehabt, die ineffektiven Aufgabenstrukturen der Bezirksvertretungen im Rahmen der Haushaltswirtschaft zu korrigieren. Die kreisfreien Städte werden mit dem Problem der praktischen Umsetzung und den sich daraus ergebenden Transaktionskosten alleingelassen.

8.12 Weitere Anlagen

Es ist der Gemeinde grundsätzlich freigestellt, neben den aufgeführten Pflichtanlagen noch weitere Anlagen dem Haushaltsplan beizufügen. Sofern diese zusätzlichen Anlagen der weiteren Information dienen, ist einer solchen Ergänzung nichts entgegenzuhalten.

Zusätzliche Anlagen könnten sein:

- Planbilanzen,
- spezielle Auswertungen und Planungen aus der Kosten- und Leistungsrechnung,
- Gebührenkalkulationen,
- besondere Statistiken,
- Angabe der Mitgliedsbeiträge und Zuschüsse an Vereine und Verbände,
- Übersicht über Zuwendungen an Fraktionen, Gruppen und einzelne Ratsmitglieder.

8.13 Praktisches Beispiel und Übung

Sachverhalt

In einer Sitzung des Rates der Gemeinde G fragt der Ratsvertreter R den Kämmerer, ob der Entwurf des Haushaltsplanes wirklich so umfangreich sein muss. Als sparsamer Bürger hält er es für ausreichend, wenn nur die Teilpläne vorgelegt würden, aus denen die Aufwendungen und Erträge sowie die Investitionen zu ersehen sind. Die vielen Gesamtübersichten und Anlagen bräuchten dann nur noch nach Beschlussfassung durch den Rat erstellt zu werden. Dies würde auch dem Grundsatz der Sparsamkeit und Wirtschaftlichkeit entsprechen.

Aufgabe:

Begutachten Sie, welche Unterlagen dem Rat zur Beschlussfassung nun tatsächlich vorzulegen sind.

Lösung:

Zunächst einmal ist § 80 Abs. 4 GO zur Lösung dieses Falles heranzuziehen. Danach beschließt der Rat über den Entwurf der Haushaltssatzung mit ihren Anlagen in öffentlicher Sitzung. Nun enthält jedoch weder die GO noch die KomHVO eine Bestimmung darüber, welche Anlagen zur Haushaltssatzung gehören. Aus § 78 Abs. 2 GO ergibt sich aber, dass die Haushaltssatzung die Festsetzung des Haushaltsplanes enthält. Damit kann festgestellt werden, dass der Haushaltsplan unverzichtbarer Bestandteil der Haushaltssatzung ist. § 79 Abs. 2 GO und § 1 Abs. 1 KomHVO setzen als Bestandteile des Haushaltsplanes den Ergebnisplan, den Finanzplan, die Teilpläne und ggf. das Haushaltssicherungskonzept fest. Weiterhin sind nach § 1 Abs. 2 Nr. 1 bis 10 KomHVO dem Haushaltsplan als Bestandteil der Haushaltssatzung Pflichtanlagen beizufügen.

Diese Pflichtanlagen sind:

- Vorbericht,
- Stellenplan,
- Haushaltsquerschnitt,
- Übersicht über den voraussichtlichen Stand der Verbindlichkeiten,
- Übersicht über die Entwicklung des Eigenkapitals,
- Übersicht über die Verpflichtungsermächtigungen,
- Ergebnisrechnung, Finanzrechnung und Bilanz des Vorvorjahres,

- Wirtschaftspläne und Jahresabschlüsse der Sondervermögen,
- Wirtschaftspläne und Jahresabschlüsse der Beteiligungen,
- Übersichten mit bezirksbezogenen Haushaltsangaben (in kreisfreien Städten).

Da der Haushaltsplan Bestandteil der Haushaltssatzung ist, sind diese Anlagen zum Haushaltsplan auch Anlagen zur Haushaltssatzung und damit nach § 80 GO dem Verfahren des Erlasses der Haushaltssatzung unterworfen. Nach § 80 Abs. 4 GO umfasst dieses Verfahren auch die Beratung, für die damit alle vorgeschriebenen Bestandteile und Anlagen der Haushaltssatzung vorgelegt werden müssen.

9. Grundsätze im kommunalen Finanzmanagement

9.1 Überblick und Einteilung

Der Kaufmann stützt sein Finanzmanagement im Wesentlichen auf die Regelungen der §§ 238 ff. HGB, die hinsichtlich der Buchführungsinhalte (Bilanzen sowie Gewinn- und Verlustrechnungen, Ordnungsmäßigkeit der Bücher usw.) entsprechende Normierungen enthalten. Dazu treten Einzelregelungen zu bestimmten Positionen wie z. B. den Rückstellungen in § 249 HGB, den Rechnungsabgrenzungsposten in § 250 HGB und zur Bewertung in den §§ 252 ff. HGB. Damit ist eine Reihe von Detailfragen und Problemstellungen normiert, die zudem durch die z. T. gewohnheitsrechtlich entwickelten Grundsätze der ordnungsmäßigen Buchführung[180] ergänzt werden.

Im kommunalen Finanzmanagement sind ebenfalls solche Regelungen notwendig (siehe dazu die Darstellungen in den einzelnen Spezialkapiteln). Da jedoch das kommunale Finanzmanagement gegenüber der kaufmännischen Handlungsweise weitergehende Intentionen verfolgt, indem ein verbindlicher Haushaltsplan zu erstellen, die bürgerschaftliche Beteiligung durch die politischen Gremien zu sichern und die Einbindung gesamtwirtschaftlicher Belange zu berücksichtigen ist, bedarf es einer Reihe von konkreten Vorgaben durch die Gesetzgebung, um diese Ziele realisieren zu können.

Insofern muss jede Gemeinde ihr Finanzmanagement nach bestimmten Grundsätzen ausrichten. Diese Grundsätze sind sowohl bei der Aufstellung des Haushaltsplans als auch bei dessen Ausführung und beim Jahresabschluss zu beachten. Die allgemeinen Haushaltsgrundsätze, nach denen die Haushaltswirtschaft zu planen und auszuführen ist, ergeben sich überwiegend aus § 75 GO. Die weiteren Grundsätze sind im Wesentlichen in den Vorschriften der KomHVO, die zwischen Veranschlagungs- und Bewirtschaftungs- sowie Bilanzierungsgrundsätzen für den Jahresabschluss differenziert, enthalten. Diese Differenzierung ist keine inhaltliche Trennung, sondern spezifiziert vielmehr homogene und durchgängig gültige Inhalte jeweils für die Phasen der Planung, der Bewirtschaftung und des Jahresabschlusses in der kommunalen Haushaltswirtschaft. Dazu treten die Grundsätze ordnungsmäßiger Buchführung, die sowohl in der GO als auch in der KomHVO in den verschiedensten Regelungen als Umsetzungsmaßstab vorgegeben und teilweise auch benannt werden. Insofern ergibt sich folgender Überblick, nach dem auch dieses Kapitel aufgebaut ist, sofern nicht eine Behandlung in den weiteren themenspezifischen Kapiteln erfolgt:

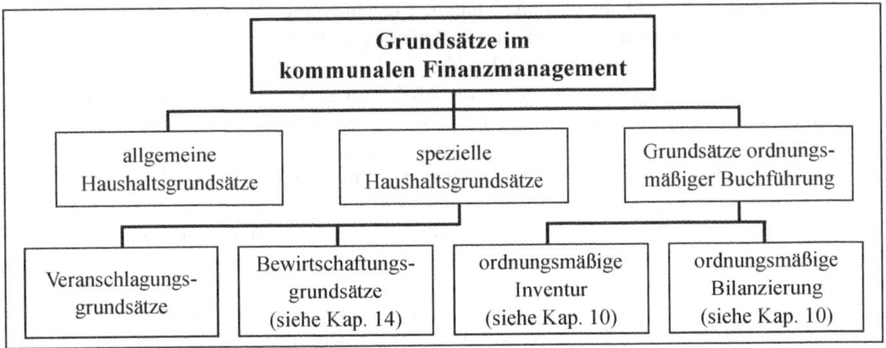

180 Diese Grundsätze leiten sich vor allem durch die hergebrachte kaufmännisch praktische Ausübung, die Rechtsprechung, Kommentierungen sowie Empfehlungen seitens der Wirtschaftsverbände her.

9.2 Allgemeine Haushaltsgrundsätze

Die Darstellung der allgemeinen Haushaltsgrundsätze erfolgt anhand der Regelungen der GO wie nachfolgend dargestellt in acht Themenschwerpunkten, wobei die Grundsätze der Wirtschaftlichkeit, Sparsamkeit und Effizienz aufgrund der inhaltlichen Nähe zueinander gemeinsam dargestellt werden:

- Sicherung der stetigen Aufgabenerfüllung,
- Sicherstellung der Liquidität,
- Verbot der Überschuldung,
- Beachtung des gesamtwirtschaftlichen Gleichgewichts,
- Wirtschaftlichkeit, Sparsamkeit und Effizienz,
- Sicherung der Aufgabenerfüllung,
- Pflicht zum Haushaltsausgleich,
- Grundsätze zur Finanzierung der kommunalen Produkte.

9.2.1 Sicherung der stetigen Aufgabenerfüllung

Die Gemeinde hat ihre Haushaltswirtschaft so zu planen und zu führen, dass die stetige Erfüllung ihrer Aufgaben gesichert ist. Aus diesem Text des § 75 Abs. 1 Satz 1 GO ergibt sich eine rechtliche Verpflichtung bezüglich der stetigen Aufgabenerfüllung durch die Gemeinde. Die Gemeinde muss also gewährleisten, dass sie ihre Aufgaben – gesetzliche, vertragliche und auch freiwillige Aufgaben – wahrnehmen und erfüllen kann.

Die Erwähnung der Stetigkeit in der Formulierung des Haushaltsgrundsatzes gemäß § 75 Abs. 1 Satz 1 GO spricht eine grundsätzliche Aufgabe der Selbstverwaltung einer Gemeinde an. Diese Aufgabe ist durch § 1 Abs. 1 Satz 2 GO knapp, aber völlig ausreichend umschrieben. Mit diesem Anspruch auf Förderung des Wohls der Einwohner geht einher, dass dieses Wohl nicht nur auf die Dauer eines Jahres[181], sondern langfristig zu fördern und die Erfüllung der Aufgaben dementsprechend dauerhaft sicherzustellen ist. Durch diese Anforderung an die Haushaltswirtschaft der Gemeinde ergibt sich zwangsläufig, dass die Haushaltswirtschaft zeitlich umfassender geplant werden muss.

Das gemeindliche Haushaltsrecht bietet hier u. a. das Instrument einer mittelfristigen Planung nach § 84 GO dadurch an, dass sowohl im Ergebnis- als auch im Finanzplan mit den jeweiligen Teilplänen eine Fortschreibung um drei Jahre über das konkrete Planungsjahr hinaus erforderlich ist. Insofern ist die Gemeinde gezwungen, die Absicherung der stetigen Aufgabenerfüllung in finanzieller Hinsicht nicht nur im Planungsjahr (ggf. bei zweijähriger Haushaltsführung in zwei Planungsjahren), sondern auch mittelfristig zu veranschlagen.

Es darf jedoch nicht übersehen werden, dass dem im § 75 Abs. 1 Satz 1 GO enthaltenen Grundsatz der Sicherung der stetigen Aufgabenerfüllung mit der Einbindung der mittelfristigen Planung in den Haushaltsplan noch nicht im vollen Umfang Rechnung getragen ist. Vielmehr muss die Gemeinde auch über diesen Planungszeitraum hinaus ihr Finanzmanagement an diesem

181 § 78 Abs. 1 GO sieht für jedes Haushaltsjahr eine Haushaltssatzung vor und stellt somit grundsätzlich auf die Jährlichkeit im kommunalen Finanzmanagement ab. Jedoch erstrecken sich viele kommunale Geschäftsvorfälle über mehrere Jahre, stellen Daueraufgaben dar oder ziehen langfristige Folgekosten nach sich. Daher gilt es, den Einfluss dieser Geschäftsvorfälle auf die langfristige hauswirtschaftliche Leistungsfähigkeit frühzeitig zu betrachten und einzubeziehen.

Ziel orientieren. Sie darf, auch in Anknüpfung an § 86 Abs. 1 GO, nur Verpflichtungen eingehen oder weitere freiwillige Aufgaben einführen, wenn dies im Rahmen der wirtschaftlichen Leistungsfähigkeit finanzierbar ist.

Der Grundsatz der stetigen Aufgabenerfüllung ist der überragende Grundsatz und spiegelt sich mittelbar oder unmittelbar in den anderen Grundsätzen wider. Unmittelbar zeigt sich dies beispielsweise in der Pflicht zum regelmäßigen Haushaltsausgleich und zur Sicherung der Liquidität. Bei stetigem Haushaltsausgleich erwirtschaftet die Gemeinde den Ressourcenverbrauch, sodass grundlegend auch die finanzielle Leistungsfähigkeit aufrechterhalten wird. Dementsprechend kann bei dauerhaft ausgeglichenem doppischen Ergebnishaushalt (bzw. Ergebnisrechnung) davon ausgegangen werden, dass die Gemeinde dem Grundsatz der stetigen Aufgabenerfüllung aus finanzwirtschaftlicher Sicht gerecht wird.

Insgesamt realisieren die Gemeinden diesbezüglich ein umfassendes Finanzcontrolling, welches auch mit spezifischen Ausprägungen wie beispielsweise Investitions- und Liquiditätscontrolling außerhalb der Darstellungen in den kommunalen Haushaltsplänen eine ständige Aufgabe des kommunalen Finanzmanagements bedeutet.

9.2.2 Sicherung der Liquidität

Konkret sieht § 75 Abs. 6 GO als allgemeinen Haushaltsgrundsatz die Sicherung der Liquidität einschließlich der Finanzierung der Investitionen vor. Dieser Grundsatz ist wie zuvor dargestellt unmittelbarer Ausfluss der stetigen Aufgabenerfüllung. Die Aufgabenerfüllung kann nur dann ordnungsgemäß erfolgen, wenn entsprechende Deckungsmittel bereitstehen. Dabei reicht die Veranschlagung des Ressourcenaufkommens und Ressourcenverbrauchs mit einem entsprechenden Haushaltsausgleich allein nicht aus, auch wenn die sich daraus ergebende Haushaltsabwicklung planmäßig verläuft. Ohne ausreichend vorhandene Zahlungsmittel (insbesondere Vorhalten von Beständen auf den gemeindlichen Girokonten) ist die stetige Aufgabenerfüllung gefährdet.

Insofern ist die Gemeinde durch diesen Haushaltsgrundsatz und § 89 GO konkret verpflichtet, eine eigenständige Liquiditätsplanung und konkrete Bewirtschaftung der liquiden Mittel durchzuführen. Dies kann der Finanzplan oder die Finanzrechnung nicht leisten, sondern es bedarf hierzu eines Liquiditätsmanagements. Dabei liefern Finanzplan und Finanzrechnung natürlich wichtige Informationen und Basisdaten, sodass diese unterstützend wirken. Jedoch verlangt der Haushaltsgrundsatz eine konkrete Planung und Bewirtschaftung mit stetiger Fortschreibung des Bestandes an liquiden Mitteln.

Ein Liquiditätsmanagement beinhaltet eine systematische Vernetzung verschiedenster finanzwirtschaftlicher Informationen mit eigenen finanzwirtschaftlichen Aktivitäten. Hierzu gehören insbesondere Instrumente wie eine leistungsfähige Debitoren- und Kreditorenbuchhaltung, ein Kreditmanagement (insbesondere zur Investitionsfinanzierung) sowie Fest- und Tagesgelddispositionen. Einzelheiten zur Zahlungsabwicklung und Liquiditätsplanung enthält § 31 KomHVO. Eingehende Erläuterungen sind den speziellen Kapiteln vorbehalten.[182]

9.2.3 Verbot der Überschuldung

Gesondert aufgeführt in § 75 Abs. 7 GO ist das Verbot der Überschuldung sowie die Definition des Überschuldungsbegriffes. Eine bilanzielle Überschuldung führt zwangsläufig dazu, dass die

182 Siehe zur Fremdfinanzierung Kap. 15.

dauernde Leistungsfähigkeit der Gemeinde gefährdet ist. Dies konkretisiert sich mit der Verpflichtung zur Aufstellung eines Haushaltssicherungskonzepts nach § 76 Abs. 1 Nr. 3 GO. Weiterhin ergänzt § 86 Abs. 1 Satz 2 GO diese Norm dahingehend, dass bei jeder Neuverschuldung zu prüfen ist, ob diese noch mit der dauernden Leistungsfähigkeit der Gemeinde in Einklang zu bringen ist. Insofern ist das besondere Verbot der Überschuldung Ausfluss der allgemeinen Regelung des § 75 Abs. 1 GO, wonach die dauernde Leistungsfähigkeit der Gemeinde zu sichern ist. Zu den Einzelheiten der kommunalen Schulden siehe Kap. 15.

9.2.4 Beachtung des gesamtwirtschaftlichen Gleichgewichts

Nach § 75 Abs. 1 Satz 3 GO hat die Gemeinde bei der Planung und Durchführung ihrer Haushaltswirtschaft den Erfordernissen des gesamtwirtschaftlichen Gleichgewichts Rechnung zu tragen. Ausgangspunkt ist die Bestimmung des Art. 109 Abs. 2 GG. Danach haben zunächst nur Bund und Länder bei der Haushaltswirtschaft den Erfordernissen des gesamtwirtschaftlichen Gleichgewichts Rechnung zu tragen.

Eine weitere Grundlage ist das Gesetz zur Förderung der Stabilität und des Wachstums der Wirtschaft (StWG) vom 8.6.1967 in der derzeit geltenden Fassung, das in § 1 den Grundsatz aufstellt, dass Bund und Länder bei ihren wirtschafts- und finanzpolitischen Maßnahmen die Erfordernisse des gesamtwirtschaftlichen Gleichgewichts zu beachten haben. Die unmittelbare Einbindung der Gemeinden erfolgt dann durch § 16 StWG, wonach auch die Gemeinden und Gemeindeverbände bei ihrer Haushaltswirtschaft den Zielen dieses Gesetzes Rechnung tragen müssen. Die Ziele sind in § 1 StWG formuliert. Danach sind alle Maßnahmen so zu treffen, dass sie im Rahmen der marktwirtschaftlichen Ordnung gleichzeitig

- zur Stabilität des Preisniveaus,
- zu einem hohen Beschäftigungsstand und
- zu außenwirtschaftlichem Gleichgewicht
- bei stetigem und angemessenem Wirtschaftswachstum

beitragen. Insofern ist § 75 Abs. 1 Satz 3 GO lediglich als ergänzende kommunalrechtliche Vorschrift zu betrachten, die noch einmal die Einbindung der Gemeinden in gesamtwirtschaftliche Belange bestätigt.

Die Umsetzung der Ziele des gesamtwirtschaftlichen Gleichgewichts ist jedoch kaum durch die Gemeinden, insbesondere nicht durch kleinere Gemeinden zu realisieren, da diese mit dem Verlangen, ihre Haushaltswirtschaft nach diesen Grundsätzen auszurichten, überfordert würden. Für die Umsetzung eines konjunkturgerechten Verhaltens fehlen den Gemeinden vor allem in Zeiten gesamtwirtschaftlicher Schwäche die notwendigen Instrumente und in der Regel auch die entsprechenden Deckungsmittel.

Der Konflikt konkretisiert sich in der Form, dass von den Gemeinden unter Beachtung eines antizyklischen Verhaltens bei aufsteigender Konjunktur Zurückhaltung bei der Vornahme eigener Investitionen verlangt wird. Diese Anforderung stellt die Gemeinden vor Probleme bei der Entscheidung, denn unzweifelhaft ist bei einem Anstieg der Konjunktur auch mit dem Anstieg z. B. der Gewerbesteuererträge zu rechnen. Es könnte möglich sein, dass durch eine Zurückhaltung bei der Vornahme eigener Investitionen im Rahmen des antizyklischen Verhaltens die Erfüllung wichtiger Aufgaben der Kommune gefährdet werden. Zudem darf der Faktor „Politik" nicht übersehen werden. Die Ratsmitglieder denken bei ihren Entscheidungen sicherlich nicht primär an das gesamtwirtschaftliche Gleichgewicht. Vielmehr werden dabei das kommunale Interesse, das Wohl der Einwohner, der örtliche Bezug zum Wahlkreis (Stadt- oder Gemeindeteil), aber auch wahl- und parteitaktische Überlegungen eine Rolle spielen.

Die Entscheidung in derartigen Fällen ist nicht leicht. Grundsätzlich ist aber davon auszugehen, dass die Sicherung der Aufgabenerfüllung eindeutig Vorrang genießt. Dies geht auch schon aus der Formulierung in § 75 Abs. 1 Satz 3 GO mit dem Wort **„dabei"** hervor. Insofern kann deutlich festgestellt werden, dass der Grundsatz der Beachtung des gesamtwirtschaftlichen Gleichgewichts gegenüber dem Grundsatz der stetigen Aufgabenerfüllung nachrangig ist. Konjunkturpolitische Gesichtspunkte sind im Rahmen der Aufgabenerfüllung zu berücksichtigen, soweit dies unter dem Aspekt der Aufgabenerfüllung möglich ist. Die Erledigung der unabweisbaren Aufgaben muss der Berücksichtigung konjunkturpolitischer Erfordernisse vorgehen.

Im gemeindlichen Haushaltsrecht verankerte Maßnahmen zur Konjunktursteuerung sind im Wesentlichen die Einflussnahmen auf die Kreditbeschaffung der Gemeinden. Hier sind die möglichen Beschränkungen bei der Beschaffung von Geldmitteln auf dem Kreditwege zu beachten (z. B. Einzelgenehmigung gemäß § 86 Abs. 3 GO).[183] Zudem ist jedoch nicht zu übersehen, dass der Staat Einfluss auf kommunale Tätigkeiten üben kann. Unter anderem ist dabei als Steuerungsinstrument an die Bewilligung von zweckgebundenen Zuwendungen zu denken.

Insgesamt muss aber darauf hingewiesen werden, dass die im Stabilitätsgesetz von 1967 vorgesehene antizyklische finanzwirtschaftliche Handlungsweise eine Reihe von Problemen mit sich bringt und nach geringen Anfangserfolgen nicht mehr zu den gewünschten Erfolgen geführt hat. Insofern werden die Regelungen zur antizyklischen Fiskalpolitik verstärkt kritisch gesehen.[184]

Praktisches Beispiel und Übung

Sachverhalt

In der Gemeinde G sind im Entwurf des Haushaltsplans (Finanzplan) 320.000 € für investive bauliche Veränderungen an Obdachlosenunterkünften zur Angleichung an den Ausstattungsstandard von Normalwohnungen vorgesehen. Die Wohnungen sollen dann dem freien Markt zur Verfügung gestellt werden, da in der Gemeinde G kein Bedarf mehr an Obdachlosenunterkünften besteht.

Die gesamtwirtschaftliche Situation zum Zeitpunkt der Beratung im zuständigen Fachausschuss stellt sich als überhitzte Konjunktur dar. Die Baukosten steigen jährlich im erheblichen Umfang. Ratsvertreter R weist deshalb auf die Anforderung der §§ 1, 16 StWG und auf den allgemeinen Haushaltsgrundsatz des § 75 Abs. 1 Satz 3 GO hin, wonach dem gesamtwirtschaftlichen Gleichgewicht Rechnung zu tragen ist. Er fordert, dass dem Ziel der Stabilität Priorität einzuräumen ist und die Gemeinde sich antizyklisch verhält. Das bedeutet, diese Investitionsmaßnahme soll bis zur Abschwächung der Konjunktur zurückgestellt werden.

Aufgabe:

Begutachten Sie die Richtigkeit der Auffassung des Ratsvertreters R.

Lösung:

Ratsvertreter R gibt hier dem Ziel der Stabilität den Vorrang. In seiner Begründung bezieht er sich auf die §§ 1, 16 StWG und auf den allgemeinen Haushaltsgrundsatz der Beachtung des gesamtwirtschaftlichen Gleichgewichts gemäß § 75 Abs. 1 Satz 3 GO. Bei einer isolierten Betrachtung dieser Bestimmungen könnte die Auffassung des Ratsvertreters R einschlägig sein.

183 Siehe dazu im Einzelnen Kap. 15.

184 Siehe dazu die Darstellungen in der Volkswirtschaftslehre, z. B. bei *Sprenger-Menzel*, Volkswirtschaftslehre und Wirtschaftspolitik, 7. Aufl., Witten 2018, S. 305 ff.

Gemäß § 1 StWG haben Bund und Länder die Erfordernisse des gesamtwirtschaftlichen Gleichgewichts zu beachten; durch § 16 StWG ist die Beachtung dieser Ziele auf die Gemeinden und Gemeindeverbände ausgedehnt. Ebenso betont die Berücksichtigung der Erfordernisse des gesamtwirtschaftlichen Gleichgewichts in der Grundsatzvorschrift des § 75 Abs. 1 Satz 3 GO die Bedeutung der wirtschaftspolitischen Gesichtspunkte für die kommunale Haushaltswirtschaft.

Jedoch handelt es sich hier bei den baulichen Veränderungen an den Obdachlosenunterkünften um eine wirtschaftlich sinnvolle Maßnahme der Gemeinde. Die nicht mehr für Obdachlose benötigten Wohnungen sollen nicht ohne Mieterträge leerstehen, sondern den Bürgern zur Verfügung gestellt werden. Dies ist jedoch nur zu realisieren, wenn ein marktüblicher Wohnungsstandard vorliegt. Insofern besteht ein Konflikt zwischen der Pflicht der wirtschaftlichen Aufgabenerfüllung gemäß § 75 Abs. 1 Satz 1 GO und der Pflicht zu konjunkturgerechtem Verhalten. Dabei ist aber die Verpflichtung, bei Planung und Ausführung des Haushaltes die Sicherung der Aufgabenerfüllung zu beachten, an die erste Stelle gesetzt worden, und weiterhin geregelt, dass erst *dabei* den Erfordernissen des gesamtwirtschaftlichen Gleichgewichts Rechnung zu tragen ist.

Die Erfüllung wirtschaftlich unabweisbarer Aufgaben – wie hier die Vornahme der baulichen Veränderungen an den Obdachlosenunterkünften – muss also auch unter Berücksichtigung konjunkturpolitischer Erfordernisse in jedem Fall vorgehen. Der Auffassung des Ratsvertreters R kann somit nicht gefolgt werden.

9.2.5 Wirtschaftlichkeit, Sparsamkeit und Effizienz

Die mit diesem allgemeinen Haushaltsgrundsatz aufgestellte Forderung, die Haushaltswirtschaft wirtschaftlich, effizient und sparsam zu führen, erstreckt sich sowohl auf die Planung als auch auf die Ausführung des Haushalts, somit auf das gesamte kommunale Finanzmanagement.

Die Bedeutung dieses Grundsatzes wird dadurch unterstrichen, dass er durch § 75 Abs. 1 Satz 2 GO als „Muss-Vorschrift“ verbindlich ist.

Es gilt nachfolgend, die beiden inhaltsnahen Begriffe „wirtschaftlich“ und „sparsam“ zu differenzieren. Die Sparsamkeit erfordert, dass Aufwendungen und Auszahlungen ohne Vernachlässigung der Aufgabenerfüllung möglichst niedrig gehalten werden müssen. Es wird also in erster Linie das Verhältnis zwischen Erträgen und Einzahlungen einerseits und zwischen Aufwendungen und Auszahlungen anderseits angesprochen, wobei auch berücksichtigt werden muss, dass die Abgabepflichtigen so gering wie nur möglich zu belasten sind (§ 10 Satz 2 GO bzw. § 77 Abs. 3 GO).

Sparsamkeit muss aber nicht unbedingt auch Wirtschaftlichkeit bedeuten. So kann etwa eine bestimmte Maßnahme für sich betrachtet durchaus sparsam sein, da sie im Vergleich zu anderen Möglichkeiten die niedrigsten Aufwendungen und Auszahlungen verursacht, sich aber für die Zukunft als unwirtschaftlich erweisen, weil evtl. die Folgekosten oder Nebenkosten sehr hoch sind.

Durch den Grundsatz der Wirtschaftlichkeit wird das Verhältnis von Aufwand und Nutzen angesprochen. Im kommunalen Finanzmanagement wird wirtschaftlich dann gearbeitet, wenn entweder mit dem geringsten Aufwand der gewünschte Erfolg oder der größtmögliche Nutzen mit den vorhandenen Mitteln erzielt wird, wobei „Aufwand“ sich sowohl auf die Anschaffungs- oder Herstellungskosten als auch auf die laufenden Unterhaltungskosten bezieht.[185] Das Ziel ist, dass der Aufwand (= Anschaffungs- oder Herstellungskosten und Unterhaltungskosten) zu dem erzielten Nutzen (= Qualität der Ausführung und Aufgabenerfüllung) eine möglichst günstige Relation aufweist.

185 Insofern stimmt der hier verwendete Begriff „Aufwand“ nicht mit dem Begriff „Aufwendungen“ aus Ergebnisplan und Ergebnisrechnung überein. Er ist hier allgemeiner Natur und beinhaltet auch Zahlungsvorgänge.

Der Grundsatz der Sparsamkeit und Wirtschaftlichkeit enthält daher zwei verschiedene Regelungen, deren Inhalte miteinander sinnvoll zu verknüpfen sind.

Die Verfasser sind dabei der Auffassung, dass die Wirtschaftlichkeit nicht nur vorrangig zu beachten ist, sondern die Sparsamkeit praktisch als reine Überlegung zum möglichst geringen Geldmittelabfluss Bestandteil des Grundsatzes der Wirtschaftlichkeit ist. Die Wirtschaftlichkeit kann es z. B. erforderlich machen, eine Maßnahme zu treffen, die **für sich allein betrachtet** nicht sparsam ist. So kann eine Gemeinde z. B. für die Anlage eines Parkplatzes von zwei angebotenen gleich großen Grundstücken unter Umständen das im Anschaffungspreis ausgabenintensivere Grundstück wählen, wenn dieses auf lange Sicht niedrigere Unterhaltungskosten oder einen besseren Einfluss auf den Verkehr erwarten lässt. Auf den ersten Blick stellt das einen Verstoß gegen die Sparsamkeit im Jahr des Grunderwerbs dar, obwohl die Entscheidung wirtschaftlich sinnvoll ist. Auf Dauer ist aber auch wieder die Sparsamkeit erreicht, weil dieser Mehrauszahlung in späteren Jahren Aufwendungs- und Auszahlungseinsparungen gegenüberstehen. Insofern stellt sich den Verfassern die Frage, ob der Grundsatz der Sparsamkeit als Teil der Wirtschaftlichkeit überhaupt Berechtigung hat, förmlich in § 75 Abs. 1 Satz 2 GO als im Gesetzestext gleichwertiger Grundsatz aufgeführt zu werden.

Die Wirtschaftlichkeit verdeutlicht sich an den nachstehend aufgelisteten Prinzipien:

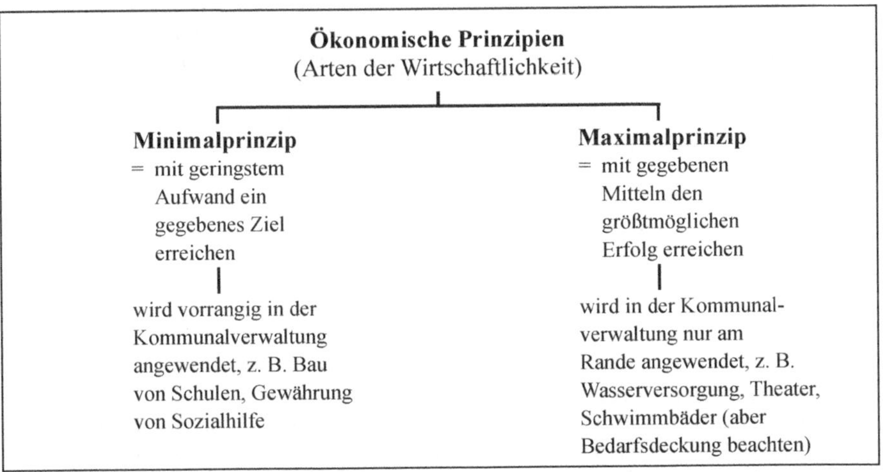

Die Beachtung der Wirtschaftlichkeit ist besonders bei gemeindlichen Investitionen geboten. Durch Investitionen wird der Wert des gemeindlichen Anlagevermögens verändert. Jede Investitionsentscheidung beinhaltet einen einmaligen Vorgang, der in der Regel später laufende Aufwendungen und Auszahlungen verursacht. Demzufolge muss eine möglichst große Differenz zwischen Kosten und Nutzen erreicht werden. Hierfür ist eine umfassende Investitionsplanung mit Schwachstellenanalyse als Entscheidungsvorbereitung und eine diesbezügliche Durchführungskontrolle erforderlich.

In diesem Zusammenhang schreibt § 6 Haushaltsgrundsätzegesetz als „Mussvorschrift" vor, dass für alle finanzwirksamen Maßnahmen angemessene Wirtschaftlichkeitsuntersuchungen durchzuführen sind. § 13 Abs. 1 KomHVO sieht als Sollvorschrift vor einem Ausweis im Haushaltsplan ebenfalls Wirtschaftlichkeitsvergleiche für Investitionen oberhalb einer von der Gemeinde zu bestimmenden Wertgrenze vor. Mindestens soll durch einen Vergleich der Anschaffungs- bzw. Herstellungskosten sowie der Folgekosten die wirtschaftlichste Lösung ermittelt werden.

Das kommunale Finanzmanagement in Form der Haushaltsplanung, Haushaltsausführung und Rechnungslegung bietet nur geringe Informationen zur Wirtschaftlichkeit der kommunalen Verwaltung. Dies ist auch nicht dessen Aufgabe. Notwendig ist zum Nachweis einer wirtschaftlichen Handlungsweise die Nutzung einer Kosten- und Leistungsrechnung. Folgerichtig sieht § 17 KomHVO eine solche vor. Es handelt sich dabei um eine Soll-Vorschrift. Das Haushaltsmanagementsystem mit der Darstellung des Ressourcenaufkommens und Ressourcenverbrauchs auf Produktbereichsebene und den dazu gehörenden betriebswirtschaftlichen Kennziffern zwingt die Gemeinden praktisch zur Einrichtung und Durchführung einer Kosten- und Leistungsrechnung. Die Abstellung in § 17 KomHVO auf die örtlichen Bedürfnisse ist sinnvoll, da die Anforderungen an eine Kosten- und Leistungsrechnung bei Großstädten anders ausfallen als bei kleinen Gemeinden. Zudem unterscheiden sich die Anforderungen einer Kosten- und Leistungsrechnung in den verschiedenen Produktbereichen derselben Gemeinde ganz erheblich, z. B. der Unterschied zwischen dem Produktbereich „Soziales“ (als äußerst personal- und transferaufwandsintensive Pflichtaufgabe) und dem „Hochbaubereich“ (überwiegend befasst mit der wirtschaftlichen Vergabe von aufwandsintensiven Instandhaltungsmaßnahmen und zahlungsintensiven Investitionsmaßnahmen).

Als weiteren Maßstab für das kommunale Finanzmanagement sieht § 75 Abs. 1 Satz 2 GO vor, dass die Haushaltswirtschaft effizient zu führen ist. Effizienz („die Dinge richtig tun“) erfordert als Grundlage aber auch die Effektivität („die richtigen Dinge tun“), denn falsche Dinge richtig tun führt grundsätzlich zu Ressourcenverschwendung. Dementsprechend setzt der haushaltswirtschaftliche Effizienzbegriff die richtige Zielentscheidung voraus, um bei dieser – stets unter Einbeziehung der richtigen Mittel – auf ihre Leistungswirksamkeit hinzuwirken. Damit sind die Auswirkungen kommunaler Handlungen genau zu überdenken und deren Folgen wirksam abzuschätzen.

Praktisches Beispiel und Übung

Sachverhalt

Die Gemeinde G will im kommenden Haushaltsjahr die stark befahrene X-Straße ausbauen, weil diese vor allem in einer Kurve trotz Beschränkung der Höchstgeschwindigkeit sehr unfallträchtig ist. Der Ausbau in der bisherigen Linienführung würde 600.000 € Auszahlungen verursachen. Bei einer Begradigung der Kurve erhöht sich die Summe auf 800.000 €.

Der Rat der Gemeinde G beauftragt die Verwaltung, eine Entscheidung unter alleiniger Berücksichtigung des § 75 Abs. 1 Satz 2 GO vorzubereiten, weil ein Verstoß gegen die km/h-Begrenzung durch die Autofahrer und nicht durch die Gemeinde zu vertreten sei.

Aufgabe:

Stellen Sie begründet dar, welche Aspekte der Entscheidungsvorschlag der Verwaltung berücksichtigen sollte.

Lösung:

In diesem Fall taucht vor allem das Problem der Konkurrenz zwischen Sparsamkeit und Wirtschaftlichkeit auf. Die Effizienz ist bei beiden Maßnahmevarianten gegeben.

„Sparsamkeit“ bedeutet, dass die Auszahlungen unter Berücksichtigung der Einzahlungen möglichst geringgehalten werden. Auch bei Einstellung einer Maßnahme in den kommunalen Haushalt ist dieser Grundsatz zu beachten. Insofern könnte nur die Maßnahme A mit dem geringeren Investitionsvolumen in Frage kommen. Diese könnte notfalls mit einer weiteren Geschwindigkeitsbeschränkung kombiniert werden.

Allerdings ist nunmehr das ökonomische Prinzip der Wirtschaftlichkeit als zweiter Haushaltsgrundsatz zu berücksichtigen, wonach mit dem geringsten Aufwand ein vorgegebenes Ziel erreicht werden soll, d. h. es soll eine möglichst große Differenz zwischen Kosten und Nutzen liegen. Es könnte eine Nutzen-Kosten-Untersuchung stattfinden, wobei der öffentliche Nutzen in der Regel schwer messbar ist. In diesem Falle könnte jedoch die Vermeidung von Unfällen eine Begründung sein. Möglicherweise wird auch der Verkehrsstrom durch eine noch niedrigere km/h-Begrenzung in der Weise beeinträchtigt, dass es zu Stockungen kommen kann. Auch könnten die Folgekosten für die Gemeinde bei einer Begradigung der Straße geringer ausfallen. Insofern könnte die Wirtschaftlichkeitsüberlegung durchaus für die zweite Maßnahme mit einem um 200.000 € höheren Investitionsvolumen sprechen.

9.2.6 Haushaltsausgleich

Der dritte in § 75 Abs. 2 GO verankerte allgemeine Haushaltsgrundsatz fordert die Ausgeglichenheit des Haushaltes. Diese Forderung bezieht sich nicht nur auf die Planung des Haushalts, sondern auch auf die Haushaltsausführung einschließlich Jahresabschluss. Demnach durchzieht dieser Grundsatz das gesamte kommunale Finanzmanagement.[186] Dabei erfolgt der Haushaltsausgleich gemäß § 75 Abs. 2 Satz 2 GO durch das Herbeiführen übereinstimmender Gesamtsummen der Erträge und Aufwendungen eines Haushaltsjahres. Ein Ausgleich liegt selbstverständlich auch dann vor, wenn die Summe der Erträge die Summe der Aufwendungen übersteigt. Der Haushaltsausgleich gilt aber ebenfalls als erreicht, wenn ein Fehlbedarf bzw. ein Fehlbetrag aus der Ausgleichsrücklage gedeckt werden kann[187] (§ 75 Abs. 2 Satz 3 GO).

Das Nichterreichen des Haushaltsausgleichs bedingt verschiedene Erfordernisse, die bis hin zu gravierenden Einschränkungen der Haushaltswirtschaft führen. So ergeben sich Einschränkungen durch das sich nach § 76 GO ergebende Erfordernis der Aufstellung eines durch die Aufsichtsbehörde zu genehmigenden Haushaltssicherungskonzepts, welches nach § 76 Abs. 2 GO dazu dient, die künftige dauernde Leistungsfähigkeit der Gemeinden zu erreichen.

Die Besprechung der Einzelheiten zum kommunalen Haushaltsausgleich bzw. dessen Nichterreichen bleibt Kap. 16 vorbehalten.

9.2.7 Grundsätze zur Finanzierung der kommunalen Produkte

Der kommunale Finanzierungsbegriff knüpft an die inhaltliche Darstellung der Rechnungskomponenten der Haushaltswirtschaft an und umfasst somit neben Einzahlungen zur Deckung der Auszahlungen (Finanzplan/Finanzrechnung) auch Erträge zur Deckung der Aufwendungen (Ergebnisplan/Ergebnisrechnung).

186 Bspw. soll nach § 83 Abs. 1 Satz 2 GO bei der Bereitstellung von Mehraufwendungen die Deckung im laufenden Haushaltsjahr gewährleistet sein; man stellt damit auf einen ausgeglichenen Haushalt ab.

187 Trotz des Übersteigens der Gesamtsumme der Aufwendungen gegenüber der Gesamtsumme der Erträge definiert diese gesetzliche Bestimmung dies als „Haushaltsausgleich“ – als sog. „fiktiver Haushaltsausgleich“.

9.2.7.1 Deckungsmittel der Haushaltswirtschaft

§ 77 GO verwendet den Begriff „Finanzmittel", welcher der Struktur des doppischen Haushaltswesens nicht gerecht wird. Der Begriff der Finanzmittel beinhaltet alle Bestände an Liquidität oder auch Zahlungsmitteln, die im Rahmen der Finanzierung der Aufgabenerledigung benötigt werden. Deren Darstellung erfolgt nach Zahlungsarten unter Differenzierung der Ein- und Auszahlungen im Finanzplan bzw. in der Finanzrechnung. Allerdings erfordert die weitere Rechnungskomponente Ergebnisplan bzw. Ergebnisrechnung Deckungsbeziehungen durch Erträge für Aufwendungen. Insofern stellt der Begriff „Deckungsmittel" den umfassenderen und somit adäquaten Finanzierungbegriff in der weiteren Betrachtung dar.

Bevor im Einzelnen auf die Regeln der Finanzierung der kommunalen Produkte eingegangen wird, ist zunächst einmal zu klären, über welche Deckungsmittel eine Gemeinde überhaupt verfügen kann. Die Finanzierungsquellen einer Gemeinde sind vielfältig.

Sie ergeben sich aus privatrechtlichen (Vertragsschließung, gleiche Rechte und Pflichten der Vertragspartner) und aus öffentlich-rechtlichen Vorgängen (Verwaltungsakte wie z. B. Steuerbescheide aus einem Über- und Unterordnungsverhältnis, Finanzzuwendungen). Die grobe Unterteilung der Deckungsmittelarten kann aus folgendem Schaubild ersehen werden:[188]

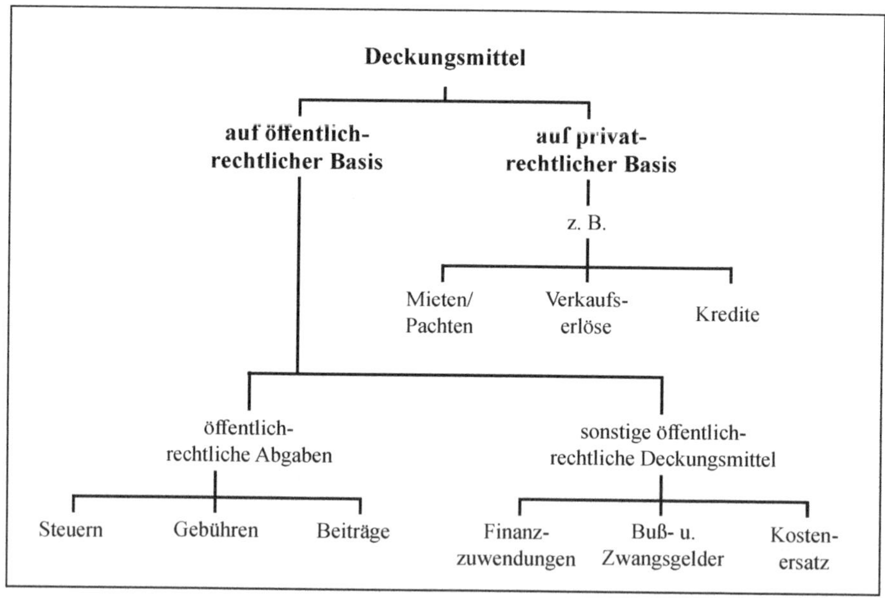

9.2.7.2 Verpflichtung zur Erhebung von Abgaben

Die wesentlichen Deckungsmittel der Gemeinde beruhen auf Zwangserhebungen, wobei die Steuern den größten Teil ausmachen. Die Erhebungsbefugnis ist Ausfluss der Selbstverwaltungsgarantie des Grundgesetzes und der Landesverfassung NRW. Insofern sieht § 77 Abs. 1

188 Eine ausführliche Darstellung befindet sich in: *Mutschler*, Kommunales Finanz- und Abgabenrecht NRW, 14. Aufl., Witten 2018, S. 21 ff.

GO zunächst vor, dass die Gemeinden Abgaben nach gesetzlichen Vorschriften erheben. Die Gemeinden sind berechtigt und verpflichtet, nach den speziellen Vorschriften des Abgabenrechtes Abgaben (Steuern, Gebühren und Beiträge, siehe § 1 Abs. 1 KAG) zu erheben.

Dieser Grundsatz des § 77 Abs. 1 GO nimmt auf das kommunale Abgabenrecht keinen Einfluss, d. h. er regelt nicht die Voraussetzungen für die Erhebung von Deckungsmitteln, sondern weist lediglich auf den besonderen Gesetzesvorbehalt hin. Die Abgabenerhebung geschieht ausschließlich aufgrund von Spezialgesetzen für jede Abgabenart (z. B. Grundsteuergesetz, Gewerbesteuergesetz, Gebührensatzungen, Beitragssatzungen). § 77 Abs. 1 GO ist demnach lediglich als Einordnungsregelung bezüglich der Stellung von Abgaben und ihrer Erhebung innerhalb der gemeindlichen Haushaltswirtschaft zu sehen. Bezogen auf die Rechtswirkung ist die Bestimmung überflüssig.

9.2.7.3 Rangfolge der Deckungsmittel

§ 77 Abs. 2 und 4 GO legt eine bestimmte Rangfolge der Deckungsmittel fest. Ausgangspunkt für die Untersuchung, welche Finanzierungen in welchem Umfang zu beschaffen sind, ist die Höhe des zur Erfüllung der Aufgaben der Gemeinde notwendigen Aufwandes (Bedarfsdeckungsprinzip).

Die grundsätzliche Rangfolge der Deckungsmittel zur Finanzierung des kommunalen Haushalts muss bei der Prüfung der einzelnen Finanzierungsmöglichkeiten zugrunde gelegt werden und ist insoweit verbindlich. § 77 Abs. 3 GO unterstreicht die Regelung des § 10 Satz 2 GO in leicht anderer Formulierung, dass die Gemeinde bei der Finanzmittelbeschaffung im Abgabenbereich grundsätzlich auf die wirtschaftlichen Kräfte ihrer Abgabenpflichtigen Rücksicht zu nehmen hat. Das folgende Schaubild soll die Rangfolge des Einsatzes von Deckungsmitteln verdeutlichen:

Deckungsbedarf (Summe der im Haushaltsjahr zu erwartenden Aufwendungen und Investitionsauszahlungen)	§ 77 Abs. 2 u. 4 GO ← § 10 Satz 2 GO § 77 Abs. 3 GO	**Grundsätzliche Rangfolge der Deckungsmittel** 1. **Sonstige Deckungsmittel,** z. B. Zuwendungen, Kostenersatz, Mieten, Pachten, Bußgelder, Verkaufserlöse, Auflösung von Rückstellungen, Zinsen, Steuerbeteiligungen 2. **Spezielle Entgelte** für die von der Gemeinde erbrachten Leistungen, z. B. Gebühren, Beiträge, Eintrittsgelder 3. **Steuern** als nachrangige Deckungsmittel, z. B. Grund- und Gewerbesteuer 4. **Kredite** nur unter den Voraussetzungen der §§ 77 Abs. 4 und 86 Abs. 1 GO

Vorrangig sind die sog. **„sonstigen Deckungsmittel“** heranzuziehen. Angesprochen sind damit alle Deckungsmittel, die nicht zu den speziellen Entgelten, Steuern und Krediten zählen. Dazu gehören insbesondere Erträge aus der Bewirtschaftung des Vermögens (Mieten, Pachten, Zinserträge) und auf privat- und öffentlich-rechtlicher Basis beruhende Erträge wie z. B. staatliche Finanzzuwendungen, Kostenerstattungen im sozialen Bereich, Entgelte von Dritten (Kostenerstattungen für ausgeführte Arbeiten und Dienstleistungen), Bußgelder, Abführungen aus Nebentätigkeiten, Verkaufserlöse, Auflösung von Rückstellungen und Steuerbeteiligungen.

Soweit vertretbar und geboten hat die Gemeinde dann **spezielle Entgelte** für die von ihr erbrachten Leistungen[189] zu erheben. Dabei ist es haushaltsrechtlich unerheblich, ob diese Entgelte auf privatrechtlichen (z. B. Eintrittsgelder) oder öffentlich-rechtlichen Grundlagen (z. B. Gebühren) beruhen. Im Rahmen der Leistungsverwaltung sind diese Entgelte als vorrangig anzusehen. Bei der Entscheidung, ob von dem Grundsatz der Finanzierung der Leistungen durch spezielle Entgelte im Rahmen der Vorgabe „vertretbar und geboten" abgewichen werden kann, hat ein Abwägungsprozess zwischen dem Kostendeckungsgebot nach dem KAG und Gesichtspunkten des öffentlichen Interesses zu erfolgen.

Die Gemeinden werden veranlasst, die Möglichkeit zur Erhebung von Leistungsentgelten voll auszunutzen, siehe dazu auch §§ 5 und 6 KAG. Dadurch wird einer Entwicklung entgegengetreten, welche möglichst viele Lasten der Allgemeinheit und damit dem Steuerzahler auferlegen will. Derjenige, der eine spezielle Leistung durch die Gemeinde erhält (z. B. Nutzer der Abfallbeseitigung, Empfänger eines Reisepasses), soll diese Leistung bezahlen (Vorteilsnahme des Einzelnen). Erst wenn die Vorteile einer kommunalen Leistung überwiegend der Allgemeinheit zugutekommen, sollen Steuern als Deckungsmittel herangezogen werden.

Die Erhebung von Entgelten von den Benutzern der Einrichtungen und Anlagen findet aber aus z. B. politischen, sozialen oder kulturellen Gründen ihre Grenze in der wirtschaftlichen Leistungsfähigkeit der Abgabepflichtigen (siehe dazu auch die Formulierung „soweit vertretbar und geboten" in § 77 Abs. 2 Nr. 1 GO sowie der Grundsatz des § 10 Satz 2 GO, § 77 Abs. 3 GO).

Erst wenn die vorgenannten Deckungsmittel ausgeschöpft sind, darf die Gemeinde zur Deckung ihres Finanzbedarfs **Steuern** erheben. Bei der Steuererhebung gilt das Subsidiaritätsprinzip (Nachrangigkeit), denn zur Deckung des Finanzbedarfs (Summe der zu erwartenden Aufwendungen) sind zuerst die sonstigen Deckungsmittel, dann die speziellen Entgelte und erst danach die Steuern heranzuziehen (siehe auch § 3 Abs. 2 Satz 1 KAG). Dieser Subsidiaritätsgrundsatz gilt lediglich nicht für die Vergnügungs- und Hundesteuer, die als Ordnungssteuern nicht ausschließlich zur Bedarfsdeckung erhoben werden (§ 3 Abs. 2 Satz 2 KAG).[190] Bei den Kreisen tritt gemäß § 56 Abs. 1 KrO an die Stelle der Steuern die Kreisumlage, bei den Landschaftsverbänden die Landschaftsumlage gemäß § 22 LVerbO. In der Praxis reichen jedoch bei keiner Gemeinde und bei keinem Gemeindeverband die vorrangigen Deckungsmittel aus, sodass eine Finanzierung der kommunalen Haushalte ohne Steuern bzw. Umlagen praxisfremd ist.

Aus dem Grundsatz der Nachrangigkeit wurde lange Zeit von den Gerichten ein materielles Recht der Steuerpflichtigen abgeleitet, wonach eine Steuererhöhung der Gemeinde oder die Einführung einer neuen Steuer erst zulässig ist, wenn alle Möglichkeiten der Erhebung spezieller Entgelte von der Gemeinde ausgenutzt sind.[191] Insofern hatten Klagen von Steuerpflichtigen zunächst Erfolg, die z. B. die Erhöhung der Gewerbesteuerhebesätze deshalb als rechtswidrig ansahen, weil die Gemeinde nicht in vollem Umfang die vorrangigen speziellen Entgelte ausgeschöpft hatte.

---

189 Der Begriff der „speziellen Entgelte für Leistungen" ist nicht präzise genug gewählt. Zu den Entgelten für Leistungen im weiteren Sinne könnten auch Mieterträge, Erträge aus Verkaufserlösen oder Zinserträge gerechnet werden, weil auch hier Leistungs-/Gegenleistungsverhältnisse vorliegen.

190 *Mutschler*, Kommunales Finanz- und Abgabenrecht NRW, 14. Aufl. 2018, S. 139, 152.

191 Z. B. VG Aachen, Urt. vom 13.12.1993 – VG 2 K 1389/82 – und OVG Münster, Urt. vom 7.9.1989 – OVG 4 A 698/84 –, beide zu Erhöhungen von Gewerbesteuerhebesätzen.

Das Bundesverwaltungsgericht[192] hat jedoch dieses materielle Recht für die Realsteuern verneint. Dabei stützt sich die Entscheidung auf die Feststellung, dass das bundesrechtliche Hebesatzrecht der Gemeinden (z. B. für die Gewerbesteuer aufgrund Art. 6 Abs. 6 Satz 2 GG i. V. m. § 16 Abs. 1 und 5 GewStG) dem Landesgesetzgeber keine Kompetenz gewährt, die Bemessung der Hebesätze an die Ausschöpfung des Gebührenrahmens für besondere Leistungen der Gemeinden zu binden. In welchem Ausmaß die Gemeinden zur Deckung ihres Finanzbedarfs ihre Steuerquellen heranziehen wollen, steht in ihrem Ermessen. Insofern muss die Bestimmung des § 77 Abs. 2 GO i. V. m. § 3 Abs. 2 KAG für die Realsteuern zwar als anwendbarer Grundsatz für die Gemeinde, nicht aber als einklagbares Recht für die Realsteuerpflichtigen bewertet werden.

Die bisher vorgestellten Deckungsmittel dienen in Form von Erträgen der Finanzierung der Aufwendungen und in Form der Einzahlungen der Finanzierung von Auszahlungen. Kredite stellen keine Erträge dar und dürfen gemäß § 86 Abs. 1 GO auch nur zur Finanzierung von Investitionen aufgenommen werden. Insofern dienen sie nicht dem Ausgleich des Ergebnishaushalts, sondern stellen nur Deckungsmittel im Finanzhaushalt dar.

Durch die Nennung in § 77 Abs. 4 GO sind die **Kredite** als Deckungsmittel innerhalb der vorgenannten Rangfolge besonders zu behandeln. Sie dürfen nur aufgenommen werden, wenn eine andere Finanzierung nicht möglich ist. Vorrangig kann eine Kreditaufnahme nur dann sein, wenn eine andere Finanzierung wirtschaftlich unzweckmäßig wäre. Dies könnte z. B. der Fall sein bei einem zweckgebundenen Landeskredit mit einer Verzinsung von 1,0 %, der vorrangig vor dem Verkauf von Wertpapieren des Umlaufvermögens aufgenommen wird, weil die Wertpapiere eine gesicherte Rendite von 3,0 % des Anlagebetrages abwerfen. Es sind demnach allein wirtschaftliche Überlegungen heranzuziehen.

Die besonderen Probleme der Kreditwirtschaft werden in Kap. 15 behandelt.

Grenzen der Deckungsmittelbeschaffung

Nach dem Bedarfsdeckungsprinzip richten sich die zu beschaffenden Deckungsmittel nach dem Finanzbedarf. Die Höhe der Aufwendungen findet ihre Grenze in der Muss-Vorschrift des Haushaltsausgleichs gemäß § 75 Abs. 2 GO, wonach der Haushalt in jedem Haushaltsjahr ausgeglichen sein muss. Wie bereits oben festgestellt, wird die Erhebung der Deckungsmittel zudem durch das Gebot des § 10 Satz 2 GO bzw. § 77 Abs. 3 GO begrenzt, nach dem auf die wirtschaftliche Leistungsfähigkeit der Abgabepflichtigen Rücksicht zu nehmen ist.[193] Insbesondere bei den speziellen Entgelten ist die Erhebungspflicht durch den Gesetzeszusatz „soweit vertretbar und geboten" eingeschränkt, sodass die Gemeinde bei der Bereitstellung öffentlicher Einrichtungen auch soziale und politische Gründe berücksichtigen kann.

9.2.7.4 Praktisches Beispiel und Übung

Sachverhalt

Im Rahmen der Aufstellung des Haushaltsplanes will der Zentrale Dienst Finanzen (Fachbereich Finanzen/Kämmerei) der Gemeinde G folgende Finanzierungen in Erwägung ziehen:

a) Für die Unterhaltung der Gemeindestraßen gewährt das Land eine erhebliche zweckgebundene Zuwendung, die allerdings mit zumutbaren Auflagen versehen ist. Um – auch für zukünftige Jahre – von Auflagen unabhängig zu sein, soll auf die Zuweisung verzichtet und der

192 Urt. vom 11.6.1993 – BVerwG 8 C 32.90 –, siehe z. B. der gemeindehaushalt 1993, S. 236.

193 Siehe auch die umfassende Darstellung bei *Mutschler*, Kommunales Finanz- und Abgabenrecht NRW, 14. Aufl., Witten 2018, S. 17 ff.

dadurch entstehende Deckungsmittelausfall durch eine Anhebung der Grundsteuerhebesätze (Mehrerträge/Mehreinzahlungen bei dieser Steuer) gedeckt werden.

b) Bei den öffentlichen Einrichtungen Bäder, Theater und Büchereien sollen Gebühren erhoben werden, die bei weitem nicht die Kosten der Einrichtungen decken. Im Rahmen der Gesamtdeckung soll die Finanzierung durch Steuern sichergestellt werden.

c) Für den Bau eines Schulzentrums werden der Gemeinde Kredite durch das Land mit einer Verzinsung von 3,2 % (feststehend) angeboten. Die notwendigen Deckungsmittel könnten allerdings auch durch Veräußerung von Wertpapieren des Umlaufvermögens (gesicherte Zinserwartung: 2,0 %) erzielt werden. Die Gemeinde möchte der Kreditaufnahme den Vorzug geben und will die Deckungsmittel aus dem Verkauf der Wertpapiere für die Finanzierung von Maßnahmen im nächsten Haushaltsjahr verwenden, wofür nach jetzigem Kenntnisstand die als sehr günstige anzusehende Finanzierung des Landes nicht zur Verfügung steht.

Aufgabe:
Begutachten Sie, ob die geplanten Finanzierungen zulässig sind.

Lösung:
Die Lösung des Falles hat von der Verbindlichkeit der Rangfolge der Deckungsmittel gemäß § 77 Abs. 2 und 4 GO auszugehen.

a) Bei der bewilligten zweckgebundenen Landeszuwendung handelt es sich um sonstige Deckungsmittel im Sinne des § 77 Abs. 2 GO, die vorrangig einzusetzen sind. Im Sachverhalt wird darauf hingewiesen, dass die Auflagen für die Gemeinde zumutbar sind. In diesem Sinne könnte das Streben der Gemeinde nach Unabhängigkeit von zukünftigen Auflagen, was zudem unrealistisch erscheint, nicht als Begründung anerkannt werden, um von der verbindlichen Rangfolge der Deckungsmittel abzuweichen. Dieser Verzicht auf die Inanspruchnahme der bewilligten Zuwendung ist unzulässig, da gemäß § 77 Abs. 2 GO die sonstigen Deckungsmittel als vorrangig bezeichnet sind. Insofern würde eine Anhebung der Grundsteuern einen Verstoß gegen § 77 Abs. 2 GO bedeuten.

b) Spezielle Entgelte, in diesem Falle Benutzungsgebühren, sind gegenüber den Steuern grundsätzlich als vorrangige Deckungsmittel einzusetzen. Allerdings schränkt § 77 Abs. 2 GO diesen Grundsatz dahingehend ein, dass die Vorrangigkeit nur „soweit vertretbar und geboten" zu beachten ist. Hier ist Raum für selbstständige politische Entscheidungen der Gemeinde in deren pflichtgemäßen Ermessen gelassen. Die Gemeinde hat die wirtschaftliche Leistungsfähigkeit der Abgabepflichtigen zu berücksichtigen (§ 77 Abs. 3 GO bzw. § 10 Satz 2 GO). Die möglichen sozialen, wirtschaftlichen und politischen Gründe können sich demzufolge auf die Höhe des speziellen Entgelts auswirken, eine Finanzierung in der vorgegebenen Form ist zulässig. Gerade bei Bädern, Theater und Büchereien besteht ein öffentliches Interesse, dass diese Einrichtungen zu erschwinglichen Entgelten allen Bevölkerungsschichten zur Verfügung stehen. Es handelt sich um Grundeinrichtungen der Daseinsvorsorge.
Der Verzicht auf kostendeckende Gebühren widerspricht zudem auch nicht § 6 Abs. 1 KAG, der nämlich die Kostendeckung auch nur als „Regel" bezeichnet. Zum einen handelt es sich dabei um eine Soll-Vorschrift, zum anderen wird auch hier ausdrücklich darauf verwiesen, dass eine Gebührenerhebungspflicht nur besteht, wenn ausschließlich einzelne Personen oder Personengruppen Vorteile aus der Einrichtung ziehen. Bei öffentlichem Interesse bzw. Nutzung durch die Allgemeinheit muss keine kostendeckende Gebühr erhoben werden.

c) Die Subsidiarität der Kreditaufnahmen ist in der Weise eingeschränkt als Kreditaufnahmen auch dann erlaubt sind, wenn eine andere Finanzierung wirtschaftlich unzweckmäßig wäre.

Hier stehen sich zwei Finanzierungsmöglichkeiten gegenüber. Zum ersten die nach den Grundregeln des § 77 Abs. 2 und 4 GO vorrangige Einzahlung aus dem Verkaufserlös der Wertpapiere und zum zweiten die grundsätzlich nachrangige Kreditaufnahme. Insofern wäre die Einzahlung aus dem Verkaufserlös vorrangig einzusetzen und eine Kreditaufnahme demnach unzulässig.
Fraglich ist jedoch, ob es nicht wirtschaftlich zweckmäßiger ist, der Kreditaufnahme den Vorzug zu geben. Dieses Tatbestandsmerkmal wird erfüllt, weil der Zinssatz für den Landeskredit mit 3,2 % feststehend sehr günstig ist und wohl kaum in der Zukunft noch einmal so günstig zu erhalten sein wird, schon gar nicht am Kapitalmarkt. Zwar liegt die Zinserwartung für die Wertpapiere mit 2,0 % unter den Sollzinsen des Kredits, und es wäre kurzfristig günstiger, auf den Guthabenzins zu verzichten. Jedoch wirkt der Grundsatz der Wirtschaftlichkeit nicht nur jahresbezogen. Mittelfristig ist die jetzige Kreditaufnahme zu diesem günstigen Zinssatz wirtschaftlich unbedingt vorrangig geboten, weil laut Sachverhalt die Mittel aus dem Verkaufserlös für die Wertpapiere ohnehin im nächsten Jahr zur Haushaltsfinanzierung eingesetzt werden. Dann ist aber wahrscheinlich ein solcher günstiger Kredit nicht mehr zu erlangen.

9.2.8 Vorherigkeit

9.2.8.1 Grundsatz

Der Haushaltsplan gilt für ein Haushaltsjahr. Das Haushaltsjahr ist das Kalenderjahr (§ 78 Abs. 4 GO).

Die Finanzwirtschaft muss ab 1. Januar eines Jahres handlungsfähig sein. Um diese Funktionsfähigkeit zu erreichen, sollte ein für die Haushaltswirtschaft verbindlicher Plan einschließlich Satzung noch im alten Haushaltsjahr entstehen. Der Grundsatz der Vorherigkeit liegt in dem Prinzip begründet, dass der Plan jeweils vorher, also für den künftigen Haushalt vor Beginn des Haushaltsjahres, aufzustellen ist. Dies bewirkt die Rechtssicherheit der Gemeinde, denn der Ratsbeschluss über die Haushaltssatzung dient als Leitlinie für die Verwaltung und stellt somit einen bedeutenden Generalfinanzkontrakt zwischen Rat und Verwaltung dar.

Als Verstärkung dieses Grundsatzes ist die Bestimmung des § 80 Abs. 5 GO zu bewerten, wonach die vom Rat beschlossene Haushaltssatzung mit ihren Anlagen der Aufsichtsbehörde anzuzeigen ist. Als Termin für die Vorlage ist der 30. November vor Beginn des Haushaltsjahres als Sollvorschrift vorgesehen.

Der Grundsatz der Vorherigkeit und als Ausfluss der in § 80 Abs. 5 GO genannte Termin dienen dem Zweck, dass die Gemeinde aufgefordert wird, ihre Planungen bis zum 30. November des Vorjahres abzuschließen, und dass der Aufsichtsbehörde Gelegenheit gegeben wird, festzustellen, ob die geplante Haushaltssatzung mit den Anlagen mit dem geltenden Recht im Einklang steht.

Ziel ist, zu Beginn des Haushaltsjahres eine beschlossene und öffentlich bekanntgegebene Haushaltssatzung zu besitzen, auf deren Basis Erträge/Einzahlungen und Aufwendungen/Auszahlungen bewirtschaftet und Verpflichtungen eingegangen werden können.

9.2.8.2 Ausnahme: Vorläufige Haushaltsführung

Es lässt sich nicht immer vermeiden, dass die Haushaltssatzung erst nach Beginn eines Haushaltsjahres öffentlich bekanntgemacht wird. Gründe hierfür können ein verzögertes Beratungsverfahren, noch fehlende haushaltswirtschaftliche Daten oder auch eine gewollte Einschränkung der Haushaltswirtschaft sein.

Da die gemeindlichen Aufgaben auch ohne bestehende Haushaltssatzung erledigt werden müssen, bedarf es als Ersatz für die fehlende Haushaltssatzung Regelungen für die haushaltslose Zeit zwischen dem 1. Januar des Jahres und der Veröffentlichung der Haushaltssatzung. Insofern ist die vorläufige Haushaltsführung in § 82 GO enthalten. Voraussetzung für die Anwendung ist, dass die Haushaltssatzung bei Beginn des Haushaltsjahres noch nicht bekanntgemacht ist, sodass der Anwendungsbereich auf die Zeit bis zur Veröffentlichung der neuen Haushaltssatzung beschränkt ist. Im Einzelnen darf die Gemeinde während dieser haushaltslosen Zeit Erträge/ Einzahlungen erzielen, Aufwendungen/Auszahlungen bewirken und auch Verpflichtungen eingehen, dies alles jedoch im eingeschränkten Umfang. Die Praxis bezeichnet dieses zuweilen auch als „Übergangswirtschaft“.

a) Deckungsmittelbeschaffung in der vorläufigen Haushaltsführung

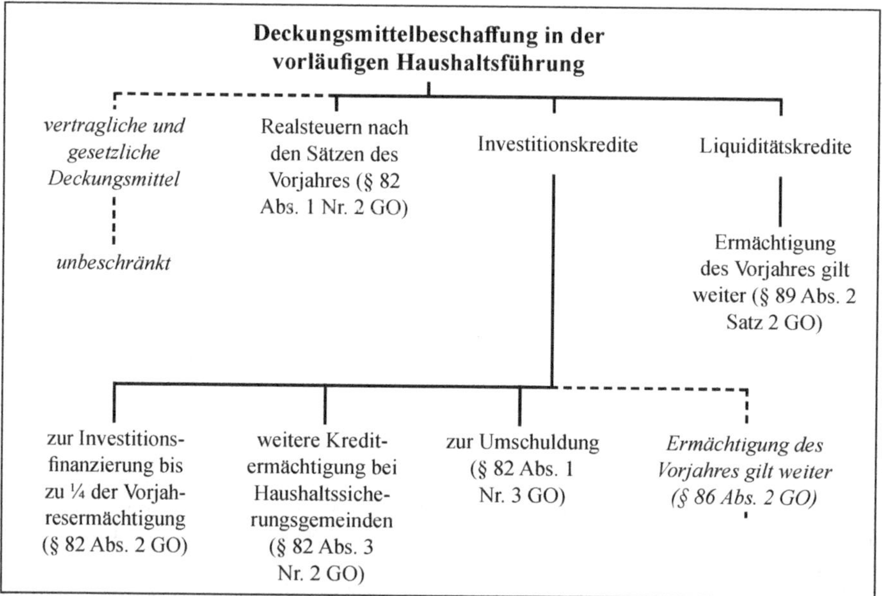

Die Gemeinde kann sämtliche Deckungsmittel aufgrund privat- und öffentlich-rechtlicher Basis erheben (zur Besonderheit der Realsteuern siehe weiter unten), weil die Erhebungsgrundlagen nicht auf der fehlenden Haushaltssatzung beruhen. So werden z. B. vertraglich festgesetzte Mieten, Pachten, Eintrittsgelder und Verkaufserlöse auch ohne vorliegende Haushaltssatzung vereinnahmt. Gebühren, Beiträge, örtliche Verbrauchs- und Aufwandssteuern (z. B. Hundesteuer, Vergnügungssteuer und Zweitwohnungssteuer) werden aufgrund spezieller Gesetze und Satzungen erhoben, die unabhängig von der Haushaltssatzung bestehen und auch geändert werden können. Sie werden deshalb auch nicht durch das Fehlen einer Haushaltssatzung tangiert. So sind selbstverständlich jederzeit auch Steuer-, Beitrags- und Gebührenerhöhungen aufgrund von Gesetzes- und Satzungsänderungen zulässig. Vertraglich begründete Deckungsmittel können durch Änderungen des Vertragswerkes auch ohne Haushaltssatzung erhöht werden.

Eine Besonderheit stellen lediglich die Realsteuern dar. Dabei handelt es sich gemäß § 3 Abs. 1 AO um die Grund- und Gewerbesteuern. Die Hebesätze für diese Steuern werden in § 6 der Haushaltssatzung festgesetzt. Während der vorläufigen Haushaltsführung fehlt demnach eine solche Ermächtigung, sodass wegen des Grundsatzes des Gesetzesvorbehaltes die Gemeinde keine Ermächtigung zur Erhebung der Realsteuern hätte. Insofern tritt § 82 Abs. 1 Nr. 2 GO an die Stelle der Festsetzung durch die Haushaltssatzung. Allerdings sieht der Gesetzgeber nur eine Erhebung nach den Steuersätzen des Vorjahres vor. Eine Erhöhung der Steuersätze wäre demnach während der vorläufigen Haushaltsführung auf den ersten Blick unzulässig.

Allerdings überzeugt die Regelung des § 82 Abs. 1 Nr. 2 GO nicht. Die Gemeinden besitzen nämlich gemäß § 25 Abs. 2 GrStG und § 16 Abs. 2 GewStG das Recht, die Hebesätze für die Realsteuern für mehrere Jahre festzusetzen. Da die Haushaltssatzung gemäß § 78 Abs. 3 GO höchstens Festsetzungen für zwei Jahre enthalten darf, können die Gemeinden die mehrjährigen Steuerfestsetzungen nur in einer sog. „Hebesatzsatzung“ tätigen.[194] Diese bundesrechtliche Regelung geht dem Landesrecht und somit auch § 82 Abs. 1 Nr. 2 GO vor. Die Gemeinden können demnach sehr wohl auch während der vorläufigen Haushaltsführung ihre Realsteuerhebesätze erhöhen, allerdings nur mittels einer speziellen Hebesatzsatzung. Aus diesem Grunde ist die Regelung in § 82 Abs. 1 Nr. 2 GO zwar nicht rechtswidrig, jedoch äußerst unglücklich und zugleich verwirrend formuliert.[195]

Weiterhin darf die Gemeinde Kredite aufnehmen, wobei hier vier Ermächtigungsgrundlagen zu unterscheiden sind:

- Nach § 82 Abs. 2 GO können Kredite zur Finanzierung der Fortsetzung von Bauten, der Beschaffungen und der sonstigen Leistungen des Finanzplans nach § 82 Abs. 1 Nr. 1 GO (demnach also für Investitionen) mit Genehmigung der Aufsichtsbehörde bis zu einem Viertel der Kreditermächtigung des Vorjahres aufgenommen werden. Obwohl für Kredite im Rahmen der Vorlage der Haushaltssatzung gemäß § 80 Abs. 5 GO nur eine Anzeigepflicht besteht, sieht der Gesetzgeber für neue Kreditaufnahmen in der vorläufigen Haushaltsführung eine Genehmigung durch die Aufsichtsbehörde vor. Dies ist auch sinnvoll, da eine Kreditaufnahme zu Lasten des Jahres erfolgt, für das noch keine gültige Haushaltssatzung vorliegt. Die Gemeinden könnten, gäbe es keine Genehmigung, die späteren Auswirkungen einer Rechtskontrolle im Rahmen der Anzeigepflicht oder gar der Genehmigung eines Haushaltssicherungskonzeptes unterlaufen. Dem Genehmigungsantrag hat die Gemeinde eine nach Dringlichkeit geordnete Aufstellung der vorgesehenen Investitionen beizufügen.[196]
  Diese Kreditaufnahme ist bezogen auf das neue Haushaltsjahr und hat als Maßstabsgröße den Bezug zum Vorjahr. Diese Regelung ist wenig durchdacht. Maßstab kann doch nur der absehbare Finanzbedarf im neuen Haushaltsjahr sein und nicht die Vorjahresplanung. Würde eine Ge-

194 Zu den Einzelheiten siehe *Mutschler*, Kommunales Finanz- und Abgabenrecht NRW, 14. Aufl., Witten 2018, S. 81 ff.

195 § 82 Abs. 1 GO müsste deshalb um den Nebensatz „soweit keine Festsetzungen durch spezielle Satzungen erfolgt sind“ ergänzt werden. Dieser würde auch eine geschlossene gesetzgeberische Regelung herbeiführen, zumal im Muster zur Haushaltssatzung die Fn. 2 ausdrücklich darauf verweist, dass § 6 der Haushaltssatzung dann nur deklaratorische Bedeutung zukommt (kein Regelungsinhalt und damit keine Außenwirkung), wenn die Gemeinde eine Hebesatzsatzung erlassen hat.

196 Die geforderte Dringlichkeitsliste widerspricht dem Grundsatz der Gesamtdeckung (§ 20 KomHVO) und stellt eine unzulässige Beeinträchtigung der kommunalen Selbstverwaltung dar. Für die Beurteilung im Genehmigungsverfahren ist allein die wirtschaftliche Leistungsfähigkeit der Gemeinde maßgebend. Insofern ist der Gesetzgeber aufgefordert, die Anforderung einer Dringlichkeitsliste aus dem Gesetz zu streichen.

meinde z. B. im Vorjahr keine Kreditermächtigung in der Haushaltsatzung ausgewiesen haben, aber jetzt eine unabweisbare Fortsetzung einer Baumaßnahme durchführen müssen, wäre eine Kreditgenehmigung in der vorläufigen Haushaltsführung nicht zu erhalten. Eine Gemeinde mit einer hohen Vorjahreskreditermächtigung dagegen würde von der „Viertelbegrenzung" weniger tangiert. Der Gesetzgeber ist aufgerufen, diese praxisfremde Beschränkung aufzuheben.

- Nach § 82 Abs. 3 Nr. 2 GO darf die Gemeinde, sofern sie sich in der Haushaltssicherung befindet (§ 76 Abs. 1 GO), über den Betrag nach § 82 Abs. 2 GO mit erneuter Genehmigung der Aufsichtsbehörde weitere Kredite aufnehmen, wenn es ansonsten zu einem nicht auflösbaren Konflikt zwischen verschiedenen gleichrangigen Rechtspflichten der Gemeinde kommen würde. Damit hat der Gesetzgeber eine Art „Härtefallregelung" getroffen, die es den Haushaltssicherungsgemeinden ermöglicht, über die „Viertelbegrenzung" des § 82 Abs. 2 GO hinaus Krediteinzahlungen zu realisieren. Allerdings ist diese Vorschrift so zu bewerten, dass sie nur in besonderen Ausnahmefällen Anwendung finden kann. Nach § 82 Abs. 4 GO gilt diese Härtefallregelung ab 1. April eines Haushaltsjahres auch für alle anderen Gemeinden, wenn diese sich in der vorläufigen Haushaltsführung befinden. Wenig überzeugend ist allerdings die Bindung an den Apriltermin. Auch im 1. Quartal können Finanzierungsprobleme besonderer Art auftreten.
  In Ergänzung zur Darstellung in den vorangehenden Absätzen ist festzustellen, dass es sinnvoll wäre, generell alle begrenzenden Regelungen zu streichen und allein auf die Notwendigkeit der Kreditaufnahme und die wirtschaftliche Leistungsfähigkeit der Gemeinde abzustellen. Insofern wäre es vollkommen ausreichend und auch sinnvoll, wenn auf § 86 Abs. 1 Satz 2 GO verwiesen würde. Dies ist das alleinige Kriterium für eine Kreditaufnahme. Warum sollen die Bedingungen für Kredite danach unterschieden werden, ob sie mit oder ohne Vorliegen einer Haushaltssatzung aufgenommen werden? Der Gesetzgeber ist aufgerufen, eine kommunalwirtschaftlich und kommunalrechtlich sinnvolle Lösung zu finden.
  Auch in der vorläufigen Haushaltsführung ist die Abwicklung von Umschuldungen gemäß § 82 Abs. 1 Nr. 3 GO zulässig. Dies ist eine zwangsläufig richtige Entscheidung des Gesetzgebers, weil Umschuldungen ohnehin nicht über die Haushaltssatzung abgewickelt werden. Gemäß § 78 Abs. 2 Nr. 1 Buchst. c GO enthält die Haushaltssatzung nur die Kredite für Investitionen. Anzeigen oder gar Genehmigungen sind bei Umschuldungen nicht erforderlich.
- Unabhängig davon, ob eine Haushaltssatzung erlassen ist oder nicht – also auch während der vorläufigen Haushaltsführung –, darf gemäß § 86 Abs. 2 GO auf die Kreditermächtigung des Vorjahres zurückgegriffen werden, sofern diese Ermächtigung noch nicht ausgeschöpft wurde. Die Aufnahme von Krediten aufgrund dieser verbleibenden Ermächtigung bedarf keiner erneuten Anzeige gegenüber der Aufsichtsbehörde. Die Praxis spricht von einer zweijährigen Kreditermächtigung. Diese ist auch sinnvoll, denn bei den Auszahlungen kommt es immer wieder zu Verzögerungen auch über das Jahresende hinaus (z. B. werden Baumaßnahmen nicht so zügig abgewickelt wie geplant), sodass auch die Realisierung der Kredite durchaus zeitlich angepasst und damit aufgeschoben werden kann. Einzelheiten dazu sind in Kap. 15 dargestellt.

Schließlich besteht aufgrund des § 89 Abs. 2 Satz 2 GO für die Gemeinde die Möglichkeit, auch während der vorläufigen Haushaltsführung Kredite zur Sicherung der Liquidität aufzunehmen. Die Obergrenze dafür stellt die Ermächtigung aus § 5 der Haushaltssatzung des Vorjahres dar, die bis zum Erlass der neuen Haushaltssatzung weiter ausgeschöpft werden kann.

b) Aufwendungen und Auszahlungen sowie Verpflichtungsermächtigungen in der vorläufigen Haushaltsführung

Der Haushaltsplan ist gemäß § 79 Abs. 3 GO die Grundlage für die Haushaltswirtschaft der Gemeinde und demnach im Innenverhältnis verbindlich. Im kommunalen Finanzmanagement kann demnach nur gehandelt werden, wenn eine Ermächtigung des Haushaltsplans vorliegt. Da diese jedoch während der vorläufigen Haushaltsführung nicht vorhanden ist, die kommunalen Aufgaben jedoch weiterhin – auch in finanzieller Hinsicht – fortzuführen sind, müssen Ersatzermächtigungen geschaffen werden. Dies geschieht mit § 82 Abs. 1 Nr. 1 GO.

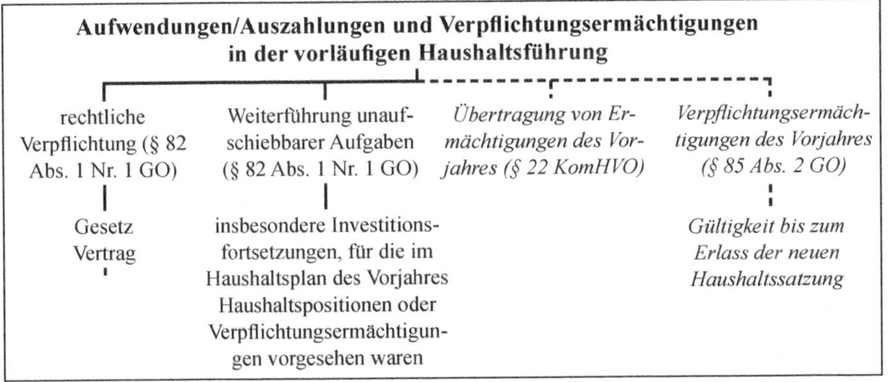

In der vorläufigen Haushaltsführung darf die Gemeinde Aufwendungen entstehen lassen und Auszahlungen leisten, zu denen sie rechtlich verpflichtet ist. Dazu zählen alle Aufwendungen bzw. Auszahlungen, die sich aufgrund einer vertraglichen oder gesetzlichen Verpflichtung ergeben, z. B. Personalaufwendungen/-auszahlungen oder soziale Leistungen.

Zudem darf sie Aufwendungen entstehen lassen und Auszahlungen leisten, die für die Weiterführung notwendiger Aufgaben unaufschiebbar sind. Damit sind alle Maßnahmen gemeint, die im Interesse der Gemeinde und ihrer Bürger notwendig sind, z. B. die Beschaffung von Arbeitsmaterial oder der Erwerb von Treibstoffen. Ausdrücklich wird diesem Tatbestand die Fortsetzung von Bauten, Beschaffungen und sonstigen Investitionsleistungen zugeordnet, sofern im Haushaltsplan des Vorjahres Finanzpositionen oder Verpflichtungsermächtigungen vorgesehen waren. Diese Regelung entspricht dem allgemeinen Haushaltsgrundsatz der Wirtschaftlichkeit, denn z. B. würde ein Baustillstand zu erheblichen Kostensteigerungen führen.

Ein Problem besteht darin, dass § 82 GO keine Ermächtigung in der vorläufigen Haushaltsführung vorsieht, im Investitionsbereich Verpflichtungen einzugehen, die erst in späteren Jahren zu Auszahlungen führen. § 82 Abs. 1 Nr. 1 GO enthält ausschließlich und abschließend nur Ermächtigungen für Auszahlungsleistungen, einen Ersatz für fehlende Verpflichtungsermächtigungen bietet § 82 GO nicht. Die Gemeinde kann zwar während der vorläufigen Haushaltsführung Auszahlungen in Millionenhöhe leisten, einen Vertragsabschluss für einen unaufschiebbar benötigten Grunderwerb über 10.000 € mit Zahlung im kommenden Jahr darf sie dagegen nicht tätigen. Die Praxis umgeht die Regelungslücke dahingehend, dass die Vorschrift des § 82 Abs. 1 Nr. 1 GO per Analogie auch für investive Auftragsvergaben mit Belastungen der kommenden Jahre angewendet werden kann.[197] Dies ist auch hinreichend begründet, da § 82 GO

197 Der Gesetzgeber ist aufgefordert, eine entsprechende Regelung zu Verpflichtungermächtigungen zu treffen.

zwar einen investiven Geschäftsvorfall mit Verpflichtungsgeschäft und Zahlung in einem Haushaltsjahr regelt, aber einen Geschäftsvorfall mit Verpflichtungsgeschäft im Haushaltsjahr und Zahlung in einem späteren Haushaltsjahr nicht; letzteres als unzulässig anzusehen wäre nicht nachvollziehbar.

Unabhängig davon, ob bereits ein neuer Haushalt vorhanden ist oder nicht, kann auf bestimmte Ermächtigungen des Vorjahres zurückgegriffen werden, somit auch während der vorläufigen Haushaltsführung. Es handelt sich somit nicht um spezielle Ermächtigungen der vorläufigen Haushaltsführung, sondern um generelle Ausnahmen zum Grundsatz der Jährlichkeit, die auch bei Vorliegen einer gültigen Haushaltssatzung bestehen. Im Einzelnen:

- Die im Rahmen des Jahresabschlusses des abgelaufenen Haushaltsjahres gemäß § 22 KomHVO übertragenen Ermächtigungen für Aufwendungen und Auszahlungen (in der Praxis oft als „Haushaltsreste" bezeichnet) können bereits unmittelbar nach ihrer Übertragung auch ohne bestehende Haushaltssatzung in Anspruch genommen werden, weil die Bestimmungen des § 22 KomHVO keine Einschränkungen hinsichtlich der vorläufigen Haushaltsführung vorsehen. Mit Inkrafttreten des neuen Haushaltes erhöhen die übertragenen Haushaltsmittel dann die entsprechenden Planpositionen.
- Gemäß § 85 Abs. 2 GO gelten die Verpflichtungsermächtigungen des alten Jahres bis zum Ende des neuen Haushaltsjahres und – wenn die Satzung des darauf folgenden Jahres noch nicht beschlossen ist – bis zum Erlass dieser Satzung weiter. Dies hat zur Auswirkung, dass die Gemeinde die Verpflichtungsermächtigungen des abgelaufenen Jahres auch während der vorläufigen Haushaltsführung in Anspruch nehmen kann. Voraussetzung ist, dass die Verpflichtungsermächtigungen im alten Jahr bei der entsprechenden Investition noch nicht ausgeschöpft wurden.
  Die konkrete Umsetzung dieser Vorschrift zeigt sich am folgenden Beispiel:

Verpflichtungsermächtigung 2023	*3.000.000 €*
Zu Lasten des Jahres 2024	*2.000.000 €*
Zu Lasten des Jahres 2025	*1.000.000 €*

  Die Verpflichtungsermächtigung wird in 2023 nicht in Anspruch genommen.

  Die Verpflichtungsermächtigung 2023 gilt nunmehr bis zum Erlass der Haushaltssatzung 2024 weiter. Dabei besteht für den Anteil zu Lasten des Jahres 2025 weiterhin eine Verpflichtungsermächtigung, weil jetzt in 2024 immer noch ein späteres Haushaltsjahr, nämlich 2025, belastet wird. Beim Anteil der Verpflichtungsermächtigung aus 2023 über 2.000.000 € für 2024 dagegen wird in der vorläufigen Haushaltsführung keine Verpflichtungsermächtigung mehr benötigt, weil in 2024 nur noch eine Auszahlungsermächtigung benötigt wird.
  Dieses Problem wurde vom Gesetzgeber erkannt, indem in § 82 Abs. 1 Nr. 1 GO auch die Investitionsfortsetzung zugelassen wird, wenn u. a. im Vorjahr Verpflichtungsermächtigungen veranschlagt waren.

9.2.8.3 Praktische Beispiele und Übungen

Sachverhalt 1

Die Haushaltssatzung der Gemeinde G für das Haushaltsjahr 2023 wird nicht vor April 2023 rechtswirksam werden. In den Monaten Januar und Februar 2023 sollen folgende Aufwendungen getätigt bzw. Auszahlungen geleistet werden:

a) Nach einem schweren Unwetter muss das Rathausdach mit einem Kostenaufwand von 30.000 € erneuert werden. Im zu dieser Zeit bereits vom Rat beschlossenen Haushaltsplan sind Mittel für diese Maßnahme nicht vorgesehen.
b) Für die Fortführung des Parkplatzbaues am gemeindlichen Friedhof werden rd. 400.000 € benötigt. Bereits im Haushaltsplan 2022 war der erste Teilbetrag für diese Maßnahme veranschlagt.
c) Mit dem beabsichtigten Bau eines Theaters soll begonnen werden. Im Haushaltsplanentwurf 2023 sind erstmals als Anfinanzierung 1.400.000 € eingestellt.
d) Das Hauptamt (zentrale Dienste) will die Telefonkosten an den Telefonanbieter überweisen. Außerdem ist der Papierbestand der Verwaltung weitgehend verbraucht. Statt der benötigten Menge für das 1. Quartal 2023 soll bereits jetzt der Gesamtjahresbedarf für 2023 bestellt werden, um damit einen Rabatt von 10 % zu erzielen.
e) Mit dem Bau einer Schule soll begonnen werden, damit zum Schuljahresbeginn 2024 die Schule fertiggestellt ist. Im Haushaltsplanentwurf 2023 ist als Teilfinanzierung eine Auszahlungsermächtigung von 2.000.000 € enthalten. Nach einer Verfügung des Bauordnungsamtes darf das bisherige Schulgebäude nur bis zum 1.7.2024 genutzt werden.
f) Im Haushaltsplanentwurf 2023 sind als Anfinanzierung für den Bau des seit Jahren geplanten Freibades 1.400.000 € vorgesehen. Bereits im November 2022 hat der Bauunternehmer U den Gesamtauftrag zur Errichtung des Freibades erhalten.
g) Die kommunale Investition „Bau einer Schwimmhalle“ soll fortgesetzt werden. Im Haushaltsjahr 2023 besteht ein Bedarf von 1.400.000 €. Diese Auszahlungen sollen durch Kreditaufnahmen finanziert werden. Im Haushaltsjahr 2022 waren 1.000.000 € als Kreditermächtigung in der Haushaltssatzung vorgesehen, von denen allerdings nur 700.000 € in Anspruch genommen wurden. Ergeben sich hierdurch Finanzierungsmöglichkeiten (ggf. in welcher Höhe) für die Gemeinde G?
h) Es sollen die Mieten für die Wohnhäuser erhöht und die Hundesteuer festgesetzt werden.

Aufgabe:
Prüfen Sie, ob die dargestellten Geschäftsvorfälle im Rahmen der vorläufigen Haushaltsführung durchgeführt werden können.

Lösung:

a) Es handelt sich hier um die Reparatur des Rathausdaches. Die Gemeinde darf in der Zeit der vorläufigen Haushaltsführung u. a. Aufwendungen entstehen lassen und Auszahlungen leisten, die für die Weiterführung notwendiger Aufgaben unaufschiebbar sind (§ 82 Abs. 1 Nr. 1 GO). Ein intaktes Rathaus ist schon aus Gründen der Aufrechterhaltung des Dienstbetriebes und des Erhalts der Bausubstanz notwendig. Zudem könnte eine rechtliche Verpflichtung aus Gründen der Fürsorgepflicht gegenüber den Beschäftigten des Dienstherrn abgeleitet werden, die Anspruch auf intakte Diensträume haben. Die Aufwendungen sowie die Leistung der Auszahlungen in Höhe von 30.000 € für die Dachreparatur sind demnach zulässig. Dabei ist es ohne Bedeutung, dass die Mittel bisher im Haushaltsplanentwurf nicht vorgesehen sind.
b) Es handelt sich laut Sachverhalt um eine Baufortsetzung, für die im Haushaltsplan des Vorjahres bereits Finanzpositionen in Form von Auszahlungsermächtigungen veranschlagt waren. Die Investitionsauszahlung ist demnach gemäß § 82 Abs. 1 Nr. 1 GO zulässig.
c) Mit dem Bau des seit Jahren geplanten Theaters kann während der vorläufigen Haushaltsführung nicht begonnen werden. Es besteht bei dieser freiwilligen gemeindlichen Aufgabe keine rechtliche Verpflichtung zur Leistung von Auszahlungen. Zudem sind keine Gründe

erkennbar, dass diese Maßnahme der unaufschiebbaren Weiterführung gemeindlicher Aufgaben dient. Die Auszahlungen dürfen somit nicht geleistet werden.

d) Die Begleichung der Telefonrechnung bedeutet für die Gemeinde eine rechtliche Verpflichtung, die auf der Abrechnung des Telefonanbieters (Vertrag) fußt. Die Aufwendungen können entstehen und die Auszahlungen können somit gemäß § 82 Abs. 1 GO geleistet werden.
Für die Weiterführung notwendiger Aufgaben wird konkret nur die Papiermenge für das 1. Quartal des Jahres 2023 benötigt. Bei der Bestellung des Gesamtbedarfs kann jedoch ein Rabatt von 10 % erzielt werden. Dieser Geschäftsvorgang ist unter Beachtung des Grundsatzes der Wirtschaftlichkeit nach § 75 Abs. 1 Satz 2 GO zu sehen. Unter dem Aspekt dieser Muss-Vorschrift ist diese Bestellung mit den nachfolgenden Aufwendungen und Auszahlungen für das gesamte Jahr auch während der vorläufigen Haushaltsführung zulässig, ja sogar geboten. Es handelt sich somit um eine auch aus wirtschaftlichen Gründen notwendige unaufschiebbare Aufgabenerfüllung im Sinne des § 82 Abs. 1 Nr. 1 GO.

e) Es liegt hier der Beginn einer neuen Baumaßnahme vor, was grundsätzlich durch die Regelungen des § 82 Abs. 1 Nr. 1 GO ausgeschlossen ist (nur Baufortsetzungen). Zu beachten ist jedoch, dass das bisherige Schulgebäude nur bis zum 1.7.2024 benutzt werden darf. Bis zu diesem Zeitpunkt muss das neue Schulgebäude fertiggestellt sein. Aus diesem Grunde ist auch der Beginn der Schulbaumaßnahme vor dem Hintergrund der Weiterführung notwendiger Aufgaben in den kommenden Jahren (Fortsetzung des Schulunterrichts) zulässig und somit die Leistung der Investitionsauszahlung unaufschiebbar.

f) Im Vorjahr wurde dem Bauunternehmer der Auftrag zur Errichtung des Freibades bereits erteilt. Insofern besteht für die Gemeinde nunmehr die rechtliche Verpflichtung zur Auszahlungsleistung durch den Vertrag. Die anfallenden Investitionsauszahlungen können auch während der vorläufigen Haushaltsführung geleistet werden.

g) Es handelt sich um Maßnahmen im Rahmen der vorläufigen Haushaltsführung nach § 82 GO, weil die Haushaltssatzung für das Jahr 2023 noch nicht veröffentlicht ist. Unabhängig von der Prüfung der Nachrangigkeit der Kreditaufnahmen ist zunächst einmal die Dauer der Kreditermächtigung des Haushaltsjahres 2022 zu prüfen. Gemäß § 86 Abs. 2 GO gilt die Kreditermächtigung 2022 bis zum Ende des auf das Haushaltsjahr folgende Jahr, d. h. bis zum Ende des Haushaltsjahres 2023. Das bedeutet, dass die Kreditermächtigung in dem noch nicht ausgeschöpften Umfang (1.000.000 € ./. 700.000 € = 300.000 €) ohne Beteiligung der Aufsichtsbehörde genutzt werden kann.
Neben der vorgenannten Möglichkeit der Finanzierung besteht zudem die der Nutzung der Regelung des § 82 Abs. 2 GO. Danach kann die Gemeinde unter der Voraussetzung der Nachrangigkeit und mit Genehmigung der Aufsichtsbehörde weitere Kredite bis zu einem Viertel der Vorjahresermächtigung zur Finanzierung der Maßnahme aufnehmen (Vorjahresermächtigung in Höhe von 1.000.000 € × 25 % = 250.000 €).
Die weitere Möglichkeit der Kreditaufnahme nach § 82 Abs. 3 Nr. 2 GO kann nicht geprüft werden, weil der Sachverhalt keine Information darüber enthält, ob hier eine Haushaltssicherungsgemeinde vorliegt.

h) Die Erhebung und Einziehung dieser Deckungsmittel einschließlich möglicher Erhöhungen ist zulässig, denn die genannten Deckungsmittel werden durch besondere Rechtsgrundlagen (Mietverträge bzw. Hundesteuersatzung) erfasst. Das Fehlen der Haushaltssatzung 2023 tangiert insofern diese Ertrags- und Einzahlungsarten nicht, sodass § 82 Abs. 1 GO keine Anwendung findet.

9.2.9 Öffentlichkeit

9.2.9.1 Grundsatz

Das Gesetz über die Freiheit des Zuganges zu Informationen für das Land Nordrhein-Westfalen (Informationsfreiheitsgesetz) vom 27.11.2001 (GV NRW S. 806) in der derzeit geltenden Fassung richtet sich im § 2 auch an die Gemeinden und gewährt gemäß § 4 Abs. 1 jeder natürlichen Person das Recht auf Zugang zu vorhandenen amtlichen Informationen. Nach § 4 Abs. 2 Informationsfreiheitsgesetz gehen jedoch besondere Rechtsvorschriften über den Zugang zu amtlichen Informationen vor. Darunter fallen auch die nachstehend zu beschreibenden haushaltsrechtlichen Spezialnormen, die im Übrigen bereits vor dem In-Kraft-Treten des Informationsfreiheitsgesetzes vorhanden waren und zu den hergebrachten Grundsätzen des Haushaltsrechts zählen.

Der Haushaltsgrundsatz der Öffentlichkeit basiert auf der Grundlage der Beteiligung der Bürgerschaft an der Finanzwirtschaft der Gemeinde. Diese Beteiligung kann sich auf die Formen der Mitwirkung und die Entgegennahme von Informationen erstrecken. Im Folgenden sollen einzelne Regelungen des Haushaltsrechtes bezüglich der Beteiligung der Öffentlichkeit dargestellt werden.

9.2.9.2 Möglichkeiten der Beteiligung der Öffentlichkeit

a) Auslegung des Entwurfs der Haushaltssatzung (§ 80 Abs. 3 Satz 1 GO)[198]

Der Entwurf der Haushaltssatzung und des Haushaltplans einschließlich seiner Anlagen ist während der Dauer des Haushaltsberatungsverfahrens im Rat zur Einsichtnahme verfügbar zu halten. Dadurch soll der Öffentlichkeit Gelegenheit gegeben werden, die Planunterlagen zur Kenntnis zu nehmen, um ein aktives Mitspracherecht zu erlangen (siehe b). Die Gemeinde kann sich dabei auch der Bereitstellung im Internet bedienen. Diese darf allerdings nicht ausschließlich erfolgen, sodass auf eine Auslegung der Materialien zur persönlichen und örtlichen Einsichtnahme nicht verzichtet werden kann. Dies ist darin begründet, dass derzeit ein allgemeiner Zugriff zum Internet nicht besteht. Bei der örtlichen Einsicht können die Materialien jedoch durchaus in elektronischer Form vorgehalten werden. Der Einsichtnehmende hat jedoch dann Anspruch auf Unterstützung bei der Technikanwendung.

b) Einwendungen – Beschluss in öffentlicher Sitzung (§ 80 Abs. 3 Sätze 2 und 3 GO)

Einwendungen gegen den Entwurf der Haushaltssatzung sowie des Haushaltsplans und seiner Anlagen können von Einwohnern und Abgabepflichtigen innerhalb einer Frist von vierzehn Tagen innerhalb der Einsichtnahmefrist erhoben werden. Die Frist ist durch die Gemeinde so zu terminieren, dass die erhobenen Einwendungen noch Eingang in die Haushaltsberatung der Ratsgremien finden können. Über diese Einwendungen beschließt dann der Rat in öffentlicher Sitzung. Es bedarf eines förmlichen Beschlusses des Rates über jede einzelne Einwendung.

c) Öffentliche Bekanntmachung der vom Rat beschlossenen Haushaltssatzung (§ 80 Abs. 5 Satz 3 GO)

Die vom Rat beschlossene Haushaltssatzung ist nach Ablauf der im Gesetz enthaltenen Fristen öffentlich bekanntzumachen. Für die Bekanntmachung ist das verbindliche Muster für die

198 Zu den Einzelheiten des Verfahrens zum Erlass der Haushaltssatzung und der darin enthaltenen Problemstellungen zur Öffentlichkeitsbeteiligung siehe die umfassende Darstellung in Kap. 17.

Haushaltssatzung und die Bekanntgabe der Haushaltssatzung zu verwenden (siehe Anlage 1 VV Muster zur GO und KomHVO). Der Haushaltsplan selbst und seine Anlagen sind nicht bekanntzugeben, sondern nur die Teile, die nach § 78 Abs. 2 GO Bestandteile der Haushaltssatzung sind.

d) Verfügbarkeit der Haushaltssatzung (§ 80 Abs. 6 GO)

Die Haushaltssatzung ist wichtigste Grundlage für das kommunale Finanzmanagement. Daran soll auch die Bürgerschaft jederzeit teilnehmen können. Insofern ist die Haushaltssatzung bis zum Ende des Jahresabschlussverfahrens zur Einsichtnahme verfügbar zu halten. Einwendungen sind jedoch jetzt nicht mehr möglich, weil es sich nunmehr um veröffentlichtes Ortsrecht handelt. Der Termin ist an das Ende der Auslegungsfrist für den Jahresabschluss nach § 96 Abs. 2 GO gekoppelt. Dies ist auch gerechtfertigt, da bis zu diesem Zeitpunkt ein Vergleich zwischen Planung, Ausführung und Rechnungslegung zu ermöglichen ist. Da der Rat den Jahresabschluss bis zum 31. Dezember des Folgejahres beschließen muss, anschließend die Veröffentlichung zu erfolgen hat und danach erst die einmonatige Auslegungsfrist für den Jahresabschluss beginnt, ist die Haushaltssatzung evtl. sogar bis zum Februar des übernächsten Jahres zur Einsichtnahme zur Verfügung zu halten.

e) Öffentlichkeit der Ausführung des Haushalts (§ 48 Abs. 2 GO)

Die Überwachung der Gemeindefinanzen und der Ausführung ist dem Rat in Vertretung der Bürgerschaft (Öffentlichkeit) durch die Festsetzungen in § 41 Abs. 1 GO zur alleinigen Durchführung übertragen worden. Die Entscheidung über folgende Angelegenheiten im Bereich der Haushaltswirtschaft kann der Rat nicht übertragen:

- die Festsetzung allgemein geltender öffentlicher Abgaben und privatrechtlicher Entgelte,
- die Übernahme von Bürgschaften,
- den Abschluss von Gewährverträgen,
- die teilweise oder vollständige Veräußerung oder Verpachtung von Eigenbetrieben.

Durch diese nicht vollständige Aufzählung der nicht übertragbaren Angelegenheiten wird vor dem Hintergrund der Bestimmung des § 48 Abs. 2 GO deutlich gemacht, dass die Öffentlichkeit auch bei der Ausführung des Haushaltes beteiligt ist. Gemäß § 48 Abs. 2 GO sind die Sitzungen des Rates öffentlich; durch die Geschäftsordnung, auf Antrag eines Ratsmitgliedes oder auf Vorschlag des Bürgermeisters kann die Öffentlichkeit zwar für Angelegenheiten einer bestimmten Art oder für einzelne Angelegenheiten ausgeschlossen werden, jedoch durchbricht diese Möglichkeit nicht das Prinzip der Öffentlichkeit.

In § 48 Abs. 3 GO ist als Durchbrechung des Grundsatzes der Öffentlichkeit eingefügt:

„Personenbezogene Daten dürfen offenbart werden, soweit nicht schützenswerte Interessen Einzelner oder Belange des öffentlichen Wohls überwiegen. Erforderlichenfalls ist die Öffentlichkeit auszuschließen.“

f) Öffentliche Bekanntmachung des Jahresabschlusses (§ 96 Abs. 2 Satz 2 GO)

Der Jahresabschluss ist der Aufsichtsbehörde unverzüglich anzuzeigen und öffentlich bekanntzumachen. Im Anschluss an die Bekanntmachung ist der Jahresabschluss bis zur Feststellung des folgenden Jahresabschlusses zur Einsichtnahme verfügbar zu halten. Es bietet sich an, in der Bekanntmachung auf die Möglichkeit der Einsichtnahme hinzuweisen.

9.2.9.3 Praktisches Beispiel und Übung

Sachverhalt

Die vom Rat der Gemeinde G beschlossene Haushaltssatzung wird öffentlich bekanntgemacht. Der Bürger B liest die Bekanntmachung am 20. Dezember in der Tageszeitung und wundert sich, dass das ihn interessierende Produkt „Vereine und Verbände im Sportbereich" nicht abgedruckt ist. Die Bekanntmachung enthält nur Gesamtzahlen, die für ihn keine Aussagekraft und keinen Informationswert besitzen.

Aufgabe:

Welche Auskunft ist dem Bürger B zu erteilen, wenn er die Verwaltung zum vorgenannten Problem befragt? Dabei ist zu unterstellen, dass die Gemeinde G in ihrem Haushaltsplan nur die Mindestgliederung ausgewiesen hat.

Lösung:

Die vom Rat beschlossene Haushaltssatzung ist gemäß § 80 Abs. 6 GO öffentlich bekanntzumachen. Die Haushaltssatzung enthält lediglich den Mindestinhalt nach § 78 Abs. 2 GO, wobei im § 1 nur die Gesamtsummen des Haushaltes festgesetzt sind. Weitergehende Darstellungen enthält die Haushaltssatzung selbst nicht. Insofern kann die öffentliche Bekanntmachung der Haushaltssatzung dem B die geforderten Erkenntnisse nicht erbringen.

Dem Anliegen des Bürgers, Informationen zum Produkt „Vereine und Verbände im Sportbereich" zu erhalten, wird dadurch entsprochen, dass gemäß § 80 Abs. 6 GO die Haushaltssatzung einschließlich des Haushaltsplans zur Einsichtnahme zur Verfügung steht. Der Haushaltsplan enthält jedoch lediglich neben dem Ergebnis- und Finanzplan nur die Teilpläne für die Produktbereiche, somit den Produktbereich 08 „Sportförderung", weil die Gemeinde G laut Aufgabenstellung nur die Mindestgliederung nach § 4 Abs. 1 KomHVO ausgewiesen hat. Ein eigenständiger Teilabschluss für das Produkt ist nicht somit vorgesehen und wird deshalb von der Gemeinde G auch nicht angeboten.

Allerdings enthält der Teilergebnisplan nach § 4 Abs. 2 Nr. 1 KomHVO möglicherweise diese Produktinformationen und entsprechende Ziele und Kennzahlen zur Zielerreichung. Im Teilfinanzplan sind gemäß § 4 Abs. 4 KomHVO die Investitionen des Teilfinanzplans aufgeführt. Somit werden dem B durchaus im Rahmen der gesetzlichen Darstellungsvorgaben ausreichende Informationen zur Verfügung gestellt, die ggf. auch das von ihm angesprochene Produkt beinhalten. Die konkrete Verfahrensweise bzw. Entscheidung orientiert sich an § 4 Abs. 1 Informationsfreiheitsgesetz, wonach der Maßstab des Informationsanspruchs die bei der Behörde vorhandenen Informationen sind. Dies soll sicherstellen, dass sich der Aufwand der Behörden in einem zumutbaren Rahmen hält. Die Behörden sind weder verpflichtet, Informationen zu beschaffen oder aufzubereiten, noch Informationen zu rekonstruieren, die bereits vernichtet oder archiviert wurden. Es besteht allerdings ggf. durchaus die Verpflichtung, bei verschiedenen Stellen einer Behörde vorhandene Unterlagen zusammenzustellen, um sie der informationssuchenden Person gebündelt zugänglich zu machen.[199]

---

199 Vgl. Ausführliche Anwendungshinweise zum Informationsfreiheitsgesetz siehe Landesbeauftragte für Datenschutz und Informationsfreiheit NRW: https://www.ldi.nrw.de/informationsfreiheit/anwendungshinweise-zum-informationsfreiheitsgesetz; letzter Zugriff: 18.3.2023, 19.22 Uhr.

9.3 Veranschlagungsgrundsätze

9.3.1 Allgemeines

Die speziellen Haushaltsgrundsätze unterteilen sich in Veranschlagungs- und Bewirtschaftungsgrundsätze (siehe auch Überblick in Kap. 9.1). Gegenüber den allgemeinen Grundsätzen enthalten sie konkrete und spezielle Einzelregelungen für das kommunale Finanzmanagement. Dabei sind die sog. „Bewirtschaftungsgrundsätze“ wegen ihrer überragenden Managementbedeutung für die konkrete Haushaltsausführung dem besonderen Kap. 13 zugeordnet worden. Insofern werden bei diesem Gliederungspunkt Einzelregelungen zur Veranschlagung von Finanzvorfällen im Ergebnis- und Finanzplan vorgestellt, sodass die Planungswerkzeuge umfassend vermittelt werden. Allerdings ist festzustellen, dass die Veranschlagungsgrundsätze zwangsläufig auch unverändert bei der Haushaltsausführung und bei der Rechnungslegung Anwendung finden. Insofern könnte durchaus auch von „Veranschlagungs- und Ausführungsgrundsätzen“ gesprochen werden. Da jedoch konkrete Vorschriften eingeführt sind, die ausschließlich für die Haushaltsausführung und die Rechnungslegung gelten,[200] sind die Verfasser der Auffassung, den Begriff „Veranschlagungsgrundsätze“ zu verwenden, der dann deckungsgleich auch für die Haushaltsausführung Anwendung findet.

Die Darstellung der Veranschlagungsgrundsätze erfolgt jedoch nicht in der Reihenfolge der gesetzlichen Normierungen, sondern nach der Sinnhaftigkeit der einzelnen Grundsätze. Dadurch wird ermöglicht, die auf viele gesetzliche Regelungen verteilten Veranschlagungsgrundsätze mit ihren Ausnahmen in kompakter Form zu verfolgen. Dabei ergibt sich folgender Überblick:

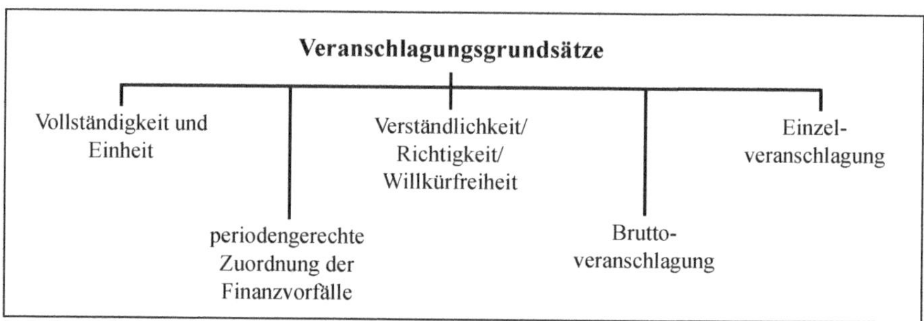

9.3.2 Vollständigkeit und Einheit

9.3.2.1 Allgemeines

Die beiden Grundsätze „Vollständigkeit“ und „Einheit“ sind vor dem gleichen Hintergrund zu sehen, nämlich der Bestimmung des § 79 Abs. 1 GO. Gemäß § 79 Abs. 1 GO enthält der Haushaltsplan der Gemeinde **alle** im Haushaltsjahr zur Erfüllung der Aufgaben voraussichtlich anfallenden Erträge und eingehenden Einzahlungen, entstehenden Aufwendungen und zu leistenden Auszahlungen sowie die notwendigen Verpflichtungsermächtigungen. Beide Grundsätze beziehen sich auf den Haushaltsplan, bieten also nur unterschiedliche Varianten an. Durch den

200 So z. B. die Regelungen in § 83 GO zur Bereitstellung von Deckungsmitteln bei zusätzlichen Aufwendungen und Auszahlungen und die Regelungen zur Inventur in § 91 GO.

Veranschlagungsgrundsatz der Einheit soll gewährleistet werden, dass nur **ein** Haushaltsplan je Gemeinde erstellt wird, wobei durch den Grundsatz der Vollständigkeit dieser Aspekt dahingehend ergänzt wird, dass in diesen Haushaltsplan dann alle Erträge/Einzahlungen, Aufwendungen/Auszahlungen und Verpflichtungsermächtigungen eingestellt werden müssen.

Der nachstehende Überblick verdeutlicht noch einmal die Inhalte des Grundsatzes:

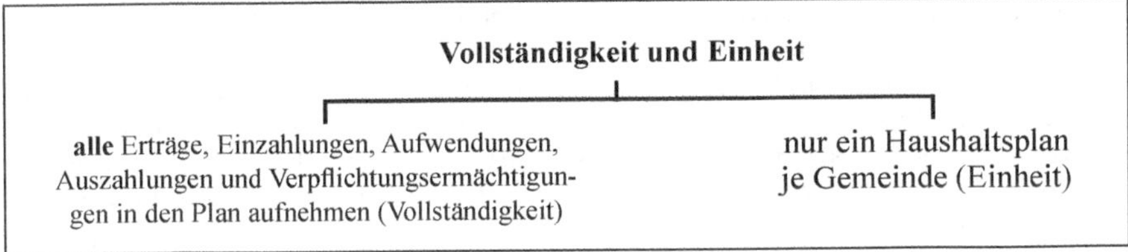

9.3.2.2 Vollständigkeit

Nach § 79 Abs. 1 GO sind im Haushaltsplan alle voraussichtlich anfallenden Erträge und eingehenden Einzahlungen, entstehenden Aufwendungen und zu leistenden Auszahlungen sowie die notwendigen Verpflichtungsermächtigungen[201] der Gemeinde in voller Höhe zu veranschlagen. Es ist grundsätzlich unzulässig, Finanzvorfälle außerhalb des Haushaltsplans zu bewirtschaften. Ebenfalls ist eine Saldierung ausgeschlossen.

Besonderheiten

a) Interne Leistungsverrechnungen

Hierbei handelt es sich um Dienstleistungen innerhalb der Verwaltung, somit also um Geschäftsvorfälle ohne Außenwirkung. Beispiele dafür sind der Einsatz des Bauhofes als zentraler Dienst (Produktbereich 01) für die Pflege der Grünflächen bei den gemeindlichen Gymnasien (Produktbereich 03) oder die besondere Dienstleistung der Bibliothek (Produktbereich 04) als Verwaltungsbücherei anlässlich der Erstellung von Gutachten des Rechtsamtes (Produktbereich 01). Den internen Dienstleistern entstehen dabei in ihren Produktbereichen Aufwendungen für Leistungen, die anderen Produktbereichen anzulasten sind.

Dienstleistungen an oder von kommunalen Sondervermögen[202] fallen jedoch nicht unter die internen Leistungsbeziehungen, weil diese sich in gesonderten Rechnungskreisen befinden bzw. diese aufgrund ihrer organisatorischen Unabhängigkeit ein eigenständiges Rechnungswesen außerhalb des kommunalen Haushalts führen, sodass hier externe Leistungsbeziehungen vorliegen. Dabei stehen den Erträgen und Aufwendungen auch entsprechende Einzahlungen und Auszahlungen gegenüber. Es handelt sich somit um Dienstleistungen von Dritten oder für Dritte.

Die Gliederung im kommunalen Finanzmanagement in Teilpläne ist produkt- bzw. outputorientiert. Das bedeutet gemäß § 4 KomHVO, dass eine Mindestgliederung in Produktbereiche erforderlich ist. Als weitere Gliederungsmöglichkeit des Haushaltsplans ist neben einer organisatorischen Gliederung die tiefergehende Gliederung in Produktgruppen und Produkte nach § 4

201 Begriff: „Verpflichtungsermächtigungen" sind Ermächtigungen im Teilfinanzplan zum Vertragsabschluss im Haushaltsjahr mit Investitionsauszahlungen in späteren Jahren. Näheres dazu siehe in Kap. 14.

202 Beispiele: die Beratung eines Eigenbetriebes durch einen Vertreter des gemeindlichen Rechtsamtes oder die Betreuung der Beschäftigten (Zahlbarmachung der Gehälter, Abrechnung von Reisekosten u. ä.) eines Eigenbetriebs durch den „Personalservice" (Personalamt) der Gemeinde.

Abs. 2 KomHVO zulässig. Der gewählten Gliederung zur Bildung der Teilergebnispläne sind gemäß § 4 Abs. 3 i. V. m. § 2 KomHVO alle zugehörigen Erträge und Aufwendungen zuzuordnen. Damit soll bei jeder kommunalen Aktivität das Ressourcenaufkommen und der Ressourcenverbrauch in den Teilergebnisplänen oder -rechnungen geplant bzw. dokumentiert werden. Dies unterstützt die Haushaltssteuerung. Würde nun der Ressourcenverbrauch innerhalb des kommunalen Haushaltes nicht ermittelt, könnte der Haushaltsplan keinen vollständigen verursachungsgerechten Ressourcenverbrauch nachweisen. Der Grundsatz der Vollständigkeit gebietet aber, auch diese Finanzvorfälle in den Haushalt aufzunehmen. Folgerichtig sieht § 16 KomHVO auch eine Vorschrift für den Nachweis der internen Leistungsbeziehungen im Haushaltsplan vor, allerdings nur, sofern diese Leistungsaustausche erfasst werden. Letztlich enthält diese Einschränkung ein „verstecktes Wahlrecht" für die Gemeinden, denn mangels Erfassung ist eine Darstellung nicht erforderlich. Die Anlage 9 VV Muster zur GO und KomHVO (Muster Teilergebnisplan) sieht für die Erfassung der internen Leistungsbeziehungen einen gesonderten Nachweis in den Zeilen 27 und 28 vor. Es wird damit eine Transparenz des vollständigen Ressourcenverbrauchs und Ressourcenaufkommens erreicht. Der Nachweis im Ergebnisplan und in der Ergebnisrechnung entfällt zwangsläufig, da die internen Leistungsverrechnungen sich in den Gesamtertrags- und Gesamtaufwendungssummen gegenseitig ausgleichen und somit das Gesamtergebnis nicht beeinflussen.

Die Ermittlung der einzelnen Erträge und Aufwendungen aus internen Leistungsbeziehungen, die sich als eine preisliche Darstellung aus verschiedenen Aufwandsarten für eine erbrachte Leistung ermitteln, erfolgt in der Regel mithilfe der Kosten- und Leistungsrechnung. Im Rahmen der Planrechnung werden die Daten für die Teilergebnispläne ermittelt; im Laufe des Haushaltsjahres werden die konkreten Erträge und Aufwendungen für die internen Leistungsbeziehungen gebucht und fließen dann in die Jahresrechnung ein. Eine Durchbuchung ausschließlich am Jahresende ist nicht sinnvoll, da die Werte ja im Rahmen des laufenden operativen Controllings eingesetzt werden. Insofern empfiehlt sich als Entscheidungsgrundlage eine unterjährige kontinuierliche Ermittlung, z. B. für die Durchführung einer bestimmten Dienstleistung durch einen internen oder einen externen Anbieter („Make-or-buy-Entscheidung").

Hinsichtlich der Ermittlungsarten für die internen Leistungsbeziehungen in einer Kosten- und Leistungsrechnung wird auf die diesbezügliche Spezialliteratur verwiesen.

Eine Darstellung der internen Leistungsverrechnungen in Finanzplan und Finanzrechnung erfolgt nicht, weil hierdurch keine Ein- und Auszahlungen entstehen.

b) Aktivierte Eigenleistungen[203]

Eine weitere Besonderheit der Vollständigkeit der kommunalen Haushalte stellen die aktivierten Eigenleistungen dar. Setzt eine Gemeinde eigenes Personal und eigenes Material für aktivierungsfähige (vermögenswirksame) Maßnahmen ein, so muss dieser Geschäftsvorfall – falls er nicht von unerheblicher Bedeutung ist – gemäß § 34 Abs. 3 KomHVO im Rahmen einer differenzierten Zuschlagskalkulation als Herstellungsaufwand erfasst werden.[204] Beispiele dafür sind der Einsatz eines Ingenieurs des gemeindlichen Fachbereichs „Bauen" (Bauamt) für den Bau einer neuen Straße oder die Errichtung eines Anbaus bei einer Feuerwache durch Beschäftigte und Materialeinsatz des gemeindlichen Bauhofes. Würde ein privates Unternehmen außerhalb der gemeindlichen Verwaltung diese Arbeiten erledigen, würde anhand Anlage 23 und 18 VV Muster zur GO und KomHVO selbstverständlich eine Zuordnung der Leistungen zum entsprechenden

203 Aktivierte Eigenleistungen stellen einen Bestandteil der Anschaffungs- und Herstellungskosten dar. Diese werden umfassend in Kap. 10 – insb. in Kap. 10.2 – dargestellt.

204 Die Einzelheiten dieser Kalkulationsmethode bleibt der Kosten- und Leistungsrechnung vorbehalten..

Aktivkonto der Bilanz erfolgen (bei den vorgenannten Beispielen zu den Bilanzposten „1.2.3.5 Straßennetz; Kontengruppe 04“ bzw. „1.2.2.4 Sonstige Dienst-, Geschäfts- und Betriebsgebäude; Kontengruppe 03“). Da die Eigenleistung den gleichen Erfolg herbeiführt, ist sie ebenfalls investiver Natur und somit dem jeweiligen Vermögensposten der Aktivseite zuzuordnen. Aufgrund der hierdurch betraglich zu hoch bestehenden Aufwendungen erfolgt buchungs- bzw. ausweistechnisch keine Absetzung bei den Aufwendungen, sondern zur Neutralisation bruttomäßig eine Ertragsdarstellung in Höhe der zu Unrecht dargestellten Aufwendungen.

Systemgerecht erfolgt kein Nachweis in Finanzplan und Finanzrechnung, da die aktivierten Eigenleistungen aufgrund ihres internen Charakters nicht zu einer Veränderung des Bestandes an liquiden Mitteln führen. Insofern weisen auch die Veranschlagungen der Investitionen in den Teilfinanzplänen dann nicht die richtigen Investitionssummen aus, wenn aktivierte Eigenleistungen erbracht werden. Es werden dort nur kassenwirksame Ein- und Auszahlungen dargestellt. Damit kann der Entscheidungsträger (Rat oder Kreistag) das konkrete Investitionsvolumen nicht überblicken, was sicherlich die Haushaltswahrheit und Klarheit nicht fördert. Insofern ist den Gemeinden zu empfehlen, bei aktivierten Eigenleistungen – soweit nicht geringfügig – diese nachrichtlich im Teilfinanzplan bzw. der Übersicht über die einzelnen Investitionsmaßnahmen aufzulisten, sodass das Gesamtinvestitionsvolumen erkennbar wird. Es mangelt sonst an einer Planverbindung zum späteren Aktivkonto.

Selbstgeschaffenes immaterielles Vermögen wird gemäß § 44 Abs. 1 KomHVO nicht aktiviert. Insofern können auch Eigenleistungen für immaterielles Vermögen (z. B. Erstellung von Software durch eigenes Personal) nicht als aktivierte Eigenleistungen aktiviert werden, sodass diese Aufwendungen vollständig bestehen bleiben und das Jahresergebnis belasten.

c) Kalkulatorische Kosten bei den kostenrechnenden Einrichtungen

Bei den kostenrechnenden Einrichtungen handelt es sich um Bereiche der gemeindlichen Aktivitäten, die ganz oder zum Teil aus Entgelten finanziert werden. Beispiele dafür sind die Abwasserbeseitigung, Abfallbeseitigung, Straßenreinigung, Wochenmärkte, Friedhöfe, Musikschulen, Volkshochschulen, Schwimmbäder und der Rettungsdienst. Dabei erfolgt die Kalkulation der Entgelte (vor allem bei Benutzungsgebühren) nach den Vorschriften des § 6 KAG, die den Ansatz von betriebswirtschaftlichen Kosten vorsehen. Diese betriebswirtschaftlichen Kosten weichen bei einigen Kostenarten von den Aufwendungspositionen des Ergebnishaushalts ab. So können z. B. bei der Gebührenkalkulation die Abschreibungen von Wiederbeschaffungszeitwerten angesetzt und die Zinskosten auf der Basis der Gesamtkapitalbindung ermittelt werden.[205] Um Informationen über die bei der Gebührenkalkulation angesetzten Kosten sowie den Kostendeckungsgrad zu erhalten, sollte für jede mit Kostendeckungspflicht geführte Einrichtung ein eigener Teilergebnisplan und eine eigene Teilergebnisrechnung aufgestellt werden. Dabei könnte dann die Darstellung der Erträge und Aufwendungen nachrichtlich um die Differenzen aus der Gebührenkalkulation in etwa wie folgt ergänzt werden:[206]

205 Die Einzelheiten dazu sind der Spezialliteratur vorbehalten, siehe dazu für alle *Mutschler*, Kommunales Finanz- und Abgabenrecht NRW, 14. Aufl., Witten 2018, S. 209 ff.

206 Entnommen aus Modellprojekt „Doppischer Kommunalhaushalt in NRW“ (Hrsg): Neues Kommunales Finanzmanagement: Betriebswirtschaftliche Grundlagen für das doppische Haushaltsrecht, 2., vollst. überarb. Aufl. auf der Basis der Endergebnisse des Modellprojekts, Freiburg 2003, S. 314.

		Teilergebnisplan	Ergebnis des Vorvorjares	Ansatz des Vorjahres	Ansatz des Haushaltsjahres	Planung Haushaltsjahr + 1	Planung Haushaltsjahr + 2	Planung Haushaltsjahr + 3
			1	2	3	4	5	6
		(…)						
29	=	Ergebnis (=Zeilen 26 und 27 und 28)						
		Nachrichtlich: Überleitung Ergebnis zum Saldo der Gebührenkalkulation						
30	–	Differenz zwischen kalkulatorischer und bilanzieller Abschreibung						
31	–	Differenz zwischen kalkulatorischen Zinsen und effektiven Schuldzinsen						
32	–/+	sonstige Abweichungen zwischen Gebührenkalkulation und Teilergebnisplan						
33	=	Saldo der Gebührenkalkulation (= Zeilen 29 bis 32)						

Allerdings sind neben dieser Ergänzung auch entsprechende Erläuterungen der Abweichungen in verbaler Form als Produktinformationen denkbar.

9.3.2.3 Ausnahmen zur Vollständigkeit

Es gibt jedoch auch Finanzmittel, die zwar als Einzahlungen und Auszahlungen über gemeindliche Girokonten abgewickelt, die aber nicht im gemeindlichen Haushaltsplan nachgewiesen werden. Diese Ausnahmen für den Finanzplan sind abschließend in § 15 KomHVO aufgeführt. Es handelt sich um die sog. „fremden Finanzmittel".

Im Ergebnisplan sind diese Mittel mangels Bestimmung für die gemeindliche eigene Verfügungsmacht nicht zu veranschlagen, sodass eine Abwicklung über den Ergebnishaushalt entfällt. Dies ist durch § 79 Abs. 1 GO begründet, wonach der Haushaltsplan nur die für die Erfüllung der Aufgaben der Gemeinden anfallenden Erträge und Aufwendungen enthält. Diese Vorschrift gilt auch für die gemeindlichen Ein- und Auszahlungen. Demnach erscheint § 15 KomHVO eigentlich entbehrlich. Da jedoch auch bei einem Teil dieser fremden Finanzmittel Ein- und Auszahlungen über kommunale Bankkonten abgewickelt und damit in der Finanzrechnung dokumentiert werden, sah sich der Gesetzgeber zu Recht veranlasst, zur Verdeutlichung der Nichtveranschlagungspflicht die ergänzende Rechtsnorm des § 15 KomHVO zu erlassen.

Danach sind fremde Mittel zwar in der Finanzplanung nicht zu veranschlagen, können allerdings nach § 15 Abs. 2 KomHVO auf Anordnung des Hauptverwaltungsbeamten in die Zahlungsabwicklung der Gemeinde einbezogen werden.

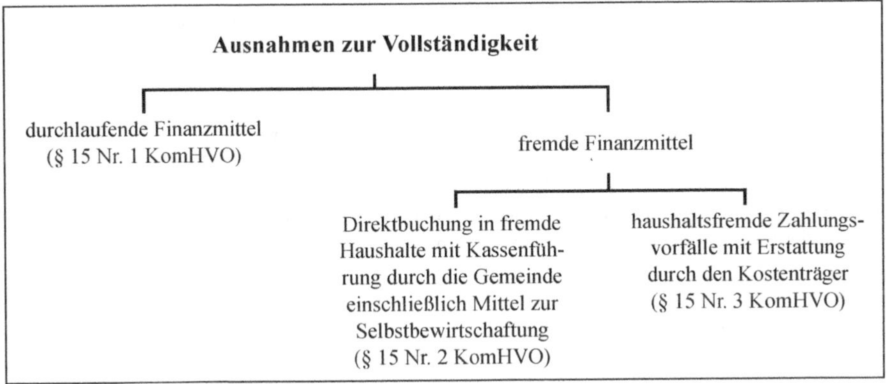

Durchlaufende Finanzmittel

Durchlaufende Finanzmittel (Einzahlungen und Auszahlungen) sind Beträge, die für einen Dritten lediglich zahlungsmäßig vereinnahmt und verausgabt werden. Sie stellen demnach Vorgänge dar, die aus der Wahrnehmung von Finanzgeschäften für Dritte entstehen. Merkmal durchlaufender Finanzmittel ist daher die fehlende Entscheidungsbefugnis der Gemeinde, die praktisch nur eine Art Treuhänder- bzw. Verteilungstätigkeit als Erfüllungsgehilfe ausübt.

Beispiele:
- *Lohnsteuer und Arbeitnehmeranteile der Sozialversicherung der gemeindlichen Bediensteten,*
- *Weiterleitung von Zuwendungen an Dritte,*
- *Mündelgelder,*
- *Überzahlungen auf kommunale Forderungen, die dem Einzahler zu erstatten sind,*
- *fehlerhafte Einzahlungen, die zurückzuzahlen oder an den richtigen Empfänger weiterzuleiten sind.*

Die durchlaufenden Finanzmittel müssen zwar nicht im Haushaltsplan veranschlagt werden, sind aber in der Zahlungsabwicklung buchungsmäßig zu erfassen, allerdings auf besonderen Konten. Bei häufig vorkommenden und voraussehbaren durchlaufenden Finanzmitteln empfiehlt sich sogar ein eigenes Girokonto für diese Ein- und Auszahlungen.

Fremde Finanzmittel

Die fremden Mittel werden gemäß § 15 KomHVO in zwei Arten unterteilt.

§ 15 Nr. 2 KomHVO

Dabei geht es um Finanzmittel, die die Gemeinde aufgrund eines Gesetzes unmittelbar in den Haushalt eines anderen öffentlichen Aufgabenträgers zu buchen hat. Es handelt sich in der Regel um die Erledigung von Aufgaben, die die Gemeinde im Auftrag anderer juristischer Personen des öffentlichen Rechts (im Wesentlichen Bund, Land und Gemeindeverbände) geschäftsmäßig abwickelt. Die Zahlungen werden unmittelbar auf den Haushalt der anderen juristischen Person angeordnet und darüber abgewickelt, ohne dass der Finanzhaushalt der Gemeinde berührt wird. Die zuständigen Beschäftigten der Gemeinde haben die Ermächtigung, Einzahlungen und Auszahlungen in den fremden Haushalten zu veranlassen.

Eine weitere Möglichkeit im Sinne von § 15 Nr. 2 KomHVO stellen die der Gemeinde zur Selbstbewirtschaftung zugewiesenen Mittel dar. Hierbei werden der Gemeinde außerhalb des Haushalts von einer anderen juristischen Person des öffentlichen Rechts Finanzmittel tatsächlich überwiesen, und sie kann über sie verfügen. Aus diesen fremden Mitteln werden dann die entsprechenden Auszahlungen geleistet. Der Nachweis der Finanzmittel erfolgt auf separaten Konten.

Diese Zahlungen sind demnach nicht im Finanzplan zu veranschlagen. Aufgrund der Abwicklung über gemeindliche Girokonten erfolgt gemäß § 40 Satz 5 KomHVO ein Nachweis der Höhe der Bestandsänderung an fremden Finanzmitteln in der Finanzrechnung.[207]

Beispiele:

- *Leistungen nach dem Unterhaltsicherungsgesetz,*
- *Wohngeld,*
- *Leistungen im Rahmen der Ausbildungsförderung,*
- *Aufwendungen im Bereich der Verteidigungslasten (insbesondere Entschädigungen für Manöverschäden),*
- *Leistungen nach dem Sozialgesetzbuch durch nachgeordnete Behörden auf der Rechtsgrundlage einer Delegationssatzung.*

§ 15 Nr. 3 KomHVO

Es handelt sich um Beträge, die die Kasse des endgültigen Kostenträgers oder eine andere Kasse, die unmittelbar mit dem endgültigen Kostenträger abrechnet, anstelle der Gemeindekasse vereinnahmt oder ausgibt. Diese Regelung ist nicht nachvollziehbar. Bei dem hier umschriebenen Fall ist die Gemeinde zahlungsmäßig gar nicht beteiligt, sodass sich diese Regelung erübrigt.

Allerdings treten auch immer wieder Grenzfälle auf. So überweist z. B. das Land an die Gemeinden Städtebauförderungsmittel, die die Gemeinde verwaltet und dann an Dritte für deren Investitionen auszahlt. Hier wird der Bereich der durchlaufenden und fremden Finanzmittel sicherlich verlassen, weil die Gemeinde Bewilligungsentscheidungen zu treffen hat. Insofern bietet sich eine Abwicklung über den gemeindlichen Haushalt an.

Unmittelbare Verrechnung von Wertveränderungen nach § 44 Abs. 3 KomHVO

§ 44 Abs. 3 KomHVO sieht für Aufwendungen und Erträge aus dem Abgang und der Veräußerung von Vermögensgegenständen nach § 90 Abs. 3 Satz 1 GO sowie aus Wertveränderungen von Finanzanlagen eine unmittelbare Verrechnung mit der allgemeinen Rücklage vor. Dementsprechend erfolgt keine vollständige Erfassung bzw. Darstellung dieser unmittelbar zu verrechnenden Erträge und Aufwendungen in der Teilergebnisplanung und der Teilergebnisrechnung; eine gesonderte Darstellung erfolgt nach den Mustern zur GO und KomHVO in der gesamtgemeindlichen Ergebnisplanung und Ergebnisrechnung.

Praktische Beispiele und Übungen

Sachverhalt

Im Rahmen der Aufstellung des Haushaltsplanes fallen folgende Geschäftsvorfälle an:

a) Die Firma F überweist zur Erlangung einer Spendenquittung 1.000 €, die von der Gemeinde an ein örtliches Kunstprojekt (nicht eingetragener Verein) weitergeleitet werden sollen.

207 Siehe dazu auch Zeile 40 des Musters der Finanzrechnung (Anlage 21 VV Muster zur GO und KomHVO).

b) Das Sozialamt bewirkt die Leistungen nach dem Unterhaltssicherungsgesetz unmittelbar aus einem Titel des Bundeshaushaltes.
c) Das Jugendamt vereinnahmt Landeszuweisungen für die Kindergärten und teilt diese Mittel nach einer gemeindlichen Satzung auf die eigenen und die konfessionellen Kindergärten auf.[208]

Aufgabe:
Begutachten Sie, ob die vorstehenden Geschäftsvorfälle Veranschlagungen im gemeindlichen Finanzplan erforderlich machen und in der Finanzrechnung zu dokumentieren sind. Das Gutachten ist auf den Kernpunkt der Subsumtion zu beschränken.

Lösung:
a) Es handelt sich um Beträge, die für einen Dritten – hier: nicht eingetragener Verein für ein örtliches Kunstprojekt – lediglich vereinnahmt und verausgabt werden. Eine Veranschlagung im Finanzplan ist unzulässig, da es sich nach § 15 Nr. 1 KomHVO um durchlaufende Finanzmittel handelt. Der Betrag ist jedoch auf besonderen Buchungsstellen innerhalb der Finanzrechnung abzuwickeln.
b) Das Sozialamt verfügt über Finanzmittel, deren Buchung unmittelbar im Bundeshaushalt erfolgt. Es handelt sich somit um die Verfügung über fremde Finanzmittel gemäß § 15 Nr. 2 KomHVO. Eine Veranschlagung im gemeindlichen Finanzplan und eine Abwicklung über die gemeindliche Finanzrechnung sind somit unzulässig. Die Geldmittelzuflüsse und -abflüsse finden ausschließlich im Bundeshaushalt statt.
c) Die Landeszuweisungen sind für die Gemeinde bestimmt. Die Aufteilung nach der gemeindlichen Satzung auf die eigenen und konfessionellen Kindergärten erfordert eine gemeindliche Entscheidung, die durch die Veranschlagung im Haushaltsplan nachvollziehbar wird. Insofern handelt es sich nicht um durchlaufende Finanzmittel im Sinne von § 15 Nr. 1 KomHVO. Deshalb sind die Einzahlungen und Auszahlungen sowie die entsprechenden Erträge und Aufwendungen über den gemeindlichen Haushaltsplan (Ergebnis- und Finanzplan) gemäß § 79 Abs. 1 GO abzuwickeln.

9.3.2.4 Einheit

Die Gemeinde stellt nur einen Haushaltsplan auf. Dieser Veranschlagungsgrundsatz der sachlichen Einheit ist aus mehreren Bestimmungen, insbesondere der Gemeindeordnung, herauszulesen. Es gilt der Grundsatz des Einheitshaushaltsplans. In § 79 GO ist z. B. nur die Rede vom Haushaltsplan, der alle im Haushaltsjahr für die Erfüllung der Aufgaben anfallenden Erträge, eingehenden Einzahlungen, entstehenden Aufwendungen, zu leistenden Auszahlungen und notwendigen Verpflichtungsermächtigungen enthält und der die Grundlage für die Haushaltswirtschaft der Gemeinde darstellt.

Alle nach dem Grundsatz der Vollständigkeit erforderlichen Veranschlagungen sind grundsätzlich in einem einzigen Haushaltsplan vorzunehmen. Von dieser sachlichen Einheit bestehen allerdings verschiedene Ausnahmen:

208 Der Sachverhalt entspricht nicht der derzeitigen Rechts- und Praxislage und ist lediglich für Übungszwecke konzipiert.

9.3.2.5 Ausnahmen zur Einheit

Ausnahmen zur Einheit
• Eigenbetriebe (§ 97 Abs. 1 Nr. 3 GO) • eigenbetriebsähnliche Einrichtungen (§ 107 Abs. 2 GO) • rechtlich selbstständige Stiftungen (§ 98 Abs. 1 GO) • rechtlich unselbstständige Versicherungs- und Versorgungs-einrichtungen (§ 97 Abs. 1 Nr. 4 GO) • Eigengesellschaften aufgrund von Sondergesetzen (z. B. GmbH-Gesetz) • rechtlich selbstständige Anstalten des öffentlichen Rechts (§ 114 a GO)

Als „Ausnahmen" zum Grundsatz der Einheit des Haushaltsplans werden diejenigen Regelungen der Haushaltswirtschaft bezeichnet, die es bestimmten Einrichtungen vorschreiben bzw. erlaubt, Sonderpläne einzurichten und Sonderrechnungen zu führen.

- Für wirtschaftliche Unternehmen ohne eigene Rechtspersönlichkeit und öffentliche Einrichtungen, für die aufgrund gesetzlicher Vorschriften Sonderrechnungen geführt werden (Eigenbetriebe), sind nach § 97 Abs. 1 Nr. 3 i. V. m. §§ 9 ff. EigVO besondere Wirtschaftspläne aufzustellen. Dies gilt auch für die eigenbetriebsähnlichen Einrichtungen gemäß § 107 Abs. 2 GO.[209]
- Für rechtlich selbstständige Stiftungen sowie Vermögen, das die Gemeinde treuhänderisch zu verwalten hat, sind Sonderhaushaltspläne nach § 98 Abs. 1 GO verbindlich vorgeschrieben. Das gilt jedoch nicht für unbedeutendes Treuhandvermögen und rechtlich unselbstständige Stiftungen, die im Haushalt der Gemeinde im Produktbereich 17 gesondert nachzuweisen sind.
- Für rechtlich unselbstständige Versorgungs- und Versicherungseinrichtungen der Gemeinde können Sonderhaushaltspläne nach § 97 Abs. 1 Nr. 4 i. V. m. Abs. 4 GO gefertigt werden. Es handelt sich hier somit um eine Kann-Vorschrift. Beispiele sind Zusatzversorgungskassen und Krankenversicherungen, die von Gemeinden geführt werden. Diese Formen der wirtschaftlichen Betätigung sind in der kommunalen Praxis jedoch äußerst selten anzutreffen.
- Werden Eigengesellschaften aufgrund von Sondergesetzen (AG, GmbH) betrieben, kann ein Nachweis im kommunalen Haushalt deshalb nicht erfolgen, weil es sich hier um eigenständige juristische Personen des Privatrechts handelt, selbst wenn die Gemeinde 100%iger Anteilseigentümer ist.
- Gemäß § 114 a GO können die Gemeinden Unternehmen und Einrichtungen in der Rechtsform einer Anstalt des öffentlichen Rechts errichten, um wirtschaftliche Tätigkeiten bzw. Tätigkeiten von Regie- und Eigenbetrieben überzuleiten. Aufgrund der rechtlichen Selbstständigkeit dieser Anstalten erscheinen die Finanzvorfälle nicht im Haushalt der Gemeinden, sondern werden über eigenständige Wirtschaftspläne und ein eigenes Rechnungswesen abgewickelt.

Gemäß § 116 GO hat jedoch die Gemeinde zum jeweiligen Jahresende einen Gesamtabschluss zu tätigen, der in einem Beteiligungsbericht erläutert wird (Konzernabschluss). Insofern werden die außerhalb des Haushaltes durchgeführten kommunalen Aktivitäten wieder in das Gesamt-

209 Einrichtungen ohne wirtschaftliche Betätigung, die gemäß § 107 Abs. 2 Satz 2 GO wie Eigenbetriebe geführt werden.

werk eingebunden, es sei denn, dass eine größenabhängige Befreiung nach § 116a GO besteht und diese genutzt wird.[210]

9.3.2.6 Praktisches Beispiel und Übung

Sachverhalt

Die Gemeinde G möchte sämtliche Finanzmittel der folgenden „Einrichtungen" in den kommunalen Haushaltsplan beim zuständigen Produktbereich einordnen:

a) Wasserwerk (Aktiengesellschaft), dessen Kapital zu 100 % im Eigentum der Gemeinde steht,
b) Wohlfahrtsstiftung (juristische Person des öffentlichen Rechts),
c) Abfallbeseitigung (Regiebetrieb),
d) Gaswerk als Eigenbetrieb,
e) rechtlich unselbstständige Schulstiftung,
f) eigene Zusatzversorgungskasse für tariflich Beschäftigte der Gemeinde und
g) Umwandlung des Eigenbetriebes „Gemeindegärtnerei" in eine rechtsfähige Anstalt des öffentlichen Rechts.

Aufgabe:

Begutachten Sie die Zulässigkeit der gemeindlichen Absicht. Auf die Thematik des Gesamtabschlusses (Konzernbilanz) ist nicht einzugehen.

Lösung:

a) Es handelt sich hier um eine Eigengesellschaft, die aufgrund eines Sondergesetzes geführt wird (Aktiengesetz). Da Aktiengesellschaften eigenständige juristische Personen des Privatrechts darstellen, führt die eigenständigen Wirtschaftspläne und ein eigenständiges Rechnungswesen, sodass ein Nachweis der Finanzmittel der Aktiengesellschaft im kommunalen Haushaltsplan unzulässig ist.
b) Die Wohlfahrtsstiftung ist eine juristische Person des öffentlichen Rechts und demzufolge rechtlich selbstständig (§ 98 Abs. 1 GO). Hier ist ein besonderer Haushaltsplan aufzustellen; eine Veranschlagung im Haushaltsplan der Gemeinde ist unzulässig.
c) Die Aufnahme der Abfallbeseitigung als Regiebetrieb in den Haushaltsplan ist zulässig und sogar geboten, denn diese Organisationsform liegt in der unmittelbaren Verantwortung eines Fachbereichs und bewirkt keine organisatorische oder rechtliche Selbstständigkeit. Es werden öffentliche Aufgaben unmittelbar von der eigentlichen Verwaltung erfüllt. Die Einordnung hat in den Produktbereich 11 zu erfolgen.
d) Das Gaswerk wird als Eigenbetrieb über Sonderrechnungen (§§ 9 ff. EigBetrVO) geführt. Eine Veranschlagung im Haushaltsplan ist demnach unzulässig (§ 97 Abs. 1 Nr. 3 GO).
e) Die rechtlich unselbstständige Schulstiftung gehört zwar zum Sondervermögen der Gemeinde gemäß § 97 Abs. 1 Nr. 2 GO. Jedoch unterliegt dieses Sondervermögen den Vorschriften der Haushaltswirtschaft. Die Aufnahme der Schulstiftung in den Haushaltsplan ist gemäß § 97 Abs. 2 GO zwingend geboten. Die Finanzvorfälle der Stiftung sind aber gesondert beim Produktbereich 17 nachzuweisen.
f) In diesem Fall hat die Gemeinde ein Wahlrecht. So könnte ein besonderer Haushaltsplan aufgestellt und eine Sonderrechnung geführt werden (§ 97 Abs. 1 Nr. 4 i. V. m. § 97 Abs. 4 GO). Zulässig ist aber auch die Aufnahme in den Haushaltsplan der Gemeinde beim Produktbereich 01.

210 Siehe ausführlich hierzu Kap. 22.

g) Es handelt sich offensichtlich um eine Umwandlung in eine Anstalt im Sinne des § 114 a GO. Die so entstehende Anstalt ist eine selbstständige juristische Person des öffentlichen Rechts, die über eine eigene Wirtschaftsführung verfügt. Insofern ist eine Aufnahme in den gemeindlichen Haushalt unzulässig.

9.3.3 Periodengerechte Zuordnung der Finanzvorfälle

9.3.3.1 Einführung

Der kommunale Haushaltsplan besteht gemäß § 1 Abs. 1 KomHVO u. a. aus dem Ergebnisplan und dem Finanzplan mit den jeweiligen Teilplänen. Dabei enthält der Ergebnisplan die voraussichtlichen Erträge und Aufwendungen eines Haushaltsjahres. In den Finanzplan werden die voraussichtlichen Einzahlungen und Auszahlungen eingestellt. Daraus ergibt sich, dass in den beiden Planbereichen Geschäftsvorfälle unterschiedlich nachgewiesen werden. Insofern muss auch zwischen zwei verschiedenen Veranschlagungsgrundsätzen differenziert werden. Dies gilt auch für die Haushaltsausführung und den Jahresabschluss in Ergebnis- und Finanzrechnung, sodass die Grundsätze für alle Bereiche gleichermaßen Anwendung finden.

9.3.3.2 Periodengerechte Zuordnung der Erträge und Aufwendungen im Ergebnisplan

Gemäß § 2 KomHVO enthält der Ergebnisplan Erträge und Aufwendungen. Bei den Erträgen handelt es sich um den Ressourcenzuwachs in einer Periode und bei den Aufwendungen um den Ressourcenverbrauch in einer Periode. Da das Haushaltsrecht gemäß § 78 Abs. 1 und 4 GO auf das Kalenderjahr abstellt, erfolgt die Periodisierung im kommunalen Haushalt jahresbezogen.

Bei den Aufwendungen handelt es sich um den bewerteten Verbrauch von Gütern und Dienstleistungen in einer Periode (Ressourcenverbrauch, Werteverzehr). Anhand der Grundsätze ordnungsmäßiger Buchführung (GoB) sind diese Geschäftsvorfälle dem Haushaltsjahr zuzuordnen, dem sie wirtschaftlich zuzurechnen sind. Der Ertrag entspricht dagegen den bewerteten Gütern und Dienstleistungen, die in einer Periode erbracht bzw. erwirtschaftet werden (Zuwachs an Ressourcen, Wertezuwachs). Dazu zählen auch die internen Leistungsverrechnungen, die ebenfalls periodengerecht zu erfassen sind.

Auch die Erfassung von Erträgen und Aufwendungen durch öffentlich-rechtliche Leistungsbescheide stellt keine Besonderheit des Periodisierungsprinzips dar. Dies ergibt sich anhand des Erfüllungszeitpunkts, wonach die sich hierbei ergebende Verpflichtung (schwebendes Geschäft) noch nicht Maßstab der buchhalterischen Erfassung ist, sondern erst die periodenbezogene Verfügung durch einen am Geschäftsvorfall Beteiligten. Dies kann beispielsweise eine Leistung sein, aufgrund derer ein Leistungsbescheid erstellt wird (Abfallsonderleerung am 15.12.2023 der Gemeinde, wodurch der Ertrag aus dem noch zu erstellenden Leistungsbescheid dem Haushaltsjahr 2023 zugerechnet wird, auch wenn die Zahlung erst im Jahr 2024 erfolgen muss). Um die Periodisierung von Erträgen und Aufwendungen in der Bewirtschaftung sachgerecht losgelöst von den Zahlungen buchhalterisch abbilden zu können, existieren für die unterschiedlichsten Sachverhaltskonstellationen entsprechende Instrumente[211]; dies sind:

211 Eine ausführliche Darstellung hierzu befindet sich in Kap. 10 und 21.

- die transitorische Abgrenzung (Rechnungsabgrenzungsposten),
- die antizipative Abgrenzung (sonstige Forderungen bzw. sonstige Verbindlichkeiten) und
- die Rückstellungsbildung.

Die Begriffe „Aufwendungen“ und „Ertrag“ sind im Kap. 3 ausführlich erläutert und mit einer Vielzahl von Beispielen versehen worden, sodass an dieser Stelle die Verdeutlichung des Haushaltsgrundsatzes anhand von drei Beispielen – eines mit Leistungsbescheid – ausreichend erscheint.

Geschäftsvorfall	Zuordnungsentscheidung im Ergebnisplan
Überweisung einer Jahresleasingrate für einen Großflächenmäher am 1.10.2023 in Höhe von 12.000 € zu Beginn des Jahresnutzungszeitraums (1.10.2023 bis 30.9.2024)	Dem Haushaltsjahr 2023 sind verbrauchsgerecht 3.000 € und 9.000 € dem Haushaltsjahr 2024 als Aufwendungen zuzuordnen. Im Jahr 2023 ist der ressourcenunwirksame Betrag von 9.000 € als aktive Rechnungsabgrenzung auszuweisen.
Eingang einer Mieteinnahme von 5.000 € am 20.12.2023 für Januar 2024, weil vertragsmäßig die Mietzahlung zum 20. des Vormonats fällig ist	Bei der Miete handelt es sich unabhängig von der Einzahlung um einen Ertrag des Jahres 2024, weil es sich um einen Ressourcenzuwachs des Jahres 2024 handelt (wirtschaftliche Zurechenbarkeit). Im Haushaltsjahr 2023 ist ein Nachweis als passive Rechnungsabgrenzung erforderlich.
Festsetzung der Kreisumlage 2024 durch den Kreis K durch Bescheid im Dezember 2023 in Höhe von 90.000.000 €	Der Bescheid bestimmt die Leistung der Kreisumlage für das Haushaltsjahr 2024. Dort erfolgt auch erst die Pflicht zur Zahlungserfüllung. Es handelt sich beim Kreis K um einen Ertrag des Jahres 2024.

Festzustellen ist somit, dass der Ressourcenverbrauch und der Ressourcenzuwachs der jeweiligen Verursachungsperiode zuzuordnen sind. Dies wird auch noch einmal deutlich bei den Pensionsrückstellungen. Die Ursache der späteren Pensionszahlungen ist nicht in der Tatsache begründet, dass ein Bediensteter im Ruhestand Pensionsleistungen bezieht. Vielmehr ergibt sich der Pensionsanspruch während seiner aktiven Tätigkeit für die Gemeinde, sodass in dieser Zeitspanne die Verursachung begründet ist. Die Aufwendungen für die späteren Pension ist deshalb den Jahren der aktiven Beschäftigung zuzuordnen und über eine Pensionsrückstellung zu erwirtschaften. Diese periodengerechte Zuordnung ist bei tariflich Beschäftigten problemlos, weil die rentensichernden Leistungen in Form der Arbeitgeberanteile für Sozialversicherungen periodengerecht während der Beschäftigungszeit dieser Beschäftigten aufgewendet werden.

Ausnahmen von diesem Haushaltsgrundsatz sieht der Gesetzgeber nicht vor. Es ergeben sich allerdings bei der Veranschlagung von einigen Geschäftsvorfällen Besonderheiten, die nachstehend erläutert werden.

a) Stundung, Niederschlagung und Erlass[212]

§ 27 Abs. 1 KomHVO bzw. § 222 AO lassen unter bestimmten Bedingungen Stundungen zu. Dabei handelt es sich bei einer Stundung um das Aufschieben von Zahlungsterminen. Obwohl der Ertrag aufgrund der Stundung evtl. nicht mehr im Jahr des wirtschaftlichen Entstehens liquiditätsmäßig zu realisieren ist, bleibt es gemäß § 11 Abs. 1 KomHVO bei der wirtschaftlichen Zuordnung des Ertrages. Insofern verbleiben bei der Erstellung des Ergebnisplans gestundete

212 Die Besprechung des haushaltsrechtlichen Verfahrens – auch mit der Darstellung der Spezialnormen des Abgabenrechts – enthält Kap. 18.4.

Beträge im Ergebnisplan bzw. der Ergebnisrechnung des Jahres, indem sie verursachungsgerecht eingestellt wurden. Bei unverzinslichen oder niedrig verzinslichen Stundungen von Forderungen erfolgt jedoch der Ansatz der gestundeten Forderungen mit dem Barwert (Abzinsung mit marktüblichem Zinssatz), soweit es sich nicht um geringfügige Beträge handelt. Da die Gemeinde aus den Erfahrungen der Vorjahre das Stundungsvolumen durchaus einschätzen kann,[213] muss sie bei ihrer Planung die eventuellen Abzinsungen als Wertberichtigungsaufwendungen berücksichtigen.

Niederschlagungen (siehe § 27 Abs. 2 KomHVO bzw. § 261 AO) stellen die Zurückstellung der Weiterverfolgung eines fälligen Anspruchs ohne Verzicht auf den Anspruch dar. Damit hat die Gemeinde den Ressourcenzuwachs zwar zu verzeichnen, sodass ein Ertrag vorliegt. Er ist jedoch zumindest in diesem Wirtschaftsjahr nicht mehr liquiditätsmäßig zu realisieren. Da der Ertrag gemäß § 11 Abs. 1 KomHVO immer noch vorliegt, darf er nicht buchungsmäßig „abgesetzt" werden (keine Soll-Buchung auf dem Ertragskonto). Vielmehr liegt hier das Erfordernis einer Wertberichtigung[214] vor, wobei sowohl die befristete als auch die unbefristete Niederschlagung eine Vollabschreibung (Wertberichtigung) ergebnisbelastend bei den sonstigen ordentlichen Aufwendungen (Konto Wertberichtigungen) bewirken. Da die Gemeinde aus Erfahrung weiß, dass eine bestimmte Summe von Forderungen nicht zu realisieren sein wird, hat sie die Wertberichtigungen periodengerecht sowohl im Ergebnisplan als auch in den zuständigen Teilergebnisplänen zu berücksichtigen.

Beim Erlass (siehe § 27 Abs. 3 KomHVO bzw. § 227 AO) handelt es sich um den Verzicht auf eine Forderung. Hier erfolgt wie bei der Niederschlagung eine das Ergebnis belastende sofortige „Abschreibung" der Forderung (Wertberichtigung). Sicherlich ist ein möglicher erheblicher Erlass bei Aufstellung des Haushaltsplanes in der Praxis kaum voraussehbar, da es sich um einen selten vorkommenden Einzelfall handelt, sodass die Berücksichtigung eines Erlasses bei der Veranschlagung kaum in Betracht kommt. Bedeutung könnte dies höchstens bei der Nachtragsplanung gewinnen, wenn der Erlass erheblicher Natur ist (§ 10 Abs. 1 KomHVO).

Nach § 27 Abs. 4 KomHVO sind Ansprüche der Kommune, die diese als dauerhaft uneinbringlich einschätzt, auszubuchen und dürfen nicht im Inventar geführt werden. Bei dieser Regelung kommen aufgrund ihrer Definition nur unbefristete Niederschlagungen und Erlasse in Betracht.

Geschäftsvorfall	**Zuordnungsentscheidung im Ergebnisplan**
Unverzinsliche Stundung einer Gewerbesteuerforderung für 2023 in Höhe von 3.000.000 € ins Folgejahr 2024	Die Zahlungserfüllung der per Bescheid festgesetzten Gewerbesteuer lag in 2023, so dass die Stundung nur als Verschiebung des Zahlungszeitpunktes ins Jahr 2024 keinerlei Veränderung der Ertragszuordnung für 2023 bewirkt.
Unbefristete Niederschlagung einer einzelnen Mietforderung von 10.000 € in 2023	Der Ertrag in Höhe von 10.000 € bleibt weiterhin im Ergebnishaushalt 2023. Es erfolgt jedoch eine Einzelwertberichtigung als sonstiger ordentlicher Aufwand in Höhe von 10.000 € als Aufwendung in 2023.

213 Dazu ist sie nach § 11 Abs. 1 KomHVO verpflichtet.

214 Zum Buchungsverfahren – auch zur Abgrenzung der zweifelhaften Forderungen – siehe die ausführliche Darstellung bei *Mutschler/Stockel-Veltmann*, Externes Rechnungswesen, 6. Aufl., Witten 2021, S. 107 ff.

b) Zweckgebundene Zuwendungen und Beiträge für Investitionen

Gemäß § 44 Abs. 5 KomHVO sind zweckgebundene Zuwendungen und Beiträge der Passivseite der Bilanz als Sonderposten zuzuordnen, da sie an bestimmte Investitionen gekoppelt sind, die auf der Aktivseite der Bilanz nachgewiesen werden. Die Sonderposten sind analog zum Abschreibungsverfahren und der Abschreibungsdauer des gebundenen Vermögensgegenstandes aufzulösen und fließen dann mit ihren Teilbeträgen in die entsprechenden Ergebnispläne und Ergebnisrechnungen ein.

Geschäftsvorfall	Zuordnungsentscheidung im Ergebnisplan
Laut einem Zuwendungsbescheid aus 2022 wird die Anschaffung eines Spielgerätes gefördert, wobei die Zahlung an die Gemeinde erst in 2024 erfolgen wird. Die Gemeinde plant, das Spielgerät noch in 2023 zu beschaffen.	Durch die Erfüllung in 2023 der sich aus dem Zuwendungsbescheid ergebenden Verpflichtung, ein Spielgerät zu beschaffen, erfolgt die Veranschlagung der sich ergebenden Erträge aus der Auflösung des Sonderpostens ab 2023, da sich durch die Erfüllung der Verpflichtung des Zuwendungsbescheides eine Forderung aus Transferleistungen ergibt.
Laut einem Zuwendungsbescheid aus 2022 wird die Anschaffung eines Spielgerätes gefördert, wobei die Zahlung an die Gemeinde noch in 2023 erfolgen wird. Die Gemeinde plant, das Spielgerät erst in 2024 zu beschaffen.	Der Zuwendungsgeber hat zwar die Zahlung in 2023 vorgenommen, die Erfüllung der Zuwendungsverpflichtung durch die Gemeinde erfolgt aber erst in 2024, so dass die Sonderpostenbildung und die sich ergebenden Erträge aus der Auflösung des Sonderpostens erst in 2024 erfolgen. Bis zur Anschaffung des Spielgerätes stellt die Zuwendung eine erhaltene Anzahlung als sonstige Verbindlichkeit dar.

c) Sonstige Abgrenzungsnotwendigkeiten bzw. -möglichkeiten

Der Grundsatz der periodengerechten Abgrenzung nach § 11 Abs. 1 KomHVO ist ausnahmslos anzuwenden. Insofern ist bei jedem Finanzvorfall die wirtschaftliche Zuordnung zu überprüfen. Die praktischen Beispiele sind vielfältig, sodass an dieser Stelle die Problematik lediglich exemplarisch vorgestellt werden kann.

Erhebt die Gemeinde z. B. Friedhofsgebühren per Leistungsbescheid in Höhe von 1.000 € für die Bereitstellung eines Urnengrabes für den Zeitraum von 20 Jahren, so ist der Gebührenertrag auf 20 Jahre mit einem Jahresertrag von je 50 € zu periodisieren, da die Gemeinde in 20 Jahren sukzessive ihre Gegenleistungsverpflichtung erfüllt. Damit wird erreicht, dass dem Jahresaufwand für die Friedhofsnutzung auch die korrekten Ertragsanteile gegenüberstehen.

Ein weiteres Beispiel sind die Kreditbeschaffungskosten. Soweit diese nicht unerheblich sind, kann auch hier eine Periodenzuordnung entsprechend der Laufzeit des Kredites erfolgen (Wahlmöglichkeit der Gemeinde). Nimmt die Gemeinde z. B. einen Kredit mit einer Laufzeit von 30 Jahren und einmaliger Kreditbeschaffungskosten von 30.000 € auf, so können die Kreditbeschaffungskosten für diese Laufzeit mit einem Jahresbetrag von 1.000 € erfolgswirksam als Aufwendung aufgelöst werden (siehe dazu auch § 43 Abs. 2 KomHVO). Die jeweiligen Gegenbuchungen erfolgen dann auf Rechnungsabgrenzungskonten der Bilanz.

Bei den Beamtengehältern für den Monat Januar besteht dagegen keine Besonderheit, weil diese – wirtschaftlich betrachtet – Ressourcenverbrauch (Verbrauch der Dienstleistung eines Beschäftigten im öffentlich-rechtlichen Dienstverhältnis) für den Monat Januar darstellen und somit unabhängig von der Zahlung im Vorjahr dem neuen Haushaltsjahr zuzuordnen sind. Im Vorjahr müsste nach den Regeln der Periodenabgrenzung ein aktiver Rechnungsabgrenzungsposten gebildet werden (§ 43 Abs. 1 KomHVO).

9.3.3.3 Periodengerechte Zuordnung der Einzahlungen und Auszahlungen im Finanzplan

Der Finanzplan beinhaltet gemäß § 3 KomHVO die Einzahlungen und Auszahlungen einer Periode und damit gemäß § 78 Abs. 1 und 4 GO eines Kalenderjahres. Angesprochen sind nach § 11 Abs. 1 KomHVO die voraussichtlich zu erzielenden oder zu leistenden Beträge, wobei unter einer „Einzahlung“ ein Geldmittelzufluss und unter „Auszahlung“ ein Geldmittelabfluss zu verstehen ist. Insofern spricht man beim Finanzplan auch vom **„Grundsatz der Kassenwirksamkeit“**.

Demnach finden nicht zahlungswirksame Geschäftsvorfälle wie Abschreibungen, interne Leistungsverrechnungen und die Aufwendungen für die Zuführung an Rückstellungen im Finanzplan bzw. der Finanzrechnung keinerlei Berücksichtigung.

Die Begriffe „Auszahlung“ und „Einzahlung“ sind in Kap. 3 ausführlich erläutert und mit einer Vielzahl von Beispielen versehen, sodass an dieser Stelle die Verdeutlichung des Haushaltsgrundsatzes anhand von wenigen Beispielen ausreichend erscheint. Dabei werden die bei den vorangehenden Gliederungsziffern dargestellten Finanzvorfälle aufgegriffen, sodass auch noch einmal die Abgrenzungen zum Ergebnishaushalt deutlich werden.

Geschäftsvorfall	Zuordnungsentscheidung im Finanzplan
Überweisung einer Jahresleasingrate für einen Großflächenmäher am 1.10.2023 in Höhe von 12.000 € zu Beginn des Jahresnutzungszeitraums (1.10.2023–30.9.2024)	Der gesamte Auszahlungsbetrag in Höhe von 12.000 € ist in den Finanzplan 2023 einzustellen.
Eingang einer Mieteinnahme von 5.000 € am 20.12.2023 für Januar 2024, weil vertragsmäßig die Mietzahlung zum 20. des Vormonats fällig ist	Da bekannt ist, dass die Miete im Voraus fällig ist, muss der Finanzplan 2023 die Mieteinzahlung berücksichtigen, obwohl die Miete für den Monat Januar 2024 bestimmt ist.
Festsetzung der Kreisumlage 2023 durch den Kreis K durch Bescheid im Dezember 2022 in Höhe von 90.000.000 €. Es ist jetzt schon absehbar, dass ein Betrag von 5.000.000 € zugunsten einer Gemeinde bis zum 20.1.2024 zu stunden ist.	Die Beträge der kreisangehörigen Gemeinden werden bis auf den Stundungsbetrag voraussichtlich in 2023 eingehen, sodass dem Finanzplan 2023 des Kreises K 85.000.000 € und dem Finanzplan 2024 5.000.000 € Einzahlungen aus der Kreisumlage zuzuordnen sind.
Unverzinsliche Stundung einer Gewerbesteuerforderung für 2023 in Höhe von 3.000.000 € in drei gleichbleibenden Jahresraten ab 2024	Der Finanzplan 2023 enthält keine Einzahlungen. Diese Zuordnung erfolgt mit je 1.000.000 € in den Jahren 2024, 2025 und 2026.
Unbefristete Niederschlagung einer einzelnen Mietforderung von 10.000 € in 2023	Im Finanzplan 2023 ist die niederzuschlagende Mietforderung nicht als Einzahlung nachzuweisen (sofern bei der Planung bereits absehbar).

Eine Besonderheit stellen die Beamtenbesoldung für den Monat Januar dar. Wirtschaftlich werden sie für das neue Jahr geleistet, sodass sie dem Ergebnisplan des neuen Jahres zuzuordnen sind. Da sie jedoch bereits im Voraus, also noch im Dezember des Vorjahres zu zahlen sind, findet der Geldmittelabfluss noch im alten Jahr statt. Insofern sind die Beamtengehälter für Januar über den Finanzplan und die Finanzrechnung des Vorjahres abzuwickeln.

Ein weiteres Problem stellt die Darstellung von Erschließungsbeiträgen nach BauGB und Beiträgen nach dem KAG vor allem in den Teilfinanzplänen dar. Den Investitionsauszahlungen für eine Beitragsmaßnahme stehen u. a. die von den Beitragspflichtigen zu zahlenden Beiträge gegenüber. Dabei sind auch beitragspflichtige gemeindliche Grundstücke in die Abrechnung aufzunehmen. Dies hat jedoch wegen der fehlenden Außenwirkung keine Auswirkung auf den

Liquiditätssaldo, weil weder Ein- noch Auszahlungen im Sinne von § 11 Abs. 1 KomHVO vorliegen. Insofern sieht der Finanzplan zwar die korrekten Investitionsauszahlungen vor, gibt jedoch bei Beteiligung von kommunalen, im Abrechnungsbereich liegenden Grundstücken keine Information über den entsprechenden Berechnungsanteil. Wegen der fehlenden Außenwirkung kann auch kein Beitragsbescheid innerhalb der Gemeinde versandt werden (Unzulässigkeit der Innenveranlagung).[215] Es kann somit auch keine Beitragsforderung für kommunale Grundstücke eingestellt werden. Eine Sonderpostenbildung ist für diese Grundstücke demnach ebenfalls ausgeschlossen.

Ein ähnliches Problem stellt sich bei den laufenden grundstücksbezogenen Abgaben wie Steuern, Abfallbeseitigungs-, Straßenreinigungs- und Entwässerungsgebühren für die kommunalen Grundstücke innerhalb der eigenen Gemeindegrenzen. Hier werden allerdings Grundbesitzabgabenbescheide vom gemeindlichen Steueramt (Zentrale Dienste Finanzen) erlassen, sodass diese Positionen durchaus über den Ergebnishaushalt als Erträge und Aufwendungen in gleicher Höhe produktorientiert abzuwickeln sind.[216] Der Finanzhaushalt ist wegen des Fehlens von echten Ein- und Auszahlungen nicht tangiert.

9.3.3.4 Praktische Beispiele und Übungen

Sachverhalt

Der Fachbereich „Finanzen“ (Kämmerei) bereitet zurzeit einen Nachtragshaushalt für das Jahr 2023 vor. Dabei liegen ihm die folgenden Anfragen zur periodengerechten Zuordnung einzelner Finanzvorfälle vor:

a) *Anfrage der Steuerabteilung*
Eine Gewerbesteuerforderung an das Unternehmen U (Nachveranlagung für 2022 auf Grund einer Steuerprüfung) in Höhe von 3 Mio. € wird am 15.10.2023 fällig. U ist jedoch in Insolvenz geraten. Nach Mitteilung des Insolvenzverwalters wird erst nach Abwicklung des Insolvenzverfahrens mit der vollständigen Zahlung der Steuerschulden zu rechnen sein. Dieses wird jedoch nicht vor Mitte 2024 erfolgen.
b) *Fachbereich „Rettungsdienst“*
Die in der ersten Woche des Monats Dezember 2023 durchgeführten Rettungstransporte werden noch Ende Dezember 2023 buchhalterisch erfasst, die Gebührenbescheide werden aber erst Anfang Januar 2024 mit Volumen von insgesamt rd. 17.000 € den Abgabepflichtigen zugesandt.
c) *Fachbereich „Zentrales Immobilienmanagement“*
Die Verhandlungen über die Nutzung einer Grundstücksfläche für die Zuwegung für den neuen gemeindlichen Sportplatz stehen kurz vor dem Abschluss. Der Grundstückseigentümer wird der Gemeinde ein Wegerecht für die Dauer von 50 Jahren einräumen. Dafür hat die Gemeinde zum Zeitpunkt des Nutzungsbeginns im September 2023 eine einmalige Entschädigung von 60.000 € zu entrichten.
d) *Fachbereich „Personalservice“*
Bei der Gemeinde G ist es üblich, aus Gründen der Zahlungsvereinfachung die Beihilfezahlungen für die Beamten zusammen mit der Besoldungszahlung zu überweisen. Soweit

215 Siehe dazu auch die Kommentierung zu § 8 KAG in *Driehaus*, Kommunalabgabenrecht (Kommentar), Loseblatt, Herne.

216 Dieses Verfahren ist juristisch und betriebswirtschaftlich nicht vertretbar, jedoch praktisch durchaus sinnvoll. Insofern ist dem Gesetzgeber zu empfehlen, diese Besonderheit durch eine Fiktion zum Aufwand und Ertrag zu erklären.

die Beihilfeanträge bis zum 15.12.2023 eingehen, werden noch Bescheide gefertigt und die Überweisung zum 30.12.2023 mit dem Januargehalt 2024 durchgeführt. Nach Schätzungen beträgt dieses Zahlungsvolumen 160.000 €. Soweit die Anträge bis zum 20. Dezember 2023 eingehen, werden sie zwar noch in 2023 beschieden, jedoch erst mit der Februarbesoldung 2024 überwiesen (Zahlungsvolumen voraussichtlich 10.000 €). Anträge, die in der Zeit vom 21.12.2023 bis 31.12.2023 eingehen, werden in der ersten Januarwoche 2024 per Bescheid bearbeitet, wobei die Überweisung dann auch mit der Februarbesoldung 2024 erfolgt (Zahlungsvolumen voraussichtlich 30.000 €).

Aufgabe:

Erläutern Sie, welchen Haushaltsjahren die Finanzvorfälle zuzuordnen und unter welcher Position und in welcher Höhe diese im Ergebnis- als auch im Finanzplan zu veranschlagen sind.

Lösung:

a) Gemäß § 2 Abs. 1 Nr. 1 i. V. m. § 11 Abs. 1 KomHVO sind die Steuererträge auf der Position „Erträge aus Steuern" mit 3 Mio. € in den Ergebnisplan einzustellen, und zwar in dem Jahr, in dem die Erfüllung der Zahlung der Nachveranlagung von der Gemeinde festgelegt wird. Es handelt sich laut Sachverhalt um eine Steuerfestsetzung für das Jahr 2023, sodass die Nachzahlung dem Nachtragsergebnisplan 2023 zuzuordnen ist.[217] Der Finanzplan enthält gemäß § 3 Abs. 1 Nr. 1 i. V. m. § 11 Abs. 1 KomHVO die kassenwirksamen Einzahlungen, somit die voraussichtlich zu erzielenden Beträge auf der Position „Einzahlungen aus Steuern" mit 3 Mio. €. Die Steuerzahlung ist dem Finanzplan des Jahres 2024 zuzuordnen, weil laut Sachverhalt erst Mitte 2024 mit dem Zahlungseingang zu rechnen ist.

b) Nach § 11 Abs. 1 KomHVO ist bei durch Leistungsbescheid festgesetzten Erträgen die Veranschlagung anhand des Erfüllungszeitpunktes vorzunehmen. Im vorliegenden Fall liegt der Erfüllungszeitpunkt der Leistungen durch die Gemeinde nach dem Realisationsprinzip im Jahr 2023. Aufgrund der bestehenden Möglichkeit einer Berücksichtigung in der Nachtragssatzung bzw. im Nachtragshaushaltsplan kann die Zuordnung sowohl in der Planung als auch in Form einer Wertaufhellung für den Jahresabschluss 2023 periodengerecht mit 17.000 € im Ergebnisplan auf der Position „Erträge öffentlich-rechtliche Leistungsentgelte" berücksichtigt werden. Da die Einzahlung erst nach Versand der Bescheide im Januar 2024 erfolgt, werden die 17.000 € im Finanzplan 2024 auf der Position „Einzahlungen öffentlich-rechtliche Leistungsentgelte" ausgewiesen.

c) Der Finanzplan weist die kassenwirksamen Auszahlungen auf, sodass der Betrag von 60.000 € im Finanzplan 2023 auf der Position „Auszahlungen für Erwerb von Grundstücken und Gebäuden" zu veranschlagen ist. Wegerechte werden zu den grundstücksgleichen Rechten gezählt, sodass der Wert des Wegerechtes zu aktivieren ist. Dies erfolgt in 2023 anlässlich des Erwerbs (Vermögenszugang) auf der Bilanzposition „Unbebaute Grundstücke". Nach dem Vertrag ist das Wegerecht auf die Dauer von 50 Jahren beschränkt und unterliegt demnach einem Werteverzehr nach § 36 Abs. 1 KomHVO in Form von planmäßigen bilanziellen Abschreibungen. Da dieser Ressourcenverbrauch gleichmäßig ist, kommt eine lineare Abschreibung des Wegerechtes in Betracht. Gemäß § 2 Abs. 1 Nr. 13 KomHVO sind die Abschreibungen dem Ergebnisplan auf der Position „bilanzielle Abschreibungen" zuzuordnen. § 11 Abs. 1 KomHVO stellt dabei auf die periodengerechte Zuordnung ab. Das bedeutet, dass bereits dem Ergebnisplan 2023 eine anteilige Abschreibung zuzuordnen ist, weil die Nutzung und damit

217 Eine Zuordnung zum Haushaltsjahr 2022 ist dagegen nicht mehr möglich, da dieses bereits abgeschlossen ist.

der Ressourcenverbrauch im September 2023 nach dem kaufmännischen Abschreibungsprinzip beginnt. Insofern sind in den Ergebnisplan in 2023 Abschreibungen in Höhe von 400 € (jahresanteilig vier Zwölftel) und ab dem Jahr 2024 jährlich 1.200 € einzustellen.

d) Gemäß § 2 Abs. 1 Nr. 10 i. V. m. § 11 Abs. 1 KomHVO hat der Ergebnisplan 2023 alle Personalaufwendungen nachzuweisen, die wirtschaftlich diesem Haushaltsjahr zuzuordnen sind. Es ergeben sich durch den Rechtsanspruch auf Beihilfe und der Beantragung dieser Leistungen für die Gemeinde ungewisse Verbindlichkeiten, die sich in 2023 realisiert haben. Insofern müssen dem Ergebnisplan 2023 alle im Sachverhalt genannten Teilbeträge – also insgesamt 200.000 € – als Beihilfeaufwendungen unter der Position „Personalaufwendungen" zugeordnet werden. Im Finanzplan dagegen kommt es gemäß § 3 Abs. 1 Nr. 9 i. V. m. § 11 Abs. 1 KomHVO auf den Termin der voraussichtlichen Auszahlung an. Die Beamtengehälter für Januar 2024 werden bereits im Dezember 2023 ausgezahlt, sodass der Beihilfeanteil von 160.000 € dem Finanzplan 2023 zuzuordnen ist. Der Restbetrag gehört wegen der Zahlung mit dem Februargehalt in den Finanzplan 2024. Der Nachweis aller Zahlungen im Finanzplan erfolgt unter der Position „Personalauszahlungen".

9.3.4 Grundsätze der Verständlichkeit (Haushaltsklarheit), der Steuerungsrelevanz sowie Richtigkeit und Willkürfreiheit (Haushaltswahrheit)

9.3.4.1 Informationen zur Verständlichkeit (Haushaltsklarheit) und Steuerungsrelevanz der kommunalen Haushalte

Kernpunkt des Haushaltsplans sind Zahlenwerke. Eine übersichtliche und klare Gestaltung fördert dabei die Überschaubarkeit. Insofern erfolgt zunächst eine grundsätzliche produktorientierte Gliederung des kommunalen Haushalts (siehe dazu im Einzelnen Kap. 6). Des Weiteren sind innerhalb der (Teil-)Ergebnis- und (Teil-)Finanzpläne zwingend gewisse Ertrags- und Aufwendungsgliederungen gemäß §§ 2 und 4 Abs. 3 KomHVO sowie Einzahlungs- und Auszahlungsgliederungen gemäß §§ 3 und 4 Abs. 4 KomHVO vorgesehen. Demnach können zu jedem Produktbereich die einzelnen Finanzpositionen abgelesen werden. Jedoch bedarf es zur Verständlichkeit und zur Steuerungsrelevanz des kommunalen Haushalts weitergehender Informationen.

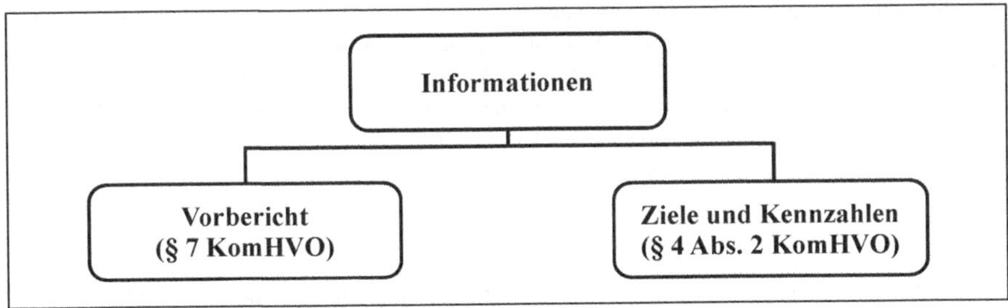

Zunächst einmal ist dem Haushaltsplan nach § 1 Abs. 2 Nr. 1 KomHVO ein **Vorbericht** beizufügen. Dieser gibt gemäß § 7 KomHVO Informationen über die wichtigsten Eckpunkte des Haushaltsplans. Dabei soll ein Gesamtüberblick über die aktuelle Haushaltssituation der Gemeinde gegeben werden. Diese Darstellung ist um die wesentlichen produktbezogenen und finanziellen Zielsetzungen aus gesamtgemeindlicher Sicht zu ergänzen. Außerdem sind die finanziellen Rahmenbedingungen zu erläutern. Informationen über die wichtigsten Investitionsvorhaben, über die Liquiditätslage der Gemeinde sowie über die Entwicklung der wichtigsten Ertrags- und Aufwendungsarten sollten unverzichtbarer Teil eines jeden Vorberichts sein. Hierbei bieten sich auch ergänzende Darstellungen in Form von Statistiken und Grafiken an, die die Lesbarkeit informativ unterstützen. Ziel des Vorberichtes ist es demnach, die wichtigsten Finanzdaten des kommunalen Haushalts in kompakter Form aufzuarbeiten und vor allem für gesamtgemeindliche Entscheidungen bereitzuhalten.[218]

Die ab dem 1.1.2019 gestrichene Regelung (ehemaliger § 12 GemHVO) zu Zielen und Kennzahlen zur Zielerreichung formulierte, dass für die gemeindliche Aufgabenerfüllung produktorientierte Ziele unter Berücksichtigung des einsetzbaren Ressourcenaufkommens und des voraussichtlichen Ressourcenverbrauchs festgelegt sowie Kennzahlen zur Zielerreichung bestimmt werden sollen. Diese Ziele und Kennzahlen sollen zur Grundlage der Gestaltung der Planung, Steuerung und Erfolgskontrolle des jährlichen Haushalts gemacht werden. Die praktische Anwendung und Akzeptanz als haushaltswirtschaftliches Instrument bis zur Aufhebung dieser Regelung war in den Städten und Gemeinden sehr unterschiedlich. Es wurden teilweise zu den Produkten Ziele und Kennzahlen formuliert, die nur in geringem oder überhaupt keinem Zusammenhang zueinander standen oder aber kaum oder keinerlei Steuerungsrelevanz hatten. Aufgrund der Besonderheiten von etlichen kommunalen Produkten gestaltete sich teilweise die Ziel- und insbesondere die Kennzahlenformulierung schwierig, und letztlich fehlte auch ein wenig die Bereitschaft, sich mit der Rechtfertigungsproblematik auseinanderzusetzen.

Das zuständige Ministerium (MHKBG NRW) erläutert in einer Stellungnahme an die kommunalen Spitzenverbände die Streichung dieser Regelung. Demnach besteht trotz der aufrechterhaltenen Regelungen im § 4 Abs. 2 KomHVO nicht mehr die Verpflichtung, zu ausnahmslos allen Produkten des kommunalen Haushalts Ziele und Kennzahlen zur Zielerreichung abzubilden. Hierdurch soll nach Ansicht des MHKBG NRW der eigenverantwortliche Umgang der Kommune mit Steuerungspotentialen gestärkt und die Darstellung nicht bzw. wenig steuerungsrelevanter Informationen im Haushalt vermieden werden. Zudem wird in Aussicht gestellt, dass – zum Zweck von mehr Sicherheit im Umgang mit Zielen und Kennzahlen – beabsichtigt sei, die Vorschrift des § 4 Absatz 2 KomHVO NRW dahingehend anzupassen, dass sich die dort aufgeführten Regelungen bezüglich der Abbildung von Zielen und Kennzahlen auf bedeutsame Produkte beschränken. Demnach soll die Festlegung, welche Produkte vor Ort als bedeutend eingestuft werden, durch die jeweilige Kommune erfolgen. Somit werde gewährleistet, dass den spezifischen Informationsbedürfnissen in den Kommunen vor Ort bestmöglich entsprochen wird.

Trotz dieser Reduzierung der Darstellungsverpflichtung seitens des Landes bleibt es dabei, dass durch Vereinbarung zwischen Politik und Verwaltung die zukünftige Ausgestaltung des Haushaltsplans durch verbale Ergänzungen der jeweiligen kommunalen Ziele verständlicher gemacht und durch den Ausweis von Kennzahlen zur Zielerreichung die Output- bzw. Outcomesteuerung – auch insgesamt zur Transparenz des kommunalen Handelns – unterstützt wird.

218 Eine beispielhafte Darstellung eines kommunalen Vorberichtes würde den Rahmen dieses Buches sprengen. Dem interessierten Leser sei geraten, die Vorberichte der Praxis, am besten der Heimatkommune und vergleichbarer Kommunen, einzusehen. Wie beim Grundsatz der Öffentlichkeit dargestellt, besteht eine entsprechende Einsichtnahmemöglichkeit. Immer mehr Kommunen stellen ihr gesamtes Haushaltsplanwerk, also auch den Vorbericht, zu Einsichtnahme im Internet zur Verfügung.

Zunächst werden für die kommunalen Produkte zunächst einmal Grunddaten benötigt, um die Informationen zur Budgetausgestaltung zu erhalten. Am nachstehenden Beispiel wird dies verdeutlicht:

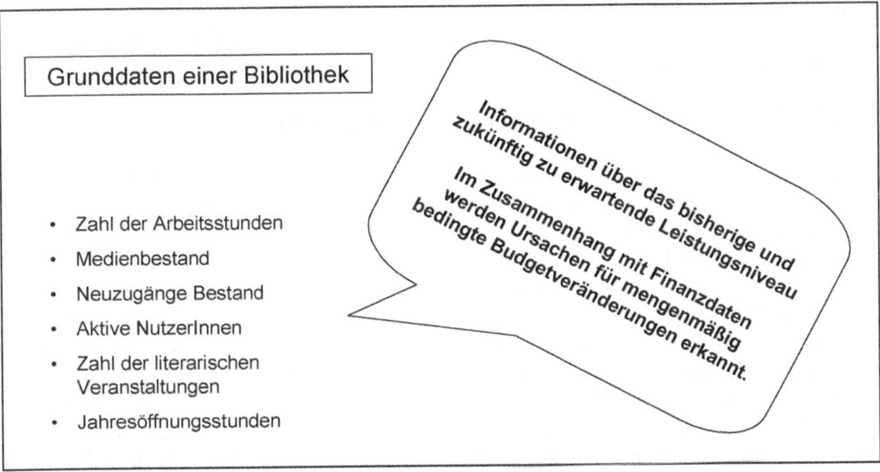

Die eigentlichen Kennzahlen dagegen sollen Messgrößen für die Überprüfung der Zielerreichung darstellen. Das nachfolgende Beispiel soll dies verdeutlichen:

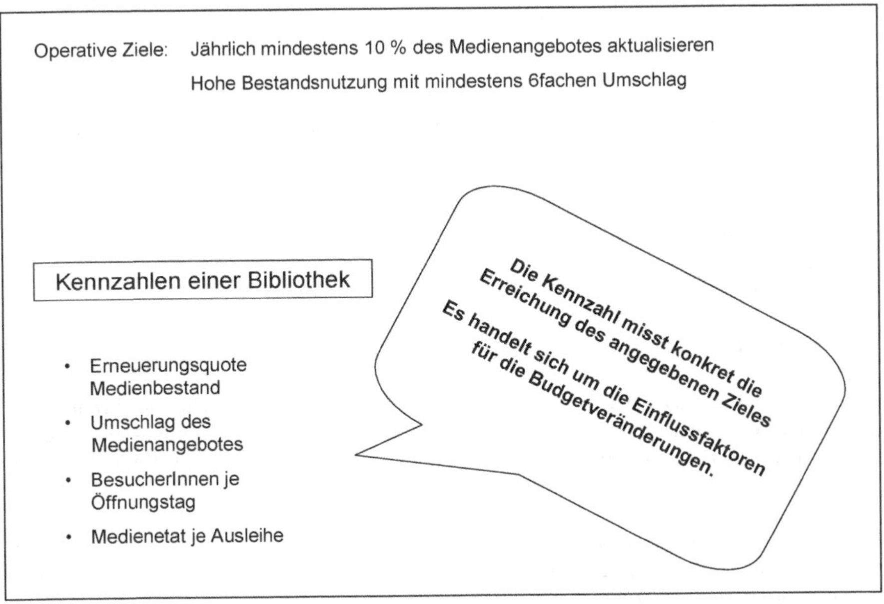

Weitere Beispiele für Zielbeschreibungen und Zielvereinbarungen sind in Kap. 7.4.6 enthalten.

Durch die Aufnahme von Zielen und Kennzahlen zur Zielerreichung werden diese Haushaltsbestandteil und über die Haushaltssatzung Ortsrecht. Aus diesem Grunde haben Politik und

Verwaltung mit allen Mitteln zu versuchen, diese Ziele zu erreichen. Die Zielerreichung kann dabei jeweils an den Kennzahlen gemessen werden. Die Verwaltung wird in einem entsprechenden Berichtswesen auch unterjährig über die Realisierung der Ziele und das Erreichen der geplanten Kennzahlenvorgaben berichten.

Der Abdruck ausführlicher Beispiele aus der kommunalen Praxis würde den Rahmen dieses Buches sprengen. Insofern wird auf die Haushaltspläne der kommunalen Praxis verwiesen.[219]

9.3.4.2 Richtigkeit und Willkürfreiheit (Haushaltswahrheit)

Die Güte und Produktivität eines Haushaltsplanes hängt weitgehend von der Richtigkeit seiner Planungsdaten ab. Das setzt voraus, dass die Gemeinden bei der Veranschlagung der Erträge und Aufwendungen, der Einzahlungen und Auszahlungen sowie der Verpflichtungsermächtigungen größte Sorgfalt walten lassen.

Die Forderung des § 11 Abs. 1 KomHVO gibt vor, dass die Erträge und Aufwendungen sowie die Ein- und Auszahlungen – soweit nicht errechenbar – sorgfältig zu schätzen sind. Insofern besteht für Ergebnis- und Finanzplan ein gleichlautender Veranschlagungsgrundsatz. Scheinansätze oder willkürliche Ansätze zur Herbeiführung des Haushaltsausgleichs sind demnach untersagt.

Die Vorschrift bietet zwei Verfahren für die Haushaltsplanung an. Die vorrangige Methode ist die Berechnung der Finanzvorfälle. In den gemeindlichen Haushaltsplänen ist die Anzahl der Finanzvorfälle, die sich exakt oder annähernd genau kalkulieren lassen, in der Minderheit. Möglichkeiten der weitgehenden Berechnung bestehen z. B. bei

- *Mieten, Pachten,*
- *Vereins- und Versicherungsbeiträgen,*
- *Grundsteuern und*
- *Straßenreinigungsgebühren.*

Falls eine Berechnung nicht möglich ist, hat eine gewissenhafte willkürfreie Schätzung zu erfolgen. Beispiele zur weitgehenden Schätzung von Ansätzen sind:

- *Sozialhilfe,*
- *Gebäudeunterhaltung,*
- *Kfz-Betrieb,*
- *Energieversorgung,*
- *Winterdienst und*
- *Gewerbesteuern.*

Ziel der sorgfältigen Schätzung der Ansätze ist es, die Abweichungen zwischen den veranschlagten Beträgen der Planung und den späteren Bewirtschaftungsbeträgen so gering wie möglich zu halten. Zu diesem Zweck hat die Gemeinde alle möglichen und erreichbaren Hilfsmittel heranzuziehen. Beispiele für hierbei zu berücksichtigende Hilfsmittel sind:

- *Kosten- und Leistungsrechnungen,*
- *Vorjahresergebnisse und Besonderheiten des Vorjahres,*
- *zu erwartende Veränderungen,*

219 Die meisten Kommunen stellen Ihre Haushaltspläne ins Internet ein.

- *vom für Kommunales zuständigen Ministerium bekanntgegebene Orientierungsdaten (rechtliche Vorgabe § 6 KomHVO),*
- *durch das Bundesfinanzministerium veranlasste Steuerschätzungen,*
- *Informationen der Industrie- und Handelskammer sowie der Handwerkskammern,*
- *Informationsmaterial regionaler und überregionaler Verbände.*

9.3.4.3 Praktisches Beispiel und Übung

Sachverhalt

Im Rahmen der Planung des Haushalts 2024 werden von der Gemeinde G die Erträge aus der Gewerbesteuer gegenüber dem Vorjahr um 3,3 % angehoben. Der zuständige Haushaltssachbearbeiter hat bei der Schätzung der Gewerbesteuererträge die Orientierungsdaten für die Haushalts- und Finanzplanung der Gemeinden (GV) des Landes NRW zugrunde gelegt, die eine derartige Steigerung vorsehen.[220] Bekannt ist dem Sachbearbeiter jedoch, dass im kommenden Haushaltsjahr zwei der größten Betriebe der Gemeinde ihren Betriebssitz in den Nachbarort verlegen, somit also als Steuerzahler ausfallen werden.

Trotz Vorhaltungen einer Mitarbeiterin, dies einzubeziehen, bleibt der Haushaltssachbearbeiter bei seiner Auffassung, alle für ihn verbindlichen Orientierungsdaten für die Planung heranzuziehen.

Aufgabe:

Begutachten Sie die Auffassung des Haushaltssachbearbeiters.

Lösung:

Der Haushaltssachbearbeiter hat den Haushaltsplan unter Beachtung der Veranschlagungsgrundsätze aufzustellen. Der in diesem Fall zu beachtende Grundsatz wäre der der Richtigkeit und der Willkürfreiheit (Haushaltswahrheit). Danach sind gemäß § 11 Abs. 1 KomHVO u. a. die Erträge sorgfältig errechnen. Falls dies nicht möglich ist, hat eine gewissenhafte Schätzung zu erfolgen. Die Erträge aus der Gewerbesteuer sind kaum zu berechnen; demzufolge wendet der Sachbearbeiter zulässigerweise die Methode der Schätzung an.

Im Bereich der methodischen Schätzung geht er nach § 6 KomHVO von einem Hilfsmittel aus, den Orientierungsdaten für die Haushalts- und Finanzplanung der Gemeinden (GV) des Landes NRW. Es bleibt zu prüfen, ob dieses herangezogene Hilfsmittel bei der Schätzung von Erträgen absolut verbindlich ist. Die Formulierung des § 6 KomHVO ist allerdings zu berücksichtigen, sodass weitergehende relevante Hilfsmittel heranzuziehen sind.

Hier sind dies besondere örtliche Gegebenheiten, die Anlass geben, von den hier nur allgemeinen Erwartungen abzuweichen. Solche Hinweise bestehen laut Sachverhalt, weil zwei wichtige Steuerzahler eine Betriebsverlegung planen, die zu einer Reduzierung der Gewerbesteuererträge führen wird. Der Grundsatz der Richtigkeit nach § 11 Abs. 1 KomHVO verlangt demnach, dass diese spezifische örtliche Besonderheit zu berücksichtigen ist. Es kann somit nicht von der allgemein erwarteten Erhöhung der Steuererträge bei der Gemeinde G ausgegangen werden. Die zu erwartenden Gewerbesteuerausfälle sind bei der Planung dementsprechend gegenzurechnen.

Der Auffassung des Haushaltssachbearbeiters kann somit nicht gefolgt werden.

220 Für Darstellungszwecke unterstellt.

9.3.5 Bruttoprinzip (Saldierungsverbot)

9.3.5.1 Grundsatz

In enger Verbindung mit dem Grundsatz der Haushaltsklarheit steht das Prinzip der Bruttoveranschlagung nach § 11 Abs. 2 KomHVO. Das Bruttoprinzip erfordert die getrennte Veranschlagung der Erträge und Aufwendungen im Ergebnisplan sowie der Einzahlungen und Auszahlungen im Finanzplan in voller Höhe. Demnach ist es unzulässig, Erträge und Aufwendungen oder Einzahlungen und Auszahlungen vorab aufzurechnen und nur den Saldo zu veranschlagen. Es besteht somit ein ausdrückliches Saldierungsverbot. Das Bruttoprinzip gehört heute zu den nicht mehr wegzudenkenden Prinzipien einer kommunalen Haushaltsführung und bildet die Voraussetzung für die Erreichung des Ziels, den Haushaltsplan so übersichtlich und klar wie nur möglich zu gestalten.[221]

Beispiele für die konkrete Umsetzung des Bruttoprinzip im Ergebnishaushalt sind:

- *Zinserträge dürfen nicht mit Zinsaufwendungen verrechnet werden. Das Gleiche gilt für Zinseinzahlungen und Zinsauszahlungen.*
- *Mieterträge und Mietaufwendungen sind getrennt zu veranschlagen. Das Gleiche gilt für Mieteinzahlungen und Mietauszahlungen.*
- *Erträge werden trotz eventueller Niederschlagungen in voller Höhe ausgewiesen. Die Niederschlagung bewirkt als eigenständiger Geschäftsvorfall eine Einzelwertberichtigung als Aufwendung.*
- *Abschreibungen werden in voller Höhe angesetzt, auch wenn der abzuschreibende Vermögensgegenstand zuwendungs- oder beitragsfinanziert ist. Die anteiligen Auflösungsbeträge für Zuwendungen bzw. Beiträge sind als Erträge nachzuweisen.*

Der Grundsatz gilt aber nicht nur für den Ergebnis- und Finanzhaushalt, sondern auch für die kommunale Bilanz. Wie bereits aus dem letzten Beispiel ersichtlich, dürfen auch Vermögensbeschaffungen nicht mit der Finanzierung des Vermögens saldiert werden. Beispiele sind:

- *Wird eine Grundschule mit Baukosten von 1.000.000 € errichtet, die mit zweckgebundenen Landeszuwendungen in Höhe von 300.000 € finanziert wird, so sind die Baukosten in voller Höhe auf die Aktivseite der Bilanz mit 1.000.000 € einzustellen. Dies ergibt sich aus § 34 Abs. 3 KomHVO. Die Zuweisungen sind gemäß § 44 Abs. 5 KomHVO als Sonderposten auf der Passivseite der Bilanz mit 300.000 € nachzuweisen. Nicht zulässig ist somit eine Aktivierung in saldierter Höhe des Differenzbetrages von 700.000 €.*
- *Wird zum Kauf einer neuen Drehleiter für die Feuerwehr ein zweckgebundener Kredit aufgenommen, so sind auf der Aktivseite die vollen Anschaffungskosten der Drehleiter und auf der Passivseite die Kreditsumme in Höhe der Rückzahlungsverpflichtung nachzuweisen.*
- *Wenn die Gemeinde einen Kredit in Höhe von 10.000.000 € mit einem Auszahlungskurs von 98 % aufnimmt, ist der volle Betrag der Verbindlichkeit zu passivieren, obwohl der Kreditgeber lediglich 9.800.000 € überweist. Beim Auszahlungsverlust handelt es sich um Kreditbeschaffungskosten, die als Aufwendung zu veranschlagen sind. Gemäß § 43 Abs. 2 KomHVO ist allerdings auch die Buchung als aktiver Rechnungsabgrenzungsposten zulässig. Dieser wird dann entsprechend der Laufzeit des Kredites erfolgswirksam als Aufwendung aufgelöst.*

221 Das Bruttoprinzip beruht auf den allgemeinen Grundsätzen der kaufmännischen Buchführung (siehe auch § 246 Abs. 2 HGB).

Eine Buchung des reinen Kreditauszahlungsbetrages von netto 9.800.000 € ist dagegen unzulässig.

9.3.5.2 Ausnahmen vom Bruttoprinzip

§ 24 Abs. 4 KomHVO enthält eine Ausnahme vom Prinzip der Bruttoveranschlagung. Er bestimmt, dass **Abgaben, abgabeähnliche Erträge und allgemeine Zuweisungen**, die durch die Gemeinde zurückzuzahlen sind, nicht als Aufwand zu behandeln sind, sondern von den Erträgen abgesetzt werden müssen. Das gilt nicht nur für die Rückzahlungen von Erträgen desselben Jahres, sondern auch für diejenigen Rückzahlungen, die sich auf Erträge aus Vorjahren beziehen. Für die Veranschlagung folgt daraus, dass in diesen Fällen nur der Betrag zu veranschlagen ist, der nach Abzug der vorhersehbaren und gerade bei Abgaben häufigen Zurückzahlungen als voraussichtlicher Gesamtertrag verbleibt.

Zu den Abgaben im Sinne des § 24 Abs. 4 KomHVO gehören Steuern, Verwaltungsgebühren, Benutzungsgebühren und öffentlich-rechtliche Beiträge (§ 1 Abs. 1 KAG). Zu den abgabeähnlichen Entgelten im Sinne des dieser Vorschrift zählen: die den Gebühren nahestehenden Erträge auf privatrechtlicher Basis (z. B. Eintrittsgelder oder Unterrichtsentgelte bei der Volkshochschule). Die allgemeinen Zuweisungen sind Zuweisungen des Bundes, des Landes, einer Gemeinde oder eines Gemeindeverbandes, die der Gemeinde ohne Bindung an einen bestimmten Verwendungszweck zufließen und über deren Verwendung sie auch selbst entscheiden kann (z. B. Schlüsselzuweisungen nach dem Gemeindefinanzierungsgesetz). Insofern können diese Planpositionen durchaus als „Nettoveranschlagungsbereiche" bezeichnet werden.

Eine Absetzung der aus der Rückzahlung entstehenden Auszahlungen von den Einzahlungspositionen sieht § 24 Abs. 4 KomHVO dagegen nicht vor. Hier gilt das Bruttoprinzip weiterhin, da im Zahlungsbereich ja auch tatsächlich Geldmittelabflüsse und somit Auszahlungen vorliegen.

9.3.5.3 Besonderheiten

a) Rabatte, Preisnachlässe und Skontierungen

Einer besonderen Betrachtungsweise sind gewährte Rabatte, Preisnachlässe und Skontierungen zu unterziehen. Hierbei handelt es sich nicht um Erträge bzw. Einzahlungen zugunsten der Gemeinde, vielmehr liegen Kaufpreisminderungen vor. Da § 11 Abs. 2 KomHVO nur die Trennung von Erträgen und Aufwendungen einerseits sowie Einzahlungen und Auszahlungen andererseits vorsieht, sind gewährte Rabatte, Preisnachlässe und Skontobeträge von der Aufwendung bzw. der Auszahlung abzusetzen. Wird z. B. Büromaterial zum Listenpreis von 100.000 € beschafft und gewährt der Händler einen Behördenrabatt von 20 %, so sind nur 80.000 € zu veranschlagen. Wird zusätzlich ein Skonto von 2 % angeboten, der gemäß § 75 Abs. 1 Satz 2 GO regelmäßig auszunutzen ist, verringert sich der Veranschlagungsbetrag auf 78.400 €.

Der Abzug von Rabatten und Skontobeträgen gilt ebenfalls bei Beschaffungen im investiven Bereich (Zuordnung zur Aktivseite der Bilanz). Bei der nachträglich gewährten Rabattierung und der zeitlich verzögerten Skontoausschöpfung wird zunächst das Aufwendungs- bzw. Bilanzkonto mit dem vollen Wert belastet. Die Nachlässe und Skontobeträge führen dann zu einer Berichtigungsbuchung.

b) Betriebe gewerblicher Art

Bei im kommunalen Haushalt geführten Betrieben gewerblicher Art (z. B. Wochenmärkte, Schwimmbäder, Messeveranstaltungen, Parkhäuser), die umsatzsteuerpflichtig sind, hat ein besonderer Ausweis der Umsatzsteuer und Vorsteuer zu erfolgen. Insofern findet hier eine Art Nettodarstellung des Ertrages und der Aufwendungen sowie der Bilanzpositionen für Vermögensbeschaffungen statt.

Stellt ein Betrieb gewerblicher Art z. B. Rechnungen oder Gebührenbescheide im Volumen von 238.000 € aus, die Umsatzsteueranteile zum Steuersatz von 19 % enthalten, so sind als Ertrag nur 200.000 € zu berücksichtigen. Beim Restbetrag von 38.000 € handelt es sich um die in Rechnung gestellte Umsatzsteuer, die zum nächsten Steuertermin an das Finanzamt abzuführen ist. Insofern wird dieser Betrag als Verbindlichkeit gegenüber dem Finanzamt behandelt (Passivseite der Bilanz).

Verbraucht ein solcher Betrieb gewerblicher Art z. B. Heizöl zum Einkaufspreis von 11.900 €, so ergibt sich an Aufwendungen für Sach- und Dienstleistungen lediglich ein Betrag von 10.000 €. Der in Rechnung gestellte Mehrwertsteuerbetrag von 1.900 € gilt als vom Finanzamt zu erstattender Vorsteuerbetrag. Dieser wird beim nächsten Steuertermin geltend gemacht und zunächst als Forderung gegenüber dem Finanzamt auf der Aktivseite der Bilanz dokumentiert. Zum Steuertermin werden Umsatzsteuer und Vorsteuer aufgerechnet. Überwiegt der Umsatzsteueranteil, wird dieser Betrag als „Zahllast" bezeichnet und dem Finanzamt überwiesen. Im umgekehrten Fall besitzt die Gemeinde eine Forderung aus der überschüssigen Vorsteuer.

Hinzuweisen ist bei vermögenswirksamen Beschaffungen und bei Herstellkosten der Betriebe gewerblicher Art, dass die Anschaffungs- oder Herstellungskosten des Vermögensgegenstands ebenfalls nur netto erfasst werden. Dadurch verringern sich bei solchen Betrieben zwangsläufig auch die nachfolgenden Abschreibungen.

Die haushaltstechnische Behandlung der Mehrwertsteuer im Bereich des Finanzplans und der Finanzrechnung ist durch den Gesetzgeber nicht geregelt. In der Praxis haben sich zwei Verfahrensvarianten durchgesetzt, die beide Vor- und Nachteile aufweisen:

- **Alternative 1**
  Die Mehrwertsteuer und Vorsteuerbeträge der Betriebe gewerblicher Art werden im Finanzplan Bestandteil der entsprechenden Zahlungsarten. Zahlt die Gemeinde für den Kauf eines neuen Feuerwehrfahrzeuge 100.000 € zuzüglich 19.000 € Mehrwertsteuer, so beträgt der Auszahlungsansatz für den Erwerb von beweglichem Vermögen 119.000 €. Aktiviert wird allerdings nur der Nettobetrag in Höhe von 100.000 € unter der Bilanzposition Fahrzeuge. Entsprechend ist bei den Einzahlungen zu verfahren. Werden z. B. Benutzungsgebührenbescheide über 23.800 € einschließlich 3.800 € Mehrwertsteuer als Einzahlung erwartet, ist der gesamte Betrag bei den Einzahlungen aus öffentlich-rechtlichen Leistungsentgelten zu veranschlagen. Als Ertrag aus öffentlich-rechtlichen Leistungsentgelten ist nur der Nettobetrag von 20.000 € nachzuweisen.
  Die sich aus der Aufrechnung von Vorsteuern und Mehrwertsteuer ergebenden Beträge sind dann als Überzahlung (Forderung an das Finanzamt) oder als Zahllast (Verbindlichkeiten gegenüber dem Finanzamt) zu deklarieren und bedingen entsprechende Ein- bzw. Auszahlungen, die dann über den Finanzplan und die Finanzrechnung abzuwickeln sind.
  Das Problem besteht darin, dass nunmehr auch die Mehrwertsteuer Teil der Investition wird, aber nicht mitzuaktivieren ist. Insofern ist sicherzustellen, dass für den Vorsteueranteil keine Aufnahme eines Investitionskredites erfolgt. Deshalb ist dieses im Rahmen der Gesamtdeckung bei der Ermittlung des Höchstbetrages für Investitionskredite zu berücksichtigen.
- **Alternative 2**
  Die Mehrwertsteuer und Vorsteuerbeträge der Betriebe gewerblicher Art werden nicht im Finanzplan der Gemeinde veranschlagt, sondern als durchlaufende Finanzmittel nach § 15 Abs. 1 Nr. 1 KomHVO behandelt. In der Finanzrechnung sind die Beträge dagegen zu buchen (tatsächliche

Geldmittelflüsse), wobei beim Jahresabschluss der Bestand dieser Steuerbeträge zum 31. Dezember auszuweisen ist (siehe Zeile 40 der Anlage 21 VV Muster zur GO und KomHVO). Das Problem besteht darin, dass es sich nicht um echte durchlaufende Gelder im Sinne der vorgenannten Vorschrift handelt und dass der Gesamtbetrag der Investitionsauszahlung plantechnisch nicht erfasst wird.

c) Inzahlungnahmen/Aufrechnungen

Im Rahmen üblicher Geschäftstätigkeiten, denen auch die Gemeinden unterliegen, kann es zu Zahlungsabwicklungen kommen, bei denen gegenseitige Aufrechnungen von Forderungen und Verbindlichkeiten z. B. nach § 387 BGB erfolgen. Bei dieser Aufrechnung handelt es sich lediglich um ein Zahlungserleichterungsgeschäft im Liquiditätsbereich. Insofern wird auch hier der Bruttogrundsatz nicht durchbrochen.

Ein Beispiel dafür ist die vom Zahlungspflichtigen gewünschte Aufrechnung einer Bußgeldforderung von 500 € gegenüber einem Handwerker gegen eine Verbindlichkeit aus seiner der Gemeinde in Rechnung gestellten Handwerkerleistung über 2.200 €. Die Gemeinde wird nur eine Überweisung von netto 1.700 € veranlassen. Der Ertrag aus dem Bußgeld bleibt gemäß § 11 Abs. 2 KomHVO weiterhin bei 500 €, und der Unterhaltungsaufwand für die Handwerkerleistung beträgt unverändert 2.200 €. Der Bruttogrundsatz wird auch im Finanzhaushalt dadurch beibehalten, dass eine Einzahlung von 500 € und eine Auszahlung von 2.200 € zu buchen ist.[222]

Ein weiteres Beispiel ist die Inzahlungnahme eines gebrauchten und bereits abgeschriebenen PC mit 50 € beim Kauf eines neuen PC zu 2.000 €. Obwohl die Rechnung des Lieferanten eine Nettoforderung von 1.950 € aufweist, wird als Vermögenszugang nach dem Bruttoprinzip ein Betrag von 2.000 € erfasst. Zudem findet ein Vermögensabgang von 1 € für dem sich noch in der Anlagerechnung befindlichen alten PC statt.[223] Als Ertrag aus Verkäufen ist somit die Differenz von 49 € zu bewerten. Im Finanzhaushalt ist eine Einzahlung von 50 € und eine Auszahlung von 2.000 € zu berücksichtigen.

d) Kreditbeschaffungskosten

Bei Kreditaufnahmen können Kreditbeschaffungskosten entstehen. Soweit diese vom Kreditgeber von der Kreditsumme unmittelbar abgezogen werden (Auszahlungsverlust, Disagio) stellt sich die Frage, wie die Kreditaufnahme haushaltsmäßig erfasst wird. Zunächst einmal muss der Kredit mit seinem Nennbetrag (Bruttokredit) passiviert werden.[224] Da der Überweisungsbetrag jedoch durch die Kürzung der Kreditbeschaffungskosten geringer ist, müssen die Kreditbeschaffungskosten im Ergebnishaushalt als sonstige Finanzaufwendungen nachgewiesen werden. Dabei bleibt die Möglichkeit einer Rechnungsabgrenzung nach § 43 Abs. 2 KomHVO unberührt (siehe dazu Kap. 9.3.3.2, Buchst. c).

Da die tatsächliche Einzahlung um die Kreditbeschaffungskosten gekürzt ist, erfährt der Finanzhaushalt nur einen Geldmittelzufluss in Höhe des Nettokredits. Dieser ist als Einzahlung aus einer Kreditaufnahme für Investitionen zu veranschlagen. Ein spezieller Ausweis der Kreditbeschaffungskosten im Finanzhaushalt erfolgt nur dann, wenn die Kreditbeschaf-

---

222 Allerdings ist nicht zu verkennen, dass in der originären Buchführung ein Geldmittelabfluss von 1.700 € stattfindet, sodass es sich bei diesem Betrag um die Auszahlung handelt. Würden hier jedoch die 1.700 € als Nettoauszahlung verbucht, würde die Finanzrechnung an Aussagekraft verlieren. Den Verfassern ist allerdings bekannt, dass in der Praxis dv-mäßige Umsetzungsschwierigkeiten bestehen.

223 Der Erinnerungswert ist je nach Buchführungsprogramm auch 0 € aufgrund einer Bestandkennzeichnung.

224 Es wird ein Investitionskredit unterstellt.

fungskosten nicht abgezogen, sondern zusätzlich zum Bruttokredit als sonstige Finanzauszahlungen zu bezahlen sind.

e) Ergebnisse der kommunalen Sondervermögen

Wie bereits weiter oben als Ausnahme vom Grundsatz der Vollständigkeit besprochen, werden bestimmte kommunale Aktivitäten als „Sondervermögen" außerhalb des Haushaltes finanziell abgewickelt. Beispiele dafür sind die Eigenbetriebe, eigenbetriebsähnlichen Einrichtungen, Eigengesellschaften (z. B. GmbH) und rechtlich selbstständige Stiftungen und Anstalten des öffentlichen Rechts. Die Erträge und Aufwendungen dieser Sondervermögen sind deshalb zwangsläufig nicht im kommunalen Haushalt abgebildet. Die Verbindung geschieht jedoch dadurch, dass evtl. Betriebsergebnisse den kommunalen Haushalt tangieren. So können Gewinnausschüttungen als Erträge/Einzahlungen und Verlustabdeckungen als Aufwendungen/Auszahlungen in den gemeindlichen Haushalten erscheinen. Diese Finanzmittel sind jedoch Nettobeträge. Das Entstehen und die Zusammensetzung kann im kommunalen Haushalt nicht erkannt werden. Die Einzelheiten sind den Sonderrechnungen zu entnehmen. Lediglich über den Gesamtabschluss (siehe hierzu § 116 ff. GO), nicht aber im Haushaltsplan, können bestimmte Informationen über die Zusammensetzung der Ergebnisse des Sondervermögens gewonnen werden.

9.3.5.4 Praktische Beispiele und Übungen

Sachverhalte

a) Die Gemeinde G hat am 15.10.2023 ein neues Dienstfahrzeug zu 20.000 € bestellt (voraussichtliche Nutzungsdauer fünf Jahre). Der Händler nimmt das alte Fahrzeug mit 3.000 € in Zahlung (Restbuchwert zum 1.12.2023 = 1.000 €) und wird diesen Betrag mit dem Kaufpreis verrechnen. Die Lieferung mit Rechnungsstellung wird für Januar 2024 erwartet. Bei Zahlung innerhalb von 14 Tagen wird der Händler ein Skonto von 3 % auf den Kaufpreis des Neuwagens gewähren. Das alte Fahrzeug soll dem Händler bereits zum 15.12.2023 übergeben werden. Da die Gemeinde sich derzeit bei der Aufstellung eines Nachtragshaushalts für 2023 und der Haushaltsplanung für 2024 befindet, stellt sich die Frage, welchen Haushaltplänen die Finanzvorfälle für die Beschaffung des Fahrzeugs zuzuordnen sind.

b) Es soll mit Wertstellung 1.1.2024 ein Investitionskredit mit einer Laufzeit von 25 Jahren zum Nennbetrag von 1.000.000 € bei der B-Bank aufgenommen werden. Der Zinssatz beträgt 5 %, die Tilgung gleichbleibend 4 %, zahlbar jeweils zum Jahresende in einer Summe. Zum Termin der Kreditaufnahme fallen einmalige Kreditbeschaffungskosten von 30.000 € an.[225] Die Bank wird die Kreditbeschaffungskosten am 2.1.2024 mit der Kreditsumme verrechnen, sodass lediglich eine Gutschrift von 970.000 € auf dem gemeindlichen Girokonto erfolgen wird. Die Gemeinde G hat auch langfristige Gelder bei der B-Bank angelegt, für die sie für das Jahr 2024 Zinsgutschriften in Höhe von 20.000 € erhalten wird. Vertraglich werden sind davon 15.000 € am Jahresende 2024 und 5.000 € am 10.1.2025 fällig. Gemeinde und Bank sind sich einig, die zum Jahresende fällige Zinsgutschrift mit den dann zu entrichtenden Schuldendienstleistungen für den neuen Kredit der Einfachheit halber zu verrechnen.

c) Zum Jahresbeginn 2024 werden für 2024 Hundesteuerbescheide mit einem Volumen von 200.000 € versandt. Man rechnet jedoch damit, dass aufgrund von Hundeabmeldungen im Jahr 2024 Steuerbescheide des Jahres 2023 im Volumen von 1.000 € zurückgenommen werden müssen, wobei es dabei zu entsprechenden Rückzahlungen kommen wird.

---

225 Die Kreditkonditionen entsprechen nicht der derzeitigen Kapitalmarktsituation. Sie sind lediglich für Übungszwecke so festgesetzt.

Aufgabe:
Begutachten Sie, welche Veranschlagungen für die Jahre 2024, ggf. auch 2025 erforderlich sind. Gehen Sie bei Sachverhalt a) auch auf mögliche Verbindungen zur Bilanz ein. Auf die mögliche Veranschlagung von Verpflichtungsermächtigungen ist nicht einzugehen.

Lösungen:

a) Zunächst ist festzustellen, dass zur praktischen Bearbeitung zwei Haushaltsgrundsätze zu berücksichtigen sind, nämlich das Bruttoprinzip (Saldierungsverbot) und der Grundsatz der periodengerechten Zuordnung. Zunächst ist nach dem Bruttoprinzip der Kauf des neuen Fahrzeugs von dem Verkauf des alten Fahrzeugs zu trennen. Dies ergibt sich aus § 11 Abs. 2 KomHVO, wonach Erträge und Aufwendungen sowie Einzahlungen und Auszahlungen zu trennen sind. Dieser Grundsatz gilt gemäß § 34 Abs. 1 und 2 KomHVO auch für die Bilanz, weil bei den Vermögensgegenständen die Anschaffungskosten und keine Aufrechnungskosten anzusetzen sind. Insofern sind Anschaffungs- und Verkaufsvorgang getrennt zu behandeln.
Da die Gemeinde gemäß § 75 Abs. 1 Satz 2 GO wirtschaftlich handeln muss, ist davon auszugehen, dass die Rechnung skontiert wird. Der Skontoabzug von 600 € stellt jedoch keinen Ertrag und keine Einzahlung dar. Es handelt sich somit um eine Kürzung der Anschaffungskosten, sodass von einem Anschaffungswert in Höhe von 19.400 € auszugehen ist. Der Ausweis erfolgt unter der Bilanzposition Fahrzeuge auf der Aktivseite der Bilanz. Gleichzeitig sind in den Finanzplan Auszahlungen für den Erwerb von beweglichem Anlagevermögen in derselben Höhe einzustellen. Entscheidend für die Bilanzierung ist der Termin der Erlangung des wirtschaftlichen Eigentums gemäß § 34 Abs. 1 KomHVO. Laut Sachverhalt erfolgt die Lieferung im Januar 2024, sodass dann die Gemeinde zumindest den Besitz erlangt. Das ist auch der früheste Termin zur Erlangung des wirtschaftlichen Eigentums (§ 39 Abs. 2 Nr. 1 AO). Insofern erfolgt die Bilanzierung in 2024. Da auch erst danach die Rechnung beglichen wird, ist die Auszahlung ebenfalls diesem Haushaltsjahr zuzuordnen.
Aus der Fahrzeugbeschaffung entstehen mit der Inbetriebnahme des Fahrzeuges im Jahr 2024 Aufwendungen in Form von bilanziellen Abschreibungen. Liefertermin, Kauftermin und Inbetriebnahme liegen laut Sachverhalt im Januar 2024, sodass in 2024 ein linearer Abschreibungsbetrag in Höhe von 3.880 € als Aufwendung in den Ergebnisplan in der Position bilanzielle Abschreibungen einzustellen ist. Da Abschreibungen keine Auszahlungen bewirken, ist der Finanzplan nicht tangiert.
Nunmehr ist die Behandlung der Finanzvorfälle für das in Zahlung gegebene Fahrzeug zu begutachten. Festgestellt wurde bereits oben, dass eine Aufrechnung im Haushaltsplan nicht erfolgen darf. Zunächst einmal ist ein Vermögensabgang über 1.000 € bei der Bilanzposition Fahrzeuge zu verzeichnen, weil die Gemeinde mit dem Verkauf das Eigentum an diesem Vermögensgegenstand verliert. Der Sachverhalt gibt keine Auskünfte, wann das rechtliche Eigentum auf den Käufer übergeht (evtl. Eigentumsvorbehalt nach § 449 BGB) übergeht. Gemäß § 34 Abs. 1 KomHVO ist jedoch für die Bilanzierung das wirtschaftliche Eigentum entscheidend. Dieser Grundsatz gilt im Umkehrschluss auch für den Verlust des wirtschaftlichen Eigentums. Mit der Fahrzeugübergabe im Dezember 2023 an den Käufer verliert die Gemeinde G bereits das wirtschaftliche Eigentum an dem alten Fahrzeug, sodass in 2023 der Vermögensabgang des Fahrzeugs in Höhe des Restbuchwertes von 1.000 € herbeizuführen ist. Der Verkaufspreis von 3.000 € übersteigt den Restbuchwert des Fahrzeugs um 2.000 €, sodass ein Ertrag aus der Veräußerung von beweglichem Anlagevermögen in dieser Höhe vorliegt. Dieser Betrag ist nach § 44 Abs. 3 KomHVO als nachrichtlicher Ertrag dem Jahr 2024 zuzurechnen. Der Verkaufserlös wird laut Sachverhalt durch die Aufrechnung nach dem BGB

in 2024 bewirkt, sodass der Ertrag diesem Jahr zuzuordnen ist. Da die Einzahlung ebenfalls durch die Aufrechnung in 2024 bewirkt wird, muss dem Finanzplan 2024 der gesamte Verkaufserlös in Höhe von 3.000 € als Einzahlung aus der Veräußerung von Sachanlagen zugerechnet werden.

b) Bei der Kreditaufnahme handelt es sich um eine Verbindlichkeit gegenüber der Bank (Verbindlichkeit aus Krediten für Investitionen). Zunächst ergibt sich die Frage, in welcher Höhe eine Bilanzierung zu erfolgen hat, weil die Kreditbeschaffungskosten durch Aufrechnung abgesetzt werden. Die Rückzahlungsverpflichtung stellt die Verbindlichkeit dar, sodass die volle Kreditsumme zu passivieren ist. Dies ergibt sich auch aus § 91 Abs. 2 GO, wonach die Verbindlichkeiten einzeln und nach den Grundsätzen ordnungsmäßiger Buchführung in Höhe ihrer Rückzahlungsverpflichtung zu bewerten sind. Es entstehen Schulden im Volumen von 1.000.000 €. Zudem sind gemäß § 11 Abs. 2 KomHVO die Aufwendungen getrennt zu berücksichtigen. Die einmaligen Kreditbeschaffungskosten stellen Aufwendungen für die Kreditbereitstellung dar. Sie sind somit getrennt von der Kreditsumme zu behandeln.
Allerdings hat gemäß § 11 Abs. 1 KomHVO eine periodengerechte Zuordnung nach der wirtschaftlichen Zurechenbarkeit zu erfolgen. § 42 Abs. 2 KomHVO konkretisiert diese Norm für den Bereich der Verbindlichkeiten, wonach ein Wahlrecht für die Kreditbeschaffungskosten vorgesehen ist. Laut Aufgabenstellung ist davon Gebrauch zu machen. Bei einer gleichbleibenden Tilgung von jährlich 4 % beträgt die Kreditlaufzeit 25 Jahre, sodass die Kreditbeschaffungskosten aufwendungsmäßig auf diesen Zeitraum gleichmäßig zu verteilen sind. Insofern erfolgt in 2024 zunächst ein Ausweis der Kreditbeschaffungskosten als aktive Rechnungsabgrenzung. In den Ergebnisplan sind die anteiligen Kreditbeschaffungskosten von jährlich 1.200 € periodengerecht als „Abschreibungen" auf die Kreditbeschaffungskosten unter der Position Sonstige Finanzaufwendungen aufzunehmen. Im Finanzplan sind dagegen lediglich 970.000 € als Einzahlung aus Krediten für Investitionen zu erfassen. Hier erfolgt keine Bruttobuchung, da es sich um den einheitlichen Geschäftsvorfall „Einzahlung aus Krediten" handelt.
Die Zinsen belaufen sich für 2024 auf 50.000 €, die Tilgung auf 40.000 €. Die von der Bank beabsichtigte Aufrechnung ist haushaltstechnisch unbeachtlich, sodass die Zinsaufwendungen im Ergebnisplan und als Auszahlung im Finanzplan nachzuweisen sind. Die Tilgung stellt dagegen eine Verringerung der Kreditverbindlichkeiten dar, sodass sie erfolgsneutral ist. Die Auszahlung der Tilgung erscheint im Finanzplan unter der Position Auszahlung für Tilgung von Krediten für Investitionen.
Wie bereits festgestellt sind die Zinsgutschriften für die Kapitalanlage gemäß § 11 Abs. 1 KomHVO trotz Aufrechnung nach dem Bürgerlichen Gesetzbuch als Ertrag zu behandeln. Dabei ist gemäß § 11 Abs. 1 KomHVO der gesamte Zinsertrag in Höhe von 20.000 € dem Ergebnisplan 2024 zuzuordnen, weil es sich unabhängig von der tatsächlichen Zahlung um einen Ertrag der Wirtschaftsperiode 2024 handelt. Im Finanzhaushalt dagegen sind die Einzahlungstermine entscheidend, sodass dort als Einzahlung aus Zinsen in 2024 lediglich 15.000 € einzustellen sind. Der Restbetrag von 5.000 € ist dem Haushaltsjahr 2025 zuzuordnen.

c) Der Ertrag aus Hundesteuern ist als Ertrag aus Steuern im Ergebnisplan nachzuweisen. Dabei sind zunächst die im Sachverhalt genannten 200.000 € als voraussichtliche Erträge zu berücksichtigen. Problematisch sind die Rücknahmen von Steuerbescheiden mit entsprechenden Steuererstattungen in Höhe von voraussichtlich 1.000 €. Nach § 11 Abs. 2 KomHVO sind Erträge und Aufwendungen zu trennen. Bei den Rückzahlungen von Steuerbeträgen handelt es sich somit um Aufwendungen. § 24 Abs. 4 KomHVO sieht jedoch vor, dass u. a. bei Abgaben die Rückzahlungen von den Erträgen abzusetzen sind. Dies gilt auch für Rückzahlungen

von Abgabeerträgen aus Vorjahren. Zu den Abgaben zählen gemäß § 1 Abs. 1 KAG auch die Steuern. Insofern sind die 1.000 € erwartete Rückzahlungen von den Erträgen abzusetzen. Zu veranschlagen ist deshalb ein Ertrag aus Hundesteuern in Höhe von 199.000 €.
Der Finanzplan berücksichtigt die voraussichtlichen Ein- und Auszahlungen. Geldmittelzuflüsse und damit Einzahlungen werden für 2024 in Höhe von 200.000 € erwartet, sodass dieser Betrag unter Einzahlungen aus Steuern nachzuweisen ist. Die Rückzahlungen stellen dagegen Geldmittelabflüsse dar, die als sonstige Auszahlung aus laufender Verwaltungstätigkeit in Höhe von 1.000 € zu veranschlagen sind.

9.3.6 Einzelveranschlagung

9.3.6.1 Grundsatz

Der Haushaltsgrundsatz besagt, dass Erträge und Einzahlungen nach ihrem Entstehungsgrund, Aufwendungen und Auszahlungen nach ihrem Verwendungszweck zu veranschlagen sind. Angesprochen ist somit die sachliche Spezifizierung. Die Ausprägung der Einzelveranschlagung ergibt sich für den Ergebnisplan aus § 2 KomHVO. Danach ist nicht für jede Ertrags- und Aufwendungsart ein Einzelnachweis erforderlich. Insofern erfolgt keine Veranschlagung nach dem System der einzelnen Kontierungen, sondern es werden Ertrags- und Aufwendungsarten vom Gesetzgeber zu Kontengruppen zusammengefasst. Diese werden als „Positionen des Ergebnisplans“ bezeichnet. So ist im Ergebnisplan folgende Einzelveranschlagung als Gliederung vorgesehen:

einzeln auszuweisende Ertragspositionen	**einzeln auszuweisende Aufwendungspositionen**
Steuern und ähnliche Abgaben Zuwendungen und allgemeine Umlagen sonstige Transfererträge öffentlich-rechtliche Leistungsentgelte privatrechtliche Leistungsentgelte Kostenerstattungen und Kostenumlagen sonstige ordentliche Erträge aktivierte Eigenleistungen Bestandsveränderungen Finanzerträge außerordentliche Erträge	Personalaufwendungen Versorgungsaufwendungen Aufwendungen für Sach- und Dienstleistungen bilanzielle Abschreibungen Transferaufwendungen sonstige ordentliche Aufwendungen Zinsen und sonstige Finanzaufwendungen außerordentliche Aufwendungen

Da es sich um eine Mindestgliederung handelt, könnten die Gemeinden weitergehende Unterteilungen vornehmen. Von einer weitreichenden zusätzlichen Unterteilung ist aber abzuraten, da der Haushaltsplan als genereller Finanzkontrakt zwischen Politik und Verwaltung nur globale Finanzvereinbarungen enthalten soll und bei zu komplexen Strukturen die Flexibilität und Selbststeuerung des grundlegenden Verwaltungshandelns verloren geht.

Bei den Teilergebnisplänen sind nach § 16 KomHVO grundsätzlich zusätzlich Erträge und Aufwendungen aus internen Leistungsbeziehungen nachzuweisen, sofern diese erfasst werden.

Der Finanzplan sieht nach § 3 KomHVO folgende einzelne Einzahlungs- und Auszahlungspositionen vor:

einzeln auszuweisende Einzahlungspositionen	**einzeln auszuweisende Auszahlungspositionen**
Steuern und ähnliche Abgaben Zuwendungen und allgemeine Umlagen sonstige Transfereinzahlungen öffentlich-rechtliche Leistungsentgelte privatrechtliche Leistungsentgelte Kostenerstattungen und Kostenumlagen sonstige Einzahlungen Zinsen und sonstige Finanzeinzahlungen Einzahlungen aus Zuwendungen für Investitionsmaßnahmen Einzahlungen aus der Veräußerung von Sachanlagen Einzahlungen aus der Veräußerung von Finanzanlagen Beiträge und ähnliche Entgelte sonstige Investitionseinzahlungen Einzahlungen aus der Aufnahme von Krediten für Investitionen Einzahlungen aus der Aufnahme von Krediten zur Liquiditätssicherung	Personalauszahlungen Versorgungsauszahlungen Auszahlungen für Sach- und Dienstleistungen Zinsen und sonstige Finanzauszahlungen Transferauszahlungen sonstige Auszahlungen Auszahlungen für den Erwerb von Grundstücken und Gebäuden Auszahlungen für Baumaßnahmen Auszahlungen für den Erwerb von beweglichem Anlagevermögen Auszahlungen für den Erwerb von Finanzanlagen Auszahlungen von aktivierbaren Zuwendungen Sonstige Investitionsauszahlungen Auszahlungen für die Tilgung von Krediten für Investitionen Auszahlungen für die Tilgung von Krediten zur Liquiditätssicherung

Nach § 4 Abs. 4 KomHVO gilt für die Teilfinanzpläne diese Einzelveranschlagung nach § 3 KomHVO entsprechend, soweit die dort enthaltenen Einzahlungen und Auszahlungen nicht zentral im Haushalt oder einem Teilfinanzplan veranschlagt sind. Abweichend hiervon kann die Darstellung im Teilfinanzplan sich auf die investive Ein- und Auszahlungen nach § 3 Abs. 1 Nr. 15 bis 19 und Nr. 20 bis 25 unter Angabe des Saldos aus § 3 Abs. 2 Nr. 2 beschränken.

Eine besondere Form der Einzelveranschlagung erfolgt im produktorientierten Teilfinanzplan nach § 4 Abs. 4 Satz 3 KomHVO. Dabei hat für jede einzelne Investitionsmaßnahme oberhalb einer vom Vertretungsorgan festgelegten Wertgrenze eine eigene Veranschlagung zu erfolgen (Einzelveranschlagung der Investitionsmaßnahmen); für Investitionen unterhalb dieser Wertgrenze ist eine Summe der investiven Einzahlungen und eine Summe der investiven Auszahlungen für die diese Investitionen ausreichend.[226]

Baut eine Gemeinde z. B. gleichzeitig zwei Grundschulen (Nord- und Süd) oberhalb der festgelegten Wertgrenze, so müssen zunächst die Auszahlungsarten für die Schulen auf der Basis der vorgenannten Gliederung veranschlagt werden. In einem weiteren Schritt sind dann die Auszahlungsarten noch einmal auf die einzelnen Schulen aufzuteilen. Das Gleiche gilt für die Einzahlungen. Am nachstehenden Beispiel wird vereinfacht die Einzelveranschlagung für das Jahr 2024 deutlich, wobei die Vorjahresangaben nicht aufgeführt sind:

226 Die Darstellung der investiven Maßnahmen unterhalb der vom Vertretungsorgan festgesetzten Wertgrenze ist in der KomHVO nicht geregelt, sondern ergibt sich aus der Darstellung in Anlage 10B VV Muster zur GO und KomHVO; siehe hierzu auch Kap. 9.3.6.2, Buchst. a.

Teilfinanzplan Investitionstätigkeit	Ansatz 2024	VE 2024	Planung 2025	Planung 2026	Planung 2027
Einzahlungen					
aus Zuwendungen für Investitionsmaßnahmen	200.000		300.000	0	0
aus der Veräußerung von Sachanlagen	10.000		40.000	0	0
sonstige Investitionseinzahlungen	0		0	100.000	0
Summe der investiven Einzahlungen	**210.000**		**340.000**	**100.000**	**0**
Auszahlungen					
für Erwerb von Grundstücken u. Gebäuden	200.000	100.000	100.000	0	0
für Baumaßnahmen	780.000	800.000	600.000	300.000	0
für Erwerb von beweglichem Anlagevermögen	10.000	50.000	200.000	80.000	10.000
Summe der investiven Auszahlungen	**990.000**	**950.000**	**900.000**	**380.000**	**10.000**
Saldo Investitionstätigkeit PB Schulen	**–780.000**		**–560.000**	**–280.000**	**–10.000**

Übersicht Investitionsmaßnahmen	Ansatz 2024	VE 2024	Planung 2025	Planung 2026	Planung 2027
Maßnahmen oberhalb der Wertgrenze					
Einzahlung: Landeszuweisung Schule Nord	50.000		50.000	0	0
Auszahlung: für Grunderwerb Schule Nord	100.000	0	0	0	0
				0	0
Auszahlung: Baumaßnahme Schule Nord	400.000	300.000	300.000		
Saldo Investitionsmaßnahme Schule Nord	**–450.000**		**–250.000**	**0**	**0**
Einzahlung: Landeszuweisung Schule Süd	150.000		250.000	0	0
Auszahlung: für Grunderwerb Schule Süd	100.000	100.000	100.000	0	0
Auszahlung: Baumaßnahme Schule Süd	380.000	500.000	300.000	300.000	0
Auszahlung: bewegl. Vermögen Schule Süd	0	50.000	190.000	70.000	0
Saldo Investitionsmaßnahme Schule Süd	**–330.000**		**–340.000**	**–370.000**	**0**
Saldo	**–780.000**	**950.000**	**–590.000**	**–370.000**	**0**
Maßnahmen unterhalb der Wertgrenzen					
Summe der investiven Einzahlungen	10.000		40.000	100.000	0
Summe der investiven Auszahlungen	10.000		10.000	10.000	10.000
Saldo	**0**		**30.000**	**90.000**	**–10.000**

Die Einzelveranschlagung im Investitionsbereich dient zunächst einmal der Übersichtlichkeit. Sie soll aber auch der Politik die Möglichkeit geben, jede einzelne Investition zu beraten und zu beschließen. Gerade in der Investitionsbereitstellung ist ein wichtiges Element der Selbstverwaltung als Ausfluss der Etathoheit verankert.[227]

227 Die Einzelheiten der Haushaltsgliederung in den Teilplänen sind ausführlich in Kap. 6.4 dargestellt.

9.3.6.2 Ausnahmen

Nicht bei allen Finanzpositionen der Planung ist der Grundsatz der Einzelveranschlagung realisiert. Aus praktischen Gründen wird er in drei Bereichen durchbrochen.

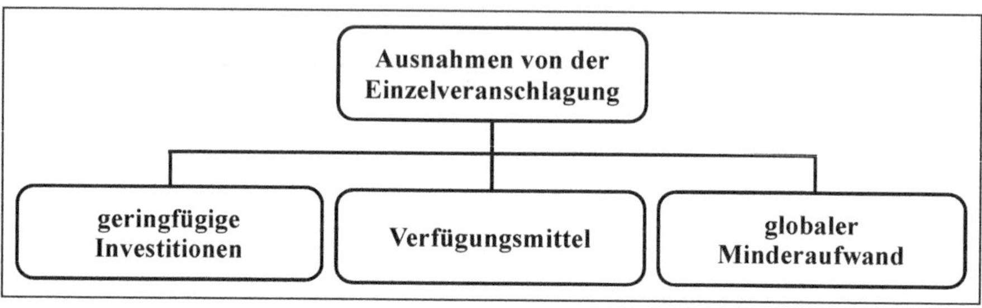

a) Geringfügige Investitionen

Gemäß § 4 Abs. 4 KomHVO sind in den Teilfinanzplänen im Investitionsbereich u. a. die einzelnen Maßnahmen getrennt abzubilden. Dies würde für sämtliche Investitionen zutreffen, also auch für geringfügige (z. B. Beschaffung eines Tageslichtprojektors mit Auszahlung von 600 € als Einzelgegenstand). Insofern sieht die Vorschrift zu Recht vor, dass eine Einzelveranschlagung als Maßnahme in den Teilfinanzplänen erst oberhalb einer vom Rat zu bestimmenden Wertgrenze zu erfolgen hat. Geringfügige Investitionsmaßnahmen werden deshalb nicht als einzelne, sondern als Sammelpositionen für Investitionsmaßnahmen nachgewiesen. Im Beispiel des vorherigen Abschnitts ist dies dargestellt, indem ein Sammelbetrag für Beschaffungen von beweglichen Sachen in Höhe von 10.000 € ausgewiesen ist. Die Festsetzung der Geringfügigkeitsgrenze durch den Rat kann durch einfachen Ratsbeschluss erfolgen. Effektiver ist jedoch die Festlegung im Rahmen der Haushaltssatzung (ab § 7, bei Haushaltssicherungsgemeinden ab § 8), weil die Geringfügigkeitsgrenze sich auf das mit der Satzung erstellte Planwerk bezieht.

b) Verfügungsmittel

Bei den Verfügungsmitteln handelt es sich um Aufwendungen und Auszahlungen des Bürgermeisters für dienstliche Zwecke, für die keine zweckbezogenen Aufwendungs- und Auszahlungsplanpositionen zur Verfügung stehen. Der Bürgermeister verfügt somit über eine ihm zustehende Planermächtigung, aus der er zweckübergreifend Haushaltsmittel bewirtschaften kann. Bedingung sind lediglich der dienstliche Verwendungszweck und die nicht an anderer Stelle bereitgestellten Mittel. Der Bürgermeister verwendet diese Haushaltsermächtigungen in der Regel für Repräsentationszwecke. Da jedoch hier Zahlungen aus verschiedenen Positionen des Ergebnis- und Finanzhaushaltes geleistet werden können (z. B. nicht veranschlagte Transferaufwendungen und Aufwendungen für Sachleistungen), wird bei den Verfügungsmitteln der Grundsatz der Einzelveranschlagung durchbrochen. Die Praxis spricht von einer sog. „zweckfreien Planposition in pauschaler Form". Die Verfügungsmittel sind gemäß § 14 Satz 1 KomHVO gesondert im Ergebnisplan und im Finanzplan sowie in den Teilplänen zum Produktbereichs 01 auszuweisen. Haushaltswirtschaftliche Flexibilisierungsmöglichkeiten (z. B. Übertragbarkeit, Deckungsfähigkeit, Ansatzüberschreitung) gelten aufgrund des besonderen Planansatzes nach § 14 Satz 2 KomHVO nicht.

c) Globaler Minderaufwand

Eine Durchbrechung des Grundsatzes der Einzelveranschlagung stellt die in § 75 Abs. 2 GO eingeräumte Möglichkeit der Veranschlagung eines globalen Minderaufwandes dar. Planungstechnisch stellt dieser eine pauschale Kürzung von Aufwendungen im Ergebnisplan dar, die bis zu 1 % der Summe der ordentlichen Aufwendungen unter Angabe der zu kürzenden Teilpläne betragen darf. Der globale Minderaufwand darf zusätzlich zur oder anstelle der Ausgleichsrücklage eingeplant werden. Die Veranschlagung dieses haushaltswirtschaftlichen Instruments bietet den Kommunen hiermit zusätzliche Gestaltungsmöglichkeiten zum Erreichen des Haushaltsausgleichs. Kritisch ist hierbei, ob die veranschlagten Beträge mangels fehlender vorhergehender Analyse (Berechnungen, konkrete Schätzungen) der Umsetzbarkeit tatsächlich im Rahmen der Haushaltsbewirtschaftung eingespart werden können.

9.3.6.3 Praktische Beispiele und Übungen

Sachverhalt

Der Rat der Gemeinde G hält dem vom Bürgermeister vorgelegten Haushalt 2023 für viel zu detailliert. Die Vielzahl von Daten könne die Politik nicht mehr verarbeiten. Zum Zweck der Informationsstraffung beschließt der Rat deshalb einstimmig, im Teilergebnisplan u. a. für den Produktbereich 08 „Sportförderung" die Personal- und Sachaufwendungen zusammenzufassen und unter der Position „Bewirtschaftungsaufwand" auszuweisen. Im Teilfinanzplan zum selben Produktbereich sollen nur noch die Gesamtsummen der Investitionsein- und -auszahlungen ausgewiesen werden.

Beim Teilergebnisplan des Produktbereichs 01 „Innere Verwaltung" dagegen möchte der Rat eine differenziertere Darstellung dahingehend erhalten, dass bei den Personalaufwendungen eine Unterteilung nach Beamten und tarifrechtlich Beschäftigten erfolgt. Begründet wird diese Differenzierung damit, dass die Öffentlichkeit deutlich gemacht werden soll, wie sich die einzelnen Personalaufwendungen in den Servicebereichen zusammensetzen.

Aufgabe:

Begutachten Sie, was der Bürgermeister aufgrund des Ratsbeschlusses ggf. zu veranlassen hat.

Lösung:

Der Bürgermeister müsste gemäß § 54 Abs. 2 Satz 1 GO den Ratsbeschluss beanstanden, sofern er rechtswidrig ist. Gemäß § 4 Abs. 3 i. V. m. § 2 Abs. 1 KomHVO muss der Teilergebnisplan eine bestimmte Mindestgliederung aufweisen. Danach sind u. a. Personalaufwendungen und Aufwendungen für Sach- und Dienstleistungen getrennt zu veranschlagen (Einzelveranschlagung). Die vom Rat beschlossene „Zusammenlegung" dieser Haushaltspositionen verstößt somit gegen die vorgenannte gesetzliche Bestimmung und ist demnach rechtswidrig. Der Bürgermeister hat deshalb in diesem Punkt den Ratsbeschluss zu beanstanden.

Eine ähnliche Vorschrift enthält § 4 Abs. 4 i. V. m. § 3 Abs. 1 KomHVO für die Teilfinanzpläne, wobei zwei Teilfinanzplanelemente – einmal als Zahlungsübersicht sowie einmal als Planung einzelner Investitionsmaßnahmen – darzustellen sind. Die Zahlungsübersicht ist stets nach vorgegebenen Ein- und Auszahlungspositionen für Investitionen zu unterteilen. Weiterhin sind oberhalb einer gesetzten Wertgrenze die Investitionsmaßnahmen getrennt darzustellen. Die beabsichtigte Zusammenfassung der Ein- und Auszahlungen ist somit ebenfalls rechtswidrig, sodass der Bürgermeister auch dies zu beanstanden hat. Selbst bei geringfügigen Investitionen erfolgt eine Unterteilung nach Zahlungsarten erfolgen in der Zahlungsübersicht.

Die differenzierte Untergliederung beim Produktbereich „Innere Verwaltung" ist dagegen zulässig, weil § 4 Abs. 3 KomHVO für die Teilergebnispläne auf die Mindestgliederung des § 2 Abs. 1 KomHVO verweist. Bei einer Mindestgliederung sind zwangsläufig weitere Unterteilungen zulässig. Dabei ist an dieser Stelle nicht zu beurteilen, ob die weitere Unterteilung sinnvoll ist. Es kommt beim Beanstandungsrecht des Bürgermeisters allein auf die Rechtmäßigkeit an.

9.4 Grundsätze ordnungsmäßiger Buchführung (GoB)

9.4.1 Allgemeines

Die Grundsätze ordnungsmäßiger Buchführung (GoB) beziehen sich vom Wortlaut her sicherlich auf das tägliche Buchungsgeschäft. Dieses Buchungsgeschäft mündet im Jahresabschluss, sodass die GoB auch konkrete Auswirkungen auf die Rechnungslegung haben. Da die Gemeinden aber auch eine vorausschauende Haushaltsplanung in Form von Ergebnis- und Finanzplan zu erbringen haben, sind diese Grundsätze auch für die Aufstellung des Haushaltsplanes zu beachten. Insofern ist es nachzuvollziehen, dass diese Grundsätze bei den vorangehenden Gliederungsziffern bereits ganz oder teilweise als Veranschlagungsgrundsätze angesprochen wurden. An dieser Stelle soll jedoch neben einem Gesamtüberblick vor allem auf die Buchführungsregeln eingegangen werden.

Die nachstehende Übersicht unterscheidet zudem noch in Ziele der Buchführung (allgemeine Grundsätze ordnungsmäßiger Buchführung) und in die eigentlichen Grundsätze, mit denen die Ziele realisiert werden sollen (spezielle Grundsätze ordnungsmäßiger Buchführung).

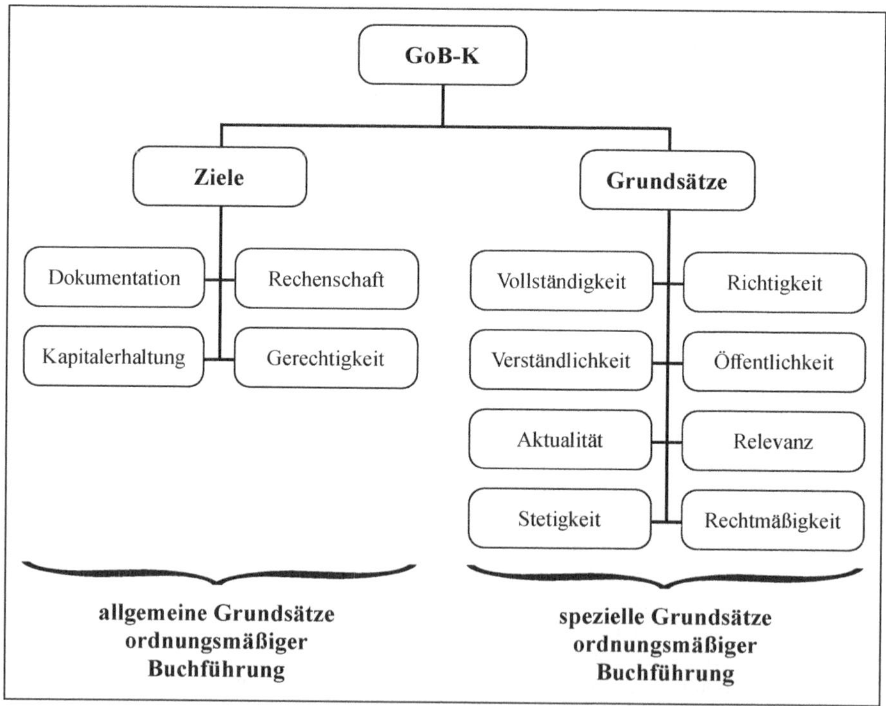

Die Grundsätze ordnungsmäßiger Buchführung im kommunalen Rechnungswesen sind weitgehend an die der kaufmännischen Buchführung angelehnt, die sich aus den Regeln des HGB und dem kaufmännischen Gewohnheitsrecht ergeben. Einen generellen Hinweis zur Beachtung dieser Grundsätze enthalten § 93 Abs. 1 Satz 2 GO und § 28 Abs. 1 Satz 1 KomHVO. Sie sind allerdings – soweit erforderlich – auf die Besonderheit der Kommunen mittels kommunalrechtlicher Vorschriften der GO und KomHVO modifiziert.

9.4.2 Ziele ordnungsmäßiger Buchführung (allgemeine Grundsätze ordnungsmäßiger Buchführung)

9.4.2.1 Dokumentation

Oberstes Ziel der Buchführung ist es, einen fundierten Nachweis über die Finanzsituation einer Gemeinde zu erhalten. Dazu ist es notwendig, jeglichen Geschäftsvorfall finanzieller Art zu erfassen. Dies erinnert an den bereits besprochenen Veranschlagungsgrundsatz der Vollständigkeit für die Haushaltsplanung. Es soll somit durch die Buchführung ein lückenloses Abbild der Güter-, Ertrags- und Aufwendungs- sowie Zahlungsbewegungen erfolgen. Dabei ist es wichtig, die konkrete Realität zu dokumentieren, indem lebensechte Bewertungen und Buchungen zeitnah durchgeführt werden.

9.4.2.2 Rechenschaft

Ein weiteres wichtiges Ziel stellt die Rechenschaft über das kommunale Finanzmanagement dar. Bei Unternehmen erfolgt die Rechenschaftslegung gegenüber den Eigentümern. Bei der Gemeinde bestehen keine Eigentumsverhältnisse. Da jedoch die Kommunen öffentliche Gelder einziehen, um Leistungen bzw. Einrichtungen für die Einwohner zur Verfügung zu stellen, hat die Öffentlichkeit Anspruch auf Informationen zur Finanzsituation der Gemeinde. Eine solche Information kann es nur geben, wenn die Finanzmittel ordnungsmäßig gebucht und zudem in einem ordnungsmäßigen Jahresabschluss dokumentiert werden.

Die konkrete Rechenschaftslegung erfolgt jedoch gegenüber den gewählten Vertretern der Bürgerschaft, den Ratsmitgliedern. So muss der aufgrund der Buchführung erstellte Jahresabschluss gemäß § 95 Abs. 5 Satz 2 GO dem Rat vorgelegt werden, wobei nach den Vorschriften des § 45 Abs. 1 KomHVO ein Anhang mit Einzelerläuterungen beizufügen ist. Dabei sieht Absatz 2 dieser Norm konkrete Pflichtinhalte (Pflichterläuterungen) als Erläuterungsbestandteil vor. Weitere Informationen sehen die §§ 46 bis 48 KomHVO vor, die mit dem Anlagen-, Forderungs- und Verbindlichkeitenspiegel ergänzende Daten liefern. Zur Rechenschaftslegung trägt dann auch noch der Lagebericht gemäß § 49 KomHVO bei, in dem das durch den Jahresabschluss vermittelte Gesamtfinanzbild der Gemeinde zu erläutern ist.

Der Rat hat dann gemäß § 96 Abs. 1 Satz 1 GO den Jahresabschluss zu beschließen. Dieser ist jedoch im Wesentlichen durch die Buchführung im Laufe des Haushaltsjahres geprägt. Diese hat der Bürgermeister nach § 62 Abs. 2 GO zu verantworten, da es sich um die Ausführung des vom Rat beschlossenen Haushaltsplans handelt. Insofern muss der Rat noch nach § 96 Abs. 1 Satz 4 GO über die Entlastung des Bürgermeisters entscheiden. Es handelt sich hier um den letzten „Akt" der formellen Rechenschaftslegung. Allerdings erfolgt die Rechenschaft auch gegenüber der Gesamtbevölkerung, weil gemäß § 96 Abs. 2 Satz 2 GO der Jahresabschluss öffentlich bekanntgemacht wird und danach bis zur Feststellung des folgenden Jahresabschlusses zur Einsichtnahme ausliegt.

9.4.2.3 Kapitalerhaltung und intergenerative Gerechtigkeit

Ein Unternehmen, das sein Kapital nicht erhalten kann, wird nicht bestehen können. Zwar unterliegen Gemeinden keinem Insolvenzverfahren, jedoch muss der Grundgedanke jeglicher kommunaler Tätigkeit daran ausgerichtet sein, das kommunale Kapital zu erhalten. Wird das für die Aufgabenerfüllung benötigte kommunale Vermögen nicht auf Dauer erhalten, sondern ständig ohne Erneuerung verbraucht, lebt die Bevölkerung einer Periode zu Lasten der Bevölkerung der nächsten Perioden. Dies ist ein Verstoß gegen den Grundsatz der intergenerativen Gerechtigkeit. Jede Periode soll mit ihrem Ressourcenverbrauch belastet werden, den sie verursacht. Sie soll diesen Ressourcenverbrauch auch finanzieren, d. h. durch Erträge erwirtschaften. Vorgriffe auf spätere Perioden sowie deren ungerechtfertigte Belastungen sind zu vermeiden. Insofern muss der Grundsatz der intergenerativen Gerechtigkeit im Zusammenhang mit dem Grundsatz der Kapitalerhaltung gesehen werden.

Ausgangspunkt dafür sind die Regeln des Haushaltsausgleichs. Gemäß § 75 Abs. 2 GO muss die Gemeinde den Ausgleich dadurch herbeiführen, dass die Gesamtsumme der Erträge die Gesamtsumme der Aufwendungen deckt oder übersteigt. Ein besonderes Problem stellt sich bei der Kapitalerhaltung in der Vermögensbewertung und den sich daraus ergebenden bilanziellen Abschreibungen. Wenn die Abschreibungen in derselben Periode durch Erträge erwirtschaftet werden, wird auch die Bevölkerung dieser Periode mit dem durch sie verursachten Verbrauch des kommunalen Vermögens belastet. Damit fließt das aufgewandte Kapital über die Abschreibungen wieder dem Vermögen zu, sodass im Rahmen dieser intergenerativen Gerechtigkeit das Kapital refinanziert wird und damit erhalten bleibt. Allerdings ist hier festzustellen, dass durch die Bestimmung des § 34 Abs. 2 und 3 KomHVO in den Bilanzen lediglich die Anschaffungs- und Herstellungswerte für das kommunale Vermögen nachgewiesen werden. Dadurch entsteht nur eine nominelle Kapitalerhaltung. Eine reale Kapitalerhaltung (Substanzerhaltung) wäre erst bei einer Wertfortschreibung mit Preissteigerungssätzen (Inflationsausgleich, Wiederbeschaffungszeitwerte) möglich, wenn die Abschreibungen dann auf dieser Basis berechnet und erwirtschaftet würden. Eine reale Kapitalerhaltung kann die Gemeinde nur erreichen, wenn aufgrund einer Ermittlung in der Kosten- und Leistungsrechnung Wertsteigerungen und die dadurch entstehenden Mehrbeträge bei den Abschreibungen über einen zu erwirtschafteten Gewinn realisiert werden. Dies ist jedoch bei der jetzigen Finanzlage der Kommunen kaum realistisch und entspricht auch nicht unbedingt der intergenerativen Gerechtigkeit. Warum sollte die jetzige Nutzergeneration die realen Vermögenssteigerungen für die spätere Generation vorfinanzieren, die dann ohnehin über angepasste Abschreibungen herangezogen wird?

Allerdings ist noch einmal deutlich festzustellen, dass die reine „Durchbuchung" der Abschreibungen noch keine Kapitalerhaltung und intergenerative Gerechtigkeit herbeiführt. Die Abschreibungen sind zu erwirtschaften, was nur bei einem ausgeglichenen Haushaltsplan und Rechnungsabschluss der Fall ist.

Aber nicht nur bei den Abschreibungen tritt das Problem der Kapitalerhaltung auf. Auch die anderen Arten des Ressourcenverbrauchs (Personalaufwand, Sachaufwand, Transferaufwand usw.) müssen im Rahmen des Haushaltsausgleichs erwirtschaftet werden. Ist dies nicht der Fall, entsteht ein Fehlbetrag, der letztlich zur Verringerung des Eigenkapitals führt.[228] Das Kapital kann somit auch dann nicht erhalten bleiben. So dokumentiert das Haushalts- und Rechnungswesen die nicht mehr bestehende intergenerative Gerechtigkeit.

9.4.3 Spezielle Grundsätze ordnungsmäßiger Buchführung

9.4.3.1 Vollständigkeit

Was für die Veranschlagung im Haushaltsplan gilt, findet zwangsläufig auch Anwendung bei der Buchführung und der Rechnungslegung. Dem § 11 Abs. 1 und 2 KomHVO für die Planung steht somit sachgerecht der § 28 Abs. 1 KomHVO gegenüber, wonach in der Buchführung alle

228 Zur Systematik siehe die Darstellung zur Buchführungstechnik im Kap. 3.

Geschäftsvorfälle sowie die Vermögens- und Schuldenlage vollständig und periodengerecht zu erfassen sind. Der Grundsatz besagt, dass jeglicher – auch noch so geringfügiger – finanzieller Geschäftsvorfall mit Auswirkung auf die Rechnungskomponenten (Bilanz, Ergebnis- und Finanzrechnung) sachgerecht zu dokumentieren ist.

Eine erste Abweichung gegenüber dem Veranschlagungsgrundsatz besteht darin, dass dieser Veranschlagungsgrundsatz sich lediglich auf den Ergebnis- und Finanzplan bezieht. Die Vollständigkeit als Grundsatz ordnungsmäßiger Buchführung umfasst jedoch auch die Geschäftsvorfälle mit Auswirkungen auf die kommunale Bilanz. Diese Ergänzung ist notwendig und sachgerecht, weil im kommunalen Finanzmanagement keine Planbilanz vorgesehen ist. Eine zweite Abweichung besteht darin, dass der Buchungsgrundsatz auch auf die gemäß § 15 KomHVO außerhalb des Haushaltsplans zu bewirtschafteten fremden Finanzmittel Anwendung findet. Auch diese müssen vollständig verbucht werden. § 28 Abs. 6 KomHVO sieht dafür sogar ausdrücklich gesonderte Buchungsnachweise vor.

Ansonsten gelten die Ausführungen zum Veranschlagungsgrundsatz der Vollständigkeit in Kap. 9.3.2.2 sinngemäß.

9.4.3.2 Verständlichkeit, Richtigkeit und Willkürfreiheit

Gemäß § 28 Abs. 2 KomHVO sind alle finanziellen Geschäftsvorfälle richtig und geordnet zu erfassen. Damit wird erreicht, dass die Aufzeichnungen möglichst realitätsgerecht erfolgen. So sind Scheinbuchungen, willkürliche Buchungen zur Beeinflussung des Jahresergebnisses, nicht vertretbare Bewertungen von Aktiv- und Passivpositionen der Bilanz sowie Buchungen auf sachlich unzuständigen Konten rechtswidrig. Hilfsmittel für eine sachliche Ordnung ist dabei der Kontenrahmen für Kommunen, der eine Mindestgliederung für die Buchführung vorsieht. Damit werden die Buchungen systematisiert, was wieder die Lesbarkeit und Vergleichbarkeit mit Vorperioden oder anderen Gemeinden erleichtert. Als die Buchführung unterstützendes Dokument sind zudem gemäß § 28 Abs. 3 KomHVO Belege zu erstellen, die die Buchungen begründen (begründende Unterlagen).

Der Veranschlagungsgrundsatz der Haushaltswahrheit und Haushaltsklarheit, der ebenfalls auf die Verständlichkeit, Richtigkeit und Willkürfreiheit abstellt, findet hier seine konkrete Umsetzung als Grundsatz ordnungsmäßiger Buchführung. Aus diesem Grunde kann auch auf die Ausführungen in Kap. 9.3.4 verwiesen werden.

9.4.3.3 Öffentlichkeit

Auch bei diesem Grundsatz ordnungsmäßiger Buchführung kann wieder eine Parallele zum gleichnamigen allgemeinen Haushaltsgrundsatz gezogen werden, der in Kap. 9.2.9 ausführlich erläutert ist. Für die Buchführung besteht die Verpflichtung, die Informationen des Rechnungswesens für den Rat und die Bürger als Öffentlichkeit so aufzubereiten und verfügbar zu machen, dass die wesentlichen Informationen über die Vermögens- und Schuldenlage klar ersichtlich und verständlich sind. Damit besitzt die Allgemeinheit die Möglichkeit, Buchführungsinformationen in gebündelter Form zu erhalten. Ohne Buchführungsinformationen kann nämlich keine Übersicht über die Vermögens- und Schulden- sowie Finanz- und Ertragslage der Gemeinde erlangt werden. Damit hat der Bürger zwar keinen Anspruch auf Einsichtnahme in die Belege und die Einzelbuchungen, zusammengefasste Daten aus der Buchführung sind jedoch bereitzuhalten. Dies kann durchaus Ergebnis eines systematischen Berichtswesens sein, das der Bevölkerung zugänglich gemacht wird, so z. B. auch über die örtliche Presse.

Daneben kann der Einzelne Buchungseinsicht verlangen, wenn es ihn persönlich betrifft. Dies ergibt sich aus den Regelungen des Informationsfreiheitsgesetzes NRW (siehe dazu auch Kap. 9.2.9.1).

9.4.3.4 Aktualität

Die Buchungen haben gemäß § 28 Abs. 2 Satz 1 KomHVO zeitgerecht zu erfolgen. Das bedeutet, dass beim Entstehen eines Geschäftsvorfalls mit Auswirkungen auf die Rechnungskomponenten (Bilanz, Ergebnis- und Finanzrechnung) unverzüglich die notwendige Buchung herbeizuführen ist. Nur so kann erreicht werden, dass für alle Beteiligten im Finanzmanagementprozess die für Controllingentscheidungen wichtigen Finanzdaten sofort verfügbar sind. Wäre dies nicht Fall, könnten Fehlentscheidungen mit wirtschaftlichen Nachteilen für die Gemeinde erfolgen. Würden z. B. die Forderungen nicht unverzüglich nach ihrem Entstehen in die Buchführung aufgenommen werden, könnte dies z. B. Fehlentscheidungen bei der Liquiditätsplanung zur Folge haben. Der Begriff „zeitgerecht" orientiert sich allerdings am Umfang des Buchungsstoffes, sodass bspw. zu prüfende Schlussabrechnungen bei Investitionsmaßnahmen erst nach einem angemessenen Prüfungszeitraum von ein oder zwei Wochen gebucht werden und dennoch zeitgerecht erfolgen.

9.4.3.5 Relevanz

Der Begriff der Relevanz kommt aus dem Lateinischen und bedeutet so viel wie „Wichtigkeit" und „Erheblichkeit". Nach diesem Grundsatz ist auch das Rechnungswesen der Kommunen ausgerichtet. Das Rechnungswesen und damit die Buchführung müssen alle Informationen bieten, die für die Rechenschaftslegung notwendig sind, sich jedoch im Hinblick auf die Wirtschaftlichkeit und Verständlichkeit auf die relevanten, also erheblichen und wichtigen Daten beschränken. Dieser Grundsatz steht auf den ersten Blick im Widerspruch zum Grundsatz der Vollständigkeit. Dies ist jedoch nicht der Fall, da der Grundsatz der Vollständigkeit auf die spezielle Buchung abstellt und somit für jeden Geschäftsvorfall eine konkrete Buchung verlangt. Der Grundsatz der Relevanz dagegen bezieht sich mehr auf die Rechnungslegung und die Rechenschaft. Hier ist es sogar effektiver, die wichtigsten Daten in vereinfachter (z. B. Verzicht auf Rechnungsabgrenzung) oder zusammengefasster Form darzustellen, wobei unerhebliche Positionen ohnehin zusammengefasst werden.

Insofern sehen auch die Muster für die Ergebnis- und die Finanzrechnung sowie die Bilanz zusammengefasste Ertrags- und Aufwendungsgruppen, Einzahlungs- und Auszahlungsbereiche sowie Vermögens- und Finanzierungspositionen vor. Dies entspricht in etwa der sachlichen Gliederung bei der Haushaltsplanung, was beim Haushaltsgrundsatz der Einzelveranschlagung ausführlich dargestellt ist (siehe dazu Kap. 9.3.6). So sind z. B. bei der Rechnungslegung Aufteilungen der Personalaufwendungen nach Beamtenbesoldung, Beschäftigungsentgelten für tarifliche Mitarbeiter, Beihilfen und Arbeitgeberanteile zur Sozialversicherung nicht erforderlich. Die zusammengefasste Darstellung als Personalaufwendungen entspricht der Relevanz der Ergebnisrechnung, wobei durch die Aufteilung auf die Teilergebnisrechnungen weiterhin relevante Informationen, z. B. zur Entstehung, verfügbar sind.

9.4.3.6 Stetigkeit

Die Stetigkeit des Rechnungswesens ist ein wichtiger Grundsatz, um die finanzielle Entwicklung der Gemeinde zu beurteilen und über mehrere Perioden zu verfolgen. Würden ständig die Buchführungs- und Bewertungsmethoden geändert, wäre ein Vergleich mit Vorperioden erschwert, wenn nicht sogar unmöglich. Insofern würde eine wichtige Analysemöglichkeit im kommunalen

Finanzmanagement fehlen, sodass das Controlling erschwert wird. Es kann allerdings durchaus aus sachlichen Gründen notwendig sein, Änderungen in der Buchführung und der Rechnungslegung vorzunehmen. Diese notwendigen Anpassungen sind dann besonders kenntlichzumachen.

Einen anderen Aspekt des Grundsatzes der Stetigkeit enthält die Bestimmung des § 33 Abs. 1 Nr. 1 KomHVO, wonach die Wertansätze in der Eröffnungsbilanz eines Haushaltsjahres mit denen in der Schlussbilanz des vorhergehenden Haushaltsjahres übereinstimmen müssen.

9.4.3.7 Recht- und Ordnungsmäßigkeit

Im Jahresabschluss ist deutlich zu machen, dass im Finanzmanagement die materiellen Rechtsvorschriften eingehalten wurden und damit die Ordnungsmäßigkeit der Haushaltswirtschaft herbeigeführt wurde. Sollte dies nicht der Fall sein, müsste der Rat nach § 96 Abs.1 Satz 5 und 6 GO dem Bürgermeister die Entlastung verweigern, soweit es sich nicht nur um geringfügige behebbare Mängel handelt. Die Recht- und Ordnungsmäßigkeit abzusichern ist auch Aufgabe der örtlichen Rechnungsprüfung nach § 101 GO. Rechts- oder ordnungswidrige Buchungen sind von der Rechnungsprüfung zu beanstanden. Die Beanstandungen bedingen, dass die Mängel von den die Buchungen veranlassenden Dienststellen abgestellt werden müssen. Schließlich erfolgt gemäß § 102 Abs. 1 GO auch eine Jahresabschlussprüfung, bevor der Rat den Jahresabschluss beschließt. Letztlich überwacht auch die Gemeindeprüfungsanstalt NRW im Rahmen der überörtlichen Prüfung gemäß § 105 Abs. 3 GO die Recht- und Ordnungsmäßigkeit der Haushalts- und Wirtschaftsführung der Gemeinde. Insofern bestehen eine Reihe von Mechanismen und Verfahren zur Absicherung dieses Grundsatzes ordnungsmäßiger Buchführung.

9.4.3.8 Praktische Beispiele und Übungen

Sachverhalt

Das Rechnungsprüfungsamt der Gemeinde G wird im Rahmen seiner Prüftätigkeit mit folgenden Problemfällen befasst:

a) Der Fachbereich „Zentrales Immobilienmanagement" bucht stets die Mietforderungen jeweils am Tag der Fälligkeit, somit also jeweils die Monatsbeträge zu Beginn eines Monats.
b) Auf Anordnung des Kämmerers werden die Abschreibungen nur in der Höhe gebucht wie sie auch tatsächlich im Rahmen des Haushaltsausgleichs erwirtschaftet werden. Dies wird damit begründet, dass damit die tatsächliche Erwirtschaftung dieser Aufwendungsart dokumentiert und der Haushaltsausgleich nicht gefährdet wird.
c) Die Repräsentationsaufwendungen der Gemeinde G wurden bisher aus den Verfügungsmitteln des Bürgermeisters bestritten. Der Kämmerer ist der Auffassung, dass es besser wäre, diese Aufwendungen einem speziellen Konto für Repräsentationen zuzuordnen, und veranlasst entsprechende Umbuchungen.
d) Im Rahmen eines Probejahresabschlusses wird festgestellt, dass der angestrebte und dem Rat bereits mitgeteilte Haushaltsausgleich u. a. wegen des Ausfalls einer fälligen erheblichen Pachtzahlung nicht zustande kommt (Insolvenz des Pächters). Der Kämmerer ist der Auffassung, dass es sich bei der Pacht wegen der Fälligkeit im laufenden Haushaltsjahr um einen Ertrag dieses Jahres handelt und entsprechend zu buchen ist. Er ordnet deshalb an, in diesem Jahr diesbezüglich ansonsten nichts weiter zu veranlassen und eine evtl. erforderliche „Berichtigung" erst im nächsten Haushaltsjahr vorzunehmen, wenn das Insolvenzverfahren beendet ist und der Forderungsverlust definitiv feststeht. Der Haushaltsausgleich würde der Gemeinde in der jetzigen Rechnungsperiode dann „leichter fallen".

Aufgabe:
Beurteilen Sie die Rechtmäßigkeit der geschilderten Handlungen unter Berücksichtigung der Grundsätze ordnungsmäßiger Buchführung.

Lösung:

a) Gemäß § 28 Abs. 2 KomHVO müssen Eintragungen in die Bücher zeitgerecht bzw. zeitnah erfolgen. Das bedeutet, dass die Buchungen bereits dann zu erfolgen haben, wenn der Buchungsgrund feststeht. Insofern ist es rechtswidrig, die Mietforderungen erst am Zahlungstermin zu buchen. Es liegt somit ein Verstoß gegen den Grundsatz der Aktualität vor, den das Rechnungsprüfungsamt zu beanstanden hat.

b) Verstoßen wird hier gegen die Grundsätze der Vollständigkeit und Richtigkeit nach § 28 Abs. 1 und 2 KomHVO, wonach alle Geschäftsvorfälle und damit der gesamte Ressourcenverbrauch in der Buchführung vollständig abzubilden ist. Abschreibungen stellen den Ressourcenverbrauch von Vermögensgegenständen dar und sind deshalb nach den Regelungen des § 36 KomHVO uneingeschränkt auszuweisen. Dies gilt auch dann, wenn sie im Rahmen des Haushaltsausgleichs nicht erwirtschaftet werden. Es wird ja gerade durch die volle Berücksichtigung der Abschreibung deutlich gemacht, dass die Kapitalerhaltung gefährdet ist. Dies ist eine wichtige Finanzinformation, die auch im Rahmen des Grundsatzes der Öffentlichkeit erkennbar dargelegt werden muss. Das Rechnungsprüfungsamt muss das Vorhaben des Kämmerers als rechtswidrig beanstanden.

c) Die Anordnung des Kämmerers ist sachbezogen. Sie entspricht einer geordneten Erfassung der Finanzvorfälle. Es stellt sich allerdings die Frage, ob damit gegen den Grundsatz der Stetigkeit verstoßen wird, weil die Buchungszuordnung geändert wird. Da diese Änderung sachlich vertretbar und notwendig ist (sachliche Spezialität), liegt jedoch kein Verstoß gegen diesen Grundsatz ordnungsmäßiger Buchführung vor. Das Rechnungsprüfungsamt darf die Umbuchung nicht beanstanden. Es sollte allerdings darauf hinweisen, dass die Anpassung im Buchungssystem durch eine Erläuterung besonders kenntlichzumachen ist. Dies kann z. B. durch die Anbringung eines Hinweises bei den Verfügungsmitteln in folgender Form erfolgen: „Repräsentationsaufwendungen ab diesem Haushaltsjahr beim Konto …“.

d) Gemäß § 28 Abs. 2 KomHVO sind alle Geschäftsvorfälle mit Auswirkungen auf die Rechnungskomponenten (Bilanz, Ergebnis- und Finanzrechnung) vollständig und richtig zu buchen. Insofern ist es zunächst sachgerecht, die Pacht unabhängig von ihrer Realisierung in der Ergebnisrechung als Ertrag auszuweisen. Es handelt sich unzweifelhaft um einen Ertrag des laufenden Haushaltsjahres. Unzulässig ist es allerdings, nicht auf die Insolvenz zu reagieren. Es müsste das Risiko des Zahlungsausfalles ermittelt und eine Niederschlagung nach § 27 Abs. 2 KomHVO in Höhe des voraussichtlichen Pachtausfalls vorgenommen werden. Diese Niederschlagung ist als Aufwendung (Einzelwertberichtigung) noch in diesem Haushaltsjahr erfolgswirksam zu buchen, weil in diesem Haushaltsjahr die Verursachung des Zahlungsausfalls begründet ist. Insofern ist das Vorhaben des Kämmerers rechtswidrig. Das Rechnungsprüfungsamt hat dieses zu beanstanden.

10. Die kommunale Bilanz (Ansatz, Ausweis und Bewertung in den einzelnen Posten)

10.1 Inventur, Inventar

Gem. § 91 Abs. 1 GO haben die Gemeinden zum Schluss eines jeden Haushaltsjahres ihre Vermögensgegenstände und Schulden genau zu verzeichnen und dabei deren Wert anzugeben. Eine rechtlich normierte Verpflichtung zur Inventur der Sonderposten – seit dem 2. NKFWG genauso für Rechnungsabgrenzungsposten – besteht nicht. Der Sonderposten stellt jedoch einen Mischposten aus Eigen- und Fremdkapital dar, so dass allein deshalb eine Inventur erfolgen muss, da bei einem Verstoß gegen die Zuwendungsbestimmungen eine wirtschaftliche Verbindlichkeit entsteht.

10.1.1 Begriff und Inhalt

§ 91 Abs. 1 bis 3 GO und §§ 29, 30 KomHVO definieren sowohl die Inventur als auch das Inventar. Die Inventur ist die art-, mengen- und wertmäßige Bestandsaufnahme aller Vermögenswerte und Schulden einer Kommune durch körperliche Bestandsaufnahme oder durch eine buch- bzw. belegmäßige Bestandsfeststellung. Das Inventar ist ein auf der Grundlage der Inventur erstelltes Vermögens- und Schuldenverzeichnis mit Wertangaben. Auf der Grundlage des Inventars wird unter Verzicht auf Einzelangaben und mittels Zusammenfassung die Bilanz erstellt.

Die Inventur hat grundsätzlich am Bilanzstichtag zu erfolgen. Gem. § 30 Abs. 3 KomHVO ist eine zeitnahe Inventur drei Monate vor oder bis zu zwei Monate nach dem Abschlussstichtag möglich, wobei Bestandsveränderungen zwischen Abschlusszeitpunkt und tatsächlichem Inventurtag anhand von Belegen oder Aufzeichnungen berücksichtigt werden müssen.

Fehlt die vorgeschriebene Inventur, so ist die Buchführung nicht ordnungsmäßig. Hierdurch kann die Beweiskraft der Buchführung für den Bereich des Vermögens und der Schulden – zumindest teilweise – verlorengehen. Die Rahmenbedingungen für die Ordnungsmäßigkeit von Inventur bzw. der Erstellung des Inventars leiten sich aus den Grundsätzen ordnungsmäßiger Buchführung (siehe Kap. 9.4) ab. Im Einzelnen gelten folgende Grundsätze ordnungsmäßiger Inventur:

- Vollständigkeit der Bestandsaufnahme,
- Richtigkeit der Bestandsaufnahme,
- Einzelerfassung der Bestände,
- Dokumentation und Nachprüfbarkeit der Bestandsaufnahme,
- Grundsatz der Wirtschaftlichkeit.

Hiernach sind grundsätzlich alle Vermögensgegenstände und Schulden bezogen auf ihren Bestand am Bilanzstichtag auf Vollständigkeit und Richtigkeit zu prüfen. Analog dem Prinzip der Einzelbewertung gilt grundsätzlich das Prinzip der Einzelerfassung für Vermögensgegenstände und Schulden. Insbesondere gilt ein Saldierungsverbot zwischen Vermögensposten und Schulden. Hinsichtlich der Nachprüfbarkeit ist die Bestandsaufnahme zu dokumentieren. Hier gilt das Vier-Augen-Prinzip. Die Inventur unterliegt im Rahmen des Jahresabschlusses auch der Rechnungsprüfung. Daher sind gem. § 29 Abs. 3 KomHVO das Verfahren und die Ergebnisse der Inventur so zu dokumentieren, dass diese für sachverständige Dritte nachvollziehbar sind. Gem.

§ 29 Abs. 2 KomHVO hat der Bürgermeister das Nähere über die Durchführung der Inventur zu regeln.

In Konkurrenz zu den restlichen Grundsätzen ordnungsmäßiger Inventur steht der Grundsatz der Wirtschaftlichkeit. Für eine wirtschaftliche Vermögenserfassung räumt der Gesetzgeber konkret durch den § 30 Abs. 4 KomHVO für bewegliche Vermögensgegenstände des Sachanlagevermögens bis 800 € ohne Umsatzsteuer ein Erfassungswahlrecht ein. Eine Nichterfassung führt zu einer Nichtbilanzierung dieser Vermögensgegenstände, so dass es erforderlich ist, den Vermögenswert unmittelbar der laufenden Periode als Aufwand zuzurechnen.[229] Bei anderen nicht normierten konkurrierenden Anwendungen muss eine Abwägung hinsichtlich der Gesamtbedeutung und der Erheblichkeit der jeweiligen Einschränkung erfolgen. Aus diesem Abwägungsprozess erfolgt die Ausgestaltung des Einzelfalls.

Beispiel:
Ein Abonnement für eine Fachzeitschrift kostet 120 € und ist jeweils für ein Jahr im Voraus im Monat Dezember zu bezahlen. Die Kommune kann in den von ihr aufzustellenden Regelungen über die Durchführung der Inventur nach § 29 Abs. 2 KomHVO beispielsweise festlegen, dass Geschäftsprozesse mit einem Abgrenzungsvolumen unter 150 € nicht in den Abgrenzungsposten der Bilanz zu erfassen sind, weil der ggf. entstehende Buchungsaufwand für die Abgrenzungsbuchungen gegenüber der periodengerechten Abbildung des Ressourcenverbrauchs nicht angemessen ist.

Die im Handels- und Steuerrecht bestehenden Inventur- und Bewertungsvereinfachungen der Festwertbildung und der Gruppenbewertung wurden durch § 29 Abs. 1 KomHVO gleichfalls übernommen.

10.1.2 Festwertbildung

Voraussetzung für die Festwertbildung ist gem. § 29 Abs. 1 Nr. 1 KomHVO, dass der Bestand in seiner Größe, dem Wert und der Zusammensetzung der Vermögensgegenstände nur geringen Schwankungen unterliegen darf, d. h. dass die Vermögensgegenstände regelmäßig ersetzt werden müssen. Des Weiteren muss der Gesamtwert von nachrangiger Bedeutung sein. Eine Festwertbildung ist nur für Vermögensgegenstände des Sachanlagevermögens sowie für Roh-, Hilfs- und Betriebsstoffe zulässig. Sie ist grundsätzlich für immaterielle Vermögensgegenstände sowie für Finanzanlagen ausgeschlossen.

Die Rahmenbedingungen für eine Festwertbildung sind:

- Es wird ein unveränderter Wertansatz für den Bestand bestimmter Vermögensgegenstände über mehrere Haushaltsjahre ermöglicht.
- Die ständige Abnutzung wird durch laufende Wiederbeschaffung ungefähr ausgeglichen.
- Der Zweck besteht in der Erleichterung der Inventur und der Bewertung.
- Abschreibungen fallen nach einer Festwertbildung nicht an, vielmehr stellen die Ersatzbeschaffungen Aufwand in der Anschaffungsperiode dar.

229 In einer weiteren Regelung zu Geringwertigen Vermögensgegenständen (§ 36 Abs. 3 KomHVO) weicht der Gesetzgeber inhaltlich von dieser Regelung ab, indem er diese weitere Regelung auf selbstständige, abnutzbare, geringwertige Vermögensgegenstände des Anlagevermögens bezieht. Der Gesetzgeber ist aufgefordert, den Gesetzeswortlaut anzupassen.

- Die jährliche Inventurverpflichtung einer grundsätzlich körperlichen Bestandsaufnahme wird entsprechend § 29 Abs. 1 Nr. 1 KomHVO auf fünf Jahre erweitert.

Liegen die Voraussetzungen für eine Festwertbewertung vor, ist je nach Alter und Abnutzung der Vermögensgegenstände bei der erstmaligen Bildung des Festwertes ein Abschlag von den ursprünglichen Anschaffungs- oder Herstellungskosten vorzunehmen. Die Höhe ist im Einzelfall zu bestimmen.

Typische Beispiele sind Werkzeuge, Geräte und Kantinengeschirr. Die Dokumentation zum NKF[230] sieht auch eine von diesen „klassischen“ Beispielen erheblich abweichende Festwertbildung für die Grünflächen der Kommunen vor. Die inhaltlichen Voraussetzungen der Festwertbildung sind auch hier zu beachten.

Beispiel:
Der Bestand an Spielgeräten, Bänken, Wegen, Pflanzen, etc. im Park der Gemeinde G ist im Rahmen der stetigen Unterhaltung der Grünanlage grundsätzlich gleichbleibend. Die Voraussetzungen für eine Festwertbildung sind aufgrund unerheblicher Schwankungen – zulässig sind geringe Schwankungen – hinsichtlich des Bestands, des Werts und der Zusammensetzung der Vermögensgegenstände erfüllt. Alle Vermögensgegenstände des Parks dürfen daher nach § 29 Abs. 1 KomHVO zu einem Festwert zusammengezogen werden. Weiterhin ist bei diesem Beispiel anzumerken, dass im Rahmen des Grundsatzes der Wirtschaftlichkeit es nicht erforderlich ist, die Bäume und Blumen einzeln zu bewerten und zum Festwert zusammenzuziehen. Die Bewertung der Pflanzen kann pauschal erfolgen.

Erhöht sich der Festwert offensichtlich um mehr als 10 %, so ist innerhalb des Zeitraums der vorgenannten fünfjährigen Inventurpflicht eine Wertanpassung des Festwertes erforderlich. Übersteigt der ermittelte Wert den bisherigen Festwert dagegen um nicht mehr als 10 %, so kann beim Anlagevermögen[231] der bisherige Festwert beibehalten werden. Wird ein niedrigerer Festwert ermittelt, so kann der ermittelte Wert als neuer Festwert angesetzt werden.[232] Ist für die Zukunft dauerhaft von einem niedrigeren Festwert auszugehen, verwandelt sich das Wahlrecht eines neuen Festwertansatzes in eine Ansatzpflicht.

Beispiel (Festwertbildung):
Im Gesundheitsamt wird auf Dauer eine gleichbleibende Anzahl gleichartiger Geräte eingesetzt. Zum Zeitpunkt der Festwertbildung sind 45 Geräte vorhanden, die bei einer üblichen Nutzungsdauer von fünf Jahren im Schnitt bereits drei Jahre alt sind.[233] Die ursprünglichen Anschaffungskosten werden mit 500 € pro Gerät angesetzt.

---

230 Vgl. Modellprojekt „Doppischer Kommunalhaushalt in NRW“ (Hrsg.), Neues Kommunales Finanzmanagement: Betriebswirtschaftliche Grundlagen für das doppische Haushaltsrecht, 2., vollst. überarb. Aufl. auf der Basis der Endergebnisse des Modellprojektes, Freiburg 2003, S. 412.

231 Dies ist anders beim Umlaufvermögen: Aufgrund des strengen Niederstwertprinzips – siehe Kap. 10.2.4.3 – hat im Rahmen der jährlichen Inventur eine kontinuierliche Wertanpassung zu erfolgen

232 Bei diesen Anpassungsregelungen handelt es sich um einen allgemein angewandten kaufmännischen Grundsatz, der im Einkommenssteuerrecht festgelegt ist (vgl. hierzu auch Einkommenssteuerrichtlinien 2012 [EStR 2012] zu § 5 EStG, R. 5.4 Abs. 3).

233 In der anschließenden Berechnung beträgt der zu reduzierende Wert 60 %; diese Größe ergibt sich aus dem Verhältnis der tatsächlichen Nutzungsdauer zur Gesamtnutzungsdauer ($3/5$ = 60 %).

Berechnung des Festwertansatzes			
ursprünglicher Wert	*500 €*	*× 45 Stück*	*22.500 €*
zu reduzierender Wert	*22.500 €*	*× 60 %*	*13.500 €*
anzusetzender Festwert	*22.500 €*	*× 40 %*	*9.000 €*

Beispiel (Festwertfortschreibung):
Ein Jahr vor Ablauf der fünfjährigen Inventurpflicht wird aufgrund eines Gesetzes der Aufgabenbereich erweitert, so dass neben der üblichen Ersatzbeschaffung von neun Geräten pro Jahr zusätzlich fünf neue Geräte zu je 600 € beschafft werden. Das durchschnittliche Alter der Geräte innerhalb des Festwertes beträgt unverändert drei Jahre.

Berechnung der Festwertansatzänderung				
bisheriger Festwert				*9.000 €*
anzusetzender Wert	*500 €*	*× 36 Stück*	*× 40 %*	*7.200 €*
	+ 600 €	*× 14 Stück*	*× 40 %*	*3.360 €*
				= 10.560 €
Abweichung nominell (10.560–9000)				*1.560 €*
Abweichung prozentual (gerundet)				*17,33 %*

Aufgrund der festgestellten Abweichung von mehr als 10 % ist der Festwert bereits ein Jahr vor Ablauf der fünfjährigen Inventurpflicht um 1.560 € anzuheben.

10.1.3 Gruppenbewertung

Die Gruppenbewertung nach § 29 Abs. 1 Nr. 3 KomHVO ist ein Verfahren der Pauschalbewertung. Sie hat mit einem gewogenen Durchschnittswert zu erfolgen. Voraussetzung für eine Gruppenbewertung ist, dass es sich um gleichartige Vermögensgegenstände des Vorratsvermögens oder andere gleichartige oder annähernd gleichwertige bewegliche Vermögensgegenstände oder Schulden handelt. Diese dürfen zu einer Gruppe zusammengefasst und mit einem gewogenen Durchschnittswert angesetzt werden. Die Vorgehensweise der Bewertung mit einem gewogenen Durchschnittswert wird durch folgendes Berechnungsschema deutlich:

Vermögensgegenstand 1	Anzahl ×	Einzelwert =	Gesamtwert der Art Vermögensgegenstand 1
Vermögensgegenstand 2	Anzahl ×	Einzelwert =	+ Gesamtwert der Art Vermögensgegenstand 2
Vermögensgegenstand 3	Anzahl ×	Einzelwert =	+ Gesamtwert der Art Vermögensgegenstand 3
			= Gesamtwert der Vermögensgegenstände 1–3
: Gesamtanzahl der Vermögensgegenstände 1–3			= Gewogener Einzelwert der Vermögensgegenstände 1–3

10.1.4 Inventurverfahren

Das Inventurverfahren ist davon abhängig, ob der Vermögensgegenstand physisch erfassbar ist oder nicht. Für das physisch erfassbare Vermögen gilt der Grundsatz der körperlichen Inventur (§ 91 Abs. 2 GO). Das bedeutet, dass die Vermögensgegenstände in Augenschein zu nehmen und in Zähllisten zu erfassen sind. Neben dem althergebrachten Zählen, Messen, Wiegen ist insbesondere bei Beschädigungen oder anderen wertmindernden Veränderungen eine Zustandsaussage zu treffen. Für nicht physisch erfassbares Vermögen bzw. Schulden ist eine Buch- oder Beleginventur durchzuführen. Hier erfolgt die Inventur auf der Grundlage der Aufzeichnungen in der Buchführung.

> ***Beispiel:***
> *Für die Forderungen einer Kommune werden die Abschlüsse der einzelnen Forderungskonten (Debitoren) der Forderungsbuchhaltung (Debitorenbuchhaltung) zugrunde gelegt.*

Eine Buchinventur für den Bereich des Sachanlagevermögens ist nach § 30 Abs. 2 KomHVO als Inventurvereinfachungsverfahren auch möglich, wenn die Vollständigkeit der Buchführung in der Anlagenbuchhaltung bzw. der Anlagekartei sichergestellt ist. Hierbei müssen alle Zu- und Abgänge einschließlich sämtlicher Umbuchungen sowie Abschreibungen zeitnah und ordnungsmäßig erfasst werden. Für den Inventurstichtag muss der buchmäßige Endbestand anhand der Anlagenbuchhaltung bzw. Anlagenkartei ermittelt werden können. Nach § 30 Abs. 2 Satz 2 KomHVO hat spätestens nach fünf Jahren allerdings dann wieder eine körperliche Bestandsaufnahme zu erfolgen (bei unbeweglichem Sachanlagevermögen seit dem 2. NKFWG sogar erst nach zehn Jahren).

Es bestehen wie im kaufmännischen Bereich nach § 30 Abs. 1 KomHVO auch Gestaltungsmöglichkeiten zum Inventurverfahren. So ist auch eine Stichprobeninventur zulässig. Hierbei hat eine stichprobenartige Bestandsaufnahme zu erfolgen, durch die ein Rückschluss auf den tatsächlichen Bestand und Wert gewährleistet ist. Dies muss durch ein mathematisch-statistisches, wahrscheinlichkeitstheoretisch abgesichertes Verfahren erfolgen. Der Vorbereitungsaufwand für ein solches Verfahren führt i. d. R. dazu, dass eine Vereinfachungs- bzw. Rationalisierungswirkung nicht wirksam werden kann.

Aufgrund der Regelung des § 90 Abs. 1 GO ist fraglich, ob als weitere Gestaltungsvariante die permanente Inventur in Betracht kommen kann. Dort wird ausdrücklich formuliert, dass die Inventuraufnahme am Schluss eines jeden Haushaltsjahres steht. Für den kommunalen Bereich ist diese nicht stichtagsbezogene, sondern laufende Inventur wenig sinnvoll. Sie knüpft als wesentliche Voraussetzung strenge Anforderungen an die Bestandsfortschreibung. Des Weiteren hat einmal jährlich ein Vergleich zwischen Buchstand und körperlicher Aufnahme zu erfolgen. Der einzige Vorteil der permanenten Inventur ist, dass diese nicht stichtagsbezogen erfolgen muss, sondern jahresbezogen erfolgen kann. Dem Vorteil der Verteilung des Inventuraufwandes über ein Jahr würde erheblicher Organisations- und Koordinierungsaufwand gegenüberstehen, damit keinerlei Abweichungen zwischen Buchbestand und körperlicher Bestandsaufnahme bei dieser „aufgeteilten" Inventurdurchführung entstehen.

Gem. § 30 Abs. 3 KomHVO ist es zumindest möglich, die stichtagsbezogene Inventur zeitlich zu verlegen. Der Inventurstichtag weicht hierbei vom Bilanzstichtag ab. Denkbar ist eine bis zu drei Monate vorverlegte oder eine bis zu zwei Monate nachverlegte Inventur. Hierdurch wird es erforderlich, dass der Bestand vom Inventurstichtag auf den Bilanzstichtag fortgeschrieben oder zurückgerechnet wird.

Die zu berücksichtigenden Veränderungen werden durch die beiden folgenden Berechnungsverfahren deutlich:

Vorverlegte Inventur
Bestand Inventurstichtag/Aufnahmetag
+ Zugänge zwischen Inventur- und Bilanzstichtag
– Abgänge zwischen Inventur- und Bilanzstichtag
= Bestandswert am Bilanzstichtag

Nachverlegte Inventur
Bestand Inventurstichtag/Aufnahmetag
– Zugänge zwischen Inventur- und Bilanzstichtag
+ Abgänge zwischen Inventur- und Bilanzstichtag
= Bestandswert am Bilanzstichtag

10.1.5 Praktische Beispiele und Übungen

Sachverhalt Nr. 1:
Die Gemeinde G hat in ihrer Geschäftsanweisung festgelegt, dass der Inventurstichtag der 31. Januar eines jeden Jahres ist (nachverlegte Inventur). Am 31.1.2023 wurde bei der Gemeinde G der Inventurbestand mit folgenden Bestandswerten ermittelt:

Betriebs- und Geschäftsausstattung (BGA)	300.000 €
Fahrzeuge	500.000 €
Maschinen u. technische Anlagen (MtA)	200.000 €

Abschreibungen für 2023 wurden bisher nicht gebucht.

Der Anlagenbuchhalter hat für den Zeitraum zwischen dem Bilanzstichtag und dem Inventurstichtag folgende Bestandsveränderungen ermittelt:

Zugang von zwei Stahlschränken	Wert	5.000 €	am 5.1.2023
Abgang eines Feuerwehrfahrzeugs	Buchwert 31.12.	10.000 €	am 12.1.2023
Austausch zweier Kettensägen			
Bestand (Inzahlungnahme)	Buchwert 31.12.	100 €	am 2.1.2023
Neue Kettensägen (zusammen)	Restkaufpreis	1.000 €	am 5.1.2023

Aufgabe:
Ermitteln Sie die Bestandswerte für den Bilanzstichtag.

Lösung:

Betriebs- u. Geschäftsausstattung		Fahrzeuge		Maschinen u. technische Anlagen	
Bestand 31.1.	300.000	Bestand 31.1.	500.000	Bestand 31.1.	200.000
Zugang 5.1.	– 5.000	Abgang 12.1.	+ 10.000	Abgang 2.1.	+ 100
				Zugang 5.1.	– 1.100
Bestandswert Bilanzstichtag	**295.000**	**Bestandswert Bilanzstichtag**	**510.000**	**Bestandswert Bilanzstichtag**	**199.000**

Anmerkung: Beim Ankauf der Kettensägen handelt es sich um eine vorherige Inzahlungnahme i. H. v. 100 €, so dass der Gesamtkaufpreis 1.100 € beträgt.

Sachverhalt Nr. 2:
Die Gemeinde G nutzt als Inventur- und Bewertungsvereinfachungen die Festwertbildung und Gruppenbewertung. Hierbei ergeben sich folgende Sachverhalte:

a) Festwertbildung
Bei der Feuerwehr wird eine gleichbleibende Menge von Atemschutzmasken eingesetzt. Unbrauchbar gewordene Masken werden regelmäßig ersetzt. Zum Zeitpunkt der Bildung des Festwertes sind 25 Masken vorhanden. Bei einer üblichen Gesamtnutzungsdauer von fünf Jahren wurden die Masken bereits durchschnittlich drei Jahre lang genutzt. Die Anschaffungskosten betrugen durchgängig 300 € je Maske.

Aufgabe:
Ermitteln Sie den Festwert für die Atemschutzmasken der Feuerwehr anhand der gegebenen durchschnittlichen Nutzung.

b) Fortschreibung des Festwertes
Ein Jahr vor der nach § 29 Abs. 1 Nr. 3 KomHVO regelmäßig vorgeschriebenen Bestandsaufnahme werden sechs neue Masken zu 350 € beschafft. Neben der notwendigen Ersatzbeschaffung ist ein Teil hiervon für die erstmalige Ausstattung der Freiwilligen Feuerwehr vorgesehen. Der Bestand an alten Masken beträgt 21 Stück, wobei die durchschnittliche Nutzungszeit sich nicht verändert hat.

Aufgabe:
Ermitteln Sie die Abweichung vom bisherigen Festwert und entscheiden Sie anhand der Abweichung, ob eine Festwertanpassung erforderlich ist.

c) Gruppenbewertung mit dem gewogenen Durchschnittswert
Im Rahmen der Inventur wurde festgestellt, dass in der Feuerwehrwerkstatt 50 Werkzeuge vorhanden sind. Aufgeteilt nach Einzelpreisen setzen die Werkzeuge wie folgt zusammen:

- 15 × 120 €
- 10 × 125 €
- 20 × 130 €
- 5 × 110 €

Die Restnutzungsdauer liegt bei fünf Jahren.

Aufgabe:
Ermitteln Sie den Gesamtwert der Werkzeuge und den gewogenen Durchschnittswert eines Werkzeugs.

Lösung:
Zu a) Festwertbildung:

Berechnung des Festwertansatzes				
Anschaffungswert	300,00 €	x	25 St.	7.500,00 €
Zu reduzierender Wert	7.500,00 €	x	60%	4.500,00 €
Anzusetzender Festwert	7.500,00 €	x	40%	3.000,00 €

Der zu reduzierende Wert ergibt sich aus der Relation der durchschnittlichen Nutzung drei Jahre im Verhältnis zur Gesamtnutzungsdauer fünf Jahre.

Zu b) Festwertfortschreibung:

Berechnung der Änderung des Festwertansatzes					
Bisheriger Festwert					3.000,00 €
Anzusetzender Wert (alt)	300,00 €	x	21	40%	2.520,00 €
Anzusetzender Wert (neu)	350,00 €	x	6	40%	840,00 €
Abweichung absolut					360,00 €
Prozentuale Abweichung					12,00%

Da die Abweichung mehr als 10 % ausmacht, hat eine Anpassung auf den neuen Wert (3.360 €) zu erfolgen.

Zu c) Gruppenbewertung mit gewogenem Durchschnitt:

Berechnung des Durchschnittswertes				
Werkzeug I	15 Stück	x	120,00 €	1.800,00 €
Werkzeug II	10 Stück	x	125,00 €	1.250,00 €
Werkzeug III	20 Stück	x	130,00 €	2.600,00 €
Werkzeug IV	5 Stück	x	110,00 €	550,00 €
Gesamtwert für 50 Werkzeuge				6.200,00 €
Gewogener Durchschnittswert			/50 Stück	124,00 €

10.2 Allgemeine Grundlagen der Bewertung im kommunalen Haushaltsrecht

10.2.1 Anschaffungs- und Herstellungskosten

Das kommunale Haushaltsrecht knüpft hinsichtlich der Bewertung an die handelsrechtlichen Vorschriften an. In § 255 HGB werden die einzelnen Wertbestandteile sowohl für die Anschaffungskosten als auch die Herstellungskosten dargestellt. Auch die ermittelten Wertansätze in der Eröffnungsbilanz auf der Grundlage von vorsichtig geschätzten Zeitwerten gelten für die Bilanzierung in zukünftigen Haushaltsjahren als Anschaffungs- oder Herstellungskosten. § 92 Abs. 2 GO legt dies – in Abgrenzung zu später möglichen Wertberichtungen – grundsätzlich fest.

10.2.1.1 Anschaffungskosten

Die dem Vermögensgegenstand einzeln zurechenbaren Anschaffungskosten sind nach § 34 Abs. 2 KomHVO die Aufwendungen, die geleistet werden, um einen Vermögensgegenstand zu erwerben und ihn in einen betriebsbereiten Zustand zu versetzen, soweit sie dem Vermögensgegenstand einzeln zugeordnet werden können. Zu den Anschaffungskosten gehören auch die Nebenkosten sowie die nachträglichen Anschaffungskosten. Minderungen des Anschaffungspreises sind abzusetzen. Aus dieser Definition ergibt sich folgendes Herleitungsschema für die Anschaffungskosten:

	Anschaffungspreis	**Ansatzpflicht**
+	Anschaffungsnebenkosten	
-	Anschaffungspreisminderungen	
+	Nachträgliche Anschaffungskosten	
=	**Anschaffungskosten**	

Anschaffungspreis
Den Anschaffungspreis stellt der Kaufpreis einschließlich der zu leistenden Umsatzsteuer dar. Bei Anschaffungen für ganz oder zum Teil vorsteuerabzugsberechtigte Betriebe ist der abzugsfähige Vorsteueranteil abzusetzen.

Anschaffungsnebenkosten
Die Anschaffungsnebenkosten können anhand von drei Entstehungsbereichen unterschieden werden. Danach untergliedern sich die Anschaffungsnebenkosten in

- Erwerbsnebenkosten,
- Bezugsnebenkosten,
- Nebenkosten der Inbetriebnahme.

Erwerbsnebenkosten fallen insbesondere bei der Anschaffung von Immobilien an. Zu ihnen zählen insbesondere Notariats- und Gerichtsgebühren, Maklerprovisionen und die Grunderwerbssteuer.

Bezugsnebenkosten fallen insbesondere im Bereich des beweglichen Vermögens an. Zu den Bezugsnebenkosten gehören Transportversicherungen, Verpackungen und Frachten.

Nebenkosten der Inbetriebnahme fallen an, soweit das Anlagegut nach Zahlung des Kaufpreises noch nicht vollständig einsatzfähig ist. Die für die Versetzung in einen betriebsbereiten Zustand anfallenden Einzelkosten sind als Nebenkosten der Inbetriebnahme gleichfalls Anschaffungsnebenkosten. Zu den Nebenkosten der Inbetriebnahme gehören Montage- und Anschlusskosten oder Fundamentierungskosten.

Anschaffungspreisminderungen
Anschaffungspreisminderungen vermindern die Anschaffungskosten. Zu den Anschaffungspreisminderungen gehören insbesondere Skonti, Rabatte oder Preisnachlässe. Entstehen Anschaffungspreisminderungen erst nach Zahlung des Rechnungsbetrages, so sind sie nachträglich von den Anschaffungskosten abzusetzen.

Nachträgliche Anschaffungskosten[234]
Fallen nach Anschaffung bzw. Inbetriebnahme eines Vermögensgegenstandes noch Anschaffungs- oder Anschaffungsnebenkosten an, sind diese als nachträgliche Anschaffungskosten zu berücksichtigen. Nachträgliche Anschaffungskosten sind beispielsweise nachträgliche Fundamentierungen oder notwendige Ausbauarbeiten, die noch im Zusammenhang mit der Anschaffung stehen. Entstehen nachträgliche Anschaffungskosten erst in späteren Haushaltsjahren, so sind diese so zu berücksichtigen, als wären sie zum 1. Januar des Haushaltsjahres der Entstehung der nachträglichen Anschaffungskosten angefallen, und erhöhen für diesen Zeitpunkt den bestehenden Buchwert des Vermögensgegenstandes entsprechend.

234 Bei nachträglichen Anschaffungskosten ergibt sich eine Veränderung der Höhe der bilanziellen Abschreibungen. Im Beispiel erfolgt die Ermittlung nach dem kaufmännischen Rechnungswesen aus der Übernahme der steuerlichen Regelung des § 6 EStG.

Beispiel:
Ein medizinisches Gerät des Gesundheitsamtes wird am 15.3.2023 zum Preis von 7.500 € angeschafft; die Nutzungsdauer beträgt fünf Jahre. Am 9.12.2023 fallen nachträgliche Anschaffungsnebenkosten in Höhe von 900 € an. Für das Jahr der Anschaffung 2023 ist nach § 36 Abs. 1 KomHVO unter Anlehnung an die kaufmännische Vorgehensweise eine Abschreibung für zehn Monate vorzunehmen. Die Jahresabschreibung 2023 ist vom Gesamtbetrag in Höhe von 8.400 € zu berechnen und beträgt anteilig für zehn Monate 1.400 €.

Abwandlung:
Die Anschaffungsnebenkosten aus dem obigen Beispiel für das medizinische Gerät fallen erst im Folgejahr am 10.3.2024 an. Im Jahr der Anschaffung 2023 beträgt die Jahresabschreibung anteilig 1.250 €, in den Folgejahren 2024 bis 2027 jeweils 1.716 €. Hierzu folgendes Berechnungsschema:

	Anschaffungskosten 2023	*7.500 €*
–	*Anteilige Jahresabschreibung 2023 (10 Monate)*	*1.250 €*
=	*(Rest)-Buchwert am 31.12.2023*	*6.250 €*
+	*Nachträgliche Anschaffungskosten 2024*	*900 €*
=	*Fortgeschriebener (Rest-)Buchwert 1.1.2024*	*7.150 €*
:	*Restnutzungsdauer 4 Jahre und 2 Monate (50 Monate)*	
–	*12/50 Abschreibung in 2024*	*1.716 €*

Im Jahr 2024 fallen noch zwei Abschreibungsmonate an, danach beträgt die Abschreibung in diesem Jahr noch 286 €.

Eine besondere Problematik stellen mit Blick auf nachträgliche Anschaffungskosten Erschließungsbeiträge – bspw. für eine Erstanlage einer Straße – bei eigenen gemeindlichen Grundstücken dar. Die in einer Beitragsrechnung darzustellenden Erschließungsbeiträge für eigene gemeindliche Grundstücke stellen nach Ansicht der Autoren keine aktivierbaren nachträglichen Anschaffungskosten dar, weil mangels der Möglichkeit einer Bescheidung gegen sich selbst tatsächlich keinerlei Anschaffungskosten entstehen.[235] Auch aktivierbare Eigenleistungen kommen nicht in Betracht, da die Eigenleistungen nicht dem Vermögensgegenstand unmittelbar zugerechnet werden können. Vielmehr ergeben sich unmittelbar nur Anschaffungskosten bei der gleichfalls im Eigentum der Gemeinde stehenden Straße. Die „Hebung" im Rahmen der Erschließung möglicherweise entstandenen Wertsteigerungen kann daher nur im Rahmen des Realisationsprinzips – z. B. durch Verkauf – erfolgen. Das Gleiche gilt für Beiträge nach § 8 KAG sowie Kanalanschlussbeiträge für kommunaleigene Grundstücke.

Im Liegenschaftsbereich können sich nachträgliche „positive als auch negative Anschaffungskosten" durch eine spätere Vermessung eines erworbenen Grundstücks ergeben. Es ist teil-

235 Anders ist dies im Rahmen einer Gebührenveranlagung (z. B. Abfallbeseitigungsgebühren für eigene gemeindliche Grundstücke) in der Ergebnisrechnung. Auch hier erfolgt keine Bescheidung gegen sich selbst. Jedoch ergibt sich hier ein unmittelbarer Ressourcenverbrauch der Gemeinde in privatrechtlicher Eigenschaft gegenüber der Gemeinde als Träger der kostenrechnenden Einrichtung in öffentlich-rechtlicher Eigenschaft. Hier sind im Rahmen des Ressourcenverbrauchskonzeptes Aufwand und Ertrag darzustellen. Eine solche Leistungsbeziehung kann bspw. durch interne Leistungsverrechnungen oder durch eine nicht liquiditätswirksame Ertrags-/Aufwandsbuchung dargestellt werden.

weise zur zeitnahen Abwicklung des Grundstücksgeschäfts durchaus üblich, im Kaufvertrag einen „Circa-Grundstücksflächenwert“ zu vereinbaren. Nach der exakten Vermessung erhöht bzw. reduziert sich der Kaufpreis um einen im ursprünglichen Kaufvertrag vereinbarten Quadratmeterpreis.

Nachträgliche Anschaffungspreisminderungen
Sollten sich nachträgliche Anschaffungspreisminderungen erst im folgenden Haushaltsjahr nach der Anschaffung ergeben, so ist analog dem Verfahren der nachträglichen Anschaffungskosten vorzugehen. Die nachträglichen Anschaffungspreisminderungen reduzieren den „fortgeschriebenen“ Anschaffungswert (Restbuchwert).

Beispiel:
Der Kaufpreis einer am 15.3.2023 angeschafften Druckmaschine von 12.000 € reduziert sich durch eine im Folgejahr gewährte Minderung aufgrund von Lackschäden um 1.100 €. Die Nutzungsdauer beträgt zehn Jahre. Im ersten Jahr beträgt die Abschreibung 1.000 €. In den Folgejahren reduziert sich die Abschreibung auf 889 €. Hierzu folgendes Berechnungsschema:

	Anschaffungskosten 2023	*12.000 €*
–	*Jahresabschreibung 2023 (10 Monate)*	*1.000 €*
	= (Rest)-Buchwert am 31.12.2023	*11.000 €*
–	*Nachträgliche Anschaffungspreisminderung*	*1.100 €*
=	*Fortgeschriebener (Rest-)Buchwert*	*9.900 €*
:	*Restnutzungsdauer 9 Jahre u. 2 Monate (110 Monate)*	
=	*12/110 Abschreibung in 2024 (gerundet auf volle €)*	*1.080 €*

Diese Abschreibungshöhe gilt auch für die Jahre 2025 bis 2032, in 2033 fallen für zwei Monate noch 180 € an.

Anschaffungskosten zur Herstellung der Betriebsbereitschaft[236]
Speziell im Immobilienbereich sind Aufwendungen, die grundsätzlich Instandsetzungs- oder Modernisierungsaufwendungen darstellen, nach § 34 Abs. 2 KomHVO als Anschaffungskosten zu behandeln, wenn sie die Betriebsbereitschaft eines Gebäudes herstellen.

Betriebsbereitschaft besteht, wenn ein Gebäude entsprechend seiner Zweckbestimmung genutzt werden kann. Wird das Gebäude ab dem Anschaffungszeitpunkt genutzt, ist grundsätzlich von einer Betriebsbereitschaft auszugehen. Instandsetzungs- und Modernisierungsaufwendungen stellen dann keine Anschaffungskosten dar.

Wird das Gebäude ab dem Anschaffungszeitpunkt nicht genutzt, ist hinsichtlich des Vorliegens der Betriebsbereitschaft eine weitergehende Prüfung zur Funktionstüchtigkeit vorzunehmen. Hierbei umfasst die Betriebsbereitschaft die beiden Voraussetzungen objektive und subjektive Funktionstüchtigkeit.

Die Betriebsbereitschaft liegt somit im Umkehrschluss nicht vor, wenn

- objektive Funktionsuntüchtigkeit oder
- subjektive Funktionsuntüchtigkeit

vorliegt.

236 Vgl. BMF vom 18.7.2003 (BStBl. I S. 386).

Objektiv funktionsuntüchtig ist ein Gebäude, sofern für dessen Nutzung wesentliche Gebäudeteile bautechnisch grundlegend nicht nutzbar sind. Abgrenzend hierzu liegt dagegen eine Funktionsuntüchtigkeit nicht schon vor, wenn Mängel, die insbesondere durch Verschleiß hervorgerufen sind, vor einer Nutzung erst beseitigt werden. Letztlich bestimmt die Herrichtung der Funktionstüchtigkeit von wesentlichen Gebäudeteilen, inwieweit Anschaffungskosten vorliegen.

Beispiel:
Die Gemeinde schafft ein Gebäude an, für das eine Schadstoffsanierung erforderlich ist. Vor Nutzung als Altentagesstätte erfolgen daher bauliche Maßnahmen zur Schadstoffsanierung. Alle Aufwendungen, die unmittelbar aus den Instandsetzungsarbeiten der Schadstoffsanierung resultieren, stellen Anschaffungskosten dar.

Subjektiv funktionsuntüchtig ist ein Gebäude, sofern für die vorgesehene Zweckbestimmung eine Nutzung noch nicht möglich ist. Aufwendungen für bauliche Maßnahmen, um die von der Gemeinde zweckbestimmten Nutzungsvoraussetzungen zu schaffen, stellen daher Anschaffungskosten nach § 34 Abs. 2 KomHVO dar.

Beispiel:
Die bisherige Nutzung als Wohngebäude soll in eine Nutzung als Bürogebäude umgewandelt werden. Sämtliche baulichen Aufwendungen für die Herrichtung im Rahmen des neuen Nutzungszwecks stellen Anschaffungskosten dar.

Des Weiteren gehört zur Zweckbestimmung und somit auch zur Versetzung in einen betriebsbereiten Zustand nach § 34 Abs. 2 KomHVO eine Entscheidung, dass der Standard[237] für das Gebäude zukünftig angehoben werden soll. Ist dies der Fall, so stellen Aufwendungen für bauliche Maßnahmen, die eine Standardhebung bewirken, Anschaffungskosten dar.

Aufteilung eines Gesamtkaufpreises auf mehrere Anlagegüter
Wird bereits beim Erwerb mehrerer Vermögensgegenstände im Kaufvertrag eine Aufteilung des Kaufpreises vereinbart und erscheint diese Aufteilung wirtschaftlich vernünftig, stellen die dort vereinbarten Einzelpreise die Anschaffungskosten der einzelnen Vermögensgegenstände dar. Diese Vorgehensweise basiert auf dem Grundsatz der Einzelbewertung, wonach jeder Gegenstand mit seinen Anschaffungskosten in der Höhe anzusetzen ist, die nach dem erklärten Willen der Vertragspartner den einzelnen Vermögensgegenständen beigemessen wird.

In der Regel unterbleibt jedoch im Kaufvertrag die Aufteilung des Gesamtkaufpreises auf die einzelnen Vermögensgegenstände. Nach dem Grundsatz der Einzelbewertung muss der vereinbarte Gesamtkaufpreis in einem angemessenen Verhältnis auf die einzelnen selbstständig auszuweisenden Vermögensgegenstände aufgeteilt werden. Besonders komplex stellt sich dies dar, sofern bewegliches Anlagevermögen im Gesamtkaufpreis einer Immobilie enthalten ist. Hier ist die Aufteilung nach dem Verhältnis der Zeitwerte (aktuelle Verkehrswerte) vorzunehmen. Grundlage hierfür können die Unterlagen bilden, welche im Rahmen der Vereinbarung des Kaufpreises der Vertragspartner maßgeblich waren. In Betracht kommen hierbei Sachverständigengutachten, Berechnungen (beispielsweise orientiert am Neuwert und aus dem Verhältnis der Restnutzungsdauer zur Gesamtnutzungsdauer) oder auch Restwerttabellen oder -listen.

---

237 Zu unterscheiden ist zwischen einem sehr einfachen Standard, mittleren Standard und sehr anspruchsvollen Standard; siehe hierzu ausführlich Kap. 10.2.3.2.

Vielfach wird auch im Rahmen von Ankäufen im Immobilienbereich ein Wertgutachten der Bewertungsstelle oder des Gutachterausschusses erstellt. Dies stellt eine idealtypische Grundlage zur Aufteilung des Gesamtkaufpreises auf die einzelnen Vermögensgegenstände dar.

Beispiel:
Beim Kauf eines bebauten Grundstücks mit zwei Gebäuden ist ein Gesamtkaufpreis vereinbart worden. Dieser ist in einem angemessenen Verhältnis auf die beiden Gebäude und den Grund und Boden aufzuteilen. Dies kann entweder auf der Basis eines vor Erwerb erstellten Wertgutachtens erfolgen oder auf der Basis anderer Unterlagen, die zur Bildung des Gesamtkaufpreises beider Vertragspartner geführt haben. Für den Grund und Boden kommt auch als Basis der gültige Bodenrichtwert in Betracht. Besonderheiten (z. B. Grundstückszuschnitt) sind hier zu beachten.

Anschaffung durch Tausch
Werden Vermögensgegenstände im Rahmen eines Tausches angeschafft, so sind diese mit ihrem vertraglich vereinbarten Wert anzusetzen. Fehlt diese Vereinbarung, so ist dem Vermögensgegenstand bei der Aktivierung der Zeitwert (z. B. Verkehrswert, neuwertorientierte Ableitung) beizulegen.

10.2.1.2 Herstellungskosten

Die dem Vermögensgegenstand zurechenbaren Herstellungskostenbestandteile sind nach § 34 Abs. 3 KomHVO die Aufwendungen, die durch den Verbrauch von Gütern und die Inanspruchnahme von Diensten für die Herstellung eines Vermögensgegenstands, seine Erweiterung oder für eine über seinen ursprünglichen Zustand hinausgehende wesentliche Verbesserung entstehen. Dazu gehören verbindlich die Materialeinzelkosten, die Fertigungseinzelkosten und die Sonderkosten der Fertigung. Die Fertigungs-, Material- und Verwaltungsgemeinkosten sowie Abschreibungen des Anlagevermögens, die durch die Herstellung veranlasst sind, und Aufwendungen für soziale Einrichtungen, freiwillige soziale Leistungen und betriebliche Altersversorgung können einbezogen werden. Gleiches gilt gem. § 34 Abs. 4 KomHVO für während der Herstellung angefallene Zinsen für Fremdkapital zur Finanzierung der Herstellung.

Die Herstellungskosten sind nach folgendem Berechnungsschema zu ermitteln:

Materialeinzelkosten	Ansatzpflicht
+ Materialgemeinkosten	Ansatzwahlrecht
+ Fertigungseinzelkosten	Ansatzpflicht
+ Fertigungsgemeinkosten	Ansatzwahlrecht
+ Sonderkosten der Fertigung	Ansatzpflicht
+ Werteverzehr des Anlagevermögens[238]	Ansatzwahlrecht
+ Kosten der Allgemeinen Verwaltung	Ansatzwahlrecht
+ Aufwendungen für soziale Einrichtungen der Verwaltung, für freiwillige soziale Leistungen und für betriebliche Altersversorgung	Ansatzwahlrecht
+ Zinsen für Fremdkapital zur Finanzierung der Herstellung	Ansatzwahlrecht

Abgrenzung von Einzel- und Gemeinkosten
Aufgrund des Unterschiedes der Ansatzpflicht für Herstellungseinzelkosten und des Ansatzwahlrechts für Herstellungsgemeinkosten ist es erforderlich, Einzel- und Gemeinkosten inhaltlich abzugrenzen.

Die Einzelkosten sind Kosten, die sich bei der Herstellung eines Vermögensgegenstandes diesem exakt zurechnen lassen. Sie fallen unmittelbar mit der Herstellung eines Vermögensgegenstandes an und können diesem direkt zugerechnet werden.

Die Gemeinkosten sind Kosten, die sich bei der Herstellung eines Vermögensgegenstandes diesem nicht exakt zurechnen lassen. Sie fallen gemeinsam für mehrere, auch unterschiedliche Leistungen an und können nur auf der Basis einer Gemeinkostenschlüsselung in einem angemessenen Verhältnis auf die einzelnen Leistungen verrechnet werden. Daher dürfen durch die Schlüsselung mittels Mengen-, Zeit- oder physikalisch-technischer Größen nur die für die Herstellung des Vermögensgegenstandes notwendigen Gemeinkosten verrechnet bzw. angesetzt werden.

Materialeinzelkosten
Materialeinzelkosten stellen die unmittelbar für die Herstellung des einzelnen Vermögensgegenstandes verbrauchten Materialien (Roh-, Hilfs- und Betriebsstoffe) dar.

Materialgemeinkosten
Materialgemeinkosten fallen in Materialstellen an, die für die Beschaffung, Prüfung und Lagerung von Herstellungsmaterialien zuständig sind. Die dort entstehenden Kosten sind einem einzelnen hergestellten Vermögensgegenstand nicht eindeutig zurechenbar. Zu den Materialgemeinkosten zählen beispielsweise Gehälter der im Einkauf, im Lager und mit Prüfung beschäftigten Personen, die Kosten für ein Lagergebäude und Sachversicherungen.

Beispiel:
Bei der Lagerung von Vermögensgegenständen fallen u. a. Kosten für die dort tätigen Beschäftigten, Abschreibungen auf das Lagergebäude, Versicherungsbeiträge für das La-

238 Diese seit dem 1.1.2019 ergänzende bzw. erweiterte Regelung zur Ermittlung der Herstellungskosten ähnelt den bestehenden handels- und steuerrechtlichen Regelungen und beschränkt die Berücksichtigung dieser Kosten/Aufwendungen auf solche, die während des Zeitraums der Herstellung anfallen.

gergebäude und die Bestände, Energiekosten an. Eine Zuordnung dieser entstandenen Lagerkosten zu den gelagerten Gütern ist einzeln nicht möglich. Die Lagerkosten stellen somit Materialgemeinkosten dar und müssen mit geeigneten Gemeinkostenschlüsseln in einem angemessenen Verhältnis verteilt werden.

Fertigungseinzelkosten

Für die Fertigungseinzelkosten ist die direkte Zurechenbarkeit zum hergestellten Vermögensgegenstand maßgeblich. Zu den Fertigungseinzelkosten zählen die Fertigungslöhne oder -gehälter.

Fertigungsgemeinkosten

Fertigungsgemeinkosten entstehen im Rahmen der Fertigung, können aber dem hergestellten Vermögensgegenstand nicht direkt zugerechnet werden. Mittels Gemeinkostenschlüsselung werden diese Kosten verrechnet. Zu den Fertigungsgemeinkosten gehören beispielsweise Energiekosten, Mieten, Sachversicherungen, Hilfslöhne, Hilfsmaterialien sowie anteilige Abschreibungen und Zinsen, soweit diese dem Vermögensgegenstand nur mittelbar zugerechnet werden können.

Sonderkosten der Fertigung

Bei den Sonderkosten der Fertigung handelt es sich immer um Einzelkosten. Das heißt, die entsprechenden Kosten müssen dem hergestellten Vermögensgegenstand eindeutig und direkt zugerechnet werden können. Die Bezeichnung „Sonderkosten" legt bereits nahe, dass es sich um Positionen handelt, die eher untypisch für einen Herstellungsprozess sind. Als Beispiele sind Einzelaufwendungen für Spezialwerkzeuge, Modelle, Lizenzen sowie auf den spezifischen Herstellungsprozess bezogene Aufwendungen für Entwicklung, Konstruktion und Materialprüfung zu nennen.

Werteverzehr des Anlagevermögens

Unter den Wertverzehr des Anlagevermögens als Teil der Herstellungskosten fällt der Betrag der bilanziellen Abschreibungen für Anlagevermögensgegenstände, die bei und während der Herstellung eines Vermögensgegenstandes angefallen sind.

Beispiel:
Ein eigener Radlader wird drei Monate lang beim Bau eines eigenen Dienstgebäudes eingesetzt. Dementsprechend erfolgt eine anteilige Ermittlung der bilanziellen Abschreibungen für drei Monate (Anschaffungskosten dividiert durch planmäßig vorgesehene Abschreibungsmonate, hier multipliziert mit drei im Rahmen der Herstellung angefallenen Nutzungsmonaten).

Kosten der Allgemeinen Verwaltung

Hauptsächlich entstehen Kosten der allgemeinen Verwaltung im kommunalen Bereich in den Tätigkeiten des Produktbereichs 01 „Innere Verwaltung". Hierzu können beispielsweise gehören: Aufwendungen der Verwaltungsführung, des Personalamtes, des Personalrates, des Haushalts-, Rechnungs- und Kassenwesens oder der Rechnungsprüfung.[239]

239 Die erforderliche öffentlich-rechtliche Organisation führt gegenüber Privatunternehmen zu weitaus höheren Kosten der allgemeinen Verwaltung. Eine Anwendung dieser dem Handels- und Steuerrecht entsprechenden Regelung ist – auch aufgrund des nicht spezifizierten Ermittlungsverfahrens mit der ungerechtfertigten Verlagerungsgefahr von Aufwand in die Herstellungskosten – intransparent und aus Sicht der Autoren bedenklich.

Aufwendungen für soziale Einrichtungen der Verwaltung, für freiwillige soziale Leistungen und für betriebliche Altersversorgung
Zu den Aufwendungen für soziale Einrichtungen der Verwaltung gehören beispielsweise Aufwendungen für die Kantine oder Essenszuschüsse sowie freiwillige, nicht gesetzlich oder tariflich vereinbarte soziale Leistungen wie z. B. eine Feier im Rathaus für Beschäftigte mit Dienstjubiläen.

Zinsen für Fremdkapital zur Finanzierung der Herstellung
Fremdkapitalzinsen zählen grundsätzlich nicht zu den Herstellungskosten. Eine Ausnahme bilden Zinsen für Fremdkapital, welches spezifisch für die Finanzierung der Herstellung aufgenommen wurde. Die während der Herstellung (d. h. bis zur Betriebsbereitschaft) anfallenden Zinsen dürfen den Herstellungskosten zugerechnet werden.

Nachträgliche Herstellungskosten oder -minderungen[240]
Fallen nach der Herstellung bzw. Betriebsbereitschaft eines Vermögensgegenstandes noch nachträgliche Herstellungskosten oder Herstellungskostenminderungen an, sind diese bei den Herstellungskosten unmittelbar nach deren Auftreten noch zu berücksichtigen.

Fallen nachträgliche Herstellungskosten oder nachträgliche Minderungen der Herstellungskosten erst in späteren Jahren an, so sollten diese so berücksichtigt werden als wären sie zum 1. Januar des Jahres angefallen.

10.2.1.3 Praktische Beispiele und Übungen

Sachverhalt Nr. 3 (Anschaffungskosten)
Der Anschaffungspreis einer Druckmaschine für die als Fachbereich geführte Vervielfältigungsstelle beträgt 50.000 € zzgl. 19 % USt. Der Fachbereich ist nicht vorsteuerabzugsberechtigt. Dieser Preis beinhaltet nicht die einzelnen Kosten für Verpackung i. H. v. 100 €, Transport i. H. v. 500 € und Transportversicherung i. H. v. 150 € (jeweils einschließlich USt.). Die Kommune nutzt den eingeräumten Skontoabzug auf den Anschaffungspreis i. H. v. 2 %. Aufgrund einiger Lackschäden erhält die Kommune einen pauschalierten Nachlass auf die Gesamtrechnungssumme (brutto) i. H. v. 1.000 €. Bei der Aufstellung der Maschine ist eine Montage bzw. Verankerung mit dem Boden erforderlich, hierfür stellt ein Serviceunternehmen 440 € inkl. USt. in Rechnung.

Aufgabe:
Ermitteln Sie anhand des Berechnungsschemas die Anschaffungskosten.

240 Vgl. detailliert Kap. 10.2.3.

Lösung:			
Anschaffungspreis			
Anschaffungspreis	50.000,00 €		
USt. Anschaffungspreis	9.500,00 €	59.500,00 €	
Anschaffungsnebenkosten			
Verpackung	100,00 €		
Transport	500,00 €		
Transportversicherung	150,00 €		
Montage	440,00 €	1.190,00 €	
Anschaffungspreisminderungen			
Skonto	1.000,00 €		
Minderung USt. durch Skonto	190,00 €		**Anschaffungskosten**
Preisnachlass	1.000,00 €	2.190,00 €	**58.500,00 €**

Sachverhalt Nr. 4 (Anschaffungskosten)

Die Kommune erwirbt ein unbebautes Grundstück. Die Grundstücksgröße wird im Kaufvertrag mit ca. 2000 qm festgelegt, durch eine spätere Vermessung soll die genaue Grundstücksgröße ermittelt werden. Bei einer Abweichung wird eine nachträgliche Anpassung des Kaufpreises i. H. v. 25 € je qm fällig. Das Grundstück ist mit einer Grundschuld i. H. v. 20.000 €, welche mit einer Restschuld i. H. v. 10.000 € valutiert, belastet. Es wird mit dem Verkäufer eine Kaufpreiszahlung von 40.000 € vereinbart, die Grundschuldbelastung wird von der Kommune zusätzlich übernommen. Die Kommune hat Grunderwerbssteuer i. H. v. 1.500 € zu entrichten. Notariatskosten fallen i. H. v. 800 € und Gerichtskosten i. H. v. 500 € an. Für die im Kaufvertrag vereinbarte Vermessung fallen für die Kommune Kosten i. H. v. 500 € an. Bei der Vermessung wurde festgestellt, dass die Grundstücksgröße 2.020 qm beträgt.

Aufgabe:

Ermitteln Sie anhand des Berechnungsschemas die Anschaffungskosten.

Lösung:			
Anschaffungspreis			
Kaufpreis	40.000,00 €		
Restschuld aus Grundschuld	10.000,00 €	50.000,00 €	
Anschaffungsnebenkosten			
Grunderwerbssteuer	1.500,00 €		
Notarkosten	800,00 €		
Gerichtskosten	500,00 €		
Vermessung	500,00 €	3.300,00 €	
Nachträgliche Anschaffungskosten			**Anschaffungskosten**
Preis für 20 qm a 25 Euro	500,00 €	500,00 €	**53.800,00 €**

Sachverhalt Nr. 5 (Herstellungskosten)

Die Kommune erstellt eine neue Kindertagesstätte. Das vom Hochbauamt beauftragte Bauunternehmen rechnet insgesamt Materialkosten i. H. v. 200.000 € und Lohnkosten i. H. v. 300.000 € inkl. USt. ab. Die Personalkosten des Hochbauamtes für die selbsterstellte Planung betragen nach Abrechnung der Kosten- und Leistungsrechnung (KLR) 50.000 €. Neben den allgemeinen Materialkosten des beauftragten Bauunternehmens wurden seitens der Kommune mehrere zusätzliche Bauteile auf eigene Rechnung i. H. v. 25.000 € inkl. USt. beschafft, die vom Bauunternehmen eingebaut wurden. Zum Schutz vor Diebstahl wurde ein Teil der Baumaterialien in einem Lager untergebracht. Der in der KLR ermittelte Materialgemeinkostenzuschlag (Personalkosten, Abschreibung, Energiekosten etc. für das Lager) beträgt 2.000 €. In der KLR der Kommune wurde ein Fertigungsgemeinkostenzuschlag (Fertigungskontrolle, Energiekosten, Sachversicherungen für eingesetzte Anlagen etc.) beim Bau i. H. v. 1.500 € ermittelt. Ein Architekturbüro rechnet für ein in der Planungsphase erstelltes Modell 1.000 € inkl. USt. ab. Die KLR hat für den Bau der Kindertagesstätte anteilige Verwaltungsgemeinkosten i. H. v. 1.200 € und anteilige Aufwendungen für soziale Einrichtungen i. H. v. 800 € ermittelt.

Aufgabe:

Ermitteln Sie anhand des Berechnungsschemas die Herstellungskosten!

Lösung:

Für die Lösung dieser Aufgabe bestehen aufgrund des bestehenden Wahlrechts hinsichtlich der Gemeinkosten alternative Lösungsmöglichkeiten.

a) Unter Einbeziehung der Gemeinkosten ergibt sich folgende Lösung:

Lösung:			
Materialeinzelkosten			
Bauunternehmen	200.000,00 €		
Sonderbauteile	25.000,00 €	225.000,00 €	
Fertigungseinzelkosten			
Bauunternehmen	300.000,00 €		
Planung	50.000,00 €	350.000,00 €	
Materialgemeinkosten			
Gemeinkostenzuschlag	2.000,00 €	2.000,00 €	
Fertigungsgemeinkosten			
Gemeinkostenzuschlag	1.500,00 €	1.500,00 €	
Verwaltungsgemeinkosten			
Gemeinkostenzuschlag	1.200,00 €	1.200,00 €	
Aufw. für soz. Einrichtungen			
Lt. Angaben der Fachabteilung	800,00 €	800,00 €	
Sondereinzelkosten der Fertigung			**Herstellungskosten**
Modell	1.000,00 €	1.000,00 €	**581.500,00 €**

b) Bei Nichtberücksichtigung der Gemeinkosten ergibt sich folgende alternative Lösung:

Lösung:			
Materialeinzelkosten			
Bauunternehmen	200.000,00 €		
Sonderbauteile	25.000,00 €	225.000,00 €	
Fertigungseinzelkosten			
Bauunternehmen	300.000,00 €		
Eigene Planungskosten	50.000,00 €	350.000,00 €	
Sondereinzelkosten d.Fertigung			**Herstellungskosten**
Modell	1.000,00 €	1.000,00 €	**576.000,00 €**

10.2.2 Verhältnis zu anderen Bewertungszwecken

Die Bewertungsvorschriften der GO und KomHVO entfalten nur für die kommunale Haushaltswirtschaft Gültigkeit. Bestehende Bewertungen und Bewertungsverfahren für andere kommunale Bewertungszwecke sind beizubehalten und werden durch die o. g. Bewertungsvorschriften nicht ersetzt. Festlegungen für eine bestehende Kosten- und Leistungsrechnung können gleichfalls beibehalten werden.

Somit können nebeneinander abweichende Bewertungen für einzelne Vermögensgegenstände neben der Bewertung für das Haushaltsrecht bestehen:

- Steuerrecht,
- Gebührenrecht,
- Kostenrechnung.

10.2.2.1 Steuerrecht

Kommunen haben für Betriebe gewerblicher Art für Zwecke der Besteuerung die Werte des Anlagevermögens nach den einschlägigen Bewertungsvorschriften des Steuerrechts zu führen.

Die Bewertung des Anlagevermögens für steuerliche Zwecke erfolgt zwar dem Wortlaut nach ebenfalls zu den Anschaffungs- und Herstellungskosten. Jedoch gelten für das Steuerrecht als Abweichung die historischen Anschaffungs- oder Herstellungskosten und nicht die auf Zeitwertbasis ermittelten Anschaffungs- und Herstellungskosten der kommunalen Eröffnungsbilanz.

Im Regelbetrieb herrschen weitere Abweichungen bezüglich der Bewertung des kommunalen Vermögens zwischen steuerpflichtigen Betrieben gewerblicher Art und dem restlichen Teil der Kommune. Dies sind insbesondere die folgenden:

- Bei der Herstellungskostenermittlung gem. § 6 Abs. 1 EStG sind im Steuerrecht, welches sich der Definition des § 255 Abs. 2 HGB bedient, die Material- und Fertigungsgemeinkosten sowie der der Herstellung zurechenbare Werteverzehr des Anlagevermögens ansatzpflichtig.
- Bei der Bewertung geringwertiger Wirtschaftsgüter nach § 6 Abs. 2, 2a EStG herrschen andere Wertgrenzen. Abnutzbares, bewegliches und selbstständig nutzbares Anlagevermögen bis 250 € ohne USt. kann sofort als Aufwand erfasst werden. Oberhalb von 250 € besteht bis zu 800 € ein zusätzliches Wahlrecht der Sofortabschreibung bzw. bis zu 1.000 € ein Wahlrecht zur Erfassung der Wirtschaftsgüter in einem Sammelposten, der im Wirtschaftsjahr und den vier folgenden gleichmäßig abgeschrieben wird.

- Betriebe gewerblicher Art können ganz oder teilweise umsatzsteuerpflichtig und vorsteuerabzugsberechtigt sein, was bei den Wertansätzen zu berücksichtigen ist. Hier ist zu beachten, dass die Umsatzsteuerpflicht nicht exklusiv an den Tatbestand eines Betriebes gewerblicher Art knüpft, sondern gem. § 2b UStG primär davon abhängt, ob die Kommune hoheitlich handelt oder nicht und ob es durch ihre Tätigkeit zu größeren Wettbewerbsverzerrungen kommt.

10.2.2.2 Gebührenrecht[241]

Für kostenrechnende Einrichtungen sind nach § 6 des Kommunalabgabengesetzes (KAG) Benutzungsgebühren zu erheben. Hierzu sind in den Gebührenkalkulationen Abschreibungen und Zinsen, die nach betriebswirtschaftlichen Grundsätzen ansatzfähig sind, zu berücksichtigen.

Diese unterscheiden sich in der Regel von den in der kommunalen Haushaltswirtschaft zu buchenden Wertgrößen dadurch, dass kalkulatorische Abschreibungen wahlweise auf Basis der historischen Anschaffungs-/Herstellungskosten oder Widerbeschaffungszeitwerten berechnet und daneben kalkulatorische Zinsen (basierend auf historischen Anschaffungs-/Herstellungskosten und unter Berücksichtigung erhaltener Zuwendungen und Beiträge) angesetzt werden können.[242]

10.2.2.3 Kosten- und Leistungsrechnung

Die Kosten- und Leistungsrechnung soll neben der Preiskalkulation und der Wirtschaftlichkeitskontrolle einzelner Fachbereiche insbesondere als Instrument zur Fundierung und Kontrolle von Entscheidungen (z. B. Make-or-buy-Problemen) dienen. Hierbei werden die Rahmenbedingungen für kalkulatorische Abschreibungen und Zinsen durch interne Richtlinien oder Anweisungen einer jeden Gemeinde festgelegt. Im Vergleich zur kommunalen Vermögenswirtschaft stellen die kalkulatorischen Eigenkapitalzinsen Zusatzkosten, die kalkulatorischen Abschreibungen in Abhängigkeit der Regelungen der Kostenrechnung Anderskosten dar.

Die Ausgestaltung der kommunalen Kosten- und Leistungsrechnung orientiert sich an den Zielsetzungen. Diese können wie folgt unterschiedlich ausgerichtet sein:

- Wirtschaftlichkeitsüberlegungen,
- Vergleichbarkeit mit Privatwirtschaft (z. B. Make-or-buy-Entscheidungen),
- einheitliche Vorgehensweise mit dem NKF (Minderung des Nutzungspotenzials),
- einheitliche Vorgehensweise mit Vorschriften des KAG (Wiederbeschaffungs- und Kostendeckungsprinzip).

Die unterschiedlichen Zielsetzungen bedingen eine unterschiedliche Gestaltung.

Die Wertbasis kann sich alternativ an Anschaffungs- und Herstellungskosten versus Wiederbeschaffungszeitwerten (Wertfortschreibung) bei den Folgebilanzierungen orien-tieren.

---

241 Zu den Einzelheiten des folgenden Textes muss auf die Literatur zum Themenbereich Gebührenrecht verwiesen werden (z. B. *Brüning*, Kommunale Gebühren, Herne 2018, *Driehaus*, Kommentar zum KAG, Herne 2022, Kommentierung zu § 6 KAG).

242 Zu beachten ist hierzu das OVG NRW-Urteil vom 17.5.2022 – 9 A 1019/20 –, mit der das OVG NRW seine ständige Rechtsprechung nach 28 Jahren geändert hat. Daraus folgt zum einen ein wesentlich kürzerer Zeitraum als bisher, aus dem der anzusetzende Durchschnittszins zu berechnen ist, und zum anderen ist im Falle der Abschreibung auf Basis von Wiederbeschaffungszeitwerten eine doppelte Inflationsberücksichtigung zu vermeiden. Der Landesgesetzgeber hat hierauf mit einer Überarbeitung des § 6 KAG reagiert, vgl. Landtag NRW, LT-Drs. 18/997 vom 21.9.2022.

Die Abschreibungsvorgaben können sich unterscheiden bei der Nutzungsdauer und der Abschreibungsmethode. Hier kann die Nutzungsdauer an gebührenrechtlichen Grundlagen i. d. R. nach AfA-Tabellen, nach der haushaltsrechtlichen Rahmenabschreibungstabelle bzw. der eigenen kommunalen Abschreibungstabelle oder nach Herstellerangaben richten. Des Weiteren ist bei fortgesetzter Nutzung denkbar, in der Kosten- und Leistungsrechnung über die geplante Nutzungsdauer hinaus abzuschreiben, um im Rahmen von Preiskalkulationen diese gleichmäßig zu halten.

Bei der Wahl der Abschreibungsmethode ist die Kosten- und Leistungsrechnung völlig frei. Denkbar ist die lineare, degressive, progressive oder leistungsbezogene Abschreibungsmethode.

Änderungen bei der Nutzungsdauer können als Änderungsbasis den Ursprungswert oder den Restwert zugrunde legen.

10.2.3 Abgrenzung von Herstellungskosten und Erhaltungsaufwand

Für die Veranschlagung und Buchung im Drei-Komponenten-System ist es erforderlich, dass Herstellungskosten und Erhaltungsaufwand eindeutig abgegrenzt werden. Von besonderer Bedeutung ist diese Abgrenzung im Immobilienbereich.

Herstellungskosten werden bei einem Vermögensgegenstand aktiviert. Sie werden in die Bilanz eingestellt und führen im Bereich des abnutzbaren Vermögens auf der Basis einer festgelegten Nutzungsdauer zu bilanziellen Abschreibungen. Die zahlungswirksamen Herstellungskosten werden daher in der Finanzplanung bzw. Finanzrechnung als investive Zahlungen abgebildet, die hieraus resultierenden Abschreibungen dagegen als Aufwendungen in der Ergebnisplanung bzw. -rechnung. Anders ist dies bei Erhaltungsaufwand, der in der Ergebnisplanung und Ergebnisrechnung vollständig im Haushaltsjahr der Maßnahme zu berücksichtigen ist, wobei in der Finanzplanung und -rechnung der diesbezügliche Liquiditätsabfluss in Form von Auszahlungen aus laufender Verwaltungstätigkeit (konsumtiv) abgebildet wird.

Die Abgrenzung erfolgt in der Form, dass Grundvoraussetzungen für Sachverhalte zu prüfen sind, nach denen eine Aktivierung als Herstellungskosten erfolgt. Erfüllt der Sachverhalt nicht die Voraussetzungen, stellt er somit immer Erhaltungsaufwand[243] dar.

Für die Aktivierungsfähigkeit als Herstellungskosten sind gem. § 34 Abs. 3 KomHVO folgende grundlegende Sachverhaltskonstellationen zu betrachten:[244]

- die Erweiterung eines Vermögensgegenstandes,
- die über den ursprünglichen Zustand hinausgehende Wertverbesserung,
- das Zusammentreffen von Herstellungskosten und Erhaltungsaufwand.

243 Im kaufmännischen Rechnungswesen können in Analogie zur Steuerbilanz nach den Einkommenssteuerrichtlinien 2012 (EStR 2012) zu § 21 EStG, R 21.1 Abs. 2 (Stand 03/2012), Herstellungskosten im Rahmen einer Erweiterung von nicht mehr als 4.000 € (ohne USt.) auf Antrag als Erhaltungsaufwand gebucht werden. Eine Übertragung dieser Regelung ist aufgrund der Antragspflicht nicht möglich. Sofern eine Anwendung dieser Vereinfachungsregelung im kommunalen Haushaltsrecht Anwendung finden soll, bedarf es hierzu einer zusätzlichen Regelung, da im Steuerrecht ausdrücklich ein Genehmigungsvorbehalt besteht.

244 Diese Voraussetzungen basieren auf dem Schreiben des Bundesministeriums für Finanzen vom 18.7.2003 – IV C 3 – S 2211 - 94/03 –, www.bundesfinanzministerium.de; siehe hierzu auch EStR 21.1, Hinweis 21.1, Stand 03/2012.

Seit dem 2. NKFWG ist eine Aktivierung auch unter folgenden Voraussetzungen möglich:

- Komponentenaustausch bei nach dem Komponentenansatz bilanzierten Vermögensgegenständen gem. § 36 Abs. 2 KomHVO,
- wesentliche Verlängerung der Nutzungsdauer gem. § 36 Abs. 5 KomHVO.

10.2.3.1 Erweiterung eines Vermögensgegenstandes

Im Immobilienbereich liegt eine Erweiterung eines Vermögensgegenstandes i. S. v. § 34 Abs. 3 KomHVO vor, wenn durch Anbau, Aufstockung oder Vergrößerung die Nutzfläche erweitert bzw. eine Mehrung der Substanz vorgenommen wird. Anbauten, z. B. bei Schulgebäuden, stellen hinsichtlich der Abgrenzung zwischen Herstellungskosten und Erhaltungsaufwand kein Problem dar.

Ein Anbau, eine Aufstockung bzw. Vergrößerung der Nutzfläche liegt dagegen nicht vor, wenn lediglich ein Flachdach durch ein Satteldach ersetzt wird. Die Schaffung zusätzlicher Raumhöhe reicht zur Aktivierungsfähigkeit nicht aus. Wird das Satteldach dazu genutzt, zusätzliche Nutzfläche durch gleichzeitigen Ausbau des entstandenen Dachgeschosses zu schaffen, liegt dagegen ein aktivierungsfähiger Sachverhalt vor.

Auch die Substanzvermehrung durch zusätzliche Bauteile – sowohl bei Immobilien als auch beim beweglichen Vermögen – stellt grundsätzlich aktivierungsfähige Sachverhalte dar. Im Bereich des beweglichen Vermögens ist beispielsweise die Aufrüstung eines Feuerwehrfahrzeuges mit einer Schnelllöschvorrichtung ein aktivierungsfähiger Sachverhalt. Im Immobilienbereich stellt der Einbau eines Behindertenfahrstuhls einen aktivierungsfähigen Sachverhalt dar.

Anders ist dies, wenn zusätzliche Bauteile im Immobilienbereich nur eine Anpassung an den aktuellen bautechnischen Standard darstellen. So stellen Fassadenverkleidungen zu Wärme- und Schallschutzzwecken in der Regel keine aktivierungsfähigen Sachverhalte dar. Ein neuer Gebäudebestandteil ist auch dann als bisheriger Gebäudebestandteil anzusehen, sofern dieser lediglich deshalb hinzugefügt wird, um bereits eingetretene Schäden zu beseitigen oder einen drohenden Schaden abzuwenden. Ein Beispiel hierfür stellt die Anbringung einer Betonvorsatzschale als Schutz vor einer weiteren Durchfeuchtung des Fundamentes dar.

10.2.3.2 Über den ursprünglichen Zustand hinausgehende Wertverbesserung

Fallen Instandsetzungs- oder Modernisierungsaufwendungen im engen zeitlichen Zusammenhang mit der Anschaffung eines Gebäudes an, sind diese als anschaffungsnahe Aufwendungen den Herstellungskosten zuzurechnen.

> ***Beispiel:***
> *Ein Gebäude mit erheblichem Instandhaltungsrückstand wird aufgrund seiner günstigen Lage von der Gemeinde G als Standort einer Kindertageseinrichtung erworben. Das Gebäude wird instandgesetzt und für den vorgesehenen Zweck hergerichtet.*

Ansonsten sind die Instandsetzungs- oder Modernisierungsaufwendungen daraufhin zu prüfen, ob diese zu einer über den ursprünglichen Zustand hinausgehende wesentliche Verbesserung i. S. v. § 34 Abs. 3 KomHVO führen. Liegt diese wesentliche Wertverbesserung vor, sind die Instandsetzungs- oder Modernisierungsaufwendungen als Herstellungskosten zu aktivieren.

Maßgeblich für den ursprünglichen Zustand ist grundsätzlich der Zustand des Gebäudes im Zeitpunkt der Herstellung und Anschaffung. Dieser ist zu vergleichen mit dem Zustand, in den das Gebäude durch die Instandsetzungs- oder Modernisierungsaufwendungen versetzt wurde. Dies gilt natürlich nicht, wenn die ursprünglichen Anschaffungs- oder Herstellungskosten verändert wurden (z. B. durch nachträgliche Anschaffungs- oder Herstellungskosten). Anstelle des ursprünglichen Zustands tritt dann der Zustand, der für die Abschreibung maßgebend ist.

Beispiel:
Ursprünglich wurde ein Verwaltungsgebäude mit einem einfachen kleinen Regenschutzdach im Eingangsbereich ausgestattet. Aufgrund der Nutzung zu Repräsentationszwecken wurde das Regenschutzdach im Eingangsbereich zwei Jahre später zur Erhöhung des Erscheinungsbildes durch eine aufwendige Marmor-Aluminium-Glaskonstruktion ersetzt. Aufgrund schlechter Verarbeitung ist die neue Konstruktion baufällig und wird vollständig erneuert. Maßgeblich ist der Zustand nach zwei Jahren, also mit der aufwendigen Marmor-Aluminium-Glaskonstruktion. Aus einem Vergleich mit dem Zustand nach Instandsetzung ergibt sich keine über den ursprünglichen Zustand hinausgehende wesentliche Verbesserung, demzufolge ist die Erneuerung Instandsetzungsaufwand, der nicht aktivierungsfähig ist. Bei einem Vergleich der jetzigen Veränderung mit dem einfachen kleinen Regenschutzdach hätte sich dagegen eine über den ursprünglichen Zustand hinausgehende wesentliche Verbesserung ergeben.

Bei Immobilien liegt eine wesentliche Verbesserung vor, wenn der Gebrauchswert des Gebäudes wesentlich erhöht wird. Hierbei ist von einem ordnungsgemäßen Zustand auszugehen, so dass Instandhaltungsrückstände bei der Beurteilung nicht einzubeziehen sind. Vielmehr muss es sich um eine über eine zeitgemäße substanzerhaltende Erneuerung hinausgehende Instandsetzungs- oder Modernisierungsmaßnahme handeln.

Zu wesentlichen Verbesserungen zählen eine deutliche Erhöhung des Gebrauchswertes und die Schaffung einer erweiterten Nutzungsmöglichkeit für die Zukunft. Die erweiterte Nutzungsmöglichkeit kann zum einen in einer erheblichen Verlängerung der Nutzungsdauer liegen, wobei die Nutzungsdauer des Gebäudes bestimmende Bauteile (z. B. das Fundament) erneuert werden. Zum anderen kann die erweiterte Nutzungsmöglichkeit auch in einer wesentlichen zukunftsorientierten Umgestaltung (z. B. Entkernung eines Gebäudes mit einer anschließenden Neugestaltung) liegen. Von einer deutlichen Erhöhung des Gebrauchswertes ist auszugehen, wenn eine Standardverbesserung erfolgt. Hierbei kann eine Standardverbesserung

- von einem sehr einfachen auf einen mittleren Standard oder
- von einem mittleren auf einen sehr anspruchsvollen Standard

erfolgen.

Ein sehr einfacher Standard liegt vor, wenn die zentralen Ausstattungsmerkmale nur im nötigen Umfang oder in einem technisch überholten Zustand vorhanden sind. Ein mittlerer Standard besteht, wenn die zentralen Ausstattungsmerkmale durchschnittlichen und selbst höheren Ansprüchen genügen. Der sehr anspruchsvolle Standard beinhaltet nicht nur die optimale zweckmäßige Ausstattung, vielmehr kommt hierbei noch die Verwendung außergewöhnlich hochwertiger Materialien hinzu.

Die Standardverbesserung konkretisiert sich anhand von Verbesserungen bei zentralen Ausstattungsmerkmalen. Der Standard bezieht sich auf die Eigenschaften der Vermögensnutzung. Wesentliche Ausstattungsmerkmale bei Wohnungen sind vor allem Umfang und Qualität der Zentralgewerke Heizungs-, Sanitär- und Elektroinstallationen sowie der Fenster. Durch die Formulierung „vor allem" ist die Berücksichtigung anderer Gewerke als zentrale Ausstattungsmerkmale möglich. Denkbar sind hier ganzheitliche Wärmedämmungsmaßnahmen am Gebäude oder eine Erweiterung der Funktionalität einer vorhandenen Zentralheizung um eine Warmwasserbereitung. Fußböden und Türen gehören dagegen in der Regel nicht zu einer Verbesserung der zentralen Ausstattungsmerkmale.

Für die Aktivierung als Herstellungskosten im Rahmen der Standardverbesserung wird konkretisiert, dass eine Verbesserung von mindestens drei Bereichen der zentralen Ausstattungsmerkmale erfolgen muss oder in Verbindung mit einer aktivierungsfähigen Herstellungsmaßnahme mindestens zwei Bereiche der zentralen Ausstattungsmerkmale verbessert werden müssen.

Beispiel:
Die Gemeinde G ist Eigentümerin eines 1930 erbauten Verwaltungsgebäudes, an dem seit 1980 keine größeren Renovierungen und Reparaturen mehr vorgenommen wurden. Teilweise sind Räumlichkeiten an kleinere Firmen vermietet. Die Gemeinde lässt das Gebäude renovieren. Hierbei wurden folgende Arbeiten durchgeführt: Neueindeckung des Dachs, Austausch der Einfachverglasung gegen Isolierverglasung, Neuverputzung der Fassade mit ganzheitlicher Gebäudewärmedämmung, Erneuerung der Elektro- und Sanitäranlagen und Ersatz der Nachtspeicherheizungen durch eine Gaszentralheizung. Die Sanierungsaufwendungen stellen aufgrund der Verbesserung von mindestens drei Ausstattungsmerkmalen eine Standardverbesserung dar, die zu einer Aktivierungsfähigkeit der Sanierungskosten als Herstellungskosten führt.

Teilen sich Aufwendungen für Baumaßnahmen planmäßig über mehrere Haushaltsjahre auf („Sanierung in Raten“), wobei diese für sich jeweils noch keine wesentliche Verbesserung darstellen, bildet den Maßstab für die Aktivierungsfähigkeit die Gesamtmaßnahme. Führt diese insgesamt zu einer Hebung des Standards, liegt für die Gesamtmaßnahme eine Aktivierungsfähigkeit vor. Zeitlich ist von einer „Sanierung in Raten“ auszugehen, wenn die Maßnahmendurchführung innerhalb von fünf Jahren durchgeführt wird.

10.2.3.3 Zusammentreffen von Herstellungskosten und Erhaltungsaufwendungen

Fallen im Rahmen einer umfassenden Instandsetzungs- und Modernisierungsmaßnahme Arbeiten zur Erweiterung des Gebäudes bzw. über eine zeitgemäße substanzerhaltende Erneuerung hinausgehende Maßnahmen mit Erhaltungsarbeiten zusammen, sind die hierauf jeweils entfallenden Aufwendungen in Herstellungs- und Erhaltungsaufwendungen aufzuteilen. Dies gilt auch, wenn sie einheitlich in Rechnung gestellt wurden. Können diese nicht eindeutig anhand der Rechnung aufgeteilt werden, hat eine Schätzung zu erfolgen.

Aufwendungen, die mit beiden Aufwendungsarten im Zusammenhang stehen, z. B. eine für die Gesamtmaßnahme übertragene Bauleitung oder Aufwendungen für Absperrmaßnahmen durch Bauzäune, sind entsprechend des Verhältnisses von Herstellungs- und Erhaltungsaufwendungen diesen Arten zuzuordnen.

Fallen Aufwendungen für eine Vielzahl von Einzelmaßnahmen an, die für sich genommen teilweise Herstellungs- und teilweise Erhaltungsaufwendungen darstellen, sind diese jedoch insgesamt als Herstellungskosten zu beurteilen, soweit die Arbeiten im engen sachlichen Zusammenhang stehen.

Ein sachlicher Zusammenhang in diesem Sinne liegt vor, wenn die einzelnen Baumaßnahmen, die sich auch über mehrere Jahre erstrecken können, bautechnisch ineinandergreifen. Ein bautechnisches Ineinandergreifen ist gegeben, wenn die Erhaltungsarbeiten

- Vorbedingung für die Schaffung des betriebsbereiten Zustandes,
- Vorbedingung für die Herstellungsarbeiten oder
- durch bestimmte Herstellungsarbeiten veranlasst (verursacht) worden sind.

Beispiel 1:
Um einen Anbau an ein vorhandenes Verwaltungsgebäude vornehmen zu können, sind zunächst Ausbesserungsarbeiten an den Fundamenten des vorhandenen Gebäudes notwendig.

Beispiel 2:
Im Dachgeschoss eines mehrgeschossigen Wohngebäudes, das als Asylheim genutzt wird, werden erstmals Bäder eingebaut. Diese Herstellungsarbeiten machen das Verlegen von größeren Fallrohren bis zum Anschluss an das öffentliche Abwassernetz erforderlich. Die hierdurch entstandenen Aufwendungen sind ebenso wie die Kosten für die Beseitigung der Schäden, die durch das Verlegen der größeren Fallrohre in den Badezimmern der darunterliegenden Stockwerke entstanden sind, den Herstellungskosten zuzurechnen.

Von einem bautechnischen Ineinandergreifen ist nicht allein deswegen auszugehen, weil solche Herstellungsarbeiten zum Anlass genommen werden, auch sonstige anstehende Renovierungsarbeiten vorzunehmen. Allein die gleichzeitige Durchführung der Arbeiten, z. B. um die mit den Arbeiten verbundenen Unannehmlichkeiten abzukürzen, reicht für einen solchen sachlichen Zusammenhang nicht aus. Ebenso wird ein sachlicher Zusammenhang nicht dadurch hergestellt, dass die Arbeiten unter dem Gesichtspunkt der rationellen Abwicklung eine bestimmte zeitliche Abfolge der einzelnen Maßnahmen erforderlich machen, die Arbeiten aber ebenso unabhängig voneinander hätten durchgeführt werden können.

Beispiel 1:
Wie das vorherige Beispiel, jedoch werden die Arbeiten in den Bädern der übrigen Stockwerke zum Anlass genommen, diese Bäder vollständig neu zu verfliesen und neue Sanitäranlagen einzubauen. Diese Modernisierungsarbeiten greifen mit den Herstellungsarbeiten (Verlegung neuer Fallrohre) nicht bautechnisch ineinander. Die Aufwendungen führen daher zu Erhaltungsaufwendungen. Die einheitlich in Rechnung gestellten Aufwendungen für die Beseitigung der durch das Verlegen der größeren Fallrohre entstandenen Schäden und für die vollständige Neuverfliesung sind dementsprechend in Herstellungs- und Erhaltungsaufwendungen aufzuteilen.

Beispiel 2:
Durch das Aufsetzen einer Dachgaube wird die nutzbare Fläche des Gebäudes geringfügig vergrößert. Diese Maßnahme wird zum Anlass genommen, gleichzeitig das alte, schadhafte Dach neu einzudecken. Die Erneuerung der gesamten Dachziegel steht insoweit nicht in einem bautechnischen Zusammenhang mit der Erweiterungsmaßnahme. Die Aufwendungen für Dachziegel, die zur Deckung der neuen Gauben verwendet werden, sind Herstellungskosten, die Aufwendungen für die übrigen Dachziegel sind Erhaltungsaufwendungen.

Beispiel 3:
Aufgrund der Erweiterung einer Feuerwache erhält das Gebäude zusätzliche Fenster. Hiermit verbunden wird die Einfachverglasung der bereits vorhandenen Fenster durch

Isolierverglasung ersetzt. Die Erneuerung der bestehenden Fenster ist nicht durch die Erweiterungsmaßnahme und das Einsetzen der zusätzlichen Fenster veranlasst, greift daher bautechnisch nicht mit diesen Maßnahmen ineinander. Nur die Kosten für die zusätzlichen Fenster stellen Herstellungsaufwendungen dar. Die auf die Fenstererneuerung entfallenden Aufwendungen stellen dagegen Erhaltungsaufwendungen dar.

10.2.3.4 Komponentenaustausch

Mit dem 2. NKFWG hat der Komponentenansatz Einzug in das kommunale Haushaltsrecht erhalten. Nach § 36 Abs. 2 KomHVO dürfen für Gebäude sowie Straßen, Wege und Plätze in bituminöser Bauweise einzelne Komponenten als Unteranlagen gebildet werden. Zulässig ist die Bildung von Komponenten

- bei Gebäuden für das Bauwerk, das Dach und die Fenster sowie weitere Gebäudebestandteile, sofern diese mindestens 5 % des Neubauwertes[245] des Gebäudes ausmachen,
- bei Straßen, Wegen und Plätzen in bituminöser Bauweise für die Deckschicht und den Unterbau.

Für alle anderen Vermögensgegenstände ist der Komponentenansatz nicht zugelassen.

Wird von dem Wahlrecht der komponentenweise Bilanzierung Gebrauch gemacht, sind den Komponenten anteilige Anschaffungs- oder Herstellungskosten zuzuordnen, und sie werden mit einer eigenen Nutzungsdauer versehen.[246] Dadurch wird eine Komponente anders als der restliche Vermögensgegenstand abgeschrieben. Diese Vorgehensweise dient dazu, bei Vermögensgegenständen, bei denen die einzelnen Bestandteile in unterschiedlichem Tempo abgenutzt werden, den tatsächlichen Ressourcenverbrauch besser abbilden zu können. Bilanziell handelt es sich jedoch noch immer um einen einzigen Vermögensgegenstand. Lediglich in der Anlagenbuchhaltung sind Unteranlagen mit eigenen Abschreibungsplänen für die Komponenten zu bilden.

Beispiel:
Ein Straßenabschnitt in bituminöser Bauweise mit Gesamtherstellungskosten zu 2 Mio. € wird in die beiden Komponenten Deckschicht (Wertanteil 25 %, Nutzungsdauer 20 Jahre) und Unterbau (Wertanteil 75 %, Nutzungsdauer 50 Jahre) unterteilt. Die Deckschicht wird mit 25.000 € pro Jahr (25 % von 2 Mio. € : 20 Jahre) abgeschrieben, der Unterbau mit 30.000 € (75 % von 2 Mio. € : 50 Jahre). Insgesamt fallen also 55.000 € Abschreibungsaufwand während der ersten zwanzig Jahre an. Ohne eine komponentenweise Unterteilung würde der auf 50 Jahre Nutzungsdauer ausgelegte Vermögensgegenstand jährlich mit 40.000 € abgeschrieben werden.

Wird eine Komponente ausgetauscht – zum Beispiel die nach zwanzig Jahren planmäßig verschlissene Deckschicht –, stellt dies keine Erhaltungs-, sondern eine Investitionsmaßnahme

245 Bei gebraucht erworbenen Immobilien ist dieser Betrag schematisch aus dem Neubauwert vergleichbarer Anlagen zu ermitteln.

246 Für die gesetzlich explizit vorgesehenen Komponenten sind in Anlage 16 der VV Muster zur GO NRW und KomHVO NRW eigene Intervalle (1.45 und 1.46 für das Dach und die Fenster der Gebäude, 2.11 und 2.12 für Straßendeckschichten und den Unterbau) angegeben, in deren Rahmen die Kommune sich nach örtlichen Verhältnissen festlegen muss. Werden für Gebäude weitere Komponenten gebildet, sind deren Nutzungsdauern zwangsläufig aus dem Intervall der Position des Vermögensgegenstandes als Ganzes zu bestimmen.

dar. Die Herstellungskosten der neuen Deckschicht werden bei der Straße aktiviert und erhöhen sprunghaft deren Bilanzwert. Mögliche Abrisskosten der alten Komponente sind dabei den Herstellungskosten zuzurechnen. Die ausgetauschte Komponente ist anschließend ebenfalls über ihre Nutzungsdauer abzuschreiben.[247] Wird die Komponente vorzeitig, d. h. vor Ablauf ihrer Nutzugsdauer ausgetauscht, ist für die alte Komponenten aufwandswirksam ein Abgang zu erfassen.

Es liegt in der Entscheidung der Gemeinden, ob das Wahlrecht des Komponentenansatzes im eigenen Rechnungswesen genutzt werden soll. Zu beachten ist dabei allerdings der Grundsatz der Stetigkeit. Das bedeutet konkret, dass die Inanspruchnahme des Wahlrechts nicht von Fall zu Fall, sondern grundsätzlich entschieden werden muss. Wählt also eine Gemeinde für ihre Gebäude den Komponentenansatz, bezieht sich diese Entscheidung grundsätzlich auf alle Gebäude. Sie müsste dann für alle Neubauten bei der Aktivierung den Komponentenansatz zugrunde legen und bei dem Altbestand der Gebäude immer dann eine Umstellung vornehmen, sobald ein Gebäudebestandteil, der einer Komponente entspricht, ausgetauscht wird.

Diesen Ausführungen entgegen steht zwar der Erlass des MHKBG vom 28.6.2019 mit Hinweisen zu den Vorschriften des § 36 Absatz 2 und Absatz 5 KomHVO. Dort wird ausdrücklich ausgeführt, dass *„bei Ausübung des Wahlrechtes [...] entsprechend eine Anwendung auf alle art- oder funktionsgleichen Vermögensgegenstände nicht erforderlich [ist]“*. Dieser Teil des Erlasses ist allerdings nicht mit § 95 Abs. 1 Satz 4 GO vereinbar. Danach ist der Abschluss unter Beachtung der Grundsätze ordnungsmäßiger Buchführung zu erstellen. Hierzu gehört unzweifelhaft der Grundsatz der materiellen Stetigkeit, der gerade sicherstellen soll, dass bei art- und funktionsgleichen Vermögensgegenständen nicht ohne einen sachlichen Grund unterschiedliche Ansatzmethoden angewandt werden. *„Mit den Grundsätzen der Bewertungs- und Ansatzstetigkeit soll verhindert werden, dass die wirtschaftliche Lage durch eine unterschiedliche Ausübung von Ermessensspielräumen oder von Wahlrechten von Jahr zu Jahr anders dargestellt werden kann, ohne dass sich die zugrunde liegenden Sachverhalte geändert haben. [...] Besondere Bedeutung erlangt die Methodenstetigkeit im Zusammenhang mit gesetzlich eingeräumten Bewertungswahlrechten.“*[248]

Die Entscheidung für den Komponentenansatz wirkt sich immer auch auf die Behandlung der korrespondierenden Sonderposten nach § 44 Abs. 5 KomHVO aus.

10.2.3.5 Wesentliche Verlängerung der Nutzungsdauer

Laut § 36 Abs. 5 KomHVO ist – ebenfalls erst seit dem 2. NKFWG – ein Vermögensgegenstand neu zu bewerten, wenn es infolge einer Instandsetzungsmaßnahme zu einer wesentlichen Verlängerung der wirtschaftlichen Nutzungsdauer kommt. Diese Neubewertung besteht in der Aktivierung der Kosten der Instandsetzungsmaßnahme.[249] Dadurch werden – genau wie bei nachträglichen Herstellungskosten gem. § 34 Abs. 3 KomHVO und einem Komponentenaustausch nach § 36 Abs. 2 KomHVO – die Kosten der Maßnahme dem Vermögensgegenstand investiv zugerechnet und mittels Abschreibungen aufwandswirksam über die (nun verlängerte) Restnutzungsdauer des Vermögensgegenstandes verteilt.

247 Vgl. ausführlich zur Bilanzierung nach dem Komponentenansatz *Jürgens/Graf*, Die neuen Aktivierungsmöglichkeiten von Baummaßnahmen durch das 2. NKF-Weiterentwicklungsgesetz in NRW, der gemeindehaushalt 2019, S. 132–141, und *Fritze*, Die Wirkung einer Bilanzierung nach dem Komponentenansatz auf das Jahresergebnis und den Haushaltausgleich, der gemeindehaushalt 2019, S. 169–173.

248 *Baetge/Kirsch/Thiele*, Bilanzen, 16. Aufl., Düsseldorf 2021, S. 117.

249 Vgl. *Fritze*, Die Vermögensbewertung nach dem Wirklichkeitsprinzip im Entwurf des 2. NKF-Weiterentwicklungsgesetzes – eine Begriffsbestimmung, der gemeindehaushalt 2019, S. 14–16.

Die Aktivierung im Rahmen des § 36 Abs. 5 KomHVO verlangt eine wesentliche Nutzungsdauerverlängerung. Diese ist gegeben, wenn die Nutzungsdauer um mindestens 10 % der Nutzungsdauer bei Anschaffung oder Herstellung des Vermögensgegenstandes verlängert wird. Bei Gebäuden kann die Nutzungsdauerverlängerung auf Basis der Sachwertrichtline[250] bestimmt werden, die Instandsetzungsmaßnahmen mit Punkten gewichtet, welche wiederum in Abhängigkeit von Gesamt- und Restnutzungsdauer des Gebäudes die Nutzungsdauerverlängerung definieren.

Beispiel:
Ein 30 Jahre altes Gebäude mit einer Gesamtnutzungsdauer in Höhe von 50 Jahren wird in Form einer Wärmedämmung der Außenwände sowie einer Erneuerung des Dachs (bei gleichzeitiger Wärmedämmung dieses) saniert. Anlage 4 der Sachwertrichtlinie vergibt für diese beiden Tätigkeiten jeweils 4 Punkte, sodass die Maßnahme insgesamt mit 8 Punkten zu bewerten ist. Bei einem Gebäude mit einer Nutzungsdauer von 50 Jahren, welches bereits 30 Jahre alt ist, ergibt sich hieraus laut Anlage 4 der Sachwertrichtlinie eine neue Restnutzungsdauer in Höhe von 26 Jahren. Die Nutzungsdauer hat sich somit um sechs Jahre – und damit um mehr als 10 % der ursprünglichen Gesamtnutzungsdauer – verlängert, sodass die Instandhaltungskosten als Investition zu aktivieren sind.

Eine Aktivierung durch eine Verlängerung der Nutzungsdauer ist gem. § 36 Abs. 5 KomHVO nicht zulässig bei Vermögensgegenständen, die nach dem Komponentenansatz bilanziert werden. Dies erscheint hier aber auch nicht notwendig, da in solchen Fällen bereits eine Aktivierung der Kosten für den Austausch einer Komponente vorgesehen ist.[251]

10.2.3.6 Praktische Beispiele und Übungen

Sachverhalt Nr. 6 (Erweiterung eines Vermögensgegenstandes)

Geschäftsvorfälle	
1.	Anbringen einer Verkleidung zu Wärme- und Schallschutzzwecken an einer Schule
2.	Ersatz eines Flachdaches durch ein Spitzdach, wodurch eine zusätzliche Nutzfläche geschaffen wird
3.	Erweiterung der Funktionalität einer Zentralheizungsanlage um eine Warmwasserbereitung, die bisher durch einen Boiler erfolgte
4.	Erstmaliger Einbau einer Alarmanlage
5.	Erstmaliger Anbau eines Balkons
6.	Ersatz eines Flachdaches durch ein Satteldach; die nutzbare Fläche bzw. die Nutzungsmöglichkeit wird nicht erweitert
7.	Erweiterung des Gebäudes um einen Windfang-Vorbau
8.	Vergrößern eines bereits vorhandenen Fensters
9.	Im Rathaus wird erstmalig ein Kamin eingebaut
10.	Versetzen von einigen Wänden für neue Raumzuschnitte des Amtsleiter- und Vorzimmerbüros
11.	Zur Vermeidung von Wasserschäden durch Niederschläge an der rissigen Fassade einer Kindertagesstätte wird die Wandfläche mit einer einfachen Dachüberbauung geschützt

250 Vgl. Bundesministerium für Verkehr, Bau und Stadtentwicklung, Richtlinie SW 11 - 4124.4/2 vom 5.9.2012.

251 Vgl. Kap. 10.2.3.4.

Aufgabe:
Beurteilen Sie, ob es sich um Herstellungskosten oder Erhaltungsaufwand handelt.

Lösungen:

1. Grundsätzlich stellt dies Erhaltungsaufwand dar, da keine Substanzmehrung entsteht. Es handelt sich vielmehr um die Anpassung an den aktuellen bautechnischen Standard. Eine Ausnahme könnte lediglich darin bestehen, dass für die Verkleidung besonders hochwertige Materialien verwendet wurden.
2. Aufgrund der Schaffung einer zusätzlichen Nutzfläche handelt es sich um Substanzmehrung, so dass Herstellungsaufwand vorliegt.
3. Die Erweiterung der Funktionalität einer Zentralheizungsanlage um eine Warmwasseraufbereitung stellt Erhaltungsaufwand dar, da keine Substanzmehrung entsteht. Es handelt sich vielmehr um die Anpassung an den aktuellen Ausstattungsstandard.
4. Der Einbau einer Alarmanlage stellt eine Substanzmehrung durch ein zusätzliches Bauteil dar, so dass Herstellungsaufwand vorliegt.
5. Der Anbau eines Balkons stellt eine Substanzmehrung dar, so dass Herstellungsaufwand vorliegt.
6. Durch den Wechsel von einem Flachdach auf ein Satteldach allein entsteht nur Erhaltungsaufwand. Da keine Erweiterung der Fläche oder Nutzungsmöglichkeit vorliegt, stellt dies keine Substanzmehrung dar.
7. Ein Windfang-Vorbau stellt eine Substanzmehrung am Gebäude dar, so dass Herstellungsaufwand vorliegt.
8. Die Vergrößerung eines Fensters bedingt keine Substanzmehrung, so dass Erhaltungsaufwand vorliegt.
9. Der Einbau eines Kamins stellt eine Substanzmehrung dar, so dass Herstellungsaufwand vorliegt.
10. Das Versetzen von Wänden für neue Raumzuschnitte stellt keine Substanzmehrung dar; es handelt sich somit um Erhaltungsaufwand.
11. Die Dachüberbauung erfolgte lediglich zu dem Zweck, die rissige Fassade vor möglichen Wasserschäden zu schützen. Der neue Gebäudebestandteil hat keinerlei eigene Funktion, sondern erfüllt lediglich die Funktion des bisherigen Gebäudebestandteils als Ergänzung in vergleichbarer Weise. Es handelt sich daher um Erhaltungsaufwand.

Sachverhalt Nr. 7 (Über den ursprünglichen Zustand hinausgehende Verbesserungen)

Geschäftsvorfälle	
1.	Es werden unterlassene Instandhaltungen an einem Schulgebäude nachgeholt (Fassadenausbesserung, Prüfung und Reparatur sämtlicher Fenster, neuer Anstrich, Austausch defekt gewordener Sanitäranlagen).
2.	Der einfach geputzte Vorbau des Rathauses wird zur Erhöhung des Erscheinungsbildes durch eine Marmor-Aluminium-Glaskonstruktion ersetzt.
3.	Im Rahmen der Nachholung versäumter Instandhaltungsmaßnahmen werden die Nachspeicherheizungen durch eine Zentralheizung ersetzt. Des Weiteren werden die sanitären Anlagen durchgängig modernisiert. Die schwach abgesicherten Elektroinstallationen werden durch moderne hochabgesicherte Installationen ersetzt. Außerdem werden die einfach-verglasten Fenster durch Isolierfenster ersetzt. Der Mietwert der städtischen Immobilie kann um vier Euro je qm erhöht werden.

Geschäftsvorfälle	
4.	Ein marodes Fundament wird durch ein neues ersetzt; die Lebensdauer des Gebäudes erhöht sich hierdurch um 20 Jahre.
5.	Um die veränderten gesetzlichen Anforderungen an die Raumgrößen für Kindertageseinrichtungen zu erfüllen, werden zahlreiche Wände in der Kita entfernt und die Gruppenräume baulich völlig neu gestaltet.
6.	Ein Verwaltungsgebäude aus den 60er Jahren wird entkernt und völlig mit Einzelbüros und Allraumflächen (großzügig angelegter Besucherbereich) bürgerorientiert gestaltet.
7.	Das baulich sehr einfach erstellte Rathaus aus den 1950er Jahren erfährt im Rahmen der erstmaligen Instandsetzung durch Einbau hochwertiger Materialien eine Luxussanierung.
8.	Im Rahmen eines Schulanbaus an eine Schule aus den 1950er Jahren werden am alten Gebäude die einfach verglasten Fenster durch Isolierfenster sowie sämtliche Elektroinstallationen entsprechend den heutigen Leistungs- und Sicherheitsansprüchen ersetzt.

Aufgabe:
Beurteilen Sie, ob es sich um Herstellungskosten oder Erhaltungsaufwand handelt.

Lösungen:
1. Selbst ein quantitativ gehäuft anfallender Erhaltungsaufwand stellt keine über den ursprünglichen Zustand hinausgehende Verbesserung dar, so dass Erhaltungsaufwand vorliegt.
2. Aufgrund hochwertiger Materialien und einer besonderen baulichen Gestaltung liegt eine wesentliche Verbesserung gegenüber dem ursprünglichen Zustand vor, so dass es sich um Herstellungsaufwand handelt.
3. Durch die Verbesserung von mehr als drei zentralen Ausstattungsmerkmalen hat sich eine Standardverbesserung ergeben. Hierdurch sind die erfolgten Sanierungsmaßnahmen als Herstellungskosten aktivierungsfähig.
4. Es wurden für die Lebensdauer des Gebäudes bestimmende Bauteile erneuert. Die Lebensdauer wurde deutlich erhöht, so dass hierdurch Herstellungsaufwand entstanden ist.
5. Aufgrund der Neugestaltung im Rahmen der Anpassung an gesetzliche Raumgrößen liegt eine wesentliche Verbesserung über den ursprünglichen Zustand hinaus vor. Es ist somit Herstellungsaufwand entstanden.
6. Durch die Entkernung des Gebäudes und der räumlichen Neugestaltung liegt eine wesentliche Verbesserung vor, so dass Herstellungsaufwand entstanden ist.
7. Durch den Einbau hochwertiger Materialien, die nicht nur Anforderungen hinsichtlich der Zweckmäßigkeit erfüllen, ergibt sich eine wesentliche Verbesserung des sehr einfach erstellten Rathauses, so dass die Instandsetzungsmaßnahme aktivierungsfähig ist.
8. Im Rahmen des Schulanbaus erfolgt eine Herstellungsmaßnahme. Daneben erfolgen durch zwei weitere zentrale Gewerke Verbesserungen der Ausstattungsstandards. Für die Aktivierung als Herstellungskosten im Rahmen der Standardverbesserung gilt, dass in Verbindung mit einer aktivierungsfähigen Herstellungsmaßnahme mindestens zwei Bereiche der zentralen Ausstattungsmerkmale verbessert werden müssen. Demnach ist die gesamte Maßnahme als Herstellungskosten aktivierbar.

Sachverhalt Nr. 8 (Zusammentreffen von Herstellungskosten und Erhaltungsaufwendungen)

Geschäftsvorfälle	
1.	Im Rahmen der Schulbausanierung entstehen Kosten i. H. v. 1 Mio. €. Das beauftragte Unternehmen erstellt eine Rechnung i. H. v. 1 Mio. €, obwohl die Auftragskalkulation des Hochbauamtes neben dem überwiegenden Sanierungsaufwand auch Kosten für einen Anbau in Höhe von 200.000 € vorsah.
2.	Zwei Gebäude eines Schulzentrums werden durch einen Verbindungstrakt für 300.000 € erweitert, hierzu sind Ausbesserungsarbeiten i. H. v. 50.000 € am bestehenden Fundament der beiden Gebäude erforderlich.
3.	Im Verwaltungsgebäude werden in den Obergeschossen für 50.000 € erstmalig Besuchertoiletten eingerichtet. Hierzu ist es erforderlich, größere Fallrohre in der bestehenden Besuchertoilette im Erdgeschoss zu verlegen. Hierfür werden 2.000 € in Rechnung gestellt; des Weiteren werden 3.000 € fällig, um im Rahmen der Verlegung des Fallrohrs entstandene Schäden in der bestehenden Besuchertoilette zu beseitigen.
4.	Gleicher Sachverhalt wie zuvor; zusätzlich wird die Besuchertoilette im Erdgeschoss für 7.000 € durch Neuverfliesung und neue Sanitäranlagen modernisiert.
5.	Es ist erforderlich, ein Schuldach neu einzudecken. Im Rahmen dieser Maßnahme wird eine Solaranlage installiert. Die Gesamtrechnung lautet auf 19.000 €, wobei 10.000 € auf die Installation der Solaranlage fallen.
6.	Im Rahmen einer Schulbauerweiterung wird der Einbau von sechs neuen Fenstern erforderlich. Gleichzeitig werden die 18 aus Einfachverglasung bestehenden Fenster gleicher Art und Größe des Altbaus durch Fenster mit Isolierverglasung ausgetauscht. Die Rechnung beträgt insgesamt 12.000 €.

Aufgabe:

Ermitteln Sie die aktivierungsfähigen Herstellungskosten und die ergebniswirksamen Erhaltungsaufwendungen und begründen Sie Ihre Entscheidung.

Lösungen:

1. Eine gemeinsame Rechnung für Erhaltungs- und Herstellungsaufwand ist sachgerecht zu trennen. Hier waren für den Anbau 200.000 € Herstellungskosten vorgesehen, so dass diese entsprechend zu buchen sind. Die restlichen 800.000 € stellen Erhaltungsaufwand dar.
2. Die Ausbesserungsarbeiten am Fundament sind durch den Neubau begründet, es besteht somit ein unmittelbarer bautechnischer Zusammenhang mit der Herstellungsmaßnahme. Die 350.000 € stellen daher insgesamt Herstellungsaufwand dar.
3. Die entstandenen Schäden sind durch die Neuinstallation bedingt; es besteht somit ein unmittelbarer bautechnischer Zusammenhang des Erhaltungsaufwands mit der Herstellungsmaßnahme. Die 55.000 € stellen somit insgesamt Herstellungsaufwand dar.
4. Hier steht der Erhaltungsaufwand nicht im unmittelbaren bautechnischen Zusammenhang mit der Herstellungsmaßnahme, so dass die 7.000 € Erhaltungsaufwand darstellen und es bei 55.000 € Herstellungsaufwand bleibt.
5. Das Eindecken des Daches steht nicht im unmittelbaren bautechnischen Zusammenhang mit der Herstellungsmaßnahme einer Solaranlage, so dass die 9.000 € für das Eindecken des Daches Erhaltungsaufwand und die 10.000 € für die Substanzmehrung um eine Solaranlage Herstellungsaufwand darstellen.
6. Die Fenster für die Schulbauerweiterung stellen Herstellungsaufwand in Höhe von 3.000 € dar (Anteil von 12.000 € für sechs von 18 Fenstern). Der Austausch der vorhandenen Fenster stellt eine Anpassung an den aktuellen bautechnischen Standard dar; eine Substanzmehrung

bzw. eine Verbesserung über den ursprünglichen Zustand hinaus liegt somit nicht vor. Der Austausch der vorhandenen Fenster ist auch nicht unmittelbar durch die Schulbauerweiterung und dem dortigen Fenstereinbau bedingt. Die 9.000 € für den Fensteraustausch stellen somit Erhaltungsaufwand dar.

Sachverhalt Nr. 9 (Komponentenansatz)
Die Anlagenbuchhaltung weist für eine mittels Komponentenansatz bilanzierte Straße für die Deckschicht 200.000 € Herstellungskosten und 20 Jahre Nutzungsdauer und für den Unterbau 800.000 € bzw. 80 Jahre aus. Am Ende des 15. Jahres erfährt die Decksicht aufgrund überplanmäßiger Belastung des Straßenabschnitts vorzeitig eine vollständige Erneuerung.

Aufgabe:
In welcher Höhe ist im 15. Jahr Aufwand zu erfassen?

Lösung:
Der Unterbau wird genau wie in allen anderen der insgesamt 80 Jahren mit 10.000 € abgeschrieben. Die Deckschicht wird im 15. Jahr ebenfalls mit 10.000 € abgeschrieben, bevor es zu einem vorzeitigen Komponentenaustausch kommt. Die Kosten der Erneuerung der Deckschicht sind dem Vermögensgegenstand als Investition zuzurechnen. Da die alte Deckschicht nach 15 Jahren noch einen Restbuchwert in Höhe von 5.000 € aufweist, ist in dieser Höhe ein Aufwand aus dem Abgang der Komponente zu erfassen.

10.2.4 Bilanzierungsgrundsätze

§ 91 Abs. 4 Satz 1 GO sowie § 33 Abs. 1 Satz 1 KomHVO verweisen hinsichtlich der Bilanzierungsgrundsätze auf die Anwendung der Grundsätze ordnungsmäßiger Buchführung. Des Weiteren werden die für die kommunale Haushaltswirtschaft wichtigsten Bilanzierungsgrundsätze im jeweiligen Satz 2 benannt. Nach § § 91 Abs. 5 GO und 33 Abs. 2 KomHVO darf von den genannten Grundsätzen nur abgewichen werden, soweit die GO und die KomHVO etwas anderes vorsehen.

10.2.4.1 Bilanzidentität

Nach § 91 Abs. 4 Satz 2 Nr. 1 bzw. § 33 Abs. 1 Satz 2 Nr. 1 KomHVO müssen die im Rahmen eines Jahresabschlusses ermittelten Bilanzansätze immer mit den Bilanzansätzen zu Beginn des folgenden Haushaltsjahres übereinstimmen. Hieraus ergibt sich die Verpflichtung, die formelle Übereinstimmung (Bilanzposten) sowie die materielle Übereinstimmung (Bilanzwerte) sicherzustellen.

10.2.4.2 Einzelbewertung

Nach § 91 Abs. 4 Satz 2 Nr. 2 bzw. § 33 Abs. 1 Satz 2 Nr. 2 KomHVO sind Vermögensgegenstände sowie Sonderposten, Rückstellungen, Verbindlichkeiten und Rechnungsabgrenzungsposten[252] grundsätzlich einzeln zu erfassen und zu bewerten. Ausnahmen hiervon ergeben sich

252 § 33 Abs. 1 Satz 2 Nr. 2 KomHVO nennt neben den Vermögensgegenständen lediglich die Schulden.

aus den Vereinfachungsverfahren zur Festwertbewertung[253] und Gruppenbewertung[254] nach § 35 Satz 2 i. V. m. § 29 Abs. 1 KomHVO.

10.2.4.3 Wirklichkeitsprinzip

Mit dem 2. NKFWG wurde das Vorsichtsprinzip als Bewertungsgrundsatz gestrichen und durch die Verpflichtung zu einer wirklichkeitsgetreuen Bewertung (§ 91 Abs. 4 Satz 2 Nr. 3 GO bzw. § 33 Abs. 1 Satz 2 Nr. 3 KomHVO) ersetzt. Der Gesetzgeber begründet diesen Wechsel damit, dass das Vorsichtsprinzip primär vom dem Handelsrecht innewohnenden Gedanken des Gläubigerschutzes geprägt ist, welcher aufgrund der Insolvenzverfahrensunfähigkeit der Kommunen (§ 128 Abs. 2 GO) im Haushaltsrecht nicht einschlägig ist.[255]

Das Vorsichtsprinzip steht im Handelsrecht bzw. im alten Haushaltsrecht in unmittelbarer Verbindung zu drei weiteren Bewertungsgrundsätzen, die auch nach dem 2. NKFWG noch gelten: dem Realisationsprinzip, dem Imparitätsprinzip und dem Niederstwertprinzip.

Das Realisationsprinzip äußert sich in § 91 Abs. 4 Satz 2 Nr. 3 GO (bzw. ähnlich in § 33 Abs. 1 Satz 2 Nr. 3 KomHVO) durch die Formulierung *„Gewinne sind nur zu berücksichtigen, sofern sie am Abschlussstichtag realisiert sind"*. Eine Realisierung von Erträgen liegt dann vor, wenn eine Leistung erbracht wurde. Vor diesem Zeitpunkt dürfen keine Erträge ausgewiesen werden.

Beispiel 1:
Eine ertragswirksame Buchung von Steuern kann erst nach der Bescheidversendung erfolgen.

Beispiel 2:
Eine Zinsforderung realisiert sich durch die zeitliche Darlehenshingabe, sodass eine ertragswirksame Buchung in Form einer sonstigen Forderung der wirtschaftlich zugehörigen Periode zugeordnet wird.

Erhöhungen des Marktwertes von Vermögensgegenständen dürfen sich dementsprechend nur dann ertragswirksam niederschlagen, wenn der betreffende Vermögensgegenstand veräußert wird. Bis dahin ist er jedoch maximal zu seinen (ggf. um Abschreibungen reduzierten) Anschaffungs- oder Herstellungskosten zu bilanzieren.

Beispiel:
Die Gemeinde G unterhält für ihre Fahrzeuge eine eigene Tankstelle auf dem Betriebshof. Der aktuelle Benzinpreis liegt deutlich über den Anschaffungskosten. Aufgrund des Realisationsprinzips dürfen darüber hinausgehende Wertsteigerungen jedoch erst ertragswirksam erfasst werden, wenn es zu einer Veräußerung der Benzinvorräte zu einem höheren Preis kommt.

Die Buchung von Aufwendungen wird ebenfalls durch das Realisationsprinzip bestimmt, d. h. auch Aufwendungen sind erst dann zu buchen, wenn die zugehörige Leistung erbracht wurde.

253 Siehe ausführlich Kap. 10.1.2.
254 Siehe ausführlich Kap. 10.1.3.
255 Vgl. Landtag NRW, LT-Drs. 17/3570 vom 11.9.2018, S. 86.

Beispiel:
Die aufwandswirksame Zuführung zu Pensionsrückstellungen hat in den Haushaltsjahren zu erfolgen, in denen die Beschäftigten der Gemeinde durch ihre aktiven Arbeitsleistungen an der kommunalen Aufgabenerfüllung mitgewirkt haben.

Das Realisationsprinzip wird allerdings stellenweise durch das Imparitätsprinzip durchbrochen, welches nach § 91 Abs. 4 Satz 2 Nr. 3 GO (bzw. ähnlich in § 33 Abs. 1 Satz 2 Nr. 3 KomHVO) die Berücksichtigung von sämtlichen bis zum Abschlussstichtag entstandenen vorhersehbaren Risiken und Verlusten verlangt. Das Imparitätsprinzip macht insbesondere die Bildung von Drohverlustrückstellungen gem. § 36 Abs. 6 KomHVO notwendig. Daneben führt es zum bereits genannten Niederstwertprinzip gem. § 36 Abs. 6 und 8 KomHVO. Danach ist bei Vermögensgegenständen des Anlagevermögens eine außerplanmäßige Abschreibung auf einen niedrigeren Wert (als die fortgeführten Anschaffungs- oder Herstellungskosten) vorzunehmen, wenn eine voraussichtlich dauerhafte Wertminderung vorliegt (gemildertes Niederstwertprinzip). Beim Finanzanlagevermögen darf eine solche Abschreibung auch erfasst werden, wenn die Wertminderung nur vorübergehend ist. Beim Umlaufvermögen ist hingegen in jedem Fall eine Pflicht zur außerplanmäßigen Abschreibung auf den niedrigeren beizulegenden Wert am Bilanzstichtag vorzunehmen, unabhängig von der Dauer der Wertminderung (strenges Niederstwertprinzip).

Beispiel:
Die Gemeinde G unterhält für ihre Fahrzeuge eine eigene Tankstelle auf dem Betriebshof. Aufgrund eines sinkenden Dollarkurses sind die Preise für Benzin erheblich gesunken. Die Gemeinde G hat am Bilanzstichtag den niedrigeren Wert des Benzins zu berücksichtigen.

Gem. § 91 Abs. 4 Satz 2 Nr. 3 GO bzw. § 33 Abs. 1 Satz 2 Nr. 3 KomHVO sind bis zum Abschlussstichtag entstandene Risiken und Verluste im Rahmen der sog. „Wertaufhellung" auch dann zu berücksichtigen, wenn diese erst zwischen dem Abschlussstichtag und der Aufstellung des Jahresabschlusses bekanntgeworden sind.

Eine wirklichkeitsgetreue Bewertung spielt primär bei der Festlegung von Schätzgrößen eine Rolle. So liegt es z. B. bei Rückstellungen in der Natur der Sache, dass der voraussichtliche Erfüllungsbetrag nur aus einem Intervall möglicher Werte – der Bewertungsbandbreite – geschätzt werden kann. Auch bei unentgeltlichem Erwerb (z. B. in Form einer Sachschenkung) ist der Zeitwert, zu dem der Vermögensgegenstand zu aktivieren ist, regelmäßig zu schätzen. Das Wirklichkeitsprinzip verlangt hier jeweils den Ansatz des wahrscheinlichsten, am ehesten der Wirklichkeit entsprechenden Wertes. Unter Geltung des Vorsichtsprinzips ist hingegen ein Risikozuschlag bei der Bewertung von Schulden vorzunehmen gewesen, bei Vermögensgegenständen ein Risikoabschlag.[256]

10.2.4.4 Periodisierungsprinzip

Nach § 91 Abs. 4 Satz 2 Nr. 4 bzw. § 33 Abs. 1 Satz 2 Nr. 4 KomHVO sind im Haushaltsjahr die entstandenen Aufwendungen und erzielten Erträge unabhängig von den Zeitpunkten der entsprechenden Zahlung im Jahresabschluss zu berücksichtigen.[257]

256 Vgl. *Baetge/Kirsch/Thiele*, Bilanzen, 16. Aufl., Düsseldorf 2021, S. 139 f.
257 Das Periodisierungsprinzip wird im Kap. 21 ausführlich dargestellt.

10.2.4.5 Stetigkeit der Bewertungsmethode

Nach § 91 Abs. 4 Satz 2 Nr. 5 bzw. § 33 Abs. 1 Satz 2 Nr. 5 KomHVO sollen die auf den vorhergehenden Jahresabschluss angewandten Bewertungsmethoden beibehalten werden. Das bedeutet, dass die einmal im Rahmen der Abschreibungsplanung bei der Anschaffung oder Herstellung festgelegten Bewertungs- und Abschreibungsmethoden für jeden Vermögensgegenstand grundsätzlich bindend sind. Ein späterer Wechsel der festgelegten Methoden ist ohne besonderen Grund nicht zulässig. Die Stetigkeit der Bewertungsmethode gilt auch für die im kommunalen Rechnungswesen vorgesehene kommunale Abschreibungstabelle. So sieht § 36 Abs. 4 KomHVO vor, dass unter Berücksichtigung der tatsächlichen örtlichen Verhältnisse die Bestimmung der jeweiligen Nutzungsdauer so vorzunehmen ist, dass eine Stetigkeit für zukünftige Festlegungen von Abschreibungen gewährleistet wird. Diesbezüglich haben die Kommunen nach § 36 Abs. 4 letzter Satz KomHVO der Aufsichtsbehörde eine Übersicht über die örtlich festgelegten Nutzungsdauern der Vermögensgegenstände sowie ihrer späteren Änderungen auf Anforderung vorzulegen.

> ***Beispiel:***
> *In der kommunalen Abschreibungstabelle ist vorgesehen, Feuerwachen über 40 Jahre abzuschreiben. Aus ergebnisbezogenen Erwägungen soll im Jahre 2023 die Abschreibungsdauer auf 50 Jahre „gestreckt" werden. Ab 2025 soll wieder die Nutzung über 40 Jahre gelten. Grundsätzlich erfolgt im Rahmen der Abschreibungsplanung eine einmalige Festlegung der Nutzungsdauern. Ein einmaliger begründeter Wechsel im Rahmen einer besseren Abbildung des tatsächlichen Ressourcenverbrauchs wäre begründbar. Der nochmalige geplante Wechsel auf die ursprüngliche Abschreibungsdauer ist aus Gründen der Stetigkeit der Bewertungsmethode nicht zulässig.*

10.2.4.6 Vollständigkeit

Nach den Grundsätzen ordnungsmäßiger Buchführung sind im Rahmen der Bilanzierung grundsätzlich sämtliches Vermögen und sämtliche Schulden zu bilanzieren (§ 42 Abs. 3 KomHVO). Maßstab für die Vermögensbilanzierung ist, dass der Kommune das wirtschaftliche Eigentum zuzurechnen ist. Einschränkungen hinsichtlich des Vollständigkeitsgrundsatzes ergeben sich nur auf der Grundlage der Ausübung von eingeräumten Wahlrechten oder Bilanzierungsverboten (z. B. selbstgeschaffenes immaterielles Vermögen).

10.2.4.7 Saldierungsverbot

Nach § 42 Abs. 2 KomHVO sowie dem speziellen Regelungsinhalt des § 44 Abs. 5 KomHVO zu Zuwendungen und Beiträge für Investitionen dürfen die Werte der Vermögensgegenstände nicht mit erhaltenen Investitionsförderungen (aktivische Minderung), erhaltenen Beiträgen oder selbstständig zu bewertenden Schulden verrechnet werden.

10.3 Die Posten der kommunalen Bilanz

Die kommunale Bilanz unterscheidet sich von der handelsrechtlichen Bilanz insbesondere dadurch, dass neben der Vermögensart auch die kommunale Vermögensverwendung in ihren bedeutenden Bereichen abgebildet werden soll. Nachfolgend ist die Mindestgliederung der kommunalen Musterbilanz nach § 42 KomHVO dargestellt:[258]

AKTIVA *(Aufwendungen für Erweiterung des Geschäftsbetriebs)*	**PASSIVA**
0. Aufwendungen zur Erhaltung der gemeindlichen Leistungsfähigkeit	1. Eigenkapital
1. Anlagevermögen	1.1 Allgemeine Rücklage
1.1 Immaterielle Vermögensgegenstände	1.1 Sonderrücklagen
1.2 Sachanlagen	1.2 Ausgleichsrücklage
1.2.1 Unbebaute Grundstücke und grundstücksgleiche Rechte	1.3 Jahresüberschuss/Jahresfehlbetrag
1.2.1.1 Grünflächen	2. Sonderposten
1.2.1.2 Ackerland	2.1 für Zuwendungen
1.2.1.3 Wald, Forsten	2.1 für Beiträge
1.2.1.4 Sonstige unbebaute Grundstücke	2.2 für den Gebührenausgleich
1.2.2 Bebaute Grundstücke und grundstücksgleiche Rechte	2.3 Sonstige Sonderposten
1.2.2.1 Kinder- und Jugendeinrichtungen	3. Rückstellungen
1.2.2.2 Schulen	3.1 Pensionsrückstellungen
1.2.2.3 Wohnbauten	3.1 Rückstellungen für Deponien und Altlasten
1.2.2.4 Sonstige Dienst-, Geschäfts- und Betriebsgebäude	3.2 Instandhaltungsrückstellungen
1.2.3 Infrastrukturvermögen	3.3 Sonstige Rückstellungen
1.2.3.1 Grund und Boden des Infrastrukturvermögens	4. Verbindlichkeiten
1.2.3.2 Brücken und Tunnel	4.1 Anleihen
1.2.3.3 Gleisanlagen mit Streckenausrüstung und Sicherheitsanlagen	4.1.1 für Investitionen
1.2.3.4 Entwässerungs- und Abwasserbeseitigungsanlagen	4.1.2 zur Liquiditätssicherung
1.2.3.5 Straßennetz mit Wegen, Plätzen und Verkehrslenkungsanlagen	4.2 Verbindlichkeiten aus Krediten für Investitionen
1.2.3.6 Sonstige Bauten des Infrastrukturvermögens	4.2.1 von verbundenen Unternehmen
1.2.4 Bauten auf fremdem Grund und Boden	4.2.2 von Beteiligungen
1.2.5 Kunstgegenstände, Kulturdenkmäler	4.2.3 von Sondervermögen
1.2.6 Maschinen und technische Anlagen, Fahrzeuge	4.2.4 vom öffentlichen Bereich
1.2.7 Betriebs- und Geschäftsausstattung	4.2.5 von Kreditinstituten
1.2.8 Geleistete Anzahlungen, Anlagen im Bau	4.3 Verbindlichkeiten aus Krediten zur Liquiditätssicherung
1.3 Finanzanlagen	4.4 Verbindlichkeiten aus Vorgängen, die Kreditaufnahmen wirtschaftlich gleichkommen
	4.5 Verbindlichkeiten aus Lieferungen und Leistungen
	4.6 Verbindlichkeiten aus Transferleistungen
	4.7 Sonstige Verbindlichkeiten
	4.8 Erhaltene Anzahlungen
	5. Passive Rechnungsabgrenzung

258 Siehe Anlage 23 VV Muster zur GO und KomHVO.

1.3.1 Anteile an verbundenen Unternehmen 1.3.2 Beteiligungen	
1.3.3 Sondervermögen	
1.3.4 Wertpapiere des Anlagevermögens	
1.3.5 Ausleihungen	
1.3.5.1 an verbundene Unternehmen	
1.3.5.2 an Beteiligungen	
1.3.5.3 an Sondervermögen	
1.3.5.4 Sonstige Ausleihungen	
2. Umlaufvermögen	
2.1 Vorräte	
2.1.1 Roh-, Hilfs- und Betriebsstoffe, Waren	
2.1.2 Geleistete Anzahlungen	
2.2 Forderungen und sonstige Vermögensgegenstände	
2.2.1 Öffentlich-rechtliche Forderungen und Forderungen aus Transferleistungen	
2.2.2 Privatrechtliche Forderungen	
2.2.3 Sonstige Vermögensgegenstände	
2.3 Wertpapiere des Umlaufvermögens	
2.4 Liquide Mittel	
3. Aktive Rechnungsabgrenzung	
4. Nicht durch Eigenkapital gedeckter Fehlbetrag	

10.3.1 Aufwendungen zur Erhaltung der gemeindlichen Leistungsfähigkeit

Die Aufwendungen zur Erhaltung der gemeindlichen Leistungsfähigkeit stellen keinen Vermögensgegenstand dar, sondern eine Bilanzierungshilfe.

In der handelsrechtlichen Rechnungslegung existierte bis zum Inkrafttreten des Bilanzrechtsmodernisierungsgesetzes eine vergleichbare Bilanzposition „Aufwendungen für die Ingangsetzung und Erweiterung des Geschäftsbetriebes" (§ 269 HGB a. F.). Diese diente als Bilanzierungshilfe dazu, Aufwendungen insbesondere in Zusammenhang mit der Betriebsgründung über mehrere Perioden zu verteilen. Hierunter fielen beispielsweise Aufwendungen zur Errichtung von Produktionsstätten und zur Arbeitnehmerauswahl, sofern sie nicht selbst aktivierungsfähig waren. Indem die Aufwendungen als Bilanzierungshilfe aktiviert werden konnten und diese anschließend abgeschrieben wurde (§ 282 HGB a. F.), konnte eine sonst möglicherweise schnell eintretende bilanzielle Überschuldung in der Anfangsphase neuer Betriebe vermieden werden.

Der nordrhein-westfälische Gesetzgeber ist im Zuge der Corona-Pandemie sowie des Krieges gegen die Ukraine und der daraus jeweils folgenden finanziellen Belastungen für die Kommunen zu dem Schluss gekommen, dieses Grundprinzip auf die kommunale Haushaltswirtschaft zu übertragen. Nach § 5 Abs. 5 NKF-CUIG und § 33a Abs. 1 KomHVO sind in den Jahresabschlüssen der Haushaltsjahre 2020 bis 2023 die Haushaltsbelastungen in Folge der COVID 19-Pandemie[259]

259 Hierunter fallen bspw. erhöhte Personaleinsätze in Gesundheits- und Ordnungsämtern, Kosten für zusätzliche IT-Ausstattung in Schulen und ausbleibende Benutzungsgebühren in Folge der geringeren Inanspruchnahme öffentlicher Einrichtungen.

und zusätzlich für 2022 und 2023 diejenigen aus dem Ukraine-Krieg[260] als außerordentlicher Ertrag zu erfassen und gegen die Bilanzierungshilfe zu buchen. Der außerordentliche Ertrag kompensiert also die in der Buchführung regulär als Aufwand erfassten (oder sich als Mindererträge niederschlagenden) Mehrbelastungen.[261]

Die Bilanzierungshilfe ist ab dem Haushaltsjahr 2026 grundsätzlich linear über 50 Jahre abzuschreiben. Die in den Jahren 2020 bis 2023 erfassten Mehrbelastungen aus der Pandemie und für 2022 und 2023 aus dem Ukraine-Krieg werden dadurch im Ergebnis aus diesen vier Haushaltsjahren isoliert (d. h. sie belasten nicht das Jahresergebnis und erschweren damit nicht den Haushaltsausgleich) und stattdessen linear aufwandswirksam auf die bis zu 50 Haushaltsjahre ab 2026 verteilt; damit belasten sie anteilig das jeweilige Ergebnis dieser Jahre. Es erfolgt also eine Verschiebung der Lasten in spätere Haushaltsjahre, was unter dem Aspekt der Generationengerechtigkeit als kritisch zu bewerten ist. Sofern die Leistungsfähigkeit der Kommune dies zulässt, kann sie die Bilanzierungshilfe jederzeit nach eigenem Ermessen außerplanmäßig abschreiben (§ 6 Abs. 3 NKF-CUIG). Faktisch bedarf es dafür eines ausreichend großen Jahresüberschusses oder eines entsprechenden Puffers in Form einer Ausgleichsrücklage, damit trotz außerplanmäßiger Abschreibung der Haushaltsausgleich erreicht wird. Durch solche außerplanmäßigen Abschreibungen kann der Zeitraum von 50 Jahren, über den die Bilanzierungshilfe abgeschrieben wird, ggf. verkürzt werden.

Zudem steht den Kommunen das Wahlrecht zu, die Bilanzierungshilfe im Haushaltsjahr 2026 einmalig ganz oder teilweise aufzulösen. Dies stellt jedoch keine das Jahresergebnis belastende Abschreibung dar, da die Auflösung explizit erfolgsneutral gegen das Eigenkapital (in der Regel die allgemeine Rücklage) zu buchen ist (§ 6 Abs. 2 NKF-CUIG). Zulässig ist dies aber nur, wenn dadurch keine Überschuldung eintritt oder eine bestehende Überschuldung erhöht wird. Von vornherein auf eine Aktivierung der Bilanzierungshilfe zu verzichten, wenn die Jahresergebnisse der Haushaltsjahre 2020 bis 2023 dies ermöglichen, ist indes nicht zulässig – die Erfassung der Mehrbelastungen als außerordentlicher Ertrag und die damit verbundene Buchung gegen die Bilanzierungshilfe ist für alle Kommunen verpflichtend.

10.3.2 Anlagevermögen

10.3.2.1 Begriffe, allgemeine Grundlagen

10.3.2.1.1 Vermögensgegenstand

Das Haushaltsrecht orientiert sich am kaufmännischen Begriff des Vermögensgegenstandes, für den es keine gesetzliche Definition und auch keine einheitliche Begriffsbestimmung gibt. Einigkeit besteht hinsichtlich der folgenden Merkmale für die Bestimmung als Vermögensgegenstand:

a) Nur Güter mit einem wirtschaftlichen Wert stellen einen Vermögensgegenstand dar.
b) Nach den Grundsätzen ordnungsmäßiger Buchführung – Prinzip der Einzelerfassung bzw. -bewertung – müssen Vermögensgegenstände einzeln verwertbarsein.

260 Die Mehrbelastungen umfassen u. a. Kosten im Zusammenhang mit der Aufnahme und Unterbringung schutzsuchender Personen, erhebliche Mehraufwendungen für Energie für eigene Liegenschaften und erhöhte Transferaufwendungen im Rahmen der Übernahme der Kosten der Unterkunft und Heizung.

261 Ist eine gesonderte Erfassung der Mehrbelastungen nicht möglich, dürfen diese hilfsweise auch über eine Nebenrechnung bestimmt werden, siehe § 5 Abs. 3, 4 NKF-CUIG.

c) Es muss tatsächliche Verfügungsmacht ausgeübt werden können (wirtschaftliches Eigentum), d. h. dass die Möglichkeit besteht, Dritte auf Dauer von der Nutzung ausschließen zu können.

10.3.2.1.2 Wirtschaftliches Eigentum

Ein Vermögensgegenstand ist nach § 34 Abs. 1 KomHVO im Vermögensbestand der Aktivseite der Bilanz zu erfassen, wenn die Kommune wirtschaftlicher Eigentümer ist. Hiermit werden auch im Sinne der Abbildung des Ressourcenverbrauchs analog zum kaufmännischen Rechnungswesen die tatsächlichen wirtschaftlichen Verhältnisse zugrunde gelegt. Wirtschaftliches Eigentum liegt vor, wenn eine eigentumsähnliche wirtschaftliche Sachherrschaft über einen Vermögensgegenstand besteht, wodurch ermöglicht wird, Dritte auf Dauer von der Nutzung auszuschließen.

Der Übergang des wirtschaftlichen Eigentums ist durch den Übergang der Verfügungsmacht sowie von Gefahren und Lasten auf den Erwerber gekennzeichnet. Zumeist fallen rechtliches und wirtschaftliches Eigentum zusammen. Abweichungen können sich jedoch insbesondere bei Sicherungsübereignung, Eigentumsvorbehalt und Übereignung zu treuen Händen ergeben. Des Weiteren ergeben sich bei Leasing unterschiedliche Zuordnungskonstellationen (siehe Kap. 10.3.2.1.4).

Beispiel 1:
Zur Sicherung eines Arbeitnehmerdarlehens übereignet der Mitarbeiter der Kommune sein Pferd. Privatrechtlich gehört das Pferd der Kommune. Es verbleibt jedoch im Besitz des Mitarbeiters, der eine eigentumsähnliche Sachherrschaft (Nutzung, Pflege, Verfügungsgewalt) ausübt. Das wirtschaftliche Eigentum am Pferd liegt jedoch beim Arbeitnehmer und wird demnach nicht bei der Kommune aktiviert.

Beispiel 2:
Beim Erwerb von Büro- und Geschäftsausstattung liefert die beauftragte Firma unter Eigentumsvorbehalt. Zivilrechtlich gehört die Büro- und Geschäftsausstattung bis zur Bezahlung noch dem Verkäufer, ist jedoch schon mit Übergang von Gefahren und Lasten wirtschaftlich dem Käufer zuzurechnen. Aufgrund des wirtschaftlichen Eigentums ist der Erwerb mit der Lieferung bei der Kommune zu aktivieren.

Beispiel 3:
Die Stadt errichtet auf eigene Kosten auf einem gepachteten Grundstück ein Asylheim. Sie hat das Recht, das Gebäude jederzeit baulich zu verändern und wieder abzureißen. Sie trägt auch den Werteverzehr des Gebäudes. Nach § 94 BGB ist das Asylheim ein wesentlicher Bestandteil des Grundstücks, so dass es zivilrechtlich dem Grundstückseigentümer zuzuordnen ist. Wirtschaftlich übt die Kommune sämtliche eigentumsähnlichen Rechte aus, so dass sie wirtschaftlicher Eigentümer (Bilanzposten: Gebäude auf fremdem Grund und Boden) ist. Demnach hat eine Aktivierung in der kommunalen Bilanz zu erfolgen.

10.3.2.1.3 Selbstständige Verwertbarkeit

Die selbstständige Verwertbarkeit nach § 34 Abs. 1 KomHVO knüpft an die Schuldendeckungsfähigkeit an. Danach ist ein Vermögensgegenstand selbstständig verwertbar, wenn er ohne weitergehende Bearbeitung in seinem bestehenden Zustand durch Veräußerung, Belastung oder Nutzung gegenüber Dritten in Liquidität umgewandelt werden kann.

Nicht selbstständig verwertbare Gegenstände werden demnach den zugehörigen und für eine Verwertung notwendigen Bestandteilen zugeordnet.

Beispiel 1:
Die Drehleiter als Bestandteil eines Drehleiterfahrzeuges ist ohne Ausbau nicht zu verkaufen. Demnach wird das Drehleiterfahrzeug einschließlich der Drehleiter als ein Vermögensgegenstand erfasst.

Beispiel 2:
Anders ist dies bei der Beladung mit feuerwehrtechnischen Geräten bei einem Löschfahrzeug. Die einzelnen Geräte könnten ohne weitergehende Bearbeitung dem Fahrzeug entnommen und einzeln verkauft werden. Demnach sind die auf einem Löschfahrzeug befindlichen feuerwehrtechnischen Geräte einzeln als Vermögensgegenstände zu erfassen.

10.3.2.1.4 Leasing

In sämtlicher Literatur zum Leasing wird stets einleitend auf ein Grundsatzurteil des Bundesfinanzhofes (BFH) vom 26.1.1970 Bezug genommen, wonach die steuerrechtlich getroffenen Regelungen auch für den handelsrechtlichen Bereich gelten. Mangels alternativer Regelungen knüpft das Haushaltsrecht somit an die Regelungen des kaufmännischen Referenzmodells und somit in diesem Fall an die steuerrechtlichen Regelungen an.

Diese zentralen steuerrechtlichen Inhalte sind die drei folgenden Leasing-Erlasse, welche die Grundlage für die Zuordnung des geleasten Anlagevermögens bilden:

- BMF-Schreiben vom 19.4.1971 (BStBl. 1971 I S. 264) zur ertragssteuerlichen Behandlung von Leasing-Verträgen über bewegliche Wirtschaftsgüter (sog. „Mobilien-Erlass im Rahmen der Vollamortisation"),
- BMF-Schreiben vom 21.3.1972 (BStBl. 1972 I S. 188) zur ertragssteuerlichen Behandlung von Finanzierungs-Leasing-Verträgen über unbewegliche Wirtschaftsgüter (sog. „Immobilien-Erlass im Rahmen der Vollamortisation"),
- BMF-Schreiben vom 23.12.1991 (BStBl. 1992 I S. 13) zur ertragssteuerlichen Behandlung von sog. „Teilamortisations-Verträgen" beim Immobilien-Leasing (sog. „Teilamortisations-Erlass").

Folgende Arten der Vertragsgestaltung beim Leasing bestehen:

- *Operate-Leasing* – diese Verträge entsprechen rechtlich Mietverträgen, wobei dem Leasingnehmer bei Einhaltung gewisser Fristen auch ein Kündigungsrecht zugestanden wird;
- *Finanzierungs-Leasing* – nach der unkündbaren Grundmietzeit wird dem Leasingnehmer eine Verlängerungs- oder Kaufoption eingeräumt;
- *Sale-and-lease-back* – die Gemeinde veräußert einen Vermögensgegenstand und least ihn anschließend;[262]

262 Nach dem Runderlass des Innenministeriums vom 16.12.2014 – 34-48.05.01/02 – 8/14 –, Ziff. 5.3.2 ist dies gem. § 90 Abs. 3 GO nur dann zulässig, wenn die Nutzung des Vermögensgegenstandes zur Aufgabenerledigung der Gemeinde langfristig gesichert ist und die Aufgabenerledigung dadurch wirtschaftlicher wird. Die stetige Aufgabenerledigung ist in der Regel dann gesichert, wenn das Sale-and-lease-back-Geschäft zur Werterhaltung bzw. Wertsteigerung des Objekts bestimmt ist und der Gemeinde daran zur Aufgabenerfüllung ein langfristiges Nutzungsrecht sowie eine Rückkaufoption eingeräumt wird.

- *Cross-Border-Leasing* – aufgrund der früher vor allem in den USA gegebenen steuerlichen Möglichkeiten wurden Vermögensteile (z. B. Kanalsysteme und Kläranlagen, Gebäudekomplexe) langfristig an amerikanische Investoren vermietet und sofort zur gemeindlichen Nutzung zurückgeleast. Die Gemeinde verblieb nach deutschem Recht weiterhin Eigentümerin des Vermögens, sodass keine Veräußerung im Sinne von § 90 Abs. 3 Satz 1 GO vorlag.

Beim Operate-Leasing erfolgt die Bilanzierung immer beim Leasinggeber.

Die Bilanzierung beim Finanzierungsleasing erfolgt bei Leasingverträgen ohne Optionsrecht beim Leasinggeber, wenn die Grundmietzeit zwischen 40 % und 90 % der betriebsgewöhnlichen Nutzungsdauer des Leasingobjektes beträgt, ansonsten hat die Bilanzierung beim Leasingnehmer zu erfolgen. Bei Leasingverträgen mit Kaufoption knüpft die Bilanzierung beim Leasinggeber an zwei Bedingungen: Die Grundmietzeit muss zwischen 40 % und 90 % der betriebsgewöhnlichen Nutzungsdauer des Leasingobjektes liegen, und im Fall der Ausübung der Option darf der Kaufpreis weder den durch lineare Abschreibung ermittelten Buchwert noch den niedrigeren gemeinen Wert im Veräußerungszeitpunkt unterschreiten, andernfalls erfolgt die Bilanzierung beim Leasingnehmer. Bei Leasingverträgen mit Mietverlängerungsoption gelten grundsätzlich die gleichen Voraussetzungen, wobei jedoch anstelle der Höhe des Kaufpreises die Höhe der Anschlussmiete zu berücksichtigen ist.

10.3.2.1.5 Anlagevermögen

Zum Anlagevermögen gehören alle Vermögensgegenstände, die dazu bestimmt sind, von der Kommune dauerhaft im Rahmen ihrer Aufgabenerfüllung genutzt zu werden (§ 34 Abs. 1 S. 2 KomHVO). Merkmale für die Dauerhaftigkeit sind, dass der Vermögensgegenstand nicht zur Veräußerung bestimmt ist und seine Zweckbestimmung darin besteht, dass er dem Geschäftsbetrieb dauernd (mehrere Jahre) dienen soll. Das Anlagevermögen setzt sich zusammen aus

- immateriellem Anlagevermögen,
- Sachanlagevermögen und
- Finanzanlagevermögen.

10.3.2.1.6 Abgrenzung zum Umlaufvermögen

Zum Umlaufvermögen gehören alle Vermögensgegenstände, die nicht dazu bestimmt sind, dauerhaft dem Geschäftsbetrieb der Kommune zu dienen. Merkmale für die Nichtdauerhaftigkeit ist eine vorgesehene Zweckbestimmung durch die Kommune, die einen Verbrauch, Verkauf oder eine nur kurzfristige Nutzung vorsieht. Somit gehören Gegenstände bzw. Vorräte, die zur Weiterverarbeitung oder zum Verkauf bestimmt sind, nicht zum Anlagevermögen. Sofern Vermögensgegenstände des Anlagevermögens nach dem Bilanzierungswillen der Gemeinde konkret zur Veräußerung vorgesehen sind und nicht mehr dem Geschäftsbetrieb dienen, sind diese aus dem Anlagevermögen ins Umlaufvermögen umzubuchen.

> ***Beispiel 1:***
> *Eine bisher im Feuerwehrdienst befindliche Drehleiter wird außer Betrieb gesetzt und ist zur Veräußerung an eine andere interessierte Gemeinde vorgesehen. Die Drehleiter ist vom Anlagevermögen ins Umlaufvermögen umzubuchen.*

Beispiel 2:
Ein vom Liegenschaftsamt für Zwecke der langfristigen Bodenbevorratung angeschafftes Grundstück ist im Anlagevermögen zu führen. Erst durch eine geänderte Verwendungsabsicht und konkrete Verkaufsbemühungen wird eine Umbuchung vom Anlagevermögen ins Umlaufvermögen erforderlich.

10.3.2.1.7 Erhaltene Schenkungen von Anlagevermögen

Eine Ausnahme der Aktivierung der Anschaffungskosten für einen Vermögensgegenstand stellt eine Schenkung dar, die eine Aktivierung zu den sich tatsächlich ergebenden Anschaffungskosten (z. B. Transport, Versicherung, bei Grundstücken Grunderwerbssteuer, Notar- und Gerichtskosten) nicht zulässt. Im Rahmen des Bruttoprinzips ist dem Zeitwert des Vermögensgegenstandes (zuzüglich der Anschaffungsnebenkosten) ein Sonderposten in Höhe der Zuwendung gleichfalls anhand des Zeitwertes des Vermögensgegenstandes gegenüberzustellen.

Beispiel:
Die Gemeinde G erhält eine Grünanlage geschenkt. Der Wert beträgt nach einem vorliegenden Wertgutachten 500.000 €. Anschaffungs(neben)kosten sind für die Gemeinde G nicht angefallen. Nach dem „Bruttoprinzip" ist der Zeitwert des Vermögensgegenstandes in Höhe von 500.000 € zu aktivieren, ein gleichlautender Wert wird als Sonderposten passiviert.

10.3.2.2 Immaterielles Anlagevermögen

Immaterielle Vermögensgegenstände sind nichtstoffliche Vermögenswerte einer Kommune. Die breite Fächerung der unterschiedlichen Vermögenswerte und die Bedeutung im privatwirtschaftlichen Bereich (z. B. Konzessionen, gewerbliche Schutzrechte, Geschäfts- oder Firmenwerte) sind im kommunalen Bereich nicht gegeben. Dies dokumentiert auch die wesentlich tiefere Gliederung in der kaufmännischen Bilanz; die kommunale Bilanz beschränkt sich auf den pflichtigen Bilanzposten „immaterielle Vermögensgegenstände". Die meisten kommunalen Vermögenswerte dürften im Bereich der Lizenzen bzw. Nutzungsrechte liegen.

Lizenzen stellen Rechte dar, die einem Dritten zustehen, bei denen dieser jedoch der Kommune gegen Entgelt ein Nutzungsrecht auf Zeit oder auf Dauer einräumt. Denkbar ist jedoch auch, dass die Rechte gegen Entgelt auf die Kommune übertragen werden. Hauptsächlich dürfte das immaterielle Vermögen aus angeschaffter EDV-Software bestehen. Diese ist getrennt von den beweglichen Sachanlagen der EDV (Hardware) zu erfassen.

Um die Vermögenswerte des immateriellen Vermögens in der Buchhaltung konkret zu erfassen, sollte der Kontenplan in den Gemeinden eine Trennung in

- Konzessionen,
- Lizenzen,
- EDV-Software,
- Immaterielle Vermögensgegenstände aus geleisteten Zuwendungen mit einer mengenbezogenen Gegenleistungsverpflichtung entsprechend § 44 Abs. 2 KomHVO und
- geleistete Anzahlungen auf immaterielle Vermögensgegenstände

vorsehen. Ein eigenständiges Konto für geleistete Anzahlungen auf immaterielles Vermögen ist im Rahmen der Bewirtschaftung (Forderungs-/Verbindlichkeitenproblematik) grundsätzlich erforderlich. Hierbei sind unter den Anzahlungen auf immaterielle Vermögensgegenstände die von der Kommune an Dritte bereits geleisteten Vorauszahlungen für den Erwerb immaterieller Anlagen zu erfassen.

Rechte an abnutzbaren Trivialprogrammen, d. h. EDV-Programmen mit einem Anschaffungswert bis einschließlich 800 € zzgl. Umsatzsteuer, können gem. § 36 Abs. 3 KomHVO ebenfalls als geringwertige Vermögensgegenständen behandelt werden.

Grundstücksgleiche Rechte gehören zum unbeweglichen Anlagevermögen und somit nicht zu den immateriellen Rechten.

In der Bilanz sind nach § 44 Abs. 1 KomHVO nur die Aufwendungen für entgeltlich erworbene immaterielle Vermögensgegenstände zu erfassen. Für selbstgeschaffene immaterielle Vermögensgegenstände besteht ein Aktivierungsverbot. Entgeltlich ist ein Erwerb immer dann, wenn ein Leistungsaustausch (z. B. aufgrund Kauf- oder Tauschvertrag) zugrunde liegt.

10.3.2.3 Sachanlagevermögen

10.3.2.3.1 Begriff des Sachanlagevermögens

Im Gegensatz zu den immateriellen Vermögensgegenständen stellen Sachanlagen materielle Vermögensgegenstände dar. Das Sachanlagevermögen umfasst nach § 42 Abs. 3 KomHVO

- unbebaute Grundstücke und grundstücksgleiche Rechte – differenziert nach
  - Grünflächen,
  - Ackerland,
  - Wald, Forsten,
  - Sonstigen unbebauten Grundstücken,
- bebaute Grundstücke sowie grundstücksgleiche Rechte – differenziert nach
  - Kinder- und Jugendeinrichtungen,
  - Schulen,
  - Wohnbauten,
  - Sonstigen Dienst-, Geschäfts- und Betriebsgebäuden,
- Infrastrukturvermögen:
  - Grund und Boden des Infrastrukturvermögens,
  - Brücken und Tunnel,
  - Gleisanlagen mit Streckenausrüstung und Sicherheitsanlagen,
  - Entwässerungs- und Abwasserbeseitigungsanlagen,
  - Straßennetz einschließlich Wege, Plätze und Verkehrslenkungsanlagen,
  - Sonstige Bauten des Infrastrukturvermögens,
- Bauten auf fremden Grund und Boden, die nicht zu den bebauten Grundstücken und nicht zum Infrastrukturvermögen gehören,
- Kunstgegenstände, Kulturdenkmäler,
- Maschinen und technische Anlagen, Fahrzeuge,
- Betriebs- und Geschäftsausstattung,
- Geleistete Anzahlungen, Anlagen im Bau.

Die Vielzahl an Posten in der Bilanzstruktur des Sachanlagevermögens zeigt zum einen die Bedeutung dieses Vermögensbereiches, aber auch den Anspruch, mit den Bilanzposten die bedeutenden kommunalen Bereiche der Vermögensverwendung darzustellen.

Die Nutzungsdauer des Sachanlagevermögens kann zeitlich begrenzt sein, wenn es einer Abnutzung und somit einem wirtschaftlichen Verbrauch unterliegt (z. B. Gebäude, Grundstücksaufbauten, Fahrzeuge). Die Nutzungsdauer kann aber auch unbegrenzt sein (i. d. R. Grund und Boden). Daher ist es zur Ermittlung des Ressourcenverbrauchs aus Abschreibungen erforderlich, dass die abnutzbaren und nicht abnutzbaren Vermögensgegenstände wertmäßig getrennt voneinander abgebildet werden.[263]

Eine Besonderheit der kommunalen Bilanz ist es, dass der Grund und Boden außer beim Infrastrukturvermögen immer grundstücksbezogen, zusammen mit den Gebäuden bei bebauten Grundstücken und Grundstücksaufbauten bei unbebauten Grundstücken abgebildet wird. Beim Infrastrukturvermögen erfolgt ein eigenständiger Ausweis des Grunds und Bodens, weil eine bestehende teilweise Mehrfachnutzung des Grunds und Bodens zu Ansatz-, Ausweis- und Bewertungsproblemen bei der Bilanzierung führen würde.

Des Weiteren ist der Bereich des Sachanlagevermögens noch zu unterscheiden nach:

- Unbeweglichem Sachanlagevermögen und
- Beweglichem Sachanlagevermögen.

Diese Unterscheidung ist jedoch nur für die Anwendbarkeit der Gruppenbewertung nach § 29 Abs. 1 Nr. 3 KomHVO relevant.[264]

10.3.2.3.2 Abgrenzung unbewegliches und bewegliches Sachanlagevermögen

Eine notwendige Regelung hinsichtlich der Unterscheidung zwischen beweglichem und unbeweglichem Vermögen steht noch aus. In Anlehnung an § 68 des Bewertungsgesetzes (BewG) gehören zum unbeweglichen Sachanlagevermögen insbesondere

- die unbebauten Grundstücke (z. B. Grund und Boden und die Aufbauten),
- die bebauten Grundstücke (z. B. Grund und Boden und Gebäude),
- die grundstücksgleichen Rechte sowohl in bebauter als auch unbebauter Form:
  - Erbbaurechte
  - sowie auch Wohnungseigentumsrechte.

Des Weiteren stellen auch Kulturdenkmäler i. d. R. unbewegliches Vermögen dar, die in der kommunalen Bilanz mit Kunstgegenständen, die i. d. R. bewegliches Vermögen darstellen, in einem Bilanzposten gemeinsam auszuweisen sind.

Zum beweglichen Sachanlagevermögen gehören dagegen

- Kunstgegenstände,
- Fahrzeuge,
- Maschinen und technische Anlagen,
- Betriebs- und Geschäftsausstattung.

Unter den Bilanzposten des Infrastrukturvermögens werden bewegliches und unbewegliches Vermögen im gleichen Bilanzposten dargestellt, so dass eine diesbezügliche Trennung in unterschiedlichen Konten (der Anlagenbuchhaltung) sinnvoll ist.

---

263 Eine solche Trennung erfolgt i. d. R. in einer Anlagenbuchhaltung (Nebenbuchhaltung).

264 Im kaufmännischen Rechnungswesen der Privatwirtschaft beschränkt sich die Anwendung der Regelung zu geringwertigen Vermögensgegenständen (dort: Geringwertige Wirtschaftsgüter) auf das bewegliche Sachanlagevermögen.

Eine Besonderheit stellen im privatwirtschaftlichen bzw. steuerrechtlichen Bereich die sonstigen Vorrichtungen aller Art dar, die zu einer Betriebsanlage gehören (Betriebsvorrichtungen), welche dort per gesetzlicher Definition bewegliches Vermögen darstellen, obwohl es sich tatsächlich um unbewegliches Sachanlagevermögen handelt.

Der Ausweis der Betriebsvorrichtungen erfolgt grundsätzlich in der zugehörigen Vermögensart.[265] Ein getrennter bilanzieller Ausweis vom zugehörigen Vermögensgegenstand hat nur zu erfolgen, sofern es sich bei der Betriebsvorrichtung um eine Maschine oder technische Anlage handelt.

Unabhängig von einem gemeinsamen Bilanzausweis einer Betriebsvorrichtung mit dem zugehörigen Vermögensgegenstand hat jedoch eine eigenständige Abbildung des Vermögensgegenstandes „Betriebsvorrichtung“ hinsichtlich der Festlegung der Abschreibungsplanung zu erfolgen. Die Abschreibungsplanung des zugehörigen Vermögensgegenstandes hat für die Abschreibungsplanung der Betriebsvorrichtung keine Bedeutung.

Beispiel 1:
Der Lastenaufzug in einem Verwaltungsgebäude wird losgelöst vom zugehörigen Vermögensgegenstand Verwaltungsgebäude im Posten „Maschinen und technische Anlagen“ ausgewiesen.

Beispiel 2:
In einem Verwaltungsgebäude ist eine Tresorraumanlage untergebracht. Deren Stahltüren und Stahlkammern sind Betriebsvorrichtungen. Sie stellen weder eine Maschine noch eine technische Anlage dar. Diese Betriebsvorrichtungen werden daher mit dem Verwaltungsgebäude gemeinsam in der Bilanz unter dem Posten „Sonstige Dienst-, Geschäfts- und andere Betriebsgebäude“ ausgewiesen. Die Abschreibungsplanung für die Stahltüren und Stahlkammern erfolgt eigenständig, losgelöst von den diesbezüglichen Festlegungen für das zugehörige Verwaltungsgebäude.

10.3.2.3.3 Unbewegliches Sachanlagevermögen

a) Grundstücksbegriff

Der kommunale Grundstücksbegriff lehnt sich an § 70 BewG an, wonach die wirtschaftliche Einheit des unbeweglichen Sachanlagevermögens (Grund und Boden, Gebäude oder Aufbauten) ein Grundstück bildet. Hiernach können mehrere grundbuchrechtlich abgebildete Einzelgrundstücke oder Flurstücke ein Grundstück darstellen. Denkbar ist aber auch, dass nur ein Teil eines Flurstücks ein Grundstück in der maßgeblichen Form einer wirtschaftlichen Einheit darstellt.

Beispiel:
Die Gemeinde G erwirbt ein Flurstück, auf dem eine Schule und ein Kindergarten errichtet werden. Die Schule und der Kindergarten stellen eigene wirtschaftliche Einheiten dar, sie sind auch in der Bilanz getrennt voneinander auszuweisen. Der Grund und Boden des Flurstücks wird entsprechend der Nutzung teilweise den wirtschaftlichen Einheiten „Schule“ und „Kindergarten“ zugeordnet, obwohl es grundbuchrechtlich weiterhin ein Flurstück darstellt.

265 Vgl. hierzu Modellprojekt „Doppischer Kommunalhaushalt in NRW“ (Hrsg.), Neues Kommunales Finanzmanagement: Betriebswirtschaftliche Grundlagen für das doppische Haushaltsrecht, 2., vollst. überarb. Auf. auf der Basis der Endergebnisse des Modellprojektes, Freiburg 2003, S. 408.

Als Grundstück im Sinne des § 70 BewG zählt auch ein Gebäude, das auf fremdem Grund und Boden errichtet oder in sonstigen Fällen einem anderen als dem Eigentümer des Grunds und Bodens zuzurechnen ist, selbst wenn es wesentlicher Bestandteil des Grunds und Bodens geworden ist. Hierauf basierend ist ein eigener Bilanzposten „Bauten auf fremdem Grund und Boden" in die Bilanz aufgenommen worden, da es eine eigenständige wirtschaftliche Einheit bildet.

Beispiel:
Die Gemeinde G ist wirtschaftlicher Eigentümer eines Asylheims auf einem gepachteten Grundstück. Sie hat das Recht, das Gebäude jederzeit baulich zu verändern und wieder abzureißen. Sie trägt auch den Werteverzehr des Gebäudes. Nach § 94 BGB ist das Asylheim ein wesentlicher Bestandteil des Grund und Bodens. Nach Haushaltsrecht bilanziert der Eigentümer des Grund und Bodens diesen als Grundstück in seiner Bilanz, während die Gemeinde G das Gebäude als Grundstück im Sinne des Bewertungsrechts im Bilanzposten „Bauten auf fremdem Grund und Boden" in ihrer Bilanz ausweist.

Trotz des an der wirtschaftlichen Einheit anknüpfenden Grundstücksbegriffs und des einheitlichen Bilanzausweises für Zwecke der Abbildung des Ressourcenverbrauchs ist der Grund und Boden von zugehörigen aufstehenden Gebäuden, Außenanlagen oder sonstigen Aufbauten aufgrund unterschiedlicher zeitlicher Nutzung in einer Anlagenbuchhaltung getrennt zu erfassen. Gegebenenfalls ist eine Aufteilung der Anschaffungs- oder Herstellungskosten vorzunehmen.

Der Grund und Boden ist nach seiner wirtschaftlichen Nutzung zu unterteilen in:

- unbebauten Grund und Boden,
- bebauten Grund und Boden,
- Grund und Boden des Infrastrukturvermögens

b) Grundstücksgleiche Rechte

„Grundstücksgleiche Rechte" bezeichnen dingliche Rechte, die aufgrund einer eigenständigen grundbuchrechtlichen Eintragung wie Grundstücke zu behandeln sind. Die gebräuchlichsten Beispiele für grundstücksgleiche Rechte sind Erbbau-, Abbau-, Wege- sowie Wohnungseigentumsrechte. In der kommunalen Bilanz stehen grundstücksgleiche Rechte den Grundstücksrechten gleich und werden somit in gemeinsamen Posten entsprechend der Nutzung der Grundstücke ausgewiesen.

c) Unbebaute Grundstücke

Vielfach ergibt sich die Frage, ob es sich um ein bebautes oder unbebautes Grundstück handelt. Der Begriff des unbebauten Grundstücks wird in § 72 BewG definiert. Hiernach sind Grundstücke, auf denen sich keine benutzbaren Gebäude befinden, unbebaute Grundstücke. Die Benutzbarkeit beginnt im Zeitpunkt der Bezugsfertigkeit.

Sofern sich auf einem Grundstück Gebäude befinden, deren Zweckbestimmung und Wert gegenüber der Zweckbestimmung und dem Wert des Grunds und Bodens von untergeordneter Bedeutung sind, gilt das Grundstück als unbebaut.

Beispiel:
Der Friedhof der Gemeinde G besteht überwiegend aus Grabstätten und parkähnlichen Anlagen. Für Trauerfeiern und Aufbewahrung befindet sich außerdem ein Gebäude auf dem Friedhof. Zweckbestimmung und Wert des unbebauten Teils überwiegen gegenüber dem Gebäude. Der kommunale Friedhof der Gemeinde G stellt daher ein unbebautes Grundstück dar.

Des Weiteren gilt ein Grundstück auch als unbebautes Grundstück, soweit sich infolge von Zerstörung oder Verfall in dem Gebäude auf Dauer kein benutzbarer Raum mehr befindet.

Beispiel:
Für das historische Rathaus wird aufgrund von unterlassener Instandhaltung und Mängeln an den tragenden Bauteilen eine baupolizeiliche Anordnung zur Räumung des Grundstücks erlassen. Diese Sachlage bedingt, dass aus einem bebauten Grundstück ein unbebautes Grundstück wird.

d) Gebäudebegriff

Zum Gebäudebegriff wurde ein gleichlautender Erlass[266] der obersten Finanzbehörden der Länder hinsichtlich der Gebäudedefinition herausgegeben. Die Definition zum Gebäudebegriff lautet dort wie folgt:

„Ein Bauwerk ist als Gebäude anzusehen, wenn es Menschen oder Sachen durch räumliche Umschließung Schutz gegen Witterungseinflüsse gewährt, den Aufenthalt von Menschen gestattet, fest mit dem Grund und Boden verbunden, von einiger Beständigkeit und ausreichend standfest ist."

Beispiel:
Unterkünfte für Tiere, in denen Menschen sich nur vorübergehend aufhalten können, sind entsprechend der Gebäudedefinition kein Gebäude (z. B. große Käfige). Sie dienen unmittelbar dem Betriebszweck des Zoos und stellen daher Betriebsvorrichtungen dar. Hiervon zu unterscheiden sind die durch ihre bauliche Anlagestruktur als Besuchsbereiche ausgestaltete bauliche Objekte, in denen die Unterkünfte von Tieren (Raubtierhaus, Tropenhaus) abgegrenzt werden und eher einen Nebenzweck bilden.

10.3.2.3.3.1 Unbebaute Grundstücke und grundstücksgleiche Rechte

Die Strukturierung der Nutzungsarten der unbebauten Grundstücke und grundstücksgleichen Rechte orientiert sich an dem Baugesetzbuch und der kommunalen Vermögensstruktur. Das Baugesetzbuch unterscheidet in § 5 unterschiedliche Inhalte des Flächennutzungsplanes. Hieraus wurde die Unterscheidung in

- Grünflächen,
- Ackerland,
- Wald, Forsten,
- sonstige unbebaute Grundstücke (als Sammelposten der weiteren unbebauten Grundstücke)

abgeleitet.

a) Grünflächen

Unter dem Bilanzposten „Grünflächen" werden Parkanlagen, Dauerkleingärten, Sport-, Spiel- und Badeplätze, Friedhöfe, sowie Wasser- und Naturschutzflächen ausgewiesen. Die Bilanzierung von Grünflächen kann nach dem Grundsatz der Einzelbewertung, aber auch nach den Vereinfachungsverfahren „Gruppenbewertung" oder einer Festwertbildung erfolgen. Es empfiehlt sich nach Möglichkeit eine pauschalierte Festwertbildung, da bei dieser Durchschnittswerte

266 Eine ausführliche Darstellung zu den einzelnen Elementen der Gebäudedefinition kann im BStBl. I 1992 Nr. 10, S. 342 ff. nachgelesen werden.

für die Bildung des Festwertes genutzt werden können und somit keine Einzelbewertungen der unterschiedlichen Vermögensgegenstände einer Grünanlage erforderlich sind.

b) Ackerland

Unter dem Bilanzposten „Ackerland" sind die landwirtschaftlich genutzten Flächen der Kommunen auszuweisen. Die Regelungstexte sowie insbesondere die Erläuterungen der Dokumentation des Modellprojektes[267] sind hinsichtlich der unterschiedlichen Bereiche an landwirtschaftlichen Flächen unpräzise und lassen offen, welche landwirtschaftlichen Flächen – zu diesen zählen auch Gebäude-, Hof-, oder Wegeflächen – unter diesem Posten zu berücksichtigen sind. Aufgrund der weiteren Ausführungen in der Dokumentation des Modellprojektes müssen die landwirtschaftlich genutzten Flächen gemeint sein. Hierzu zählen Anbauflächen für Feldfrüchte oder Sonderkulturen (Tabak, Wein oder Hopfen) sowie Weideflächen.

Wesentliche Wohn- oder Betriebsgebäude (Stallungen, Lager) auf landwirtschaftlichen Flächen sind als eigenständig anzusehen und unter den bebauten Bilanzposten auszuweisen.

c) Wald und Forsten

Zu den forstwirtschaftlichen Flächen und zum Wald gehört das im kommunalen Besitz befindliche Wald- und Forstvermögen (z. B. Stadtwald). Für dieses wird nach § 29 Abs. 1 Nr. 1, 2 KomHVO die Möglichkeit einer Festwertbildung eingeräumt. Auf der Grundlage der Eröffnungsbilanzierung erfolgt eine Fortschreibung des Wald- und Forstvermögens. Die Festwertüberprüfung mittels Inventur erfolgt abweichend von der grundsätzlichen Regelung von fünf Jahren im Rhythmus von zehn Jahren, da im Wechsel von zehn Jahren eine Revision des Bestandes und eine Neuberechnung des Forsteinrichtungswerkes erfolgt.

d) Sonstige unbebaute Grundstücke

Der Bilanzposten „Sonstige unbebaute Grundstücke" stellt eine Sammelposition für die anderen nicht unter a) bis c) genannten Grundstücke dar. Beispielsweise sind hier unbebaute Gewerbegrundstücke oder zur Bebauung vorgesehene Grundstücke auszuweisen.

Hervorzuheben ist bei diesem Posten der Ausweis von Grundstücken, bei denen die Kommune Erbbaurechtsgeber ist und verschiedene Erbbaurechtsnehmer dort ein Eigenheim errichtet haben. Insgesamt betrachtet handelt es sich zwar um ein bebautes Grundstück, das wirtschaftliche Eigentum des Gebäudes liegt jedoch beim Erbbaurechtsnehmer. Die Kommune ist letztlich nur wirtschaftlicher Eigentümer des Grund und Bodens. Sollte dem Sachverhalt innerhalb des Bilanzausweises absolut Rechnung getragen werden, so müsste ein aussagekräftiger Bilanzposten „Grund und Boden mit einem fremden Gebäude" lauten. Darauf wurde jedoch verzichtet.

Aufgrund der kommunalen Bilanzstruktur, bei der Grund und Boden und Gebäude sowie Aufbauten in einem gemeinsamen Bilanzposten abgebildet werden, stellt der Grund und Boden eines Erbbaurechtsgrundstücks hinsichtlich der wirtschaftlichen Nutzbarkeit nur ein unbebautes Grundstück dar; Abschreibungen auf das Gebäude fallen bei der Kommune nicht an. Ein Ausweis als unbebautes Grundstück ist daher naheliegender als ein Ausweis als bebautes Grundstück.

Soweit die Erbbaurechtsgrundstücke einen wesentlichen Wert innerhalb dieses Bilanzpostens darstellen, kann ein Davon-Ausweis innerhalb dieses Bilanzpostens erfolgen. Alternativ kann auch der Sachverhalt im Anhang zum Bilanzposten „Sonstige unbebaute Grundstücke" erläutert werden.

267 Modellprojekt „Doppischer Kommunalhaushalt in NRW" (Hrsg.), Neues Kommunales Finanzmanagement: Betriebswirtschaftliche Grundlagen für das doppische Haushaltsrecht, 2., vollst. überarb. Aufl. auf der Basis der Endergebnisse des Modellprojektes, Freiburg 2003, S. 413.

Beispiel:
Der Bilanzposten „Sonstige unbebaute Grundstücke" weist 2 Mio. € aus. Davon sind 1,5 Mio. hingegebenen Erbbaurechtsgrundstücken zuzurechnen. Der Bilanzposten mittels „Davon-Ausweis" sieht dann wie folgt aus:

Sonstige unbebaute Grundstücke	*2.000.000 €*
– davon hingegebene Erbbaurechte	*1.500.000 €*

Eine Besonderheit bei der Hingabe kommunaler Erbbaurechtsverhältnisse kann darin bestehen, dass dem Erbbaurechtsnehmer ein Kaufrecht an dem Grundstück eingeräumt wird. Dieses Kaufrecht kann mit einer Kaufpreisreduzierung aufgrund familiärer Verhältnisse oder orientiert an Einkommensgrenzen ausgestattet sein. Die eingeräumte Kaufpreisreduzierung wirkt sich nicht auf die Aktivierung des Vermögenswertes des Grundstücks aus. Vielmehr ist eine „Sonstige Rückstellung" über den voraussichtlichen Reduzierungsbetrag zu passivieren. Nimmt der Erbbauberechtigte sein Kaufrecht mit einer Kaufpreisreduzierung wahr, kompensiert die Rückstellung den Verlust aus der Veräußerung des Grundstücks unter dem Buchwert.

10.3.2.3.3.2 Bebaute Grundstücke und grundstücksgleiche Rechte

Die Strukturierung der Nutzungsarten der bebauten Grundstücke und grundstücksgleichen Rechte orientiert sich an der kommunalen Vermögensstruktur. § 42 Abs. 3 KomHVO stellt die Mindestgliederung der Aktivseite der kommunalen Bilanz dar. Abweichend hiervon können die Kommunen bestehende bedeutende, aber nicht berücksichtigte Bereiche in der Mindestgliederung als Bilanzposten ergänzen. Sind dagegen Vermögenswerte für einen bestehenden Bilanzposten nicht vorhanden, so kann dessen Ausweis unterbleiben.

Die kommunale Bilanz unterscheidet bei den bebauten Grundstücken:

- Kinder- und Jugendeinrichtungen,
- Schulen,
- Wohnbauten,
- sonstige Dienst-, Geschäfts- und Betriebsgebäude (als Sammelposten der weiteren bebauten Grundstücke).

a) Kinder- und Jugendeinrichtungen

Unter diesem Bilanzposten sind sämtliche bebaute Grundstücke mit Kinder- und Jugendeinrichtungen auszuweisen. Hierzu zählen Kindergärten, Kindertagesstätten, Jugendfreizeiteinrichtungen sowie Sondereinrichtungen wie beispielsweise Heime für Heil- und Sonderpädagogik oder Beratungs- und Betreuungsstellen für Kinder und Jugendliche.

b) Schulen

Unter diesem Bilanzposten sind die Grundstücke auszuweisen, auf denen eine Nutzung mit sämtlichen Schulformen stattfindet. Dies sind Grund-, Haupt- und Realschulen, Gymnasien, Gesamtschulen, Berufsschulen und sämtliche sonderpädagogischen Schuleinrichtungen.

c) Wohnbauten

Aufgrund des weitgehenden gewählten Begriffs „Wohnbauten" sind unter diesem Bilanzposten sämtliche Grundstücke auszuweisen, die dem Nutzungszweck „Wohnen" dienen. Hierzu zählen neben den üblichen Mietwohngebäuden auch Übernachtungsstätten für Obdachlose, Asylunterkünfte und Übergangswohngebäude für von Obdachlosigkeit Bedrohte.

d) Sonstige Dienst-, Geschäfts- und Betriebsgebäude

Dieser Bilanzposten dient als Sammelposten für sämtliche weitere im kommunalen Eigentum befindliche bebaute Grundstücke. Dies sind beispielsweise Grundstücke mit Verwaltungsgebäuden, Rathäusern, kommunalen Instituten, Feuerwachen, Theater oder Kulturhäuser sowie bebaute Gewerbegrundstücke.

10.3.2.3.3.3 Infrastrukturvermögen

Unter dem „Infrastrukturvermögen" sind haushaltsrechtlich die öffentlichen Einrichtungen zu verstehen, die im engeren Sinne eine Grundvoraussetzung für das Leben in einer Kommune bilden. Der Bilanzausweis unter diesem Posten umfasst daher nur Verkehrs- sowie Ver- und Entsorgungseinrichtungen.

Die kommunale Bilanz unterscheidet bei Infrastrukturvermögen:

- Grund und Boden des Infrastrukturvermögens,
- Brücken und Tunnel,
- Gleisanlagen mit Streckenausrüstung und Sicherheitsanlagen,
- Entwässerungs- und Abwasserbeseitigungsanlagen,
- Straßennetz einschließlich Wege, Plätze und Verkehrslenkungsanlagen,
- Sonstige Bauten des Infrastrukturvermögens.

a) Grund und Boden des Infrastrukturvermögens

Grund und Boden des Infrastrukturvermögens ist ein Sammel- bzw. Querschnittsposten sämtlichen Grund und Bodens der zum Infrastrukturvermögen gehörenden Bilanzposten. Dies begründet sich in der teilweisen Mehrfachnutzung des Grund und Bodens. Eine postengenaue Zuordnung würde zu Ansatz-, Ausweis- und Bewertungsproblemen in der Bilanz führen.

> ***Beispiel:***
> *Auf einer Straße befindet sich noch Schienenverkehr, unterhalb der Erdoberfläche verlaufen eine U-Bahn-Linie und Kanalisationsanlagen. Hier würde die Zuordnung des Grund und Bodens zur einzelnen Nutzung zu erheblichen Problemen im Bilanzausweis führen.*

Bei einer voraussichtlich dauernden Wertminderung von Grund und Boden durch die Anschaffung oder Herstellung von Infrastrukturvermögen können nach § 36 Abs. 7 KomHVO außerplanmäßige Abschreibungen bis zur Inbetriebnahme der Vermögensgegenstände linear auf den Zeitraum verteilt werden, in denen der Vermögensgegenstand angeschafft oder hergestellt wird. Die außerplanmäßige Abschreibung ist im Anhang zur Bilanz zu erläutern.

b) Brücken und Tunnel

Zum Bilanzposten „Brücken und Tunnel" gehören beispielsweise die Brücken und Tunnel für die Nutzung von Fußgängern, Eisenbahnen oder Straßen. Die Abwasserröhren der Stadtentwässerung stellen keine Tunnel dar und sind unter dem Bilanzposten „Entwässerungs- und Abwasserbeseitigungsanlagen" auszuweisen.

c) Gleisanlagen mit Streckenausrüstung und Sicherheitsanlagen

Das wirtschaftliche Eigentum der Vermögensgegenstände dieses Bilanzpostens (ausgenommen Grund und Boden) liegt in der Regel bei kommunalen Gesellschaften. Sofern das wirtschaftliche Eigentum für diesen Bilanzposten zum Bilanzstichtag bei der Kommune liegt, hat sie dieses Vermögen in der kommunalen Bilanz auszuweisen. Zu diesem Bilanzposten gehören das Streckennetz sowie sämtliche dessen Betrieb unmittelbar dienenden Anlagen der Streckenausrüstung und Sicherheitsanlagen.

Zu den Gleisanlagen gehören die Gleiskörper und die Weichen. Den Gleiskörper umfassen Schienenstränge, Schwellen, Schotter, Schallschutz, und sonstige Materialien, die zur Nutzung der Gleisanlagen notwendig sind. Zur Streckenausrüstung gehören beispielsweise die Fahrleitungen sowie die Stromversorgungsanlagen einschließlich deren Zwecken dienliche Zusatzkomponenten.

Zu den Sicherheitsanlagen gehören neben den Signal-, Brandmelde- und Funkanlagen sämtliche Zugsicherungsanlagen, die beispielsweise Fahrwege einstellen und sichern, den Führern von Schienenfahrzeugen Anweisungen über die Fahrweise übermitteln und die Fahrweise des Schienenfahrzeugs technisch überwachen und bei gefährdenden Abweichungen beeinflussen.

d) Entwässerungs- und Abwasserbeseitigungsanlagen

Zum Bilanzposten „Entwässerungs- und Abwasserbeseitigungsanlagen" gehören die Kläranlagen und Sonderbauwerke des Abwasserbereiches, die anderen baulichen Teile der Abwasserbeseitigung (z. B. ober- und unterirdisch verlegten Abwasserkanalsysteme zur Aufnahme des Abwassers und Niederschlagswassers) sowie die maschinellen Teile des Kanalnetzes. Diese sind entsprechend der gebührenrechtlichen Anlagenstrukturierung nach Systemkomponenten aufzugliedern.

e) Straßennetz einschl. Wege, Plätze und Verkehrslenkungsanlagen

Zu diesem Bilanzposten gehören bauliche Anlagen der öffentlichen Wegeflächen, deren Nutzung für den öffentlichen Verkehr von Fahrzeugen und Fußgängern errichtet werden. Die Dokumentation des Modellprojektes[268] weist im Rahmen der Eröffnungsbilanzierung ausdrücklich darauf hin, dass orientiert an den kommunalen Unterhaltungs- und Bewirtschaftungsmaßstäben die Systemkomponenten „Straße" oder sogar einzelne Straßenabschnitte – z. B. nach definierten Knotenpunkten – den einzelnen Vermögensgegenstand darstellen sollen. Ein Sammelansatz mit Gruppenbewertung ist somit im Rahmen der Eröffnungsbilanzierung als auch bei den Folgebilanzierungen unzulässig.

Sämtliche zur Verkehrsführung und -steuerung eingesetzte Einrichtungen stellen Verkehrslenkungsanlagen dar. Dies sind beispielsweise Schilder, Ampeln und Parkleitsysteme einschließlich aller Betriebskomponenten.

f) Sonstige Bauten des Infrastrukturvermögens

Dieser Bilanzposten dient als Sammelposten für sämtliche weitere im kommunalen Eigentum stehende Bauten des Infrastrukturvermögens. Hierzu gehören beispielsweise Rückhaltebecken für Regenwasser.

10.3.2.3.3.4 Bauten auf fremden Grund und Boden

Diesem Bilanzposten sind die Vermögensgegenstände zuzuordnen, die sich auf fremdem Grund und Boden befinden. Das bestehende Rechtsverhältnis zwischen dem Eigentümer des Grund und Bodens und der Kommune als Eigentümer der aufstehenden Bauten ist dadurch gekennzeichnet, dass nicht wie bei den grundstücksgleichen Rechten ein dingliches Recht durch Grundbuch-

268 Modellprojekt „Doppischer Kommunalhaushalt in NRW" (Hrsg.), Neues Kommunales Finanzmanagement: Betriebswirtschaftliche Grundlagen für das doppische Haushaltsrecht, 2., vollst. überarb. Aufl. auf der Basis der Endergebnisse des Modellprojektes, Freiburg 2003, S. 424.

eintragung besteht, sondern das Rechtsverhältnis für die aufstehenden Bauten mittels Vertrag geregelt ist. Insbesondere bei technischen Betriebsvorrichtungen, wie Trafo- oder Druckreglerstationen, wird dieses vertragliche Verfahren angewandt, um sich hierdurch das aufwendigere Verfahren einer dinglichen Sicherung mittels Grundbucheintragung zu ersparen.

> ***Beispiel:***
> *Aufgrund von zahlreichen Schulbausanierungen ist es erforderlich, für einen Übergangszeitraum für die Aufrechterhaltung des Schulbetriebs Pavillons zu nutzen. Diese werden von der Gemeinde G auf fremdem Grund und Boden, der für diesen Zweck zeitlich begrenzt gepachtet wurde, aufgestellt. Sämtliche Rechte an den Schulpavillons liegen bei der Kommune, das Rechtsverhältnis der Nutzung als gepachtetes Schulgrundstück wurde mittels Vertrag geregelt.*

10.3.2.3.4 Bewegliches Sachanlagevermögen, weitere Posten des Sachanlagevermögens

Die kommunale Bilanz untergliedert das bewegliche Sachanlagevermögen in folgende Posten:

- Kunstgegenstände,
- Maschinen und technische Anlagen, Fahrzeuge,
- Betriebs- und Geschäftsausstattung.

Die Kunstgegenstände werden mit Kulturdenkmälern, die in der Regel kein bewegliches Vermögen darstellen, in einem Bilanzposten zusammengefasst. Ein weiterer Posten des Sachanlagevermögens stellen geleistete Anzahlungen und Anlagen im Bau dar.

a) Geringwertige Vermögensgegenstände[269]

Nach § 36 Abs. 3 KomHVO können – alternativ zur Aktivierung und bilanziellen Abschreibung über die Nutzungsdauer – Vermögensgegenstände bei einem Wert bis zu 800 € ohne Umsatzsteuer wahlweise auch unmittelbar als Aufwand gebucht werden. Ggf. ist bei einem Gesamtpreis inklusive Umsatzsteuer zur Beurteilung der Anwendbarkeit die Umsatzsteuer herauszurechnen.

Bei Inanspruchnahme dieses Wahlrechts erfolgt im Rahmen der unmittelbaren Aufwandsdarstellung keinerlei Bilanzierung der Vermögensgegenstände. Bei einer fehlenden Bilanzierung kann wiederum keine Investition vorliegen; dies hat somit Auswirkungen auf die Darstellung der Auszahlungsart in der Finanzrechnung. Nach § 36 Abs. 3 Satz 2 KomHVO ist bei Wahrnehmung des Wahlrechts die Auszahlung der laufenden Verwaltungstätigkeit zuzuordnen.

Letztlich entscheidet also die Gemeinde durch eine Festlegung zur Inanspruchnahme dieses Wahlrechts, ob eine investive Auszahlung bei bilanzieller Abschreibung oder eine konsumtive Auszahlung bei unmittelbarer Abbildung als Aufwand zu planen ist.

Voraussetzung für die Anwendung des Wahlrechts ist, dass es sich bei den Vermögensgegenständen

- um Anlagevermögen handelt,
- die Vermögensgegenstände einer Abnutzung unterliegen (Nutzbarkeit des Vermögensgegenstandes ist zeitlich begrenzt),

269 Für private Unternehmen bestehen nach § 6 Abs. 2 und 2a EStG für geringwertige Wirtschaftsgüter entgegen den Regelungen der KomHVO erhebliche Abweichungen hinsichtlich der Wertgrenzen und der Bilanzierung (vgl. Kap. 10.2.2.1).

- ihre Anschaffungs- oder Herstellungskosten 800 € ohne Umsatzsteuer nicht übersteigen und
- sie selbstständig genutzt werden können.

Entfaltet der Vermögensgegenstand nach seiner Zweckbestimmung nur zusammen mit anderen Vermögensgegenständen seine Funktionalität, besteht keine selbständige Nutzbarkeit. Die Anwendbarkeit dieses Vereinfachungsverfahrens ist dann nicht gegeben.

> ***Beispiel:***
> *Der kommunale Fuhrpark rüstet Dezernentenfahrzeuge mit Pkw-Sonderzubehör nach. Dieses Zubehör ist nur mit den Fahrzeugen nutzungsfähig. Demnach kann das Sonderzubehör aufgrund von fehlender selbstständiger Nutzungsfähigkeit keinen geringwertigen Vermögensgegenstand darstellen.*

Einzelne, nicht selbstständig nutzbare Vermögensgegenstände können auch nur dann zu einem einheitlichen (dann selbstständig nutzbaren) Vermögensgegenstand zusammengefasst werden, wenn die einzelnen Teile nach der Verbindung ihre Eigenständigkeit verlieren.[270]

> ***Beispiel:***
> *Der Bildschirm, der Drucker, die Maus und die Tastatur einer PC-Anlage sind jeweils für sich genommen nicht selbstständig nutzbar. Die Nutzungsfähigkeit ergibt sich in ihrer Verbindung als PC-Anlage. Daher können die einzelnen Vermögensgegenstände keine geringwertigen Vermögensgegenstände darstellen. Selbst wenn die Gesamtkosten der PC-Anlage die 800 €-Grenze nicht überschreiten, kommt trotzdem keine Behandlung als geringwertiger Vermögensgegenstand in Frage, da die einzelnen Teile der PC-Anlage nicht ihre Eigenständigkeit verlieren. Denn Drucker, Bildschirm, Maus und Tastatur können jederzeit in anderen Gerätekombinationen verwendet werden.*

Für die Feststellung, ob die Wertgrenze von 800 € ohne Umsatzsteuer nicht überschritten wird, ist es unerheblich, ob für die Gemeinde tatsächlich eine Vorsteuerabzugsberechtigung besteht oder nicht.

Hinzuweisen ist auch an dieser Stelle auf die Bedeutung des Stetigkeitsprinzips, das aufgrund von § 95 Abs. 1 Satz 4 GO bei Ansatz und Bewertung von Vermögen und Schulden zwingend zu berücksichtigen ist. Eine Entscheidung zur Wahrnehmung des Wahlrechts nach § 36 Abs. 3 KomHVO hat immer grundsätzlich und nicht von Fall zu Fall zu erfolgen. Das schließt allerdings nicht aus, dass für die Wahrnehmung unterschiedliche Fallgruppen gebildet werden.

Geringwertige Vermögensgegenstände werden inventurseitig zusätzlich in § 30 Abs. 4 KomHVO geregelt. Danach kann die Gemeinde auf eine inventurbezogene Erfassung und eine Aufnahme in das Inventar verzichten, sofern der Hauptverwaltungsbeamte eine solche Regelung getroffen hat. Geringwertige Vermögensgegenstände können damit insgesamt von der Bilanzierung (einschließlich Abschreibung) sowie der Inventur ausgenommen werden.[271]

---

270 Vgl. BFH, Urt. vom 19.2.2004 – VI R 135/01 –.

271 Zu beachten ist, dass die Voraussetzungen des § 30 Abs. 4 KomHVO jedoch nicht deckungsgleich mit denen des § 36 Abs. 3 KomHVO sind. So beschränkt sich § 30 Abs. 4 KomHVO auf bewegliches Sachanlagevermögen (statt allgemein auf Anlagevermögen, also z. B. auch immaterielles), welches aber vom Wortlaut her nicht zwangsläufig einer Abnutzung unterliegen muss. Gleichzeitig wird keine selbstständige Nutzbarkeit vorausgesetzt. Hier ist eine redaktionelle Anpassung dringend geboten.

b) Kunstgegenstände und Kulturdenkmäler

Zu diesem Bilanzposten gehören Objekte aller Art, deren Erhaltung wegen ihrer Bedeutung für Kunst, Geschichte und Kultur im öffentlichen Interesse liegt. Dies sind beispielsweise Gemälde, Antiquitäten und kulturhistorische Bauten wie Kriegerdenkmäler oder Ausgrabungen als Bodendenkmäler.

c) Maschinen und technische Anlagen, Fahrzeuge

Zu diesem Bilanzposten gehören beispielsweise Druck-, Schneide- und Bindemaschinen, Server im EDV-Bereich, Spülmaschinen und Transportbänder in Kantinen, Alarmanlagen, (tragbare) Pumpen im Feuerwehrbereich sowie Frankiermaschinen der Poststelle. Des Weiteren gehören zu diesem Bilanzposten auch Betriebsvorrichtungen, die mit anderen Vermögensgegenständen baulich verbunden sind und eine Maschine oder technische Anlage darstellen (z. B. Lastenaufzüge, Verkaufsautomaten). Zu den Fahrzeugen gehören alle Fortbewegungsmittel, die der Beförderung von Personen und dem Transport von Gegenständen dienen. Hierzu gehören beispielsweise Pkw, Lkw, Radlader, Feuerwehrfahrzeuge einschließlich Löschboote, Kehrfahrzeuge und Dienstfahrräder.

d) Betriebs- und Geschäftsausstattung

Zu diesem Bilanzposten gehören beispielsweise Gegenstände der Büro- und Werkstatteinrichtung, Werkzeuge, Geräte zur Grünpflege, Strahlrohre und Schläuche, Spielzeug in Kindergärten, Fernsprech- und PC-Anlagen, Kopiergeräte. Teilweise ist die Abgrenzung zwischen den Bilanzposten „Maschinen und technische Anlagen“ sowie „Betriebs- und Geschäftsausstattung“ bei technischen Geräten recht schwierig. Die Zuordnung ist abhängig von der Komplexität des technischen Geräts.

10.3.2.3.5 Geleistete Anzahlungen, Anlagen im Bau

Geleistete Anzahlungen sind Vorauszahlungen an einen Lieferanten oder Hersteller, ohne bereits in den Besitz des Vermögensgegenstandes oder der vereinbarten Leistung gekommen zu sein. Nach Erfüllung des Rechtsgeschäftes ist der als geleistete Anzahlung eingestellte Betrag entsprechend seiner Verwendung umzubuchen.

Um Anlagen im Bau handelt es sich bei Vermögensgegenständen, die in mehreren Arbeitsschritten hergestellt werden. Sie sind hierdurch über eine längere Zeit unfertig und somit nicht betriebsbereit. Aus Bilanz- und Buchhaltungssicht bestehen zwei relevante Phasen:

- Im-Bau-Phase,
- Nutzungsphase.

Im Rahmen der Herstellung durchlaufen Anlagen diese beiden Phasen, wobei der jeweilige Baustatus zu einem unterschiedlichen Bilanzausweis führt.

Der Bilanzposten „Anlagen im Bau“ dient der Sammlung der einzelnen aktivierungsfähigen Bestandteile der Herstellungskosten, die bei endgültiger Fertigstellung bzw. Betriebsbereitschaft summiert auf die endgültige Anlage nach der Vermögensverwendung (z. B. Schule) umgebucht werden. Während der Im-Bau-Phase werden die unterschiedlichsten Zugänge zu einer Investition wie

- Fremdleistungen,
- Eigenleistungen oder
- Entnahme von Lagermaterial

auf der „Anlage im Bau" gesammelt.

Mit der Umbuchung wird die Anlage im Bau entsprechend ihrer Vermögensverwendung aktiviert. Hierbei wird eine Abschreibungsplanung für den Vermögensgegenstand festgelegt, der die Grundlage für die planmäßigen Abschreibungen bildet.

Im Rahmen des Jahresabschlusses sind nach dem Grundsatz der Vollständigkeit bereits Zugänge auf „Anlage im Bau" zu buchen, wenn die Kommune wirtschaftliche Eigentümerin der Teilleistung am Vermögensgegenstand geworden ist, auch wenn der Kommune noch keine Rechnung vorliegt. Der Wert des zugegangenen Vermögensgegenstandes ist dann vorsichtig zu schätzen.

Beispiel:
Im Rahmen eines Kindergartenneubaus in der Gemeinde G wurde Anfang Dezember 2022 der Rohbau fertiggestellt. Eine Abrechnung dieses Bauabschnitts ist vor Februar 2023 nicht zu erwarten. Aufgrund der Kalkulation des Hochbauamtes liegt der Wert des Rohbaus bei 400.000 €. Der unfertige Bau ist der Gemeinde G zuzurechnen. Für die Anlage im Bau „Kindergartenneubau" ist bereits im Rahmen des Jahresabschlusses 2022 ein Zugang über 400.000 € zu buchen. Als Gegenbuchung wird eine sonstige Verbindlichkeit ausgewiesen.

Im Rahmen der Rechnungsstellung zu Anlagen im Bau ist stets zu prüfen, welche Rechnungspositionen aktivierungsfähige Anschaffungs- oder Herstellungskosten darstellen. Nur diese dürfen auf die Anlage im Bau gebucht werden. Vor der Aktivierung der Anlage im Bau sollte daher nochmals geprüft werden, ob alle gesammelten Kosten tatsächlich aktivierungsfähige Herstellungskosten darstellen.

Beispiel:
Im Rahmen eines Schulanbaus wurden neben dem Eindecken des Daches auch Reparaturen am Dach des alten Schulgebäudes vorgenommen. Die Leistungen wurden einheitlich in Rechnung gestellt und auf die Anlage im Bau gebucht. Im Rahmen der Aktivierung wird dies festgestellt. Die in Rechnung gestellten Leistungen sind für die Umbuchung zu trennen. Die Leistungen für das Eindecken verbleiben auf dem Posten „Anlage im Bau" und werden mit dieser aktiviert, die Instandhaltungsleistungen für das alte Gebäude werden als Instandhaltungsaufwand umgebucht.

Für Anlagen im Bau dürfen keine planmäßigen Abschreibungen vorgenommen werden. Bei außerordentlichen Ereignissen während des Herstellungszeitraumes, die zu einer dauerhaften Wertminderung führen, sind der Wertminderung entsprechend außerplanmäßige Abschreibungen durchzuführen.

Zusammenfassend als Grafik die Buchungssystematik bei Anlagen im Bau:

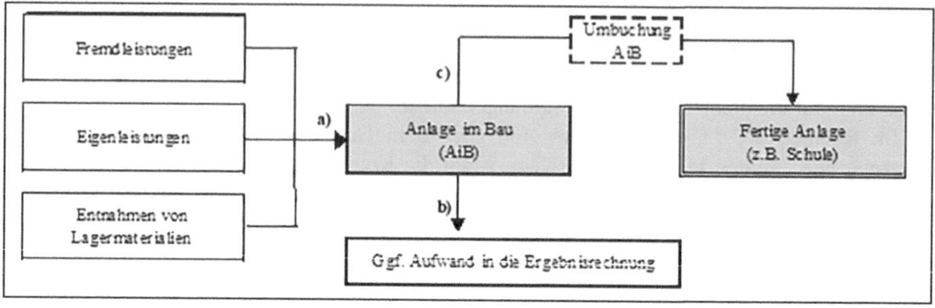

Erläuterungen zum Schaubild:

a) Zunächst werden die Herstellungskostenelemente auf der Anlage im Bau gesammelt.

b) Nach Fertigstellung bzw. Betriebsbereitschaft erfolgt vor Aktivierung der Anlage im Bau eine Prüfung hinsichtlich der Aktivierungsfähigkeit, ggf. mit einer Umbuchung als Aufwand in die Ergebnisrechnung.

c) Es erfolgt die Umbuchung der Anlage im Bau entsprechend ihrer Vermögensverwendung (hier: Schule an AiB).

10.3.2.4 Finanzanlagen

Aufgrund des Anlagevermögenscharakters sind Finanzanlagen diejenigen Werte, die auf Dauer finanziellen Anlagezwecken oder Unternehmensverbindungen sowie damit zusammenhängenden Ausleihungen dienen.

Für eine spätere Konsolidierung innerhalb des kommunalen Konzerns wurde der Bereich der Finanzanlagen in Beziehung zur handelsrechtlichen Bilanz ausgestaltet. Danach umfasst das kommunale Finanzanlagevermögen

- Anteile an verbundenen Unternehmen,
- Beteiligungen,
- Sondervermögen,
- Wertpapiere des Anlagevermögens,
- Ausleihungen
  - an verbundene Unternehmen,
  - an Beteiligungen,
  - an Sondervermögen,
  - Sonstige Ausleihungen.

Aus den Konsolidierungsregelungen des § 51 Abs. 1 KomHVO ist herzuleiten, dass selbstständige öffentlich-rechtliche Organisationsformen (z. B. Anstalt des öffentlichen Rechts, Zweckverband) entsprechend den nachfolgend in Kap. 10.3.2.4.1 und 10.3.2.4.2 genannten Kriterien unter den Bilanzposten „Anteile an verbundenen Unternehmen“ und „Beteiligungen“ analog auszuweisen sind.

Die Abgrenzung gegenüber dem Umlaufvermögen erfolgt beim Finanzanlagevermögen analog zum Sachanlagevermögen. Ausschlaggebend ist hierbei ebenfalls eine auf Dauer bestimmte Nutzung. Bei den Unternehmensverbindungen ist der Wille der Kommune ausschlaggebend. Bei Wertpapieren und Ausleihungen ist deren „Fristigkeit“ maßgeblich.

Grundsätzlich sind Wertpapiere nach § 56 Abs. 7 Sätze 2 und 3 KomHVO[272] als Anlagevermögen zu aktivieren. Sie sind nur dann dem Umlaufvermögen zu zuordnen, wenn sie zur Veräußerung oder als kurzfristige Anlage liquider Mittel bis zu einem Jahr bestimmt sind.

Eine entsprechende fristenbezogene Regelung des Bilanzausweises zur Abgrenzung von Ausleihungen (im Anlagevermögen) zu Forderungen (im Umlaufvermögen) gibt es nicht. Maßstab für den Bilanzausweis bilden die spezifischen inhaltlichen Merkmale einer Ausleihung. Bei Ausleihungen erfolgt eine Kapitalhingabe der Kommune an einen Dritten mit der Maßgabe, dass dieser das hingegebene Kapital in einem vertraglich bestimmten Zeitraum an die Kommune zurückzahlt. Alle anderen Forderungen (z. B. aus Lieferung und Leistung, Transferleistungen), die nicht durch Hingabe von Kapital entstanden sind, stellen demnach Forderungen des Umlaufvermögens dar.

Der Gesetzgeber hat es versäumt, für den Bilanzausweis eine Regelung hinsichtlich einer Mindestfrist des Rückzahlungszeitraums für Ausleihungen zu treffen. Diese ist erforderlich, um Ausleihungen von angelegten, nicht benötigten liquiden Mitteln abzugrenzen.

a) Analoge Anwendung der Regelung für Wertpapiere als kurzfristige Anlage

Die Regelung kann sich an der Regelung für Wertpapiere (§ 56 Abs. 7 Satz 3 KomHVO) orientieren, wonach bei analoger Anwendung ein Bilanzausweis

- von Liquiditätshingaben bis zu einem Jahr Rückzahlungszeitraum im Bilanzposten „Liquide Mittel“ und
- von Kapitalhingaben von mehr als einem Jahr Rückzahlungszeitraum im Bilanzposten „Ausleihungen“

erfolgt.

b) Analoge Anwendung der privatwirtschaftlichen Vorgehensweise

Das Aktiengesetz hatte in einer nicht mehr gültigen Fassung in § 151 AktG[273] eine Regelung getroffen, nach der nur Ausleihungen mit einer Laufzeit von mindestens vier Jahren den Finanzanlagen zuzuordnen waren. Diese aufgehobene Regelung als vergangener Maßstab trifft inhaltlich in der Anwendung jedoch weiter zu. Neben den inhaltlichen Merkmalen einer Ausleihung gründet sich im privatwirtschaftlichen Bereich der Bilanzausweis auf der Funktion des Anlagevermögens. Dient die Kapitalhingabe dauernd dem Geschäftsbetrieb, stellt diese eine Ausleihung im Finanzanlagevermögen dar. Die Dauerhaftigkeit richtet sich an einer längerfristigen Kapitalhingabe aus, die sich hinsichtlich der Fristigkeit an einer Laufzeit von mehr als vier Jahren orientiert.

Nach Meinung der Autoren sind beide Auslegungsansätze vertretbar. Mit Blick auf eine einheitliche Auslegung sollte der Gesetzgeber hierzu eine ergänzende Regelung treffen.

10.3.2.4.1 Anteile an verbundenen Unternehmen

Hinsichtlich des Ausweises unter diesem Bilanzposten knüpft das Haushaltsrecht – auch durch inhaltliche Anknüpfung an die Konsolidierungsregelungen des § 51 KomHVO – an die handelsrechtlichen Regelungen an. Anteile an verbundenen Unternehmen sind hiernach alle nach den

---

272 Es handelt sich hier um eine Regelung für die Eröffnungsbilanzierung, eine ausdrückliche Regelung für die laufende Bewirtschaftung fehlt.

273 Aufgehoben durch Art. 2 Nr. 22 des Gesetzes vom 19.12.1985 (BGBl. I S. 2355) mit Wirkung vom 1.1.1986.

Vorschriften über Vollkonsolidierung in den Konzernabschluss als Tochterunternehmen einzubeziehende Unternehmen (vgl. § 271 Abs. 2 HGB, § 290 HGB).

Die Art der Anteile ist hierbei nicht von Bedeutung. Entscheidend für den Ausweis ist dabei aber das Vorliegen bestimmter Merkmale, z. B.

- Mehrheitsbeteiligung (§ 16 AktG),
- abhängige und herrschende Unternehmen (§ 17 AktG),
- Konzernunternehmen (§ 18 AktG),
- wechselseitig beteiligte Unternehmen (§ 19 AktG),
- Vertragsteile eines Unternehmensvertrages (§§ 291 ff. AktG).

Sind die Kriterien des verbundenen Unternehmens nicht erfüllt, kommt ein Ausweis der Anteile als Beteiligung in Betracht.

10.3.2.4.2 Beteiligungen

Beteiligungen sind Anteile der Kommune an Unternehmen und Einrichtungen, die in der Absicht gehalten werden, eine dauerhafte Verbindung zu diesen Unternehmen und Einrichtungen herzustellen (vgl. § 271 Abs. 1 HGB). Entscheidend ist hierbei die Beteiligungsabsicht und nicht die Beteiligungshöhe. Danach ergibt sich eine Beteiligungsdefinition, die somit grundsätzlich „mehr als 0 %“ lautet. Im Rahmen einer gesetzlich zugrunde zu legenden Beteiligungsvermutung gilt als Beteiligung im Zweifel ein Anteil am Nennkapital des Unternehmens von mehr als 20 %. Wird diese Vermutung nicht widerlegt, so ist eine „Beteiligung“ unter dieser Bezeichnung zu bilanzieren.

10.3.2.4.3 Sondervermögen

Nach § 97 Abs. 1 GO gehören zum Sondervermögen der Gemeinde

- das Gemeindegliedervermögen[274],
- das Vermögen der rechtlich unselbstständigen örtlichen Stiftungen[275],
- wirtschaftliche Unternehmen (§ 114 GO) und organisatorisch verselbstständigte Einrichtungen (§ 107 Abs. 2 GO) ohne eigene Rechtspersönlichkeit (in der Praxis als „eigenbetriebsähnliche Einrichtungen“ bezeichnet),
- rechtlich unselbstständige Versorgungs- und Versicherungseinrichtungen.

Für das rechtlich unselbstständige Stiftungsvermögen besteht neben dem Ausweis als spezieller Posten im Sondervermögen zusätzlich die Möglichkeit eines alternativen Ausweises unter der

274 Das Gemeindegliedervermögen stellt in der Regel Nutzungsrechte Dritter am Grundvermögen der Kommunen dar.

275 Die rechtlich unselbstständigen örtlichen Stiftungen sind Stiftungen ohne eigene Rechtspersönlichkeit, bei denen durch Rechtsgeschäft unter Lebenden oder durch Verfügung von Todes wegen Vermögensgegenstände der Kommune mit der Auflage zugewendet werden, dass sie für einen bestimmten Zweck zu verwenden sind. Sofern für Nachlässe und Vermächtnisse auch ein nachhaltiger Zweck zu verfolgen ist, sind diese wie rechtlich unselbstständige örtliche Stiftungen zu behandeln. Treuhandvermögen zählen nicht zum Sondervermögen und sind nicht zu erfassen.

jeweiligen Vermögensart im Rahmen eines Davon-Ausweises.[276] Problematisch ist hierbei, dass Jahresüberschüsse oder -fehlbeträge in der Vermögensmasse der unselbstständigen Stiftung beim Jahresabschluss berücksichtigt werden müssen. Dementsprechend ergibt sich eine dritte Darstellungsform, die der kommunalen Rechnungssystematik und den Anforderungen eines Nachweises der einzelnen Vermögensmasse der Stiftungen gleichermaßen entspricht. Hierbei erfolgt ein Vorabschluss (vorgeschaltete Teilbilanzierung) für die Vermögensmasse der unselbstständigen Stiftungen im Rahmen des Jahresabschlusses. Aus der Veränderung des Eigenkapitals der unselbstständigen Stiftung ergibt sich die Veränderung des Sondervermögenswertes „unselbstständige Stiftungen". Die Gegenbuchungsposition für die Veränderungsbuchung des Sondervermögenswertes in der kommunalen Bilanz bildet das Eigenkapital.

10.3.2.4.4 Wertpapiere des Anlagevermögens

Unternehmensanteile, die weder als Anteile an verbundenen Unternehmen noch als Beteiligung anzusehen sind, und sonstige Wertpapiere (z. B. Pfandbriefe, Obligationen, Anleihen), die auf Dauer angelegt sind, werden als Wertpapiere des Anlagevermögens ausgewiesen.

10.3.2.4.5 Ausleihungen

Ausleihungen stellen langfristige Forderungen aus Geld- oder Finanzgeschäften dar. Zu den Ausleihungen zählen vor allem Darlehen, Hypotheken-, Grund- und Rentenschulden sowie stille Beteiligungen (soweit diese nicht am Verlust teilnehmen). Aufgrund der Bedeutung der finanziellen Verflechtungen im Rahmen von kommunalen Unternehmensverbindungen und als Grundlage der Konsolidierung wurden die unterschiedlichen Ausleihungen als gleichwertige Posten den Unternehmensverbindungen gliederungsmäßig gleichgestellt.

Aufgrund der inhaltlichen Gleichheit werden in diesem Kapitel die vier unterschiedlichen Bilanzposten

- Ausleihungen an verbundene Unternehmen,
- Ausleihungen an Beteiligungen,
- Ausleihungen an Sondervermögen,
- Sonstige Ausleihungen

gemeinsam betrachtet, da das Unterscheidungsmerkmal der einzelnen Unternehmensverbindungen bereits erläutert wurde.

Für Ausleihungen besteht hinsichtlich der Bewertung beim Anschaffungswertprinzip eine Besonderheit. Sie können eine übliche Verzinsung haben, wobei die Verzinsung sich nicht allein durch Geldleistungen, sondern auch gleichwertig in anderen vertretbaren Sachen oder Rechten (z. B. Belegungsrecht im sozialen Wohnungsbau, Verpflichtung zur Aufrechterhaltung von zehn Arbeitsplätzen in der Kommune) darstellen kann. Genauso können Ausleihungen jedoch auch niederverzinslich bzw. unverzinslich sein. Dies hat jedoch keinen Einfluss auf die Anschaffungskosten der Forderung, so dass der Nennbetrag die Anschaffungskosten darstellt. Die Niederverzinslichkeit bzw. die Unverzinslichkeit beeinflusst allerdings den Teilwert der Forderung. Nach § 36 Abs. 6 KomHVO besteht hierbei für Finanzanlagen keine Abzinsungsverpflichtung, son-

276 Vgl. hierzu Modellprojekt „Doppischer Kommunalhaushalt in NRW" (Hrsg.), Neues Kommunales Finanzmanagement: Betriebswirtschaftliche Grundlagen für das doppische Haushaltsrecht, 2., vollst. überarb. Aufl. auf der Basis der Endergebnisse des Modellprojektes, Freiburg 2003, S. 225.

dern ein Abzinsungswahlrecht, da es sich nicht um eine dauernde Wertminderung dieser Finanzanlage handelt. Vielmehr besteht nur eine vorübergehende Wertminderung, da der Barwert vom Zeitpunkt der Kapitalhingabe bis zum Zeitpunkt der Kapitalrückzahlung laufend steigt und zum Fälligkeitszeitpunkt den Nennwert erreicht.

Beispiel:
Die Gemeinde G gewährt dem Wohnungsbauunternehmen W im Rahmen einer allgemeinen Förderung des Wohnungsbaus ein Darlehen, dessen Teilwert (Barwert) jährlich dargestellt werden soll. Das Darlehen in Höhe von 50.000 € wird jährlich nur mit 2 % verzinst. Die Rückzahlung hat nach zehn Jahren in einer Summe zu erfolgen. Im Rahmen der Barwertermittlung wird der aktuelle Wert des in zehn Jahren zurückfließenden Darlehens ermittelt. Hierbei wird eine angemessene Verzinsung i. H. v. 6 % (bswp. abgeleitet aus der Veräußerung dieser Forderung) unterstellt. Die Differenz zwischen tatsächlicher Verzinsung i. H. v. 2 % und angemessener Verzinsung i. H. v. 6 % beträgt 4 %. Diese bildet die Grundlage für die Abzinsung. Entsprechend der Laufzeit und des Prozentsatzes gibt es Abzinsungstabellen, aus denen der entsprechende Abzinsungsfaktor (AbF) abgelesen wird. Beim vorstehenden Sachverhalt errechnet sich der Barwert wie folgt:

Rückzahlungsbetrag	***AbF-Wert***	***Formel***	***Lösung***
50.000,00 €	*0,675564*	*K(n) × AbF*	*33.778,20 €*

Es hat jährlich eine Anpassung des steigenden Barwertes zu erfolgen, bis zum Zeitpunkt der Kapitalrückzahlung der Nennwert erreicht ist. Alternativ dazu kann die Anpassung auch erst bei Erreichen des Zeitpunktes der Kapitalrückzahlung einmalig vorgenommen werden.

10.3.2.4.6 Praktische Beispiele und Übungen

Sachverhalt Nr. 10 (Bilanzierung von Anlagen im Bau)
In der Gemeinde G wird für eine Hochbaumaßnahme mit einem Gesamtfinanzierungsvolumen von 2 Mio. € am 1. Dezember eines Haushaltsjahres der Rohbau fertig gestellt. Die Rohbaufertigstellung ist bis zum 31. Dezember des Haushaltsjahres noch nicht abgerechnet und zu diesem Zeitpunkt auch noch nicht absehbar. Die Herstellungskosten des Rohbaus betragen schätzungsweise 800.000 €. Das wirtschaftliche Eigentum des Rohbaus ist der Kommune zuzurechnen.

Aufgabe:
Ist der Rohbau in der Jahresabschlussbilanz der Gemeinde G auszuweisen? Was ist hierbei und beim späteren Rechnungseingang zu bedenken?

Lösung:
Der bisherige Herstellungswert der Anlage im Bau ist in der Bilanz darzustellen. Hierbei wird der Schätzwert in Höhe von 800.000 € zugrunde gelegt. Als Gegenposition ist eine sonstige Verbindlichkeit zu buchen. Sobald die Rechnung eingeht, erfolgt die Berichtigung des Wertes der Anlage im Bau und unter Berücksichtigung der sonstigen Verbindlichkeit die Auszahlung des Rechnungsbetrages.

Sachverhalt Nr. 11 (Abrechnung von Anlagen im Bau)
Für eine weitere Hochbaumaßnahme geht bei der Gemeinde G am 10. Februar eines Haushaltsjahres die erste Teilrechnung in Höhe von 700.000 € entsprechend des Baufortschritts ein. Am 17. Juni des Haushaltsjahres erfolgt die Schlussabrechnung mit einer Restforderung in Höhe von 930.000 €. Nach Prüfung der Rechnung stellt der Anlagenbuchhalter fest, dass 22.000 € nicht aktivierungsfähigen Aufwand darstellen.

Aufgabe:
Welche Buchungen sind bis zur Aktivierung der Anlage im Bau vorzunehmen?

Lösung:
Am 10. Februar des Haushaltsjahres ist ein Zugang in Höhe von 700.000 € auf die Anlage im Bau zu buchen.

Die Schlussabrechnung in Höhe von 930.000 € ist aufzuteilen, wobei 908.000 € als weiterer Zugang auf die Anlage im Bau zu buchen ist. Der Gesamtbetrag in Höhe von 1.608.000 € ist danach auf die „endgültige" Anlage umzubuchen. Der nicht aktivierungsfähige Aufwand in Höhe von 22.000 € ist auf das entsprechende Aufwandskonto zu buchen.

Sachverhalt Nr. 12 (Aktivierung von Eigenleistungen)
Feuerwehrleute der Gemeinde G bauen während ihrer Bereitschaftsdienststunden mehrere kleine, nicht genutzte Lagerräume in einen Schulungsraum um. Es entstehen Materialkosten in Höhe von 20.000 €. Mittels Kosten- und Leistungsrechnung werden Kosten für Arbeitsleistung in Höhe von 80.000 € festgestellt. Ein Handwerksbetrieb hatte die identische Umbauleistung für 49.900 € angeboten.

Aufgabe:
Welche Buchungen sind in welcher Höhe bis zur Aktivierung in der Anlagenbuchhaltung vorzunehmen?

Lösung:
Die Auszahlung für die Materialkosten sind auf der Anlage im Bau in Höhe von 20.000 € zu buchen. Vermögensgegenstände sind betraglich höchstens mit ihren Anschaffungs- oder Herstellungskosten zu erfassen. Entsprechend § 36 Abs. 6 KomHVO liegt der tatsächliche Herstellungswert über dem üblichen Herstellungswert. Diese Wertdifferenz besteht als Wertminderung dauerhaft. Daher sind nicht die tatsächlich angefallenen 80.000 €, sondern die üblichen Herstellungskosten, also 49.900 € zu aktivieren. Ein höherer Vermögenswert trotz höherer Aufwendungen wurde nicht geschaffen.

10.3.3 Umlaufvermögen

Wie bereits im Rahmen des Anlagevermögens abgegrenzt, gehören zum Umlaufvermögen alle Vermögensgegenstände, die nicht dazu bestimmt sind, dauerhaft der Aufgabenerfüllung der Kommune zu dienen. Merkmale für die Nichtdauerhaftigkeit ist eine vorgesehene Zweckbestimmung durch die Kommune, die einen Verbrauch, Verkauf oder eine nur kurzfristige Nutzung vorsieht. Somit gehören Vermögensgegenstände, die zur Weiterverarbeitung oder zum Verkauf bestimmt sind, zum Umlaufvermögen.

Zu den Bilanzposten des Umlaufvermögens gehören gem. § 42 Abs. 3 KomHVO

- Vorräte:
  - Roh-, Hilfs- und Betriebsstoffe, Waren,
  - Geleistete Anzahlungen,
- Forderungen und sonstige Vermögensgegenstände:
  - Öffentlich-rechtliche Forderungen und Forderungen aus Transferleistungen,
  - Privatrechtliche Forderungen,
  - Sonstige Vermögensgegenstände,
- Wertpapiere des Umlaufvermögens,
- Liquide Mittel.

Für die Vermögensgegenstände des Umlaufvermögens gilt das strenge Niederstwertprinzip. Nach § 36 Abs. 8 KomHVO ist bei den Vermögensgegenständen stets der niedrigste Wert aus

- Anschaffungs- oder Herstellungskosten,
- Börsen- oder Marktpreis und
- dem am Abschlussstichtag beizulegenden Wert[277]

anzusetzen.

10.3.3.1 Vorräte

Die grundsätzlich einem kurzfristigen Verzehr unterworfenen Vorräte untergliedern sich in Roh-, Hilfs- und Betriebsstoffe sowie Waren. Rohstoffe stellen den Hauptbestandteil, Hilfsstoffe einen Nebenbestandteil eines erzeugten Produktes dar. Betriebsstoffe werden dagegen nicht zum Bestandteil des erzeugten Produktes, sondern dienen dem Erstellungsprozess.

Waren sind veräußerbare Vermögensgegenstände, die selbst erstellt oder angekauft wurden (Familienstammbücher, Touristiksouvenirs).

Grundsätzlich haben Roh-, Hilfs- und Betriebsstoffe sowie Waren im Rahmen der kommunalen Bilanzierung trotz des Vorkommens in den technischen Fachbereichen einer Kommune aufgrund der Beschränkung auf interne Produktionsbedürfnisse nur eine untergeordnete Bedeutung.

Es bestehen zwei mögliche Buchungsverfahren für die Abbildung der Vorratswirtschaft im Rechnungswesen. Die exaktere, aber auch mit erheblichem Betriebsaufwand verbundene Methode ist die Verwaltung der Gegenstände des Vorratsvermögens mittels einer Lagerbuchhaltung. Hierbei sind sämtliche Vermögenszugänge zu aktivieren. Sie werden erst im Rahmen des Verbrauchs im Leistungserstellungsprozess als Aufwand gebucht.

Die zulässige Alternative hierzu bildet die direkte Buchung im Rahmen der Beschaffung als Aufwand. Im Rahmen des Jahresabschlusses werden auf dem Bilanzkonto der Anfangsbestand und der Schlussbestand abgeglichen. Hieraus resultiert die in der Ergebnisrechnung zu berücksichtigende Bestandsveränderung. Da das Element einer aufwendigen Lagerbuchhaltung ent-

277 Sofern für die Bewertung der Beschaffungsmarkt ausschlaggebend ist (z. B. bei Roh-, Hilfs-, Betriebsstoffen), entspricht der beizulegende Wert den Wiederbeschaffungs- oder Reproduktionskosten. Auf eine Darstellung bei Maßgeblichkeit des Absatzmarktes (z. B. unfertige oder fertige Erzeugnisse ohne Fremdbezug) hinsichtlich einer retrograden Wertermittlung wird mangels Praxisbezugs im kommunalen Bereich verzichtet.

fällt, sollte im Rahmen der Beschaffung von Vorräten – soweit möglich und sinnvoll – eine direkte Aufwandsbuchung festgelegt werden.[278]

Beispiel Lagerbuchung:
Beim Einkauf von Unkrautvernichtungsmitteln wird der Bestandszugang des Lagers auf dem Bestandskonto unter Begleichung der Rechnung gebucht. Aufgrund der Lagerbuchhaltung werden die Lagerentnahmen als Aufwand in der Teilergebnisrechnung und als Minderung des Bestandskontos berücksichtigt. Ggf. wird im Rahmen des Jahresabschlusses aufgrund bei der Inventur festgestellter Inventurdifferenzen eine Bestands- und Aufwandskorrektur erforderlich.

Beispiel Aufwandsbuchung:
Der Einkauf von Unkrautvernichtungsmitteln wird ohne Einbeziehung des Bestandskontos unter Begleichung der Rechnung vollständig in die Teilergebnisrechnung als Aufwand gebucht. Im Rahmen der Inventur beim Jahresabschluss wird die Bestandsveränderung festgestellt und der Aufwand korrigiert (Aufwandserhöhung bei Bestandsminderung, Aufwandsminderung bei Bestandserhöhung).

§ 35 KomHVO lässt neben dem Durchschnittspreisverfahren und der Festwertbildung gem. § 29 Abs. 1 Nr. 1, 3 KomHVO als Bewertungsvereinfachung bei Vorratsvermögen seit dem 2. NKFWG auch das sog. „LIFO-“ bzw. „FIFO-Verfahren“ zu. Bei Erstgenanntem („Last In, First Out“) wird unterstellt, dass bei einer verbrauchs- oder verkaufsbedingten Entnahme die zuletzt angeschafften Vorräte entnommen werden. Dies ist beispielsweise bei Schüttgut (z. B. Sand oder Split), bei dem der Neuerwerb auf den bestehenden Bestand geschüttet und daher als nächstes entnommen wird, regelmäßig der Fall. „First In, First Out“ nimmt dagegen an, dass immer zuerst die ältesten Bestände entnommen werden.

Beispiel:
Eine Kommune erhält im Abstand weniger Tage drei Lieferungen Sand zu je einer Tonne: Lieferung 1 zum Preis von 18 €, Lieferung 2 zu 20 € und Lieferung 3 für 24 €. Anschließend werden 1,5 Tonnen entnommen. Nach dem LIFO-Verfahren wird unterstellt, dass zuerst die letzten Lieferungen entnommen werden. Die 1,5 Tonnen sind somit zu 24 € + 0,5 × 20 € = 34 € zu bewerten. Beim FIFO-Verfahren wird hingegen angenommen, dass zuerst die ersten Lieferungen entnommen werden, sodass die Entnahme im Wert von 18 € + 0,5 × 20 € = 28 € erfolgt. Beim Durchschnittspreisverfahren werden die 1,5 Tonnen zum Durchschnittspreis von (18 € + 20 € + 24 €) : 3 Tonnen = 20,67 € entnommen, d. h. zu 31 €.

Geleistete Anzahlungen bilden liquide Vorleistungen an einen Lieferanten für noch nicht erhaltene Lieferungen und Leistungen des Umlaufvermögens. Für Anzahlungen erfolgt ein gesonderter Ausweis. Erst nach Erhalt der Lieferung oder Leistung wird die Anzahlung ausgebucht.

---

278 Vgl. hierzu auch Modellprojekt „Doppischer Kommunalhaushalt in NRW“ (Hrsg.), Neues Kommunales Finanzmanagement: Betriebswirtschaftliche Grundlagen für das doppische Haushaltsrecht, 2., vollst. überarb. Aufl. auf der Basis der Endergebnisse des Modellprojektes, Freiburg 2003, S. 230.

10.3.3.2 Forderungen und sonstige Vermögensgegenstände

10.3.3.2.1 Herleitung der Wertansätze der Forderungsposten

Die Herleitung der Wertansätze ergibt sich aus der Differenzierung der Forderungsarten in der Debitorenbuchhaltung. Die Form der Nebenbuchhaltung ist so konzipiert, dass die gemeindlichen Forderungen personenbezogen unter Differenzierung der einzelnen Forderungsarten geführt werden.

Beispiel zur Forderungsdarstellung in einer Debitorenbuchhaltung:
Offene Forderungen gegenüber Fa. Mustermann

– Gewerbesteuer	*20.000 €*
– Grundbesitzabgaben	*2.000 €*
– Kaufpreisforderung aus Grundstücksverkauf	*25.000 €*
– Bußgeld	*200 €*

10.3.3.2.2 Privatrechtliche Forderungen

Bei der bilanziellen Zuordnung sind in Abgrenzung zum Anlagevermögen die spezifischen inhaltlichen Komponenten der Ausleihungen zur Abgrenzung gegenüber den Forderungen des Umlaufvermögens zu berücksichtigen.[279]

Zu den privatrechtlichen Forderungen gehören auch die Forderungen der antizipativen Rechnungsabgrenzung. Diese sind Einzahlungen nach dem Bilanzstichtag, die aber dem alten Haushaltsjahr ganz oder teilweise als Ertrag zuzurechnen sind.

Beispiel:
Die Gemeinde erwartet eine Mietzahlung am 31.3.2023 für die Monate Oktober 2022 bis März 2023. Die zu erwartenden Mietzahlungen für die Monate Oktober bis Dezember 2022 stellen eine antizipative Forderung dar, die in der Bilanz am 31.12.2022 als Forderung zu berücksichtigen ist, um die Erträge periodengerecht der Ergebnisrechnung zuordnen zu können.

10.3.3.2.3 Sonstige Vermögensgegenstände

Der Bilanzposten sonstige Vermögensgegenstände stellt eine Sammelposition dar, unter der Vermögensposten auszuweisen sind, die keiner spezielleren Zuordnungsregelung unterliegen. Beispiele hierfür sind Schadensersatz- und Rückforderungsansprüche oder Forderungen aus Versicherungsleistungen.

10.3.3.3 Wertpapiere des Umlaufvermögens

Dieser Bilanzposten beinhaltet alle Wertpapiere, die nicht in einem anderen Posten auszuweisen sind. In Abgrenzung zu den Finanzanlagen sind hier nach § 56 Abs. 7 KomHVO nur Wertpapiere ohne langfristige Zweckbindung auszuweisen. Wertpapiere sind im Umkehrschluss danach nur dann als Umlaufvermögen anzusetzen, wenn sie zur Veräußerung oder als kurzfristige Anlage liquider Mittel bis zu einem Jahr bestimmt sind.

---

279 Siehe Kap. 10.3.2.4.

10.3.3.4 Liquide Mittel

Hierbei handelt es sich um Geldmittel, die den Kommunen zur Zahlungsbereitschaft zu Verfügung stehen. In diesem Bilanzposten sind folgende Inhalte auszuweisen:

- Schecks,
- Kassenbestand,
- Guthaben bei Bundesbank und Europäischer Zentralbank,
- Guthaben bei Kreditinstituten.

Von der Kommune angelegte Tages- und Festgelder gehören zu den Guthaben bei Kreditinstituten und verbleiben im Bilanzausweis unter liquide Mittel.

10.3.4 Rechnungsabgrenzungsposten (aktiv)

Die aktive Rechnungsabgrenzung beinhaltet transitorische Posten, d. h. es handelt sich um Geschäftsvorfälle, die im laufenden Haushaltsjahr zu Ausgaben führen, die aber erst im folgenden Haushaltsjahr Aufwand darstellen.

> ***Beispiel:***
> *Die Gemeinde zahlt im Oktober 2023 Miete im Voraus für die Monate Oktober 2023 bis März 2024. Es fließt im laufenden Haushaltsjahr Liquidität für sechs Monate ab, aufwandsmäßig gehören jedoch nur Mietzahlungen für drei Monate in die Ergebnisrechnung des laufenden Haushaltsjahres. Die anderen drei Monate an Mietzahlungen sind aufwandsmäßig im folgenden Haushaltsjahr 2024 zu berücksichtigen.*

Neben dieser üblichen Rechnungsabgrenzung ist im kommunalen Bereich von besonderer Bedeutung der Ansatz von aktiven Rechnungsabgrenzungsposten aus geleisteten Zuwendungen der Gemeinden. Für die Erfassung und Bewertung von geleisteten Zuwendungen an Dritte unterscheidet § 44 Abs. 2 KomHVO drei Sachverhaltsvarianten.

Bei geleisteten Zuwendungen für Vermögensgegenstände, an denen die Gemeinde das wirtschaftliche Eigentum hat, sind diese als Vermögensgegenstände zu aktivieren. Diese eher seltenen Sachverhalte stellen sich inhaltlich im Rahmen der Vermögensbewertung für Anlage- bzw. Umlaufvermögen dar.

Ist dagegen kein Vermögensgegenstand zu aktivieren, die geleistete Zuwendung jedoch mit einer mehrjährigen zeitbezogenen Gegenleistungsverpflichtung verbunden, ist für die Zuwendung ein Rechnungsabgrenzungsposten zu aktivieren und entsprechend der Erfüllung der Gegenleistungsverpflichtung aufwandswirksam aufzulösen. Dies gilt auch für Sachzuwendungen.

In der Praxis sind die Zuwendungen der Kommune vielfach Bestandteil einer Gesamtzuwendung unter Beteiligung eines oder mehrerer Förderungsgeber. In die Rechnungsabgrenzung fließt in diesen Fällen jedoch nur der kommunale Eigenanteil ein.

> ***Beispiel:***
> *Im Rahmen von Stadterneuerungsmaßnahmen werden Fassadenerneuerungen gefördert, wobei die Kommune im Rahmen der Förderungsbewilligung an Dritte auf 90 % Landesmittel zurückgreifen kann und nur 10 % kommunale Eigenmittel hinzufügt. In den Ansatz für den Rechnungsabgrenzungsposten fließt hierbei nur der städtische Eigenanteil in*

Höhe der 10 % der Gesamtförderungsmaßnahme ein, die Landesmittel stellen dagegen gem. § 15 Abs. 1 KomHVO durchlaufende Finanzmittel dar.

Handelt es sich um eine mengenbezogene Gegenleistungsverpflichtung, erfolgt der Bilanzausweis unter dem Bilanzposten „Immaterielles Vermögen".

Ist der Rückzahlungsbetrag einer Verbindlichkeit höher als der Auszahlungsbetrag, so darf (Wahlrecht) nach § 43 Abs. 2 KomHVO der Unterschiedsbetrag in den aktiven Rechnungsabgrenzungsposten aufgenommen werden. Diese Regelung beschreibt die aktive Rechnungsabgrenzung von Disagio im Rahmen von Kreditaufnahmen.[280] Der Unterschiedsbetrag ist bei Inanspruchnahme des Wahlrechts durch planmäßige jährliche Abschreibungen[281] aufzulösen, die auf die gesamte Laufzeit der Verbindlichkeit verteilt werden können.

10.3.5 Eigenkapital

Das kommunale Eigenkapital untergliedert sich nach § 42 Abs. 4 KomHVO in vier Posten. Diese sind:

- Allgemeine Rücklage,
- Sonderrücklagen,
- Ausgleichsrücklage,
- Jahresüberschuss/Jahresfehlbetrag.

Die Differenzierung der vier Posten resultiert aus einer unterschiedlich definierten Eigenkapitalfunktion sowie der Jahresabschlussfunktion der Posten innerhalb der Haushaltssystematik. Ergibt sich bei der Eigenkapitalermittlung im Rahmen der Bilanzierung nach § 44 Abs. 7 KomHVO ein Überschuss der Passivposten über die Aktivposten, ist die sich ergebende Saldogröße auf der Aktivseite als „Nicht durch Eigenkapital gedeckter Fehlbetrag" gesondert auszuweisen.

10.3.5.1 Allgemeine Rücklage

Der Posten „Allgemeine Rücklage" stellt eine absolute Saldogröße dar. Der Bilanzausweis resultiert erstmalig aus der Gegenüberstellung sämtlicher Aktivposten und sämtlicher Passivposten außer der allgemeinen Rücklage selbst. Ergibt sich eine positive Saldogröße, stellt diese die allgemeine Rücklage dar.

Ist die Saldogröße negativ, bedeutet dies, dass das im Kontenrahmen vorgesehene Bestandskonto „Allgemeine Rücklage" anstelle des üblichen Überschusses im Haben nunmehr einen Überschuss im Soll ausweist. Dieses Konto ist aufgrund des Sollbestandes anstelle des Postens „Allgemeine Rücklage" nunmehr dem Posten „Nicht durch Eigenkapital gedeckter Fehlbetrag" zuzuordnen.

10.3.5.2 Sonderrücklagen

Die Sonderrücklagen gliedern sich inhaltlich in zwei Bereiche:

280 Siehe hierzu auch Kap. 15.

281 Der Abschreibungsbegriff ist hier missverständlich; er beschreibt richtigerweise die Methodik der Auflösung, allerdings ist die richtige Aufwendungsart „Zinsen und sonstige Finanzaufwendungen" – und nicht wie zu vermuten „bilanzielle Abschreibungen".

- Pflichtige Sonderrücklagen,
- Freiwillige Sonderrücklagen.

Der pflichtige Bereich beinhaltet nach § 44 Abs. 4 Satz 1 KomHVO zweckgebundene Rücklagen aus erhaltenen Investitionszuwendungen bzw. Kapitalzuschüssen, die im Rahmen einer Zweckbindung der Eigenkapitalstärkung dienen sollen und nicht für eine ertragswirksame Auflösung vorgesehen sind. Keinesfalls gehören hierzu die pauschalierten Zuwendungen wie Schul- Sport- und Feuerwehrpauschale, mit denen eine besondere Zweckbestimmung verbunden ist.[282] Lediglich die Allgemeine Investitionspauschale könnte unter die Regelung des § 44 Abs. 4 KomHVO fallen, da hier lediglich bestimmt wird, dass ein entsprechendes Investitionsvolumen von der Gemeinde getätigt wird. Damit die Allgemeine Investitionspauschale unter die Regelung des § 44 Abs. 4 KomHVO fällt, ist es aus Sicht der Autoren allerdings erforderlich, dass der Zuwendungsgeber diese eindeutig als Anschubfinanzierung bestimmt und somit die ertragswirksame Auflösung ausschließt.

Beispiel:
Das Land gewährt der Gemeinde G eine Zuwendung mit der Auflage, dass diese eine einmalige Anschubfinanzierung für die Erfüllung einer kommunalen Aufgabe (z. B. Bau einer Kläranlage) darstellt. Die Gemeinde hat hierfür zukünftig diese Aufgabe und den hiermit verbundenen Einsatz von Vermögensgegenständen (z. B. Kläranlage) aus eigener wirtschaftlicher Kraft zu erfüllen. Eine ertragswirksame Auflösung wird daher ausgeschlossen. Die ertragswirksame Auflösung scheidet aus, da mittels Abschreibungen der volle Nominalwert durch die Gemeinde G zu erwirtschaften ist, um hieraus eine Ersatzbeschaffung finanzieren zu können.[283]

Der freiwillige Bereich der Bildung von Sonderrücklagen dient nach § 44 Abs. 4 Satz 2 KomHVO dazu, um die vom Rat beschlossene Anschaffung oder Herstellung von Vermögensgegenständen zu sichern. Unklar ist, welche Geschäftsvorfälle hierunter zu verstehen sind und in welcher Buchungsform diese abgebildet werden. Insbesondere ist es erforderlich, den wenig konkreten Begriff der Sicherung einer Anschaffung oder Herstellung von Vermögensgegenständen klarzustellen.

Denkbar ist die Funktion einer Ergebnisverwendung für vom Rat vorgesehene investive Maßnahmen. Kritisch ist hierbei anzumerken, dass hiermit verbunden auf der Aktivseite eine Liquiditätsausgrenzung bzw. -reservierung bei Investitionsdurchführung stattzufinden hätte.[284] Des Weiteren werden die Kommunen mit höchster Priorität – soweit nach den gesetzlichen Bestimmungen möglich – die Ertragsüberschüsse der Ausgleichsrücklage zuführen, um ggf. bei späteren schwierigen Haushaltslagen den Haushaltsausgleich zu erreichen.

282 Vgl. Kap. 10.3.6.2.2 bis 10.3.6.2.4.

283 In der gebührenrechtlichen Kalkulation kann es aufgrund des eigenständigen Rechnungszwecks durchaus sein, dass anstelle des im Haushaltsrecht vorgesehenen Nominalwertes aufgrund der Regelungen des KAG NRW sogar der Wiederbeschaffungszeitwert zu erwirtschaften ist.

284 Sofern die zur Ergebnisverwendung für eine investive Maßnahme gehörenden liquiden Mittel im Rahmen der Liquiditätssicherung aus Wirtschaftlichkeitsgründen eingesetzt werden, dürfte es nach der jetzigen gesetzlichen Regelung – insbesondere hinsichtlich der Trennung von Investitions- und Liquiditätskrediten – nicht zulässig sein, die Investitionsmaßnahme in einem späteren Haushaltsjahr im Rahmen der „Regenerierung der Liquidität" durch Liquiditätskredite zu finanzieren. Somit bliebe nur die Finanzierung durch Investitionskredite.

Beispiel:
Die sich im Haushalt ergebenden Erträge auf der Basis einer kostendeckend kalkulierten Gebühr[285] *übersteigen die im Haushaltsplan dargestellten bilanziellen Aufwendungen. Die hieraus resultierenden übersteigenden Erträge werden in eine Sonderrücklage eingestellt, um der Bürgerschaft zu dokumentieren, dass die im Rahmen des haushaltsrechtlichen Rechnungszwecks „erzielten Mehrerträge" ausschließlich zur Wiederbeschaffung von Vermögensgegenständen für den gebührenrechtlichen Bereich in späteren Jahren verwendet werden sollen.*

Alternativ hierzu ist denkbar, dass es sich im Rahmen einer Eigenkapitalumbuchung vom Bilanzposten „Allgemeine Rücklage" zum Bilanzposten „Sonderrücklage" ausschließlich um eine „deklarative" Bilanzdarstellung handelt, welche die Verwaltung dazu verpflichten soll, im Rahmen der mittelfristigen Investitionsplanung und deren Finanzierung für die Zukunft vorrangig gegenüber den Verwaltungsplanungen die in der Sonderrücklage vorgesehenen Investitionsmaßnahmen zu berücksichtigen.[286]

Eindeutig geregelt ist nach § 44 Abs. 4 Satz 3 KomHVO die Umbuchungspflicht der pflichtigen und freiwilligen Sonderrücklagen. Hiernach hat in dem Haushaltsjahr eine Umbuchung vom Bilanzposten „Sonderrücklage" in den Bilanzposten „Allgemeine Rücklage" zu erfolgen, in dem der vorgesehene Vermögensgegenstand betriebsbereit wird.

Die Bildung von Sonderrücklagen ist nach § 44 Abs. 4 Satz 4 KomHVO nur zulässig, soweit ein Gesetz oder eine Verordnung dies vorsieht.

10.3.5.3 Ausgleichsrücklage

Nach § 75 Abs. 3 GO darf seitens der Kommunen als ein gesonderter Posten des Eigenkapitals eine Ausgleichrücklage angesetzt werden. Der Begriff „Ausgleichsrücklage" impliziert, dass dieser Posten eine Pufferfunktion für den Haushaltsausgleich beinhaltet. Überschüsse und Fehlbeträge aus der Ergebnisrechnung können den Bestand der Ausgleichsrücklage positiv als auch negativ verändern. Ist der Bestand aufgezehrt, führt jeder weitere Fehlbedarf der Ergebnisrechnung zu einer Inanspruchnahme der Allgemeinen Rücklage mit allen weiteren haushaltsrechtlichen Konsequenzen.[287] Ergibt sich im Rahmen der Bilanzierung nach § 44 Abs. 7 KomHVO ein Überschuss der Passivposten über die Aktivposten, entsteht als Saldogröße auf der Aktivseite der Posten „Nicht durch Eigenkapital gedeckter Fehlbetrag". Hiermit verbunden ist zwangsläufig, dass im Rahmen der Eröffnungsbilanzierung mangels Bildung des Postens „Allgemeine Rücklage" auch kein Posten „Ausgleichsrücklage" ausgewiesen werden kann.

---

285 Die Erträge im gebührenrechtlichen Produktbereich basieren auf einer kostendeckenden Kalkulation, die gegenübergestellten Aufwendungen dagegen auf den Ermittlungsgrundlagen des Haushaltsrechts. In der Regel wird daher im gebührenrechtlichen Produktbereich des Haushalts der Ertrag den Aufwand übersteigen (z. B. Eigenkapitalverzinsung in der gebührenrechtlichen Kalkulation – im Haushaltsrecht ist eine Eigenkapitalverzinsung dagegen nicht vorgesehen, unterschiedliche Wertbasen für Abschreibungen: Wiederbeschaffungskosten versus Anschaffungskosten, kalkulatorische Kosten gegenüber tatsächlichem Aufwand etc.). Eine weitergehende Darstellung ist der diesbezüglichen Spezialliteratur vorbehalten.

286 Die zwei dargestellten denkbaren Interpretationen sind Überlegungen dazu, welche Zielrichtung mit dieser Vorschrift verfolgt wird. Der Gesetzgeber ist aufgefordert, eine konkretisierte Darstellung zu dieser Vorschrift festzulegen.

287 Zum Haushaltsausgleich siehe Kap. 16.

Die Ausgleichsrücklage darf unbegrenzt durch Jahresüberschüsse erhöht werden, solange die Allgemeine Rücklage wenigstens 3 % der Bilanzsumme im Jahresabschluss ausmacht. Ist dies nicht der Fall, ist der Überschuss zunächst der Allgemeinen Rücklage zuzuführen, bis diese ihren Mindestbestand erreicht hat; der übersteigende Teil des Jahresüberschusses kann dann an die Ausgleichsrücklage umgebucht werden.[288]

Analoge Regelung finden sich in den Vorschriften für

- Kreise (§ 56a Kreisordnung),
- Landschaftsverbände (§ 23a Landschaftsverbandsordnung),
- Regionalverband Ruhr (§ 20 Abs. 2 des Gesetzes über den Regionalverband Ruhr),
- Zweckverbände (§ 19a des Gesetzes über die kommunale Gemeinschaftsarbeit),
- Gemeindeprüfungsanstalt (§ 9 Abs. 2 des Gesetzes über die Gemeindeprüfungsanstalt).

10.3.5.4 Jahresüberschuss / Jahresfehlbetrag

Der Posten Jahresüberschuss bzw. Jahresfehlbetrag ermittelt sich aus dem Abschluss der Ergebnisrechnung eines Haushaltsjahres.

Ein Jahresüberschuss stellt die positive Differenz zwischen Gesamterträgen und Gesamtaufwendungen eines Haushaltsjahres dar. Ein Jahresfehlbetrag ergibt sich aus dem Überschuss der Gesamtaufwendungen gegenüber den Gesamterträgen eines Haushaltsjahres.

Mangels gesetzlicher Regelung wird aufgrund der eindeutigen Begriffsverwendung in den Bilanzposten des § 42 Abs. 4 KomHVO „Jahresüberschuss und Jahresfehlbetrag" deutlich, dass die kommunale Bilanz ohne Berücksichtigung einer Verwendung des Jahresergebnisses aufzustellen ist. Ansonsten hätte analog zum kaufmännischen Rechnungswesen auf die bestehende Möglichkeit, die Bilanz auch unter Berücksichtigung der vollständigen oder teilweisen Verwendung des Jahresergebnisses aufzustellen, hingewiesen werden und die hierfür notwendigen alternativen Bilanzposten „Bilanzgewinn/Bilanzverlust" vorgegeben werden müssen.

Das Jahresüberschuss-/Jahresfehlbetragskonto ist im Rahmen des Jahresabschlusses die Gegenbuchungsposition zur Ergebnisrechnung, um das Gesamtergebniskonto der Ergebnisrechnung für das folgende Haushaltsjahr auf „null" setzen zu können.

Nach Aufstellung der Bilanz erfolgt eine Umbuchung vom Jahresüberschuss-/Jahresfehlbetragskonto auf das Konto der Ausgleichsrücklage, der allgemeinen Rücklage oder der Sonderrücklage.

Ist das Eigenkapital durch Jahresfehlbeträge aufgebraucht und ergibt sich hierdurch ein Überschuss der Passivposten über die Aktivposten, so ist dieser Betrag nach § 44 Abs. 7 KomHVO am Schluss der Bilanz auf der Aktivseite gesondert unter der Bezeichnung „Nicht durch Eigenkapital gedeckter Fehlbetrag" auszuweisen.

10.3.6 Sonderposten

Die kommunale Bilanz unterscheidet vier Sonderposten. Diese sind:

- Sonderposten aus (investiven) Zuwendungen,
- Sonderposten aus Beiträgen,

288 Nach § 96 Abs. 1 Satz 3 GO ist eine weitere Zuführung eines Jahresüberschusses in die Allgemeine Rücklage verpflichtend, wenn diese durch Jahresfehlbeträge in den letzten drei Jahresabschlüssen reduziert wurde. Lediglich der Teil des Überschusses, der diese Reduzierung der letzten drei Jahre übersteigt, kann der Ausgleichsrücklage zugeführt werden.

- Sonderposten für Gebührenausgleich,
- Sonstige Sonderposten.

§ 44 KomHVO regelt nur drei Formen der Sonderpostenbildung. In § 44 Abs. 5 KomHVO wird die Sonderpostenbildung aus Zuwendungen und Beiträgen für Investitionen geregelt. Des Weiteren regelt § 44 Abs. 6 KomHVO die Sonderpostenbildung für Kostenüberdeckungen. Eine Regelung für sonstige Sonderposten wird vom Gesetzgeber offengelassen.[289]

„Zuwendungen" ist der Oberbegriff für Zuweisungen und Zuschüsse. Zuweisungen sind zwischen öffentlichen Aufgabenträgern übertragene Finanzmittel. Zuschüsse sind zwischen dem öffentlichen Bereich und dem unternehmerischen oder übrigen Bereich übertragene Finanzmittel.

10.3.6.1 Funktion und inhaltliche Grundlagen

Der Vermögensfinanzierung durch Investitionszuwendungen (Zuweisungen und Zuschüsse) kommt eine besondere Bedeutung zu. Die investitionsbezogenen Zuwendungen für die Anschaffung oder Herstellung eines Vermögensgegenstandes stellen auch ein Steuerungsinstrument des Zuwendungsgebers dar. Durch die Gewährung von Investitionszuwendungen kann die Aufsichtsbehörde orientiert an der Leistungsfähigkeit der Kommunen und mit Blick auf volkswirtschaftliche Erfordernisse deren Investitionstätigkeit steuern. Teilweise wurde dieses Steuerungsinstrument in einigen Bereichen durch Gewährung pauschalierter Zuwendungen auch aus Gründen der Verteilungsgerechtigkeit in die Hände der Kommunen gegeben. Sowohl die investitionsbezogenen Zuwendungen für die Anschaffung oder Herstellung eines Vermögensgegenstandes als auch die pauschalierten Zuwendungen sind im Haushaltsrecht abzubilden.

Den Sonderposten kommt auf der Finanzierungsseite der Bilanz die Funktion zu, erhaltene investitionsbezogene Zuwendungen und erhobene Beiträge für durchgeführte Investitionsmaßnahmen bilanziell abzubilden. Des Weiteren wird durch einen Sonderposten die Überdeckung der Kosten aus dem Bereich kostenrechnender Einrichtungen abgebildet.

Der Finanzierungscharakter der Sonderposten stellt eine Mischform aus Eigen- und Fremdfinanzierung dar. Die Zweckbestimmung der Zuwendung und des Beitrags sowie die Entstehung einer Überdeckung lassen eine Abbildung im Eigenkapital nicht zu, da hierdurch zwar der Kommune Finanzierungsmittel zufließen, diese aber eine Verpflichtung für spätere Haushaltsjahre beinhalten.

Das kaufmännische Rechnungswesen sieht neben diesem passivischen Ausweis von Zuwendungen als Alternative eine aktivische Minderung vor. Dies bedeutet, dass die Zuwendung die Anschaffungs- oder Herstellungskosten auf der Aktivseite reduziert. Hierdurch verringert sich die Wertbasis, von der die Abschreibungen vorgenommen werden. Das kaufmännische Wahlrecht einer aktivischen Minderung der Anschaffungs- oder Herstellungskosten durch Zuwendungen ist nach § 44 Abs. 5 KomHVO nicht zulässig, da kein „saldierter" Ressourcenverbrauch dargestellt werden soll, sondern der vollständige Ressourcenverbrauch aus Abschreibungen dem Ressourcenaufkommen aus Erträgen aus der Auflösung von Sonderposten in der Ergebnisrechnung gegenübergestellt werden soll.

Überlegungen, die Bindungswirkung der investiven Zuwendungen (z. B. Annahme einer Zuwendung mit der Verpflichtung, zwanzig Jahre ein hiermit finanziertes Asylheim vorzuhalten, wobei die Nutzungsdauer des Gebäudes aber 30 Jahre beträgt) und nicht die geplante Nutzungsdauer als kommunale Besonderheit zugrunde zu legen, würden eine kommunalspezifische Regelung mit einer Durchbrechung der kaufmännischen Verfahrensweise darstellen. Eine solche

289 Siehe hierzu Kap. 10.3.6.5.

Besonderheit sieht das Gesetz – anders als beim Wegfall des Wahlrechts der aktivischen Minderung – aufgrund der eindeutigen Regelung des § 44 Abs. 5 Satz 2 KomHVO jedoch nicht vor. Inhaltlich liegt der Hauptgrund auch in der Zielsetzung, den Ressourcenverbrauch und das Ressourcenaufkommen abbilden zu wollen. Auch wenn die Bindungswirkung einer Zuwendung nicht mehr besteht, basiert die (teilweise) Finanzierung und das damit untrennbar verbundene spätere Ressourcenaufkommen auf der ertragswirksamen Auflösung der Zuwendung auf der Grundlage der geplanten Nutzungsdauer für den angeschafften oder hergestellten Vermögensgegenstand. Somit übernimmt der aus einer investiven Zuwendung gebildete Sonderposten die Auflösungsdeterminanten (Dauer und Auflösungsverfahren) aus den Abschreibungsfestlegungen des zugehörigen Vermögensgegenstandes.

Zur Verdeutlichung der Verfahrensweisen der aktivischen Minderung und der passivischen Darstellung sowie deren gleicher Ergebniswirkung siehe nachfolgende Übersicht:

	Aktivische Minderung (im NKF nicht zulässig)	**Passivische Darstellung (ZulässigeVerfahrensweise des NKF)**
Anschaffungs- oder Herstellungskosten	100	100
Zuwendungshöhe	60	60
Bilanzausweis Aktivseite	40 (100–60)	100
Bilanzausweis Passivseite	entfällt	60
Abschreibung linear über 10 Jahre je Jahr	4 Soll des Ergebnisses	10 Soll des Ergebnisses
Ertrag aus der Auflösung linear über 10 Jahre	entfällt	6 Haben des Ergebnisses
Ergebnis/Ergebnissaldo	**4** **Soll des Ergebnisses**	**4** **Soll des Ergebnisses**

Sofern mittels unterschiedlicher Ertragskonten seitens der Gemeinde eine Unterscheidung nach Zuwendungsgebern vorgesehen ist, müssen die Bilanzkonten gleichfalls diese Unterscheidung ausweisen, um eine eindeutige Ertragszuordnung sicherzustellen.

Hierbei ist weiterhin zu berücksichtigen, dass ein Vermögensgegenstand gleichzeitig von unterschiedlichen Zuwendungsgebern anteilig finanziert worden sein kann. Demnach bedarf es in der Anlagenbuchhaltung einer Zuordnungssystematik, die Zuwendungsfinanzierung durch unterschiedliche Zuwendungsgeber zulässt.

Die Zuordnung der Ertragskonten wäre beispielsweise anhand des kommunalen Kontierungsplans[290] unter Einbeziehung des Lehrkontenplans HSPV wie folgt vorzunehmen:

Konto 415	Erträge aus der Auflösung von Sonderposten aus Zuwendungen (ggf. weitere Unterscheidung nach Zuwendungsgebern → z. B. 4151 bis 4158)
Konto 433	Erträge aus der Auflösung von Sonderposten für Beiträge
Konto 434	Erträge aus der Auflösung von Sonderposten für Gebührenausgleich
Konto 459	Erträge aus der Auflösung von sonstigen Sonderposten

290 Anlage 18 VV Muster zur GO und KomHVO.

10.3.6.2 Sonderpostenbildung für pauschalierte Zuwendungen

Im Rahmen der Finanzierung von Investitionen gibt es neben pauschalierten Zuwendungen für Investitionen im Feuerwehrbereich drei weitere pauschalierte Zuwendungsverfahren durch die jährlich erlassenen Gemeindefinanzierungsgesetze. Der vom Zuwendungsgeber vorgesehene Verwendungszweck bestimmt die Planung in der Finanz- und Ergebnisrechnung und somit die Verwendung und Zuordnung dieser Finanzierungsmittel. Für die pauschalierten Zuwendungen sind auf der Grundlage der Voraussetzungen des § 44 Abs. 5 KomHVO, nämlich

- Investive Verwendung und
- Bewilligung mit Zweckbindung

Sonderposten zu bilden.

10.3.6.2.1 Allgemeine Investitionspauschale

Der Zuwendungsgeber bestimmt hierbei nur, dass durch die Kommune aufgrund der laufend pauschalierten Zuwendung mindestens in gleicher Höhe Investitionen zu tätigen sind. Es wird seitens des Zuwendungsgebers lediglich eine allgemeine investive Verwendungsvorgabe festgelegt, ohne hierbei einen Verwendungsnachweis zu verlangen. Ausschlaggebend ist nur, dass das gesamte Investitionsvolumen in der Finanzrechnung den Zuwendungsbetrag übersteigt. Hat der Zuwendungsgeber die ertragswirksame Auflösung nicht ausgeschlossen,[291] ordnet die Gemeinde den Zuwendungsbetrag nach eigenen Steuerungsüberlegungen den im Haushaltsjahr angeschafften oder hergestellten Vermögensgegenständen zu und bildet entsprechende (investive) Sonderposten, die nach den Abschreibungsparametern des Vermögensgegenstandes aufgelöst werden.

10.3.6.2.2 Feuerwehrpauschale

Die laufend pauschalierten Zuwendungen für Investitionen im Feuerwehrbereich („Feuerwehrpauschale") beinhalten als Verwendungsvorgabe zwei Voraussetzungen: Zum einen muss es sich um Investitionsmaßnahmen handeln, zum anderen müssen diese im Feuerwehrbereich vorgenommen werden.

Die Veranschlagung der „Feuerwehrpauschale" erfolgt im Teilfinanzplan im Produktbereich „Sicherheit und Ordnung". Hierbei wird die anteilige Finanzierung von Vermögensgegenständen entsprechend der Verwendungsvorgabe durch die Kommune selbst bestimmt. Solange die der Zuwendung zugeordnete Investition nicht aktiviert wurde, ist die Zuwendungsvorgabe noch nicht erfüllt, so dass bis zu diesem Zeitpunkt der Zuwendungsbetrag als besondere Form einer Verbindlichkeit unter dem Bilanzposten „Erhaltene Anzahlung" zu erfassen ist.[292] Mit der Aktivierung der Vermögensgegenstände erfolgt gleichzeitig die Bildung der zugehörigen Sonderposten. Entsprechend der mit der Aktivierung vorgenommenen Abschreibungsplanung erfolgt analog dazu die ertragswirksame Auflösung des Sonderpostens.

Die Buchungssystematik sieht hierbei wie folgt aus:

---

291 Vgl. Kap. 10.3.5.2.

292 Die Darstellung als Verbindlichkeit wird durch die Formulierung des Gesetzestextes im § 44 Abs. 5 KomHVO unterstrichen, da eine Sonderpostenbildung nur für zweckentsprechend verwendete investive Zuwendungen zu erfolgen hat.

Bank	an	Erhaltene Anzahlungen
Erhaltene Anzahlungen	an	Sonderposten (Erfüllung der Verwendungsvorgabe)
Sonderposten	an	Erträge aus der Auflösung von Sonderposten

10.3.6.2.3 Schul- und Bildungspauschale

Die laufend pauschalierten Zuwendungen für Investitionen und Sanierungen im Schulbereich („Schulpauschale") beinhalten als Verwendungsvorgabe drei Voraussetzungen. Zwei Voraussetzungen werden im Rahmen der Verwendung vorgegeben. Hierbei ist eine alternative Verwendung für Investitionsmaßnahmen[293] und für Sanierungsmaßnahmen sowie Leasing und Miete zulässig. Diese beiden Verwendungen müssen als dritte Voraussetzung im Schulbereich vorgenommen werden. Alternativ hierzu können die Zuwendungsmittel auch für investive Maßnahmen bei kommunalen Kindertageseinrichtungen (Bildungspauschale) eingesetzt werden.

Der Differenzierung hinsichtlich der Verwendung für zukünftige Investitionsmaßnahmen und für Sanierungsmaßnahmen bei der Schulpauschale kommt besondere Bedeutung zu. In der Planung wird durch die Verwendungsentscheidung der Kommune auch die Entscheidung zur unterschiedlichen Veranschlagung festgelegt.

Bei einer (teilweisen) Verwendung der Zuwendungsfinanzierung für zukünftige Investitionsmaßnahmen erfolgt eine Veranschlagung im Rahmen der Investitionsplanung für den Produktbereich Schulträgeraufgaben in der Teilfinanzplanung. Bei einer (teilweisen) Verwendung der Zuwendungsfinanzierung für Sanierungsmaßnahmen erfolgt die Veranschlagung im Rahmen der Teilergebnisplanung.

Im Rahmen der Investitionsplanung wird die anteilige Finanzierung von Vermögensgegenständen entsprechend der Verwendungsvorgabe im Produktbereich „Schulträgeraufgaben" durch die Kommune selbst bestimmt. Mit der Aktivierung der Vermögensgegenstände erfolgt gleichzeitig die Bildung der zugehörigen Sonderposten. Entsprechend der mit der Aktivierung vorgenommenen Abschreibungsplanung erfolgt analog dazu die ertragswirksame Auflösung des Sonderpostens. Analog zur „Feuerwehrpauschale" gilt, dass solange die der Zuwendung zugeordnete Investition nicht aktiviert wurde und somit die Zuwendungsvorgabe noch nicht erfüllt ist, der Zuwendungsbetrag bis zu diesem Zeitpunkt als besondere Form einer Verbindlichkeit unter dem Bilanzposten „Erhaltene Anzahlung" zu erfassen ist.

Die Buchungssystematik für Investitionsmaßnahmen im Rahmen der „Schulpauschale/Bildungspauschale" sieht hierbei wie folgt aus:

Bank	an	Erhaltene Anzahlung
Erhaltene Anzahlung	an	Sonderposten (Erfüllung der Verwendungsvorgabe)
Sonderposten	an	Erträge aus der Auflösung von Sonderposten

Anders ist dies, wenn die Verwendung der Zuwendung (teilweise) zur Finanzierung von Sanierungsmaßnahmen im Produktbereich „Schulträgeraufgaben" erfolgt. Sanierungsmaßnahmen stellen grundsätzlich Erhaltungsaufwand dar, der in der Ergebnisrechnung zu veranschlagen ist. Dementsprechend stellt die Schulpauschale hierfür einen zweckgebundenen Ertrag dar, und die Veranschlagung erfolgt im Rahmen der Teilergebnisplanung. Der Nachweis der Erfüllung der Ver-

293 Hierzu zählt auch der Kapitaldienst im Rahmen eines Finanzierungsmodells „alternative Schulbaufinanzierung".

wendungsvorgabe erfolgt durch Gegenüberstellung des Aufwands für Sanierungsmaßnahmen und der zweckgebundenen Erträge aus der Schulpauschale im Produktbereich „Schulträgeraufgaben".

10.3.6.2.4 Sportpauschale

Die laufend pauschalierten Zuwendungen zur Unterstützung investiver kommunaler Aufwendungen im Sportbereich (Sportpauschale) sind bestimmt für den Neu-, Um- und Erweiterungsbau, die Sanierung, Modernisierung und den Erwerb, Miete, Pacht und Leasing von Sportstätten.

In Abgrenzung zur Schulpauschale sind für Sportstätten, die ausschließlich dem Schulsport dienen, nur Mittel der Schulpauschale einzusetzen.

Hierbei ist eine alternative Verwendung für Investitionsmaßnahmen[294] und für Sanierungsmaßnahmen sowie Miete und Leasing zulässig. Diese Verwendungen müssen im Sportbereich erfolgen.

Die Darstellung im Rahmen der Haushaltsplanung und -bewirtschaftung stellt sich analog zu den Ausführungen bei der Schulpauschale dar.

10.3.6.3 Ansatz von investitionsbezogenen Zuwendungen und von Beiträgen

Aufgrund des dargestellten Zuordnungsverfahrens bei den pauschalierten Finanzierungszuwendungen aus der „Feuerwehr-, Schul- und Sportpauschale" zu einzelnen Investitionsmaßnahmen wurden bereits alle Voraussetzungen deutlich, die für eine Sonderpostenbildung für einzelne investitionsbezogene Zuwendungen erfüllt sein müssen. Für diese ist es zwingend erforderlich, dass eine Anschaffung oder Herstellung eines Vermögensgegenstandes erfolgt, für dessen Finanzierung die investitionsbezogene Zuwendung vorgesehen ist.

Zur Erfüllung der Verwendungsvorgabe ist in der Regel die Anschaffung oder Herstellung erforderlich. Solange hierbei der Anschaffungs- oder Herstellungsvorgang nicht abgeschlossen ist, stellen die zugeflossenen Finanzierungsmittel im Rahmen des Realisationsprinzips eine Verbindlichkeit aus Transferleistungen dar. Erst mit Aktivierung des Vermögensgegenstandes erfolgt die Einstellung in den Sonderposten.

Die Abschreibungsplanung (Nutzungsdauer und Abschreibungsmethode) des zuwendungsfinanzierten Vermögensgegenstandes bestimmt auch die ertragswirksame Auflösung des hieraus gebildeten Sonderpostens.

Der Ansatz und Ausweis bei der Bilanzierung von investitionsbezogenen Zuwendungen wird nach der Zuwendungszusage des Zuwendungsgebers durch den Liquiditätszufluss und die Verwendungsvorgabe bestimmt. Ist trotz der Zuwendungszusage durch den Zuwendungsgeber weder die Verwendungsvorgabe erfüllt noch der Zufluss an Liquidität erfolgt, ist aufgrund des bestehenden Zustandes als „schwebendes Geschäft" (es besteht lediglich ein Verpflichtungsgeschäft) mangels jeglicher Erfüllung von Zuwendungsgeber- und Zuwendungsnehmerseite hinsichtlich der Bilanzierung noch nichts zu veranlassen.

Fließt der Kommune die Liquidität zu, hat sie aber die Verwendungsvorgabe noch nicht erfüllt, so hat sie die zugeflossene Liquidität auf der Passivseite als Verbindlichkeit aus Transferleistungen solange auszuweisen bis die Verwendungsvorgabe erfüllt ist. Mit der Aktivierung des zugehörigen Vermögensgegenstandes erfolgt die Umbuchung der Verbindlichkeit aus Transferleistungen in den Sonderposten.

294 Hierbei können im Rahmen des kreditfinanzierten Sportstättenbaus auch die im Rahmen der Fremdfinanzierung anfallenden Annuitäten (Tilgung und Zinsen eines Kredites) bedient werden. Dies wird nur der Vollständigkeit halber erwähnt; Ausführungen zu diesem speziellen Finanzierungsmodell würden den Rahmen dieser Darstellung sprengen.

Buchungen:		
Bank	an	Verbindlichkeiten aus Transferleistungen
Verbindlichkeiten aus Transferleistungen	an	Sonderposten

Hat der Zuwendungsgeber noch nicht den Liquiditätszufluss veranlasst, obwohl die Kommune die Verwendungsvorgabe aus der Zuwendungszusage durch Aktivierung des Vermögensgegenstandes erfüllt, so ergibt sich für die Kommune eine Forderung aus Transferleistungen gegenüber dem Zuwendungsgeber unter gleichzeitiger Einbuchung des Sonderpostens. Die Abschreibungen und die ertragswirksame Auflösung des Sonderpostens erfolgen anhand der Abschreibungsplanung des geförderten Vermögensgegenstandes. Überweist der Zuwendungsgeber den Zuwendungsbetrag, erlischt die Forderung aus Transferleistungen.

Buchungen:		
Forderungen aus Transferleistungen	an	Sonderposten
Bank	an	Forderungen aus Transferleistungen

Hierzu die denkbaren Sachverhaltskonstellationen im Überblick:

Verwendungsvorgabe erfüllt	Liquiditätszufluss	Ausweis der Zuwendung in der Bilanz
nein	nein	Kein Ausweis in der Bilanz
nein	ja	Liquide Mittel und Verbindlichkeiten aus Transferleistungen
ja	nein	Forderungen aus Transferleistungen und Sonderposten
ja	ja	Liquide Mittel und Sonderposten

Beiträge sind nach § 8 Abs. 2 KAG Geldleistungen, die als Ersatz des Aufwandes der Kommunen für die Herstellung, Anschaffung und Erweiterung öffentlicher Einrichtungen und Anlagen erhoben werden. Für Beiträge gilt grundsätzlich das gleiche Ansatzverfahren wie bei den investitionsbezogenen Zuwendungen.

Eine Besonderheit in der Sonderpostenbildung für Beiträge besteht darin, dass die Kommune nach Fertigstellung des Vermögensgegenstandes das Gesamtinvestitionsvolumen (z. B. Erschließungsanlage) einzelgrundstücksbezogen aufgrund bestimmter Verteilungsschlüssel aufteilt und die Beiträge per Bescheid gegenüber den einzelnen Beitragspflichtigen (z. B. Grundstückseigentümern) erhebt. Zwischen Fertigstellung und somit Aktivierung des Vermögensgegenstandes und der einzelbezogenen Bescheidung der Beitragspflichtigen entsteht ein zeitlicher Versatz, der eine jahresbezogene parallele Auflösung des Sonderpostens mit der Abschreibung des Vermögensgegenstandes aufgrund der Abschreibungsplanung zumeist unmöglich macht.[295]

295 Einen alternativen Darstellungsansatz in Form eines Forderungspostens „Bestimmbare Forderung“ (z. B. gegenüber den Grundstückseigentümern der Hausnummern A bis Z) in Höhe des Gesamtinvestitionsvolumens mit gleichzeitiger Einbuchung eines Sonderpostens zwecks Gewährleistung eines parallelen Verlaufs von Abschreibung und ertragswirksamer Auflösung des Sonderpostens sieht das Gesetz nicht vor.

Der Sachverhalt noch nicht erhobener Beiträge aus fertiggestellten Erschließungsmaßnahmen ist vielmehr nach § 45 Abs. 2 Nr. 7 KomHVO im Anhang zur Bilanz darzustellen. Im Rahmen dieser Festlegung waren zwei für das kommunale Haushaltsrecht vorgegebene Grundsätze gegeneinander abzuwägen, wobei im Ergebnis das Realisationsprinzip über das Ressourcenverbrauchskonzept gestellt wurde. Der Sonderposten wird daher nach § 44 Abs. 5 Satz 1 KomHVO trotz vorheriger rechtlicher Entstehung mit der Fertigstellung des Vermögensgegenstandes erst mit der Realisation der Forderung mittels Beitragsbescheid gegenüber den Beitragspflichtigen gebucht werden.

So wird es möglich sein, dass aufgrund eines zeitlichen Versatzes der Geltendmachung gegenüber den Beitragspflichtigen und somit bei zeitlichem Versatz der Sonderpostenbildung gegenüber der Aktivierung des Vermögensgegenstandes die Erträge aus der Auflösung des Sonderpostens die Aufwendungen aus Abschreibungen übersteigen.

Beispiel:

Gesamtinvestitionsvolumen Straße	*1.200.000 €*
Beitragsanspruch	*90 %, entspricht gesamt 1.080.000 €*
Nutzungsdauer /Abschreibung	*40 Jahre linear, entspricht 30.000 € jährlich*
Zeitlicher Versatz	*5 Jahre*
Erträge aus Auflösung Sonderposten	*Rund 30.857 € (Beitragsanspruch 1.080.000 € durch Restnutzungsdauer der Straße 35 Jahre)*

Zur Vermeidung solcher atypischen Bilanz- und Ergebnisdarstellungen sind die Kommunen gehalten, die aus der Aufteilung der Gesamtkosten der Maßnahme resultierende Veranlagung möglichst zeitnah vorzunehmen.

10.3.6.4 Sonderposten für Gebührenausgleich

Jahresüberschüsse der kostenrechnenden Einrichtungen am Ende des Kalkulationszeitraums, die nach § 6 KAG in den vier folgenden Jahren ausgeglichen werden müssen, sind nach § 44 Abs. 6 KomHVO als Sonderposten für den Gebührenausgleich anzusetzen. Diese entstehen nach § 6 Abs. 2 KAG dadurch, dass auf der Grundlage des Kostendeckungsprinzips Kostenüberdeckungen für Benutzungsgebühren am Ende des Kalkulationszeitraums ermittelt wurden.

Kostenüberdeckungen stellen eine Verpflichtung gegenüber der Gemeinschaft der Gebührenzahler dar, wobei die Kommune frei darin ist, diese Verpflichtung gegenüber dem einzelnen Gebührenzahler oder der Gemeinschaft der Gebührenzahler zu erfüllen. In der Regel wird dies seitens der Kommune gegenüber der Gemeinschaft der Gebührenzahler erfolgen, indem in einer Kalkulation diese Überdeckung gebührenmindernd berücksichtigt wird. Den Zeitraum der Erfüllung dieser gebührenmindernden Berücksichtigung bestimmt das Kommunalabgabengesetz in den Regelungen zu den Benutzungsgebühren.

Bis diese verminderte Gebührenveranschlagung erfolgt, wird in der kommunalen Bilanz ein Sonderposten für Gebührenausgleich gebildet. Hierzu erfolgt im Rahmen des Jahresabschlusses eine Aufwandsbuchung für die Einstellung in den Sonderposten mit der Gegenbuchungsposition „Sonderposten für Gebührenausgleich".

Basierend auf der Zielsetzung der Abbildung des Ressourcenverbrauchs und des Ressourcenaufkommens folgt der Haushalt der Gebührenkalkulation. Erst wenn in dieser die gebührenmindernde Berücksichtigung der Kostenüberdeckung einbezogen wird, ist die Auflösung des Sonderpostens im Haushalt zu planen. In der Teilergebnisplanung ist dieser Sachverhalt im Rahmen der Erläuterung des Saldos zwischen Haushaltsansatz und Gebührenkalkulation sowie im

Jahresabschluss des entsprechenden Haushaltsjahres zwischen dem Haushaltsergebnis und dem Ergebnis auf der Grundlage der Gebührenkalkulation zu erläutern.

> ***Beispiel:***
> *Mit Jahresabschluss 2021 wurde eine Kostenüberdeckung von 200.000 € im Straßenreinigungsbereich ermittelt. Es erfolgte im Rahmen des Jahresabschlusses eine Aufwandsbuchung für die Einstellung in Sonderposten mit der Gegenbuchungsposition „Sonderposten für Gebührenausgleich Straßenreinigung“. Mit der Gebührenkalkulation für das Haushaltsjahr 2023 wird die Kostenüberdeckung in die Kalkulation kosten- bzw. gebührenmindernd einbezogen. Der Haushalt folgt der Gebührenkalkulation, so dass für den Haushalt 2023 eine Ausbuchung des in 2021 gebildeten Sonderpostens mit der Gegenbuchungsposition „Erträge aus der Auflösung von Sonderposten für Gebührenausgleich Straßenreinigung“ vorzusehen ist.*

Entstehen Kostenunterdeckungen für Benutzungsgebühren am Ende des Kalkulationszeitraums, sollen diese nach § 6 Abs. 2 KAG in den folgenden vier Jahren ausgeglichen werden. Kostenunterdeckungen, die noch ausgeglichen werden sollen, sind nach § 44 Abs. 6 Satz 2 KomHVO entgegen den Kostenüberdeckungen nur im Anhang der Bilanz anzugeben. Mangels Realisation einer Forderung erfolgt keine bilanzielle Abbildung (z. B. als Forderung gegenüber dem Gebührenbereich Straßenreinigung).

Hier folgt der Haushalt der Gebührenkalkulation hinsichtlich der Berücksichtigung der Kostenunterdeckung im Haushalt nur in der Form, dass die in der Gebührenkalkulation ermittelten Gebührenerträge (einschließlich der einbezogenen gebührenerhöhenden Unterdeckung) vollständig veranschlagt werden. Entgegen der Kostenüberdeckung mittels Sonderposten wird bei einer Kostenunterdeckung diese nur im Rahmen der Gebührenkalkulation nachgehalten.

Allerdings ist in der Teilergebnisplanung dieser Sachverhalt im Rahmen der Erläuterung des Saldos zwischen Haushaltsansatz und Gebührenkalkulation sowie im Jahresabschluss zwischen dem Ergebnis des Teilhaushalts und dem Ergebnis auf der Grundlage der Gebührenkalkulation zu erläutern.

10.3.6.5 Sonstige Sonderposten

Dieser Bilanzposten ist ein Sammelposten für weitere Sachverhalte, die eine Sonderpostenbildung erforderlich machen. Zwei solcher Sachverhalte sind die erhaltenen Leistungen

- für ökologische Ausgleichs- und Ersatzmaßnahmen (auch „Öko-Konto“ genannt) und
- für die Ablösung von der Verpflichtung zur Erstellung von Stellplätzen.

Beide Sachverhalte beinhalten als Besonderheit, dass der Leistende für seine erbrachte Geldleistung keinen Rückzahlungsanspruch besitzt, sondern sich von einer rechtlichen Leistungsverpflichtung „freikauft“, die basierend auf einer Geldleistung nunmehr durch die Kommune wahrgenommen wird. Bei den ökologischen Ausgleichs- und Ersatzmaßnahmen kommt hinzu, dass die erhaltenen Geldleistungen sowohl für investive als auch für konsumtive ökologische Maßnahmen verwendet werden können. Zahlungseingang und sachgerechte Verwendung sind getrennt voneinander zu betrachten.

Mangels Gegenleistungsverpflichtung gegenüber dem Leistenden ist bei Leistung oder Forderungseinbuchung die Gegenposition stets der jeweilige Sonderposten für Ausgleichs- und Ersatzflächen bzw. für die Ablösung von der Verpflichtung zur Erstellung von Stellplätzen.

Bei zweckbestimmter Verwendung erfolgt für eine investive Verwendung (z. B. Anschaffung eines Vermögensgegenstandes) eine Umbuchung in der Form, dass einem angeschafften oder hergestellten Vermögensgegenstand der Sonderposten zugeordnet wird. Mit dieser Umbuchung wird aus einem „globalen" Sonderposten[296] ein einem Vermögensgegenstand zugehöriger Sonderposten, mit der Konsequenz, dass parallel zur Abschreibung aufgrund der Abschreibungsplanung des zugehörigen Vermögensgegenstandes in analoger Form eine ertragswirksame Auflösung dieses Sonderpostens erfolgt.

Zahlungsphase		
Ablösung der gesetzlichen Verpflichtung durch Dritte		
Debitor/Bank	an	Sonstige Verbindlichkeiten
Verwendungsphase		
1) Investive Verwendung der erhaltenen Ausgleichszahlungen durch die Kommune		
a) Anschaffung eines Vermögensgegenstandes		
Anlagegut	an	Liquide Mittel
b) Umbuchung vom "Sammelsonderposten" auf den einem Anlagegut zugehörigen Einzelsonderposten		
Sonstige Verbindlichkeiten	an	Sonderposten Anlagegut
2) Konsumtive Verwendung der erhaltenen Ausgleichszahlungen durch die Kommune		
a) Durchführung einer konsumtiven Leistung		
Sach-/Dienstleistungsaufwand	an	Kreditor/Verbindlichkeit/Bank
b) Neutralisierung des Aufwandes durch teilweise ertragswirksame Auflösung aus dem "Sammelsonderposten"		
Sonstige Verbindlichkeiten	an	Erträge aus der Auflösung von sonstigen Sonderposten

10.3.6.6 Praktische Beispiele und Übungen

Sachverhalt Nr. 13

In der Gemeinde G wird eine Geschäftsanweisung für die Vermögensbewirtschaftung erstellt. Zur Erleichterung der Anlagenbuchhaltung wird hierin vorgesehen, dass erhaltene Zuwendungen unmittelbar mit den zugeordneten Vermögensgegenständen verrechnet werden und deren Wert mindern sollen, da diese Vorgehensweise keinerlei Auswirkungen auf das Jahresergebnis in der Ergebnisrechnung hat.

Aufgabe:

Beurteilen Sie diese Regelung.

---

296 Besonderheit ist hier, dass keine Verbindlichkeit besteht; inhaltlich wurden die zugeflossenen Mittel aber auch noch nicht zur Vermögensfinanzierung verwendet. Daher ist auch ein Bilanzausweis unter Verbindlichkeiten vertretbar.

Lösung:
Die Regelung ist unzulässig, da das Wahlrecht des kaufmännischen Rechnungswesens einer aktivischen Minderung der Anschaffungs- oder Herstellungskosten durch Zuwendungen nach § 44 Abs. 5 KomHVO nicht besteht. Das Haushaltsrecht hat das Ziel, den vollständigen Ressourcenverbrauch und auch das zugehörige Ressourcenaufkommen unsaldiert abzubilden. Hierbei soll neben der Vermögensverwendung auch die Vermögensfinanzierung anhand der Zuwendungsgeber dargestellt werden.

Sachverhalt Nr. 14
Die Stadt S regelt in der Geschäftsanweisung „Rechnungswesen" die ertragswirksame Auflösung von investiven Zuwendungen in der Form, dass der Zeitrahmen der Rückzahlungsverpflichtung der investiven Zuwendung die ertragswirksame Auflösung des aus investiven Zuwendungen angesetzten Sonderpostens bestimmt.

Aufgabe:
Wie ist diese Regelung zu beurteilen?

Lösung:
Eine Durchbrechung der Regelungen des kaufmännischen Referenzmodells ist im kommunalen Haushaltsrecht nach § 44 Abs. 5 Satz 2 KomHVO nicht vorgesehen. Eine solche Regelung entspräche nicht der Zielsetzung des kommunalen Rechnungswesens. Dort bilden Ressourcenaufkommen und Ressourcenverbrauch und nicht die Abbildung rechtlicher Rückzahlungsverpflichtungen den zentralen Inhalt. Rückzahlungsverpflichtungen sind vielmehr in den Abbildungsformen „Verbindlichkeiten" und „Rückstellungen" vorzusehen. Eine solche Durchbrechung der kaufmännischen Verfahrensweise – neben der sinnvollen Aufhebung des Wahlrechts der aktivischen Minderung – durch eine kommunalspezifische Verfahrensweise ist nicht gewollt.

Eine Abbildung des Ressourcenverbrauchs und des Ressourcenaufkommens muss auch dann weiter erfolgen, wenn die Bindungswirkung einer Zuwendung nicht mehr besteht. Die Anschaffung und Finanzierung eines Vermögensgegenstandes basiert auf der (teilweisen) Finanzierung durch Dritte und ist damit untrennbar verbunden mit dem späteren Ressourcenaufkommen aus der ertragswirksamen Auflösung von Sonderposten aus Zuwendungen auf der Grundlage der geplanten Nutzungsdauer für den angeschafften oder hergestellten Vermögensgegenstand. Der Sonderposten aus investiven Zuwendungen muss daher hinsichtlich der Abschreibungsdeterminanten (Nutzungsdauer und Abschreibungsverfahren) das „Schicksal" des zugehörigen Vermögensgegenstandes teilen.

Sachverhalt Nr. 15
Der Kämmereisachbearbeiter K erhält die Jahresrechnungen (Vergleich Gebührenkalkulation mit Gebührenaufkommen) seiner zwei kostenrechnenden Einrichtungen. Hierbei ergibt sich einmal eine Unterdeckung i. H. v. 30.000 € sowie eine Überdeckung von 40.000 €. Nach seiner Meinung sind im Sonderposten für Gebührenausgleich in der kommunalen Jahresabschluss-Bilanz somit 10.000 € auszuweisen.

Aufgabe:
Beurteilen Sie diese Auffassung des Kämmereisachbearbeiters.

Lösung:
Bei Kostenunterdeckungen erfolgt mangels Realisation einer Forderung nach § 44 Abs. 6 Satz 2 KomHVO keine bilanzielle Abbildung. Eine Saldierung ist unzulässig. Somit ist für den Ausweis

im Sonderposten für den Gebührenausgleich nur die Kostenüberdeckung maßgeblich, so dass nach § 44 Abs. 6 Satz 1 KomHVO in der Jahresabschlussbilanz für den Sonderposten 40.000 € auszuweisen sind. Die Unterdeckung ist dagegen nach § 44 Abs. 6 Satz 2 KomHVO im Anhang zur Bilanz anzugeben.

10.3.7 Rückstellungen

10.3.7.1 Voraussetzungen der Rückstellungsbilanzierung

a) Rückstellungsbildung

Eine Rückstellungsbildung erfolgt aufgrund des Vorliegens eines spezifischen Sachverhalts und hat hierbei den Zweck, zum einen den Aufwand periodengerecht abzubilden und zum anderen idealtypisch in einer späteren Periode im Rahmen der Auszahlung keinerlei Aufwand entstehen zu lassen.

Die Elemente des Prinzips der Periodenabgrenzung durch Rückstellungen sind:

- Aufwandsdarstellung eines Geschäftsvorfalls in der zugehörigen Periode,
- Auszahlung zur Abwicklung des Geschäftsvorfalls in einer späteren Periode,
- Rückstellungen mit Funktion der Verbindung des Aufwands- und des Auszahlungsteils eines Geschäftsvorfalls bei der erforderlichen Darstellung in unterschiedlichen Perioden.

Die Rückstellungen gehören bilanziell zu den Fremdkapitalposten. Rückstellungen stellen Verpflichtungen gegenüber Dritten oder gegenüber sich selbst[297] (Instandhaltungsrück-stellungen) dar, die dem Grunde oder der Höhe nach ungewiss sind. Die Rückstellungseinbuchung erfolgt grundsätzlich nach folgendem Buchungssatz:

Aufwandskonto (Unterscheidung nach Aufwandsarten)	an	Rückstellungskonto (Unterscheidung nach Rückstellungsarten)

Rückstellungen sind nach § 88 Abs. 1 GO in angemessener Höhe zu bilden. Seit dem 2. NKFWG erfolgt die Bewertung nicht mehr unter dem Vorsichtsprinzip, welches regelmäßig einen Risikozuschlag erforderte, sondern anhand des wirklichen Wertes (§ 33 Abs. 1 Satz 2 Nr. 3 KomHVO).

b) Rückstellungsposten in der kommunalen Bilanz

Der § 37 KomHVO greift inhaltlich die Bilanzstruktur der einzelnen Rückstellungsposten auf und stellt prägnant die relevanten Inhalte zu diesen Posten dar. Die Rückstellungen untergliedern sich in der kommunalen Bilanz gem. § 42 Abs. 4 Nr. 3 KomHVO in folgende Posten:

- Pensionsrückstellungen,
- Rückstellungen für die Rekultivierung und Nachsorge von Deponien,
- Instandhaltungsrückstellungen (Aufwandsrückstellung),
- Sonstige Rückstellungen gem. § 37 Abs. 5, 6 KomHVO.

Inhaltlich zu unterscheiden sind Rückstellungen mit Schuldcharakter, bei denen Rückstellungen für dem Grunde oder der Höhe nach ungewisse Verpflichtungen aufgrund bestehender Rechts-

297 Verpflichtungen gegenüber sich selbst stellen inhaltlich keine Schulden bzw. kein Fremdkapital dar.

beziehungen zu Dritten zu bilden sind, und Rückstellungen mit einer Aufwandsverpflichtung gegen sich selbst, bei denen Aufwendungen dem abgelaufenen Haushaltsjahr oder vergangenen Haushaltsjahren zuzuordnen sind.

Zur Verdeutlichung der begrifflichen Abgrenzung zwischen Schulden und Rückstellungen werden in der nachfolgenden Darstellung die zugehörigen inhaltlichen Komponenten dargestellt, wobei die Verbindlichkeitsrückstellungen als begriffliche Schnittmenge sowohl den Schulden als auch den Rückstellungen zuzuordnen sind.

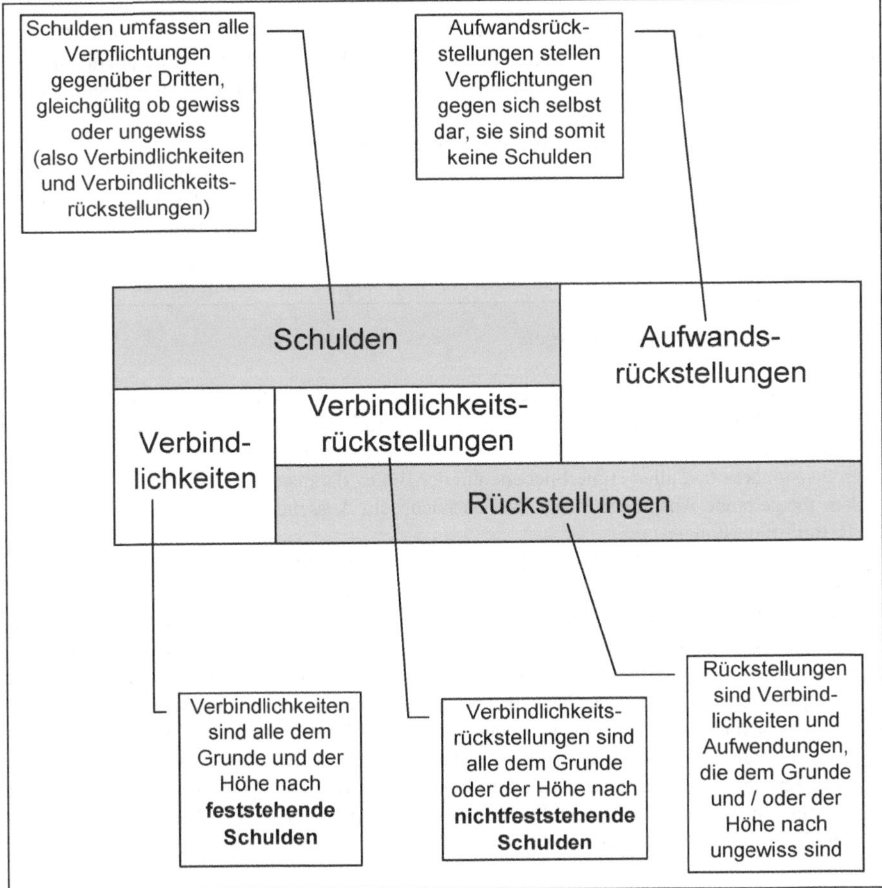

Die Verpflichtung zur Rückstellungsbildung umfasst im kommunalen Haushaltsrecht sämtliche Verbindlichkeitsrückstellungen. Im Bereich der Aufwandsrückstellungen sind lediglich Rückstellungen für unterlassene Instandhaltungen von Sachanlagen zu bilden.

c) Inanspruchnahme der Rückstellungen

Durch die Inanspruchnahme für den speziellen Rückstellungszweck stellt die Rückstellung die Gegenbuchungsposition für die Verbindlichkeit bzw. die Auszahlung dar. Aufgrund des bereits in früheren Perioden erfassten Aufwands darf in einer späteren Periode der Aufwand im Rahmen der Inanspruchnahme nicht noch einmal in einem späteren Jahresabschluss (Verbot der Doppelerfassung) dargestellt werden, so dass die Rückstellung den Aufwand durch Absetzung idealtypisch neutralisiert. Die Inanspruchnahme der Rückstellung erfolgt danach durch folgende Buchungssätze:

Spezifisches Aufwandskonto	an	Verbindlichkeiten/Liquide Mittel
Rückstellungen	an	Spezifisches Aufwandskonto

Eine direkte unterjährige Buchung der Verbindlichkeiten in die Bilanz mit dem Gegenbuchungsposten Rückstellungen (buchhalterische Methode) ist nach den GoB unzulässig, da unterjährige Bewirtschaftungsbuchungen auf den Bestandskonten der Bilanz zu vermeiden sind.

d) Ertragswirksame Auflösung von Rückstellungen

Im Einklang mit den handelsrechtlichen Vorschriften ist eine Rückstellung nach § 37 Abs. 7 KomHVO verpflichtend ertragswirksam aufzulösen, wenn der Grund hierfür entfallen ist. Dies ist der einzige Grund für eine ertragswirksame Auflösung von Rückstellungen.

Rückstellungen	an	Erträge aus der Auflösung von Rückstellungen

10.3.7.2 Pensionsrückstellungen

Alle Pensionsverpflichtungen nach den beamtenrechtlichen Bestimmungen sind nach § 37 Abs. 1 KomHVO mit ihrem im Teilwertverfahren zu ermittelnden Barwert als Rückstellung anzusetzen. Dies bedeutet, dass alle entstandenen Verpflichtungen gegenüber aktiv Beschäftigten, allen Pensionären und allen Hinterbliebenen in der Bilanz darzustellen sind. Dazu gehören auch andere fortgeltende Ansprüche von Personen nach dem Ausscheiden aus dem aktiven Dienst (z. B. Beihilfeleistungen).

§ 37 Abs. 1 KomHVO legt bei der Ermittlung der Verpflichtungen einen Rechnungszinsfuß von 5 v. H. zugrunde. Dies stellt eine Abweichung zu dem im kaufmännischen Rechnungswesen weitgehend übernommenen Zinsfuß in Höhe von 6 v. H. des Einkommenssteuerrechts dar.[298] In der Dokumentation des Modellprojektes wird diese Abweichung damit begründet, dass ein mittlerer Wert eines handelsrechtlich üblichen Korridors eines Zinsfußes von 4 v. H. bis 6 v. H. zu dem festgelegten Zinsfuß geführt hat.[299] Konsequenz dessen ist, dass es im Rahmen der Konsolidierung keinen einheitlichen Zinsfuß geben wird, der sich im Bereich der verbundenen Unternehmen und Beteiligungen sicherlich am steuerlichen Zinsfuß orientieren wird.

Das Teilwertverfahren bildet die Verpflichtungsentwicklung hinsichtlich der Pensionsrückstellungen der Gemeinde gegenüber den Beamten idealtypisch ab. Hierbei sind folgende Entwicklungsabschnitte zu berücksichtigen:

298 Vgl. § 6a Abs. 3 Satz 3 EStG.

299 Vgl. Modellprojekt „Doppischer Kommunalhaushalt in NRW“ (Hrsg.), Neues Kommunales Finanzmanagement: Betriebswirtschaftliche Grundlagen für das doppische Haushaltsrecht, 2., vollst. überarb. Aufl. auf der Basis der Endergebnisse des Modellprojektes, Freiburg 2003, S. 263.

Zeitliche Abschnitte bei Pensionsrückstellungen	Was hat die Gemeinde zu tun?
Diensteintritt	Der Diensteintritt stellt den Beginn der Wartezeit bis zur Pensionszusage dar. Nach der § 37 Abs. 1 KomHVO sind die Gemeinden zu diesem Zeitpunkt nicht zur Bildung einer Pensionsrückstellung verpflichtet, da durch den Diensteintritt noch kein Anspruch bewirkt wird.
Pensionszusage	Erst nach fünf Jahren Dienstzeit realisiert sich die gesetzlich bestimmte Pensionszusage durch die Gemeinde. Ein spezieller Verwaltungsakt bzw. eine spezielle Mitteilung erfolgt hierbei durch die Gemeinde gegenüber dem Beamten nicht. Zu diesem Zeitpunkt hat die Gemeinde eine Einmalrückstellung für die fünf zurückliegenden Jahre vorzunehmen.
Ansammlungsphase	Es erfolgt während der aktiven Dienstzeit eine ratierliche Ansammlung der Pensionsverpflichtungen.
Pensionsantritt	Mit Pensionsantritt wird der Barwert der Verpflichtung als Rückstellungsbestand erreicht. Der auf dem Rückstellungskonto angesammelte Anspruch als Beschäftigter ist mit Pensionsantritt dem Rückstellungskonto für Versorgungsempfänger zuzuordnen.
Zahlung der Pensionen	Der Rückstellungsbestand soll den Aufwand, der im Rahmen der Pensionszahlungen entsteht, decken. Hierbei stellen die Pensionszahlungen in der Ergebnisrechnung zunächst Aufwand dar, der im Rahmen der Auflösung der Rückstellung im Rahmen des Jahresabschlusses idealtypisch neutralisiert werden sollte. In der Regel werden sich hierbei Abweichungen ergeben, die überwiegend zu einem verbleibenden Aufwand führen werden (Barwert-Effekt = 5 % Barwertdifferenz für ein Jahr). Theoretisch kann es jedoch auch per Saldo zu Erträgen aus der Auflösung von Pensionsrückstellungen kommen.
Versterben des Beamten	Idealtypisch werden die Pensionsrückstellungen anhand von Sterbetafeln gebildet. Beim Versterben eines einzelnen Beamten kann es zu einer Unterschreitung der vorgesehenen Lebenszeit kommen; hier würde ein Rest in der Pensionsrückstellung entstehen. Bei Überschreiten der vorgesehenen Lebenszeit würde sich ein zusätzlicher Rückstellungsbedarf ergeben. Da zwar die ungewissen Verbindlichkeiten einzeln bewertet werden, die Pensionsrückstellung aber die Gesamtheit der Anspruchsberechtigten abbildet, führt dies in der Regel zu einer Nivellierung untereinander.

Die Bewertung der Ansprüche jedes einzelnen Beschäftigten erfolgt mittels eines versicherungsmathematischen Gutachtens. Die Ermittlung kann durch ein Gutachten eines Versicherungsmathematikers, einer Versorgungskasse oder eigenständig anhand einer zertifizierten Software erfolgen. Im Rahmen eines Runderlasses vom 13.12.2021 – 304 – 48.01.02/30 – 244/21 – sind Vereinfachungen in der Form zugelassen, dass für Beamte der Laufbahngruppe 1, zweites Einstiegsamt, und Laufbahngruppe 2, erstes Einstiegsamt, als Diensteintritt allgemein das vollendete 19. Lebensjahr und für Beamte der Laufbahngruppe 2, zweites Einstiegsamt, das vollendete 25. Lebensjahr als Beginn der Dienstzeit angesetzt werden können.

Weiterhin ist als Vereinfachung zugelassen, für Teilzeitbeschäftigte anstelle des vergangenheitsbezogenen durchschnittlichen Beschäftigungsgrades und für die Zukunft des aktuellen Teilzeitgrades auch hilfsweise bei fehlender Datenbasis eine Vollbeschäftigung insgesamt zugrunde zu legen. Bei einer Freistellung vom Dienst ist ein fiktiver Beschäftigungsgrad von 50 % anzusetzen. Im Rahmen der Stetigkeit der Bilanzierung bzw. der Bewertungsmethoden sind diese Vereinfachungen beizubehalten.

Für über die Pensionsansprüche hinausgehende Ansprüche auf Beihilfen nach § 75 Landesbeamtengesetz sowie andere Ansprüche außerhalb des Beamtenversorgungsgesetzes kann eine vereinfachte prozentuale Ermittlung auf der Basis der bestehenden Versorgungsbezüge vorgenommen werden. Der Prozentsatz ergibt sich aus dem Verhältnis der gezahlten Beihilfeleistungen zum Volumen der gezahlten Versorgungsbezüge. Der Prozentsatz bemisst sich nach dem Durchschnitt dieser Leistungen in den drei dem Jahresabschluss vorangehenden Haushaltsjahren. Eine Überprüfung bzw. Anpassung des Prozentsatzes müssen mindestens alle fünf Jahre erfolgen.

Hierzu nachfolgend ein Berechnungsbeispiel:

<table>
<tr><th colspan="4">Ermittlung des v. H.-Satzes für die Berechnung des Beihilfeanteils
Pensionsrückstellungen für den Jahresabschluss</th></tr>
<tr><th>(1)
Jahr</th><th>(2) Pensionszahlungen</th><th>(3) Beihilfezahlungen
für Pensionäre</th><th>Verhältnis in % (3) : (2)</th></tr>
<tr><td>2020</td><td>5.000.000,00 €</td><td>1.100.000,00 €</td><td>22</td></tr>
<tr><td>2021</td><td>5.400.000,00 €</td><td>1.000.000,00 €</td><td>18,52</td></tr>
<tr><td>2022</td><td>5.800.000,00 €</td><td>1.200.000,00 €</td><td>20,69</td></tr>
<tr><td colspan="3">Durchschnitt</td><td>20,40</td></tr>
<tr><td></td><td>16.200.000,00 €</td><td>3.300.000,00 €</td><td rowspan="2">20,37</td></tr>
<tr><td colspan="3">Gewogener Durchschnitt</td></tr>
</table>

Der Gesetzestext spricht vom „Durchschnitt der letzten drei Jahre". Je nach Ermittlungsverfahren sind nach Meinung der Autoren sowohl die Durchschnittsermittlung bezogen auf die einzelnen Jahre als auch die gewogene Durchschnittsermittlung für die Feststellung des v. H.-Satzes vertretbar.

Seit dem 2. NKFWG kann für die Ermittlung des Beihilfeanteils zunächst auch der Durchschnitt der Beihilfezahlungen der letzten drei Jahre ermittelt werden und für diesen Wert dann – genau wie bei den Pensionsansprüchen – der Barwert im Teilwertverfahren (Rechnungszinsfuß: 5 %) bestimmt werden (§ 37 Abs. 1 Satz 9 KomHVO).

Sofern durch Dienstherrnwechsel bei den Versorgungslasten einer Gemeinde auch andere Dienstherrn nach § 95 BeamtVG zu beteiligen sind, hat der abgebende Dienstherr die sich ergebende Erstattungsverpflichtung als sonstige Rückstellung mit dem Barwert anzusetzen. Beim aufnehmenden Dienstherrn ist die gesamte Pensionsverpflichtung zu passivieren. Als Gegenposten für den maßgeblichen Erstattungsanspruch des abgebenden Dienstherrn ist eine „sonstige öffentlich-rechtliche Forderung" zu aktivieren.[300]

Im Falle von Besoldungsanpassungen, die eine Zuführung zu Pensionsrückstellungen notwendig machen, können gem. § 37 Abs. 2 KomHVO diese Aufwendungen auch auf die drei Folgejahre nach der Anpassung (und damit der eigentlichen wirtschaftlichen Ursache) verteilt werden. Unter Berücksichtigung des Prinzips der Periodengerechtigkeit ist diese mit dem 2. NKFWG eingeführte Regelung strikt abzulehnen.

10.3.7.3 Rückstellungen für die Rekultivierung und Nachsorge von Deponien

Für die Rekultivierung und Nachsorge kommunaler Deponien sowie für die Sanierung von Altlasten sind nach § 37 Abs. 3 KomHVO als Rückstellung die zu erwartenden Gesamtkosten bezogen auf den voraussichtlichen Zeitpunkt der Rekultivierungs- und Nachsorgemaßnahmen zu ermitteln.

300 Vgl. Ministerium für Heimat, Kommunales, Bau und Gleichstellung vom 13.12.2021 – 304-48.01.02/30 - 244/21 – „Pensionsverpflichtungen und Beihilfeverpflichtungen", wonach die konkrete Bilanzierung davon abhängig ist, ob der Dienstherrenwechsel vor oder nach dem 1.7.2016 erfolgte.

Das Rückstellungsvolumen für kommunale Deponien orientiert sich in der Regel am Verfüllmengenanteil pro Nutzungsjahr im Verhältnis zur Gesamtverfüllmenge.

10.3.7.4 Instandhaltungsrückstellungen

Analog zum kaufmännischen Rechnungswesen beinhaltet das Haushaltsrecht aufgrund seiner Zielsetzung einer auf das Haushaltsjahr bezogenen Abbildung des Ressourcenverbrauchs und -aufkommens eine sehr dynamische Bilanzauffassung.

In § 37 Abs. 4 KomHVO werden die Rückstellungen für unterlassene Instandhaltung bei Sachanlagen als einzige Art der Aufwandsrückstellungen zugelassen, da diese den gebräuchlichsten Fall der Aufwandsrückstellungen darstellen und in diesen Rückstellungen auch eine hohes Ansatzpotenzial für den Bilanzausweis steckt. Unterlassene Instandhaltungen sind nach § 37 Abs. 4 KomHVO pflichtig als Rückstellungen auszuweisen, wenn die Nachholung der Instandhaltung hinreichend konkret beabsichtigt ist und die Instandhaltung als bisher unterlassen bewertet werden muss.[301] Sofern eine Aufwandsrückstellung aufgrund unterlassener Instandhaltung nicht gebildet wird, hat die Gemeinde zu prüfen, ob und in welcher Höhe eine außerplanmäßige Abschreibung beim Vermögensgegenstand zu erfolgen hat. Nach § 36 Abs. 6 letzter Satz KomHVO hat die Gemeinde diese außerplanmäßigen Abschreibungen im Anhang zu erläutern.

Als abbildungsfähige Sachverhalte für Rückstellungen aufgrund unterlassener Instandhaltung sind im Rahmen der hierunter zu subsumierenden Teilbegriffe „Instandsetzung“, „Wartung“ und „Inspektion“ zu verstehen:

- Instandsetzung: alle Maßnahmen der Verschleißbeseitigung mit dem Ziel, den ursprünglichen Zustand der Anlage wiederherzustellen,
- Wartung: alle Maßnahmen der (vorbeugenden) Verschleißhemmung,
- Inspektion: regelmäßige Feststellung des Grades der Leistungsfähigkeit bzw. des eingetretenen technischen Verschleißes von Anlagen.

Mit der Verpflichtung zur Bildung von Rückstellungen für unterlassene Instandhaltung wird der Aufwand in dem Haushaltsjahr erfasst, in dem er wirtschaftlich entstanden ist oder verursacht wurde, auch wenn die vorgesehene Maßnahme in ein späteres Haushaltsjahr verschoben wird. Des Weiteren unterstützt diese Verpflichtung zur Bildung von Rückstellungen für unterlassene Instandhaltung die Zielsetzung der Dokumentation der intergenerativen Gerechtigkeit. Gleichzeitig wird hiermit eine bessere Vergleichbarkeit der einzelnen Haushaltsergebnisse erreicht.

Die genaue Umschreibung der Instandhaltungsrückstellung ist im § 37 Abs. 4 Satz 2 KomHVO gesetzlich fixiert. Hiernach müssen die vorgesehenen Maßnahmen, für die eine Rückstellung gebildet wird, am Abschlussstichtag einzeln bestimmt und wertmäßig beziffert sein. Dies entspricht dem Prinzip der Einzelbewertung, wobei der Aufwand der Maßnahme sachgerecht zu schätzen ist.

> ***Beispiel:***
> *Der Rückstellungszweck ist eine Fenstererneuerung, die im Haushaltsjahr 2022 nicht durchgeführt wurde. Grundlage für die Schätzung der Höhe bietet die Zahl der zu erneuernden Fenster, die Ausstattungsqualität der Fenster und übliche Marktpreise, z. B. abgeleitet aus anderen gleich gelagerten Maßnahmen.*

301 § 249 HGB regelt dies für den handelsrechtlichen Bereich anders. Nur wenn die Instandhaltung innerhalb von 3 Monaten im folgenden Geschäftsjahr nachgeholt wird, sind Rückstellungen für unterlassene Instandhaltung pflichtig zu bilden, ansonsten dürfen Instandhaltungsrückstellungen nicht gebildet werden.

Die Instandhaltung muss nach § 37 Abs. 4 Satz 1 KomHVO als bisher unterlassen bewertet werden. Dies bedeutet, dass der Aufwand, der zur Rückstellungsbildung führt, im laufenden Haushaltsjahr oder einem früheren Haushaltsjahr entstanden sein muss.

Beispiel:
In der Instandhaltungsplanung des Hochbauamtes war eine Neueindeckung eines Schuldachs für das Haushaltsjahr 2022 vorgesehen. Aufgrund von Verzögerungen bei der Ausschreibung soll die Neueindeckung im Haushaltsjahr 2023 erfolgen. Der Aufwand für die Neueindeckung liegt im Haushaltsjahr 2022. Das zeitliche Kriterium ist im Sachverhalt gleichfalls erfüllt.

Die Durchführung der vorgesehenen Maßnahme, welche bei Nichtbildung einer Instandhaltungsrückstellung ansonsten zu Aufwendungen in späteren Haushaltsjahren führen würde, muss wahrscheinlich oder sicher sein. „Wahrscheinlich" bedeutet, dass eher von einer Durchführung der Maßnahme als von einer Nichtdurchführung auszugehen ist. Die Wahrscheinlichkeit kann sich grundsätzlich vom bisher gebildeten Volumen an Aufwandsrückstellungen ableiten.

Bei einer hohen Anzahl und einem hohen Finanzvolumen an Instandhaltungsrückstellungen muss sich die Gemeinde beispielsweise fragen, ob sie überhaupt in der Lage ist, anhand ihrer Umsetzungskapazitäten und ihrer finanzwirtschaftlichen Leistungsfähigkeit weitere Aufwandsrückstellungen zu realisieren.

Beispiel:
Seit mehreren Jahren bildet die Gemeinde G für ihre Schulen Rückstellungen für unterlassene Instandhaltung. Vom eingestellten Finanzvolumen wurden in jedem der Einstellung der Rückstellung folgenden Haushaltsjahr nur 10 % nachgeholt. In den Jahresabschlussprüfungen wurde dies seitens des Rechnungsprüfungsamtes auch bemängelt. Neben der Frage, ob die für ein Haushaltsjahr vorgesehenen Instandhaltungsrückstellungen wahrscheinlich sind, muss sich die Gemeinde G auch fragen, ob eine Realisierung der Maßnahmen, aufgrund derer bereits Instandhaltungsrückstellungen eingestellt wurden, noch wahrscheinlich ist.

Die Unbestimmtheit von Höhe und Zeitpunkt des Eintritts bzw. der Realisation einer Maßnahme ist ein allgemeines Kriterium bei der Rückstellungsbildung.

Beispiel:
Eine vorgesehene Schadstoffsanierung an einem kommunalen Gebäude konnte im laufenden Haushaltsjahr nicht mehr abgewickelt werden. Zwar ist vorgesehen, die Maßnahme im folgenden Haushaltsjahr nachzuholen, ein genauer Zeitpunkt der Nachholung besteht jedoch noch nicht. Die betragliche Höhe der vorgesehenen Maßnahme liegt zwar in einer bestimmten Größenordnung vor, der letztendlich zu leistende Betrag steht jedoch nicht fest und ist somit unbestimmt.

10.3.7.5 Sonstige Rückstellungen

a) Rückstellungen für ungewisse Verbindlichkeiten

Die zu den sonstigen Rückstellungen zählenden Rückstellungen für ungewisse Verbindlichkeiten sind primär auf das Prinzip der Periodenabgrenzung zurückzuführen. Sie stellen eine in der Bewirtschaftungspraxis häufig anzuwendende Methode zur Abgrenzung von Aufwand dar, der mit ungewissen Verbindlichkeiten einhergeht: Ein Auftrag der Gemeinde zur Erbringung einer Leistung wurde im laufenden Haushaltsjahr erteilt, die Leistung wurde im laufenden Haushaltsjahr erbracht. Bei Abschluss des laufenden Haushaltsjahres fehlt jedoch noch die Rechnung zur Bestimmung der genauen Höhe einer Verbindlichkeit.

Dieser Sachverhalt wird durch den § 37 Abs. 5 Satz 1 KomHVO geregelt. Danach müssen für Verpflichtungen, die dem Grunde oder der Höhe nach zum Abschlussstichtag noch nicht genau bekannt sind, Rückstellungen passiviert werden. Somit besteht für die kommunale Bilanzierung eine Ansatzverpflichtung für ungewisse Verbindlichkeiten. Diese Passage des Gesetzestextes beinhaltet auch bereits die Definition für die Bezeichnung „ungewiss". Danach muss zumindest eins der beiden Merkmale einer Verbindlichkeit

- dem Grunde nach oder
- der Höhe nach

noch nicht genau bekannt sein.

Als weitere Voraussetzungen für die Bildung von Rückstellungen für ungewisse Verbindlichkeiten legt § 37 Abs. 5 Satz 2 KomHVO fest, dass

- es wahrscheinlich sein muss, dass eine Verbindlichkeit zukünftig entsteht,
- die wirtschaftliche Ursache vor dem Abschlussstichtag liegt und
- die zukünftige Inanspruchnahme voraussichtlich erfolgen wird.

Die Voraussetzung, dass die wirtschaftliche Ursache vor dem Abschlussstichtag liegen muss, ist bereits aus den Ausführungen zu den anderen Rückstellungsposten bekannt. Dies ist für Rückstellungen eine durchgängige Voraussetzung. Die beiden weiteren Voraussetzungen, „dass es wahrscheinlich sein muss, dass eine Verbindlichkeit zukünftig entsteht" und „dass die zukünftige Inanspruchnahme voraussichtlich erfolgen wird", beinhalten das Gleiche, nämlich die spätere Wahrscheinlichkeit der Inanspruchnahme, wodurch dann die Verbindlichkeit entsteht.

Bei den eindeutigen sonstigen Rückstellungssachverhalten (Leistung durch den Dritten ist erfolgt, Rechnung liegt aber noch nicht vor) stellt die Prüfung dieser Voraussetzung kein Problem dar. Es gibt jedoch auch Sachverhalte, bei denen die Prüfung der Voraussetzung „Wahrscheinliche Inanspruchnahme" intensiv anhand von Sachverhaltsfakten aufbereitet werden muss. Ist danach die Wahrscheinlichkeit einer Inanspruchnahme höher als die der Nichtinanspruchnahme, muss eine Rückstellung für ungewisse Verbindlichkeiten gebildet werden.

Beispiel:
Hinsichtlich der gewählten Abschreibungsbasis bei einer Gebührenkalkulation sind Klageverfahren gegen die Gemeinde G anhängig. Bisher hatte das Verwaltungsgericht die Gebührenkalkulation der Gemeinde G bestätigt. Die Stadt S, die ihre Gebührenkalkulation analog zu Gemeinde G vornimmt, ist in letztinstanzlicher gerichtlicher Entscheidung zur Gebührenerstattung zuviel veranlagter Gebühren rechtskräftig verurteilt worden. Das gleiche Gericht ist auch für die Entscheidung in den Klageverfahren der Gemeinde G zuständig. Bis zur Entscheidung gegenüber der Stadt S gab es keinerlei Gründe, eine Rückstellung zu bilden, da das Verwaltungsgericht die Gebührenkalkulation bisher bestätigt hatte. Mit der Entscheidung gegen die Stadt S wird eine Inanspruchnahme jedoch wahrscheinlich, so dass eine Rückstellung zu bilden ist. Sämtliche Fakten sprechen dafür. Die Entscheidung ist letztinstanzlich und rechtskräftig ergangen. Das gleiche Gericht ist auch für die Gemeinde G zuständig. Fakten, die für eine Nichtinanspruchnahme sprechen,

bestehen nicht mehr. Es ist somit eine Rückstellung für ungewisse Verbindlichkeiten zu bilden. Die Höhe ist im Rahmen der möglichen Inanspruchnahme bzw. der Erstattungspflicht zu ermitteln.

b) Rückstellungen für drohende Verluste aus schwebenden Geschäften

Ein weiterer Sachverhalt für sonstige Rückstellungen bilden nach § 37 Abs. 6 KomHVO drohende Verluste aus schwebenden Geschäften. Schwebende Geschäfte stellen zwar eine zweiseitige vertragliche Verpflichtung dar, es mangelt jedoch an der Erfüllung der vertraglichen Verpflichtung. Der Grund für die Noch-Nichterfüllung ist für die Rückstellungsverpflichtung gleichgültig. Für den kommunalen Bereich ist dies denkbar bei Rahmenlieferverträgen mit Mindestabnahmeverpflichtungen zu Festpreisen. Der drohende Verlust kann hierbei dadurch entstehen, dass der Wert der Vermögensgegenstände aufgrund technischer Weiterentwicklung oder höherer Sicherheitsstandards sinkt. Durch die Verpflichtung zur Erfüllung aus dem Rahmenvertrag entsteht aber eine höhere Zahlungsverpflichtung gegenüber dem Dritten als der Wert der Vermögensgegenstände tatsächlich ausmacht. Für die Differenz zwischen Zahlungsverpflichtung und tatsächlichem Vermögenswert ist ab Bekanntwerden eine sonstige Rückstellung zu bilden.

Beispiel:
Die Gemeinde G wollte sich langfristig gute Konditionen für die Lieferung von Laserdruckern sichern. Hierzu wurde ein Rahmenliefervertrag mit der Firma F abgeschlossen, bei der über fünf Jahre mindestens zehn Laserdrucker zum Festpreis von 300 € abzunehmen sind. Im zweiten Haushaltsjahr, in dem der Rahmenvertrag Gültigkeit hat, ergeben sich erhebliche drucktechnische Verbesserungen bei den Laserdruckern, wodurch der Marktpreis der abzunehmenden Laserdrucker auf 200 € fällt. Im zweiten Haushaltsjahr ist für den Wertverlust aus der Abnahmeverpflichtung der Laserdrucker eine sonstige Rückstellung für die Restlaufzeit des Rahmenvertrages zu bilden, so dass in den Haushaltsjahren 3 bis 5 kein Aufwand aus außerplanmäßiger Wertminderung entsteht. Vielmehr ist dieser Aufwand mit Bekanntwerden in Form einer sonstigen Rückstellung vorwegzunehmen und in den entsprechenden Haushaltsjahren auszugleichen. Insgesamt ist eine Rückstellung in Höhe von 3.000 € zu bilden.[302]

c) Überstunden- und Urlaubsrückstellungen

Zwei weitere Arten von sonstigen Rückstellungen sind die Rückstellungen für nicht in Anspruch genommenen Urlaub und Rückstellungen für geleistete Überstunden. Die Gemeinden haben in der Regel verwaltungsweit zum jeweiligen 31. Dezember stichtagsbezogen festzustellen, in welcher Höhe Ansprüche der Beschäftigten aus Urlaub und Überstundenüberhängen für das abgelaufene Rechnungsjahr bestehen.

Der im Haushaltsjahr aufgelaufene Anspruch der Beschäftigten bzw. der Beamten zwecks Ausgleichs von Überstunden stellt einen Aufwand des laufenden Haushaltsjahres dar. Es besteht alternativ die Möglichkeit, die Überstunden im Folgejahr gegen Freizeit oder Bezahlung auszugleichen. Im Rahmen der Rückstellungsbildung erfolgt keine Differenzierung zwischen diesen beiden Formen der Überstundenabgeltung; im Rahmen einer periodengerechten Aufwandszuordnung sind entsprechende Rückstellungen zu bilden.

Gleitzeitguthaben sind hierbei grundsätzlich im Rahmen der Wesentlichkeit mit einzubeziehen. Arbeitszeitdefizite sind mangels Realisation der Forderung auf Arbeitsleistung durch

302 Die Differenz zwischen 300 € Zahlungsverpflichtung und 200 € Wert des Vermögensgegenstandes beträgt 100 €. Bei einer Mindestabnahmeverpflichtung für jedes Jahr i. H. v. 10 Laserdruckern ergibt dies für jedes Jahr 1.000 €. Für die drei Folgejahre ergeben sich somit 3.000 €.

die Gemeinde nicht darzustellen bzw. nicht mit dem bestehenden Rückstellungsvolumen zu verrechnen. Die Ermittlung erfolgt jeweils stichtagsbezogen analog zum dargestellten Ermittlungs- und Berechnungsschema. Hierbei werden die jeweiligen Überstunden einer Tarif- bzw. Besoldungsgruppe mit dem jeweiligen Überstundensatz, bei Beschäftigten zzgl. eines Zuschusses für den Sozialversicherungsanteil des Arbeitgebers (z. B. 25 %), multipliziert.

Berechnungsschema:

Ermittlung der Überstundenrückstellung				
Tarif-, Besoldungsgruppe der Beschäftigten des Fachbereiches	**Überstundenanspruch**	**Überstundensatz in EUR**	**Für Beschäftigte: Zuschlag 25 %**	**Höhe der Rückstellung für die Teilrechnung[303]**
Für Beschäftigte ... **Für Beamte** ...				
			Summe:	**EUR**

Das Berechnungsverfahren für Urlaubsrückstellungen entspricht grundsätzlich dem Berechnungsverfahren für Überstundenrückstellungen. Der Jahresurlaubsanspruch der Beschäftigten bzw. der Beamten stellt einen Aufwand der laufenden Periode dar. Üblicherweise wird von den Beschäftigten ein Teil ihres Jahresurlaubs erst im Folgejahr (im Beamtenbereich bis zum 30. September) genommen. Für die Zahlung der Beschäftigungsentgelte während dieser periodenfremden Urlaubszeit sind entsprechende Rückstellungen zu bilden.

Zur Berechnung der Urlaubsrückstellung werden bezogen auf die Beschäftigten bzw. die Beamten folgende Werte herangezogen:

Es sind strukturiert nach Tarif- und Besoldungsgruppe sämtliche noch nicht in Anspruch genommene Urlaubstage aus dem laufenden Jahr zum Bilanzstichtag je Produkt (-gruppe, -bereich) zu ermitteln. Für jeden Urlaubstag wird anteilig bei Vollzeitbeschäftigen das durchschnittliche Stundenarbeitsvolumen je Tag (z. B. acht Stunden je Tag bei einer 40- Stunden-Woche und fünf Arbeitstagen) zugrunde gelegt. Bei Teilzeitbeschäftigten erfolgt dies entsprechend der anteiligen Arbeitszeit. Aufgrund der sachlichen Gliederung des kommunalen Haushalts sind für eine spätere Aufwands-/Ertragsverteilung die offenen Urlaubstage der Beschäftigten bzw. der Beamten den Teilrechnungen des Haushalts zuzuordnen. Sofern ein Beschäftigter für unterschiedliche Teilrechnungen tätig sein sollte, ist der Rückstellungsaufwand auf diese aufzuteilen.

Die Multiplikation der errechneten Stundenzahl der Urlaubstage mit dem aktuellen Überstundensatz ergibt den Rückstellungsbetrag.

Die Buchungssätze lauten:

Aufwendungen für Rückstellungen für nicht in Anspruch genommenen Urlaub an Rückstellungen für nicht in Anspruch genommenen Urlaub

bzw.

303 Nach § 41 i. V. m. § 4 Abs. 2 KomHVO können die Teilrechnungen nach Produktbereichen, Produktgruppen oder Produkten sowie nach Verantwortungsbereichen dargestellt werden.

Aufwendungen für Rückstellungen für geleistete Überstunden an Rückstellungen für nicht in Anspruch genommene Überstunden

d) Umlagerückstellung

Ferner können (Wahlrecht) Rückstellungen gebildet werden für unbestimmte Aufwendungen in künftigen Haushaltsjahren für die erhöhte Heranziehung zu Umlagen nach

- § 56 Kreisordnung NRW,
- § 22 Landschaftsverbandsordnung NRW,
- § 2 Städteregion Aachen Gesetz und
- § 19 des Gesetzes über den Regionalverband Ruhr.

Diese erhöhte Umlagepflicht muss sich aus ungewöhnlich hohen Steuereinzahlungen des Haushaltsjahres ergeben, die in die Berechnungen der Umlagegrundlage nach dem jeweils geltenden Gemeindefinanzierungsgesetz (GFG) einbezogen werden. Hohe Steuereinzahlungen eines Haushaltsjahres führen in späteren Haushaltsjahren zu höheren Umlageverpflichtungen. Zwingende Voraussetzung für eine Rückstellungbildung ist dabei ausdrücklich, dass es sich um „ungewöhnlich“ hohe Steuereinzahlungen im Haushaltsjahr handelt. Als Richtwert sollte hier eine mindestens 10%ige positive Abweichung von den durchschnittlichen Steuererträgen, die in den letzten drei Jahresabschlüssen ausgewiesen wurden, gelten. Maßgeblich sind dabei allerdings nur die Steuererträge, die in die Berechnung der Umlagegrundlage eingehen.

Die Gemeinden und Gemeindeverbände erhalten mit dem Wahlrecht zur Bildung entsprechender Rückstellungen die Möglichkeit, die späteren negativen Auswirkungen von Steuerzuwächsen bereits im Jahr der Entstehung der Zuwächse mitabzubilden und damit die Schwankungen in den Jahresergebnissen zu glätten. Diese sinnvolle Ergänzung des Einsatzes von Rückstellungen bezieht sich derzeit nicht auf die Gewerbesteuerumlage, was nicht einleuchten will.

Beispiel:
Aufgrund zu erwartender ungewöhnlich hoher Gewerbesteuereinzahlungen im Haushaltsjahr 2022 wird die kreisangehörige Gemeinde G im Haushaltsjahr 2023 eine um 2 Mio. € erhöhte Kreisumlage leisten müssen. Nimmt die Gemeinde G das Wahlrecht zur Bildung von Umlagerückstellungen nach § 37 Abs. 5 Satz 3 KomHVO wahr, muss in 2022 neben dem steigenden Ertrag bei der Gewerbesteuer auch der sich daraus ergebende steigende Aufwand bei der Kreisumlage (Transferaufwendungen) berücksichtigt werden, obwohl der Aufwand eigentlich erst im Haushaltsjahr 2023 entsteht. Durch eine Rückstellungsbuchung kann dann der Aufwand auch tatsächlich in das Jahr 2022 vorgezogen werden.

Nimmt die Gemeinde das Wahlrecht nicht wahr und verzichtet damit auf die Bildung von Umlagerückstellungen, wird in 2022 nur der erhöhte Steuerertrag gebucht. Der sich daraus ergebende höheren Transferaufwands wird hingegen im Jahr 2023 erfasst, wenn die Gemeinde zur erhöhten Umlage herangezogen wird. Dies führt zu stärkeren Ergebnisschwankungen.

e) Sonstiges

Nach § 45 Abs. 2 Nr. 5 KomHVO ist der Posten „Sonstige Rückstellungen“ hinsichtlich seiner Aufteilung zu erläutern, sofern es sich um wesentliche Beträge im Vergleich mit den gesamten Rückstellungen handelt.

Rückstellungen sind nach § 37 Abs. 7 Satz 2 KomHVO aufzulösen, wenn der Grund hierfür entfallen ist. Aus dieser Vorschrift ist abzuleiten, dass Rückstellungen analog zu Vermögensgegenständen einer jährlichen Inventur zu unterziehen sind, um festzustellen, ob die Rückstellung noch zu Recht bilanziert ist.

Sonstige Rückstellungen dürfen nach § 37 Abs. 7 Satz 1 KomHVO nur gebildet werden, soweit diese als Erweiterung zu den bestehenden Regelungen durch Gesetz oder Verordnung zugelassen sind.

10.3.7.6 Praktische Beispiele und Übungen

Sachverhalt Nr. 16
Ein Versicherungsmathematiker hat im Auftrag des Kämmerers der Gemeinde G die Pensionsrückstellungen ausschließlich für Pensionäre und Hinterbliebene ermittelt, um hierdurch sämtliche Verpflichtungen aus der Bildung von Pensionsrückstellungen darzustellen.

Aufgabe:
Prüfen Sie das Vorgehen der Gemeinde G anhand der gesetzlichen Anforderungen für die Bildung von Pensionsrückstellungen.

Lösung:
§ 37 Abs. 1 KomHVO sieht vor, dass sämtliche Pensionsverpflichtungen nach beamtenrechtlichen Vorschriften abzubilden sind. Hierunter fallen neben den Verpflichtungen gegenüber Pensionären und Hinterbliebenen insbesondere auch die Verpflichtungen gegenüber aktiv beschäftigten Beamten. Um den Anforderungen des kommunalen Haushaltsrechts zu genügen, muss das Gutachten bei der Bildung der Pensionsrückstellungen auch die Verpflichtungen gegenüber den aktiv beschäftigten Beamten berücksichtigen. Des Weiteren sind Beihilfeansprüche sowie ggf. weitere Ansprüche außerhalb des Beamtenversorgungsgesetzes zu berücksichtigen.

Sachverhalt Nr. 17
Für eine im Jahre 2022 errichtete Deponie wird eine Nutzungsdauer von 20 Jahren geplant. Am Abschlussstichtag 31.12.2022 beträgt die Verfüllmenge 10 % des Gesamtvolumens. Nach Berechnung der Kämmerei betragen die Gesamtkosten für die Rekultivierung und Nachsorge der Deponie 100.000 €.[304]

Aufgabe:
In welcher Höhe hat der Bilanzbuchhalter eine Rückstellung für die Rekultivierung und Nachsorge der Deponie zu bilden?

Lösung:
Maßstab für die Rückstellung für die Rekultivierung und Nachsorge der Deponie ist die Verfüllmenge und nicht die geplante Nutzungsdauer der Deponie. Demnach ist nach § 37 Abs. 3 KomHVO eine Rückstellung von 10.000 € zu bilden (10% von 100.000 €).

Sachverhalt Nr. 18
Die Gemeinde G kann ihre Instandhaltungsverpflichtungen nicht mehr vollständig erfüllen. Von vier notwendigen Instandhaltungsmaßnahmen wird für zwei eine Aufwandsrückstellung für unterlassene Instandhaltung gebildet. Die zwei weiteren Instandhaltungsmaßnahmen werden auf

304 Nach § 37 Abs. 3 KomHVO sind Rückstellungen für die zu erwartenden Gesamtkosten zum Zeitpunkt der Rekultivierungs- und Nachsorgemaßnahmen anzusetzen, so dass anders als bei den Pensionsrückstellungen keine Abzinsung erfolgt.

unbestimmte Zeit verschoben. Bei diesen Maßnahmen soll zunächst geprüft werden, ob es noch wirtschaftlich sinnvoll ist, die Instandhaltung nachzuholen. Der Kämmerer ist der Meinung, dass eine Aufwandsrückstellung nicht zu bilden und somit nichts weiter zu veranlassen ist.

Aufgabe:
Beurteilen Sie die Auffassung des Kämmerers.

Lösung:
Hinsichtlich der Bildung einer Rückstellung aufgrund unterlassener Instandhaltung ist die Auffassung des Kämmerers richtig. Grundsätzlich kann die Gemeinde G ihren Instandhaltungsverpflichtungen nicht mehr vollständig nachkommen. Des Weiteren ist es durch die Verschiebung der Maßnahme auf unbestimmte Zeit und die vorgesehene Prüfung hinsichtlich der Wirtschaftlichkeit einer Nachholung eher unwahrscheinlich, dass die beiden Instandhaltungsmaßnahmen nachgeholt werden sollen. Der Kämmerer hat aber außer Acht gelassen, dass eine Prüfung hinsichtlich der Richtigkeit des Vermögensansatzes zu erfolgen hat. Die Gemeinde hat hierbei zu prüfen, ob und ggf. in welcher Höhe eine außerplanmäßige Abschreibung beim Vermögensgegenstand aufgrund der unterlassenen Instandhaltung zu erfolgen hat. Ggf. hat die Gemeinde die notwendige außerplanmäßige Abschreibung im Anhang auch zu erläutern.

Sachverhalt und Aufgabenstellung Nr. 19

a) Die Gemeinde G hat im November 2022 die Firma F beauftragt, im Februar 2023 Baumschnittarbeiten durchzuführen. Hat die Gemeinde G am Abschlussstichtag eine Rückstellung für den erteilten Auftrag zu bilden?
b) Die Gemeinde G hat im September 2022 die Firma F beauftragt, im November 2022 Baumschnittarbeiten durchzuführen. Die Firma F hat die Arbeiten termingerecht durchgeführt. Eine Rechnung liegt am Abschlussstichtag noch nicht vor. Hat die Gemeinde G am Abschlussstichtag eine Rückstellung zu bilden?
c) Die Gemeinde G hat im September 2022 die Firma F beauftragt, im November 2022 Baumschnittarbeiten durchzuführen. Die Firma F hat die Arbeiten termingerecht durchgeführt. Die Rechnung geht am 30.12.2022 ein. Hat die Gemeinde G am Abschlussstichtag eine Rückstellung zu bilden?

Lösung:
a) Mangels Erfüllung des Auftrages hat die Gemeinde G keine Rückstellung für ungewisse Verbindlichkeiten zu bilden.
b) Die Firma F hat die Leistung erbracht, aber noch keine Rechnung im alten Haushaltsjahr übersandt. Dies entspricht dem Sachverhalt, der eine Bildung einer Rückstellung für ungewisse Verbindlichkeiten veranlasst. Mangels Rechnung steht die Höhe der Verbindlichkeit und auch die Fälligkeit noch nicht fest.
c) Trotz des sehr späten Rechnungseingangs steht die Höhe und die Fälligkeit am Abschlussstichtag fest. Daher ist keine Rückstellung, sondern eine Verbindlichkeit zu buchen.

10.3.8 Verbindlichkeiten[305]

Der Bilanzposten „Verbindlichkeiten" beinhaltet alle am Bilanzstichtag dem Grunde, der Höhe und der Fälligkeit nach feststehenden Schulden. Zu den Verbindlichkeiten zählen insbesondere Anleihen, Rückzahlungsverpflichtungen aus Kreditaufnahmen, erhaltene Anzahlungen von Dritten sowie entstandene Zahlungsverpflichtungen aus Lieferung und Leistung. Verbindlichkeiten sind mit ihrem Rückzahlungsbetrag anzusetzen. Eine spezielle Regelung stellt § 86 GO dar, in dem die Voraussetzungen zur Kreditaufnahme geregelt sind.

Aufgrund der Bedeutung von Krediten für die kommunale Finanzierung wurden auch die Verbindlichkeiten aus Krediten für Investitionen durch die Bilanzgliederung pflichtig nach unterschiedlichen Bereichen von Kreditgebern untergliedert. Im Verbindlichkeitenspiegel, nach § 48 KomHVO eine Anlage zur Bilanz, besteht die Verpflichtung, als Mindestgliederung die Bilanzposten nach § 42 Abs. 4 Nr. 4 KomHVO zu übernehmen. Die Darstellung einer differenzierteren Postendarstellung der Verbindlichkeiten ist demnach möglich.

10.3.8.1 Anleihen

„Anleihe" ist der Oberbegriff für alle Formen von mittel- und langfristigem Fremdkapital. Durch die Ausgabe von Schuldverschreibungen (Kommunalobligationen) werden die Rechte der Gläubiger verbrieft.

Die Anleihen können hinsichtlich der Art der Rückzahlung wie folgt gestaltet werden:

- *Ratenanleihe*
  Die Tilgung erfolgt in jährlich gleichbleibenden Beträgen. Bei entsprechend sinkenden Zinsbelastungen und gleich hoher Tilgungsleistung fallen die Jahresbelastungen für die Kommune.
- *Annuitätenanleihe*
  Durch gleichbleibende Annuitäten wird die Anleihe getilgt und verzinst. Die Jahresbelastungen für die Kommune bleiben während der Laufzeit gleich.
- *Auslosungsanleihe*
  Es werden auf der Basis eines Tilgungsplans jeweils zu den Zinsterminen anhand von Stücknummern Papiere ausgelost und zurückgezahlt. Die Jahresbelastungen der Kommune ergeben sich aus dem vor der Ausgabe aufgestellten Tilgungsplan.

Anleihen für Investitionen und Anleihen zur Liquiditätssicherung sind in der Bilanz getrennt voneinander auszuweisen.

10.3.8.2 Verbindlichkeiten aus Krediten für Investitionen

Die Verbindlichkeiten aus Krediten für Investitionen – ausgenommen die eigenständig auszuweisenden Anleihen – umfassen sämtliche Geschäftsvorfälle, bei denen der Kommune Geldwerte i. d. R. gegen Entgelt in Form von Zinsen überlassen wurden. § 86 Abs. 1 GO legt für diese eine Verwendungsbeschränkung fest, wonach Kredite nur für Investitionen und zur Umschuldung aufgenommen werden dürfen.

Aufgrund der Bedeutung von Investitionskrediten für die kommunale Finanzierung wurden auch diese Kreditverbindlichkeiten durch die Bilanzgliederung pflichtig nach unterschiedlichen Bereichen von Kreditgebern untergliedert. Diese stellt sich in der Bilanz wie folgt dar:

305 Einzelheiten zum Themenbereich Fremdfinanzierung des Haushalts werden in Kap. 15 dargestellt.

- von verbundenen Unternehmen,
- von Beteiligungen,
- von Sondervermögen,
- vom öffentlichen Bereich,
- von Kreditinstituten.

Analog zum Handelsrecht sind am Bilanzstichtag auf ausländische Währung lautende Verbindlichkeiten und erhaltene Anzahlungen mit dem Briefkurs in Euro umzurechnen.

Kreditverbindlichkeiten sind stets mit ihrem Rückzahlungsbetrag anzusetzen. Der Betrag der Rückzahlungsverpflichtung kann aufgrund von Kursschwankungen bei Fremdwährungsdarlehen niedriger sein als der zugeflossene Kreditbetrag. Dies ändert nichts an der Höhe des auszuweisenden Rückzahlungsbetrags. Weiterhin kann der vom Kreditgeber an die Gemeinde ausgezahlte Betrag aus einer Kreditaufnahme niedriger als die Rückzahlungsverpflichtung sein. Der Unterschiedsbetrag wird nach § 43 Abs. 2 KomHVO vielmehr über andere Rechnungsposten (Wahlrecht: Rechnungsabgrenzungsposten der Aktivseite oder zinsähnlicher Aufwand in der Ergebnisrechnung) abgebildet.

10.3.8.3 Verbindlichkeiten aus Krediten zur Liquiditätssicherung

§ 86 Abs. 1 GO regelt grundsätzlich, dass Kredite nur für Investitionen und zur Umschuldung aufgenommen werden dürfen. § 89 Abs. 1 GO sieht vor, dass die Gemeinde ihre Zahlungsfähigkeit durch angemessene Liquiditätsplanung sicherzustellen hat. § 89 Abs. 2 GO sieht im Rahmen dieser Zielsetzung als Ausnahme zum § 86 GO vor, dass die Gemeinde zwecks rechtzeitiger Leistung der Auszahlungen auch Kredite zur Liquiditätssicherung aufnehmen kann. Der Höchstbetrag der Kredite zur Liquiditätssicherung ist in der Haushaltssatzung zu regeln. Die Ermächtigung der Haushaltssatzung gilt über das Haushaltsjahr hinaus bis zum Erlass einer neuen Haushaltssatzung.

10.3.8.4 Verbindlichkeiten aus Vorgängen, die Kreditaufnahmen wirtschaftlich gleichkommen

§ 86 Abs. 4 GO regelt für Entscheidungen der Gemeinde über die Begründung einer Zahlungsverpflichtung, die wirtschaftlich einer Kreditverpflichtung gleichkommt, dass diese der Aufsichtsbehörde unverzüglich – spätestens einen Monat vor der rechtsverbindlichen Eingehung der Verpflichtung – schriftlich anzuzeigen sind. Eine Anzeige ist nicht erforderlich für die Begründung von Zahlungsverpflichtungen im Rahmen der laufenden Verwaltung. Die Verpflichtungen aus diesen Verbindlichkeiten müssen mit der dauernden Leistungsfähigkeit der Gemeinde in Einklang stehen.

Es gibt weder eine rechtliche noch eine inhaltlich eindeutige Definition für diesen Bilanzposten. Allerdings enthält der kommunale Kontierungsplan[306] für diesen Posten folgenden Strukturierungsansatz, aus dem auch die Inhalte deutlich werden:

- Schuldübernahmen,
- Leibrentenverträge,
- Verträge über die Durchführung städtebaulicher Maßnahmen,
- Gewährung von Schuldendiensthilfen an Dritte,
- Leasingverträge,

306 Anlage 18 VV Muster zur GO und KomHVO.

- Restkaufgelder im Zusammenhang mit Grundstücksgeschäften,
- sonstige Verbindlichkeiten aus Vorgängen, die Kreditaufnahmen wirtschaftlich gleichkommen.

Beispielhaft werden nachfolgend die wohl gebräuchlichsten Formen von Verbindlichkeiten aus Vorgängen, die Kreditaufnahmen wirtschaftlich gleichkommen – Leasing- und Leibrentenverträge – kurz dargestellt.

a) Leibrentenverträge

Für eine einmalige Leistung eines Dritten – in der Regel für eine Übertragung eines Grundstücks – sichert die Gemeinde diesem wiederkehrende Geldzahlungen zu, die an dessen Lebenszeit geknüpft sind. Die Ermittlung der Rentenzahlung erfolgt auf der Basis versicherungsmathematischen Regelungen (z. B. Sterbetafeln). Aufgrund der stetig steigenden Lebenserwartungen nehmen viele Gemeinden bereits Abstand von solchen Verträgen.

b) Leasingverträge[307]

Leasing verkörpert eine besondere Vertragsform der Vermietung und Verpachtung, die auch für den kommunalen Bereich eine attraktive Alternative zum Kauf von beweglichem und unbeweglichem Anlagevermögen darstellt. Das Leasingobjekt kann entweder direkt vom Hersteller geleast werden (direktes Leasing) oder von einer speziellen Leasinggesellschaft (indirektes Leasing).

Ist der Leasinggegenstand dem Leasinggeber zuzurechnen, so ist der Leasingvertrag als Mietvertrag anzusehen. Er gehört damit zu den schwebenden Geschäften, die grundsätzlich in der Bilanz nicht erfasst werden dürfen. Die am Bilanzstichtag noch nicht fälligen Leasingraten und der Wert der noch zu erbringenden Vermietungsleistungen sind daher nicht in der Bilanz auszuweisen.

10.3.8.5 Verbindlichkeiten aus Lieferung und Leistungen

Dieser Bilanzposten erfasst noch zu erbringende Zahlungen an Dritte, die aufgrund von erbrachten Lieferungen und Leistungen zu leisten sind. Die Bilanzierung erfolgt zum Rechnungsbetrag.

10.3.8.6 Sonstige Verbindlichkeiten

Der Bilanzposten „Sonstige Verbindlichkeiten“ stellt einen Restposten dar, in dem alle sonstigen Verbindlichkeiten gegenüber Dritten auszuweisen sind. Hierzu gehören insbesondere Verbindlichkeiten aus Steuern (z. B. Umsatzsteuer, Lohnsteuer) oder abzuführender Sozialabgaben (z. B. Krankenkassenbeiträge).

10.3.9 Rechnungsabgrenzungsposten (passiv)[308]

Die passive Rechnungsabgrenzung beinhaltet transitorische Posten, d. h. es handelt sich um Geschäftsvorfälle, die im laufenden Haushaltsjahr zu Einnahmen führen, aber erst im folgenden Haushaltsjahr Ertrag darstellen. Dies erstreckt sich auch auf erhaltene Zuwendungen für Investitionen, die an Dritte weitergeleitet werden.

---

307 Siehe hierzu auch Kap. 10.3.2.1.4.

308 Das Thema Rechnungsabgrenzung wird eingehend in Kap. 21 dargestellt.

Beispiel:
Die Gemeinde erhält im Oktober 2022 Mietvorauszahlungen für die Monate Oktober 2022 bis März 2023. Es fließt im Haushaltsjahr 2022 Liquidität für sechs Monate zu, ertragsmäßig gehören jedoch nur Mietzahlungen für drei Monate in die Ergebnisrechnung dieses Haushaltsjahres. Die anderen drei Monate an Mietzahlungen sind ertragsmäßig im folgenden Haushaltsjahr zu berücksichtigen.

Neben dieser üblichen Rechnungsabgrenzung ist im kommunalen Bereich von besonderer Bedeutung der Ansatz von passiven Rechnungsabgrenzungsposten aus der Vergabe von Nutzungsrechten an Grabstellen. Hier erstreckt sich das Nutzungsrecht beispielsweise auf 25, 30 oder 40 Jahre, dementsprechend sind die Erträge über die vereinbarte Nutzungsdauer abzugrenzen.

10.3.10 Praktische Beispiele und Übungen

Sachverhalt Nr. 20
Im Rahmen der Inventur wurden folgende Posten für die Bilanz festgestellt:

1. Anzahlung für ein Löschfahrzeug
2. Grund und Boden der Straße X
3. Fahrbahndecke der Straße X
4. Unselbstständiges Stiftungsvermögen
5. Bestand an Pfandbriefen
6. Kleingartendaueranlage
7. Unbebautes Gewerbegrundstück
8. Straßentunnel unter einer S-Bahn-Strecke
9. Schulgebäude
10. PC-Ausstattung
11. Sportplatz
12. Verkehrssignalanlage
13. Schulgrundstück
14. Mobiliar einer Schule
15. Selbsterstellte Software
16. Zehn Tischrechner für je 19 €
17. Zuwendung für einen Schulbau
18. Fertiggestellte Friedhofskapelle
19. Offene Lieferantenrechnung
20. 100%-Beteiligung an einer GmbH
21. 100%-Beteiligung an einer eigenbetriebsähnlichen Einrichtung
22. Nicht in Anspruch genommene Urlaubstage der Beschäftigten am Jahresende
23. Verbindlichkeiten aus Leasingverträgen
24. Abschluss der Ergebnisrechnung
25. Verbindlichkeiten gegenüber Krankenkassen

Aufgabe:
Bestimmen Sie den Ausweis in der Bilanz; Begründungen sind hierbei nicht erforderlich.

Lösung:
Ausweis unter

1. Sachanlagen, geleistete Anzahlungen
2. Sachanlagen, Infrastrukturvermögen, Grund und Boden des Infrastrukturvermögens
3. Sachanlagen, Infrastrukturvermögen, Straßennetz
4. Finanzanlagen, Sondervermögen
5. Finanzanlagen, Wertpapiere des Anlagevermögens
6. Sachanlagen, Grünflächen
7. Sachanlagen, unbebaute Grundstücke, sonstige unbebaute Grundstücke
8. Sachanlagen, Infrastrukturvermögen, Brücken und Tunnel
9. Sachanlagen, bebaute Grundstücke, Schulen
10. Sachanlagen, Betriebs- und Geschäftsausstattung
11. Sachanlagen, Grünflächen
12. Sachanlagen, Infrastrukturvermögen, Straßennetz einschl. Verkehrslenkungsanlagen
13. Sachanlagen, bebaute Grundstücke, Schulen
14. Sachanlagen, Betriebs- und Geschäftsausstattung
15. Keinerlei Ausweis, da ein Aktivierungsverbot besteht
16. Keinerlei Ausweis, da geringwertige Vermögensgegenstände; ggf. auch Aktivierung als Betriebs- und Geschäftsausstattung
17. Sonderposten, Zuwendungen
18. Sachanlagen, Grünflächen (die überwiegende Nutzung des Grundstücks, auf dem die Kapelle steht, ist ein Friedhof, der als Grünfläche auszuweisen ist)
19. Verbindlichkeiten aus Lieferung und Leistung
20. Finanzanlagen, Anteile an verbundenen Unternehmen
21. Finanzanlagen, Sondervermögen
22. Rückstellungen, Sonstige Rückstellungen
23. Verbindlichkeiten, Verbindlichkeiten aus Vorgängen, die Kreditaufnahmen wirtschaftlich gleichkommen
24. Eigenkapital, Jahresüberschuss / Jahresfehlbetrag
25. Verbindlichkeiten, Sonstige Verbindlichkeiten

Sachverhalt Nr. 21
Es fallen folgende Geschäftsvorfälle an:

1. *Bodenbevorratung:*
   Die Liegenschaftsverwaltung erwirbt mehrere unbebaute Grundstücke im Rahmen der Bodenbevorratung.
2. *Grundstücksverwendung:*
   Die Liegenschaftsverwaltung überträgt einen Teil des Grundstücks an die Tiefbauverwaltung für die Erweiterung einer Hauptstraße.
3. *Restgrundstück:*
   Das Restgrundstück wird für eine kleine Baumaßnahme mit Reiheneigenheimen genutzt. Die neu parzellierten Grundstücke werden den Bauwilligen im Rahmen von Erbpachtverträgen zur Verfügung gestellt.
4. *Umnutzung einer Schule:*
   Aufgrund eines Grundschulneubaus wird ein anderer Grundschulstandort aufgegeben, wobei das Gebäude leer steht.

5. *Abriss einer Schule:*
   Aufgrund eines Grundschulneubaus wird ein weiterer Grundschulstandort aufgegeben. Das Gebäude wird abgerissen.

Aufgabe:
Bestimmen Sie ohne nähere Begründung den Ausweis in der Bilanz.

Lösung:
1. Sachanlagen, sonstige unbebaute Grundstücke
2. Der übertragene Grundstücksteil: Sachanlagen, Infrastrukturvermögen, Grund und Boden Infrastrukturvermögen; Restgrundstück: Sachanlagen, sonstige unbebaute Grundstücke
3. Sachanlagen, sonstige unbebaute Grundstücke
4. Sachanlagen, bebaute Grundstücke, sonstige Dienst-, Geschäfts- u. a. Betriebsgebäude
5. Sachanlagen, sonstige unbebaute Grundstücke

10.4 Fortzuführende Bilanzierungsgrundlagen aus der Eröffnungsbilanzierung

Nach § 92 Abs. 2 Satz 1 GO erfolgte die Wertermittlung für die erste Eröffnungsbilanz im Zuge der Doppik-Umstellung auf der Grundlage von vorsichtig geschätzten Zeitwerten. Als weitere Abschreibungsgrundlage wurden hierbei nach § 55 Abs. 1 Satz 3 KomHVO die Restnutzungsdauern der einzelnen Vermögensgegenstände festgelegt.

Die in der Eröffnungsbilanz angesetzten Werte für Vermögensgegenstände gelten gem. § 92 Abs. 2 Satz 2 GO grundsätzlich für die Folgebilanzierungen als Anschaffungs- und Herstellungskosten, soweit keine Wertberichtigungen nach § 92 Abs. 5 GO bzw. § 58 KomHVO vorgenommen werden. Auf dieser wichtigen Regelung basiert beispielsweise die Abwicklung des Geschäftsvorfalls einer Zuschreibung, wobei die Anschaffungs- und Herstellungskosten hieran anknüpfend die Zuschreibungsobergrenze bilden.

Sofern sich nach § 92 Abs. 5 GO bzw. § 58 KomHVO bei der Aufstellung späterer Jahresabschlüsse ergibt, dass in der Eröffnungsbilanz Vermögensgegenstände oder Sonderposten oder Schulden

- mit einem zu niedrigen Wert,
- mit einem zu hohen Wert,
- zu Unrecht oder
- nicht

angesetzt worden sind, so ist in der später aufzustellenden Bilanz der Wertansatz zu berichtigen, sofern es sich um einen wesentlichen Wertbetrag handelt. Eine Berichtigungspflicht besteht auch, wenn am späteren Bilanzstichtag die fehlerhaft angesetzten Vermögensgegenstände nicht mehr vorhanden sind oder die Schulden nicht mehr bestehen.

Maßgeblich für die Beurteilung der Fehlerhaftigkeit sind die zum Eröffnungsbilanzstichtag bestehenden objektiven Verhältnisse. Hierdurch wird vermieden, dass nach der Eröffnungsbilanzierung festgestellte Sachverhalte als deren Berichtigung dargestellt werden.

Beispiel:
Sind die Grundstückspreise nach der Eröffnungsbilanzierung gefallen und wurde hierbei im Rahmen eines Grundstücksverkaufs ein Preis unter Buchwert erzielt, kann der daraus resultierende Aufwand aus Veräußerung nicht als Berichtigung dargestellt werden, da die objektiven Verhältnisse am Eröffnungsbilanzstichtag richtig abgebildet wurden.

Sofern eine Berichtigung vorzunehmen ist, wird eine sich daraus ergebende Wertänderung ergebnisneutral mit der allgemeinen Rücklage verrechnet. Die Eröffnungsbilanz gilt damit als geändert.

Diese Berichtigung der Eröffnungsbilanz ist befristet und kann nach § 92 Abs. 5 GO letztmalig im vierten der Eröffnungsbilanz folgenden Jahresabschluss vorgenommen werden. Demnach besteht für Eröffnungsbilanzen aus dem Jahre 2009 letztmalig beim Jahresabschluss 2012 die Möglichkeit einer Bilanzberichtigung. Die Berichtigung fließt nur in die aktuell noch nicht abgeschlossene Bilanz ein. Vorherige Jahresabschlüsse bzw. Bilanzen sind nicht rückwirkend zu berichtigen.

Die Vorgehensweise bei späteren Berichtigungen der Eröffnungsbilanz sowie bei Berichtigungen vorhergehender Jahresabschlüsse lässt der Gesetzgeber offen. Handelsrechtlich gibt es hierzu – anders als im Steuerrecht – keine gesetzliche Regelung. In der Regel werden Berichtigungen für frühere Jahre, zwecks Vermeidung von Änderungsbeschlüssen zum Jahresabschluss und soweit der zu korrigierende Fehler noch besteht, in der laufenden (also noch nicht abgeschlossen) Periode berichtigt und im Anhang erläutert. Diese Regelung zur Erläuterung des Anhangs sieht auch § 58 Abs. 2 KomHVO bezüglich Änderungen der ersten Eröffnungsbilanz vor. Bei der Berichtigung von Wertansätzen ist zudem zu beachten, dass eine Berichtigung durch eine neue Ausübung von Wahlrechten oder Ermessensspielräumen nicht zulässig ist.

§ 57 Abs. 3 KomHVO regelt für die Eröffnungsbilanzierung die Ausnahmeregelung des eigenständigen Ausweises für Betriebsvorrichtungen.[309] Eine eigenständige Bewertung und ein gesonderter Ansatz von Maschinen und technischen Anlagen, die Teil eines Gebäudes sind, sowie selbstständigen beweglichen Gebäudeteilen kann unterbleiben, wenn die voraussichtliche Nutzungsdauer nicht erheblich von der des zugehörigen Gebäudes abweicht oder diese keine wesentliche Bedeutung haben. Für die Bewertung im Rahmen der Eröffnungsbilanzierung stellte dieses Wahlrecht eine erhebliche Erleichterung dar. Neben der vollständigen Bewertung des gesamten kommunalen Vermögens hätte ansonsten eine Wertdifferenzierung insbesondere im Bereich der Immobilien erfolgen müssen, so dass beispielsweise eigenständig die Werte eines Schwingbodens einer Turnhalle, eines Schwimmbeckens in einem Hallenbad oder eines Lastenaufzuges im Verwaltungsgebäude ermittelt werden müssten. Erfolgt eine Erneuerung dieser eigenständigen Vermögensgegenstände des Anlagevermögens, ist nunmehr im Rahmen der Bilanzwahrheit und -klarheit ein eigenständiger Vermögensgegenstand zu bilanzieren. Somit stellt die Erneuerung eines Lastenaufzuges keine Instandhaltung am Verwaltungsgebäude dar, sondern führt zu einer eigenständigen Bilanzierung als Betriebsvorrichtung.

Diese Regelung gilt nicht für Scheinbestandteile. Diese sind Vermögensgegenstände, die nur vorübergehend in ein Gebäude eingebaut oder eingefügt sind.

309 Siehe hierzu auch Kap. 10.3.2.3.2.

11. Die Ergebnisrechnung – Grundlagen und Einzelpositionen

Wie bereits in Kap. 3 dargestellt, erfolgt die sachliche Gliederung der Buchhaltung mit Hilfe von Konten. Dabei wird zwischen den Konten unterschieden, die direkt in die Bilanz einfließen (Bestandskonten), und den Konten, die zur Erstellung der Ergebnisrechnung (Erfolgskonten), der Finanzrechnung (Finanzrechnungskonten) oder im Zweikreissystem des Kontenrahmens nach Anlage 17 VV Muster zur GO und KomHVO auch zur Erstellung der Kosten- und Leistungsrechnung (Betriebsbuchführungskonten) benötigt werden.

In diesem Kapitel wird die Systematik der Erfolgskonten dargestellt, und es werden die wesentlichen Kontierungsvorschriften für die Bebuchung dieser Konten vorgestellt. Dabei ist darauf hinzuweisen, dass in der Praxis die Buchungssystematik abhängig davon ist, auf welche Weise die Daten der Finanzrechnung gewonnen werden. In den folgenden Darstellungen wird auf eine Einbeziehung der Finanzrechnungskonten in den doppischen Buchungsverbund zunächst verzichtet. Kap. 12 zeigt die unterschiedlichen Möglichkeiten zur Bedienung der Finanzrechnung dann im Einzelnen auf.

11.1 Übersicht über die Erfolgs- und Finanzrechnungskonten (Kontenklassen 4, 5, 6 und 7)

Die Systematik der Kontenklassen 4 bis 7 ergibt sich aus den Anforderungen der §§ 2 bis 4, 39 bis 41 KomHVO und wird anschaulich durch eine Gegenüberstellung der Ertrags- und der Einzahlungskonten (Kontenklassen 4 und 6) sowie der Aufwands- und der Auszahlungskonten (Kontenklassen 5 und 7). Grundsätzlich erfolgt eine parallele Einteilung der Kontengruppen innerhalb dieser Kontenklassen. Abweichungen treten immer dann auf, wenn dem jeweiligen Erfolgskonto aus logischen Gründen kein entsprechendes Finanzrechnungskonto gegenüberstehen kann oder umgekehrt.

So werden z. B. im Bereich der Erträge und Einzahlungen in beiden Kontenklassen die Kontengruppen „Steuern und ähnliche Abgaben“[310] ausgewiesen, eine Kontengruppe für „Aktivierte Eigenleistungen und sonstige Bestandsveränderungen“ findet man dagegen nur bei den Erfolgskonten. Im Bereich der Auszahlungen und Aufwendungen finden sich u. a. Differenzen bei den „Bilanziellen Abschreibungen“ oder bei den „Auszahlungen aus Finanzierungstätigkeit und Investitionen“.

In der nachfolgenden Aufstellung wurden die gegenüberliegenden Kontengruppen, bei denen sich wesentliche Abweichungen ergeben, grau unterlegt.

310 Als Ertrag in der Kontengruppe 40 und als Einzahlung in der Kontengruppe 60.

Erträge und Einzahlungen		Aufwendungen und Auszahlungen	
Kontenklasse 4	**Kontenklasse 6**	**Kontenklasse 5**	**Kontenklasse 7**
Erträge	**Einzahlungen**	**Aufwendungen**	**Auszahlungen**
40 Steuern und ähnliche Abgaben	60 Steuern und ähnliche Abgaben	50 Personalaufwendungen	70 Personalauszahlungen
41 Zuwendungen und allgemeine Umlagen	61 Zuwendungen und allgemeine Umlagen	51 Versorgungsaufwendungen	71 Versorgungsauszahlungen
42 Sonstige Transfererträge	62 Sonstige Transfereinzahlungen	52 Aufwendungen für Sach- und Dienstleistungen	72 Auszahlungen für Sach- und Dienstleistungen
43 Öffentlich-rechtliche Leistungsentgelte	63 Öffentlich-rechtliche Leistungsentgelte	53 Transferaufwendungen	73 Transferauszahlungen
44 Privatrechtl. Leistungsentgelte, Kostenerstattungen und -umlagen	64 Privatrechtl. Leistungs-entgelte, Kostenerstattungen und -umlagen	54 Sonstige ordentliche Aufwendungen	74 Sonstige Auszahlungen aus laufender Verwaltungstätigkeit
45 Sonstige ordentliche Erträge	65 Sonstige Einzahlungen aus laufender Verwaltungstätigkeit	55 Zinsen und sonstige Finanzaufwendungen	75 Zinsen und sonstige Finanzauszahlungen
46 Finanzerträge	66 Zinsen und sonstige Finanzeinzahlungen		
47 Aktivierte Eigenleistungen, Bestandsveränderungen		57 Bilanzielle Abschreibungen	
48 Erträge aus internen Leistungsbeziehungen	68 Einzahlungen aus Investitionstätigkeit	58 Aufwendungen aus internen Leistungsbeziehungen	78 Auszahlungen aus Investitionstätigkeit
49 Außerordentliche Erträge	69 Einzahlungen aus Finanzierungstätigkeit	59 Außerordentliche Aufwendungen	79 Auszahlungen aus Finanzierungstätigkeit

Im Folgenden werden nun zunächst die Erfolgskonten besprochen. In Kap. 12 wird die Systematik der Finanzrechnung vorgestellt und auf die Finanzrechnungskonten eingegangen, bei denen sich wesentliche sachliche Abweichungen zu den Erfolgskonten ergeben.

11.2 Die Konten der Ergebnisrechnung (Kontenklassen 4 und 5)

11.2.1 Steuern und ähnliche Abgaben (Kontengruppe 40)

Für die Steuern ergibt sich die inhaltliche Abgrenzung aus der Legaldefinition des § 3 Abs. 1 Satz 1 AO: *„Steuern sind Geldleistungen, die nicht eine Gegenleistung für eine besondere Leistung darstellen und von einem öffentlich-rechtlichen Gemeinwesen zur Erzielung von Einnahmen allen auferlegt werden, bei denen der Tatbestand zutrifft, an den das Gesetz die Leistungspflicht knüpft; die Erzielung von Einnahmen kann Nebenzweck sein.“*

Der Kontierungsplan der Anlage 18 VV Muster zur GO und KomHVO sieht für die Kontengruppe 40 – Steuern und ähnliche Abgaben – eine weitere Differenzierung vor.

Diese Differenzierung wird i. d. R. im örtlichen Kontenplan durch entsprechende Kontenbildung sichergestellt. So sieht z. B. der Lehrkontenplan der Hochschule für Polizei und öffentliche Verwaltung NRW[311] eine entsprechende Untergliederung vor:

4			**Erträge**
	40		**Steuern und ähnliche Abgaben**
		401	Grundsteuer A
		402	Grundsteuer B
		403	Gewerbesteuer
		404	Gemeindeanteil an der Einkommensteuer
		405	Gemeindeanteil an der Umsatzsteuer
		406	Sonstige Gemeindesteuern
		407	Steuerähnliche Erträge
		408	Ausgleichsleistungen
4			**Erträge**
	40		**Steuern und ähnliche Abgaben**
		401	Grundsteuer A
		402	Grundsteuer B
		403	Gewerbesteuer
		404	Gemeindeanteil an der Einkommensteuer
		405	Gemeindeanteil an der Umsatzsteuer
		406	Sonstige Gemeindesteuern
		407	Steuerähnliche Erträge
		408	Ausgleichsleistungen

Mit dieser Aufstellung sind die wesentlichen Steuerarten in der Kommunalverwaltung abgebildet. Soweit in der Praxis weitere Konten erforderlich sind, sind diese an der entsprechenden Stelle im Kontenplan einzufügen.

Die sachliche Abgrenzung der verschiedenen Steuerarten erfolgt grundsätzlich ohne Probleme, da eine Steuerforderung immer einer rechtlichen Grundlage und eines sich darauf beziehenden Verwaltungsakts bedarf.

Kritisch kann dagegen die zeitliche Abgrenzung der Steuererträge sein. Dabei ist grundsätzlich zu berücksichtigen, dass gem. § 11 Abs. 1 KomHVO nicht der Zeitpunkt der Zahlung, sondern der Zeitpunkt der wirtschaftlichen Entstehung eines Ertrages maßgeblich für die periodengerechte Zuordnung ist.

Bei Erträgen gelten nach dem kaufmännischen Periodisierungsprinzip – soweit der Rechnungssteller die zu erbringende Hauptleistung bereits erbracht hat – grundsätzlich die Termine der Rechnungsstellung und nicht die Fälligkeitstermine als relevante Realisationszeitpunkte.[312] Da es sich hier um eine einseitige Leistungsverpflichtung handelt, besteht nach Bescheiderstellung keine Hauptleistungspflicht des Rechnungsstellers mehr, so dass der Veranlagungstermin – zumindest soweit es sich nicht um Vorauszahlungen handelt – als Realisationszeitpunkt angesehen werden muss.

311 Vgl. *Dresbach*, Kommunale Finanzwirtschaft Nordrhein-Westfalen, 48. Aufl.,, Bergisch-Gladbach 2021, S. 395 ff.

312 Vgl. u. a. *Weber/Weißenberger*, Einführung in das Rechnungswesen, 7. Aufl., Stuttgart 2006, S. 287.

Nur bei einer solchen Auslegung passt der für die Ergebnisplanung maßgebliche § 11 Abs. 1 KomHVO zu dem für die Bilanzierung maßgebenden § 43 Abs. 3 KomHVO. Dieser stellt nach übereinstimmender Auffassung hinsichtlich der Abgrenzung von Erträgen ausdrücklich auf die Rechnungs- bzw. Bescheiderstellung und nicht auf den Fälligkeitstermin ab.

Im Ergebnis entspräche die Zuordnung von Steuererträgen zum Haushaltsjahr anhand der Fälligkeitstermine weder den Planungsgrundsätzen (hier insb. § 11 Abs. 1 KomHVO) noch den Bilanzierungsgrundsätzen (§§ 33 ff. KomHVO). Deutlich wird dies auch daran, dass bei einer strengen Orientierung am Fälligkeitstermin durch eine Stundungsgewährung der Ertrag ggf. einem anderen Rechnungsjahr zuzurechnen wäre.

Es wird daher empfohlen, sich weiterhin an folgender Vorgehensweise zu orientieren: Für die Abgrenzung von Steuererträgen[313] erfolgt zunächst notwendigerweise eine Differenzierung nach

- Vorauszahlungen und
- endgültigen Festsetzungen (inkl. Nachzahlungen).

Vorauszahlungsbescheide, die hauptsächlich im Bereich der Gewerbesteuer vorkommen, werden wie Anzahlungen behandelt und grundsätzlich erst mit dem Zeitpunkt der Fälligkeit, d. h. unabhängig von der Erstellung und dem Versand des Bescheides, eingebucht. Dies führt dazu, dass bei einem Versand eines Vorauszahlungsbescheids für das Jahr X im Vorjahr (X-1) auf eine Abgrenzung verzichtet werden kann.

Endgültige Steuerfestsetzungen, die im Bereich der kommunalen Steuern die Regel sind, werden zum Tag der Erstellung des Bescheides eingebucht. Ein Abstellen auf den rechtlich korrekten Zeitpunkt der Wirkung des Steuerbescheids, nämlich den Zeitpunkt der Bekanntgabe der Forderung, erscheint unter Berücksichtigung des Wirtschaftlichkeitsgebots nicht möglich. Soweit Bescheide mit endgültigen Steuerfestsetzungen bereits für das Folgejahr erstellt werden, ist eine passive Rechnungsabgrenzung durchzuführen.[314]

Ebenso ist bei einer Bescheiderstellung für das Vorjahr die Zuordnung unter Berücksichtigung des Wertaufhellungsgebots durchzuführen. D. h. dass eine Zuordnung zum Vorjahr noch zu erfolgen hat, soweit der Jahresabschluss des Vorjahres noch nicht erstellt wurde.

Beispiele:

*1. **Grundsteuer** A (endgültige Festsetzung)*

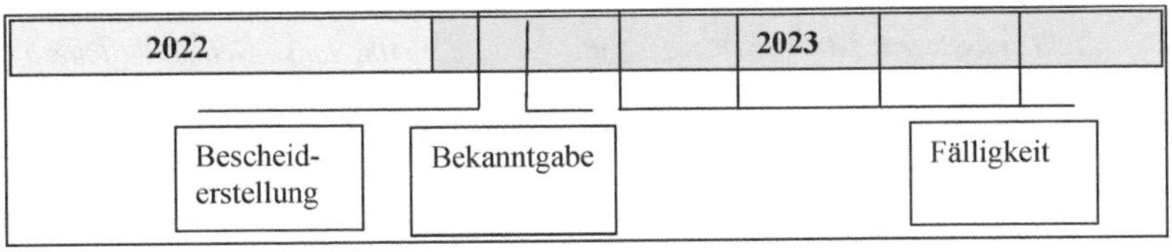

2022		2023
Bescheid-erstellung	Bekanntgabe	Fälligkeit

313 Vgl. die Ausführungen in Modellprojekt „Doppischer Kommunalhaushalt in NRW“ (Hrsg.), Neues Kommunales Finanzmanagement: Betriebswirtschaftliche Grundlagen für das doppische Haushaltsrecht, 2., vollst. überarb. Aufl. auf der Basis der Endergebnisse des Modellprojektes, Freiburg 2003, S. 86 f.

314 An dieser Stelle wird darauf hingewiesen, dass die hier dargestellte Buchungsweise nicht der gängigen kaufmännischen Behandlung der Rechnungsabgrenzung entspricht und lediglich eine vorgeschlagene Vereinfachung zur Behandlung der komplexen Problematik der Abgrenzung von Steuerforderungen darstellt.

Der Grundsteuerbescheid für 2023 wird im Januar erstellt und kurz darauf dem Steuerpflichtigen bekanntgegeben. Die Fälligkeitstermine sind der 15.2., 15.5., 15.8. und 15.11.2023. Die Forderung wird mit der Bescheiderstellung im Jahr 2023 eingebucht. Bei Zahlungseingang erfolgt ein Ausgleich auf dem Debitorenkonto.

a) Einbuchung der Forderung und des Ertrags zum Zeitpunkt der Bescheiderstellung (2023):

Debitor[315]	***an***	***401 Grundsteuer A***

b) Ausgleich der Forderung durch Zahlungseingang

181 Bank	***an***	***Debitor***

2. Vergnügungssteuer (endgültige Festsetzung)

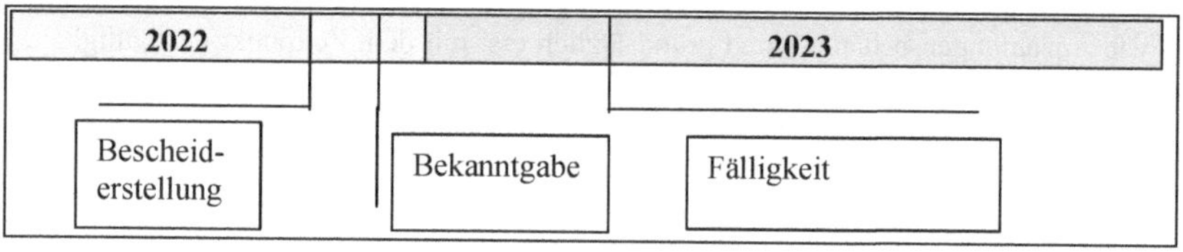

2022		2023
Bescheid-erstellung	Bekanntgabe	Fälligkeit

Die Erstellung des Vergnügungssteuerbescheids 2023 erfolgt bereits in 2022. Die Fälligkeit der Forderungen liegt erst im Jahr 2023. Es ist daher im Jahresabschluss 2022 ein passiver Rechnungsabgrenzungsposten zu bilden, der in 2023 wieder aufzulösen ist:

a) Einbuchung der Forderung und des Rechnungsabgrenzungsposten zum Zeitpunkt der Bescheiderstellung (2022):

Debitor	**an**	**392 passiver RAP**

b) Auflösung des Rechnungsabgrenzungspostens (2023):

392 passiver RAP	***an***	***406 Sonst. Gemeindesteuern***

c) Ausgleich der Forderung durch Zahlungseingang (2023):

181 Bank	***an***	***Debitor***

315 In der gängigen Literatur zur kaufmännischen Buchführung werden bei den Buchungssätzen die Hauptbuchkonten angesprochen. Das wäre in diesem Fall das Konto 161 „Steuerforderungen". In der Praxis werden die Forderungs- und Verbindlichkeitskonten aber i. d. R. nicht direkt bebucht. Die Abwicklung der Forderungen und Verbindlichkeiten erfolgt in einer Nebenbuchhaltung (siehe Kap. 4) über Personenkonten. Dies sind für Forderungen Debitorenkonten und für Verbindlichkeiten Kreditorenkonten. Um den Praxisbezug zu erhöhen, werden bei den Buchungssätzen i. d. R. die Personenkonten angesprochen.

3. Gewerbesteuer (Vorauszahlungsbescheid 2023)

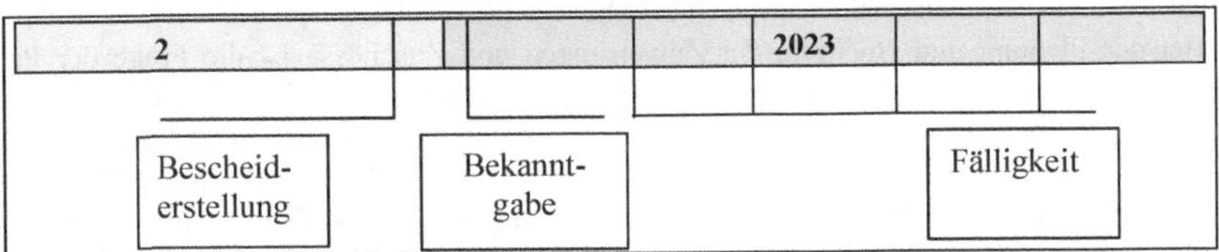

Die Erstellung des Vorauszahlungsbescheids für die Gewerbesteuer erfolgt bereits in 2022. Der Versand erfolgt Anfang 2023.[316] *Die Fälligkeitstermine für die Vorauszahlungen liegen im Jahr 2023. Da es sich um Vorauszahlungsbescheide handelt, erfolgt zum Zeitpunkt der Bescheiderstellung keine Einbuchung der Forderung. Im Jahresabschluss 2022 bleibt dieser Geschäftsvorfall daher unberücksichtigt. Die buchhalterische Erfassung der Forderungen erfolgt jeweils zum Zeitpunkt der Fälligkeiten:*

a) Einbuchung der Forderung zum Zeitpunkt des ersten Fälligkeitstermins (15.2.2023) mit dem jeweiligen Anteil:

Debitor	**an**	**403 Gewerbesteuer**

b) Ausgleich der Forderung durch Zahlungseingang (Februar 2023):

181 Bank	***an***	***Debitor***

c) Einbuchung der Forderung zum Zeitpunkt des zweiten Fälligkeitstermins (15.5.2023) mit dem jeweiligen Anteil:

Debitor	***an***	***403 Gewerbesteuer***

d) Ausgleich der Forderung durch Zahlungseingang (Mai 2023):

181 Bank	***an***	***Debitor***

... bis die vollständige Forderung aus dem Vorauszahlungsbescheid erfasst ist.

11.2.2 Zuwendungen und allgemeine Umlagen (Kontengruppe 41)

Unter die Zuwendungen fallen Zuweisungen und Zuschüsse. Dies sind Finanzhilfen zur Erfüllung der Aufgaben des Empfängers. Zuweisungen sind dabei Übertragungen innerhalb des öffentlichen Bereiches. Die Gemeinden erhalten also Geldmittel von einem öffentlich-rechtlichen Aufgabenträger (z. B. Zuweisungen des Landes für die Instandhaltung von Schulen). Zuschüsse erhält die Gemeinde dagegen von privaten Personen, Personenvereinigungen und Kapitalgesellschaften (z. B. Geldspende einer Firma für eine Baumaßnahme im gemeindlichen Zoo).[317]

316 Auch bei einem Versand in 2022 würden sich bzgl. der Abwicklung keine Änderungen ergeben.

317 Eine ausführliche Darstellung des Zuwendungsrechts enthält *Mutschler*, Kommunales Finanz- und Abgabenrecht NRW, 14. Aufl., Witten 2018, S. 298 ff.

Aus Sicht der Umlageverbände (Kreise oder Landschaftsverbände) spielen insbesondere die Kreis- bzw. Landschaftsverbandsumlagen eine bedeutende Rolle.

Bei der Planung und Buchung der Zuweisungen und Zuschüsse ist die Frage der Passivierungsfähigkeit von entscheidender Bedeutung. Zuweisungen werden regelmäßig in Leistungsbescheiden festgesetzt. Für die zeitliche Zuordnung des Ertrags ist entsprechend § 11 Abs. 1 KomHVO auf die wirtschaftliche Verursachung abzustellen. Zur Überwachung ausstehender Forderungen in der Offenen-Posten-Buchhaltung ist eine buchhalterische Erfassung der Erträge bereits zum Zeitpunkt des Erhalts des Leistungsbescheids bzw. zum Beginn des betroffenen Haushaltsjahres zweckmäßig und widerspricht nicht erkennbar dem Anliegen des § 11 Abs. 1 KomHVO. Grundsätzlich ist dabei zunächst zu unterscheiden zwischen

- Zuwendungen für die laufende Verwaltungstätigkeit und
- Zuwendungen für Investitionen.

Alle Zuwendungen, die nicht ausdrücklich für die Durchführung von Investitionen geleistet werden, werden der laufenden Verwaltungstätigkeit zugeordnet. Dies sind insbesondere die Schlüsselzuweisungen des Landes im Rahmen des Gemeindefinanzierungsgesetzes (GFG) und andere Bedarfszuweisungen für laufende Zwecke. Diese Zuwendungen für laufende Zwecke, werden – soweit der Bescheid nicht im Jahr vor den Fälligkeitsterminen eingeht – buchhalterisch unmittelbar als Ertrag erfasst. Bei Eingang des Bescheids für die Schlüsselzuweisungen im Januar des Jahres wird dementsprechend gebucht:

Debitor	**an**	**411 Schlüsselzuweisungen**

Geht der Bescheid für eine Leistung für das Folgejahr bereits im Vorjahr ein, ist eine Erfassung als Ertrag erst im folgenden Haushaltsjahr zulässig, da in diesem Fall offensichtlich die wirtschaftliche Ursache für den Ertrag im folgenden Jahr liegt. Bezieht sich dagegen in diesem Fall die Leistung auf das laufende Jahr und liegt lediglich der festgesetzte Zahlungszeitpunkt im Folgejahr, liegt die wirtschaftliche Ursache als wertbegründender Tatbestand im Sinne des Realisationsprinzips bereits im laufenden Jahr.

Zuwendungen für Investitionen werden gem. § 44 Abs. 4 oder 5 KomHVO nicht unmittelbar als Ertrag gebucht, sondern als Sonderrücklage oder Sonderposten passiviert. Bei Zuwendungen, deren ertragswirksame Auflösung nicht ausdrücklich ausgeschlossen ist, erfolgt nach § 44 Abs. 5 KomHVO parallel zur Abschreibung des jeweiligen zuwendungsfinanzierten Anlageguts die ergebniswirksame Auflösung der Zuwendung, die zuvor als Sonderposten passiviert wurde. Dies ist darin begründet, dass sich die Zuwendung wirtschaftlich nicht nur auf das Jahr des Eingangs der jeweiligen Zuwendung bezieht, sondern auf alle Jahre, in denen das mit der Zuwendung finanzierte Anlagegut von der Gemeinde verwendet wird.

Nachfolgende Übersicht zeigt vereinfacht die Abwicklung der Anschaffung eines neuen Einsatzleitwagens für die städtische Feuerwehr, die mit 15 % vom Land bezuschusst wird:[318]

Zunächst erfolgt die Anschaffung des neuen Fahrzeugs, die bei sofortiger Überweisung wie folgt gebucht wird:

074 Fahrzeuge	**an**	**181 Bank**	**800.000 €**

Durch Bescheid wird nun der endgültige Förderbetrag des Landes festgelegt. Die Buchung lautet:

318 Vgl. hierzu auch die ausführliche Darstellung in Kap. 10.3.6.

164 Forderungen[319]	**an**	**231 Sonderposten (Zuw.)**	**120.000 €**

Anschließend geht die Zuwendung auf dem Konto der Stadt ein:

181 Bank	**an**	**164 Forderungen**	**120.000 €**

Bilanziell ergeben sich durch diese Buchungen nachfolgende Änderungen:

AKTIVA			PASSIVA		
Anlagevermögen			**Eigenkapital**	+/–	0
Fahrzeuge	+	800.000			
			Sonderposten		
Umlaufvermögen			*Zuwendungen*	+	120.000
Forderungen	+/–	0	**Fremdkapital**	+/–	0
Liquide Mittel	–	680.000			
	+	120.000		+	120.000

Dabei wird deutlich, dass weder die Investition noch die Zuwendung über Erfolgskonten (Ertrags- oder Aufwandskonten) gebucht wurden. Die Eigenkapitalposition ist damit nicht berührt.

Beispielhaft werden nun die Abschreibung des Fahrzeugs und die ertragswirksame Auflösung der Zuwendung im ersten Nutzungsjahr des Einsatzleitwagens mit Hilfe von T-Konten abgebildet:

1. Der Einsatzleitwagen wird über zwölf Jahre abgeschrieben. Da die Anschaffung im Januar erfolgte, wird in diesem Beispiel vereinfachend davon ausgegangen, dass bereits im ersten Jahr eine volle Jahresabschreibung (ein Zwölftel des Anschaffungspreises) durchgeführt wird:

Fahrzeuge

Soll			Haben
AB	800.000	1. Abschr.	66.667

Abschreibung

Soll			Haben
1. Fahrzeuge	66.667		

2. Die Zuwendung wird parallel zur Abschreibung der Investition ertragswirksam aufgelöst. Die Auflösung erfolgt daher ebenfalls über zwölf Jahre über das Konto 415 „Erträge aus der Auflösung von Sonderposten aus Zuwendungen“:

Sonderposten

Soll			Haben
2. Aufl. Sopo	10.000	AB	120.000

319 Um den Bezug zur Bilanz besser veranschaulichen zu können, wird hier das Konto „Forderungen aus Transferleistungen“ angesprochen. In der Praxis werden bei der Buchung von Forderungen und Verbindlichkeiten die Konten der Nebenbücher (Debitoren- bzw. Kreditorenkonten) angesprochen.

Erträge aus Aufl. von Sopo

Soll		Haben	
		2. Sopo	10.000

3. Die Erfolgskonten werden zum Jahresabschluss über die Ergebnisrechnung abgeschlossen:

Erträge aus Aufl. von Sopo

Soll		Haben	
ErgRe	10.000	2. Sopo	10.000

Abschreibung

Soll		Haben	
1. Fahrzeuge	66.667	ErgRe	10.000

Damit ergibt sich in der Ergebnisrechnung im ersten Jahr der Nutzung des neuen Einsatzleitwagens allein aus diesem Geschäftsvorfall folgendes Bild:

		Ergebnisrechnung	€
2	+	Zuwendungen und allgemeine Umlagen	10.000
10	=	**Ordentliche Erträge**	**10.000**
14	–	Bilanzielle Abschreibungen	66.667
17	=	**Ordentliche Aufwendungen**	**66.667**
26	=	**Jahresergebnis**	**–56.667**

4. Nach Abschluss der Erfolgskonten erfolgt noch der Abschluss der Bestandskonten über das Schlussbilanzkonto (SBK):

Fahrzeuge

Soll		Haben	
AB	800.000	1. Abschr.	66.667
		SBK	733.333
	800.000		800.000

Sonderposten

Soll		Haben	
2. Aufl. Sopo	10.000	AB	120.000
SBK	110.000	SBK	
	120.000		120.000

Der Abschluss der Bestandskonten und der Ergebnisrechnung hat folgendes bilanzielles Ergebnis:

AKTIVA			PASSIVA		
Anlagevermögen			**Eigenkapital**		
Fahrzeuge	+	733.333	*Jahresergebnis*	–	55.667
			Sonderposten		
Umlaufvermögen			*Zuwendungen*	+	110.000
Forderungen	+/–	0	**Fremdkapital**	+/–	0
Liquide Mittel	–	680.000			
	+	**53.333**		+	**53.333**

Wie bereits oben erwähnt, regelt § 44 Abs. 5 KomHVO die Behandlung der auflösungsfähigen Investitionszuwendungen. Bei dieser Regelung bleibt ausdrücklich unberücksichtigt, dass die Nutzungsdauer des bezuschussten Vermögensgegenstandes und die Zweckbindungsdauer des Investitionszuschusses auseinanderfallen können. Dies wäre z. B. bei einem Investitionszuschuss für die Errichtung einer Unterkunft für Asylbewerber möglich. Hier stünde u. U. einer Zweckbindungsdauer von zehn Jahren eine Nutzungsdauer von 50 Jahren gegenüber, wobei sich die Auflösung des Sonderpostens allein an der Nutzungsdauer orientiert.

Die dargestellten Sachverhalte sind auch im Rahmen der Haushaltsplanung zu berücksichtigen. Dabei wird bei der Veranschlagung von laufenden Zuwendungen i. d. R. davon auszugehen sein, dass es sich in gleicher Höhe um Ertrag und Einzahlung handelt. Es werden daher die Ergebnis- und die Finanzpositionen (Erträge bzw. Einzahlungen aus Zuweisungen und Zuschüssen) in gleicher Höhe beplant. Erforderliche Periodenabgrenzungen, die sich aus Einzahlungszeitpunkten kurz vor oder nach dem Jahreswechsel ergeben könnten, können zum Planungszeitpunkt nur in Ausnahmefällen Berücksichtigung finden, soweit sie von erheblicher Bedeutung sind.

Bei der Veranschlagung von Investitionszuwendungen besteht dagegen die Notwendigkeit, den oben dargestellten Buchungsvorgang bereits in der Planung nachzuvollziehen. Dabei sind grundsätzlich alle Buchungsvorgänge, die das Bestandskonto „Liquide Mittel" betreffen, relevant für die Aufstellung des Finanzplans. Alle zu erwartenden Buchungsvorgänge auf Erfolgskonten sind in der Ergebnisplanung auszuweisen. Für das oben dargestellte Beispiel ergäbe sich daraus nachfolgende Abbildung in der Finanz- und Ergebnisplanung:

Finanzplan			€
18	+	Zuwendungen für Investitionsmaßnahmen	120.000
26	–	Auszahlungen für den Erwerb von beweglichem Anlagevermögen	800.000
31	=	**Saldo aus Investitionstätigkeit**	**–680.000**

Ergebnisplan			€
2	+	Zuwendungen und allgemeine Umlagen	10.000
10	=	**Ordentliche Erträge**	**10.000**
14	–	Bilanzielle Abschreibungen	66.667
17	=	**Ordentliche Aufwendungen**	**66.667**
26	=	**Jahresergebnis**	**–56.667**

Gem. § 4 Abs. 4 Satz 3 KomHVO müsste die Maßnahme im betroffenen Teilfinanzplan – je nach festgelegter Wertgrenze – zusätzlich separat als einzelne Investitionsmaßnahme abgebildet werden.

Im Ergebnis- und Teilergebnisplan ist zu beachten, dass sowohl die Abschreibungen als auch die ertragswirksame Auflösung des Sonderpostens auch die auf das Haushaltsjahr folgenden Jahre betreffen. In dem vorliegenden Beispiel könnten die Positionen für die nächsten zwölf Jahre vorgemerkt werden. Dies geschieht praktisch i. d. R. durch die Erfassung der Anlagegüter und der Sonderposten in der Anlagenbuchhaltung, die dann zukünftig die Planungsdaten für die betroffenen Positionen liefert. Zusätzlich sind bei der Planung der Abschreibungen und der Auflösung der Sonderposten die geplanten Investitionen und die Abgänge von Vermögensgegenständen (Desinvestitionen) zu berücksichtigen, die sich nicht aus der Anlagenbuchhaltung entnehmen lassen.

11.2.3 Sonstige Transfererträge (Kontengruppe 42)

Unter „Transfer" wird im kommunalen Haushaltsrecht NRW die Übertragung von Finanzmitteln ohne konkrete Gegenleistung verstanden, soweit es sich nicht um Steuern[320] handelt. Volkswirtschaftlich stellen Transfers die Umleitung von Kaufkraft ohne die Schaffung zusätzlichen Einkommens dar. Mögliche Empfänger sind private Haushalte, Unternehmen oder auch öffentlich-rechtlich Körperschaften.[321] Als „sonstige Transfererträge" werden damit alle Übertragungen bezeichnet, die nicht unter die bereits in der Kontengruppe 41 behandelten Zuweisungen und Zuschüsse fallen. Ausgeschlossen sind dabei grundsätzlich auch Übertragungen für investive Zwecke.

Ausgehend von den im Kontenrahmen vorgeschlagenen Kontenarten handelt es sich bei den sonstigen Transfererträgen überwiegend um die Erstattung von geleisteten Sozialtransfers im Rahmen der Nachrangigkeit der Sozialhilfe. Darüber hinaus fallen Schuldendiensthilfen, die die Kommune erhält, unter diese Ertragsposition.

11.2.4 Öffentlich-rechtliche Leistungsentgelte (Kontengruppe 43)

Unter die öffentlich-rechtlichen Leistungsentgelte fallen alle öffentlichen Abgaben, denen eine konkrete Gegenleistung gegenübersteht (Gebühren) oder die dem Ersatz des Aufwands für die Herstellung, Anschaffung und Erweiterung öffentlicher Einrichtungen und Anlagen (Beiträge) dienen.

Im Kontenplan aufgeführt sind namentlich:

- Verwaltungsgebühren,
- Benutzungsgebühren,
- Erträge aus der Auflösung von Sonderposten für Beiträge,
- Erträge aus der Auflösung von Sonderposten für den Gebührenausgleich,
- zweckgebundene Abgaben (z.B. Kurtaxen, Kurbeiträge).

320 Zur Definition der Abgaben und Steuern siehe *Mutschler*, Kommunales Finanz- und Abgabenrecht NRW, 14. Aufl., Witten 2018, S. 23 ff.

321 Vgl. *Baßeler/Heinrich/Koch*, Grundlagen und Probleme der Volkswirtschaft, 14. Aufl., Köln 1995, S. 407 f.

Verwirrend ist an dieser Stelle, dass in Anlage 18 zur VV Muster zur GO und KomHVO (Kontierungsplan) eine Reihe von „Entgelten“ aufgeführt sind, die im Regelfall nicht als öffentlich-rechtliche Entgelte erhoben werden. Dies sind z. B.

- Entgelte für die Lieferung von Elektrizität, Gas, Fernwärme,
- Entgelte der Verkehrsunternehmen,
- Eintrittsgelder zu kulturellen oder sportlichen Veranstaltungen.

Vorrangig ist hier nicht die Aufführung im Kontierungsplan des Ministeriums, sondern der öffentlich-rechtliche Charakter des jeweiligen Entgelts. So sind die oben aufgeführten Entgelte immer dann den privatrechtlichen Entgelten (Kontengruppe 44) zuzuordnen, wenn sie auf der Grundlage eines Vertragsverhältnisses (z. B. aufgrund eines Nutzungs- oder Leistungsvertrages) erhoben werden.

Die Gebühren und zweckgebundenen Abgaben werden unter Beachtung der Periodenabgrenzung gem. § 11 Abs. 1 KomHVO als Erträge geplant. Unter zweckgebundene Abgaben fallen u. a. Kurtaxen und Kurbeiträge.

Beiträge nach § 8 KAG bzw. §§ 127 ff BauGB stellen keine Erträge dar, da sie der Finanzierung von Investitionen dienen. Bei der Planung ergeben sich allerdings indirekt auch Auswirkungen auf die zu erwartenden Erträge. Da es sich bei den Beiträgen definitionsgemäß um Geldleistungen zur Finanzierung von Investitionen handelt, kommt eine direkte Erfassung dieser Leistungen als Ertrag nicht in Frage. Beiträge sind nach § 44 Abs. 5 KomHVO zu behandeln wie Investitionszuwendungen. Zunächst erfolgt dabei eine Passivierung des Beitrags als Sonderposten. Die ertragswirksame Auflösung dieses Sonderpostens über die Konten der Kontengruppe 43 wird anteilig über die Nutzungsdauer der mit dem Beitrag finanzierten öffentlichen Einrichtung oder Anlage durchgeführt.

Problematisch bei der buchungsmäßigen Behandlung der Beiträge ist der Zeitpunkt der Erfassung dieser Beiträge. Da zwischen der Fertigstellung der Anlagen und der Veranlagung der Beitragspflichtigen häufig ein erheblicher Zeitraum liegt, sind nach § 45 Abs. 2 Nr. 7 KomHVO noch nicht erhobene Beiträge aus fertiggestellten Erschließungsmaßnahmen im Anhang anzugeben und zu erläutern. Um dies zu ermöglichen, ist eine wertmäßige Erfassung und laufende Aktualisierung der noch zu veranlagenden Beiträge in der Buchhaltung erforderlich. Auf Grund des Realisationsprinzips dürfen diese „Forderungen“ mit einer entsprechenden Gegenbuchung bei den Sonderposten allerdings erst aktiviert werden, wenn eine Veranlagung erfolgt ist.

Ebenfalls unter die Planungsposition „Öffentlich-rechtliche Leistungsentgelte“ fällt die Auflösung von Sonderposten aus Gebührenüberschüssen nach § 6 Abs. 2 KAG NRW. Stellt sich bei der Abrechnung eines Gebührenhaushalts im Nachhinein heraus, dass das Gebührenaufkommen die tatsächlich entstandenen Kosten übersteigt, ist in der Höhe dieses Überschusses nach § 44 Abs. 6 KomHVO ein Sonderposten zu bilden. Dieser Sonderposten repräsentiert den abstrakten Ausgleichsanspruch der Gebührenpflichtigen. In der nächstmöglichen Planungsperiode wird die Auflösung dieses Sonderpostens sowohl in der Gebührenkalkulation als auch in der Ergebnisplanung als Ertrag berücksichtigt. In der Haushaltsplanung erfolgt dies bei der Position „Öffentlich-rechtliche Leistungsentgelte“.

11.2.5 Privatrechtliche Leistungsentgelte, Kostenerstattungen und Kostenumlagen (Kontengruppe 44)

Als „privatrechtliche Leistungsentgelte“ werden diejenigen Entgelte ausgewiesen, für die eine konkrete Gegenleistung erbracht wird und für die es keine öffentlich-rechtliche Rechtsgrundlage

(Satzung) gibt. Dies können im Bereich der Kommunalverwaltung z. B. Mieten, Pachten, Verkaufserlöse aber auch der Eintrittspreis in kommunalen Einrichtungen (Bäder, Theater, Zoos) oder das zu leistende Entgelt für die Teilnahme an Kursen oder Veranstaltungen der Kommune sein. Auch das Entgelt für die Nutzung der städtischen Bibliothek kann privatrechtlicher Natur sein. Bei den Verkaufserlösen ist zu beachten, dass diese Position nicht die Erlöse aus dem Verkauf von Vermögensgegenständen des Anlagevermögens umfasst. Diese sind der Kontengruppe 45 (Sonstige ordentliche Erträge) zuzurechnen.

Grundsätzlich ist festzustellen, dass in verschiedenen Bereichen die Kommunen bei der Zuordnung der Entgelte zum öffentlich-rechtlichen oder zum privatrechtlichen Bereich einen Gestaltungsspielraum haben. Die Haushaltsplanung und das Rechnungswesen bilden dabei nur ab, wie die Kommune diesen Spielraum genutzt hat. Bezüglich der Haushaltsplanung sind keine weiteren Besonderheiten zu betrachten.

Erstattungen erhält die Kommune für Aufwendungen, die sie für eine andere Stelle erbracht hat. Die Kommune handelt in diesen Fällen im Auftrag eines Dritten. Kostenerstattungen liegen z. B. vor, wenn auf die Kommune Aufgaben von überörtlichen Trägern der Sozialhilfe delegiert werden. Zu unterscheiden ist dies dann insbesondere von den o. a. Transfererträgen. Hier wird die Kommune ursprünglich nicht im Auftrag eines Dritten, sondern in eigener Aufgabenwahrnehmung tätig. Erst später wird festgestellt, dass die geleisteten Transfers z. B. aufgrund der Nachrangigkeit der Sozialhilfe von einem Dritten erstattet werden müssen.

Soweit die Aufwendungen, die im Auftrag eines Dritten geleistet wurden, nicht exakt berechnet, sondern nur pauschal ermittelt und erstattet werden, handelt es sich um den Fall einer Kostenumlage. An dieser Stelle ausdrücklich nicht gemeint sind die öffentlich-rechtlichen allgemeinen Umlagen zur Finanzierung der Umlageverbände (Kreise, Landschaftsverbände), die auf der Ertragsseite dieser Verbände in die Kontengruppe 41 (Zuwendungen und allgemeine Umlagen) fallen.

11.2.6 Sonstige ordentliche Erträge (Kontengruppe 45)

Die sonstigen ordentlichen Erträge stellen ein Auffangbecken für alle Ertragsarten dar, die in den bisherigen Positionen nicht abgebildet werden können. Die konkreten Inhalte sind aus dem Kontenplan zu erkennen:

- Erträge aus der Veräußerung von immateriellem Vermögen und Sachanlagen,
- Erträge aus der Veräußerung von Finanzanlagen,
- Bußgelder, Verwarngelder,
- Konzessionsabgaben,
- Säumniszuschläge, Stundungszinsen (z. B. Verzinsung der Gewerbesteuer nach § 233 a AO),
- Erträge aus Zuschreibungen,
- Erträge aus der Auflösung oder Herabsetzung von Rückstellungen oder Wertberichtigungen.

Darüber hinaus ist diese Kontengruppe für weitere Ertragsarten zu wählen, die den übrigen Kontengruppen nicht zugeordnet werden können.

Erträge aus der Veräußerung von Gegenständen des Anlagevermögens entstehen bei einem Verkauf des Anlagegutes über dem aktuellen Buchwert. Wird z. B. der vier Jahre alte Dienstwagen des Kämmerers, der am 31.12.2022 noch einen Restbuchwert von 5.000 € hat, welcher planmäßig bis zum 31.12.2023 auf 0 abgeschrieben würde, am 1.4.2023 für 6.000 € verkauft, ergibt sich hieraus ein „Sonstiger Ertrag". Buchhalterisch handelt es sich dabei um einen Anlagenabgang bei Buchgewinn, der in folgenden Schritten zu erfassen ist:[322]

1. Zunächst ist der aktuelle Restbuchwert des Fahrzeugs zu ermitteln. Hierzu sind die Abschreibungen für den Zeitraum zwischen dem letzten Bilanzstichtag und dem Verkauf zu ermitteln und zu buchen. Im vorliegenden Beispiel beträgt der Restbuchwert am Anfang des letzten Buchungsjahres noch 5.000 €. Für die abgelaufenen drei Monate des Jahres 2023 sind noch einmal drei Zwölftel des jährlichen Abschreibungsbetrages (3/12 × 5.000 € = 1.250 €) zu erfassen:

571 Abschreibungen	**an**	**074 Fahrzeuge**	**1.250 €**

2. Als nächstes ist der Anlagenabgang in der Buchhaltung nachzuvollziehen. Der Abgang erfolgt i. H. des gesamten Restbuchwerts des Fahrzeugs (5.000 € – 1.250 € = 3.750 €). Der Anlagenabgang wird im Soll auf dem Ertragskonto 451 „Erträge aus der Veräußerung von immateriellem Vermögen und Sachanlagen" gebucht.

451 Veräußerungserträge	**an**	**074 Fahrzeuge**	**3.750 €**

3. Nun sind der Ertrag und die Forderung gegenüber dem Käufer (Debitor) einzubuchen:

Debitor	**an**	**451 Veräußerungserträge**	**6.000 €**

4. Bei Eingang der Zahlung wird das Debitorenkonto ausgeglichen:

181 Sichteinlagen	**an**	**Debitor**	**6.000 €**

Im Ergebnis ergibt sich damit ein Aktivtausch „Bank an Fahrzeuge" in Höhe des Restbuchwertes von 3.750 € und ein „Sonstiger ordentlicher Ertrag" in Höhe von 2.250 €, der die Bilanz verlängert.

Diese Verfahrensweise entspricht nicht dem Wortlaut des § 44 Abs. 3 KomHVO, nach dem Veräußerungserträge nach § 90 Abs. 3 Satz 1 GO *unmittelbar* mit der Allgemeinen Rücklage zu verrechnen sind. Eine solche unmittelbare Verrechnung würde bei wortwörtlicher Umsetzung die Buchung auf einem Ertragskonto ausschließen. Die Ertragsbuchung würde demnach durch eine Buchung gegen die Allgemeine Rücklage ersetzt. Aufgrund der Vielzahl der Fälle, die solche Buchungen auf dem Konto „Allgemeine Rücklage" erforderlich machen würden, kann man nur mutmaßen, dass der Gesetzestext nicht das wiedergibt, was eigentlich beabsichtigt war.

Pragmatisch sind daher die „normale Erfassung" der Veräußerungserträge auf dem dafür vorgesehenen Ertragskonto und der Ausweis dieser Position außerhalb der Ergebnisrechnung, d. h. unterhalb des Jahresergebnisses. Zusätzlich sind die betroffenen Erträge und Aufwendungen im Anhang zu erläutern. Nach dem Vollständigkeitsprinzip des § 79 Abs. 1 GO sind solche Veräu-

322 Eine vollständige Erfassung des Verkaufserlöses als Ertrag bei gleichzeitiger Vollabschreibung des veräußerten Vermögensgegenstandes ist nicht zulässig. Zur einfacheren Ermittlung der Umsatzsteuer wird allerdings in der Privatwirtschaft aus umsatzsteuerrechtlichen Gründen mit einem Erlöskonto gearbeitet, auf dem der volle Verkaufserlös zunächst erfasst wird. Dieses Konto wird aber später wieder aufgelöst, so dass der Ertrag bzw. Aufwand sich aus der Differenz von Verkaufserlös und Restbuchwert ergibt. Siehe z. B. *Jossè*, Buchführung – aber locker!, 9. Aufl., Hamburg 2005, S. 125 f.

ßerungserträge auch weiterhin Pflichtbestandteil des Haushaltsplans. Weder im § 2 noch im § 4 KomHVO werden diese Verrechnungen als Bestandteil des Ergebnis- oder Teilergebnisplans erwähnt. Lediglich das Muster des Ergebnisplans weist entsprechende Zeilen auf. Eine Zuordnung der entsprechenden Positionen zu den Teilplänen erscheint im Hinblick auf den Grundsatz der Verständlichkeit[323] allerdings dringend geboten.

In dem o. a. Beispiel wird bei der Gegenüberstellung von Erträgen und Aufwendungen deutlich, dass dem Ertrag aus Anlagenabgang von 2.250 € eine Einzahlung aus der Veräußerung von Sachanlagen von 6.000 € gegenübersteht. Soweit solche Geschäftsvorfälle planbar sind, hat hier eine differenzierte Planung von Ergebnis- und Finanzplan zu erfolgen.

Unklar bleibt allerdings der genaue Anwendungsbereich des § 44 Abs. 3 KomHVO, was in der Praxis zu unterschiedlicher Handhabung führt. Der Verweis auf „Vermögensgegenstände nach § 90 Abs. 3 Satz 1 GO" legt eine aufgabenbezogene Sichtweise bei der Auslegung nahe, bei der nur solche Vermögensgegenstände unter § 44 Abs. 3 KomHVO fallen, die endgültig nicht mehr benötigt werden und bei denen insbesondere keine Ersatzbeschaffung vorgesehen ist.[324] Die von den Aufsichtsbehörden und den meisten Gemeinden bevorzugte weite Auslegung, jegliche Erträge und Aufwendungen aus der Veräußerung von Vermögensgegenständen nach § 44 Abs. 3 KomHVO abzuwickeln, lässt erheblichen Spielraum für eine missbräuchliche Anwendung dieser Vorschrift und unterminiert zumindest teilweise die durch die Einführung der kaufmännischen Buchführung in der Kommunalverwaltung beabsichtigten Anreize zu wirtschaftlichem Verhalten.

Wertveränderungen von Finanzanlagen fallen dagegen grundsätzlich unter das im § 44 Abs. 3 KomHVO beschriebene Verfahren.

Unter den weiteren Ertragsarten der Kontengruppe „Sonstige ordentliche Erträge" ist auf die Erträge aus der Auflösung von sonstigen Sonderposten, aus Zuschreibungen, aus der Herabsetzung von Wertberichtigungen und der Herabsetzung von Rückstellungen besonders hinzuweisen. Bei diesen Ertragsarten handelt es sich jeweils um die ergebniswirksame Änderung von Bestandskonten. Die Erläuterung der Vorgänge erfolgte bereits in Kap. 10.

11.2.7 Finanzerträge (Kontengruppe 46)

Als Finanzerträge kommen für die Kommune Zinserträge, z. B. aus ausgegebenen Darlehen, sowie Dividenden und andere Gewinnanteile von Beteiligungen, Ausleihungen und Wertpapieren des Finanzanlagevermögens in Betracht. Daneben werden in dieser Position „sonstige Zinsen und ähnliche Erträge" ausgewiesen. Hierunter fallen auch die Erträge aus Wertpapieren des Umlaufvermögens (z.B. Tages- und Festgeldzinsen).

Der Verbindlichkeitenspiegel nach § 48 Abs. 1 KomHVO i. V. m. Anlage 27 VV Muster zur GO und KomHVO sieht eine Differenzierung der Kredite nach dem jeweiligen Schuldner vor. Es erscheint daher sinnvoll, auch im Bereich der Erfolgskonten eine Differenzierung der Finanzerträge nach Gläubigern vorzunehmen. Insbesondere sind für die verbundenen Unternehmen, die Beteiligungen und die Sondervermögen separate Ertragskonten einzurichten, damit die konzerninternen Umsätze aus der Vergabe interner Darlehen und aus Ausschüttungen und Gewinnabführungen bei der nach § 116 ff GO erforderlichen Erstellung des Gesamtabschlusses leicht konsolidiert werden können.

---

323 Vgl. hierzu die Ausführungen in Kap. 9.3.

324 Vgl. hierzu insb. *Hartmann*, Anlagenabgänge nach dem 1. NKFWG, CuraCommunal 01-2014, S. 2.

Bei der Haushaltsplanung ist im Bereich der Zinserträge insbesondere auf die Einhaltung des Bruttoprinzips (§ 11 Abs. 2 KomHVO) und die periodengerechte Zuordnung (§ 11 Abs. 1 KomHVO) zu achten. So ist weder eine Verrechnung von zu erwartenden Habenzinsen mit zu erwartenden Sollzinsen zulässig noch eine Zuordnung zum Haushaltsjahr nach dem Fälligkeitstermin der Zinsforderung.

11.2.8 Aktivierte Eigenleistungen und Bestandsveränderungen (Kontengruppe 47)

Unter „Eigenleistungen" versteht man Aufwendungen der Verwaltung, die zur Herstellung eines Anlageguts benötigt werden, dass nicht für einen Verkauf, sondern zur Verwendung im Rahmen der Aufgabenerfüllung der Kommune bestimmt ist. Soweit es für diese Aufwendungen kein Aktivierungsverbot gibt,[325] sind sie als aktivierte Eigenleistungen zu verbuchen. Das Konto „Aktivierte Eigenleistungen" ist allerdings kein Bestandskonto, sondern ein Erfolgskonto, welches über das Ergebnisrechnungskonto abgeschlossen wird. Auf dem Konto „Aktivierte Eigenleistungen" werden die zur Herstellung des Anlageguts bereits gebuchten Aufwendungen neutralisiert. Eine Gegenbuchung der Eigenleistungen auf den einzelnen Aufwandskonten findet dabei nicht statt.

Zu beachten ist bei der Ermittlung der Eigenleistungen die Festlegung zur Ermittlung der Herstellungskosten gem. § 34 Abs. 3 und 4 KomHVO. Eine Aktivierung von Gemeinkosten ist dabei ausschließlich über die Buchung von Aktivierten Eigenleistungen möglich.

Größere praktische Relevanz haben im Bercich der Eigenleistung sicherlich die Planungsleistungen der städtischen Ingenieure bei der Herstellung, Erweiterung oder wesentlichen Verbesserung von Gebäuden oder Infrastruktureinrichtungen. Jährlich werden die z. B. aus der Kostenrechnung ermittelten Planungsleistungen bei den entsprechenden Anlagegütern oder bei den Anlagen im Bau aktiviert. Werden z. B. die Eigenleistung des Hochbauamtes für den Neubau der Schule auf 60.000 € ermittelt, wird dieser Betrag aktiviert und auf dem Ertragskonto gegengebucht.

030 Bebautes Grundst. an 471 Akt. Eigenleistungen 60.000 €

In der Ergebnisrechnung wird der Betrag als „Aktivierte Eigenleistungen" ausgewiesen; eine entsprechende Position in der Finanzrechnung liegt nicht vor, da kein Zahlungseingang erfolgt.

Die Planung von aktivierbaren Eigenleistungen kann nur nach Erfahrungswerten und anhand der Investitionsplanung erfolgen. Es ist zu beachten, dass hier nach § 11 Abs. 1 KomHVO keine unrealistischen Erträge, die auf einer *„maximal erreichbaren Investitionsplanung"* beruhen, geplant werden dürfen, da die hier ausgewiesenen Erträge im Haushaltsplan unmittelbar Ergebnis verbessernd wirken. Es bietet sich an, über mehrere Jahre den Anteil der Planungsleistungen an den Personalaufwendungen der Ingenieure zu ermitteln und einen solchen Durchschnittswert mit prozentualen Zu- oder Abschlägen, die sich nach dem Umfang der geplanten Investitionstätigkeit richten, anzusetzen.

Zu der Kontengruppe 47 gehören ebenfalls die Bestandsveränderungen, die im Ergebnisplan in einer separaten Zeile ausgewiesen werden. Bestandsveränderungen ergeben sich aus Inventur-

325 Nicht aktivierungsfähig sind nach § 44 Abs. 1 KomHVO selbsterstellte oder nicht entgeltlich erworbene immaterielle Vermögensgegenstände des Anlagevermögens wie z. B. Software, die von Mitarbeitern der Verwaltung programmiert wurde.

differenzen bei den fertigen und unfertigen Erzeugnissen sowie bei den unfertigen Leistungen. Sie haben im Rahmen der kommunalen Haushaltsplanung in der Regel keine Relevanz.[326]

11.2.9 Erträge aus internen Leistungsbeziehungen (Kontengruppe 48)

Ziel des produktorientierten Haushalts ist – neben dem Ausweis des gesamtstädtischen Ressourcenverbrauchs in Ergebnisplan und -rechnung – auch der Ausweis des Ressourcenverbrauchs für die im Haushaltsplan und im Jahresabschluss ausgewiesenen Teilpläne. Die Teilergebnis- und Teilfinanzpläne sind lt. § 4 Abs. 2 KomHVO mindestens für die im Produktrahmen vorgesehenen Produktbereiche abzubilden.

Um auch für die Teilpläne einen vollständigen Ressourcenausweis vornehmen zu können, ist der Nachweis der internen Beziehungen zwischen den verschiedenen Teilplänen erforderlich. Abhängig von der verwaltungsspezifischen Organisation werden mehr oder weniger Leistungen für die Produktbereiche in zentralen Organisationseinheiten erbracht. Typischerweise werden z. B. die Leistungen der Personalbetreuung, die Gebäudewirtschaft oder auch das Rechnungswesen von zentralen Organisationseinheiten (sog. „interne Dienstleister“) wahrgenommen. Im Produktrahmen ist für solche zentralen Einheiten der Produktbereich 01 „Innere Verwaltung“ vorgesehen.

Für eine verursachungsgerechte Zuordnung der Aufwendungen dieser internen Dienstleistungen ist eine Verrechnung in den Teilergebnisplänen (Zeilen 27 und 28) vorgesehen. Zur Abwicklung dieser internen Leistungsbeziehungen stehen die Kontengruppen 48 und 58 zur Verfügung. Da die internen Verrechnungen in der Regel im Rahmen einer Kosten- und Leistungsrechnung (KLR) ermittelt werden, ist alternativ auch eine Bedienung dieser Zeilen der Teilergebnisrechnung aus der KLR denkbar. Dabei kann – abhängig von dem eingesetzten Verfahren – auch die Kontenklasse 9 genutzt werden, die für Zwecke des betrieblichen Rechnungswesens freigehalten wurde.

Umfang und Verfahren der internen Verrechnung wurden in § 17 KomHVO *(„Werden […] interne Leistungsbeziehungen erfasst, sind diese …“)* offengehalten. Jede Kommune kann daher individuell über den Umfang und die Art der Verrechnung interner Dienstleistungen entscheiden.[327] Dabei wird jede Kommune neben der Bedeutung der internen Leistungen für die politische und verwaltungsinterne Steuerung der Teilhaushalte auch den entstehenden zusätzlichen Aufwand für die Ermittlung und Bewertung der internen Dienstleistungen berücksichtigen.

---

326 Die Autoren können nicht nachvollziehen, warum das NKFWG in 2012 nicht dazu genutzt wurde, die Ergebnis- und Finanzpositionen an die praktischen Erfordernisse anzupassen. So gibt es weiterhin für Bestandsveränderungen, die praktisch bedeutungslos sind, eine eigene Position im Ergebnisplan, während z. B. bei den Transferaufwendungen und den Sonstigen ordentlichen Aufwendungen unterschiedlichste Aufwandsarten mit erheblichem Gewicht willkürlich zusammengefasst werden.

327 Für die Autoren ist die mangelnde inhaltliche Konkretisierung dieser wichtigen Regelung nicht nachvollziehbar. Umfang und Ausgestaltung der internen Leistungsverrechnung sind maßgeblich für die Qualität der produktorientierten Darstellung im Haushalt. Eine Chance einer Verbesserung durch die NKFWG in 2012 und 2018 wurde verpasst.

11.2.10 Außerordentliche Erträge (Kontengruppe 49)

Wie inzwischen auch das Handelsrecht, gibt das kommunale Haushaltsrecht in Nordrhein-Westfalen keinerlei Hinweise auf die Abgrenzung von ordentlichen und außerordentlichen Erträgen und Aufwendungen.[328]

Es ist davon auszugehen, dass die ursprüngliche enge handelsrechtliche Auslegung des Begriffs „außerordentlich“ auch für die Kommunen in NRW maßgeblich ist.[329] Unter „außerordentlichem Ertrag“ werden damit alle Vorgänge erfasst, die zwar durch die Aufgabenerfüllung der Kommune verursacht wurden, die jedoch für den normalen Ablauf der Verwaltung unüblich sind. Würde dieser außerordentliche Ertrag in der Ergebnisrechnung des aktuellen Haushaltsjahres berücksichtigt, so entstünde hierdurch ein falsches Bild der Ertragslage der Kommune. Hilfreich zur Auslegung ist da § 277 Abs. 4 HGB a. F., der klarstellt, dass unter außerordentliche Erträge nur solche fallen, die *„außerhalb der normalen Geschäftstätigkeit anfallen“*.

In Anlehnung an diese nicht mehr geltende Vorschrift und der handelsrechtlichen Auslegung des Begriffs werden als „außerordentlich“ alle Vorgänge erfasst, die

- in einem hohen Maße ungewöhnlich,
- selten und
- von wesentlicher finanzieller Bedeutung

sind.[330]

Die Wesentlichkeit ist dabei im Verhältnis zum Gesamtvolumen des Ergebnisplans zu verstehen. Dies bedeutet, dass ein seltener und ungewöhnlicher Vorgang, der im Bereich eines Produktbereichs oder einer Einrichtung durchaus von wesentlicher Bedeutung ist, aber z. B. weniger als 1 % des Volumens des Ergebnisplans ausmacht, nicht als außerordentlicher Vorgang eingestuft werden darf.

Beispiele für außerordentliche Erträge könnten Spenden sein, soweit sie das Kriterium der Wesentlichkeit erfüllen. Dies wird im Verhältnis zum Gesamtvolumen des Haushalts allerdings regelmäßig nicht der Fall sein.

Ein Sonderfall der außerordentlichen Erträge ergibt sich aus dem NKF-CUIG. Hiernach sind die Belastungen aus der COVID-19-Pandemie für die Jahre bis 2023 sowie die Mehrbelastungen aus dem Krieg in der Ukraine im Haushaltsjahr 2023 und der mittelfristigen Planung zu ermitteln und als fiktiver außerordentlicher Ertrag gem. §§ 4 Abs. 6 bzw. 5 Abs. 5 NKF-CUIG zu veranschlagen bzw. zu erfassen. Der Erfassung des fiktiven Ertrags steht dabei buchungstechnisch die Bildung einer sog. „Bilanzierungshilfe“ auf der Aktivseite der Bilanz gegenüber. Praktisch

328 Die Verfasser halten eine Klarstellung und im besten Fall eine Vereinheitlichung in den Bundesländern für dringend erforderlich. Der in NRW gewählte Weg, Sachverhalte mittels Spezialnormen (z. B. § 44 Abs. 3 KomHVO) aus dem Haushaltsausgleich auszuschließen, ist unsystematisch und intransparent.

329 Vgl. hierzu auch Modellprojekt „Doppischer Kommunalhaushalt in NRW“ (Hrsg.), Neues Kommunales Finanzmanagement: Betriebswirtschaftliche Grundlagen für das doppische Haushaltsrecht“, 2., vollst. überarb. Aufl. auf der Basis der Endergebnisse des Modellprojektes, Freiburg 2003, S. 120.

330 Vgl. *Biskoping-Kriening*, Öffentliche Rechnungsabschlüsse im NKF – Grundlagen für Kommunen, Düsseldorf 2015, S. 94 f. und Gemeindeprüfungsanstalt Nordrhein-Westfalen (GPA NRW), Rettler/Kummer/Heß/Kapp/Diebel/Ehrbar-Wulfen/Brennenstuhl/Rothermel, Kommentar zu § 2 KomHVO, Loseblatt, Wiesbaden 9/2019, S. 10.

handelt es sich um gesetzlich vorgeschriebene Luftbuchungen, die dem Ziel dienen, eine Darstellung der tatsächlichen Vermögens-, Finanz- und Ertragslage der Gemeinden zu verhindern.

11.2.11 Personalaufwendungen (Kontengruppe 50)

Personalaufwendungen sind alle Aufwendungen, die unmittelbar mit der Beschäftigung von Beamten, tariflich Beschäftigten und sonstigen Beschäftigten in der Verwaltung zusammenhängen. Dies sind zunächst die Beschäftigungsentgelte der Mitarbeiter. Hierzu gehören auch Sach- und Sonderzuwendungen. Als Sachaufwendungen kommen z. B. Essenszuschüsse, die Möglichkeit der Privatnutzung von Dienstfahrzeugen oder die Stellung einer Werkswohnung in Betracht. Unter die Sonderzuwendungen fallen insbesondere das Urlaubs- und Weihnachtsgeld.

Grundsätzlich werden die Personalaufwendungen brutto erfasst. Die zu entrichtende Lohn- und Kirchensteuer sowie den Solidaritätsbeitrag und die Arbeitnehmeranteile zur Sozialversicherung (Renten-, Arbeitslosen-, Pflege- und Krankenversicherung) führt der Arbeitgeber aufgrund von gesetzlichen Verpflichtungen vom Gehalt des Arbeitnehmers an das Finanzamt bzw. die Sozialversicherungsträger ab. Der Arbeitnehmer ist dabei der Schuldner, so dass die entsprechenden Zahlungen in der Buchhaltung unter den Dienstaufwendungen erfasst werden.

Weiterhin fallen unter die Personalaufwendungen alle Aufwendungen des Arbeitgebers für die soziale Sicherung der Beschäftigten. Dies sind insbesondere die Arbeitgeberanteile zur Sozialversicherung und die Aufwendungen für Beihilfen. Hierfür sind separate Kontenarten einzurichten. Im Gegensatz zu den übrigen Personalaufwendungen dürfen Beihilfen nach § 18 Abs. 2 KomHVO in einem Teilplan zentral veranschlagt und erfasst werden.

Ebenfalls eine separate Kontenart sollte für die Alterssicherung der Beamten vorgesehen werden. Da Beamte auf Grund ihrer Beschäftigung einen Pensionsanspruch gegenüber ihrem Dienstherrn erwerben, entsteht bei dem Dienstherrn eine Verpflichtung, die allerdings in ihrer Höhe und in dem Zeitpunkt, in dem die Verpflichtung zu tatsächlichen Auszahlungen führt, unbestimmt ist. In solchen Fällen unbestimmter Verpflichtungen hat die Kommune Rückstellungen zu bilden, deren Notwendigkeit sich in diesem Fall aus § 37 Abs. 1 KomHVO ergibt.

Die Zuführung von Beträgen zur Pensionsrückstellung für aktiv Beschäftigte fällt unter den Personalaufwand. Die Höhe der Zuführung ergibt sich gem. § 37 Abs. 1 KomHVO aus der versicherungsmathematischen Berechnung des Barwerts (sog. „Teilwert“) der Verpflichtungen.[331] Zu beachten ist dabei, dass auch die Beihilfeansprüche der zukünftigen Versorgungsempfänger bei der Ermittlung des Barwerts berücksichtigt werden müssen. Aus der Differenz dieses Barwerts am Ende und am Anfang der Rechnungsperiode ergibt sich die Höhe der erforderlichen Zuführung.

Eine Besonderheit stellt dabei das in § 37 Abs. 2 KomHVO eingeräumte Wahlrecht dar. Dies betrifft den Fall, dass sich eine Zuführung zur Pensionsrückstellung aus einer allgemeinen Besoldungsanpassung ergibt. In einem solchen Fall kann die notwendige Zuführung zu den Rückstellungen auf die der Besoldungsanpassung folgenden drei Jahre verteilt werden. Wie die übrigen Personalaufwendungen sind auch die Zuführungen zur Pensionsrückstellung in den im Haushaltsplan ausgewiesenen Teilpläne separat zu veranschlagen. Dies erfordert eine Differenzierung der Pensionsrückstellung mindestens nach den abgebildeten Teilplänen im Haushalt.

Ebenfalls zu differenzieren von den Zuführungen zur Pensionsrückstellung der aktiven Beschäftigten, die unter die Personalaufwendungen fallen, sind die Zuführungen für die Beschäftigten, die bereits Versorgungsempfänger sind. Die für diesen Personenkreis möglicherweise an-

331 Vgl. hierzu auch die Ausführungen in Kap. 6.3.

fallenden Zuführungen fallen unter die Versorgungsaufwendungen (Kontengruppe 51). Für eine sachgerechte Erfassung ist daher auch eine Differenzierung der Rückstellungskonten nach aktiven Beschäftigten und Versorgungsempfängern sinnvoll, wie sie im Lehrkontenplan der Hochschule für Polizei und öffentliche Verwaltung NRW mit den Konten 251 und 252 vorgesehen ist.

Die Bildung von Pensionsrückstellungen für Beamte ist unabhängig davon, ob die Kommune die Versorgungsbezüge später selbst leistet oder ob sie sich einer Versorgungskasse angeschlossen hat, die über ein Umlageverfahren gedeckt ist. Da die Pensionäre bzw. die Hinterbliebenen in jedem Fall einen Anspruch gegenüber dem ursprünglichen Dienstherrn besitzen, ist die entsprechende Verpflichtung auch bei diesem als Pensionsrückstellung auszuweisen. Demgegenüber bestehen die Ansprüche der tariflich Beschäftigten auf Zusatzversorgung regelmäßig gegenüber der entsprechenden Versorgungskasse, so dass hier die Bildung einer Rückstellung nicht zu erfolgen hat.

Zu unterscheiden sind die Personalaufwendungen auch von der Kontengruppe 54 (Sonstige ordentlichen Aufwendungen), für die eine separate Zeile in der Ergebnisplanung und -rechnung vorgesehen ist. Hier werden u. a. die sonstigen Personal- und Versorgungsaufwendungen erfasst. Dabei handelt es sich insbesondere um Personalnebenaufwendungen wie z. B. Aufwendungen für

- erforderliche Personalmaßnahmen (Einstellung, Umsetzung, Entlassung),
- die Aus- und Fortbildung,
- übernommene Fahrt- und Umzugskosten,
- die Zahlung von Trennungsgeld,
- den Gesundheitsschutz und die Arbeitssicherheit der Beschäftigten,
- Belegschaftsveranstaltungen,
- Dienstjubiläen u. ä.[332]

Ebenso fallen die Aufwendungen für Aufwandsentschädigungen von Mandatsträgern (Rats- und Ausschussmitglieder) nicht unter die Personalaufwendungen, da es sich bei diesem Personenkreis nicht um Personal der Verwaltung handelt. Sie sind ebenfalls in der Kontengruppe 54 (Sonstige ordentliche Aufwendungen) zu erfassen.

Die Aufwendungen für die Beschäftigung von Honorarkräften, z. B. im Bereich der Volkshochschule, der Musikschule oder des Gesundheitsamtes, zählen auch zur Kontengruppe 54 (Sonstige ordentliche Aufwendungen). Da bei dem Einsatz von Honorarkräften kein Beschäftigungs- oder Dienstverhältnis besteht, fallen die entstehenden Aufwendungen nicht unter die Personalaufwendungen.

11.2.12 Versorgungsaufwendungen (Kontengruppe 51)

Wie bereits dargestellt, wird zwischen Personal- und Versorgungsaufwendungen unterschieden. Während unter die Personalaufwendungen insbesondere alle Bezüge und die Arbeitgeberanteile für die Sozialversicherung der aktuell Beschäftigten fallen, fallen unter die Versorgungsaufwendungen alle Bezüge der aus dem Dienst ausgeschiedenen Mitarbeiter (Ruhegehaltsempfänger bzw. anspruchsberechtigte Hinterbliebene).

---

332 Vgl. Modellprojekt „Doppischer Kommunalhaushalt in NRW" (Hrsg.), Neues Kommunales Finanzmanagement: Betriebswirtschaftliche Grundlagen für das doppische Haushaltsrecht, 2., vollst. überarb. Aufl. auf der Basis der Endergebnisse des Modellprojektes, Freiburg 2003, S. 423.

Aufgrund der Verpflichtung der Kommunen zur Bildung von Pensionsrückstellungen gem. § 37 Abs. 1 KomHVO sollten die Aufwendungen grundsätzlich bereits während der aktiven Beschäftigungszeit der Versorgungsempfänger als Zuführung zur Pensionsrückstellung ergebniswirksam geworden sein. Dies trifft sowohl auf die Beamtenpensionen als auch auf die Beihilfegewährung („andere fortgeltende Ansprüche“) für ehemalige Beschäftigte zu. Soweit für die Zahlung der Pensionen ausreichende Rückstellungen zur Verfügung stehen, können diese buchhalterisch aus der Rückstellung vorgenommen werden („Rückstellung“ an „Bank“) und werden damit im Jahr der Zahlung nicht noch einmal ergebniswirksam. Als ergebniswirksamer Versorgungsaufwand sind alle Leistungen für die Versorgungsempfänger zu planen, für die zuvor Rückstellungen nicht oder nicht in ausreichender Höhe gebildet wurden.[333] Ebenfalls als Versorgungsaufwand zu veranschlagen sind notwendige Zuführungen zur Pensionsrückstellung für ausgeschiedene Bedienstete. Eine solche Zuführung kann sich aus versicherungsmathematischen Änderungen wie z. B. der Anpassung der Sterbetafel an die aktuellen Daten oder durch eine gesetzliche Erhöhung des Pensionsanspruchs ergeben. Im letzten Fall gilt auch für diese Zuführung das im § 37 Abs. 2 KomHVO eingeräumte Wahlrecht der Verteilung der Zuführungsbeträge auf die der Besoldungsanpassung folgenden drei Jahre.

Als Versorgungsaufwendungen kommen ebenfalls Sachaufwendungen für Pensionäre oder ehemalige Beschäftigte in Frage. Dies wäre z. B. der geldwerte Vorteil eines ehemaligen Beschäftigten, der auch nach seinem Ausscheiden aus dem aktiven Dienst weiterhin eine Dienst- oder Werkswohnung bewohnt.

Bei der Erfassung der Zuführung zur Pensionsrückstellung und bei der Zahlung der Pensionen bzw. bei der Zahlung der Umlagen an die Versorgungskassen sind gegenüber dem normalen kaufmännischen Verfahren einige Besonderheiten zu beachten, die sich aus

- der Differenzierung der Personal- und Versorgungsaufwendungen,
- der Darstellung der entsprechenden Zahlungen in der Finanzrechnung und
- der Abbildung der jeweiligen Aufwandspositionen in den Teilergebnisrechnungen

ergeben.

Die verschiedenen Schritte im Umgang mit der Pensionsrückstellung werden an nachfolgendem Beispiel dargestellt:

1. Während der Beschäftigungszeit werden für die Beamten der Gemeinde G Pensionsrückstellungen gebildet. Die Höhe der Zuführung zu dieser Rückstellung in einem Jahr ergibt sich aus der Differenz des jeweiligen Teilwertes zum Ende und zum Anfang des Haushaltsjahres. Liegt der Teilwert für den Amtsrat Fleißig am 1.1.2022 bei 196.000 € und am 31.12.2022 bei 209.000 €, sind für ihn im Jahr 2022 insgesamt 13.000 € zusätzliche Pensionsrückstellungen zu bilden. Auch wenn eine separate Buchung des Einzelfalls nicht erforderlich ist, so ist die Dokumentation und Erfassung der Teilwerte für jeden einzelnen Beschäftigten erforderlich, um die Bedienung der Teilergebnispläne zu gewährleisten und um im Versorgungsfall eine Umbuchung der Rückstellung vorzunehmen, die für die Differenzierung der Personal- und Versorgungsaufwendungen erforderlich ist. Die Zuführung zur Pensionsrückstellung stellt Personalaufwand dar:

507 Zuf. Pensionsrückst.	**an**	**251 Pensionsr. (Besch.)**	**13.000 €**

333 Vgl. hierzu auch die Ausführungen in Kap. 6.3.

2. Am 1.1.2023 tritt Fleißig in den Ruhestand. Die für ihn gebildete Pensionsrückstellung sollte bei einer Differenzierung der Rückstellungskonten nach Beschäftigten und Versorgungsempfängern[334] umgebucht werden:

251 Pensionsr. (Besch.)	**an**	**252 Pensionsr. (Vers.)**	**209.000 €**

3. Im Jahr 2023 erhält Fleißig Pensionszahlungen und Beihilfen in Höhe von insgesamt 38.000 €. (Alternativ kann hier auch die Zahlung der Umlage an eine Versorgungskasse gebucht werden.) Nach der sog. „buchhalterischen Methode" werden die Zahlungen zunächst auf dem Konto für den Versorgungsaufwand gebucht. Dabei kann gleichzeitig das entsprechende Finanzrechnungskonto bedient werden:

511 Versorgungsaufwand	**an**	**Kreditor**	**38.000 €**

4. Zum Ende des Jahres 2023 wird mittels eines Gutachtens oder durch den Einsatz entsprechender Software der neue Teilwert für den 1.1.2024 ermittelt. Dieser beträgt 180.000 €. Die bestehende Pensionsrückstellung kann damit im Rahmen des Jahresabschlusses 2023 um 29.000 € vermindert werden. Diese Minderung entlastet das Versorgungsaufwandskonto:

252 Pensionsr. (Vers.)	**an**	**511 Versorgungsaufwand**	**29.000 €**

Damit steht im Jahresabschluss des Jahres 2023 der Versorgungsauszahlung i. H. v. 38.000 € in der Finanzrechnung ein Versorgungsaufwand von 9.000 € in der Ergebnisrechnung gegenüber. Gleichzeitig verringert sich, allein bezogen auf Herrn Fleißig, in der Bilanz die Pensionsrückstellung für Versorgungsempfänger um 29.000 €.

In der Regel wird die Minderung der Pensionsrückstellung die tatsächlichen Pensionszahlungen vom Betrag her nicht erreichen, so dass Versorgungsaufwand ausgewiesen werden muss. Dies ergibt sich allein daraus, dass bei der Ermittlung der Teilwerte nach § 37 Abs. 1 Satz 4 KomHVO eine Abzinsung i. H. v. 5 % vorzunehmen ist, was zu einer niedrigeren Rückstellungszuführung während der aktiven Beschäftigungszeit führt. Der Sonderfall eines theoretisch denkbaren negativen Versorgungsaufwands wird im Rahmen dieses Fachbuchs nicht weiter behandelt, da er praktisch keine Rolle spielen wird.

Gem. § 18 Abs. 2 KomHVO können die Versorgungsaufwendungen als produktbereichsübergreifende Aufwendungen aufgeteilt oder zentral veranschlagt werden. Die Möglichkeit der zentralen Veranschlagung erscheint insbesondere deshalb praktisch erforderlich, da im Rahmen der Bildung der Pensionsrückstellung die Produktbereiche bereits zuvor mit den voraussichtlichen Verpflichtungen der in ihrem Bereich beschäftigten Mitarbeitern belastet wurden.

Die vorgesehene Differenzierung zwischen Personal- und Versorgungsaufwendungen nach § 2 Abs. 1 Nr. 10 und 11 KomHVO ist zumindest in den Sachkonten erforderlich, wenn die Möglichkeit der zentralen Veranschlagung der Versorgungsaufwendungen (§ 18 Abs. 2 KomHVO) wahrgenommen werden soll.

Allerdings trägt die vorgeschriebene separate Darstellung von Versorgungs- und Personalaufwendungen im Haushalt nicht unbedingt zur Transparenz bei. Die Aufwendungen, die zur Sicherstellung der zukünftigen Beamtenversorgung während der aktiven Dienstzeit der Beamten durch die Bildung von Pensionsrückstellungen entstehen, sind nämlich nicht den Versorgungs-,

334 Siehe hierzu die Ausführungen in Kap. 11.2.11.

sondern den Personalaufwendungen zuzuordnen. Die Höhe der Versorgungsaufwendungen hängt indes nur davon ab, in welcher Höhe bereits Rückstellungen (als Personalaufwand) gebildet wurden. Die isolierte Betrachtung dieser Position hat deshalb keinen eigentlichen Erkenntniswert. Um diese komplizierten Zusammenhänge nicht allen Adressaten des Haushalts erläutern zu müssen, sollte im Ergebnisplan und in der Ergebnisrechnung – wie in der kaufmännischen Gewinn- und Verlustrechnung – auf einen separaten Ausweis der Versorgungsaufwendungen verzichtet werden. Einen zusätzlichen Steuerungsnutzen haben diese Informationen ohnehin nicht.

11.2.13 Aufwendungen für Sach- und Dienstleistungen (Kontengruppe 52)

Alle im Rahmen der Aufgabenerfüllung erhaltenen Sach- und Dienstleistungen, die mit Ressourcenverbrauch verbunden sind, werden in der Kontengruppe 52 erfasst. Um deutlich zu machen, wie vielfältig diese Aufwendungen sein können, sei an dieser Stelle ein Auszug aus dem Lehrkontenplan der Hochschule für Polizei und öffentliche Verwaltung NRW abgebildet:

52	**Aufwendungen für Sach- und Dienstleistungen**
521	Instandhaltung der Grundstücke und baulichen Anlagen
522	Instandhaltung des Infrastrukturvermögens
523	Erstattungen für Aufwendungen von Dritten aus laufender Verwaltungstätigkeit
524	Unterhaltung und Bewirtschaftung des unbeweglichen Vermögens
525	Instandhaltung und Unterhaltung des beweglichen Vermögens
526	Aufwendungen für Roh-, Hilfs-, Betriebsstoffe und Waren
527	Schülerbeförderungen und Lernmittel nach dem Lernmittelfreiheitsgesetz
528	Aufwendungen für Festwerte
529	Sonstige Aufwendungen für Sach- und Dienstleistungen (inkl. Sofortaufwand nach § 36 Abs. 3 KomHVO)

Unter die in Anlage 18 VV Muster zur GO und KomHVO (Kontierungsplan) ausgewiesenen Aufwendungen für Fertigung und Vertrieb fallen zunächst die Aufwendungen für Roh-, Hilfs- und Betriebsstoffe und für bezogene Waren. Roh-, Hilfs- und Betriebsstoffe kommen in erster Linie in privaten Fertigungsbetrieben vor. Diese werden von den Betrieben eingekauft und zu Erzeugnissen weiterverarbeitet. Dabei werden Rohstoffe zu Hauptbestandteilen des Erzeugnisses und Hilfsstoffe zu Nebenbestandteilen. Betriebsstoffe werden bei der Fertigung verbraucht. Da die Fertigung von Erzeugnissen in der Kommunalverwaltung nur in Ausnahmefällen vorkommt, spielen die Roh-, Hilfs- und Betriebsstoffe hier eine untergeordnete Rolle. Ebenfalls von untergeordneter Bedeutung sind die Waren in der Verwaltung. Unter „Waren" werden Güter verstanden, die ohne weitere Verarbeitung zu Weiterveräußerung bestimmt sind. Dies ist z. B. denkbar im Bereich der Tourismusförderung, wo Kartenmaterial und Souvenirs in kommunalen Einrichtungen veräußert werden. Ein weiteres Beispiel sind die Stammbücher im Bereich des Standesamtes. Als Aufwand zu buchen sind jeweils nur die im Haushaltsjahr verbrauchten Roh-, Hilfs- und Betriebsstoffe und Waren.

Die Ermittlung des Verbrauchs ergibt sich aus den Eröffnungs- und Schlussbilanzwerten laut Inventur und den Zugängen auf den entsprechenden Bilanzkonten:

Anfangsbestand (lt. Vorjahresinventur)
+ Zugänge zu den Bestandskonten
– Endbestand (lt. Inventur am Jahresende)
= Aufwendungen des Haushaltsjahres

Buchungstechnisch kann die Ermittlung des Aufwands auch dadurch erfolgen, dass der Zukauf auf den Bestandskonten erfasst (aktiviert) wird und erst bei der Lagerentnahme als Aufwand gebucht wird. Hierfür ist eine leistungsfähige Lagerbuchhaltung erforderlich. Ohne Einsatz einer Lagerbuchhaltung werden die Zugänge direkt als Aufwand gebucht. Anhand der Anfangs- und Endbestände lt. Inventur erfolgt am Jahresende die Ermittlung des tatsächlichen Ressourcenverbrauchs.[335]

Die Aufwendungen für Energie, Abwasser und Wasser gehören zur Unterhaltung und Bewirtschaftung des unbeweglichen Vermögens. Hier sind keine Besonderheiten zu berücksichtigen. Allenfalls im Bereich des Heizöls und der Treibstoffe kann eine Aufwandsermittlung anhand der Inventurdifferenzen (s. o.) erforderlich sein, wenn andernfalls eine zutreffende Abbildung des Ressourcenverbrauchs nicht gewährleistet ist. Soweit die Lagerbestandsänderungen von Bilanzstichtag zu Bilanzstichtag nur unwesentlich sind und eine genaue Bestandserfassung nur mit erheblichem Aufwand möglich ist, kann auf eine Aktivierung verzichtet werden.

Unter die Aufwendungen für die Instandhaltung der Grundstücke und baulichen Anlagen und des Infrastrukturvermögens fallen alle Aufwendungen für die Wartung, Instandhaltung, Reparatur und Bewirtschaftung des Sachanlagevermögens. Hier sind sowohl Materialaufwendungen für eigene Leistungen als auch Aufwendungen für Reinigungs-, Wartungsverträge oder Fremdinstandhaltung zu planen und zu buchen.

Schülerbeförderungskosten, Aufwendungen für Lernmittel nach dem Lernmittelfreiheitsgesetz und Kostenerstattungen für Leistungen, die eine andere Stelle für die Kommune erbracht hat, sowie Aufwendungen für die Ersatzbeschaffungen von Festwerten sind ebenfalls in der Kontengruppe 52 zu erfassen.

11.2.14 Transferaufwendungen (Kontengruppe 53)

Als „Transferaufwendungen" werden Übertragungen der Kommune an den öffentlichen oder den privaten Bereich erfasst, denen keine Gegenleistung gegenübersteht, die aber nicht aus der Steuerpflicht der Kommune resultieren.[336] Grundlage für Transferaufwendungen können Rechtsnormen, Ratsbeschlüsse oder auch Verwaltungsentscheidungen sein.

Unter die Transferaufwendungen fallen insbesondere

- Zuweisungen und Zuschüsse für laufende Zwecke,
- Schuldendiensthilfen,
- Sozialtransfers,
- Umlagen im Rahmen des Steuerverbunds,
- Kreis- und Landschaftsverbandsumlagen,

Geplante Zuwendungen an den öffentlichen Bereich (Zuweisungen) oder an den privaten Bereich (Zuschüsse) sind im Ergebnisplan als Aufwendungen unmittelbar ergebniswirksam zu

335 Vgl. *Brixner/Harms/Noe*, Verwaltungs-Kontenrahmen, München 2003, S. 298 f.

336 Eigene Steueraufwendungen der Kommune sind der Kontogruppe 54 (Sonstige ordentliche Aufwendungen) zugeordnet.

veranschlagen, soweit keine Aktivierungsfähigkeit der Zuwendung vorliegt. Unerheblich ist es dabei, ob es sich um Geld- oder Sachleistungen handelt.

Die Beurteilung der Aktivierungsfähigkeit der Zuwendungen ist zunächst ausschließlich aus der Sicht des bilanzierenden Zuwendungsgebers (der Kommune) und keinesfalls aus Sicht des Zuwendungsempfängers zu beurteilen und bestimmt sich nach § 44 Abs. 2 KomHVO. Damit ist es nicht entscheidend, ob mit der Zuwendung beim Empfänger eine Investition finanziert werden soll (sog. „Investitionszuschuss") oder die Zuwendung beim Empfänger für eine andere Verwendung vorgesehen ist. Die Aktivierungsfähigkeit bei der bilanzierenden Kommune hängt davon ab, ob sie durch die Zuwendung

a) selbst das wirtschaftliche Eigentum an einem Vermögensgegenstand erlangt, oder
b) eine über den nächsten Bilanzstichtag hinausgehende zeitbezogene Gegenleistungsverpflichtung des Empfängers auslöst, die sie auch tatsächlich, z. B. durch eine vertraglich vereinbarte Verpflichtung zur Rückzahlung der Zuwendung, durchsetzen kann, oder
c) eine über den nächsten Bilanzstichtag hinausgehende mengenbezogene Gegenleistungsverpflichtung des Empfängers auslöst.

Im Fall a) ist der Vermögensgegenstand – wie bei eigenem Erwerb – von der Kommune zu aktivieren und abzuschreiben. Es handelt sich folglich in diesem Fall auch nicht um Transferaufwendungen.

Im Fall b) wird bei der Kommune kein Vermögensgegenstand geschaffen. Allerdings ist unter den dargestellten Bedingungen der Transferaufwand periodengerecht abzugrenzen und auf die Laufzeit der Gegenleistungsverpflichtung zu verteilen. Dies erfolgt entsprechend § 44 Abs. 2 KomHVO durch die Aktivierung als Rechnungsabgrenzungsposten in der Bilanz. Dieser aktive RAP wird gleichmäßig über den Zeitraum aufgelöst, auf den sich die Gegenleistungsverpflichtung bezieht.

Im Fall c) ist die Gegenleistungsverpflichtung als immaterieller Vermögensgegenstand des Anlagevermögens zu aktivieren. Auch in diesem Fall liegen demnach keine Transferaufwendungen, sondern Investitionsauszahlungen vor. Aufwand entsteht durch die planmäßige Abschreibung des immateriellen Vermögensgegenstandes.

Entscheidend für die Beurteilung der Behandlung geleisteter Zuwendungen sind ausschließlich die zahlungsbegründenden Unterlagen, also i. d. R. der Zuwendungsbescheid. Mündliche Auskünfte oder Aktenvermerke aus der Fachverwaltung über Gegenleistungsverpflichtungen oder Rückzahlungsvereinbarungen sind keine ausreichende Grundlage für eine Aktivierung. Die Voraussetzungen nach a), b) oder c) müssen aus dem Zuwendungsbescheid, der Grundlage für die buchhalterische Erfassung ist, eindeutig hervorgehen, um eine Aktivierung oder Rechnungsabgrenzung vornehmen zu dürfen. Soweit eine der oben genannten Voraussetzungen nicht vorliegt, ist die Zuwendung im Jahr der Auszahlung vollständig ergebniswirksam zu erfassen. Bei Sachzuwendungen sind gleichfalls die in der Regel mit der Sachzuwendung verbundenen vorgegebenen Bedingungen (z. B. Zeitraum für eine vorgegebene Nutzung) für die periodische Aufwandsabgrenzung entscheidend. Bereits bei der Haushaltsplanung ist dies zu berücksichtigen und die Fachverwaltung auf diese enge Auslegung des § 44 Abs. 2 KomHVO hinzuweisen.

Aufgrund der Darstellung in Anlage 18 VV Muster zur GO und KomHVO (Kontierungsplan) ist bei der Planung von Aufwendungen für Zuweisungen und Zuschüsse zusätzlich noch danach zu unterscheiden, welche Vorgaben dem Zuwendungsempfänger seitens des Zuwendungsgebers für die Verwendung gemacht werden. Während Zuwendungen, die beim Empfänger für laufende Zwecke zu verwenden sind, bei der Gemeinde als Transferaufwendungen (Kontengruppe 53) zu veranschlagen sind, müssen Zuwendungen, die bei der Gemeinde selbst nicht zu einer Aktivierung führen, aber beim Empfänger für Investitionen zu nutzen sind, im Ergebnisplan den „Sonstigen ordentlichen Aufwendungen“ (Kontengruppe 54) zugeordnet werden.

Wichtigster und umfangreichster Bestandteil der kommunalen Transferaufwendungen sind die Sozialtransfers, die sich i. d. R. aus der Sozialgesetzgebung ergeben. Dies sind insbesondere die Leistungen nach dem

- Sozialgesetzbuch XII,
- Jugendwohlfahrtsgesetz,
- Unterhaltssicherungsgesetz,
- Asylbewerberleistungsgesetz,
- Heimkehrergesetz,
- Wohngeldgesetz,
- etc.

Unter die Transferaufwendungen fallen auch die Gewerbesteuerumlage und die Finanzierungsbeteiligung am Fonds „Deutsche Einheit“. Gleiches gilt auch für die Umlagen der Kommunen an die Kreise und Landschaftsverbände. Dabei ist es unerheblich, ob sich ein abgrenzbarer Teil dieser Umlage auf einen bestimmten Aufgabenbereich (z. B. Jugendhilfe) bezieht.[337]

11.2.15 Sonstige ordentliche Aufwendungen (Kontengruppe 54)

Die Kontengruppe 54 stellt ein Sammelbecken für mögliche sonstige Aufwandsarten dar. Aufzuführen sind insbesondere

- Sonstige Personal- und Versorgungsaufwendungen,
- Mieten, Pachten und Leasing,
- Geschäftsaufwendungen,
- Steuern und Versicherungen,
- Verluste aus Vermögensveräußerungen,
- Wertberichtigungen von Forderungen,
- Schadensfälle,
- Verfügungsmittel (§ 14 KomHVO),
- Verluste aus Wertpapieren des Umlaufvermögens,
- Aufwendungen aus Verlustübernahmen,
- Aufwendungen für Honorar- oder Leiharbeitskräfte,
- Aufwendungen für die Inanspruchnahme anderer Rechte und Dienste.

Daneben sind dieser Kontengruppe weitere Aufwendungen zuzuordnen, soweit sie nach dem Kontierungsplan nicht zwingend einer anderen Kontengruppe zugeordnet werden müssen.

Unter die Sonstigen Personal- und Versorgungsaufwendungen fallen insbesondere die sog. „Personalnebenkosten“. Dies sind u. a. die

337 Die Zusammenfassung von so unterschiedlichen Aufwandsarten wie Sozialtransfers, Gewerbesteuerumlagen und Kreisumlagen in einer Haushaltsposition ist im Sinne des Haushaltsgrundsatzes der Klarheit und Wahrheit fragwürdig. Spätestens bei der Analyse von Haushaltsquerschnitten führt dies zu einer Einschränkung der Aussagekraft.

- erforderlichen Personalmaßnahmen (Einstellung, Umsetzung, Entlassung),
- die Aus- und Fortbildung,
- übernommene Fahrt- und Umzugskosten,
- die Zahlung von Trennungsgeld,
- den Gesundheitsschutz und die Arbeitssicherheit der Beschäftigten,
- Belegschaftsveranstaltungen,
- Dienstjubiläen,

die nicht unter die Personal- oder Versorgungsaufwendungen fallen.

Die einzelnen Aufwandsarten sind dem Kontierungsplan zu entnehmen. Besonderheiten bezüglich der Haushaltsplanung ergeben sich allenfalls bei der Behandlung von Leasingraten. Diese sind grundsätzlich nur dann als Aufwand zu veranschlagen, wenn das geleaste Wirtschaftsgut dem Leasinggeber später als wirtschaftliches Eigentum zugerechnet werden kann. Liegt das wirtschaftliche Eigentum[338] dagegen beim Leasingnehmer (der Kommune), ist dies in der kommunalen Bilanz zu aktivieren und sind die Leasingraten als Kaufpreisraten (d. h. als Investitionsauszahlungen) zu behandeln.[339]

Verluste aus Vermögensveräußerungen ergeben sich bei einem Verkauf von Anlagevermögen unter Buchwert. Die Differenz zwischen dem Buchwert zum Zeitpunkt der Veräußerung und dem Veräußerungserlös vermindert als Aufwand das Eigenkapital. Dieser Aufwand stellt insoweit eine Besonderheit dar, als er gem. § 44 Abs. 3 KomHVO unter bestimmten Umständen nicht Bestandteil des Jahresergebnisses wird.[340] Buchungstechnisch wird ein spezielles Verrechnungskonto (Kto. 546) im Umfang des Verlustes auf Vermögensveräußerungen mit der Allgemeinen Rücklage (Kto. 201) verrechnet, so dass der entsprechende Aufwand in der Ergebnisrechnung neutralisiert wird. Nach dem Vollständigkeitsprinzip des § 79 Abs. 1 GO sind diese Aufwendungen jedoch gleichwohl zu planen. Sie sind allerdings im Ergebnisplan nur nachrichtlich unterhalb des Jahresergebnisses abzubilden.

Die Notwendigkeit der Wertberichtigung von Forderungen ergibt sich aus § 36 Abs. 8 KomHVO. Aus dem dort niedergelegten strengen Niederstwertprinzip sind Forderungen als Teil des Umlaufvermögens am Abschlussstichtag stets mit dem niedrigeren Wert anzusetzen, der sich aus einem beizulegenden Wert am Abschlussstichtag ergibt. § 27 Abs. 4 KomHVO stellt darüber hinaus ausdrücklich klar, dass Ansprüche der Kommune, die diese als dauerhaft uneinbringlich einschätzt, auszubuchen sind, d. h. direkt wertberichtigt werden müssen. Besteht die Notwendigkeit der Wertberichtigung, erfolgt dies durch eine Aufwandsbuchung. Nach dem Bruttoprinzip ist keinesfalls eine Korrektur des Ertrages vorzunehmen. Soweit es bereits zum Planungszeitpunkt Hinweise auf konkrete Wertberichtigungen (Einzelwertberichtigung) gibt, sind diese bei der Veranschlagung einzubeziehen. Im Bereich der Haushaltsplanung ist hinsichtlich von Wertberichtigungen zumindest anhand von Erfahrungswerten einer konkreten Forderungsart eine pauschale Wertberichtigung der Forderungen zu berücksichtigen.

11.2.16 Zinsen und sonstige Finanzaufwendungen (Kontengruppe 55)

Die Kontengruppe 55 (Zinsen und sonstige Finanzaufwendungen) bildet gemeinsam mit der Kontengruppe 46 (Finanzerträge) die Grundlage für die Ermittlung des Finanzergebnisses nach

338 Zum Begriff des wirtschaftlichen Eigentums siehe Kap. 6.1.1.

339 Vgl. *Brixner/Harms/Noe*, Verwaltungs-Kontenrahmen, München 2003, S. 425 f. mit Hinweisen auf die Leasing-Erlasse des Bundesministers der Finanzen (BMF).

340 Auf die Ausführungen in Kap. 5.2.1.6 wird an dieser Stelle verwiesen.

§ 2 Abs. 2 Nr. 2 KomHVO. Dabei sollte in der Praxis im Kontenplan eine Differenzierung der Zinsaufwendungen nach den Empfängern bzw. Darlehensgebern erfolgen, um den Anforderungen des Verbindlichkeitenspiegels (§ 48 Abs. 1 KomHVO) entsprechen zu können. Neben den Zinsaufwendungen werden in der Kontengruppe 55 auch sonstige Finanzaufwendungen abgebildet, die sich aus der Inanspruchnahme von Fremdkapital ergeben können. Soweit das Wahlrecht des § 43 Abs. 2 KomHVO zur Bildung von aktiven Rechnungsabgrenzungsposten bei einer Kreditaufnahme mit Disagio[341] in Anspruch genommen wird, erfolgt die Auflösung dieses Abgrenzungsposten ebenfalls in der Kontengruppe 55 und ist daher auch hier zu planen.

Nicht zu den Zinsen und ähnlichen Aufwendungen gehören die allgemeinen Aufwendungen für den Geldverkehr, wie z. B. Bankspesen und Kontoführungsgebühren. Hierbei handelt es sich um Aufwendungen für allgemeine Bankdienstleistungen, die der Kontengruppe 54 (Sonstige ordentliche Aufwendungen) zuzuordnen sind.

11.2.17 Bilanzielle Abschreibungen (Kontengruppe 57)

Vermögensgegenstände, die dazu bestimmt sind, der Aufgabenerfüllung der Gemeinde dauerhaft zu dienen, sind dem Anlagevermögen zuzuordnen. Soweit diese Vermögensgegenstände im Rahmen ihrer Verwendung einer regelmäßigen Abnutzung unterliegen oder durch außergewöhnliche Vorfälle verbraucht werden, wird die hierdurch verursachte Minderung des Anlagevermögens als bilanzielle Abschreibung ergebniswirksam erfasst (§ 36 Abs. 1 KomHVO).[342] Diese Erfassung erfolgt bei direkter Abschreibung im Soll auf dem Aufwandskonto der Gruppe 57 (Bilanzielle Abschreibungen) und im Haben auf dem jeweiligen Bestandskonto:

571 Abschreibungen	**an**	**0XX Anlagevermögen**

Grundsätzlich ergibt sich durch die Abschreibung zunächst eine Bilanzkürzung, da einerseits der Wert des Anlagevermögens verringert wird und andererseits durch die Erfassung als Aufwand die Abschreibung in gleicher Höhe das Eigenkapital mindert. Durch die Abschreibung ist damit nicht – wie häufig irrtümlich vermutet wird – automatisch die Finanzierung einer Ersatzinvestition sichergestellt. Diese Finanzierungsfunktion ergibt sich ausschließlich dann, wenn den Abschreibungen entsprechende Erträge gegenüberstehen, die die Minderung des Eigenkapitals ausgleichen und gleichzeitig auf der Aktivseite durch eine Erhöhung des Umlaufvermögens (Liquidität) die Bilanz wieder verlängern.[343]

Planmäßige Abschreibungen ergeben sich i. d. R. nach § 36 Abs. 1 Satz 2 KomHVO durch die lineare Verteilung der Anschaffungs- und Herstellungskosten des Anlagevermögens auf die verwaltungsübliche Nutzungsdauer des jeweiligen Vermögensgegenstandes (lineare Abschreibung).

$$\textbf{Abschreibung p. a.}^{344} = \frac{\textbf{Anschaffungs-/Herstellungskosten}}{\textbf{Nutzungsdauer}}$$

341 Differenz zwischen Auszahlungsbetrag und Rückzahlungsbetrag eines Darlehens.

342 Eine Korrektur von Forderungen ist nach dem Kontierungsplan des MHKBG nicht als Abschreibung, sondern als Wertberichtigung bei der Kontengruppe 54 zu erfassen.

343 Vgl. hierzu die Ausführungen in Kap. 15.

344 Im Gegensatz zur kalkulatorischen Abschreibung in der Kosten- und Leistungsrechnung wird bei der bilanziellen Abschreibung generell davon ausgegangen, dass der Vermögensgegenstand bis zum Ende der Nutzungsdauer im Besitz der Kommune bleibt. Geplante Liquidationserlöse

Die Bestimmung der jeweiligen Nutzungsdauer soll nach § 36 Abs. 4 KomHVO kommunalspezifisch unter Berücksichtigung der vom Kommunalministerium herausgegebenen Orientierungstabelle (Anlage 16 VV Muster zur GO und KomHVO) erfolgen. Innerhalb des vorgegebenen Rahmens muss jede Kommune unter Berücksichtigung der ortsspezifischen Besonderheiten eine eigene Abschreibungstabelle erstellen, die als Grundlage für die Berechnung der Abschreibungen dienen soll. Abweichungen von den örtlichen Tabellen sind im Rahmen des Jahresabschlusses gem. § 45 Abs. 2 Nr. 6 KomHVO im Anhang zu erläutern.

Diese Abweichungen können nach Auffassung der Autoren in begründeten Fällen auch über die Orientierungswerte der Abschreibungstabelle des Ministeriums hinausgehen. Gem. § 93 Abs. 1 Satz 2 GO sind bei der Buchführung die Grundsätze ordnungsmäßiger Buchführung (GoB) zu beachten.[345] Diese übergeordneten Grundsätze beinhalten u. a. den Grundsatz der Richtigkeit. Danach sind z. B. nicht vertretbare Bewertungen von Aktiv- und Passivposten unzulässig. Ziel der Buchführung ist eine den tatsächlichen Verhältnissen entsprechende Darstellung der Vermögens- und Finanzsituation der Kommune. Damit unvereinbar wäre eine den tatsächlichen Verhältnissen widersprechende Bewertung der Aufwendungen für die Abnutzung des Anlagevermögens. Weicht daher die Nutzungsdauer bestimmter Vermögensgegenstände in einer Kommune nachweislich von den in der Abschreibungstabelle angegebenen Referenzwerten ab und ist diese Abweichung erheblich, hat die Gemeinde zur Einhaltung der GoB unabhängig von der örtlichen Abschreibungstabelle und den Orientierungswerten des Ministeriums realistische Abschreibungsdauern anzusetzen und die Abweichung von der örtlichen Abschreibungstabelle im Anhang zu erläutern.[346]

§ 36 Abs. 1 Satz 3 KomHVO lässt eine Abweichung von der linearen Abschreibung nur dann zu, wenn durch eine degressive Abschreibung oder eine Leistungsabschreibung der Ressourcenverbrauch nachweislich besser abgebildet wird als durch eine lineare Abschreibung. Zulässig ist unter dieser Voraussetzung auch eine Kombination von degressiver und linearer Abschreibung. Nicht zulässig ist im Umkehrschluss die progressive Abschreibung, da durch steigende Abschreibungsbeträge eine unzulässige buchhalterische Verschiebung des Ressourcenverbrauchs in die Zukunft erfolgt, die mit dem Prinzip der intergenerativen Gerechtigkeit unvereinbar ist.

Bei der degressiven Abschreibung erfolgt die Verteilung der Anschaffungs- und Herstellungskosten auf die Nutzungsdauer mit sinkenden Beträgen. Die Ermittlung des Abschreibungsverlaufs kann sich mathematisch aus einer arithmetischen oder einer geometrischen Reihe ergeben. Bei einer geometrisch degressiven Abschreibung muss im letzten planmäßigen Nutzungsjahr der volle Restbuchwert abgeschrieben werden.

Bei der Leistungsabschreibung erfolgt die Ermittlung des Ressourcenverbrauchs eines Vermögensgegenstands nicht unter Berücksichtigung des Zeitablaufs, sondern unter Maßgabe der tatsächlichen Inanspruchnahme. Grundlage der Leistungsabschreibung sind die erzielbaren Leistungseinheiten des jeweiligen Vermögensgegenstandes während seiner gesamten Lebensdauer. Bei der Nutzung eines Kraftfahrzeugs könnte z. B. die Leistungsabschreibung anhand der Kilometerleistung erfolgen. Zur Ermittlung der jährlichen Abschreibungen wird der Abschreibungsausgangswert (Anschaffungs-/Herstellungs-kosten) durch die insgesamt erzielbaren Leistungs-

---

vor oder nach Ablauf der Nutzungsdauer werden daher bei der Ermittlung der bilanziellen Abschreibung nicht berücksichtigt.

345 Vgl. hierzu im Einzelnen Kap. 9.4.

346 So ist wohl auch die Erläuterung unter Ziff. 1.5.1 der VV Muster zur GO und KomHVO zu verstehen, die einschränkend darlegt, dass sich die Gemeinde „in der Regel" im vorgegebenen Rahmen zu bewegen hat. Vgl. auch Gemeindeprüfungsanstalt Nordrhein-Westfalen (GPA NRW), *Rettler/Kummer/Heß/ Kapp/Diebel/Ehrbar-Wulfen/Brennenstuhl/Rothermel*, Kommentar zu § 36 KomHVO, Loseblatt, Wiesbaden 10/2019, S. 14.

einheiten (Lebensleistung des PKW in km) dividiert und anschließend mit der für die jeweilige Rechnungsperiode tatsächlich ermittelte Leistungsabgabe multipliziert.

Im Jahr der Anschaffung bzw. der Außerbetriebnahme der Vermögensgegenstände kann nach den GoB auf eine tagesgenaue Berechnung verzichtet werden. Eine Ermittlung nach Monaten reicht hier aus. Bei der Anschaffung bzw. Inbetriebnahme ist der Monat der Anschaffung bzw. Inbetriebnahme voll einzurechnen. Bei der Veräußerung bzw. Außerbetriebnahme bleibt der jeweilige Monat dagegen vollständig unberücksichtigt.

Hinsichtlich der Frage, ob für den Beginn der Abschreibung der Termin des Kaufs bzw. der Herstellung des Vermögensgegenstandes oder dessen Inbetriebnahme maßgeblich ist, ist auf die Formulierung des § 36 Abs. 1 KomHVO abzustellen. Danach werden die Anschaffungs- und Herstellungskosten auf die Haushaltsjahre verteilt, in denen der Vermögensgegenstand voraussichtlich *genutzt* wird. Maßgeblich ist danach eindeutig die tatsächliche Nutzung und nicht eine Betriebsbereitschaft. Es ist daher für den Beginn der Abschreibung auf die Inbetriebnahme und nicht auf einen möglicherweise deutlich früher liegenden Kauf- oder Herstellungstermin abzustellen.

Einen Sonderfall der Abschreibung stellt die Behandlung geringwertiger Wirtschaftsgüter[347] (GWG) nach § 36 Abs. 3 KomHVO dar. Diese Regelung bietet das Wahlrecht, alternativ zur bilanziellen Abschreibung über die Nutzungsdauer Vermögensgegenstände bei einem Wert unter 800 € ohne Umsatzsteuer (entspricht 952 € brutto) auch unmittelbar als Aufwand zu buchen und entsprechend auch bei der Haushaltsplanung zu berücksichtigen.

Bei Inanspruchnahme dieses Wahlrechts erfolgt im Rahmen der unmittelbaren Aufwandsdarstellung keinerlei Bilanzierung der Vermögensgegenstände. Bei einer fehlenden Bilanzierung kann wiederum keine Investition vorliegen; dies hat damit Auswirkungen auf die Darstellung der Auszahlungsart im Teilfinanzplan. Nach § 36 Abs. 3 Satz 2 KomHVO ist bei Wahrnehmung des Wahlrechts die Auszahlung der laufenden Verwaltungstätigkeit zuzuordnen.

Letztlich entscheidet also die Gemeinde durch eine Festlegung zur Inanspruchnahme dieses Wahlrechts, ob eine investive Auszahlung bei bilanzieller Abschreibung oder eine konsumtive Auszahlung bei unmittelbarer Abbildung als Aufwand zu planen ist.

Voraussetzung für die Anwendung des Wahlrechts ist neben der Einhaltung der Wertgrenze,

- dass die Vermögensgegenstände einer Abnutzung unterliegen (Nutzbarkeit des Vermögensgegenstandes ist zeitlich begrenzt) und
- diese selbstständig genutzt werden können.

Entfaltet der Vermögensgegenstand nach seiner Zweckbestimmung nur zusammen mit anderen Vermögensgegenständen seine Funktionalität (z. B. benötigt ein Lautsprecher für seine zweckbestimmte Funktion ein Steuergerät), besteht keine selbständige Nutzbarkeit.

Hinzuweisen ist auch an dieser Stelle auf die Bedeutung des Stetigkeitsprinzips, das aufgrund von § 95 Abs. 1 S. 4 GO bei Ansatz und Bewertung von Vermögen und Schulden zwingend zu berücksichtigen ist.[348] Eine Entscheidung zur Wahrnehmung des Wahlrechts nach § 36 Abs. 3 KomHVO hat immer grundsätzlich und nicht von Fall zu Fall zu erfolgen. Das schließt allerdings nicht aus, dass für die Wahrnehmung unterschiedliche Fallgruppen gebildet werden.

Neben den planmäßigen Abschreibungen und den Sofortabschreibungen können weiterhin vorkommen die

347 In der KomHVO wird von „Geringwertigen Vermögensgegenständen“ gesprochen. Hier wird trotzdem der übliche Begriff „GWG“ verwendet.

348 Vgl. *Baetge/Kirsch/Thiele*, Bilanzen, 16. Aufl., Düsseldorf 2021, S. 116 ff.

- Abschreibungen auf Finanzanlagen und Wertpapiere[349],
- außerplanmäßigen Abschreibungen und Sonderabschreibungen auf das Anlagevermögen und
- außerplanmäßigen Abschreibungen auf das Umlaufvermögen.

Ein Sonderfall der bilanziellen Abschreibungen ergibt sich aus dem NKF-COVID-19-Ukraine-Isolierungsgesetz (NKF-CUIG). Hiernach sind die Belastungen aus der COVID-19-Pandemie und dem Ukrainekrieg für die Jahre 2020 bis 2023 zu ermitteln und als fiktiver außerordentlicher Ertrag gem. §§ 4 Abs. 6 bzw. 5 Abs. 5 NKF-CIG zu veranschlagen bzw. zu erfassen. Der Erfassung des fiktiven Ertrags steht dabei buchungstechnisch die Bildung einer sog. „Bilanzierungshilfe" auf der Aktivseite der Bilanz gegenüber. Diese Bilanzierungshilfe ist gem. § 6 Abs. 1 NKF-CUIG beginnend mit dem Haushaltsjahr 2026 über längstens 50 Jahre erfolgswirksam abzuschreiben. Alternativ besteht nach § 6 Abs. 2 NKF-CUIG im Jahr 2025 das einmalige Wahlrecht, diese Bilanzierungshilfe ganz oder teilweise erfolgsneutral gegen das Eigenkapital auszubuchen. Aus Sicht der Gemeinden sind kaum Gründe ersichtlich, die gegen diese Verrechnung außerhalb von Ergebnisplan und -rechnung und damit für eine Abschreibung der Bilanzierungshilfe sprechen.

Einzelheiten zur Notwendigkeit und Möglichkeit dieser Abschreibungen sind der Erläuterung der Bilanzposten in Kap. 10 zu entnehmen.

11.2.18 Aufwendungen aus internen Leistungsbeziehungen (Kontengruppe 58)

Für die Aufwendungen aus interner Leistungsbeziehung ist die Kontengruppe 58 des Kontenplans vorgesehen. Die Ausführungen zu den Erträgen aus interner Leistungsbeziehung gelten entsprechend (siehe Kap. 11.2.9).

11.2.19 Außerordentliche Aufwendungen (Kontengruppe 59)

Zur Abgrenzung der ordentlichen von den außerordentlichen Aufwendungen wird auf die Ausführungen zu den außerordentlichen Erträgen in Kap. 11.2.10. verwiesen. Außerordentliche Aufwendungen fallen insbesondere im Zusammenhang mit Naturkatastrophen (z. B. Stürme, Hochwasser, Erdbeben) an. Unter die außerordentlichen Aufwendungen fallen darüber hinaus Verluste aus dem Verkauf von Beteiligungen, Teilbetrieben, Zweigniederlassungen oder andere Privatisierungsverluste, soweit sie nicht nach § 44 Abs. 3 KomHVO direkt mit der Allgemeinen Rücklage zu verrechnen sind.[350]

11.3 Praktische Beispiele und Übungen

Sachverhalt Nr. 1

Im laufenden Jahr ergeben sich in der Gemeinde G u. a. nachfolgende Geschäftsvorfälle:

---

349 Wegen § 44 Abs. 3 KomHVO sind diese auf jeden Fall auf separaten Konten zu erfassen, damit sie später direkt mit der Allgemeinen Rücklage verrechnet werden können.

350 Vgl. *Brixner/Harms/Noe*, Verwaltungs-Kontenrahmen, München 2003, S. 436.

1. Die Gemeinde versendet im Januar die Vorauszahlungsbescheide für die Gewerbesteuer. Die Gesamtforderung beträgt 2 Mio. €, die jeweils zu einem Viertel am 15. Februar, 15. Mai, 15. August und 15. November fällig werden.
2. Die Stadtbücherei nimmt im Juli 20.000 € Benutzungsgebühren als Jahresgebühr ein. Die erworbenen Jahreskarten gelten von Anfang Juli des laufenden Jahres bis Ende Juni des folgenden Jahres.
3. Die Gemeinde veräußert ein gebrauchtes Notebook an einen Mitarbeiter. Sie erhält dafür 300 €. Der Restbuchwert des Gerätes betrug zum Zeitpunkt der Veräußerung noch 250 €. Es handelt sich um eine Veräußerung gem. § 90 Abs. 3 Satz 1 GO.
4. Der Bauhof der Gemeinde G stellt im Januar ein Klettergerüst für den Spielplatz her. Es fallen Materialaufwand von 800 € und Personalaufwand von 1.500 € an. Aus der Kostenrechnung werden für die Erstellung des Klettergerüsts Materialgemeinkosten von 100 €, Fertigungsgemeinkosten von 300 € und Verwaltungsgemeinkosten von 100 € ermittelt. Das Klettergerüst wird am 20. Januar aufgestellt. Als Nutzungsdauer werden fünf Jahre kalkuliert.

Aufgabe:
Zeigen Sie für die Geschäftsvorfälle alle notwendigen Buchungssätze auf. Nutzen Sie den FHöV-Kontenplan und verwenden Sie statt der Forderungs- und Verbindlichkeitenkonten jeweils Debitor und Kreditor. Eine Mitkontierung der Produktbereiche und eine Berücksichtigung der Finanzrechnung sind nicht erforderlich.

Lösung:
Zu 1:
Bei den Gewerbesteuerbescheiden handelt es sich um Vorauszahlungsbescheide. Für Vorauszahlungen erfolgt die Einbuchung der Forderung zum Zeitpunkt der Fälligkeit. Jeweils zum Fälligkeitstermin ist daher zu buchen:

Debitor	**an**	**403 Gewerbesteuer**	**500.000 €**

Zu 2:
Die im Juli eingenommenen Benutzungsgebühren für die Stadtbücherei beziehen sich auf eine Gegenleistung, die sich nicht nur auf das laufende Haushaltsjahr beschränkt. Die erworbenen Jahreskarten sind im Haushaltsjahr sechs Monate gültig und im folgenden Jahr ebenfalls sechs Monate. Zur Ermittlung des Ertrages ist daher gem. § 43 Abs. 3 KomHVO eine Abgrenzung vorzunehmen.

Zunächst wird die Debitorenrechnung vollständig auf das Ertragskonto gebucht:

Debitor	**an**	**432 Benutzungsgebühren**	**20.000 €**

Anschließend erfolgt die Korrektur des Ertragskontos durch eine passive transitorische Rechnungsabgrenzung[351]:

432 Benutzungsgebühren	**an**	**390 Passive RAP**	**10.000 €**

351 Die Ertragsbuchung und die Abgrenzung können auch zusammen in einem Buchungssatz erfolgen.

Zu 3:
Die Buchung des Veräußerungserlöses erfolgt zunächst über das entsprechende Ertragskonto:

Debitor	an	451 Ertr. aus Veräußerung	300 €

Anschließend ist die der Anlagengegenstand über das entsprechende Bestandskonto auszubuchen:

451 Ertr. aus Veräußerung	an	081 BGA	250 €

Durch diese Buchungen weist das Ertragskonto einen Saldo von 50 € im Soll aus, der gem. § 44 Abs. 3 KomHVO außerhalb der Ergebnisrechnung abzubilden und mit der Allgemeinen Rücklage zu verrechnen ist.

201 Allg. Rücklage	an	453 Verrechnungskonto	250 €

Das Notebook ist aus dem Bestandskonto mit dem Restbuchwert ausgebucht. Die Kontengruppe 45 weist keinen Ertrag auf, der die Ergebnisrechnung verbessert.

Zu 4:
Während der Herstellung des Klettergerüsts fallen Personal- und Materialaufwendungen an. Die Personalaufwendungen werden zunächst ohne Bezug zu der Herstellung des Klettergerüsts buchhalterisch erfasst:

502 Dienstaufwendungen	an	Kreditor	1.500 €

Die Materialaufwendungen werden dem neu erstellten Klettergerüst direkt zugeordnet. Für das Klettergerüst wird daher in der Anlagenbuchhaltung eine „Anlage im Bau" eingerichtet. Die Buchung der Rechnungen für das Material des Klettergerüsts lautet:

092 Anlagen im Bau	an	Kreditor	800 €

Nach Fertigstellung des Klettergerüsts aber spätestens jedes Jahr werden die erbrachten Eigenleistungen der Anlage im Bau zugerechnet. Als aktivierbare Eigenleistungen kommen nach § 34 Abs. 3 KomHVO neben den Materialeinzelkosten noch die Fertigungseinzelkosten, die Sonderkosten der Fertigung, Fertigungs-, Material- und Verwaltungsgemeinkosten in Frage. Zuzurechnen sind dem Klettergerüst danach noch der entsprechende Personalaufwand (Fertigungseinzelkosten), die Material- und Fertigungsgemeinkosten. Verwaltungsgemeinkosten können nach dem 2. NKFWG ebenfalls aktiviert werden. Aktivierbar sind daher:

Fertigungseinzelkosten:	1.500 €
Fertigungsgemeinkosten:	300 €
Materialgemeinkosten:	100 €
Verwaltungsgemeinkosten:	100 €
Summe:	**2.000 €**

Die Buchung erfolgt als Ertrag aus aktivierten Eigenleistungen:

092 Anlagen im Bau	**an**
471 Aktiv. Eigenleistungen	**2.000 €**

Auf der Anlage im Bau „Klettergerüst" haben sich damit Herstellungskosten i. H. v. insg. 2.800 € angesammelt. Bei Inbetriebnahme des Klettergerüsts werden diese Herstellungskosten von der Anlage im Bau auf das endgültige Anlagenkonto umgebucht:

020 Unbeb. Grundstücke	**an**	**092 Anl. im Bau**
	2.800 €	

Mit Inbetriebnahme des Klettergerüsts erfolgt auch die Abschreibung des Anlageguts. Der Abschreibungssatz beträgt bei einer fünfjährigen Nutzungsdauer 20 %:

571 Bil. Abschreibungen	**an**	**020 Unbeb. Grundstücke**
560 €		

Mit der Buchung der Abschreibung sind alle erforderlichen Buchungen im Haushaltsjahr durchgeführt.

Sachverhalt Nr. 2

Die Gemeinde G schafft im Juni 2023 DV-Ausstattung für die Grundschule für insgesamt 80.000 € an. Aus Landesmitteln wird die Anschaffung mit 20 % gefördert. Der Förderbescheid liegt bereits im April 2023 vor, die Auszahlung der Förderung wird erst im November erwartet. Ab dem 1. Juli ist die DV-Ausstattung einsatzbereit. Die vorgesehene Nutzungsdauer der Ausstattung beträgt vier Jahre.

Aufgaben:

a) Zeigen Sie die notwendigen Buchungen (Buchungssätze) für die Anschaffung der Ausstattung (inkl. Ausgleich der Kreditoren- und Debitorenkonten), die Erfassung der Zuwendung und die erfolgswirksame Behandlung dieser Positionen im Jahr der Anschaffung.
b) Wie ist dieser Vorgang im Teilfinanz- und Teilergebnisplan des Produktbereichs „Schulträgeraufgaben" zu veranschlagen?

Lösung:

Zu a)

Die Anschaffung der DV-Ausstattung erfolgt i. d. R. über die Anlagenbuchhaltung, in der für jedes einzelne Anlagegut ein separater Stammsatz angelegt wird. Auf den einzelnen Stammsätzen werden dann die Kreditorenrechnungen erfasst. In der Summe ergibt sich daraus die Buchung:

081 BGA	**an**	**Kreditor**	**80.000 €**

Bei Zahlung des Rechnungsbetrags wird das Kreditorenkonto wieder ausgeglichen:

Kreditor	**an**	**181 Sichteinlagen**	**80.000 €**

Für den Förderbetrag liegt bereits im April ein Förderbescheid vor. Zu diesem Zeitpunkt hat die Gemeinde jedoch die Fördervoraussetzungen noch nicht erfüllt. Die Erfüllung der Fördervoraussetzungen ist mit der Anschaffung und Inbetriebnahme der DV-Ausstattung gegeben. Zu diesem Zeitpunkt (1.7.2023) kann nach dem Realisationsprinzip des § 33 Abs. 1 Nr. 3 KomHVO dann auch die Landesförderung buchhalterisch erfasst werden:

Debitor	**an**	**231 Sonderposten**	**16.000 €**

Erst bei Forderungseingang im November wird das Debitorenkonto ausgeglichen:

181 Sichteinlagen	**an**	**Debitor**	**16.000 €**

Durch die bisherigen Buchungen wurden die DV-Anlagen i. H. v. 80.000 € auf Aktivkonten erfasst, die Landeszuwendung i. H. v. 16.000 € wurde auf einem Passivkonto als Sonderposten erfasst. Die Debitoren- und Kreditorenkonten sind durch die entsprechenden Zahlungsein- und -ausgänge wieder ausgeglichen. Zur Abbildung des Ressourcenverbrauchs sind für das Jahr 2023 noch die anteiligen Abschreibungen für ein halbes Jahr und die entsprechende Auflösung des Sonderpostens zu buchen.

Die Abschreibung für das Jahr 2023 beträgt die Hälfte der normalen jährlichen Abschreibung von 25 %:

571 Bil. Abschreibungen	**an**	**081 BGA**	**10.000 €**

Mit dem gleichen Anteil (12,5 %) wird in 2023 der für die Landesförderung gebildete Sonderposten ertragswirksam aufgelöst:

231 Sonderposten	**an**	**415 Zuwendungen**	**2.000 €**

Zu b)

Im Teilfinanzplan sind mindestens die investiven Ein- und Auszahlungen des Produktbereichs zu erfassen. Das sind zum einen die Auszahlungen für die Anschaffung der DV-Ausstattung und daneben die Einzahlungen für die Landeszuwendung. Damit weist der Teilfinanzplan folgendes Bild auf:

Teilfinanzplan Produktbereich Schulträgeraufgaben		**Ansatz 2023**
		€
Investitionstätigkeit		
Einzahlungen		
1	aus Zuwendungen für Investitionsmaßnahmen	16.000
2	aus der Veräußerung von Sachanlagen	
3	aus der Veräußerung von Finanzanlagen	
4	aus Beiträgen u. ä. Entgelten	
5	Sonstige Investitionseinzahlungen	
6	**Summe der investiven Einzahlungen**	**16.000**

Teilfinanzplan Produktbereich Schulträgeraufgaben		Ansatz 2023 €
Auszahlungen		
7	für den Erwerb von Grundstücken und Gebäuden	
8	für Baumaßnahmen	
9	für den Erwerb von beweglichem Anlagevermögen	80.000
10	für den Erwerb von Finanzanlagen	
11	von aktivierbaren Zuwendungen	
12	Sonstige Investitionsauszahlungen	
13	**Summe der investiven Auszahlungen**	**80.000**
14	**Saldo Investitionstätigkeit (Einzahlungen ./. Auszahlungen)**	**–64.000**

Im Teilergebnisplan sind nur die aufwands- bzw. ertragswirksamen Vorgänge zu veranschlagen. Dies sind für den vorliegenden Geschäftsvorfall die planmäßigen Abschreibungen der DV-Ausstattung und die ertragswirksame Auflösung des Sonderpostens aus der Landeszuweisung. Beschränkt auf diesen Geschäftsvorfall ergeben sich nachfolgende Planungspositionen in der Teilergebnisrechnung:

Teilergebnisplan Produktbereich Schulträgeraufgaben			Ansatz 2023 €
1		Steuern und ähnliche Abgaben	
2	+	Zuwendungen und allgemeine Umlagen	2.000
3	+	Sonstige Transfererträge	
4	+	Öffentlich-rechtliche Leistungsentgelte	
5	+	Privatrechtliche Leistungsentgelte	
6	+	Kostenerstattungen und Kostenumlagen	
7	+	Sonstige ordentliche Erträge	
8	+	Aktivierte Eigenleistungen	
9	+/–	Bestandsveränderungen	
10	**=**	**Ordentliche Erträge**	**2.000**
11	–	Personalaufwendungen	
12	–	Versorgungsaufwendungen	
13	–	Aufwendungen für Sach- und Dienstleistungen	
14	–	Bilanzielle Abschreibungen	10.000
15	–	Transferaufwendungen	
16	–	Sonstige ordentliche Aufwendungen	
17	**=**	**Ordentliche Aufwendungen**	**10.000**
18	**=**	**Ergebnis der lfd. Verwaltungstätigkeit**	**–8.000**

Sachverhalt Nr. 3

Die Musikschule der Gemeinde G plant, im Juni 2023 ihren Konzertflügel auszutauschen. Dazu soll der bisherige Flügel, der im Januar 2011 für 60.000 € gekauft wurde, in Zahlung gegeben werden. Der Musikschulleiter erwartet bei der Inzahlungnahme eine Gutschrift i. H. v. 50.000 €. Der Preis des neuen Flügels wird mit 75.000 € kalkuliert. Für Konzertflügel kalkuliert die Gemeinde G eine Nutzungsdauer von 30 Jahren.

Aufgabe:
Stellen Sie die mit den Konzertflügeln in Verbindung stehenden Positionen des Teilergebnisplans für das Jahr 2023 zusammen. Gehen Sie davon aus, dass es sich um einen Anwendungsfall des § 44 Abs. 3 KomHVO handelt.

Lösung:
Im Teilergebnisplan sind die Aufwendungen und Erträge zu kalkulieren, die mit den Konzertflügeln in Verbindung stehen.

Zunächst ist daher zu ermitteln, wie hoch die Abschreibung für den alten Flügel im Jahr 2023 voraussichtlich sein wird. Die Anschaffungskosten des Flügels betrugen 60.000 €. Bei einer kalkulierten Nutzungsdauer von 30 Jahren beträgt die planmäßige jährliche Abschreibung 2.000 €. Im Jahr 2023 beschränkt sich die Abschreibungsdauer auf fünf Monate (Januar bis Mai), so dass für den alten Flügel Abschreibungen i. H. v. 833 € für das Jahr 2023 anzusetzen sind.

Für den neuen Flügel ist ebenfalls die Abschreibung zu kalkulieren. Bei einer Anschaffung im Juni können für das laufende Jahr noch Abschreibungen für sieben Monate berücksichtigt werden (d. h. Juni bis Dezember). Ausgehend von Anschaffungskosten i. H. v. 75.000 € errechnet sich eine Abschreibung i. H. v. 1.458,33 € für den neuen Flügel. (75.000 € / 30 Jahre × 7/12 = 1.458,33 €)

In Verbindung mit der Inzahlungnahme des alten Flügels ist festzustellen, ob Aufwendungen oder Erträge aus der Veräußerung des Anlagevermögens zu kalkulieren sind. Diese ergeben sich aus der Differenz des Veräußerungserlöses zum aktuellen Restbuchwert. Laut Sachverhalt wird als Veräußerungserlös für den alten Flügel mit 50.000 € gerechnet. Der Restbuchwert ergibt sich aus den Anschaffungskosten abzüglich der aufgelaufenen Abschreibungen. Die Anschaffungskosten betrugen 60.000 €. Von Januar 2011 bis Ende 2022 sind insgesamt planmäßige Abschreibungen für zwölf Jahre aufgelaufen. Die jährlichen Abschreibungen betragen 2.000 €. Der Restbuchwert des Flügels betrug damit Anfang 2023 36.000 € (60.000 € ./. 24.000 €). Bis zum Zeitpunkt der Veräußerung im Juni 2023 werden weitere 833 € an Abschreibungen anfallen. Der Restbuchwert des Flügels wird zum Zeitpunkt der Veräußerung damit voraussichtlich 35.167 € betragen. Da der erwartete Veräußerungserlös um 14.833 € über dem Restbuchwert liegt, ist in dieser Höhe ein Ertrag zu veranschlagen. Die Veranschlagung erfolgt in der Kontengruppe 45 „Sonstige ordentliche Erträge", wird allerdings gem. § 44 Abs. 3 KomHVO im (Teil-)Ergebnisplan unterhalb des Jahresergebnisses in einer gesonderten Position „Erträge aus der Veräußerung von Vermögensgegenständen" ausgewiesen.

Im Teilergebnisplan „Kultur" ergeben sich damit nachfolgende Positionen:

Bilanzielle Abschreibungen:	2.083 €
unterhalb des Jahresergebnisses nachrichtlich:	
Erträge aus der Veräußerung von Vermögensgegenständen:	14.833 €

12. Die Finanzrechnung – Grundlagen und Einzelpositionen

12.1 Die Ermittlung der Finanzrechnung

Wie bereits im vorangegangenen Kapitel dargestellt, sieht der Kontenrahmen (Anlage 17 VV Muster zur GO und KomHVO) eigene Kontenklassen für die Bedienung der Finanzrechnung vor. Hierzu wurden, ausgehend vom Industriekontenrahmen (IKR), die Kontenklassen 6 und 7 „freigeräumt". Die Verwendung des Kontenrahmens in seinem vollen Umfang ist daher darauf ausgerichtet, eine originäre Mitführung der Finanzrechnung auf Sachkonten zu ermöglichen. Da die Mitführung einer zahlungsartenscharfen Finanzrechnung derzeit nicht dem kaufmännischen Standard entspricht, hat sich bislang noch kein einheitlicher Standard zur (buchungs-)technischen Umsetzung dieser Anforderung des Kommunalen Finanzmanagements entwickelt.

Aus der betriebswirtschaftlichen Fachliteratur lassen sich grundsätzlich vier Verfahren zur Ermittlung der für die Finanzrechnung erforderlichen Informationen ableiten. Diese lassen sich systematisch in folgender Weise darstellen:[352]

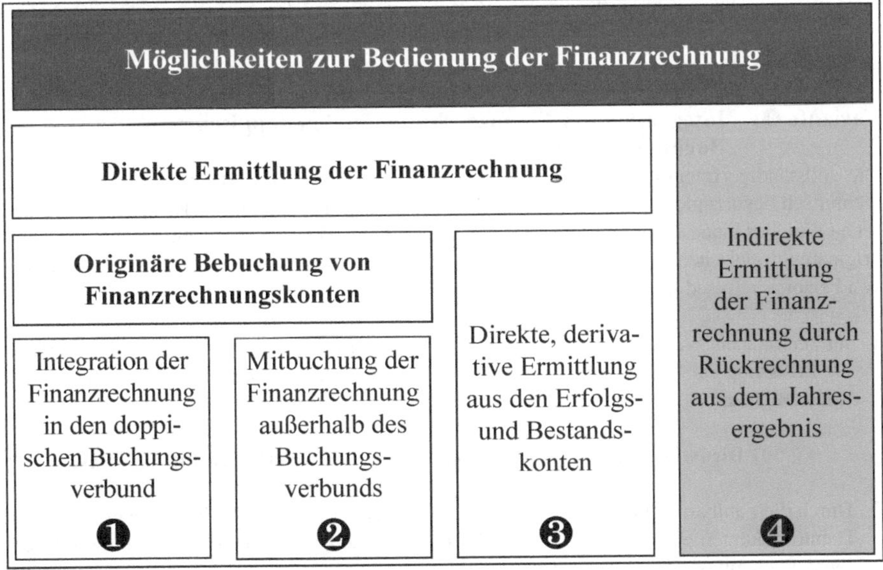

Als zulässig können nach § 28 Abs. 4 KomHVO die direkten Ermittlungsmethoden (1 bis 3) angesehen werden. Zwar werden bei der direkten derivativen Ermittlung (3) die Kontenklassen 6 und 7 des verbindlichen Kontenrahmens nicht benötigt, doch durch den ausdrücklichen Ausschluss der indirekten Rückrechnung im § 28 Abs. 4 KomHVO muss darauf geschlossen werden, dass der Gesetzgeber alle anderen Varianten der Finanzrechnung zulassen wollte.

Die indirekte Ermittlungsmethode (4), die § 28 Abs. 4 KomHVO ausdrücklich ausschließt, findet üblicherweise in der Privatwirtschaft Anwendung, wenn börsennotierte Unternehmen eine

352 Vgl. Modellprojekt „Doppischer Kommunalhaushalt in NRW" (Hrsg.), Neues Kommunales Finanzmanagement: Betriebswirtschaftliche Grundlagen für das doppische Haushaltsrecht, 2., vollst. überarb. Aufl. auf der Basis der Endergebnisse des Modellprojektes, Freiburg 2003, S. 125.

Kapitalflussrechnung erstellen. Sie ermöglicht allerdings nicht die in § 3 Abs. 1 KomHVO geforderte zahlungsartenscharfe Abbildung der Finanzrechnung. Vereinfacht dargestellt erfolgt die Ermittlung des Zahlungssaldos ausgehend vom Jahresergebnis bei der indirekten Methode (4) in folgender Weise:[353]

	Jahresergebnis
+/–	Abschreibungen/Zuschreibungen auf Gegenstände des Anlagevermögens
+/–	Zunahmen/Abnahmen der Rückstellungen
+/–	sonstige zahlungsunwirksame Aufwendungen und Erträge
–/+	Gewinne und Verluste aus dem Abgang von Gegenständen des Anlagevermögens
–/+	Zunahme/Abnahme der Vorräte, der Forderungen aus Lieferungen und Leistungen sowie anderer Aktiva
+/–	Zunahme/Abnahme der Verbindlichkeiten aus Lieferungen und Leistungen sowie anderer Passiva
=	Saldo der laufenden Zahlungen

Die möglichen Varianten der direkten Ermittlung der Finanzrechnung werden nun zunächst im Überblick dargestellt, bevor auf Einzelheiten der Verwendung der Kontenklassen 6 und 7 eingegangen wird.[354]

Variante ❶: Integration der Finanzrechnung in den doppischen Buchungsverbund

Die vollständige Integration der Finanzrechnung in den doppischen Buchungsverbund ist die theoretisch bevorzugte Variante für die Bebuchung der Finanzrechnung.[355] Bei der vollständigen Integration der Finanzrechnung werden die Finanzrechnungskonten (Kontenklassen 6 und 7) im originären doppischen Buchungssatz angesprochen. So erfolgt beispielsweise bei der Buchung von Personalaufwand und Personalauszahlungen folgende Abbildung in der Buchhaltung:

1. Im Personalamt werden die Beschäftigungsentgelte berechnet. Auf dieser Grundlage erfolgt die Erfassung der Verbindlichkeit auf den Debitorenkonten und die ergebniswirksame Aufwandsbuchung:

501 Dienstbezüge	**an**	**375 Verbindlichk. ggü. Besch.**

2. Durch die Zahlbarmachung der Beschäftigungsentgelte werden die Verbindlichkeiten auf den Debitorenkonten ausgeziffert und es erfolgt die Buchung der Personalauszahlung auf dem Finanzrechnungskonto:

375 Verbindlichk. ggü. Besch.	**an**	**701 Dienstbezüge**

353 Aufstellung nach *Schrader*, Kapitalflussrechnung als Abbildung der Finanzlage, Frankfurt 1999, S. 36.

354 Einen guten Überblick hierzu geben *Bittig/Fudalla/zur Mühlen*, Doppisches kommunales Rechnungswesen: Finanzrechnung und Finanzplan, der gemeindehaushalt 2002, S. 29 ff.

355 Vgl. insb. *Lüder*, Konzeptionelle Grundlagen des Neuen Kommunalen Rechnungswesens, 2. Aufl., Stuttgart 1999, S. 31 und Modellprojekt „Doppischer Kommunalhaushalt in NRW" (Hrsg.), Neues Kommunales Finanzmanagement: Betriebswirtschaftliche Grundlagen für das doppische Haushaltsrecht, 2., vollst. überarb. Aufl. auf der Basis der Endergebnisse des Modellprojektes, Freiburg 2003, S. 189.

Durch diese Buchungssystematik werden sowohl die Buchungen in der Ergebnisrechnung als auch die Buchungen in der Finanzrechnung direkt erfasst. Abweichend von der üblichen kaufmännischen Buchungssystematik wird im zweiten Buchungsschritt nicht das Bankkonto (Liquide Mittel), sondern das Finanzrechnungskonto angesprochen.

Dies hat allerdings zur Folge, dass das Bestandskonto „Guthaben bei Kreditinstituten" (Konto 181) nicht direkt fortgeschrieben wird. Um diese Fortschreibung zu erreichen, muss bei der Buchung auf den Finanzrechnungskonten auch eine Mitbuchung des Bankkontos erfolgen. Dies kann durch eine sog. „statistische Mitbuchung", d. h. ohne Buchung eines Gegenkontos erfolgen. Wichtig ist dabei, dass die Besonderheiten der Buchung auf den bilanziellen Bankkonten berücksichtigt werden. Dies betrifft z. B. die Aufteilung der Bankkonten nach den tatsächlichen Kontoverbindungen und den erforderlichen Abgleich der Konten der Buchhaltung mit den Kontoauszügen der Banken.

Variante ❷: Mitbuchung der Finanzrechnung außerhalb des Buchungsverbunds

Bei der zweiten Variante erfolgt die Buchung auf den Aufwands-, Debitoren- und Bankkonten nach der normalen kaufmännischen Praxis. Im Gegensatz zur ersten Variante wird nicht das Finanzmittelkonto (Bankkonto) durch eine statistische Mitbuchung bedient, sondern das Finanzrechnungskonto. Dabei ist es erforderlich, dass bei der Buchung auf den Konten der Gruppe 18 (Liquide Mittel) möglichst automatisch eine Finanzrechnungsbuchung angestoßen wird. Dabei kann z. B. anhand der Auszifferung der Verbindlichkeit auf dem Debitorenkonto festgestellt werden, um welche Zahlungsart es sich handelt. Die Bebuchung des entsprechenden Finanzrechnungskontos erfolgt dann ohne Buchung eines Gegenkontos im Rahmen einer einfachen Nebenbuchhaltung.

Variante ❸: Direkte, derivative[356] Ermittlung der Finanzrechnung aus den Erfolgs- und Bestandskonten

Die dritte Variante zur Ermittlung der Finanzrechnung kommt ohne die Finanzrechnungskonten (Kontenklassen 7 und 8) aus und unterscheidet sich damit grundsätzlich von den beiden anderen Varianten. Bei der direkten derivativen Ermittlung der Finanzrechnung werden die Zahlungsströme zahlungsartenscharf aus den Daten der Finanzbuchhaltung abgeleitet. Hierzu müssen die Aufwands- bzw. Ertragsbuchungen im Rahmen des Jahresabschlusses zur Ermittlung der Zahlungsströme um die Änderungen der relevanten Bestandskonten korrigiert werden.

Beispielsweise werden die Aufwendungen für Sach- und Dienstleistungen um die Änderungen des Bestands an Verbindlichkeiten aus Sach- und Dienstleistungen korrigiert. Hierdurch werden die nicht zahlungswirksamen Aufwendungen für Sach- und Dienstleistungen, die zu einer Erhöhung der Verbindlichkeiten führen, abgezogen und die nicht ergebniswirksamen Zahlungen für Sach- und Dienstleistungen, die die Verbindlichkeiten reduzieren, hinzuaddiert. Voraussetzung für eine solche Berechnung ist eine Differenzierung der relevanten Bestandskonten nach den zu ermittelnden Zahlungsarten.

In einem praktischen Fall sähe die Berechnung folgendermaßen aus:

356 „Derivativ" = abgeleitet.

Bestand der Verbindlichkeiten für Sach- und Dienstleistungen am 1.1.2020:		10.000 €
Aufwendungen für Sach- und Dienstleistungen lt. Jahresabschluss 2020:		90.000 €
Bestand der Verbindlichkeiten für Sach- und Dienstleistungen am 31.12.2020:		30.000 €

Zur Ermittlung der Zahlungen für Sach- und Dienstleistungen ist zunächst die Veränderung des Verbindlichkeitenbestands zu ermitteln:

	Verbindlichkeiten 31.12.2020	30.000 €
–	Verbindlichkeiten 1.1.2020	10.000 €
	Veränderung Verbindlichkeiten:	+ 20.000 €

Diese Erhöhung der Verbindlichkeiten für Sach- und Dienstleistungen um 20.000 € muss zur Ermittlung der Zahlungen für Sach- und Dienstleistungen vom Aufwand laut Jahresabschluss abgezogen werden:

	Aufwendungen f. Sach- u. Dienstleistungen	90.000 €
–	Veränderung Verbindlichkeiten	20.000 €
	Auszahlungen f. Sach- u. Dienstleistungen:	70.000 €

Um eine vollständige zahlungsartenscharfe Finanzrechnung zu erhalten, dürfen allerdings nicht nur die Änderungen des Bestands an Verbindlichkeiten beachtet werden, sondern es sind auch alle anderen Vorgänge nach den betroffenen Zahlungsarten gegliedert zu berücksichtigen, die zu Abweichungen zwischen Ergebnis- und Finanzrechnung führen. Diese können z. B. sein:

- Bestandsänderungen der Verbindlichkeiten aus Lieferungen und Leistungen,
- Bestandsänderungen der Forderungen aus Lieferungen und Leistungen,
- Bestandsänderungen bei geleisteten Anzahlungen,
- Bestandsänderungen von Vorräten, sonstigen Forderungen, sonstigen Vermögensgegenständen,
- Bestandsänderungen von Rückstellungen,
- Eingänge auf abgeschriebene Forderungen,
- Bestandsänderungen bei passiven und aktiven Rechnungsabgrenzungsposten.

Praktisch erfolgt diese Berücksichtigung i. d. R. dadurch, dass zunächst die Veränderungen der jeweiligen Wertansätze auf den Bestandskonten vom Vorjahr zum aktuellen Jahr festgestellt werden.[357] Diese Änderungen werden in einer sog. „Bewegungsbilanz“ festgehalten. Dabei werden Aktivmehrungen und Passivminderungen als Mittelverwendung auf der Sollseite und Passivmehrungen und Aktivminderungen als Mittelherkunft auf der Habenseite der Bewegungsbilanz abgebildet. Da die Bilanz im Vorjahr und im aktuellen Jahr ausgeglichen ist, ergibt sich automatisch auch eine ausgeglichene Bewegungsbilanz. Folgendes fiktives Beispiel zeigt eine einfache Bewegungsbilanz:

357 Vgl. *Bittig/Fudalla/zur Mühlen*, Doppisches kommunales Rechnungswesen: Finanzrechnung und Finanzplan, der gemeindehaushalt 2002, S. 32.

Mittelverwendung		**Mittelherkunft**	
Aktivzunahmen	**T €**	**Aktivabnahmen**	**T €**
Unbebaute Grundstücke	500	Infrastrukturvermögen	2.000
Bebaute Grundstücke	3.500	Fahrzeuge	25
Bauten auf fremden Grund u. Boden	10	Finanzanlagen	1.500
Maschinen und technische Anlagen	1.200	Geleistete Anzahlungen	25
Betriebs- u. Geschäftsausstattung	300	Sonstige Forderungen	200
Roh-, Hilfs-, Betriebsstoffe, Waren	200	Wertpapiere des Umlaufvermögens	1.000
Öffentlich-rechtliche Forderungen	150	Rechnungsabgrenzungsposten	150
Liquide Mittel	1.200		
Passivabnahmen	**T €**	**Passivmehrungen**	**T €**
Ausgleichsrücklage	500	Sonderrücklagen	100
Jahresüberschuss/-fehlbetrag	140	Pensionsrückstellungen f. Besch.	600
Zuwendungen	900	Pensionsrückstellungen f. Pension.	200
Beiträge	1.300	Aufwandsrückstellungen	1.200
Verbindlichkeiten aus L. + L.	50	Verbindlichkeiten aus Krediten	3.000
Sonstige Verbindlichkeiten	50		
	10.000		**10.000**

Die Bewegungsbilanzsumme weist dabei lediglich die Summe der saldierten Veränderungen von Mittelherkunft und -verwendung aus. Die Veränderung des gesamten Vermögens und des gesamten Kapitals ist aus ihr nur indirekt zu ermitteln.[358]

In einem weiteren Schritt werden die Informationen aus dem Anlagenspiegel einbezogen. Hierzu werden die einzelnen Vorgänge ermittelt, die zur Veränderung des Anlagevermögens geführt haben. Dies sind jeweils die

- Zuschreibungen,
- Zugänge,
- Abschreibungen und
- Abgänge.

Die Werte lassen sich aus dem Anlagenspiegel ermitteln. Lediglich bei der Ermittlung der Abgänge ist zu beachten, dass der Anlagenspiegel die Abgänge zu Anschaffungs- und Herstellungskosten (AHK) ausweist und nicht zu Restbuchwerten.

	AHK	Zugänge zu AHK	Abgänge zu AHK	Umbuchungen zu AHK	Zuschreibungen	kumul. Abschreibungen	Buchwert 31.12. Rechnungsjahr	Buchwert 31.12. Vorjahr	Abschreibungen Rechnungsjahr
		+	–	+/–	+	–			
Fahrzeuge	520.000	60.000	35.000	0	0	360.000	250.000	275.000	55.000

358 Vgl. *Schrader*, Die Kapitalflussrechnung als Abbildung der Finanzlage, Frankfurt 1999, S. 74.

Zur Ermittlung der Restbuchwerte der Abgänge ist zusätzlich folgender Rechenschritt erforderlich:[359]

	Buchwert 31.12. des Vorjahres
+	Zugänge zu AHK
+	Zuschreibungen
–	Abschreibungen Rechnungsjahr
–	Buchwert 31.12. des Rechnungsjahres
=	Abgänge zu Restbuchwerten

Die ermittelten Vorgänge, die zur Änderung des Anlagenbestandes geführt haben, werden in einer Brutto-Bewegungsbilanz separat ausgewiesen. So werden die Zugänge und Zuschreibungen jeweils separat auf der Sollseite und die Abgänge und Abschreibungen jeweils separat auf der Habenseite der Bewegungsbilanz ausgewiesen.

Als letzter Schritt erfolgt die Erweiterung der Bewegungsbilanz um die Daten aus der Ergebnisrechnung. Dazu werden die Eigenkapitalpositionen in der Bewegungsbilanz durch die einzelnen Aufwands-/Ertragsarten aus der Ergebnisrechnung ersetzt.

Im Ergebnis stellt sich dann eine Brutto-Bewegungsbilanz dar, aus der die zahlungsunwirksamen Aufwendungen und Erträge durch Saldierung mit den jeweils korrespondierenden Bilanzposten verrechnet werden können. Es lässt sich aus dieser Brutto-Bewegungsbilanz der Mittelzufluss/-abfluss aus laufender Verwaltungstätigkeit, aus Finanzierungs- und Investitionstätigkeit direkt ermitteln.

Dazu werden bei der Investitionstätigkeit die jeweiligen Zu- und Abgänge isoliert ausgewiesen. Im Bereich der Finanzierungstätigkeit werden die Zu- und Abgänge bei den Kreditverbindlichkeiten erfasst. Für den Bereich der laufenden Verwaltungstätigkeit sind die jeweiligen Aufwandspositionen um die relevanten Bestandsänderungen zu korrigieren.

Mittelverwendung			**Mittelherkunft**
Aktivzunahmen	**T €**	**Aktivabnahmen**	**T €**
Unbebaute Grundstücke		Unbebaute Grundstücke	
Zugänge	1.000	*Abgänge*	500
Infrastrukturvermögen		Infrastrukturvermögen	
Zugänge	4.500	*Abschreibungen*	2.500
		Abgänge	4.000
Bebaute Grundstücke		Bebaute Grundstücke	
Zugänge	4.000	*Abschreibungen*	2.000
Zuschreibungen	2.000	*Abgänge*	500
Fahrzeuge		Fahrzeuge	
Zugänge	60	*Abschreibungen*	55
		Abgänge	30
Bauten auf fr. Grund u. Boden		Bauten auf fr. Grund u. Boden	
Zugänge	120	*Abschreibungen*	110
Finanzanlagen		Finanzanlagen	
		Abgänge	1.500
Maschinen und technische Anlagen		Maschinen und technische Anlagen	
Zugänge	3.000	*Abschreibungen*	1.800

359 Vgl. *Schrader*, Die Kapitalflussrechnung als Abbildung der Finanzlage, Frankfurt 1999, S. 77.

Mittelverwendung		**Mittelherkunft**	
Aktivzunahmen	**T €**	**Aktivabnahmen**	**T €**
Betriebs- u. Geschäftsausstattung		Betriebs- u. Geschäftsausstattung	
Zugänge	1.400	*Abschreibungen*	1.100
Roh-, Hilfs-, Betriebsstoffe, Waren	200	Geleistete Anzahlungen	25
Öffentlich-rechtliche Forderungen	150	Sonstige Forderungen	200
Liquide Mittel	1.200	Wertpapiere des Umlaufvermögens	1.000
		Rechnungsabgrenzungsposten	150
Passivabnahmen	**T €**	**Passivzunahmen**	**T €**
Zuwendungen	900	Pensionsrückstellungen f. Besch.	600
Beiträge	1.300	Pensionsrückstellungen f. Pension.	200
Verbindlichkeiten aus L. + L.	50	Aufwandsrückstellungen	1.200
Sonstige Verbindlichkeiten	50	Verbindlichkeiten aus Krediten	3.000
Aufwendungen	**T €**	**Erträge**	**T €**
Personalaufwendungen	31.796	Steuern und ähnlichen Abgaben	64.000
Versorgungsaufwendungen	802	Zuwendungen und allg. Umlagen	4.000
Aufw. für Sach- u. Dienstleistungen	4.300	Sonstige Transfererträge	3.240
Bilanzielle Abschreibungen	7.565	Öffentl.-rechtl. Leistungsentgelte	7.154
Transferaufwendungen	22.500	Privatrechtl. Leistungsentgelte	1.050
Sonst. ordentl. Aufwendungen	13.250	Kostenerstattungen u. -umlagen	905
Zinsen u. sonst. Finanzaufw.	1.800	Sonst. ordentl. Erträge	490
		Aktivierte Eigenleistungen	420
		Bestandsveränderungen	200
		Finanzerträge	14
	101.943		**101.943**

Probleme können sich dabei insbesondere aus der dem § 2 Abs. 1 KomHVO zugrunde liegenden Struktur der Aufwands- und Ertragsarten ergeben, die auch maßgeblich sind für die auszuweisenden Zahlungsarten (§ 40 i. V. m. § 3 Abs. 1 KomHVO) in der Finanzrechnung. Die vorgesehene Detaillierung geht insbesondere im Bereich der laufenden Verwaltungstätigkeit über den kaufmännischen Standard hinaus, so dass es bislang noch keine praktische Erfahrung mit der Umsetzung dieser Variante der Finanzrechnung unter Berücksichtigung dieser Anforderungen gibt. Theoretisch erscheint eine direkte Ermittlung der geforderten Zahlungsarten möglich, wenn eine ausreichende Differenzierung der relevanten Bestandskonten sichergestellt ist. So ist es z. B. zur Feststellung der Zahlungsarten „Steuern und ähnliche Abgaben" und „Öffentlich-rechtliche Leistungsentgelte" erforderlich, das korrespondierende Forderungskonto „Öffentlich-rechtliche Forderungen" nach dieser Differenzierung weiter zu untergliedern. Auch eine weitere Differenzierung von Verbindlichkeiten- und Rückstellungskonten ist Voraussetzung für eine direkte derivative Finanzrechnung. Dies bedeutet gleichzeitig, dass bei der unterjährigen Bebuchung der Bestandskonten diese Differenzierung berücksichtigt werden muss. Inwieweit dies z. B. in der Debitoren- und Kreditorenbuchhaltung möglich ist, muss anhand der jeweiligen Softwarelösung vor Ort geprüft werden.

Im Folgenden wird von einer originären Bebuchung der Finanzrechnung ausgegangen, so wie sie sich ganz überwiegend in der Praxis durchgesetzt hat. Dabei ist es unerheblich, welche Variante der originären Bebuchung zur Anwendung kommt.

12.2 Praktische Beispiele und Übungen

Sachverhalt Nr. 1
Die Gemeinde G führt die Abwasserbeseitigung als eigenbetriebsähnliche Einrichtung nach § 107 Abs. 2 GO und setzt dabei im Rechnungswesen die kaufmännische Buchhaltung ein. Zur Erhöhung der Aussagekraft des Rechnungswesens soll nach dem Willen des Kämmerers auch für die Abwasserbeseitigung eine Finanzrechnung erstellt werden. Diese soll aus den Konten der Buchhaltung abgeleitet werden. Die Bestands- und Erfolgskonten der Abwasserbeseitigung weisen folgende Saldén (Auszug) aus:

Erfolgskonten	**T €**	
	31.12.2023	
Erträge aus Abwassergebühren	6.500	
Erträge aus der Auflösung v. Sopo für Kanalanschlussbeiträge	400	
Personalaufwand	1.700	
Wertberichtigungen auf Gebührenforderungen	15	
Wertberichtigungen auf Beitragsforderungen	40	
Bestandskonten	**T €**	**T €**
	31.12.22	**31.12.23**
Sonderposten für Kanalanschlussbeiträge	20.000	21.100
Forderungen aus Abwassergebühren	150	120
Forderungen aus Kanalanschlussbeiträgen	10	210
Pensionsrückstellungen	3.350	3.850
Rückstellungen für nicht in Anspruch genommenen Urlaub	90	30

Aufgabe:
Berechnen Sie aus den Ihnen vorliegenden Konten nach der direkten derivativen Methode (Variante 3) die Einzahlungen aus Abwassergebühren, die Einzahlungen aus Beiträgen und die Personalauszahlungen für das Jahr 2023.

Lösung:
a) Ermittlung der Einzahlungen aus Abwassergebühren
Zunächst wird die Änderung des Bestandes der Forderungen aus Abwassergebühren ermittelt. Diese Änderung ergibt sich aus der Differenz des Bestandskontos vom 31.12.23 zum 31.12.22. Danach haben sich die Forderungen im Jahr 2023 um 30.000 € reduziert. Die Reduzierung der Gebührenforderungen beruht allerdings i. H. v. 15.000 € auf Wertberichtigungen.

Die Höhe der Einzahlungen aus Abwassergebühren ergibt sich danach wie folgt:

Erträge aus Abwassergebühren:	6.500.000 €
+ Reduzierung des Forderungsbestands:	30.000 €
./. Wertberichtigungen auf Gebührenforderungen:	15.000 €
= Einzahlungen aus Abwassergebühren:	6.515.000 €

b) Ermittlung der Einzahlungen aus Kanalanschlussbeiträgen
Zur Ermittlung der Einzahlungen aus Kanalanschlussbeiträgen sind die Zugänge des entsprechenden Sonderpostens zu ermitteln. Im Jahr 2023 hat sich der Sonderposten insgesamt um 1.100.000 € erhöht. Gleichzeitig wurde der Sonderposten i. H. v. 400.000 € ertragswirksam auf-

gelöst. Insgesamt ergibt sich daraus ein Brutto-Zugang auf dem Konto Sonderposten für Kanalanschlussbeiträge von 1.500.000 €. (Bestandsänderung = Zugänge ./ Auflösungen)

Die Einzahlungen aus Kanalanschlussbeiträgen lassen sich demnach folgendermaßen berechnen:

Brutto-Zugang Sonderposten Beiträge:	1.500.000 €
./. Erhöhung des Forderungsbestands:	200.000 €
./. Wertberichtigungen auf Beitragsforderungen:	40.000 €
= Einzahlungen Kanalanschlussbeiträge:	1.260.000 €

c) Ermittlung der Personalauszahlungen

Da laut Sachverhalt im Bereich der Personalaufwendungen keine Änderungen im Bereich der Verbindlichkeiten oder Forderungen vorliegen, muss zur Ermittlung der Personalauszahlungen der Personalaufwand lediglich um die Zuführung bzw. die Auflösung von Rückstellungen korrigiert werden:

Personalaufwand:	1.700.000 €
./. Zuführung Pensionsrückstellung:	500.000 €
+ Auflösung Urlaubsrückstellung:	60.000 €
= Personalauszahlungen:	1.260.000 €

12.3 Originäre Bebuchung der Finanzrechnung in den Kontenklassen 6 und 7

Für die Führung der originären Finanzrechnung wurden im Kontenrahmen (Anlage 17 VV Muster zur GO und KomHVO) die Kontenklassen 6 und 7 vorgesehen. Im Überblick stellen sich die Kontenklassen für die Einzahlungen und Auszahlungen folgendermaßen dar:

Kontenklasse 6	Kontenklasse 7
Einzahlungen	Auszahlungen
60 Steuern und ähnliche Abgaben	70 Personalauszahlungen
61 Zuwendungen und allgemeine Umlagen	71 Versorgungsauszahlungen
62 Sonstige Transfereinzahlungen	72 Auszahlungen für Sach- und Dienstleistungen
63 Öffentlich-rechtliche Leistungsentgelte	73 Transferauszahlungen
64 Privatrechtl. Leistungsentgelte, Kostenerstattungen und -umlagen	74 Sonstige Auszahlungen aus laufender Verwaltungstätigkeit
65 Sonstige Einzahlungen aus lfd. Verwaltungstätigkeit	75 Zinsen und sonstige Finanzauszahlungen
66 Zinsen und sonstige Finanzeinzahlungen	
68 Einzahlungen aus Investitionstätigkeit	78 Auszahlungen aus Investitionstätigkeit
69 Einzahlungen aus Finanzierungstätigkeit	79 Auszahlungen aus Finanzierungstätigkeit

Die Kontengruppen der Finanzrechnungskonten stimmen weitgehend mit den Ein- und Auszahlungsarten überein, die nach §§ 3, 40 KomHVO in den Plan- und Rechenwerken der Finanzrechnung abzubilden sind. § 28 Abs. 7 KomHVO schreibt die Struktur der Finanzrechnungskonten für die Kommunen bei originärer Bebuchung der Finanzrechnung vor. Setzt die Kommune die direkte, derivative Methode ein, bleiben die Kontenklassen 6 und 7 ungenutzt.

Grundsätzlich ist festzustellen, dass bei der originären Bebuchung der Finanzrechnung vier Fälle zu unterscheiden sind:

a) Zahlung, die in derselben Rechnungsperiode nicht zu Aufwand oder Ertrag der gleichen Art führt (Buchungsfall 1)

Klassisches Beispiel für solche Zahlungen sind Auszahlungen für Investitionen. Dieser Auszahlungsart steht keine korrespondierende Aufwandsart gegenüber, da die Investition zu einer Aktivierung des Vermögensgegenstands führt. Durch die Abschreibung des Vermögensgegenstands kann allerdings bei einer anderen Aufwandsposition und in anderer Höhe ein Aufwand verursacht werden. Buchungstechnisch kann in diesen Fällen das Finanzrechnungskonto nicht aus einem korrespondierenden Aufwandskonto abgeleitet werden. Das Finanzrechnungskonto ist daher anhand des Kontenplans manuell zu ermitteln und bei der Buchung anzusprechen.

Ein weiteres Beispiel für den Buchungsfall 1 ergibt sich aus dem Periodisierungsprinzip der Doppik. Zahlungen, die Leistungen betreffen, welche wirtschaftlich einer anderen Rechnungsperiode zuzurechnen sind, stehen keine Aufwendungen bzw. Erträge gegenüber.

Erfolgt die Zahlung vor der Leistung spricht man von sog. „transitorischen Posten". In solchen Fällen ergibt sich die Notwendigkeit zur Bildung eines Rechnungsabgrenzungspostens. Im Fall einer Auszahlung wird dieser auf der Aktivseite der Bilanz gebildet, im Fall einer Einzahlung auf der Passivseite. Da die Rechnungsabgrenzung i. d. R. erst im Rahmen des Jahresabschlusses erfolgt, kann die Ermittlung des Finanzrechnungskontos auch in diesen Fällen aus den Erfolgskonten abgeleitet werden. Die Konten der Ergebnisrechnung werden anschließend durch eine entsprechende Abgrenzungsbuchung wieder entlastet, so dass die zutreffende Differenz zwischen Finanz- und Ergebnisrechnung im Jahresabschluss ausgewiesen wird.

Erfolgt dagegen die Zahlung in der Rechnungsperiode nach der Leistung, spricht man von sog. „antizipativen Posten".[360] Die Abgrenzung der antizipativen Posten erfolgt über die Bilanzposten „Sonstige Forderungen" bei Auszahlungen und „Sonstige Verbindlichkeiten" bei Einzahlungen. Da zum Zeitpunkt der Zahlung der ergebniswirksame Vorgang schon buchhalterisch erfasst ist, erscheint es auch in diesen Fällen möglich, die Kontierung in der Finanzrechnung aus der Erfolgsbuchung abzuleiten. So muss z. B. beim Zahlungseingang eine Zuordnung zur offenen „Sonstigen Forderung" erfolgen. Diese wiederum lässt sich auf die in der Vorperiode erfasste Ertragsbuchung zurückführen.

b) Zahlung, die in derselben Rechnungsperiode nicht in der gleichen Höhe zu Aufwand oder Ertrag führt (Buchungsfall 2)

Der Buchungsfall 2 ergibt sich i. d. R. ebenfalls aus dem Periodisierungsprinzip. Dabei bezieht sich die Zahlung zum Teil auf Leistungen in der laufenden Periode und zum Teil auf Leistungen in einer bereits abgelaufenen oder einer zukünftigen Periode. In diesen Fällen gilt sinngemäß das gleiche, was oben für die transitorischen und antizipativen Posten ausgeführt wurde. Allerdings ist es notwendig, zwischen den beiden Teilen des Geschäftsvorfalls zu differenzieren, d. h. die ergebniswirksamen und die ergebnisunwirksamen Zahlungen buchhalterisch voneinander zu trennen (s. u.).

Ebenfalls durch das Periodisierungsprinzip verursacht sind die Differenzen zwischen Finanz- und Ergebnisrechnung, die sich aus der Lagerung von Roh-, Hilf-, Betriebsstoffen und Waren ergeben. Während alle Auszahlungen für Lagerzugänge in der Finanzrechnung zu erfassen sind,

360 Vgl. *Heidler*, Öffentliches Rechnungs- und Prüfungswesen – Band 1, Berlin 2018, S. 151 ff.

ergeben sich in der Ergebnisrechnung nur Aufwendungen in der Höhe, in der solche Stoffe tatsächlich verbraucht bzw. in der die Waren veräußert wurden.[361] Die Erfassung der Auszahlungen für die Finanzrechnung ist dabei abhängig davon, ob eine Lagerbuchhaltung eingesetzt wird oder ob die Lagerzugänge zunächst als Aufwand gebucht werden. Werden Lagerzugänge bei Einsatz einer Lagerbuchhaltung nicht unmittelbar als Aufwand gebucht, kann die Buchung der Finanzrechnung nicht aus dem Aufwandskonto abgeleitet werden. Sie ist daher entweder manuell zu erfassen oder aus der Bestandsbuchung abzuleiten.

c) Zahlung, die in derselben Rechnungsperiode in der gleichen Höhe zu Aufwand oder Ertrag führt (Buchungsfall 3)

Der „normale" Buchungsfall ist der, bei dem Zahlung und Ressourcenverbrauch übereinstimmen und damit keine Differenzen zwischen Finanzrechnung und Ergebnisrechnung auftreten. Dies ist i. d. R. zu erwarten bei Personalauszahlungen, bei normalen Geschäftsauszahlungen wie Porto, Telefon, Werbung, bei Einzahlungen für Grundsteuern, Verwaltungsgebühren etc. In all diesen Fällen kann die Bebuchung der Finanzrechnungskonten direkt aus der Erfolgsbuchung abgeleitet werden. Wichtig ist dabei, dass die Buchung in der Finanzrechnung immer erst dann erfolgt, wenn die tatsächliche Zahlung erfolgt – und nicht bei Erfassung der Forderung oder Verbindlichkeit.

Neben diesen drei Buchungsfällen gibt es einen weiteren Buchungsfall, der für die korrekte Abgrenzung der Finanzrechnung von der Ergebnisrechnung relevant ist, aber nicht zu einer Buchung auf den Finanzrechnungskonten führt:

d) Aufwand oder Ertrag, denen in der gleichen Rechnungsperiode (überhaupt) keine Zahlungen gegenüberstehen (Buchungsfall 4)

Der Buchungsfall 4 ist quasi das Gegenstück zum Buchungsfall 1. In allen Fällen, in denen Ressourcen verbraucht werden oder der Kommune Vermögen zukommt, das aber keinen Zahlungseingang oder -ausgang in derselben Periode zur Folge hat, steht der Erfassung in der Ergebnisrechnung keine Position in der Finanzrechnung gegenüber. Beispiele hierfür sind insbesondere die Abschreibungen und die Bildung von Rückstellungen. Auch bei den transitorischen und antizipativen Posten ergibt sich jeweils in einer Periode ein ergebniswirksamer Vorgang, der nicht in derselben Periode zahlungswirksam wird.

12.4 Zusammenfassung: Systematische Behandlung der Abweichungen von Finanz- und Ergebnisrechnung bei originärer Buchung der Finanzrechnung

Anhand der bekannten Systematisierung der Rechnungsgrößen lassen sich die beschriebenen Buchungsfälle zuordnen. Der Buchungsfall 2 ist dabei jeweils als Kombination der Buchungsfälle 1 und 3 (Buchungsfall 2a) oder 3 und 4 (Buchungsfall 2b) zu betrachten. In einem Geschäftsvorfall gibt es bei Vorliegen des Buchungsfalls 2a sowohl zahlungsgleiche Aufwendungen oder Erträge als auch Zahlungen, denen keine Aufwendungen und Erträge gegenüberstehen. Im Buchungsfall 2b liegen z. T. zahlungsgleiche Aufwendungen und Erträge vor, zum anderen Teil liegen Aufwendungen oder Erträge vor, die in derselben Periode nicht zu Zahlungen führen. Zur korrekten Abbildung von Finanz- und Ergebnisrechnung ist in diesen Fällen der jeweilige Geschäftsvorfall in beide Bestandteile (1 und 3 bzw. 3 und 4) aufzuteilen und buchhalterisch separat zu erfassen.

361 Vgl. die Ausführungen in Kap. 11.

Die nachfolgende Darstellung zeigt die Systematisierung im Überblick:

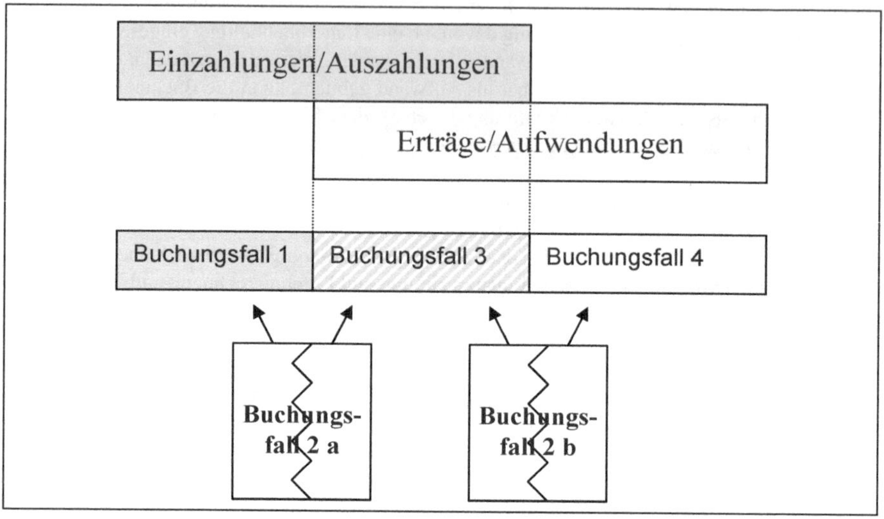

Einzahlungen/Auszahlungen

Erträge/Aufwendungen

Buchungsfall 1 | Buchungsfall 3 | Buchungsfall 4

Buchungsfall 2 a

Buchungsfall 2 b

Bei der originären Buchung der Finanzrechnung sind für alle Varianten der Buchungsfälle 1 bis 3 Wege zur Erfassung der Geschäftsvorfälle auf den Konten der Finanzrechnung zu entwickeln. Dabei ist die Minimierung des Buchungsaufwands in den Vordergrund zu stellen, da bei der überwiegenden Zahl der Fälle eine Ableitung der Kontierung der Finanzrechnungskonten aus der Ergebnisrechnung möglich ist. Auch bei der überwiegenden Zahl der Buchungsfälle unter 2a ist dies möglich, da die Abgrenzung in der Ergebnisrechnung erst im Rahmen des Jahresabschlusses erfolgt.

12.5 Einzahlungen aus Investitionstätigkeit (Kontengruppe 68)

Zu den Einzahlungen aus Investitionstätigkeit gehören

- Investitionszuwendungen,
- Einzahlungen aus Veräußerung von Vermögensgegenständen des Anlagevermögens,
- Beiträge und ähnliche Entgelte,

Diese Zahlungspositionen (vgl. § 3 Abs. 1 KomHVO) werden in der Finanzrechnung zum Zeitpunkt des Zahlungseinganges in voller Höhe erfasst. Insbesondere im Bereich der Zuwendungen, der Veräußerungserlöse und der Beiträge ergeben sich bei der Betrachtung der Zahlungsströme in der Finanzrechnung individuelle Abweichungen zur Ertragssicht. Während bei Beiträgen und Zuwendungen der Ertrag sich aus der Verteilung der Einzahlungen auf den Nutzungszeitraum der damit finanzierten Investition ergibt, liegt ein Ertrag bei einer Vermögensveräußerung nur in Höhe der positiven Differenz zwischen Veräußerungserlös und Restbuchwert zum Zeitpunkt der Veräußerung vor. Dieser Ertrag ist allerdings – zumindest soweit es sich um eine Veräußerung i. S. d. § 90 Abs. 3 Satz 1 GO handelt – gem. § 44 Abs. 3 KomHVO nicht Bestandteil des Jahresergebnisses, sondern wird direkt mit dem Eigenkapital verrechnet. Die Erfassung in der Finanzrechnung ist bei diesen Positionen unproblematisch, da sich der Einzahlungsbetrag unmittelbar aus dem Zugang auf dem Bankkonto ergibt.

12.6 Einzahlungen aus Finanzierungstätigkeit (Kontengruppe 69)

Die Einzahlungen aus Finanzierungstätigkeit (§ 3 Abs. 1 KomHVO) beinhalten zunächst die Kreditaufnahmen für die Investitionstätigkeit der Kommune. Die Differenzierung der Finanzrechnungskonten muss im Kontenplan der Kommunen ebenso wie die Differenzierung der Bestandskonten für Kreditverbindlichkeiten nach den Gläubigern erfolgen, um den Verbindlichkeitenspiegel gem. § 48 Abs. 1 KomHVO erstellen zu können. Die buchhalterische Abwicklung bei einer direkt geführten Finanzrechnung ergibt sich bei einer Kreditaufnahme für Investitionen in folgender Weise:

1. Abschluss eines Kreditvertrages über 1 Mio. € bei 100 % Auszahlung:

172 Privatr. Ford.	**an**	**320 Investitionskred.**	**1 Mio. €**

2. Eingang des Kreditbetrages auf dem Konto der Kommune:

181 Bank	**an**	**172 Privatr. Ford.**	**1 Mio. €**

Bei Zahlungseingang erfolgt gleichzeitig die Mitkontierung des passenden Finanzrechnungskontos der Kontengruppe 69 „Einzahlungen aus Finanzierungstätigkeit". Da die Passivkonten der Kreditverbindlichkeiten ebenso unterteilt sind wie die Finanzrechnungskonten, kann für die Mitkontierung der Finanzrechnung auch in diesem Fall eine Buchungslogik im Buchhaltungsprogramm hinterlegt werden.

Im Rahmen der Haushaltsplanung ist eine Differenzierung der vorgesehenen Kreditaufnahmen für Investitionen nach Gläubigern nicht erforderlich. Alle Planungen auf den Konten der Gruppe 69 finden sich im Finanzplan in der Zeile 33 „Aufnahme von Krediten für Investitionen" wieder.

Der Haushaltsansatz für die Kreditaufnahme für Investitionen entspricht so der nach § 78 Abs. 2 Nr. 1 Buchst. c GO in der Haushaltssatzung festgelegten Höchstgrenze. Diese Höchstgrenze betrifft die tatsächliche Brutto-Kreditaufnahme, die gem. § 86 Abs. 1 GO nicht höher sein darf als die Summe der Investitionen. Dementsprechend ist darauf abzustellen, dass sich die Höchstgrenze der Kredite für Investitionen berechnet aus:

+	Auszahlungen aus Investitionstätigkeit
–	Einzahlungen aus Zuwendungen für Investitionsmaßnahmen
–	Einzahlungen von Beiträgen u. ä. Entgelten
=	Höchstbetrag der Kredite aus Investitionen

Die Ermittlung dieser Höchstgrenze muss in einer Nebenrechnung erfolgen und kann nicht unmittelbar aus dem Finanzplan abgelesen werden.

Neben den Investitionskrediten weist der Kontierungsplan die Kredite zur Liquiditätssicherung gesondert aus. Diese Kredite werden nach § 40 Satz 4 i. V. m. § 3 Abs. 1 Nr. 27 und 29 KomHVO im Jahresabschluss und in der Planung ausgewiesen.

Da der Gesetzgeber lediglich im § 89 Abs. 2 GO darauf hinweist, dass die Gemeinde zur Sicherung der Zahlungsfähigkeit (offenbar über die nach § 86 Abs. 1 GO absolut beschränkte Kreditaufnahme hinaus) weitere Kredite im Rahmen der Ermächtigung der Haushaltssatzung aufnehmen darf, kann nur eine Negativdefinition der Kredite zur Liquiditätssicherung erfolgen:

Kredite zur Liquiditätssicherung sind Kredite, die *nicht* nach § 86 Abs. 1 GO für Investitionen und zur Umschuldung aufgenommen werden. Sie sind in ihrer Höhe durch eine Festsetzung in der Haushaltssatzung zu beschränken.

Die Beschränkung der Höhe dieser Kredite bezieht sich dabei auf den Stand der Kreditverbindlichkeiten und *nicht* auf die Höhe der Ein- und Auszahlungen in der Finanzrechnung. Eine Überwachung dieser Festlegung in der Haushaltssatzung kann daher nicht im Rahmen der Finanzrechnung erfolgen.

Bei dieser Position ist allerdings eine Planung der tatsächlichen Einzahlungen nicht möglich. Das Prinzip der Kredite zur Liquiditätssicherung ist ja gerade die flexible Reaktion auf nicht planbare Liquiditätsengpässe im laufenden Haushaltsjahr. Diese wiederum ergeben sich u. a. aus den unvorhersehbaren Ein- und Auszahlungszeitpunkten bei allen möglichen Geschäftsvorfällen. Die Veranschlagung der Ein- und Auszahlungen aus den Krediten zur Liquiditätssicherung muss sich daher auf eine Abbildung der erwarteten saldierten Änderung des Bestands an Liquiditätskrediten beschränken. Dabei ist die entsprechende Kreditermächtigung aus der Haushaltssatzung zwar als Obergrenze, keinesfalls aber als verbindliche Vorgabe für die Veranschlagung zu verstehen.

Nach der Begründung des NKFG zu § 89 GO sind Kreditaufnahmen zur Liquiditätssicherung – wie solche für Investitionen – zeitlich zu begrenzen. Dieser Hinweis ist so zu verstehen, dass sich die Laufzeit der Kredite an den tatsächlichen Erfordernissen orientieren muss. Eine Kreditaufnahme „auf Vorrat" ist damit nicht zulässig, was im Hinblick auf das Wirtschaftlichkeitsprinzip (§ 75 Abs. 1 Satz 2 GO) keiner gesonderten Erwähnung bedarf. Eine zeitliche Beschränkung der Laufzeiten von Krediten zur Liquiditätssicherung ergibt sich nicht unmittelbar aus der GO und praktisch auch nicht mehr aus Ziff. 3.1 des Krediterlasses des Kommunalministeriums[362]. Danach darf die Gemeinde für den Gesamtbestand der Kredite zur Liquiditätssicherung Zinsvereinbarungen mit einer Laufzeit von bis zu 50 Jahren vorsehen. Allerdings sieht der Krediterlass bei einer Zinsfestschreibung von über zehn Jahren zusätzliche Nachweispflichten und eine Abstimmung mit der Aufsichtsbehörde vor.

Der Kontengruppe 69 werden im Kontierungsplan auch die Rückflüsse von Ausleihungen und Darlehen zugeordnet. Diese Zuordnung widerspricht dem Abschlussgliederungsprinzip, da diese Einzahlungen nicht der Finanzierungstätigkeit der Gemeinden zuzuordnen sind, die durch die Festlegung der Zeilenbezeichnungen in § 3 Abs. 1 Ziff. 26 KomHVO ausdrücklich auf die Aufnahme von Krediten und diesen wirtschaftlich gleichkommenden Rechtsverhältnissen beschränkt ist. Die Änderung der Zeilenbezeichnung in einer Verwaltungsvorschrift (VV Muster zur GO und KomHVO) ändert an dieser haushaltsrechtlichen Festlegung nichts. Die Vergabe von Darlehen und die zugehörigen Rückzahlungen können im Hinblick auf § 3 KomHVO nicht der Finanzierungstätigkeit der Gemeinde zugerechnet werden. Andererseits ist eine eindeutige Zuordnung zu den übrigen Zeilen des Finanzplans ebenfalls nicht ohne Zweifel möglich. Bis zu einer Klärung durch den Gesetz- oder Verordnungsgeber sollten diese Einzahlungen im Finanzplan bzw. in der Finanzrechnung weiterhin der Zeile „Zinsen und sonstige Finanzeinzahlungen" (§ 3 Abs. 1 Nr. 8 KomHVO) zugeordnet werden.[363]

---

362 Kredite und kreditähnliche Rechtsgeschäfte der Gemeinden und Gemeindeverbände, RdErl. d. Ministeriums für Inneres und Kommunales vom 16.12.2014 – 34-48.05.01/02 – 8/14 – (MBl. NRW. S. 866), zuletzt geändert durch Runderlass vom 24.11.2021 (MBl. NRW. S. 1043).

363 Auch an dieser Stelle wird deutlich, dass der Kontierungsplan in der vorliegenden Fassung nicht den praktischen Anforderungen der Buchhaltung entspricht. Ein Ausweis von Kreditaufnahmen und Rückzahlungen von gewährten Krediten in einer Zeile im Finanzplan ist irreführend und betriebswirtschaftlich nicht vertretbar.

12.7 Versorgungsauszahlungen (Kontengruppe 71)

Auszahlungen an Versorgungsempfänger (Pensionäre) oder andere ehemalige Beschäftigte, die auf Zusagen zurückzuführen sind, die während der aktiven Beschäftigungszeit gegeben wurden, fallen unter die Versorgungsauszahlungen.

Wesentlich sind dabei die Versorgungsauszahlungen für Beamte. Soweit für ehemalige Beschäftigte noch Sozialversicherungsbeiträge zu zahlen sind, werden diese ebenfalls als Versorgungsauszahlungen erfasst. Gleiches gilt für Beihilfen und sonstige Unterstützungsleistungen für ehemalige Beschäftigte. Auszahlungen für Versorgungsempfänger, die aufgrund des EFoG erfolgen, werden ebenfalls als Versorgungsauszahlungen erfasst.

Bei der Planung und Erfassung der Auszahlungen für Versorgungsempfänger ist auf den Unterschied zur Ergebnisrechnung zu achten. Während als Versorgungsauszahlungen alle Beträge erfasst werden, die in einem Haushaltsjahr zahlungswirksam erfasst werden, stellt lediglich die Differenz zwischen den Versorgungszahlungen und der Auflösung der Pensionsrückstellung für Versorgungsempfänger Versorgungsaufwand dar.[364]

Für die Haushaltsplanung sind daher nachfolgende Werte zugrunde zu legen:

1. Summe der Teilwerte[365] der Versorgungsempfänger am 31. Dezember des Vorjahres,
2. Summe der Teilwerte der Versorgungsempfänger am 31. Dezember des Haushaltsjahres,
3. voraussichtliche Versorgungsauszahlungen im Haushaltsjahr.

Die Versorgungsauszahlungen können direkt in den Finanzplan übernommen werden. Zur Ermittlung der Versorgungsaufwendungen für den Ergebnisplan erfolgt nachfolgender Rechenschritt:

	Summe der Teilwerte der Versorgungsempfänger am 31.12. des Haushaltsjahres
./.	Summe der Teilwerte der Versorgungsempfänger am 31.12. des Vorjahres
+	Voraussichtliche Versorgungsauszahlungen
=	**Voraussichtliche Versorgungsaufwendungen**

Da nach § 18 Abs. 2 KomHVO eine zentrale Veranschlagung des Versorgungsaufwands möglich ist und eine Veranschlagung der Versorgungsauszahlungen – da es sich nicht um Investitionsauszahlungen handelt – ohnehin ohne Zuordnung zu einem Produktbereich erfolgen kann, kann bei der Planung und Buchung im Bereich der Versorgungsauszahlungen und -aufwendungen auf eine Differenzierung nach Produktbereichen vollständig verzichtet werden.

12.8 Auszahlungen aus Investitionstätigkeit (Kontengruppe 78)

Die Kontengruppe 78 umfasst alle Auszahlungen im Bereich der Investitionstätigkeit der Kommunen. Damit sind die Zeilen 24 bis 29 der Finanzrechnung (bzw. des Finanzplans) aus den Konten dieser Gruppe abzuleiten.

---

364 Zur buchungstechnischen Abwicklung siehe die Darstellung zum Versorgungsaufwand in Kap. 11.

365 Die Teilwerte werden auf der Grundlage der individuellen Personaldaten durch ein versicherungsmathematisches Verfahren (z. B. durch Gutachten oder eine entsprechende Software) ermittelt.

		Finanzrechnung[366] (Auszug)	Ergebnis Vorjahr	Fortge-schrie-bener Ansatz	Ergebnis	Abwei-chung Ansatz/ Ist (Sp. 3 ./. Sp. 2)
			1	2	3	4
9	=	Einzahlungen aus lfd. Verwaltungstätigkeit				
16	=	Auszahlungen aus lfd. Verwaltungstätigkeit				
17	=	Saldo aus laufender Verwaltungstätigkeit (= Zeilen 9 und 16)				
18	+	Zuwendungen für Investitionsmaßnahmen[367]				
19	+	Einzahlungen aus der Veräußerung von Sachanlagen				
20	+	Einzahlungen aus der Veräußerung von Finanzanlagen				
21	+	Einzahlungen aus Beiträgen u. ä. Entgelten				
22	+	Sonstige Investitionseinzahlungen				
23		**Einzahlungen aus Investitionstätigkeit**				
24	–	Auszahlungen für den Erwerb von Grundstücken und Gebäuden				
25	–	Auszahlungen für Baumaßnahmen				
26	–	Auszahlungen für den Erwerb von beweglichem Anlagevermögen				
27	–	Auszahlungen für den Erwerb von Finanzanlagen				
28	–	Auszahlungen von aktivierbaren Zuwendungen				
29	–	Sonstige Investitionsauszahlungen				
30		**Auszahlungen aus Investitionstätigkeit**				
31	=	Saldo aus Investitionstätigkeit				

Eine entsprechende Differenzierung der Konten ist zur Erfüllung der Anforderungen zwingend erforderlich. Unter Berücksichtigung des Kontierungsplans müssen die Kommunen hier eine sinnvolle Differenzierung in einem kommunalspezifischen Kontenplan vornehmen.

Als Investitionsauszahlungen werden alle Auszahlungen für den Erwerb von Vermögensgegenständen des Anlagevermögens einschließlich der Finanzanlagen erfasst. Entscheidend für die Zuordnung der Auszahlungen als Investitionsauszahlungen ist die Aktivierbarkeit der durch die Zahlung erworbenen Sach- oder Finanzanlagen.

Die Differenzierung der Auszahlungsarten im Bereich der Investitionsauszahlungen richtet sich nach den Anforderungen des Finanzplans (§ 3 Abs. 1 Nr. 20 bis 25 KomHVO) und der Finanzrechnung (§ 40 KomHVO). Demnach sind unter dieser Kontenart separat zu planen und zu erfassen:

- Auszahlungen für den Erwerb von Grundstücken und Gebäuden,
- Auszahlungen für Baumaßnahmen,

366 Auszug aus der Finanzrechnung lt. Anlage 21 VV Muster zur GO und KomHVO.

367 Die Formulierung ist irreführend. Gemeint sind ausschließlich Zuwendungen für Investitionen Dritter, durch die die Gemeinde wirtschaftliches Eigentum erwirbt. Die sonstigen Investitionszuwendungen sind bei der Kontengruppe 74 nachzuweisen, da sie konsumtiven Charakter besitzen (keine Bilanzierungsmöglichkeit).

- Auszahlungen für den Erwerb von beweglichem Anlagevermögen,
- Auszahlungen für den Erwerb von Finanzanlagen,
- Auszahlungen für aktivierbare Zuwendungen,
- Sonstige Investitionsauszahlungen (z. B. für immaterielle Vermögensgegenstände).

Unter die Investitionsauszahlungen fallen demnach auch Zuwendungen der Gemeinde an Dritte, die gleichzeitig eine Investition der Gemeinde darstellen. Dies stellt sicher eine Ausnahme dar und ist nur dann der Fall, wenn die allgemeinen Voraussetzungen der Aktivierungsfähigkeit (insbesondere muss das wirtschaftliche Eigentum der geförderten Investition später bei der Kommune verbleiben) vorliegen.[368]

12.9 Auszahlungen aus Finanzierungstätigkeit (Kontengruppe 79)

Als Auszahlungen im Bereich der Finanzierungstätigkeit sind die Tilgungen von Investitionskrediten und Krediten zur Liquiditätssicherung zu erfassen. Die Tilgungen von Investitionskrediten werden im Finanzplan in der Zeile 34 und in der Finanzrechnung in Zeile 35 ausgewiesen. Die Tilgungen von Krediten zur Liquiditätssicherung werden im Finanzplan und in der Finanzrechnung in Zeile 36 abgebildet. Für die Veranschlagung der Auszahlungen für die Tilgung von Krediten zur Liquiditätssicherung im Finanzplan gelten die in Kap. 12.6. formulierten Ausführungen zu den Einzahlungen aus Krediten zur Liquiditätssicherung entsprechend.

Bei den Ein- und Auszahlungen im Bereich der Finanzierungstätigkeit (Kreditaufnahme und -tilgung) ist grundsätzlich zu beachten, dass sich durch unterjährige Umschuldungen im Bereich der Finanzrechnung erhebliche Abweichungen der Ergebnisse von den Planwerten ergeben können. Zu beachten ist dabei, dass der Saldo der Finanzierungstätigkeit zuzüglich des in der Haushaltssatzung ausgewiesenen Aufschlags zur Sicherstellung der Liquidität nicht überschritten wird. Näheres hierzu ist in Kap. 15 und in Kap. 12.6 ausgeführt.

Im Kontierungsplan (Anlage 18 VV Muster zur GO und KomHVO) sind der Kontengruppe 79 auch die seitens der Gemeinde gewährten Darlehen an Dritte (z. B. Arbeitgeberdarlehen) zugeordnet. Sie werden dort fälschlicherweise den „Auszahlungen aus Finanzierungstätigkeit" zugeordnet. Da lt. § 3 Abs. 1 Ziff. 26 und 27 KomHVO allerdings ausschließlich Kreditaufnahmen und -tilgungen der Finanzierungstätigkeit zuzuordnen sind, kommt lediglich eine Zuordnung zu den „Zinsen und sonstigen Finanzauszahlungen" in Frage.[369]

12.10 Die Erfüllung der finanzstatistischen Anforderungen mit Hilfe der Konten der Finanzrechnung

Die aktuellen finanzstatistischen Anforderungen nach dem Finanz- und Personalstatistikgesetz (FPStatG) basieren auch nach der letzten Änderung vom Juni 2021 auch weiterhin im Wesentlichen auf den bisherigen Gliederungs- und Gruppierungsvorschriften des kameralen Haushaltsrechts. Sie sind, obwohl es inzwischen Sonderregelungen für das kommunal doppische Rechnungswesen gibt, zudem auf den Rechnungsstoff der Kameralistik (Einnahmen und Ausgaben) abgestellt. Bis zur vollständigen Umstellung des gesamten öffentlichen Rechnungswesens auf die kaufmännische Buchführung ist davon auszugehen, dass sich die Anforderungen der Finanz-

368 Vgl. hierzu auch die Ausführungen in Kap. 15.3.

369 Siehe hierzu auch die Ausführungen in Kap. 12.6 zu den Rückflüssen von Darlehen und Ausleihungen.

statistik nicht wesentlich ändern werden. Dies macht für die Erfüllung der gesetzlichen Anforderungen bei den öffentlichen Körperschaften, die das kaufmännische Rechnungswesen anwenden, weitere Arbeitsschritte zur Ermittlung der korrekten Daten für die Finanzstatistiken erforderlich.

IT-NRW hat inzwischen die finanzstatistischen Anforderungen an die Kommunen konkretisiert und bietet eine Reihe von Hilfsmitteln (z. B. Zuordnungsvorschriften, Bereichsabgrenzungen, finanzstatistische Kontenrahmen) zur konkreten Umsetzung an.

12.11 Praktische Beispiele und Übungen

Sachverhalt Nr. 1

Für die Aufstellung des Haushaltsplans 2023 teilt das Personalamt der Gemeinde G der Kämmerei im Juni 2022 folgende Planungsgrundlagen mit:

1. Beamtenbezüge (Jan. bis Dez. 2023):	6.400.000 €
2. Entgelte tariflich Beschäftigte:	7.900.000 €
3. Beiträge zur Versorgungskasse f. tariflich Besch.:	290.000 €
4. Beiträge zur gesetzl. Sozialversicherung:	1.660.000 €
5. Beihilfen für Beschäftigte:	1.100.000 €
6. Aufwendungen für Aus- und Fortbildung:	750.000 €
7. Aufwendungen für Dienst- und Schutzkleidung:	80.000 €
8. Umlage für Versorgungskasse der Beamten:	2.100.000 €
9. Beihilfezahlungen für Versorgungsempfänger:	400.000 €

Die Januarbesoldung der Beamten wird immer schon in den letzten Dezembertagen des Vorjahres ausgezahlt. Die Beamtenbesoldung für Januar 2023 wird mit 490.000 € kalkuliert. Die Besoldung für Januar 2024 beträgt voraussichtlich 510.000 €.

Für die Pensionsrückstellungen wurden die Daten in einem versicherungsmathematischen Gutachten aktualisiert. Die Teilwerte, die auch Beihilfeleistungen umfassen, betragen:

	31.12.2022	**31.12.2023**
Teilwert für Beamte im aktiven Dienst:	24.798.000 €	29.198.000 €
Teilwert für Versorgungsempfänger:	19.660.000 €	17.550.000 €

Aufgabe:

Ermitteln Sie die Planwerte für die Personalaufwendungen und -auszahlungen sowie die Versorgungsaufwendungen und -auszahlungen für den Haushaltsplan 2023.

Lösung:

Unter die **Personalaufwendungen** fallen die vom Personalamt mitgeteilten Positionen 1 bis 6. Bei diesen Positionen hat das Personalamt die tatsächlichen Personalaufwendungen mitgeteilt. Dies gilt auch für die Beamtenbesoldung, da ausdrücklich die Besoldung für Januar bis Dezember 2023 mitgeteilt wurde und eine Rechnungsabgrenzung durchgeführt werden muss.

Die Positionen 7 und 8 gehören nicht zum Personalaufwand. Sie sind im Kontierungsplan dem „Sonstigen ordentlichen Aufwand" zugewiesen. Diese Positionen gehören ebenfalls nicht zu den Personalauszahlungen.

Als Personalaufwand ist weiterhin die notwendige Zuführung zur Pensionsrückstellung für Beschäftigte zu berücksichtigen. Diese wird lt. Kontierungsplan dem Personalaufwand zugeordnet. Die Höhe der Zuführung ergibt sich aus der Differenz der Teilwerte vom 31.12.2022 zum 31.12.2023. Der Teilwert wird sich voraussichtlich um 4.400.000 € (29.198.000 € – 24.798.000 €) erhöhen. In dieser Höhe ist eine Zuführung zur Rückstellung vorzusehen.

Die Höhe der voraussichtlichen Personalaufwendungen beträgt damit:

Als **Personalauszahlungen** sind ebenfalls die Positionen 1 bis 6 in der vom Personalamt aufgestellten Liste zu berücksichtigen. Allerdings ist bei der Beamtenbesoldung die vorgesehene Rechnungsabgrenzung zu berücksichtigen, die zu Unterschieden zwischen Ergebnisplan (Aufwendungen) und Finanzplan (Auszahlungen) führt. Laut Sachverhalt hat das Personalamt die tatsächlichen Aufwendungen für das Jahr 2023 mitgeteilt. Ausgezahlt werden im Jahr 2023 allerdings die Beamtengehälter für die Monate Februar bis Dezember 2023 und für Januar 2024. Der vom Personalamt ausgewiesene Wert muss daher korrigiert werden:

Beamtenbezüge (Jan. bis Dez. 2023):	6.400.000 €
– Beamtenbezüge Januar 2023:	490.000 €
+ Beamtenbezüge Januar 2024:	510.000 €
= **Auszahlungen Beamtenbezüge 2023:**	**6.420.000 €**

Weitere Abgrenzungsnotwendigkeiten sind bei den Personalaufwendungen/-auszahlungen nicht zu erkennen.

Die Bildung von Pensionsrückstellungen spielt allerdings für den Finanzplan keine Rolle, da die Rückstellungszuführung nicht zahlungswirksam ist.

Die Höhe der voraussichtlichen Personalauszahlungen beträgt damit:

Auszahlungen Beamtenbezüge 2023:	6.420.000 €
+ Entgelte tariflich Beschäftigte:	7.900.000 €
+ Beiträge zur Versorgungskasse f. tariflich Besch.:	290.000 €
+ Beiträge zur gesetzl. Sozialversicherung:	1.660.000 €
+ Beihilfen für Beschäftigte:	1.100.000 €
= **Personalauszahlungen:**	**17.370.000 €**

Die **Versorgungsaufwendungen** ergeben sich aus der Differenz zwischen der Auflösung der Pensionsrückstellung für Versorgungsempfänger und den tatsächlichen Versorgungsauszahlungen. Sie werden demnach wie folgt ermittelt:

Teilwerte Versorgungsempfänger am 31.12.2023:	17.550.000 €
./. Teilwerte Versorgungsempfänger am 31.12.2022:	19.660.000 €
+ Umlage für Versorgungskasse der Beamten:	2.100.000 €
+ Beihilfezahlungen für Versorgungsempfänger:	400.000 €
= **Versorgungsaufwendungen:**	**390.000 €**

Die **Versorgungsauszahlungen** ergeben sich unmittelbar aus den Positionen 9 und 10 der Aufstellung des Personalamtes:

Umlage für Versorgungskasse der Beamten:	2.100.000 €
+ Beihilfezahlungen für Versorgungsempfänger:	400.000 €
= **Versorgungsauszahlungen:**	**2.500.000 €**

Sachverhalt Nr. 2[370]

Der Haushaltssachbearbeiter für den Produktbereich Kinder-, Jugend- und Familienhilfe hat für die Haushaltsplanung eine Aufstellung der in seinem Bereich geplanten Investitionen, Desinvestitionen und geplanter Einzahlungen für Investitionen aufgelistet:

1.	Neubau Kindertagesstätte „Max und Moritz“: (davon Grunderwerb 500.000 €)	4.500.000 €
2.	Einrichtung Kindertagesstätte „Max und Moritz“:	1.610.000 €
3.	Landeszuweisung für Einrichtung d. Kindertagesstätte	210.000 €
4.	Erneuerung Parkettfußboden im Offenen Jugendtreff:	120.000 €
5.	Neuanschaffung Kleinbus f. Jugendfreizeiten:	60.000 €
6.	Verkauf alter Kleinbus (Restbuchwert 1 €)	500 €
7.	Einbau einer Leinwand im Kinosaal des Jugendtreffs: (davon Lohnkosten für Montage 800 €)	8.000 €
8.	Aufstellung neuer Spielgeräte auf Kinderspielplätzen:	60.000 €
9.	Sanierung Gebäude Jugendberatungszentrum	180.000 €
10.	Beschaffung verschiedener Einrichtungsgegenstände (> 952 €)	50.000 €
11.	Beschaffung von Betriebs- und Geschäftsausstattung (< 952 €)	10.000 €

Aufgabe:

Stellen Sie anhand der geplanten Maßnahmen den Teilfinanzplan für den Produktbereich Jugend (Anlage 10 A VV Muster zur GO und KomHVO: Zahlungsübersicht) auf. Berücksichtigen Sie gem. § 4 Abs. 4 S. 2 KomHVO nur investive Ein- und Auszahlungen im Teilfinanzplan. Die Gemeinde nutzt die Vereinfachungsmöglichkeit des § 36 Abs. 3 KomHVO.

Lösung:

Zur Aufstellung der Zahlungsübersicht des Teilfinanzplans sind die geplanten Maßnahmen darauf zu prüfen, ob und ggf. an welcher Stelle sie im Teilfinanzplan auszuweisen sind. Die Zuordnung ergibt sich aus § 4 Abs. 4 KomHVO i. V. m. § 3 Abs. 1 KomHVO und Anlage 18 VV Muster zur GO und KomHVO.

Zu 1:

Der Neubau einer Kindertagesstätte ist eine Investitionsmaßnahme, die im Teilfinanzplan gem. § 4 Abs. 4 KomHVO zu veranschlagen ist. Von der Gesamtinvestitionssumme von 4,5 Mio. € sind 500.000 € bei den Auszahlungen für den Erwerb von Grundstücken und Gebäuden und 4 Mio. € bei den Auszahlungen für Baumaßnahmen zu veranschlagen.

Zu 2:

Die Ersteinrichtung der Kindertagesstätte ist in voller Höhe als Investition im Teilfinanzplan zu veranschlagen. Die Zuordnung erfolgt als Auszahlung für den Erwerb von beweglichem Anlagevermögen.

370 Strenggenommen handelt es sich hier nicht um eine Aufgabe zur Finanzrechnung, sondern zur Finanzplanung. Da wesentliche Teile der Aufgabenstellung aber erst in diesem Kapitel behandelt wurden, wurde die Aufgabe diesem Kapitel zugeordnet. Für die Lösung der Aufgabe sind auch Kenntnisse über die Bilanzierung aus Kap. 10 erforderlich.

Zu 3:
Für die Einrichtung (Ziff. 2) wird eine Landesförderung erwartet. Diese Förderung ist der Investition direkt zuzuordnen, so dass sie ebenfalls im Teilfinanzplan als Zuwendung für Investitionsmaßnahmen ausgewiesen wird.

Zu 4:
Die Erneuerung des Fußbodens im Offenen Jugendtreff führt nicht zu einer Erweiterung der Nutzungsmöglichkeiten des Gebäudes. Es handelt sich, wie der Wortlaut deutlich macht, um eine Instandsetzungsmaßnahme und damit nicht um eine Investition. Die Veranschlagung hat daher im Teilergebnisplan als Aufwand zu erfolgen. Im Teilfinanzplan wird die Maßnahme nicht erfasst.

Zu 5:
Bei der Anschaffung eines Kleinbusses handelt es sich um den Erwerb von beweglichem Anlagevermögen. Die Auszahlung ist im Teilfinanzplan bei der entsprechenden Position zu veranschlagen.

Zu 6:
Der erwartete Verkaufserlös für den alten Kleinbus ist in voller Höhe als Einzahlung aus der Veräußerung von Sachanlagen zu veranschlagen. Die Höhe des Restbuchwertes spielt für die Veranschlagung im rein zahlungsorientierten Teilfinanzplan keine Rolle.

Zu 7:
Die Veranschlagung der einzubauenden Leinwand ist davon abhängig, ob die Leinwand und der Einbau selbstständig aktivierbar sind. Zwar soll die Leinwand mit dem Gebäude verbunden werden, der Einbau erfolgt allerdings nur zur Erfüllung eines speziellen betrieblichen Zwecks. Damit handelt es sich bei der Leinwand um ein selbstständig aktivierbares bewegliches Anlagegut (Betriebsvorrichtung). Auch die Lohnkosten für die Montage der Leinwand sind gem. § 33 Abs. 2 KomHVO als Anschaffungsnebenkosten aktivierbar. Der Gesamtbetrag von 8.000 € ist als Auszahlung für den Erwerb von beweglichem Anlagevermögen zu veranschlagen.

Zu 8:
Spielgeräte auf Kinderspielplätzen können ebenfalls als bewegliches Anlagevermögen angesehen werden, auch wenn sie physisch mit dem Grund und Boden verankert werden. Sie dienen einem spezifischen Zweck und sind damit als Betriebsvorrichtungen selbstständig aktivierbar. Die voraussichtlichen Auszahlungen für den Erwerb und die Aufstellung der Spielgeräte werden als Auszahlungen für den Erwerb von beweglichem Anlagevermögen ausgewiesen.

Zu 9:
Die Sanierungsmaßnahme ist trotz der hohen Gesamtsumme nicht als Investition zu werten und wird damit nur als Aufwand im Teilergebnisplan veranschlagt.

Zu 10:
Der Erwerb von Einrichtungsgegenständen mit einzelnen Anschaffungskosten über 952 € (d. h. über 800 € netto) stellt jeweils eine Investition dar. Die Gesamtsumme wird als Auszahlung für den Erwerb von beweglichem Anlagevermögen veranschlagt.

Zu 11:
Einrichtungsgegenstände unterhalb der Wertgrenze von 952 € (800 € ohne USt.) können gem. § 36 Abs. 3 KomHVO im laufenden Haushaltsjahr als Geringwertige Wirtschaftsgüter (GWG) unmittelbar als Aufwand gebucht werden. Die Auszahlungen sind in diesem Fall der laufenden Verwaltungstätigkeit zuzuordnen. Lt. Sachverhalt nutzt die Gemeinde dieses Wahlrecht, so dass eine Veranschlagung als Investitionsauszahlung nicht in Betracht kommt.

Der aufzustellende Teilfinanzplan für den Produktbereich Jugend stellt sich zusammenfassend wie folgt dar:

	Teilfinanzplan Produktbereich Jugend	**Ansatz des Haushaltsjahres €**
		3
Investitionstätigkeit		
Einzahlungen		
1	aus Zuwendungen für Investitionsmaßnahmen	210.000
2	aus der Veräußerung von Sachanlagen	500
3	aus der Veräußerung von Finanzanlagen	0
4	aus Beiträgen u. ä. Entgelten	0
5	Sonstige Investitionseinzahlungen	0
6	**Summe der investiven Einzahlungen**	**210.500**
Auszahlungen		
7	für den Erwerb von Grundstücken und Gebäuden	500.000
8	für Baumaßnahmen	4.000.000
9	für den Erwerb von beweglichem Anlagevermögen	1.788.000
10	für den Erwerb von Finanzanlagen	0
11	von aktivierbaren Zuwendungen	0
12	Sonstige Investitionsauszahlungen	0
13	**Summe der investiven Auszahlungen**	**6.288.000**
14	**Saldo Investitionstätigkeit (Einzahlungen ./. Auszahlungen)**	**–6.077.500**

13. Die Bewirtschaftungsgrundsätze

13.1 Allgemeines

Bei den Bewirtschaftungsgrundsätzen handelt es sich um Regelungen des Finanzmanagements zur Verwaltung der Finanzmittel. Diese Grundsätze dienen dazu, die Bewirtschaftung der einzelnen Finanzpositionen grundsätzlich festzulegen. Dabei wird es den Gemeinden durch das Einführen der flexiblen Bewirtschaftung der Haushaltsmittel ermöglicht (mehrere Bewirtschaftungsverfahren sind zulässig), das Bewirtschaftungssystem so zu wählen, dass es den örtlichen Gegebenheiten und Notwendigkeiten gerecht wird. Das nachstehende Schaubildung gibt einen Überblick:

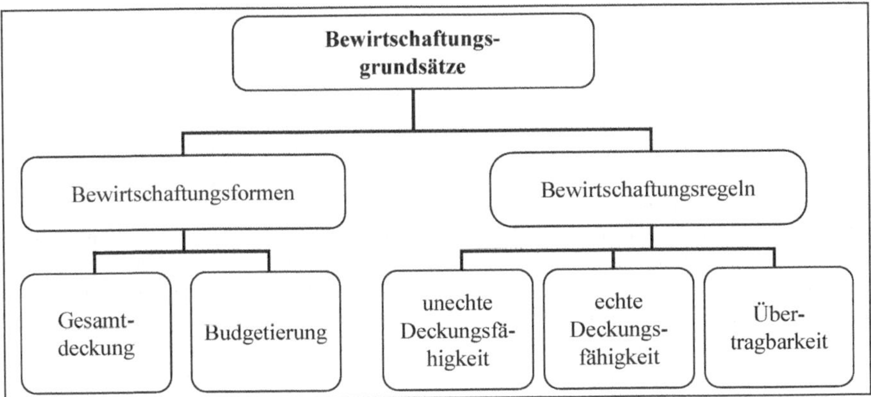

13.2 Bewirtschaftungsformen

13.2.1 Gesamtdeckung

Gemäß § 20 Nr. 1 KomHVO dienen im Ergebnishaushalt die Erträge insgesamt der Deckung der Aufwendungen. Im Finanzhaushalt dienen die Einzahlungen für laufende Verwaltungstätigkeit insgesamt der Deckung der Auszahlungen des Finanzplanes (§ 20 Nr. 2 KomHVO). Somit wird erreicht, dass jeglicher Ertrag zur Deckung jeglicher Aufwendungen herangezogen werden kann. Das bedeutet, dass es im Gesamtdeckungsprinzip haushaltsrechtlich grundsätzlich unzulässig ist, die Verwendung einzelner Erträge ausschließlich für bestimmte Aufwendungen vorzusehen. Spezielle Einzahlungspositionen dürfen auch nicht an bestimmte Auszahlungspositionen gebunden werden. Damit soll eine möglichst flexible Mittelverwendung erreicht werden. Eine besondere Regelung enthält § 20 Satz 2 KomHVO als Gesamtdeckungsvorschrift für die Investitionsfinanzierung durch Investitionskredite nach § 86 Abs. 1 GO. Hierdurch werden Investitionskredite in die Gesamtdeckung einbezogen, allerdings mit der Einschränkung der Finanzierung von Investitionen und zur Umschuldung. Letztlich dienen die Zahlungsüberschüsse aus laufender Verwaltungstätigkeit und die Einzahlungen aus Investitionstätigkeit (z. B. Einzahlungen aus Investitionszuwendungen und dem Verkauf von Anlagevermögen) sowie die Einzahlungen aus der Aufnahme von Krediten insgesamt der Deckung der Auszahlungen für die Investitionstätigkeit.

Die Regelungen zur Gesamtdeckung stehen nicht im Widerspruch dazu, dass es durchaus Erträge und Einzahlungen gibt, die der Gebende ausdrücklich für bestimmte Aufwendungen bzw. Auszahlungen vorsieht. Insofern ist dann der Verwendungszweck vorgegeben, sodass sog. „zweckgebundene Erträge“ bzw. „zweckgebundene Einzahlungen“ vorliegen (z. B. zweckgebundene Landeszuwendungen für den Schul- oder Straßenbau). Diese Zweckbindung ist jedoch zuwendungsmäßiger und nicht haushaltswirtschaftlicher Natur. Die zweckgerechte Verwendung dieser Mittel wird nicht über den kommunalen Haushalt sichergestellt, sondern durch nachgehende Verwendungsnachweise. Diese Verwendungsnachweise belegen nach Abschluss der geförderten Maßnahme detailliert den sachgerechten Mitteleinsatz.

13.2.2 Budgetierung

Der Begriff „Budget“ wird allgemein aus dem Altfranzösischen abgeleitet und mit „Geldbeutel“ übersetzt. Darunter versteht man in der Anwendung auf die Kommunalverwaltung, dass den Organisationseinheiten der Gemeindeverwaltung (Fachbereichen, Fachämtern oder Dezernaten) bestimmte Finanzmittel zur eigenverantwortlichen Bewirtschaftung zur Verfügung gestellt werden. Die spezifische Ausgestaltung der Budgetierung ist abhängig von der inhaltlichen Festlegung der Haushaltsvermerke[371]. Bestehen keinerlei Haushaltsvermerke zur Budgetierung, stellen jeweils die einzelnen Positionen der Teilpläne die haushaltswirtschaftlichen Ermächtigungen dar.

Bei der Budgetierung handelt es sich nicht um eine Ausnahme vom Grundsatz der Gesamtdeckung, denn die Gesamtdeckung ist eine Bewirtschaftungsregelung des Haushalts auf gesamtgemeindlicher Ebene. Dagegen handelt es sich bei der Budgetierung um eine besondere Bewirtschaftungsform zur Stärkung der dezentralen Ressourcenverantwortung bei Flexibilisierung der Bewirtschaftung auf der Ebene der Teilpläne. Nach § 21 Abs. 1 Satz 1 KomHVO dürfen Erträge und Aufwendungen zu Budgets verbunden werden. Hierbei gibt der Rat durch einen anwendungsbeschreibenden Haushaltsvermerk bei der Haushaltsplanung einen Teil seines Veränderungsvorbehalts bei den einzelnen positionsbezogenen Haushaltsermächtigungen auf und räumt somit der Verwaltung das Recht einer flexibleren Budgetverwendung ein. Nach § 21 Abs. 1 Satz 2 KomHVO werden die Gesamtsummen der Erträge und Aufwendungen des Budgets für die Haushaltsführung für verbindlich erklärt. Die Regelungen des § 21 Abs. 1 KomHVO gelten auch analog für die investiven Ein- und Auszahlungen.

Mit der Budgetierung wird die Eigenverantwortlichkeit der Fachbereiche auch in finanzieller Hinsicht unterstrichen. Dort wo die Fachkompetenz besteht, soll auch verstärkt die Finanzkompetenz liegen. Dies dient der dezentralen Ressourcenverantwortung und fördert trotz knapper Haushaltsmittel die Motivation der Fachbereiche, die Ermächtigungen wirtschaftlich und sparsam zu bewirtschaften.

Die Budgetierung ist ebenfalls für die Teilfinanzpläne zulässig, um in diesen gemäß § 4 Abs. 4 Satz 1 KomHVO die Einzahlungen und Auszahlungen des Investitionsbereichs flexibilisieren zu können. Investitionen oberhalb einer vom Rat festgelegten Wertgrenze sind gemäß § 4 Abs. 4 Satz 2 KomHVO als Einzelmaßnahmen im Teilfinanzplan auszuweisen, sodass nach diesem Veranschlagungsgrundsatz eine sehr unflexible Haushaltsbewirtschaftung bei Veränderungen im Finanzmittelbedarf besteht. Aufgrund der Anwendungsmöglichkeit können verschiedene (oder alle) Baumaßnahmen oder Beschaffungen von beweglichen Vermögensgegenständen eines

371 In der KomHVO ist von „Bewirtschaftungsregeln“ die Rede; vgl. § 4 Abs. 5 KomHVO. Es wird auch der Begriff „Budgetregelungen“ verwendet.

Teilfinanzbereichs (oder sogar verschiedener Teilfinanzbereiche) zur Sicherung einer flexiblen Mittelbewirtschaftung in sinnvoller Weise zu einem Finanzbudget zusammengefasst werden.

Konkrete Reglungen zur Ausgestaltung der Haushaltsvermerke sehen die haushaltsrechtlichen Vorschriften – abgesehen von der Regelung des § 21 Abs. 3 KomHVO, auf die noch einzugehen ist – nicht vor. Insofern entscheidet die Gemeinde, ob und in welcher Form Budgets bzw. Deckungsbeziehungen gebildet werden. Das kann in Form von Haushaltsvermerken unter Verbindung von Aufwendungspositionen für die Teilergebnisplanung oder investiver Auszahlungspositionen für die Teilfinanzplanung untereinander erfolgen, wobei dies nach § 21 Abs. 1 KomHVO (Summe der Aufwendungen bzw. der investiven Auszahlungen ist verbindlich) als „echte Deckungsfähigkeit" bezeichnet wird. Alternativ kann es auch in Form von Haushaltsvermerken unter Verbindung von Ertrags- mit Aufwendungspositionen für die Teilergebnisplanung oder investiver Einzahlungs- mit investiven Auszahlungspositionen für die Teilfinanzplanung untereinander erfolgen, wobei dies nach § 21 Abs. 2 KomHVO (Mehrerträge decken Mehraufwendungen, Mindererträge reduzieren die Aufwandsermächtigung, Gleiches gilt analog bei der Verbindung von Ein- und Auszahlungen) als „unechte Deckungsfähigkeit" bezeichnet wird.

13.3 Bewirtschaftungsregeln

13.3.1 Echte Deckungsfähigkeit

Ein Haushaltsvermerk hinsichtlich einer echten Deckungsfähigkeit ist nicht erforderlich, soweit sich innerhalb einer Haushaltsposition Verlagerungen unter kontenspezifischen Aufwandsarten ergeben, dabei aber der Höchstbetrag der Ermächtigung der Haushaltsposition nicht überschritten wird.

> ***Beispiel:***
> *Es entstehen Einsparungen bei den Energieaufwendungen, dagegen sind in gleicher Höhe Mehraufwendungen für Instandhaltungen erforderlich. Insgesamt verändert sich die Summe der Haushaltsermächtigung „Aufwendungen für Sach- und Dienstleistungen" nicht, da Energie- und auch Instandhaltungsaufwendungen inhaltlich dieser Haushaltsermächtigung zuzuordnen sind. Ein Haushaltsvermerk ist nicht erforderlich.*

Werden durch einen Haushaltsvermerk auf der Grundlage des § 21 Abs. 1 Satz 2 KomHVO Aufwendungen verschiedener Positionen in der Ergebnisplanung miteinander bzw. investive Auszahlungen verschiedener Positionen in der Teilfinanzplanung miteinander zu einem Budget verbunden, verlieren die einzelnen Planermächtigungen (z. B. für Aufwendungen für Sach- und Dienstleistungen) innerhalb des festgelegten Budgets ihre spezielle haushaltsrechtliche Verbindlichkeit als Aufwendungsobergrenze. An deren Stelle tritt als Aufwendungsobergrenze die Gesamtsumme der im Budgetvermerk zusammengeführten Aufwendungen (z. B. Aufwendungen für Sach- und Dienstleistungen und Personalaufwendungen). Die Flexibilisierung besteht darin, dass unter Einhaltung der Gesamtsumme Verlagerungen der Haushaltsermächtigungen zwischen den einzelnen Aufwendungsarten möglich werden (Minderaufwendungen bei Sach- und Dienstleistungen können für Mehraufwendungen beim Personal verwendet werden).

Die Gestaltungsmöglichkeit der Haushaltsvermerke im Rahmen der echten Deckung ist vielfältig; so können nur bestimmte, vom Fachbereich steuerbare Aufwandsarten untereinander oder auch nur einseitig als deckungsfähig erklärt werden.

Die echte Deckung ist ebenfalls für den investiven Bereich sehr bedeutsam, da Investitionen für nach § 4 Abs. 4 Satz 3 KomHVO oberhalb einer vom Rat festzulegenden Wertgrenze als Einzelmaßnahmen zu veranschlagen sind und bei Überschreitungen der Auszahlungsermächtigung einer formellen Genehmigung bedürfen. Durch einen Haushaltsvermerk hinsichtlich der gegenseitigen Deckung aller investiven Auszahlungen in diesem Teilfinanzplan können so Minderauszahlungen bei einer anderen Investitionsmaßnahme zur Deckung des Mehrauszahlungsbedarfes verwendet werden. So können verzögerte Investitionsmaßnahmen zur problemlosen Deckung schneller voranschreitender Investitionsmaßnahmen verwendet werden, wenn die Gesamtsumme der zusammengeführten Investitionsmaßnahmen nicht überschritten wird.

Wird die echte Deckungsfähigkeit ausgenutzt, entstehen keine überplanmäßigen Aufwendungen bzw. überplanmäßigen Auszahlungen und somit kein formales Bewilligungsverfahren, weil nicht die einzelnen Planpositionen, sondern die Gesamtbeträge der Budgets bzw. der als deckungsfähig erklärten Haushaltspositionen verbindlich sind.

Da § 21 Abs. 1 KomHVO die einzelnen Arten der Budgetierung nicht vorschreibt, kann mit Blick auf die zentrale Bewirtschaftung einer bestimmten Aufwandsart festgelegt werden, dass z. B. sämtliche Personalaufwendungen in einem gemeinsamen Budget bewirtschaftet werden. Diese Aufwandsart ist somit der dezentralen Ressourcenverantwortung entzogen, sodass die produktorientierte Budgetierung hier eingeschränkt wird.

13.3.2 Unechte Deckungsfähigkeit

Die zweite Variante der Deckungsfähigkeit ergibt sich aus § 21 Abs. 2 KomHVO, wobei Veranschlagungspositionen von Erträgen und Aufwendungen bzw. investive Ein- und Auszahlungen miteinander verbunden werden. Danach können Mehrerträge zur Erhöhung der Aufwendungsermächtigungen führen oder es kann erklärt werden, dass Mindererträge zu Minderungen der Aufwendungsermächtigungen führen. Gleiche Regelungen können für den Finanzhaushalt getroffen werden. Mehreinzahlungen können zu Mehrauszahlungsermächtigungen führen, Mindereinzahlungen die Auszahlungsermächtigungen reduzieren.

Solche Vermerke werden in der Praxis als „Verstärkungs-" bzw. „Verminderungsvermerke" bezeichnet. Wird ein solcher Haushaltsvermerk bei Haushaltsverbesserungen tatsächlich ausgenutzt und werden aufgrund eines Mehrertrags Mehraufwendungen geleistet, wird das Gesamtvolumen des Ergebnishaushalts zwangsläufig erhöht, allerdings im selben Umfang auf der Ertrags- und Aufwendungsseite (z. B. führen mehr Krankentransporte zu höheren Aufwendungen, aber auch zu höheren Erträgen aus öffentlich-rechtlichen Leistungsentgelten). Bei Mindererträgen werden die Aufwendungsermächtigungen reduziert (z. B. reduzieren weniger erbrachte Erträge aus Eigenleistungen die Personalaufwendungen). Insofern wird die konkrete Anwendung des Verfahrens in der Haushaltsausführung von der kommunalen Praxis als „unechte Deckungsfähigkeit" bezeichnet (Deckung oberhalb bzw. unterhalb des festgesetzten Haushaltsvolumens).

Die echte und unechte Deckungsfähigkeit begründenden Vermerke können generell in der Haushaltssatzung (§§ 8 ff.) angebracht werden. Dies ist vor allem dann geboten, wenn die flexible Haushaltsführung nach § 21 Abs. 2 KomHVO gleichmäßig in allen Teilplänen gelten soll. Die Bestimmung könnte dann wie folgt lauten:

- *„Mehrerträge in den einzelnen Teilplänen berechtigen zu Mehraufwendungen in diesen Teilplänen. Das Gleiche gilt bei Mehreinzahlungen analog zugunsten der Auszahlungsermächtigungen."*

Die Gemeinde kann jedoch auch in Einzelfällen die unechte Deckungsfähigkeit absichern, indem nur besondere Ertragsarten zu Mehraufwendungen berechtigen sollen. Die notwendigen Haushaltsvermerke können dann sicherlich auch in der Haushaltsatzung rechtswirksam angebracht werden, vor allem dann, wenn sie immer noch allgemein gültiger Natur sind. Beispiele könnten folgende Vermerke sein:

- *„Mehrerträge aus den öffentlich-rechtlichen und privatrechtlichen Leistungsentgelten in den einzelnen Teilplänen berechtigen zu Mehraufwendungen bei den Sach- und Dienstleistungen in diesen Teilplänen."*
- *„Mehreinzahlungen im Investitionsbereich eines Teilfinanzplans berechtigen zu Mehrauszahlungen im selben Investitionsbereich des Teilfinanzplans."*

Bei Einzelvermerken mit vor allem unterschiedlichen Regelungsinhalten bietet sich eine förmliche Anbringung in den Erläuterungen des jeweiligen Budget- bzw. Produktbereichs an. Dies ist in § 4 Abs. 5 KomHVO auch ausdrücklich vorgesehen. Die Nähe zum konkreten Budget bzw. Produktbereich dient in diesen Fällen der Haushaltsklarheit, somit der Lesbarkeit der kommunalen Haushalte. Bei einer oft seitenlangen Auflistung in vielen Paragrafen der vorangestellten Haushaltssatzung geht einfach der Überblick und die Verbindung der konkreten Regelung zum Budget bzw. Produktbereich verloren. Beispiele solcher Vermerke könnten sein:

- *„Mehreinzahlungen bei den Zuwendungen für den Bau des Stadions Nordstadt berechtigen zu Mehrauszahlungen bei den Baukosten des Stadions Nordstadt. Mindereinzahlungen führen zur Minderung der Auszahlungsermächtigung."*
- *„Mehrerträge bei den Entgelten der Volkshochschule ermächtigen zu Mehraufwendungen bei den Sach- und Dienstleistungen für die Kurse der Volkshochschule. Das gleiche gilt für Mehreinzahlungen zugunsten der Auszahlungsermächtigungen."*

Aufgrund des DV-Einsatz in der Praxis werden diese Haushaltsvermerke automatisch umgesetzt. Die unechte Deckungsfähigkeit wird entsprechend ihres Inhaltes im Datenbestand hinterlegt. Entsteht dann ein Mehrertrag bzw. eine Mehreinzahlung, gibt das DV-System automatisch die gekoppelten zusätzlichen Aufwendungs- bzw. Auszahlungsermächtigungen frei. Bei Mindererträgen und Mindereinzahlungen können im Einzelfall maschinell in entsprechender Höhe die Aufwendungs- bzw. Auszahlungsermächtigungen gesperrt werden. Allerdings ist hier nicht zu übersehen, dass dieser Automatismus zwar die Flexibilität und vor allem die praktische Handhabung erleichtert, jedoch der Gesamtbudget- bzw. Bereichsüberblick verlorengehen kann. Es ist durchaus möglich, dass im Rahmen des Vermerkes zwar bestimmte Mehrerträge vorhanden sind, die dann zusätzlich verwendet werden. Bei anderen Positionen desselben Budgets, die nicht in den Vermerk eingebunden sind, können jedoch Mindererträge vorliegen, sodass der Gesamtbudgetabschluss gefährdet wird. Insofern muss darauf hingewiesen werden, dass trotz der DV-Abwicklung nicht auf ein kontinuierliches und individuell ausgestaltetes Finanzcontrolling verzichtet werden kann.

Wird die unechte Deckungsfähigkeit genutzt, entstehen definitionsgemäß überplanmäßige Aufwendungen bzw. überplanmäßige Auszahlungen, weil die im Plan vorgesehenen Aufwendungs- bzw. Auszahlungsermächtigungen überschritten werden. Damit würde eigentlich das förmliche Bewilligungsverfahren nach § 83 GO einsetzen, wonach evtl. der Kämmerer oder gar der Rat einzuschalten wäre. Dies würde der dezentralen Ressourcenverantwortung und der Flexibilität des Finanzmanagements widersprechen. Aus diesem Grunde sieht § 21 Abs. 2 Satz 3 KomHVO dahingehend eine Fiktion vor, nach der diese Mehraufwendungen bzw. Mehrauszahlungen nicht als überplanmäßige Aufwendungen bzw. überplanmäßige Auszahlungen gelten. Insofern können die geschilderten vereinfachten Verfahren im Rahmen der dezentralen Budgetverantwortung eingesetzt werden, ohne den Weg der förmlichen Bereitstellung nach § 83 GO.

13.3.3 Beschränkung der echten und unechten Deckungsfähigkeit

Die Bewirtschaftung der Budgets darf gemäß § 21 Abs. 3 KomHVO nicht zu einer Minderung des Saldos der Ein- und Auszahlungen aus laufender Verwaltungstätigkeit in der Finanzrechnung nach § 3 Abs. 2 Nr. 1 KomHVO führen. Dies kann dadurch geschehen, dass Minderaufwendungen bei nicht zahlungswirksamen Aufwendungen (z. B. bilanzielle Abschreibungen) zur Deckung von Mehraufwendungen zahlungswirksamer Aufwendungen (z. B. Personalaufwendungen) herangezogen werden. Die Mehraufwendungen Personal bedingen zusätzliche Auszahlungen, die durch die nicht zahlungswirksamen Aufwendungen nicht gedeckt werden können. Daher bietet es sich an, die nicht zahlungswirksamen Aufwendungen von der Budgetierung ganz auszuschließen oder nur einseitig so einzubeziehen, dass sich keine Verschlechterung des Saldos der Ein- und Auszahlungen aus laufender Verwaltungstätigkeit ergibt. Dementsprechend könnten die Haushaltsvermerke im Rahmen der Budgetierung wie folgt lauten:

- „Mehrerträge in den einzelnen Teilplänen mit Ausnahme der Erträge für aktivierte Eigenleistungen sowie für interne Leistungsverrechnungen berechtigen zu Mehraufwendungen bei den Aufwendungen in diesen Teilplänen."
- „Sämtliche Minderaufwendungen aller zahlungswirksamen Aufwandsarten sind einseitig deckungsfähig zugunsten der Aufwendungen aus bilanziellen Abschreibungen."
- „Minderaufwendungen in den einzelnen Teilplänen mit Ausnahme der bilanziellen Abschreibungen und internen Leistungsverrechnungen berechtigen zu entsprechenden Mehraufwendungen in gleicher Höhe in diesen Teilplänen."

Weiterhin ist die Inanspruchnahme von Budgets im Rahmen der unechten Deckung nach § 21 Abs. 2 KomHVO nur zulässig, wenn das geplante Jahresergebnis nicht gefährdet ist und die Vorschriften des § 86 GO beachtet werden. Gefährdungen des Jahresergebnisses können sich beispielsweise durch gravierende Verschlechterungen im Bereich der allgemeinen Deckungsmittel des Haushalts (z. B. Steuern) ergeben. Demnach müssten für die einzelnen Teilbereiche die unechten Deckungsvermerke durch den Kämmerer oder den Rat gesperrt werden.

13.3.4 Deckungsfähigkeit bei Verpflichtungsermächtigungen

Die Möglichkeit der Deckungsfähigkeit hat der Gesetzgeber auch auf die Verpflichtungsermächtigungen[372] ausgedehnt. Gemäß § 12 Abs. 2 Satz 1 KomHVO kann nämlich im Haushalt erklärt werden, dass einzelne Verpflichtungsermächtigungen einer Investitionsmaßnahme auch für andere Investitionsmaßnahmen in Anspruch genommen werden können. Dies bedarf gleichfalls eines Haushaltsvermerks als Grundlage. Ein solcher Vermerk kann bei einzelnen Investitionsmaßnahmen oder aber zentral in der Haushaltssatzung (§§ 8 ff.) ausgewiesen werden. Auch hier besteht die Möglichkeit der einseitigen oder gegenseitigen Deckungsfähigkeit.

372 Zum Begriff und zum Verfahren der Verpflichtungsermächtigungen siehe Kap. 14.

Die Grenze der Anwendung der Deckungsfähigkeit bei Verpflichtungsermächtigungen besteht darin, dass der in der Haushaltssatzung festgesetzte Gesamtbetrag der Verpflichtungsermächtigungen nicht überschritten werden darf.

13.3.5 Übertragbarkeit von Haushaltsermächtigungen

13.3.5.1 Allgemeines

Gemäß § 78 Abs. 3 Satz 1 GO gilt die Haushaltssatzung für ein Haushaltsjahr. Da der Haushaltsplan aufgrund der Bestimmungen des § 1 der Haushaltssatzung Bestandteil der Haushaltssatzung ist, gelten die Ermächtigungen des Planes auch nur bis zum 31. Dezember des entsprechenden Jahres. Dies gilt auch bei einer nach § 78 Abs. 3 Satz 2 GO zulässigen Haushaltssatzung für zwei Jahre, weil die Festsetzungen auch dort nach Jahren getrennt sind. Der 31. Dezember als willkürlicher Stichtag für den Jahresabschluss behindert eine flexible Haushaltsführung. Insofern hat § 22 KomHVO die Möglichkeit geschaffen, Aufwendungs- und Auszahlungsermächtigungen in die nächste Rechnungsperiode zu übertragen. Diese Möglichkeit ist sinnvoll, denn des Öfteren kann es vorkommen, dass Maßnahmen nicht so zügig wie geplant abgewickelt und damit die Aufwendungs- und Auszahlungsermächtigungen nicht bis zum Jahresende ausgeschöpft werden können.

Da der Rat die Aufwendungs- und Auszahlungsermächtigungen durch das Einstellen in den Ergebnis- bzw. Finanzplan zur Verfügung gestellt hat, muss der Gemeindeverwaltung bei der Ausführung eine Übertragungsermächtigung eingeräumt werden. Gäbe es sie nicht, müssten die bereits einmal veranschlagten Ermächtigungen ein weiteres Mal in den neuen Haushalt eingestellt werden. Dieses ist z.T. auch gar nicht möglich. Wenn nämlich die Gemeinde den neuen Haushaltsplan termingerecht bis zum 30. November des Vorjahres der Aufsichtsbehörde vorgelegt hat (Soll-Vorschrift des § 80 Abs. 5 Satz 2 GO), kann sie in vielen Fällen die Notwendigkeit einer Übertragung noch gar nicht beurteilen, da der laufende Haushalt sich noch in der Ausführung befindet. Ein Einstellen in den neuen Haushaltsplan scheitert dann bereits aus terminlichen Gründen.

In einer Vielzahl von Fällen ist jedoch eine Ermächtigungsübertragung nicht notwendig, weil die noch nicht restlos abgewickelten Finanzvorfälle als Verbindlichkeit oder Rückstellung ausgewiesen werden und damit noch Aufwand im abgelaufenen Haushaltsjahr bedingen. Insofern ist spätestens im Rahmen des Jahresabschlusses eine entsprechende Entscheidung über Verbindlichkeiten, Rückstellungen oder Ermächtigungsentscheidungen zu treffen. Das nachstehende Schaubild[373] verdeutlicht dies:

373 Weitgehend übernommen und berichtigt aus Modellprojekt „Doppischer Kommunalhaushalt in NRW“ (Hrsg.), Neues Kommunales Finanzmanagement: Betriebswirtschaftliche Grundlagen für das doppische Haushaltsrecht, 2., vollst. überarb. Aufl. auf der Basis der Endergebnisse des Modellprojektes, Freiburg 2003, S. 320.

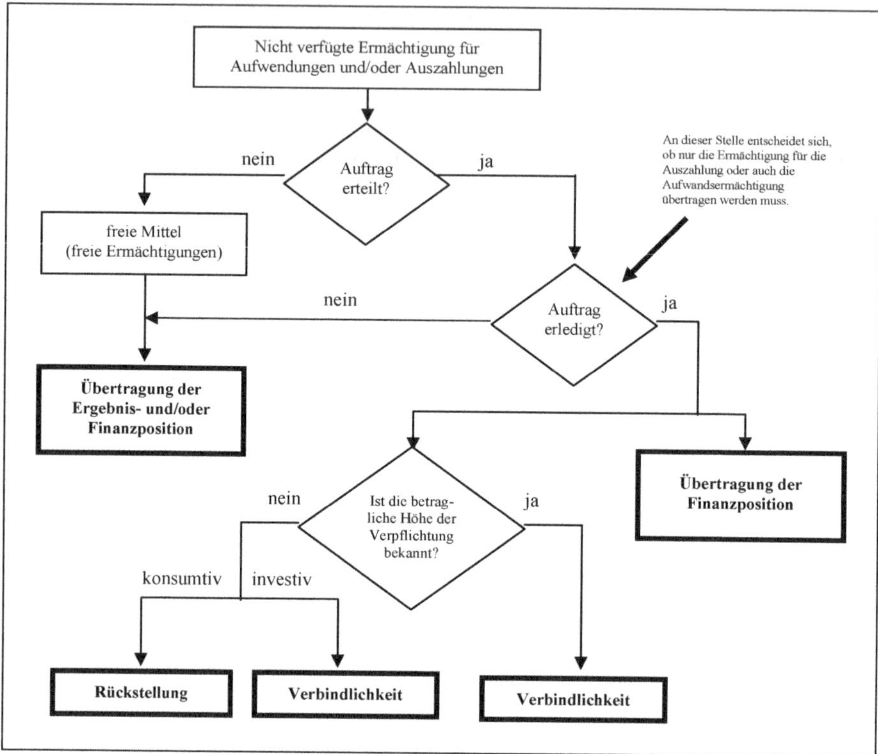

Die Problematik soll an folgendem Beispiel erläutert werden:

Beispiel:
Im Teilergebnisplan 03 „Schulträgeraufgaben“ für das Jahr 2023 sind für Sach- und Dienstleistungen bei der Gemeinde G Aufwendungsermächtigungen in Höhe von 1.000.000 € veranschlagt. Bis zum Jahresabschluss sind bereits 920.000 € in Anspruch genommen. Der gesamte Restbetrag von 80.000 € wird aber noch für die Abwicklung von Gebäudeunterhaltungen benötigt, wobei sich folgende Situation ergibt:

- *Es geht noch am 30.12.2023 eine Rechnung über durchgeführte Anstreicherarbeiten am Gymnasium über 15.000 € ein, wobei der Rechnungsbetrag am 15.1.2024 zu begleichen ist. Der Betrag ist noch als Aufwendung des Jahres 2023 zu buchen und als Verbindlichkeit auf der Passivseite der Bilanz auszuweisen. Eine Aufwendungsübertragung ist somit für diesen Finanzvorfall nicht notwendig.*
- *Für die im Dezember durchgeführte Heizungsreparatur in einer Hauptschule liegt noch keine Rechnung vor. Sie ist auch nicht bis zum Jahresabschluss zu erhalten. Die zuständige Bautechnikerin schätzt den Reparaturaufwand auf rd. 30.000 €. Der Betrag ist noch als Aufwendung in 2023 zu buchen, weil die Arbeiten in diesem Haushaltsjahr durchgeführt und abgeschlossen wurden. Da jedoch die genaue Höhe der Verpflichtung nicht bekannt ist, erfolgt die Gegenbuchung als Rückstellung auf der Passivseite der Bilanz. Eine Aufwendungsübertragung ist somit für diesen Finanzvorfall ebenfalls nicht notwendig.*

- *Für die restlichen 35.000 € sind die konkreten Maßnahmen derzeit nicht bekannt, da wegen Personalmangels noch nicht alle Vorarbeiten erledigt sind, sodass nicht einmal Aufträge erteilt wurden. Aufgeschobene Instandhaltungen liegen nicht vor. Es sollen aber auf jeden Fall im Januar/Februar 2024 mit diesen Mitteln Unterhaltungsarbeiten begonnen werden. Um die Mittel für 2024 vorhalten zu können, müssen die dafür benötigten 35.000 €, die sich in der Aufwendungsermächtigung 2023 befinden, nach 2024 übertragen werden. Ansonsten würde im neuen Haushaltsjahr die notwendige Ermächtigung fehlen.*
- *In allen drei Fällen sind noch keine Zahlungen erfolgt. Die Auszahlung von insgesamt rd. 80.000 € stehen erst im Haushaltsjahr 2024 an. Zur Leistung dieser Auszahlungen bedarf es einer haushaltsrechtlichen Ermächtigung für 2024. Die notwendige Ermächtigung befindet sich jedoch im Finanzplan 2023. Insofern müssen 80.000 € Auszahlungsermächtigungen für Sach- und Dienstleistungen in 2024 zusätzlich zur Verfügung stehen bzw. nach 2024 übertragen werden.*

Die in das nächste Jahr übertragenen Ermächtigungen werden in der kommunalen Praxis regelmäßig auch als „Haushaltsreste" bezeichnet. Sie erhöhen die Planungspositionen des folgendes Haushaltsjahres entsprechend. Wie oben geschildert, führt die Ermächtigungsübertragung zu keiner konkreten doppischen Buchung, da weder Aufwendungen noch Auszahlungen vorliegen und keine Bilanzpositionen angesprochen werden. Da aber nach § 95 Abs. 1 GO im Jahresabschluss Rechenschaft über die Recht- und Ordnungsmäßigkeit der Haushaltswirtschaft abzulegen ist, muss auch die Übertragung von Ermächtigungen dokumentiert werden. Zwar liegt keine Buchung im eigentlichen Sinne mit Belegpflicht nach § 28 Abs. 3 KomHVO vor, jedoch bedingen Übertragungen erhebliche Auswirkungen auf die Haushaltswirtschaft, sodass auch die Ermächtigungsübertragungen sicherlich per Beleg zu dokumentieren sind. Der konkrete Nachweis der Ermächtigungsübertragung geschieht dann gemäß § 22 Abs. 4 Satz 2 KomHVO als gesonderter Nachweis in der Ergebnis- bzw. Finanzrechnung (§ 39 Abs. 2 KomHVO bzw. § 40 Satz 3 KomHVO). Im Abschluss des Folgejahres sind die Ermächtigungsübertragungen aus dem Vorjahr in Form eines Davon-Ausweises als Teil der fortgeschriebenen Ansätze ausgewiesen (siehe jeweils die Spalten 2 und 3 der Anlagen 19 bis 22b VV Muster zur GO und KomHVO). Dies stellt sich, hier am Beispiel der Ergebnisrechnung, wie folgt dar:

Ertrags- u. Aufwandsarten	Vorjahresergebnis	Fortgeschriebener Ansatz des Haushaltsjahres	**davon Ermächtigungsübertragungen aus dem Vorjahr**	Ist-Ergebnis des Haushaltsjahres	Vergleich Ansatz/Ist (Sp. 4 ./. Sp. 2)	**Ermächtigungsübertragungen in das Folgejahr**
	1	2	3	4		
...	...	...	...	...	...	...

Die Übertragung von Aufwandsermächtigungen führt im Jahr der Haushaltsrestbildung nicht zu einer Verschlechterung des Jahresergebnisses, weil ja noch keine Aufwendungen entstanden sind. Insofern wird das Ergebnis dieses Jahres gegenüber der Planung besser dargestellt. Nach § 22 Abs. 2 KomHVO erhöhen die Ermächtigungsübertragungen die Planansätze im Haushaltsplan des Folgejahres, so dass zusätzliche Aufwendungen im Folgejahr entstehen dürfen und somit dessen Jahresergebnis verschlechtern wird. Daher sieht § 22 Abs. 4 KomHVO vor, eine Übersicht über die Ermächtigungsübertragungen dem Rat zur Kenntnis zu bringen und gleichzeitig die Auswirkungen auf den Ergebnis- und den Finanzhaushalt des nächsten Jahres anzugeben. Damit wird auch deutlich gemacht, dass der Bürgermeister das Recht zur Übertragung besitzt. Es handelt sich demnach um ein Geschäft der laufenden Verwaltung im Sinne von § 41 Abs. 3 GO. Allerdings besitzt der Rat bei solchen Geschäften ein Rückholrecht, sodass er sich auch die Übertragung von Ermächtigungen als seine Aufgabe vorbehalten kann. Dies ergibt sich bereits aus dem allgemeinen Etatrecht des Rates. Allerdings ist dies sicherlich eher bei kleineren Gemeinden realisierbar.

13.3.5.2 Ausgestaltung der Grundsätze zur Ermächtigungsübertragung

Nach § 22 Abs. 1 Satz 1 KomHVO sind Aufwendungen und Auszahlungen ohne Differenzierung grundsätzlich übertragbar. Nach § 22 Abs. 1 Satz 2 KomHVO hat der Bürgermeister mit Zustimmung des Rates die Grundsätze über Art, Umfang und Dauer der Ermächtigungsübertragungen zu bestimmen. Einzig im § 22 Abs. 3 KomHVO erfolgt eine spezielle gesetzliche Regelung, wonach Ermächtigungen für Aufwendungen bis zur Erfüllung des Zwecks und Ermächtigungen zur Leistung von Auszahlungen bis zur letzten Zahlungsfälligkeit verfügbar bleiben, wenn diesbezüglich im Rahmen einer rechtlichen Verpflichtung zweckgebundene Erträge und/oder Einzahlungen bestehen (z. B. Finanzierung durch zweckgebundene Landeszuwendungen). Es soll haushaltsrechtlich sichergestellt werden, dass die zweckgerechte Verwendung dieser Erträge und Einzahlungen nicht dadurch gefährdet wird, dass am Jahresende die korrespondierenden Aufwendungs- bzw. Auszahlungsermächtigungen verfallen und die zweckgerechte Verwendung nicht gesichert werden kann.

Für die Ausgestaltung der Grundsätze der Übertragbarkeit stellt sich letztlich die Frage, ob im Rahmen der dezentralen Ressourcenverantwortung über die Ermächtigungsübertragungen ausschließlich in den Budget- bzw. Fachbereichen entschieden werden kann. Budgetierung kann eigentlich nur erfolgen, wenn über nicht in Anspruch genommene Budgetermächtigungen der Budgetbereich eigenständig entscheidet. Allerdings ist nicht zu übersehen, dass die Ermächtigungsübertragungen erhebliche Auswirkungen auf die Gesamtfinanzsituation der Gemeinde haben können. Gerade in Zeiten knapper Ressourcen wird es sicherlich zu einer Beteiligung des zentralen Finanzmanagements und des Kämmerers kommen. Allerdings sollten die Entscheidungen in Abstimmung mit den Beteiligten erfolgen. Dabei ist es durchaus vorstellbar, dass sich der Kämmerer bzw. das zentrale Finanzmanagement die Entscheidung über die Übertragung von Ermächtigungen selbst bei Budgetierungen letztlich vorbehalten. Bei zentraler Verwaltung unter Anwendung des Gesamtdeckungsprinzips (vor allem bei kleinen Kommunen) wird dies ohnehin der Fall sein.

Bei der inhaltlichen Festlegung sollte berücksichtigt werden, dass bei vielen Übertragungssachverhalten eine Koppelung der beiden Ermächtigungsbereiche vorliegt. Auszahlungen sind in vielen Fällen nämlich die Folge von Aufwendungen. So müssen Personalaufwendungen auch zahlbar gemacht werden. Aufwendungen für Gebäudereparaturen bedingen Auszahlungen an den Reparaturbetrieb. Dies trifft natürlich nicht immer zu: so wird z. B. bei der Auszahlung für Lagereinkäufe lediglich eine Auszahlungsermächtigung benötigt. Bei einigen Positionen wie z. B. Abschreibungen oder Versorgungsaufwendungen sind zudem Übertragungen aus der Natur der Sache heraus nicht möglich.

Bei Investitionen handelt es sich um Auszahlungen zur Veränderung des Anlagevermögens, sodass es sich hier ausschließlich um Ermächtigungen des Finanzplans handelt. Für die Investitionen gilt gemäß § 4 Abs. 4 Satz 2 KomHVO der Grundsatz der Einzelveranschlagung jeder Maßnahme. Insofern wird die Auszahlungsermächtigung auch für jede einzelne Investition im Bedarfsfall zu übertragen sein. Wegen der Individualität der Maßnahmen müssen die Auszahlungsermächtigungen solange verfügbar sein, bis die Maßnahme abgewickelt ist und alle Zahlungen erfolgt sind.

Ein möglicher Regelungspunkt ergibt sich für Investitionsermächtigungen, bei denen mit der Maßnahmendurchführung noch nicht begonnen wurde und somit die Ermächtigung nicht in Anspruch genommen wird. Hier sollte es aufgrund der Budgethoheit des Rates für die Ermächtigungen einen maximalen Zeitrahmen der Übertragbarkeit geben.[374]

13.3.5.3 Weitere Regelungen zur Übertragbarkeit außerhalb des § 22 KomHVO

a) Übertragung von Verpflichtungsermächtigungen

Gemäß § 85 Abs. 2 GO gelten Verpflichtungsermächtigungen[375] bis zum Ende des auf das Haushaltsjahr folgenden Jahres, und – wenn die Haushaltssatzung für das übernächste Jahr nicht rechtzeitig öffentlich bekanntgemacht wird – bis zum Erlass dieser Haushaltssatzung. Auch hier soll die flexible Haushaltsführung gefördert werden.

b) Übertragung von Kreditermächtigungen für Investitionen

§ 86 Abs. 2 GO sieht eine sog. „zweijährige Kreditermächtigung"[376] vor. Diese Vorschrift dient ebenfalls der flexiblen Haushaltsführung und unterstützt das wirtschaftliche Handeln der Kommunen. Verzögern sich z. B. die Auszahlungen für Investitionen und werden dafür entsprechende Ermächtigungsübertragungen vorgenommen, besteht evtl. der Kreditbedarf für diese Auszahlungen auch erst im nächsten Jahr. Die Gemeinde hat damit die Möglichkeit, auch die Kreditermächtigung, die gem. § 2 der Haushaltssatzung nur für das maßgebliche Haushaltsjahr vorgesehen ist, in das nächste Jahr zu übertragen.

Eine förmliche Übertragungsentscheidung der Kreditermächtigung für Investitionen ist nicht erforderlich, da aufgrund der Regelung die Inanspruchnahme im neuen Jahr im Bedarfsfall jederzeit zulässig ist.

c) Übertragung von Kreditermächtigungen zur Liquiditätssicherung

Die Ermächtigung zur Aufnahme von Krediten zur Liquiditätssicherung erlischt wie alle anderen Ermächtigungen am Jahresende. Mit der Haushaltssatzung des nächsten Jahres entsteht eine neue Ermächtigung. Für den Fall, dass die Haushaltssatzung für das neue Jahr noch nicht veröffentlicht ist, steht diese Ermächtigung aus § 5 der Haushaltssatzung des abgelaufenen Haushaltsjahres weiter zur Verfügung. Siehe dazu im Einzelnen Kap. 9.2.8.2 zur vorläufigen Haushaltsführung.

Eine förmliche Übertragungsentscheidung der Kreditermächtigung zur Liquiditätssicherung ist nicht erforderlich, da aufgrund der Regelung des § 89 Abs. 2 Satz 2 GO die Inanspruchnahme im neuen Jahr im Bedarfsfall der vorläufigen Haushaltsführung ohne jegliche Beschränkung zulässig ist.

13.3.5.4 Auswirkungen auf den Jahresabschluss

Wie bereits festgestellt wurde, haben Erträge und Aufwendungen Auswirkungen auf das Ergebnis eines Haushaltsjahres und damit auf den Jahresabschluss. Die Übertragung von Haushaltsermächtigungen wirkt sich dagegen nicht unmittelbar auf das Jahresergebnis aus. Lediglich im Plan-/Ist-Vergleich ist eine Auswirkung festzustellen. Wenn nämlich eingeplante Aufwendungs-

374 Hinsichtlich der zeitlichen Regelung ist zu bedenken, dass bei einer Verzögerung über den gesetzten Zeitrahmen hinaus eine Neuveranschlagung zur Folge hat.

375 Zum Begriff und Verfahren siehe Kap. 14.

376 Zu den Krediten siehe Kap. 15.

und Auszahlungsermächtigungen nicht in Anspruch genommen werden, bleiben die Gesamtaufwendungen und Gesamtauszahlungen hinter den Planansätzen zurück. Gegenüber dem Plan erfolgt eine Ergebnisverbesserung. Allerdings verschlechtert sich dann wiederum das Ergebnis des nächsten Haushalsjahres entsprechend. Die übertragenen Haushaltsermächtigungen verändern die Haushaltsansätze des nächsten Jahres nicht, erhöhen aber die Planpositionen (Ermächtigung zur Überschreitung der Planansätze des neuen Jahres und damit zu Mehraufwendungen bzw. Mehrauszahlungen). Sie bewirken bei Inanspruchnahme demnach zusätzliche Aufwendungen und Auszahlungen, die an sich das Vorjahr belastet hätten. Der Plan-/Ist-Verbesserung des abgelaufenen Haushaltsjahres steht nunmehr eine Plan-/Ist-Verschlechterung des neuen Haushaltsjahres gegenüber. Insofern liegt lediglich eine Periodenverschiebung vor.

13.4 Praktische Beispiele und Übungen

Sachverhalt Nr. 1

Die Gemeinde G hat u. a. den Teilplan des Produktbereichs 01 mit folgenden Bewirtschaftungsregeln versehen:

- *„Mehrerträge berechtigen zu entsprechenden Mehraufwendungen in diesem Teilplan.“*
- *„Aufwandsermächtigungen sind gegenseitig deckungsfähig, wobei die Aufwendungsermächtigungen für Abschreibungen und interne Leistungsverrechnungen nicht untereinander und nicht mit anderen Aufwendungspositionen deckungsfähig sind.“*

Aufgabe:

Begutachten Sie die Zulässigkeit der angebrachten Bewirtschaftungsvermerke.

Lösung:

Der erste Vermerk entspricht uneingeschränkt der gesetzlichen Normierung in § 21 Abs. 2 KomHVO, sodass dieser unzweifelhaft zulässig ist. Zum zweiten Vermerk enthält die KomHVO keine ausdrückliche Ermächtigung. § 21 Abs. 1 KomHVO lässt aber die Budgetierung zu, wonach die Summe der Erträge und die Summe der Aufwendungen des Budgets für die Haushaltswirtschaft verbindlich sind. Das bedeutet, dass innerhalb der Budgets eine flexible Haushaltsführung in Form der echten Deckungsfähigkeit zulässig ist. Der Vermerk zur echten Deckungsfähigkeit schränkt diese mit Blick auf § 21 Abs. 3 KomHVO lediglich ein, was nicht nur zulässig, sondern durchaus geboten ist, weil ansonsten nicht zahlungswirksame Aufwendungen mit zahlungswirksamen Positionen kombiniert würden.

Allerdings ist für Budgetvermerke im Produktbereich 01 § 14 Satz 2 KomHVO zu beachten, wonach die Verfügungsmittel des Bürgermeisters nicht für deckungsfähig erklärt werden dürfen. Die Verfügungsmittel sind aber im Teilplan des Produktbereichs 01 nachzuweisen, sodass – falls die Gemeinde G Verfügungsmittel vorgesehen hat – der Haushaltsvermerk in diesem Punkt gegen § 14 Satz 2 KomHVO verstoßen würde. Hier hätte der Vermerk eine weitere Einschränkung vorsehen müssen, indem neben den Abschreibungen und Internen Leistungsverrechnungen auch die Verfügungsmittel des Bürgermeisters nicht Bestandteil der Budgetierung sind.

Sachverhalt Nr. 2

Die Gemeinde G hat ihren Haushalt nach Produktgruppen gegliedert, dabei u. a. für die Produktgruppe „Rettungsdienst“ Teilpläne gebildet und diese gleichfalls mit den beim Sachverhalt Nr. 1 ausgewiesenen Bewirtschaftungsvermerken versehen.

Die Fahrzeuge des Rettungsdienstes werden bei zwei Tankstellen innerhalb des Gemeindegebietes betankt, die jeweils monatlich mit dem Rettungsdienst abrechnen. Der Budgetverantwortliche stellt im Dezember 2023 fest, dass sämtliche Aufwendungsermächtigungen für Sach- und Dienstleistungen bereits ausgeschöpft sind. Es werden jedoch noch Tankrechnungen im Dezember 2023 erwartet. Das restliche Budget des Rettungsdienstes wird planmäßig abgewickelt. Lediglich bei den Personalaufwendungen und Personalauszahlungen werden voraussichtlich 20.000 € eingespart. Zudem liegen die Rettungsdienstgebühren im Ertrag mit 40.000 € über dem Planansatz.

Am 20.12.2023 geht die Rechnung der Tankstelle A über 18.000 € für Betankungen bis zu diesem Termin ein. Der Betrag ist sofort zahlbar. Der Budgetverantwortliche schätzt, dass für die Zeit vom 21.12.2023 bis 31.12.2023 noch Betankungen im Volumen von 10.000 € für die Tankstelle A notwendig sind. Diese werden jedoch erst Anfang Januar in Rechnung gestellt.

Tankstelle B sendet am 28.12.2023 eine Rechnung über 22.000 € für den gesamten Monat Dezember, zahlbar innerhalb von 14 Tagen. Ab diesem Termin schließt die Tankstelle wegen Betriebsferien.

Aufgabe:
Prüfen Sie, wie die nötigen Haushaltsmittel für Abwicklung der Treibstoffkosten bereitgestellt werden können. Welche Buchungen und Maßnahmen sind erforderlich?

Lösung:
Gemäß § 79 Abs. 3 Satz 2 GO ist der Haushaltsplan für die Haushaltsausführung verbindlich. Insofern stellt die Aufwendungsermächtigung für Sach- und Dienstleistungen im Teilergebnisplan des Rettungsdienstes die Obergrenze für diese Leistungsart dar. Laut Sachverhalt sind diese Haushaltsmittel jedoch erschöpft. Die eingehenden Rechnungen über 18.000 € und 22.000 € bedingen unabhängig von Ihrer Zahlung noch Aufwendungen an Sach- und Dienstleistungen für 2023. In Höhe der noch geschätzten Treibstoffkosten für die Tankstelle A für die Zeit vom 21. bis 31.12.2023 ist gemäß § 37 Abs. 5 KomHVO eine Rückstellung zu bilden, was gleichzeitig Aufwendungen für Sach- und Dienstleistungen für 2023 bedeutet. Insofern werden noch rd. 50.000 € für Treibstoffverbrauch (Aufwendungen für Sach- und Dienstleistungen) benötigt. Es fragt sich, wie die benötigten Ermächtigungen bereitgestellt werden können.

Der Rettungsdienst befindet sich in einem mit Bewirtschaftungsvermerken ausgestatteten Budget. Diese Vermerke sehen u. a. vor, dass Mehrerträge zu Mehraufwendungen berechtigen. Da laut Sachverhalt der Haushalt planmäßig abgewickelt wird und bei den Rettungsdienstgebühren ein Mehrertrag von 40.000 € besteht, kann dieser Betrag als echter Mehrertrag für Mehraufwendungen des gesamten Budgets verwendet werden, also auch für die Treibstoffaufwendungen. Es fehlt demnach noch eine Aufwendungsermächtigung von 10.000 €. Da sämtliche Aufwendungen des Budgets sich gemäß § 21 Abs. 1 Satz 2 KomHVO in einer echten Deckungsfähigkeit befinden (die Budgetgesamtsumme ist verbindlich) und der Haushaltsvermerk nur Einschränkungen zu Abschreibungen und Internen Leistungsverrechnungen enthält, kann dieser Betrag aus der Einsparung in Höhe von 20.000 € bei den Personalaufwendungen finanziert werden. Insofern ist der Mehrbedarf an Aufwendungsermächtigungen für den Treibstoffverbrauch (Sach- und Dienstleistungen) im Rahmen der Budgetierung gedeckt.

14. Die Verpflichtungsermächtigungen

14.1 Begriff und Verfahren

Für die Durchführung von finanzwirtschaftlichen Bewirtschaftungsmaßnahmen benötigt die Verwaltung eine Ermächtigung im Haushaltsplan. Beim Eingehen von Verpflichtungen für investive Auszahlungen im Bewirtschaftungsjahr stehen die entsprechenden Auszahlungsermächtigungen im Teilfinanzplan zur Verfügung. Sollen jedoch im Bewirtschaftungsjahr Verpflichtungen eingegangen werden, die erst in einem Folgejahr zu Auszahlungen führen (z. B. Bestellung in 2023 mit Lieferung und Bezahlung in 2024), besteht hierzu im Auszahlungsbereich keinerlei Ermächtigung. Hierfür steht gem. § 85 GO das Instrument der Verpflichtungsermächtigung zur Verfügung. Danach dürfen Verpflichtungen zur Leistung von Auszahlungen für Investitionen in künftigen Jahren grundsätzlich nur eingegangen werden, wenn der Haushaltsplan hierzu ermächtigt. Dies geschieht mittels der bei der Planung festzulegenden Verpflichtungsermächtigungen (z. B. Verpflichtungsermächtigung im Haushaltplan für das Bewirtschaftungsjahr 2023 für eine Auszahlung in 2024). Es bestehen gem. § 85 Abs. 1 GO folgende Tatbestandsmerkmale:

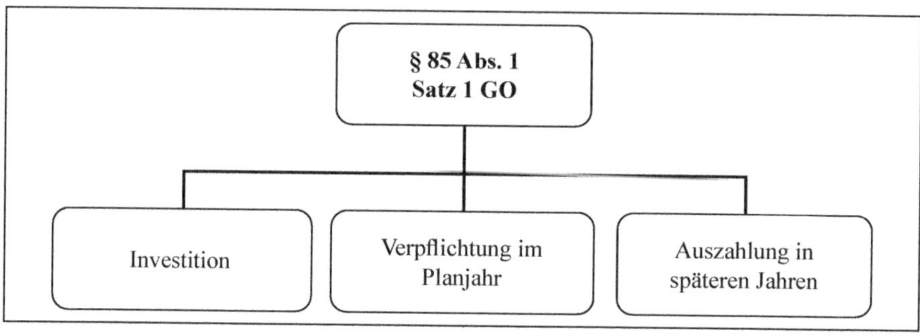

Verpflichtungsermächtigungen sind nur für den Investitionsbereich vorgesehen. Investitionen stellen Auszahlungen zur Veränderung des Anlagevermögens dar, somit können Veranschlagungen von Verpflichtungsermächtigungen nur im Teilfinanzplan vorgenommen werden.[377] Beim Anlagevermögen handelt es sich um die in der Bilanz förmlich als Anlagevermögen ausgewiesenen immateriellen Gegenstände, Sachanlagen und Finanzanlagen.[378] Eine Verpflichtungsermächtigung wird jedoch nur für solche Investitionen benötigt, bei denen eine im Planungsjahr einzugehende Verpflichtung Auszahlungen in späteren Jahren bewirkt. Investitionsverpflichtungen mit Zahlungen im selben Jahr sind der entsprechenden Auszahlungsposition zuzuordnen. Bei den Verpflichtungen handelt es sich in der Regel um Verträge mit Dritten (z. B. Kaufverträge und Bauaufträge).

Beispiele (verkürzte Darstellung):

a) Die Gemeinde G plant den Bau eines Museums mit Auszahlungen von je 500.000 € in 2023, 2024 und 2025. Vor Baubeginn im März 2023 soll ein Gesamtauftrag an einen Bauunternehmer vergeben werden.
Gemäß § 11 Abs. 1 KomHVO sind den Teilfinanzplänen der Jahre 2023 bis 2025 jeweils 500.000 € als Auszahlungsermächtigungen einzustellen. Zusätzlich ist für

377 Der Finanzplan enthält nach § 3 KomHVO dagegen keine Darstellung der Verpflichtungsermächtigungen.

378 Siehe dazu auch die Gliederung des Finanzplans in Kap. 12.

den Vertragsabschluss in 2023 gemäß § 85 Abs. 1 Satz 1 GO eine Verpflichtungsermächtigung in Höhe von 1.000.000 € im Teilfinanzplan zu veranschlagen. Eine erneute Veranschlagung einer Verpflichtungsermächtigung in 2024 ist nicht erforderlich. Hierzu ergibt sich folgende Darstellung im Teilfinanzplan 2023:

Teilfinanzplan Investitions-tätigkeit	***Ansatz 2023 €***	***VE 2023 €***	***Planung 2024 €***	***Planung 2025 €***	***Planung 2026 €***
Auszahlungen *für Baumaßnahmen*	***0,5 Mio.***	***1,0 Mio. (jeweils 0,5 Mio. € für 2024 u. 2025)***	***0,5 Mio.***	***0,5 Mio.***	*–*

b) *Hätte dagegen bereits Ende 2022 der Gesamtauftrag vergeben werden sollen, damit in 2023 mit denselben Auszahlungsraten unverzüglich mit der Baumaßnahme begonnen werden kann, hätte der Teilfinanzplan 2022 eine Verpflichtungsermächtigung in Höhe von 1.500.000 € aufweisen müssen. Die Veranschlagung der Auszahlungen in den Jahren 2023 bis 2025 beträgt dann wie bei a) jeweils 500.000 €. Weitere Verpflichtungsermächtigungen sind nicht einzustellen. Hierzu ergibt sich folgende Darstellung im Teilfinanzplan 2022:*

Teilfinanzplan Investitions-tätigkeit	***Ansatz 2022 €***	***VE 2022 €***	***Planung 2023 €***	***Planung 2024 €***	***Planung 2025 €***
Auszahlungen *für Baumaßnahmen*	*–*	***1,5 Mio. (jeweils 0,5 Mio. € für 2021, 2022 u. 2023)***	***0,5 Mio.***	***0,5 Mio.***	***0,5 Mio.***

Die Beschränkung der Verpflichtungsermächtigungen auf Investitionen birgt jedoch eine Reihe von Problemen. Selbst wenn die Gemeinde im Dezember neue Büromöbel mit Anschaffungsauszahlungen von 600 € bestellen will, deren Lieferung im Januar des nächsten Jahres erfolgen soll, benötigt sie zur Auslösung des Bestellvorganges eine Verpflichtungsermächtigung. Will sie dagegen eine Investitionsförderung im Volumen von 2 Mio. € mit Aufwendungen und Auszahlungen **im nächsten Jahr** vertraglich absichern (z. B. durch Bewilligung eines Zuschusses an einen Sportverein für den Bau eines Stadions), ist dafür eine förmliche Haushaltsermächtigung nicht erforderlich, weil § 85 Abs. 1 Satz 1 GO Verpflichtungsermächtigungen auf Investitionen beschränkt. Auch für die übrigen Aufwendungen und Auszahlungen im konsumtiven Bereich ist unter Umständen eine vorjährige Verpflichtung erforderlich, die künftige Haushaltsjahre mit Aufwendungen und Auszahlungen belastet (z. B. Abschluss von Mietverträgen, die künftige Jahre mit Mietaufwendungen und Mietauszahlungen belasten, oder langfristige Leasingverträge vor allem im Immobilienbereich[379] mit Millionenbeträgen). Diese Verpflichtungen können betragsmäßig große Summen ausmachen und die Haushalte der künftigen Jahre umfangreich belasten, ohne dass dafür haushaltsmäßige Ermächtigungen erforderlich sind.

379 Soweit die Gemeinde aufgrund von Leasingverträgen wirtschaftliches Eigentum (zum Begriff siehe § 39 Abs. 2 Nr. 1 AO) erlangt, handelt es sich um investive Zahlungen, sodass in diesen Fällen im Jahr des Vertragsabschlusses Verpflichtungsermächtigungen erforderlich sind.

Unstreitig ist, dass bei Geschäften der laufenden Verwaltung keine besonderen haushaltsrechtlichen Ermächtigungen erforderlich sind. Bei den übrigen – sprich größeren – Maßnahmen helfen sich Gemeinden des Öfteren durch den Ausweis von besonderen „Bindungsermächtigungen" (z. B. bei Grundrenovierungen von Gebäuden, größeren Investitionsförderungen). Dies ist keine haushaltsrechtlich abgesicherte Lösung, aber im Rahmen des Selbstgestaltungsrechts der Gemeinde durchaus zulässig und geboten.

Unabhängig von den haushaltsrechtlichen Unsicherheiten bleibt jedoch, dass für Maßnahmen, die nicht „Geschäfte der laufenden Verwaltung" sind, ein vorheriger Rats- bzw. Ausschussbeschluss erforderlich ist. Somit ist zumindest das Etatrecht der Ratsgremien indirekt gesichert.

14.2 Umfang und zeitliche Beschränkung der Verpflichtungsermächtigungen

Eine Verpflichtungsermächtigung ist nicht automatisch in den Teilfinanzplan einzustellen, wenn in den zukünftigen Jahren Investitionsauszahlungen veranschlagt werden. Vielmehr ist die Verpflichtungsermächtigung nur dann notwendig, wenn Verträge im Investitionsbereich abgeschlossen werden sollen, die Auszahlungen in späteren Jahren zur Folge haben. Das bedeutet, dass vor der Veranschlagung von Verpflichtungsermächtigungen immer zu prüfen ist, ob ein Bedarf für einen konkreten Vertragsabschluss mit Belastungen späterer Perioden beabsichtigt ist.

Das Erfordernis von Verpflichtungsermächtigungen ergibt sich in der Regel innerhalb der mittelfristigen Haushaltsplanung, sodass deren Veranschlagung zu Lasten der dem Haushaltsjahr folgenden drei Jahre erfolgt. Dies wird am nachstehenden Beispiel für das Haushaltsjahr 2023 deutlich:

Ansatz Vorjahr	**Ansatz Hausplanjahr**	**Ansatz**	**Ansatz**	**Ansatz**
2022	**2023**	**2024**	**2025**	**2026**
Aufstellung des Haushaltsplans 2022	Verpflichtungs-ermächtigung	├────────	fällig	────────►

Gemäß § 12 Abs. 1 Satz 1 KomHVO sind die Verpflichtungsermächtigungen bei den einzelnen Investitionen im Teilfinanzplan zu veranschlagen. Hierbei ist kenntlich zu machen, wie sich die Auszahlungen voraussichtlich auf die Folgejahre verteilen werden. Bei Investitionen die in den Teilfinanzplänen nicht als separate Maßnahmen gem. § 4 Abs. 4 Satz 3 KomHVO abgebildet werden müssen, kann auch auf die Darstellung der Auszahlungsverteilung verzichtet werden.

Soweit bedingt durch den Geschäftsvorfall, kann die Darstellungsverpflichtung der Verteilung auch über die mittelfristige Planung hinausgehen, da § 12 Abs. 1 KomHVO ohne jegliche Einschränkung die Darstellung der Verteilung auf die künftigen Jahre verlangt. Dies ist auch notwendig, weil es zuweilen vorkommen kann, dass längerfristige Vertragsabschlüsse notwendig sind. Dies wird besonders deutlich bei langfristigen Verrentungen (Leibrenten, verrentete Grundstückskaufpreise). Soll nämlich ein Grundstück auf Rentenbasis erworben werden, wobei die Rente aufgrund eines versicherungsmathematischen Gutachtens z. B. voraussichtlich 40 Jahre lang zu zahlen sein wird, muss in Höhe des entsprechenden Verrentungsumfangs eine Verpflichtungsermächtigung eingeplant werden. Auch bei dieser Art des Grunderwerbs handelt es sich um eine Investition. Dabei ist es nämlich ohne Bedeutung, ob das Grundstück in einer

Summe bezahlt wird oder periodisiert über eine Leibrentenzahlung abgewickelt wird. Es handelt sich immer um Auszahlungen zur Veränderung des Anlagevermögens.[380]

Die Gesamtsumme aller Verpflichtungsermächtigungen des Planjahres wird im § 3 der Haushaltssatzung festgesetzt, sodass damit auch die einzelne Verpflichtungsermächtigung einen verbindlichen Planansatz darstellt.

Wie bereits oben festgestellt, sind die Ansätze der Verpflichtungsermächtigungen verbindlich (konkrete Ermächtigungen der Politik für die Verwaltung). Insofern muss die Inanspruchnahme von Verpflichtungsermächtigungen nachgehalten werden (§ 24 Abs. 3 KomHVO). Dies ist nur außerhalb des doppischen Buchungssystems möglich, weil es sich bei Verpflichtungsermächtigungen weder um Aufwendungen noch um Auszahlungen handelt.

Soll im Investitionsbereich ein Vertrag mit Auszahlungen in späteren Jahren vergeben werden und stehen hierfür keine oder keine ausreichenden Verpflichtungsermächtigungen im Haushaltsplan zur Verfügung, müssen diese zusätzlich bereitgestellt werden. Hierfür sieht § 85 Abs. 1 Satz 2 GO ausnahmsweise eine außerplanmäßige bzw. überplanmäßige Deckung durch andere, nicht in Anspruch genommene Verpflichtungsermächtigungen vor, wenn der Bedarf für die Inanspruchnahme unabweisbar ist. Ferner darf durch die außer- bzw. überplanmäßige Deckung der festgesetzte Gesamtbetrag aller Verpflichtungsermächtigungen im § 3 der Haushaltssatzung nicht überschritten werden.

14.3 Praktische Beispiele und Übungen

Sachverhalt Nr. 1

a) Die Gemeinde G will eine Grundschule mit Gesamtkosten i. H. v. 4 Mio. € bauen. Die Bauauszahlungen fallen je zur Hälfte in 2023 und 2024 an. Den Gesamtauftrag soll ein Unternehmen in 2023 erhalten.
b) Wie vor, jedoch sollen Jahresaufträge jeweils zu Beginn der Jahre 2023 und 2024 erteilt werden.
c) Die Gemeinde G will eine EDV-Anlage für die Jahre 2023 bis 2027 leasen, ohne hierbei das wirtschaftliche Eigentum daran zu erwerben (jährliche Leasingrate laut Vertrag = 1,2 Mio. €)
d) Die Gemeinde G will im Januar 2024 einen Tageslichtprojektor erwerben. Der Vertrag über den Kaufpreis von 300 € soll bereits im Dezember 2023 abgeschlossen werden. Die Gemeinde hat festgelegt, dass die Vereinfachungsmöglichkeit des § 36 Abs. 3 KomHVO (Unmittelbarer Aufwand als geringwertiger Vermögensgegenstand) in Anspruch genommen wird.

Aufgabe:

Prüfen Sie mit Begründung, ob und in welcher Höhe bei den einzelnen Sachverhalten im Haushaltsplan 2023 Verpflichtungsermächtigungen zu veranschlagen sind.

Lösung:

a) Der Bau der Grundschule mit Gesamtauszahlungen von 4 Mio. € stellt eine Investition dar, weil die Auszahlung eine Veränderung des Anlagevermögens bewirkt. Gebäude als Grundstücksteile (§ 94 BGB) zählen zu den Sachanlagen. Die Gesamtauftragsvergabe in 2023 erfordert in diesem Jahr eine haushaltsrechtliche Ermächtigung. Sie wird geschaffen durch die Bildung eines Auszahlungsansatzes in 2023 in Höhe von 2 Mio. € gemäß § 11 Abs. 1

380 Es handelt sich nur um Erläuterungsbeispiel; aufgrund von steigenden Lebenserwartungen und dem entsprechenden Kalkulationsrisiko erfolgen in der Regel derartige Verrentungsgeschäfte nur noch äußerst selten

KomHVO, womit eine Auftragsvergabe mit Auszahlung im selben Jahr 2023 ermöglicht wird. Des Weiteren ist im Haushaltsjahr 2023 ein Verpflichtungsermächtigungsansatz von 2 Mio. € gemäß § 85 Abs. 1 Satz 1 GO für den Teil des Auftrages erforderlich, der erst im Jahre 2024 zu Auszahlungen führt. Dieser Betrag ist ebenfalls als Auszahlung in der Planung für das Jahr 2024 abzubilden.

b) Bei der abgewandelten Variante des Sachverhaltes zu a) ist eine Veranschlagung von Verpflichtungsermächtigungen nicht erforderlich. Auftragsvergaben und Bezahlung der eingegangenen Verpflichtungen erfolgen jeweils im selben Jahr (also 2023 bzw. 2024). Auftragsbelastungen mit Auszahlungen in Folgejahren bestehen nicht. Das Tatbestandsmerkmal gemäß § 85 Abs. 1 Satz 1 GO „Auszahlung in späteren Jahren" liegt nicht vor, sodass die Auszahlungsansätze von je 2 Mio. € in 2023 und 2024 als Ermächtigung zu planen sind.

c) Beim Leasing einer EDV-Anlage handelt es sich nicht um eine Investition, weil keine Veränderung des Anlagevermögens erfolgt. Die Gemeinde erwirbt kein Eigentum an der EDV-Anlage. Es kann auch nicht von einem wirtschaftlichen Eigentum im Sinne von § 34 Abs. 1 KomHVO ausgegangen werden; vielmehr besteht eine Art Mietverhältnis (Besitzverhältnis). Eine Veranschlagung zum Zweck des Vertragsabschlusses im Teilfinanzplan – nur dort sind Verpflichtungsermächtigungen einzustellen – erfolgt demnach nicht.

d) Der Erwerb des Tageslichtprojektors stellt zunächst einmal eine Investition dar, da sich das Anlagevermögen gem. § 34 Abs. 1 KomHVO erhöht. Allerdings nimmt die Gemeinde hier das Wahlrecht des § 36 Abs. 3 KomHVO wahr und behandelt den Vermögensgegenstand als „Geringwertigen Vermögensgegenstand". Entsprechend § 36 Abs. 3 Satz 2 KomHVO wird die Auszahlung in diesem Fall der laufenden Verwaltungstätigkeit (und nicht den Investitionen) zugeordnet. Eine Veranschlagung einer Verpflichtungsermächtigung zum Zweck des Vertragsabschlusses im Teilfinanzplan – nur dort sind Verpflichtungsermächtigungen einzustellen – erfolgt demnach nicht.

Sachverhalt Nr. 2

Die Gemeinde G will in 2023 mit dem Bau der Gesamtschule Nord beginnen. Der Kaufvertrag für das Grundstück wurde bereits in 2022 abgeschlossen. Der Gesamtkaufpreis von 1.000.000 € ist mit 800.000 € in 2022 und 200.000 € in 2023 zu zahlen. Die Hochbaukosten belaufen sich auf voraussichtlich 10.000.000 €. Ein Bauunternehmen soll im Frühjahr 2023 einen Auftrag für die Gesamtherstellung des Gebäudes einschließlich der Außenanlagen (schlüsselfertige Übergabe) erhalten. Nach dem Bauzeitenplan verteilen sich die entsprechenden Auszahlungen wie folgt:

2023: 3.000.000 €,
2024: 5.000.000 €,
2025: 2.000.000 €.

Die Einrichtungsgegenstände mit Beschaffungskosen von 300.000 € werden voraussichtlich in 2025 bestellt und bezahlt.

Aufgabe:

Stellen Sie die Maßnahme in den Teilfinanzplänen für die Jahre 2023, 2024 und 2025 einschließlich der jeweiligen mittelfristigen Planung dar, wobei sie einen verkürzten Auszug mit den Spalten 3 bis 7 von Anlage 10 A VV Muster zur GO und KomHVO NRW zur Darstellung verwenden können. Unterstellen Sie dabei, dass sich gegenüber der ursprünglichen Planung keine Änderungen im Zeitablauf ergeben. Auf den Nachweis von Vorjahreszahlen ist zu verzichten.

Lösung:

Haushaltsjahr 2023

Teilfinanzplan Investitionstätigkeit	**Ansatz 2023**	**VE 2023**	**Planung 2024**	**Planung 2025**	**Planung 2026**
Auszahlungen					
für Erwerb von Grundstücken	200.000	0	0	0	0
für Baumaßnahmen	3.000.000	7.000.000	5.000.000	2.000.000	0
für Erwerb von beweglichem Anlagevermögen	0	0	0	300.000	0

Haushaltsjahr 2024

Teilfinanzplan Investitionstätigkeit	**Ansatz 2024**	**VE 2024**	**Planung 2025**	**Planung 2026**	**Planung 2027**
Auszahlungen					
für Erwerb von Grundstücken	0	0	0	0	0
für Baumaßnahmen	5.000.000	0	2.000.000	0	0
für Erwerb von beweglichem Anlagevermögen	0	0	300.000	0	0

Haushaltsjahr 2025

Teilfinanzplan Investitionstätigkeit	**Ansatz 2025**	**VE 2025**	**Planung 2026**	**Planung 2027**	**Planung 2028**
Auszahlungen					
für Erwerb von Grundstücken	0	0	0	0	0
für Baumaßnahmen	2.000.000	0	0	0	0
für Erwerb von beweglichem Anlagevermögen	300.000	0	0	0	0

15. Finanzierung des kommunalen Haushalts

Während haushaltsrechtlich bei Haushaltsplanung und -bewirtschaftung die formalen Aufwands-, Auszahlungs- und Verpflichtungsermächtigungen häufig im Vordergrund stehen, ist in der kommunalen Praxis die Sicherstellung der Finanzierung der Aufgabenerfüllung in vielen Fällen der bedeutendere Bestandteil des kommunalen Finanzmanagements. Dabei kann unter „Finanzierung“ ganz allgemein die Bereitstellung von finanziellen Mitteln (Kapitalbeschaffung), die Rückzahlung früher beschafften Kapitals (z. B. Kredittilgung), die Strukturierung des Kapitals (z. B. Umfinanzierung) und die Rückführung von in Sach- und Finanzwerten investierten Geldbeträgen in liquide Form im Rahmen der laufenden Aufgabenerfüllung (z. B. im Bereich der Gebührenhaushalte) verstanden werden. Die weiteren Ausführungen zur Finanzierung des kommunalen Haushalts innerhalb dieses Buchs konzentrieren sich fast ausschließlich auf die Kapitalbeschaffung i. e. S., die unmittelbar auf die Sicherstellung der Liquidität und die Finanzierung der Investitionen i. S. d. § 75 Abs. 6 GO gerichtet ist.[381] Die vorherige Sicherstellung der Investitionsfinanzierung wird im § 24 Abs. 2 KomHVO ausdrücklich als zwingende Voraussetzung für die Inanspruchnahme von Auszahlungsermächtigungen für Investitionen genannt und erlangt damit auch erhebliche haushaltsrechtliche Bedeutung.

Zur Verdeutlichung sei an dieser Stelle noch einmal darauf hingewiesen, dass es für jede Auszahlung einer Gemeinde oder eines Gemeindeverbandes mindestens zwei zwingende Voraussetzungen gibt:

1. **das Vorliegen einer haushaltsrechtlichen Ermächtigung,**
2. **der ausreichende Bestand an Zahlungsmitteln.**

Beide Voraussetzungen müssen getrennt voneinander betrachtet und beurteilt werden. Bei der in diesem Kapitel behandelten Frage der Finanzierung geht es ausschließlich um die Sicherstellung der notwendigen Auszahlungen durch die Bereitstellung ausreichender Zahlungsmittel.

Diese Bereitstellung der Zahlungsmittel kann auf unterschiedliche Weise erfolgen. Die betriebswirtschaftliche Literatur zur Finanzierung teilt die möglichen Finanzierungsarten üblicherweise nach der Herkunft der Mittel in eine Außenfinanzierung (externer Zufluss von Eigen- oder Fremdkapital) und eine Innenfinanzierung (Kapitalbeschaffung aus dem betrieblichen Umsatzprozess) und nach der Rechtsstellung der Kapitalgeber in eine Eigenfinanzierung (Erhöhung des Eigenkapitals) und eine Fremdfinanzierung (Erhöhung des Fremdkapitals) auf.[382] Dabei ist in der Privatwirtschaft jede denkbare Kombination (Außenfinanzierung als Eigen- oder Fremdfinanzierung bzw. Innenfinanzierung als Eigen- oder Fremdfinanzierung) möglich:

381 Für weitergehende Fragestellungen wird auf die betriebswirtschaftliche Literatur zur Finanzwirtschaft verwiesen, z. B. *Bieg/Kußmaul/Waschbusch*, Finanzierung, 3. Aufl., München 2016 oder *Perridon/ Steiner/Rathgeber*, Finanzwirtschaft der Unternehmung, 17. Aufl., München 2017.

382 Vgl. z. B. *Perridon/Steiner/Rathgeber*, Finanzwirtschaft der Unternehmung, 17. Aufl., München 2017, S. 420.

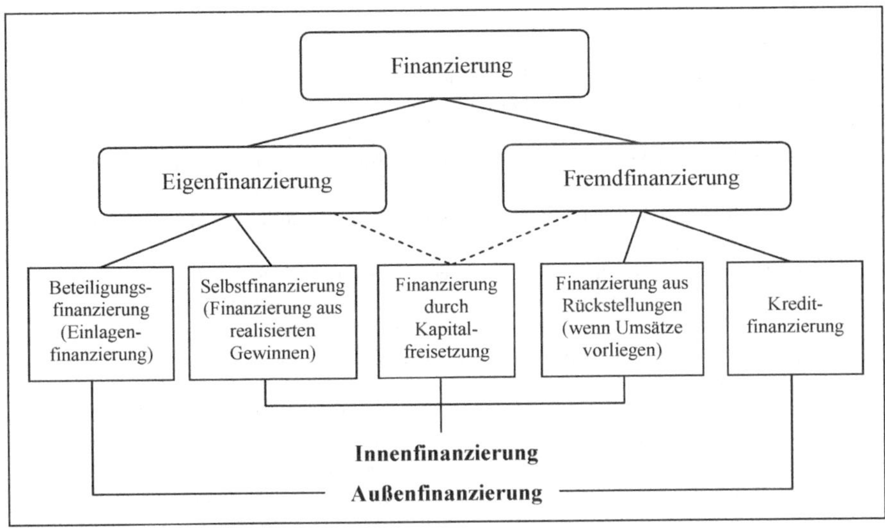

(Quelle: Perridon/Steiner/Rathgeber, Finanzwirtschaft der Unternehmung, 17. Aufl., S. 420)

Im Bereich der Finanzierung kommunaler Haushalte ist dagegen eine Eigenfinanzierung immer auch eine Innenfinanzierung, da eine Beteiligungsfinanzierung rechtlich nicht möglich ist.[383]

Maßgebend für die weitere Betrachtung der Finanzierung kommunaler Gebietskörperschaften ist daher die Unterscheidung zwischen Innen- und Außenfinanzierung.

15.1 Innenfinanzierung

Die Innenfinanzierung ist dadurch gekennzeichnet, dass im Rahmen der Aufgabenerfüllung bisher gebundenes Kapital der Gemeinde in frei verfügbare Zahlungsmittel umgewandelt wird.[384] Dies kann z. B. durch die entgeltliche Bereitstellung öffentlicher Anlagen und Einrichtungen oder durch gezielte Vermögensumschichtungen erfolgen. Daneben stehen Finanzierungen aus Steuern und Zuweisungen, die es in dieser Form in der Privatwirtschaft nicht gibt, für den öffentlichen Sektor aber ebenfalls der Innenfinanzierung zuzurechnen sind.[385]

383 Vgl. *Günsch*, Kommunale Finanzierung – Überblick, in: Haufe Finanz Office für die öffentliche Verwaltung, HaufeIndex 1815206.

384 Vgl. *Bieg/Kußmaul/Waschbusch*, Finanzierung, 3. Aufl., München 2016, S. 365 ff.

385 Vgl. *Günsch*, Kommunale Finanzierung – Überblick, in: Haufe Finanz Office für die öffentliche Verwaltung, HaufeIndex 1815205. Insbesondere die Einordnung der Steuern als Innenfinanzierung erfolgt in der Literatur zur Öffentlichen Betriebswirtschaftslehre nicht einheitlich. Teilweise erfolgt auch eine Zuordnung zur Außenfinanzierung mit der Begründung, dass die Steuern ohne Gegenleistungsverpflichtung erhoben werden und ihnen daher kein Leistungsprozess zugrunde liegt. Vgl. u. a. *Odenthal/Beckermann*, Einführung in die öffentliche Betriebswirtschaftslehre, 10. Aufl., Witten 2019, S. 230.

15.1.1 Selbstfinanzierung

Die Selbstfinanzierung resultiert aus Einzahlungsüberschüssen, d. h. aus einem positiven Cash-Flow im Bereich der laufenden Verwaltungstätigkeit.[386] Durch die Einbeziehung von Finanzplan und -rechnung in das Rechnungssystem des NKF wird die Selbstfinanzierung sowohl in der Planung als auch beim Jahresabschluss vollständig berücksichtigt. Unabhängig vom erreichten Jahresergebnis werden alle zahlungswirksamen Geschäftsvorfälle im Bereich der laufenden Verwaltungstätigkeit erfasst und saldiert. Sie dokumentieren so unmittelbar die geplante oder erreichte Selbstfinanzierung.

Unterschieden wird zwischen einer „offenen Selbstfinanzierung", die sich aus dem ausgewiesenen Jahresergebnis ableiten lässt, und der sog. „stillen Selbstfinanzierung".

Die offene Selbstfinanzierung bedeutet für Unternehmen, dass ausgewiesene Gewinne im Rahmen der Gewinnverwendung entweder im Unternehmen verbleiben (Gewinnthesaurierung) oder an die Anteilseigner ausgeschüttet werden. Im Falle der Ausschüttung muss das Unternehmen hierfür liquide Mittel zur Verfügung stellen, im Falle der Thesaurierung erfolgt kein Liquiditätsabfluss. Da im kommunalen Bereich eine direkte Ausschüttung an die Bürger nicht vorgesehen ist, ergibt sich bei ausgewiesenen Jahresüberschüssen zwangsläufig eine Gewinnthesaurierung. Die Gewinnverwendung beschränkt sich auf die Frage, ob das positive Jahresergebnis der Ausgleichsrücklage oder der Allgemeinen Rücklage zugeführt werden kann.[387] Für die Finanzierungwirkung ist entscheidend, ob neben den Jahresüberschüssen auch Liquiditätsüberschüsse erzielt werden konnten. Die Entwicklung der Finanzrechnung bleibt von Bedeutung.

Die stille Selbstfinanzierung entsteht im Falle der Erzielung nicht ausgewiesener Jahresüberschüsse z. B. durch

- die Nichtaktivierung vorhandener Vermögensgegenstände, z. B. durch das Aktivierungsverbot des § 44 Abs. 1 KomHVO,
- Vermögensunterbewertung, z. B. durch die Aufwandsbuchung geringwertiger Wirtschaftsgüter gem. § 36 Abs. 3 KomHVO, die Unterbewertung von Vorräten nach dem strengen Niederstwertprinzip des § 36 Abs. 8 KomHVO und das damit verbundene Zuschreibungsverbot gem. § 36 Abs. 9 KomHVO,
- Schuldenüberbewertung, z. B. durch die Bildung überhöhter Rückstellungen oder die Unterlassung oder Verzögerung der Auflösung von Rückstellungen.[388]

Eine Finanzierungswirkung ergibt sich bei der stillen Selbstfinanzierung immer dann, wenn die realisierten, aber durch Bewertungsakte nicht ausgewiesenen Jahresüberschüsse für einen längeren Zeitraum in der Gemeinde gebunden werden können. Dies kann z. B. durch die Verpflichtung zum Haushaltsausgleich nach § 75 Abs. 2 GO auf die Weise erfolgen, dass eine bei realistischer Bewertung des Vermögens und der Schulden mögliche Steuersenkung unterbleibt.

---

386 Vgl. Zeile 17 des Musters für die Finanzrechnung, Anlage 21 VV Muster zur GO und KomHVO.

387 Vgl. § 75 Abs. 3 GO sowie die Ausführungen zu Kap. 16.

388 Vgl. *Perridon/Steiner/Rathgeber*, Finanzwirtschaft der Unternehmung, 17. Aufl., München 2017, S. 545 f.

15.1.2 Finanzierung aus dem Rückfluss von Abschreibungsgegenwerten

Die Finanzierung aus dem Rückfluss von Abschreibungsgegenwerten[389] ist ebenfalls eine Art der Innenfinanzierung und wird auch der Selbstfinanzierung zugerechnet.[390] Entsprechend der obigen Ausführungen würde eine überhöhte Abschreibung ggf. zu einer stillen Selbstfinanzierung führen. Die häufig verkürzt als „Finanzierung aus Abschreibungen“ bezeichnete Finanzierungsform hat sowohl in der Privatwirtschaft als auch in der öffentlichen Verwaltung einen besonderen Stellenwert und soll deshalb hier gesondert Erwähnung finden.

Geht man von einem ausgeglichenen Jahresergebnis aus, bedeutet dies, dass sich Aufwendungen und Erträge in der Höhe entsprechen. Allerdings führt dieser Ausgleich nicht automatisch auch zu einem Ausgleich von Ein- und Auszahlungen, da es sowohl im Bereich der Aufwendungen als auch im Bereich der Erträge zahlungswirksame und zahlungsunwirksame Positionen gibt. Die wichtigste zahlungsunwirksame Aufwandsposition bilden die bilanziellen Abschreibungen. Wie in der nachfolgenden vereinfachten Darstellung gezeigt, ergibt sich bei einem ausgeglichenen Jahresergebnis ein Zahlungsmittelüberschuss in Höhe der Abschreibungen, der zur Finanzierung zur Verfügung steht:

Aufwendungen	/ Auszahlungen	Einzahlungen	/ Erträge
Abschreibungen auf Sachanlagen		Zahlungsmittel-überschuss (Finanzierung)	Umsatzerlöse (Erträge) bei einem Jahresergebnis von 0 €
Sachaufwand = -auszahlung	Zahlungsmittel-abgang (Auszahlungen)	Zahlungsmittel-zugang (Einzahlungen)	
Personalaufwand = -auszahlung			

Zu betonen ist dabei, dass nicht die Abschreibung selbst, sondern der Rückfluss der Abschreibungsgegenwerte den Finanzierungseffekt bewirkt. Höhere Abschreibungen verbessern daher nicht automatisch die finanzielle Situation der Gemeinde. Nur wenn diese höheren Abschreibungen (wie z. B. im Bereich der Gebührenhaushalte) zu höheren Erträgen und Einzahlungen führen, wird eine zusätzliche Finanzierungswirkung erreicht. Frei disponible Finanzierungsmittel stehen allerdings nur dann zur Verfügung, wenn die Abschreibungsgegenwerte nicht für Reinvestitionen einzusetzen sind. Tatsächlich kann in diesen Fällen der Kapitalfreisetzungseffekt der Abschreibungen zu einer Kapazitätserweiterung genutzt werden (sog. „Lohmann-Ruchti-Effekt“).[391]

15.1.3 Fremdfinanzierung aus Rückstellungen

Wie bei den Abschreibungen handelt es sich bei der Bildung von Rückstellungen um Aufwendungen, für die es in der gleichen Rechnungsperiode keine entsprechenden Auszahlungen gibt. Stehen den Rückstellungen daher adäquate zahlungswirksame Erträge gegenüber, ergeben sich daraus Finanzierungseffekte. Da die Rückstellungen gem. § 37 Abs. 5 KomHVO für die Begleichung von Verpflichtungen gebildet werden, gehören sie in der Bilanz zum Fremdkapital.[392]

389 Zu den Abschreibungen vgl. im Einzelnen die Ausführungen in Kap. 11.2.17.

390 So z. B. *Günsch*, Kommunale Finanzierung – Überblick, in: Haufe Finanz Office für die öffentliche Verwaltung, HaufeIndex 1815203.

391 Vgl. *Perridon/Steiner/Rathgeber*, Finanzwirtschaft der Unternehmung, 17. Aufl., München 2017, S. 550 f. m. w. N.

392 Zum Thema Rückstellung vgl. im Einzelnen die Ausführungen in Kap. 10.3.7.

Bei der Finanzierung aus Rückstellungen handelt es sich somit um eine verwaltungsinterne (innenfinanzierte) Fremdfinanzierung.[393]

Maßgeblich für die Finanzierungswirkung der Rückstellungen ist ihre Fristigkeit. Rückstellungen, die z. B. für Jahresabschlussarbeiten gebildet werden, führen i. d. R. bereits in den ersten Monaten des Folgejahres zu entsprechenden Auszahlungen. Die Finanzierungswirkung beschränkt sich daher u. U. auf wenige Wochen. Bei Pensionsrückstellungen, die einen wesentlichen Teil der kommunalen Rückstellungen ausmachen, handelt es sich um langfristige Rückstellungen, die teilweise erst in zwanzig oder dreißig Jahren zu entsprechenden Auszahlungen führen werden. Hier ergibt sich – die Erreichung des Haushaltsausgleichs vorausgesetzt – für einen langen Zeitraum ein Finanzierungseffekt durch die Bildung der Rückstellungen. Der entsprechende Finanzmittelüberschuss kann einerseits in Vermögenswerten des Anlagevermögens, andererseits aber auch in Wertpapieren des Umlaufvermögens angelegt werden. Werden Finanzierungsmittel aus Rückstellungen nicht in Form von zusätzlichen Wertpapieren angelegt oder zum Ausgleich eines laufenden Finanzmittelfehlbetrags genutzt, mindern sie automatisch die Höhe der notwendigen Nettokreditaufnahme[394] und ersetzen damit eine anderweitige Fremdfinanzierung. Die sinnvollste Kombination der möglichen Anlageformen ist unter Beachtung des Wirtschaftlichkeitsprinzips (§ 75 Abs. 1 Satz 2 GO) und der Sicherung der Zahlungsfähigkeit (§ 75 Abs. 6 GO) zu wählen.

Zu berücksichtigen ist dabei, dass § 86 Abs. 1 GO einer wirtschaftlichen Finanzierung u. U. im Wege stehen kann. Entscheidet sich die Gemeinde nämlich einmal dafür, die Finanzierung aus Rückstellungen in der Weise zu nutzen, dass die Kreditaufnahme verringert wird, kann sie diese Entscheidung u. U. nicht wieder revidieren, da sich die Höchstgrenze der Kreditaufnahme nach § 86 Abs. 1 GO jeweils auf das Haushaltsjahr bezieht. Die als Schutz vor übermäßiger Verschuldung vorgesehene Kreditbeschränkung schränkt insoweit insbesondere die Flexibilität der möglichen Finanzierungsvarianten und damit auch deren Wirtschaftlichkeit ein.[395]

15.1.4 Finanzierung durch Vermögensumschichtung

Eine weitere Möglichkeit der Innenfinanzierung ist die Vermögensumschichtung.[396] Dabei werden Vermögensteile aus dem Anlage- oder Umlaufvermögen veräußert, um die freiwerdenden finanziellen Mittel zur Finanzierung verwenden zu können. Bei Vermögensveräußerung sind für Gemeinden die Anforderungen des § 90 Abs. 3 Satz 1 GO zu beachten. Danach dürfen nur solche Vermögensgegenstände veräußert werden, die die Gemeinde in absehbarer Zeit zur Aufgabenerfüllung nicht braucht. Dabei ist grundsätzlich zu beachten, dass in vielen Fällen eine Aufgabenerfüllung auch dann möglich ist, wenn die erforderlichen Produktionsfaktoren nicht im Besitz der Gemeinde sind. So können z. B. Gebäude, Betriebsvorrichtungen oder Fahrzeuge gemietet werden, oder die Aufgabenerfüllung kann formell oder materiell privatisiert werden.

Auf die Finanzierungswirkung ausgelegt ist u. a. das „Sale-and-lease-back“. So kann z. B. durch den Verkauf einer Immobilie und deren Rückmietung gebundenes Kapital freigesetzt werden, das nun für andere Zwecke zur Verfügung steht.[397] Auch diese Form der Finanzierung ist

393 Vgl. *Perridon/Steiner/Rathgeber*, Finanzwirtschaft der Unternehmung, 17. Aufl., München 2017, S. 554.

394 Bzw. erhöhen sie die Möglichkeit der Nettotilgung.

395 Die für die Trennung der Kredite in „investiv“ und „konsumtiv“ grundlegende Regelung im Art. 115 GG wurde inzwischen vollständig geändert.

396 Vgl. *Bieg/Kußmaul/Waschbusch*, Finanzierung, 3. Aufl., München 2016, S. 399 ff.

397 Vgl. zum „Sale-and-lease-back“ auch die Ausführungen in Kap. 19.3.3.

grundsätzlich mit § 90 Abs. 3 GO vereinbar. Allerdings fordert das Kommunalministerium für diesen Fall den Nachweis einer langfristigen Sicherung der Aufgabenerfüllung z. B. durch ein langfristiges Nutzungsrecht und eine Rückkaufoption. Darüber hinaus darf von solchen Modellen nur dann Gebrauch gemacht werden, wenn dies der Wirtschaftlichkeit der Aufgabenerfüllung dient.[398] Diese letzte Voraussetzung dürfte bei strenger Prüfung mangels erzielbarer Steuervorteile bei Gemeinden in der Regel nicht vorliegen.[399]

Jegliche Maßnahmen, die dazu führen, dass man den Kapitalbedarf oder die Kapitalbindungsdauer reduziert, gehören zu diesem Bereich der Innenfinanzierung, z. B.

- die konsequente Nutzung der Skontoziehung,
- Verlängerung der Lieferantenzahlungsziele,
- Rationalisierung des Einkaufs,
- Optimierung der Lagerhaltung,
- Verbesserung des Forderungsmanagements.

Hier kommt zur Finanzierung auch der laufende Verkauf noch nicht fälliger Forderungen an ein Kreditinstitut oder anderen Finanzdienstleister (sog. „Factoring") in Frage. Je nach Ausgestaltung des Factorings kann das Kreditrisiko beim echten Factoring vollständig auf den Ankäufer der Forderung übergehen oder – beim unechten Factoring – beim Verkäufer verbleiben. Die Finanzierungswirkung des Factorings hängt im Wesentlichen von der Zeitspanne zwischen dem Eingang des Verkaufserlöses für die Forderungen und dem durchschnittlichen Fälligkeitszeitpunkt ab. Je früher die verkauften Forderungen liquidiert werden können, desto höher ist der durchschnittliche Finanzierungseffekt. Gegen die Veräußerung von kommunalen Forderungen – insbesondere öffentlich-rechtliche Forderungen – werden von Interessenverbänden aus dem Bereich der kommunalen Vollziehungsbehörden immer wieder rechtliche Vorbehalte geltend gemacht. Tatsächlich sind diese Vorbehalte allerdings eher als interessengeleitete Abwehrschlachten gegen das Eindringen privater Dritter in den Bereich des kommunalen Forderungsmanagements zu werten.[400]

15.2 Außenfinanzierung

Unter „Außenfinanzierung" versteht man allgemein die Finanzierung eines Unternehmens bzw. einer Gemeinde mit Kapital, das von außen zugeführt wird. Dies kann bei Privatunternehmen eine Zuführung von Eigenkapital (Einlagen- und Beteiligungsfinanzierung) oder eine Zuführung von Fremdkapital (Fremdfinanzierung) sein. Im kommunalen Bereich kommt eine Außenfinanzierung mit Eigenkapital nicht in Frage.

398 RdErl. des Ministeriums für Inneres und Kommunales vom 16.12.2014 (Krediterlass) – 34-48.05.01/02 –, zuletzt geändert am 24.11.2021 (MBl. NRW. S. 1043), Gliederungspunkt 5.3.2.

399 So im Ergebnis auch *Günsch*, Kommunale Finanzierung – Überblick, in: Haufe Finanz Office für die öffentliche Verwaltung, HaufeIndex 1815221.

400 Für die Privatisierung des Forderungsmanagements hat das Justizministerium Baden-Württemberg im April 2010 den Innovationspreis PPP in der Kategorie „Verwaltungsmodernisierung" erhalten.

15.2.1 Finanzierung aus Investitionszuwendungen und Beiträgen

Gemeinden und Gemeindeverbände finanzieren einen erheblichen Teil ihres Sachanlagevermögens mit Finanzmitteln, die Dritte der Gemeinde zweckgebunden und ohne Rückzahlungsanspruch überlassen. Diese Finanzierung erfolgt entweder in Form von Investitionszuwendungen als freiwillige Finanzierungsbeteiligung oder als öffentlich-rechtlicher Beitrag[401] nach KAG oder BauGB durch eine Verpflichtung aufgrund eines Beitragsbescheids. In beiden Fällen wird ein Teil einer Investition unmittelbar durch Dritte finanziert, ohne dass diese am Eigenkapital der Gemeinde beteiligt werden oder einen Rückzahlungsanspruch erhalten. Bei dieser Art der Finanzierung handelt es sich folglich weder um eine Eigen- noch um eine Fremdfinanzierung, sondern um eine Sonderfinanzierung. Deutlich wird dies u. a. durch die Verpflichtung zur Einstellung eines entsprechenden Sonderpostens gem. § 44 Abs. 5 KomHVO.[402]

Unabhängig von der buchungstechnischen Behandlung der Investitionszuwendungen und Beiträge führen sie zu Finanzmittelzuflüssen und müssen nach den Deckungsvorschriften des § 20 KomHVO unmittelbar zur Finanzierung eingesetzt werden.

15.2.2 Fremdfinanzierung aus Krediten

Bei der Kreditfinanzierung wird Fremdkapital von Dritten aufgenommen, bei denen Gläubigerrechte entstehen.[403] Die Kreditfinanzierung kommunaler Haushalte wird ausdrücklich in § 77 Abs. 4 GO zugelassen. Gleichwohl sind bei der Kreditfinanzierung der kommunalen Aufgabenerfüllung neben den allgemeinen Haushaltsgrundsätzen besondere haushaltsrechtliche Regelungen zu beachten, um insbesondere zukünftige Steuerzahler vor übermäßigen Belastungen aus dem Schuldendienst zu schützen.

15.2.2.1 Haushaltsrechtlicher Kreditbegriff

Als „Kredit“ kann das unter der Verpflichtung zur Rückzahlung von Dritten oder von Sondervermögen mit Sonderrechnung aufgenommene Kapital bezeichnet werden.[404] Diese Definition kann auch für die Bilanzierung herangezogen werden. Die Gliederung der Verbindlichkeiten in § 42 Abs. 4 Nr. 4 KomHVO unterscheidet auf dieser Grundlage grundsätzlich zwischen Krediten für Investitionen, Anleihen und Krediten zur Liquiditätssicherung. Im Hinblick auf die Zielrichtung des § 86 Abs. 1 GO sind allerdings die Anleihen den Krediten für Investitionen zuzurechnen. Daraus ergibt sich folgende Einteilung:

401 Eine ausführliche Darstellung der kommunalen Beiträge findet sich in *Mutschler*, Kommunales Finanz- und Abgabenrecht NRW, 14. Aufl., Witten 2018, S. 250 ff.

402 Zur Veranschlagung und zur buchungstechnischen Behandlung wird auf die Ausführungen in Kap. 10.3.6.3 verwiesen.

403 Vgl. *Perridon/Steiner/Rathgeber*, Finanzwirtschaft der Unternehmung, 17. Aufl., München 2017, S. 448.

404 Vgl. z. B. die Begriffsbestimmung in den Regelungsvorschlägen an das Innenministerium NRW in: Innenministerium des Landes Nordrhein-Westfalen (Hrsg.), Neues Kommunales Finanzmanagement – Abschlussbericht des Modellprojekts „Doppischer Kommunalhaushalt in NRW“, Freiburg 2003, S. 83.

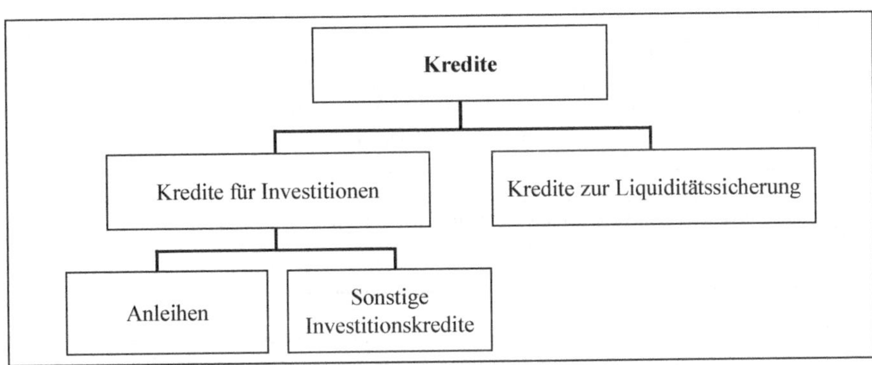

Durch diese Abgrenzung wird allerdings der haushaltsrechtliche Kreditbegriff enger gefasst als dies in der Betriebswirtschaft üblich ist. Im Bereich der Unternehmensfinanzierung wird unter „Kredit" jede Erbringung einer Leistung in Erwartung einer zukünftigen Gegenleistung verstanden. So werden dort insbesondere auch kurzfristige Finanzierungsformen wie Anzahlungen und Teilzahlungen (Kundenkredite) oder Zielkauf und Kaufpreisstundungen (Lieferantenkredite) dem Kreditbegriff zugeordnet.[405]

> ***Beispiel:***
> *Der Handwerksmeister kauft bei seinem Lieferanten Material ein, das er erst am Ende des nächsten Monats bezahlen muss. Betriebswirtschaftlich räumt ihm der Lieferant damit einen Kredit ein. Ebenso handelt es sich um einen Kredit, wenn der Kunde dem Handwerksmeister bereits vor Erbringung der vereinbarten Leistung (z. B. Neuanstrich des Wohnhauses) einen Teil des vereinbarten Rechnungsbetrages überweist.*

Mit Einführung der Doppik in das kommunale Rechnungswesen wurde diese betriebswirtschaftliche Sichtweise übernommen. Es werden in der Bilanz sowohl Verbindlichkeiten aus Lieferung und Leistung (§ 42 Abs. 4 Pos. 4.5 KomHVO), erhaltene Anzahlungen (§ 42 Abs. 4 Pos. 4.8 KomHVO) als auch Rückstellungen (§ 42 Abs. 4 Pos. 3 KomHVO) ausgewiesen.

Unter den haushaltsrechtlichen Kreditbegriff fallen dagegen ausschließlich Geldleihen, unabhängig von ihrer Fristigkeit. Dies sind für den Bereich der Kommunalverwaltung insbesondere Tages- und Festgelder, Darlehen und Anleihen.

In den haushaltsrechtlichen Vorschriften werden als „Darlehen" üblicherweise nur die von der Gemeinde verliehenen Gelder bezeichnet (z. B. Baudarlehen an Bedienstete, Darlehen an Unternehmen im Bereich der Wirtschaftsförderung). Unabhängig von der Stellung der Gemeinde als Schuldner oder Gläubiger stellt das Darlehen faktisch aber nur eine spezifische Form des mittel- oder langfristigen Kredits dar.

a) Kredite für Investitionen

Nach § 86 Abs. 1 i. V. m. § 77 Abs. 4 GO dürfen Kredite nur für Investitionen aufgenommen werden, wenn eine andere Finanzierung nicht möglich oder wirtschaftlich unzweckmäßig wäre. Die Beschränkung der Kreditaufnahme auf die Finanzierung von Investitionen ist auf Art. 83 Satz 2 LVerf zurückzuführen.

405 Vgl. z. B. *Gräfer/Schiller/Rösner*, Finanzierung, 6. Aufl., Berlin 2008, S. 115 ff.

Die Haushaltssatzung legt gem. § 78 Abs. 2 Nr. 1 Buchst. c GO die Höchstgrenze für die möglichen Investitionskredite fest. Diese Höchstgrenze bezieht sich auf die tatsächliche Brutto-Kreditaufnahme, die nicht höher sein darf als die Summe der Investitionen (§ 86 Abs. 1 GO).

Die Festlegung der Höchstgrenze der Kredite für Investitionen berechnet sich in folgender Weise auf der Grundlage der Festlegungen im Finanzplan:

+	Auszahlungen aus Investitionstätigkeit
–	Einzahlungen aus Zuwendungen für Investitionsmaßnahmen
–	Einzahlungen von Beiträgen u. ä. Entgelten
=	Höchstbetrag der Kredite aus Investitionen

Unerheblich für die Zuordnung der Kredite zu den Investitionskrediten ist nach den haushaltsrechtlichen Vorschriften die gewählte Laufzeit der einzelnen Kreditverbindlichkeit. Diese muss gem. § 75 Abs. 1 Satz 2 GO nach Wirtschaftlichkeitsgesichtspunkten bestimmt werden und soll sich grundsätzlich an der Lebensdauer der damit finanzierten Vermögensgegenstände orientieren.[406] Dennoch kann es bei sinkenden Kapitalmarktzinsen durchaus wirtschaftlich und damit notwendig sein, auch große Investitionen zunächst kurzfristig zu finanzieren, um sich wenige Wochen oder Monate später einen günstigeren Zinssatz langfristig zu sichern.

Im Ergebnis können alle Kredite, die die Summe der Investitionsauszahlungen abzüglich der Investitionszuwendungen und Beiträge zum jeweiligen Zeitpunkt nicht überschreiten und nicht über die Kreditermächtigung in der Haushaltssatzung hinausgehen, als Kredite zu Finanzierung von Investitionen ausgewiesen werden.[407]

b) Anleihen

Haushaltsrechtlich relevant ist als besondere Ausprägung des Investitionskredits die Anleihe. Bei dieser Finanzierungsform wird das von der Kommune benötigte Kapital durch eine unbestimmte Zahl von Geldgebern durch den Kauf von Wertpapieren aufgebracht. Bei den Anleihen handelt es sich um verbriefte Forderungstitel, die i. d. R. an der Börse gehandelt werden.

Beispiel:[408]
Die Stadt S emittiert zur Finanzierung eines Stadion-Neubaus eine Kommunalobligation. Im August 2023 lässt sie 100.000 Urkunden mit folgendem Text drucken:

„5 % Obligation über 1.000 € der Stadt S. 2023/2033 im Gesamtnennbetrag von 100 Mio €. Die Stadt S zahlt dem Inhaber dieser Obligation 5 % Zinsen jährlich nachträglich am 15. September und löst die Obligation bei Fälligkeit am 15. September 2033 ein.

406 So RdErl. des Ministeriums für Inneres und Kommunales vom 16.12.2014 (Krediterlass) – 34-48.05.01/02 –, zuletzt geändert durch Runderlass vom 24.11.2021, Gliederungspunkt 2.1.2.

407 Da auch Anleihen zu den Krediten zählen, sind auch diese bei der Ermittlung des Höchstbetrags der Kredite für Investitionen zu berücksichtigen. Insgesamt entbehrt die vorgesehene Differenzierung zwischen Krediten für Investitionen und anderen Krediten jedoch jeglicher Logik, da eine Abgrenzung praktisch nicht möglich ist und der Gesetzgeber hier auch keinerlei Hilfestellung zur Abgrenzung bietet. Da die Notwendigkeit der Beschaffung von Finanzierungsmitteln grundsätzlich vor der Verpflichtung zur Verwendung dieser Mittel besteht, kann auch der Stand der Investitionsauszahlungen nicht maßgeblich für die Höhe der zulässigen Kreditaufnahme für Investitionen sein.

408 Beispiel in Anlehnung an *Thielmann*, Finanzierung: mit Übungsaufgaben und Lösungen, 2. Aufl., Köln 1992, S. 33.

Stadt S, im September 2023."

Seit dem Druck der Urkunden ist der Kapitalmarktzins leicht gestiegen. Um die Emission trotzdem absetzen zu können, wird am 15.9.2023 als Ausgabekurs 98 % festgelegt.

Der Anleger A kauft am 15.9.2023 nominal 1.000 € der Kommunalobligation und zahlt 1.000 € × 0,98 = 980 €. Jeweils am 15. September erhält er in den Jahren 2024 bis 2033 1.000 € × 5 % = 50 € Zinsen gegen Einreichung des entsprechenden Zinsscheines. Am 15.9.2033 erhält er zusätzlich 1.000 € gegen Einreichung der Urkunde. Der Anleger hätte die Obligation der Stadt S auch zwischenzeitlich an der Börse an einen Dritten verkaufen können. Der Verkaufskurs würde sich dann jeweils aus den aktuellen Kapitalmarktbedingungen ergeben.

Die Hausbank der Stadt S (Konsortialführer) verrechnet mit anderen Banken, die ggf. an der Emission beteiligt sind (Emissionskonsortium). Sie schreibt der Stadt S den Gegenwert der Obligation (Nominalwert × Ausgabekurs) gut und belastet sie mit den Zinsen und dem Rückzahlungsbetrag. Die Stadt S wird zusätzlich mit Bankprovisionen etc. belastet.

Bilanziell bedeutet dies für die Stadt S, dass sie die Anleihe mit ihrem Rückzahlungsbetrag zu passivieren hat (§ 42 Abs. 4 Pos. 4.1 KomHVO). Der niedrigere Ausgabekurs führt dazu, dass der Auszahlungsbetrag geringer ist als der Rückzahlungsbetrag. Dieser Unterschiedsbetrag (Disagio) kann gemäß § 43 Abs. 2 KomHVO entweder direkt als Zinsaufwand erfasst werden oder in einen aktiven Rechnungsabgrenzungsposten eingestellt und so aufwandswirksam über die Laufzeit der Anleihe verteilt werden.

Anleihen werden im öffentlichen Bereich überwiegend vom Bund und von den Ländern aufgelegt. Seit einigen Jahren bedienen sich aber auch Großstädte wieder zunehmend dieser Finanzierungsform.

c) Kredite zur Liquiditätssicherung

Die Bilanzgliederung sieht nach § 42 Abs. 4 Ziff. 4.3 KomHVO zusätzlich eine Zeile für den Nachweis der Kredite zu Liquiditätssicherung vor. Soweit im Rahmen der Inanspruchnahme dieser Kredite tatsächliche Einzahlungen erfolgen, sind diese nach § 40 S. 4 KomHVO in der Finanzrechnung nachzuweisen.[409] Eine Berücksichtigung im Haushaltsplan (Finanzplan) ist nach § 3 Abs. 1 KomHVO ebenfalls vorgesehen. Festzustellen ist allerdings, dass eine Planung der Ein- und Auszahlungen bei dieser Position praktisch nicht möglich ist. Dies ergibt sich einerseits daraus, dass eine Kreditaufnahme oder -tilgung nicht zwingend mit einer Ein- oder Auszahlung verbunden ist. So führt z. B. die Inanspruchnahme eines Kontokorrentkredits zu keinerlei Zahlungen. Auch wenn die Inanspruchnahme der Liquiditätskredite zu tatsächlichen Zahlungen führt, ist es ja gerade das Prinzip dieser Kredite, eine flexible Reaktion auf nicht planbare Liquiditätsengpässe im laufenden Haushaltsjahr sicherzustellen. Solche Engpässe wiederum ergeben sich u. a. aus den unvorhersehbaren Ein- und Auszahlungszeitpunkten bei allen möglichen Geschäftsvorfällen. Es ist also schlichtweg nicht planbar, ob die Gemeinde im Laufe des Jahres einen Liquiditätskredit fünf- oder zwanzigmal aufnimmt und wieder zurückzahlt. Dies wiederum hat aber Auswirkungen auf die Höhe der (zu planenden) Zahlungsflüsse.

Die Veranschlagung der Ein- und Auszahlungen aus den Krediten zur Liquiditätssicherung beschränkt sich daher notwendigerweise auf eine Abbildung der erwarteten saldierten Änderung des Bestands an Liquiditätskrediten. Es wird also regelmäßig nur eine der beiden vorgesehenen Zeilen (Aufnahme oder Tilgung) beplant werden.

409 Die Inanspruchnahme eines Kredits innerhalb eines Kontokorrentrahmens führt i. d. R. nicht zu einer Einzahlung und wird dementsprechend auch nicht in der Finanzrechnung abgebildet.

Nach § 89 Abs. 2 GO kann die Gemeinde Kredite zur Liquiditätssicherung aufnehmen, wenn dies zur rechtzeitigen Leistung der Auszahlungen erforderlich ist und hierfür keine anderen Mittel zur Verfügung stehen. Voraussetzung ist weiterhin die Einhaltung der nach § 78 Abs. 2 Nr. 3 GO in der Haushaltssatzung festzusetzenden Höchstgrenze der Kredite zur Liquiditätssicherung.

Diese Vorschrift widerspricht § 86 Abs. 1 GO, der ausdrücklich die Kreditaufnahme nur für den Bereich der Investitionstätigkeit vorsieht. Praktisch ist es jedoch erforderlich, dass die Gemeinde all ihren Zahlungsverpflichtungen nachkommt, so dass eine Ausnahmeregelung zu § 86 Abs. 1 GO unumgänglich ist. Im Ergebnis hat § 89 Abs. 2 GO allerdings die Wirkung, dass jede Gemeinde im Rahmen ihrer Haushaltssatzung nahezu unbeschränkt Kredite für die laufende Verwaltungstätigkeit aufnehmen kann und die vorgesehene Aufnahme und Tilgung solcher Kredite nicht einmal im Haushaltsplan veranschlagen muss.[410]

Unter die Kredite zur Liquiditätssicherung fallen alle Kredite, die keine Anleihen sind und nicht zu den Krediten für Investitionen gehören.

Auch bei den Krediten zur Liquiditätssicherung sehen die haushaltsrechtlichen Vorschriften keine ausdrückliche Laufzeitbeschränkung für die Zinsvereinbarung vor. Nach dem Wirtschaftlichkeitsprinzip des § 75 Abs. 1 Satz 2 GO muss die Ausgestaltung der Kreditkonditionen unter Berücksichtigung der aktuellen Zinsstrukturen, der Dauer und Höhe des voraussichtlichen Liquiditätsbedarfs und der zu erwartenden Kapitalmarktentwicklung erfolgen. Der Krediterlass des Kommunalministeriums sieht lediglich eine Laufzeitbeschränkung der Zinsvereinbarung von maximal fünfzig Jahren vor. Ab einer Laufzeit von zehn Jahren ist allerdings eine Einzelabstimmung mit der Aufsichtsbehörde erforderlich.[411]

15.2.2.2 Ausgestaltung von Krediten

Kredite werden in unterschiedlichen Rechts- und Bewirtschaftungsformen am Markt angeboten. Das bedingt, dass die Arten der Kredite nach verschiedenen Kriterien eingeteilt werden können. Die Verfasser beschränken sich auf die nachstehend aufgeführten wichtigsten Einteilungen:

410 Zur problematischen Entwicklung der kommunalen Kassenkredite vgl. insb. die ausführlichen Analysen in *Heinemann/Feld/Geys/Gröpl/Hauptmeier/Kalb*, Der kommunale Kassenkredit zwischen Liquiditätssicherung und Missbrauchsgefahr, ZEW-Wirtschaftsanalysen, Baden-Baden 2009.
Zu aktuellen Vergleichsdaten siehe Statistisches Bundesamt: Fachserie 14, Reihe 5: Schulden der öffentliche Haushalte 2018, Wiesbaden 2019, www.destatis.de

411 RdErl. d. Ministeriums für Inneres und Kommunales – 34-48.05.01/02 - 8/14 – vom 16.12.2014 (Krediterlass), zuletzt geändert durch Runderlass vom 24.11.2021, Gliederungspunkt 3.

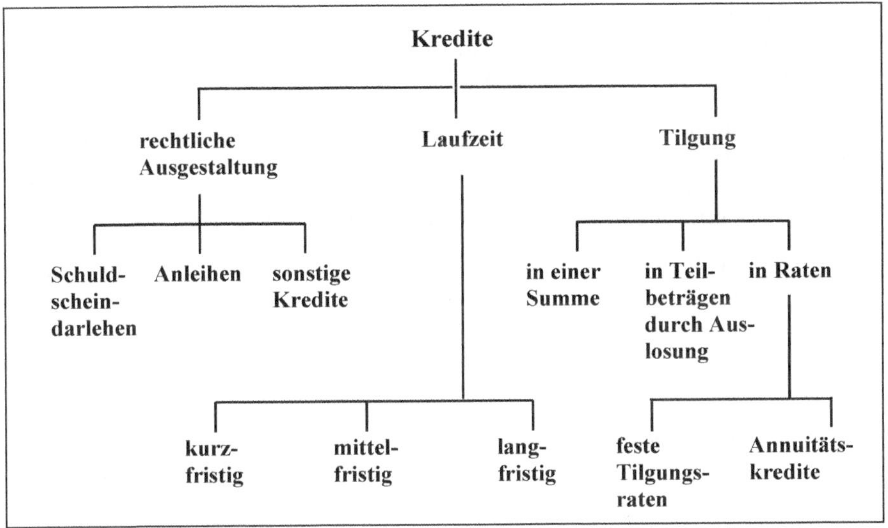

a) Rechtliche Ausgestaltung

Von der rechtlichen Ausgestaltung der Kreditaufnahmen her unterscheidet man folgende Formen:

- *Schuldscheindarlehen*
  Hier wird der Kredit von bestimmten Geldgebern (Banken, Sparkassen, Versicherungen usw.) gewährt. In einem Schuldschein (Schuldurkunde) werden die Darlehensbedingungen festgelegt. Diese Kreditform wird bevorzugt im kommunalen Bereich genutzt.
- *Anleihen*
  Das Kapital wird von einer unbestimmten Zahl von Geldgebern durch den Kauf von Wertpapieren (z. B. Schuldverschreibungen, Schatzbriefe, Kommunalobligationen) aufgebracht. Soweit die Anleihen an der Börse gehandelt werden, unterliegen sie Kursschwankungen. Bei Anleihen können für die gesamte Laufzeit feste, vorab vereinbarte Zinszahlungen während der Laufzeit erfolgen (Straight Bonds). Bei Floating-Rate-Notes werden die Zinssätze regelmäßig in Abhängigkeit von Referenzzinssätzen an die Marktzinsentwicklung angepasst. Eine weitere Möglichkeit ist der Verzicht auf die Vereinbarung eines Zinssatzes: Bei Zero-Bonds ergibt sich der Zinsertrag ausschließlich aus der Differenz zwischen Ausgabekurs und Rückzahlungskurs. Zinszahlungen während der Laufzeit erfolgen nicht.
- *Sonstige Kredite*
  Hierunter fallen die sonstigen Kredite (z. B. im Rahmen eines Bausparvertrages) oder Realkredite wie Hypothekendarlehen und Grundschulddarlehen.

b) Laufzeit

Die Kredite werden nach der Laufzeit (also bis wann der Kredit zurückgezahlt sein muss) wie folgt unterscheiden:[412]

412 Vgl. die Einteilung im Verbindlichkeitenspiegel gem. § 48 Abs. 2 KomHVO.

- *Kurzfristige Kredite*
  Als „kurzfristige Kredite" gelten in der Regel Kredite mit einer Laufzeit von bis zu einem Jahr. Hierunter fallen insbesondere auch Kontokorrentkredite.
- *Mittelfristige Kredite*
  Unter „mittelfristigen Krediten" werden solche verstanden, die eine Laufzeit von einem Jahr bis zu fünf Jahren haben.
- *Langfristige Kredite*
  Kredite mit einer Laufzeit von mehr als fünf Jahren gelten als langfristige Kredite.

Die vorgenannte Einteilung basiert auf den haushaltsrechtlichen Bestimmungen und kann daher nicht als generelle Kategorisierung gesehen werden.

c) Tilgung

Die Kredite werden nach Art der Tilgung wie folgt unterschieden:

- *Gesamttilgung am Ende der Laufzeit*
  Hier wird der Kredit nach Ablauf der vereinbarten Laufzeit in einer Summe zurückgezahlt. Das Kapital wird während der gesamten Laufzeit voll verzinst.
- *Ratentilgung*
  Die gängigste und bei den Kommunalkrediten übliche Form der Rückzahlung ist die in Raten. Hier unterscheidet man die Rückzahlung
  - in festen Tilgungsraten (d. h. über die gesamte Laufzeit wird in gleich hohen Raten getilgt) und
  - in gleichbleibenden Raten, wobei sich die Tilgung jeweils um die ersparten Zinsen erhöht (d. h. mit Zunehmen der Laufzeit vergrößert sich der Tilgungsbetrag um die geringer werdenden Zinsen, die jeweils vom Restschuldenstand berechnet werden; Darlehen mit diesen Rückzahlungsbedingungen werden auch „Annuitätenkredite" genannt).

15.2.2.3 Kreditgeber

Die Frage, von wem eine Gemeinde Kredite aufnehmen darf, ist im Haushaltsrecht nicht geregelt. Die Gemeinde ist daher in der Wahl ihrer Kreditgeber kaum eingeschränkt. Ausgeschlossen als Kreditgeber ist auch nicht eine Privatperson oder ein privates Unternehmen. Wichtig ist nur, dass der Kreditgeber sicher und wirtschaftlich anbietet. Auch die Kapitalaufnahme bei einem Sondervermögen mit Sonderrechnung gehört zu den Krediten. Zum Sondervermögen mit Sonderrechnung und Treuhandvermögen der Gemeinde gehören z. B. Versorgungs- und Verkehrsunternehmen als Eigenbetriebe. Schulden aus diesem Bereich sind als Kredite bilanziell auszuweisen.

15.2.2.4 Voraussetzungen der Kreditaufnahme

a) Allgemeines

Wegen der besonderen Bedeutung der Kreditaufnahme für die Haushaltswirtschaft und wegen der Belastung folgender Haushalte durch aus Krediten entstehenden Verpflichtungen sind für die Kreditfinanzierung weitreichende haushaltsrechtliche Regelungen getroffen worden. Zu nennen sind hier die Vorschriften der §§ 64, 75 Abs. 7, 77 Abs. 4, 78 Abs. 2, 82 Abs. 2, 86 und 89 Abs. 2 GO. Ferner ist der RdErl. d. IM betr. Kredite und kreditähnliche Rechtsgeschäfte der Gemeinden und Gemeindeverbände vom 16.12.2014 (MBl. NRW. S. 866.) bei der Kreditaufnahme zu beachten.

Folgende Darstellung verdeutlicht in Kurzform die Voraussetzungen für die Zulässigkeit und die zu beachtenden Verfahrensvorschriften für Kreditaufnahmen, die in den weiteren Kapiteln einzeln besprochen werden:

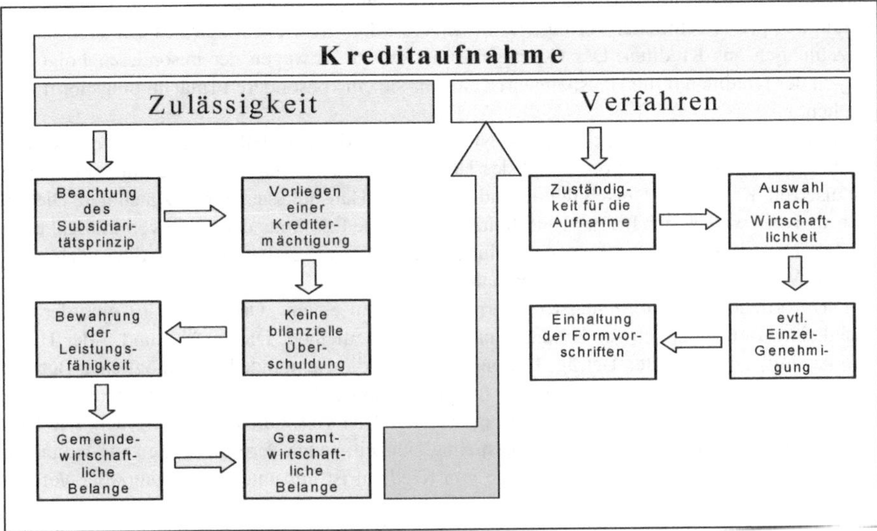

b) Beachtung des Subsidiaritätsprinzips

Nach § 77 Abs. 4 GO darf die Gemeinde Kredite nur aufnehmen, wenn eine andere Finanzierung nicht möglich ist oder wirtschaftlich unzweckmäßig wäre.

Als andere Finanzierungsmittel kommen nach § 77 Abs. 4 GO in folgender Rangfolge in Betracht:

1. Sonstige Finanzmittel
   (z. B. Zuweisungen, Zuschüsse, Mieten, Pachten, Bußgelder, Steuerbeteiligungen),
2. Spezielle Entgelte für die von der Gemeinde erbrachten Leistungen
   (z. B. Gebühren, Beiträge, Eintrittsgelder),
3. Steuern
   (z. B. Grund- und Gewerbesteuer).

Die Kommune darf Kredite nach dem Subsidiaritätsprinzip nur dann aufnehmen, wenn sie alle anderen Finanzierungsmittel vorher ausgeschöpft hat. Selbstverständlich sind als sonstige Finanzierungsmittel auch vorhandene Liquiditätsreserven vorrangig einzusetzen, soweit sie erkennbar nicht notwendig sind, um kurzfristige Liquiditätsschwankungen auszugleichen. Eine Befreiung von dieser strengen Nachrangigkeit der Kreditaufnahme ist nach dem Wortlaut des Gesetzes gegeben, wenn eine andere Finanzierung tatsächlich unmöglich oder unwirtschaftlich ist.[413]

413 Vgl. unten: „Beachtung gemeindewirtschaftlicher Belange“.

c) Vorliegen einer Kreditermächtigung in der Haushaltssatzung

Die Erzielung von Erträgen bzw. Einzahlungen ist i. d. R. nicht auf eine entsprechende Ermächtigung im Haushaltsplan zurückzuführen. Vielmehr werden die Finanzierungsmittel in der Haushaltswirtschaft aufgrund spezialgesetzlicher Regelungen (z. B. Steuergesetzen, Gebührensatzungen), privatrechtlicher Verträge (z. B. Mietverträge) usw. erzielt. Dieses gilt auch für die Einzahlungen aus Krediten. Der Gesetzgeber hat aber u. a. wegen der besonderen Folgewirkungen der Kredite auf die Haushaltswirtschaft für sie eine besondere Ermächtigungsnorm vorgesehen.

Nach § 78 Abs. 2 Nr. 1 Buchst. c und Nr. 3 GO ist in der Haushaltssatzung die vorgesehene Kreditaufnahme für Investitionen und der Höchstbetrag der Kredite zur Liquiditätssicherung festzusetzen. Kredite zur Umschuldung sind nicht in die Haushaltssatzung aufzunehmen. Dies ist auch sinnvoll, weil es sich bei der Umschuldung um keine Erhöhung der Kreditverbindlichkeiten handelt. Die umgeschuldeten oder neu valutierten Kredite waren bereits in Kreditermächtigungen von Vorjahreshaushaltssatzungen enthalten.

Das Vorliegen einer formalen Kreditermächtigung in einem „Ortsgesetz" ist eine der Zulässigkeitsvoraussetzungen für Kreditaufnahmen der Gemeinde. Die in §§ 2 und 5 der Haushaltssatzung[414] festgesetzten Beträge bestimmen die für die Gemeinde höchstmöglichen Beträge der Kreditaufnahme für Investitionen und zur Liquiditätssicherung. Ein darüber hinausgehender Bedarf kann nur im Rahmen einer Nachtragssatzung (§ 81 GO) bereitgestellt werden. Die festgesetzten Kreditermächtigungen sind aber nicht gleichzeitig auch Verpflichtungen zur Aufnahme von Krediten. Eine tatsächliche Aufnahme von Krediten ist nur unter Beachtung aller Voraussetzungen zulässig.

Festzusetzender Betrag ist bei den Investitionskrediten der Betrag der Brutto-Neuaufnahmen, die später in der Finanzrechnung ausgewiesen werden. Sollte eine Kreditauszahlung nicht zu 100 % erfolgen (Einbehaltung eines Disagios), erfolgt die Inanspruchnahme der Kreditermächtigung nur in Höhe des tatsächlichen Einzahlungsbetrages. Bei den Krediten zur Liquiditätssicherung wird lediglich der Höchstbetrag des Gesamtbestands dieser Kreditform in der Haushaltssatzung festgesetzt. Solange die Gemeinde den Höchstbetrag der Kreditermächtigung nicht erreicht, kann sie ohne Einschränkung Kredite zur Liquiditätssicherung aufnehmen oder umschulden.

Die Höhe der in der Haushaltssatzung festgesetzten Kreditermächtigung für Investitionen ergibt sich aus der Höhe der Investitionsauszahlungen abzüglich der Investitionseinzahlungen.[415] Dieser Betrag stellt die Summe der zu finanzierenden kommunalen Investitionen dar, der zur verfassungsmäßigen Beschränkung der Kreditaufnahme herangezogen werden muss.

Über die Finanzierung der Investitionen hinaus ist nach 89 Abs. 1 GO die jederzeitige Zahlungsfähigkeit der Gemeinde sicherzustellen. Für diese Sicherstellung der Zahlungsfähigkeit muss der im Finanzplan ausgewiesene Saldo aus Finanzierungstätigkeit nicht ausreichend sein. Allein dadurch, dass beispielsweise hohe Auszahlungen im Jahresverlauf vor den wichtigsten erwarteten Einzahlungen anfallen, können sich unterjährig Finanzierungsdefizite ergeben, die weit über dem liegen, was laut Finanzplan für das gesamte Jahr als Nettokreditaufnahme für Investitionen erforderlich scheint. Zusätzlich muss ein bestehendes Zahlungsmitteldefizit, unabhängig von seiner Ursache, durch die vorübergehende Inanspruchnahme von Fremdkapital ausgeglichen werden können. Um die für die Sicherstellung der jederzeitigen Liquidität erforderliche Handlungsfähigkeit zu haben, kann die Gemeinde nach § 78 Abs. 2 Nr. 3 i. V. m. § 89 Abs. 2 GO in der Haushaltssatzung zusätzlich einen Höchstbetrag der Kredite zur Liquiditätssicherung

414 Vgl. Anlage 1 VV Muster zur GO und KomHVO.

415 Siehe hierzu die Ausführungen in Kap. 2.3.

festlegen. Auf der Grundlage der Erfahrungen im gemeindlichen Zahlungsverkehr ist dieser Höchstbetrag so zu bemessen, dass die zu erwartende Finanzierungsspitzen innerhalb des Haushaltsjahres damit abgefangen werden können.

Die Einhaltung des in der Haushaltssatzung festgelegten Höchstbetrags der Kreditaufnahmen zur Liquiditätssicherung ist unterjährig anhand der Bankbuchhaltung zu beurteilen und sicherzustellen.

d) Einhaltung des Verbots der bilanziellen Überschuldung

Entsprechend § 75 Abs. 7 GO besteht für die Gemeinde ein Verbot der bilanziellen Überschuldung. Eine solche Überschuldung liegt vor, wenn das Eigenkapital aufgebraucht ist, d. h. ≤ 0 ist. Grundsätzlich stellt eine Kreditaufnahme nicht in erster Linie die Ursache, sondern eher die Auswirkung einer zunehmenden Überschuldung dar. Gleichwohl ist bei stark abnehmendem Eigenkapital die Gefahr einer Überschuldung durch zusätzliche Belastungen aus Finanzierungsaufwand besonders zu berücksichtigen.[416]

Ist z. B. entgegen der Haushaltsplanung im laufenden Jahr der vollständige Verzehr des Eigenkapitals durch entsprechende Fehlbeträge und damit die bilanzielle Überschuldung zu erwarten, ist eine weitere Inanspruchnahme der bestehenden Kreditermächtigungen nur noch nach § 89 Abs. 2 GO zur Sicherung der Zahlungsfähigkeit im laufenden Verwaltungsgeschäft zulässig. Bei erheblichen Defiziten ist der Erlass einer Nachtragssatzung gem. § 81 Abs. 2 Nr. 1 GO erforderlich.

e) Bewahrung der dauernden Leistungsfähigkeit

Nach § 86 Abs. 1 GO hat die Gemeinde auch über die Vermeidung einer Überschuldung hinaus eigenverantwortlich darauf zu achten, dass die aus Kreditaufnahmen entstehenden Verpflichtungen mit ihrer dauernden Leistungsfähigkeit im Einklang stehen. Die Gemeinde hat also ihr besonderes Augenmerk auf die Frage zu richten, ob die sich aus der Kreditaufnahme ergebenden Verpflichtungen auf Dauer erwirtschaftet werden können.

Die Beantwortung dieser Frage ist nicht durch eine pauschale Festlegung bestimmter Prozentrelationen zu den sog. „allgemeinen Deckungsmitteln", zur Ertragskraft oder durch die Festlegung bestimmter Höchstsätze der Pro-Kopf-Verschuldung möglich. Bei der Beurteilung ist neben den historischen Daten auch die abzusehende wirtschaftliche Entwicklung der Gemeinde zu berücksichtigen.

Insbesondere die sog. „Pro-Kopf-Verschuldung" ist zwar in der Presse oder bei den Parlamentariern ein beliebtes Argument, eine weitere Kreditaufnahme zu befürworten oder abzulehnen. Tatsächlich ist sie aber nicht geeignet, die Frage danach zu beantworten, ob eine zusätzliche Kreditaufnahme mit der Leistungsfähigkeit der Kommune vereinbar ist. Folgendes Beispiel soll dies verdeutlichen:

> ***Beispiel:***
> *Herr A und Herr B nehmen jeweils einen Kredit in Höhe von 20.000 € auf. Beide haben also eine Pro-Kopf-Verschuldung von 20.000 €. Der Schuldendienst beträgt für beide gleichermaßen 500 € monatlich. A verdient 4.000 € im Monat. Der monatliche Verdienst von B beträgt nur 1.000 €. Beide haben vergleichbare Lebenshaltungskosten. Frage: Geht es beiden bei gleicher Pro-Kopf-Verschuldung gleich gut?*

416 Vgl. ausführlich zur Überschuldung kommunaler Haushalte *Stockel-Veltmann*, Drohende Überschuldung kommunaler Haushalte, der gemeindehaushalt 2010, S. 1 ff. und *Stockel-Veltmann*, Abwendung einer (drohenden) bilanziellen Überschuldung, der gemeindehaushalt 2010, S. 34 ff.

Eine Antwort erübrigt sich. Das Beispiel verdeutlicht: Für die Beurteilung der Einhaltung der dauernden Leistungsfähigkeit ist nicht die Frage nach der absoluten Schuldenhöhe entscheidend, sondern wichtiger ist die Frage nach dem Schuldendienst (also den Zins- und Tilgungsleistungen) im Verhältnis zur wirtschaftlichen Leistungsfähigkeit. Zur Beurteilung lautet daher die entscheidende Frage: Reichen die verfügbaren Mittel dauerhaft aus, um den Schuldendienst finanzieren zu können?

Während sich die Vermeidung einer Überschuldung eher statisch an den Bilanzgrößen ausrichtet, ist für die Bewahrung der dauernden Leistungsfähigkeit ausdrücklich auf die dynamische Entwicklung der Gemeinde abzustellen. Die Entwicklung der Jahresergebnisse und der Zahlungsfähigkeit stehen im Vordergrund.

Hier sei allerdings angemerkt, dass das Verbot der Überschuldung und die Bewahrung der dauernden Leistungsfähigkeit selbstverständlich eng zusammenhängen, da sich eine Überschuldung immer aus negativen Jahresergebnissen ergibt. Gleichzeitig können aber bei entsprechender Eigenkapitalausstattung dauerhaft negative Jahresergebnisse vorliegen, ohne dass eine Überschuldung droht. Zur Sicherung der dauernden Leistungsfähigkeit ist auch in diesen Fällen eine zusätzliche Kreditaufnahme kritisch zu prüfen.

Maßgeblich für die Beurteilung der dauernden Leistungsfähigkeit ist einerseits die absehbare Entwicklung des Ergebnisses in der mittelfristigen Planung. Dies ist aus dem Ergebnisplan zu entnehmen. Dabei ist insbesondere auf die Entwicklung des „ordentlichen Ergebnisses" (§ 2 Abs. 2 Nr. 1 KomHVO) und des „Finanzergebnisses" (§ 2 Abs. 2 Nr. 2 KomHVO) abzustellen.

Das ordentliche Ergebnis weist das Ergebnis aus, dass sich ausschließlich aus der „normalen" Aufgabenerledigung ergibt. Seltene und ungewöhnliche Geschäftsvorfälle von wesentlicher Bedeutung werden dabei nicht berücksichtigt. Gleichzeitig werden der Finanzierungsaufwand und auch die Erträge aus Finanzanlagen in diesem Saldo nicht berücksichtigt. Die Berücksichtigung dieses Finanzergebnisses erfolgt in einem zweiten Schritt. Die Entwicklung des Finanzergebnisses zeigt bei aktueller Planung deutlich die negativen Auswirkungen einer steigenden Verschuldung an. Die Kommune hat sicherzustellen, dass im Zeitraum der mittelfristigen Planung eine (negative) Entwicklung des Finanzergebnisses durch eine entsprechend (positive) Entwicklung des Ergebnisses aus laufender Verwaltungstätigkeit kompensiert wird. Ziel ist dabei die Erreichung oder Sicherung eines positiven „Ergebnisses aus laufender Verwaltungstätigkeit" (§ 2 Abs. 2 Nr. 3 KomHVO).

Bei einer entgegengesetzten Entwicklung, nämlich einer kontinuierlichen Verschlechterung des Ergebnisses aus laufender Verwaltungstätigkeit, verstößt eine zusätzliche Belastung des Finanzergebnisses durch weitere Kreditaufnahmen, die nicht allein auf die kurzfristige Liquiditätssicherung gerichtet sind, gegen § 86 Abs. 1 GO.

Auch die Auslagerung von möglicherweise bedeutsamen Geschäftsvorfällen aus dem Jahresergebnis durch § 44 Abs. 3 KomHVO muss bei der Beurteilung der Anforderungen des § 86 Abs. 1 Satz 1 GO selbstverständlich im Blick behalten werden. Konkret müssen daher zusätzlich zum Jahresergebnis in Plan und Rechnung auch die nachrichtlich ausgewiesenen direkten Verrechnungen mit der Allgemeinen Rücklage in die Beurteilung einfließen. An dieser Stelle ist deutlich zu erkennen, dass der Verordnungsgeber mit dieser Auslagerung die Intransparenz der Haushaltswirtschaft gefördert hat.

Neben der Entwicklung des Jahresergebnisses ist für die Beurteilung der Sicherung der dauernden Leistungsfähigkeit auch die Entwicklung des Ergebnisses der Finanzrechnung von Interesse. Die Finanzrechnung weist mit den verschiedenen Salden die Fähigkeit der Kommune aus, ihre Aufgabenerledigung aus eigener Kraft zu finanzieren. Ziel der mittelfristigen Entwicklung muss es sein, dass der „Cash-Flow (CF) aus Finanzierungstätigkeit" (§ 3 Abs. 2 Nr. 4 KomHVO) absolut den (negativen) „CF aus Investitionstätigkeit" (§ 3 Abs. 2 Nr. 2 KomHVO) nicht übersteigt. Nur in diesen Fällen kann aus dem laufenden Verwaltungsbetrieb noch ein finanzieller Beitrag zur Investitionstätigkeit der Gemeinde geleistet werden (d. h. der CF aus laufender Verwaltungstätigkeit ist positiv). Bei einem negativen CF aus laufender Verwaltungstätigkeit in der mittelfristigen Entwicklung erfolgt eine Finanzierung des laufenden Geschäfts aus Krediten. Eine solche Entwicklung würde die dauernde Leistungsfähigkeit der Gemeinde gefährden und darf daher nur kurzfristig in Ausnahmesituationen eintreten.

Die Bewahrung der dauernden Leistungsfähigkeit ist im Hinblick auf die Kreditaufnahmen insbesondere bei der Aufstellung des Haushalts und der mittelfristigen Planung zu berücksichtigen. Die vorgesehenen Kreditermächtigungen sind unter den o. a. Kriterien zu beurteilen.

f) Beachtung gemeindewirtschaftlicher Belange

Das o. a. Subsidiaritätsprinzip ist, wie bereits angedeutet, nicht absolut anzuwenden. Der Zusatz „wirtschaftlich unzweckmäßig" erlaubt es, unter bestimmten Voraussetzungen von der Nachrangigkeit abzuweichen.

Die Zweckmäßigkeit oder Unzweckmäßigkeit einer Kreditaufnahme ist im Rahmen der Haushaltswirtschaft unter verschiedenen Aspekten zu sehen. Eine Kreditaufnahme ist unabhängig von anderen Finanzierungsmöglichkeiten immer dann in die Überlegung mit einzubeziehen, wenn es um die Finanzierung langlebiger Investitionsmaßnahmen geht. Unter dem Gesichtspunkt der Zumutbarkeit und Belastbarkeit der Einwohner (§ 10 GO) entspricht es möglicherweise nicht dem Grundsatz der Generationengerechtigkeit, dass die gegenwärtigen Abgabepflichtigen die vollständigen Belastungen (Steuern usw.) tragen, obwohl die künftigen Generationen noch einen erheblichen Nutzen von diesen Investitionen haben. Ferner ist aus den Bestrebungen einer kontinuierlichen Belastung der Einwohner heraus eine möglichst ausgewogene Kreditaufnahme anzustreben.[417] Eine Haushaltswirtschaft unter strenger Beachtung des Subsidiaritätsprinzips der Kreditaufnahme könnte zu sprunghaft wechselnden Belastungen der Einwohner durch Steuern führen.

Ein weiterer Aspekt, der bei der Nachrangigkeit der Kreditfinanzierung zu beachten ist, ist die Frage nach der möglichst beweglichen Haushaltsführung. Bei strikter Beachtung des Subsidiaritätsprinzips müssten zunächst alle anderen Finanzierungsmittel ausgeschöpft werden. Die Folge wäre einerseits, dass bei weiterem Finanzbedarf die angebotenen Kreditkonditionen ohne jegliche Ausweichmöglichkeit angenommen werden müssten. Andererseits würde bei einem plötzlichen Finanzbedarf eine schnelle und unkomplizierte Reaktion unmöglich. Eine dann notwendige Kreditfinanzierung wäre nur im Rahmen eines zeitaufwändigen Verfahrens des Erlasses einer Nachtragssatzung möglich.

Selbstverständlich ist eine Kreditaufnahme aus Gründen der Wirtschaftlichkeit auch dann anderen Finanzierungsformen vorzuziehen, wenn der Schuldenzins unter dem Guthabenzins liegt (evtl. bei zweckgebundenen Krediten der öffentlichen Hand).

g) Beachtung gesamtwirtschaftlicher Belange

Nach § 75 Abs. 1 Satz 3 GO hat die Gemeinde bei der Führung ihrer Haushaltswirtschaft dem gesamtwirtschaftlichen Gleichgewicht Rechnung zu tragen. Im Rahmen dieser Verpflichtung ist auch die Frage der Kreditaufnahme zu sehen. Aus gesamtwirtschaftlichen Überlegungen heraus kann durchaus die Nachrangigkeit der Kreditaufnahme durchbrochen werden. Der Kreditmarkt als Markt lebt von Angebot und Nachfrage. Genauso wie die Kreditbeschränkung nach § 19

417 Sog. „Steuerglättungstheorie", vgl. z. B. *Blankart*, Öffentliche Finanzen in der Demokratie, 7. Aufl., München 2008, S. 338 f.

StWG zur Beruhigung des Kreditmarktes und damit der konjunkturellen Entwicklung beiträgt, wirkt eine verstärkte Kreditaufnahme belebend.

Somit ist die Vorschrift des § 77 Abs. 3 GO bezüglich der wirtschaftlichen Zweckmäßigkeit der Kreditaufnahme grundsätzlich auch unter gesamtwirtschaftlichen Gesichtspunkten zu sehen. Allerdings ist dabei zu berücksichtigen, dass eine einzelne Kommune i. d. R. keine Möglichkeit hat, durch ihre Kreditaufnahmen gesamtwirtschaftliche Zusammenhänge zu beeinflussen. Es ist daher streng darauf zu achten, dass die Beachtung der gesamtwirtschaftlichen Belange von einer einzelnen Gemeinde nicht nur vorgeschoben wird, um eine zusätzliche Kreditaufnahme zu rechtfertigen, die aus anderen Gesichtspunkten (insb. der Bewahrung der dauernden Leistungsfähigkeit) heraus nicht zulässig wäre. Ein Hinweis darauf könnte sein, dass die Gemeinde in einer umgekehrten wirtschaftlichen Situation aus gesamtwirtschaftlichen Gründen heraus eine zusätzliche, einzelwirtschaftlich vertretbare Kreditaufnahme vermieden hat.

15.2.2.5 Zuständigkeit für die tatsächliche Kreditaufnahme

Die in §§ 2 und 5 der Haushaltssatzung gegebenen Ermächtigungen des Rates zur Aufnahme von Krediten sind jeweils Festlegungen der Höchstbeträge. Es ergibt sich nun die Frage, wer die Entscheidung über die tatsächlichen Kreditaufnahmen im Rahmen der Ausführung des Haushalts fällt (z. B. Vertragsabschluss mit dem Kreditinstitut). In § 41 Abs. 1 GO ist kein ausdrücklicher Zuständigkeitsvorbehalt für den Rat vorgesehen. Die Verfasser sind der Meinung, dass die tatsächliche Aufnahme des Kredites im Rahmen der Haushaltsausführung ein Geschäft der laufenden Verwaltung i. S. v. § 41 Abs. 3 GO darstellt.[418] Der Rat hat die Höhe der Gesamtkreditaufnahme zur Finanzierung der Investitionen und zur Sicherung der Liquidität durch die Haushaltssatzung festgelegt. Ein weiterer Entscheidungsspielraum des Rates besteht bei der tatsächlichen Kreditaufnahme aus der Gemeindeordnung nicht. Selbstverständlich bleibt das Rückholrecht des Rates unberührt. Grundsätzlich obliegt aber dem Bürgermeister die Entscheidungsbefugnis über die tatsächliche Kreditaufnahme.

15.2.2.6 Auswahl der Kreditangebote unter Berücksichtigung der Wirtschaftlichkeit

Nach § 75 Abs. 1 Satz 2 GO ist die Haushaltwirtschaft der Gemeinde wirtschaftlich, effizient und sparsam zu führen. Die Beachtung des Wirtschaftlichkeitsgebotes ist auch bei der Kreditaufnahme zu berücksichtigen. Die Gemeinde ist daher verpflichtet, bei jeder einzelnen Kreditaufnahme eine Prüfung der am Kreditmarkt bestehenden Angebote durchzuführen. Hierzu reichen i. d. R. eine Kreditanfrage an verschiedene Geschäftsbanken und ein sorgfältiger Konditionenvergleich aus.

Im Hinblick auf das Wirtschaftlichkeitsgebot sollte sich zusätzlich jede Gemeinde regelmäßig mit den bestehenden unterschiedlichen Möglichkeiten der Finanzierung grundsätzlich auseinandersetzen, um auch mögliche Alternativen zur Kreditaufnahme in die Wirtschaftlichkeitsbetrachtung der Finanzierung mit einzubeziehen.

15.2.2.7 Eventuelle Einzelgenehmigung der Kredite

Grundsätzlich unterliegt die Kreditaufnahme im kommunalen Bereich nicht der Einzelgenehmigung, d. h. die tatsächliche Kreditaufnahme muss nicht jeweils einzeln von der Aufsichtsbehörde

418 Zum Inhalt und zur Abgrenzung der laufenden Geschäfte siehe *Hofmann/Theisen/Bätge*, Kommunalrecht in Nordrhein-Westfalen, 15. Aufl., Witten 2012, 368 ff.

genehmigt oder angezeigt werden. Eine Einzelgenehmigung der Kreditaufnahme kann nur im Zusammenhang mit der Beachtung des gesamtwirtschaftlichen Gleichgewichts angeordnet werden. Der Bund kann nach § 86 Abs. 3 GO die Einzelgenehmigung bestimmen.

Nach § 86 Abs. 3 GO ist eine Einzelgenehmigung erforderlich, sofern die Kreditaufnahme durch den Bund nach § 19 StWG beschränkt worden ist. Diese Beschränkung darf nach § 20 Abs. 2 StWG allerdings nur bis zur Höhe von 80 % der Kreditaufnahmen nach dem Durchschnitt der letzten fünf Jahre gehen. Für Gemeinden, die in der Vergangenheit zurückhaltend waren, stellt diese Regelung eine Benachteiligung dar. Hier sollten Ausnahmemöglichkeiten geschaffen werden. Bei der bestehenden Regelung muss somit eine Gemeinde im Rahmen ihrer Kreditpolitik auch diese Konsequenz bedenken.

Die Einzelgenehmigung kann nach Maßgabe der Kreditbeschränkung versagt werden. Folge der Kreditbeschränkung ist in erster Linie die verminderte Investitionstätigkeit. Damit stellt sie ein Mittel zur Konjunkturdämpfung dar.

15.2.2.8 Einhaltung der Formvorschriften bei der Kreditaufnahme

Nach § 64 Abs. 1 GO bedürfen Erklärungen, durch welche die Gemeinde verpflichtet werden soll, der Schriftform. Sie sind vom Bürgermeister (oder Stellvertreter) und einem vertretungsberechtigten Bediensteten zu unterzeichnen. Nach § 64 Abs. 4 GO binden Erklärungen, die nicht den Formvorschriften entsprechen, die Gemeinde nicht. Somit bedarf der Kreditvertrag (Schuldurkunde) der Schriftform und zweier Unterschriften, soweit die Kreditaufnahme vom Rat beschlossen wird.

Kann der Bürgermeister im Rahmen seiner Zuständigkeiten des § 41 Abs. 3 GO über die Kreditaufnahme entscheiden, greift § 64 Abs. 2 GO. Die Formvorschrift des § 64 Abs. 1 GO, wonach zwei Unterschriften erforderlich sind, findet keine Anwendung. In der Praxis werden jedoch – unabhängig von der rechtlichen Beurteilung – überwiegend Verpflichtungserklärungen im Sinne des § 64 Abs. 1 GO erfolgen.

15.2.2.9 Sicherheitsleistungen bei der Kreditaufnahme

Da bei öffentlichen Körperschaften ein Kreditausfallrisiko für die Gläubiger nicht besteht, ist die Bestellung von Sicherheiten grundsätzlich nicht erlaubt (§ 86 Abs. 5 GO). Nur mit Zustimmung der Aufsichtsbehörde sind Ausnahmen von diesem generellen Verbot zulässig, wenn die Sicherheitsbestellung der Verkehrsübung entspricht. Der Verkehrsübung entspricht eine Sicherheitsleistung, wenn sie im Geschäftsverkehr unter Berücksichtigung der besonderen Stellung der Gemeinden im Kreditgeschäft üblich ist. Beispiel hierfür sind Hypotheken auf Wohnhäuser. Insgesamt ist jedoch ein strenger Maßstab bei der Frage nach Sicherheitsleistungen anzulegen.

15.2.3 Abwicklung der Kreditaufnahme im Haushalt

15.2.3.1 Veranschlagung der Kredite und der daraus resultierenden Aufwendungen und Auszahlungen

Gem. § 20 Nr. 2 KomHVO dienen in der kommunalen Haushaltswirtschaft die Einzahlungen insgesamt zur Deckung der Auszahlungen (Gesamtdeckungsprinzip). Unter Berücksichtigung der Einschränkungen des § 86 Abs. 1 GO sind dabei allerdings die Einzahlungen aus der Kreditaufnahme der Finanzierung der gesamten Investitionsauszahlungen vorbehalten. Eine Zuordnung von einzelnen Kreditaufnahmen als Einzahlung für bestimmte Maßnahmen oder spezifische Aufgabenbereiche ist daher nicht vorgesehen. Da sich die Gliederung des Haushalts in Teilpläne gem. § 4 Abs. 1 KomHVO an Produktbereichen orientiert, ist auch die Veranschlagung der Ein- und Auszahlungen für Kredite in einem diesbezüglichen produktbereichsorientierten Teilfinanzplan vorzunehmen. Grundlage für die Bildung von Produktbereichen ist der in Anlage 6 VV Muster zur GO und KomHVO herausgegebene Produktrahmen. Der Produktrahmen sieht als Produktbereich 16 den Bereich „Allgemeine Finanzwirtschaft" vor, dem die Ein- und Auszahlung aus der Aufnahme und Tilgung von Krediten zugeordnet werden.

Auch wenn die Einnahmen aus Krediten grundsätzlich zweckfrei sind, ist es nicht ausgeschlossen, dass Kredite aufgrund von Gesetzen usw. für bestimmte Maßnahmen bewilligt werden. Denkbar ist jedoch auch eine Zweckbindung aufgrund einer besonderen Vereinbarung mit dem Gläubiger. Aber auch solche zweckgebundenen Kredite sind im Teilfinanzplan des Produktbereichs 16 zu veranschlagen. Diese Zuordnung gilt ebenfalls für die Tilgungsleistungen. Eine Zuordnung zu anderen Produktbereichen ist unzulässig.

§ 4 Abs. 4 KomHVO sieht eine besondere Struktur der Teilfinanzpläne vor. Danach besteht die Möglichkeit, bei den produktorientierten Teilfinanzplänen jeweils nur die Ein- und Auszahlungen aus Investitionstätigkeit auszuweisen. Diese Strukturierungsmöglichkeit ist für die Abbildung des Teilfinanzplans für den Produktbereich „Allgemeine Finanzwirtschaft" nicht ausreichend, da in diesem Teilfinanzplan Investitionen i. d. R. nicht erfasst werden, dafür aber die Finanzierungstätigkeit, d. h. die Aufnahme und Rückzahlung von Krediten, zu erfassen ist. Auch andere Positionen wie die Gewährung von Darlehen oder die vorübergehende Anlage von Geld müssen hier erfasst werden, da andernfalls für diese Auszahlungen keine speziellen Haushaltsermächtigungen vorliegen. Im Produktbereich 16 sollte daher der Teilfinanzplan zur Sicherstellung einer vollständigen Veranschlagung der Finanzierungstätigkeit und der sonstigen Zahlungen, die einer Ermächtigung bedürfen, angepasst werden. Der Bereich der Investitionszahlungen kann dagegen entfallen. Entsprechend sollte auch eine Änderung der Teilfinanzrechnung im Produktbereich 16 erfolgen. Eine mögliche Darstellungsform ist im Folgenden (ohne Anspruch auf Vollständigkeit) abgebildet:

Teilfinanzplan Produktbereich 16 „Allgemeine Finanzwirtschaft"		**Ergebnis Vorvorjahr**	**Ansatz Vorjahr**	**Ansatz Haushaltsjahr**	**VE**	**Haushaltsjahr + 1**	**Haushaltsahr + 2**	**Haushaltsjahr + 3**
		1	2	3	4	5	6	7
Finanzierung								
01	Aufnahme von Krediten für Investitionen							
02	Aufnahme von Krediten zur Liquiditätssicherung							
03	Tilgung von Krediten für Investitionen							
04	Tilgung von Krediten zur Liquiditätssicherung							
05	**Saldo Finanzierungstätigkeit (Kreditaufnahme ./. Tilgung)**							
Sonstige Zahlungen								
06	Einzahlungen aus Rückflüssen von Darlehen							

Teilfinanzplan Produktbereich 16 „Allgemeine Finanzwirtschaft“		Ergebnis Vorvorjahr	Ansatz Vorjahr	Ansatz Haushaltsjahr	VE	Haushaltsjahr + 1	Haushaltsahr + 2	Haushaltsjahr + 3
		1	2	3	4	5	6	7
07	Auszahlungen aus Gewährung von Darlehen							
08	Einzahlungen aus Verkauf von Wertpapieren							
09	Auszahlungen aus Kauf von Wertpapieren							
10	**Finanzierungssaldo**							

Der Ausweis im Teilfinanzplan und in der Teilfinanzrechnung erfolgt in Höhe der tatsächlichen Einzahlungen (Nennbetrag ./. Disagio) bzw. Auszahlungen (Tilgungsleistungen).

> ***Beispiel:***
> *Wird ein Kredit in Höhe von 100.000 € zu einem Auszahlungskurs von 98 % genommen, so sind dafür Einzahlungen i. H. v. 98.000 € im Finanzplan zu veranschlagen und in der Finanzrechnung auszuweisen. Als Auszahlungen sind die planmäßigen Tilgungen zu veranschlagen. Bei Aufnahme des Kredits erfolgt die Passivierung zum Rückzahlungsbetrag i. H. v. 100.000 €. Das Disagio kann als Rechnungsabgrenzungsposten aktiviert und über die Laufzeit des Kredites aufwandswirksam verteilt werden oder direkt als Zinsaufwand gebucht werden.*

Bei den Aufwendungen für Kreditzinsen und der Abschreibung des Disagios stellt sich die Frage nach der Möglichkeit einer zentralen Veranschlagung im Produktbereich 16 „Allgemeine Finanzwirtschaft“ oder der Notwendigkeit der Verteilung auf die Produktbereiche. § 18 Abs. 2 KomHVO lässt für Versorgungs- und Beihilfeaufwendungen ausdrücklich Ausnahmen von der dezentralen Veranschlagung zu. Da hier Fremdkapitalzinsen nicht aufgeführt sind, könnte daraus folgen, dass eine zentrale Veranschlagung dieser Position nicht zulässig sei. Dies würde im Rahmen der angestrebten Produktorientierung des Haushaltswesens auch durchaus Sinn machen, da durch die Verteilung der Fremdkapitalzinsen auf die Produktbereiche eine bessere Abbildung des Ressourcenverbrauchs in den einzelnen Teilergebnisplänen erreicht werden kann. Insbesondere im Hinblick auf die Haushaltssteuerung bilden die Aufwendungen für Kapital einen wichtigen Bestandteil der Produktbereichsbudgets. Gegen diese Auslegung der KomHVO spricht neben der Verteilungsproblematik mit einer geeigneten Schlüsselung insbesondere die Anlage 6 VV Muster zur GO und KomHVO, nach der die Allgemeine Finanzwirtschaft eindeutig (und ausschließlich) dem Produktbereich 16 zuzuordnen ist. Aufgrund der Gültigkeit des Gesamtdeckungsprinzips (§ 20 KomHVO) für den Bereich der Investitionskredite sind diese und die sich aus ihnen ergebenden Aufwendungen der Allgemeinen Finanzwirtschaft und damit dem Produktbereich 16 zuzuordnen.

Nach Auffassung der Autoren wird durch die undurchsichtige Rechtslage den Gemeinden haushaltsrechtlich jede Möglichkeit der Veranschlagung von Kreditzinsen zugebilligt werden müssen. Angesichts der Bedeutung dieser Position im Hinblick auf Volumen und Steuerungsrelevanz ist dem Gesetzgeber dringend zu raten, hier eine Überarbeitung der Normen vorzunehmen, um eine eindeutige Rechtslage zu schaffen. Dabei sollte das Ziel der Produktorientierung des Haushaltswesens nicht aus dem Blick verloren werden.

Bei der Veranschlagung von Zinsaufwendungen ist die Periodenabgrenzung zu beachten. Unabhängig vom Zahlungszeitpunkt ist der Betrag zu veranschlagen und zu buchen, der sich tatsächlich auf das Rechnungsjahr bezieht.

Beispiel:
Im Kreditvertrag der Gemeinde G mit der Hausbank wird eine halbjährliche nachträgliche Verzinsung jeweils zum 31. Januar und zum 31. Juli vereinbart. Bei der Veranschlagung der Zinsen ist zu beachten, dass sich die Zinszahlungen am 31. Januar jeweils auf fünf Monate des Vorjahres (August bis Dezember) und einen Monat des laufenden Jahres (Januar) bezieht.

Um die Zinsaufwendungen für 2023 zu ermitteln, ist daher zunächst ein Sechstel der am 31.1.2023 fälligen Zinsen zu veranschlagen. Daneben sind die am 31.7.2023 fälligen Zinsen in voller Höhe zu berücksichtigen. Schließlich sind noch fünf Sechstel der am 31.1.2024 fälligen Zinsen zu kalkulieren.

15.2.3.2 Umschuldung

Im Rahmen der Zinsoptimierung und des Liquiditätsmanagements sind neben der Neuaufnahme von Krediten auch Umschuldungen erforderlich und von praktischer Bedeutung. Bei der Umschuldung erfolgt eine Ablösung der verbleibenden Restverbindlichkeit des Kredites bei gleichzeitiger Neuaufnahme eines Kredites in dieser Höhe.

Eine Umschuldung wird i. d. R. immer dann diskutiert, wenn der Kreditmarkt Kredite mit günstigeren Zinssätzen anbietet als die für bisher aufgenommenen Kredite bzw. wenn die Zinsbindungsfrist ausläuft und ein anderes Kreditinstitut für die Folgezeit günstigere Konditionen anbieten kann. Insbesondere bei der Umschuldung langfristiger Investitionskredite ist zu berücksichtigen, dass die Laufzeit des neuen Kredites nicht über die Laufzeit des abzulösenden Kredites hinausgehen sollte. Ansonsten würde eine weitere Verschiebung der Kredit bedingten Folgelasten in die Zukunft erfolgen. Auch wenn rein rechtlich Kündigungsmöglichkeiten bestehen (§ 489 BGB bzw. vertraglich vereinbart), sollte hiervon nur dann Gebrauch gemacht werden, wenn ein wirklicher wirtschaftlicher Vorteil entsteht. Zur Feststellung eines solchen wirtschaftlichen Vorteils sind ggf. auch durch vorzeitige Kündigung verursachte Vorfälligkeitsentschädigungen zu berücksichtigen. Auch die „Vertragstreue" bei bestehenden Geschäftsverbindungen ist bei solchen Überlegungen nicht außer Acht zu lassen.

Eine Umschuldung ist auch denkbar, um eine Vielzahl von Einzelkrediten wirtschaftlich günstiger in der Form eines „neuen" Gesamtkredites abzuwickeln (geringerer Verwaltungsaufwand).

Wie bereits oben dargestellt, bezieht sich die Kreditermächtigung in der Haushaltssatzung auf die Nettokreditaufnahme. Durch eine „Umschuldung" wird daher die Kreditermächtigung nicht in Anspruch genommen, weil in gleicher Höhe eine Tilgung und eine Neuaufnahme des Kredits erfolgen.

15.2.3.3 Dauer der Kreditermächtigung

Gemäß § 86 Abs. 2 GO gilt die Kreditermächtigung für Investitionskredite eines Haushaltsjahres bis zum Ende des nächsten Haushaltsjahres und – wenn die Haushaltssatzung für das übernächste Jahr nicht rechtzeitig öffentlich bekanntgemacht wird – bis zum Erlass dieser Haushaltssatzung. Soweit Auszahlungen für Investitionen nach § 22 Abs. 2 KomHVO länger übertragen werden, müssen die entsprechenden Finanzierungsmittel, d. h. die Kreditermächtigungen, neu veranschlagt werden. Die Kreditermächtigung für Kredite zur Liquiditätssicherung gilt nach § 89 Abs. 2 Satz 2 GO über das Haushaltsjahr hinaus bis zum Erlass der neuen Haushaltssatzung.

15.2.3.4 Exkurs: Innere Darlehen

Unter „inneren Darlehen“ wird die vorübergehende Inanspruchnahme von Mitteln von Sondervermögen ohne Sonderrechnung verstanden. Praktisch handelt es sich bei diesen Sondervermögen i. d. R. um unselbstständige Stiftungen. Da es sich hier weder um eigene Rechtspersönlichkeiten handelt noch eine separate Rechnungslegung erfolgt, werden die verfügbaren Finanzierungsmittel bilanziell bei der Kommune ausgewiesen. Aus diesem Grunde wird die Inanspruchnahme von inneren Darlehen buchhalterisch nicht nachgehalten und bilanziell nicht ausgewiesen. Haushaltsrechtlich haben damit innere Darlehen zunächst keine Bedeutung. Es ist allerdings zu gewährleisten, dass die kalkulatorischen Zinsen für die Inanspruchnahme der Mittel aus den Sondervermögen ohne Sonderrechnung diesen Sondervermögen wieder zugutekommen. Dies wird i. d. R. durch eine Nebenrechnung sicherzustellen sein.

15.2.4 Praktische Beispiele und Übungen

Sachverhalt Nr. 1
Die Gemeinde G will für das Jahr 2023 im Finanzplan eine Netto-Kreditaufnahme (Saldo aus Finanzierungstätigkeit) in Höhe von 10 Mio. € veranschlagen. Insgesamt ist für den Finanzplanungszeitraum eine Netto-Neuverschuldung von 21,5 Mio. € vorgesehen. Der Bestand an liquiden Mitteln beträgt voraussichtlich zum Beginn des Jahres 2023 12 Mio. €. Der Finanzplan für den nächsten Haushalt stellt sich nach dem derzeitigen Stand folgendermaßen dar:

Finanzplan	2023 T€	2024 T€	2025 T€	2026 T€
Saldo aus lfd. Verwaltungstätigkeit	–3.200	–1.100	2.400	2.800
Saldo aus Investitionstätigkeit	–12.300	–5.000	–6.000	–4.000
Finanzmittelüberschuss/-fehlbetrag	–15.500	–6.100	–3.600	–1.200
Saldo aus Finanzierungstätigkeit (Netto-Kreditaufnahme)	10.000	4.000	3.500	4.000
Änderung des Bestandes an Finanzmitteln	–5.500	–2.100	–100	+2.800
Anfangsbestand Liquide Mittel	12.000	6.500	4.400	4.300
Endbestand Liquide Mittel	6.500	4.400	4.300	7.100

Der Kämmerer prüft, ob die Kreditaufnahme zulässig ist, und hat dabei Folgendes zu berücksichtigen:

- Der Stand der Kredit-Verbindlichkeiten wird lt. Bilanz zum 31.12.2022 150 Mio. € betragen.
- Zum 31.12.2022 kann die Gemeinde G. ein Eigenkapital i. H. v. 45 Mio. € ausweisen.
- Der für 2023 vorgesehene Kredit ist mit 5,0 % zu verzinsen. Der Kämmerer will die verfügbaren liquiden Mittel (2,5 % Guthabenzins) nicht einsetzen, weil er dieses Geld für noch nicht veranschlagte zusätzliche Investitionen in den folgenden Jahren oder zum Ausgleich von laufenden Fehlbeträgen zur Verfügung behalten will.
- Am Kapitalmarkt deutet sich eine Verteuerung der Kredite an.

Aufgabe:
Begutachten Sie die Zulässigkeit der vorgesehenen Veranschlagung der Netto-Kreditaufnahme für das Jahr 2023 unter dem Aspekt der Subsidiarität.

Lösung:
Nach § 77 Abs. 4 GO darf die Gemeinde Kredite nur aufnehmen, wenn eine andere Finanzierung nicht möglich ist oder wirtschaftlich unzweckmäßig wäre. Hier wird der Grundsatz der Subsidiarität angesprochen, d. h. eine Kreditaufnahme soll erst erfolgen, wenn die übrigen Finanzierungsmöglichkeiten (§ 77 Abs. 2 GO) ausgeschöpft sind.

Dieser Grundsatz gilt aber nicht ausschließlich. Bei der Kreditaufnahme ist die wirtschaftliche Zweckmäßigkeit bzw. Unzweckmäßigkeit zu prüfen. So kann zur Erreichung einer wirtschaftlichen Finanzierung des Haushalts durchaus von einer Nachrangigkeit der Kreditaufnahme abgesehen werden (vgl. § 75 Abs. 1 Satz 2 GO). Auf die Möglichkeit der Gemeinde zur Erhöhung der sonstigen Finanzmittel, der speziellen Entgelte oder der Steuern zur Vermeidung einer Kreditaufnahme gibt der Sachverhalt keine Anhaltspunkte. Laut Sachverhalt hat die Gemeinde aber zu Beginn des Jahres 2023 liquide Mittel in erheblichem Umfang (12 Mio. €) zur Verfügung, die sie nach dem Subsidiaritätsprinzip vorrangig zur Finanzierung des Haushalts verwenden muss.

Der Kämmerer beabsichtigt, nur etwa die Hälfte der liquiden Mittel im Jahr 2023 zur Finanzierung einzusetzen, um für spätere unvorhergesehene Finanzbedarfe eine Reserve aufrechterhalten zu können. Insgesamt plant der Kämmerer sogar eine spätere Aufstockung seiner Liquiditätsreserve in den folgenden Jahren auf über 7 Mio. €. Gleichzeitig verbessert sich die Finanzsituation im Bereich der laufenden Verwaltungstätigkeit laut Planung in den nächsten Jahren kontinuierlich. Das Vorhalten einer dauerhaften Liquiditätsreserve in Millionenhöhe scheint daher aus wirtschaftlichen Gründen unangebracht. Zur Sicherung der laufenden Zahlungsfähigkeit erscheint ein weit geringerer Finanzmittelbestand ausreichend. Lt. Sachverhalt beträgt die Zinsdifferenz zwischen Kredit- und Anlagezins rd. 2,5 %. Durch die Vermeidung von Krediten durch eine stärkere Inanspruchnahme der liquiden Mittel könnte der Kämmerer in jedem Jahr je 1 Mio. € geringerer Kreditaufnahme 25.000 € Zinsaufwand vermeiden. Würde der Kämmerer bereits im Jahr 2023 die liquiden Mittel auf 1 Mio. € herunterfahren, würde er nur 4,5 Mio. € an Krediten benötigen, was ihm bereits im folgenden Jahr ersparten Zinsaufwand von 137.500 € einbringen und den Cash-Flow aus laufender Verwaltungstätigkeit entlasten würde.

Der Hinweis auf die absehbare Verteuerung der Kredite am Kapitalmarkt spricht ebenfalls nicht für das Vorziehen von Krediten und das Vorhalten kurzfristig nicht benötigter Liquidität. Eine Erhöhung des Zinssatzes am Kapitalmarkt würde wohl nicht einseitig die Kreditzinsen, sondern auch die Guthabenzinsen betreffen. Auch wenn sich durch die Erhöhung der Zinsen für die Gemeinde die Zinsdifferenz langfristig verbessert, kann nicht davon ausgegangen werden, dass die Guthabenzinsen dauerhaft über den Kreditzinsen liegen. Das Anhäufen von Liquidität zur Vermeidung eines möglicherweise später benötigten Kredites erscheint daher unabhängig von der zu erwartenden Zinsentwicklung in jedem Fall als wirtschaftlich unzweckmäßig.

Die geplante Kreditaufnahme in 2023 verstößt daher gegen die in § 77 Abs. 3 GO vorgesehene Subsidiarität der Kreditaufnahme.

Sachverhalt Nr. 2
Die Gemeinde G will im Jahr 2023 bis 2026 jeweils 15 Mio. € Netto-Kreditaufnahmen für Investitionen in die Haushaltssatzung aufnehmen. Für jede der vier Kreditaufnahmen erhöht sich die Zinsbelastung im folgenden Jahr voraussichtlich um 800.000 €. Vor der Veranschlagung der Kreditaufnahme zeigt der Ergebnisplan folgendes Bild:[419]

419 Vereinfachend wird davon ausgegangen, dass keine Aufwendungen und Erträge im Sinne der §§ 39 Abs. 3 und 44 Abs. 3 KomHVO geplant sind.

Ergebnisplan	2023 T €	2024 T €	2025 T €	2026 T €
Ordentliches Ergebnis	7.000	6.100	5.500	5.400
Finanzergebnis	–2.300	–2.300	–2.300	–2.300
Ergebnis der laufenden Verwaltungstätigkeit	4.700	3.800	3.200	3.100
Außerordentliches Ergebnis	0	0	2.000	1.800
Jahresergebnis	4.700	3.800	5.200	4.900

Aufgabe:
Prüfen Sie die Zulässigkeit dieser Kreditveranschlagungen in Bezug auf § 86 Abs. 1 GO.

Lösung:
Gemäß § 86 Abs. 1 GO müssen die Verpflichtungen aus Krediten mit der dauernden Leistungsfähigkeit der Gemeinden im Einklang stehen. Die dauernde Leistungsfähigkeit spiegelt sich insbesondere darin wider, dass die Kommune in der Lage ist, ihren Ressourcenverbrauch mittelfristig durch eigenes Ressourcenaufkommen zu decken. Damit ist der Ergebnisplan das maßgebliche Kriterium zur Beurteilung der dauernden Leistungsfähigkeit der Kommune.

Vor der Veranschlagung der Kreditaufnahme weist der Ergebnisplan der Gemeinde G in allen Jahren der Planung einen deutlichen Jahresüberschuss aus. Obwohl das Jahresergebnis aus laufender Verwaltungstätigkeit leicht rückläufig ist, scheint eine Gefährdung der Leistungsfähigkeit nicht gegeben.

Durch die Veranschlagung der Kreditaufnahme für Investitionstätigkeit im Finanzplan ist auch eine Anpassung des Ergebnisplans erforderlich. Durch die zusätzlichen Kredite erhöht sich der Zinsaufwand, der das Finanzergebnis belastet. Laut Sachverhalt sollen in den Jahren 2023 bis 2026 der Kreditbestand jeweils um 15 Mio. € erhöht werden. Hierdurch ergibt sich jeweils im folgenden Jahr ein erhöhter Zinsaufwand:

Jahr	Erhöhung Kredit	zus. Zinsaufwand	Finanzergebnis
2023	15.000.000		–2.300.000
2024	15.000.000	800.000	–3.100.000
2025	15.000.000	800.000	–3.900.000
2026	15.000.000	800.000	–4.700.000
2027		800.000	– 5.500.000

Einen guten Überblick über die Auswirkungen der Änderung des Finanzergebnisses gibt der Ergebnisplan nach Anpassung des Finanzergebnisses:

Ergebnisplan	2023 T €	2024 T €	2025 T €	2026 T €
Ordentliches Ergebnis	7.000	6.100	5.500	5.400
Finanzergebnis	–2.300	–3.100	–3.900	–4.700
Ergebnis der laufenden Verwaltungstätigkeit	4.700	3.000	1.600	700
Außerordentliches Ergebnis	0	0	2.000	1.800
Jahresergebnis	4.700	3.000	3.600	1.500

Wie auch vor der Veranschlagung der Kreditaufnahme weist die Gemeinde G weiterhin für den gesamten Zeitraum der mittelfristigen Finanzplanung ein positives Jahresergebnis aus und erfüllt damit nachhaltig die Anforderungen des Haushaltsausgleichs nach § 75 Abs. 2 GO.

Die Verschlechterung des Finanzergebnisses hat allerdings dazu geführt, dass sich das „Ergebnis der laufenden Verwaltungstätigkeit" innerhalb von vier Jahren von 4,7 Mio. € auf 0,7 Mio. € um rd. 85 % reduziert. Bei der für 2027 absehbaren weiteren Verschlechterung des Finanzergebnisses durch die zusätzliche Kreditaufnahme in 2026 ist voraussichtlich erstmals mit einem negativen „Ergebnis aus laufender Verwaltungstätigkeit" zu rechnen. Da eine Fortschreibung des „Außerordentlichen Ergebnisses" auf die nach 2026 folgenden Jahre ohne nähere Kenntnis der Ursachen für diese Ergebnisse nicht zulässig erscheint, drohen langfristig negative Jahresergebnisse, die wesentlich durch die in 2023 bis 2026 vorgesehenen Kreditaufnahmen verursacht sind.

Unabhängig von der Höhe des Eigenkapitals der Gemeinde G erscheint die drastische Verschlechterung des Finanzergebnisses aufgrund der hohen Kreditaufnahme für die Gewährleistung der dauernden Leistungsfähigkeit der Gemeinde zumindest kritisch zu sein.

Im Hinblick auf die bestehenden Unsicherheiten der Entwicklung über den Zeitraum der mittelfristigen Planung hinaus und die Tatsache, dass die Gemeinde laut ihrer Planung bis 2026 noch positive Ergebnisse der laufenden Verwaltungstätigkeit und Jahresergebnisse ausweisen kann, erscheint die geplante Kreditaufnahme im Hinblick auf § 86 Abs. 1 GO zum jetzigen Zeitpunkt noch als zulässig. Sollte sich die erkennbare negative Entwicklung der Gemeinde allerdings in den nächsten Jahren bestätigen oder verstärken, müsste ggf. die vorgesehene Neuverschuldung im Rahmen der dann anstehenden Haushaltsplanung reduziert werden.

Sachverhalt Nr. 3

Die Gemeinde G beabsichtigt, zur Finanzierung der Investitionen im Haushalt einen Bankkredit i. H. v. 5 Mio. € zu veranschlagen. Sie rechnet mit folgenden Konditionen:

Zinsen	=	6,0 v. H.
Tilgung	=	1 v. H. zuzüglich ersparter Zinsen
Auszahlungskurs	=	98 v. H.[420]

Die Kreditaufnahme ist für den 1. April des Haushaltsjahres vorgesehen, wobei mit einer halbjährlichen, nachschüssigen Zins- und Tilgungsleistung (erstmals zum 1. Oktober) gerechnet wird. Für das Disagio wird vom Wahlrecht des § 43 Abs. 2 KomHVO Gebrauch gemacht und ein aktiver Rechnungsabgrenzungsposten gebildet. Es wird von einer Kreditlaufzeit von 33 Jahren ausgegangen.

Aufgabe:

Bilden Sie für das Jahr der Kreditaufnahme die erforderlichen Ansätze (unter Angabe der Sachkonten aus dem Lehrkontenplan der Hochschule für Polizei und öffentliche Verwaltung NRW und der Produktbereiche) im Haushaltsplan.

420 Die Kreditkonditionen entsprechen nicht der derzeitigen Marktlage. Sie sind aus Übungsgründen zur Verdeutlichung der Veranschlagung sämtlicher Kreditkosten dargestellt.

Lösung:

a) Teilfinanzplan im Produktbereich 16 „Allgemeine Finanzwirtschaft“

Zinsen werden im Teilfinanzplan zwar veranschlagt, aber müssen nicht ausgewiesen werden.

Sachkonto	Bezeichnung	Ansatz €
692	**Einzahlungen** Investitionskredite	4.900.000[421]
751	**Auszahlungen** *Zinsauszahlungen*	*150.000*[422]
791	Tilgung von Krediten	25.000[423]

b) Teilergebnisplan im Produktbereich 16 „Allgemeine Finanzwirtschaft“

Sachkonto	Bezeichnung	Ansatz €
551	**Aufwendungen** Zinsaufwendungen	225.000[424]
552	Auflösung ARAP für Disagio	2.273[425]

Sachverhalt Nr. 4

Die Sparkasse G bietet am 12.11.2023 einen äußerst günstigen Kredit i. H. v. 5 Mio. € zu 5,5 % Zinsen und 1 % Tilgung zuzüglich ersparter Zinsen bei einem Auszahlungskurs von 100 % an.[426] Das Angebot gilt aber nur bis zum 13.11.2023. Die Gemeinde G benötigt diesen Kredit dringend, zumal sie wegen der bisher angespannten Lage am Kreditmarkt ihre Kreditermächtigung i. H. v. 20 Mio. € nicht ausgenutzt hat. Kämmerer K gibt der Sparkasse am gleichen Tage mündlich die Zusage. Der Rat hat sich die tatsächliche Kreditaufnahme ab 500.000 € vorbehalten. Nach dem Terminplan tagt der Rat am 20. und der Hauptausschuss am 15. November.

Aufgaben:

a) Begutachten Sie, wer für die Kreditaufnahme zuständig ist bzw. welche Formvorschriften zu beachten sind.
b) Fertigen Sie einen entsprechenden Beschlussentwurf über die Kreditaufnahme und die entsprechende Vorlage an den Rat.

---

421 98 v. H. von 5.000.000 € = 4.900.000 €.

422 6,0 v. H. von 5.000.000 € = 300.000 € Zinsauszahlungen p. a. Am 1. Oktober sind Zinsen für ein halbes Jahr zu zahlen: 300.000 € × ½ = 150.000 €.

423 1 v. H. von 5.000.000 € = 50.000 € : 2 (ein halbes Jahr) = 25.000 €.

424 6,0 v. H. von 5.000.000 € = 300.000 € Zinsaufwand p. a. Da der Kredit erst am 1. April aufgenommen wird, entfallen auf das erste Jahr hiervon drei Viertel = 225.000 €.

425 2 v. H. von 5.000.000 € = 100.000 € Disagio. In dieser Höhe kann bei der Kreditaufnahme gem. § 43 Abs. 2 KomHVO ein aktiver Rechnungsabgrenzungsposten gebildet werden. Dieser RAP wird dann jährlich mit 1/33 (= 3.030 €) aufwandswirksam aufgelöst. Da der Kredit erst am 1. April aufgenommen wird, entfallen auf das erste Jahr hiervon drei Viertel = 2.273 €. Eine sofortige aufwandswirksame Erfassung des Disagios im Jahr der Kreditaufnahme ist ebenfalls zulässig.

426 Die Kreditkonditionen entsprechen nicht der derzeitigen Marktlage. Sie sind aus Übungsgründen so festgesetzt.

Lösung:

Zu a)

Eine ausdrückliche Ratszuständigkeit für die Kreditaufnahme sieht § 43 Abs. 1 GO nicht vor. Der Rat hat bereits in der Haushaltssatzung die Gesamtsumme der Kreditaufnahme festgelegt. Im Rahmen der Ausführung des Haushalts ist demnach die tatsächliche Kreditaufnahme ein Geschäft der laufenden Verwaltung, sodass der Bürgermeister zuständig ist. Laut Sachverhalt hat der Rat sich jedoch die Entscheidung über die tatsächliche Kreditaufnahme ab 500.000 € vorbehalten. Für die Aufnahme des Kredites von 5.000.000 € ist also die Zustimmung des Rates erforderlich.

Laut Sachverhalt liegt dieser erforderliche Ratsbeschluss nicht vor. Nach § 60 Abs. 1 GO entscheidet der Hauptausschuss in den Angelegenheiten, die der Beschlussfassung des Rates unterliegen, falls der Rat nicht rechtzeitig einberufen werden kann. Das Kreditangebot gilt nur noch bis zum 13. November. Somit besteht keine Gelegenheit, den Rat rechtzeitig einzuberufen.

Der Hauptausschuss könnte also entscheiden. Die rechtzeitige Einberufung des Hauptausschusses ist aber aus dem vorgenannten Grund (Gültigkeit des Angebotes bis 13. November) auch nicht möglich. Angesichts der günstigen Konditionen und des dringenden Bedarfs würde die Nichtannahme des Kreditangebotes erhebliche Nachteile für die Gemeinde bringen. In einem solchen Fall kann nach § 60 Abs. 1 GO der Bürgermeister mit einem Ratsmitglied entscheiden. Die Entscheidung muss dann dem Rat in der nächsten Sitzung zur Genehmigung vorgelegt werden. Der Rat kann die Entscheidung aufheben, soweit nicht schon Rechte Dritter entstanden sind.

Ferner bedürfen Erklärungen, durch welche die Gemeinde verpflichtet werden soll, der Schriftform. Sie sind gemäß § 64 Abs. 1 Satz 2 GO vom Bürgermeister (Stellvertreter) zu unterzeichnen. Eine mündliche Zusage des Kämmerers entspricht also nicht den Formvorschriften. Erklärungen, die nicht den Formvorschriften entsprechen, binden die Gemeinde nicht (§ 64 Abs. 4 GO). Die mündliche Zusage des Kämmerers bindet die Gemeinde somit nicht. Der Kredit gilt als nicht aufgenommen. Sollte ein Ratsbeschluss über die Kreditaufnahme nicht zustande kommen, hätte die Sparkasse G einen Rückforderungsanspruch aus § 812 BGB (ungerechtfertigte Bereicherung) unbeschadet weiterer Schadensersatzansprüche.

Zu b)

Die Dringlichkeitsentscheidung und die Ratsvorlage sind nachstehend abgedruckt.

Entscheidung
nach § 60 Abs. 1 Satz 2 GO NRW

Betr.: Aufnahme eines Kredites in Höhe von 5 Mio. €

Gemäß § 60 Abs. 1 Satz 2 GO NRW ergeht folgende Dringlichkeitsentscheidung:

Der Aufnahme eines Kredites in Höhe von 5 Mio. € wird gemäß § 60 Abs. 1 Satz 2 GO NRW zu folgenden Bedingungen zugestimmt:

Zinssatz:	5,50 % p. a.
Tilgung:	1,00 % p. a.
Auszahlungskurs:	100,00 %

Im Übrigen gelten die Bedingungen der Schuldurkunde.

Finanzposition: Finanzplan 2023, Produktbereich 16 „Allgemeine Finanzwirtschaft", Kontengruppe 69 „Einzahlungen aus Finanzierungstätigkeit"

Begründung:
Zum Ausgleich des Finanzplans und zur Liquiditätssicherung werden Kredite i. H. v. insgesamt 5 Mio. € benötigt. Damit die Finanzierungsmittel rechtzeitig zur Verfügung stehen, ist die Aufnahme des Kredites in der vorbezeichneten Höhe erforderlich. Die Konditionen des angebotenen Kredites können bei den jetzigen Verhältnissen auf dem Kapitalmarkt als günstig bezeichnet werden.
Die besondere Dringlichkeit der herbeizuführenden Entscheidung ist dadurch gegeben, dass der Kreditgeber sich nur bis zum 13.11.2023 an seine Zusage gebunden hält.

G, den 12. November 2023_

gez. (Unterschrift Bürgermeister)	gez. (Unterschrift Ratsherr)

Der Bürgermeister G, 13. November 2023

Vorlage an den Rat Nr. __

Betreff
Genehmigung der Entscheidung über die Aufnahme eines Kredites in Höhe von 5.000.000 €

Amt: Kämmerei

Berichterstatter: Kämmerer K

Beschlussvorschlag:
Die Dringlichkeitsentscheidung nach § 60 Abs. 1 Satz 2 GO NRW vom 12. November 2023 über die Aufnahme eines Kredites in Höhe von 5.000.000 € zu folgenden Konditionen

Zinssatz	5,50 % p. a.
Tilgung:	1,00 % p. a.
Auszahlungskurs:	100,00 %

und den sonstigen Bedingungen der Schuldurkunde wird genehmigt.

Anlage: Abschrift der Entscheidung nach § 60 Abs. 1 Satz 2 GO NRW vom 12. November 2023

Begründung:
Siehe Begründung der Dringlichkeitsentscheidung.

In Vertretung

gez.
(Unterschrift Kämmerer)

15.3 Kreditähnliche Verbindlichkeiten

15.3.1 Begriff

Zahlungsverpflichtungen, die den Krediten wirtschaftlich gleichkommen, sind im Haushaltsrecht nicht ausdrücklich definiert. § 86 Abs. 4 GO weist lediglich darauf hin, dass die Kommune Entscheidungen, die zur Entstehung von Verpflichtungen führen, die einer Kreditaufnahme wirtschaftlich gleichkommen, der Aufsichtsbehörde unverzüglich schriftlich anzuzeigen hat.

Praktisch bezieht sich die „Kreditähnlichkeit" darauf, dass es sich bei den betreffenden Geschäften um Finanzierungsinstrumente der Kommune handelt, die wie ein Kredit zu einem späteren Zeitpunkt Zahlungsverpflichtungen auslösen. Das Erfordernis der zusätzlichen Behandlung „kreditähnlicher Vorgänge" im kommunalen Haushaltsrecht ergibt sich aus der bereits dargestellten engen Definition der Kredite, die u. a. darauf abstellt, dass „Kapital aufgenommen" wird. Bei kreditähnlichen Verbindlichkeiten liegt i. d. R. keine Kapitalaufnahme in dem Sinne vor, dass ein Zahlungseingang bei der Gemeinde entsteht.

15.3.2 Bedeutung kreditähnlicher Geschäfte

Wie bereits in Kap. 15.3.1 dargelegt, ist die begriffliche Festlegung dieser Rechtsgeschäfte problematisch. Die rechtliche Ausgestaltung ist unerheblich, somit muss nicht unbedingt ein Rechtsgeschäft der Zahlungsverpflichtung zugrunde liegen. Ein Verwaltungsakt ist ebenfalls denkbar (z. B. § 99 BauGB – Verrentung eines Enteignungsanspruchs im Enteignungsverfahren, § 59 BauGB – Abfindung im Umlegungsverfahren). Beispiele für kreditähnliche Geschäfte der Gemeinden sind:

- Leibrentenverträge,
- Leasingverträge,
- Bausparverträge
- atypische, langfristige Mietverträge ohne Kündigungsmöglichkeiten,
- Nutzungsüberlassungsverträge für Gebäude auf gemeindeeigenen Grundstücken,
- periodenübergreifende Stundungsabreden,
- Ratenkaufmodelle,
- ÖPP-Projekte mit kreditähnlichen Vertragselementen.[427]

Die vorgenannten Geschäfte fallen nicht unter die Kredite und werden nicht in §§ 2 oder 5 der Haushaltssatzung aufgenommen. Derartige Geschäftsvorfälle werden als Rechtsgeschäfte nach § 86 Abs. 4 GO behandelt.

In der Praxis kommen kreditähnliche Geschäfte von der Fallzahl her heute ungleich häufiger vor als Kreditaufnahmen für Investitionen im Rahmen der Kreditermächtigung gemäß § 2 der Haushaltssatzung. Vom Volumen her sind aber die Kreditaufnahmen für Investitionen im Rahmen des § 2 der Haushaltssatzung in der Regel gewichtiger.

Vor allem Kommunen mit Haushaltausgleichsproblemen sind auf der Suche nach neuen Finanzierungsmodellen. Insofern sind z. B. sog. „Sale-and-lease-back-Geschäfte" anzutreffen. Es

---

427 Siehe auch RdErl. d. Ministeriums für Inneres und Kommunales – 34-48.05.01/02 - 8/14 – vom 16.12.2014 (Krediterlass), zuletzt geändert durch Runderlass vom 24.11.2021, Gliederungspunkte 4 und 5.

handelt sich hierbei ohne Zweifel um kreditähnliche Geschäfte, die daher im Krediterlass des Kommunalministeriums auch ausdrücklich behandelt werden.[428]

15.3.3 Voraussetzungen zum Eingehen von kreditähnlichen Geschäften und Anzeigepflicht

Bei der Vielzahl der gemeindlichen Betätigung kommen kreditähnliche Geschäfte in allen Bereichen vor und können mit allen Personengruppen abgeschlossen werden.

Derartige Rechtsgeschäfte sollen aber nur abgeschlossen werden, wenn die in Kap. 15.2.2.4 beschriebenen Voraussetzungen sinngemäß gegeben sind. Nach § 86 Abs. 4 GO ist jedoch zu beachten, dass kreditähnliche Geschäfte spätestens einen Monat vor Vertragsabschluss der Anzeige bei der Aufsichtsbehörde bedürfen. Nach § 86 Abs. 4 GO gilt § 86 Abs. 1 Satz 2 GO sinngemäß. Das bedeutet, dass die aus den kreditähnlichen Rechtsgeschäften übernommenen Verpflichtungen mit der dauernden Leistungsfähigkeit der Gemeinde in Einklang stehen müssen. Dies hat die Aufsichtsbehörde im Rahmen des Anzeigeverfahrens zu prüfen.[429] Diese Form präventiver Aufsicht verpflichtet die Aufsichtsbehörden einzugreifen, wenn es sich um die Verletzung einer Rechtspflicht handelt. Ausgenommen von dieser Anzeigepflicht sind die Begründungen von Zahlungsverpflichtungen im Rahmen der laufenden Verwaltung (z. B. Leasingverträge mit geringem Umfang).

15.3.4 Ausgestaltung kreditähnlicher Geschäfte

Form und Inhalt unterschiedlicher kreditähnlicher Rechtsgeschäfte variieren erheblich und verändern sich kontinuierlich.[430] Die Gemeinden sind gehalten, die Beurteilung solcher Rechtsgeschäfte unter strengen Kriterien durchzuführen. Im Hinblick auf die Nachhaltigkeit der kommunalen Haushaltswirtschaft ist dabei darauf zu achten, dass kurzfristige Liquiditätsvorteile nicht durch insgesamt unwirtschaftliche Vertragskonstellationen erkauft werden. Bezüglich der Beurteilung von dauerhaften Zahlungsverpflichtungen ist im Hinblick auf die Leistungsfähigkeit der Gemeinde ein besonders strenger Maßstab anzulegen. Sinngemäß kann auf die Ausführungen in Kap. 15.2.2.2 verwiesen werden.

15.3.5 Verbindung zum Haushaltsplan

Der Abschluss kreditähnlicher Geschäfte selbst bedarf regelmäßig keiner Veranschlagung im Haushaltsplan, wohl aber sind die sich daraus ergebenden Verpflichtungen haushaltsrechtlich zu berücksichtigen. Somit sind entsprechend §§ 2 und 3 KomHVO alle anfallenden Folgeleistungen entsprechend ihres Charakters als Aufwand und/oder Auszahlung im Haushaltsplan aufzunehmen.

428 RdErl. d. Ministeriums für Inneres und Kommunales – 34-48.05.01/02 - 8/14 – vom 16.12.2014 (Krediterlass), zuletzt geändert durch Runderlass vom 24.11.2021, Gliederungspunkt 5.3.2.

429 RdErl. d. Ministeriums für Inneres und Kommunales – 34-48.05.01/02 - 8/14 – vom 16.12.2014 (Krediterlass), zuletzt geändert durch Runderlass vom 24.11.2021, Gliederungspunkt 4.

430 Hier wird auf die einschlägige Spezialliteratur und die regelmäßigen Veröffentlichungen in den Fachzeitschriften zu neuen Finanzierungsinstrumenten verwiesen.

Nach dem Produktrahmen werden die sich aus kreditähnlichen Verbindlichkeiten ergebenden Aufwendungen und Zahlungen aber nicht im Produktbereich 16 „Allgemeine Finanzwirtschaft" nachgewiesen, sondern dort, wo das Rechtsgeschäft vom Aufgabenbereich her hingehört.

Leider gibt es für die kreditähnlichen Rechtsgeschäfte keine verbindlichen Kontierungsregeln. Der Abschluss eines Leibrentenvertrages führt dazu, dass die Kommune wirtschaftlicher Eigentümer eines Grundstückes wird. Die Anschaffungskosten des Grundstückes bemessen sich nach dem Barwert der Leibrente. In dieser Höhe ist auch eine „Verbindlichkeit, die der Kreditaufnahme wirtschaftlich gleichkommt" zu passivieren. Der Barwert des Leibrentenvertrages ist nun für jeden Jahresabschluss neu zu ermitteln und stellt den neuen Wertansatz dar. In der Regel vermindert sich der Barwert, aber nicht in dem Maße, in dem auch Leibrentenzahlungen erfolgen. Der Differenzbetrag ist aufwandswirksam zu erfassen. Da es sich um ein kreditähnliches Geschäft handelt, wäre eine Zuordnung zu den „Zinsen und sonstigen Finanzaufwendungen" folgerichtig. Problematisch ist die Darstellung in der Finanzrechnung. Man kann die Leibrentenzahlung sowohl als Ersatz für die Kaufpreiszahlung sehen (also dem investiven Bereich zurechnen) als auch als Zins- und Tilgungsleistung für die Leibrentenverpflichtung.

Im Ergebnis werden also die aus kreditähnlichen Geschäften resultierenden Auszahlungen und Aufwendungen über den gesamten Haushalt verteilt veranschlagt und abgewickelt, wobei die Kontierung – insbesondere die Aufteilung in konsumtive und investive Anteile – nicht in allen Fällen eindeutig geklärt ist.[431]

Auch ist bei Leibrenten wegen der Belastung künftiger Jahre die Veranschlagung von Verpflichtungsermächtigungen erforderlich. Diese Veranschlagung wurde bislang in der Praxis regelmäßig wegen der Unsicherheit von Dauer und Höhe der Belastung nicht durchgeführt.[432]

Die Frage der Behandlung von Leasingraten im Haushalt richtet sich ausschließlich danach, ob der Leasinggegenstand der Gemeinde als Leasingnehmer oder dem Leasinggeber wirtschaftlich zuzurechnen ist. Soweit der Leasinggegenstand der Gemeinde zuzurechnen ist, sind die Leasingraten als Kaufpreisraten ausschließlich im Finanzplan zu veranschlagen und zu buchen. Durch die parallele Aktivierung des Leasinggegenstandes erfolgt gleichzeitig eine Abschreibung, die im Ergebnisplan abgebildet wird. Wird der Leasinggegenstand dagegen dem Leasinggeber wirtschaftlich zugerechnet, werden die Leasingraten als sonstiger ordentlicher Aufwand im Ergebnisplan ausgewiesen. Die Zahlungsabwicklung erfolgt dann über das Finanzrechnungskonto (Kontengruppe 74).

Die Beurteilung der schwierigen Frage nach der wirtschaftlichen Zurechnung der Vermögensgegenstände beim Leasing erfolgt im Einzelfall nach den einschlägigen Erlassen der Finanzverwaltung.[433] Grundsätzlich ist dabei zwischen dem Financial Leasing und dem Operational-Leasing unterschieden. Das Financial Leasing erstreckt sich i. d. R. über 40 bis 90 % der betriebsgewöhnlichen Nutzungsdauer des Leasinggegenstandes. Der Leasingvertrag kann beim Financial Leasing innerhalb dieser Laufzeit nicht gekündigt werden. Damit trägt der Leasingnehmer das Investitionsrisiko (z. B. Entwertung wegen technischen Fortschritts) und wird damit als Leasingnehmer wirtschaftlicher Eigentümer des Objektes. Beim Operational Leasing kann der Leasingvertrag dagegen sofort oder relativ kurzfristig gekündigt werden. Hierdurch trägt

---

431 Der Gesetzgeber ist aufgefordert, für verbindliche Kontierungsregeln zu sorgen, die zu einer interkommunal vergleichbaren Abbildung kreditähnlicher Geschäfte in Ergebnis- und Finanzrechnung führen.

432 Diese Verfahrensweise ist allerdings eindeutig rechtswidrig. Nach Auffassung der Autoren besteht daher hier Regelungsbedarf. Die aktuelle Neuformulierung des Kommunalen Haushaltsrechts hätte dazu genutzt werden müssen, hier eine praxisgerechte Regelung einzufügen.

433 Vgl. hierzu die umfassenden Ausführungen in Kap. 10.3.2.1.4 und bei *Brixner/Harms/Noe*, Verwaltungs-Kontenrahmen, München, 2003, S. 425 f. m. w. N.

der Leasinggeber das Investitionsrisiko und bleibt wirtschaftlicher Eigentümer des Leasingobjektes.[434]

15.3.6 Praktisches Beispiel und Übung

Sachverhalt Nr. 5
Die Gemeinde G übernimmt mit Ratsbeschluss vom 1.8.2023 folgende Verpflichtungen:

a) den Schuldendienst für einen Kredit i. H. v. 300.000 €, welchen der Zweckverband „Ausbau des Vorbergbaches“ bei der Sparkasse X zum 1.1.2024 aufnehmen will. Die Kreditkonditionen lauten:
Zinsen = 6 %
Tilgung zuzügl. ersparter Zinsen = 2 %
b) die Leibrentenzahlung aus einem Grundstückskauf im Zuge des Ausbaus der Gemeindestraße X in Höhe von 70.000 € bis zum Tode des Letztlebenden des Ehepaares Müller. Der Grundstücksübergang wird am 1.1.2023 wirksam. Der Barwert der Leibrentenverpflichtung bemisst sich am 1.1.2023 auf 600.000 € und am 31.12.2023 auf 550.000 €.

Aufgabe:
Beurteilen Sie, wie die Maßnahmen im Haushaltsplan zu veranschlagen sind. Dabei ist auf die Veranschlagung einer Verpflichtungsermächtigung nicht einzugehen.

Lösung:
Zu a)
Schuldendiensthilfen sind Geldleistungen an Dritte zur Erleichterung des Schuldendienstes für Kredite. Laut Sachverhalt übernimmt die Gemeinde G den Schuldendienst für einen Kredit des Zweckverbandes. Somit handelt es sich hier um eine Schuldendiensthilfe. Nach dem als Anlage 18 VV Muster zur GO und KomHVO herausgegebenen Kontierungsplan handelt es sich bei Schuldendiensthilfen unabhängig davon, ob die Hilfen beim Empfänger für die Kredittilgung oder für Zinszahlungen bestimmt sind, um Aufwendungen der Gemeinde (Kontengruppe 53: Transferaufwendungen).

Der Schuldendienst i. H. v. 18.000 € (6 % Zinsen von 300.000 € für ein Jahr) und 6.000 € (2 % Tilgung von 300.000 € für ein Jahr), insgesamt also 24.000 €, ist als Schuldendiensthilfen im Ergebnisplan bei den Transferaufwendungen (Konto 532X) und im Finanzplan bei den Transferauszahlungen (Konto 732X) zu veranschlagen. Bei der Auswahl der Konten ist die finanzstatistische Bereichsabgrenzung zu beachten.

Die Schuldendiensthilfe ist dem Produktbereich 13 „Natur- und Landschaftspflege“ zuzuordnen.

Zu b)
Der Abschluss eines Leibrentenvertrages ist – ebenso wie die vorstehend behandelte Übernahme des Schuldendienstes – ein kreditähnliches Geschäft gemäß § 86 Abs. 4 GO.

Der Schuldendienst ist in dem Produktbereich zu veranschlagen, dem er sachlich zuzuordnen ist. Die Leibrente wird für ein Grundstück gezahlt, das im Rahmen des Straßenbaus benötigt

434 Für die Behandlung von PPP-Projekten wird auf die ausführlichen Informationen des Finanzministeriums NRW unter www.ppp-nrw.de verwiesen.

wurde. Da es sich um eine Verkehrsfläche handelt, ist hier nach dem Produktrahmen der Produktbereich 12 „Verkehrsflächen und -anlagen, ÖPNV“ vorgeschrieben.

Sowohl das Grundstück als auch die Leibrentenverpflichtung sind zum 1.1.2023 mit 600.000 € zu bilanzieren. Da der Barwert der Leibrente sich bis zum 31.12.2023 auf 550.000 € verringert, wirken sich lediglich 20.000 €[435] ergebniswirksam (Aufwand) aus. Die Zahlung von 70.000 € ist im Finanzplan zu veranschlagen. Wie das geschehen soll, ist durchaus strittig:

Argumentation 1: Die Zahlungen von Leibrenten entsprechen wirtschaftlich einer Kaufpreiszahlung; es handelt sich daher um Investitionszahlungen, die den „Auszahlungen für den Erwerb von Vermögensgegenständen des Anlagevermögens“ zuzuordnen sind.

Argumentation 2: Die Zahlungen von Leibrenten dienen dem Kapitaldienst der Leibrentenverpflichtung und sind daher in einen Zins- und Tilgungsanteil[436] aufzuteilen.

435 Leibrentenzahlung abzüglich Verminderung der Verbindlichkeit: 70.000 € – 50.000 € = 20.000 €.

436 Im Finanzplan wären dann „Zinsen und sonstige Finanzeinzahlungen“ in Höhe von 20.000 € und „Auszahlungen für die Tilgung von Krediten für Investitionen“ 50.000 € auszuweisen.

16. Der Haushaltsausgleich

16.1 Bedeutung und Zielsetzung

Wesentliche Grundlage der Haushaltswirtschaft ist § 75 Abs. 1 Satz 1 GO, nach dem die Gemeinde so zu planen und zu wirtschaften hat, dass die stetige Erfüllung ihrer Aufgaben gesichert ist. Ergänzende rechtliche Rahmenbedingungen im Hinblick auf die Sicherung der stetigen Aufgabenerfüllung ist vor allem § 10 Satz 1 GO. Nach § 10 Satz 1 GO ist die Gemeinde verpflichtet, ihr Vermögen und ihre Einkünfte so zu verwalten, dass die Gemeindefinanzen gesund bleiben.

Die Gemeindeordnung stellt also insbesondere darauf ab, dass die Aufgabenerfüllung bzw. die Leistungsfähigkeit der Kommune *dauerhaft* erhalten bleiben soll. Der konkrete Maßstab, an dem sich die Haushaltswirtschaft zur Sicherung der dauernden Leistungsfähigkeit in jedem einzelnen Jahr orientieren muss und der gleichzeitig dem Schutz der zukünftigen Steuerzahlerinnen und Steuerzahler dient, ist die Festlegung der Regelungen zum Haushaltsausgleich. Unbeschadet der durch Art. 28 Abs. 2 GG gewährten Selbstverwaltungsgarantie und der damit verbundenen Haushaltsautonomie sind Rat, Bürgermeister und Verwaltung verpflichtet, ihre Haushaltswirtschaft an den Vorgaben der Gemeindeordnung zum Haushaltsausgleich auszurichten.

Die konkreten Vorschriften zum Haushaltsausgleich beinhalten § 75 Abs. 2 und 7 GO, die als „Muss-Vorschriften“ formuliert sind. Die Regelungen für sich betrachtet könnten den Eindruck erwecken, ein Verstoß gegen diese Vorschriften stelle einen Rechtsverstoß dar. § 75 Abs. 4 und § 76 GO deuten jedoch darauf hin, dass auch ein Haushalt vorgelegt werden kann, der die gestellten Anforderungen nicht erfüllt. In diesem Fall sind jedoch von der betroffenen Kommune Maßnahmen einzuleiten, die geeignet sind, die Wiederherstellung einer „ordentlichen“ Haushaltswirtschaft zu bewirken. Dabei ist dann die Aufsichtsbehörde in das Haushaltsaufstellungsverfahren z. B. durch Genehmigungspflichten einzubinden. Insgesamt ist daher die Vorschrift zum Haushaltsausgleich als „Soll-Vorschrift“ zu interpretieren.

Die Formulierung „Haushalt“ im § 75 Abs. 2 GO bezieht sich sowohl auf den Haushaltsplan als auch auf die Haushaltsrechnung, d. h. den Jahresabschluss. Dies ist u. a. aus § 75 Abs. 1 GO zu entnehmen, der ausdrücklich darauf hinweist, dass die Haushaltswirtschaft der Gemeinde nicht nur unter dem Aspekt der stetigen Aufgabenerfüllung zu planen, sondern auch unter diesem Gesichtspunkt zu führen ist. Damit ist auch die Ausführung des Haushalts (Nachtragsplanung nach § 81 GO sowie die Deckung von über- und außerplanmäßigen Aufwendungen nach § 83 GO) und nicht zuletzt die Erstellung des Jahresabschlusses unter Beachtung der Vorschriften zum Haushaltsausgleich zu gestalten. Außerdem erstreckt sich der Grundsatz auch auf die mittelfristige Planung (§ 84 Satz 3 GO).

Nach § 75 Abs. 2 und 7 GO sind zwei Anforderungen des Haushaltsausgleichs voneinander zu unterscheiden, die allerdings systematisch miteinander verknüpft sind. Als „Haushaltsausgleich“ i. e. S. kann die Anforderung des § 75 Abs. 2 GO bezeichnet werden. Danach soll der Gesamtbetrag der Erträge in jedem Jahr den Gesamtbetrag der Aufwendungen erreichen oder übersteigen. Als weiteres Element des Haushaltsausgleichs kann die Forderung des § 75 Abs. 7 GO angesehen werden, nach dem die Kommune verpflichtet ist, ein positives Eigenkapital auszuweisen:

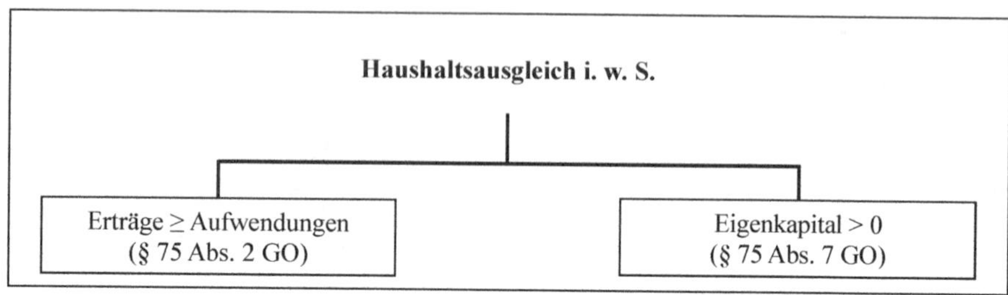

Führt man sich die Systematik der Rechnungskomponenten im kommunalen Finanzmanagement vor Augen, wird deutlich, dass der Ergebnissaldo aus Erträgen und Aufwendungen und die Höhe des Eigenkapitals miteinander verknüpft sind. Dies gilt allerdings nur mit der Einschränkung, dass § 44 Abs. 3 KomHVO bei Erträgen und Aufwendungen aus der Veräußerung von bestimmten Vermögensgegenständen sowie bei Wertveränderungen von Finanzanlagen eine direkte Verrechnung mit der Allgemeinen Rücklage vorsieht. Gleichwohl handelt es sich sowohl nach dem Wortlaut des § 44 Abs. 3 KomHVO als auch nach allen gängigen betriebswirtschaftlichen Definitionen[437] nach wie vor um Erträge und Aufwendungen, die nach § 75 Abs. 2 GO maßgeblich für den Haushaltsausgleich sind.

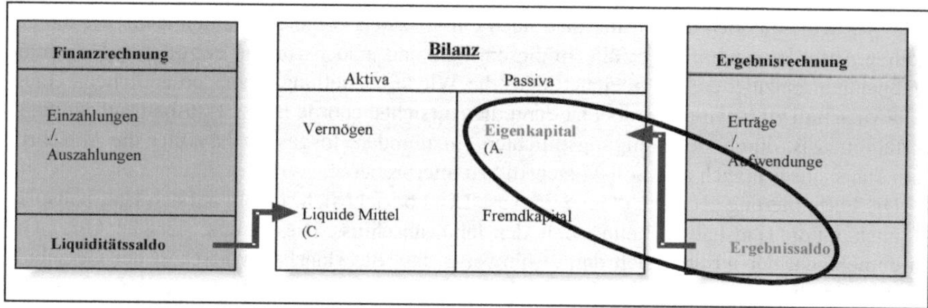

Die Anforderung des § 75 Abs. 7 GO, bei der ebenfalls *alle* Änderungen des Eigenkapitals berücksichtigt werden, kann als ergänzende Vorschrift zum Haushaltsausgleich verstanden werden, die allerdings keine spezielle Rechtsfolge auslöst.

Nachfolgend werden beide Bestandteile des Haushaltsausgleichs zunächst ausführlich erläutert.[438] Dabei wird gesondert auf die haushaltsjahrübergreifende Ausrichtung der Anforderungen des Haushaltsausgleichs eingegangen. Anschließend wird dargestellt, welche haushaltsrechtlichen Konsequenzen sich aus der Nichterreichung des Haushaltsausgleichs ergeben.

437 Vgl. z. B. *Mutschler/Stockel-Veltmann*, Externes Rechnungswesen, 5. Aufl., Witten 2019, S. 12 f.

438 Im Rahmen dieses Lehrbuches wird auf die Hintergründe der Konzeption des Haushaltsausgleichs nicht näher eingegangen. Hierzu sei verwiesen auf *Bickeböller/Pehlke*, Haushaltsausgleich in der Doppik, der gemeindehaushalt 2003, S. 97 ff.

16.2 Ausgleich des Ergebnisplans und der Ergebnisrechnung (Haushaltsausgleich i. e. S.)

Gem. § 75 Abs. 2 GO ist der Haushalt ausgeglichen, wenn der Gesamtbetrag der Erträge den Gesamtbetrag der Aufwendungen erreicht oder übersteigt. Nach § 2 Abs. 1 i. V. m. § 39 Abs. 1 KomHVO gehen die gesamten Aufwendungen und Erträge aus dem Ergebnisplan bzw. der Ergebnisrechnung hervor. Entscheidender Anknüpfungspunkt für den Haushaltsausgleich i. e. S. sind damit Ergebnisplan und -rechnung. Zu berücksichtigen sind zusätzlich die Erträge und Aufwendungen nach § 44 Abs. 3 KomHVO. § 75 Abs. 2 GO stellt ausdrücklich nicht auf eine bestimmte Position im Ergebnisplan oder der Ergebnisrechnung, sondern auf den Gesamtbetrag der Erträge und Aufwendungen ab. In der Gesetzesbegründung zu § 75 Abs. 2 GO wird dazu folgendes ausgeführt: *„Kernstück der Reform des Gemeindehaushaltsrechts ist die Berücksichtigung des vollständigen Ressourcenverbrauchs, der mit Hilfe des Rechnungsstoffes ‚Aufwand' und ‚Ertrag' ermittelt und abgebildet wird.“*[439] Es war mithin ausdrücklich gewollt und wurde sogar als „Kernstück der Reform“ angesehen, dass der gesamte Aufwand und der gesamte Ertrag bei der Bestimmung des Haushaltsausgleichs berücksichtigt werden. Durch die in 2012 erfolgte Änderung des § 44 Abs. 3 KomHVO werden nun die Erträge und Aufwendungen aus dem Abgang und der Veräußerung von Vermögensgegenständen sowie aus Wertveränderungen von Finanzanlagen zukünftig außerhalb der Ergebnisrechnung mit der Allgemeinen Rücklage verrechnet. Dies ändert gleichwohl nichts an ihrer Eigenschaft als „Ertrag“ oder „Aufwand“. Auch wenn die Gesetzesbegründung zum NKFWG ausführt, dass sich diese Geschäftsvorfälle damit nicht mehr auf den Haushaltsausgleich auswirken,[440] ist eine solche Auslegung mit Blick auf den Wortlaut der Normen nicht vertretbar.[441] Dieser Wortlaut der Rechtsvorschrift ist im vorliegenden Fall eindeutig und bildet nach h. M. die äußerste Grenze einer Gesetzesauslegung.[442]

Zu konstatieren ist allerdings auch, dass das MHKBG als oberste Aufsichtsbehörde praktisch die Deutungshoheit über die haushaltsrechtlichen Normen besitzt, zumal diese – nach Auffassung der Autoren in diesem Fall rechtswidrige – Auslegung die Anforderungen an die Kommunen reduziert und daher keiner rechtlichen Prüfung ausgesetzt sein wird. Insoweit unterscheidet sich das Verfahren in der Praxis hinsichtlich der Berücksichtigung der Verrechnungen nach § 44 Abs. 3 KomHVO bei der Beurteilung des Haushaltsausgleichs von der von den Verfassern befürworteten Variante. Bei den am Ende des Kapitels aufgeführten Übungen wird auf die in der Praxis gängige Handhabung abgestellt.

Die Struktur von Ergebnisplan und -rechnung weist verschiedene Zwischensalden (z. B. das ordentliche Ergebnis) aus. Diesen Zwischensalden werden jeweils bestimmte Aufwands- und Ertragsarten zugeordnet. Der Wortlaut des § 75 Abs. 2 GO macht allerdings deutlich, dass sich der Haushaltsausgleich nicht an den Zwischensalden, sondern am Saldo aller Erträge und Aufwen-

---

439 MIK NRW, Begründung zum Gesetz über ein Neues Kommunales Finanzmanagement für Gemeinden im Land Nordrhein-Westfalen, Düsseldorf 2004, S. 16.

440 Vgl. Landtag NRW, LT-Drs. 16/47 vom 12.6.2012, S. 58.

441 Die letzte Version der Handreichung des MIK knüpft bei der Begründung dieser Auslegung an die Abbildung der Erträge und Aufwendungen im Ergebnisplan an und stützt sich dabei auf § 75 Abs. 2 Satz 3 GO. Insbesondere im Hinblick auf die o. a. Gesetzesbegründung aus dem Jahr 2004, in der das Ministerium die Berücksichtigung des vollständigen Ressourcenverbrauchs beim Haushaltsausgleich zum Kernstück der Reform erklärt hat, erscheint diese Argumentation fadenscheinig. Vgl. Innenministerium NRW (Hrsg.), Neues Kommunales Finanzmanagement in Nordrhein-Westfalen – Handreichung für Kommunen, 7. Aufl., Düsseldorf 2016, S. 501.

442 Vgl. u. a. *Walz*, Das Ziel der Auslegung und die Rangfolge der Auslegungskriterien, ZJS 2010, S. 487.

dungen orientiert. Dies führt dazu, dass insbesondere auch die außerordentlichen Aufwendungen und Erträge in die Beurteilung des Haushaltsausgleichs einzubeziehen sind.

Die Anforderung des Ausgleichs von Erträgen und Aufwendungen bezieht sich zunächst auf jedes Haushaltsjahr. Ein summarischer Ausgleich über den Gesamtzeitraum der Haushaltsplanung gem. § 84 Satz 2 GO (Haushaltsjahr und folgende drei Jahre) genügt den Anforderungen des § 75 Abs. 2 GO damit ausdrücklich nicht.

Besondere Bedeutung für den Haushaltsausgleich ist § 11 Abs. 1 KomHVO zuzurechnen. Danach sind Erträge und Aufwendungen in ihrer voraussichtlichen Höhe zu veranschlagen und ggf. sorgfältig zu schätzen. Dies gilt insbesondere auch dann, wenn ein unausgeglichener Haushalt droht. Das „Prinzip Hoffnung“ ist in solchen Fällen nicht nur finanzpolitisch unangebracht, sondern verstößt auch gegen den in § 11 Abs. 1 KomHVO manifestierten haushaltsrechtlichen Grundsatz der Richtigkeit und Willkürfreiheit.

Nach Anzeige der Haushaltssatzung bei der Aufsichtsbehörde (§ 80 Abs. 5 GO) obliegt der Aufsichtsbehörde die Prüfung der Einhaltung der Veranschlagungsgrundsätze.

16.3 Globaler Minderaufwand

Eine Erleichterung beim Ausgleich des Ergebnisplans stellt die Veranschlagung eines globalen Minderaufwands gem. § 75 Abs. 2 S. 4 GO dar. Diese unspezifizierte Einsparverpflichtung darf bis zu 1 % der Summe der ordentlichen Aufwendungen betragen und ist in den jeweiligen Teilplänen zu veranschlagen. Nutzt die Gemeinde diese Möglichkeit, kann sie die Höhe der Aufwendungen um bis zu 1 % reduzieren und damit das Erreichen des Haushaltsausgleichs erleichtern. Gleichzeitig reduziert die Gemeinde damit aber auch die Höhe der effektiven Aufwandsermächtigungen, da der globale Minderaufwand in den Teilplänen verpflichtend umzusetzen ist.

Es handelt sich bei dieser Besonderheit um eine Durchbrechung des Grundsatzes der Einzelveranschlagung. Der globale Minderaufwand darf zur Erreichung des Haushaltsausgleichs zusätzlich zur oder anstelle der Verwendung der Ausgleichsrücklage eingeplant werden.

Entscheidet sich die Gemeinde, dieses Instrument zu nutzen, sind der Ergebnisplan und die Teilergebnispläne jeweils um zwei Zeilen unterhalb des Ergebnisses zu ergänzen:

26	=	**Jahresergebnis (= Zeilen 22 und 25)**						
27	–	Globaler Minderaufwand						
28	=	**Jahresergebnis nach Abzug des globalen Minderaufwands (= Zeilen 26 und 27)**						

Ausdrücklich muss der globale Minderaufwand den Teilplänen zugeordnet werden. Hierdurch erfolgt eine Pauschalkürzung der in dem jeweiligen Teilplan veranschlagten Aufwandspositionen. Eine Beschränkung des Minderaufwands auf 1 % der Aufwendungen des jeweiligen Teilplans ist der Vorschrift nicht zu entnehmen. Es ist festzustellen, dass dieses zusätzliche Instrument zu noch weniger Transparenz in den kommunalen Haushaltsplänen führt, da Bedeutung und Abwicklung einem interessierten Laien und der breiten Öffentlichkeit kaum verständlich gemacht werden können.

Im Hinblick auf die bei den Kommunen sehr verbreitete Nutzung der Möglichkeiten der echten Deckungsfähigkeit gem. § 21 Abs. 1 KomHVO macht dieses offenbar unreflektiert aus dem Landeshaushaltsrecht übernommene Instrument praktisch keinen Sinn mehr. Eine entsprechende

Kürzung eines Ansatzes innerhalb des jeweiligen Aufwandsbudgets würde im Zusammenspiel mit der echten Deckungsfähigkeit in jeder Hinsicht denselben Effekt haben, ohne jedoch zusätzliche Fragen aufzuwerfen.

Bei Veranschlagung globaler Minderaufwendungen ist nämlich unklar, ob und welche Auswirkungen noch nicht umgesetzte globale Minderaufwendungen auf die Budgetierung und die Deckung einer über- oder außerplanmäßigen Aufwendung haben. Nach Auffassung der Verfasser sind bei der Beurteilung von Deckungsvorschlägen noch nicht umgesetzte globale Minderaufwendungen von den in Frage kommenden Mehrerträgen oder Minderaufwendungen als erstes abzuziehen.

Im Hinblick auf nicht erkennbare Vorteile, Unsicherheiten bei der Abwicklung und eine Zunahme von Intransparenz im Haushaltsplan kann ein Einsatz des globalen Minderaufwands nur ein letzter Strohhalm zur Erreichung des Haushaltsausgleichs sein.

16.4 Verbot der bilanziellen Überschuldung

Als weiterer Bestandteil des Haushaltsausgleichs ist das Verbot der bilanziellen Überschuldung (§ 75 Abs. 7 GO) anzusehen. Eine solche Überschuldung liegt nach der Legaldefinition des § 75 Abs. 7 GO vor, wenn das Eigenkapital aufgebraucht, d. h. ≤ 0 ist. Bei negativem Eigenkapital ist der Wert der Verbindlichkeiten, Rückstellungen und Sonderposten höher als der Wert des Vermögens. Da Sonderposten grundsätzlich bei externer Finanzierung von Vermögensgegenständen (z. B. durch Investitionszuwendungen oder Beiträge) gebildet werden, steht ihnen immer in gleicher Höhe entsprechendes Vermögen gegenüber. Im Falle der Überschuldung sind dann die Schulden (Rückstellungen[443] plus Verbindlichkeiten) höher als das übrige Vermögen. Damit muss in der Zukunft Schuldendienst für Schulden geleistet werden, denen kein entsprechendes Nutzungspotential (Vermögen) gegenübersteht. Die nächste Generation zahlt damit Vermögen, das heute schon verbraucht wurde.

Die Höhe des Eigenkapitals ergibt sich aus der Bilanz. In § 42 Abs. 4 KomHVO werden die Bilanzposten der Passivseite im Einzelnen aufgeführt. Danach gehören zum Eigenkapital die Einzelposten

- Allgemeine Rücklage,
- Sonderrücklagen,
- Ausgleichsrücklage,
- Jahresüberschuss/Jahresfehlbetrag.

Eine Überschuldung liegt dementsprechend nur dann vor, wenn die Summe dieser Bilanzposten 0 € nicht überschreitet. Dies lässt die Möglichkeit offen, dass bei aufgebrauchter Ausgleichsrücklage die Summe aus Jahresüberschuss/-fehlbetrag und Allgemeiner Rücklage negativ ist, solange der (positive) Wert der Sonderrücklagen die negativen Eigenkapitalpositionen übersteigt.

Beispiel:
Die Gemeinde G hat in den vergangenen Jahren ihre Ausgleichsrücklage zum Ausgleich von negativen Jahresergebnissen vollständig aufgebraucht. Die Allgemeine Rücklage beträgt nur 4 Mio. €. Für verschiedene Zwecke wurden pflichtige und freiwillige Sonder-

443 Streng genommen handelt es sich bei den Aufwandsrückstellungen nicht um Schulden. Hiervon wird an dieser Stelle zur Vereinfachung abgesehen.

rücklagen angelegt, die insgesamt ein Volumen von 12 Mio. € erreicht haben. Bei der Erstellung des Jahresabschlusses wird ein Fehlbetrag von 6 Mio. € festgestellt, der im kommenden Jahr gegen die Allgemeine Rücklage zu buchen ist. Die Erträge und Aufwendungen nach § 44 Abs. 3 KomHVO gleichen sich gegenseitig aus. Hierdurch weist die Allgemeine Rücklage im folgenden Jahr einen Bestand von –2 Mio. € aus. Eine Überschuldung gem. § 75 Abs. 7 GO liegt trotz der negativen Allgemeinen Rücklage nicht vor, da das Eigenkapital insgesamt (nämlich unter Berücksichtigung der Sonderrücklagen) noch 10 Mio. € beträgt.

Nach § 38 Abs. 1 KomHVO muss die Gemeinde zum Ende eines jeden Haushaltsjahres eine Bilanz aufstellen, die Bestandteil des Jahresabschlusses ist. Die Feststellung der Überschuldung orientiert sich daher zunächst am Jahresabschluss, da eine (Plan-)Bilanz kein Bestandteil der Haushaltssatzung nach § 78 Abs. 2 GO ist.

Grundsätzlich sind nur zwei Möglichkeiten denkbar, durch die sich bei einer Gemeinde eine Überschuldung ergeben kann.[444] Die erste Möglichkeit betrifft den Fall, dass eine Gemeinde bereits bei ihrer nach § 1 Abs. 1 NKFEG aufzustellenden ersten Eröffnungsbilanz ein negatives Eigenkapital ausgewiesen hat. In diesem Fall ist es denkbar, dass die Gemeinde trotz ausgeglichenen Ergebnisplans einen unausgeglichenen Haushalt hat. Erst wenn durch die Erzielung von Jahresüberschüssen oder durch Erträge aus der Vermögensveräußerung das Eigenkapital wieder positiv ist, erreicht diese Gemeinde den Haushaltsausgleich.

Hat eine Gemeinde bei der Erstbilanz ein positives Eigenkapital ausgewiesen, kann sie nur durch Jahresfehlbeträge oder durch Aufwendungen aus der Veräußerung oder dem Abgang von Vermögensgegenständen ihr Eigenkapital aufbrauchen. In diesem zweiten Fall ergibt sich das Nichterreichen des Haushaltsausgleichs bereits aus der Vorschrift des § 75 Abs. 2 GO. Allerdings kann die Situation eintreten, dass die Gemeinde weiterhin über Jahre Fehlbeträge erwirtschaftet und damit das negative Eigenkapital anwächst. In diesen Fällen ist dann der Haushaltsausgleich noch nicht automatisch erreicht, wenn die Erträge die Aufwendungen wieder übersteigen. Erst wenn durch entsprechende Jahresüberschüsse bzw. Erträge nach § 44 Abs. 3 KomHVO das Eigenkapital wieder positiv ist, kann wieder ein ausgeglichener Haushalt erreicht werden.

Durch diese Systematik ergibt sich für die Gemeinden erst dann ein unmittelbarer rechtlicher Zwang zum Ausgleich von Jahresfehlbeträgen aus der Gemeindeordnung, wenn kein Eigenkapital mehr vorhanden ist. In allen anderen Fällen ist ein Abbau von Eigenkapital grundsätzlich möglich und zulässig.

16.5 Haushaltsjahresübergreifender Ausgleich

Wie bereits dargestellt, beziehen sich die Anforderungen an den Haushaltsausgleich zunächst auf das Haushaltsjahr. Für den Haushaltsausgleich i. e. S. sind dabei der Haushaltsplan und später der Jahresabschluss maßgebend. Die Beurteilung der Überschuldung richtet sich nach der Bilanz zum Ende des Haushaltsjahres.

Da der Haushaltsausgleich auf die Sicherung der stetigen Aufgabenerfüllung gerichtet ist, reicht eine Beschränkung der Betrachtung auf ein einzelnes Haushaltsjahr zur Beurteilung des Haushaltsausgleichs nicht aus. Es ist entscheidend, dass die Regelungen für den Haushaltsausgleich einerseits möglichst frühzeitig Fehlentwicklungen erkennen lassen und andererseits den

444 Vgl. hierzu auch *Stockel-Veltmann*, Drohende Überschuldung kommunaler Haushalte, der gemeindehaushalt 2010, S. 1 ff.

Gemeinden keine zu engen Fesseln bezüglich ihrer Haushaltswirtschaft anlegen. So erscheint es z. B. nicht sinnvoll, wenn eine Gemeinde, die regelmäßig Jahresüberschüsse ausweisen kann, bereits durch aufsichtsrechtliche Maßnahmen eingeschränkt wird, wenn sie in einem Jahr durch besondere Umstände zu einem negativen Jahresergebnis kommt. Hier erscheint es erforderlich, dass auch die guten Ergebnisse der Vorjahre in die Beurteilung des Haushaltsausgleichs einbezogen werden. Die Regelungen der Gemeindeordnung sehen dafür unterschiedliche Verfahrensweisen vor.

16.5.1 Bedeutung und Funktion der Ausgleichsrücklage

Wie bereits in Kap. 10 ausführlich dargestellt, kann die Gemeinde Jahresüberschüsse der Ausgleichsrücklage zuführen um diese später zur Abdeckung von Fehlbeträgen verwenden zu können.[445] Voraussetzung für eine solche Zuführung ist allerdings, dass die Allgemeine Rücklage beim Jahresabschluss einen Mindestbestand von 3 % der Bilanzsumme hat (§ 75 Abs. 3 Satz 2 GO). Zusätzlich ist § 96 Abs. 1 Satz 3 GO zu berücksichtigen. Danach sind Entnahmen aus der Allgemeinen Rücklage, die in den letzten drei Jahren vor dem Jahresabschluss entstanden sind, zunächst auszugleichen. Zu diesem Zweck sind die im Jahresabschluss der vorangegangenen drei Jahre ausgewiesenen Zuführungen und Entnahmen aus der Allgemeinen Rücklage zu saldieren. Ergibt sich dabei ein Überschuss der Entnahmen, ist dieser bei einem positiven Jahresergebnis vorrangig durch eine Zuführung zur Allgemeinen Rücklage auszugleichen. Entnahmen aus der Ausgleichsrücklage unterliegen keinen (aufsichts-)rechtlichen Beschränkungen. Eine Gemeinde, die idealtypisch regelmäßig um einen in Erträgen und Aufwendungen ausgeglichenen Haushalt schwankt, kann die Ausgleichsrücklage als verstetigendes Element nutzen, um Überschüsse zum Ausgleich späterer Fehlbeträge anzusammeln.

Ein dauerhaftes Ansteigen der Ausgleichsrücklage durch einen langjährigen regelmäßigen Ausweis von Jahresüberschüssen erscheint angesichts der derzeitigen Finanzsituation der Gemeinden[446] als nahezu ausgeschlossen und würde zudem – ebenso wie regelmäßig unausgeglichene Haushalte – gegen das Prinzip der intergenerativen Verteilungsgerechtigkeit verstoßen.

Gemäß § 75 Abs. 2 Satz 3 GO gilt ein Haushalt auch dann als ausgeglichen, wenn ein Fehlbedarf im Ergebnisplan (oder entsprechend ein Fehlbetrag in der Ergebnisrechnung) durch die Inanspruchnahme der Ausgleichsrücklage ausgeglichen werden kann. Solange demnach der Jahresfehlbetrag niedriger ist als der (voraussichtliche) Stand der Ausgleichsrücklage, gilt die Fiktion des Haushaltsausgleichs.

Im Falle einer unausgeglichenen Ergebnisrechnung im Jahresabschluss kann bei der Beurteilung auf den tatsächlichen Stand der Ausgleichsrücklage zum Abschlussstichtag zurückgegriffen werden. Bei einem in Erträgen und Aufwendungen unausgeglichenen Haushaltsplan ist bei der Beurteilung auf den planmäßigen Stand der Ausgleichsrücklage am Ende des Haushaltsplanjahres abzustellen. Dabei sind auch zu erwartende Belastungen des Jahresergebnisses durch eine vorliegende Nachtragssatzung gem. § 81 GO zu berücksichtigen.

---

445 Vgl. hierzu auch die GemHVO Doppik Hessen, die Überschussrücklagen vorsieht. Diese erfüllen die gleiche Funktion wie die Ausgleichsrücklage. Siehe auch *Brixner/Harms/Noe*, Verwaltungs-Kontenrahmen, München 2003, S. 340 f.

446 Auch bei einer besseren Finanzausstattung erscheint es politisch kaum vorstellbar, dass die Mehrheitsfraktionen im Rat dauerhaft Überschüsse für die Zuführung zur Ausgleichsrücklage verwenden.

Beispiel:
Die Gemeinde G stellt im Herbst 2022 den Haushaltsplan für das Jahr 2023 auf. Der Ergebnisplan weist ein Defizit von 3 Mio. € aus. Der letzte vorliegende Jahresabschluss ist der zum 31.12.2021. In der Bilanz zum 31.12.2021 ist eine Ausgleichsrücklage i. H. v. 4 Mio. € ausgewiesen. Der Haushaltsplan 2022 weist ursprünglich im Ergebnisplan ein Defizit von 1 Mio. € aus. Im September 2022 wird ein Nachtragshaushalt aufgestellt, der eine zusätzliche Belastung des Ergebnisses i. H. v. 500.000 € vorsieht. Trotz der lt. dem letzten Jahresabschluss ausgewiesenen Ausgleichsrücklage von 4 Mio. € liegen bei einem Fehlbedarf im Ergebnisplan 2023 von 3 Mio. € die Voraussetzungen des § 75 Abs. 2 S. 3 GO nicht vor. Laut Haushaltsplan 2022 inkl. der Planungen für den Nachtragshaushalt ist für den Abschluss des Jahres 2022 bereits mit einem Fehlbetrag von 1,5 Mio. € zu rechnen. Da dieser Fehlbetrag gegen das Eigenkapital zu buchen ist, wird die Ausgleichsrücklage zum Beginn des Jahres 2023 voraussichtlich nur noch 2,5 Mio. € ausweisen. Damit kann der Fehlbedarf nicht gedeckt werden. Der Haushalt 2023 der Gemeinde G ist daher auch unter Berücksichtigung der Ausgleichsrücklage unausgeglichen.

16.5.2 Einbeziehung der mittelfristigen Planung

Gem. § 84 GO umfasst die Haushaltsplanung auch eine mittelfristige Planung, die drei Jahre über das eigentliche Haushaltsjahr hinausgeht. Ausdrücklich wird dort auch ein Haushaltsausgleich für die einzelnen Jahre der mittelfristigen Planung gefordert. Da es hier zunächst um die Haushaltsplanung geht, die keine Bilanz umfasst, bezieht sich diese „Soll-Vorschrift" auf den Ausgleich des Ergebnisplans (Haushaltsausgleich i. e. S.). Wichtig ist, an dieser Stelle schon festzustellen, dass an die Nichteinhaltung dieser Soll-Vorschrift keine Rechtsfolgen geknüpft sind. Zwar kann die Aufsichtsbehörde im Rahmen ihrer allgemeinen Aufsicht auch schon dann eingreifen, wenn die mittelfristige Planung unausgeglichen ist; dies ist allerdings keine direkte Rechtsfolge aus dem Nichterreichen des Haushaltsausgleichs in der mittelfristigen Planung.

Ebenso nimmt auch § 76 Abs. 1 Nr. 3 GO Bezug auf die mittelfristige Haushaltsplanung. Im Gegensatz zur Regelung des § 84 GO betont § 76 Abs. 1 GO ausdrücklich, dass die Verpflichtung zur Aufstellung des Haushaltssicherungskonzepts auch dann schon eintritt, wenn die Allgemeine Rücklage innerhalb der mittelfristigen Planung aufgebraucht wird. Ob ein solcher Abbau der allgemeinen Rücklage innerhalb des Zeitraums der mittelfristigen Planung zu erwarten ist, lässt sich aus der Übersicht über die Entwicklung des Eigenkapitals entnehmen. Diese Übersicht ist gem. § 1 Abs. 2 Nr. 5 KomHVO Pflichtanlage zum Haushaltsplan und sollte in Anlehnung an den Eigenkapitalspiegel nach Anlage 26 VV Muster zur GO und KomHVO wie folgt aufgebaut werden:

(Anlage 26)

Eigenkapitalspiegel

Bezeichnung	Bestand zum 31.12. des Vorjahres[1] EUR	Verrechnung des Vorjahres-ergebnisses EUR	Verrechnungen mit der allgemeinen Rücklage nach § 44 Abs. 3 KomHVO im Haushaltsjahr EUR	Veränderungen der Sonderrücklage EUR	Jahresergebnis des Haushaltsjahres (vor Beschluss über Ergebnisverwend.) EUR	Bestand zum 31.12. des Haushaltsjahres[2] EUR
1.1 Allgemeine Rücklage						
1.2 Sonderrücklagen						
1.3 Ausgleichsrücklage						
1.4 Jahresüberschuss/-fehlbetrag						
1.5 Nicht durch Eigenkapital gedeckter Fehlbetrag (Gegenposten zu Aktiva)[1]						
Summe Eigenkapital						
4. Nicht durch Eigenkapital gedeckter Fehlbetrag						

1) Besteht ein negatives Eigenkapital, so sind die Positionen 1.1 bis 1.4 auszuweisen (auch negativ) und kumuliert über die Position 1.5 auszubuchen.

2) Bestand vor Verrechnung des Jahresergebnisses

Nachrichtlich: Ergebnisverrechnungen Vorjahre (§ 96 Abs. 1 Satz 3 GO NRW)

	3. Vorjahr	Vorvorjahr	Vorjahr	Saldo
Allgemeiner Rücklage (+/-)				
Ausgleichsrücklage (+/-)				
Summe				

16.6 Rechtsfolgen unausgeglichener Haushalte

16.6.1 Inanspruchnahme der Ausgleichsrücklage

Gemäß § 75 Abs. 2 Satz 3 GO gilt bei Inanspruchnahme der Ausgleichsrücklage zum Ausgleich von entstehenden oder geplanten Jahresfehlbeträgen der Haushaltsausgleich als erreicht. Folgerichtig ist an die Inanspruchnahme der Ausgleichsrücklage keinerlei Rechtsfolge geknüpft. Die Entnahme aus der Ausgleichsrücklage liegt in alleinigem Ermessen der Gemeinde. Sie kann dieses Instrument dafür nutzen, kurzfristige Ertrags- und Aufwandsschwankungen auszugleichen ohne sofort aufsichtsrechtliche Eingriffe fürchten zu müssen.

Kann allerdings der Haushaltsausgleich über einen längeren Zeitraum nur durch die Inanspruchnahme der Ausgleichsrücklage erreicht werden, weist dies auf ein strukturelles Haushaltsdefizit hin, das die Gemeinde, auch wenn sie die formalen Voraussetzungen des Haushaltsausgleichs noch erreicht, abbauen sollte. Spätestens nach Aufzehren der Ausgleichsrücklage kommt sie andernfalls in die Situation, dass sie wieder ausgeglichene Haushalte erreichen muss. Je länger die Gemeinde jedoch mit strukturell unausgeglichenen Haushalten (angenehm) gelebt hat, desto schwerer wird eine Kurskorrektur fallen.

16.6.2 Inanspruchnahme der Allgemeinen Rücklage

Weist der Ergebnisplan oder die Ergebnisrechnung einen Fehlbetrag aus und kann dieser nicht durch die Ausgleichsrücklage abgefangen werden, ist dieser durch eine Reduzierung der Allgemeinen Rücklage auszugleichen.

Gem. § 75 Abs. 4 GO bedarf ein Haushaltsplan mit einer vorgesehenen Reduzierung der Allgemeinen Rücklage der Genehmigung der Aufsichtsbehörde. Die Gemeinde muss diese Genehmigung beantragen. Den Antrag auf Genehmigung der Inanspruchnahme der Allgemeinen Rücklage wird die Gemeinde gleichzeitig mit der Anzeige der Haushaltssatzung an die Aufsichtsbehörde stellen. Sie begründet die Notwendigkeit der Inanspruchnahme der Allgemeinen Rücklage und weist insbesondere nach, dass durch den vorgesehenen Eigenkapitalabbau die Nachhaltigkeit der Haushaltswirtschaft, die intergenerative Verteilungsgerechtigkeit und die stetige Aufgabenerfüllung nicht gefährdet sind. Die Aufsichtsbehörde prüft die Zulässigkeit des Eigenkapitalabbaus und genehmigt diesen, soweit die o. a. Ziele der Haushaltswirtschaft nicht gefährdet sind. Sie kann die Genehmigung auch versagen oder mit Bedingungen oder Auflagen versehen. Soweit die Voraussetzungen des § 76 Abs. 1 GO vorliegen, ist die Genehmigung mit der Verpflichtung zur Aufstellung eines Haushaltssicherungskonzeptes zu verbinden. Die Gemeinde darf die Haushaltssatzung erst öffentlich bekanntmachen (vgl. § 80 Abs. 5 GO[447]), wenn die Genehmigung erteilt ist bzw. die Bedingungen oder Auflagen erfüllt sind.

Ergibt sich die Notwendigkeit der Inanspruchnahme der Allgemeinen Rücklage erst bei der Aufstellung des Jahresabschlusses, muss die Gemeinde dies der Aufsichtsbehörde nach § 75 Abs. 5 GO unverzüglich anzeigen. In diesem Fall kann die Aufsichtsbehörde Anordnungen für die laufende oder zukünftige Haushaltswirtschaft treffen, diese erforderlichenfalls selbst durchführen oder einen Beauftragten bestellen, um eine geordnete Haushaltswirtschaft wieder herzustellen. Faktisch stimmt die Rechtsfolge weitgehend mit der überein, die sich bei einer

447 Die GO bezieht sich an dieser Stelle irrtümlich nur auf das Haushaltssicherungskonzept nach § 76 GO. Selbstverständlich darf eine Bekanntmachung auch dann nicht erfolgen, wenn die Genehmigung der Aufsichtsbehörde nach § 75 Abs. 4 GO nicht vorliegt. Der Gesetzgeber ist weiterhin aufgefordert, den Inhalt des § 80 Abs. 5 GO in dieser Hinsicht zu vervollständigen.

Inanspruchnahme der Allgemeinen Rücklage im Rahmen der Haushaltsplanung ergibt. Da allerdings bei einer unausgeglichenen Ergebnisrechnung keine Alternative zur Reduzierung des Eigenkapitals und bei Nichtvorhandensein einer Ausgleichsrücklage zur Reduzierung der Allgemeinen Rücklage besteht, kann diese nicht von einer Genehmigung abhängig gemacht werden. Gleichwohl kann die Gemeinde auch in diesen Fällen erheblich in ihrer Gestaltungsfreiheit eingeschränkt werden.

Unverständlich ist in diesem Zusammenhang, dass eine unverzügliche Anzeige an die Aufsichtsbehörde auch dann erforderlich ist, wenn der voraussichtliche Fehlbetrag oder der gegenüber der Planung erhöhte Fehlbetrag vollständig durch die Ausgleichsrücklage ausgeglichen werden kann. Da die Konstruktion des Haushaltsausgleichs mit der Ausgleichsrücklage ja gerade darauf ausgerichtet ist, die Eigenverantwortung und jahresübergreifende Flexibilität der Haushaltswirtschaft der Gemeinden zu stärken, erscheint in diesen Fällen eine Anzeigepflicht nicht sachgerecht und damit als unzulässiger Eingriff in die Finanzhoheit der Gemeinden. Hier wird eine Ungleichbehandlung eines geplanten und eines ungeplanten Fehlbetrages im Rahmen der Aufstellung des Jahresabschlusses bewirkt, für die keine sachliche Begründung erkennbar ist.

Wird die Allgemeine Rücklage im Rahmen der Haushaltsplanung oder des Jahresabschlusses

- um mehr als ein Viertel gegenüber der Schlussbilanz des Vorjahres verringert oder
- in zwei aufeinanderfolgenden Jahren planmäßig jeweils um mehr als ein Zwanzigstel gegenüber der Schlussbilanz des Vorjahres verringert oder
- innerhalb des Zeitraumes der mittelfristigen Planung vollständig aufgebraucht,

muss die Gemeinde nach § 76 Abs. 1 GO ein Haushaltssicherungskonzept aufstellen.

Zu beachten ist bei dieser Vorschrift, dass sich alle drei genannten Voraussetzungen auf den Zeitraum der mittelfristigen Planung beziehen.[448]

Als Referenzwert für die Berechnung dient jeweils der Wert der Allgemeinen Rücklage zu dem dem jeweiligen Haushaltsjahr unmittelbar vorausgehenden Abschlussstichtag. Hier ist darauf hinzuweisen, dass für diesen Abschlussstichtag zum Zeitpunkt der Aufstellung und Beratung des Haushaltsplans in der Regel noch kein festgestellter Jahresabschluss vorliegt. Grundlage der Ermittlung ist in diesen Fällen der nach § 95 Abs. 3 GO vom Bürgermeister bestätigte Entwurf des Jahresabschlusses. Änderungen der Allgemeinen Rücklage, die sich aus Verrechnungen nach § 44 Abs. 3 KomHVO ergeben, sind jeweils aktuell bei der Ermittlung der Referenzwerte nach § 76 Abs. 1 GO zu berücksichtigen. Wird globaler Minderaufwand gem. § 75 Abs. 2 Satz 4 GO veranschlagt, ist dieser von den geplanten Aufwendungen abzuziehen, soweit noch kein (vorläufiges) Jahresergebnis vorliegt.

Das Haushaltssicherungskonzept dient nach § 76 Abs. 2 GO der Sicherung der dauernden Leistungsfähigkeit der Gemeinde. Es soll nur genehmigt werden, wenn spätestens im zehnten auf das Haushaltsjahr folgenden Jahr der Haushaltsausgleich i. e. S. wieder erreicht wird. Im Einzelfall kann allerdings hiervon abgewichen werden. Nach der Auslegung des für Kommunales zuständigen Ministeriums führt eine vorliegende Überschuldung unabhängig von den geplanten Jahresergebnissen automatisch dazu, dass die Haushaltssatzung nicht bekanntgemacht werden darf, was einer Nichtgenehmigungsfähigkeit des Haushaltssicherungskonzepts gleichkommt.[449]

448 Vgl. hierzu auch den Runderlass des Innenministeriums zur Auslegung der Vorschriften über die Verringerung der allgemeinen Rücklage und über die Pflicht zur Aufstellung eines Haushaltssicherungskonzeptes vom 9.6.2006.

449 Vgl. Gliederungspunkt 5 im Leitfaden: Maßnahmen und Verfahren zur Haushaltssicherung des IM NRW vom 6.3.2009. Kritisch hierzu *Stockel-Veltmann*, Abwendung einer (drohenden) bilanziellen Überschuldung, der gemeindehaushalt 2010, S. 34 ff.

Ausgangspunkt für ein Haushaltssicherungskonzept ist die mittelfristige Planung (§ 84 GO). Ausgehend vom „Ist-Zustand" wird zunächst die Aufwands- und Ertragsentwicklung darzustellen sein. Sodann sind detailliert die Maßnahmen zu beschreiben, die die Fehlbetragsentwicklung abbauen bzw. bis zum Ende des zehnten auf das Haushaltsjahr folgenden Jahres (spätester Termin) den Haushaltsausgleich herbeiführen. Hierzu bedarf es unter Umständen, je nach Situation, einer umfangreichen Aufgabenkritik, eines interkommunalen Vergleichs oder der Einschaltung eines externen Wirtschaftsprüfers bzw. -beraters. Offen bleibt dabei, inwieweit eine Planungsperspektive von bis zu zehn Jahren überhaupt noch realistische Anhaltspunkte für die Beurteilung eines Haushaltssicherungskonzepts liefern kann.

Die Ergebnisse in Form von Aufwandskürzungen z. B. durch Personalabbau, Ertragsverbesserungen, Privatisierung von Teilaufgabenbereichen, Aufgabe von bisher erbrachten Leistungen usw. sind innerhalb des Haushaltsplans in der mittelfristigen Planung darzustellen. Hiermit soll dokumentiert werden, dass das Erreichen des Haushaltsausgleichs i. e. S. zumindest bis zum Ende des Finanzplanungszeitraumes erreicht wird. Auch bei der Aufstellung des Haushaltssicherungskonzepts ist auf eine realistische und sorgfältige Planung gem. § 11 Abs. 1 KomHVO zu achten. Insofern besteht sicherlich in jedem Einzelfall der Konflikt zwischen einer vorsichtigen Schätzung und dem politischen Ziel der Genehmigungsfähigkeit des aufzustellenden Haushaltssicherungskonzepts.

Die beabsichtigen Maßnahmen sind als Haushaltssicherungskonzept vom Rat zu beschließen. In der Haushaltssatzung sind im § 7 der Zeitpunkt der Wiederherstellung des Haushaltsausgleichs festzusetzen und die Konsolidierungsmaßnahmen zu bestimmen.[450] Durch die Festsetzung im § 7 der Haushaltssatzung wird die an sich unverbindliche mittelfristige Planung zu einem verbindlichen Handlungsrahmen für die Haushaltsplanung im Planungszeitraum.

Das Haushaltssicherungskonzept bedarf nach § 76 Abs. 2 GO der Genehmigung der Aufsichtsbehörde. Die Genehmigung kann unter Bedingungen und Auflagen erteilt werden. In der haushaltslosen Zeit (§ 82 GO) gelten im Zusammenhang mit dem Haushaltssicherungskonzept die besonderen Bestimmungen des § 82 Abs. 3 GO.

Im § 76 GO sind weitergehende Maßnahmen der Aufsichtsbehörden, soweit sich die eingeleiteten Maßnahmen der Haushaltssicherung als unzureichend erweisen, nicht vorgesehen.

16.6.3 Eintreten oder Drohen einer Überschuldung

Eine Verbindung zwischen der Verpflichtung zur Aufstellung eines Haushaltssicherungskonzepts und dem Status einer bereits bestehenden Überschuldung sieht die Gemeindeordnung nicht ausdrücklich vor. Nach dem Ausführungserlass zur Haushaltskonsolidierung des für Kommunales zuständigen Ministeriums vom 7.3.2013 (Ziff. 3.1.1) ergibt sich allerdings sowohl aus der drohenden als auch aus der bestehenden Überschuldung unmittelbar eine Verpflichtung zur Aufstellung eines Haushaltssicherungskonzepts. Da sich die Aufsichtsbehörden bei der Beurteilung der Haushaltspläne und Jahresabschlüsse an diesem Ausführungserlass orientieren, müssen sich die Gemeinden auf diese Vorgabe einstellen, obgleich sie sich nicht aus den Rechtsvorschriften herleiten lässt. Nach Auffassung der Autoren ist aus den haushaltsrechtlichen Normen nicht herzuleiten, dass eine bestehende Überschuldung bei der Eröffnungsbilanzierung bzw. eine Überschuldung aus Vorjahren, die noch nicht abgebaut wurde, bereits die Verpflichtung zur Aufstellung eines Haushaltssicherungskonzepts zur Folge hat.[451] Erreicht die Gemeinde bei bestehender

450 Siehe Anlage 1 VV Muster zur GO und KomHVO.

451 Die Formulierung des § 76 Abs. 1 Nr. 3 GO ist hierzu sprachlich zu eng gefasst, da hier nur eine zukünftige negative Entwicklung der Allgemeine Rücklage mit drohendem Überschuldungs-

Überschuldung den Haushaltsausgleich i. e. S. (§ 75 Abs. 2 GO), besteht nach den Vorschriften der GO – entgegen dem Ausführungserlass des für Kommunales zuständigen Ministeriums – keine Verpflichtung, ein Haushaltssicherungskonzept aufzustellen.[452] Eine Verpflichtung zur Beseitigung von früheren Fehlbeträgen schließt die vorliegende Regelung ausdrücklich aus.[453]

16.6.4 Zusammenfassung

Zusammenfassend können sich die Prüfung der Erreichung des Haushaltsausgleichs und die Feststellung der ggf. notwendigen Schritte bei Gemeinden ohne Überschuldung an den folgenden Ablaufplänen orientieren. Dabei muss zwischen der Erreichung des Haushaltsausgleichs bei der Aufstellung des Haushaltsplans und der Erstellung des Jahresabschlusses unterschieden werden. Unabhängig vom Ergebnis der einzelnen Prüfungen steht am Ende des Prozesses die Anzeige der Haushaltssatzung bzw. des Jahresabschlusses an die Aufsichtsbehörde.

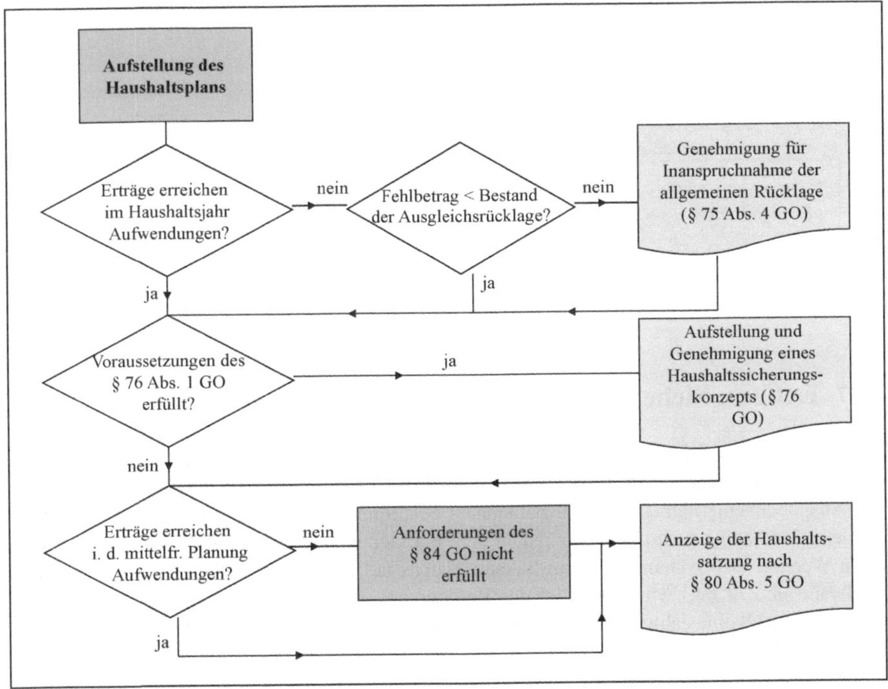

tatbestand dargestellt wird; eine bereits bestehende Überschuldung wird durch diese Vorschrift nicht geregelt.

452 Dies kann im Hinblick auf § 18 Abs. 1 GkG auch Bedeutung für Zweckverbände haben, die negatives Eigenkapital ausweisen, ohne dass dies die Aufgabenerfüllung gefährdet. In solchen Fällen wird deutlich, dass nicht der Bestand an Eigenkapital, sondern dessen Entwicklung für die Beurteilung der Notwendigkeit der Aufstellung eines Haushaltssicherungskonzepts von Bedeutung sein muss.

453 Vgl. die ausführliche Begründung in *Stockel-Veltmann*, Abwendung einer (drohenden) Überschuldung, der gemeindehaushalt 2010, S. 34 f.

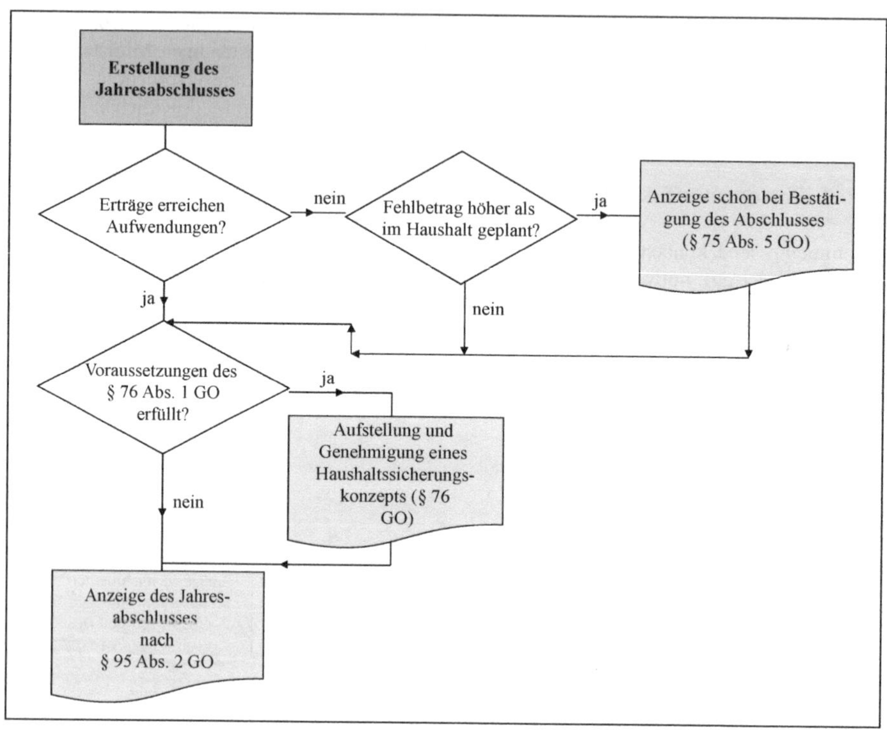

16.7 Exkurs: Sicherstellung der Zahlungsfähigkeit

Der Haushaltsausgleich im Rechnungssystem der Kameralistik, das in den nordrhein-westfälischen Gemeinden bis 2005 angewendet wurde, war durch den Ausgleich von Einnahmen und Ausgaben innerhalb eines Haushaltsjahres bestimmt. Durch diesen Ausgleich sollte (zumindest planmäßig) auch die Zahlungsfähigkeit der Gemeinden sichergestellt werden.[454] Durch einen Wechsel des Systems des Haushaltsausgleichs auf die Rechengrößen des Ergebnisplans (Aufwand und Ertrag) wird dem Ziel des Ressourcenverbrauchskonzepts Rechnung getragen. Gleichzeitig soll eine zahlungsmittelorientierte Zielsetzung – wie die Sicherstellung der Liquidität – zumindest innerhalb des Haushaltsausgleichs nicht mehr berücksichtigt werden.

Gleichwohl hat die Gemeinde – unabhängig von der Erreichung des Hauhaltsausgleichs – ihre Zahlungsfähigkeit jederzeit sicherzustellen (§ 89 Abs. 1 GO). Im Ergebnis war dies auch im bisherigen kameralistischen Haushaltsrecht der Fall, da auch Gemeinden mit unausgeglichenem Haushalt (d. h. mit weniger Einnahmen als Ausgaben) selbstverständlich ihren Zahlungsverpflichtungen rechtzeitig nachkommen mussten. Dafür wurde in der Kameralistik die Möglichkeit genutzt, Kredite „neben“ dem Haushalt als sog. „Kassenkredite“ aufzunehmen.

454 So zumindest in *Schuster*, Neues Kommunales Finanzmanagement (NKF) – eine Zwischenbilanz, der gemeindehaushalt 2003, S. 148.

Die Praxis einer Reihe von Gemeinden, bei denen stetig steigende Kassenkredite zur dauerhaften Finanzierung von Haushaltsfehlbeträgen eingesetzt wurden, weist darauf hin, dass auch das kamerale System des Haushaltsausgleichs, das den Ausgleich der Zahlungsgrößen (in der Kameralistik: Einnahmen und Ausgaben) zum Maßstab hatte, keinen echten Beitrag zur Sicherstellung der Liquidität geliefert hat. Liquiditätsengpässe mussten bisher und müssen auch zukünftig durch Kreditaufnahmen überbrückt werden. Im Unterschied zur bisherigen kameralen Praxis müssen Kredite allerdings im doppischen Rechnungswesen zumindest bilanziell erfasst werden. So bleibt die steigende Verschuldung durch solche liquiditätssichernden Kredite insbesondere auch durch die vorgesehene fristbezogene Darstellung im Verbindlichkeitenspiegel transparent.[455]

Darüber hinaus ist festzustellen, dass die Jahresbetrachtung des Haushaltsplans für die Sicherstellung der Liquidität ohnehin ungeeignet ist, da auch bei ausgeglichenen Ein- und Auszahlungen innerhalb eines Jahres durchaus unterjährige Liquiditätsengpässe auftreten können, wenn z. B. erhebliche Auszahlungen am Jahresanfang geleistet werden müssen bevor entsprechende Einzahlungen erfolgen.

16.8 Praktische Beispiele und Übungen

Sachverhalt Nr. 1
Die Gemeinde G weist im Jahresabschluss 2021 zum 31.12.2021 folgende Eigenkapitalpositionen aus:

1. Eigenkapital	
1.1 Allgemeine Rücklage	11.150.000 €
1.2 Sonderrücklagen	395.000 €
1.3 Ausgleichsrücklage	3.400.000 €
1.4 Jahresergebnis	–1.100.000 €

Der Haushaltsplan 2022 weist einen geplanten Jahresfehlbedarf von 1.200.000 € aus. Zusätzlich wurden Aufwandsermächtigungen i. H. v. 220.000 € aus 2021 in das Jahr 2022 übertragen, die das Jahresergebnis 2022 voraussichtlich zusätzlich belasten werden.

Der Entwurf des Haushaltsplanes 2023 weist einen Fehlbedarf von 1 Mio. € aus. Der Kämmerer betont in seiner Einbringungsrede, dass der Haushaltsausgleich gem. § 75 Abs. 2 Satz 3 GO erreicht sei.

Aufgabe:
Beurteilen Sie die Aussage des Kämmerers und stellen Sie dar, welches weitere Verfahren durchzuführen ist, wenn der Rat der Gemeinde G den vorliegenden Entwurf verabschiedet.

Lösung:
Der Kämmerer der Gemeinde G hält den Haushaltsausgleich für das Jahr 2023 trotz des Fehlbedarfs von 1 Mio. € für erreicht, da er den Fehlbedarf im Ergebnisplan durch Inanspruchnahme der Ausgleichsrücklage decken kann. Zur Prüfung, ob dies nach den vorliegenden Daten möglich ist, muss die planmäßige Entwicklung der Ausgleichsrücklage bis zum Ende des Haushaltsplanjahres betrachtet werden.

455 Vgl. *Heinemann/Feld/Geys/Gröpl/Hauptmeier/Kalb*, Der kommunale Kassenkredit zwischen Liquiditätssicherung und Missbrauchsgefahr, Schriftenreihe des ZEW, Baden-Baden 2009, S. 191.

Dabei sind folgende Rechenschritte vorzunehmen:

	Ausgleichsrücklage am 31.12.2021
+/–	Jahresergebnis 2021
+/–	geplantes Jahresergebnis 2022
+/–	geplantes Jahresergebnis 2023
=	planmäßiger Stand der Ausgleichsrücklage am 31.12.2023

Das Jahresergebnis 2021 steht laut Jahresabschluss 2021 bereits fest. Das Ergebnis beträgt –1.100.000 €. Das Jahresergebnis für das Jahr 2022 beträgt laut Haushaltsplan 2022 voraussichtlich –1.200.000 €. Zusätzlich wurden jedoch Aufwandsermächtigungen i. H. v. 220.000 € aus dem Jahr 2021 in das Jahr 2022 übertragen. Durch die Übertragung der Aufwandsermächtigungen werden gem. § 22 Abs. 2 KomHVO die Planungspositionen des folgenden Haushaltsjahres erhöht. Im vorliegenden Fall werden die Aufwandspositionen im Jahr 2022 um 220.000 € erhöht, so dass der planmäßige Fehlbedarf für 2022 unter Berücksichtigung der übertragenen Aufwandsermächtigungen –1.420.000 € beträgt. Das Jahresergebnis 2023 beträgt laut Haushaltsplanentwurf –1.000.000 €. Daraus ergibt sich die Berechnung der Ausgleichsrücklage:

	3.400.000 €
–	1.100.000 €
–	1.420.000 €
–	1.000.000 €
=	–120.000 €

Nach der vorliegenden Berechnung ergibt sich zum Ende des Haushaltsjahres 2023 bei vollständiger Verrechnung aller bis dahin entstehenden Fehlbeträge rechnerisch keine positive Ausgleichsrücklage mehr. Ein vollständiger Ausgleich des Fehlbedarfs 2023 durch die Ausgleichsrücklage entsprechend § 75 Abs. 2 GO ist daher nicht mehr möglich. Der Haushalt 2023 ist damit entgegen der Aussage des Kämmerers nicht ausgeglichen.

Sollte der Rat den vorliegenden Haushaltsplanentwurf beschließen, müsste die beschlossene Haushaltssatzung gem. § 80 Abs. 5 GO der Aufsichtsbehörde angezeigt und die Genehmigung zur Inanspruchnahme der Allgemeinen Rücklagen nach § 75 Abs. 4 GO beantragt werden.

Versagt die Aufsichtsbehörde die Genehmigung nicht innerhalb eines Monats nach Eingang des Antrags, gilt sie als erteilt. Die Gemeinde kann gem. § 80 Abs. 5 Satz 3 GO dann einen Monat nach der Anzeige bei der Aufsichtsbehörde die Haushaltssatzung öffentlich bekanntmachen. Mit der öffentlichen Bekanntmachung erhält sie Rechtskraft. Gleichzeitig ist die Haushaltssatzung gem. § 80 Abs. 6 GO bis zum Ende der Auslegung des Jahresabschlusses zur Einsichtnahme verfügbar zu machen.

Sollte die Aufsichtsbehörde die Genehmigung versagen oder Einwände gegen die Haushaltssatzung geltend machen, darf die Gemeinde die Haushaltssatzung nicht bekanntmachen bis alle Vorbehalte der Aufsichtsbehörde ausgeräumt sind und die Genehmigung zur Inanspruchnahme der Allgemeinen Rücklage erteilt ist. Bis zur öffentlichen Bekanntmachung sind, soweit das Haushaltsjahr bereits begonnen hat, die Bestimmungen des § 82 GO zur vorläufigen Haushaltsführung zu beachten.

Sachverhalt Nr. 2

Der Haushaltsplan der Gemeinde G sah für das Jahr 2022 ursprünglich einen Fehlbedarf im Ergebnisplan i. H. v. 1 Mio. € vor. Zusätzlich wurde im August 2022 der Entwurf eines Nachtragshaushalts in den Rat eingebracht, da die Gewerbesteuereinnahmen drastisch eingebrochen waren. Der Nachtrag sah eine weitere Verschlechterung des Ergebnisses um 500.000 € vor. Da der für den 31.12.2022 kalkulierte Stand der Ausgleichsrücklage 3 Mio. € betrug, sah der Kämmerer den Haushaltsplan – auch unter Berücksichtigung der vorgesehenen Nachtragssatzung – nach § 75 Abs. 2 Satz 3 GO als ausgeglichen an.

Im Jahresabschluss 2022, den der Kämmerer inzwischen aufgestellt hat, weist die Gemeinde G in der Ergebnisrechnung einen Fehlbetrag von 2.700.000 € aus. Die Bilanz zum 31.12.2022 weist folgende Eigenkapitalpositionen aus:

1. Eigenkapital	
1.1 Allgemeine Rücklage	14.500.000 €
1.2 Sonderrücklagen	655.000 €
1.3 Ausgleichsrücklage	3.000.000 €
1.4 Jahresergebnis	–2.700.000 €

In der Gemeinde G wurde durch Ratsbeschluss festgelegt, dass in Teilergebnisrechnungen von Produktgruppen, die ausschließlich über Benutzungsgebühren finanziert werden, Überschüsse, soweit diese auf unterschiedlichen Berechnungen der Zinsen und Abschreibungen in der Gebührenkalkulation und im haushaltsrechtlichen Jahresabschluss zurückzuführen sind, der Sonderrücklage zugeführt werden. Im Jahr 2022 betragen diese Überschüsse für alle gebührenrechnenden Bereiche insgesamt 500.000 € und entsprechen damit den Vorgaben der Haushaltsplanung. Dieser Betrag ist im vorliegenden Entwurf des Jahresabschlusses noch im Jahresergebnis enthalten.

Aufgabe:
Beurteilen Sie die Situation der Gemeinde G im Hinblick auf die Erreichung des Haushaltsausgleichs und stellen Sie kurz die vom Kämmerer einzuleitenden Schritte dar.

Lösung:
Wie bereits im Sachverhalt dargestellt, wies der Haushaltsplan für das Jahr 2022 keine Anhaltspunkte für einen unausgeglichenen Haushalt auf. Der für 2022 erwartete Fehlbetrag lag – auch unter Berücksichtigung der Fortschreibung durch die Nachtragssatzung nach § 81 GO – unterhalb des Bestands der Ausgleichsrücklage. Der fortgeschriebene Fehlbetrag des Haushaltsplans 2022 betrug danach 1.500.000 €, der kalkulierte Stand der Ausgleichsrücklage betrug 3 Mio. €. Zusätzlich war bei der Beurteilung zu berücksichtigen, dass aufgrund des Ratsbeschlusses der Gemeinde G die Differenz zwischen gebühren- und haushaltsrechtlichen Zinsen und Abschreibungen einer Sonderrücklage zugeführt werden soll. Trotz des erwarteten Fehlbetrags von 1,5 Mio. € sollten daher noch 500.000 € der Sonderrücklage zugeführt werden. Dies müsste ebenfalls aus der Ausgleichsrücklage erfolgen, die aber auch dafür nach der Planung noch einen ausreichenden Bestand hat.

Laut Sachverhalt hat der Kämmerer der Gemeinde G inzwischen den Jahresabschluss 2022 aufgestellt. Dabei hat sich eine deutliche Verschlechterung des Jahresergebnisses gegenüber der fortgeschriebenen Haushaltsplanung ergeben. Hieraus ergibt sich ohne die Notwendigkeit der Beurteilung der Erreichung des Haushaltsausgleichs bereits aus § 75 Abs. 5 GO die Pflicht der Gemeinde, diese Abweichung der Aufsichtsbehörde unverzüglich anzuzeigen. Die Pflicht ergibt sich allerdings zeitlich erst bei Bestätigung des Jahresabschlusses durch den Bürgermeister nach § 95 Abs. 3 GO.

Festzustellen ist nun weiterhin, ob die Gemeinde G im Jahr 2022 nach dem Entwurf des Jahresabschlusses die Anforderungen des § 76 Abs. 1 GO erreicht hat oder ob ggf. die Pflicht zur Aufstellung eines Haushaltssicherungskonzepts besteht.

Der vom Kämmerer aufgestellte Entwurf des Jahresabschlusses weist einen Jahresfehlbetrag von 2,7 Mio. € bei einem Bestand der Ausgleichsrücklage von 3 Mio. € aus. Zunächst ist daher davon auszugehen, dass der entstandene Fehlbetrag durch Inanspruchnahme der Ausgleichsrücklage gedeckt werden kann. Damit gilt der Haushaltsausgleich gem. § 75 Abs. 2 Satz 3 GO als erreicht. Gleichzeitig sind damit auch die Anforderungen des § 76 Abs. 1 GO erfüllt, da im Falle eines ausgeglichenen Haushalts eine Verringerung der allgemeinen Rücklage nicht in Frage kommt.

Bei der Aufstellung des Jahresabschlusses hat der Kämmerer der Gemeinde G allerdings den Ratsbeschluss zur Zuführung bestimmter Überschüsse aus den Gebührenhaushalten an die Ausgleichsrücklage nicht berücksichtigt. Hätte er die laut Jahresabschluss betroffenen Beträge von insgesamt 500.000 € zusätzlich vorab der Sonderrücklage zugeführt, wäre der bilanzielle Fehlbetrag mit 3,2 Mio. € höher gewesen als der Bestand der Ausgleichsrücklage. Damit wäre der Haushaltsausgleich nach § 75 Abs. 2 GO im Jahresabschluss 2022 nicht mehr erreicht worden, und die Verringerung der allgemeinen Rücklage hätte gem. § 76 Abs. 1 GO eine Pflicht zur Erstellung eines Haushaltssicherungskonzeptes auslösen können.

Bei der Beurteilung der Anforderungen des § 76 Abs. 1 GO ist allerdings allein der tatsächlich vom Bürgermeister bestätigte Entwurf des Jahresabschluss maßgeblich. Da der Sachverhalt nur darlegt, dass der Entwurf des Jahresabschlusses vom Kämmerer erstellt wurde, ist eine weitere Prüfung zum aktuellen Zeitpunkt nicht erforderlich. Sollte jedoch der Bürgermeister im Rahmen der Bestätigung des Jahresabschlusses eine Veränderung des Jahresabschlusses in der Weise vorsehen, dass eine Verringerung der Allgemeinen Rücklage erforderlich wird, könnte dies eine Pflicht zur Aufstellung eines Haushaltssicherungskonzepts gem. § 76 GO auslösen. In diesem Fall wären die Voraussetzungen des § 76 Abs. 1 Ziff. 1 bis 3 GO im Einzelnen zu prüfen.

Sachverhalt Nr. 3

Die Haushaltsplanungen 2023 der Gemeinde G erfolgen im Januar 2023. Nach dem ermittelten Jahresabschluss 2022 stellt sich das Eigenkapital der Gemeinde G zum 31.12.2022 wie folgt dar:

Allgemeine Rücklage	29.000.000 €
Sonderrücklagen	2.190.000 €
Ausgleichsrücklage	7.000.000 €
Jahresergebnis	–4.600.000 €

Der Haushaltsplan sieht für das Jahr 2023 einen Fehlbedarf im Ergebnisplan i. H. v. 2,6 Mio. € vor. Die Fehlbedarfe setzen sich in der mittelfristigen Planung wie folgt fort:

Jahr 2024: 1,6 Mio. € Jahr 2025: 1,2 Mio. € Jahr 2026: 1,4 Mio. €

Für die Jahre 2023 bis 2026 weist der Ergebnisplan nachrichtlich zu verrechnende Aufwendungen und Erträge gem. § 44 Abs. 3 KomHVO in folgender Höhe aus:

Jahr	zu verrechnende Aufwendungen	zu verrechnende Erträge
2023	300.000 €	100.000 €
2024	120.000 €	120.000 €
2025	200.000 €	100.000 €
2026	200.000 €	100.000 €

Aufgabe:
Prüfen Sie anhand der einschlägigen gesetzlichen Vorschriften das Erreichen des Haushaltsausgleichs für das Planjahr 2023 sowie die sich aus dem Stand der Planung ergebenden weiteren Konsequenzen für die Gemeinde.

Lösung:
Die Inanspruchnahme der Ausgleichsrücklage zieht gemäß § 75 Abs. 2 GO keine aufsichtsbehördlichen Konsequenzen nach sich.

Der Haushaltsplan 2023 weist ein negatives Jahresergebnis („Fehlbedarf") aus, so dass der originäre Haushaltsausgleich gem. § 75 Abs. 2 Satz 2 GO nicht erreicht wird. Wie die nachfolgende Tabelle zeigt, reicht auch der voraussichtliche Stand der Ausgleichsrücklage nicht aus, um den geplanten Fehlbedarf zu decken. Ein fiktiver Haushaltsausgleich gem. § 75 Abs. 2 Satz 3 GO wird daher ebenfalls nicht erreicht.

Bei Aufstellung der Haushaltssatzung 2023 ist eine Verringerung der Allgemeinen Rücklage um 0,2 Mio. € vorgesehen, so dass die Gemeinde G gemäß § 75 Abs. 4 Satz 1 GO verpflichtet ist, hierzu die Genehmigung der Aufsichtsbehörde einzuholen.

Ob die Gemeinde G gemäß § 75 Abs. 4 Sätze 3 und 4 GO auch zur Aufstellung eines Haushaltssicherungskonzepts verpflichtet werden kann, richtet sich nach § 76 Abs. 1 GO. Die dort genannten Voraussetzungen können anhand nachfolgender Tabelle überprüft werden:

Jahr	Stand Ausgleichs-rücklage 1.1.	Stand Allgemeine Rücklage 1.1.	Geplante Veränderung Ausgleichs-rücklage	Geplante Veränderung Allg. Rücklage	Verrechnungen mit der Allg. R. n. § 44 III KomHVO	V.H.-Satz Veränderung Allg. Rücklage
2022	7,0 Mio.	29,0 Mio.	–4,6 Mio.	–		–
2023	2,4 Mio.	29,0 Mio.	–2,4 Mio.	–0,2 Mio.	–0,2 Mio.	~ 0,69
2024	0	28,6 Mio.	–	–1,6 Mio.	–	~ 5,59
2025	–	27,0 Mio.	–	–1,2 Mio.	–0,1 Mio.	~ 4,44
2026	–	25,7 Mio.	–	–1,4 Mio.	–0,1 Mio.	~ 5,45

Als Ergebnis der Prüfung lässt sich folgendes feststellen:

§ 76 Abs. 1 Nr. 1 GO:
Die maßgebliche Grenze von ein Viertel (= 25 %) wird nicht überschritten; ein Haushaltssicherungskonzept ist hiernach nicht aufzustellen.

§ 76 Abs. 1 Nr. 2 GO:
Die maßgebliche Grenze von mehr als ein Zwanzigstel (= 5 %) muss in zwei aufeinander folgenden Jahren überschritten werden, auch das ist hier nicht der Fall.

§ 76 Abs. 1 Nr. 3 GO:
Ein Verzehr der Allgemeinen Rücklage ergibt sich in der mittelfristigen Planung gleichfalls nicht.

Eine Pflicht zur Aufstellung eines Haushaltssicherungskonzepts nach § 76 Abs. 1 GO besteht auch unter Einbeziehung der mittelfristigen Planung nicht.

17. Die Haushaltssatzung

17.1 Rechtsnatur und Bedeutung der Haushaltssatzung

17.1.1 Gemeindliches Satzungsrecht

Das Grundgesetz bestimmt in Art. 28 Abs. 2 ausdrücklich, dass den Gemeinden das Recht einzuräumen ist, alle Angelegenheiten der örtlichen Gemeinschaft in eigener Verantwortung zu regeln. Die Gewährleistung der Selbstverwaltung umfasst auch die Grundlagen der finanziellen Eigenverantwortung. Dem folgt Art. 78 Abs. 1 LV NRW. Dieses Recht steht auch den Gemeindeverbänden im Rahmen ihres gesetzlichen Aufgabenbereichs zu. Damit ist der Erlass allgemeiner Rechtsvorschriften durch die Gemeinden im Rahmen ihres Selbstverwaltungsrechtes institutionell abgesichert.

So wird auch in der Gemeindeordnung durch § 7 Abs. 1 den Gemeinden im Einklang mit dem Grundgesetz und der Landesverfassung das Recht zuerkannt, ihre Angelegenheiten durch Satzungen zu regeln. Den Kreisen ist das Satzungsrecht in § 5 Abs. 1 KrO, den Landschaftsverbänden in § 6 Landschaftsverbandsordnung gegeben. Die Darstellung der Einzelheiten zum allgemeinen Satzungsrecht bleibt dem Kommunalrecht vorbehalten.[456]

17.1.2 Haushaltssatzung als besondere Satzung

Haushaltssatzung	Satzung allgemein
bis auf § 6 keine Außenwirkung[457]	Außenwirkung
verbindlicher Inhalt und amtliches Muster	i. d. R. kein verbindlicher Inhalt und kein amtliches Muster
zeitlich begrenzt (Kalenderjahr)	zeitlich unbegrenzt
Pflichtsatzung	bis auf Hauptsatzung nur bedingte bzw. keine Verpflichtung zum Erlass der Satzung
Erlass nicht durch Dringlichkeits- bzw. Notentscheidung zulässig	Erlass durch Dringlichkeits- bzw. Notentscheidung zulässig
In-Kraft-Treten immer am 1. Januar eines Jahres (evtl. rückwirkend)	i. d. R. In-Kraft-Treten am Tage nach der Bekanntmachung
Anzeigepflicht	keine Anzeigepflicht

Die Tatsache, dass die Haushaltssatzung in der Literatur nur als eine Satzung im formellen Sinne angesehen wird, beeinträchtigt jedoch nicht ihre Bedeutung für die Gemeinde, bildet sie doch die Rechtsgrundlage der gemeindlichen Haushaltsführung für eine Bewirtschaftungsperiode. Durch die Festsetzung des Haushaltsplans in der Satzung erhält dieser seine Rechtsverbindlichkeit. Ferner enthält die Haushaltssatzung weitere für die Haushalts- und Wirtschaftsführung einer Gemeinde entscheidende Regelungen. All diese Regelungen binden jedoch – ausgenommen die Festsetzungen der Realsteuern in § 6 der Haushaltssatzung – nur die Gemeinde, genauer gesagt den Rat und die Verwaltung. Insofern kann hier auch von der „Innenwirkung" der Haushaltssat-

456 Eine ausführliche Darstellung enthält *Hofmann/Theisen/Bätge*, Kommunalrecht in Nordrhein-Westfalen, 19. Aufl., Witten 2021, S. 216 ff.

457 Die Paragrafenzuordnung erfolgt nach dem Muster der Anlage 1 VV Muster zur GO und KomHVO.

zung gesprochen werden. Genauso wie für den Haushaltsplan gilt für die Haushaltssatzung, dass Ansprüche und Verbindlichkeiten Dritter weder begründet noch aufgehoben werden (§ 79 Abs. 3 Satz 3 GO). „Außenwirkung" entsteht nur durch die Festsetzung der Realsteuerhebesätze im § 6 der Haushaltssatzung. Hier wird der Steuerpflichtige tangiert, wobei die eigentliche Steuererhebung aufgrund eines konkreten Steuerbescheides (Verwaltungsakt) erfolgt.

Aber auch in weiteren Punkten unterscheidet sich die Haushaltssatzung von den Satzungen allgemeiner Art. Während für die gemeindlichen Satzungen bis auf wenige Ausnahmen keine verbindlichen Inhalte vorgeschrieben sind, ist für die Haushaltssatzung ein Pflichtinhalt gemäß § 78 Abs. 2 GO vorgesehen. Ergänzt wird dieser durch das verbindliche amtliche Muster (Anlage 1 VV Muster zur GO und KomHVO) sowie durch Vorschriften zum Haushaltsplan (vgl. §§ 79 GO, 1 ff. KomHVO). Ferner unterliegt die Haushaltssatzung einer zeitlichen Begrenzung. Sie wird grundsätzlich für ein Haushaltsjahr (Kalenderjahr) erlassen (§ 78 Abs. 1 und 4 GO).[458] Andere Satzungen haben eine unbestimmte, auf die Zukunft gerichtete Gültigkeit.

Die Haushaltssatzung zählt zu den Pflichtsatzungen, d. h. die Gemeinde muss sie erlassen. Diese Verpflichtung trifft für die übrigen Satzungen nur in Ausnahmefällen zu, z. B. für die Hauptsatzung (§ 7 Abs. 3 GO).

Die Haushaltssatzung gehört zu den Angelegenheiten, über die der Rat selbst entscheiden muss. Er kann diese Entscheidungsbefugnisse nicht auf andere Stellen übertragen (§§ 41 Abs. 1 Buchst. h, 80 Abs. 4 GO). Nach § 60 Abs. 1 GO entscheidet der Hauptausschuss in Angelegenheiten, die der Entscheidung des Rates unterliegen, falls eine Einberufung des Rates nicht rechtzeitig möglich ist („Dringlichkeitsentscheidung"). Ist auch eine Einberufung des Hauptausschusses nicht rechtzeitig möglich und kann die Entscheidung nicht aufgeschoben werden, weil sonst erhebliche Nachteile oder Gefahren für die Gemeinde entstehen können, kann der Bürgermeister mit einem Ratsmitglied entscheiden („Notentscheidung"). Gemäß § 41 Abs. 1 Buchst. f GO gehört hierzu auch der Erlass von Satzungen. Somit kann grundsätzlich eine Satzung durch eine Dringlichkeits- bzw. Notentscheidung erlassen werden. Nicht möglich ist aber der Erlass einer Satzung durch Ersatzentscheidungen, wenn bestimmte Verfahrensvorschriften zu beachten sind, es sei denn, das förmliche Verfahren könnte ordnungsgemäß durchgeführt werden. Für die Haushaltssatzung bestehen aber umfangreiche Verfahrensvorschriften nach § 80 GO. Somit kann sie im Gegensatz zu den übrigen Satzungen nur durch einen „normalen" Ratsbeschluss zustande kommen. Die Verfasser vertreten die Auffassung, dass die vorgenannten Regelungen einer Ersatzentscheidung gemäß § 60 Abs. 1 GO entgegenstehen.

Die Haushaltssatzung – als Pflichtsatzung der Gemeinde – ist zeitlich begrenzt. Gemäß § 78 Abs. 1 GO muss sie für jedes Haushaltsjahr erlassen werden.[459] Sollte eine Gemeinde, vertreten durch den Rat, nicht bereit sein, eine Haushaltssatzung zu erlassen, greifen die Aufsichtsmittel nach §§ 121 ff. GO.

Letztlich ist noch festzuhalten, dass die Haushaltssatzung immer – evtl. rückwirkend – am 1. Januar eines Jahres in Kraft tritt.

17.2 Inhalt der Haushaltssatzung

17.2.1 Rechtliche Grundlagen

§ 78 Abs. 2 GO schreibt vor, welche Regelungen in der Haushaltssatzung getroffen werden müssen. Weitere Regelungen können gemäß § 78 Abs. 2 Satz 2 GO in die Haushaltssatzung

458 Sie kann aber auch gemäß § 78 Abs. 3 Satz 2 GO Festsetzungen für zwei Haushaltsjahre enthalten.

459 Gemäß § 78 Abs. 3 Satz 2 GO ist auch ein Erlass für zwei Haushaltsjahre zulässig.

aufgenommen werden, sofern sie sich auf Erträge und Aufwendungen, Einzahlungen und Auszahlungen, den Stellenplan und das Haushaltssicherungskonzept des Haushaltsjahres beziehen. Anlage 1 VV Muster zur GO und KomHVO sieht ein amtliches Muster für den Satzungstext vor. Nicht zulässig ist es demnach, haushaltsfremde Regelungen in den Satzungstext aufzunehmen (Bepackungsverbot).

17.2.2 Pflichtinhalte der Haushaltssatzung (§ 78 Abs. 2 GO)

17.2.2.1 Festsetzung des Haushaltsplans

In der Satzung sind die Erträge und Aufwendungen sowie die Einzahlungen und Auszahlungen des Haushaltsplans getrennt nach Ergebnis- und Finanzplan festzustellen. Beim Finanzplan ist eine zusätzliche Differenzierung vorgesehen, sodass § 1 der Haushaltssatzung folgende Formulierung enthält:

§ 1

Der Haushaltsplan für das Haushaltsjahr ……, der die für die Erfüllung der Aufgaben der Gemeinde …… voraussichtlich anfallenden Erträge und entstehenden Aufwendungen sowie eingehenden Einzahlungen und zu leistenden Auszahlungen und notwendigen Verpflichtungsermächtigungen enthält, wird

*im **Ergebnisplan** mit*
dem Gesamtbetrag der Erträge auf .... €
dem Gesamtbetrag der Aufwendungen auf .... €
ggf. abzüglich globaler Minderaufwand von .... €
ggf. somit auf .... €

*im **Finanzplan** mit*
dem Gesamtbetrag der Einzahlungen aus laufender Verwaltungstätigkeit auf .... €
dem Gesamtbetrag der Auszahlungen aus laufender Verwaltungstätigkeit auf .... €
(ggf. nachrichtlich: globaler Minderaufwand von ……… € im Ergebnisplan)

dem Gesamtbetrag der Einzahlungen aus der Investitionstätigkeit auf .... €
dem Gesamtbetrag der Auszahlungen aus der Investitionstätigkeit auf .... €

dem Gesamtbetrag der Einzahlungen der Finanzierungstätigkeit auf .... €
dem Gesamtbetrag der Auszahlungen der Finanzierungstätigkeit auf .... €

festgesetzt.
Ggf.: Der vorgenannte globale Minderaufwand im Ergebnisplan gemäß § 75 Abs. 2 Satz 4 GO NRW wird in den folgenden Teilplänen abgebildet:
Teilplan XX, Teilplan XY, usw.

Bei den Gesamtbeträgen handelt es sich jeweils um die Summe aus Ergebnis- bzw. Finanzplan, beim Finanzplan unterteilt in die aufgeführten Zahlungsarten. Die mit „ggf." beginnenden Angaben sind nur zu tätigen, wenn zur Erreichung des Haushaltsausgleichs von der Möglichkeit der pauschalen Aufwandskürzung um bis zu 1 % der ordentlichen Aufwendungen (globaler Minderaufwand) gem. § 75 Abs. 2 Satz 4 GO Gebrauch gemacht wird. In diesem Fall ist neben der Aufwandskürzung auch anzugeben, in welchen Teilergebnisplänen diese Kürzung jeweils um welchen Betrag erfolgt.

Der Haushaltsplan allein besitzt keinen Satzungscharakter. Erst durch die Einbeziehung in die Haushaltssatzung wird er als dessen Bestandteil Ortsrecht. Die Festsetzung des Haushaltsplans ist somit notwendiger und unverzichtbarer Bestandteil der Haushaltssatzung. Mit der Festsetzung der Gesamtbeträge erfolgt gleichzeitig die Festsetzung der Einzelansätze der Erträge und Aufwendungen sowie der Einzahlungen und Auszahlungen, die damit Verbindlichkeit auf Satzungsebene erhalten.

Ein besonderes Problem besteht darin, wenn auf der Grundlage des § 4 Abs. 2 KomHVO die Ziele und Kennzahlen zur Zielerreichung im Haushaltsplan abgebildet werden. Somit werden diese Bestandteil des Haushaltsplans. Wenn also durch § 1 der Haushaltssatzung Ergebnis- und Finanzplan Bestandteil der Satzung werden und somit Ortsrecht darstellen, gewinnen die Ziele und Kennzahlen zur Zielerreichung ebenfalls den Charakter materiellen Ortsrechts. Abweichungen und Änderungen im laufenden Haushaltsjahr würden dann die Gemeinden gemäß § 81 Abs. 1 GO zum Erlass einer Nachtragssatzung verpflichten. Diese Lösung ist aus Gründen der Praktikabilität nicht vertretbar.

17.2.2.2 Festsetzung der Kreditermächtigung für Investitionen

In der Satzung ist der Gesamtbetrag der vorgesehenen Kreditaufnahmen für Investitionen wie folgt festzusetzen:

§ 2

Der Gesamtbetrag der Kredite, deren Aufnahme für Investitionen erforderlich ist, wird festgesetzt auf .... *€*
(alternativ: Kredite für Investitionen werden nicht veranschlagt.)

Die Kreditermächtigung ist eine der Voraussetzungen zur Aufnahme von Krediten für Investitionen (nur für das Anlagevermögen, nicht für das Umlaufvermögen) durch die Gemeinde. Nicht zuletzt wegen der erheblichen Folgewirkungen der Kreditaufnahmen auf die gemeindliche Haushaltswirtschaft ist eine besondere Ermächtigungsgrundlage in der Form einer satzungsrechtlichen Regelung geschaffen. Die Kreditverwendung nach § 2 der Haushaltssatzung ist als Auswirkung des § 86 Abs. 1 GO auf Investitionen beschränkt. Somit können damit nur Auszahlungen für die Veränderung des Anlagevermögens finanziert werden. Beim Gesamtbetrag handelt es sich um den Bruttokredit, somit um die zu passivierende Rückzahlungsverpflichtung (Kreditverbindlichkeit).

Eine evtl. erforderliche Überschreitung dieses Betrages bedarf des Erlasses einer Nachtragssatzung gemäß § 81 Abs. 1 GO (siehe hierzu auch Kap. 20). Zur Thematik der Kreditaufnahme ist ansonsten auf Kap. 15 zu verweisen.

Kreditaufnahmen für Umschuldungen bedürfen keiner Ermächtigung durch § 2 der Haushaltssatzung, weil § 78 Abs. 2 Nr. 1 Buchst. c ausschließlich auf Investitionskredite abstellt.

17.2.2.3 Festsetzung des Gesamtbetrages der Verpflichtungsermächtigungen

Der Gesamtbetrag der im Haushaltsplan veranschlagten Verpflichtungsermächtigungen ist in der Satzung wie folgt festzusetzen:

§ 3

Der Gesamtbetrag der Verpflichtungsermächtigungen, der zur Leistung von Investitionsauszahlungen in künftigen Jahren erforderlich ist, wird auf .... *€*
festgesetzt.
(alternativ: Verpflichtungsermächtigungen werden nicht veranschlagt.)

Beim Gesamtbetrag handelt es sich um die Summe der bei den einzelnen Positionen der Teilfinanzpläne veranschlagten Verpflichtungsermächtigungen. Damit wird erreicht, dass diese Haushaltsermächtigungen auch satzungsmäßig verbindlich werden. Eine Überschreitung der Gesamtsumme ist nur durch eine Nachtragssatzung gemäß § 81 Abs. 1 GO zulässig. Einzelheiten zur Veranschlagung und Abwicklung von Verpflichtungsermächtigungen sind in Kap. 14 dargestellt.

17.2.2.4 Festsetzung der Verringerung der Ausgleichsrücklage und der Allgemeinen Rücklage

Wie in Kap. 16 ausführlich dargestellt, verringert zum einen ein Fehlbetrag im Ergebnishaushalt das kommunale Eigenkapital. Dabei wird zunächst die Ausgleichsrücklage reduziert. Ist diese verbraucht, ist die Allgemeine Rücklage in Anspruch zu nehmen. Zum anderen sind Erträge und Aufwendungen i. S. d. §§ 39 Abs. 3 und 44 Abs. 3 KomHVO direkt mit der Allgemeinen Rücklage zu verrechnen. Sie sind nicht Teil des Jahresergebnisses, sondern werden nach dem Jahresüberschuss/Fehlbetrag aufgeführt.[460] Die geplanten Verringerungen der Rücklagen sind gemäß § 78 Abs. 2 Nr. 2 GO wie folgt durch Aufnahme in § 4 der Haushaltssatzung festzusetzen.

§ 4

Die Inanspruchnahme der Ausgleichsrücklage aufgrund des voraussichtlichen Jahresergebnisses im Ergebnisplan wird auf .... *€*
und/oder
die Verringerung der Allgemeinen Rücklage aufgrund des voraussichtlichen Jahresergebnisses im Ergebnisplan wird auf .... *€*
festgesetzt.
(alternativ: Eine Inanspruchnahme des Eigenkapitals soll nicht erfolgen.)

Sofern die Gemeinde vom Wahlrecht des globalen Minderaufwands nach § 75 Abs. 2 Satz 4 GO Gebrauch macht, ist hier nur die Verringerung durch den gekürzten Jahresfehlbetrag anzugeben.

Durch die Formulierungen des § 4 der Haushaltssatzung ist die Verringerung der Allgemeinen Rücklage nicht vollständig abgebildet. Es fehlen die Erträge und Aufwendungen, die direkt mit der Allgemeinen Rücklage zu verrechnen sind.

Die förmliche Festsetzung der Inanspruchnahme des Eigenkapitals in der Haushaltssatzung ist nach Auffassung der Autoren überflüssig. Ein Fehlbetrag ergibt sich ohnehin aus den verbindlichen Festsetzungen in § 1 der Haushaltssatzung. Bei der daraus entstehenden eventuellen Inanspruchnahme der Ausgleichs- oder Allgemeinen Rücklage hat die Gemeinde keinen Spielraum, weil dieses Verfahren vom Gesetzgeber ja ausdrücklich in § 75 Abs. 3 GO vorgesehen ist. Die evtl. erforderliche aufsichtsbehördliche Genehmigung bzw. die Erstellung eines Haushaltssicherungskonzepts (§ 76 GO) kann auch ohne den förmlichen § 4 der Haushaltssatzung abgeleitet werden.

460 Vgl. Anlage 4 VV Muster zur GO und KomHVO.

Ein Wahlrecht ist vielmehr gegeben, wenn ein Jahresüberschuss geplant ist, der entweder der Allgemeinen Rücklage oder der Ausgleichsrücklage zugeführt werden kann.[461]

Zudem ist die Festsetzung der Inanspruchnahme der Ausgleichs- oder (und) Allgemeinen Rücklage in vielen Fällen gar nicht möglich. Wird nämlich der Haushaltsplan gemäß § 80 Abs. 5 Satz 2 GO der Aufsichtsbehörde termingerecht vorgelegt (bis 30. November des Vorjahres), hat die Gemeinde noch gar nicht die Information, ob und in welchem Umfang die Ausgleichsrücklage und/oder Allgemeine Rücklage durch den neuen Haushalt in Anspruch genommen wird. Dies ist schließlich erst möglich, wenn der Jahresabschluss des laufenden Haushaltsjahres erstellt ist (Ende März des nächsten Jahres). In diesem Jahresabschluss werden evtl. die Bestände der Ausgleichs- und der Allgemeinen Rücklage noch entscheidend verändert. Die dann bereits in Kraft getretene Haushaltssatzung für das neue Jahr stimmt in der Festsetzung ihres § 4 zwangsläufig nicht mehr. Zumindest bei einer Erhöhung der Inanspruchnahme der Rücklagen müsste zudem unverzüglich eine Nachtragssatzung gemäß § 81 Abs. 1 GO erlassen werden. Dies wäre sogar bei Kleinbeträgen der Fall, weil § 81 GO das Problem nicht erkennt und deshalb auch keine Geringfügigkeitsgrenze vorgesehen hat.[462]

17.2.2.5 Festsetzung des Höchstbetrages der Liquiditätskredite

Der Höchstbetrag der Kredite zur Liquiditätssicherung ist in der Haushaltssatzung festzusetzen. Nach dem verbindlichen Muster hat die Festsetzung wie folgt zu erfolgen:

§ 5

Der Höchstbetrag der Kredite, die zur Liquiditätssicherung in Anspruch genommen werden dürfen, wird auf .... *€*
festgesetzt.
(alternativ: Kredite zur Liquiditätssicherung werden nicht beansprucht.)

Liquiditätskredite sind zwar auch Darlehen i. S. v. § 488 Abs. 1 BGB, aber haushaltsrechtlich nicht mit den Krediten für Investitionen gleichzusetzen. Es handelt sich hierbei in der Regel um kurzfristige Kredite zur Sicherung der Zahlungsbereitschaft. Aus diesem Grunde ist auch kein Gesamtbetrag, sondern ein Höchstbetrag festgesetzt, der mehrfach im Haushaltsjahr in Anspruch genommen (schwankender Liquiditätsbedarf), jedoch zu keiner Zeit überschritten werden darf.

Nicht zu verkennen ist dabei, dass bei vielen Gemeinden die Liquiditätskredite wegen der unausgeglichenen Haushalte längst langfristige Verschuldungen darstellen (Dauerschuld-verhältnisse). Insofern stellt sich auch die Frage, ob eine Trennung zwischen Investitions- und Liquiditätskrediten sinnvoll ist. Weitere Einzelheiten zu den Liquiditätskrediten, auch hinsichtlich der Kritik zur Trennung von Investitions- und Liquiditätskrediten, enthält Kap. 15.

17.2.2.6 Festsetzung der Realsteuerhebesätze

Die Haushaltssatzung enthält die Festsetzung der Realsteuersätze wie folgt:

461 Vgl. § 75 Abs. 3 GO.

462 Der Gesetzgeber ist weiterhin aufgerufen, auf § 78 Abs. 2 Nr. 2 GO und damit auf § 4 der Haushaltssatzung zu verzichten oder eine praxisgerechte Lösung zu finden.

§ 6

Die Steuersätze für die Gemeindesteuern werden für das Haushaltsjahr ……… wie folgt festgesetzt:

1. ***Grundsteuer***
1.1 für die land- und forstwirtschaftlichen Betriebe (Grundsteuer A) auf ………… *v. H.*
1.2 für die Grundstücke (Grundsteuer B) auf ………… *v. H.*
2. ***Gewerbesteuer*** *auf* ………… *v. H.*

Nach Art. 106 Abs. 6 GG steht das Aufkommen der Realsteuern den Gemeinden zu. Dabei ist den Gemeinden das Recht einzuräumen, die Hebesätze für diese Steuern im Rahmen der Gesetze festzusetzen. Nach Art. 105 Abs. 2 i. V. m. Art. 72 Abs. 2 Nr. 3 GG fällt die Schaffung des rechtlichen Rahmens in die konkurrierende Gesetzgebungskompetenz des Bundes. Der Bund hat die Gesetzesinitiative ergriffen und das Grundsteuergesetz und das Gewerbesteuergesetz erlassen. Das Land NRW hat mit Gesetz über die Zuständigkeit für die Festsetzung und Erhebung der Realsteuern vom 16.12.1981 (GV. NRW. S. 732) bestimmt, dass für die Festsetzung und Erhebung der Realsteuern die hebeberechtigten Gemeinden zuständig sind.

Derzeit besitzen die Gemeinden das Recht, die Hebesätze für die sog. „Grundsteuern" A und B und die Gewerbesteuer festzusetzen. Da es sich um einen Akt der Rechtsetzung handelt, bedarf es hierzu einer Satzung. Die Hebesätze werden in Prozentsätzen festgesetzt. Die Festsetzung hat gemäß § 25 Abs. 2 GrStG und § 16 Abs. 2 GewStG für ein oder mehrere Kalenderjahre zu erfolgen. In der Regel erfolgt die Festsetzung der Hebesätze mit der Haushaltssatzung (§ 78 Abs. 2 Nr. 4 GO), also mit der Folge einer jährlichen Festsetzung. Eine Änderung der Hebesätze mit dem Ziel der Erhöhung kann nur bis zum 30. Juni eines Jahres erfolgen (§ 25 Abs. 3 GrStG bzw. § 16 Abs. 3 GewStG), allerdings dann mit Rückwirkung auf den 1. Januar eines Jahres. Nach dem 30. Juni darf die Festsetzung der Hebesätze die Höhe der letzten Festsetzung nicht überschreiten.

Will die Gemeinde die Realsteuerhebesätze für einen längeren Zeitraum als ein Jahr bzw. zwei Jahre bei einer zweijährigen Haushaltssatzung festsetzen, kann sie dies nur mittels einer gesonderten Hebesatzsatzung. Nachfolgend ist ein Beispiel einer solchen Hebesatzsatzung abgedruckt:

Satzung
über die Festsetzung der Steuersätze für die
Grund- und Gewerbesteuer in der Gemeinde G

Aufgrund des § 25 des Grundsteuergesetzes vom 7.8.1973 (BGBl. I S. 965), zuletzt geändert ……, des § 16 des Gewerbesteuergesetzes in der Fassung der Bekanntmachung vom 15.10.2002 (BGBl. I S. 4167), zuletzt geändert …… und des § 1 des Gesetzes über die Zuständigkeit für die Festsetzung und Erhebung der Realsteuern vom 16.12.1981 (GV. NW. S. 732) i. V. m. § 7 der Gemeindeordnung für das Land Nordrhein-Westfalen in der Fassung der Bekanntmachung vom 14.7.1994 (GV. NRW. S. 666), zuletzt geändert …… in der z. Zt. geltenden Fassung hat der Rat der Gemeinde G am …… die nachstehende Satzung beschlossen:

§ 1

Die Hebesätze für die Grundsteuern und für die Gewerbesteuer werden für das Gebiet der Gemeinde G wie folgt festgesetzt:

1.	Grundsteuer	
	a) für die land- und forstwirtschaftlichen Betriebe (Grundsteuer A)	210 v. H.
	b) für die Grundstücke (Grundsteuer B)	380 v. H.
2.	für die Gewerbesteuer	450 v. H.

§ 2

Die vorstehenden Hebesätze gelten für die Haushaltsjahre 2023, 2024 und 2025.

§ 3

Diese Satzung tritt am 1.1.2023 in Kraft.

Ist eine Hebesatzsatzung erlassen,[463] hat der dennoch jährlich in die Haushaltssatzung aufzunehmende § 6 nur deklaratorische Bedeutung. Die Haushaltssatzung hat dann keine Außenwirkung und ist nur eine Satzung im formellen Sinn. Die nachrichtliche Aufnahme der Hebesätze in der Haushaltssatzung ist kenntlich zu machen (z.B. „die Gemeindesteuern **sind** festgesetzt“).[464]

Bei der Steuerberechnung setzt das Finanzamt einen Steuermessbetrag fest. Dieser wird mit dem gemeindlichen Hebesatz multipliziert. Insofern haben die Gemeinden Einfluss auf die Höhe der Realsteuererträge.[465] Die sonstigen kommunalen Steuern werden ausschließlich aufgrund von kommunalen Satzungen (z. B. Vergnügungssteuersatzung, Hundesteuersatzung, Zweitwohnungssteuersatzung) erhoben.

In der Haushaltssatzung der Kreise und Landschaftsverbände werden anstelle der Steuerhebesätze im § 6 der Haushaltssatzung die v.H.-Sätze der Kreisumlage bzw. der Landschaftsumlage festgesetzt (§ 56 KrO, § 22 LVerbO).[466]

17.2.2.7 Festsetzungen zum Haushaltssicherungskonzept

Ist nach § 76 Abs. 1 GO ein Haushaltssicherungskonzept aufzustellen, ist in der Haushaltssatzung (§ 7) der Zeitpunkt zu bestimmen, wann der Haushaltsausgleich wieder hergestellt wird. Ferner ist zu bestimmen, dass die Haushaltskonsolidierungsmaßnahmen bei der Ausführung des Haushaltsplans umzusetzen sind. Der Text des amtlichen Musters lautet:

§ 7

Nach dem Haushaltssicherungskonzept ist der Haushaltsausgleich im Jahre ... wieder hergestellt. Die dafür im Haushaltssicherungskonzept enthaltenen Konsolidierungsmaßnahmen sind bei der Ausführung des Haushaltsplans umzusetzen.
(alternativ: entfällt)

Zum Haushaltsausgleich und zu den Haushaltssicherungskonzepten siehe Kap. 16.

463 Siehe auch OVG NRW, Urt. vom 6.8.1990, der gemeindehaushalt 1991, S. 189.

464 Insofern ist die Formulierung in § 78 Abs. 2 Nr. 3 GO fehlerhaft. Wie dargestellt, erfolgt die Festsetzung nicht immer durch die Haushaltssatzung und dann auch nicht immer für ein Jahr. Hier wäre ein Verweis auf eine mögliche Hebesatzsatzung erforderlich. Dafür ist der Hinweis im Muster zur Haushaltssatzung (Anlage 1 VV Muster zur GO und KomHVO) nicht ausreichend.

465 Näheres zur Ermittlung und Festsetzung der Realsteuern in *Mutschler*, Kommunales Finanz- und Abgabenrecht NRW, 14 Aufl., Witten 2018, S. 57 ff.

466 Näheres zur Ermittlung und Festsetzung der Umlagen in *Mutschler*, Kommunales Finanz- und Abgabenrecht NRW, 14. Aufl., Witten 2018, S. 316 ff.

17.2.3 Freiwillige Inhalte der Haushaltssatzung

Nach § 78 Abs. 2 Satz 2 GO kann die Haushaltssatzung weitere Vorschriften enthalten, die sich auf den Haushaltsplan, den Stellenplan und das Haushaltssicherungskonzept beziehen.

Denkbar sind z. B.

- Bestimmungen im Zusammenhang mit der Bewirtschaftung der Erträge und Aufwendungen, Einzahlungen und Auszahlungen, Verpflichtungsermächtigungsansätze[467] und des Stellenplans,
- Festsetzung von Höchstbeträgen i. S. v. § 81 oder § 83 GO,
- Regelungen zur Handhabung der Haushaltsvermerke,
- Regelungen zur Budgetierung und
- Kontrakte zwischen Rat und Verwaltung.

Beispiele für weitere Regelungen in der Haushaltssatzung sind:[468]

§ 8 Die Aufwendungen innerhalb der Teilergebnispläne sind mit Ausnahme der bilanziellen Abschreibungen gegenseitig deckungsfähig. Das gleiche gilt sinngemäß für die Auszahlungen innerhalb der Teilfinanzpläne.

§ 9 Nicht erhebliche über- und außerplanmäßige Aufwendungen und Auszahlungen i. S. d. § 83 GO sind

- *über- und außerplanmäßige Aufwendungen und Auszahlungen, die auf gesetzlicher oder tarifvertraglicher Grundlage beruhen, wenn sie den Betrag von 250.000 € nicht übersteigen oder*
- *alle übrigen über- und außerplanmäßigen Aufwendungen und Auszahlungen, wenn sie den Betrag von 100.000 € nicht übersteigen.*

Über die Leistung dieser Aufwendungen und Auszahlungen entscheidet der Kämmerer gemäß § 83 Abs. 1 Satz 3 GO.

17.3 Zustandekommen der Haushaltssatzung

17.3.1 Überblick

Entsprechend der Bedeutung der Haushaltssatzung für die kommunale Aufgabenerfüllung und der Auswirkungen, die Haushaltssatzung und Haushaltsplan auf das örtliche Gemeinschaftsleben haben, ist das Verfahren über das Zustandekommen der Haushaltssatzung (somit auch des Haushaltsplans) umfassend geregelt. Hierdurch wird in erhöhtem Maße Rechtssicherheit gewährleistet. Gleichzeitig wird besonderer Wert auf eine weitgehende Mitwirkung der Öffent-

467 Nach der Formulierung des § 78 Abs. 2 Satz 2 GO darf die Haushaltssatzung hierzu keine Regelungen enthalten, weil Verpflichtungsermächtigungen im Gesetzestext nicht aufgelistet sind. Dies ist unbefriedigend, zumal z. B. im Rahmen der Budgetierung Bewirtschaftungsvermerke wie Deckungsfähigkeiten auch für Verpflichtungsermächtigungen dringend erforderlich sind. Es könnte allerdings durchaus sein, dass es sich bei der Formulierung des Gesetzes lediglich um ein redaktionelles Versehen handelt. Der Gesetzgeber ist deshalb aufgerufen, dieses zu korrigieren.

468 Die Darstellungen beschränken sich lediglich auf wenige Regelungen. Um die ganze Breite der Möglichkeiten abschätzen zu können, sei auf die Haushaltssatzungen der einzelnen Kommunen verwiesen.

lichkeit gelegt. Das nachstehende Schaubild soll zunächst einen Überblick vermitteln, wobei die Regelungen weitgehend in § 80 GO enthalten sind:

Zustandekommen der Haushaltssatzung
Vorverfahren innerhalb der Verwaltung
Aufstellung des Entwurfs durch den Kämmerer (§ 80 Abs. 1 GO)
Bestätigung des Entwurfs durch den Bürgermeister (§ 80 Abs. 1 GO)

⇙ ⇘

Vorlage an den Rat, evtl. mit abweichender Meinung des Kämmerers (§ 80 Abs. 2 GO)	Bekanntmachung, Auslegung während der Dauer des Beratungsverfahrens (§ 80 Abs. 3 Satz 1 GO)
Anhörung der Bezirksvertretungen (§ 37 GO)	Einwendungen der Einwohner und Abgabepflichtigen innerhalb einer bekanntzugebenden Frist von vierzehn Tagen (§ 80 Abs. 3 Satz 2 GO)
Vorberatung durch die Fachausschüsse (§§ 57 und 58 GO)	

⇘ ⇙

Vorbereitung durch Finanzausschuss/Hauptausschuss (§ 59 Abs. 2 GO)
Ratsbeschluss in öffentlicher Sitzung über Einwendungen (§ 80 Abs. 3 Satz 3 GO)
Ratsbeschluss in öffentlicher Sitzung über die Haushaltssatzung, evtl. mit mündlicher Stellungnahme des Kämmerers bei abweichender Meinung (§ 80 Abs. 4 GO)
Anzeige an die Aufsichtsbehörde, evtl. Genehmigungsantrag bzw. Vorlage des Haushaltssicherungskonzeptes zur Genehmigung (§§ 80 Abs. 5 und 76 Abs. 2 GO)

⇙ ⇘

Öffentliche Bekanntmachung der Haushaltssatzung (Rechtswirksamkeit) (§ 80 Abs. 5 Satz 3 GO)	Einsichtnahme bis zum Ende der Auslegung des Jahresabschlusses (§ 80 Abs. 6 GO)
Inkrafttreten zum 1. Januar des Jahres (§ 78 Abs. 3 GO)	

17.3.2 Vorverfahren

Das Vorverfahren ist in der Praxis recht unterschiedlich. Zum Teil werden noch Mittelanmeldungen für jede Position im Teilergebnis- und Teilfinanzplan verwendet, um damit Plangrößen zu ermitteln. Dabei kann sogar ein Herunterbrechen auf die Ebene der einzelnen Sachkonten erfolgen (z. B. Mittelanmeldung für Energieaufwendungen bei der Grundschule A). In der Praxis haben sich jedoch vielfach budgetierte Haushalte durchgesetzt, bei denen modifizierte Verfahren angewendet werden. Hier erfolgen die Mittelanmeldungen zu einzelnen Budgetzuschüssen (Produktzuschüssen), wobei des Öfteren ein vorangehender Eckwertebeschluss den generellen Finanzrahmen setzt.

17.3.3 Aufstellung des Entwurfs der Haushaltssatzung

Der Kämmerer stellt den Entwurf der Haushaltssatzung und ihrer Anlagen auf (§ 80 Abs. 1 GO). Dieses Recht kann dem Vorgenannten nicht entzogen werden.[469] Insofern ist jede Gemeinde auch verpflichtet, einen Kämmerer zu bestellen.[470] Der aufgestellte Entwurf ist gemäß § 80 Abs. 1 GO dem Bürgermeister zur Bestätigung zuzuleiten. Nach § 80 Abs. 2 GO leitet der Bürgermeister den von ihm bestätigten Entwurf dem Rat zu.

Der Bürgermeister kann dabei gemäß § 80 Abs. 2 GO vom Entwurf des Kämmerers abweichen. Wie weit er abweichen darf, ist nicht ausdrücklich geregelt. Würde der Bürgermeister aber den Wesensgehalt des Entwurfs ändern, würde er das Recht des Kämmerers verletzen. Das Änderungsrecht ist also nicht umfassend gegeben. Das Problem wird aber in der Regel dadurch umgangen, dass der im Vorverfahren beschriebene Weg beschritten wird. Sind die unterschiedlichen Meinungen dennoch nicht in Einklang zu bringen, also der Bürgermeister vom Entwurf abweicht, so kann der Kämmerer seine abweichende Meinung schriftlich darlegen. Macht der Kämmerer von seinem Recht Gebrauch, muss der Bürgermeister dann gemäß § 80 Abs. 2 Satz 3 GO dem Rat neben seinem Entwurf die schriftliche Stellungnahme des Kämmerers mit vorlegen. Damit hat der Rat die Möglichkeit, eingehend die unterschiedlichen Auffassungen und Argumente zu werten.

Mit der Weiterleitung des Entwurfes der Haushaltssatzung und ihrer Anlagen an den Rat sind die Entwürfe existent. Diese Weiterleitung geschieht im Allgemeinen in der Form der sog. „Einbringung in den Rat". Das bedeutet, dass der Tagesordnungspunkt „Kenntnisnahme des Entwurfes der Haushaltssatzung nebst Anlagen" in einer entsprechenden Ratssitzung behandelt werden muss. Der Rat hat dann den Entwurf der Haushaltssatzung an die beteiligten Fachausschüsse (mindestens Finanz- und Hauptausschuss), in kreisfreien Städten auch an die Bezirksvertretungen, zu verweisen. Die reine Versendung des Entwurfes der Haushaltssatzung nebst Anlagen an die Ratsmitglieder stellt keine „Weiterleitung an den Rat" dar.

17.3.4 Beteiligung der Einwohner und Abgabepflichtigen

Nach § 80 Abs. 3 GO ist der Entwurf der Haushaltssatzung mit ihren Anlagen nach vorheriger öffentlicher Bekanntmachung während der Dauer des Beratungsverfahrens zur Einsichtnahme verfügbar zu machen. Mit dieser Vorschrift soll bereits beim Zustandekommen die Beteiligung der Öffentlichkeit erreicht und somit die besondere Bedeutung der Haushaltssatzung und ihrer Anlagen für das Gemeindewohl herausgestellt werden.

Bei der vorherigen öffentlichen Bekanntmachung handelt es sich um eine durch Rechtsvorschrift vorgesehene öffentliche Bekanntmachung, die nicht den Erlass von Ortsrecht zum Gegenstand hat. Die öffentliche Bekanntmachung hat in der durch § 4 BekanntmVO vorgeschriebenen Form zu erfolgen.

In der Bekanntgabe ist auch die Frist darzustellen, in der Einwohner und Abgabepflichtige die Möglichkeit besitzen, Einwendungen gegen den Entwurf der Haushaltssatzung mit Haushaltsplan und Anlagen erheben können.

Folgende Form der öffentlichen Bekanntmachung im Amtsblatt der Gemeinde oder der örtlichen Presse (§ 4 BekanntmVO) ist denkbar:

---

469 Siehe dazu auch *Held/Winkel/Wansleben*, Kommunalverfassungsrecht Nordrhein-Westfalen, Wiesbaden 2022, Kommentar zu § 80 GO, S. 2.

470 Siehe dazu auch die ausführlichen Begründungen in Kap. 4.3.1.1.

Bekanntmachung des Entwurfs der Haushaltssatzung der Gemeinde G für das Haushaltsjahr 2023

Aufgrund des § 80 Abs. 3 der Gemeindeordnung für das Land Nordrhein-Westfalen vom 14.7.1994 (GV. NRW. S. 666) in der derzeit geltenden Fassung wird bekanntgemacht, dass der Entwurf der Haushaltssatzung der Gemeinde G für das Haushaltsjahr 2023 während der Dauer des Beratungsverfahrens (bis zur beschließenden Ratssitzung am …… während der Zeit von 7.30 Uhr bis 16.00 Uhr im Rathaus, A-Straße, Zimmer 319, zur Einsicht öffentlich ausliegt.
Einwendungen können innerhalb einer Frist vom …… bis …… (14 Tage) von Einwohnern und Abgabepflichtigen der Verwaltung schriftlich zugeleitet oder mündlich zu Protokoll gegeben werden.

Ort, Datum

Unterschrift
Bürgermeister

Einwendungsberechtigt sind Einwohner und Abgabepflichtige. **Einwohner** ist nach § 21 GO derjenige, der in der Gemeinde wohnt.[471] Unter **„Abgabepflichtigen"** sind die Grundeigentümer und Gewerbetreibenden (natürliche und juristische Personen) zu verstehen, die nicht in der Gemeinde wohnen bzw. nicht ihren Betriebshauptsitz in der Gemeinde haben, jedoch für ihren Grundbesitz oder Gewerbebetrieb im Gemeindebereich zu gemeindlichen Abgaben (Grundsteuern, Gewerbesteuern, Vergnügungssteuer usw.) herangezogen werden. Gebührenzahler zählen nicht zum Kreis der Abgabe**pflichtigen** nach § 80 Abs. 3 GO, da hier ein Leistungs- und Gegenleistungsverhältnis besteht, also somit die Abgabe**pflicht** nicht im Vordergrund steht.

Einwendungen können gegen den Entwurf der Haushaltssatzung und die Anlagen erhoben werden. Somit sind Einwendungen auch gegen den Haushaltsplan und seine Anlagen wie z. B. den Stellenplan zulässig.

17.3.5 Beratung in den Bezirksvertretungen und den Fachausschüssen

17.3.5.1 Beteiligung der Bezirksvertretungen

Nach § 35 Abs. 1 GO sind die kreisfreien Städte verpflichtet, das gesamte Stadtgebiet in Stadtbezirke einzuteilen. Gemäß § 36 GO ist für jeden Stadtbezirk eine Bezirksvertretung zu bilden. Nach § 37 Abs. 4 GO wirken die Bezirksvertretungen bei den Beratungen über die Haushaltssatzung mit.

Damit sind die Bezirksvertretungen in kreisfreien Städten am Verfahren über das Zustandekommen der Haushaltssatzung zu beteiligen. Sie können Anregungen und Änderungsvorschläge zum Entwurf der Haushaltssatzung und ihrer Anlagen unterbreiten. Die Anregungen und Änderungsvorschläge sind – mit Ausnahme der eigenverantwortlich festgesetzten Verwendungszwecke – letztlich vom Rat zu entscheiden. Um diese Beratungstätigkeit zu erleichtern, schreibt § 37 Abs. 4 Satz 3 GO vor, dass den Bezirksvertretungen geeignete stadtteilbezogene Übersichten

471 Siehe dazu *Hofmann/Theisen/Bätge*, Kommunalrecht in Nordrhein-Westfalen, 19. Aufl., Witten 2021, S. 121 ff.

aus dem Entwurf der Haushaltssatzung mit Haushaltsplan vorzulegen sind. Die Übersichten sind dann dem Haushaltsplan beizufügen.

Eine besondere stadtteilbezogene Bereitstellung von Planpositionen der Teilergebnispläne bzw. Teilfinanzpläne ist nicht vorgesehen. Diese würde auch dem kommunalen Haushaltsrecht mit seiner Gliederung in Teilergebnis- und Teilfinanzpläne nach Produktbereichen widersprechen. Insofern sind die Bezirksvertretungen in die Haushaltsplanung dergestalt einzubinden, dass sie dort ihre stadtteilbezogenen Rechte ausüben können. Verbindliche Regelungen zugunsten von Bezirken sind demnach außerhalb des Haushaltplans zu treffen.[472]

Die Beteiligung von Ortsvorstehern bzw. Bezirksausschüssen in kreisangehörigen Gemeinden (§ 39 GO) am Zustandekommen der Haushaltssatzung ist nicht in der Gemeindeordnung geregelt. Der Rat kann hier aber in eigener Zuständigkeit entsprechende Regelungen treffen.

17.3.5.2 Beteiligung der Fachausschüsse

Vorbehaltlich spezialgesetzlich bestehender Regelungen ist die Beteiligung der Fachausschüsse (z. B. Bauausschuss, Schulausschuss, Sportausschuss, Planungsausschuss) des Rates am Zustandekommen der Haushaltssatzung nicht geregelt. Eine Beteiligung derartiger Ausschüsse ist somit der eigenverantwortlichen Regelung der Gemeinden vorbehalten. In der Praxis wird aber kaum ein Rat auf die Mitarbeit und Beurteilung eines Fachausschusses verzichten wollen.

17.3.5.3 Beteiligung des Finanz- und Hauptausschusses

Gemäß § 59 Abs. 2 GO bereitet der Finanzausschuss die Haushaltssatzung vor. Wie bereits in Kap. 17.3.3 ausgeführt, ist hier die Beteiligung des Finanzausschusses erst nach Existenz des Entwurfes der Haushaltssatzung gemeint (also nach erfolgter Weiterleitung an den Rat).

Dem Finanzausschuss fällt die Aufgabe zu, die teilweise kontroversen Beschlüsse der Bezirksvertretungen und Fachausschüsse – insbesondere unter dem Gesichtspunkt des Haushaltsausgleichs – aufeinander abzustimmen. Diese Koordination obliegt auch dem Hauptausschuss (§ 59 Abs. 1 GO). Insofern ist es nicht verwunderlich, wenn viele Gemeinden den Haupt- und Finanzausschuss in Personalunion zusammengefasst haben. Beide haben in Bezug auf die Haushaltswirtschaft letztlich übereinstimmende Aufgaben.

17.3.6 Beschlussfassung durch den Rat

Nach § 80 Abs. 3 GO entscheidet der Rat über die **Einwendungen** der Einwohner und Abgabepflichtigen in öffentlicher Sitzung. Die Entscheidung muss durch einen förmlichen Beschluss erfolgen. Nach der zeitlich vorgehenden Beschlussfassung über die Einwendungen entscheidet der Rat gemäß § 80 Abs. 4 GO in öffentlicher Sitzung dann über den **Entwurf der Haushaltssatzung** und ihrer Anlagen. Diese Vorschrift entspricht den Bestimmungen des § 41 Abs. 1 Buchst. h GO.

In der Beratung kann der Kämmerer seine abweichende Auffassung zum Entwurf des Bürgermeisters vertreten. Auch hier kann der Rat im Rahmen seiner Zuständigkeit nach § 40 GO sicherlich den Kämmerer verpflichten, seine abweichende Meinung im Rat zu begründen. Er sollte

472 Eine ausführliche Darstellung über die stadtteilbezogene Haushaltsplanung ist enthalten in Modellprojekt „Doppischer Kommunalhaushalt in NRW“ (Hrsg.), Neues Kommunales Finanzmanagement: Betriebs-wirtschaftliche Grundlagen für das doppische Haushaltsrecht, 2., vollst. überarb. Aufl. auf der Basis der Endergebnisse des Modellprojektes, Freiburg 2003, S. 315.

davon auch Gebrauch machen, denn bei einer solch wichtigen finanzpolitischen Entscheidung wie der Haushaltssatzung sollte die Auffassung des Finanzfachmanns in die Beratung einfließen.

Zur Frage der Öffentlichkeit ist anzumerken, dass die Vorschriften des § 48 GO auch hier Anwendung finden. Zwar ist formal die Haushaltssatzung in öffentlicher Sitzung zu beraten und zu beschließen, aber unstreitig ist, dass bei Angelegenheiten, die üblicherweise in nichtöffentlicher Sitzung beraten werden (Personalentscheidungen, Grundstücksangelegenheiten usw., soweit sie im Satzungsverfahren angesprochen werden), die Öffentlichkeit ausgeschlossen werden kann. Die Auswirkungen des Informationsfreiheitsgesetzes NRW sind beim Haushaltsgrundsatz der Öffentlichkeit angesprochen (siehe dazu Kap. 9.2.6).

Die Beschlussfassung über die Haushaltssatzung erfolgt wie bei den Einwendungen mit Stimmenmehrheit (§ 50 Abs. 1 GO).

17.3.7 Vorlage bei der Aufsichtsbehörde

Die vom Rat beschlossene Haushaltssatzung ist vollständig mit allen Anlagen der Aufsichtsbehörde anzuzeigen (§ 80 Abs. 5 GO). Aufsichtsbehörde ist:

- für kreisangehörige Gemeinden der Landrat als untere staatliche Verwaltungsbehörde (§ 120 GO),
- für Kreise und kreisfreie Städte die Bezirksregierung (§ 57 KrO bzw. § 120 GO),
- für die Landschaftsverbände das für Kommunales zuständige Ministerium (§ 24 LVerbO).

Die Anzeige soll spätestens einen Monat vor Beginn des Haushaltsjahres erfolgen (§ 80 Abs. 5 Satz 2 GO), also spätestens zum 30. November des Vorjahres. Diese Soll-Vorschrift erlaubt jedoch auch eine spätere Vorlage, wenn begründete Ausnahmefälle dies erfordern (siehe auch Kap. 9.2.5). Hierdurch wird die Rechtswirksamkeit der Haushaltssatzung und ihrer Anlagen nicht beeinträchtigt. Bei Nichtanzeige bzw. nicht rechtzeitiger Anzeige kann die Aufsichtsbehörde von ihren Aufsichtsmitteln Gebrauch machen (§§ 121 ff. GO).

Soweit eine Genehmigung der Haushaltssatzung gemäß § 75 Abs. 4 GO erforderlich oder ein Haushaltssicherungskonzept gemäß § 76 GO zu erstellen ist, müssen entsprechende Genehmigungsanträge der Aufsichtsbehörde vorgelegt werden.

17.3.8 Bekanntmachung der Haushaltssatzung

Nach § 80 Abs. 5 Satz 3 GO ist die Haushaltssatzung – wie jede andere gemeindliche Satzung – öffentlich bekanntzumachen (§ 7 Abs. 4 Satz 1 GO). Die Bekanntmachung darf frühestens einen Monat nach der Anzeige erfolgen. Die Aufsichtsbehörde kann im begründeten Einzelfall die Frist verkürzen oder verlängern. Bei genehmigungspflichtigen Haushaltssatzungen und bei Erstellung von Haushaltssicherungskonzepten ist eine Bekanntmachung erst nach Erteilung der aufsichtsbehördlichen Genehmigung zulässig.

Die Bekanntmachung hat nach den allgemeinen Vorschriften für die Bekanntmachung des kommunalen Ortsrechts zu erfolgen. Ort der Bekanntmachung wird entweder ein gemeindeeigenes Bekanntmachungsblatt oder die Tageszeitung sein. Eine diesbezügliche Festlegung trifft die Hauptsatzung.

Nach der Bekanntmachung ist gemäß § 80 Abs. 6 GO die Haushaltssatzung mit ihren Anlagen bis zum Ende der Auslegung des zugehörigen Jahresabschlusses zur Einsichtnahme verfügbar zu halten. So muss z. B. die Haushaltssatzung 2023 bis zur Feststellung des Jahresabschlusses 2024 zur Einsichtnahme verfügbar gehalten werden, weil gemäß § 96 Abs. 2 GO erst dann der Zeitraum endet, in dem der Jahresabschluss 2023 nicht mehr ausgelegt werden muss. Dies kann auch für mehrere Haushaltssatzungen in Folge gelten, wenn dazugehörige Jahresabschlüsse noch nicht veröffentlicht sind. Einwendungen von Einwohnern und Abgabepflichtigen sind jedoch in dieser Phase unzulässig.

Die Haushaltssatzung tritt mit Beginn des Haushaltsjahres in Kraft – bzw. rückwirkend, wenn sie im bereits laufenden Haushaltsjahr beschlossen wird.

17.4 Behandlung der Haushaltssatzung durch die Aufsichtsbehörde

Die gemäß § 80 Abs. 5 GO vorgesehene Anzeige der Haushaltssatzung stellt eine Konkretisierung des Unterrichtungsrechts der Aufsichtsbehörde nach § 121 GO dar. Damit wird erreicht, dass die Aufsichtsbehörde über einen wichtigen Ratsbeschluss informiert wird.

Die Aufsichtsbehörde wird nunmehr die Haushaltssatzung dahingehend überprüfen, ob sie mit dem geltenden Recht übereinstimmt bzw. ob Rechtsverstöße vorliegen. Dabei werden unter anderem folgende Probleme einer aufsichtsbehördlichen Begutachtung unterzogen:

- Haushaltsausgleich,
- Inanspruchnahme des Eigenkapitals,
- Überschuldung,
- wirtschaftliche Leistungsfähigkeit aufgrund von Kreditaufnahmen,
- wirtschaftliche Leistungsfähigkeit aufgrund von Verpflichtungsermächtigungen,
- Einhaltung der Veranschlagungs- und Bewirtschaftungsgrundsätze,
- Einhaltung der Haushaltsgliederung.

Die Möglichkeiten der Aufsichtsbehörde sind zunächst auf das Beanstandungs- und Aufhebungsrecht nach § 122 GO beschränkt. Dazu kommen die weitergehenden Möglichkeiten der §§ 123 ff. GO (z. B. Anordnungsrecht oder Ersatzvornahme). Damit wird die Haushaltssatzung hinsichtlich der aufsichtsbehördlichen Mitwirkung mit allen anderen Ratsbeschlüssen gleichgestellt.[473]

Unabhängig von der allgemeinen Rechtsaufsicht bedarf – wie oben dargestellt – in einzelnen Fällen die Haushaltssatzung und stets das Haushaltssicherungskonzept der Genehmigung der Aufsichtsbehörde (diese ist auch die Anzeigebehörde, siehe Kap. 17.3.7), und zwar in der Form der echten Mitwirkung beim Zustandekommen der Satzung. Die Mitwirkung ist Gültigkeitsvoraussetzung für die Haushaltssatzung. Kann die Aufsichtsbehörde die Haushaltssatzung oder das Haushaltssicherungskonzept nicht innerhalb eines Monats prüfen, darf sie die Monatsfrist aus besonderen Gründen verlängern. Umgekehrt kann auch die Frist durch schnellere Erteilung der Genehmigung gekürzt werden.

Stellt die Aufsichtsbehörde keine Rechtsverletzung fest, bedarf es bei einer anzeigepflichtigen Haushaltssatzung keiner Reaktion der Aufsichtsbehörde. Nach Ablauf der Fristen kann die Gemeinde die Haushaltssatzung veröffentlichen (§ 80 Abs. 5 Satz 3 GO). Bei Vorlage einer zu genehmigenden Haushaltssatzung oder eines Haushaltssicherungskonzepts hat die Aufsichtsbehörde, wenn keine Bedenken bestehen, per Verwaltungsakt die Genehmigung zu erteilen.

473 Eine ausführliche Darstellung zu den Rechten und Pflichten der Aufsichtsbehörde enthält *Hofmann/Theisen/Bätge*, Kommunalrecht in Nordrhein-Westfalen, 19. Aufl., Witten 2021, S. 514 ff.

Bei Vorliegen von Rechtsverstößen im Rahmen des Anzeigeverfahrens hat die Aufsichtsbehörde gemäß § 122 Abs. 1 GO den Beschluss über die Haushaltssatzung per Verwaltungsakt zu beanstanden. Die Beanstandung ist zu begründen. Sie kann in diesem Zusammenhang Empfehlungen und Anregungen enthalten.[474]

Ist die Aufsichtsbehörde mit der zu genehmigenden Haushaltssatzung oder den Inhalten des vorgelegten Haushaltssicherungskonzepts nicht einverstanden, muss sie die Genehmigung per Verwaltungsakt versagen. Dabei kann jedoch auch eine Genehmigung mit Einschränkungen durch Bedingungen und Auflagen erteilt werden. Ist eine Genehmigung unter Bedingungen und Auflagen erteilt, so hat die Gemeinde ggf. durch Beitrittsbeschluss des Rates zu reagieren.

Bei der Genehmigung handelt es sich danach nicht nur um eine Maßnahme der Rechtskontrolle, sondern um ein Mitwirkungsrecht des Staates, mit dem er eigene, ihm zugewiesene Verwaltungsziele verfolgt, die mit der Verfassung vereinbar sind (sog. „Kondominium"). Auf die Erteilung der Genehmigung hat die Gemeinde daher grundsätzlich keinen Rechtsanspruch. Andererseits ist die Aufsichtsbehörde bei solchen Entscheidungen durch die verfassungsrechtliche Pflicht zu gemeindefreundlichem Verhalten gebunden.[475]

17.5 Praktische Beispiele und Übungen

Sachverhalt Nr. 1

Im Amtsblatt der Gemeinde G (Arbeitszeit: Fünftagewoche) ist u. a. bekanntgemacht worden, dass Einwendungen gegen den Entwurf der Haushaltssatzung in der Zeit vom 10. bis 23. September während der Dienststunden schriftlich oder zur Niederschrift erhoben werden können. Die Partei X (nicht im Rat vertreten) erhebt innerhalb dieser Frist gegen den Haushaltsplan Einwendungen. Sie unterhält in der Gemeinde G kein Parteibüro. Die Parteigeschäftsstelle ist in der Wohnung des Parteivorsitzenden untergebracht.

Aufgaben:

a) Prüfen Sie, ob die Auslegungsfrist den haushaltsrechtlichen Bestimmungen entspricht.
b) Beurteilen Sie, wie die Einwendungen der Partei X rechtlich zu behandeln sind.

Lösung:

a) Nach § 80 Abs. 3 GO ist der Entwurf der Haushaltssatzung mit ihren Anlagen nach vorheriger öffentlicher Bekanntmachung zur Einsichtnahme auszulegen. Innerhalb einer nachfolgenden Frist von 14 Tagen können Einwohner und Abgabepflichtige Einwendungen erheben. Nach dem Sachverhalt ist diese Frist auf die Zeit vom 10. bis 23. September beschränkt. Das sind zwar die geforderten vierzehn Tage, aber durch die Beschränkung auf die Dienststunden verringert sich tatsächlich der Zeitraum der Auslegung auf zehn Tage, denn am Wochenende (Samstag/Sonntag) wird nicht gearbeitet und somit besteht keine Möglichkeit der Einsichtnahme. Durch die Festsetzung einer Frist von vierzehn Tagen soll sichergestellt werden, dass in der gesamten Zeitspanne Einwendungsmöglichkeiten bestehen. Die Begrenzung auf die Dienststunden ist zwar grundsätzlich zulässig, es wäre dann aber eine Auslegungsfrist über den 23. September hinaus erforderlich gewesen.

---

474 Einzelheiten zum Beanstandungsverfahren siehe bei *Hofmann/Theisen/Bätge*, Kommunalrecht in Nord-rhein-Westfalen, 19. Aufl., Witten 2021, S. 535 ff.

475 Eine ausführliche Darstellung enthält *Hofmann/Theisen/Bätge*, Kommunalrecht in Nordrhein-Westfalen, 19. Aufl., Witten 2021, S. 546 ff. Dies gilt auch für die möglichen Rechtsmittel der Gemeinde bei Verweigerung der aufsichtsbehördlichen Genehmigung.

b) Nach § 80 Abs. 3 Satz 2 GO können Einwohner und Abgabepflichtige Einwendungen gegen den Entwurf der Haushaltssatzung und ihrer Anlagen erheben. Diese Einwendungen hat der Rat in öffentlicher Sitzung zu beraten. Einwohner sind natürliche Personen, die in der Gemeinde wohnen (§ 21 Abs. 1 GO). Die Partei X ist keine natürliche Person. Sie ist auch kein abgabepflichtiger Grundeigentümer (kein Parteibüro in G) oder Gewerbetreibender. Sie entrichtet keine Abgaben im Sinne der Vorschriften des § 80 Abs. 3 GO. Eventuelle Gebührenpflichten, Beitragszahlungen usw. (z. B. nach dem Kommunalabgabengesetz) fallen nicht unter diese Vorschrift. Somit ist die Einwendung der Partei X keine Einwendung i. S. v. § 80 Abs. 3 GO.
Der Parteivorsitzende als Einwohner hätte dagegen in seinem Namen eine Einwendung rechtswirksam einlegen können. Die vorgenannten Feststellungen entbinden Rat und Verwaltung jedoch nicht von der Verpflichtung, diese Einwendung als ganz normale Eingabe an den Rat (Anregung oder Beschwerde) zu behandeln (Art. 17 GG und § 24 GO).

Sachverhalt Nr. 2

Der Oberbürgermeister der kreisfreien Stadt S leitet am 15. Oktober den Entwurf der Haushaltssatzung dem Rat zu. Die Mehrheitsfraktion stellt in der Sitzung am 15. Oktober den Antrag: „Die Haushaltssatzung mit ihren Anlagen wird sofort beschlossen." Begründet wird dieser Antrag mit dem Hinweis auf die fortgeschrittene Jahreszeit und der Verpflichtung zur Vorlage der Satzung bis zum 30. November Der Antrag wird einstimmig angenommen und die Haushaltssatzung beschlossen.

Aufgabe:

Beurteilen Sie die Rechtmäßigkeit des Ratsbeschlusses.

Lösung:

Nach § 35 Abs. 1 GO sind kreisfreie Städte verpflichtet, das gesamte Stadtgebiet in Stadtbezirke einzuteilen. Für jeden Stadtbezirk ist eine Bezirksvertretung zu bilden (§ 36 Abs. 1 GO). Diese Bezirksvertretungen erfüllen die ihnen zugewiesenen Aufgaben (§ 37 Abs. 1 und 2 GO). Die Bezirksvertretungen wirken bei den Beratungen über die Haushaltssatzung mit (§ 37 Abs. 4 GO). Somit müsste der Rat der kreisfreien Stadt S zunächst die Bezirksvertretungen hören.

Ferner hat nach § 59 Abs. 2 GO der Finanzausschuss die Haushaltssatzung der Gemeinde vorzubereiten, und der Hauptausschuss wird auch zu beteiligen sein (§ 59 Abs. 1 GO). Außerdem muss den Einwohnern und Abgabepflichtigen gemäß § 80 Abs. 3 Satz 2 GO die Möglichkeiten zur Einsichtnahme und Erhebung von Einwendungen gegeben werden. Insofern ist eine sofortige Beschlussfassung durch den Rat aus den dargestellten Gründen rechtswidrig.

18. Die Ausführung des Haushalts

18.1 Erhebung von Einzahlungen

18.1.1 Rechtzeitige Einziehung der Einzahlungen

Die Haushaltswirtschaft ist gemäß § 75 Abs. 1 Satz 2 GO wirtschaftlich, effizient und sparsam zu führen. Ein Aspekt dieses Grundsatzes ist es, die Einzahlungen rechtzeitig einzuziehen. Die Gemeinde muss darauf bedacht sein, dass die Einzahlungen bei Fälligkeit auch auf den Konten der Gemeinde eingehen. Dies dient der Liquiditätssicherung (§ 75 Abs. 6 GO) und vermeidet ggf. Zinsaufwendungen oder generiert ggf. auch Zinserträge. Siehe dazu auch § 31 Abs. 6 KomHVO, der eine angemessene Liquiditätsplanung fordert.

Die Aufgabe der Einziehung der Finanzmittel nach § 31 Abs. 1 KomHVO erledigt primär die Finanzbuchhaltung, wobei konkret der Bereich der Zahlungsabwicklung angesprochen ist. Hierzu muss ein leistungsfähiges Mahn- und Vollstreckungsverfahren bestehen, welches notfalls die Einzahlungen mittels Zwang zu erwirken hat. Die Voraussetzungen dazu müssen aber vorangehende Buchungen in der Geschäftsbuchführung (im Wesentlichen in der Debitorenbuchhaltung) sein, denn ohne diese Buchungen verfügt der Bereich der Zahlbarmachung nicht über die notwendigen Fälligkeitsinformationen. Jedoch haben dazu vorab die mittelbewirtschaftenden Fachbereiche die notwendigen Voraussetzungen zum Einzug der Einzahlungen zu treffen. Ohne Veranlagungsbescheide im Steuer-, Gebühren- und Beitragsbereich, ohne Abrufung von Zuwendungsmitteln, ohne Vertragsabschlüsse bei Verkäufen oder Mieten, ohne Erhebung von Bußgeldern bei Ordnungswidrigkeiten, ohne Vereinbarungen über Kreditaufnahmen usw. kann auch die leistungsfähigste Finanzbuchhaltung die Einzahlungen nicht realisieren. Insofern liegen die Grundlagen der Einzahlungseinziehung bereits in den Fachbereichen und der Kämmerei (Fachbereich Finanzen). § 23 Abs. 1 KomHVO konkretisiert diese Überlegungen noch einmal ausdrücklich dadurch, dass geeignete Maßnahmen zu ergreifen sind, damit die Ansprüche der Gemeinde vollständig erfasst, rechtzeitig geltend gemacht und eingezogen werden können.

18.1.2 Kleinbeträge

Im privaten Rechtsverkehr ist es üblich, auf die Einziehung von geringfügigen Beträgen zu verzichten, vor allem dann, wenn die Kosten der Einziehung größer sind als die Forderung selbst. Diese Überlegungen gibt es auch auf Gemeindeebene, wo das Prinzip der Wirtschaftlichkeit gemäß § 75 Abs. 1 Satz 2 GO konkret anzuwenden ist. Beim Verzicht auf den Einzug von Forderungen bedeutet dies, dass die Fachbereiche erst gar keinen Buchungsbeleg fertigen, sondern in den Akten (Büroverfügung) den Verzicht begründen. In diesen Fällen wird keine Forderung gebucht. Die Finanzbuchhaltung erhält von solchen Entscheidungen keine Kenntnis.

Für den Fall, dass eine Forderung gebucht ist und die Finanzbuchhaltung die Unwirtschaftlichkeit des Einzugs feststellt, muss eine förmliche Niederschlagung des Anspruchs erfolgen.[476]

Nach § 23 Abs. 2 KomHVO kann die Kommune davon absehen, Ansprüche von weniger als 10 € geltend zu machen, es sei denn, dass die Durchsetzung aus grundsätzlichen Erwägungen geboten ist; letzteres gilt insbesondere für Gebühren. Diese Regelung entspricht in etwa dem § 13 Abs. 1 KAG für Abgaben und abgabenrechtliche Nebenleistungen, allerdings liegt dort die

476 Dies wird in Kap. 18.4.4 behandelt.

Wertgrenze bei unter 20 €, und es fehlt der „insbesondere für Gebühren-Zusatz" hinsichtlich des Gebotes der Durchsetzung aus grundsätzlichen Erwägungen. Mit Blick auf die bestehende Widersprüchlichkeit stellt der § 23 Abs. 2 KomHVO eine Konkretisierung der haushaltswirtschaftlichen Handhabung des § 13 Abs. 1 KAG dar.

Gemäß § 1 Abs. 2 Nr. 4 AO sind die Bestimmungen des § 156 AO auch für die Grund- und Gewerbesteuern der Gemeinde (Realsteuern) anwendbar. Als Bundesrecht geht diese Bestimmung sowohl dem Kommunalabgabengesetz als auch dem kommunalen Haushaltsrecht (§ 75 Abs. 1 Satz 2 GO und § 23 Abs. 2 KomHVO) vor. Eine konkrete Kleinbetragsregelung ergibt sich dort allerdings für die Grund- und Gewerbesteuer nicht. Vielmehr sieht § 156 Abs. 2 AO vor, dass auf die Festsetzung verzichtet werden kann, wenn die Kosten der Einziehung in keinem Verhältnis zum fordernden Betrag stehen. Eine konkrete Euro-Grenze besteht damit nicht, sodass eine reine Wirtschaftlichkeitsabwägung durchzuführen ist. Dementsprechend stehen die verschiedenen Regelungen letztlich inhaltlich im Einklang zueinander, und nach § 1 Abs. 3 KAG gelten die Bestimmungen der §§ 12 bis 22a KAG auch für Steuern, Gebühren, Beiträge und sonstige Abgaben, die von den Gemeinden und Gemeindeverbänden aufgrund anderer Gesetze erhoben werden, soweit diese keine Bestimmung treffen. Mangels einer getroffenen Regelung für die Grund- und Gewerbesteuer in der AO gilt demnach die Regelung des § 13 Abs. 1 KAG und daran anknüpfend die Regelung des § 23 Abs. 2 KomHVO.

Sowohl bei der Regelung des § 13 KAG als auch der des § 23 Abs. 2 KomHVO handelt es sich um eine „Kann-Vorschrift". Es liegt – wie auch bei den sonstigen Forderungen – demnach im pflichtgemäßen Ermessen der Gemeinde, ob auf die Einziehung verzichtet wird. Allerdings verengt sich der Ermessensspielraum bei einmal erfolgten positiven Entscheidungen durch den Gleichbehandlungsgrundsatz. Sofern die Einziehung von Kleinbeträgen aus grundsätzlichen Erwägungen geboten ist (z. B. bei Buß- oder Verwarnungsgeldern sowie bei Verwaltungsgebühren und Eintrittsentgelten, aber auch bei Säumniszuschlägen und Vollstreckungskosten – ein Verzicht würde hier dem Sinn der Einzahlung widersprechen), sollten diese Kleinbeträge daher eingezogen werden.

18.1.3 Rundungen

In früheren Zeiten des überwiegenden Bargeldverkehrs gab es bei den Einzahlungen oft Engpässe, vor allem, wenn Pfennige – heute Cent – als Wechselgeld benötigt wurden. Es bestand somit ein Bedarf, die Forderungen der Gemeinden abrunden zu können (Rundung nach unten zugunsten des Schuldners). Heute, im Zeitalter des bargeldlosen Zahlungsverkehrs, erübrigt sich eigentlich eine solche Möglichkeit, weil es für die Beteiligten rechtlich und praktisch ohne Bedeutung ist, ob die Überweisung einer Forderung nun z. B. mit 141,28 € oder 141,20 € erfolgt. Auch bei der DV-Bearbeitung ist dies ohne Belang.

Gemeindeordnung und Kommunalhaushaltsverordnung haben deshalb darauf verzichtet, Abrundungsmöglichkeiten bei Forderungen vorzusehen. Das gilt auch für die Abgabenordnung, die für die Realsteuern Anwendung findet (siehe die Begründung in Kap. 18.1.2). Allerdings sind im Kommunalabgabengesetz Vorschriften über Rundungen enthalten, was aus den oben geschilderten Gründen jedoch unverständlich ist.

Der nachstehende Überblick reicht wegen der geringen praktischen Bedeutung für die Gesamtdarstellung aus:

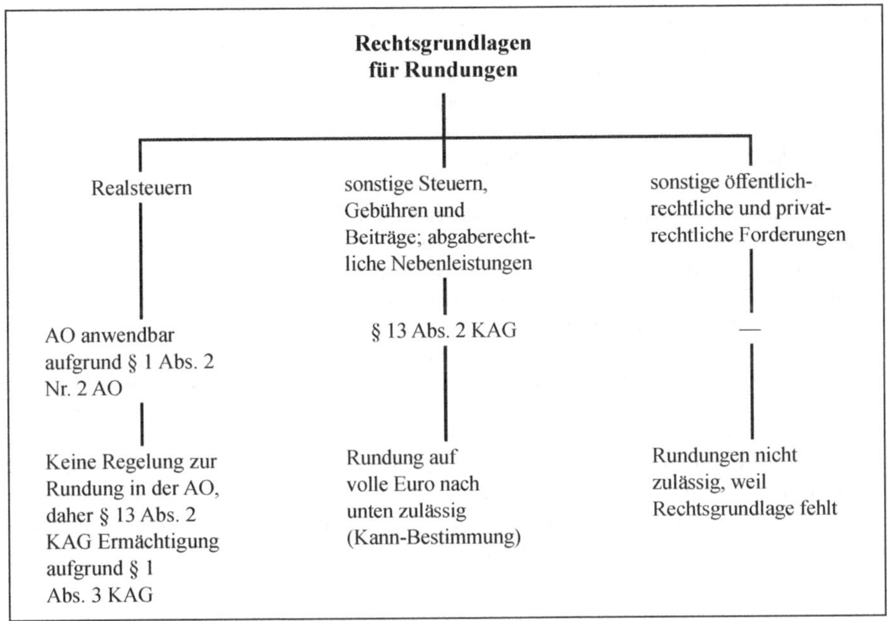

18.2 Zuweisung von Haushaltsmitteln und Verpflichtungsermächtigungen sowie deren Bewirtschaftung und Überwachung

18.2.1 Zuweisung von Haushaltsmitteln und Verpflichtungsermächtigungen

Rechtsgrundlage für die spezielle gemeindliche Finanzwirtschaft ist die Haushaltssatzung. Der Haushaltsplan als Bestandteil des § 1 der Haushaltssatzung regelt die Mittelverteilung durch die sachliche Zuordnung der Gesamterträge/Gesamteinzahlungen und Gesamtaufwendungen/Gesamtauszahlungen zu den einzelnen Positionen in den Teilergebnis- und Teilfinanzplänen. Das Gleiche gilt für die Verpflichtungsermächtigungen, die in ihrer Gesamthöhe durch § 3 der Haushaltssatzung festgesetzt werden und in den Teilfinanzplänen konkreten Maßnahmen bzw. Finanzmittelpositionen zugeordnet sind. Da die Haushaltssatzung gemäß § 78 Abs. 3 Satz 1 GO mit Beginn des Haushaltsjahres in Kraft tritt und für das gesamte Haushaltsjahr gilt, erfolgt die Zuweisung der Haushaltsmittel und Verpflichtungsermächtigungen – für jedes Haushaltsjahr neu – aufgrund des Haushaltsplans. Die dort vorhandenen Planansätze stellen die Ermächtigung für die Fachbereiche dar, Aufwendungen zu begründen, Auszahlungen zu leisten bzw. Verpflichtungen mit Auszahlungen in späteren Rechnungsperioden einzugehen. Gleichzeitig beauftragen sie die zuständigen Fachbereiche, die entweder durch den Haushaltsplan selbst oder durch besondere Dienstanweisung bestimmt sind, die veranschlagten Erträge und Einzahlungen zu erwirtschaften. Eine förmliche Zuweisung durch den Bürgermeister, Kämmerer oder die Kämmerei (Fachbereich Finanzen) erfolgt demnach nicht.

Allerdings kann der Rat der Gemeinde oder auch der Kämmerer bzw. der Bürgermeister die Mittelbewirtschaftung beschränken. So werden z. B. in der Praxis bestimmte Planpositionen oder Teile davon gesperrt bzw. es erfolgt nur eine teilweise Freigabe der Haushaltsermächtigungen. Sie werden erst mit Zeitablauf (z. B. jeweils ein Zwölftel der Ansätze zu Beginn eines jeden Monats) oder aufgrund besonderer Entscheidungen freigegeben. Solche „Sperren“ können aus der Sicht der Verwaltung der Gesamtfinanzen erforderlich sein, um eine möglichst gleichmäßige Mittelverteilung über das gesamte Jahr zu erreichen, um die Liquiditätssituation zu verbessern oder den Haushaltsausgleich von vorneherein zentral beeinflussen zu können. Solche Regelungen stellen keine haushaltswirtschaftlichen Sperren i. S. d. § 25 KomHVO dar, weil diese nur bei konkreten Gefährdungen des Haushaltsausgleichs während der Haushaltsausführung auszusprechen sind und dafür ein besonderes Verfahren erforderlich ist.[477] Man bezeichnet solche Beschränkungen vielmehr als „Mittelbewirtschaftungspläne“.

Für den Fall, dass solche Sperrvermerke oder sonstige Bewirtschaftungsbestimmungen bereits bei der Aufstellung des Haushaltsplans feststehen, sind diese im Haushaltsplan oder der Haushaltssatzung auszuweisen (§ 24 Abs. 5 KomHVO).

Oft wird im Zusammenhang mit diesem Gliederungspunkt die Zuweisung von Planstellen angesprochen. Zwar ist gemäß § 1 Abs. 2 Nr. 2 KomHVO der Stellenplan dem Haushaltsplan der Gemeinde als Anlage beizufügen, und § 8 KomHVO enthält nähere Regelungen über die Ausgestaltung des Stellenplanes, der dann auch die Planstellen der Verwaltung ausweist, jedoch sind die Probleme der Stellenbewirtschaftung primär Fragen der Betriebswirtschaftslehre – insbesondere der Verwaltungsorganisation – und des Dienstrechts, sodass dieses Buch den Themenkreis der Planstellenzuweisung bewusst ausspart.

18.2.2 Bewirtschaftung der Haushaltsmittel und Verpflichtungsermächtigungen

18.2.2.1 Grundsätze für den Gesamthaushalt

Die durch den Haushaltsplan erfolgte Zuweisung der Haushaltsmittel bewirkt keine Ermächtigung dafür, ohne Rücksicht auf andere haushaltsrechtliche Erwägungen über die Mittel zu verfügen. Insofern ist darauf zu achten, dass die im Haushaltsplan enthaltenen Ermächtigungen so umgesetzt werden, dass die ausgewiesenen Ziele eingehalten und voraussichtlich erreicht werden können.

Unter anderem gehört dazu auch, dass dafür Sorge zu tragen ist, dass die Planermächtigungen für das gesamte Haushaltsjahr ausreichen. Der Begriff „Inanspruchnahme von Haushaltsmitteln“ umfasst dabei bereits die Auftragsvergaben und sonstige Bindungen, weil hierdurch spätere Aufwendungen und Auszahlungen begründet werden. Bewirtschaftung von Ermächtigungen des Haushaltsplans bedeutet somit konkret die Verfügung über die Planansätze, sei es durch vertragliche oder sonstige Bindungen (z. B. durch Bewilligungsbescheide für Zuweisungen in Form eines Verwaltungsaktes) oder durch direkte Aufwendungen und Auszahlungen.

Ein weiterer Aspekt der Mittelbewirtschaftung ist in § 24 Abs. 1 Satz 1 KomHVO angesprochen, wonach die Haushaltsermächtigungen erst in Anspruch genommen werden dürfen, wenn die Aufgabenerfüllung es erfordert. Dieses Prinzip stellt auf die Sparsamkeit und Wirtschaftlichkeit gemäß § 75 Abs. 1 Satz 2 GO ab, denn solange eine Auszahlung nicht geleistet ist, können für die nicht eingesetzten Finanzierungsmittel Zinsgewinne erzielt bzw. bei Liquiditätsengpässen Zinsen für Kredite erspart werden. Dieser Grundsatz bedarf einer konkreten Auslegung. Es kann nämlich im Einzelfall aus sachlichen oder haushaltsrechtlichen Gründen notwendig sein, eine

477 Näheres siehe dazu in Kap. 18.3.1.

Auszahlung früher zu leisten als nach der Aufgabenerfüllung notwendig ist – bspw. dann, wenn eine bestimmte Ware nur zu einem feststehenden Termin im Handel zu erhalten ist (Vorratslagerung) oder wenn Preisnachlässe Termin gebunden gewährt werden. In diesen Fällen steht der Termin der Warenverwendung hinter dem der Warenbeschaffung zurück. In der Regel ist allerdings der letztmögliche Beschaffungs- bzw. Zahlungstermin als wirtschaftlichste Lösung auszunutzen, so z. B. bei der Zahlung von Schuldendienstleistungen, Personalauszahlungen oder bei Mieten.

Der Grundsatz der Mittelbewirtschaftung bedeutet aber auch, dass nur das Notwendigste aufzuwenden bzw. auszuzahlen ist. Dagegen wird in der Praxis vor allem am Jahresende verstoßen. Sobald die mittelbewirtschaftenden Stellen bemerken, dass noch Haushaltsmittel zur Verfügung stehen, versuchen sie regelmäßig, die Haushaltsermächtigungen noch auszuschöpfen, obwohl vielleicht kein konkreter Bedarf besteht. Im Umgangssprachgebrauch wird dies als „Dezemberfieber der Verwaltung“ bezeichnet. Dieses verstößt eindeutig gegen den Grundsatz der Sparsamkeit und Wirtschaftlichkeit und damit gegen § 75 Abs. 1 Satz 2 GO sowie auch gegen § 24 Abs. 1 Satz 1 KomHVO. Allerdings muss den Kämmereien (Fachbereiche Finanzen) eine gewisse „Mitschuld“ an diesen Handhabungen gegeben werden, weil in der Praxis oft festzustellen ist, dass in einem Haushaltsjahr nicht ausgeschöpfte Ermächtigungen nicht nur entfallen, sondern im nächsten Jahr durch die Kämmerei (Fachbereich Finanzen) gekürzt werden, weil ständig wiederkehrende Einsparungen unterstellt werden. Hier wäre es sicherlich besser, im Einzelfall mit der mittelbewirtschaftenden Stelle die Ursache der doch eigentlich erfreulichen Einsparung oder vollständigen Nichtinanspruchnahme der Ermächtigung festzustellen und anhand dieser Erkenntnisse die Planansätze der nächsten Haushaltsjahre aufzubauen oder eine Übertragung vorzunehmen. Die mittelbewirtschaftenden Stellen werden ansonsten für ihre Einsparungen bzw. wirtschaftlichen Umgang mit öffentlichen Finanzmitteln sogar noch „bestraft“. Die Bewirtschaftung von Haushaltsmitteln in Form von Budgets soll diese Problemstellung vermeiden.[478]

Die Bewirtschaftungsgrundsätze gelten gemäß § 24 Abs. 1 KomHVO auch für Verpflichtungsermächtigungen.

18.2.2.2 Besondere Grundsätze für Investitionen

Für Investitionsermächtigungen enthält § 24 Abs. 2 KomHVO zusätzliche Bewirtschaftungsgrundsätze. Während bei der Inanspruchnahme der sonstigen Ermächtigungen die Deckung (Finanzierung) der Aufwendungen und/oder der Auszahlungen nicht gesondert zu prüfen ist, dürfen Auszahlungsermächtigungen für Investitionen erst in Anspruch genommen werden, wenn die rechtzeitige Bereitstellung der Deckungsmittel gesichert werden kann. Die Finanzierung anderer, bereits begonnener Maßnahmen darf nicht gefährdet werden. Bei den Deckungsmitteln ist zwischen den speziellen Einzahlungen für die Maßnahme und den allgemeinen Deckungsmitteln zu unterscheiden. Die Sicherung der speziellen Einzahlungen, die im Teilfinanzplan im entsprechenden Investitionsbereich ausgewiesen sind (z. B. zweckgebundene Zuwendungen und mit der Maßnahme zusammenhängende Verkaufserlöse bzw. Beiträge), kann in der Regel von den zuständigen Fachämtern (Fachbereiche) beurteilt werden. Über die allgemeinen Deckungsmittel wie z. B. allgemeine Zuwendungen, Steuern, Gebühren, Kredite sowie nicht maßnahmegebundene Verkaufserlöse und damit über die Gesamtfinanzsituation kann nur die Kämmerei (Fachbereich Finanzen) Kenntnisse besitzen. Die mittelbewirtschaftende Stelle kann somit gar nicht vollständig selbst darüber entscheiden, ob die Deckungsmittel im Einzelfall gesichert sind. In der Praxis bestehen deshalb regelmäßig Dienstanweisungen, nach denen der Beginn einer In-

478 Näheres dazu siehe in Kap. 13.2.2.

vestitionsmaßnahme – also bereits die Auftragsvergabe – von der Zustimmung des Kämmerers bzw. der Kämmerei (Fachbereich Finanzen) abhängig ist, es sei denn, dass sie vorab in Bezug auf die allgemeinen Deckungsmittel Freigaben erteilt hat.

Der Begriff „rechtzeitige Bereitstellung" i. S. d. § 24 Abs. 2 Satz 1 KomHVO ist jedoch weit auszulegen. Zum einen bedeutet dies die Sicherstellung der Deckungsmittel bis zum Ende des Haushaltsjahres. Die vorherige Deckung ist ja z. B. vor allem beim Einsatz von Zuwendungen kaum möglich, weil die Zahlungen nach dem jeweiligen Baufortschritt – also nachträglich – geleistet werden. Zum anderen brauchen die Deckungsmittel nicht unbedingt rechtlich abgesichert zu sein. Die Gemeinde muss lediglich damit rechnen können, dass die erforderlichen Mittel im Laufe des Haushaltsjahres verfügbar sind. So z. B. reichen bei Zuwendungen und Krediten Zusicherungen der bewilligenden Institutionen (Landesbehörden oder Banken) aus.

Eine besondere Voraussetzung für die Inanspruchnahme von Auszahlungsermächtigungen für geringfügige Investitionen enthält § 13 Abs. 3 KomHVO. Da für diese Maßnahmen keine Wirtschaftlichkeitsberechnungen, Bauplanerstellungen usw. im Sinne von § 13 Abs. 1 und 2 KomHVO vor der Veranschlagung im Finanzplan erforderlich sind, muss jetzt im Rahmen der Haushaltsausführung mindestens eine Kostenberechnung erstellt werden, bevor ein Auftrag erteilt werden darf. Diese Vorschrift dient dem Nachweis der Wirtschaftlichkeit bei der Inanspruchnahme der Haushaltsermächtigungen.

18.2.3 Überwachung der Haushaltsermächtigungen

Die Inanspruchnahme aller im Haushaltsplan enthaltenen Ermächtigungen nach § 24 Abs. 1 Satz 2 KomHVO, also der Aufwendungs-, Auszahlungs- und Verpflichtungsermächtigungen, ist nur mit Hilfe einer pflichtigen laufenden Überwachung möglich. Die Inanspruchnahme von Aufwendungs- und Auszahlungsermächtigungen kann in den doppischen Buchungsverbund eingegliedert werden, indem ein Abgleich der Aufwendung bzw. Auszahlung mit den noch verfügbaren Planermächtigungen stattfindet. Das bedeutet aber auch, dass bereits die Inanspruchnahmen der Ermächtigungen durch vertragliche Bindungen (Auftragsvergabe, Bestellungen usw.) zu erfassen sind. Da die Verpflichtungsermächtigungen nicht im doppischen Buchungsverbund enthalten sind, müssen hierzu besondere Überwachungssysteme installiert werden. Dabei gibt es in der Praxis unterschiedliche DV-Verfahren, die immer die Vorgabe des § 24 Abs. 1 Satz 2 KomHVO als Umsetzungsgrundlage haben. Gemäß § 93 Abs. 1 GO nimmt die Buchführung die Finanzbuchhaltung wahr, sodass dieser die Überwachung der Ermächtigungen des Haushaltsplans zuzuordnen ist. Dabei kann die Gemeinde selbst entscheiden, ob sie diese „Arbeitsvorgänge" zentral oder dezentral abwickeln will. Allerdings ist dafür Sorge zu tragen, dass die mittelbewirtschaftenden Stellen tagesaktuell über den Stand und die Abwicklung ihrer Planermächtigungen informiert sind.

Das Überwachungsverfahren sollte von jedem mit Finanzvorfällen Beschäftigten der Gemeindeverwaltung beherrscht werden, denn nur so ist eine ordnungsgemäße Ermächtigungsbewirtschaftung möglich. Ein Beispiel für die konkrete Haushaltsüberwachung auf der Ebene einer einzelnen Aufwandermächtigung enthält der Sachverhalt Nr. 3 im nächsten Abschnitt. Die Lösung des Falles beinhaltet dann auch ausführliche Erläuterungen der Bearbeitungsvorgänge.

Ergänzend zu diesem praktischen Fall sei darauf verwiesen, dass die am Jahresende noch nicht in Aufwendungen oder Zahlungen umgewandelten Vormerkungen in die Überwachung des nächsten Haushaltsjahres übertragen werden müssen, soweit nicht entsprechende Verbindlichkeiten oder Rückstellungen im Rahmen des Jahresabschlusses zu buchen sind. Dieses wird in der Regel dann auch mit einer Ermächtigungsübertragung nach § 22 KomHVO verbunden sein.

Für durchlaufende Zahlungen und fremde Finanzmittel nach § 15 Abs. 1 KomHVO sehen die Regelungen keine förmlichen Überwachungspflichten vor. Dies ist auch nachzuvollziehen, weil es für diese Bereiche keine Planermächtigungen gibt (Abwicklung außerhalb des Haushaltsplans). Allerdings werden auch hier die zuständigen Fachbereiche oder die Finanzbuchhaltung, falls die Zahlungen über die Gemeinde abgewickelt werden, geeignete Nachweise führen.

18.2.4 Praktische Beispiele und Übungen

Sachverhalt Nr. 1

Zum 1.12.2023 Jahres soll die neue Grundschule in der Gemeinde G in Betrieb genommen werden. Die Firma F bietet an, die notwendige Erstausstattung an Kreide, Schwämme usw. in der letzten Novemberwoche 2023 zu einem Gesamtpreis von 8.000 € zu liefern. Gleichzeitig teilt sie mit, dass bei Abnahme bis zum 30.9.2023 noch ein 20 % niedrigerer Verkaufspreis angeboten werden könne. Die Sachbearbeiterin im Schulverwaltungsamt der Gemeinde G bedauert gegenüber der Firma F, dieses preisgünstige Angebot aufgrund der Vorschrift des § 24 Abs. 1 Satz 1 KomHVO nicht annehmen zu dürfen.

Aufgabe:

Begutachten Sie die Entscheidung der Sachbearbeiterin.

Lösung:

Konkrete Regelungen über die Bewirtschaftung von Haushaltsmitteln enthält § 24 Abs. 1 Satz 1 KomHVO. Danach darf erst dann, wenn der Aufgabenzweck es erfordert, über Haushaltsermächtigungen verfügt werden. Da die neue Grundschule erst zum 1.12.2023 in Betrieb genommen werden soll, braucht auch erst zu diesem Zeitpunkt die notwendige Erstausstattung an Kreide, Schwämmen u. Ä. vorhanden zu sein. Eine Lieferung im November des Jahres würde dafür durchaus reichen. Da der Sachverhalt Besonderheiten wie z. B. längere Lieferfristen nicht enthält, dürfte die Bestellung etwa Anfang November 2023 erforderlich werden.

Demgegenüber steht das Angebot der Lieferfirma, bei einer Lieferung bis zum 30.9.2023 einen 20%igen Preisnachlass zu gewähren. Die Gemeinde würde somit bei der vorzeitigen Abnahme 1.600 € sparen, was nach dem Grundsatz der Sparsamkeit und Wirtschaftlichkeit gemäß § 75 Abs. 1 Satz 2 GO zu beachten ist, zumal der Sachverhalt keine Anhaltspunkte über eventuelle Lagerschwierigkeiten bei vorzeitiger Lieferung enthält.

Es fragt sich somit, in welchem Verhältnis die konkrete Regelung des § 24 Abs. 1 Satz 1 KomHVO zum Grundsatz der Sparsamkeit und Wirtschaftlichkeit steht. Gesetzessystematisch ist festzustellen, dass die GO als formelles Gesetz der KomHVO als rein materielles Recht vorgeht. Somit wäre der Grundsatz der Sparsamkeit und Wirtschaftlichkeit nach § 75 Abs. 1 Satz 2 GO vorzuziehen. § 24 Abs. 1 Satz 1 KomHVO schließt dies entgegen der Ansicht der Sachbearbeiterin auch nicht aus, denn die dort angesprochene „Aufgabenerfüllung" bedeutet ja auch immer eine sparsame und wirtschaftliche Aufgabenerfüllung, denn jedes Handeln der Gemeinde muss diesen Erwägungen unterliegen. Insofern bedingt eine wirtschaftlich sinnvolle Aufgabenerfüllung die Beschaffung der Ausrüstungsgegenstände bis zum 30.9.2023, um den niedrigen Kaufpreis zu erhalten. Eine 20%ige Einsparung kann ja auch nicht durch Zinsgewinne auf dem Girokonto ausgeglichen werden.

Mit ihrer Entscheidung verstößt die Sachbearbeiterin sowohl unmittelbar gegen § 24 Abs. 1 Satz 1 KomHVO als auch gegen § 75 Abs. 1 Satz 2 GO durch Nichtbeachtung des Grundsatzes der Wirtschaftlichkeit und Sparsamkeit.

Sachverhalt Nr. 2

Im Teilfinanzplanplan der Gemeinde G ist in 2023 u. a. in der Einzelübersicht der Investitionsmaßnahmen Folgendes aufgeführt (vereinfachte Darstellung):

Übersicht Investitionsmaßnahmen	Ansatz 2023	VE 2023	Planung 2024	Planung 2025	Planung 2026
Maßnahmen oberhalb der Wertgrenze					
Einzahlung: Bundeszuweisung Schule Nord	1.000.000		0	0	0
Einzahlung: Landeszuweisung Schule Nord	500.000		0	0	0
Auszahlung: Baumaßnahme Schule Nord	4.000.000	0	0	0	0
Saldo Investitionsmaßnahme Schule Nord	–2.500.000	0	0	0	0

Der Sachstand im Februar 2023 lautet:

Im Zuwendungsbescheid des Bundes ist die Auszahlung der 1.000.000 € für den 10. Dezember 2023 zugesichert, falls bis dahin der Rohbau planmäßig erstellt ist. Die Bewilligungsbehörde des Landes hat noch keinen formellen Bewilligungsbescheid ausgestellt, jedoch bereits schriftlich zugesagt, mindestens 500.000 € in 2023 auszuzahlen.

Der ausgeglichene Haushalt der Gemeinde G enthält als allgemeine Deckungsmittel lediglich die Veräußerung von Finanzanlagen und Kreditaufnahmen.[479] Die Finanzanlagen werden veräußert und spätestens am 30.12.2023 kassenwirksam zur Verfügung stehen. Über den Kredit besteht ein Vertrag mit einer Auszahlungszusicherung für 2023.

Aufgabe:

Begutachten Sie, ob bereits im Februar 2023 der Bauauftrag für die Schule Nord vergeben werden kann.

Lösung:

Im Teilfinanzplan der Gemeinde G für 2023 sind für die Baumaßnahme Nord als Auszahlungsermächtigungen 4.000.000 € veranschlagt. Aus dem Sachverhalt ist eine Verfügungsbeschränkung für diese Auszahlungsermächtigung nicht ersichtlich. Gemäß § 24 Abs. 2 Satz 1 KomHVO dürfen jedoch Investitionsermächtigungen erst in Anspruch genommen werden, wenn die rechtzeitige Bereitstellung der Deckungsmittel gesichert ist. Aus diesem Grunde ist die Finanzierung der Maßnahme näher zu untersuchen.

- *Zuwendung des Bundes*
  Der Zuwendungsbescheid sichert die Auszahlung zum 10.12.2023 zu. Die Haushaltswirtschaft wird vom Prinzip der Jährlichkeit beherrscht, sodass der Begriff „rechtzeitig" im § 24 Abs. 2 Satz 1 KomHVO auf den Zahlungseingang im Laufe des Haushaltsjahres abstellt, was hier gegeben ist. Die Zuwendungsleistung und damit der Deckungsanteil von 1.000.000 € sind gesichert. Die Rohbauerstellung als weitere Bedingung für die Zuweisungszahlung liegt im Erfüllungsbereich der Gemeinde und soll ja gerade durch die Auftragsvergabe im Februar 2023 sichergestellt werden.
- *Zuwendung des Landes*
  Es liegt zwar noch kein formeller Bewilligungsbescheid vor, aber die Zusage für einen später zu erlassenden Verwaltungsakt besteht. Dabei ist ausdrücklich versichert worden, dass mindestens 500.000 € in 2023 zur Auszahlung gelangen. Die Zusicherung einer Stelle der öffentlichen Hand erfüllt die Anforderungen der Deckungssicherung i. S. d. § 24 Abs. 2 Satz 1

479 Für Darstellungszwecke vereinfacht.

KomHVO durchaus, denn die Erklärung einer rechtlichen Verpflichtung wird nicht verlangt. Es erübrigt sich demnach auch die Prüfung, ob bereits die Zusage der Landesbewilligungsbehörde ein verbindlicher Verwaltungsakt ist.

- *Veräußerung der Finanzanlagen*
  Neben den speziellen Deckungsmitteln sind die allgemeinen Deckungsmittelmittel zu prüfen. Da die genauen Anteile dieser Deckungsmittel für die Schule Nord wegen der Gesamtdeckung nach § 20 KomHVO nicht präzisiert werden können, müssen alle allgemeinen Finanzierungsmittel in Erwägung gezogen werden. Wie bei der Bundeszuwendung dargestellt, reicht die Verfügbarkeit der Mittel bis 31.12.2023 aus, was hier mit dem spätesten Termin des 30.12.2023 gegeben ist.
- *Kreditaufnahme*
  Bei der Auszahlungszusicherung in 2023 für den Kredit handelt es sich um eine vertragliche Regelung, sodass diese Deckungsmittel sowohl rechtlich als auch tatsächlich gesichert sind.

Die Bereitstellung der Deckungsmittel i. S. d. § 24 Abs. 2 Satz 1 KomHVO ist somit gesichert, sodass der Auftrag erteilt werden kann.

Sachverhalt Nr. 3

Bei der Gemeinde G sind für die Unterhaltung des Bauhofgebäudes Aufwendungsermächtigungen in Höhe von 104.000 € im Haushalt 2024 bereitgestellt. Außerdem steht bei dieser Planposition noch eine nach § 22 Abs. 1 KomHVO übertragene Aufwendungsermächtigung aus dem Jahr 2023 in Höhe von 16.000 € zur Verfügung. In 2024 fallen folgende Geschäftsvorfälle an:
(Nr. 1 und 2 sind für die Ermächtigungsvortragungen vorgesehen.)

3.	5.1.	Auftrag Fa. Walter Neudeckung des Daches	68.000 €
4.	5.1.	Rechnung der Fa. Meier Fensterreparatur (ohne schriftlichen Auftrag)	200 €
5.	10.1.	Auftrag Fa. Riese Erneuerung der Türen	10.000 €
6.	19.1.	Erster Abschlag Fa. Walter	20.000 €
7.	30.1.	Auftrag Fa. Weinreich Anstreicherarbeiten	800 €
8.	30.1.	Zweiter Abschlag Fa. Walter	20.000 €
9.	7.2.	Erster Abschlag Fa. Riese	6.000 €
10.	11.2.	Gesamtrechnung Fa. Weinreich	900 €
11.	13.2.	Schlussrechnung Fa. Walter	70.200 €
12.	14.2.	Deckungsfähigkeit nach § 21 Abs.1 KomHVO	+ 2.000 €
13.	14.2.	Auftrag Fa. Haak Erneuerung des Fußbodens	40.000 €
14.	28.2.	Schlussrechnung Fa. Riese	9.300 €
15.	11.3.	Berechtigte Nachforderung der Fa. Walter	600 €
16.	11.3.	Gesamtrechnung Fa. Haak	39.900 €

Aufgabe:

Erfassen Sie die Geschäftsvorfälle nach einem System, welches den Anforderungen des § 24 Abs. 2 Satz 1 KomHVO entspricht, und erläutern Sie die Bearbeitungsvorgänge ausführlich.

Unterstellen Sie dabei, dass für diese konkrete Aufwendungsposition eine Überwachung durchgeführt wird. Die Buchungen auf dem entsprechenden Auszahlungskonto sind nicht darzustellen.

Lösung:[480]
Die im Sachverhalt enthaltenen Aufwendungen werden auf den entsprechenden Konten im Rahmen der Finanzbuchhaltung gebucht. Das System ist so zu erweitern, dass auch die Aufträge (vertragliche Verpflichtungen) erfasst werden können, weil bereits durch die Auftragsvergaben die Planermächtigungen in Anspruch genommen werden. Die konkrete Darstellung in der Praxis erfolgt unterschiedlich nach den einzelnen DV-Verfahren. In der Lösung wird deshalb ein Verfahren gewählt, aus dem die einzelnen Buchungen und Inanspruchnahmen erkennbar sind. Das Überwachungsblatt wird gesondert dargestellt:

Erläuterungen:

- *Ermächtigungsvortragungen (Lfd. Nrn. 1 und 2)*
  Bevor die eigentlichen Bewegungen gebucht werden, sind zunächst die Aufwendungsermächtigungen vorzutragen. Geht man davon aus, dass die Haushaltssatzung für das Haushaltsjahr 2024 bereits am Jahresanfang rechtskräftig ist, kann als Datum der 2.1.2024 eingesetzt werden. In der Spalte „Lfd. Nr." wird jede Buchung einzeln durchnummeriert.
  Die Aufwendungsermächtigung besteht laut Sachverhalt zunächst aus der Ermächtigung des Haushaltsplans in Höhe von 104.000 €, die in Spalte 5 einzusetzen ist. In Spalte 4 empfiehlt es sich, den Hinweis auf die Art der Aufwendungsermächtigung zu geben. Die aus 2023 übertragene Aufwendungsermächtigung in Höhe von 16.000 € erhöht die Planposition 2024 gemäß § 22 Abs. 2 KomHVO entsprechend, sodass nach erfolgter Vortragung eine Gesamtaufwendungsermächtigung von 120.000 € besteht (siehe Spalte 10).

480 Die Lösung berücksichtigt entsprechend der Aufgabenstellung die Überwachung bei der konkreten Aufwandposition, die nach dem Produktbereichs- und Kontenrahmen festgelegt wurde. Dabei wurden die Produktnummer und Unterkontierungen willkürlich gewählt. In der Praxis sind natürlich auch andere Überwachungsverfahren im Rahmen des Controllings zulässig und sinnvoll (z. B. Überwachung von Planvorgaben in den Teilplänen durch Vorgabe anteiliger Jahresteilermächtigungen).

Budgetüberwachung für Aufwendungen

Ermächtigungen aus Vorjahren:	16.000 €	Üpl. - und apl. Bewilligungen:	€	Haushaltsjahr:
Ermächtigungsansatz lfd. Jahr:	104.000 €	Deckung nach § 21 Abs. 2 KomHVO:	€	2024
Änderungen durch Nachträge:	0 €	abzüglich Sperren:	€	Buchungsstelle:
Änderungen nach Budgetregeln:	2.000 €	Ermächtigung insgesamt:	122.000 €	01 06 05 523

Lfd. Nr.	Datum	Hinweis Nr.	Text	Aufwendungsmächtigung €	Vormerkungen (Aufträge) €	ausgelöste Aufwendungen €	Aufrechnung		verfügbar €
							Vormerkungen €	Aufwendungen €	
1	2	3	4	5	6	7	8	9	10
1	2.1.	–	Haushaltsermächtigung	104.000	–	–	–	–	104.000
2	2.1.	–	Ermächtigung a. V.	16.000	–	–	–	–	120.000
3	5.1.	–	Fa. Walter	–	68.000	–	68.000	–	52.000
4	5.1.	–	Fa. Meier	–	–	200	68.000	200	51.800
5	10.1.	–	Fa. Riese	–	10.000	–	78.000	200	41.800
6	19.1.	3	Fa. Walter	–	– 20.000	20.000	58.000	20.200	41.800
7	30.1.	–	Fa. Weinreich	–	800	–	58.800	20.200	41.000
8	30.1.	3	Fa. Walter	–	– 20.000	20.000	38.800	40.200	41.000
9	7.2.	5	Fa. Riese	–	– 6.000	6.000	32.800	46.200	41.000
10	11.2.	7	Fa. Weinreich	–	– 800	900	32.000	47.100	40.900
11	13.2.	3	Fa. Walter	–	– 28.000	30.200	4.000	77.300	38.700
12	14.2.	–	Budgetbereitstellung	2.000	–	–	4.000	77.300	40.700
13	14.2.	–	Fa. Haak	–	40.000	–	44.000	77.300	700
14	28.2.	5	Fa. Riese	–	– 4.000	3.300	40.000	80.600	1.400
15	11.3.	–	Fa. Walter	–	–	600	40.000	81.200	800
16	11.3.	13	Fa. Haak	–	– 40.000	39.900	–	121.100	900

- *Geschäftsvorfall 3*
  Die Neudeckung des Daches wird nach Abschluss der Arbeiten Aufwendungen von ca. 68.000 € verursachen. Bereits bei der Auftragserteilung an die Fa. Walter muss dieser Betrag eingeplant, d. h. beim verfügbaren Betrag abgesetzt werden, weil dieser Teil der Aufwandsermächtigung nun gebunden ist und nicht mehr für andere Zwecke einsetzbar ist. Die 68.000 € sind darum in Spalte 6 zu erfassen, die für Aufträge vorgesehen ist. In Spalte 8 erscheint der Betrag ein zweites Mal, weil hier die Zahlen der Spalte 6 aufgerechnet werden. Der vorgenannte Betrag ist dann vom verfügbaren Betrag in Spalte 10 abzuziehen, sodass jetzt nur noch 52.000 € verfügbar sind.
- *Geschäftsvorfall 4*
  Für die Aufwendungen von 200 € an die Fa. Meier war kein Auftrag vorgemerkt. Der Betrag ist somit unmittelbar in Spalte 7 zu übernehmen und erscheint dann entsprechend als Aufrechnungsbetrag in Spalte 9. Er vermindert den verfügbaren Betrag auf 51.800 €. In der Aufrechnungsspalte 8 für Aufträge muss wieder der Betrag von 68.000 € erscheinen, weil hier stets der neueste Stand ausgewiesen wird.
- *Geschäftsvorfall 5*
  Der Auftrag der Fa. Riese führt zu einer Erfassung in Spalte 6 und somit zu einer Erhöhung der Gesamtaufträge in Spalte 8 auf 78.000 €. In Spalte 9 müssen wiederum 200 € erscheinen, weil am 10.1.2024 der Stand der Aufwendungen 200 € beträgt. Der verfügbare Betrag in Spalte 10 verringert sich um 10.000 € auf 41.800 €.
- *Geschäftsvorfall 6*
  Die Fa. Walter erhält einen Abschlag auf den Auftrag vom 5.1.2024. Da es sich um eine Aufwendung handelt, erfolgt die Buchung des Betrages zunächst in den Spalten 7 und 9. Der verfügbare Betrag (Spalte 10) ändert sich jedoch nicht, weil diese Finanzmittel bereits am 5.1.2024 durch Vormerkung des Gesamtauftrages von 68.000 € eingeplant und vom verfügbaren Betrag abgesetzt wurden. Aus dem Auftrag wird nun teilweise eine Aufwendung. Es findet somit nur eine Verschiebung von 20.000 € von den Aufträgen (Vormerkungen) zu den Aufwendungen statt. Die Aufwendungen erhöhen sich um 20.000 €, während sich die Vormerkungen um diesen Betrag verringern. Die 20.000 € sind darum auch in Spalte 6 abzusetzen. In Spalte 8 verringert sich ebenfalls der Aufrechnungsbetrag um 20.000 € auf nunmehr 58.000 €.
  Die Richtigkeit der Rechnung kann jeweils nach folgender „Formel“ geprüft werden:

	Aufwendungsermächtigung
minus	Aufrechnung Aufträge
minus	Aufrechnung Aufwendungen
=	Verfügbare Ermächtigung am Buchungstag

Gegenrechnung am 19.1.2024:

	120.000 €
	– 58.000 €
	– 20.200 €
noch verfügbar	41.800 €

Da hier eine Aufwendung zu einem bereits vorgemerkten Betrag gebucht wurde, ist auf die Mittelbindung des Ursprungsbetrages hinzuweisen, damit jederzeit festzustellen ist, wie viel noch für den Auftrag vorgemerkt ist. In Spalte 3 ist darum die Nummer des Auftrages anzugeben, also die Ziffer 3.

- *Geschäftsvorfall 7*
  Siehe dazu die Erläuterungen zu den Geschäftsvorfällen 3 und 5.
- *Geschäftsvorfälle 8 und 9*
  Siehe dazu die Erläuterungen zum Geschäftsvorfall 6.
- *Geschäftsvorfall 10*
  Es wird zunächst auf den Geschäftsvorfall 6 verwiesen. Neu hieran ist jedoch, dass erstmals eine Gesamtrechnung vorliegt. Die Aufwendung in Höhe von 900 € wird in Spalte 7 gebucht und in Spalte 9 addiert. Vorgemerkt waren für den Auftrag 800 €, sodass eine Mehrbelastung von 100 € vorliegt. In der Spalte 6 wird der bei Nr. 7 erfasste Betrag wieder abgesetzt. Zwischen den Spalten 6 und 7 besteht nun ein Unterschied von 100 €, der die Gemeinde entgegen der Planung aufwendungsmäßig mehr belastet und darum beim verfügbaren Betrag in Abzug zu bringen ist, sodass nur noch 40.900 € zur Verfügung stehen.
  Die Kontrollrechnung beweist wiederum die Richtigkeit:

	120.000 €
	– 32.000 €
	– 47.100 €
noch verfügbar	40.900 €

- *Geschäftsvorfall 11*
  Von der Schlussrechnung der Fa. Walter in Höhe von 70.200 € müssen die bisherigen Aufwendungen = 2 × 20.000 € abgesetzt werden, sodass nunmehr Aufwendungen über 30.200 € in Spalte 7 aufzunehmen ist. Vorgemerkt sind jedoch nur noch 28.000 €, weil bei den Nummern 6 und 8 bereits insgesamt 40.000 € vom Auftrag abgesetzt wurden. Eine nicht eingeplante zusätzliche Aufwendung von 2.200 € (Spalte 6 minus Spalte 7) verringert den verfügbaren Betrag auf 38.700 €.
- *Geschäftsvorfall 12*
  Am 14.2.2024 wird eine zusätzliche Aufwendungsermächtigung in Höhe von 2.000 € im Rahmen des Budgets bereitgestellt (echte Deckungsfähigkeit). Diese wird erforderlich, weil der noch zur Verfügung stehende Betrag für weitere Buchungen nicht mehr ausreicht. Der Buchungsvorfall Nr. 13 zeigt bereits, dass noch ein Auftrag über 40.000 € erteilt werden soll, jedoch am 13.2.2024 nur noch 38.700 € verfügbar sind.
  Durch die zusätzliche Ermächtigungsbereitstellung bedingt erhöht sich die Aufwendungsermächtigung um 2.000 €, sodass dieser Betrag in Spalte 5 zu buchen ist. Der zur Verfügung gestellte Gesamtbetrag beträgt nunmehr 122.000 €. Demnach stehen nach Abzug der Aufträge und gebuchten Aufwendungen am 14.2.2024 noch 40.700 € zur Verfügung.
- *Geschäftsvorfall 13*
  Siehe dazu die Erläuterungen zu den Geschäftsvorfällen 3 und 5.
- *Geschäftsvorfall 14*
  Siehe dazu zunächst die Erläuterung zum Geschäftsvorfall 11. Die noch als Aufwendungen zu erfassende Summe von 3.300 € liegt um 700 € unter dem vorgemerkten Betrag, sodass der verfügbare Betrag in Spalte 10 eine Verbesserung auf 1.400 € erfährt.
  Die Kontrollrechnung beweist die Richtigkeit dieser Aussage:

	120.000 €
	– 40.000 €
	– 80.600 €
noch verfügbar	1.400 €

- *Geschäftsvorfall 15*
  Es handelt sich um eine Aufwendung, die nicht mehr vorgemerkt ist, weil der Ursprungsauftrag an die Firma Walter bereits endgültig bei Nummer 11 ausgebucht wurde. In Spalte 3 erfolgt somit kein Hinweis mehr auf die Ursprungsbuchung. Ansonsten kann auf die Erläuterungen zu Geschäftsvorfall 4 verwiesen werden.
- *Geschäftsvorfall 16*
  Siehe dazu die Erläuterungen zu Geschäftsvorfall 14.

Am 11.3.2024 stehen somit noch 900 € zur Verfügung.

18.3 Haushaltswirtschaftliche Sperre und Unterrichtungspflichten gegenüber dem Rat

18.3.1 Haushaltswirtschaftliche Sperre

Eine besondere Form der Verfügungsbeschränkung der haushaltswirtschaftlichen Ermächtigung beinhalten § 81 Abs. 4 GO und § 25 Abs. 2 KomHVO, nämlich die haushaltswirtschaftliche Sperre.

Nach § 81 Abs. 4 GO kann der Rat oder der Kämmerer die Inanspruchnahme im Haushaltsplan enthaltenen Aufwendungs-, Auszahlungs- und Verpflichtungsermächtigungen sperren, sofern die Entwicklung der Erträge und Aufwendungen oder die Erhaltung der Liquidität dies erfordert. Der § 25 Abs. 2 KomHVO bündelt dagegen die Entwicklung der Begriffspaare der Erträge und Einzahlungen oder der Aufwendungen und Auszahlungen nebeneinander. Die anderslautende Formulierung in der KomHVO dürfte inhaltlich nichts anderes bedeuten als in der GO, da die Liquidität die Saldogröße aus Ein- und Auszahlungen ist und beide Regelungen auch perspektivisch auf eine zukünftige Entwicklung ausgerichtet sein können. Mit der „Entwicklung der Erträge und Aufwendungen sowie Erhaltung der Liquidität“ bzw. der Entwicklung der Ein- und Auszahlungen können auch in beiden Formulierungen nur negative Tendenzen angesprochen sein. Falls sich die Haushalts- und Liquiditätsentwicklung gegenüber der Planung verbessert, erübrigt sich zwangsläufig die Notwendigkeit einer haushaltswirtschaftlichen Sperre.

Die Möglichkeit, Einfluss auf das Ausschöpfen der Aufwendungs- und Auszahlungsermächtigungen im Haushaltsjahr bzw. bei Verpflichtungsermächtigungen auf die Entwicklung der mittelfristigen Planung zu nehmen, ist im Spannungsfeld zwischen Haushaltsplanung und Haushaltsausführung begründet. Der Haushaltsplan eines Jahres wird bereits im Vorjahr erstellt, sodass Vorausberechnungen und Schätzungen etwa einen Zeitraum von eineinhalb Jahren umfassen und deshalb in vielen Bereichen sehr schwierig sind. Dazu kommt, dass konjunkturelle Veränderungen auf die gemeindlichen Haushaltspläne sehr kurzfristig einwirken. Im laufenden Jahr können zwar die Haushaltspläne durch Nachtragspläne so geändert werden, dass Problemfelder beseitigt werden können. Jedoch bedingt das Instrument der Nachtragsplanung ein schwerfälliges und zeitraubendes Verfahren aufgrund der Formvorschriften des § 81 Abs. 1 Satz 2 i. V. m. § 80 GO.

Es ist deshalb eine Möglichkeit geschaffen, um im Bedarfsfall kurzfristig und wirkungsvoll einer Gefährdung der gemeindlichen Haushaltswirtschaft gegensteuern zu können. Dieses Instrument muss zum einen der politischen Seite zustehen. Gemäß § 81 Abs. 4 GO kann deshalb der Rat eine solche Sperre aussprechen. Dieses Recht kann schon daraus abgeleitet werden, dass der Rat Haushaltssatzung und Haushaltsplan beschlossen hat. Insofern kann er auch regelnd in die Haushaltsausführung eingreifen. Ein solches Recht steht allerdings aufgrund fehlender gesetzlicher Ermächtigung nicht dem Finanzausschuss zu, obwohl er gemäß § 59 Abs. 2 GO für die Haushaltsausführung zuständig ist. Insofern wäre es sicherlich sachgerecht, auch diesem speziellen politischen Gremium dieses Recht zuzubilligen. Bei der haushaltswirtschaftlichen Sperre beschränkt sich die Funktion des Finanzausschusses somit nur auf die beratende/empfehlende Funktion bzw. die Entscheidungsvorbereitung.

Dieses Instrument muss aber zum anderen auch die eigentliche Verwaltung der Gemeinde besitzen, weil der Rat nicht unmittelbar über die notwendigen Finanzinformationen verfügt und auch die Herbeiführung eines Ratsbeschlusses einen gewissen Zeitaufwand erfordert. Dem Kämmerer als für das Finanzwesen zuständigen Finanzfachmann wird deshalb gemäß § 25 Abs. 2 KomHVO das Recht zum Erlass einer haushaltswirtschaftlichen Sperre zugesprochen.

Der Kämmerer hat somit die Möglichkeit, die Ausführung von Ratsbeschlüssen zu verhindern, weil der Haushaltsplan ja im Rahmen der Haushaltssatzung vom Rat erlassen wurde. Er befindet sich demnach in einer sehr starken Position. Die Allzuständigkeit des Rates wird jedoch dadurch wiederhergestellt, dass dieser gemäß § 81 Abs. 4 Satz 2 GO die haushaltswirtschaftliche Sperre aufheben kann. Dies entspricht auch dem allgemeinen Rückholrecht des Rates gemäß § 41 Abs. 3 GO. Der Rat ist deshalb gemäß § 25 Abs. 2 KomHVO unverzüglich über den Erlass einer haushaltswirtschaftlichen Sperre zu unterrichten.

Der Erlass einer haushaltswirtschaftlichen Sperre liegt im pflichtgemäßen Ermessen des Rates oder des Kämmerers. Der Ermessensspielraum wird jedoch dann „auf null" reduziert, wenn der Haushaltsausgleich bzw. die Liquiditätssicherung nur durch eine haushaltswirtschaftliche Sperre erreicht werden kann. Form und Umfang der Sperre sind nicht vorgegeben. In der Praxis erfolgen regelmäßig prozentuale Kürzungen von Planpositionen für den Gesamthaushalt, wobei einzelne Ermächtigungspositionen oder Gruppen von Ermächtigungspositionen ausgenommen werden können. Daneben gibt es natürlich die Möglichkeit, gezielt Planpositionen ganz oder anteilig zu sperren, vor allem bei freiwilligen Aufgaben und nicht begonnenen Investitionsmaßnahmen. Im Einzelfall ist die Entscheidung nach ihrem Wirkungsgrad und den tatsächlichen Möglichkeiten zu treffen.

Der Kämmerer kann die von ihm verhängte haushaltswirtschaftliche Sperre natürlich auch selbst wieder aufheben. Dies ergibt sich zwangsläufig aus der Ermächtigung, die Sperre auszusprechen. Die Aufhebung einer Sperre, die der Rat angeordnet hat, bedarf jedoch eines förmlichen Ratsbeschlusses.

18.3.2 Unterrichtungspflichten gegenüber dem Rat

Wie bereits oben dargestellt, bestimmt der Rat durch den Haushaltsplan die finanzpolitischen Richtlinien für die Verwaltung. Wenn also im Laufe eines Haushaltsjahres gewichtige Verschiebungen des Finanzrahmens eintreten, muss der Rat darüber informiert sein. Über die Veränderung durch über- und außerplanmäßige Aufwendungen bzw. Auszahlungen ist er gemäß § 83 Abs. 2 GO insofern unterrichtet, als er bei erheblichen Mehraufwendungen und Mehrauszahlungen selbst zu entscheiden hat und die vom Kämmerer genehmigten Mehrbeträge ihm zur Kenntnisnahme vorgelegt werden. Über sonstige wichtige Veränderungen ist der Rat unverzüglich, also ohne schuldhafte Verzögerung, gemäß § 55 Abs. 1 Satz 1 GO bzw. § 25 Abs. 1 KomHVO in den folgenden Fällen zu unterrichten:

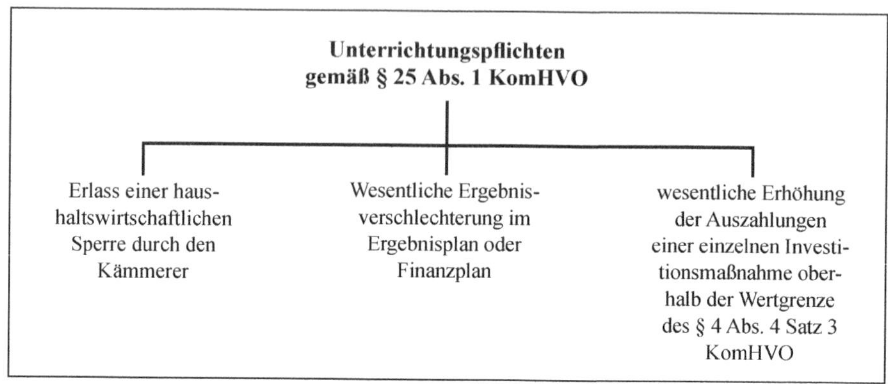

Die Unterrichtungspflicht nach dem Erlass einer haushaltswirtschaftlichen Sperre durch den Kämmerer oder Bürgermeister ergibt sich zwangsläufig gemäß § 81 Abs. 4 GO aus dem Recht des Rates, eine solche Sperre wieder aufheben zu können. Dies ist ja nur möglich, wenn der Rat Kenntnis vom Erlass der haushaltswirtschaftlichen Sperre erhält.

Auch wenn keine Sperre nach § 25 Abs. 1 KomHVO ausgesprochen wurde, ist der Rat über eine wesentliche Ergebnisverschlechterung im Ergebnisplan oder Finanzplan zu unterrichten. Diese Situation kann z. B. im letzten Quartal des Haushaltsjahres eintreten, wenn eine haushaltswirtschaftliche Sperre aus praktischen Gründen nicht mehr ausgesprochen werden kann, weil über die Ansätze weitgehend verfügt ist, oder wenn im Haushalt der Gemeinde überhaupt nur Aufwendungen und Auszahlungen enthalten sind, die unbedingt geleistet werden müssen.

Die Selbstverwaltung einer Gemeinde zeigt sich nicht zuletzt an der Investitionstätigkeit. Hier trifft der Rat im Rahmen des Haushaltsplanes noch auf echte Auswahlkriterien und kann politisch entscheiden. Die Entscheidung zeigt sich letztlich in der Veranschlagung der einzelnen Investitionsmaßnahmen in den Teilfinanzplänen. Werden die veranschlagten Auszahlungsermächtigungen bei einzelnen Investitionsvorhaben (§ 4 Abs. 4 Satz 3 KomHVO) wesentlich überschritten, ist der Rat darüber unverzüglich zu informieren. Der Begriff „wesentlich" ist von jeder Gemeinde auszulegen. In der Praxis werden konkrete Regelungen entweder in die Haushaltssatzung aufgenommen bzw. im Rahmen eines einfachen Ratsbeschlusses festgelegt. Denkbar ist auch eine Festsetzung in der Hauptsatzung. Als Beispiel wäre folgende Regelung denkbar:

Beispiel:
Als wesentlich i. S. d. § 25 Abs. 1 Ziffer 2 KomHVO gelten Auszahlungserhöhungen um mehr als 10 %, mindestens aber um 20.000 € bei einer Einzelinvestitionsmaßnahme. Auszahlungserhöhungen von über 50.000 € sind in jedem Fall als wesentlich anzusehen.

Die Kommunalhaushaltsverordnung lässt die Frage offen, wer nun das Vertretungsorgan zu unterrichten hat. Hier greifen die Regelungen des allgemeinen Kommunalrechts, sodass gemäß § 62 Abs. 4 GO diese Aufgabe dem Bürgermeister obliegt.

18.4 Stundung, Niederschlagung und Erlass[481]

18.4.1 Generelle Begriffsabgrenzungen

Bevor die Materie im Einzelnen dargestellt wird, sind zum Grundverständnis die einzelnen Begriffe zumindest grob zu definieren und voneinander abzugrenzen.

„Stundung“:	Gewährung eines Zahlungsaufschubes oder Leistungsaufschubes
„Niederschlagung“:	Befristete oder unbefristete Zurückstellung der Weiterverfolgung eines fälligen Anspruchs ohne Verzicht auf den Anspruch selbst
„Erlass“:	Verzicht auf einen Anspruch

18.4.2 Rechtsgrundlagen

Bei der Bewirtschaftung von Forderungen kommt es auf die Art der Forderung an, um die zutreffende Rechtsgrundlage zu finden. Die Regelungen des § 27 KomHVO zur Stundung, zur Niederschlagung und zum Erlass treten als materiell rechtliche Regelungen zur Haushaltswirtschaft hinter vorhandenen Regelungen in Bundes- und Landesgesetzen zurück. Sie haben demnach für Forderungen aus Realsteuern, sonstigen kommunalen Steuern, Gebühren und Beiträgen nur einen ergänzenden Ausführungsregelungscharakter, mangels solchen gegenüber den Regelungen der AO keinerlei Wirkungscharakter. Demnach beschränken sich die Regelungen des § 27 KomHVO auf sonstige öffentlich-rechtliche sowie privatrechtliche Forderungen als Rechtsgrundlage. Konkret stellen sich die Rechtsgrundlagen wie folgt dar:

Forderungen aus Realsteuern
Bei den Realsteuern (Grund- und Gewerbesteuer) sieht § 1 Abs. 2 Nr. 5 AO für die Stundung und den Erlass die Anwendung der §§ 222 bzw. 227 AO vor. Für die Niederschlagung nach § 261 AO sieht die AO zwar keine Anwendung vor, allerdings ist der § 261 AO aufgrund von § 12 Abs. 1 Nr. 6b KAG für Realsteuern anwendbar.

Forderungen aus sonstigen kommunalen Steuern, Gebühren und Beiträge
Die obigen Regelungen der AO zu Stundung (§ 222 AO), Niederschlagung (§ 261 AO) und Erlass (§ 227 AO) finden auch für die sonstigen kommunalen Steuern, Gebühren und Beiträge Anwendung, da das KAG im § 12 Abs. 1 Nr. 5a sowie Nr. 6b deren Anwendung vorsieht.

Sonstige öffentlich-rechtliche und privatrechtliche Forderungen
Für die sonstigen öffentlich-rechtlichen und privatrechtlichen Forderungen finden mangels Regelung in anderen Bundes- oder Landesgesetzen die haushaltswirtschaftlichen Regelungen des § 27 KomHVO Anwendung.

Hierzu ein zusammenfassender Überblick, wobei die in einigen Gesetzen enthaltenen Spezialregelungen (z. B. §§ 32 und 33 GrStG, § 42 SGB I für soziale Leistungen) der Behandlung der Spezialliteratur vorbehalten sind:

481 Die Besonderheit der Aussetzung der Vollstreckung wird als Exkurs in Kap. 18.4.3.4 behandelt.

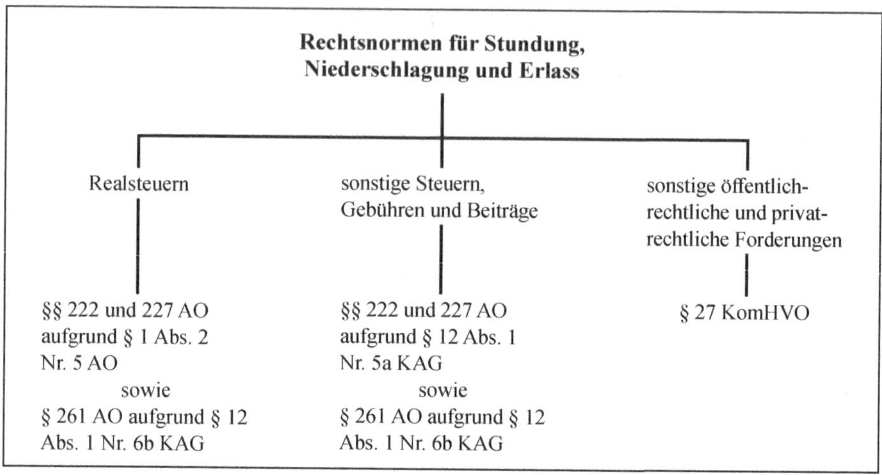

18.4.3 Stundung

18.4.3.1 Voraussetzungen

Die Vorschriften über die Stundung in den §§ 222 AO und 27 Abs. 1 KomHVO stimmen textlich weitgehend überein. § 222 AO enthält lediglich noch folgenden zusätzlichen Text: „Die Stundung soll in der Regel auf Antrag und gegen Sicherheitsleistung erfolgen.“ Dazu kommt noch § 234 AO mit der Regelung der Verzinsungspflicht gestundeter Beträge, während diese Bestimmung unmittelbar in den § 27 Abs. 1 KomHVO eingearbeitet ist. Wegen der weitgehenden Gleichheit der Vorschriften kann die Materie gemeinsam für alle Anspruchsarten behandelt werden, zumal auch bei Stundungen nach § 27 Abs. 1 KomHVO von den Gemeinden im Bedarfsfall Sicherheiten verlangt werden.

Wie bereits bei der generellen Definition angesprochen, bedeutet eine Stundung die Gewährung eines Zahlungs- oder Leistungsaufschubs somit die Hinausschiebung eines Fälligkeitstermins. Ob nun der Fälligkeitstermin für die Gesamtforderung verschoben oder ob Ratenzahlung gewährt wird, richtet sich nach der Notwendigkeit des Einzelfalls. In der Praxis werden überwiegend Ratenzahlungen gewährt, weil die Schuldner die Zahlungen wegen ihrer Höhe nicht auf einmal leisten können. Denkbar wäre aber auch ein Gesamtaufschub, z. B. wenn ein Schuldner erst an einem bestimmten Termin über die notwendigen Zahlungsmittel verfügt.

Die Stundung wird regelmäßig vom Zahlungspflichtigen beantragt, weil dieser Interesse am Zahlungsaufschub hat. Die Stundungsbewilligung erfolgt überwiegend in der Form des Verwaltungsaktes als Stundungsbescheid, auch wenn nach den Vorschriften des § 27 Abs. 1 KomHVO bei privatrechtlichen Forderungen entschieden wird.

Eine Stundung ist nur zulässig, wenn die Einziehung von Ansprüchen eine erhebliche Härte für den Schuldner bedeuten würde und der Anspruch durch die Stundung nicht gefährdet erscheint. Die „erhebliche Härte für den Schuldner“ ist im konkreten Einzelfall zu beurteilen. Sie kann z. B. dann vorliegen, wenn aufgrund ungünstiger wirtschaftlicher Verhältnisse der Schuldner sich vorübergehend in ernsthaften Zahlungsschwierigkeiten befindet oder eine fristgerechte Einziehung der Forderung diese bewirken würden. Das ist sicherlich z. B. immer dann gegeben, wenn die Existenz eines Unternehmens dadurch gefährdet würde. Zahlungsunwillige sowie notorische Nichtzahler erfüllen die Voraussetzungen dagegen nicht.

Wie bereits erwähnt, darf als weitere Voraussetzung der Anspruch nicht gefährdet erscheinen. Es dürfen also keine Anzeichen dafür vorhanden sein, dass z. B. der Schuldner durch die Stundung freiwerdende Mittel oder Vermögensgegenstände anderweitig einsetzt. Auch darf der Schuldner die Stundung nicht dazu benutzen, sich durch Wohnsitzwechsel oder wegen des Fehlens eines festen Wohnsitzes seinen Verpflichtungen und damit dem Zugriff der Gemeinde zu entziehen. Eine Entscheidung kann nur im pflichtgemäßen Ermessen in jedem Einzelfall getroffen werden.

Regelmäßig hat der Schuldner eine entsprechende Sicherheitsleistung zu erbringen, so z. B. durch Bürgschaften, Abtretungen, Sicherheitsübereignungen oder gar durch Hypotheken und Grundschulden. Dadurch wird ein Stundungsrisiko für die Gemeinde weitestgehend ausgeschlossen.

18.4.3.2 Verzinsung der gestundeten Forderungen

Sowohl § 234 AO als auch § 27 Abs. 1 Satz 2 KomHVO sehen vor, dass die gestundeten Beträge zu verzinsen sind. Damit soll die Gemeinde vor allem für den Zinsverlust, verursacht durch die erst später erfolgenden Einzahlungen, entschädigt werden. Die Verzinsung hat aber auch die Bedeutung, dass der Schuldner sich genau zu überlegen hat, ob er eine Stundung beantragt, weil diese mit zusätzlichen Kosten verbunden ist. Die Stundung soll damit keine kostengünstige Alternative zu einem Kapitalmarktkredit sein.

§ 238 Abs. 1 Satz 1 AO sieht trotz der langanhaltenden Niedrigzinsphase unverändert eine Verzinsung von 0,5 % für jeden vollen Monat vor.

Das BVerfG hat durch Beschl. vom 8.7.2021 – 1 BvR 2237/14 und 1 BvR 2422/17 – (BGBl. I 2021 S. 4303) eine Verzinsung von 0,5 % monatlich bei Steuernachforderungen und Steuererstattungen ab dem 1.1.2014 für verfassungswidrig erklärt. Daher wurde der Zinssatz für Nachforderungen und Erstattungen gem. § 238 Abs. 1 Buchst. a AO von monatlich 0,5 % auf 0,15 % gesenkt, um damit dem derzeitigen Niedrigzinsniveau Rechnung zu tragen. Die Neuregelung des Zinssatzes für Nachzahlungs- und Erstattungszinsen gilt für Verzinsungszeiträume ab dem 1.1.2019 für alle Steuern, auf die die Vollverzinsung nach der Abgabenordnung anzuwenden ist. Ferner beinhaltet der § 238 Abs. 1 Buchst. c AO eine Anpassungsklausel, wonach die Angemessenheit des Zinssatzes nach Absatz 1 Buchst. a unter Berücksichtigung der Entwicklung des Basiszinssatzes nach § 247 BGB wenigstens alle zwei Jahre zu evaluieren ist. Hierbei hat die erste Evaluierung spätestens bis zum 1.1.2024 zu erfolgen.[482] Dies gilt auch für den kommunalen Bereich der Gewerbesteuer, wonach bei Kommunen gegenüber Gewerbesteuerpflichtigen für Zinszeiträume ab dem 1.1.2019 sowohl eine Erstattung als auch eine Rückzahlung zu viel gezahlter Zinsen gegeben ist.

Bei der Berechnung nach § 238 AO ist jede Forderung auf volle 50 € abzurunden. Die Zinsen werden gemäß § 239 Abs. 2 AO nur festgesetzt, wenn sie mindestens 10 € betragen. Außerdem sind sie auf volle Euro zugunsten des Zahlungspflichtigen abzurunden. Dagegen spricht § 27 Abs. 1 Satz 2 KomHVO nur von einer angemessenen Verzinsung, ohne konkrete Prozentsätze zu nennen.

§ 27 Abs. 1 KomHVO verlangt in der Regel eine Verzinsung, die angemessen ist. Daher besteht zu einer Anwendung dieser steuerrechtlichen Regelung der AO in den Fällen des § 27

482 Vgl. https://www.bundesfinanzministerium.de; Legislaturperiode/2022-07-21-Zweites-Gesetz-zur-Aenderung-der-AO-und-EGAO/0-Gesetz.html; letzter Zugriff 11.11.2022, 12.44 Uhr.

Abs. 1 Satz 2 KomHVO alternativ die Möglichkeit (wie beispielsweise bei Gerichtsentscheidungen üblich) die Zinsen an den jeweiligen Basiszinssatz des Bürgerlichen Gesetzbuchs[483] zu koppeln, so z. B. jahresbezogen mit 5 % über dem jeweiligen Basiszinssatz. Auf die Verzinsung kann gem. § 234 Abs. 2 AO verzichtet werden, wenn die Erhebung der Zinsen eine unbillige Härte bedeuten würde. § 27 Abs. 1 KomHVO ist mit der Formulierung „in der Regel" gleichfalls so zu verstehen, so dass in diesen Fällen auf die wirtschaftliche Situation des Schuldners abgestellt wird.

18.4.3.3 Bewilligungsverfahren

Über die Stundungsbewilligung sollte in der Regel nur der Fachbereich entscheiden, der den Anspruch festgesetzt hat. Nur er verfügt über den Sachbezug. Da der Finanzbuchhaltung jedoch die Einziehung der Forderung obliegt und diese vielleicht sogar schon Maßnahmen der Beitreibung eingeleitet hat, kann die Entscheidung nur in Absprache mit der Finanzbuchhaltung erfolgen. Allerdings kann aus rechtlicher Sicht keine Beanstandung erfolgen, wenn Stundungen zentral von der Finanzbuchhaltung (Bereich Geschäftsbuchführung) bearbeitet werden, die die Stundungsentscheidungen dann aber nur im Benehmen mit dem zuständigen Fachbereich treffen kann.

Die Stundungsentscheidung wird dem Antragsteller schriftlich mitgeteilt. Eine Ausfertigung dieser Stundungsmitteilung stellt dann den entsprechenden Buchungsbeleg dar, welcher der Finanzbuchhaltung unverzüglich zugeleitet wird, falls sie nicht selbst die Stundung ausspricht. Durch diese Mitteilung wird die Ursprungsbuchung für die jetzt gestundete Forderung in Bezug auf die darin enthaltenen Zahlungstermine geändert.

Auch wenn die Stundung sich über das Ende des Haushaltsjahres erstreckt, bleiben Forderungs- und Ertragsbuchungen hinsichtlich der Beträge bestehen. Es ändert sich nur der Zahlungstermin. Sofern die Stundung zinslos oder erheblich unter einer marktüblichen Verzinsung bzw. unter der Verzinsung nach § 238 AO gewährt wird, verringert sich der Wert der Forderung, sodass im Rahmen des Jahresabschlusses bei diesen gestundeten Forderungen bilanziell eine Abzinsung des Forderungswertes zu erfolgen hat (Ansatz des Barwertes einer Forderung). Den Prozentsatz für die Abzinsung legt die Gemeinde fest. Dabei bietet es sich an, die Zinssätze zu verwenden, die ansonsten bei der Festsetzung von Stundungszinsen Anwendung finden. Der Abzinsungsbetrag stellt einen sonstigen ordentlichen Aufwand aus Einzelwertberichtigung dar und ist als Gegenbuchung passivisch als Wertberichtigung nachzuweisen. Für die Notwendigkeit der Abzinsung sind die Grundsätze ordnungsmäßiger Buchführung „Wesentlichkeit" bzw. „Relevanz" zugrunde zu legen.

Die einzelnen Zuständigkeiten zwischen Rat und Verwaltung sowie innerhalb der Verwaltung sollten in einer Dienstanweisung geregelt werden, wobei zumindest die Zuständigkeitsregelung zwischen Rat und Verwaltung eines Ratsbeschlusses bedarf. Die Zuständigkeitsregelungen werden regelmäßig nach der Höhe der Einzelforderungen festgesetzt, z. B. bis 5.000 € der Amtsleiter (Fachbereichsleiter), über 5.000 € bis 20.000 € der Dezernent, über 20.000 € bis 50.000 € der Bürgermeister und über 50.000 € der Finanzausschuss. Zuweilen werden Stundungsbescheide vor ihrer Versendung durch das Rechnungsprüfungsamt vorgeprüft.

---

483 Die Deutsche Bundesbank ist gemäß § 247 Abs. 2 BGB verpflichtet, den jeweils aktuellen Stand des Basiszinssatzes des Bürgerlichen Gesetzbuches zu veröffentlichen. Er dient u. a. als Grundlage für die Berechnung von Verzugszinsen. Zum 1.1.2023 wurde der Basiszinssatz auf 1,62 % festgestellt (vorher unverändert seit 1.7.2016 Zinssatz –0,88 %), folglich ergibt sich zu diesem Termin eine Verzinsung von 6,62 %, wenn der Zinssatz 5 % über dem Basiszinssatz liegt.

Die Dienstanweisung sollte nicht nur die Zuständigkeiten abgrenzen, sondern das gesamte Verfahren regeln, um eine Vereinheitlichung innerhalb der Verwaltung herbeizuführen. Ein Beispiel für eine solche Dienstanweisung ist in Kap. 18.4.6 abgedruckt.

18.4.3.4 Exkurs: Aussetzung der Vollziehung

Die Aussetzung der Vollziehung ist in den haushaltsrechtlichen Vorschriften nicht geregelt. Es handelt sich vielmehr um eine Maßnahme im Rahmen des Vollstreckungsrechts, insbesondere bei öffentlich-rechtlichen Forderungen. Gemäß § 80 Abs. 2 Nr. 1 VwGO hat die Erhebung einer Anfechtungsklage gegen einen Abgabebescheid (Steuer-, Gebühren- oder Beitragsbescheid) keine aufschiebende Wirkung. Das bedeutet, dass der Abgabepflichtige trotz Einlegung des Rechtsbehelfs die ihm aufgegebene Zahlung termingerecht leisten muss. Wenn vor allem ernsthafte Zweifel an der Rechtmäßigkeit des als Verwaltungsakt erlassenen Bescheides bestehen, kann die Gemeinde auf Antrag des Zahlungspflichtigen die Vollziehung solange aussetzen, bis über die Klage entschieden ist (§ 80 Abs. 4 VwGO). Das gleiche Recht steht den Gerichten nach § 80 Abs. 5 VwGO innerhalb eines Klageverfahrens zu.

Wirtschaftlich gesehen kommt demnach die Aussetzung der Vollziehung in ihrer Wirkung einer Stundung gleich. Insofern sind entsprechende Zinsen für die geschuldete Forderung festzusetzen, wenn der eingelegte Rechtsbehelf erfolglos ist (siehe dazu auch § 237 AO).

Buchhalterisch ist bei Aussetzung der Forderung nichts zu veranlassen, weil die Forderung weiter bestehen bleibt. Die Aussetzungsentscheidung ist lediglich in den Datenbestand aufnehmen, damit während der Aussetzungszeit weitere Vollstreckungsmaßnahmen unterbleiben.

18.4.4 Niederschlagung

18.4.4.1 Voraussetzungen für eine Niederschlagung (Einzelwertberichtigung)

Bei den Steuern, Gebühren und Beiträgen sind aufgrund der Verweisungsregelung des § 12 Abs. 1 Nr. 6 b KAG die Vorschriften des § 261 AO anzuwenden. Sonstige Niederschlagungen von Forderungen der Gemeinde – und damit im Wesentlichen privatrechtliche Forderungen – sind nach § 27 Abs. 2 KomHVO zu entscheiden. Beide Vorschriften stimmen jedoch inhaltlich überein, sodass sich eine einheitliche Besprechung anbietet.

Bei einer Niederschlagung handelt es sich um die Rückstellung der Weiterverfolgung eines fälligen Anspruchs ohne Verzicht auf den Anspruch selbst. Die Niederschlagung ist ein verwaltungsinterner Vorgang ohne Außenwirkung, wobei (anders als bei der Stundung oder beim Erlass) der Impuls von der Verwaltung ausgeht. Auch stellt eine Niederschlagung keinen Verzicht auf eine Realisierung der Forderung dar.

Ansprüche dürfen nur niedergeschlagen werden, wenn feststeht, dass die Einziehung keinen Erfolg haben wird oder die Kosten der Einziehung außer Verhältnis zur Höhe des Anspruchs stehen. Die Schaffung dieser Voraussetzungen ist nach Zweckmäßigkeits- und Wirtschaftlichkeitsgesichtspunkten erfolgt. Die Gemeinde soll bei der Einziehung des Anspruchs nicht zu aussichtslosen oder unverhältnismäßig kostspieligen Schritten veranlasst werden.

Die genannten Voraussetzungen richten sich nach objektiven auf den Erfolg der Einziehung bezogene Kriterien, d. h. wenn die Beitreibung fruchtlos verlaufen ist und auch in absehbarer Zeit keinen Erfolg haben wird oder wenn die Beitreibung nicht möglich ist, weil der Schuldner nicht erreicht werden kann (unbekannter Aufenthaltsort, Firma wurde aufgelöst). Bei der Niederschlagung bleibt die subjektive Lage des Schuldners (erhebliche Härte o. Ä.) außer Betracht.

Insofern erfolgt die Niederschlagung im konkreten Einzelfall aus Sicht der Gemeinde (Einzelwertberichtigung).

Um einen Anspruch niederzuschlagen, muss das Vorliegen einer der beiden genannten Voraussetzungen feststehen; die bloße Möglichkeit genügt nicht. Besonders die Erfolglosigkeit der Beitreibung muss durch Tatsachen begründet werden und darf nicht auf Vermutungen fußen.

In Abgrenzung zur Stundung ist noch darauf zu verweisen, dass der Fälligkeitstermin für die Forderung bei einer Niederschlagung bestehen bleibt und nicht wie bei einer Stundung verschoben wird.

18.4.4.2 Arten der Niederschlagung (Einzelwertberichtigung)

Zu unterscheiden ist zwischen einer befristeten und einer unbefristeten Niederschlagung.

Bei der **befristeten Niederschlagung** kann von einer Weiterverfolgung des Anspruchs vorläufig abgesehen werden, wenn die Beitreibung **vorübergehend** keinen Erfolg haben würde und die Voraussetzungen für eine Stundung nach § 27 Abs. 1 KomHVO bzw. § 222 AO nicht vorliegen. Eine Kontrolle über die Fälle der befristeten Niederschlagungen ist wegen der Vorläufigkeit der Maßnahmen notwendig. Insofern bietet es sich bei befristeten Niederschlagungen an, die Ansprüche in Niederschlagungslisten nachzuhalten und dort weiterzuverfolgen. Diese Listen werden in der Regel elektronisch geführt. Anhand der Niederschlagungslisten ist die Zahlungsbereitschaft bzw. Zahlungsfähigkeit des Schuldners in angemessenen Zeitabständen zu überprüfen. Dies sollte zumindest einmal im Haushaltsjahr erfolgen. Gegebenenfalls ist die Verjährung rechtzeitig zu unterbrechen. Insofern erfüllen die Niederschlagungslisten die Funktion einer „Wiedervorlage“, wie sie ansonsten im übrigen Geschäftsablauf Anwendung findet.

Eine **unbefristete Niederschlagung** kommt nur in Frage, wenn die Einziehung wegen der wirtschaftlichen Verhältnisse des Schuldners (z. B. mehrmalige erfolglose Vollstreckungsversuche mit nicht zu erwartender Besserungsaussicht) oder aus anderen Gründen (z. B. Tod des Schuldners, Auflösung der zur Zahlung verpflichteten Firma) **dauernd** ohne Erfolg bleiben wird. Die unbefristete Niederschlagung ist außerdem zulässig, wenn die Kosten der Beitreibung im Verhältnis zur Höhe des Anspruches zu hoch sind. Zu den Kosten der Beitreibung zählt auch der anteilige sonstige Verwaltungsaufwand. Bei einer unbefristeten Niederschlagung wird von einer weiteren Verfolgung des Anspruchs abgesehen, sodass sich hier die Führung von Niederschlagungslisten erübrigt.

Sowohl bei der befristeten als auch bei der unbefristeten Niederschlagung ist die Beitreibung der Forderungen erneut zu versuchen, wenn sich Anhaltspunkte dafür ergeben, dass sie Erfolg haben könnte. Da aber bei den unbefristeten Niederschlagungen keine Niederschlagungslisten geführt werden, dürfte eine erneute Verfolgung dieser Ansprüche in der Praxis allerdings wohl in der Regel ausscheiden.

18.4.4.3 Praktisches Verfahren bei einer Niederschlagung (Einzelwertberichtigung)

Da die Niederschlagung schließlich aus der Sicht der Gemeinde erfolgt, geht ihr kein Antrag des Schuldners voraus. Bei dieser verwaltungsinternen Maßnahme ergeht deshalb auch kein Niederschlagungsbescheid. Das zuständige Fachamt, welches die Forderung veranlasst hat, sollte über die Niederschlagung entscheiden. Dies muss natürlich in Zusammenarbeit mit der Finanzbuchhaltung geschehen, weil diese über die Informationen der Einziehungsproblematik verfügt. Denkbar ist auch hier, die Finanzbuchhaltung mit der Entscheidungszuständigkeit zu betrauen, die dann jedoch die Niederschlagung nur im Benehmen mit dem zuständigen Fachbereich aussprechen kann.

Buchungstechnisch wird der niedergeschlagene Betrag weiterhin als Ertrag des Haushaltsjahres ausgewiesen, dem er als Ressourcenzuwachs zugeordnet wurde. Die Forderung wird in der Debitorenbuchhaltung ausgebucht und erzeugt eine korrespondierende Aufwendungsbuchung einer Einzelwertberichtigung als „Sonstiger ordentlicher Aufwand".

Zu den vorläufigen Forderungsbereinigungen siehe die Darstellung zum Jahresabschluss in Kap. 21.

Wie bei der Stundung sollte das Verfahren in einer Dienstanweisung geregelt werden, die auch die Entscheidungsbefugnisse genau festsetzt. Ein solches Beispiel ist bei Kap. 18.4.6 abgedruckt.

18.4.4.4 Pauschalwertberichtigung

In den vorangehenden Abschnitten wurde beschrieben, wann und unter welchen Voraussetzungen eine einzelne Forderung niederzuschlagen ist. Insofern wurde dafür der Begriff „Einzelwertberichtigung" verwendet.

In der kommunalen Praxis werden jedoch auch pauschale Wertberichtungen durchgeführt. Deren Notwendigkeit ergibt sich daraus, einen Jahresabschluss zu erstellen, der ein den tatsächlichen Verhältnissen entsprechendes Bild der Lage am Ende eines Haushaltsjahres entspricht (Bilanzerfordernis gemäß § 95 Abs. 1 Satz 2 GO). Probleme entstehen dadurch, dass jeder Ertrag erfolgswirksam den Jahresabschluss positiv beeinflusst. Der tatsächliche Zahlungseingang bleibt somit unberücksichtigt. Kann eine größere Zahl von Erträgen erfahrungsgemäß nicht realisiert und können Einzelwertberichtigungen in Form von Niederschlagungen aus rechtlichen Gründen noch nicht ausgesprochen werden, würden die Erträge das Jahresergebnis zu positiv darstellen. Die notwendigen Wertberichtigungen würden dann erst spätere Perioden ungerechtfertigt belasten, wenn die Niederschlagungen ausgesprochen werden können.

Das widerspricht der Periodengerechtigkeit im doppischen Buchungssystem. Vor allem bei der Gewerbesteuer weiß die Gemeinde aus Erfahrung, dass ein gewisser Prozentsatz der festgesetzten Forderungen einer Forderungsart nicht eingezogen werden kann, ohne schon konkret zu wissen, bei welchem Debitor dies der Fall sein wird. Dementsprechend wird der aufgrund dieser Erfahrung zu ermittelnde voraussichtliche Forderungsausfall pauschal auf der Basis von Erfahrungswerten geschätzt und mit einer Pauschalwertberichtigung bereinigt. Damit wird das Jahresergebnis „realitätsnäher" dargestellt. In den nachfolgenden Haushaltsjahren werden dann die konkreten Niederschlagungen als Einzelwertberichtigungen erfasst und als Aufwendung gebucht. Die Höhe der jeweiligen Pauschalwertberichtigung ist in den jeweiligen Jahresabschlüssen zu überprüfen und gegebenenfalls anzupassen. Insofern kann es dann zu Herabsetzungen oder auch zu Aufstockungen einer Pauschalwertberichtigung kommen.

Die Pauschalwertberichtigung wird als „Sonstiger ordentlicher Aufwand" nachgewiesen. Dabei ist buchhalterisch zu empfehlen, eigene Unterkonten zur Trennung von Einzel- und Pauschalwertberichtigung zu bilden.[484]

---

484 Eine weitergehende Darstellung der Abwicklung bleibt der Darstellung zum Jahresabschluss in Kap. 21 vorbehalten

18.4.5 Erlass

18.4.5.1 Voraussetzungen

Der Erlass einer Forderung bedeutet den endgültigen Verzicht auf den Anspruch. Rechtsgrundlagen können § 227 AO und § 27 Abs. 3 KomHVO sein, je nachdem um welche Forderungsart es sich handelt (siehe Kap. 18.4.2). § 27 Abs. 3 KomHVO stellt als Voraussetzung für einen Erlass darauf ab, dass die Einziehung der Forderung eine besondere Härte für den Schuldner bedeuten muss. § 227 AO geht dagegen weiter, indem er den Erlass zulässt, wenn die Einziehung einer Forderung unbillig wäre.

Darunter fallen zunächst einmal die persönlichen Billigkeitsgründe des Schuldners, wie sie auch in § 27 Abs. 3 KomHVO umschrieben sind. Zum Beispiel wäre der Erlass eines Anspruchs zulässig, wenn eine Steuereinziehung die Fortführung eines Gewerbebetriebes erheblich gefährden oder die Lebensexistenz eines Einzelnen derart beeinträchtigt würden, dass er Sozialhilfe beantragen müsste. Vorrangig sind jedoch immer Stundung und Niederschlagung zu prüfen, weil ein einmal ausgesprochener Erlass einer Forderung dauerhaft ist. Daraus ergibt sich, dass ein Erlass nur im äußersten Ausnahmefall ausgesprochen werden soll.

Neben den persönlichen Billigkeitsgründen sind nach der Abgabenordnung auch sachliche Billigkeitsgründe möglich. Sie müssen objektiv gegeben sein, also unabhängig von der wirtschaftlichen Situation des Schuldners vorliegen. Dies ist dann gegeben, wenn eine Besteuerung im Einzelfall der Gesetzesabsicht zuwiderlaufen würde, weil der Gesetzgeber diesen besonderen Fall nicht bedacht hat. Das ist natürlich äußerst selten. An dem nachstehenden konstruierten Beispiel soll es erläutert werden:

Beispiel:
A erbt von seinem Vater einige Kunstgegenstände, die sich als Leihgabe in einem staatlichen Museum befinden. A will die Leihgabe weiter auf Dauer dem Museum belassen. Da er juristisch der Erbe ist, würde für diese Kunstgegenstände Erbschaftsteuer anfallen. Aus sachlichen Gründen wäre aber eine Besteuerung durch den Staat, der ja die Leihgabe nutzt, nicht gerechtfertigt, sodass ein Steuererlass ausgesprochen werden kann.

18.4.5.2 Praktisches Verfahren

Dem Erlass hat ein Antrag des Schuldners vorauszugehen, über den der zuständige Fachbereich entscheidet. Zwar erfolgt die Entscheidung regelmäßig in Form eines Verwaltungsaktes, bei privatrechtlichen Forderungen jedoch gemäß § 397 BGB durch einen privatrechtlichen Vertrag und nicht durch eine einseitige Willenserklärung. Die Forderung wird nunmehr ausgebucht. Die korrespondierende Aufwandbuchung erfolgt in Form einer Einzelwertberichtigung als „Sonstiger ordentlicher Aufwand".

18.4.6 Beispiel einer Dienstanweisung

Die nachstehend abgedruckte Dienstanweisung ist an die Reglungen in der kommunalen Praxis angelehnt:

Geschäftsanweisung über Stundungen, Niederschlagungen und Erlasse von privatrechtlichen und öffentlich-rechtlichen Ansprüchen der Gemeinde G sowie über die Aussetzung der Vollziehung und die einstweilige Einstellung von Vollstreckungsmaßnahmen bei der Anforderung von öffentlich-rechtlichen Abgaben und Kosten

Geschäftsanweisung

Aufgrund des Ratsbeschlusses vom .... und § 62 Abs. 1 GO NRW ergeht folgende Geschäftsanweisung über Stundungen, Niederschlagungen und Erlasse von Ansprüchen der Gemeinde G. Sie gilt nach § 27 KomHVO für alle privatrechtlichen Ansprüche und für solche öffentlich-rechtliche, auf Gesetz, Verordnung oder Satzung beruhende Ansprüche, die keine Abgabenansprüche sind. Für Abgabeansprüche ist sie im Rahmen der Vorschriften der AO und des KAG anzuwenden.

1. Stundungen

1.1 Begriff

Die Fälligkeit eines Anspruches wird für eine bestimmte Zeit hinausgeschoben.

1.2 Voraussetzungen

Die gegenwärtige Einziehung eines Anspruches ist mit einer erheblichen Härte für den Schuldner verbunden. Seine Zahlungsfähigkeit ist eingeschränkt durch das Zusammentreffen mehrerer Leistungen, geschäftlicher Schwierigkeiten, Krankheit und anderer persönliche Notstände.

Der Schuldner, der Stundung beantragt, muss zahlungswillig sein. Wer seine mangelnde Leistungsfähigkeit selbst verschuldet hat, ist nicht stundungswürdig. Die Verwirklichung des Anspruchs darf durch die Stundung nicht gefährdet werden. Der Schuldner muss in der Lage sein, zu den späteren Fälligkeitsterminen die volle Leistung zu erbringen.

1.3 Verfahren

Bevor eine Stundung ausgesprochen wird, ist bei der Finanzbuchhaltung nachzufragen, welche Rückstände bestehen, welche Zahlungsmoral der Schuldner hat und ob bereits Beitreibungsmaßnahmen eingeleitet worden sind. Sind bereits Beitreibungsmaßnahmen eingeleitet, ist zu entscheiden, ob die Finanzbuchhaltung Vollstreckungsschutz nach den gesetzlichen Vorschriften oder das Fachamt Stundung gewähren soll.

Die Stundungsdauer richtet sich nach dem Einzelfall. Sie soll möglichst kurz bemessen sein.

Eine Sicherheitsleistung ist zu fordern, wenn zweifelhaft ist, ob der Schuldner am Fälligkeitstag seiner Zahlungspflicht auch nachkommen wird. Wegen der Art und Form der Sicherheitsleistung wird auf §§ 241 ff. AO verwiesen.

Stundungszinsen sind grundsätzlich zu erheben, sofern dies nicht durch Gesetz ausgeschlossen ist. Stundungszinsen, die im Einzelfall für die Laufzeit der Stundung den Betrag von 10,00 € unterschreiten, sind nicht anzufordern.

Stundungen sind schriftlich unter Vorbehalt des jederzeitigen Widerrufs auszusprechen.

1.4 Zuständigkeit

Die Fachämter – für das Steueramt gilt Absatz 3 – können im Einzelfall bis zu 10.000 € stunden. Die Stundungsverfügung ist bei den Fachämtern vom Amtsleiter, seinem Vertreter oder dem Dienstleiter zu unterzeichnen. In besonderen Fällen kann der Kämmerer auf Antrag weitere Delegationen vornehmen. Für Stundungen über

10.000 € haben die Fachämter begründete Anträge, die vom Amtsleiter, seinem Vertreter oder dem Dienststellenleiter zu unterzeichnen sind, der Kämmerei nach Vordruck in doppelter Ausfertigung vorzulegen. Der Amtsleiter der Kämmerei oder sein Vertreter entscheidet sodann über Stundungen bis zu 40.000 €. Darüber hinaus entscheidet der Kämmerer.

Das Steueramt kann in Einzelfällen bis 40.000 € stunden. Beim Steueramt unterzeichnen die Abteilungsleiter oder ihre Vertreter Stundungsverfügungen bis 500 € und der Amtsleiter oder sein Vertreter bis 40.000 €. Bei Beträgen über 40.000 € legt das Steueramt begründete Stundungsanträge dem Kämmerer vor, der hierüber entscheidet.

2. Niederschlagungen

2.1 Begriff

Die Weiterverfolgung eines fälligen Anspruchs wird ohne Verzicht auf den Anspruch selbst befristet oder unbefristet zurückgestellt.

2.2 Voraussetzungen

Ein Anspruch ist befristet niederzuschlagen, wenn die Einziehung vorübergehend keinen Erfolg haben wird. Ein Anspruch ist unbefristet niederzuschlagen, wenn die Einziehung dauernd keinen Erfolg haben wird oder bei Beträgen bis zu 50 € fruchtlos verlaufen ist.

2.3 Verfahren

Bevor über die Niederschlagung entschieden werden kann, sind Nachweise über die Erfolglosigkeit der Beitreibung zu erbringen (z. B. Niederschrift der Finanzbuchhaltung, Unpfändbarkeitsprotokolle des Gerichtsvollziehers).

Die Niederschlagung ist eine verwaltungsinterne Maßnahme, die dem Schuldner nur bekanntgegeben wird, wenn er dies beantragt hat. Nach erfolgter befristeter Niederschlagung sind die wirtschaftlichen Verhältnisse des Schuldners noch fünf Jahre durch mindestens eine Ermittlung im Jahr zu überwachen.

Die Einziehung unbefristet niedergeschlagener Ansprüche ist erneut zu versuchen, wenn sich Anhaltspunkte dafür ergeben, dass sie Erfolg haben könnte und der Anspruch nicht verjährt ist.

Über die Niederschlagungen ist von den Fachämtern eine Liste nach Vordruck zu führen, die jährlich bis zum 31. März für das abgelaufene Haushaltsjahr der Kämmerei vorzulegen ist. Die über die unbefristet niedergeschlagenen Ansprüche geführten Akten sind von den Fachämtern bis zur Verjährung des Anspruchs weiterzuführen.

2.4 Zuständigkeit

Die Fachämter – für das Steueramt gelten bei Beträgen bis 40.000 € und für die Finanzbuchhaltung bei Säumniszuschlägen und sonstigen Nebenleistungen bis 2.000 € die Sonderregelungen in Absatz 2 und 3 – reichen die begründeten Anträge, die vom Amtsleiter, seinem Vertreter oder dem Dienstleiter zu unterzeichnen sind, der Kämmerei nach Vordruck in doppelter Ausfertigung ein.

Es entscheiden bei Beträgen

a) bis 2.000 € der zuständige Sachgruppenleiter der Kämmerei,
b) bis 40.000 € der Amtsleiter der Kämmerei oder sein Vertreter,
c) über 40.000 € der Kämmerer oder bei Abwesenheit von länger als drei Tagen sein Vertreter.

Über die Niederschlagung von Säumniszuschlägen und sonstigen Nebenleitungen entscheidet bei Beträgen bis zu 2.000 € der Verantwortliche für die Finanzbuchhaltung oder sein Vertreter. Die befristet und unbefristet niedergeschlagenen Beträge sind listenmäßig nachzuweisen und jährlich bis zum 31. März für das abgelaufene Haushaltsjahr der Kämmerei bekanntzugeben. Bei Beträgen über 2.000 € verbleibt es bei der Regelung des Absatzes 1.

Über Niederschlagungen beim Steueramt entscheidet bis 40.000 € der Amtsleiter oder sein Vertreter. Bei Beträgen über 40.000 € verbleibt es bei der Regelung des Absatzes 1. Die befristet und unbefristet niedergeschlagenen Beträge sind listenmäßig nachzuweisen und jährlich bis zum 31. März, für das abgelaufene Haushaltsjahr der Kämmerei bekanntzugeben. In besonderen Fällen kann der Kämmerer auf Antrag weitere Delegationen vornehmen.

Sind Stundungszinsen berechnet worden, so sind diese dem Hauptanspruch, für den die Niederschlagung beantragt wird, hinzuzurechnen.

Vor einer befristeten Niederschlagung ist bei Beträgen über 4.000 € und vor einer unbefristeten Niederschlagung bei Beträgen über 2.000 € von der Kämmerei bzw. dem Steueramt eine Stellungnahme durch das Rechnungsprüfungsamt einzuholen.

3. Erlasse

3.1 Begriff

Auf den Anspruch wird endgültig verzichtet. Der Verzicht auf die Geltendmachung eines entstandenen Anspruchs kommt einem Erlass gleich.

3.2 Voraussetzungen

Ansprüche sind in folgenden Fällen zu erlassen:

Die Einziehung des Anspruchs ist unbillig. Dabei kann die Härte in der Sache liegen und durch Anwendung des Gesetzes, der Satzung oder des Vertrages im Einzelfall verursacht werden. Der Erlass aus persönlichen Gründen setzt eine lange oder dauernde wirtschaftliche Notlage voraus. Dabei darf der Notstand nicht selbst verschuldet worden sein.

3.3 Verfahren

Bei Erlassen ist ausführlich darzustellen, dass die sachlichen oder persönlichen Voraussetzungen gegeben sind.

Die gegenwärtige Leistungsunfähigkeit des Schuldners rechtfertigt allein nicht den Erlass, sondern erst der Nachweis der dauernden Zahlungsunfähigkeit.

Dem Schuldner, der einen Erlass beantragt hat, ist ein schriftlicher Bescheid zu erteilen.

Über die Erlasse ist von den Fachämtern eine Liste nach Vordruck zu führen, die jährlich bis zum 31. März für das abgelaufene Haushaltsjahr der Kämmerei vorzulegen ist.

3.4 Zuständigkeit

Die Fachämter – für das Steueramt gelten bei Beträgen bis 10.000 € und für die Finanzbuchhaltung bei Säumniszuschlägen und sonstigen Nebenleistungen bis 2.000 € die Sonderregelungen in Absatz 2 und 3 – reichen die begründeten Anträge, die vom Amtsleiter, seinem Vertreter oder dem Dienstleiter zu unterzeichnen sind, der Kämmerei nach Vordruck in doppelter Ausfertigung ein.

Es entscheiden bei Beträgen

a) bis 2.000 € der zuständige Sachgruppenleiter der Kämmerei,
b) bis 10.000 € der Amtsleiter der Kämmerei oder sein Vertreter,
c) bis 40.000 € der Kämmerer oder bei Abwesenheit von länger als drei Tagen sein Vertreter,
d) über 40.000 € der Rat.

Über die Gewährung oder Ablehnung des Erlasses von Säumniszuschlägen und sonstigen Nebenleistungen entscheidet bei Beträgen bis zu 2.000 € der Verantwortliche für die Finanzbuchhaltung oder sein Vertreter. Die erlassenen Beträge sind listenmäßig nachzuweisen und jährlich bis zum 31. März für das abgelaufene Haushaltsjahr der Kämmerei bekannt zu geben. Bei Beträgen über 2.000 € verbleibt es bei der Regelung des Absatzes 1.

Über die Gewährung oder Ablehnung des Erlasses beim Steueramt entscheidet bis 10.000 € der Amtsleiter oder sein Vertreter. Die erlassenen Beträge sind listenmäßig nachzuweisen und jährlich bis zum 31. März, für das abgelaufene Haushaltsjahr der Kämmerei bekanntzugeben. Bei Beträgen über 10.000 € verbleibt es bei den Regelungen des Absatzes 1.

In besonderen Fällen kann der Kämmerer auf Antrag weitere Delegationen vornehmen.

Sind Stundungszinsen berechnet worden, so sind diese dem Hauptanspruch, für den der Erlass beantragt wird, hinzuzurechnen.

Bei Beträgen über 2.000 € ist vor Gewährung des Erlasses von der Kämmerei bzw. dem Steueramt eine Stellungnahme durch das Rechnungsprüfungsamt einzuholen.

4. Aussetzung der Vollziehung

4.1 Begriff

Die Aussetzung der Vollziehung kommt in ihrer Wirkung der Stundung gleich.

4.2 Voraussetzung

Nach Einlegung des Widerspruchs kann die Vollziehung nach Maßgabe des § 80 Abs. 4 VwGO ganz oder teilweise ausgesetzt werden, wenn ernstliche Zweifel an der Rechtmäßigkeit des angefochtenen Verwaltungsakts vorliegen. Das ist der Fall, wenn die summarische Prüfung ergibt, dass der Erfolg des Rechtsmittels im Hauptverfahren mindestens ebenso wahrscheinlich ist wie der Misserfolg.

Das Fachamt hat der Finanzbuchhaltung innerhalb einer Woche mitzuteilen, ob die Aussetzung der Vollziehung gewährt wird oder die Beitreibung eingeleitet werden kann.

4.3 Verfahren

Über die Aussetzung der Vollziehung entscheiden bis zur Klageerhebung das Fachamt und danach das Rechtsamt. Dem Antragsteller ist hierüber ein schriftlicher Bescheid zu erteilen.

4.4 Verzinsung

Soweit Rechtsbehelfe im Vorverfahren und Rechtsmittel im Hauptverfahren gegen den angefochtenen Verwaltungsakt erfolglos bleiben, ist der geschuldete Betrag, hinsichtlich dessen die Vollziehung des angefochtenen Verwaltungsakts ausgesetzt wurde, nach den gesetzlichen Vorschriften zu verzinsen.

5. Einstweilige Einstellung von Vollstreckungsmaßnahmen

5.1 Begriff

Im Gegensatz zu Stundung und Aussetzung der Vollziehung berührt die einstweilige Einstellung von Vollstreckungsmaßnahmen die Fälligkeit des Anspruchs nicht.

5.2 Voraussetzungen

Solange die Gemeinde oder ein Gericht über einen Antrag auf Aussetzung der Vollziehung nicht entschieden hat, sollen Vollstreckungsmaßnahmen unterbleiben. Dies gilt nicht, wenn der Antrag völlig aussichtslos ist, offensichtlich nur ein Hinausschieben der Vollstreckung bezweckt oder wenn Gefahr im Verzug ist.

5.3 Verfahren
Wird der Antrag auf Aussetzung der Vollziehung bei der Gemeinde gestellt, so entscheidet das zuständige Fachamt über die einstweilige Einstellung von Vollstreckungsmaßnahmen; im gerichtlichen Verfahren trifft diese Entscheidung das Rechtsamt. Die Entscheidung über die einstweilige Einstellung von Vollstreckungsmaßnahmen ist der Finanzbuchhaltung unverzüglich mitzuteilen.

5.4 Erhebung von Säumniszuschlägen
Die einstweilige Einstellung von Vollstreckungsmaßnahmen ist eine verwaltungsinterne Maßnahme; sie lässt die Fälligkeit des Anspruchs unberührt. Das hat zur Folge, dass durch Nichtzahlung Säumniszuschläge verwirkt werden, die aber nur bei erfolglosem Aussetzungsverfahren zu erheben sind.

Unterschrift Bürgermeister

18.4.7 Praktische Beispiele und Übungen

Sachverhalt Nr. 4

Die Gemeinde G beabsichtigt, aufgrund der folgenden Sachverhalte Stundungen auszusprechen:

a) Der Gastwirt W bittet, die fällige Gewerbesteuer drei Monate später zahlen zu dürfen, weil er zu diesem Zeitpunkt eine Einkommensteuererstattung erwartet. Ansonsten müsste er erhebliche Zinsverluste für seine vorzeitig in Anspruch genommenen Spargelder hinnehmen.
b) Der Schreinermeister S bittet um die Stundung einer Gewerbesteuerforderung bis zur in drei Monaten fälligen Einkommensteuererstattung durch das Finanzamt. Er weist darauf hin, dass sein Kreditkontingent vollständig ausgeschöpft sei und auch dringende Lohnforderungen gegen ihn anstünden. Verwertbares Sach- und Finanzvermögen stehe nicht zur Verfügung. Gewinne werde sein Betrieb erst wieder in einem halben Jahr abwerfen.
c) Der Gewerbetreibende G bittet um die Stundung seiner Gewerbesteuerzahlung. Er begründet den Antrag damit, dass er noch erhebliche Handwerkerrechnungen zu begleichen habe. Vom Finanzamt kommt die Auskunft, dass sich ein Insolvenzverfahren anbahnt.

Aufgabe:

Begutachten Sie die rechtliche Zulässigkeit der vorgenannten Stundungen. Unterstellen Sie dabei, dass die Angaben der Schuldner den tatsächlichen Gegebenheiten entsprechen.

Lösung:

Bei der in allen Teilsachverhalten angesprochenen Gewerbesteuer handelt es sich um eine Realsteuer, sodass gemäß § 1 Abs. 2 Nr. 5 AO über die Stundung nach den Vorschriften des § 222 AO zu entscheiden ist. Voraussetzung für eine Stundung ist, dass die Einziehung der Gewerbesteuer zum Fälligkeitstermin eine erhebliche Härte für den Schuldner darstellen würde und der Anspruch durch die Stundung nicht gefährdet erscheint. In Bezug auf die Voraussetzungen sind die Teilfälle wie folgt zu beurteilen:

a) Die vom Gastwirt W geltend gemachte Härte liegt darin, dass er die zur Gewerbesteuerzahlung notwendigen Mittel unter Zinsverlust von seinem Sparbuch abheben muss. Das Argument des Zinsverlustes ist jedoch nicht zu beachten, weil bei jeder Zahlung ein Zinsverlust für den Zahlenden eintritt, indem eine mögliche Geldanlage mit der Zahlung entfällt. Zudem dürfte er aufgrund seiner Spareinlagen auch bei seiner Bank kreditwürdig zur Leistung seiner Zahlungsverpflichtung sein. Es liegt somit keine Härte für den Gastwirt vor, da er zurzeit durchaus zahlungsfähig ist. Auch das Argument der sich abzeichnenden Einkommensteuererstattung greift nicht, weil alle Steuern unabhängig voneinander zu sehen sind. Die Stundung ist nach alledem unzulässig.

b) Der Schreinermeister S verfügt zurzeit über keine Mittel zur Begleichung der Forderung, zumal auch eine Finanzierung über den Kreditmarkt nicht möglich ist. Die Zahlung kann somit zu dem Fälligkeitstermin objektiv nicht erfolgen. Insofern verfügt S erst wieder mit der Einkommensteuererstattung über entsprechende Zahlungsmittel, sodass bis zu diesem Zeitpunkt gestundet werden kann. Aus dem Sachverhalt sind Gefährdungen der Zahlung nicht ersichtlich, sodass das Vorliegen dieser Voraussetzung zu unterstellen ist. Zudem kann durch eine Abtretung der Einkommensteuererstattung des Finanzamtes an die Gemeinde die gestundete Gewerbesteuerzahlung gesichert werden.

c) Wie im Fall b) verfügt der Gewerbetreibende zurzeit über keine ausreichenden Mittel, sodass die Einziehung der Gewerbesteuer bei Fälligkeit eine besondere Härte für ihn darstellen würde. Allerdings wäre der Anspruch bei einer Stundung gefährdet, weil damit zu rechnen ist, dass G später zahlungsunfähig sein wird, zumal sich ein Insolvenzverfahren anbahnt. Wegen der Gefährdung des Zahlungseinganges ist die Stundung gemäß § 222 AO unzulässig. Die Gemeinde muss versuchen, die Forderung schnellstens zu verwirklichen.

Sachverhalt Nr. 5

Der ledige Schulhausmeister H ist Ende September 2023 verstorben. Angehörige und finanzielle Mittel einschließlich Vermögen sind nicht vorhanden. Nach dem Tod des Hausmeisters wird festgestellt, dass lediglich die Miete für Januar 2023 in Höhe von 300 € überwiesen wurde.

Aufgaben:

a) Hausmeistermieten werden als Jahresmiete zu Beginn des Jahres eingebucht. Begutachten Sie, was bezüglich der Jahresmiete bzw. der geschuldeten Miete für die Zeit vom 1.2. bis 30.9.2023 zu veranlassen ist.

b) Wie ändert sich die Lösung, wenn der Hausmeister unbekannt verzogen wäre?

Lösung:

a) Es handelt sich bei der ausstehenden Miete um eine privatrechtliche Forderung, sodass § 27 Abs. 2 KomHVO heranzuziehen ist. Es fragt sich, ob in diesem Fall eine Niederschlagung der Mietforderung zulässig ist. Voraussetzung dazu ist gemäß § 27 Abs. 2 KomHVO, dass die Einziehung des Anspruchs keine Aussicht auf Erfolg hat. Dies ist gegeben, weil der Zahlungspflichtige verstorben ist und Angehörige, auf die im Rahmen des Erbrechtes evtl. zurückgegriffen werden könnte, nicht vorhanden sind. Finanzielle Mittel einschließlich Vermögen sind laut Sachverhalt nicht vorhanden. Eine Einziehung ist somit praktisch nicht realisierbar. Da sie auch zum späteren Zeitpunkt nicht möglich sein wird, erfolgt deshalb eine unbefristete Niederschlagung. Die Eintragung in eine Niederschlagungsliste erübrigt sich bei einer unbefristeten Niederschlagung.

Die Jahresmiete von 3.600 € wurde als Jahresforderung gebucht. Da die Wohnung ab Oktober 2023 nicht mehr bewohnt wird, sind die Mieten für die Monate Oktober bis Dezember 2023 in Höhe von 3 × 300 € = 900 € wieder als Forderung auszubuchen und der Mietertrag ist zu berichtigen (Soll-Buchung auf dem Mietertragskonto). Für die niedergeschlagenen Beträge der Monate Februar bis September 2023 von 8 × 300 € = 2.400 € ist eine Einzelwertberichtigung als „Sonstiger ordentlicher Aufwand" vorzunehmen. Es ist allerdings der Finanzbuchhaltung ein Vorwurf zu machen, weil diese nicht in der Lage war, die Mieten für die Monate

Februar bis September 2023 einzuziehen. Dies wäre sicherlich ohne größeren Verwaltungsaufwand durch eine Aufrechnung mit dem Hausmeistergehalt möglich gewesen.

b) Auch in diesem Fall erfolgt eine Niederschlagung, weil die Forderung nicht realisiert werden kann. Dies geschieht wegen einer möglichen späteren Verwirklichung jedoch in Form einer befristeten Niederschlagung, sodass die bestehende Forderung von 2.400 € in die entsprechende Niederschlagungsliste zur Wiedervorlage aufzunehmen ist. Von Zeit zu Zeit hat das zuständige Fachamt oder die Finanzbuchhaltung zu prüfen, ob der Aufenthaltsort des ehemaligen Hausmeisters bekannt ist, um dann gegebenenfalls erneute Beitreibungsaktivitäten zu veranlassen.

18.5 Auftragsvergaben

18.5.1 Verfahren und Voraussetzungen

Die nachfolgende Darstellung zum Thema „Auftragsvergaben" soll einen grundlegenden Überblick mit Blick auf die Haushaltswirtschaft und die rechtlichen Rahmenbedingungen geben. Eine umfassende Erörterung des Themengebietes Vergabewesens bzw. Vergaberecht erfordert eine eigenständige fachwissenschaftliche Auseinandersetzung in bzw. mit der entsprechenden Spezialliteratur.

Beim Themenkreis der Auftragsvergaben handelt es sich um Geschäftsabwicklungen im Rahmen des bürgerlichen Rechts. Ein Vertrag kommt durch ein Angebot und die Annahme des Angebots zustande. Die Annahme eines Angebots wird in der Verwaltung regelmäßig als „Auftragsvergabe" bezeichnet.

Gemäß § 75 Abs. 1 Satz 2 GO muss die Gemeinde das wirtschaftlichste Angebot ermitteln und annehmen, wobei natürlich primär die sachlichen und technischen Anforderungen erfüllt sein müssen. Dazu ist es zunächst erforderlich, über eine gewisse Zahl von Angeboten zu verfügen. Dies wird dadurch erreicht, dass jeder in Frage kommende Lieferant die Möglichkeit der Angebotsabgabe erhält. Die allgemeine Zugänglichkeit wird durch eine öffentliche Ausschreibung über die zu erbringende Lieferung oder Leistung erreicht. Neben der Ermittlung des wirtschaftlichsten Angebots ist ein weiteres Ziel die Sicherstellung eines transparenten und fairen Wettbewerbs, wobei vornehmlich mittelständische Interessen berücksichtigt werden sollen sowie die Kommune als großer Nachfrager nicht ihre diesbezügliche Marktmacht missbraucht.

So sieht § 26 Abs. 1 KomHVO auch vor, dass einer Auftragsvergabe grundsätzlich eine öffentliche Ausschreibung voranzugehen hat. Dadurch findet am Markt ein Leistungswettbewerb der entsprechenden Unternehmen mit dem Ergebnis des günstigsten Angebotes für die Gemeinde statt. Außerdem werden Nachfragemonopole verhindert, zumal in vielen Bereichen die öffentliche Hand Alleinabnehmer ist; man denke dabei nur an den Kauf von Panzern durch die Bundeswehr. Dies kommt dem Wettbewerb am Markt aus der Sicht der Unternehmen zugute. Bei den Ausschreibungen darf allerdings das Problem der Unternehmensabsprachen (Frühstückskartelle) und der möglichen Korruption nicht übersehen werden.

Das Verfahren der öffentlichen Ausschreibung bis hin zur Auftragsvergabe ist im Überblick darzustellen. Die beabsichtigte Leistung (Bau einer Straße, Errichtung eines Gebäudes, Erwerb von Ersteinrichtungen in einer Schule) wird öffentlich angeboten. Dies geschieht unter grober Beschreibung des Leistungsumfanges in Anzeigen der Tagespresse, als Aushang, in Fachzeitschriften und im Internet. Für Bauleistungen gibt es einen einheitlichen Bundesanzeiger. Nachstehend ist ein Beispiel für eine solche Anzeige abgedruckt:

Öffentliche Ausschreibung der Gemeinde G
1. Zimmerarbeiten. Erweiterung der Weiltorschule, 17 m³ Nadelholz liefern, 1.000 lfdm Bauholz verzimmern, 4,7 m³ Brettschichtholz liefern, 60 lfdm Brettschichtholz verzimmern, 425 m² Rauspundschalung verlegen.
Eröffnungstermin: 22.6.2023, Gebühr 14 €.
2. Klempnerarbeiten. Erweiterung Weiltorschule, 410 m² Dachflächen mit Titanzinkblechen in Doppelstehfalzdeckung, 54 lfdm Dachrinnen.
Eröffnungstermin: 22.6.2023, Gebühr 22 €.
3. Markierungsarbeiten. B 51, 2.000 Schmalstrich 12 cm, 300 m Randlinien 25 cm, 150 m Haltebalken 5 cm, 300 St. Fußwegkästchen 12/50, 85 St. Pfeile, 20 m² Demarkierung.
Eröffnungstermin: 17.6.2023, Gebühr 10 €.
Angebotsabgabe ab sofort in 99999 G, Rathausplatz 3, Zimmer 22, Postversand oder Direktabholung nur gegen Verrechnungsscheck mit Angabe der Buchungsstelle 27192644 bzw. Barzahlung.

G, den 24.5.2023 **Der Bürgermeister**
(Unterschrift)

Auf Anfrage der Unternehmen werden ihnen gegen Verwaltungsgebühr bzw. Ersatz der Kosten die Einzelunterlagen über den Umfang und die Ausführung der gewünschten Leistung bzw. Lieferung zugesandt. Bis zu einem bestimmten Termin müssen die Angebote der Unternehmen bei der Gemeinde eingehen. An diesem Termin erfolgt die sog. „Submission“, die Öffnung der bis dahin verschlossenen Angebote. Bei Baumaßnahmen erfolgt die Submission öffentlich, wovon vor allem Vertreter der anbietenden Baufirmen Gebrauch machen.

Die Submissionsunterlagen erhält dann der zuständige Sachbearbeiter zur rechnerischen, technischen und wirtschaftlichen Prüfung. Verhandlungen über die Preise der Angebote sind nicht zulässig; lediglich klärende Nachfragen sind erlaubt. Erscheinen der Gemeinde die Preise zu hoch, kann sie lediglich die gesamte Submission aufheben und muss dann neu ausschreiben.

Die Auftragsvergabe erfolgt nicht unbedingt nach dem billigsten Angebot, sondern nach den Grundsätzen der Sparsamkeit, Wirtschaftlichkeit und Effizienz. Dabei sind zumindest folgende Aspekte zu berücksichtigen:

- erforderliche Sachkenntnis des Bieters einschließlich dessen Leistungsfähigkeit,
- Zuverlässigkeit des Bieters,
- technische und wirtschaftliche Mittel des Bieters,
- Angebotspreis.

Durch den Zuschlag, der schriftlich zu erfolgen hat, kommt der Vertrag zwischen der Gemeinde und dem günstigsten Bieter zustande.

Nicht in jedem Fall ist es sinnvoll, eine öffentliche Ausschreibung durchzuführen, sodass demzufolge § 26 Abs. 1 KomHVO als weitere Möglichkeiten die beschränkte Ausschreibung und die freihändige Vergabe zulässt. Die Notwendigkeit ergibt sich aus der Natur des Geschäftes oder durch besondere Umstände jeweils im Einzelfall. Bei einer beschränkten Ausschreibung fordert die Gemeinde spezielle Unternehmen schriftlich zur Angebotsabgabe auf. Bei der freihändigen Vergabe wird der Auftrag ohne vorherige Ausschreibung unmittelbar an ein Unternehmen vergeben. Wie bereits angedeutet, müssen für den Verzicht auf eine öffentliche Ausschreibung besondere Gründe vorliegen; die wichtigsten sind nachstehend im Überblick enthalten:

- wenn die Leistung nur von einem beschränkten Kreis von Unternehmen ordnungsgemäß erbracht werden kann, z. B. wegen besonderer technischer Einrichtungen oder fachkundiger Arbeitskräfte,
- wenn die öffentliche Ausschreibung einen Aufwand verursachen würde, der zum erreichbaren Vorteil oder im Hinblick auf den Wert der Leistung unvertretbar wäre (entscheidend ist die Höhe des Auftragswertes),
- wenn eine öffentliche Ausschreibung kein annehmbares Ergebnis gebracht hat,
- wenn die öffentliche Ausschreibung aus anderen Gründen unzweckmäßig ist, z. B. wegen Geheimhaltung oder Dringlichkeit, auch aus konjunkturpolitischen Gründen (schnelle Vergabe).

Voraussetzungen für eine freihändige Vergabe können sein:

- wenn für die Leistung nur ein bestimmter Unternehmer in Frage kommt, z. B. der Inhaber eines patentierten Verfahrens,
- wenn die Leistung nach Art und Umfang nicht von vornherein eindeutig festgelegt werden kann (z. B. schwierige Ermittlung von Fehlerquellen bei Reparaturen),
- wenn eine kleinere Leistung sich von einer bereits vergebenen größeren Leistung nicht ohne Nachteile trennen lässt,
- wenn wegen besonderer Dringlichkeit der Leistung keine beschränkte Ausschreibung möglich ist,
- wenn bereits durchgeführte öffentliche oder beschränkte Ausschreibungen ohne Erfolg waren und eine erneute Ausschreibung kein annehmbares Ergebnis erwarten lässt,
- wenn eine beschränkte Ausschreibung einen Aufwand verursachen würde, der zum erreichbaren Vorteil oder im Hinblick auf den Wert der Leistung unvertretbar wäre (entscheidend ist die Höhe des Auftragswertes).

Gemäß § 26 Abs. 2 KomHVO sind unterhalb der durch die Europäische Union festgelegten Schwellenwerte[485] die vom Ministerium für Heimat, Kommunales, Bau und Gleichstellung bekanntgegebenen Vergabebestimmungen[486] von den Gemeinden anzuwenden. Hierbei werden verschiedene vergabebezogene Aspekte durch Gesetze, Verordnungen und Runderlasse als pflichtig bzw. als Empfehlung einbezogen. Hierzu sind insbesondere anzuführen:

- Vergabe von Bauleistungen: Grundsätzlich sollen die Teile A (Abschnitt 1), B und C der Vergabe- und Vertragsordnung für Bauleistungen (VOB) in der jeweils aktuellen, im BAnz veröffentlichten Fassung angewendet werden;
- Tariftreue- und Vergabegesetz NRW vom 22.3.2018 (GV. NRW. S. 172), mit Regelungen zur Sicherung von Tariftreue und Mindestlohn bei der Vergabe öffentlicher Aufträge;
- Gesetz gegen Wettbewerbsbeschränkungen (GWB) vom 26.7.2013 (BGBl. I S. 1750, 3245), zuletzt geändert durch Art. 10 des Gesetzes vom 12.7.2018 (BGBl. I S. 1151), 4. Teil, Ver-

485 Alle zwei Jahre wird von der EU-Kommission die Höhe der Schwellenwerte für die Anwendung des EU-Vergaberechts überprüft; ggf. werden die Richtwerte der Richtlinie 2014/25/EU des Europäischen Parlaments und des Rates im Hinblick auf die Schwellenwerte für Auftragsvergabeverfahren geändert (zuletzt am 11.11.2021 für die Jahre 2022 und 2023).

486 Kommunale Vergabegrundsätze, RdErl. des Ministeriums für Heimat, Kommunales, Bau und Gleichstellung – 304-48.07.01/01-169/18 – vom 28.8.2018 (geltender Erlass mit Stand vom 8.11.2022).

gabe von öffentlichen Aufträgen und Konzessionen, mit Grundsätzen, Definitionen und Anwendungsbereich;
- Vergabeverordnung vom 12.4.2016 (BGBl. I S. 624), zuletzt geändert durch Art. 1 der Verordnung vom 12.7.2019 (BGBl. I S. 1081);
- Korruptionsbekämpfungsgesetz vom 16.12.2004 (GV. NRW. 2005, S. 8), zuletzt geändert durch Art. 3 des Gesetzes vom 22.3.2018 (GV. NRW. S. 172)
- Gemeinsame Runderlasse verschiedener Ministerien (durchgängig beteiligt Ministerium für Wirtschaft, Innovation, Digitalisierung und Energie)
  - Präqualifikationsrichtlinie" vom 28.8.2018 (MBl. NRW. S. 504),
  - Berücksichtigung von Werkstätten für behinderte Menschen und von Inklusionsbetrieben bei der Vergabe öffentlicher Aufträge vom 29.12.2017 (MBl. NRW. 2018 S. 22),
  - Anwendung einer Schutzklausel zur Abwehr von Einflüssen der Scientology-Organisation und deren Unternehmen bei der Vergabe von öffentlichen Aufträgen über Beratungs- und Schulungsleistungen" vom 28.8.2018 (MBl. NRW. S. 504).

Im Rahmen der Digitalisierung ist der elektronische Vergabeprozess ein bedeutsames Aufgabenfeld. So können nach dem Runderlass zu § 26 KomHVO bei Aufträgen über Liefer- und Dienstleistungen sowie bei Aufträgen über Bauleistungen Vergabeverfahren bis zu einem vorab geschätzten Auftragswert in Höhe von 25.000 € ohne Umsatzsteuer mittels E-Mail abgewickelt werden. In diesen Fällen kommen § 7 Abs. 4, §§ 39 und 40 der Unterschwellenvergabeordnung und §§ 11a und 14 der Vergabe- und Vertragsordnung für Bauleistungen Teil A nicht zur Anwendung. Damit wird ein unnötiger Aufwand durch Ausdrucken und Versenden von elektronisch erstellten Dokumenten vermieden. Positive Wirkung einer elektronischen Vergabe ist ein beschleunigter Vergabeprozess mit einer Steigerung der Transparenz und einer Reduzierung von Kosten.

Der Vergabe eines öffentlichen Auftrags darf nach § 26 Vergabeordnung eine elektronische Auktion auf einem dafür vorgesehenen Internet-Marktplatz vorausgehen, sofern die Spezifikation des Auftrags hinreichend präzise beschrieben werden kann. Bei der Durchführung einer elektronischen Auktion sind die diesbezüglichen Regelungen der Richtlinie 2004/18/EG des Europäischen Parlaments und des Rates vom 31.3.2004 über die Koordinierung der Verfahren zur Vergabe öffentlicher Bauaufträge, Lieferaufträge und Dienstleistungsaufträge – insbesondere Art. 54 – entsprechend zu beachten.

Den Überblick aus haushaltsrechtlicher Sicht schließt das nachfolgende praktische Beispiel mit einigen Geschäftsvorfällen ab.

18.5.2 Praktisches Beispiel und Übung

Sachverhalt Nr. 6

Bei der Gemeinde G stehen folgende Beschaffungen bzw. Bauleistungen an:

a) Es sollen Spezialstifte im Wert von insgesamt 40 € einmalig beschafft werden.
b) Lieferung einer Straßenkehrmaschine im Wert von rd. 100.000 €.
c) Auftrag an eine Baufirma, die gerade das Schulzentrum errichtet, eine bisher nicht ausgeschriebene Zwischenwand dort einzubauen (Auftragsvolumen 10.000 €).
d) Auf eine öffentliche Ausschreibung hat sich nur ein Bieter gemeldet.
e) Nach einem Unwetter ist das Rathausdach neu einzudecken.

Aufgabe:
Prüfen Sie, ob in den vorstehenden Fällen öffentlich bzw. beschränkt auszuschreiben oder eine freihändige Vergabe zulässig ist.

Lösung:

a) Es handelt sich um eine einmalige Beschaffung mit sehr geringem Auftragsvolumen. Bereits bei einer beschränkten Ausschreibung würden die dafür entstehenden Kosten (Arbeit des Sachbearbeiters, Schreibarbeit, Material, Porto und Durchführung einer Submission) sicherlich weit höher als das Beschaffungsvolumen von 40 € sein. Aus Gründen der Sparsamkeit und Wirtschaftlichkeit (§ 75 Abs. 1 Satz 2 GO) ist eine freihändige Vergabe deshalb angebracht.

b) Die Auftragssumme von 100.000 € ist unzweifelhaft als erheblich anzusehen. Allerdings wird mit der Beschaffung einer Straßenkehrmaschine eine spezielle Leistung verlangt, die nur von wenigen Firmen erbracht werden kann. Es ist kostengünstiger, die möglichen Lieferfirmen unmittelbar um die Abgabe eines Angebotes zu bitten (beschränkte Ausschreibung), als öffentlich auszuschreiben. Außerdem stellt die Gemeinde bei einer beschränkten Ausschreibung sicher, dass alle infrage kommenden Unternehmen die Nachfrageinformation erhalten.

c) Eine Baufirma errichtet zurzeit ein Schulzentrum, was sicherlich ein Kostenvolumen von mehreren Millionen € bedeutet. Diese Investition wurde natürlich öffentlich ausgeschrieben, sodass das bauausführende Unternehmen das günstigste Angebot vorweisen konnte. Insofern bestehen auch keine Bedenken, den zusätzlichen Einbau einer Zwischenwand freihändig an dieses Unternehmen zu vergeben, zumal es doch zum Gesamtauftrag in einem untergeordneten Verhältnis steht. Dazu kommt die Überlegung, dass es wahrscheinlich technisch gar nicht möglich ist, eine andere Firma mitten in den Bauarbeiten die Zwischenwand einziehen zu lassen, weil dies in einem Arbeitsgang in Zusammenhang mit den übrigen Rohbauarbeiten abzuwickeln ist. Aus alledem ergibt sich die Zulässigkeit einer freihändigen Vergabe an die bauausführende Firma.

d) Wenn sich bei einer öffentlichen Ausschreibung nur ein Bieter meldet, ist es wenig sinnvoll, die öffentliche Ausschreibung zu wiederholen. Es ist anzunehmen, dass wiederum derselbe Kreis von Unternehmen die Anzeige zur Kenntnis nimmt und die Angebotssituation sich nicht ändert. Es bietet sich deshalb vielmehr eine beschränkte Ausschreibung an, in der bestimmte Unternehmen zum Angebot aufgefordert werden. In der Regel werden die angeschriebenen Unternehmen ein Angebot abgeben, denn bei Nichtabgabe laufen sie in Gefahr, bei zukünftigen beschränkten Ausschreibungen nicht mehr zur Angebotsabgabe aufgefordert zu werden.

e) Zur Erfüllung der öffentlichen Aufgaben ist ein betriebsbereites Verwaltungsgebäude unbedingt notwendig. Wenn nun das Rathausdach neu einzudecken ist, sind die Unwetterschäden doch erheblich, sodass sich durch Umwelteinflüsse negative Auswirkungen auf die Diensträume ergeben. Dieses könnte zur Nichtbenutzung der Räumlichkeiten führen. Eine umgehende Dachreparatur ist somit angebracht. Öffentliche und beschränkte Ausschreibungen erfordern einen mehrwöchigen Arbeitsaufwand. Wegen der besonderen Dringlichkeit kann deshalb unabhängig vom Auftragsvolumen eine freihändige Vergabe erfolgen.

18.6 Bewegliche bzw. flexible Haushaltsführung

18.6.1 Einführung

Bei der Ausführung des Haushaltsplans kommt es in der Praxis immer wieder vor, dass einzelne Planansätze vorzeitig erschöpft bzw. für bestimmte Positionen keine Ermächtigungen im Haushaltsplan enthalten sind. Dies lässt sich weder bei den Aufwendungsermächtigungen im Ergebnishaushalt noch bei den Auszahlungsermächtigungen im Finanzhaushalt vermeiden. Aufwendungs- bzw. Auszahlungserhöhungen sowie unvorhergesehene Finanzvorfälle treten selbst bei einer äußerst gewissenhaften Planung aufgrund der doch recht langen Planungsvorlaufzeit und einer zwölfmonatigen Bindungsperiode – bei zweijähriger Haushaltsplanung sogar mit einer vierundzwanzigmonatigen Bindung – regelmäßig auf. Insofern werden haushaltsrechtliche Regelungen benötigt, um diesen Erfordernissen Rechnung zu tragen und Abweichungen vom gemäß § 79 Abs. 3 Satz 2 GO verbindlichen Haushaltsplan zuzulassen. Solche Regelungen und die sich daraus ergebenden haushaltswirtschaftlichen Möglichkeiten werden unter dem Schlagwort **„bewegliche bzw. flexible Haushaltsführung"** zusammengefasst. Zugelassen sind dabei folgende Verfahren:

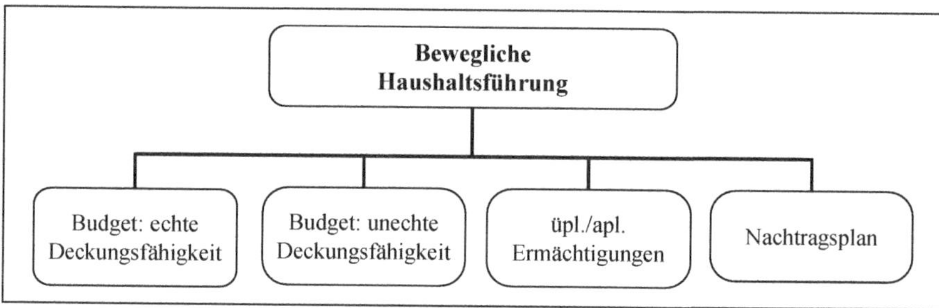

Die ersten beiden Möglichkeiten sind bereits bei den Haushaltsgrundsätzen besprochen, weil sie nur aufgrund im Haushaltplan enthaltener Bewirtschaftungsvermerke angewendet werden können.[487] Der Nachtragsplan bietet die Möglichkeit, alle ursprünglichen Plandaten fortzuschreiben und dient somit auch der Beweglichkeit, auch wenn er nur in einem sehr umfangreichen Verfahren nach § 81 Abs. 1 GO i. V. m. § 80 GO zu realisieren ist.[488] Insofern beschäftigt sich das jetzige Unterkapitel primär mit den über- und außerplanmäßigen Ermächtigungen, wobei jedoch auch das Zusammenwirken der einzelnen Verfahren zu besprechen sein wird.

18.6.2 Begriff der über- und außerplanmäßigen Aufwendungen und Auszahlungen

Rechtsgrundlage für die Bereitstellung von Mehraufwendungen und Mehrauszahlungen ist § 83 GO, wobei dieser die Begriffe „über-" und „außerplanmäßig" einführt. Da diese Begrifflichkeiten auch durchaus unterschiedliche Rechtsfolgen auslösen können,[489] bedarf es an dieser Stelle einer entsprechenden Definition.

487 Hierzu wird auf die Ausführungen in Kap. 13.3.1 und 13.3.2 verwiesen.
488 Einzelheiten dazu sind in Kap. 20 enthalten.
489 Siehe z. B. § 83 Abs. 3 GO, der nur für überplanmäßige Auszahlungen, nicht aber für außerplanmäßige Auszahlungen gilt.

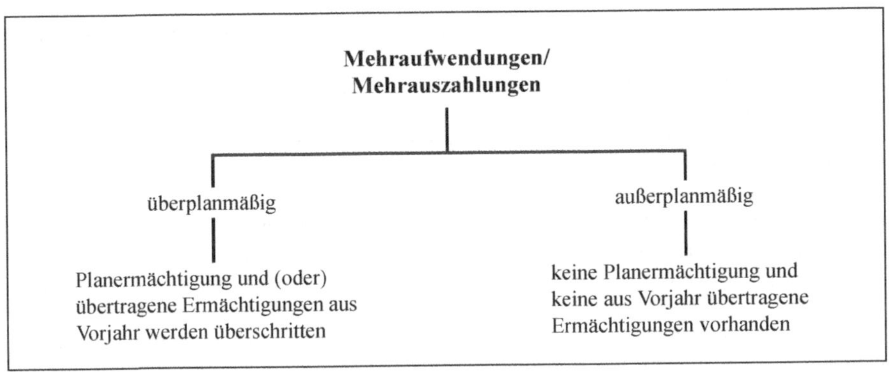

Sowohl der Begriff „überplanmäßig“ als auch der Begriff „außerplanmäßig“ haben „Plan“, also den Haushaltsplan, als Wortbestandteil. Sie drücken damit gewisse Abweichungen von den Ansätzen des Haushaltsplanes (Planermächtigungen) aus. Überplanmäßige Aufwendungen sind demnach Aufwendungen, die den Aufwendungsansatz im Haushaltsplan überschreiten. Dies bezieht sich somit auf die Teilergebnispläne, in denen die Aufwendungsermächtigungen enthalten sind. Entscheidet sich eine Gemeinde für die Mindestgliederung der Teilpläne nach Produktbereichen, steht eine über- bzw. außerplanmäßige Aufwendung immer im Bezug zu den dort ausgewiesenen Aufwendungspositionen. Dies wird anhand des nachstehenden Beispiels deutlich:[490]

Teilergebnisplan Produktbereich 03 Schulträgeraufgaben	Ansatz 2023	Planung 2024	Planung 2025	Planung 2026
Personalaufwendungen	1.000.000	1.020.000	1.030.000	1.050.000
Versorgungsaufwendungen	200.000	200.000	200.000	200.000
Aufwendungen für Sach- und Dienstleistungen	2.000.000	2.000.000	2.000.000	2.000.000
Bilanzielle Abschreibungen	100.000	100.000	110.000	110.000
Summe der ordentlichen Aufwendungen	3.300.000	3.320.000	3.340.000	3.360.000
Außerordentlicher Ertrag	50.000	0	50.000	0
Außerordentliche Aufwendungen	0	0	0	0
Außerordentliches Ergebnis	50.000	0	50.000	0

Werden z. B. innerhalb der Position „Aufwendungen für Sach- und Dienstleistungen“ 50.000 € nicht eingeplante Aufwendungen für den Verbrauch von Energie benötigt und werden gleichzeitig im Schulbereich entsprechende Mittel bei den Aufwendungen für die Gebäudeunterhaltung eingespart, entstehen noch keine überplanmäßigen Aufwendungen, weil beide Sachverhalte in der Position „Aufwendungsermächtigung für Sach- und Dienstleistungen“ veranschlagt werden und somit diese Position nicht überschritten wird. Insofern haben von der Gemeinde evtl. unterhalb der Haushaltsplanung festgelegte Höchstgrenzen bei einzelnen Aufwendungsarten (spezielle Aufwendungskonten) keine Außenwirkung, sondern stellen nur einen internen Bewirtschaftungsplan dar. Erst wenn den 50.000 € zusätzlichen Aufwendungen keine Einsparungen bei den anderen Aufwendungen für Sach- und Dienstleistungen im Produktbereich „Schulträgeraufgaben“ gegenüberstehen, liegt eine überplanmäßige Aufwendung vor.

Dies gilt auch, wenn die genannten Geschäftsvorfälle verschiedenen Schultypen zuzuordnen sind (z. B. Energieverbrauch Realschulen und Einsparung bei Gebäudeunterhaltung Grund-

490 Der Teilergebnisplan ist zur besseren Veranschaulichung nur auszugsweise dargestellt.

schulen). Beides wird vom selben Planansatz des Produktbereiches 03 „Schulträgeraufgaben" erfasst. Dies ändert sich erst dann, wenn die Gemeinde sich entschließt, Teilergebnispläne für Produktgruppen (z. B. Produktgruppe Grundschule oder Produktgruppe Realschule) oder gar für einzelne Produkte aufzustellen. Die Begrifflichkeiten der Mehraufwendungen beziehen sich dann jeweils auf die einzelnen Aufwendungspositionen der nach Produktgruppen bzw. Produkten gebildeten Teilpläne.

Sind bei den Aufwendungen für Sach- und Dienstleistungen keine konkreten Mittel für Gebäudeunterhaltung in 2023 eingeplant und muss nun die Heizung mit Aufwendungen von 50.000 € repariert werden, entstehen keine außerplanmäßigen Aufwendungen, solange in diesem Teilergebnisplan die Position „Aufwendungen für Sach- und Dienstleistungen" (hier mit einem Planansatz von 2.000.000 €) diesen Bedarf decken kann. Bei den 50.000 € handelt es sich sogar um planmäßige Aufwendungen, wenn dieser nicht eingeplanten Reparatur entsprechende Einsparungen z. B. bei den Energieaufwendungen gegenüberstehen, weil diese ebenfalls zur Position „Aufwendungen für Sach- und Dienstleistungen" gehören. Erst wenn die Reparaturaufwendungen den für die Aufwendungen für Sach- und Dienstleistungen veranschlagten Gesamtbetrag von 2.000.000 € übersteigen, entsteht eine überplanmäßige Aufwendung.

Ist dagegen eine Gebäudereparatur mit Aufwendungsvolumen von 1.000.000 € aufgrund eines Orkanschadens erforderlich, handelt es sich um außerplanmäßige Aufwendungen, da jetzt nicht mehr die Aufwandsposition Sach- und Dienstleistungen für die Inanspruchnahme maßgeblich ist, sondern die Position „Außerordentliche Aufwendungen". Dies ist darin begründet, dass für die Außerordentlichen Aufwendungen im Teilergebnisplan 2023 kein Planansatz vorhanden ist. Dabei wird unterstellt, dass auch aus dem Vorjahr keine Außerordentlichen Aufwendungsermächtigungen übertragen wurden.

Für den Teilfinanzplan gelten die Ausführungen entsprechend, wobei dann auf Auszahlungspositionen abzustellen ist. Besonderheit hier ist, dass die investiven Darstellungen in einer Zahlungsübersicht (Anlage 10 A VV Muster zur GO und KomHVO) sowie als Planung einzelner Investitionsmaßnahmen (Anlage 10 B VV Muster zur GO und KomHVO) erfolgen. Diese soll am nachstehenden Beispiel erläutert werden:

Teilfinanzplan A 03 Schulträgeraufgaben Zahlungsübersicht Investitionstätigkeit	**Ansatz 2023**	**VE 2023**	**Planung 2024**	**Planung 2025**	**Planung 2026**
Einzahlungen					
aus Zuwendungen für Investitionsmaßnahmen	200.000		300.000	0	0
aus der Veräußerung von Sachanlagen	10.000		40.000	0	0
aus Investitionsförderungsmaßnahmen	0		0	100.000	0
Summe der investiven Einzahlungen	**210.000**		**340.000**	**100.000**	**0**
Auszahlungen					
für Erwerb von Grundstücken u. Gebäuden	200.000	100.000	100.000	0	0
für Baumaßnahmen	780.000	800.000	600.000	300.000	0
für Erwerb von beweglichem Anlagevermögen	0	50.000	200.000	80.000	10.000
sonstige Investitionsauszahlungen	0		0	0	0
Summe der investiven Auszahlungen	**980.000**	**950.000**	**900.000**	**380.000**	**10.000**
Saldo Investitionstätigkeit PB Schulträgeraufgaben	**–870.000**		**–560.000**	**–280.000**	**–10.000**

Teilfinanzplan B 03 Schulträgeraufgaben Übersicht Investitionsmaßnahmen	**Ansatz 2023**	**VE 2023**	**Planung 2024**	**Planung 2025**	**Planung 2026**
Maßnahmen oberhalb der Wertgrenze					
Einzahlung: Landeszuweisung Schule Nord	50.000		50.000	0	0
Auszahlung: für Grunderwerb Schule Nord	100.000	0	0	0	0
Auszahlung: Baumaßnahme Schule Nord	400.000	300.000	300.000	0	0
Saldo Investitionsmaßnahme Schule Nord	–450.000		–250.000	0	0
Einzahlung: Landeszuweisung Schule Süd	150.000		250.000	0	0
Auszahlung: für Grunderwerb Schule Süd	100.000	100.000	100.000	0	0
Auszahlung: Baumaßnahme Schule Süd	380.000	500.000	300.000	300.000	0
Auszahlung: bewegl. Vermögen Schule Süd	0	50.000	190.000	70.000	0
Saldo Investitionsmaßnahme Schule Süd	–330.000		–340.000	–370.000	0
Saldo	**–780.000**		**–590.000**	**–370.000**	**0**
Maßnahmen unterhalb der Wertgrenzen					
Summe der investiven Einzahlungen	0	0	0	100.000	0
Summe der investiven Auszahlungen	0	10.000	10.000	10.000	10.000
Saldo	**0**	**–10.000**	**–10.000**	**90.000**	**–10.000**

Es ist festzustellen, dass die Übersicht der (Einzel-)Investitionsmaßnahmen Teil des Haushaltsplans ist[491] und demnach verbindliche Planansätze für zwei Investitionsmaßnahmen enthält. Steigen z. B. die Auszahlungen für die Baumaßnahme Schule Nord in 2023 von 400.000 € auf 420.000 €, entsteht bereits eine überplanmäßige Auszahlung in Höhe von 20.000 €. Maßgeblich für die Beurteilung einer überplanmäßigen Auszahlung ist hier nicht die vorhergehende Zahlungsübersicht für den Teilfinanzplan.

Um eine flexible Haushaltsführung mit möglicher Vermeidung von überplanmäßigen Auszahlungen bei den einzelnen Investitionsmaßnahmen zu erreichen, wird für die Planansätze der Einzelmaßnahmen ein gemeinsames Budget nach § 21 Abs. 1 Satz 3 KomHVO gebildet, sodass dann die gegenseitige Deckungsfähigkeit herbeigeführt wird. Entstehen dann beispielsweise Minderauszahlungen für die Baumaßnahme bei der Schule Süd in Höhe von 20.000 €, ist durch die Minderauszahlung bei der Schule Süd die Mehrauszahlung bei der Schule Nord gedeckt und es liegt keine überplanmäßige Auszahlung bei der Schule Nord mehr vor. In der Zahlungsübersicht würden sich die beiden Veränderungen bei den Auszahlungen für Baumaßnahmen neutralisieren und somit auch keine Überschreitung bei der Zahlungsübersicht herbeiführen.[492]

491 Zur Veranschaulichung verkürzter Teilfinanzplan B laut Anlage 10B VV Muster zur GO und KomHVO (ohne Spalten: Ergebnis Vorvorjahr, Ansatz Vorjahr, bisherige Bereitstellung und Gesamtein-/aus-zahlungen).

492 Auf die eventuelle Notwendigkeit eines vorrangigen Pflichtnachtrages gemäß § 81 Abs. 2 GO wird bei allen Beispielen nicht eingegangen.

18.6.3 Verhältnis zur Nachtragssatzung und zu anderen Bereitstellungsmöglichkeiten für Mehraufwendungen und Mehrauszahlungen

Über- und außerplanmäßige Mehraufwendungen und Mehrauszahlungen stellen Abweichungen von der betraglichen Bindung des Haushaltsplans dar. Diese zusätzlichen Mittelbedarfe kommen in der Praxis immer wieder vor, weil bei Aufstellung des Haushaltsplans eine Reihe von Ansätzen nur geschätzt werden kann. Auch bei weitgehend vorausberechenbaren Ansätzen entstehen zuweilen Mehraufwendungen und Mehrauszahlungen, weil immerhin der Haushaltsplan bereits etwa Mitte des Vorjahres aufgestellt wird und bei einem Zeitraum von 18 Monaten auch bei diesen Ansätzen unvorhergesehene Veränderungen eintreten können. Diesen Tatsachen hat auch die Gemeindeordnung Rechnung getragen, indem sie ein formelles Verfahren zur Bereitstellung von über- und außerplanmäßigen Aufwendungen bzw. Auszahlungen vorsieht, welches weiter unten noch ausführlich darzustellen ist.

Bestimmte Mehraufwendungen bzw. Mehrauszahlungen können nicht nach dem oben angedeuteten Verfahren, sondern nur durch Nachtragssatzung bereitgestellt werden.[493] Unechte und echte Deckungsfähigkeiten sind zwei einfache Bereitstellungsverfahren aufgrund von Haushaltsvermerken bzw. Budgetregelungen.[494] Aus dieser Vielzahl von Deckungsmöglichkeiten für Mehraufwendungen und Mehrauszahlungen ergibt sich die Notwendigkeit, eine gewisse Reihenfolge zu schaffen, um die Prüfung zur Bereitstellung der zusätzlichen Bereitstellung der Ermächtigungen durchführen zu können.

Die Frage nach der Reihenfolge des Einsatzes der Bereitstellungsverfahren wird nach dem Verwaltungsaufwand und dem Sinn der Vorschriften entschieden. Es ist natürlich wirtschaftlicher, ein Verfahren ohne großen Verwaltungsaufwand zu wählen, als evtl. sogar den Rat der Gemeinde einzuschalten, damit dieser die Mittel bewilligt. Für die Prüfung der Frage „Wie können die Mehraufwendungen bzw. Mehrauszahlungen bei der Planposition bereitgestellt werden?" bietet sich deshalb die nachstehend aufgeführte und begründete Reihenfolge der Bereitstellungsarten an. Dabei ist die Reihenfolge der nachfolgenden Arbeitsphasen a) und b) nicht zwingend. Beide Verfahren können gleichermaßen vom Budget- oder Haushaltsverantwortlichen ohne Einschaltung der Kämmerei (Fachbereich Finanzen) angewendet werden, sodass je nach den Deckungsmöglichkeiten der Verfahrenseinsatz gewählt wird. Insofern kann die echte Deckungsfähigkeit (b) auch vor der unechten Deckungsfähigkeit (a) in Anspruch genommen werden.

a) Mittelbereitstellung auf Grund eines Verstärkungsvermerks gemäß § 21 Abs. 2 KomHVO (unechte Deckungsfähigkeit)

Durch Haushaltsvermerk[495] oder durch Festlegung in der Haushaltssatzung kann bestimmt werden, dass Mehrerträge Aufwendungsermächtigungen bzw. Mehreinzahlungen Auszahlungsermächtigungen erhöhen. Ein formelles Bereitstellungsverfahren und damit ein besonderer Verwaltungsaufwand ist in diesen Fällen nicht erforderlich, sodass diese Art der Bereitstellung von zusätzlichen Ermächtigungen gleichrangig mit der echten Deckungsfähigkeit zu prüfen ist. Voraussetzungen für die Anwendung sind der bereits genannte Vermerk im Haushaltsplan und den Planansatz übersteigende Erträge bzw. Einzahlungen.

493 Siehe hierzu Kap. 20.

494 Siehe hierzu Kap. 13.3.1 und 13.3.2.

495 Die KomHVO spricht von „Bewirtschaftungsregeln" vgl. § 4 Abs. 5 KomHVO.

b) Echte Deckungsfähigkeit aufgrund von § 21 Abs. 1 KomHVO

Einsparungen bei deckungspflichtigen Aufwendungspositionen können für Mehraufwendungen bei deckungsberechtigten Aufwendungspositionen verwendet werden. Voraussetzung dazu ist, dass die in Frage kommenden Planpositionen sich in einem durch Haushaltsvermerk oder in der Haushaltssatzung festgelegten gemeinsamen Budget bzw. einer umsetzbaren Deckungsbeziehung befinden und kein die Deckungsfähigkeit ausschließender Vermerk vorhanden ist. Dieses Verfahren ist gleichrangig mit der unechten Deckungsfähigkeit anwendbar. Die Bearbeitung bleibt aber immer bis zur Entscheidungsfindung beim Fachamt/Fachbereich, sodass die echte Deckungsfähigkeit – wie gleich näher festzustellen ist – weniger aufwändig als die nachstehenden Verfahren ist. Das gleiche Verfahren ist bei der Deckungsfähigkeit von Auszahlungen anzuwenden.

c) Bewilligung von überplanmäßigen Aufwendungen bzw. Auszahlungen (§ 83 GO) bzw. Pflichtnachtragssatzung (§ 81 Abs. 2 GO)

Außerplanmäßige Aufwendungen bzw. Auszahlungen können nicht in diesem Schema abgehandelt werden. Solche zusätzlichen Ermächtigungen können nämlich nicht in den Verfahren zu a) und b) bereitgestellt werden. Sie erfordern eine ausschließliche Bearbeitung nach § 83 oder § 81 Abs. 2 GO, weil die vorgenannten Verfahren immer eine Haushaltsposition mit entsprechenden Haushaltsvermerken voraussetzen.

Sind keine Haushaltsvermerke für unechte oder echte Deckungsfähigkeiten vorhanden und liegt auch keine entsprechende Regelung in der Haushaltssatzung vor oder können diese Haushaltsvermerke nicht genutzt werden, verbleibt nur die Bereitstellung als überplanmäßige Aufwendung bzw. Auszahlung. Dazu – und das wird noch ausführlich zu erläutern sein – hat das mittelbewirtschaftende Fachamt (Fachbereich) in der Regel einen Bewilligungsantrag an die Kämmerei zu richten. Die Entscheidung über die Bewilligung trifft entweder der Kämmerer oder der Rat der Gemeinde. Nach § 81 Abs. 2 GO kann bei bestimmten Aufwendungen bzw. Auszahlungen sogar vorrangig die Pflicht zur Nachtragssatzung bestehen. Gegenüber der echten und unechten Deckungsfähigkeit tritt somit der Bearbeitungsvorgang erstmals aus dem Bereich des Fachamtes (Fachbereich) heraus und wird arbeits- sowie bewilligungsintensiver, sodass dieses Verfahren nachrangig zu prüfen ist.

Diese Nachrangigkeit gilt auch, wenn die Entscheidungskompetenz aufgrund der Ermächtigung des § 83 Abs. 1 letzter Satz GO auf einen Bediensteten des Fachamtes (z. B. Fachbereichsleiter oder Budgetbeauftragter) übertragen ist. Es ist nämlich auch dann ein formelles Verfahren mit Prüfung bestimmter Tatbestandsmerkmale und förmlicher Ermächtigungsbereitstellung notwendig, das gegenüber der Nutzung von Haushaltsvermerken bzw. der Deckungsfähigkeit innerhalb eines Budgets wesentlich aufwändiger ist. Zudem ist der Rat über die Bereitstellung gemäß § 83 Abs. 2 Satz 1 Halbs. 3 GO zu informieren.

d) Freiwillige Nachtragssatzung (§ 81 Abs. 1 GO)

Die aufwändigste Bereitstellungsmöglichkeit für Mehraufwendungen bzw. Mehrauszahlungen ist der freiwillige Nachtragshaushaltsplan, weil hierfür gemäß § 81 Abs. 1 Satz 2 GO das gesamte formelle Verfahren des § 80 GO hinsichtlich des Erlasses einer Nachtragssatzung durchzuführen ist. Deshalb wird in der Praxis zur Bereitstellung einer einzelnen Mehraufwendung bzw. Mehrauszahlung wohl kaum eine solche Nachtragssatzung mit Nachtragsplan erlassen werden. Wenn die Gemeinde jedoch aus anderen Gründen zeitgleich einen Nachtragsplan vorbereitet, kann eine einzelne Mehraufwendung bzw. Mehrauszahlung natürlich eingebaut werden, was dann wiederum effizienter als das Verfahren zu c) wäre.

18.6.4 Bewilligung von über- und außerplanmäßigen Aufwendungen und Auszahlungen

18.6.4.1 Ermittlung der Höhe der benötigten zusätzlichen Ermächtigung

Der Ausgangspunkt für das Bewilligungsverfahren einer Mehraufwendung bzw. Mehrauszahlung nach § 83 GO ist die Feststellung der Höhe des über- bzw. außerplanmäßigen Bedarfs. Grundlage ist zunächst der Aufwendungs- bzw. Auszahlungsbedarf bis zum Ende des Haushaltsjahres. Weiß die Verwaltung z. B. im August des Haushaltsjahres bereits, dass die Haushaltsmittel erschöpft sind und noch eine Handwerkerrechnung über 20.000 € vorliegt sowie eine weitere Rechnung über 10.000 € im Dezember zu begleichen sein wird, so ist der zusätzliche Aufwendungsbedarf auf 30.000 € festzusetzen. Der augenblickliche Bedarf ist nicht maßgebend. Dies ergibt sich allein schon aus dem Prinzip der Jährlichkeit (Haushaltswirtschaft für ein Jahr), welches dem gesamten Haushaltsrecht zugrunde liegt.

§ 83 Abs. 4 GO bestätigt für die über- und außerplanmäßigen Aufwendungen und Auszahlungen diesen Grundsatz aus spezieller Sicht, weil danach sogar Maßnahmen, die später über- oder außerplanmäßige Aufwendungen bzw. Auszahlungen verursachen könnten, einer Bewilligung nach § 83 GO bedürfen. Das zuweilen in der Praxis geübte Verfahren, in Teilbeträgen Mehraufwendungen bzw. Mehrauszahlungen bereitzustellen, obwohl zumindest in etwa der Gesamtbedarf feststeht, ist somit unzulässig.

Bei außerplanmäßigen Finanzvorfällen entspricht der Bereitstellungsbedarf zwangsläufig dem Volumen des Finanzvorfalles. Bei einer überplanmäßigen Aufwendung oder Auszahlung berechnet sich der Bereitstellungsbedarf aufgrund des nachstehenden Berechnungsschemas für Aufwendungen, wobei natürlich auf die einzelne Haushaltsposition abzustellen ist. Die konkreten Werte sind anhand der Haushaltsüberwachung für Aufwendungen zu ermitteln.[496]

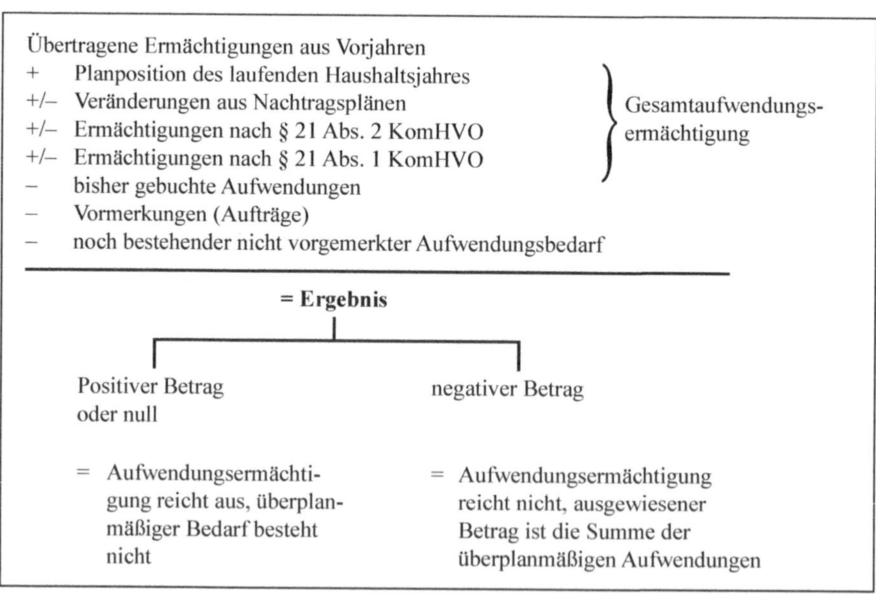

496 Siehe dazu Kap. 18.2.3.

Dieses Berechnungsschema kann im gleichen Maße für den Auszahlungsbereich eingesetzt werden.

18.6.4.2 Voraussetzungen für die Bewilligung

Die Bewilligung von über- und außerplanmäßigen Aufwendungen oder Auszahlungen ist gemäß § 83 Abs. 1 Sätze 1 und 2 GO nur zulässig, wenn die Aufwendungen oder Auszahlungen unabweisbar sind und die Deckung gewährleistet ist. Diese unmittelbaren Voraussetzungen sind aber nur dann zu prüfen, wenn nicht eine vorrangige Pflicht zur Nachtragssatzung gemäß § 81 Abs. 2 GO besteht oder eine überplanmäßige Bewilligung wegen der Art der Haushaltsposition (siehe § 14 KomHVO) ausscheidet. Aus diesem Grunde erfolgt eine Bewilligungsprüfung jeweils im Ablauf der nachstehend noch einmal aufgezeigten Stufen, die in der Reihenfolge „von links nach rechts“ zu behandeln sind.

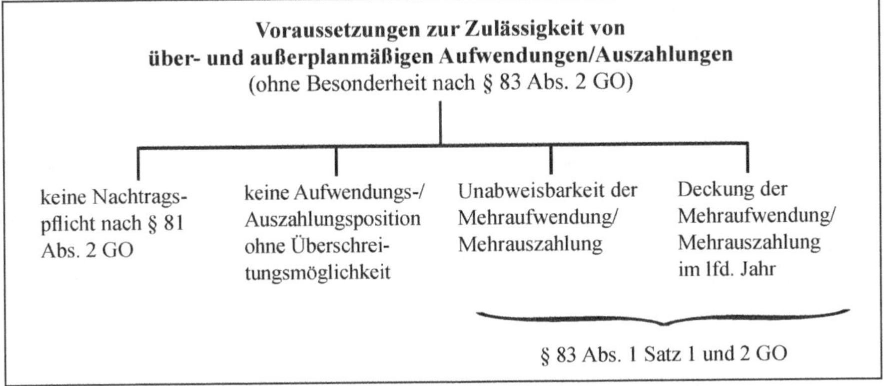

Zu beachten ist, dass sämtliche Voraussetzungen vorliegen müssen. Die einzelnen Stufen bedürfen einer eingehenden Erläuterung.

a) Pflichtnachtragssatzung

Eine Pflichtnachtragssatzung ist bei bisher nicht veranschlagten oder zusätzlichen Aufwendungen oder Auszahlungen in den Fällen des § 81 Abs. 2 Nr. 2 und 3 GO erforderlich (siehe auch Verweis in § 83 Abs. 2 Satz 2 GO). Liegen die Tatbestandsmerkmale dieser Bestimmungen vor, kann das Verfahren nach § 83 GO nicht angewandt werden. Insofern ist § 81 Abs. 2 GO gegenüber § 83 GO vorrangig anzuwenden. Die Notwendigkeit zum Erlass einer Pflichtnachtragssatzung entfällt unabhängig von der Höhe des benötigten Betrages gemäß § 81 Abs. 2 Satz 2 GO lediglich bei überplanmäßigen Auszahlungen, die im Verfahren des Haushaltsvorgriffs nach § 83 Abs. 3 GO bereitgestellt werden.[497]

b) Nicht überschreitbare Haushaltspositionen

Bei Verfügungsmitteln sind überplanmäßige Aufwendungen bzw. Auszahlungen gemäß § 14 KomHVO unzulässig. Der Gesetzgeber will die zweckfreien Verfügungsmittel in ihrer Höhe möglichst geringhalten, um die Einzelveranschlagung zu betonen. Deshalb darf die einmal geschaffene Haushaltsermächtigung (Planposition) nicht überschritten werden. Außerdem sind die

497 Zur ausführlichen Erläuterung der Pflichtnachtragssatzung siehe Kap. 20.

„persönlichen Mittel" des Bürgermeisters besonders zu überwachen und können deshalb nicht im einfachen Verfahren nach § 83 GO bereitgestellt werden.

c) Unabweisbarkeit der Mehraufwendung oder Mehrauszahlung

Erst wenn die bei a) und b) zu prüfenden Tatbestände nicht vorliegen, ist der Weg zum eigentlichen Bewilligungsverfahren der über- und außerplanmäßigen Bereitstellung frei. Dabei ist zunächst die Unabweisbarkeit zu prüfen.

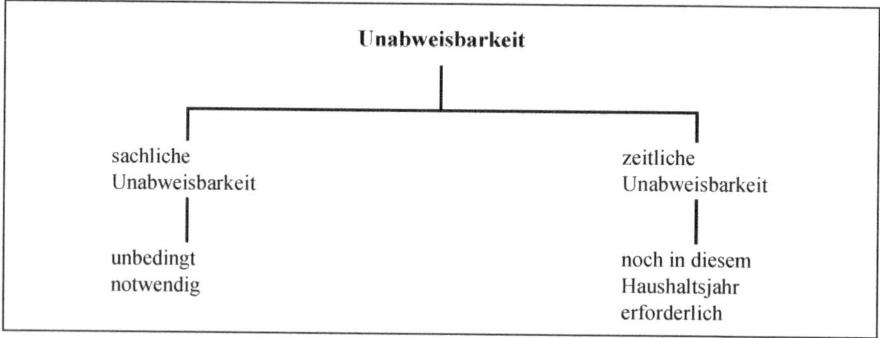

Eine Aufwendung oder Auszahlung ist unabweisbar, wenn sie sich aus der Aufgabenerfüllung der Gemeinde zwingend ergibt, ein dringendes sachliches Bedürfnis zur Erfüllung der Aufgabe besteht und eine Verschiebung der Aufwendungen bzw. Auszahlungen auf einen Zeitpunkt, zu dem Haushaltsmittel hierfür zur Verfügung stehen, nicht möglich ist oder wirtschaftlich unzweckmäßig wäre.[498] Diese Definition ist im Wortlaut so eindeutig, dass sie ohne größeren Kommentar verwendet werden kann. Sie wird außerdem in der praktischen Anwendung bei den Übungen zu diesem Kapitel im Einzelnen umgesetzt.

Lediglich der Begriff „wirtschaftlich" ist näher zu betrachten, weil er auch gesamtwirtschaftliche Aspekte beinhalten kann, denn die Gemeinde hat gemäß § 75 Abs. 1 Satz 3 GO auf das gesamtwirtschaftliche Gleichgewicht Rücksicht zu nehmen. So wäre z. B. eine Mehraufwendung oder Mehrauszahlung auch dann unabweisbar, wenn eine Kanalbaumaßnahme aus konjunkturellen Gründen zeitlich vorgezogen würde, obwohl nach dem Zustand des Kanalnetzes diese Investition erst im kommenden Jahr erforderlich wäre. Bei der angespannten Finanzlage der Gemeinden und der Vorrangigkeit der zeitlich anstehenden Maßnahmen wird ein solches Verhalten sicherlich die Ausnahme sein.

Zur weiteren praktischen Auslegung des Begriffs „Unabweisbarkeit" sei es erlaubt, zu bemerken, dass in der Praxis diese Bewilligungsvoraussetzung zum Teil sehr weit ausgelegt wird. Dies gilt vor allem im Bereich der freiwilligen Aufgaben, wo die Unabweisbarkeit als Folge der politischen Vorgaben (Ratsbeschlüsse u. Ä.) entsteht. Entscheidungen ohne Alternativen gibt es dagegen vor allem bei gesetzlichen oder vertraglichen Bindungen (z. B. Personalaufwendungen, Leistung der Sozialhilfe, Begleichung von Energiekosten).

498 Angelehnt an *Scheel/Steup/Schneider/Lienen*, Gemeindehaushaltsrecht Nordrhein-Westfalen, 5. Aufl., Köln 1997, Erl. Nr. 2 zu § 82 Abs. 1 GO kameral.

d) Deckung der Mehraufwendungen bzw. Mehrauszahlungen im laufenden Jahr

Grundsätzlich müssen zur Deckung eines über- und außerplanmäßigen Bedarfs an einer anderen Stelle im Haushalt Deckungsmittel vorhanden sein. Die Deckungsmöglichkeiten stellen sich im Überblick grundlegend wie folgt dar:

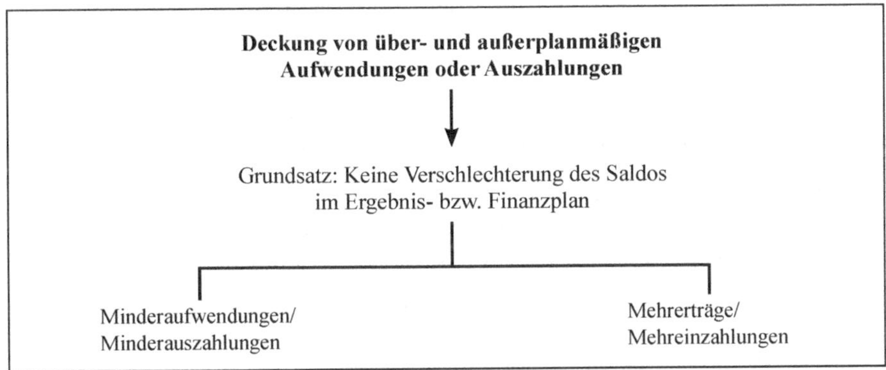

Diese grundlegende Deckungsverpflichtung einer über- bzw. außerplanmäßigen Mehraufwendung oder Mehrauszahlung wurde von einer „Muss-Vorschrift" in eine „Soll-Vorschrift" abgeändert. Daraus ergibt sich, dass bei bestimmten Konstellationen eine Deckung im laufenden Haushaltsjahr nicht mehr zwingend erforderlich ist. In einem vom Ministerium für Heimat, Kommunales, Bau und Gleichstellung des Landes Nordrhein-Westfalen (MHKBG) zur Verfügung gestellten Katalog von Fragen und Antworten zu den neuen Vorschriften der GO und KomHVO wurde diese Änderung dahingehend erläutert, dass auch in engsten Haushaltssituationen notwendige und unabweisbare Aufwendungen ermöglicht werden sollen. Diese nicht sehr konkrete Ausführung kann eigentlich nur bedeuten, dass das ohnehin bei rechtlichen Verpflichtungen gegenüber Dritten nachrangige Haushaltsrecht nicht zwingend die haushaltsrechtlichen Voraussetzungen zur Erfüllung einer Leistungsverpflichtung verlangt und bei weitgehenderer Auslegung auch eine nachträgliche Anpassung der haushaltsrechtlichen Darstellung, z. B. durch eine spätere überplanmäßige Bewilligung oder Nachtragssatzung nach § 81 Abs. 1 GO, hinsichtlich schon erbrachter Leistungsverpflichtungen überflüssig macht. Das MHKBG macht als Grenze in der Fragenbeantwortung allerdings deutlich, dass diese Soll-Regelung keinesfalls implizieren soll, dass hierdurch eine Deckung erst im folgenden Haushaltsjahr ermöglicht wird. Es verbleibt demnach beim Grundsatz der Jährlichkeit der Haushaltsbewirtschaftung.

Es bestehen unterschiedliche Rechtsauffassungen, ob Mehraufwendungen oder Mehrauszahlungen bei einem insgesamt unausgeglichenen Haushalt zulässig sind. Soweit dies verneint wird, stellt man auf die nicht bestehende Möglichkeit ab, eine Deckung aus dem Haushalt wegen der Unterdeckung insgesamt zu erzielen. Nach Auffassung der Verfasser besteht die Möglichkeit der Deckung jedoch sehr wohl auch bei unausgeglichenen Haushaltsplänen, sofern eine konkrete Einsparung oder ein Mehrertrag bzw. eine Mehreinzahlung bei anderen Planpositionen dieses Haushalts gegeben ist. Die Gemeinde muss sich ja innerhalb ihres – wenn auch unausgeglichenen – Haushaltsplans bewegen können. Dies gilt selbst bei Gemeinden mit Haushaltssicherungskonzepten. Schließlich ist das gemäß § 76 Abs. 2 Satz 2 GO bei einem unausgeglichenen Haushalt zu erstellende Haushaltssicherungskonzept von der Aufsichtsbehörde zu genehmigen, sodass damit praktisch der unausgeglichene Haushalt als Finanzrahmen zu bewerten ist.

Eine nicht zu erreichende Realisierung des globalen Minderaufwands nach 75 Abs. 2 Satz 4 GO in den festgelegten Teilplänen hat zur Konsequenz, dass diese wie alle anderen Ansatzüberschreitungen zu behandeln ist. In dieser Konstellation ergeben sich überplanmäßige Aufwendungen nach § 83 GO oder ggf. auch eine Pflicht zum Erlass einer Nachtragssatzung nach § 81 GO. Fraglich ist hierbei, wann und in welcher Höhe sich bei ausschließlicher Benennung des aufwandsminderungspflichtigen Teilplans die Feststellung des konkreten Deckungsbedarfs ergibt. Im äußersten Fall wäre bei Ausschöpfung der originären Aufwandsermächtigungen (das MHKBG sieht aus statistischen Gründen eine Vermeidung der unmittelbaren Kürzung der Aufwandsermächtigungen vor) im aufwandsminderungspflichtigen Teilplan denkbar, dass diese Feststellung erst im Rahmen des Jahresabschlusses erfolgt. Demnach greifen dann die allgemeinen Regelungen zur Feststellung des Jahresabschlusses und hinsichtlich der Behandlung von Fehlbeträgen nach den §§ 75, 76 GO.

Die allgemeinen Deckungsregelungen stellen auf den Grundsatz des Haushaltsausgleichs ab (§ 75 Abs. 2 GO). Zusätzliche Ermächtigungen dürfen somit nicht die Salden der Ergebnis- oder Finanzrechnung ändern. Dies kann durch die nachstehend erläuterten Maßnahmen erreicht werden, wobei immer zu beachten ist, dass in der Regel eine zusätzliche Ermächtigung von Aufwendungen zusätzliche Auszahlungsermächtigungen bedingen, weil diese in den meisten Fällen eine nachgehende Zahlung zur Folge haben.[499]

Die erste Deckungsmöglichkeit stellen die **Minderaufwendungen** im Ergebnishaushalt bzw. **Minderauszahlungen** im Finanzhaushalt bei anderen Planpositionen dar. Diese Einsparungen können für Mehraufwendungen bzw. Mehrauszahlungen an anderer Stelle verwendet werden. Dies gilt unabhängig von der Zuordnung zu den Teilergebnisplänen gemäß § 20 KomHVO (Grundsatz der Gesamtdeckung). Auch wenn die Gemeinde Budgets gebildet hat, können Einsparungen aus anderen Budgets aus haushaltsrechtlicher Sicht herangezogen werden. Allerdings ist dies in der Praxis nicht budgetkonform. Aus Gründen der Budgetierungsakzeptanz sollte zunächst einmal die Deckung im eigenen Budget gesucht werden; nur im Ausnahmefall ist budgetübergreifend zu finanzieren, wenn ein gesamtgemeindliches Interesse überwiegt.

Einsparungen bei Aufwendungen oder Auszahlungen, denen zweckgebundene Erträge oder Einzahlungen gegenüberstehen, können dagegen nur dann in Anspruch genommen werden, wenn die zweckgebundenen Erträge oder Einzahlungen auch sachgerecht abgewickelt werden können und nicht im Verfahren nach § 22 Abs. 3 KomHVO über die Aufwand- oder Auszahlungsseite ins nächste Jahr zu übertragen sind.

Werden aus dem Vorjahr übertragene Ermächtigungen (sog. „Haushaltsreste“) ganz oder teilweise für ihren eigentlichen Zweck nicht mehr benötigt, können diese als Aufwand- oder Auszahlungseinsparungen eingesetzt werden. Auch sie stehen in der Gesamtdeckung nach § 20 KomHVO. Dies ist auch darin begründet, dass aufgrund der im Vorjahr nicht ausgeschöpften Aufwendungs- oder Auszahlungsermächtigungen eine Verbesserung der Salden im Vorjahr herbeigeführt wurde (Verbesserung des Haushaltsausgleichs), die zwar jetzt zu einer Verschlechterung der Salden im neuen Jahr führt. Bezieht man beide Jahre ein, erfolgt jedoch ein entsprechender Saldenausgleich.

Die Einsparungen müssen auf das Jahresende ausgerichtet sein. Das bedeutet, dass die Beträge nicht nur zur Zeit des über- bzw. außerplanmäßigen Bedarfs „frei“ sind, sondern auch bis zum Jahresende nicht benötigt werden. Dazu zählt auch, dass sie nicht als im kommenden Haushaltsjahr benötigt werden und somit keine Ermächtigungsübertragung erfolgen soll.

499 Dies ist allerdings bei einzelnen Aufwendungen wie z. B. Abschreibungen, Aufwendungen mit Gegenbuchung zu Rückstellungen oder Aufwendungen mit Zahlung in späteren Jahren nicht der Fall.

Die Inanspruchnahmen sind von der Finanzbuchhaltung nachzuhalten und entsprechend im Rahmen der Haushaltsüberwachung zu berücksichtigen, damit eine weitere Verwendung ausgeschlossen wird.

Die zweite Deckungsmöglichkeit stellen **Mehrerträge** im Ergebnishaushalt bzw. **Mehreinzahlungen** im Finanzhaushalt dar. Im Rahmen der Gesamtdeckung können solche Erträge bzw. Einzahlungen, die bisher nicht eingeplant sind, zusätzlich für nicht vorgesehene Mehraufwendungen bzw. Mehrauszahlungen verwendet werden. Zweckgebundene Mehrerträge bzw. Mehreinzahlungen, die für entsprechende Mehraufwendungen bzw. Mehrauszahlungen zu verwenden sind, können zwangsläufig nicht im Rahmen der Gesamtdeckung nach § 20 KomHVO eingesetzt werden.

Alle Deckungsmöglichkeiten stehen rechtlich gleichrangig nebeneinander. Aus Gründen der Sparsamkeit (§ 75 Abs. 1 Satz 2 GO) sollten jedoch zunächst Aufwendungs- bzw. Auszahlungseinsparungen herangezogen werden.

Die Vorschrift über die Deckungspflicht in § 83 Abs. 1 Satz 2 GO ist richtigerweise als Soll-Vorschrift formuliert. Ist nämlich eine Mehraufwendung oder Mehrauszahlung unabweisbar, muss die Gemeinde sie leisten, auch wenn eine Deckung nicht vorhanden ist. Müssen z. B. Beamtengehälter oder Leistungen nach dem SGB überplanmäßig aufgewendet und bezahlt werden, ohne dass die Gemeinde die Mehrbeträge decken kann, dürfte die Zahlung ansonsten nicht verweigert werden, da diese Rechtsnormen dem nach § 79 Abs. 3 Satz 3 GO nachrangigen Haushaltsrecht vorrangig sind. Auch wenig sinnvoll wäre eine unabdingbare Deckung von über- und außerplanmäßigen nicht zahlungswirksamen Aufwendungen (z. B. Wertberichtigungen, Abschreibungen), wenn diese erst im Rahmen des Jahresabschlusses nach Ende des Haushaltsjahres anfallen.

18.6.4.3 Entscheidungsgremien

Wie in Kap. 18.6.4.2 festgestellt, muss die Zulässigkeit über- und außerplanmäßiger Aufwendungen bzw. Auszahlungen beurteilt werden. Dies kann natürlich nur innerhalb der Gemeindeverwaltung geschehen und stellt – rechtlich gesehen – eine Entscheidung dar. In der Praxis wird von „Bewilligung“ bzw. „Zustimmung zur Leistung der Mehraufwendungen bzw. Mehrauszahlungen“ gesprochen. Dass diese Begriffe nicht immer den rechtlichen Anforderungen entsprechen, wird damit deutlich.

Die im nachstehenden Überblick aufgelisteten Bewilligungsentscheidungen sind ausnahmslos **vor** Leistung der über- bzw. außerplanmäßigen Aufwendungen oder Auszahlungen bzw. **vor** den diese Aufwendungen bzw. Auszahlungen verursachenden Verpflichtungen (§ 83 Abs.4 GO) zu treffen, also z. B. vor der Auftragsvergabe bzw. dem Vertragsabschluss.

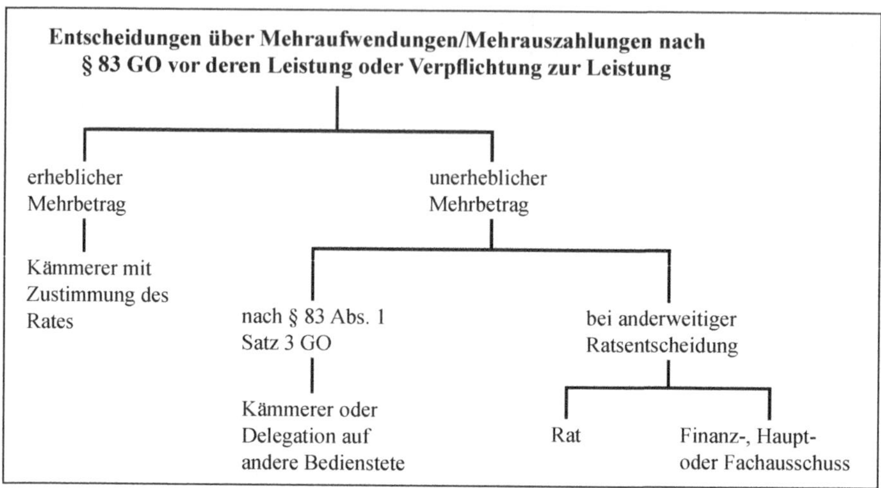

Die Verwaltung der Gemeinde wird durch den Rat wahrgenommen (§ 41 Abs. 1 GO). Daneben haben verschiedene Ausschüsse und der Bürgermeister Entscheidungsbefugnisse, entweder kraft Gesetzes oder per Übertragung durch den Rat. Es stellt sich nun die Frage, welches Organ der Gemeinde für die Bewilligung der Mehraufwendungen bzw. Mehrauszahlungen zuständig ist.

§ 41 Abs. 1 Buchst. h GO gesteht dem Rat der Gemeinde die Zustimmung bei überplanmäßigen Aufwendungen und Auszahlungen zu. Als spezielle Ergänzungsnorm unterscheidet dann § 83 Abs. 1 GO zwischen erheblichen Beträgen, bei denen der Rat zuzustimmen hat, und unerheblichen über- und außerplanmäßigen Aufwendungen und Auszahlungen, über die der Kämmerer allein zu entscheiden hat. Dabei kann der Rat die Rechte des Kämmerers dahingehend beschneiden, dass er sich diesen Bereich ganz oder teilweise selbst vorbehält oder anderen überträgt (z. B. dem Haupt- oder Finanzausschuss oder einem Fachausschuss für dessen Zuständigkeitsbereich). Der Kämmerer kann mit Zustimmung des Bürgermeisters und des Rates seine Zuständigkeit auf andere Bedienstete übertragen. Dies soll die dezentrale Ressourcenverantwortung in den Budgets stärken. Insofern werden in der Praxis die Entscheidungskompetenzen für unerhebliche Beträge auch an Budgetverantwortliche, Fachbereichsleiter usw. übertragen, soweit eine Deckung der Mehrbeträge innerhalb ihres Zuständigkeitsbereiches bzw. innerhalb des Budgets erreicht werden kann.

Die Fälle der unerheblichen über- und außerplanmäßigen Aufwendungen und Auszahlungen, die der Rat nicht selbst zu entscheiden hat, sind ihm ausnahmslos zur Kenntnisnahme vorzulegen (§ 83 Abs. 2 Satz 1 Halbs. 3 GO), somit selbst bei geringfügigen Beträgen.[500]

500 Im früheren kameralen Haushaltsrecht mussten nur die nicht geringfügigen über- und außerplanmäßigen Bewilligungen dem Rat zur Kenntnisnahme vorgelegt werden. Es fragt sich, warum diese sinnvolle, von der Praxis sehr begrüßte Regelung in § 83 GO nicht enthalten ist. Dieses ist noch unverständlicher, wenn man bedenkt, dass z. B. der kommunale Haushalt im Ergebnisplans nach § 4 Abs. 3 i. V. m. § 2 KomHVO sich nicht mehr der Einzelveranschlagung von Haushaltsstellen bedient, sondern eine Zusammenfassung der Aufwendungen zu nur noch wenigen großen Aufwendungsgruppen vorsieht, die der Rat dann beschließt. Auf der anderen Seite müssen selbst Großstädte mit Haushaltsvolumen in Milliardenhöhe über- bzw. außerplanmäßige Bewilligungen von z. B. 10 € dem Rat zur Kenntnis bringen.

Da § 41 Abs. 1 Buchst. h GO dem Rat das Zustimmungsrecht gewährt, deckt sich die Vorschrift mit § 83 Abs. 1 GO, die das Zustimmungsrecht in der Form konkretisiert, dass es nur für erhebliche Mehraufwendungen bzw. Mehrauszahlungen gilt. Festzustellen ist demnach, dass auch bei erheblichen Mehraufwendungen und Mehrauszahlungen der Kämmerer ein Mitentscheidungsrecht hat. Er entscheidet zunächst über die über- bzw. außerplanmäßige Bereitstellung der Ermächtigungen. Der Rat muss dann dieser Entscheidung noch zustimmen. In dringenden Fällen ist die Zustimmung des Rates im Verfahren der Dringlichkeits- bzw. Notentscheidung nach § 60 Abs. 1 GO zu ersetzen.

Der Rat besitzt die Möglichkeit, bei unerheblichen Mehraufwendungen bzw. Mehrauszahlungen anderweitige Zuständigkeiten zu schaffen. So kann er z. B. die Bewilligungskompetenz für unerhebliche Mehrbeträge auf Ratsausschüsse delegieren. Der Kämmerer verliert in diesen Fällen dann sein formelles Entscheidungsrecht, bereitet aber selbstverständlich den Ausschussbeschluss vor.

Ein Beschluss des Gemeinderates, wonach die Rechte des Kämmerers auf untergeordnete Bedienstete wie z. B. den Kämmereileiter (Leiter Fachbereich Finanzen) delegiert werden, ist unzulässig. Das gesetzliche Entscheidungsrecht steht mindestens dem Kämmerer zu. Dieses ist in seiner Funktion als zuständiger Bediensteter für die Finanzen begründet. Allerdings kann der Kämmerer selbst in seinem Zuständigkeitsbereich mit Zustimmung des Bürgermeisters (siehe dazu weiter oben) eine Delegation auf andere Bedienstete (z. B. Budgetverantwortliche für ihren Budgetbereich) vornehmen.

Der unbestimmte Rechtsbegriff „erheblich“ ist von der Gemeinde auszufüllen und richtet sich vor allen nach der Größe der Gemeinde und deren Haushaltsvolumen. Nach dem Sinn des Begriffs im Rahmen des § 83 Abs. 2 GO muss er deutlich unter den Festsetzungen des Begriffs „erheblich“ im Rahmen des § 81 Abs. 1 Nr. 2 GO liegen. Es empfiehlt sich, eine konkrete Abgrenzung in der Hauptsatzung, Haushaltssatzung oder durch Ratsbeschluss vorzunehmen. In der Praxis haben sich dabei Festbeträge bewährt, in einigen Fällen auch in Kombination mit Prozentsätzen bezogen auf Planansätze. Alleinige Prozentsätze sind unzweckmäßig, weil die als Basiszahlen zu berücksichtigenden Planansätze recht unterschiedlich und bei außerplanmäßigen Beträgen Planermächtigungen überhaupt nicht vorhanden sind.

Beispiel für eine solche Regelung könnte sein:

> „Erhebliche über- und außerplanmäßige Aufwendungen und Auszahlungen i. S. d. § 83 Abs. 2 GO, die der Zustimmung des Rates bedürfen, liegen bei Beträgen von mehr als 50.000 € vor. Über unerhebliche über- und außerplanmäßige Aufwendungen und Auszahlungen von mehr als 20.000 € entscheidet der Finanzausschuss.“

18.6.4.4 Praktisches Beantragungs- und Bewilligungsverfahren

Der über- oder außerplanmäßige Betrag wird vom mittelbewirtschaftenden Fachamt/Fachbereich festgestellt. Sobald der Bedarf ermittelt ist, also bereits vor der Auftragsvergabe auch für Folgekosten der Maßnahme im selben Haushaltsjahr (§ 83 Abs. 4 GO), muss eine über- bzw. außerplanmäßige Bewilligung beantragt werden. Dies geschieht in der Regel mittels Antragsvordruck an die Kämmerei (Fachbereich Finanzen) als sachbearbeitende Stelle bzw. bei übertragenden Zuständigkeiten für unerhebliche Ermächtigungen an den zuständigen Bediensteten (z. B. an den Budgetverantwortlichen). Dort werden die Voraussetzungen überprüft und die Entscheidung des Kämmerers eingeholt bzw. der erforderliche Rats- oder Ausschussbeschluss herbeigeführt. Bei einer Delegation der Zuständigkeit auf einen anderen Bediensteten entschiedet dieser. Die Entscheidung wird dem antragstellenden Fachamt/Fachbereich, der Finanzbuchhaltung und evtl.

dem Rechnungsprüfungsamt mitgeteilt. Erst dann kann der benötigte Betrag in Anspruch genommen bzw. in vertragliche Bindung gegeben werden. Das Verfahren führt – wie bereits mehrfach angedeutet – zur Möglichkeit einer Überschreitung der Aufwendungs- oder Auszahlungsplanermächtigung mit entsprechender Mittelfreigabe in der Haushaltsüberwachung in Höhe der bewilligten über- bzw. außerplanmäßigen Aufwendung bzw. Auszahlung. Eine Veränderung des im Haushalt ausgewiesenen Planansatzes erfolgt dagegen nicht.

Gemäß § 83 Abs. 2 GO sind die nicht vom Rat bewilligten über- und außerplanmäßigen Aufwendungen und Auszahlungen diesem Gremium zur Kenntnis zu bringen, damit der Rat über die gesamte Abwicklung des von ihm beschlossenen Haushaltsplans unterrichtet ist. Es empfiehlt sich, die Mehraufwendungen und Mehrauszahlungen mindestens vierteljährlich dem Rat zur Kenntnis zu bringen. Dies geschieht regelmäßig in Form einer Liste, in der auch die Bedarfs- und Bewilligungsgründe dargestellt werden. In vielen Gemeinden erfolgen diese Informationen monatlich oder aber in jeder Ratssitzung im Rahmen eines feststehenden Tagesordnungspunktes. Es empfiehlt sich auch, die Informationen in das standardisierte Berichtswesen zu integrieren.

Das Verfahren einschließlich Beispielen für Anträge, Bewilligungsverfügungen und Entscheidungsgründe ist ausführlich in den praktischen Beispielen und Übungen zu Kap. 18 dargestellt.

18.6.5 Deckung von überplanmäßigen Auszahlungen im folgenden Haushaltsjahr (Haushaltsvorgriff)

Beim vorangehenden Gliederungspunkt wurde festgestellt, dass die Bewilligung von über- und außerplanmäßigen Auszahlungen nur dann zulässig ist, wenn beide Voraussetzungen des § 83 Abs. 1 Sätze 1 und 2 GO (Unabweisbarkeit **und** als Soll-Vorgabe die Deckung der Mehrauszahlung) vorliegen. Im Investitionsbereich gibt es dazu in Bezug auf die Deckung eine Besonderheit gemäß § 83 Abs. 3 GO. Unter bestimmten Voraussetzungen ist nämlich eine Deckung nicht im selben Haushaltsjahr, sondern auch im kommenden Jahr zulässig. Dies stellt auch die einzige Abweichung von den Voraussetzungen des § 83 Abs. 1 Sätze 1 und 2 GO dar.

Die Voraussetzungen des § 83 Abs. 3 GO sind, bevor sie im Einzelnen näher besprochen werden, zusammengefasst darzustellen:

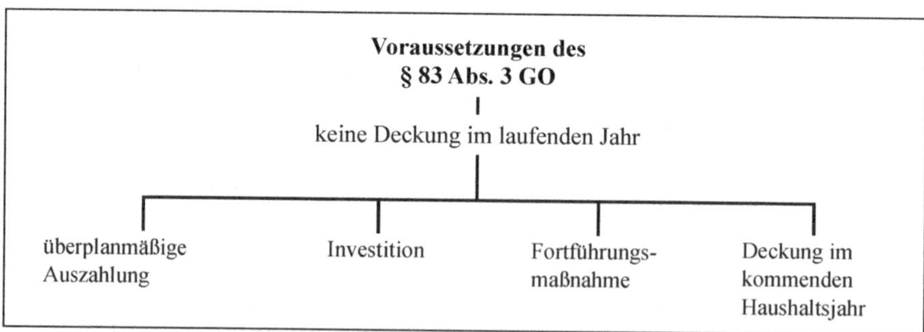

Aus der Vielzahl und der Strenge der Voraussetzungen wird ersichtlich, dass die Möglichkeit, die Deckung von Mehrauszahlungen ins nächste Haushaltsjahr zu verschieben, nur die Ausnahme sein kann. Sie dient praktisch dazu, die Gemeinde auch in angespannten Finanzsituationen nicht zur Einstellung begonnener Investitionen – vor allem im Bausektor – zu zwingen, wenn im kommenden Jahr die Mittel ohnehin zur Verfügung stehen. Da ausschließlich auf die Mittel der nächsten Periode abgestellt wird, bezeichnet man dieses Verfahren auch als „Haushaltsvorgriff".

Der Sinn des § 83 Abs. 3 GO wird besonders bei den nachstehenden Erläuterungen der Bewilligungsvoraussetzungen deutlich.

a) Keine Deckung im laufenden Jahr

§ 83 Abs. 3 GO kann bezüglich der Deckung nur als Ausnahme zu § 83 Abs. 1 Satz 2 GO gewertet werden. Allein aus dem Grundsatz der Jährlichkeit des Haushaltsplanes ist ersichtlich, dass zunächst eine Deckung im laufenden Jahr herbeigeführt werden soll. Die Nachrangigkeit des Haushaltsvorgriffs gegenüber einer Deckung im laufenden Haushaltsjahr ergibt sich aber auch aus der Formulierung in § 83 Abs. 3 GO „**auch dann** zulässig". Insofern ist bei der praktischen Anwendung vor einer Deckung im kommenden Jahr immer erst der Versuch einer Deckung im laufenden Haushaltsjahr zu unternehmen.

b) Überplanmäßige Auszahlungen

Es muss sich um eine **über**planmäßige Auszahlung handeln.[501] Außerplanmäßige Auszahlungen sind somit von diesem Verfahren ausgeschlossen. Diese Beschränkung auf überplanmäßige Auszahlungen ist jedoch unverständlich. Warum soll es einer Gemeinde verwehrt sein, auf die Finanzierung im nächsten Haushaltsjahr vorzugreifen, wenn es sich um eine außerplanmäßige Auszahlung handelt? Schließlich darf die Gemeinde diesen Haushaltsvorgriff nur durchführen, wenn eine Unabweisbarkeit besteht. Diese kann durchaus auch bei außerplanmäßigen Auszahlungen vorliegen.

> ***Beispiel:***
> *Plant die Gemeinde z. B. den Kauf eines neuen Fahrzeuges mit Kaufpreis von 100.000 € im Januar 2024 (Planermächtigung ist für 2024 vorgesehen) und räumen alle Anbieter im Rahmen des Ausschreibungsverfahrens, welches aufgrund einer Verpflichtungsermächtigung im Haushaltsjahr 2023 durchgeführt wurde, einen 20%igen Rabatt bei Abnahme des Fahrzeuges bis zum 31.12.2023 ein, würde die Beschaffung aus wirtschaftlichen Gründen noch im Jahr 2023 unabweisbar sein. Hätte die Gemeinde noch Deckungsmittel in 2023, wäre eine außerplanmäßige Auszahlung zulässig. Wäre jedoch im Haushaltsjahr 2023 keine Deckung vorhanden, könnte ein Haushaltsvorgriff nach § 83 Abs. 3 GO nicht erfolgen, da dieser nur überplanmäßige Mittelbereitstellungen zulässt. Es bestände haushaltsrechtlich nur noch die Möglichkeit einer Mittelbereitstellung durch eine Nachtragssatzung, was im Dezember jedoch allein aus zeitlichen Gründen ausscheidet. Die Gemeinde würde in diesem Beispiel aufgrund von haushaltsrechtlichen Vorschriften einen finanziellen Verlust von 20.000 € erleiden.*

An diesem Beispiel wird deutlich, dass in Bezug auf das Tatbestandsmerkmal „überplanmäßige Auszahlung" eine wenig durchdachte Gesetzeslösung angeboten wird.[502]

c) Investition

Die Mehrauszahlung muss bei einer Investition anfallen. Investitionen sind Auszahlungen zur Veränderung des Anlagevermögens. Dazu zählen alle Auszahlungen, die im § 3 Abs. 1 Nr. 20 bis 25 KomHVO als investive Auszahlungsarten benannt werden und buchungstechnisch Aus-

501 Zum Begriff siehe Kap. 18.6.2.

502 Es entsteht der Eindruck, dass kritiklos die frühere Vorschrift des § 82 Abs. 2 GO kameral übernommen wurde, wobei lediglich der Begriff „Ausgabe" durch Auszahlung" ersetzt wurde. Der Gesetzgeber ist aufgefordert, eine sinnvolle Regelung zu installieren.

wirkungen auf das Anlagevermögen der Gemeinden haben (z. B. Erwerb von Grundstücken, Baumaßnahmen, Erwerb von beweglichem Vermögen).

d) Fortsetzungsmaßnahme

Die Investition muss im kommenden Jahr fortgesetzt werden. Fortsetzungsmaßnahmen fallen in der Praxis regelmäßig bei Baumaßnahmen an. Vor allem größere Projekte ziehen sich über das Ende des Haushaltsjahres hinweg, vielfach sogar über mehrere Jahre. Die Veranschlagung und Deckung der Auszahlungen (kassenwirksame Beträge) ist im Rahmen des Bauzeitenplanes oft sehr schwierig. Der Baufortschritt hängt von vielen Faktoren ab, die vor allem beim Wetter schwer zu kalkulieren sind. Erfolgt z. B. der Baufortschritt langsamer als geplant, sind am Jahresende noch Mittel des Planansatzes verfügbar. Diese werden dann erst im kommenden Haushaltsjahr benötigt. Gemäß § 22 Abs. 1 KomHVO bleiben sie durch eine Ermächtigungsübertragung (Bildung eines Haushaltsrestes) auch der Haushaltswirtschaft des nächsten Jahres erhalten.

Geschieht die Abwicklung der Baumaßnahme zügiger als geplant, sind im Haushaltsjahr zur Begleichung der jetzt zusätzlich anfallenden Rechnungen überplanmäßige Auszahlungen erforderlich, die jedoch im Rahmen der Planung erst für das kommende Jahr vorgesehen sind. Damit solche (ja insgesamt finanzierten) Investitionen wegen fehlender Deckung im einzelnen Haushaltsjahr nicht gestoppt werden müssen, was schließlich auch wirtschaftliche Nachteile für die Gemeinde bedeuten würde (Forderungen des Unternehmens bei Baustillstand, erneute Rüstkosten für die Baufortsetzung im kommenden Jahr usw.), hat der Gesetzgeber mit § 83 Abs. 3 GO den Vorgriff auf Deckungsmittel des kommenden Jahres geschaffen. Der Haushaltsvorgriff ist praktisch das Gegenstück zur Ermächtigungsübertragung (Bildung von Haushaltsresten) nach § 22 KomHVO.

Aus der Darstellung dieser Voraussetzung wird die Intention des Gesetzgebers für die Schaffung des § 83 Abs. 3 GO sehr deutlich, die in den besonderen Fällen der Investitionsfortsetzungen den Grundsatz der Jährlichkeit zugunsten einer flexiblen Haushaltsführung zurücktreten lässt.

Die Beschränkungen auf „Fortsetzungsmaßnahmen“ beengt das kommunale Finanzmanagement allerdings in einem nicht vertretbaren Umfang. Wie am Beispiel des Fahrzeugkaufes (oben, Buchst. b) deutlich wird, würde der wirtschaftlich unabweisbare Kauf des Fahrzeuges auch am Tatbestandmerkmal „Fortsetzungsmaßnahme“ scheitern, weil der Kauf in 2023 abgeschlossen und nicht fortgesetzt wird. Insofern ist zwar festzustellen, dass in der kommunalen Praxis sehr oft Fortsetzungsmaßnahmen vorliegen, jedoch der Ausschluss für abzuschließende Maßnahmen nicht nachvollziehbar und wirklichkeitsfremd ist.

Selbst bei Baumaßnahmen, bei denen ja vor allem die Regelung des § 83 Abs. 3 GO greifen soll, wird die Unsinnigkeit dieses Tatbestandsmerkmales deutlich. Wird eine Baumaßnahme nämlich zügiger als erwartet abgewickelt und im Januar des nächsten Jahres (statt z. B. im März) fertiggestellt, liegt eine Fortsetzungsmaßnahme vor, und ein Haushaltsvorgriff wäre zulässig. Kann dagegen die Maßnahme noch zügiger abgewickelt werden, sodass sie im Dezember des laufenden Jahres beendet werden kann, würde keine Fortsetzungsmaßnahme bestehen. Hier wäre ein Haushaltsvorgriff nicht zulässig, obwohl es wirtschaftlich geboten wäre, die Maßnahme zügig fertigzustellen.

e) Deckung im kommenden Haushaltsjahr

Wie bereits dargestellt, entfällt zwar die Deckung im laufenden Haushaltsjahr, sie wird jedoch durch eine Deckung im kommenden Jahr ersetzt, sodass der Grundsatz „Mehrauszahlungen dürfen nur bei einer vorhandenen Deckung geleistet werden“ erhalten bleibt.

Der in § 83 Abs. 3 GO verwandte Begriff „Deckung“ ist mit dem in Absatz 1 derselben Vorschrift aufgeführten Wort „Deckung“ identisch. Da Investitionen dem Finanzhaushalt zuzuordnen sind, verbleiben als mögliche Deckungen Mehreineinzahlungen und Minderauszahlungen dieses Teilhaushalts.[503] Der typische Fall der Deckung im Rahmen des § 83 Abs. 3 GO ist die Einsparung bei derselben Planposition im kommenden Haushaltsjahr (siehe auch das o. g. Beispiel). Es findet dann ein „konkreter Haushaltsvorgriff“ statt, weil die Investitionsauszahlungen sich insgesamt nicht erhöhen, sondern sich nur im Zeitablauf der Maßnahme verschieben. Die vorgesehenen Jahresbeträge sind der mittelfristigen Planung zu entnehmen.

Ein Beispiel hierfür sei nachfolgend eine Baumaßnahme für die Grundschulen, die wegen der günstigen Witterungsbedingungen schneller als geplant abgewickelt werden kann.

Haushaltsjahr	**Ansatz laut Haushaltsplan €**	**tatsächliche Auszahlungsabwicklung €**
2023	4.000.000	4.200.000
2024	3.000.000	2.800.000
2025	1.000.000	1.000.000
Insgesamt	**8.000.000**	**8.000.000**

Der Gesamtbedarf bleibt erhalten; es verschieben sich lediglich die Teilbeträge, sodass innerhalb der Maßnahme die Deckung erfolgen kann (Einsparungen in 2024 decken Mehrauszahlungen in 2023).

Die Deckung braucht aber nicht zwingend aus der vorgesehenen Gesamtauszahlung der Maßnahme zu erfolgen. Dies ist vor allem immer dann auch nicht möglich, wenn die Mehrauszahlungen nicht auf eine Zeitverschiebung, sondern auf Kostenerhöhungen zurückzuführen sind. Das Gesamtauszahlungsvolumen der Maßnahme wird somit überschritten. Bezogen auf das vorstehende Beispiel würde im Haushaltsjahr 2024 der Betrag nicht eingespart werden können, sondern die Gesamtkosten erhöhten sich durch die Mehrauszahlung in 2023 auf 8.200.000 €. Innerhalb der Maßnahme können diese Mehrauszahlungen nun nicht mehr aufgefangen werden, sodass der Gesamthaushalt des kommenden Jahres die Deckung übernehmen muss.

Dies ist im Rahmen der mittelfristigen Planung einschließlich der im Zeitpunkt des Auftretens des überplanmäßigen Bedarfs vorliegenden Fortschreibungserkenntnisse zu beurteilen. So sind z. B. schon Mehreinzahlungen oder Minderauszahlungen gegenüber der dem Haushaltsplan enthaltenen mittelfristigen Planung erkennbar. Es können alle Finanzierungsmittel des Gesamtfinanzhaushalts herangezogen werden. Notfalls muss die Gemeinde, um die Deckung der überplanmäßigen Auszahlung sicherzustellen, Investitionsmaßnahmen des nächsten Jahres finanziell kürzen oder gar streichen bzw. sonstige – vor allem freiwillige – Auszahlungen so sperren, dass die Deckung durch konkrete Änderung des Finanzplans herbeigeführt wird. Dabei können grundsätzlich auch zusätzliche Kreditaufnahmen im kommenden Jahr als Deckungsmittel im Finanzhaushalt in Anspruch genommen werden. Es sollte dann aber in jedem Fall ein Ratsbeschluss herbeigeführt werden, da hier ein Vorgriff auf die Haushaltssatzung des nächsten Jahres stattfindet. Problematisch ist dieser Kreditvorgriff lediglich bei Haushaltsgenehmigungs- und Haushaltssicherungsgemeinden, da hier aufsichtsbehördliche Rechte tangiert werden.

Wichtig ist noch einmal der deutliche Hinweis, dass die Deckung der Mehrauszahlung nach § 83 Abs. 3 GO ausschließlich im **nächsten** Haushaltsjahr und nicht in anderen Jahren der Finanzplanung zu erfolgen hat.

Das praktische Bewilligungsverfahren stimmt mit dem nach § 83 Abs. 1 und 2 GO vollständig überein. Lediglich ist die Deckung vom Fachamt (Fachbereich) besonders sorgfältig zu be-

503 Siehe grundsätzliche Darstellung der Deckungsmöglichkeiten in Kap. 18.6.4.2.

gründen und von der Kämmerei (Fachbereich Finanzen) bzw. bei Delegation vom zuständigen Bediensteten unter Einbeziehung der Finanzbuchhaltung entsprechend zu überprüfen sowie nachzuhalten. Festzustellen ist jedoch, dass bei dieser Art der Deckung im laufenden Jahr eine Verschlechterung des Finanzsaldos eintreten wird, die jedoch im nächsten Jahr durch die dann erfolgende Deckung der Zahlung wieder beseitigt wird. Die Bewilligungs- und Zustimmungserfordernisse gelten unverändert weiter, was auch § 83 Abs. 3 Satz 2 GO durch Verweisung ausdrücklich bestätigt.

Aufgrund der Funktionalität des Haushaltsvorgriffs wird durch den § 81 Abs. 2 letzter Satz GO das Erfordernis des Erlasses einer Nachtragssatzung ausgeschlossen.

18.6.6 Exkurs: Praxisgerechtes Gesamtprüfungsverfahren für die Bereitstellung von Mehraufwendungen und Mehrauszahlungen

Wie bereits bei den vorangegangenen Unterpunkten des Kapitels deutlich geworden ist, können Mehraufwendungen bzw. Mehrauszahlungen nach verschiedenen Verfahren bereitgestellt werden. Diese Verfahren sind jeweils für sich ausführlich vorgestellt und diskutiert worden. Für die Praxis und auch für die Klausuranfertigung im Ausbildungsbereich soll an dieser Stelle eine schematische Gesamtdarstellung eines lückenlosen Subsumtions- bzw. Prüfungsschemas angeboten werden, mit dem alle Fragen des Inhalts „Wie können Mehraufwendungen bzw. Mehrauszahlungen bereitgestellt werden?“ abschließend zu prüfen sind.[504]

Verfahren zur Bereitstellung von Mehraufwendungen/Mehrauszahlungen

1. **Vorliegen eines Bedarfs**
2. **Ermittlung der sachlich zuständigen Haushaltsposition**
3. **Ermittlung des Mehrbedarfs**
   Planposition
   + Ermächtigungsübertragungen aus Vorjahren (Haushaltsreste)
   +/– Veränderungen aus Nachtragsplänen
   +/– bisherige Veränderungen der Aufwendungs- bzw. Auszahlungsermächtigungen
   – bisherige Inanspruchnahme durch Aufwendungen bzw. Auszahlungen
   – Vormerkungen (Aufträge)
   – noch bestehender nicht vorgemerkter Bedarf
   = Betrag der benötigten Mehraufwendungen bzw. Mehrauszahlungen (falls negativ)
4. **Bereitstellung nach § 21 Abs. 2 KomHVO (unechte Deckungsfähigkeit)[505]**
   a) Besteht ein zulässiger Haushaltsvermerk?
   b) Ist der Haushaltsvermerk uneingeschränkt (keine Einschränkung der unechten Deckungsfähigkeit)?
   c) Sind Mehrerträge bzw. Mehreinzahlungen vorhanden (notfalls Berechnung durchführen)?
   d) Rechtsfolge bei Vorliegen aller Voraussetzungen: In Höhe der Mehrerträge bzw. Mehreinzahlungen kann der Planansatz für Aufwendungen bzw. Auszahlungen überschritten werden.

---

504 Ausführliche Fallbehandlungen mit Musterlösungen sind enthalten bei Mutschler/Schlösser, Praktische Fälle aus dem kommunalen Finanzmanagement, 6. Auflage Witten 2021.

505 Die Arbeitsphasen 4 und 5 sind gleichrangig anwendbar und demnach austauschbar (siehe dazu Ziffer 18.6.3).

5. **Bereitstellung nach § 21 Abs. 1 KomHVO (echte Deckungsfähigkeit)**
   a) Befinden sich die deckungsberechtigten und deckungspflichtigen Positionen innerhalb eines gemeinsamen Haushaltsvermerks oder besteht ein besonderer Deckungsvermerk?
   b) Ist die Deckungsfähigkeit eingeschränkt?
   c) Tritt eine Einsparung bis zum Jahresende bei der deckungspflichtigen Planposition ein?
   d) Rechtsfolge bei Vorliegen aller Voraussetzungen: In Höhe der Einsparung bei der deckungspflichtigen Planposition kann eine Mehraufwendung bzw. Mehrauszahlung bei der deckungsberechtigten Haushaltsposition erfolgen.
6. **Überprüfung der Notwendigkeit einer Pflichtnachtragssatzung nach § 81 Abs. 2 GO**
   Scheidet eine Pflichtnachtragssatzung aus?
7. **Bewilligung einer über- bzw. außerplanmäßigen Aufwendung bzw. Auszahlung nach § 83 GO**
   a) Ist die Mehraufwendung bzw. Mehrauszahlung unabweisbar (sachlich und zeitlich)?
   b) Kann die Mehraufwendung bzw. Mehrauszahlung im laufenden Haushaltsjahr gedeckt werden oder besteht eine Konstellation, die eine Abweichung hiervon rechtfertigt? (Sollvorschrift zwecks Deckung des Mehrbedarfs im laufenden Haushaltsjahr)
   b) Bei Mehrauszahlungen: Falls b) verneint wurde: Ist eine Deckung der Mehrauszahlung gemäß § 83 Abs. 3 GO (Haushaltsvorgriff) zulässig?
   c) Wer entscheidet in welchem Verfahren (evtl. Dringlichkeitsentscheidung für die Zustimmung von Ratsgremien) über die Bewilligung?
   d) Rechtsfolge bei Vorliegen der Voraussetzungen: Die überplanmäßige Aufwendung bzw. Auszahlung dürfen geleistet werden.
8. **Freiwillige Nachtragssatzung mit Nachtragsplan nach § 81 Abs. 1 GO**

18.6.7 Über- und außerplanmäßige Verpflichtungsermächtigungen

Gemäß § 85 Abs. 1 Satz 2 GO sind auch über- und außerplanmäßige Verpflichtungsermächtigungen[506] zugelassen. Dies ist notwendig, weil auch gegenüber der Haushaltsplanung im Laufe eines Haushaltsjahres zusätzliche Verpflichtungen mit Zahlungen in den nächsten Jahren notwendig sein können.

> ***Beispiel:***
> *Im Haushaltsplan 2023 der Gemeinde G ist für die Beschaffung eines neuen Dienstfahrzeugs eine Verpflichtungsermächtigung in Höhe von 60.000 € veranschlagt. Die Bestellung soll in 2023, die Lieferung und die Zahlung sollen in 2024 erfolgen. Die durchgeführte Ausschreibung hat ergeben, dass der wirtschaftlich rentabelste Bieter bei 61.000 € liegt. Zur Abwicklung der Bestellung wird somit eine überplanmäßige Verpflichtungsermächtigung in Höhe von 1.000 € notwendig.*

Bei der Bewilligung der zusätzlichen Ermächtigung lehnt sich der Gesetzgeber an die Regelungen für über- und außerplanmäßige Aufwendungen bzw. Auszahlungen des § 83 GO an. Über- und außerplanmäßige Verpflichtungsermächtigungen gemäß § 85 Abs. 1 Satz 2 GO sind demnach zulässig, wenn sie unabweisbar sind und die „Deckung" im laufenden Jahr gewährleistet ist. Bei der Unabweisbarkeit ist wiederum auf die sachliche und zeitliche Notwendigkeit abzustellen. Die „Deckung" wird dadurch gewährleistet, dass der in § 3 der Haushaltssatzung

506 Zum Begriff und zur Abwicklung der Verpflichtungsermächtigungen siehe Kap. 14.

festgesetzte Gesamtbetrag der Verpflichtungsermächtigungen nicht überschritten wird. Das bedeutet, dass bei anderen Verpflichtungsermächtigungen „Einsparungen" erzielt werden müssen. Die „Deckungsverpflichtung" gilt unabhängig von der Höhe der über- oder außerplanmäßigen Verpflichtungsermächtigung. Auch geringfügige zusätzliche Verpflichtungsermächtigungen sind konkret durch „Einsparungen" bei anderen Verpflichtungsermächtigungen zu „decken". Außerdem ist festzustellen, dass über- und außerplanmäßige Verpflichtungsermächtigungen unabhängig von ihrer Höhe im Rahmen von § 85 Abs. 1 Satz 2 GO bereitgestellt werden können. Eine Pflicht zum Erlass einer Nachtragssatzung besteht auch bei erheblichen Beträgen nicht.[507]

§ 85 Abs. 1 Satz 3 GO verweist auf die sinngemäße Anwendung der Bestimmungen des § 83 Abs. 1 Satz 3 und 4 GO, nicht aber auf § 83 Abs. 2 GO. Somit besitzt auch bei erheblichen über- und außerplanmäßigen Verpflichtungsermächtigungen immer der Kämmerer das Recht auf Bewilligung dieser zusätzlichen Ermächtigungen. Dabei ist zu berücksichtigen, dass der Kämmerer diese Bewilligungsermächtigungen – selbst bei erheblichen Positionen – auf andere Bedienstete übertragen kann. Diese Regelung ist nicht nachvollziehbar. Es kann nicht sein, dass gerade im Investitionsbereich erhebliche über- und außerplanmäßige Verpflichtungsermächtigungen vom Kämmerer oder sogar von einem Budgetverantwortlichen bereitgestellt werden können, wenn die Tatbestandsmerkmale des § 85 Abs. 1 Satz 1 GO gegeben sind. Gerade die Verpflichtungsermächtigungen haben erhebliche Auswirkungen auf die Folgejahre und damit auf die mittelfristige Planung, weil die Erlaubnis zum Vertragsabschluss die Gemeinde in den kommenden Perioden rechtsverbindlich zur Zahlung verpflichtet. Vor allem im Investitionsbereich zeigt sich das Etatrecht des Rates. Insofern kann es nicht sein, dass hier durch die „Verwaltung" erhebliche Ermächtigungsverschiebungen ohne Einschaltung des Rates zulässig sein sollen.[508] Hinzuweisen ist allerdings darauf, dass der Rat eine andere Regelung treffen kann, von der er hier sicherlich auch Gebrauch machen sollte, indem er sich die Zustimmung über die erheblichen über- bzw. außerplanmäßigen Verpflichtungsermächtigungen vorbehält.

Die Deckungsregelung in § 85 Abs. 1 Satz 2 GO stellt eine wenig durchdachte Lösung dar. Wenn man das obige Beispiel mit dem Mehrbedarf von 1.000 € betrachtet, dann ist die überplanmäßige Verpflichtungsermächtigung nur zulässig, wenn Einsparungen bei anderen Verpflichtungsermächtigungen zu erzielen sind. Kann dies nicht erreicht werden, müsste die Gemeinde eine Nachtragssatzung erlassen, um die 1.000 € bereitzustellen. Dieser Weg ist nicht praktikabel. Ansonsten werden die Gemeinden – wie bisher auch schon üblich – die zusätzlichen Verpflichtungen mithilfe von unzulässigen „Buchungstricks" bewirtschaften oder aber erhöhte Ansätze bei Verpflichtungsermächtigungen in den Haushalt einstellen. Zudem klaffen die gelockerte Handhabung überplanmäßiger Bedarfe von Auszahlungen bzw. Aufwendungen nach § 83 GO und die starre Handhabung überplanmäßiger Bedarfe bei Verpflichtungsermächtigungen ohne nachvollziehbaren Grund weit auseinander.

Die Deckungsregelung widerspricht somit einem verantwortungsbewussten modernen Finanzmanagement. Sachlich gerechtfertigt wäre es, bei der Deckung auf das Haushaltsjahr ab-

507 Diese Regelung ist nicht nachvollziehbar, weil § 81 Abs. 2 Nr. 3 GO für bisher nicht veranschlagte (außerplanmäßige) Auszahlungen für Investitionen im selben Jahr eine Nachtragssatzungspflicht vorsieht. Dagegen können Verträge für Investitionen mit Auszahlungen in späteren Jahren durch die Bereitstellung von außerplanmäßigen Verpflichtungsermächtigungen selbst in Millionenhöhe abgeschlossen werden, ohne dass eine Nachtragssatzung erforderlich ist. Neue Investitionsmaßnahmen könnten in diesen Fällen ohne Haushaltsplanfortschreibung erfolgen, auch wenn sie erhebliche Verschiebungen in den Jahren der Zahlungsverpflichtungen zur Folge hätten.

508 Dem Gesetzgeber sei empfohlen, § 85 Abs. 1 Satz 2 GO dahingehend fortzuschreiben, dass auch § 83 Abs. 2 GO sinngemäß gilt.

zustellen, in dem die aus der Verpflichtung entstehende Auszahlung anfällt. Bezogen auf das obige Beispiel, wäre die überplanmäßige Verpflichtung zulässig, wenn in 2024 die Deckung der 1.000 € gesichert werden kann.[509]

Entscheidend für die Bewilligung einer zusätzlichen Vertragsermächtigung darf nicht sein, dass bei anderen Vertragsermächtigungen eingespart wird. Entscheidend darf allein die Finanzierbarkeit der späteren Investitionszahlung sein.

Beispiel:
Man stelle sich nur einmal vor, dass eine Gemeinde zunächst geplant hat, zu Beginn des Haushaltsjahres 2024 Schulmöbel mit Auszahlungen von 10.000 € zu beschaffen und den Auftrag dafür aufgrund der Ermächtigung im Teilfinanzplan 2024 vergeben wollte. Der Anbieter teilt nunmehr im Dezember mit, dass bei einer Bestellung bis 31.12.2023 noch ein 30%iger Rabatt eingeräumt werden könne. Die Lieferung mit Rechnungsstellung wird weiterhin in 2024 erfolgen. Wenn nämlich jetzt alle anderen Verpflichtungsermächtigungen des Jahres 2023 ausgeschöpft sind, dürfte die Gemeinde den Auftrag nicht erteilen (eine Nachtragssatzung dafür zu erlassen ist zeitlich nicht möglich und sachlich nicht vertretbar).

18.6.8 Praktische Beispiele und Übungen

Sachverhalt Nr. 7
Die Gemeinde G will im Dezember des Haushaltsjahres folgende überplanmäßige Aufwendungen bewirken bzw. Auszahlungen leisten:

a) für die Reparatur des Rathausdaches nach einem Unwetter,
b) für die Ersatzbeschaffung eines Schreibtisches (laufende jährliche Erneuerung von Teilen des Mobiliars),
c) für die Beschaffung von Treibstoff für das erste Quartal des nächsten Haushaltsjahres (wird vorgezogen, weil für Januar des nächsten Jahres erhebliche Preiserhöhungen angekündigt sind).

Aufgabe:
Beurteilen Sie, ob die Leistung der Mehraufwendungen bzw. Mehrauszahlungen i. S. d. § 83 Abs. 1 Satz 1 GO unabweisbar ist.

Lösung:
a) Das Rathausdach der Gemeinde G wurde bei einem Unwetter beschädigt. Die Aufwendungen und die darauffolgenden Auszahlungen für die Reparatur sind unabweisbar, weil die Beseitigung der Schäden zur Weiterführung der öffentlichen Aufgaben unaufschiebbar ist. Die Erfüllung öffentlicher Aufgaben erfordert schließlich Verwaltungsarbeit, die in den Diensträumen des Rathauses zu erledigen ist. Bei einem beschädigten Dach besteht die konkrete Gefahr, dass die Räumlichkeiten aufgrund der Witterungseinflüsse zumindest im Obergeschoss nicht mehr nutzbar sind.

509 Der Gesetzgeber ist aufgerufen, in diesem Sinne eine Fortschreibung der Bestimmungen vorzunehmen.

Außerdem verlangt der Grundsatz der Wirtschaftlichkeit gemäß § 75 Abs. 1 Satz 2 GO die sofortige Beseitigung der Schäden. Ein beschädigtes Dach führt durch die Witterungsbedingungen zu weiteren Gebäudeschäden, die wiederum zusätzliche Instandsetzungsaufwendungen und -auszahlungen verursachen, was der Sparsamkeit und Wirtschaftlichkeit offensichtlich widerspricht. Ein sofortiges Handeln ist unbedingt erforderlich.

Ein letzter Gesichtspunkt für die Unabweisbarkeit der Mehraufwendungen und Mehrauszahlungen ergibt sich aus der Fürsorgepflicht des Dienstherrn gegenüber den Bediensteten, verankert im Landesbeamtengesetz bzw. im Tarifvertragsrecht. Zur Fürsorgepflicht gehört schließlich auch die Bereitstellung arbeits- und menschengerechter Räumlichkeiten. Folgen der Dachbeschädigung könnten gesundheitliche Schäden der Bediensteten bedeuten, weil die Witterungseinflüsse nicht mehr von den Diensträumen abgehalten werden könnten. Insofern gibt es eine – wenn auch nur indirekte – gesetzliche Pflicht zur Beseitigung der Dachbeschädigung aus beamten- bzw. tarifrechtlichen Erwägungen.

b) In der Praxis ist es bei vielen Gemeinden üblich, das bestehende Mobiliar entsprechend dem Abschreibungsfortschritt nach und nach zu erneuern. Dafür werden jährlich bestimmte Beträge in die Haushaltspläne eingestellt. Im Sachverhalt ist dieses Verfahren offensichtlich angesprochen.

   Zwar ist die Bereitstellung geeigneten Mobiliars zur Erfüllung der gemeindlichen Aufgaben unbedingt erforderlich, jedoch ist der anstehende Kauf des Schreibtisches im Dezember des Haushaltsjahres durchaus auf das kommende Haushaltsjahr verschiebbar, in dem wiederum ein Betrag für die Neubeschaffung von Mobiliar bereitstehen wird. Die Unbedenklichkeit des Verschiebens ergibt sich auch daraus, dass für den Arbeitsplatz ein Schreibtisch ja bereits vorhanden ist. Dieser Schreibtisch ist auch voll nutzbar, sonst hätte die Verwaltung nicht erst im Dezember des Haushaltsjahres, sondern bereits früher im Haushaltsjahr die Ersatzbeschaffung ins Auge gefasst. Der Sachverhalt enthält auch keine sonstigen Anhaltspunkte für eine noch unbedingt im Dezember vorzunehmende Beschaffung (z. B. Beschädigung des Schreibtisches). Der Kauf des neuen Schreibtisches kann somit zeitlich verschoben werden, sodass die Mehrauszahlung nicht unabweisbar i. S. d. § 83 Abs. 1 GO ist.

c) Die Gemeinde will die Treibstoffe des Fuhrparks für das erste Quartal des nächsten Jahres bereits zum Ende dieses Haushaltsjahres bestellen und bezahlen, sodass zwar keine überplanmäßige Aufwendung (kein Ressourcenverbrauch in diesem Jahr), jedoch eine überplanmäßige Auszahlung entsteht. Einziger Grund dafür ist, dass im Januar des nächsten Jahres eine Preissteigerung zu erwarten ist. Somit verfügt das Tanklager noch über genügend Treibstoffreserven für das laufende Jahr, sodass die Beschaffung eigentlich erst im kommenden Haushaltsjahr notwendig wäre.

   Allerdings wäre die Verschiebung in das kommende Jahr unwirtschaftlich, weil sich im neuen Haushaltsjahr die Beschaffung verteuern würde. Das Prinzip der Wirtschaftlichkeit bedeutet, dass ein vorgegebenes Ziel (Kauf des Treibstoffs) mit dem geringsten Mitteleinsatz erreicht werden soll. Gemäß § 75 Abs. 1 Satz 2 GO sind aber Wirtschaftlichkeit und Sparsamkeit oberste Grundsätze der gemeindlichen Haushaltsführung. Die Unabweisbarkeit einer Mehrauszahlung nach § 83 Abs. 1 Satz 1 GO stellt deshalb nicht nur auf die Möglichkeit der zeitlichen Verschiebung ab, sondern umfasst auch den Tatbestand der Wirtschaftlichkeit. Die Mehrauszahlung für die zeitlich vorgezogene Treibstoffbeschaffung ist somit unabweisbar, weil sie aus den wirtschaftlich gerechtfertigten Gründen der Kostenersparnis unaufschiebbar ist.

Sachverhalt Nr. 8

Die Ausführung des Haushalts 2023 der Gemeinde G stellt sich Mitte November 2023 im Teilfinanzplan des Teilfinanzplans 03 „Schulträgeraufgaben“ auszugsweise wie folgt dar:

Teilfinanzplan 03 Schulträgeraufgaben Übersicht Investitionsmaßnahmen	Ansatz 2023	Stand der Zahlungen 15.11.2023	Stand der Vormerkungen 15.11.2023
Einzahlungen			
Einzahlung: Landeszuwendung Schule Nord	200.000	250.000	
Einzahlung: Verkauf Grundstück Schule Süd	10.000	100.000	
Einzahlung: Rückzahlung Investitionszuschüsse	0	20.000	
Summe der investiven Einzahlungen	**210.000**	**370.000**	
Auszahlungen			
Auszahlung: Grunderwerb Schule Nord	500.000	480.000	0
Auszahlung: Baukosten Schule Nord	1.800.000	1.600.000	150.000
Auszahlung: Einrichtungskosten Schule Nord	200.000	120.000	70.000
Summe der investiven Auszahlungen/Vorm.	**2.500.000**	**2.200.000**	**220.000**

Haushaltsplanvermerke:

a) Mehreinzahlungen aus Zuwendungen für Investitionsmaßnahmen des Teilfinanzplans 03 berechtigen zu Mehrauszahlungen desselben Teilfinanzplans.

b) Ausschließlich Minderauszahlungen beim Erwerb von Grundstücken und Gebäuden erhöhen die Planermächtigungen der anderen Investitionsauszahlungen des Teilfinanzplans 03 entsprechend.

Folgende Auszahlungsentwicklungen zeichnen sich ab:

- Eine bisher nicht vorgesehene vermögenswirksame Mobiliarbeschaffung für die Schule Nord (bisher nicht vorgemerkt) mit Auszahlungen in Höhe von 15.000 € soll noch in 2023 erfolgen.
- Bei der Baumaßnahme Schule Nord entsteht aufgrund nicht absehbarer Bodensicherungsarbeiten ein unabweisbarer Mehrauszahlungsbedarf in 2023 in Höhe von 200.000 €.
- Bei allen anderen Positionen im Teilplan Produktbereich 03 erfolgen keine Veränderungen mehr. Der sonstige Finanzplan der Gemeinde G wird planmäßig abgewickelt.

Aufgaben:

a) Prüfen Sie, ob und in welcher Form die Mehrauszahlungen bei den Einrichtungskosten und der Baumaßnahme bereitgestellt werden können. Die Zulässigkeit der Haushaltsvermerke bzw. der Budgetierung ist zu unterstellen.

b) Fertigen Sie außerdem für eine evtl. erforderliche überplanmäßige Bewilligung der Mehrauszahlungen gemäß § 83 Abs. 1 GO den notwendigen Bewilligungsantrag und die Bewilligungsverfügung.

Bearbeitungshinweise:

- Erheblichkeit nach § 81 Abs. 2 Nr. 1 GO: 4.000.000 €
- Erheblichkeit nach § 81 Abs. 2 Nr. 2 GO: 500.000 €
- Erheblichkeit nach § 83 Abs. 2 GO: 250.000 €
- Eine Delegation der Bewilligungsermächtigungen nach § 83 Abs. 1 Satz 4 GO besteht bei der Gemeinde G nicht.

Lösungen:

Zu a)

Mehrauszahlung bei den Einrichtungskosten

Laut Sachverhalt soll noch in 2023 für 15.000 € Mobiliar für die Schule Nord (Teilfinanzplan 03) beschafft werden. Bei einem Planansatz von 200.000 € sind bereits 120.000 € im Haushaltsjahr ausgezahlt, sodass noch 80.000 € zur Verfügung stehen. Zu berücksichtigen sind jedoch noch laut Sachverhalt 70.000 € Vormerkungen, weil es sich um Aufträge handelt, die noch in 2023 entsprechende Auszahlungen bewirken. Insofern stehen lediglich noch 10.000 € an Auszahlungsermächtigung zur Verfügung, sodass eine zusätzliche Auszahlungsermächtigung in Höhe von 5.000 € benötigt wird.

Es fragt sich zunächst, ob diese zusätzliche Ermächtigung im Wege der unechten Deckungsfähigkeit nach § 21 Abs. 2 KomHVO zur Verfügung gestellt werden kann. Voraussetzung dafür ist ein uneingeschränkter Haushaltsvermerk zugunsten der Auszahlungsposition für die Einrichtungskosten mit einer dazugehörenden Mehreinzahlung. Im Sachverhalt ist ein entsprechender Haushaltsvermerk bei den Einzahlungen für Zuwendungen enthalten, wobei auch eine Mehreinzahlung von 50.000 € zu verzeichnen ist. Aufgrund des bestehenden Haushaltsvermerkes könnte dann der Planansatz beim Erwerb des beweglichen Anlagevermögens um bis zu 50.000 € überschritten werden. Benötigt werden jedoch nur 5.000 €. Insofern stehen für die benötigte Mehrauszahlung entsprechende Deckungsmittel bereit.

Da nach § 21 Abs. 2 Satz 3 KomHVO diese Mehrauszahlungen nicht als überplanmäßige Auszahlungen gelten, erübrigt sich die Überprüfung einer überplanmäßigen Bewilligung einschließlich der Unabweisbarkeit.

Mehrauszahlung bei der Baumaßnahme

Laut Sachverhalt sollen noch in 2023 für 200.000 € Baukosten für die Schule Nord im Teilfinanzplan 03 geleistet werden. Bei einem Planansatz von 1.800.000 € sind bereits 1.600.000 € im Haushaltsjahr ausgezahlt, sodass noch 200.000 € zur Verfügung stehen. Zu berücksichtigen sind jedoch noch laut Sachverhalt 150.000 € Vormerkungen, da es sich um Aufträge handelt, die noch in 2023 entsprechende Auszahlungen bewirken. Insofern stehen lediglich noch 50.000 € an Auszahlungsermächtigung zur Verfügung, sodass eine zusätzliche Auszahlungsermächtigung in Höhe von 150.000 € benötigt wird.

Es fragt sich zunächst, ob diese zusätzliche Ermächtigung im Wege der unechten Deckungsfähigkeit nach § 21 Abs. 2 KomHVO zur Verfügung gestellt werden kann. Voraussetzung dafür ist ein uneingeschränkter Haushaltsvermerk zugunsten der Auszahlungsposition für die Baumaßnahme mit einer dazugehörenden Mehreinzahlung. Im Sachverhalt ist ein entsprechender Haushaltsvermerk bei den Einzahlungen für Zuwendungen enthalten, wobei auch eine Mehreinzahlung von 50.000 € zu verzeichnen ist. Allerdings sind davon (siehe oben) bereits 5.000 € für Mehrauszahlungen zum Erwerb des beweglichen Anlagevermögens verwendet worden. Insofern kann aufgrund des bestehenden Haushaltsvermerkes der Planansatz für die Baumaßnahmen im Rahmen der unechten Deckungsfähigkeit nur mit 45.000 € überschritten werden. Da nach § 21 Abs. 2 Satz 3 KomHVO diese Mehrauszahlungen nicht als überplanmäßige Auszahlungen gelten, erübrigt sich die Überprüfung einer überplanmäßigen Bewilligung einschließlich der Unabweisbarkeit.

Benötigt werden jedoch 150.000 €, sodass noch eine Bereitstellung der restlichen 105.000 € erforderlich ist. Es ist nun zu prüfen, ob dieser Bedarf im Rahmen der Deckungsfähigkeit gemäß § 21 Abs. 1 KomHVO bereitgestellt werden kann. Voraussetzung dafür ist, dass sowohl die deckungspflichtige als auch der deckungsberechtigte Planposition durch einen Haushaltsvermerk ohne Einschränkungen verbunden sind. Der im Sachverhalt enthaltene Haushaltsvermerk b) ermöglicht, die Einsparung beim Grunderwerb in Höhe von 20.000 € für die Baumaßnahme als Deckungsposition einsetzen zu können. Insofern reduziert sich die noch benötigte Auszahlungsermächtigung von 105.000 € auf 85.000 €. Auch bei dieser Mittelbereitstellung erübrigt sich die Prüfung einer überplanmäßigen Bewilligung einschließlich der Unabweisbarkeit.

Da weitere Haushaltsvermerke nicht bestehen, bleibt nur die Prüfung, ob die restliche Auszahlungsermächtigung überplanmäßig bewilligt werden kann. Dazu ist es zunächst erforderlich, die Notwendigkeit einer Pflichtnachtragssatzung nach § 81 Abs. 2 GO auszuschließen (siehe auch Verweisung in § 83 Abs. 2 Satz 2 GO). Dabei sind folgende drei Fälle zu überprüfen:

- Gemäß § 81 Abs. 2 Nr. 1 GO wäre eine Pflichtnachtragssatzung notwendig, wenn ein erheblicher Fehlbetrag entstünde. Ein solcher Fehlbetrag entsteht überhaupt nicht, weil die Gesamtsummen der Mehreinzahlungen und Minderauszahlungen des Teilfinanz-plans keinerlei Auswirkungen auf das Eigenkapital haben.
- Eine erhebliche Mehrauszahlung nach § 81 Abs. 2 Nr. 2 GO liegt ebenfalls nicht vor, weil die im Sachverhalt genannte Erheblichkeitsgrenze von 500.000 € deutlich unterschritten wird.
- § 81 Abs. 2 Nr. 3 GO stellt auf eine bisher nicht veranschlagte Baumaßnahme ab. Es handelt sich hier jedoch um Kostensteigerungen bei einer bereits begonnenen Maßnahme, sodass auch nach dieser Teilrechtsnorm keine Nachtragssatzung zu erlassen ist.

Insofern besteht keine Pflicht zum Erlass einer Nachtragssatzung, sodass der Weg zur überplanmäßigen Mittelbereitstellung nach § 83 Abs. 1 GO offen ist. Die Voraussetzung der Unabweisbarkeit ist laut Sachverhalt gegeben. Zur Deckung stehen Mehreinzahlungen bei der Veräußerung eines Grundstückes aus dem Bereich der Schule Süd in Höhe von 90.000 € zur Verfügung. Insofern ist die überplanmäßige Auszahlung gedeckt.

Somit kann der gesamte Auszahlungsbedarf von 150.000 € bereitgestellt werden.

Zu b)
Da die überplanmäßige Auszahlung in Höhe von 85.000 € unterhalb der im Sachverhalt genannten Wertgrenze nach § 83 Abs. 2 GO liegt, hat der Kämmerer die Mehrauszahlung ohne Zustimmung des Rates zu bewilligen, zumal keine Delegation auf andere Bedienstete erfolgt ist. Der Antrag auf Bewilligung der überplanmäßigen Auszahlung ist nachstehend abgedruckt. Dabei wurde das Beispiel eines Musters gewählt, weil in der Praxis zur Beantragung von Mehraufwendungen und Mehrauszahlungen nach § 83 GO regelmäßig Vordrucke eingesetzt werden. Ein solcher Antrag ist selbstverständlich auch formlos möglich. Ebenfalls dargestellt ist die Bewilligungsverfügung.

<table>
<tr><td colspan="3">Fachbereich xxxx
Datum: 15.11.2023

An den
Fachbereich Finanzen

Antrag auf Bewilligung einer über/außerplanmäßigen Auszahlung</td></tr>
<tr><td>die Auszahlung ist
☒ üpl. ☐ apl.</td><td>Teilfinanzplan
03</td><td>Haushaltsjahr
2023</td></tr>
<tr><td>Betrag:
85.000 €</td><td colspan="2">Bezeichnung der Haushaltsposition:
Auszahlung: Baukosten Schule Nord</td></tr>
<tr><td colspan="3">Berechnung der Gesamtauszahlung
Planansatz und Übertragungen aus Vorjahren 2.000.000 €
bisherige und geplante Planüberschreitungen
(unechte und echte Deckungsfähigkeiten) + 65.000 €
neu beantragte Haushaltsüberschreitung + 85.000 €
voraussichtliche Gesamtauszahlung 2.150.000 €</td></tr>
<tr><td colspan="3">Begründung der Mehrauszahlung:
Die Kosten der Baumaßnahme erhöhen sich wegen unvorhergesehener zusätzlicher Auszahlungen für die Bodensicherungsarbeiten. Siehe dazu im Einzelnen die beigefügte Kostenermittlung (nicht abgedruckt).</td></tr>
<tr><td colspan="3">Nachweis der Deckung:
Mehreinzahlungen in Höhe von 90.000 € aus der Veräußerung eines Grundstückes bei der Schule Süd des Teilfinanzplans 03</td></tr>
<tr><td colspan="3">Im Auftrage

Unterschrift</td></tr>
</table>

Bewilligungsverfügung des Fachbereichs Finanzen (Kämmerei)

Fachbereich Finanzen G, den 19.11.2023

Betr: Überplanmäßige Auszahlung in Höhe von 85.000 € für Baukosten bei der Schule Nord im Teilfinanzplan 03

Bezug: Antrag des Fachbereichs vom 15.11.2023

1. Die vorgenannte überplanmäßige Auszahlung ist aus den im Antrag vom 15.11.2023 genannten Gründen unabweisbar. Die Deckung erfolgt aus entsprechenden Mehreinzahlungen aus der Veräußerung von Grundvermögen bei der Schule Süd im Teilfinanzplan 03.
2. Die überplanmäßige Auszahlung wird somit gemäß § 83 Abs. 1 GO bewilligt. Da sie unerheblich ist, bedarf es keiner Zustimmung des Gemeinderates.
3. Mitteilung an die Finanzbuchhaltung zur Buchung.
4. Mitteilung an das antragstellende Fachamt und an das Rechnungsprüfungsamt.
5. Dem Gemeinderat zur Kenntnis (Vorlage in der nächsten Ratssitzung).
6. Z. d. A.

In Vertretung

Gemeindekämmerer

Sachverhalt Nr. 9

Die Auszahlungen für den Neubau eines Freibades sind wie folgt im Teilfinanzplan 2023 des Produktbereichs 08 „Sportförderung“ als einzige Investitionsmaßnahme veranschlagt bzw. in der mittelfristigen Planung der Gemeinde G enthalten:

2023 3.000.000 €
2024 2.000.000 €

Die Witterungsbedingungen begünstigen den Baufortschritt, sodass in 2023 bereits 3,5 Mio. € verbaut werden müssen. Mitte November 2023 stellt deshalb das Hochbauamt den Antrag auf Bewilligung einer überplanmäßigen Auszahlung in Höhe von 500.000 €. Aufgrund der angespannten Haushaltslage besteht jedoch in 2023 keine Deckungsmöglichkeit.

Aufgabe:

Prüfen Sie die Zulässigkeit der überplanmäßigen Auszahlung. Unterstellen Sie dabei, dass ein Pflichtnachtrag nicht erforderlich ist.

Lösung:

Die Bereitstellungsverfahren der echten und unechten Deckungsfähigkeit sind nicht zu prüfen, weil der Sachverhalt keine Hinweise auf dazu notwendige Haushaltsvermerke beinhaltet. Ein Pflichtnachtrag scheidet laut Aufgabenstellung aus.

Die überplanmäßige Auszahlung von 500.000 € (laut Sachverhalt wird dieser Betrag benötigt) wäre gemäß § 83 Abs. 1 GO zulässig, wenn sie unabweisbar ist und die Deckung im laufenden Jahr gewährleistet werden kann. Die Unabweisbarkeit liegt vor, weil es wirtschaftlich und bautechnisch nicht vertretbar wäre, die Baumaßnahme wegen der fehlenden Auszahlungsmittel in 2023 für mehr als einen Monat stillzulegen. Die Deckung im laufenden Haushaltsjahr ist dagegen laut Sachverhalt nicht möglich und eine besondere Konstellation zur Abweichung von diesem Grundsatz ist aus dem Sachverhalt nicht erkennbar.

Es fragt sich aber, ob die erforderliche Deckung im laufenden Haushaltsjahr durch eine Deckung im kommenden Haushaltsjahr 2024 gemäß § 83 Abs. 3 GO ersetzt werden kann, weil laut Sachverhalt im nächsten Haushaltsjahr Mittel für die Fortsetzung der Maßnahme vorgesehen sind. Die Voraussetzungen des § 83 Abs. 3 GO, die sämtlich vorliegen müssen, sind wie folgt zu prüfen:

- *Keine Deckung im laufenden Jahr*
  § 83 Abs. 3 GO ist als Ausnahmevorschrift nur anwendbar, wenn im laufenden Jahr keine Deckung vorhanden ist. Dieses ist laut Sachverhalt gegeben.
- *Überplanmäßige Auszahlung*
  Der Mehrbedarf von 500.000 € übersteigt den Planansatz 2023 von 3.000.000 €. Dabei handelt es sich bei Mehrauszahlungen, die die Ermächtigungen im Haushaltsplan übersteigen, um überplanmäßige Auszahlungen.
- *Investition*
  Investitionen sind Auszahlungen für die Veränderung des Anlagevermögens. Die Mehrauszahlung wird laut Sachverhalt für den Bau eines Freibades benötigt. Damit wird das Grundstücksvermögen der Gemeinde G erhöht (Aufbauten sind Grundstücksbestandteile laut § 94 BGB). Grundvermögen zählt zum Anlagevermögen der Gemeinde, sodass die Auszahlungen für den Bau des Freibades der Veränderung des Anlagevermögens (Erhöhung bzw. Vermehrung) dienen und somit Investitionen darstellen.

- *Fortführungsmaßnahme*
  Die Investition muss im folgenden Jahr fortgeführt werden. In der mittelfristigen Planung für das kommende Jahr 2024 sind für den Bau des Freibades weitere 2.000.000 € vorgesehen. Daraus ist ersichtlich, dass die Baumaßnahme nicht in 2023 beendet werden kann, sondern im nächsten Haushaltsjahr fortzusetzen ist.
- *Deckung im kommenden Jahr möglich*
  Die in 2023 nicht vorhandene Deckung muss aber im Haushaltsjahr 2024 möglich sein. Laut Sachverhalt sind für den Freibadbau in 2024 weitere 2.000.000 € vorgesehen. Wird die Baumaßnahme in 2023 nun zügiger als geplant abgewickelt und sind deshalb Haushaltsmittel, die erst für 2024 vorgesehen waren, bereits in 2023 einzusetzen, werden diese zwangsläufig in 2024 nicht benötigt. Es tritt somit in 2024 praktisch eine Ersparnis von 500.000 € für den Bau des Freibades ein. Minderauszahlungen zählen zu den Deckungsmitteln für Mehrauszahlungen, sodass die überplanmäßige Auszahlung von 500.000 € in 2023 aus der Einsparung bei der für 2024 vorgesehenen Auszahlungsposition für das Freibad gedeckt werden kann. Hinweise, dass die Mehrauszahlungen durch Kostensteigerungen verursacht wurden, enthält der Sachverhalt nicht.

Damit sind sämtliche Voraussetzungen des § 83 Abs. 3 GO gegeben, sodass die an sich in 2023 erforderliche Deckung durch Deckungsmittel des Haushaltsjahres 2024 ersetzt wird. Die überplanmäßige Auszahlung für den Bau des Freibades in Höhe von 500.000 € ist somit gemäß § 83 Abs. 1 und 3 GO zulässig.

Sachverhalt Nr. 10
Bei den Aufwendungen für Sach- und Dienstleistungen des Teilergebnisplans 01 (Innere Verwaltung) sind im Sinne des § 83 Abs. 2 GO erhebliche unabweisbare überplanmäßige Aufwendungen am 7. Dezember des Jahres zu leisten, was erst am 5. Dezember festgestellt wird. Eine Einberufung des Gemeinderates ist in diesem Jahr aus terminlichen Gründen nicht mehr möglich. Es tagt lediglich noch der Finanzausschuss am 6. Dezember.

Aufgabe:
Prüfen Sie, wer in welchem Verfahren über die Bewilligung der überplanmäßigen Aufwendungen zu entscheiden hat.

Lösung:
Gemäß § 83 Abs. 2 GO bedarf die Bewilligung einer erheblichen Mehraufwendung der Zustimmung des Rates. Eine solche erhebliche überplanmäßige Aufwendung liegt laut Sachverhalt vor, sodass keine alleinige Entscheidungsbefugnis des Kämmerers – auch keine vorläufige – gegeben ist. Für die Fälle, in denen die Herbeiführung eines Ratsbeschlusses nicht möglich ist, hat die Gemeindeordnung Ersatzentscheidungen vorgesehen. Diese werden allgemein als „Dringlichkeitsentscheidungen" bezeichnet.

Gemäß § 60 Abs. 1 Satz 1 GO kann in Ratsangelegenheiten zunächst der Hauptausschuss entscheiden, wenn sie keinen Aufschub dulden. Dies liegt hier vor, weil die Aufwendungen bzw. Auszahlungen bereits am 7. Dezember, also in zwei Tagen, zu leisten sind und eine Einberufung des Rates bis zu diesem Zeitpunkt nicht möglich ist. Allerdings sieht der Sachverhalt auch keine Sitzung des Hauptausschusses bis zu diesem Termin vor.

Der Finanzausschuss, der noch vor dem Zahlungstermin tagt und gemäß § 59 Abs. 2 GO für Beschlüsse zur Haushaltsausführung zuständig ist, hat jedoch in diesem Fall kein Entscheidungsrecht, da dieser Bereich der Haushaltsausführung gemäß § 83 Abs. 2 GO in die ausschließliche

Zuständigkeit des Rates fällt und die Gemeindeordnung dem Finanzausschuss das Recht der Dringlichkeitsentscheidung vorenthält.

Gemäß § 60 Abs. 1 Satz 2 GO besteht in Fällen äußerster Dringlichkeit[510] aber eine weitere Möglichkeit der Ersatzentscheidung durch den Bürgermeister zusammen mit einem Ratsmitglied. Die Zustimmung zur Bewilligung der überplanmäßigen Aufwendungen wird somit im Wege der Dringlichkeitsentscheidung gemäß § 60 Abs. 1 Satz 2 GO vom Bürgermeister und einem Ratsmitglied erteilt.

Sachverhalt Nr. 11

Bei den Auszahlungen für Baumaßnahmen im Teilfinanzplan der Produktgruppe 02.16 (Gefahrenvorbeugung) sind in 2023 ein Planansatz für investive Auszahlungen von 100.000 € und eine Verpflichtungsermächtigung von 200.000 € für einen Anbau an der Feuerwache Mitte veranschlagt. Im September 2023 will das Hochbauamt nach durchgeführter Ausschreibung den Gesamtauftrag für den geplanten Anbau (Maßnahme ist unabweisbar) in Höhe von 310.000 € vergeben. Nach dem Bauzeitenplan wird damit gerechnet, dass die Bauauszahlungen mit 100.000 € in 2023 und 210.000 € in 2024 anfallen werden. Die im Teilfinanzplan der Produktgruppe 12.01 (Öffentliche Verkehrsflächen) veranschlagten Verpflichtungsermächtigungen von 400.000 € werden nicht in Anspruch genommen.

Aufgabe:

Beurteilen Sie die Zulässigkeit der Auftragsvergabe.

Lösung:

Die Auftragsvergabe wäre zulässig, wenn der Haushaltsplan 2023 entsprechende Ermächtigungen enthalten würde. Der Auszahlungsansatz 2023 ermächtigt zum Vertragsabschluss mit Auszahlungen in 2023 in Höhe von 100.000 €. Insofern kann der Auftragsanteil für 2023 von 100.000 € vergeben werden. Für die vertragliche Bindung von 210.000 € zu Lasten des Haushaltsjahres 2024 werden gemäß § 85 Abs. 1 GO Verpflichtungsermächtigungen in dieser Höhe benötigt. Vorhanden ist jedoch nur eine Verpflichtungsermächtigung von 200.000 €.

Es ist nun zu prüfen, ob die noch benötigten Verpflichtungsermächtigungen von 10.000 € überplanmäßig bereitgestellt werden können. Zulässig sind überplanmäßige Verpflichtungsermächtigungen gemäß § 85 Abs. 1 Satz 2 GO, wenn sie unabweisbar sind und der innerhalb der Haushaltssatzung festgesetzte Gesamtbetrag der Verpflichtungsermächtigungen nicht überschritten wird. Gemäß Sachverhalt handelt es sich um eine unabweisbare Maßnahme. Da im Teilfinanzplan der Produktgruppe 12.01 „Verpflichtungsermächtigungen" in Höhe von 400.000 € nicht benötigt werden, kann die im Teilfinanzplan der Produktgruppe 02.16 zusätzlich benötigte Summe durch diese Einsparung aufgefangen werden. Die Gesamtsumme der Verpflichtungsermächtigungen laut § 3 der Haushaltssatzung der Gemeinde G wird somit nicht überschritten.

Die Bewilligung der überplanmäßigen Verpflichtungsermächtigung ist demnach zulässig, sodass die Auftragsvergabe erfolgen kann.

510 Zur Hauptausschusssitzung kann sicherlich so kurzfristig nicht mehr eingeladen werden.

18.7 Bürgschaften und Gewährverträge

18.7.1 Allgemeines

Bürgschaften und Gewährverträge fallen unter den Oberbegriff der Haftungsverhältnisse. Beim Abschluss solcher vertraglicher Bindungen entstehen zunächst keine Verbindlichkeiten, sodass eine Bilanzierung entfällt. Gem. § 48 Abs. 1 KomHVO sind im Verbindlichkeitenspiegel neben den bilanziell ausgewiesenen Verbindlichkeiten auch unter der Rubrik „Haftungsverhältnisse" nachrichtlich auszuweisen.

Die Bürgschaft ist die Verpflichtung des Bürgen gegenüber dem Gläubiger eines Dritten, für die Erfüllung der Verbindlichkeit des Dritten einzustehen (§ 765 Abs. 1 BGB).

Gewährverträge sind Verträge, durch die die Gemeinde verspricht, für einen bestimmten Erfolg einzutreten, insbesondere für die Gefahr (das Risiko), die dem Vertragsgegner aus irgendeiner Unternehmung künftig erwachsen kann.

Folgendes Beispiel dient der Verdeutlichung:

Beispiel:
Eine gemeindeeigene Wohnungsbaugesellschaft beabsichtigt, ein Wohnheim zur vorübergehenden Unterbringung von Aussiedlern (gemeindliche Aufgabe) zu errichten. Zur teilweisen Finanzierung wird auf der Grundlage eines Förderprogramms ein Kredit der Deutschen Ausgleichsbank benötigt. Nach den Bewilligungsbedingungen der Deutschen Ausgleichsbank hat die Gemeinde die Ausfallbürgschaft für den Kredit zu übernehmen, d. h. sie tritt mit allen Rechten und Pflichten in das Kreditverhältnis ein, wenn die Wohnungsbaugesellschaft nicht zahlungsfähig sein sollte.

In diesem Fall führt ein Privatunternehmen eine gemeindliche Aufgabe durch. Aufgrund der zunehmenden Privatisierung gemeindlicher Leistungen ergibt sich vermehrt die Notwendigkeit für Gemeinden, zur Absicherung der Kreditfinanzierung dieser privatwirtschaftlich geführten Einrichtungen und Unternehmen Bürgschaften zu übernehmen.

Die Bürgschaft kann für eine bestehende, künftige oder bedingte Verbindlichkeit übernommen werden (§ 765 Abs. 2 BGB). Nach § 766 BGB bedarf der Bürgschaftsvertrag der Schriftform (Ausnahme nach § 350 HGB für Kaufleute). Eine selbstschuldnerische Bürgschaft liegt vor, wenn der Bürge auf die Einrede der Vorausklage verzichtet (§ 773 Abs. 1 Ziffer 1 BGB – dabei sind §§ 349, 351 HGB zu beachten).

18.7.2 Voraussetzungen

Eine entsprechende Voraussetzung zur Übernahme von Bürgschaften, Verpflichtungen aus Gewährverträgen und ähnlichen Rechtsgeschäften (§ 87 Abs. 2 und 3 GO) ist die Bestimmung, dass sie nur im Rahmen der gemeindlichen Aufgabenerfüllung übernommen werden dürfen. Diese Beschränkung bringt Probleme mit sich. Da der Begriff „Aufgaben der Gemeinde" nicht festgelegt ist und vor allem auch wegen der Vielzahl der freiwilligen Aufgaben nicht festgelegt werden kann, ist immer im Einzelfall zu entscheiden, ob eine Bürgschaft übernommen werden kann oder nicht (z. B. Bürgschaftsübernahmen für private Unternehmen, Profi-Sportvereine usw.).

Eine weitere formelle Voraussetzung zur Übernahme von Bürgschaften und Verpflichtungen aus Gewährverträgen ist die Anzeige gegenüber der Aufsichtsbehörde im Einzelfall (§ 87 Abs. 2 Satz 2 GO). Die Anzeige muss spätestens einen Monat vor der rechtsverbindlichen Übernahme erfolgen. Nach § 41 Abs. 1 Buchst. o GO gehört die Übernahme von Bürgschaften usw. zur ausschließlichen Entscheidungskompetenz des Rates. Somit ist stets ein Ratsbeschluss erforderlich.

18.7.3 Ausgestaltung von Bürgschaften, Gewährverträgen und anderen Haftungsverhältnissen

Wegen der eventuellen Verpflichtungen aus Haftungsverhältnissen wie Bürgschaftsübernahmen, Gewährverträgen usw. sind die zugrunde liegenden Rechtsgeschäfte (Kreditverträge usw.) hinsichtlich ihrer Konditionen sinngemäß nach den gleichen Kriterien zu untersuchen wie bereits bei den gemeindlichen Krediten beschrieben.[511]

Zu unterscheiden ist zwischen einer selbstschuldnerischen Bürgschaft und einer Ausfallbürgschaft. Bei der selbstschuldnerischen Bürgschaft braucht der säumige Zahlungspflichtige nur einmal erfolglos gemahnt zu werden, bevor der Gläubiger ohne weitere Voraussetzungen an den Bürgen herantreten kann. Dieser muss dann sofort in die Zahlungsverpflichtungen des Schuldners eintreten. Bei einer Ausfallbürgschaft muss der Gläubiger zunächst mit allen Mitteln (bis zur Zwangsvollstreckung) versuchen, seine Zahlung vom Schuldner zu erhalten. Erst wenn der konkrete Schuldnerausfall belegt ist, kann der Bürge in Anspruch genommen werden. Insofern ist der Gemeinde zu empfehlen, ausschließlich Ausfallbürgschaften abzuschließen. Auf der nächsten Seite ist ein Beispiel einer Urkunde für eine Ausfallbürgschaft abgedruckt.

Bürgschaftserklärung
Die Gemeinde G

nachstehend „Bürge“ genannt,

übernimmt hiermit die wie folgt modifizierte Ausfallbürgschaft für den

Sportverein FC Nordstadt in G, Nordstr. 10,

nachstehend „Schuldner“ genannt,

für das von der Sparkasse G, Marktplatz 12, in G

bewilligte Darlehen in Höhe von ***500.000 €***

in Worten: ***fünfhunderttausend Euro***

nebst Zinsen, Verzugsentschädigungen und etwaiger Kosten unter Anerkennung folgender Bedingungen:

1. Der Ausfall gilt als festgestellt, wenn und soweit die Zahlungsunfähigkeit des Schuldners durch Zahlungseinstellung, Eröffnung des Insolvenz- oder Vergleichsverfahrens, Abgabe einer eidesstattlichen Versicherung gemäß § 807 ZPO oder auf sonstige Weise erwiesen ist und aus der Verwertung des sonstigen Vermögens des Schuldners nennenswerte Erlöse nicht mehr zu erwarten sind.

511 Siehe Kap. 15.2.

2. Der Ausfall gilt, auch wenn die Voraussetzungen des vorigen Absatzes nicht vorliegen, in Höhe der noch nicht bezahlten oder beigetriebenen gesamten Darlehensforderung einschließlich Zinsen, Verzugszinsen und -entschädigungen und Kosten als festgestellt, wenn ein fälliger Kapital- oder Zinsbetrag trotz einmaliger schriftlicher Zahlungsaufforderung innerhalb von zwölf Monaten nach Fälligkeit nicht bezahlt worden ist.
3. Die Sparkasse G darf dem Schuldner stillschweigend oder ausdrücklich Stundung erteilen, ohne die Zustimmung des Bürgen einzuholen. §§ 767 Abs. 1 Satz 2, 776 BGB finden keine Anwendung.
4. Alle die Bürgschaft betreffenden Mitteilungen gelten als dem Bürgen zugegangen, wenn sie an seine letzte der Sparkasse G bekannte Anschrift gesandt worden sind.
5. Mit der Unterzeichnung dieser Bürgschaftserklärung bestätigt der Bürge, dass er vom Inhalt des Darlehensvertrages zwischen der Sparkasse G und dem Schuldner Kenntnis genommen und sich von dessen rechtsverbindlicher Unterzeichnung durch den Schuldner überzeugt hat.
6. Nebenabreden, Ergänzungen oder Änderungen dieser Bürgschaftserklärung bedürfen der Schriftform.
7. Erfüllungsort für alle sich aus der Bürgschaftsübernahme ergebenden Ansprüche der Sparkasse G und Gerichtsstand für alle Rechtsstreitigkeiten aus dieser Bürgschaft ist G.

G, den __________ Unterschriften der vertretungsberechtigten Bediensteten

18.7.4 Verbindung zum Haushalt

Unmittelbar hat eine vom Rat beschlossene Bürgschaftsübernahme usw. keine Verbindung zum Haushaltsplan. Eine Veranschlagung im Haushaltsplan als Aufwand (z. B. Bildung einer Rückstellung[512]) ist erforderlich, wenn die Inanspruchnahme der Gemeinde aus dem Haftungsverhältnis zu erwarten ist.

Die Inanspruchnahme aus der Bürgschaft ist als „Sonstiger ordentlicher Aufwand" und als „Sonstige Auszahlung aus laufender Verwaltungstätigkeit") zu erfassen.

Verpflichtungen aus Haftungsverhältnissen sind in dem Teilplan des Produktbereichs anzusiedeln, in dem die „Gemeindliche Aufgabe" zu veranschlagen wäre (z. B. Inanspruchnahme aus einer Bürgschaft für den Bau eines Kindergartens der Kirchengemeinde X im Teilplan des Produktbereichs 06 „Kinder-, Jugend- und Familienhilfe").

Haftungsverhältnisse sind nach § 48 Abs. 1 KomHVO unabhängig davon, ob sie zu bilanzieren sind, nachrichtlich im Verbindlichkeitenspiegel auszuweisen. Die Haftungsverhältnisse sind dabei nach Arten zu gliedern, und es ist für jede Art der Gesamtbetrag der möglichen Verpflichtungen auszuweisen. Der Verbindlichkeitenspiegel ist gem. § 45 Abs. 3 KomHVO eine Pflichtanlage des Anhangs, der nach § 38 Abs. 1 Nr. 5 KomHVO Bestandteil des Jahresabschlusses ist. Er unterliegt damit auch der Veröffentlichungspflicht nach § 96 Abs. 2 GO und der Jahresabschlussprüfung.

512 Siehe hierzu Kap. 10.

18.7.5 Praktisches Beispiel und Übung

Sachverhalt Nr. 13

Die kreisfreie Stadt S hat in den letzten Jahren eine extrem hohe Arbeitslosenzahl zu beklagen. Diese liegt erheblich über dem Landesdurchschnitt. Zum Abbau der Arbeitslosenzahlen bemüht sich die Gemeinde, Betriebe in ihrem Gemeindebereich anzusiedeln. Unter anderem verhandelt sie mit der Firma X, die in einer leerstehenden Lagerhalle einen Zweigbetrieb für die Herstellung von Isolierfenstern eröffnen will. Die Firma macht aber die Eröffnung des Betriebes von der Übernahme einer Bürgschaft durch die Stadt S für einen Kredit in Höhe von 500.000 € abhängig. Dieser Kredit ist für die erheblichen Instandsetzungskosten der Lagerhalle erforderlich. Da die Firma nach den eingeholten Auskünften als sehr solide anzusehen ist, stimmt der Rat der Bürgschaft zu, zumal die Gemeindefinanzen als gut zu bezeichnen sind.

Aufgabe:

Begutachten Sie die Rechtmäßigkeit des Ratsbeschlusses zur Übernahme der Bürgschaft.

Lösung:

Nach § 87 Abs. 2 GO darf eine Gemeinde Bürgschaften nur übernehmen, wenn diese im Rahmen ihrer Aufgabenerfüllung liegen. Es ergibt sich demnach die Frage, ob die im Sachverhalt angesprochene Maßnahme eine Aufgabe der Stadt S darstellt.

Nach § 2 GO sind die Gemeinden in ihrem Gebiet – soweit die Gesetze nicht ausdrücklich etwas anderes bestimmen – ausschließliche und eigenverantwortliche Träger der öffentlichen Verwaltung. Weder Grundgesetz noch Landesverfassung NRW weisen die Förderung der Gewerbeansiedlung in die ausschließliche Kompetenz des Staates. Eine sog. „Kompetenz aus der Natur der Sache“ zugunsten des Staates kann auch nicht angenommen werden. Andere Rechtsnormen, die ausdrücklich eine Förderung im vorstehenden Sinne verbieten, bestehen nicht. Die Kompetenzen der Gemeinde reichen allerdings nur so weit, wie es sich um Angelegenheiten der örtlichen Gemeinschaft (Art. 28 Abs. 2 GG) handelt. Die Übernahme der Bürgschaft muss also im Rahmen der freien Leistungsverwaltung zur Daseinsvorsorge zum gemeindlichen Wirkungskreis i. S. v. § 2 GO zählen.

Ferner darf eine Bürgschaftsübernahme im Einzelfall die durch Gesetz und Recht gezogenen Grenzen nicht überschreiten. Es ist in erster Linie darauf zu achten, für welchen Raum die Maßnahme Wirkung zeigt. Die Stadt S hat laut Sachverhalt extrem hohe Arbeitslosenzahlen. Ihr Bestreben ist es also, diesen Missstand abzubauen, zumal ihr hierdurch unmittelbar und mittelbar erhebliche Kosten entstehen (Sozialhilfeleistungen usw.) und sich ihre Einnahmesituation verschlechtert hat (Minderung des Gemeindeanteils an der Einkommenssteuer, Gewerbesteuer usw.).

Auch wenn die Ansiedlung des Gewerbebetriebes nicht nur auf dem Arbeitsmarkt der Stadt S wirkt, sondern auch auf den der Gemeinden des Umlandes, so ist es dennoch eine Aufgabe der Stadt S. Über den räumlichen Bezug hinaus wird in neuerer Zeit vermehrt auf eine funktionelle Komponente abgestellt. Die unmittelbare Wirtschaftsförderung gehört zum Aufgabenbereich der Gemeinde. Somit kann auch die Übernahme einer Bürgschaft im vorliegenden Sachverhalt als eine Angelegenheit im Rahmen der Aufgabenerfüllung angesehen werden. Bedenken könnten allenfalls erhoben werden, wenn die Übernahme der Bürgschaft die Grenzen des Gebotes der sparsamen und wirtschaftlichen Haushaltsführung (§ 75 Abs. 1 Satz 2 GO) sprengen würde.

In diesem Zusammenhang hat also die Stadt für die Maßnahme möglichst wenig Finanzmittel aufzuwenden (Sparsamkeit). Unter wirtschaftlichen Gesichtspunkten hat sie die Auswirkungen auf andere Maßnahmen und auf die Zukunft zu beachten. Die Übernahme der Bürgschaft führt zunächst einmal nicht zu Auszahlungen. Bei der Solidität der Firma ist das Risiko der Inanspruchnahme gering. Mit Blick auf die gesamte Finanzsituation wird die Förderungsmaßnahme auf Dauer zu Einsparungen im Bereich der Transferaufwendungen (z. B. Sozialhilfe, Arbeitslose finden Beschäftigung) und Mehrerträgen bei den Steuern (Gemeindeanteil an der Einkommen- und Umsatzsteuer, Gewerbesteuer usw.) führen. Ein Verstoß gegen § 75 Abs. 1 Satz 2 GO ist damit ausgeschlossen. Eine Beurteilung aus der gesamten Finanzsituation der Stadt heraus lässt nach der Vorgabe des Sachverhalts den Schluss zu, dass die Wahrnehmung der sonstigen Aufgaben durch diese Maßnahme auch nicht gefährdet ist.

Demnach ist der Ratsbeschluss rechtmäßig.

18.8 Bewirtschaftung eines globalen Minderaufwands

Das 2. NKF-Weiterentwicklungsgesetz hat die Regelung des § 75 Abs. 2 KomHVO derart erweitert, dass im Rahmen der Planung für das Erreichen des fiktiven Haushaltsausgleichs das Instrument des globalen Minderaufwands einbezogen werden kann. Danach kann anstelle oder zusätzlich zur Ausgleichsrücklage ein globaler Minderaufwand als pauschale Kürzung von Aufwendungen bis zu einem Prozent der Summe der ordentlichen Aufwendungen des Ergebnisplans veranschlagt werden, wobei die (später in der Bewirtschaftung) zu kürzenden Teilpläne anzugeben sind. Die Einführung dieses Planungsinstruments führte teilweise zu erheblichen Bedenken hinsichtlich der Abschwächung der aufsichtsbehördlichen Sicherungsmechanismen zur Aufrechterhaltung einer geordneten Haushaltswirtschaft, der Einhaltung der Grundsätze Haushaltswahrheit und Haushaltsklarheit sowie der teilweisen Nichteinhaltung einer getrennten Veranschlagung der Aufwendungen im Sinne des § 11 KomHVO, einer möglicherweise aufschiebenden Wirkung eines erforderlichen frühzeitigen Gegensteuerns durch einwohnerbelastende ertragsbezogene Maßnahmen und der Schwierigkeit, insbesondere bei Haushaltssicherungs- und Haushaltssanierungskommunen, der realen Möglichkeit des Erwirtschaftens des veranschlagten Minderaufwands.

Dementsprechend bedarf es in der Planung bereits einer sorgfältigen Abschätzung des Einsatzes dieses Instruments – hinsichtlich potenzieller Aufwandsminderungen – und der sachgerechten Einschätzung in Bezug auf deren Realisierbarkeit. Von grundlegender Bedeutung ist, hierbei das erforderliche Haushaltsvolumen an Aufwendungen für Pflichtaufgaben und ggf. einer vorhandenen freien Spitze an Haushaltsmitteln für die Finanzierung freiwilliger Aufgaben einzubeziehen. Letztlich ergibt sich auch hier die Frage, ob diese identifizierten Potenziale dann nicht schon sinnvollerweise unmittelbar in die Haushaltsplanung eingepflegt werden könnten.

Weiterhin ergibt sich bei Einsatz dieses Planungsinstruments mit der idealtypischen Einhaltung der Planungsvorgaben für die Verwaltung ggf. eine Rechtfertigungsproblematik in der Bewirtschaftung bzw. Rechnungslegung, wenn der geplante globale Minderaufwand nicht realisiert werden kann. Auch problematisch ist die eingeräumte Bandbreite in der haushaltswirtschaftlichen Planung, wobei es möglich ist, nur den aufwandsminderungspflichtigen Teilplan zu benennen, aber auch bereits in diesem den globalen Minderaufwand als Erweiterung des Teilergebnisses analog zur Darstellung im Ergebnisplan abzubilden. Soweit nur der aufwandsminderungspflichtige Teilplan benannt wird, besteht die Empfehlung, eine betragsmäßige Erläuterung im Vorbericht vorzunehmen. Aufgrund der planungsmäßigen Darstellungsbandbreite ergeben sich hinsichtlich Budgetierung und überplanmäßiger Bewilligung verschiedenste vertretbare Bewirtschaftungsmöglichkeiten

- als vollständige Aufwandsermächtigungen ohne Berücksichtigung des globalen Minderaufwands oder
- als verminderte Aufwandsermächtigungen unter Berücksichtigung des globalen Minderaufwands,

die es zulassen, entstandene Fehlbeträge bzw. erhöhte Fehlbeträge unmittelbar in der Bewirtschaftung darzustellen, bis dahin, diese in den Jahresabschluss zu verlagern.

Positiv ist sicherlich die Erleichterung des Haushaltsausgleichs durch dieses zusätzliche Instrument in der Planung, wobei sich dann allerdings die Problematik des Erreichens des Haushaltsausgleichs in die Bewirtschaftung bzw. Rechnungslegung verlagert.

19. Vermögenswirtschaft und Anlagenbuchhaltung

19.1 Struktur des kommunalen Vermögens

Im Rahmen der Vermögenswirtschaft stellt sich die grundsätzliche Frage einer gemeindlichen Verpflichtung zum Vermögenserhalt. Das Ziel, das bestehende Gemeindevermögen zu erhalten, ist weder in der GO noch in der KomHVO angesprochen. Demgegenüber steht als oberster Grundsatz der Haushaltswirtschaft gemäß § 75 Abs. 1 GO die stetige Aufgabenerfüllung. Dementsprechend stellt das Vermögen nur ein Umsetzungsinstrument der stetigen Aufgabenerfüllung dar. Eine generelle Pflicht zum Erhalt des gemeindlichen Vermögens besteht nicht. Aufwand aus Abschreibungen könnte also auch durch Aufwand aus Miete oder Pacht ersetzt werden. Vielmehr liegt im kommunalen Haushaltsrecht der Schwerpunkt im Bereich der Vermögensfinanzierung, bei der das grundsätzliche Ziel der Erhalt des Eigenkapitals ist. Das Eigenkapital stellt wiederum vereinfacht eine Saldogröße zwischen Vermögenswerten und Schulden sowie Sonderposten dar.

Hinsichtlich des Vermögens knüpft § 34 Abs. 1 KomHVO an den kaufmännischen Vermögensbegriff an, wonach ein Vermögensgegenstand des Anlagevermögens grundsätzlich in die Bilanz aufzunehmen ist, wenn die Gemeinde das wirtschaftliche Eigentum daran innehat und dieser Vermögensgegenstand selbstständig verwertbar ist.

Weiterhin wird im § 34 Abs. 1 KomHVO in Anlehnung zum kaufmännischen Rechnungswesen eine grundlegende Vermögensstrukturierung vorgenommen, wonach im Anlagevermögen nur die Gegenstände auszuweisen sind, die dazu bestimmt sind, dauernd der Aufgabenerfüllung der Gemeinde zu dienen. Im Umkehrschluss ist das Vermögen, das nicht dauernd zur Aufgabenerfüllung bestimmt ist, im Umlaufvermögen auszuweisen.

Für die gemeindliche Vermögenswirtschaft ist insbesondere von Bedeutung, in welcher Form die Planung, Bewirtschaftung und der Abschluss der Vermögensfortschreibung bei den unterschiedlichen Vermögensformen zu erfolgen hat und wo das gemeindliche Vermögen zu bilanzieren ist. Die Vermögenswirtschaft strukturiert sich anhand dieser Kriterien wie folgt:

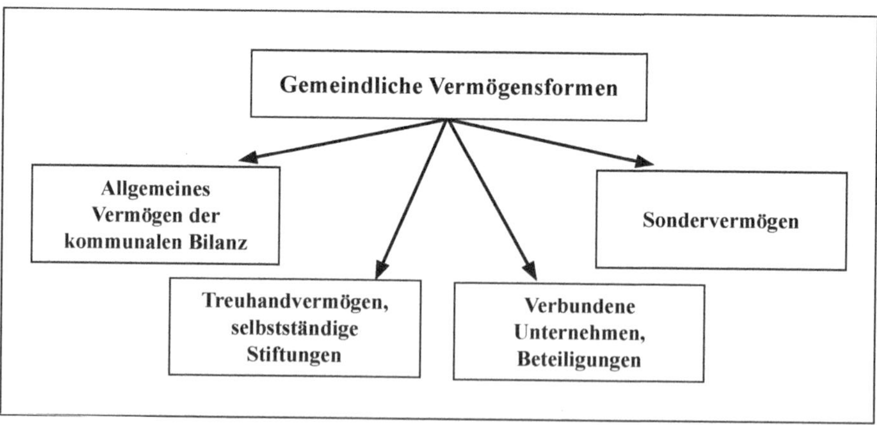

Gemäß der §§ 78 und 79 GO erfolgt die Investitionsplanung und -bewirtschaftung sowie deren Berücksichtigung im Jahresabschluss innerhalb der Rechnungskomponenten Finanzrechnung (Investitionsplanung und Abwicklung der investiven Maßnahmen) und Ergebnisrechnung (z. B. Berücksichtigung des Vermögensverzehrs, Aktivierung von Eigenleistungen), vgl. §§ 1 bis 4 KomHVO. Zur Bilanzierung ist für das gemeindliche Vermögen nach § 91 Abs. 1 GO ein Vermögensverzeichnis[513] (Inventar) zu erstellen, wobei der Wert der einzelnen im wirtschaftlichen Eigentum stehenden Vermögensgegenstände anzugeben ist (Inventar). Dies bedeutet, dass im Rahmen des Grundsatzes der Vollständigkeit grundsätzlich sämtliches Vermögen der Gemeinde zu erfassen und zu bewerten ist, es sei denn, dass dieser Grundsatz durch speziellere Regelungen eingeschränkt wird.

Aufgrund der allgemeinen Systematik des doppischen Rechnungswesens ist das erstellte Inventar die Grundlage für die Bilanzerstellung. Die Bilanz ist nach § 38 Abs. 1 Nr. 4 KomHVO pflichtiger Bestandteil des Jahresabschlusses. Die einzelnen Bestandskonten der Bilanz sind aufgrund der allgemeinen Systematik des doppischen Rechnungswesens Grundlage der Vermögensbewirtschaftung.[514]

Das allgemeine Vermögen der kommunalen Bilanz ist im spezielleren Kap. 10 dargestellt und wird an dieser Stelle daher nicht weiter betrachtet.

19.2 Sondervermögen, Treuhandvermögen und rechtlich selbstständige örtliche Stiftungen

19.2.1 Inhaltliche Abgrenzung

Abweichend vom allgemeinen Vermögen bestehen für die besonderen Vermögensformen „Sondervermögen", „Treuhandvermögen" und rechtlich selbstständige örtliche Stiftungen der Gemeinden eigenständige Vorschriften in den §§ 97 bis 100 GO. Diese eigenständigen Vorschriften begründen sich im Charakter dieser Vermögensformen. Dieser wird beim Sondervermögen dadurch bestimmt, dass es sich um Mittel und Gegenstände handelt, die zur Erfüllung bestimmter Zwecke vom Haushalt der Gemeinde abgesondert oder von einem Dritten an die Gemeinde für einen bestimmten Zweck übereignet worden oder durch sonstige Rechtsakte unter Zweckbindung auf die Gemeinde übergegangen sind.[515] Aus dieser Definition ist klar ersichtlich, dass das Sondervermögen vom allgemeinen Vermögen des kommunalen Haushaltes zu trennen und gesondert zu behandeln ist.

Beim Treuhandvermögen und den rechtlich selbstständigen örtlichen Stiftungen kommt hinzu, dass diese nach besonderem Recht eigenständige Vermögensmassen darstellen, deren Planung, Bewirtschaftung und Rechnungslegung eine in sich abgeschlossene Darstellung erfordern.

Damit ergibt sich für die besonderen Vermögensformen „Sondervermögen", „Treuhandvermögen" und rechtlich selbstständige örtliche Stiftungen je nach Art entweder eine grundsätzliche Trennung *innerhalb* der gemeindlichen Haushaltspläne oder *von* den gemeindlichen Haushaltsplänen.

Abzugrenzen sind die besonderen Vermögensformen „Sondervermögen", „Treuhandvermögen" und rechtlich selbstständige örtliche Stiftungen von den rechtlich selbstständigen verbundenen Unternehmen und Beteiligungen, die nicht den Bestimmungen der Haushaltswirtschaft unterliegen.[516]

513 Dieses Vermögensverzeichnis wird in der Praxis durch eine Anlagenbuchhaltung erstellt, in der sämtliche Vermögensgegenstände einzeln erfasst und bewertet werden.

514 Eine Einzelerfassung und -bewertung innerhalb der Bilanz auf einzelnen Konten stellt sich in der buchhalterischen Praxis als schwierig dar. In der Regel liegt die Aufgabe der laufenden unterjährigen Abbildung der Ergebnisse und Maßnahmen der Vermögensbewirtschaftung bei einer Anlagenbuchhaltung.

515 *Scheel/Steup/Schneider/Lienen*, Gemeindehaushaltsrecht Nordrhein-Westfalen, 5. Aufl., Köln 1997, Erl. 1 zu § 95 GO kameral.

516 In Kap. 19.6 erfolgt eine eigene Darstellung zu diesen Vermögensformen.

19.2.2 Gemeindegliedervermögen

Nach § 97 Abs. 1 Ziffer 1 GO gehört das Gemeindegliedervermögen zum Sondervermögen. Das Gemeindegliedervermögen unterliegt gemäß § 97 Abs. 2 GO den Vorschriften über die Haushaltswirtschaft. Allerdings ist die Bewirtschaftung dieses Sondervermögens im Haushaltsplan der Gemeinde gesondert nachzuweisen. Rechtlich gesehen steht das Gemeindegliedervermögen nach § 99 Abs. 1 GO nicht der Gemeinde, sondern sonstigen Berechtigten zu, ohne allerdings Privatvermögen zu sein. Diese besondere rechtliche Konstruktion ergibt sich aus alten Rechtsvorschriften oder Gewohnheit. Das Vermögensrecht steht nicht allen Einwohnern, sondern nur bestimmten Gruppen zu. Diese Art Sondervermögen ist aus der geschichtlichen Entwicklung zu betrachten und kommt heute nur noch selten vor. Beispiel dafür können auf Grundeigentum lastende Nutzungsberechtigungen wie Wald- und Weidegerechtsamkeiten sein, die aufgrund alter Ortsstatuten oder sonstiger Vereinbarungen noch bestehen. Durch diese Regelung ist die Gemeinde zur Verwaltung des Gemeindegliedervermögens gezwungen.

Gemeindegliedervermögen darf gem. § 99 Abs. 2 Satz 1 GO nicht in das Privatvermögen der Nutzungsberechtigen übergehen. Vielmehr ist es gemäß § 99 Abs. 2 Satz 2 GO nur zulässig, dass Gemeindegliedervermögen in freies Gemeindevermögen umgewandelt werden kann. Die bisher Berechtigten sind hierbei zu entschädigen. Von dieser Möglichkeit sollten die Gemeinden verstärkt Gebrauch machen, zumal die Bewirtschaftungsform des Gemeindegliedervermögens in der heutigen Zeit wohl kaum noch zu rechtfertigen ist. Deshalb erklärt § 99 Abs. 3 GO ausdrücklich den umgekehrten Fall der Umwandlung von Gemeindevermögen in Gemeindegliedervermögen für unzulässig.

19.2.3 Vermögen der rechtlich unselbstständigen örtlichen Stiftungen

§ 100 Abs. 1 Satz 1 GO definiert die inhaltlichen Komponenten der örtlichen Stiftungen. Diese gelten sowohl für die rechtlich unselbstständigen als auch für die rechtlich selbstständigen Stiftungen. Hiernach gründen sich örtliche Stiftungen auf Privatrecht. Nach dem Willen des Stifters werden diese

- von der Gemeinde verwaltet und
- dienen überwiegend örtlichen Zwecken.

Für die örtlichen Stiftungen ist außerdem das Stiftungsgesetz für das Land NRW (StiftG NRW) vom 21.1.1977 (GV. NRW. S. 274 in der derzeit geltenden Fassung) zu beachten, welches das Stiftungsverfahren näher beschreibt. In diesem Zusammenhang ist auch die Regelung des § 100 Abs. 1 Satz 2 GO näher zu betrachten. Diese legt fest, dass die örtlichen Stiftungen grundsätzlich nach den Regelungen der GO zu verwalten sind, soweit nicht durch Gesetz oder Stifter etwas anderes bestimmt ist. Im Rahmen der Übernahme der Stiftungsverwaltung sollte daher auf derartige besondere Bestimmungen des Stifters geachtet werden. Sollte dieser beispielsweise bestimmt haben, dass sein Stiftungsvermögen nach den Grundsätzen der Kameralistik zu führen ist, benötigt die Gemeinde für die Rechnungsführung ein abweichendes eigenständiges Rechnungswesen.

Die Regelungen der GO gehen generell davon aus, dass es sich um Stiftungen Dritter handelt, die von der Gemeinde verwaltet werden. Will die Gemeinde aus ihren Mitteln oder ihrem Vermögen selbst Stiftungen einrichten oder sich an Stiftungen beteiligen, darf dies gemäß § 100 Abs. 3 GO nur im Rahmen der Aufgabenerfüllung der Gemeinde erfolgen, und auch nur dann, wenn der mit der Stiftung verfolgte Zweck nicht auf andere Weise erreicht werden kann. Insofern kann die Aufgabenerledigung in Form einer Stiftung nur eine Ausnahme sein.

Das Vermögen der rechtlich unselbstständigen Stiftungen ist gemäß § 97 Abs. 2 Sätze 1 und 2 GO immer im gemeindlichen Haushaltsplan gesondert als eigener Teilplan[517] sowie im Jahresabschluss nachzuweisen, wobei die Vorschriften über die Haushaltswirtschaft (8. Teil, §§ 75 bis 96 GO) Anwendung finden.

Für die Bilanzierung des Sondervermögens ist ein spezieller Bilanzposten im Bereich der Finanzanlagen vorgesehen. Inhaltlich ist hierzu ergänzend anzumerken, dass für unselbstständiges Stiftungsvermögen aufgrund der treuhänderisch zu verwaltenden Vermögensmasse eine gewisse organisatorische Eigenständigkeit besteht. Beispielsweise darf für unselbstständige Stiftungen keine Deckungsfähigkeit zu originären Teilplänen der Verwaltung hergestellt werden. Die unselbstständigen Stiftungen wurden auch in der Kameralistik als Sonderrechnungen geführt, wobei Einnahmeüberschüsse stets der Vermögensmasse des Sondervermögens zuzurechnen waren.

Ergeben sich im Rahmen der Bewirtschaftung der rechtlich unselbstständigen örtlichen Stiftung durch die Gemeinde grundlegende Änderungserfordernisse wie die Umwandlung des Stiftungszwecks und Zusammenlegungs- oder Aufhebungserfordernisse, liegt gem. § 100 Abs. 2 GO dieses Gestaltungsrecht bei der Gemeinde. Die Änderungen bedürfen jedoch der Genehmigung der Aufsichtsbehörde.

19.2.4 Eigenbetriebe und eigenbetriebsähnliche Einrichtungen[518]

Bestimmte Teile des Finanzanlagevermögens werden lediglich in der kommunalen Bilanz in Form des fortgeschriebenen Anschaffungswertes[519] ausgewiesen. Planung, Bewirtschaftung und Abschluss der Vermögensfortschreibung erfolgen dagegen im Rahmen eines eigenständigen Rechnungswesens nach der Eigenbetriebsverordnung (EigVO). Nach § 27 EigVO ist auch eine Anwendung der Vorschriften der KomHVO für die Wirtschaftsführung und das Rechnungswesen entsprechend der kommunalen Vorgaben zulässig.

Zudem unterliegen die rechtlich unselbstständigen, aber organisatorisch selbstständigen Eigenbetriebe und eigenbetriebsähnlichen Einrichtungen nach § 97 Abs. 3 GO zusätzlich einigen Vorschriften über die Haushaltswirtschaft nach der GO. Sinngemäß sind danach anzuwenden:

- Sicherung der stetigen Aufgabenerfüllung (§ 75 Abs. 1 GO),
- Wirtschaftlichkeit, Effizienz und Sparsamkeit (§ 75 Abs. 1 GO),
- Einbindung in die Erfordernisse des gesamtwirtschaftlichen Gleichgewichts (§ 75 Abs. 1 GO),
- Ausgleich des Wirtschaftsplans in Plan und Rechnung – Gesamtbetrag der Erträge mindestens so hoch wie der Gesamtbetrag der Aufwendungen (§ 75 Abs. 2 Sätze 1 u. 2 GO),
- Sicherstellung der Liquidität einschl. der Finanzierung (§ 75 Abs. 6 GO),
- Verbot der Überschuldung – Überschuldung gleich Aufbrauchen des Eigenkapitals (§ 75 Abs. 7 GO),

517 Hierfür werden buchungstechnisch eigene Buchhaltungskreise bzw. Rechnungskreise gebildet.

518 Eigenbetriebsähnliche Einrichtungen sind gemeindlich organisatorisch verselbstständigte bilanzierende Einrichtungen, die gem. § 107 Abs. 2 GO nicht wirtschaftlich tätig sind.

519 Grundsätzlich wird der Vermögenswert im Rahmen der Anschaffung einmalig in die Bilanz eingestellt. Eine Fortschreibung kann bspw. nur durch besondere Sachverhalte wie außerplanmäßige Abschreibungen, durch nachträgliche Anschaffungskosten oder Zuschreibungen bei der Finanzanlage erfolgen.

- Mittelfristige Ergebnis- und Finanzplanung (§ 84 GO),
- Eingehen von Verpflichtungen zur Leistung von Auszahlungen (§ 85 GO),
- Kreditaufnahmen (§ 86 GO),
- Bestellung von Sicherheiten und Übernahme von Gewährleistung für Dritte (§ 87 GO),
- Bildung von Rückstellungen (§ 88 GO),
- Sicherstellung der Liquidität (§ 89 GO),
- Umgang mit Vermögensgegenständen (§ 90 GO),
- Festlegung der Bewertung im Rahmen der Eröffnungsbilanzierung auf „vorsichtig geschätzte Zeitwerte" (§ 92 Abs. 2 GO)[520],
- Berichtigung der Eröffnungsbilanz (§ 92 Abs. 5 GO)[521],
- Rahmenbedingungen für Finanzbuchhaltung, Übertragung der Finanzbuchhaltung (§§ 93, 94 GO),
- Feststellung des Jahresabschlusses und Entlastung durch den Rat (§ 96 GO).

In der kommunalen Praxis bestehen überwiegend eigenbetriebsähnliche Einrichtungen (z. B. Kulturbetriebe oder Hilfsbetriebe zur Deckung des Eigenbedarfs aus den Bereichen Gebäudemanagement oder EDV). Ein Beispiel für Eigenbetriebe sind die kommunalen Stadtwerke. In der Praxis werden Stadtwerke jedoch vielfach nicht mehr als Eigenbetrieb, sondern in einer privatrechtlichen Gesellschaftsform (z. B. als GmbH) geführt.

19.2.5 Rechtlich unselbstständige Versorgungs- und Versicherungseinrichtungen

Rechtlich unselbstständige Versicherungs- und Versorgungseinrichtungen im Eigentum der Gemeinde sind gemäß § 97 Abs. 1 Nr. 4 GO als Sondervermögen zu behandeln. Beispiele für solche rechtlich unselbstständigen Versorgungs- und Versicherungseinrichtungen sind Zusatzversorgungskassen, Eigenunfallversicherungen oder Viehseuchenkassen.

§ 97 Abs. 4 GO räumt den Gemeinden analog der Regelung für Eigenbetriebe im § 97 Abs. 3 GO für rechtlich unselbstständige Versorgungs- und Versicherungseinrichtungen ein Wahlrecht für deren Wirtschaftsführung und Rechnungswesen ein. Danach können Wirtschaftsführung und Rechnungswesen nach den geltenden Vorschriften der Eigenbetriebe sinngemäß angewendet werden, wobei die in § 97 Abs. 3 GO genannten Vorschriften des achten Teils der GO zur Haushaltswirtschaft zu berücksichtigen sind.[522] Aus § 27 EigVO wiederum ergibt sich alternativ die Anwendung der Vorschriften der Kommunalhaushaltsverordnung[523].

---

520 Durch die Neufassung der GO wurde der § 92 GO von sieben auf fünf Absätze reduziert; bis zur Neufassung vom 18.12.2018 regelte der § 92 Abs. 3 GO die Bewertung im Rahmen der Eröffnungsbilanz. Diese Regelung befindet sich nunmehr im § 92 Abs. 2 GO. Die jetzige Regelung des § 92 Abs. 3 GO regelt die Prüfung der Eröffnungsbilanz durch die örtliche Prüfung. Es ist davon auszugehen, dass die bisherige Verweisregelung des § 97 Abs. 3 GO inhaltlich unverändert bleiben sollte, sodass hier eine Änderung der GO erforderlich ist.

521 Auch hier wurde im § 97 GO die Veränderung des § 92 GO nicht nachvollzogen, da ein Absatz 7 im § 92 GO nicht mehr vorhanden ist; auch hier ist eine Änderung der GO erforderlich.

522 Siehe hierzu das vorherige Kap. 19.2.4.

523 Hier hat das für Kommunales zuständige Ministerium bisher versäumt, eine Anpassung der Bezeichnung von „GemHVO" auf „KomHVO" herbeizuführen.

19.2.6 Treuhandvermögen und rechtlich selbstständige örtliche Stiftungen

Beim Treuhandvermögen sowie bei rechtlich selbstständigen örtlichen Stiftungen hat die Gemeinde eine Vermögensmasse nach besonderem Recht treuhänderisch zu verwalten. „Treuhänderisch" bedeutet, dass die Gemeinde die verwaltete Vermögensmasse eigenständig ausweisen muss, in der Verwaltung bzw. Verfügung des Vermögens eingeschränkt ist, diese nach außen besonders dokumentieren muss und darum nur „Treuhänder", nicht etwa uneingeschränkter wirtschaftlicher Eigentümer der Vermögensmasse ist.

Dementsprechend hat die Gemeinde nach § 98 Abs. 1 Satz 1 GO besondere Haushaltspläne aufzustellen und Sonderrechnungen zu führen. Die Vorschriften des § 75 Abs. 1, Abs. 2 Sätze 1 und 2, Abs. 6 und 7, der §§ 78 bis 80, 82 bis 87, 89, 90, 93 und 94 sowie § 96 Abs. 1 GO sind hierbei sinngemäß anzuwenden, soweit nicht Vorschriften des Stiftungsgesetzes entgegenstehen. Allerdings tritt an die Stelle der Haushaltssatzung der Beschluss über den Haushaltsplan; des Weiteren kann von der öffentlichen Bekanntmachung nach § 80 Abs. 3 GO und Auslegung nach § 80 Abs. 6 GO abgesehen werden.

Als Ausnahme hiervon kann nach § 98 Abs. 2 GO unbedeutendes Treuhandvermögen auch im Haushalt der Gemeinde gesondert nachgewiesen werden.

Die Erscheinungsformen der Treuhandschaft sind vielfältig. Ein denkbares Beispiel ist der Erwerb eines Grundstücks durch einen Entwicklungsträger als Treuhänder einer Gemeinde; ein Beispiel für selbstständige rechtliche Stiftungen sind Familienstiftungen.

19.2.7 Zusammenfassung

Zusammenfassend ist festzustellen, dass sich für die Vermögensarten des Sonder-vermögens, Treuhandvermögens und der rechtlich selbstständigen örtlichen Stiftungen drei Strukturformen hinsichtlich der Haushalts- und Wirtschaftsführung ergeben.

Die beiden Sondervermögensarten „Gemeindegliedervermögen" und „Vermögen der rechtlich unselbstständigen örtlichen Stiftungen" unterliegen den Vorschriften über die Haushaltswirtschaft, wobei diese im Haushaltsplan, in der Bewirtschaftung und im Jahresabschluss als eigenständige Vermögensmassen gesondert nachzuweisen sind.

Dagegen wird für die Sondervermögensarten „Eigenbetriebe", „eigenbetriebsähnliche Einrichtungen" sowie die rechtlich unselbstständigen Versicherungs- und Versorgungseinrichtungen den Gemeinden das Wahlrecht einer kaufmännischen Wirtschafts- und Rechnungsführung nach EigVO eingeräumt. Die alternative Form der Wirtschafts- und Rechnungsführung nach den Vorschriften der Kommunalhaushaltsverordnung ergibt sich aus § 27 EigVO. Zentrale haushaltswirtschaftliche Regelungen des achten Teils der GO gelten nach § 97 Abs. 3[524] und 4 GO auch bei einer Wirtschafts- und Rechnungsführung nach EigVO.[525]

---

524 Durch die Neufassung der GO wurde der § 92 GO von sieben auf fünf Absätze reduziert; die Verweise im § 97 Abs. 3 GO sind nicht an diese Neufassung angepasst worden und demnach inhaltlich nicht zutreffend.

525 Die kaufmännische Buchführung (nach grundsätzlicher Vorgabe EigVO) vollzieht sich in der Abwicklung sicherlich weniger aufwendig, da zusätzliche Rechnungselemente des NKF wie Finanzrechnung und die Produktstruktur nicht einzubeziehen sind. Andererseits ist die Inanspruchnahme des Wahlrechts aus § 27 EigVO im Rahmen der Einheitlichkeit des Rechnungswesens und als Vorstufe einer Konsolidierung von Vorteil. Letztlich liegt es bei jeder Gemeinde, die Vor- und Nachteile aus diesem Wahlrecht zu gewichten und hieraus die Entscheidung über eine Inanspruchnahme des Wahlrechts herzuleiten.

Für den treuhänderischen Bereich der rechtlich selbstständigen örtlichen Stiftungen und der Treuhandvermögen sind besondere Haushaltspläne aufzustellen und Sonderrechnungen zu führen.

19.3 Erwerb und Veräußerung von Vermögen

19.3.1 Abbildung im Rechnungswesen

Die Abbildung von Vorgängen der Vermögenswirtschaft beschränkt sich nicht auf die Finanzrechnung, sondern berührt alle drei Komponenten des kommunalen Rechnungswesens. Dies wird besonders deutlich im Rahmen der Vermögensveräußerung. Eine Veräußerung zum Buchwert des Vermögensgegenstandes stellt die Ausnahme dar. Vielmehr würde es nach kaufmännischer Vorgehensweise Erträge (bei einem Verkaufspreis über Buchwert) oder Aufwendungen (bei Veräußerung unter Buchwert) bei der Veräußerung von Vermögen geben. Die Entstehung dieser Erträge bzw. Aufwendungen wird durch die Regelung des § 44 Abs. 3 KomHVO i. V. m. § 39 Abs. 3 KomHVO nur noch nachrichtlich erfasst, wobei diese Erträge und Aufwendungen aus dem Abgang und der Veräußerung von Vermögensgegenständen nach § 90 Abs. 3 Satz 1 GO[526] sowie aus Wertveränderungen von Finanzanlagen unmittelbar mit der allgemeinen Rücklage zu verrechnen sind. Die Verrechnungen sind im Anhang zu erläutern. Inhaltlich eröffnet diese Regelung umfassende Möglichkeiten der Bilanzgestaltung bzw. der Gestaltung des Haushaltsausgleichs. Dies könnte zu nicht gewünschten haushaltswirtschaftlichen Fehlentwicklungen führen. Ein Beispiel könnten Veräußerungsgeschäfte mit Tochterunternehmen sein, wobei Vermögensgegenstände unter Buchwert an die Tochterunternehmen aufwandsneutral veräußert werden, die Töchter mit einer Weiterveräußerung allerdings Erträge erzielen, so dass ggf. Zuwendungsbedarfe durch die Gemeinde reduziert werden könnten oder Gewinnabführungen sich erhöhen.

Mit Blick auf diese Potentiale der Ergebnisgestaltung erscheint die weitere Problematik der buchhalterischen Abwicklung der Verrechnung mit der Allgemeinen Rücklage eher nachrangig. Eine unmittelbare Buchung in das Bestandskonto ist bei einem höheren Buchungsvolumen kritisch zu sehen, so dass diesbezüglich eine transparentere Buchungsstruktur zur Anwendung kommen muss.

19.3.2 Erwerb von Vermögen

Gemäß § 90 Abs. 1 GO soll die Gemeinde Vermögensgegenstände nur erwerben, wenn dies zur Erfüllung ihrer Aufgaben erforderlich ist oder wird. Durch diese Regelung wird die Vorrangigkeit des Grundsatzes der Aufgabenerfüllung konkret betont, der gemäß § 75 Abs. 1 GO das gesamte Haushaltsrecht durchzieht.

Die typischen Vermögenserwerbe sind der unmittelbaren bzw. sofortigen Aufgabenerfüllung zuzuordnen. So kauft die Gemeinde z. B. ein Feuerwehrfahrzeug zur Sicherstellung des Brandschutzes oder erwirbt Aktien, um die Elektrizitätsversorgung für das Gemeindegebiet mitzugestalten. Im Rahmen der zeitlichen Komponente müssen Vermögenserwerb und Aufgabenerfüllung jedoch nicht immer übereinstimmen. So ist es durchaus zulässig, bereits jetzt ein Grundstück zu erwerben, um darauf in etwa zehn Jahren eine Schule zu errichten. Insofern tritt

526 Das Erfordernis eines Verweises auf § 90 Abs. 3 Satz 1 GO und die damit beabsichtigten Auswirkungen sind nicht erklärbar, da es keinen erkennbaren Differenzierungsbedarf gibt. Normalerweise unterliegen bzw. unterlagen alle Vermögensgegenstände einer gemeindlichen Zwecksetzung und somit der Erfüllung ihrer Aufgaben.

der Grundsatz der Wirtschaftlichkeit, Effizienz und Sparsamkeit nach § 75 Abs. 1 Satz 2 GO hinzu, der solche gezielten Vorratskäufe rechtfertigt.

Aber auch der Vermögenserwerb für einen derzeit nicht absehbaren Verwendungszweck kann durchaus nach § 90 Abs. 1 GO vertretbar sein. Dazu gehören u. a. Grundstückskäufe ohne direkte Aufgabenzuordnung, z. B. die Bodenbevorratung für spätere Bauten oder gar zur Verwendung als Tauschgrundstück, um andere Grundstücksflächen später leichter erwerben zu können. Auch diese Vermögenserwerbe dienen der Aufgabenerfüllung der Gemeinde, so dass daran die Breite des Begriffes recht deutlich wird. Kriterium für die Verwendung ist die Absehbarkeit des Vermögenseinsatzes im Rahmen der Erfüllung gemeindlicher Aufgaben.

Hinzu kommt, dass öffentliche Aufgaben außerhalb der Pflichtaufgaben von den Gemeinden selbst bestimmt werden, so dass die Erwerbsgründe recht unterschiedlich sind und somit die Erwerbsarten nicht normiert werden können. Hat sich eine Gemeinde z. B. zur Aufnahme des Betriebs eines Museums entschlossen, gehört der Erwerb von kostspieligen Gemälden zu den gemeindlichen Aufgaben. Bei einer Gemeinde ohne diese Aufgabenart wäre die Anschaffung solcher Gemälde gemäß § 90 Abs. 1 GO nicht vertretbar, erst recht nicht zur Ausschmückung von Diensträumen.

Wenn auch der § 90 Abs. 1 GO eine „Soll-Vorschrift" darstellt, findet hier doch eine kaum zu überbietende Verdichtung zu einer „Muss-Regelung" statt, weil ein Vermögenserwerb außerhalb der Aufgabenerfüllung der Gemeinde zwar als begründeter Ausnahmefall möglich wäre, jedoch am Grundsatz der Wirtschaftlichkeit, Effizienz und Sparsamkeit scheitert. Eine weite Auslegung der Normierung des § 90 Abs. 1 GO bietet sich deshalb nur insoweit an, als die Aufgabenerfüllung selbst einen dehnbaren Begriff darstellt.

Im Rahmen der Festlegung von Wertgrenzen für Investitionsvolumen durch den Rat soll gem. § 13 Abs. 1 KomHVO im Vorfeld einer diese Grenze übersteigenden Investition ein Wirtschaftlichkeitsvergleich unter den in Betracht kommenden Möglichkeiten stattfinden. Zumindest hat ein Vergleich der Investitionsalternativen anhand der Anschaffungs- oder Herstellungskosten unter Einbeziehung der Folgekosten zu erfolgen. Für den Bereich der Baumaßnahmen müssen gem. § 13 Abs. 2 KomHVO zunächst Baupläne, Kostenberechnungen und Erläuterungen vorliegen, aus denen die Art der Ausführung einschließlich der Einrichtungskosten sowie der Folgekosten ersichtlich ist. Außerdem ist ein Bauzeitplan beizufügen. Des Weiteren müssen die Unterlagen auch die voraussichtlichen Jahresauszahlungen unter Angabe der Kostenbeteiligung Dritter und die für die Dauer der Nutzung entstehenden jährlichen Haushaltsbelastungen ausweisen. Unterschreitet eine Investition die vom Rat festgelegte Wertgrenze, muss hierfür gem. § 13 Abs. 3 KomHVO mindestens eine Kostenberechnung vorliegen.

Die Entscheidung über den Erwerb von Vermögensgegenständen hat der Rat der Gemeinde zu fällen, sofern es sich nicht um Geschäfte der laufenden Verwaltung handelt. Diese Entscheidungen unterliegen gemäß § 41 Abs. 3 GO der Zuständigkeit des Bürgermeisters. Allerdings besteht hierbei die Möglichkeit, solche laufenden Geschäfte ganz oder teilweise Ausschüssen zu übertragen. Von dieser Möglichkeit wird in der Praxis regelmäßig insofern Gebrauch gemacht, als die Wertgrenze für die Entscheidungen des Rates sehr hoch angesetzt wird, so dass Entscheidungsspielräume sowohl für Ausschüsse als auch für den Bürgermeister verbleiben. Hauptausschuss und Fachausschüsse kommen so zu Entscheidungskompetenzen. Dabei ist zu beachten, dass gemäß § 37 Abs. 1 Buchst. a und b GO den Bezirksvertretungen in den kreisfreien Städten bestimmte Entscheidungen über Vermögenserwerbe (z. B. bei Schulen, Sportplätzen, Grün- und Parkflächen) nicht zugunsten anderer Ausschüsse entzogen werden können. Deshalb haben Bezirksvertretungen ein vorrangiges Entscheidungsrecht über Vermögenserwerbe, soweit sie nicht dem Rat der Gemeinde entscheidungstechnisch zugeordnet sind.

19.3.3 Veräußerung von Vermögen

Die Veräußerung von Vermögen stellt auf die Rechtsübertragung von Gegenständen (Übereignung oder Abtretung) ab, sodass die Art des Verfügungsgeschäftes (Kauf, Schenkung oder Tausch), aber auch der Bilanzierungsgrundsatz des wirtschaftlichen Eigentums unerheblich ist. Maßgeblich ist, dass die Gemeinde mit der Veräußerung das rechtliche Eigentum am Vermögensgegenstand verliert. Die Vermögenssubstanz der Gemeinde wird abgebaut, sodass § 90 Abs. 3 GO die Veräußerung nur zulässt, wenn der Vermögensgegenstand in absehbarer Zeit nicht benötigt wird. Wenn die Gemeinde nicht mit einer äußerst hohen Gewissheit ausschließen kann, dass der Vermögensgegenstand nicht noch einmal zur Aufgabenerfüllung benötigt wird, darf sie ihn nicht veräußern. Wenn z. B. eine Gemeinde beabsichtigt, evtl. in zehn Jahren auf einem Grundstück eine Schule zu errichten, darf sie das Grundstück nicht verkaufen. Dies entspricht wiederum der bereits beim Vermögenserwerb festgestellten absoluten Vorrangigkeit der Aufgabenerfüllung.

Andererseits ergibt sich aus § 90 Abs. 3 GO für die Gemeinde keine Veräußerungsverpflichtung, wenn der Vermögensgegenstand nicht mehr benötigt wird. Die Gemeinde kann die einmal erworbenen Vermögensgegenstände auch ohne konkreten Aufgabenbezug vorhalten. Eine Veräußerungspflicht kann sich allerdings durch den Grundsatz der Wirtschaftlichkeit (§ 75 Abs. 1 GO) ergeben. So darf beispielsweise ein nicht benötigtes Gebäude nicht mehr im Vermögensbestand gehalten werden, wenn die Unterhaltungs- und Betriebskosten für das Gebäude die Erträge übersteigen.

Vermögensgegenstände dürfen gemäß § 90 Abs. 3 Satz 2 GO in der Regel nur zu ihrem vollen Wert veräußert werden. Dabei handelt es sich um den jeweiligen Zeitwert und nicht um frühere Anschaffungsbeträge. Der Begriff des Zeitwertes umfasst auch durchaus außergewöhnliche Wertsteigerungen wie z. B. Planungsgewinne, welche die Gemeinde wie jeder andere nutzen darf. Der mögliche Verkaufserlös ergibt sich somit immer am Markt aus dem Verhältnis zwischen Angebot und Nachfrage. Beim Immobilienvermögen kann der Zeitwert durch die öffentlich-rechtlichen Gutachterausschüsse der Kreise und kreisfreien Städte festgestellt werden.

Eine ausgezeichnete Definition des Begriffes „voller Wert“ enthält Ziff. 1 VV zu § 62 LHO:

> *„Der volle Wert[527] […] wird durch den Preis bestimmt, der im gewöhnlichen Gebrauch nach der Beschaffenheit des Gegenstandes bei einer Veräußerung zu erzielen wäre; dabei sind alle Umstände, die den Preis beeinflussen, nicht jedoch ungewöhnliche oder persönliche Verhältnisse, zu berücksichtigen. Ist der Marktpreis feststellbar, bedarf es keiner besonderen Wertermittlung.“*

Allerdings wird die Veräußerung zum vollen Wert durch § 90 Abs. 3 Satz 2 GO nur zur Regel erhoben. Damit trägt das Gesetz der Tatsache Rechnung, dass der Markt nicht immer einen Verkaufserlös des Gegenstandes zum Zeitwert zulässt. So ergibt sich beispielsweise für die Gemeinde beim Verkauf eines gebrauchten Abfallbeseitigungsfahrzeuges als erzielbarer Ertrag nur der halbe Restbuchwert, weil am Markt nur eine geringe Bereitschaft zur Abnahme dieser Fahrzeugart besteht und im Rahmen der Marktmechanismen die wenigen Nachfrager den Preis senken können.

Andererseits kann die Wahrnehmung einer öffentlichen Aufgabe bewusst die Veräußerung eines Vermögensgegenstandes unterhalb des Zeitwertes erfordern, eventuell sogar durch eine unentgeltliche Vermögensübertragung.

---

527 Es besteht eine öffentliche Anbietungspflicht, um den vollen Wert zu ermitteln.

Beispiel:
Innerhalb der Grenzen eines Bebauungsplanes für Ein- und Zweifamilienhäuser besitzt die Stadt S mehrere entsprechend bebaubare Grundstücke. Aufgrund der bereits vorhandenen Bebauung wird die Errichtung eines Kindergartens erforderlich. Die örtliche Kirchengemeinde ist bereit, den Kindergarten zu betreiben. Hierzu will sie das Grundstück für den Kindergarten von der Stadt S erwerben. Nach der Bodenrichtwertkarte beträgt innerhalb der Grenzen des Bebauungsplanes der Verkehrswert der Grundstücke je qm 400 €. Die Kirchengemeinde ist nur bereit, den üblichen Preis für Gemeinbedarfsflächen zu 100 € je qm zahlen. Die Stadt S veräußert das Grundstück zu einem Preis von 100 € je qm, obwohl sie auch an einen privaten Dritten 400 € je qm als Baugrundstück hätte erzielen können.

Anhand dieses Beispiels wird die Begründung für Veräußerungen unter Zeitwert deutlich. Durch ihre Handlungsweise fördert die Stadt S eine Aufgabe, die sie sonst selbst hätte wahrnehmen müssen, so dass sie jetzt die Folgekosten der Beibehaltung bzw. Schaffung der Einrichtungen sich erspart und somit wirtschaftlich entschieden hat.

Eine unentgeltliche Vermögensübertragung einer Gemeinde an Dritte ist im sozialen Bereich denkbar, die jeweils in der konkreten Aufgabenerfüllung begründet sind.

Beispiel:
Ein karitativer Verband übernimmt für die Gemeinde G zu Beginn eines Haushaltsjahres den Behindertenfahrdienst. Zu dessen Wahrnehmung wird dem karitativen Verband von der Gemeinde G ein spezielles Fahrzeug im Wert von 30.000 € geschenkt. Damit bei frühzeitiger Aufgabe des Behindertenfahrdienstes die Schenkung nicht unwirtschaftlich wird, ist vertraglich eine unentgeltliche Rückübertragung des Fahrzeuges an die Gemeinde G vereinbart worden. Durch ihre Schenkung fördert die Gemeinde G eine Aufgabe, die sie sonst selbst wahrgenommen hätte, so dass sie sich Personal- und Sachkosten erspart und somit wirtschaftlich entschieden hat.

Für die Wirtschaftlichkeit, aber auch für die buchhalterische Abbildung des Sachverhaltes Schenkung ist die rechtliche Ausgestaltung von besonderer Bedeutung.

Erfolgt die Schenkung ohne jegliche rechtlichen Bedingungen oder Auflagen gegenüber dem Dritten, so stellt eine Schenkung wie im obigen Beispiel einen einmaligen Transferaufwand (Zuwendungsaufwand) in Höhe von 30.000 € im Haushaltsjahr dar.

Erfolgt die Schenkung dagegen anhand des obigen Beispiels unter der Bedingung, dass das Fahrzeug bei Aufgabe des Behindertenfahrdienstes an die Gemeinde zurückzuübertragen ist, erfolgt eine Trennung des Aufwandes entsprechend dem Periodisierungsprinzip des kaufmännischen Rechnungswesens auf mehrere Haushaltsjahre. Dies geschieht in Form einer aktiven Rechnungsabgrenzung. Bei dieser wird der Aufwand von 30.000 € orientiert an der voraussichtlichen Nutzungsdauer des Fahrzeuges auf mehrere Haushaltsjahre abgegrenzt. Bei einer angenommenen Nutzungsdauer von beispielsweise sechs Jahren bedeutet dies, dass sich die Anschaffungskosten des geschenkten Fahrzeuges in Höhe von 30.000 € auf das laufende und die fünf folgenden Haushaltsjahre jeweils als Aufwand in Höhe von 5000 € verteilen.

Für die Überlassung der Nutzung eines Gegenstandes – das Eigentum verbleibt der Gemeinde – gelten gemäß § 90 Abs. 4 GO die vorstehend beschriebenen Grundsätze sinngemäß. Hieraus folgt, dass die Überlassung von Vermögensgegenständen regelmäßig gegen ein marktübliches Entgelt zu erfolgen hat. Dies geschieht durch Miet- oder Pachtverträge. Nachlässe bzw. unentgeltliche Überlassungen (Leihe bzw. kostenlose Grundstücksnutzung) sind wiederum aus den bei der Veräußerung von Vermögensgegenständen näher beschriebenen Gründen zulässig.

Die Veräußerung eines Vermögensgegenstandes ist für die Gemeinde regelmäßig mit dem Risiko verbunden, dass sich nach einer gewissen Zeit herausstellt, dass der veräußerte Gegenstand doch noch benötigt wird. Dies ist vor allem bei Grundstücken zu beachten, weil Grundvermögen nicht beliebig vermehrbar und deshalb nicht ohne Weiteres am Markt ersetzbar ist.

Bei Gemeindevermögen mit besonderem Wert für die Allgemeinheit, z. B. bei Kunstgegenständen oder geschichtlichen Dokumenten, muss die Gemeinde neben ihrer eigentlichen Aufgabenerfüllung weitergehende Belange für die Gesamtgesellschaft berücksichtigen.

Eine Genehmigungspflicht durch die Aufsichtsbehörde bei Vermögensveräußerungen sieht die Gemeindeordnung nicht vor. Ebenfalls ist keine Anzeige der Rechtsgeschäfte vorgesehen. Es besteht lediglich die allgemeine Rechtsaufsicht. Diese greift jedoch nach § 105 GO erst im Rahmen von nachgehenden Prüfungen, sodass sie in der Regel bei Veräußerungen von kommunalem Vermögen nicht beteiligt ist. Zu diesem Zeitpunkt kann in privatrechtliche Rechtsgeschäfte nicht mehr eingegriffen werden.

Eine besondere Form der Vermögensveräußerung nach § 90 Abs. 3 GO stellen die sog. „Sale-and-lease-back-Geschäfte“ dar. Hierbei wird kommunales Vermögen an einen Investor veräußert und dann von diesem zurückgeleast. Die Wahrnehmung der öffentlichen Aufgabe wird durch das „Rück-Leasing“ des Objektes gesichert. Der Vorteil liegt in einem Liquiditätszufluss aus Veräußerung, der andernfalls durch eine Kreditaufnahme erfolgen müsste. Dies ist allerdings nur dann zulässig, wenn die Nutzung des Vermögensgegenstandes zur Aufgabenerledigung der Gemeinde langfristig gesichert ist und die Aufgabenerledigung dadurch effizienter wird. Die stetige Aufgabenerledigung ist in der Regel dann gesichert, wenn das „Sale-and-lease-back-Geschäft“ zur Werterhaltung bzw. Wertsteigerung des Objekts bestimmt ist und der Gemeinde daran zur Aufgabenerfüllung ein langfristiges Nutzungsrecht sowie eine Rückkaufoption eingeräumt wird.[528] Weiterhin ist durch einen Wirtschaftlichkeitsvergleich zu belegen, dass das „Sale-and-lease-back-Geschäft“ gegenüber einer anderen Finanzierungsform die wirtschaftlich sinnvollere Variante darstellt.

Ohne Einschränkungen nach § 90 Abs. 3 Satz 1 GO zulässig ist das sog. „Cross-Border-Leasing“. Aufgrund der vor allem in den USA gegebenen steuerlichen Möglichkeiten wurden in der Vergangenheit Vermögensteile (z. B. Kanalsysteme und Kläranlagen, Gebäudekomplexe) langfristig an amerikanische Investoren vermietet und sofort zur gemeindlichen Nutzung zurückgeleast. An dem steuerlichen Vorteil, den der amerikanische Investor erlangte, wurde die Gemeinde beteiligt. Da dieser kommunale Anteil am Steuervorteil sofort nach Inkrafttreten des Leasingvertrages abgezinst in einer Summe der Gemeinde ausgezahlt wurde, erhielt die Gemeinde einen erheblichen Liquiditätszufluss, der ertragsmäßig periodengerecht im Rahmen der Buchführungsgrundsätze über die Vertragslaufzeit abzugrenzen war. Die Gemeinde blieb nach deutschem Recht weiterhin Eigentümerin des Vermögens, sodass keine Veräußerung im Sinne von § 90 Abs. 3 Satz 1 GO vorlag.

Allerdings muss auf die Risiken dieser Geschäfte hingewiesen werden, zumal diese Geschäfte das amerikanische Recht berücksichtigten – u. a. bilanziert auch der amerikanische Leasinggeber das Vermögen des Leasinggeschäfts – und langfristige Bindungen für die Gemeinde bedeuten. Als kreditähnliches Geschäft unterliegen sie nach § 86 Abs. 4 GO der Anzeigepflicht gegenüber der Aufsichtsbehörde.[529]

---

528 Runderlass des Ministeriums für Inneres und Kommunales vom 16.12.2014 – 34-48.05.01/02 – 8/14 –(MBl. NRW S. 866), zuletzt geändert durch Runderlass vom 24.11.2021 (MBl. NRW S. 1043), Ziff. 5.3.2.

529 Zu Einzelheiten siehe dazu *Bühner/Schelgen*, Der Betrieb 2001, S. 315 ff. sowie die Stellungnahme der Landesregierung NRW aufgrund einer kleinen Landtagsanfrage (LT-Drs. 13/1387), Zeitschrift für Kommunalfinanzen 2002, S. 45 f.

Die Abwicklungen der Cross-Border-Leasing-Verträge brachten in der jüngeren Vergangenheit für etliche Kommunen durch eine Vielzahl von vertraglichen Einschränkungen und Genehmigungsvorbehalten wirtschaftliche Belastungen oder vertraglich zu Lasten der Kommunen geregelte Folgekosten, die teilweise sogar den ursprünglichen Ertrag aus dem Leasinggeschäft überschritten.

19.3.4 Praktische Beispiele und Übungen

Sachverhalt Nr. 1
Die Gemeinde G will folgende Vermögenserwerbe durchführen:

a) Kauf verschiedener Wohngrundstücke, um später diese Grundstücke bei konkreten Objekten als Tauschgrundstücke anbieten zu können.
b) Kauf verschiedener unbebauter Grundstücke, um vorübergehend freie Liquidität „gut" anzulegen.
c) Kauf eines alten Fabrikgebäudes, weil in etwa zehn Jahren auf diesem Gelände eine Eissporthalle durch die Gemeinde errichtet werden soll.
d) Kauf eines alten Fabrikgebäudes, um im Rahmen der Wirtschaftsförderung das bisherige Eigentümerunternehmen von den erheblichen Unterhaltungskosten für dieses Gebäude zu entlasten.

Aufgabe:
Prüfen Sie die Zulässigkeit der beabsichtigten Vermögenserwerbe.

Lösung:
Gemäß § 90 Abs. 1 GO soll ein Vermögenserwerb nur erfolgen, wenn dies zur Erfüllung gemeindlicher Aufgaben erforderlich ist oder wird. Unter diesem Aspekt sind die einzelnen Fälle des Sachverhaltes zu beurteilen.

a) Die zu erwerbenden Wohngrundstücke dienen zwar nicht unmittelbar der direkten Aufgabenerfüllung, weil sie nicht konkret einer Aufgabe der Gemeinde zugeordnet werden können. Dies wäre z. B. gegeben, wenn die Grundstücke für den Bau einer Schule oder die Errichtung einer Kindertagesstätte eingesetzt würden. Die Gemeinde benötigt die Grundstücke aber im Laufe der Zeit mittelbar zur Erfüllung ihrer Aufgaben. Wegen der Knappheit von Baugrundstücken können heute in vielen Fällen Kaufverträge nur noch abgeschlossen werden, wenn gleichzeitig Ersatzgrundstücke angeboten werden. Insofern dient die Beschaffung der Wohngrundstücke letztlich der zukünftigen Aufgabenerledigung, sodass der Erwerb zulässig ist.
b) Die öffentlichen Aufgaben einer Gemeinde werden in der Schaffung und im Betrieb öffentlicher Einrichtungen konkretisiert. Insofern sind die im Sachverhalt angesprochenen Grundstückskäufe nicht zur Aufgabenerfüllung erforderlich. Eine Ausnahme zur Soll-Vorschrift des § 90 Abs. 1 GO ist nicht erkennbar. Bei einer Geldanlage in Grundstücken bestehen hinsichtlich der Voraussetzungen des § 90 Abs. 2 GO einer ausreichenden Sicherheit und eines angemessenen Ertrags erhebliche Bedenken. Des Weiteren ist fraglich, ob eine „Rückumwandlung" in Liquidität stets zeitnah erfolgen kann.
c) Die Gemeinde will in etwa zehn Jahren als öffentliche Einrichtung eine Eissporthalle schaffen. Insofern handelt es sich um die Erledigung einer öffentlichen Aufgabe im Sinne des § 90 Abs. 1 GO, auch wenn diese freiwillig ist. Das Grundstück wird zur Erreichung dieser Auf-

gabe benötigt, wobei der zeitliche Aspekt unerheblich ist. Eine spezielle Vorratswirtschaft, der dieser Grundstückskauf dient, ist durch § 90 Abs. 1 GO zugelassen.

d) Der Kauf des Fabrikgrundstücks erfolgt im Rahmen der Wirtschaftsförderung. Um ein privates Unternehmen von unrentablen Kosten zu entlasten, erwirbt die Gemeinde das Gebäude. Wirtschaftsförderung ist zwar zweifellos eine gemeindliche Aufgabe, jedoch muss bei der Erledigung auch der Aspekt der Wirtschaftlichkeit beachtet werden. Die Wirtschaftsförderung für diesen speziellen Betrieb hätte auch in anderer Form erreicht werden können, z. B. durch Zuschüsse oder Darlehen, die nicht so hohe Folgekosten der Grundstücksunterhaltung nach sich ziehen würden. Das Unternehmen selbst müsste versuchen, das Grundstück am Markt zu veräußern. Der Grunderwerb ist somit nicht unbedingt zur gemeindlichen Aufgabenerfüllung erforderlich, so dass er gemäß § 90 Abs. 1 GO unzulässig ist.

Sachverhalt Nr. 2

Die Gemeinde G, 70.000 Einwohner, will einem Wohlfahrtsverband das Nutzungsrecht an einem Grundstück (Verkehrswert: 300.000 €) kostenlos einräumen, damit der soziale Träger darauf ein Altenheim errichten kann.

Aufgaben:

a) Begutachten Sie die Zulässigkeit der kostenlosen Überlassung des Grundstücks.

b) Wie ändert sich die Lösung zu a), wenn das Grundstück zu einem Preis von 30.000 € an den Wohlfahrtsverband veräußert würde?

Lösung:

a) Für Bedenken, dass das Grundstück für die Aufgabenerfüllung der Gemeinde noch benötigt wird, bietet der Sachverhalt keine Anhaltspunkte. § 90 Abs. 4 GO i. V. m. Abs. 3 Satz 1 GO ist hinsichtlich dieses Aspektes nicht näher zu prüfen.
Die kostenlose Verpachtung des Grundstücks stellt eine unentgeltliche Überlassung eines Vermögensgegenstandes im Sinne des § 90 Abs. 4 GO dar, so dass § 90 Abs. 3 Satz 2 GO sinngemäß anzuwenden ist. Danach ist in der Regel eine unentgeltliche Überlassung ausgeschlossen. Allerdings erfüllt die Gemeinde hier einen öffentlichen Zweck, nämlich die Unterstützung der Bereitstellung von sozialen Einrichtungen für die Bevölkerung. Durch die Schaffung des Altenheimes durch einen freien Träger wird die Gemeinde außerdem von der Aufgabe entbunden, selbst ein Altenheim zu bauen und zu betreiben. Insofern hat sie sich durch die kostenlose Verpachtung auch wirtschaftlich verhalten. Die unentgeltliche Überlassung ist somit aufgrund einer sachlich fundierten Entscheidung erfolgt, so dass sie als Ausnahme zu § 90 Abs. 4 GO i. V. m. § 90 Abs. 3 GO als zulässig anzusehen ist.
Eine Genehmigungs- oder Anzeigepflicht für dieses Rechtsgeschäft besteht nach § 90 GO nicht.

b) Grundsätzlich ist der Verkauf unter Verkehrswert nach § 90 Abs.3 Satz 2 GO analog zur kostenlosen Überlassung zu beurteilen. Er ist jedoch im Hinblick auf die Wirtschaftlichkeit einer Vermögensübertragung differenzierter zu betrachten. Bei der kostenlosen Überlassung verbleibt das Eigentum bei der Gemeinde G, so dass ein Risiko hinsichtlich der Wirtschaftlichkeit (z. B. bei frühzeitiger Aufgabe des Altenheimbetriebs) grundsätzlich nicht besteht. Bei einem Verkauf geht das Eigentum jedoch auf den Erwerber über. Bei frühzeitiger Aufgabe des Altenheimbetriebs durch den Wohlfahrtsverband wäre die Wirtschaftlichkeit bei 30.000 € Veräußerungsbetrag anstatt 300.000 € Verkehrswert sicherlich nicht mehr gegeben, wenn seitens der Gemeinde G keinerlei diesbezügliche Auflagen oder Bedingungen (grundbuchrechtliche Sicherung, Vertragsstrafe, ...) im Kaufvertrag festgelegt wurden. Dementsprechend ist

nur bei ausreichender Sicherung der Wirtschaftlichkeit nach § 90 Abs. 3 GO auch ein Verkauf weit unter dem Verkehrswert des Grundstückes zulässig.
Eine aufsichtsbehördliche Genehmigung oder Anzeige dieses Rechtsgeschäfts ist nicht notwendig.

Sachverhalt Nr. 3
Die Gemeinde G will einige historisch wertvolle Ritterrüstungen an den Gastwirt W zum Zeitwert verkaufen, die dieser in den Räumen seines Hotels aufstellen will. Als der örtliche Heimatverein gegen diesen Verkauf öffentlich protestiert, kommen der zuständigen Sachbearbeiterin Bedenken.

Aufgabe:
Beurteilen Sie, inwieweit die Bedenken der Sachbearbeiterin gerechtfertigt sind.

Lösung:
Gemäß § 90 Abs. 3 GO darf die Gemeinde Vermögensgegenstände veräußern, soweit diese für die Aufgabenerfüllung der Gemeinde nicht mehr benötigt werden. Aus dem Sachverhalt ist nicht ersichtlich, ob die Ritterrüstungen für einen konkreten Aufgabenbereich benötigt werden (z. B. für ein Museum). Da die Vorhaltung solcher Gegenstände sicher nicht zu den Pflichtaufgaben einer Gemeinde gehört, kann unterstellt werden, dass die Gegenstände nicht für die Aufgabenerfüllung der Gemeinde G benötigt werden. Ohnehin ist festzustellen, dass im Bereich der freiwilligen Gemeindeaufgaben jede Gemeinde selbst entscheiden kann, ob sie eine Aufgabe weiterführt oder sie aufgibt. Dadurch werden Vermögensgegenstände aus diesem Bereich im Ermessen der Gemeinde frei. Da der Verkauf auch zum vollen Wert (Verkehrswert) erfolgt, bestehen nach § 90 Abs. 3 GO keine rechtlichen Bedenken.

Allerdings ist zu überlegen, ob die Gemeinde wegen des geschichtlichen Wertes des Vermögensgegenstandes gut beraten ist, diesen zu veräußern. Es bietet sich an, den Erwerber zu verpflichten, diesen Gegenstand entsprechend seines geschichtlichen Wertes zu behandeln und evtl. weiterhin der Öffentlichkeit zugänglich zu machen.

Eine aufsichtsbehördliche Genehmigung oder Anzeige dieses Rechtsgeschäfts ist nicht notwendig.

19.4 Bewirtschaftung von Vermögen

19.4.1 Grundsätze der Vermögensbewirtschaftung

Die Vermögensgegenstände sind pfleglich und wirtschaftlich zu verwalten. Diese in § 90 Abs. 2 GO enthaltenen Grundsätze greifen nicht nur auf die allgemeine Vorschrift der Wirtschaftlichkeit in § 75 Abs. 1 Satz 2 GO zurück, sondern füllen konkret den § 10 Satz 1 GO aus, wonach die Gemeinden ihr Vermögen so zu verwalten haben, dass die Gemeindefinanzen gesund bleiben.

Aus der Vermögensbewirtschaftung dürfen somit nur die unabdingbar notwendigen Folgekosten entstehen, wie z. B. die Reparatur von Fahrzeugen oder der Anstrich von Gebäuden. Zu vermeiden sind dagegen außergewöhnliche Instandsetzungen, die dann anfallen, wenn die notwendige begleitende Betreuung der Vermögensgegenstände im Haushaltsjahr unterbleibt. Diese Sachverhalte führen nach § 88 GO i. V. m. § 37 Abs. 4 KomHVO dazu, dass grundsätzlich im betreffenden Haushaltsjahr der unterlassenen Instandhaltung eine Rückstellung zu bilden ist. Danach wird aufwandsmäßig das Haushaltsjahr belastet, in dem die Instandhaltung unterlassen wurde. Ist es – z. B. aufgrund der schlechten haushaltswirtschaftlichen bzw. finanzwirtschaftlichen Lage – unwahrscheinlich, dass diese Instandhaltung nachgeholt wird, hat die Gemeinde aufgrund der unterlassenen Instandhaltung eine Wertminderung am Vermögensgegenstand zu prüfen, die zu einer außerplanmäßigen Abschreibung und somit gleichfalls zu einer aufwandsmäßigen Belastung des Haushaltsjahres der unterlassenen Instandhaltung führt.

In Kap. 10 zu Ansatz, Ausweis und Bewertung der einzelnen Posten der kommunalen Bilanz wurde bereits das bilanzielle Anlage- und Umlaufvermögen eingehend dargestellt. Eine Besonderheit beim Anlagevermögen ist, dass die Vermögensbewirtschaftung buchhalterisch i. d. R. mittels einer Anlagenbuchhaltung erfolgt. Der diesbezügliche Jahresabschluss basiert somit auf dem Abschluss des Nebenbuches „Anlagenbuchhaltung".

19.4.2 Anlagenbuchhaltung

Die Anlagenbuchhaltung ist neben der Kreditoren- und Debitorenbuchhaltung eine der klassischen Nebenbuchhaltungen im doppischen Rechnungswesen. Es ist in den vorgeschlagenen Regelungstexten nicht vorgesehen, Nebenbuchhaltungen als verbindliche Komponenten des Rechnungswesens zu bestimmen. Grundsätzlich könnte somit die Vermögensbewirtschaftung mittels der Bestandskonten der Bilanz erfolgen. Aufgrund der Vielzahl an Vermögensgegenständen des Anlagevermögens bei den Gemeinden ist i. d. R. eine Anlagenbuchhaltung erforderlich, um dem Grundsatz, die Vermögenslage vollständig, richtig, zeitgerecht und geordnet zu erfassen und zu dokumentieren, gerecht zu werden. Aufgrund der Vielzahl an Funktionen unterstützt die Anlagenbuchhaltung zudem eine transparente und an den dargestellten Wirtschaftlichkeitsgrundsätzen des § 75 Abs. 1 GO orientierte Vermögensbewirtschaftung. Mittels der Anlagenbuchhaltung werden Bestand und insbesondere Bewegungen des Anlagevermögens art-, mengen- und wertmäßig erfasst. Gegenüber der Bilanz werden in der Anlagenbuchhaltung für eine weitergehende Strukturierung des Anlagevermögens Anlagenklassenbereiche festgelegt. Innerhalb der Anlagenklassenbereiche werden gleichartige Vermögensgegenstände in Anlageklassen zusammengefasst. Grundsätzlich ist jede Gemeinde in der Strukturierung ihrer Anlagenbuchhaltung einschließlich der Anlagekonten frei.

Die Anlagenklassenbereiche können sich grundlegend an gemeinsamen Merkmalen ausrichten, die beispielsweise wie folgt gegliedert sein können:

- Bilanzierungshilfen[530],
- Finanzanlagen,
- Immaterielles Vermögen,
- Grund und Boden,
- Gebäude und Aufbauten,
- Bewegliches Vermögen.

Innerhalb dieser Strukturierung ist insbesondere bei größeren Städten noch eine tiefergehende Strukturierung innerhalb des einzelnen Merkmals möglich (z. B. beim beweglichen Vermögen nach Kunstgegenständen, technischen Anlagen und Maschinen, Fuhrpark und Betriebs- und Geschäftsausstattung). In diesem Zusammenhang sei noch einmal auf die Definition des Begriffs „Anlagevermögen" hingewiesen, da diese maßgeblich für den Umfang des in der Anlagen-

530 Bilanzierungshilfen stellen kein Anlagevermögen dar, können aber hilfsweise in der Anlagenbuchhaltung erfasst werden, um eine maschinelle Abschreibung sicherzustellen.

buchhaltung erfassten Vermögens ist. Zum Anlagevermögen gehören nach § 34 Abs. 1 Satz 2 KomHVO alle Gegenstände, die dazu bestimmt sind, dauerhaft von der Kommune genutzt zu werden. Das Anlagevermögen setzt sich zusammen aus

- Immateriellem Vermögen,
- Sachanlagevermögen,
- Finanzanlagevermögen.

Die Aufgaben bzw. Funktionen der Anlagenbuchhaltung sind sehr umfangreich. Hierzu eine Zusammenstellung der wichtigsten Aufgaben:

- Entlastung der Bilanz in Form einer Nebenbuchhaltung,
- Erfassung der Anschaffungs- und Herstellungskosten je Vermögensgegenstand,
- Aufzeichnung der Bestände, Zu- und Abgänge sowie der Umbuchungen,
- Abbildung der Abschreibungen, Zuschreibungen und Restwerte für die einzelnen Anlagegüter,
- Vermögensnachweis,
- Unterstützung bei der Inventur,
- Aufstellung des Anlagespiegels,
- Unterstützung bei der Planung des kommunalen Haushalts,
- Ermittlung der Werte für Feuer- u. Maschinenversicherung.

Hierbei stellen neben der Funktion des Vermögensnachweises die art-, mengen- und wertmäßigen Bewegungen und Veränderungen des Anlagevermögens die wichtigste Aufgabe dar. Insbesondere liefert die Anlagenbuchhaltung die Abschreibungen des abnutzbaren Anlagevermögens für den Ergebnishaushalt, die § 36 Abs. 1 KomHVO entsprechend zum einen den bilanziellen Wert[531] der Vermögensgegenstände reduziert und zum anderen diesen Vermögensverzehr als Aufwand abbildet. Daher erfordern die planmäßigen Abschreibungen in der Anlagenbuchhaltung unbedingt die Trennung bzw. Unterscheidung zwischen abnutzbaren und nicht abnutzbaren Sachanlagen.

> ***Beispiel:***
> *Bei einem bebauten Schulgrundstück ist der Grund und Boden als nicht abnutzbarer Vermögensgegenstand vom Schulgebäude als abnutzbarem Vermögensgegenstand zu trennen. Nach Fertigstellung des Schulgebäudes wird in der Anlagenbuchhaltung im Rahmen des Grundsatzes der Stetigkeit ein Abschreibungsplan für das Gebäude hinterlegt, aus dem sich die Abschreibungen ermitteln.*

Die Aufgaben der Abschreibung[532] sind die

- die Darstellung der Wertminderung durch Abnutzung,
- die Verteilung der Anschaffungs- und Herstellungskosten von Investitionen als Aufwand über die Nutzungsdauer und
- die Angabe eines ungefähren Zeitpunkts für die Ersatzinvestitionen.

---

531 Aufgrund der Nebenbuchhaltungsfunktion ist der bilanzielle Wert stets identisch mit dem in der Anlagenbuchhaltung geführten Wert.

532 Die Abschreibungsermittlung wird in anderen Rechnungsverfahren (Gebührenrecht, Steuerrecht) anders geregelt als im kommunalen Haushaltsrecht.

Die Abschreibungsdeterminanten des abnutzbaren Anlagevermögens ergeben sich aus

- dem bilanziellen Vermögenswert (Anschaffungs- oder Herstellungskosten oder Restbuchwert),
- der Abschreibungsmethode und
- der Abschreibungsdauer (voraussichtliche Nutzungsdauer).

Nach § 36 Abs. 1 Satz 2 KomHVO ist die Standardmethode die lineare Abschreibung, wobei nach § 36 Abs. 1 Satz 3 KomHVO auch die degressive Abschreibung und die Leistungsabschreibung als Sonderformen zulässig sind, wenn diese dem tatsächlichen Ressourcenverbrauch besser entsprechen. Demnach können folgende Methoden zur Anwendung kommen, deren Ermittlungsmethode anschließend auch beschrieben wird.

Lineare Abschreibung
Bei der linearen Abschreibung werden die Anschaffungs- oder Herstellungskosten durch die voraussichtliche Nutzungsdauer des Vermögensgegenstandes dividiert.

> ***Beispiel:***
> *Eine beschaffte Maschine hat eine Nutzungsdauer von voraussichtlich fünf Jahren. Die Anschaffungskosten betragen 10.000 €. Der jährliche Abschreibungsbetrag ergibt sich nach der linearen Abschreibungsmethode aus*
> ***10.000 € : 5 Jahre = 2000 € jährlich***

Geometrisch-degressive Abschreibung
Der jährliche Abschreibungsbetrag ergibt sich aus einem festen Prozentsatz des Restbuchwertes. Die Abschreibungsdauer bei dieser Methode ist unendlich. Es ist daher ein Methodenwechsel zur linearen Abschreibung erforderlich. Der ideale Wechselzeitpunkt für eine frühestmögliche Darstellung von höheren Abschreibungsaufwendungen ergibt sich in dem Jahr, in dem die linearen Abschreibungswerte gleich hoch oder höher als die degressiven Abschreibungswerte sind.

Berechnungsformel für den Methodenwechsel der Abschreibungen:

$$\mathbf{W = n - 100/p + 1}$$

W = Jahr des Wechsels **n** = Nutzungsdauer
p = %-Satz der degressiven Abschreibung

> ***Beispiel:***
> *Der Vermögensgegenstand mit Anschaffungskosten von 10.000 € hat eine Nutzungsdauer von fünf Jahren, wobei die Gemeinde für den Methodenwechsel vorgibt, dass die lineare die degressive Abschreibungshöhe in diesem Jahr übersteigt. Der aus Erfahrungswerten hergeleitete Prozentsatz des jährlichen Wertverlustes liegt bei 40 % des jeweiligen Buchwertes.*

Buchwert am 1.1.		***Abschreibung***	***Buchwert am 31.12.***
1. Jahr	*10.000 €*	*4.000 € (40 % von 10.000 €)*	*6.000 €*
2. Jahr	*6.000 €*	*2.400 € (40 % von 6.000 €)*	*3.600 €*
3. Jahr	*3.600 €*	*1.440 € (40 % von 3.600 €)*	*2.160 €*
4. Jahr	*2.160 €*	*1.080 € (Wechsel auf lineare Abschreibung)*	*1.080 €*
5. Jahr	*1.080 €*	*1.080 € (lineare Abschreibung)*	*0 €*

(Als Zeitpunkt des Methodenwechsels wird hier das vierte Nutzungsjahr gewählt, da die lineare Abschreibung höher als die degressive Abschreibung ist; diese läge bei 864 € (40 % von 2.160 €).

Die Berechnung dieses Wechselzeitpunkts mittels Formel ergibt: W = 5 –2,5 + 1 = 3,5, sodass im vierten Jahr der angestrebte Wechselzeitpunkt liegt. Die lineare Abschreibungsberechnung zum jeweiligen Zeitpunkt für den Wechsel lautet: (Rest)-Buchwert/Restnutzungsdauer; denkbar wäre der Methodenwechsel im Rahmen der ggf. besseren Abbildung des Ressourcenverbrauchs auch im fünften Jahr)

Arithmetisch-degressive (digitale) Abschreibung

Die Anschaffungs- oder Herstellungskosten werden durch die Summe der einzelnen Restnutzungsjahre des Abschreibungsplans geteilt und für die Ermittlung der Abschreibungshöhe des einzelnen Haushaltjahres mit der zugehörigen Restnutzungsdauer multipliziert.

Beispiel:

Der Vermögensgegenstand mit Anschaffungskosten von 15.000 € hat eine Nutzungsdauer von fünf Jahren.

Ermittlung der Summe der einzelnen Restnutzungsjahre: Bei fünf Jahren ergibt sich als Summe 5+4+3+2+1=15. Die Restnutzungsdauer im Anschaffungsjahr ist fünf Jahre, somit im ersten Jahr 5/15 (5000 €), im zweiten Abschreibungsjahr 4/15 (4000 €), im dritten Abschreibungsjahr (3000 €), im vierten Abschreibungsjahr (2000 €) und im fünften und letzten Jahr 1/15 (1000 €) der Anschaffungskosten. Am Ende des fünften Abschreibungsjahres beträgt der Restbuchwert somit 0 €.

Leistungsabschreibung

Die Anschaffungs- oder Herstellungskosten werden durch die erzielbaren Leistungseinheiten dividiert. Dieser Wert wird mit der tatsächlichen Abgabe an Leistungseinheiten multipliziert.

Beispiel:

Eine zu 10.000 € angeschaffte Maschine hat nach Herstellerangaben im Rahmen ihrer Nutzungsdauer eine Gesamtleistungsabgabe von 2000 Maschinenstunden. Je tatsächlicher Abgabe von einer Maschinenstunde sind 5 € abzuschreiben.

Im ersten Nutzungsjahr wurden 500 Maschinenstunden, im zweiten Nutzungsjahr 900 Maschinenstunden und im dritten Nutzungsjahr 600 Maschinenstunden tatsächlich abgegeben. Die Abschreibungen der drei Haushaltsjahre lauten somit:

1. Jahr	*2.500 € (500 Stunden × 5 €/Stunde)*
2. Jahr	*4.500 € (900 Stunden × 5 €/Stunde)*
3. Jahr	*3.000 € (600 Stunden × 5 €/Stunde)*

Der Restbuchwert liegt somit am Ende des 3. Abschreibungsjahres bei 0 €.

Die Abschreibung des Anlagevermögens erfolgt gem. § 36 Abs. 1 KomHVO über die Haushaltsjahre der voraussichtlichen Nutzung. Die Regelung legt für die Abschreibung keinen konkreten Abschreibungsbeginn vor. Hierzu legt das an das Steuerrecht anknüpfende kaufmännische Abschreibungsprinzip den Monat der Anschaffung oder Herstellung als Abschreibungsbeginn fest. Die zukünftige Übernahme dieser Methode erscheint sinnvoll, da auch die gemeindlichen Tochterunternehmen dementsprechend die Abschreibungen ermitteln. Im Jahr der Veräußerung ist für die Abschreibungen nur der Zeitraum in vollen Monaten zu berücksichtigen, der zwischen dem Anfang des Jahres und dem Veräußerungszeitpunkt liegt.

Für die Festlegung der Nutzungsdauer bei der Erstellung des Abschreibungsplans bildet nach § 36 Abs. 4 Satz 1 KomHVO die „NRW-Abschreibungstabelle“[533] des für Kommunales zuständigen Ministeriums die Grundlage. Innerhalb des dort vorgegeben Rahmens ist nach § 36 Abs. 3 Satz 2 KomHVO unter Berücksichtigung der tatsächlichen örtlichen Verhältnisse die Nutzungsdauer für die Abschreibungsplanung zu wählen. Hierdurch soll die Stetigkeit für zukünftige Festlegungen von Abschreibungsdauern bei den Gemeinden gewährleistet werden. Nach § 36 Abs. 4 Satz 3 KomHVO haben die Gemeinden eine Übersicht ihrer örtlich festgelegten Nutzungsdauern der Vermögensgegenstände (kommunenspezifische Abschreibungstabelle) sowie ihre nachträglichen Änderungen der Aufsichtsbehörde auf Anforderung vorzulegen. Analog zum kaufmännischen Rechnungswesen ist nach den Grundsätzen ordnungsmäßiger Buchführung auch eine abweichende Festlegung der Nutzungsdauer zulässig, dies muss jedoch auf der Basis geeigneter Nachweise (z. B. Herstellerangaben) hinreichend begründet sein.

19.4.3 Geschäftsvorfälle in einer Anlagenbuchhaltung

Nachfolgend erfolgt eine Darstellung der häufigsten in der Vermögensbewirtschaftung vorkommenden Geschäftsvorfälle in einer Anlagenbuchhaltung.

a) Zugänge von Anlagevermögen

Zugänge von Anlagevermögen sind stets zeitnah in der Anlagenbuchhaltung zu buchen bzw. zu aktivieren. Neben dem Grundsatz der ordnungsmäßigen Buchführung dient dies insbesondere bei verzögerter Inrechnungstellung zur periodengerechten Abbildung des Ressourcenverbrauchs aus Abschreibungen. Fallen Vermögenszugang (z. B. im Haushaltsjahr 2023) und Rechnungszugang (z. B. im Haushaltsjahr 2024) periodenmäßig auseinander, so ist im Haushaltsjahr 2023 als Gegenposition für die Aktivierungsbuchung eine sonstige Verbindlichkeit zu buchen.

Im Rahmen der Aktivierung sind für den Vermögensgegenstand die relevanten Daten zur Führung in der Anlagenbuchhaltung zu erfassen. Aufgrund der Nebenbuchfunktion muss die Verknüpfung zum Hauptbuch festgelegt werden. Neben den Festlegungen für den Abschreibungsplan des Vermögensgegenstandes sind auch die Teilergebnisrechnungen festzulegen, in die der Abschreibungsaufwand zu buchen ist.

b) Abgänge

Vermögensabgänge sind wie die Vermögenszugänge zeitnah zu buchen. Ansonsten würde Aufwand aus Abschreibungen entstehen, welcher der Vermögensnutzung nicht entsprechen würde. Somit hat mit Übergabe des Vermögensgegenstandes an den Erwerber oder mit Verschrottung eines unbrauchbar gewordenen Vermögensgegenstandes die Ausbuchung zu erfolgen. Im Rahmen der Ausbuchung aus der Anlagenbuchhaltung hat stets ein Abgleich zwischen bestehendem Buchwert (auch Restbuchwert) und dem Verkaufserlös zu erfolgen. „Fixgröße“ für den hieraus resultierenden Buchungssatz ist hierbei stets der (auszubuchende) Buchwert. Abweichungen vom Restbuchwert, sowohl über als auch unter Buchwert, sind nach § 44 Abs. 3 KomHVO unmittelbar mit der Allgemeinen Rücklage zu verrechnen.

533 Anlage 16 VV Muster zur GO und KomHVO.

c) Änderung der Vermögenszuordnung

Ist ein Vermögensgegenstand durch einen Wechsel des Einsatzbereiches einem anderen Teilergebnishaushalt zuzuordnen (bspw. wechselt ein Radlader vom Produktbereich des Teilergebnisplans Sicherheit und Ordnung in den Produktbereich des Teilergebnisplans Natur- und Landschaftspflege), muss diese Änderung bei der Zuordnung des Vermögensgegenstandes in der Anlagenbuchhaltung nachvollzogen werden.

d) Anzahlungen

Geleistete Anzahlungen der Gemeinde für einen Vermögensgegenstand sind zunächst auf einem besonderen Bestandskonto „Geleistete Anzahlungen" zu buchen. Mit Zugang des Vermögensgegenstandes und Aktivierung in der Anlagenbuchhaltung erfolgt eine Umbuchung der geleisteten Anzahlung auf das Anlagekonto des Vermögensgegenstandes. Das Anlagekonto wird in der der Vermögensart entsprechenden Anlagenklasse geführt.

e) Investitionszuwendungen

Die Förderung einzelner Investitionsmaßnahmen der Gemeinde durch Investitionszuwendungen Dritter sollte in der Anlagenbuchhaltung gleichfalls berücksichtigt werden. Die Investitionszuwendung (Sonderposten) wird mit Aktivierung des Vermögensgegenstandes diesem zugeordnet. Die Determinanten der Abschreibungsplanung werden für die ertragswirksame Auflösung der Investitionszuwendung übernommen. Bei den meisten Softwareanbietern von Anlagenbuchhaltungsprogrammen ist die Übernahme der Determinanten aus dem Abschreibungsplan bereits technisch vorgesehen.

f) Außerplanmäßige Abschreibungen und Zuschreibungen

Wird der Vermögenswert durch außergewöhnliche Sachverhalte außerhalb der planmäßigen Abschreibungen gemindert, hat gem. § 36 Abs. 6 Satz 1 KomHVO eine außerplanmäßige Abschreibung beim Vermögensgegenstand zu erfolgen, sofern hierdurch die Bedingung einer voraussichtlich dauerhaften Wertminderung erfüllt ist. Eine Ausnahme hiervon bilden die Finanzanlagen, bei denen gem. § 36 Abs. 6 Satz 2 KomHVO ein weitergehendes Wahlrecht besteht, um diese auch bei einer nicht dauernden Wertminderung mit dem niedrigeren Wert in der Bilanz (z. B. Kurswert unter Buchwert) anzusetzen, welcher den Finanzanlagen am Bilanzstichtag beizulegen ist.

Entfallen gem. § 36 Abs. 9 KomHVO die Gründe für die außerplanmäßige Abschreibung, so hat eine Wertzuschreibung bis zu den fortgeschriebenen Anschaffungs- und Herstellungskosten des Vermögensgegenstandes aufgrund eines Wertaufholungsgebots zu erfolgen. Ausdrücklich in den Vorschriften erläutert ist hierbei die Berücksichtigung der Abschreibungen, die zwischen außerplanmäßiger Abschreibung und dem Zuschreibungszeitpunkt angefallen sind.

Beispiel:
Aufgrund unterlassener Instandhaltung sind einige bauliche Mängel entstanden, die zu einer Wertminderung führen. Eine Nachholung dieser unterlassenen Instandhaltung zur Beseitigung der Mängel ist nicht wahrscheinlich (somit keine Rückstellungsbildung). Die Gemeinde hat im Umfang der Wertminderung des Vermögenswertes eine außerplanmäßige Abschreibung vorzunehmen. Ergibt sich in der Zukunft, dass die Ursache für die außerplanmäßige Abschreibung entfällt, hat eine Zuschreibung bis zum fortgeschriebenen Anschaffungs- oder Herstellungswert zu erfolgen.

Außerplanmäßige Abschreibungen (§ 36 Abs. 6 Satz 3 KomHVO) sowie Zuschreibungen (§ 36 Abs. 9 Satz 2 KomHVO) sind im Anhang zu erläutern. Sowohl außerplanmäßige Abschreibung bei mangelnder Wahrscheinlichkeit der Nachholung oder Rückstellungsbildung bei wahrscheinlicher Nachholung belasten richtigerweise die Periode mit dem Aufwand aus der Vermögenswertminderung, in der dieser entstanden ist.

g) Komponentenansatz beim Anlagevermögen Gebäude, Straßen, Wege, Plätze

Durch das 2. NKF-Weiterentwicklungsgesetz wurde den Gemeinden ab dem Haushaltsjahr 2019 ein zusätzliches Wahlrecht bezüglich der Abschreibungen eröffnet. Nach § 36 Abs. 2 KomHVO dürfen bei Gebäuden für das Bauwerk und für die mit ihm verbundenen Gebäudeteile (Komponenten) „Dach" und „Fenster" unterschiedliche Nutzungsdauern bestimmt werden (Komponentenansatz). Darüber hinaus dürfen weitere Komponenten gebildet werden, soweit es sich um mit dem Gebäude verbundene physische Gebäudebestandteile handelt und deren Wert im Einzelnen mindestens 5 % des Neubauwertes beträgt. Bei Straßen, Wegen und Plätzen in bituminöser Bauweise mit Unterbau dürfen für die beiden Komponenten „Deckschicht" und „Unterbau" unterschiedliche Nutzungsdauern bestimmt werden.[534] Hintergrund für diesen Ansatz ist die Tatsache, dass insbesondere bei Gebäuden und Straßen der nutzungsbedingte Verschleiß bei unterschiedlichen Baubestandteilen in unterschiedlichem Tempo erfolgt. Die Abschreibung nach Komponenten soll den tatsächlichen Ressourcenverbrauch besser abbilden.

Die Darstellung des Vermögensgegenstandes in der Bilanz ändert sich durch die Wahl des Komponentenansatzes nicht und erfolgt weiterhin als Gebäude oder Straße, wobei in der Anlagenbuchhaltung die Komponenten eigenständig mit ihrem spezifischen Wertanteil und einer eigenen planmäßigen Abschreibungsdauer erfasst und abgeschrieben werden. Die nach § 36 Abs. 4 KomHVO für die Festlegung der Nutzungsdauern heranzuziehende Abschreibungstabelle des Kommunalministeriums (Anlage 16 VV Muster zur GO und KomHVO) enthält Vorgaben in Bandbreite für die Nutzungsdauern von der Gebäudekomponenten „Dach" und „Fenster" sowie für die Straßenkomponente „Deckschicht" und „Unterbau".[535] Für andere anhand der Bestimmung des § 36 Abs. 2 KomHVO gebildete Komponenten erfolgt eine Bestimmung der Nutzungsdauern vor Ort nach den vorliegenden Erfahrungen mit der technischen Lebensdauer der jeweiligen Komponenten. Eine Addition der Restbuchwerte der unterschiedenen Komponenten bildet den Restbuchwert des Vermögensgegenstandes.

Es liegt in der Entscheidung der Gemeinden, ob das Wahlrecht des Komponentenansatzes im eigenen Rechnungswesen genutzt werden soll. Zu beachten ist dabei allerdings der Grundsatz der Stetigkeit. Das bedeutet konkret, dass die Inanspruchnahme des Wahlrechts nicht von Fall zu Fall, sondern grundsätzlich entschieden werden muss. Wählt also eine Gemeinde für ihre Gebäude den Komponentenansatz, bezieht sich diese Entscheidung grundsätzlich auf alle Gebäude. Sie müsste dann für alle Neubauten bei der Aktivierung den Komponentenansatz zugrunde legen und beim Altbestand der Gebäude immer dann eine Umstellung vornehmen, sobald ein Gebäudebestandteil, der einer Komponente entspricht, ausgetauscht wird.

Diesen Ausführungen entgegen steht zwar der Erlass des MHKBG vom 28.6.2019 mit Hinweisen zu den Vorschriften des § 36 Absatz 2 und Absatz 5 KomHVO. Dort wird ausdrücklich ausgeführt, dass *„bei Ausübung des Wahlrechtes [...] entsprechend eine Anwendung auf alle art- oder funktionsgleichen Vermögensgegenstände nicht erforderlich [ist]"*. Dieser Teil des Erlasses ist allerdings nicht mit § 95 Abs. 1 S. 4 GO vereinbar. Danach ist der Abschluss unter Beachtung der Grundsätze ordnungsmäßiger Buchführung zu erstellen. Hierzu gehört unzwei-

---

534 Technisch gesehen besteht eine Straße allerdings nicht nur aus den in § 36 Abs. 2 KomHVO genannten Komponenten. Vgl. hierzu *Jürgens/Graf*, Die neuen Aktivierungsmöglichkeiten von Baumaßnahmen durch das 2. NKF-Weiterentwicklungsgesetz in NRW, der gemeindehaushalt 6/2019, S. 134.

535 Siehe Ziff. 1.45/46 sowie 2.11/12 der NKF-Rahmenabschreibungstabelle.

felhaft der Grundsatz der materiellen Stetigkeit, der gerade sicherstellen soll, dass bei art- und funktionsgleichen Vermögensgegenständen nicht ohne einen sachlichen Grund unterschiedliche Ansatzmethoden angewandt werden. *„Mit den Grundsätzen der Bewertungs- und Ansatzstetigkeit soll verhindert werden, dass die wirtschaftliche Lage durch eine unterschiedliche Ausübung von Ermessensspielräumen oder von Wahlrechten von Jahr zu Jahr anders dargestellt werden kann, ohne dass sich die zugrunde liegenden Sachverhalte geändert haben. […] Besondere Bedeutung erlangt die Methodenstetigkeit im Zusammenhang mit gesetzlich eingeräumten Bewertungswahlrechten."*[536] Ferner müsste im Rahmen der Angaben im Anhang nach § 45 Abs. 1 KomHVO zu den verwendeten Bilanzierungs- und Bewertungsmethoden bei Verstoß gegen die vorgenannte materielle Stetigkeit ggf. eine einzelfalldifferenzierte, nachvollziehbar eindeutige Angabe – ggf. sogar unter Angabe einzelner Vermögensgegenstände – erfolgen.

Die Entscheidung für den Komponentenansatz wirkt sich immer auch auf die Behandlung der korrespondierenden Sonderposten nach § 44 Abs. 5 KomHVO aus. Auch hier muss jede Gemeinde eine einheitliche Regelung für die Aufteilung bzw. Zuordnung treffen.

Zielsetzung des Komponentenansatzes ist es u. a., die bilanzielle Aktivierung von Ersatzteilen bzw. bedeutenden Instandhaltungsaufwendungen als nachträgliche Anschaffungskosten zu ermöglichen.

Beispiel Straße:
Die Gemeinde hat festgestellt, dass im Bereich der Gemeindestraßen der Austausch der Deckschicht regelmäßig nach 20 Jahren und der Unterschicht nach 80 Jahren erfolgt. Folglich ergibt sich für den Wert der Deckschicht eine Abschreibungsdauer von 20 Jahren und für den Wert des Unterbaus von 80 Jahren. Ein Austausch der Deckschicht nach 20 Jahren ist daher als Reinvestition zu behandeln. Würde der Komponentenansatz nicht gewählt, würde es sich dagegen um Instandhaltungsaufwand handeln.

Jürgens und *Graf* erläutern in einem Fachbeitrag allerdings anschaulich, dass der Komponentenansatz zwar eine gewisse Glättung der Aufwandsverteilung im Bereich der Gebäude- und Straßenunterhaltung mit sich bringt, langfristig aber natürlich nicht die erhoffte Entlastung der Jahresergebnisse bewirkt. Sie weisen dabei auch auf den zu erwartenden Mehraufwand im Bereich der Anlagenbuchhaltung hin.[537]

Für alle anderen Vermögensgegenstände außer Gebäuden, Straßen, Wegen und Plätzen ist die Anwendung des Komponentenansatzes ausgeschlossen.

h) Änderung der Nutzungsdauer bei Anlagevermögen

Nutzt die Gemeinde bei ihren Gebäuden oder Straßen die Möglichkeit des Komponentenansatzes nach § 36 Abs. 2 KomHVO nicht, gilt bei diesen – wie auch bei allen übrigen Vermögensgegenständen des Anlagevermögens –, dass eine Erhaltungs- oder Instandsetzungsmaßnahme, die eine Verlängerung der wirtschaftlichen Nutzungsdauer bewirkt, nach § 36 Abs. 5 KomHVO zwingend zu einer Neubewertung des Vermögensgegenstandes führt. Offen bleibt dabei, durch wen und wie die grundlegende Nutzungsdauerverlängerung festgestellt werden soll.

Nach den weiterhin gültigen allgemeinen Bewertungsgrundsätzen kann es sich bei der notwendigen Neubewertung nicht um eine Bewertung des Vermögensgegenstandes zum Zeitwert handeln. Es geht vielmehr darum, die betreffende Erhaltungs- oder Instandsetzungsmaßnahme, soweit sie zu einer Verlängerung der Nutzungsdauer geführt hat, als Herstellungskosten zu akti-

536 *Baetge/Kirsch/Thiele*, Bilanzen, 14. Aufl., Düsseldorf 2017, S. 119.

537 Vgl. *Jürgens/Graf*, Die neuen Aktivierungsmöglichkeiten von Baumaßnahmen durch das 2. NKF-Weiterentwicklungsgesetz in NRW, der gemeindehaushalt 6/2019, S. 132 ff.

vieren. Aus einer eigentlich konsumtiven Instandhaltungsmaßnahme wird damit durch die angenommene Verlängerung der Nutzungsdauer eine Investitionsmaßnahme, die den Vermögenswert bilanziell erhöht, zu höheren Abschreibungen führt und eine Finanzierung über Investitionskredite ermöglicht.

Wird im Zuge einer solchen Erhaltungs- oder Instandsetzungsmaßnahme ein Bestandteil des Vermögensgegenstandes ersetzt, ist im Gegenzug ein entsprechender Abgang zu erfassen. Andernfalls würde eine doppelte Berücksichtigung dieses Bestandteils bei der Neubewertung einen Verstoß gegen das Wirklichkeitsprinzip darstellen und zu einer falschen Darstellung im Anlagenspiegel führen.[538]

Weiterhin ist im § 36 Abs. 5 KomHVO geregelt, dass bei einer voraussichtlich dauernden Wertminderung und einer Verkürzung die Abschreibungsparameter in der Anlagenbuchhaltung neu festzulegen sind.

19.4.4 Praktische Beispiele und Übungen

Sachverhalt und Aufgabenstellung Nr. 4

Die Auslieferung und Nutzung eines bestellten Gerätes erfolgt am 29.11.2023, die Rechnung wird voraussichtlich erst im nächsten Jahr erstellt werden. Wird die Anlagenbuchhaltung von diesem Sachverhalt berührt – und ggf. wie?

Lösung:

Das Gerät wird mit dem voraussichtlichen Preis in der Anlagenbuchhaltung 2023 gebucht, Abschreibungen werden gem. § 36 Abs. 1 KomHVO ermittelt und gebucht. Die Gegenbuchungsposition stellt eine sonstige Verbindlichkeit in gleicher Höhe dar. Für die Bezahlung der Rechnung im Folgejahr ist die im alten Jahr gebuchte sonstige Verbindlichkeit die Gegenbuchungsposition.

Sachverhalt und Aufgabenstellung Nr. 5

In der Anlagenbuchhaltung wird ein Dienstfahrzeug noch mit einem Buchwert von 2.000 € geführt. Im Rahmen der Erneuerung des Fahrzeugparks wird dieser an einen interessierten Mitarbeiter zu 2.500 € veräußert. Gegen Zahlung des Kaufpreises übernimmt dieser das Fahrzeug. Welche Auswirkungen hat dieser Sachverhalt auf die Anlagenbuchhaltung und andere Rechnungskomponenten?

Lösung:

Das Fahrzeug ist aus der Anlagenbuchhaltung auszubuchen (Aktivtausch: Liquide Mittel gegen Anlagevermögen), zusätzlich erfolgt eine – hier die Allgemeine Rücklage um 500 € erhöhende – unmittelbare Verrechnung mit dieser.

Sachverhalt und Aufgabenstellung Nr. 6

Ein weiteres Dienstfahrzeug wird am 22.9.2023 zum Buchwert veräußert und übergeben. Mit dem Mitarbeiter wurde vereinbart, dass dieser den Kaufpreis jeweils zu Hälfte am 1.11. und 1.12.2023 bezahlt. Was ist wann in der Anlagenbuchhaltung zu veranlassen?

538 Vgl. hierzu insb. *Jürgens/Graf*, Die neuen Aktivierungsmöglichkeiten von Baumaßnahmen durch das 2. NKF-Weiterentwicklungsgesetz in NRW, der gemeindehaushalt 6/2019, S. 140.

Lösung:
In der Anlagenbuchhaltung ist bereits bezogen auf den 22.9.2023 der Abgang des Dienstfahrzeuges (Habenbuchung) in Höhe des Restbuchwertes gegen die Sollbuchungsposition „Forderungen aus Lieferung und Leistung" zu buchen.

Sachverhalt und Aufgabenstellung Nr. 7
Ein bisher im Feuerwehrbereich eingesetztes Gerät wird künftig im Garten- und Landschaftsbau eingesetzt. Was ist in der Anlagenbuchhaltung zu veranlassen und aus welchem Grund?

Lösung:
In der Anlagenbuchhaltung ist die Zuordnung des Vermögensgegenstandes zum Produktbereich zu ändern. Dies ist erforderlich, damit der Ressourcenverbrauch aus Abschreibungen im Aufwand Teilergebnisplans des Produktbereiches abgebildet wird, in dem der Vermögensgegenstand eingesetzt wird.

Sachverhalt und Aufgabenstellung Nr. 8
Die Stadt hat eine Anzahlung für die Sonderausstattung eines noch zu liefernden Feuerwehrfahrzeugs geleistet. Wie ist diese Anzahlung bis zur Inbetriebnahme des Fahrzeugs in der Anlagenbuchhaltung zu buchen? Wie wird die restliche Zahlungsverpflichtung buchhalterisch behandelt?

Lösung:
Die geleistete Anzahlung ist auf einem Bestandskonto „Geleistete Anzahlungen" zu buchen. Mit Lieferung des Fahrzeugs ist die Anzahlung auf ein dem Bilanzposten „Fahrzeuge" zugehöriges Konto umzubuchen. Die restliche Zahlungsverpflichtung wird im Rahmen der Aktivierung des Vermögensgegenstandes als Verbindlichkeit aus Lieferung und Leistung gebucht.

Sachverhalt und Aufgabenstellung Nr. 9
Für den Bau einer Kindertagesstätte mit einem Herstellungswert von 3 Mio. € erhält die Gemeinde eine Investitionszuwendung vom Land in Höhe von 1 Mio. €. Welche Buchungen sind in der Anlagenbuchhaltung nach Fertigstellung für die Kindertagesstätte und die Zuwendung vorzunehmen?

Lösung:
Die Kindertagesstätte ist nach der Fertigstellung auf ein Konto des Bilanzpostens „Kinder- und Jugendeinrichtungen" einzustellen, der zugehörige Sonderposten ist zu passivieren. Daher erfolgt eine Umbuchung von Anlagen im Bau auf den Posten der Kinder- und Jugendeinrichtungen. Die Investitionszuwendung wird passiviert, wobei es unterschiedliche Gegenbuchungspositionen je nach Sachlage geben kann. Sollte die Gemeinde bereits die Zahlung der Investitionszuwendung erhalten haben, erfolgt eine Umbuchung vom Posten „Sonstige Verbindlichkeiten" an den Sonderposten. Hat die Gemeinde die Zahlung der Investitionszuwendung noch nicht erhalten, stellt eine Forderung die Gegenbuchungsposition dar. Des Weiteren erfolgt auf der Grundlage der Abschreibungsplanung die Abschreibungsbuchung und die Ertragsbuchung aus der Auflösung von Sonderposten.

Sachverhalt Nr. 10
Es ist nicht wahrscheinlich, dass die Gemeinde unterlassene Instandhaltungen an einem Verwaltungsgebäude nachholen wird. Daraufhin wird von der Hochbauverwaltung eine diesbezügliche Wertminderung von 200.000 € festgestellt. Wider Erwarten vergibt das Land ein Jahr später För-

dermittel für die Instandsetzung von Bürogebäuden. Hierauf hin entschließt sich die Gemeinde, die Instandhaltung ohne Einbeziehung des Komponentenansatzes doch nachzuholen.

Aufgabe:
Was hat in der Anlagenbuchhaltung von der Feststellung der Wertminderung bis zur Nachholung der Instandhaltung zu geschehen?

Lösung:
Aufgrund der festgestellten Wertminderung, die voraussichtlich dauerhaft ist, hatte die Gemeinde eine außerplanmäßige Abschreibung in Höhe von 200.000 € vorzunehmen. Aufgrund der Nachholung der Instandhaltung (ein Jahr später) entfällt der Grund für die außerplanmäßige Abschreibung, so dass eine Zuschreibung zu erfolgen hat. Die Höhe der Zuschreibung umfasst nicht vollständig die 200.000 €, sondern es sind die Abschreibungen zwischen den Zeitpunkten der außerplanmäßigen Abschreibung und der Zuschreibung zu berücksichtigen.

Sachverhalt Nr. 11

Es wird eine neue Rettungswache (massiv) gebaut. Die Bauendabrechnung sieht Kosten für das Dach von 50.000 €, für Fenster von 100.000 €, für die Heizungsanlage von 50.000 € sowie für den Rest des Bauwerks Kosten von 1,8 Mio. € vor. Der Anlagenbuchhalter soll dem Kämmerer die Alternativen hinsichtlich der sich ergebenden bilanziellen Abschreibungen bei Anwendung bzw. Nichtanwendung des Komponentenansatzes nach § 36 Abs. 2 KomHVO aufzeigen und darstellen, welche jährliche Mehrbelastung durch bilanzielle Abschreibungen anhand der jeweils höchstmöglichen Nutzungsdauern bei vollständiger Anwendung des Komponentenansatzes gegenüber einer Komplettbewertung entstehen.

Lösung:
Es dürfen nach § 36 Abs. 2 KomHVO für das Dach und die Fenster unterschiedliche Nutzungsdauern festgelegt werden. Bei der Heizungsanlage als mögliche weitere Komponente entstehen Herstellungskosten von 50.000 €. Hier ist zu prüfen, ob diese Komponente mindestens 5 % des Neubauwertes beträgt. Der Neubauwert beträgt in Summe 2 Mio. €, sodass die Fünfprozentgrenze bei 100.000 € für weitere Komponenten liegt, wonach die Heizungsanlage nicht als Komponente darstellbar ist. Demnach ergeben sich für die bilanziellen Abschreibungen folgende Alternativen:

Komplettbewertung (ohne Komponenten) 2 Mio. €, Bandbreite Nutzungsdauer lt. NKF-Rahmenabschreibungstabelle 40 bis 80 Jahre, d. h. jährliche Abschreibungen zwischen 50.000 € bis 25.000 €

Komponentenbewertung:
Bauwerk 1.850.000 €, Bandbreite Nutzungsdauer lt. NKF-Rahmenabschreibungstabelle 40 bis 80 Jahre, d. h. jährliche Abschreibungen zwischen 46.250 € bis 23.125 €
Dach 50.000 €, Bandbreite Nutzungsdauer lt. NKF-Rahmenabschreibungstabelle 30 bis 50 Jahre, d. h. jährliche Abschreibungen zwischen gerundet 1667 € bis 1.000 €
Fenster 100.000 €, Bandbreite Nutzungsdauer lt. NKF-Rahmenabschreibungstabelle 30 bis 50 Jahre, d .h. jährliche Abschreibungen zwischen (gerundet) 3.333 € bis 2.000 €

Bilanzielle Abschreibungen anhand der jeweils höchstmöglichen Nutzungsdauer:
Komplettbewertung bei 80 Jahren: 25.000 €
Komponentenbewertung (vollständig 23.125 € + 1.000 € + 2000 €): 26.125 €

Anhand der höchsten Abschreibungsdauer der Komponenten „Dach“ und „Fenster“ von 50 Jahren müsste in diesem Zeitraum insgesamt eine höhere bilanzielle Abschreibung von 56.250 € erwirtschaftet werden, wodurch dann bereits nach 50 Jahren eine investive Finanzierung der Komponenten „Dach“ und „Fenster“ möglich wird. Bei der Komplettbewertung als wirtschaftliche Einheit würden Instandhaltungsaufwendungen anfallen. Hier wäre allerdings auch im Rahmen des § 36 Abs. 5 KomHVO alternativ eine Aktivierung der Instandhaltungsaufwendungen denkbar, wenn bei einer Komplettbewertung durch die erforderliche Instandhaltung nach 50 Jahren eine Nutzungsverlängerung und eine diesbezügliche Neubewertung erfolgt.

19.5 Kapitalanlagen und Liquiditätsmanagement

Bei Geldanlagen ist gemäß § 90 Abs. 2 Satz 2 GO auf eine ausreichende Sicherheit und einen angemessenen Ertrag zu achten. Hierbei ist bei der Sicherstellung der eigenen Liquidität selbstverständlich im Rahmen der Wirtschaftlichkeit darauf zu achten, dass die angelegten liquiden Mittel für eigene Zwecke wieder rechtzeitig verfügbar sind.

Demnach sind drei Kriterien bei Geldanlagen zu beachten:

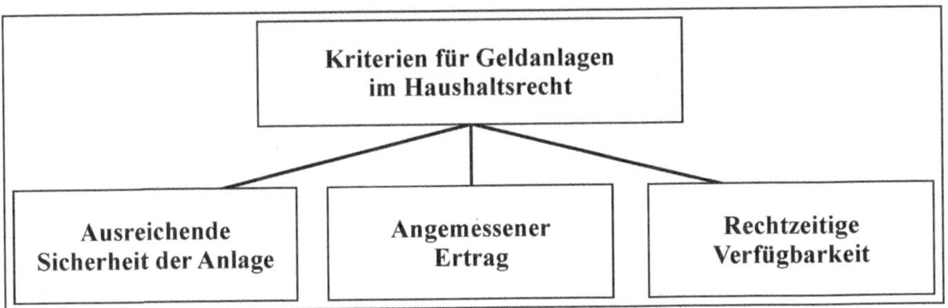

a) Sichere Anlegung

Die Sicherheit bei der Auswahl der Geldanlagen ist in § 90 Abs. 2 Satz 2 GO zu Recht an die erste Stelle gesetzt, weil diese Komponente vorrangig zu beachten ist. Die Geldanlagen der Gemeinden werden nicht vorgenommen, um damit Gewinne zu erzielen, sondern um mit diesen Mitteln zu einem späteren Zeitpunkt öffentliche Aufgaben zu erfüllen bzw. die Liquidität hierfür zu sichern. Um die Aufgabenerfüllung nicht zu gefährden, müssen die Geldanlagen so vorgenommen werden, dass Risiken hinsichtlich der Rückzahlung der angelegten liquiden Mittel ausgeschlossen sind.

Unter diesem Gesichtspunkt wird die Anlegung von liquiden Mitteln beispielsweise in Aktien oder Fremdwährungen regelmäßig nicht in Frage kommen. Bei Aktien und Fremdwährungsanlagen wird das Fehlen einer hinreichenden Sicherheit daran deutlich, dass diese Anlageformen erheblichen Kursrisiken ausgesetzt sind.

Dagegen erfüllen die Bedingung der Sicherheit auf jeden Fall Festgelder, festverzinsliche Wertpapiere sowie Spareinlagen, da diese Anlagen bis zu einem von der Gemeinde abzufragenden Höchstbetrag über einen Sicherungsfonds abgesichert sind.

b) Ertrag bringende Anlegung

Die Gemeinde muss ihre freie Liquidität Ertrag bringend anlegen. Diese Voraussetzung knüpft an den allgemeinen Grundsatz der Wirtschaftlichkeit gemäß § 75 Abs. 1 Satz 2 GO an, denn durch die freie Liquidität können Zinserträge erzielt werden. Insofern verbietet sich eine reine Verwahrung in Form von Geld, z. B. im Tresor der Gemeinde.

Unter dem Aspekt der Wirtschaftlichkeit muss die Gemeinde die Anlageform so wählen, dass sie größtmöglichen Ertrag abwirft, wobei dies allerdings hinter dem Kriterium der Sicherheit zurücktritt. Dabei muss die Zahlungsfähigkeit nach § 31 Abs. 6 KomHVO durch eine fundierte Liquiditätsplanung sichergestellt werden, da andernfalls Zinsaufwendungen für aufzunehmende Liquidität entstehen würden. Wie kurzfristig überschüssige Liquidität anzulegen ist, richtet sich nach der jeweiligen Liquiditätssituation jeder einzelnen Gemeinde.

Im kurzfristigen Anlagebereich kommt eine Anlegung auf Girokonten wegen der niedrigen oder gar fehlenden Verzinsung in der Regel nicht in Betracht. Hier bietet sich ein beim gleichen Geldinstitut geführtes Tagesgeldkonto an, mit dem tagesbezogen Geldanlagen vorgenommen werden können. Der Vorteil liegt darin, dass bei außerplanmäßigem Liquiditätsbedarf auch tagesbezogen angelegte Beträge zur Stärkung des Girokontos zurückgebucht werden können. Regelmäßig können Anlagen als Tages- und Festgelder erfolgen, wobei die unterschiedlichsten Bindungsfristen vereinbart werden können. Dabei ist allerdings zu bedenken, dass vor Ablauf der Bindungsfristen keine vorzeitige Verfügbarkeit über die Finanzmittel möglich ist.

Wird überschüssige Liquidität nach der Liquiditätsplanung der Gemeinde erst in einigen Jahren benötigt, so können die Mittel selbstverständlich zur Steigerung der Zinserträge über das Haushaltsjahr hinaus angelegt werden. Diesbezügliche Anlageformen sind Sparverträge, Sparbriefe oder Obligationen. Auch die Anlageform der Bausparverträge wird von den Gemeinden genutzt.[539] Zwar treten bei Bausparverträgen die Zinsgewinne etwas in den Hintergrund, jedoch schafft sich damit die Gemeinde die Möglichkeit, später zinsgünstige Kredite von den Bausparkassen zu erhalten. Die Wirtschaftlichkeit wird dann durch die Einsparung bei den späteren Kreditzinsen gewahrt. Die Zulässigkeit solcher Kompensationsgeschäfte wird deshalb allgemein anerkannt.

c) Rechtzeitige Verfügbarkeit

§ 31 Abs. 6 KomHVO legt fest, dass die Zahlungsfähigkeit der Gemeinde durch eine angemessene Liquiditätsplanung sicherzustellen ist. Dies bildet die grundlegende Rahmenbedingung für Kapitalanlagen, so dass sie bei der Zielsetzung eines möglichst hohen Kapitalertrages stets zu berücksichtigen ist. Insofern steht also die rechtzeitige Verfügbarkeit der überschüssigen Liquidität an exponierter Stelle der Voraussetzungsskala, denn es kann nur eine Anlageform gewählt werden, welche die Verfügbarkeit zum Zeitpunkt des Finanzierungsbedarfs garantiert.

Für das Liquiditätsmanagement einer Gemeinde bedarf es eines organisierten Informationssystems, anhand dessen vorgesehene Auszahlungs- und Einzahlungstermine ermittelt werden. Die notwendigen Informationen der Auszahlungsseite können durch die Gemeinde in der Regel sehr genau ermittelt werden. Allerdings ist der zeitliche Rahmen zwischen Bekanntwerden und Auszahlung (beispielsweise für in Rechnung gestellte Leistungen) relativ eng.

Die Informationen der Einzahlungsseite können in der Regel nur anhand von Fälligkeitsterminen ermittelt werden. Hierbei stehen viele Fälligkeitstermine in Bereich der Steuern fest. So kann der Liquiditätszufluss der Gemeindeanteile an Gemeinschaftssteuern (z. B. Einkommensteuer oder Umsatzsteuer) oder der Schlüsselzuweisungen in der Regel exakt bestimmt werden. Im Grundsteuer- und Gewerbesteuerbereich besteht zwar ein Fälligkeitstermin, der zur Bestimmung des Liquiditätszuflusses als Orientierungsgröße herangezogen werden kann; den Tag des Liquiditätszuflusses bestimmen jedoch letztendlich die Steuerschuldner, soweit diese der Gemeinde keine Einzugsermächtigung erteilt haben.

539 Der Abschluss von Bausparverträgen unterliegt der Anzeigepflicht als kreditähnliches Geschäft.

Beispiel 1:
Die Gemeinde G hat für Gewerbesteuer einen Liquiditätszufluss von 3 Mio. € für den 15. des Fälligkeitsmonats disponiert. Die Gewerbesteuerzahlung eines Unternehmens in Höhe von 500.000 € wird jedoch bereits am 10. des Fälligkeitsmonats auf dem Girokonto der Gemeinde wertgestellt.

Beispiel 2:
Zum gleichen Fälligkeitstermin der Gewerbesteuer nutzt ein anderes Unternehmen die ihm bekannte „Schonfrist" von fünf Tagen, so dass der Liquiditätszufluss auf dem Girokonto der Gemeinde erst am 20. des Fälligkeitsmonats gutgeschrieben wird.

Diese beiden Beispiele zeigen, wie schwierig es teilweise ist, den Liquiditätszufluss aus Einzahlungen taggenau zu ermitteln. Letztendlich ist es in diesen Fällen nur möglich, anhand von Erfahrungswerten zu disponieren und ggf. zusätzlich einen Vorsichtspuffer für die Liquiditätsdisposition zu berücksichtigen. Des Weiteren ist es erforderlich, die Liquiditätszuflüsse zu analysieren und die Liquiditätsplanung täglich zu modifizieren. Erkennt die disponierende Gemeinde z. B. nicht, dass – wie in Beispiel 1 – bereits 500.000 € der vorgesehen 3 Mio. € am 10. des Fälligkeitsmonats zugeflossen sind, entsteht zwangsläufig an einem oder mehreren der folgenden Tage der Liquiditätsdisposition ein zu geringer Liquiditätszufluss.

19.6 Wirtschaftliche und nichtwirtschaftliche Betätigung der Gemeinden

19.6.1 Allgemeines

Die wirtschaftliche Betätigung der Gemeinden stellt eine besondere Art der Aufgabenerfüllung dar. Sie kann unmittelbar aus § 8 Abs. 1 GO abgeleitet werden, wonach die Gemeinden innerhalb ihrer Grenzen die erforderlichen öffentlichen Einrichtungen zur wirtschaftlichen, sozialen und kulturellen Betreuung der Bevölkerung schaffen. Dabei kann die unternehmerische Tätigkeit zur Erfüllung einer Aufgabenart der Gemeinde erforderlich sein, allerdings handelt es sich nicht um eine regelmäßige Form der Aufgabenerfüllung.

Bereits aus dieser Regelung wird deutlich, dass die wirtschaftliche Betätigung der Gemeinde primär Inhalt des allgemeinen Kommunalrechts[540] ist. Zur Abrundung der Gesamtthematik „Vermögenswirtschaft" soll dieses Thema mit angesprochen werden, im Vordergrund stehen dabei die unterschiedlichen Verbindungen zum Haushaltrecht und Anforderungen im Rahmen der Abbildung im Haushaltsrecht.

19.6.2 Formen der wirtschaftlichen und nichtwirtschaftlichen Betätigung

Eine wirtschaftliche Betätigung der Gemeinde liegt bei Einrichtungen oder Anlagen vor, die auch von Privatunternehmen mit der Absicht der Gewinnerzielung betrieben werden können (unternehmerische Tätigkeit einer Gemeinde). Die Gemeinden können ihre Tätigkeiten in drei Rechtsformen wahrnehmen.

540 Siehe dazu *Hofmann/Theisen/Bätge*, Kommunalrecht in Nordrhein-Westfalen, 18. Aufl., Witten 2019, S. 622 ff.

Einige kommunale Aktivitäten gelten gemäß § 107 Abs. 2 GO nicht als wirtschaftliche Betätigung im Sinne der §§ 107 ff. GO. Mit dieser Fiktion wird erreicht, dass für solche Einrichtungen die Voraussetzungen des § 107 Abs. 1 GO und die Rechtsfolgen wie z. B. die Anzeigepflicht und die Gewinnerzielung nicht anzuwenden sind. Im Einzelnen sind ausgenommen:

- Einrichtungen, zu denen die Gemeinde gesetzlich verpflichtet ist,
- öffentliche Einrichtungen, die für die soziale und kulturelle Betreuung der Einwohner erforderlich sind, insbesondere des Erziehungs-, Bildungs-, Gesundheits- und Sozialwesens, der Kultur, des Sportes, der Erholung, der Abfall- und Abwasserbeseitigung, der Straßenreinigung, der Wirtschafts- und Fremdenverkehrsförderung, der Wohnraumversorgung, Einrichtungen des Umweltschutzes sowie des Messe- und Ausstellungswesens und
- Einrichtungen, die als Hilfsbetriebe ausschließlich der Deckung des Eigenbedarfs von Gemeinden und Gemeindeverbänden dienen.

Die nichtwirtschaftliche Betätigung in analoger Organisationsform zum Eigenbetrieb auf Grundlage der Bestimmungen der Eigenbetriebsverordnung wird auch als „eigenbetriebsähnliche Einrichtung" bezeichnet.

a) Eigenbetriebe und eigenbetriebsähnliche Einrichtungen

§ 97 Abs. 1 Nr. 3 GO definiert die Eigenbetriebe unter Bezug auf § 114 GO als wirtschaftliche Unternehmen ohne eigene Rechtspersönlichkeit sowie eigenbetriebsähnliche Einrichtungen unter Bezug auf § 107 Abs. 2 GO als organisatorisch verselbstständigte Einrichtungen gleichfalls ohne eigene Rechtspersönlichkeit. Diese unterliegen grundsätzlich den Regelungen der Eigenbetriebsverordnung in der gültigen Fassung der Bekanntmachung vom 16.11.2004 (GV. NRW S. 644).

Allerdings unterliegen die rechtlich unselbstständigen, aber organisatorisch selbstständigen Eigenbetriebe und eigenbetriebsähnlichen Einrichtungen nach § 97 Abs. 3 GO zusätzlich einigen Vorschriften über die Haushaltswirtschaft.[541] Des Weiteren unterliegen die Eigenbetriebe und eigenbetriebsähnlichen Einrichtungen hinsichtlich des Rechnungswesens nach § 19 EigVO im Grundsatz den Vorschriften des Handelsrechts. Die Sondervorschrift § 27 EigVO lässt aber auch eine Anwendung der Vorschriften der KomHVO zu.

Aus § 114 Abs. 2 GO ergibt sich deutlich eine praktische Abkoppelung von der allgemeinen Verwaltung der Gemeinde, die zu einer gewissen Selbstständigkeit der Eigenbetriebe führt. Insofern sind die Zuständigkeiten des Rates und des Bürgermeisters beschränkt.

Diese organisatorische Loslösung ist für Eigenbetriebe sinnvoll, weil diese vollständig andere Aufgaben als die übrige Verwaltung erfüllen müssen, sodass dort eigenständige Maßstäbe und Entscheidungskriterien gelten. Obwohl rechtlich zur Gemeinde gehörend, bilden die Eigenbetriebe praktisch ausgegliederte Unternehmen der Gemeinde mit einer gewissen wirtschaftlichen Selbstständigkeit. Folgerichtig sieht § 114 Abs. 2 Satz 1 GO für die Betriebsleitung auch eine weitgehende Entscheidungsbefugnis vor, die erheblich über die Befugnisse der Amtsleiter der übrigen Verwaltung hinausgeht.

Die Bildung eigenbetriebsähnlicher Einrichtungen lag in der Vergangenheit in der Kameralistik teilweise auch darin begründet, dass insbesondere durch ein doppisches Rechnungswesen mehr Flexibilität in einzelnen Verwaltungsbereichen erreicht werden sollte. Durch Einführung des Neuen Kommunalen Finanzmanagements ist diese Flexibilität nunmehr gegeben, wobei durch zusätzliche Elemente (z. B. Produktorientierung, Finanzrechnung) sich zusätzliche Steuerungsinformationen und Anforderungen ergeben. Für bestehende eigenbetriebsähnliche

541 Siehe Kap. 19.2.4.

Einrichtungen dürfte sich eine Rückholung in den Bereich der Kernverwaltung aufgrund der weitgehenden Entscheidungsbefugnisse einer Betriebsleitung sowie einer organisatorischen Verselbstständigung sehr schwierig gestalten.

b) Organisationsformen des Privatrechts

Zum Zweiten kann die Gemeinde sich nach § 108 GO bei ihrer unternehmerischen Tätigkeit den Formen des Privatrechts bedienen. Dies geschieht regelmäßig als Gesellschaft mit beschränkter Haftung oder als Aktiengesellschaft. Nach § 42 KomHVO differenziert die kommunale Bilanz zwischen Anteilen an verbundenen Unternehmen und Beteiligungen.[542] Sofern die Gemeinde alleiniger Eigentümer eines Unternehmens ist (Eigengesellschaft), ist diese unter dem Bilanzposten Anteile an verbundenen Unternehmen auszuweisen.

Die Wahl der Unternehmensform liegt weitgehend im Ermessen der Gemeinde, allerdings erfolgt sie wegen der Haftungsbeschränkung gemäß § 108 Abs. 1 Nr. 3 GO nur in der Form von Kapitalgesellschaften (z. B. GmbH). Nach § 108 Abs. 4 GO ist hierbei die Rechtsform der Aktiengesellschaft subsidiär zu wählen. Vorrangig sind die anderen Wirtschaftsformen wie GmbH, Eigenbetrieb, Anstalt des öffentlichen Rechts heranzuziehen. Hinsichtlich von Verlustübernahmen darf sich die Gemeinde nach § 108 Abs. 1 Nr. 5 GO nicht zur Übernahme von Verlusten in unbestimmter oder unangemessener Höhe verpflichten.

Aufgrund des GmbH- bzw. Aktiengesetzes werden diese Einrichtungen nach kaufmännischen Gesichtspunkten geführt und abgerechnet, so dass seitens der Gemeinde lediglich Gewinnabführungen der Unternehmen als Erträge und Betriebszuschüsse an die Unternehmen als Aufwendungen in der Ergebnisrechnung sowie Kapitalausstattungen in der Finanzrechnung der gemeindlichen Haushaltspläne erfasst werden.

Bei der Wahl der Gesellschaftsform finden auch steuerliche Aspekte Berücksichtigung.

c) Anstalten des öffentlichen Rechts

Als dritte Rechtsform ist aufgrund des § 114a GO die wirtschaftliche Betätigung in Form einer rechtsfähigen Anstalt des öffentlichen Rechts zugelassen. Diese Rechtsform ermöglicht der Gemeinde eine wirtschaftliche Betätigung in Form einer juristischen Person des öffentlichen Rechts. Die Gemeinden haben mit dieser Rechtsform im Rahmen der wirtschaftlichen Betätigung die Möglichkeit, die Vorteile der Wirtschaftsform des Eigentriebs mit der einer Eigengesellschaft zu kombinieren. Wie beim Eigenbetrieb, der Teil der juristischen Person Gemeinde ist (siehe oben), können die öffentlich-rechtlichen Möglichkeiten wie Satzungsrecht, Anschluss- und Benutzungszwang, öffentlich-rechtliche Festsetzung von Entgelten sowie öffentlich-rechtliche Zwangsvollstreckung unmittelbar und direkt genutzt werden, was bei einer Eigengesellschaft (z. B. GmbH) nicht bzw. nur mittelbar über die Gemeinde möglich wäre. Andererseits wird der Vorteil der rechtlichen Selbstständigkeit einer Eigengesellschaft genutzt, sodass die wirtschaftliche Tätigkeit außerhalb der Regelungen der Gemeindeordnung (außer Grundsatzregelungen des § 114a GO) und der Eigenbetriebsverordnung möglich ist.

19.6.3 Voraussetzungen einer wirtschaftlichen Betätigung

Wie bereits geschildert, muss sich die wirtschaftliche Tätigkeit der Gemeinde unmittelbar aus der Aufgabenerfüllung ergeben. Dazu kommt, dass der Privatwirtschaft im Rahmen der bestehenden Wirtschaftsordnung in der Bundesrepublik Deutschland der Vorzug zu geben ist. Insofern ist die

542 Diese Differenzierung ist in Kap. 10.3 dargestellt.

Konkurrenz zur Privatwirtschaft zu beachten. Aus diesem Grunde ist die wirtschaftliche Betätigung der Gemeinden gemäß § 107 Abs. 1 GO an einige Voraussetzungen geknüpft.

Danach darf die Gemeinde sich wirtschaftlich nur betätigen, wenn

- ein öffentlicher Zweck die Betätigung erfordert,
- die Betätigung nach Art und Umfang in einem angemessenen Verhältnis zur Leistungsfähigkeit der Gemeinde steht (dies dient der Sicherheit der Gemeinde und soll eine Gefährdung der Finanzwirtschaft durch mögliche Betriebsverluste vermeiden) und
- der öffentliche Zweck außerhalb der Wasserversorgung, des öffentlichen Verkehrs sowie des Betriebs von Telekommunikationsnetzen einschließlich der Telekommunikationsdienstleistungen durch andere Unternehmen nicht besser und wirtschaftlicher erfüllt werden kann.

Aufgrund des Art. 1 des Ersten Modernisierungsgesetzes vom 15.6.1999 (GV. NRW. 1999 S. 386) enthält die Gemeindeordnung erstmals in § 107 Abs. 3 GO Regelungen zur wirtschaftliche Betätigung der Gemeinden außerhalb ihres Gemeindegebietes einschließlich der ausländischen Märkte. Hier liegen allerdings gesteigerte Anforderungen für die Zulässigkeit vor. Bei ausländischer Tätigkeit ist zudem eine aufsichtsbehördliche Genehmigung zwingend erforderlich.

Nach § 107 Abs. 5 GO bestehen zusätzliche Bedingungen für Unternehmensgründungen oder wirtschaftliche Beteiligungen. Danach darf die Gemeinde ihre Entscheidung nur aufgrund einer Marktanalyse treffen, aus der auch die Auswirkungen auf das Handwerk oder die mittelständische Industrie ersichtlich werden. Den örtlichen Selbstverwaltungsorganisationen von Handwerk, Handel und Industrie (z. B. Handwerkskammer, Industrie- und Handelskammern) und der für die Beschäftigten der Branche handelnden Gewerkschaft ist vor der gemeindlichen Entscheidung Gelegenheit zur Stellungnahme zu der entsprechenden Marktanalyse zu geben. Ein Ratsbeschluss ohne Berücksichtigung dieser Voraussetzungen wäre demnach rechtswidrig. Hieran wird deutlich, dass der Gesetzgeber zugunsten einer privaten wirtschaftlichen Betätigung die wirtschaftliche Betätigung von Gemeinden mittels Schutzmechanismen eingeschränkt hat.

Bankunternehmen darf die Gemeinde gemäß § 107 Abs. 6 GO nicht errichten, übernehmen oder betreiben, wobei allerdings der Erwerb von Genossenschaftsanteilen bei einer Volksbank oder als Voraussetzung zur Abwicklung einer Geschäftsverbindung nicht ausgeschlossen ist.

Traditionelle Fälle der wirtschaftlichen Unternehmen der Gemeinde sind im Bereich der Strom-, Gas-, Wasser- und Fernwärmeversorgung sowie beim öffentlichen Personennahverkehr zu finden. Zuweilen werden auch Steinbrüche, Kiesgruben und Ziegeleien als wirtschaftliche Unternehmen von den Gemeinden geführt. Allerdings erfolgt diese Art von Aufgabenwahrnehmung regelmäßig aufgrund alter Rechte und Pflichten, zumal diese Tätigkeit wohl kaum mit § 107 Abs. 1 GO zu vereinbaren ist. Die konkrete Anwendung und Auslegung der Bestimmungen zu § 107 GO ist aus der Lösung des Sachverhalts Nr. 11 in Kap. 19.6.5 zu entnehmen.

19.6.4 Sonstige Regelungen über wirtschaftliche Betätigungen

Das gemeindliche Wirtschaftsrecht ist in den §§ 107 bis 115 GO noch in weitgehenden Einzelheiten normiert, die wegen des hier darzustellenden Überblicks nicht näher zu erläutern sind. Es sei lediglich noch auf das Anzeigeerfordernis gemäß § 115 GO hingewiesen.

Die Gemeinden müssen ihre Entscheidung über die wirtschaftliche Betätigung mindestens sechs Wochen vor Vollzug der Entscheidung (z. B. sechs Wochen vor dem tatsächlichen Abschluss eines Kaufvertrages zum Erwerb von Aktien) mitteilen. Im Rahmen der Rechtsaufsicht kann die Aufsichtsbehörde somit vorbeugend zum Schutz der Gemeinde tätig werden. Allerdings prüft sie auch die Einhaltung der gesetzlichen Vorschriften, sodass die freie Wirtschaft vor einer unzulässigen Konkurrenz durch die Gemeinden geschützt wird. Eine spezielle Genehmigungspflicht sieht die Gemeindeordnung (außer bei Auslandstätigkeiten gemäß § 107 Abs. 4 GO) dagegen nicht vor, sodass das ein Einschreiten der Aufsichtsbehörde sich allein auf die allgemeinen Aufsichtsvorschriften der §§ 119 GO stützen kann.

Wichtig ist noch der Hinweis auf § 109 Abs. 1 Satz 2 GO, wonach die Unternehmenstätigkeit der Gemeinde Gewinne für den Haushalt abwerfen soll. Insofern besteht ein deutlicher Unterschied zur Kostendeckung der Gebührenhaushalte.

19.6.5 Praktisches Beispiel und Übung

Sachverhalt Nr. 11
Die Gemeinde G will sich wie folgt wirtschaftlich betätigen:

a) Die Abfallbeseitigung soll zukünftig in eigener Regie erfolgen. Die Abfallbeseitigung wurde bisher vom Unternehmen U im Auftrag der Gemeinde wahrgenommen. U weist unzweifelhaft nach, dass es die Leistung zum selben Preis erbringen kann wie der Gemeinde Selbstkosten entstehen.
b) Es ist eine wesentliche Erweiterung des bestehenden gemeindlichen Wasserwerks vorgesehen, damit die Wasseraufbereitung kostengünstiger durchgeführt werden kann. Die Erweiterung des Wasserwerks steht in angemessenem Verhältnis zur Leistungsfähigkeit der Gemeinde.
c) Es ist die Errichtung einer Brauerei vorgesehen, um ein bisher am Markt nicht vorhandenes Spezialbier zu erzeugen, das typisch für den einheimischen Raum werden soll. Die Gemeinde verspricht sich dadurch eine Belebung des Fremdenverkehrs. Die Errichtung der Brauerei steht im angemessenen Verhältnis zur Leistungsfähigkeit der Gemeinde.

Aufgabe:
Prüfen Sie, ob die beabsichtigten Maßnahmen zulässig sind.

Lösung:
a) Wirtschaftliche Unternehmen der Gemeinde sind Einrichtungen, die auch ein Privatunternehmen mit der Absicht der Gewinnerzielung betreiben kann. Im Rahmen dieser Definition kann auch die Abfallbeseitigung als ein wirtschaftliches Unternehmen der Gemeinde angesehen werden. Die beabsichtigte Übernahme der Abfallbeseitigung in eigener Regie ist somit nur unter den Voraussetzungen des § 107 GO möglich.
Voraussetzung gemäß § 107 Abs. 1 Satz 1 Nr. 1 GO ist zunächst, dass ein öffentlicher Zweck das Unternehmen erfordert. Dies ist bei der Abfallbeseitigung gegeben, weil diese nach dem Kreislaufwirtschafts- und Abfallgesetz zu den Pflichtaufgaben der Gemeinde gehört. Weitere Voraussetzung gem. § 107 Abs. 1 Satz 1 Nr. 3 GO ist, dass ein privatwirtschaftliches Unternehmen die Tätigkeit besser und wirtschaftlicher erfüllen kann. Hier liegt als Vergleich das Angebot des Unternehmens U vor, das danach genauso wirtschaftlich arbeitet wie die Gemeinde selbst. Hieraus ist keine Unzulässigkeit der wirtschaftlichen Betätigung der Gemeinde zu erkennen.
Allerdings braucht dieses Problem – ebensowenig wie die Voraussetzung nach § 107 Abs. 1 Satz 1 Nr. 2 GO – nicht abschließend behandelt zu werden, weil gemäß § 107 Abs. 2 Satz 1 Nr. 4 GO Einrichtungen der Abfallbeseitigung nicht als wirtschaftliche Betätigung im Sinne

der Vorschriften der Gemeindeordnung gelten, sodass die zunächst angesprochenen Voraussetzungen unbeachtlich sind. Die Darstellung in den ersten beiden Absätzen der Lösung dient somit lediglich zur Verdeutlichung der Gesamtproblematik.
Die Gemeinde G entscheidet somit allein unter dem allgemeinen Gesichtspunkt der Wirtschaftlichkeit, ob sie die Abfallbeseitigung in eigener Regie wahrnehmen will. Ein Ermessensfehler ist aus dem Sachverhalt nicht ersichtlich, weil das Unternehmen U auch nicht wirtschaftlicher als die Gemeinde arbeitet. Insofern bestehen keine rechtlichen Bedenken zur Übernahme der Abfallbeseitigung durch die Gemeinde G.

b) Das Wasserwerk der Gemeinde G soll laut Sachverhalt wesentlich erweitert werden. Eine solche Tätigkeit ist nach allgemeinem Verständnis unzweifelhaft eine wirtschaftliche Betätigung der Gemeinde. Demnach ist die Erweiterung unter Beachtung der Voraussetzungen gemäß § 107 Abs. 1 GO zu begutachten. Die Vorschrift enthält eine Reihe einschränkender Tatbestandsmerkmale für die Tätigkeit.
Zunächst einmal muss ein öffentlicher Zweck die Betätigung erfordern. Die Versorgung mit Wasser stellt eine lebensnotwendige Grundversorgung der Bevölkerung dar und trägt somit auch zur Aufrechterhaltung der öffentlichen Sicherheit und Ordnung bei. Insofern ist unzweifelhaft ein öffentlicher Zweck gegeben. Dies bestätigt der Gesetzgeber selbst auch durch die wörtliche Nennung dieser Tätigkeit in § 107 Abs. 1 Satz 1 Nr. 3 GO.
Die Erweiterung steht zudem laut Sachverhalt nicht im Widerspruch zur Leistungsfähigkeit der Gemeinde, sodass die Voraussetzung nach § 107 Abs. 1 Satz 1 Nr. 2 GO ebenfalls vorliegt.
Die Voraussetzung des § 107 Abs. 1 Satz 1 Nr. 3 GO, wonach andere Unternehmen die Aufgabe besser und wirtschaftlicher erledigen kann, ist bei der Wasserversorgung nicht zu prüfen. Insofern liegen sämtliche Voraussetzungen für die wirtschaftliche Tätigkeit „Wasserversorgung" vor, sodass die Erweiterung des Wasserwerks zulässig ist.

c) Brauereien sind typische wirtschaftliche Unternehmen, sodass die Gemeinde G diese Tätigkeit nur unter den Voraussetzungen des § 107 Abs. 1 GO durchführen kann, zumal § 107 Abs. 2 GO keine Ausnahme für diesen Bereich vorsieht. Grundvoraussetzung für diese Tätigkeit ist die Erfüllung eines öffentlichen Zwecks. Laut Sachverhalt soll letztlich Fremdenverkehrsförderung betrieben werden. Nur kann objektiv nicht unterstellt werden, dass gerade die Schaffung eines Spezialbieres einen Beitrag zur Erledigung dieser Aufgabe leistet. Daher ist nach der Sachverhaltsdarstellung ein öffentlicher Zweck nicht gegeben. Somit ist festzustellen, dass die Errichtung der Brauerei durch die Gemeinde G gegen § 107 Abs. 1 GO verstoßen würde und somit rechtswidrig wäre.

20. Nachtragssatzung und Nachtragshaushaltsplan

20.1 Notwendigkeit der Nachtragssatzung

Die Gemeinden erlassen regelmäßig Haushaltssatzungen mit Haushaltsplänen für die Dauer eines Haushaltsjahres. Die Zeitspanne von einem Jahr ist in finanzieller Hinsicht für die Gemeinden nicht hinreichend überschaubar, zumal die Aufstellung eines Haushaltsplans bereits Mitte des Vorjahres in Bearbeitung geht. Deshalb kommen die Gemeinden nicht immer ohne eine Fortschreibung ihres Haushaltsplans innerhalb des Haushaltsjahres aus.

Da der Haushaltsplan Bestandteil der Haushaltssatzung ist, bedingt eine Planfortschreibung die Änderung der Haushaltssatzung. Eine Änderung der Haushaltssatzung ohne gleichzeitige Haushaltsplanänderung ist zwar theoretisch möglich (z. B. Erhöhung der Steuersätze in § 6 der Haushaltssatzung zur Erreichung des ursprünglich geplanten Haushaltsansatzes bei den Realsteuern), jedoch in der Praxis kaum anzutreffen. Eine Satzung kann nur durch eine erneute Satzung geändert werden, die im Bereich der Finanzwirtschaft den besonderen Namen „Nachtragssatzung" trägt (siehe § 81 Abs. 1 GO). Durch die Nachtragssatzung einschließlich Nachtragshaushaltsplan werden Haushaltssatzung und Haushaltsplan ergänzt, berichtigt oder geändert. Neben dieser im Ermessen der Gemeinde stehenden Nachtragsmöglichkeit hat die Gemeinde in verschiedenen Situationen aufgrund gesetzlicher Regelungen zwingend eine Nachtragssatzung zu erlassen. Diese besonderen Regelungen bedürfen einer gezielten Betrachtung. Für die Nachtragssatzung gelten die Vorschriften der Haushaltssatzung entsprechend (§ 81 Abs. 1 Satz 2 GO).

20.2 Pflicht zum Erlass einer Nachtragssatzung

20.2.1 Überblick

Die wichtigsten Gründe und Verpflichtungen zum Erlass einer Nachtragssatzung enthält zwar § 81 Abs. 2 GO, jedoch gibt es darüber hinaus noch weitere Pflichten. Zunächst empfiehlt sich deshalb der nachstehende Überblick:

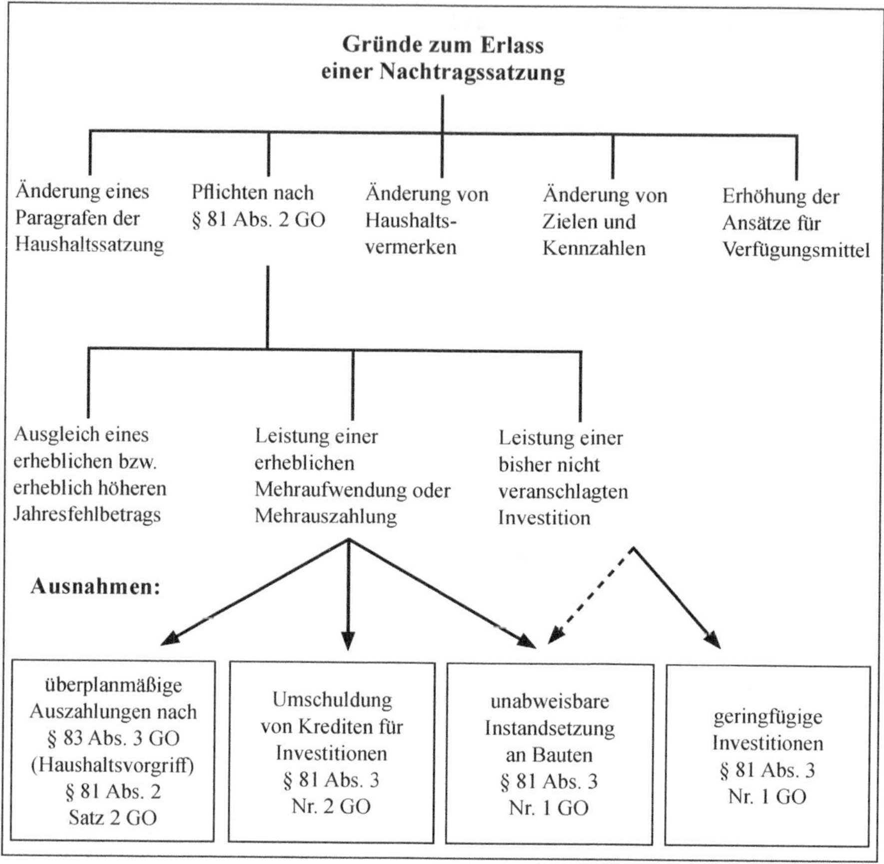

Die einzelnen, zunächst schlagwortartig aufgeführten Pflichten bedürfen einer eingehenden Erläuterung.

20.2.2 Änderung eines Paragrafen der Haushaltssatzung

Wenn die Gemeinde freiwillig Festsetzungen von Bestimmungen ihrer Haushaltssatzung ändern will, bedarf es aus der Natur der Sache heraus des Erlasses einer Nachtragssatzung. Dies kann insbesondere dann der Fall sein, wenn durch Änderungen im Laufe des Haushaltsjahres der Ursprungsplan insgesamt nicht mehr den Vorstellungen der Gemeinde entspricht. Angesprochen sind dabei zunächst die §§ 2 bis 6 der Haushaltssatzung, nämlich die Änderung des Gesamtbetrags der Kreditermächtigung für Investitionen (§ 2 der Haushaltssatzung), die Erhöhung des Gesamtbetrags der Verpflichtungsermächtigungen (§ 3 der Haushaltssatzung), die Erhöhung der Inanspruchnahme der Ausgleichsrücklage bzw. der allgemeinen Rücklage aufgrund eines gestiegenen Fehlbetrags (§ 4 der Haushaltssatzung), die Erhöhung des Höchstbetrags der Ermächtigung für Liquiditätskredite (§ 5 der Haushaltssatzung) und die Änderung der Hebesätze für die Realsteuern (§ 6 der Haushaltssatzung). Stellt die Gemeinde einen Nachtragshaushaltsplan auf, sind zudem die Endsummen in § 1 der Haushaltssatzung durch Nachtragssatzung neu festzusetzen.

Auch der § 1 der Haushaltssatzung bedarf bei einer Fortschreibung des Haushaltsplans, die ja im Ermessen der Gemeinde liegt, zwangsläufig einer Änderung. Dies gilt auch dann, wenn trotz Änderung von Haushaltspositionen die Gesamtbeträge des Haushalts erhalten bleiben. Rechtlich gesehen handelt es sich dabei nämlich um eine Neufestsetzung, weil die Addition der Ansätze der Haushaltspositionen, die zu der Gesamtsumme führt, sich inhaltlich geändert hat. Die Änderung des Haushaltsplans bedingt also ausnahmslos den Erlass einer Nachtragssatzung. Nicht darunter fallen jedoch die Bewilligung von über- und außerplanmäßigen Aufwendungen und Auszahlungen i. S. v. § 83 GO, die Bewilligung von über- und außerplanmäßigen Verpflichtungsermächtigungen gemäß § 85 Abs. 1 Satz 2 GO sowie die Ausnutzung von Bewirtschaftungsregeln nach § 21 Abs. 2 KomHVO (unechte Deckungsfähigkeit) und § 21 Abs. 1 KomHVO (echte Deckungsfähigkeit).

Wie aus der Darstellung in Kap. 18.6.7 ersichtlich, sind über- und außerplanmäßige Verpflichtungsermächtigungen nur zulässig, wenn in gleicher Höhe Einsparungen bei anderen Verpflichtungsermächtigungen vorhanden sind (§ 85 Abs. 1 Satz 2 GO). Demnach darf die Gemeinde den in § 3 der Haushaltssatzung festgesetzten Gesamtbetrag der Verpflichtungsermächtigungen nicht überschreiten. Den Gesamtbetrag überschreitende zusätzliche Verpflichtungsermächtigungen können somit nur über eine Nachtragssatzung bereitgestellt werden. Im Rahmen eines Nachtragsverfahrens können sämtliche Ansätze fortgeschrieben werden. Das Nachtragsverfahren ist bei Überschreiten des Gesamtbetrags selbst bei geringfügigen Verpflichtungsermächtigungen notwendig, und zwar auch dann, wenn diese unabweisbar sind.

Bei der Erhöhung der Inanspruchnahme der Ausgleichsrücklage bzw. der Allgemeinen Rücklage aufgrund eines erhöhten Fehlbetrages stellt sich jedoch die Frage, ob hier nicht wenigstens eine Geringfügigkeitsgrenze hätte vorgesehen werden müssen. Jegliche auch noch so geringe Erhöhung führt formal zu einer Nachtragssatzung.

Die Hebesätze der Realsteuern in § 6 der Haushaltssatzung können ebenfalls durch Nachtragssatzung geändert werden. Bei einer Erhöhung muss jedoch gemäß § 25 Abs. 3 GrStG bzw. § 16 Abs. 3 GewStG der Ratsbeschluss bis zum 30. Juni des laufenden Haushaltsjahres erfolgen.

20.2.3 Pflichten nach § 81 Abs. 2 GO

Ausgleich eines erheblichen Jahresfehlbetrags oder gegenüber der Planung erheblich höheren Jahresfehlbetrags (Nr. 1)

Ein Fehlbetrag zeichnet sich ab, wenn im Laufe des Jahres ersichtlich ist, dass die Gesamterträge hinter den Gesamtaufwendungen zurückbleiben und die Ausgleichsrücklage erschöpft ist. Wenn also trotz Ausnutzung zusätzlicher Erträge und aller Sparmöglichkeiten auf der Aufwandseite der Jahresfehlbetrag verbleibt, dieser erheblich ist und die Deckung nur durch Änderung der Haushaltssatzung erreicht werden kann, muss unverzüglich eine Nachtragssatzung erlassen werden. Gleiches gilt auch, wenn im ursprünglichen Haushaltsplan bereits ein Fehlbetrag geplant war und der voraussichtliche tatsächliche Fehlbetrag erheblich höher ausfällt als geplant. Wann ein Jahresfehlbetrag erheblich ist, richtet sich nach der Größe der Gemeinde bzw. nach deren Haushaltsvolumen, sodass die Gemeindeordnung dazu keine konkrete Aussage treffen kann. Den Gemeinden wird empfohlen, eine örtliche Regelung durch Haupt-, Haushaltssatzung oder einfachen Ratsbeschluss herbeizuführen. In der Praxis haben sich prozentuale Festsetzungen (etwa 2 bis 5 %) in Bezug auf die Gesamthaushaltsvolumen des Ergebnisplans durchgesetzt. Daneben gibt es vereinzelt auch Festbeträge.

Die Feststellung eines erheblichen Jahresfehlbetrags reicht aber für die Nachtragspflicht nicht aus, sondern der Fehlbetrag muss durch die Änderung der Ursprungssatzung beseitigt werden können. Diese weitere Voraussetzung ist sinnvoll, weil anderenfalls eine Pflichtnachtragssatzung keinen Sinn machen würde. Eine reine Information des Rates über die Gefährdung des Haushaltsausgleichs geschieht ohnehin gemäß § 25 Abs. 1 KomHVO. Da die Aufwandseite keine Ausgleichsmöglichkeiten mehr bietet (alle Sparmöglichkeiten sind ausgenutzt), muss der Ausgleich im Fall des § 81 Abs. 2 Nr. 1 GO über Mehrerträge erzielt werden.

Konkret kann dies nur durch die Erhöhung der Hebesätze in § 6 der Haushaltssatzung für die Realsteuern erfolgen, welche Mehrerträge im Steuerbereich bewirken würde. Diese Änderung muss jedoch nach den einschlägigen Regelungen in den Steuergesetzen bis zum 30. Juni des laufenden Jahres durch den Rat beschlossen sein.

Die Änderung anderer Paragrafen der Haushaltssatzung kommt in dieser Situation nicht in Frage, weil dadurch keine weiteren Erträge beschafft werden können. Die §§ 2 bis 5 der Haushaltssatzung kommen bereits aus der Natur der Bestimmungen heraus (keine Ertragsbegründungen) nicht in Betracht. Eine Neufestsetzung des § 1 der Haushaltssatzung bewirkt unmittelbar keine neue Finanzmittelbeschaffung, sondern ist die Folge einer Planänderung, die aufgrund der Ausführungen in Kap. 20.2.2 eine Nachtragspflicht verursacht.

Ein erheblicher Fehlbetrag kann nicht bei einer überplanmäßigen Mittelbereitstellung nach § 83 Abs. 3 GO (Verfahren des Haushaltsvorgriffs, siehe dazu Kap. 18.6.5) entstehen. Hier handelt es sich um die Bereitstellung von Auszahlungsermächtigungen im Finanzhaushalt, die sich nicht unmittelbar auf den Fehlbetrag des Ergebnishaushalts auswirken. Insofern ist es unverständlich, dass der Gesetzesgeber die Ausnahme in § 81 Abs. 2 Satz 2 GO auch auf die vorangehende Nr. 1 der Vorschrift bezieht.

Generell ist wegen der doch sehr hohen Wertgrenzen für die Erheblichkeit des Fehlbetrags und der im Laufe des Jahres kaum durchführbaren Realsteuerhebesatzerhöhung festzustellen, dass dieser Fall des Pflichtnachtrags in der Praxis kaum anzutreffen ist.

Leistung einer erheblichen Mehraufwendung bzw. Mehrauszahlung (Nr. 2)

Die betragliche Bindung des Haushaltsplanes ist zwar als Grundsatz vorhanden; jedoch gibt es vor allem gemäß § 83 GO die Möglichkeit, Aufwendungs- und Auszahlungsansätze zu überschreiten. Diese Überschreitungen führen dazu, dass die in Frage kommenden Haushaltspositionen nicht mehr der tatsächlichen Entwicklung der Haushaltswirtschaft entsprechen. Dies ist bei geringfügigen Veränderungen für den Gesamthaushalt unproblematisch, da durch Einsparungen bei anderen Haushaltspositionen oder vorhandenen Mehrerträgen bzw. Mehreinzahlungen ein gewisser Ausgleich geschaffen wird. **Erhebliche** Abweichungen von Haushaltspositionen wirken sich dagegen auf die Struktur des Gesamthaushalts aus. Deshalb ist für erhebliche nicht veranschlagte oder zusätzliche Aufwendungen und Auszahlungen eine Pflichtnachtragssatzung vorgesehen. Dazu kommt die Erwägung, dass solche Änderungen wegen ihrer Bedeutung nicht mehr im einfachen Verfahren nach § 83 GO, sondern im umfangreichen Verfahren des Satzungsrechts abzuwickeln sind.

Die Begriffe „nicht veranschlagt" und „zusätzlich" stehen für die haushaltsrechtlich klareren Bezeichnungen „außerplanmäßig" und „überplanmäßig", wie sie auch in § 83 GO verwendet werden. Erhebliche Mehraufwendungen und Mehrauszahlungen nach § 21 Abs. 1 und 2 KomHVO (echte und unechte Deckungsfähigkeit) bedingen dagegen keine Pflicht zum Erlass einer Nachtragssatzung. Gemäß der Fiktion in § 21 Abs. 2 Satz 3 KomHVO gelten Mehraufwendungen und Mehrauszahlungen im Rahmen der unechten Deckungsfähigkeit nicht als überplanmäßig, während bei den Mehraufwendungen und Mehrauszahlungen nach § 21 Abs. 1 KomHVO bei der Anwendung der Deckungsfähigkeit zwar Mehraufwendungen bzw. Mehrauszahlungen begrifflich entstehen, aber vom Sinn her nicht als solche zu behandeln sind. Es sind somit allein Mehraufwendungen und Mehrauszahlungen i. S. d. § 83 GO angesprochen, bei denen im Rahmen der „Erheblichkeit“ die Vorrangigkeit des Nachtrags zu beachten ist.

Wann eine Mehraufwendung bzw. Mehrauszahlung erheblich ist, muss jede Gemeinde im Rahmen ihres pflichtgemäßen Ermessens selbst bestimmen. In der Praxis haben sich dafür Prozentsätze bewährt, zum Teil gekoppelt mit Festbeträgen. Dabei ist darauf zu achten, dass sich gemäß § 81 Abs. 2 Nr. 2 GO die Erheblichkeit der Mehraufwendung bzw. Mehrauszahlung der einzelnen Haushaltsposition und damit auch der Prozentsatz auf das Verhältnis zu den Gesamtaufwendungen bzw. Gesamtauszahlungen des Haushalts und nicht auf den bisherigen Ansatz der Haushaltsposition bezieht.

Ausgenommen von der Nachtragspflicht sind zunächst gemäß § 81 Abs. 2 Satz 2 GO die im Wege des Haushaltsvorgriffs nach § 83 Abs. 3 GO bereitgestellten erheblichen überplanmäßigen Auszahlungen. Diese Ausnahme sichert die Bewilligung dieser Mehrauszahlungen zu Recht ohne betragliche Einschränkung nach § 83 Abs. 3 GO, zumal die Deckung im nächsten Jahr erfolgt.

Für **unabweisbare** Instandsetzungen an Bauten ist unabhängig von ihrer Größenordnung in keinem Fall eine Nachtragssatzung erforderlich. Dies ist darin begründet, dass solche Maßnahmen sachlich und zeitlich unaufschiebbar sind (z. B. Mehraufwendungen und Mehrauszahlungen für die Beseitigung von Unwetterschäden an Gebäuden). Hier wäre es aus wirtschaftlichen Gründen (Vermeidung weiterer Schäden) unvertretbar, die benötigten Instandsetzungsmittel erst in einem zeitraubenden Nachtragsverfahren bereitzustellen. Unabhängig von der Höhe des Betrages kann somit eine Mehraufwendung und Mehrauszahlung nach § 83 Abs. 1 GO bewilligt werden (siehe Kap. 18.6).

Die Ausnahme „unabweisbare Instandsetzung“ ist durch die Änderung der Gemeindeordnung vom 20.3.1996 (GV NW S. 124) in den Gesetzestext (damalige kamerale Fassung) gelangt und wurde erneut in § 81 Abs. 3 Nr. 1 GO übernommen. Bis 1996 galt eine großzügigere Regelung, da sämtliche „unabweisbare Ausgaben“ von der Nachtragspflicht ausgenommen waren. Aus Sicht der Praxis ist es sehr bedauerlich, dass § 81 Abs. 3 Nr. 1 GO diesen Mangel nicht beseitigt. Die praktische Handhabung ist bei sachlich und zeitlich unaufschiebbaren über- und außerplanmäßigen Aufwendungen und Auszahlungen erheblich erschwert, zumal bei solchen Positionen oftmals schnell gehandelt werden muss und das zeitlich doch sehr aufwändige Nachtragsverfahren hinderlich wäre. Nunmehr muss z. B. bei einer **erheblichen** Mehraufwendung bzw. Mehrauszahlung – etwa für soziale Hilfen – stets eine Nachtragssatzung gemäß § 81 Abs. 2 Nr. 2 GO erlassen werden, obwohl diese Mittel nach den Regelungen des Sozialgesetzbuchs XII von der Gemeinde ohnehin bereitgestellt werden müssen. Die Ratsgremien werden dabei nicht übergangen, weil sie bei erheblichen Mehraufwendungen und Mehrauszahlungen gemäß § 83 Abs. 2 GO ohnehin zustimmen müssen, allerdings im formlosen Verfahren der Bereitstellung einer über- oder außerplanmäßigen Aufwendung bzw. Auszahlung. Insofern ist die in der GO vorgesehene Regelung als praxisfremd zu bewerten, vor allem im Zeitalter eines modernen, flexiblen Finanzmanagements mit Budgetierung und dezentraler Ressourcenverantwortung.[543]

Die letzte Ausnahme von der Nachtragspflicht betrifft die Umschuldungen von Krediten. Soll ein Kredit durch die Neuaufnahme eines anderen Kredits abgelöst werden (z. B. aufgrund günstigerer Konditionen), so kann es sich je nach Volumen der Umschuldung um erhebliche Mehrauszahlungen handeln, die grundsätzlich ja eine Nachtragspflicht bewirken würden. Dies entspricht jedoch nicht dem Sinn der Nachtragspflicht, da die Umschuldungen keine neuen Haushaltsbelastungen zur

543 Der Gesetzgeber ist dringend aufgerufen, den Ausnahmetatbestand des § 81 Abs. 3 Nr. 1, 2. Halbsatz GO auf sämtliche unabweisbare Aufwendungen und Auszahlungen auszudehnen.

Folge haben. Insofern korrespondiert diese Regelung mit § 78 Abs. 2 Nr. 1 Buchst. c GO, wonach in dem Kreditbetrag nach § 2 der Haushaltssatzung lediglich Kredite aufzunehmen sind, die der Investitionsfinanzierung dienen. Auch aus diesem Grund werden die nicht in der Haushaltssatzung normierten Umschuldungen auch nicht über eine Nachtragssatzung abgewickelt.[544]

Leistung von Ausgaben für bisher nicht veranschlagte Investitionen (Nr. 3)

Die gemeindliche Selbstverwaltung ist in finanzieller Hinsicht verwirklicht durch die Entscheidung über die Verwendung freier Finanzmittel. Da die Gemeinde die Einrichtungen für ihre Bevölkerung schaffen soll, gilt eine wichtige Entscheidung der Selbstverwaltung dem Bereich der Investitionen (Auszahlungen zur Veränderung des Anlagevermögens). Der Rat bestimmt die Selbstverwaltung der Gemeinde und damit auch die Investitionstätigkeit. Er bestimmt sie über Haushaltssatzung und Haushaltsplan. Werden neue Maßnahmen durchgeführt, kann dies zwangsläufig nur über eine Änderung des Haushaltsplans und der Haushaltssatzung erfolgen. Man kann aber auch einfach feststellen, dass die Wichtigkeit der Investitionen eine solch umfassende Behandlung erfordert. Diese Finanzierungen sollen sich voll im Haushaltsplan der Gemeinde widerspiegeln.

Es muss sich dabei um **bisher** nicht veranschlagte Investitionen handeln, die also erstmals Auszahlungen verursachen. Mehrauszahlungen für Fortsetzungsmaßnahmen bedingen somit keine Nachtragssatzung. Es kann sich demnach auch nur um außerplanmäßige Auszahlungen handeln. Im Bereich der Bauinvestitionen kann die Veranschlagung von Planungskosten noch keine „bereits veranschlagten Investitionsauszahlung" bedingen, weil gemäß § 13 Abs. 2 KomHVO vor Veranschlagung einer Bauinvestition erst die notwendigen Baupläne vorliegen müssen.

Ausgenommen sind zunächst die geringfügigen Investitionen. Es kann nämlich nicht sein, dass für **unerhebliche** neue Investitionen eine Nachtragssatzung notwendig ist. Bei solchen im Verhältnis zum Gesamthaushalt nicht erheblichen Veränderungen steht der Aufwand eines umfangreichen Nachtragsverfahren in keinem Verhältnis zu den zu leistenden Beträgen. Die Geringfügigkeit ist in das Ermessen der Gemeinde gestellt. Dabei haben sich in der Praxis Festbeträge von etwa 10.000 bis 100.000 € je nach Größenordnung der Gemeinde durchgesetzt. Bei der Festsetzung der Grenze darf nicht auf den Gesamthaushalt, sondern nur auf die Höhe der Einzelmaßnahme abgestellt werden.[545]

Praktische Anwendung der unbestimmten Rechtsbegriffe des § 81 GO

§ 81 GO ist mit unbestimmten Rechtsbegriffen gespickt, die mit Zahlen auszufüllen sind. Wie schon mehrfach betont, liegt die konkrete Festsetzung im Ermessen der Gemeinde. Die Gemeinde kann also nicht willkürlich handeln und unterliegt in ihren Festsetzungen der Kommunalaufsicht im Rahmen der Rechtskontrolle. Es empfiehlt sich, genaue Regelungen in der Hauptsatzung oder in der Haushaltssatzung zu treffen. Auch Festlegungen durch einfache Ratsbeschlüsse sind zulässig. Nachstehend ist ein Beispiel einer solchen Regelung abgedruckt:

Beispiel:

1. *Als „erheblich" i. S. d. § 81 Abs. 2 Nr. 1 a und b GO gilt ein Jahresfehlbetrag bzw. eine Erhöhung des Jahresfehlbetrags, der 3 v.H. der Gesamtaufwendungen des Ergebnisplans des laufenden Haushaltsjahres übersteigt.*
2. *Als „erheblich" sind Mehraufwendungen i. S. d. § 81 Abs. 2 Nr. 2 GO dann anzusehen, wenn sie im Einzelfall 1 v. H. der Gesamtaufwendungen des Ergebnisplans des laufen-*

544 Dieses gilt auch nicht für die Liquiditätskredite, weil hierfür in der Haushaltssatzung ein Höchstbetrag ausgewiesen ist, der bei einer Umschuldung zwangsläufig nicht überschritten wird.

545 Zur Abgrenzung von Herstellungs- und Unterhaltungsaufwand siehe im Einzelnen Kap. 10.2.3.

den Haushaltsjahres übersteigen. Das gleiche gilt für Mehrauszahlungen in Bezug auf die Gesamtauszahlungen des Finanzplans.

3. *Als „geringfügig" i. S. d. § 81 Abs. 3 GO gelten Auszahlungen für bisher nicht veranschlagte Investitionen, deren voraussichtliche Gesamtauszahlungen nicht mehr als 50.000 € betragen.*

20.2.4 Änderung von Haushaltsvermerken und Budgets

Haushaltsvermerke sind einschränkende oder erweiternde Bestimmungen zu Ergebnis- und Finanzpositionen des Haushaltsplans. So werden die Bestimmung über die Auswirkungen von Mehrerträgen und Mindererträgen auf Aufwandermächtigungen bzw. Mehreinzahlungen und Mindereinzahlungen auf Auszahlungsermächtigungen (unechte Deckungsfähigkeit nach § 21 Abs. 2 KomHVO) und die echte Deckungsfähigkeit i. S. v. § 21 Abs. 1 KomHVO aufgrund von Vermerken außerhalb der Budgetierung im Haushaltsplan wirksam. Soll nun ein solcher Vermerk geändert oder neu angebracht werden, bedarf es einer Fortschreibung des Haushaltsplans. Da der Haushaltsplan durch die Festsetzung der Gesamtbeträge in § 1 der Haushaltssatzung Bestandteil der Haushaltssatzung ist (siehe die Ausführungen in Kap. 17.2.2.1), stellt die Vermerkänderung eine Änderung des § 1 der Haushaltssatzung dar. Wie bereits in Kap. 20.2.2 festgestellt, bedarf es dazu einer Nachtragssatzung. Die bei den Gemeinden zuweilen geübte Handhabung des einfachen Ratsbeschlusses zur Herbeiführung einer Vermerkänderung reicht dazu nicht aus. In der Praxis ist natürlich zu überlegen, ob eine gewünschte Vermerkänderung den Aufwand einer Nachtragssatzung rechtfertigt.

Das Gleiche gilt, wenn die Gemeinde während des Haushaltsjahres die Budgetierung ändern will. Falls die Budgetierung in einem Paragrafen der Haushaltssatzung bestimmt ist, ergibt sich offensichtlich eine Nachtragssatzungspflicht. Auch wenn die Budgetierung nicht in der Haushaltssatzung, sondern lediglich im Haushaltsplan vermerkt ist, kann eine Änderung der Budgetierung nur durch Nachtragsatzung erfolgen, weil der Haushaltsplan über die Festsetzung in § 1 der Haushaltssatzung ja Bestandteil der Haushaltssatzung ist.

20.2.5 Änderung von Zielen und Kennzahlen

Aufgrund der Regelung des § 4 Abs. 2 KomHVO und des Runderlasses des MHKBG vom 28.6.2019 zur Abbildung von Zielen und Kennzahlen zur Zielerreichung sind eben diese Ziele und Kennzahlen fakultative Bestandteile der Teilpläne. Damit sind diese Informationen bzw. Daten Teil des Haushaltsplans. Sollen nun die Ziele oder Kennzahlen im laufenden Jahr geändert werden, bedarf dies einer förmlichen Haushaltsplanänderung. Da der Haushaltsplan durch die Festsetzung der Gesamtbeträge in § 1 der Haushaltssatzung Bestandteil der Haushaltssatzung ist, diese aber gemäß § 81 Abs. 1 GO nur durch eine Nachtragssatzung geändert werden kann, führt die Änderung von Zielen und Kennzahlen zu einer Nachtragssatzung.

Es stellt sich den Verfassern allerdings die Frage, ob diese Rechtsfolge bei der Formulierung der Normierungen wissentlich beabsichtigt war. Insofern sollte der Gesetzgeber bedenken, ob nicht eine Ausnahmevorschrift zu diesem Tatbestand sinnvoll ist. Davon unbenommen ist die sinnvolle Regelung des § 10 Abs. 1 KomHVO, wonach Ziele und Kennzahlen in einem Nachtragshaushaltsplan dann fortzuschreiben sind, wenn in diesem Nachtragshaushaltsplan ohnehin die dazu gehörenden Haushaltspositionen geändert werden.

20.2.6 Erhöhung der Ansätze für Verfügungsmittel

Gemäß § 14 Satz 2 KomHVO dürfen die Ansätze für Verfügungsmittel (zum Begriff siehe Kap. 9.3.6.2) nicht überschritten werden. Aufwendungen bzw. Auszahlungen über den Ansatz hinaus sind somit unzulässig. Benötigt die Gemeinde bei dieser Haushaltsposition zusätzliche Haushaltsmittel, verbleibt ihr nur die Änderung des Haushaltsplans mit Erhöhung des entsprechenden Ansatzes. In einem Nachtragshaushaltsplan kann die Gemeinde natürlich alle Ansätze ändern, also auch die der Verfügungsmittel. Ein Nachtragshaushaltsplan bedingt aber wegen der bereits mehrfach beschriebenen Verbindung zu § 1 der Haushaltssatzung eine Nachtragssatzung.

Auch hier seien die in Kap. 20.2.4 geübten Bedenken zur Effizienz der Nachtragssatzung angebracht, sodass dieser Fall in der Praxis kaum Anwendung findet.

20.3 Inhalt des Nachtragshaushaltsplans

Wenn sich aus den in Kap. 20.2 dargestellten Gründen eine Pflicht zum Erlass einer Nachtragssatzung mit Nachtragshaushaltsplan ergibt oder die Gemeinde freiwillig einen Nachtragshaushaltsplan aufstellt, ist es sinnvoll, den Nachtragshaushaltsplan dann so auszugestalten, dass der Ursprungsplan in allen Bereichen auf den neuesten Stand der Haushaltswirtschaft gebracht wird. Damit wird der Haushalt umfassend fortgeschrieben, und es bleibt verbindlicher Rahmen für die Haushaltsausführung.

Es wäre allerdings viel zu aufwändig, jede auch noch so kleine Änderung in den Nachtragshaushaltsplan aufzunehmen. Deshalb muss der Nachtragshaushaltsplan gemäß § 10 Abs. 1 KomHVO nur die Änderungen der Erträge und Aufwendungen sowie der Einzahlungen und Auszahlungen enthalten, die im Zeitpunkt seiner Aufstellung erkennbar sind und eine von der Gemeinde zu bestimmende Erheblichkeitsgrenze übersteigen. Damit wird erreicht, dass der Nachtragshaushaltsplan keine unerheblichen Veränderungen aufweist. Die Wertgrenze ist von der Gemeinde zu bestimmen, allerdings unabhängig von den Begriffen des § 81 GO. Allgemein wird ein wesentlich geringerer Betrag als im Fall des § 81 Abs. 3 GO gewählt. In der Praxis schwanken die Beträge je nach Größenordnung der Gemeinden zwischen 1.000 und 50.000 €, wobei allerdings seitens der Verfasser Bedenken bestehen, ob nicht auch bei Milliardenetats ein Betrag von 50.000 € zu hoch angesetzt ist. Insgesamt ist aber festzustellen, dass der für den Haushaltsplan geltende Grundsatz der Vollständigkeit (§ 79 Abs. 1 GO) beim Nachtragshaushaltsplan durchbrochen wird.

Bereits entstandene oder angeordnete über- und außerplanmäßige Aufwendungen und Auszahlungen sind gem. § 10 Abs. 1 KomHVO ebenfalls im Nachtragsplan zu berücksichtigen, soweit sie die vom Rat festgelegte Erheblichkeitsgrenze überschreiten.

In den Nachtragshaushaltsplan ebenfalls aufzunehmen sind die Änderungen von Zielen und Kennzahlen zur Zielerreichung, die mit den Änderungen von Erträgen und Aufwendungen sowie Einzahlungen und Auszahlungen in Zusammenhang stehend.

Werden neue Verpflichtungsermächtigungen im Nachtragshaushaltsplan veranschlagt, sind gemäß § 10 Abs. 2 KomHVO deren Auswirkungen auf die mittelfristige Finanzplanung anzugeben. In diesen Fällen ist dem Nachtragshaushaltsplan auch eine geänderte Übersicht der Verpflichtungsermächtigungen (§ 1 Abs. 2 Nr. 6 KomHVO) beizufügen.

Es bestehen keine amtlichen Muster für die Ausgestaltung des Nachtragshaushaltsplans. Dem Sinn einer Nachtragshaushaltsplanung entsprechend kann aber auf die unverbindlichen Muster für die Haushaltsplanung (Anlagen 3, 4, 9, 10 A und 10 B VV Muster zur GO und KomHVO) zurückgegriffen werden. Dabei hat eine entsprechende Ergänzung um die Veränderungswerte wie folgt zu erfolgen:

- Neuer Ansatz des Haushaltsjahres,
- Bisheriger Ansatz des Haushaltsjahres,
- Veränderungsbetrag.

Dieselbe Einteilung gilt für die Verpflichtungsermächtigungen im Teilfinanzplan.

20.4 Zustandekommen der Nachtragssatzung

Besteht gemäß § 81 Abs. 2 GO die Pflicht zum Erlass einer Nachtragssatzung, so ist diese unverzüglich zu erlassen. Die Verwaltung der Gemeinde muss also ohne schuldhaftes Verzögern nach Bekanntwerden des begründenden Tatbestandes mit den Vorbereitungen beginnen und schnellstens einen Ratsbeschluss herbeiführen.

Eine Nachtragssatzung ist nach § 81 Abs. 1 Satz 1 GO spätestens bis zum Ablauf des Haushaltsjahres – gemäß § 78 Abs. 4 GO ist das Haushaltsjahr mit dem Kalenderjahr identisch – vom Rat zu beschließen. Entscheidend für die zeitliche Komponente ist somit ausschließlich der Ratsbeschluss bis zum 31.12. des entsprechenden Jahres. Anzeige und Veröffentlichung der Nachtragssatzung sowie das Einholen eventueller aufsichtsbehördlicher Genehmigungen können somit also durchaus im kommenden Haushaltsjahr liegen. Allerdings ist der Sinn eines Nachtrags zu hinterfragen, wenn die Nachtragssatzung erst nach Beendigung des zu beplanenden Haushaltsjahres rechtswirksam wird.

Beim Thema „Erlass der Haushaltssatzung“ wurde oben als weitere zeitliche Begrenzung erläutert, dass eine Erhöhung der Realsteuerhebesätze in § 6 der Haushaltssatzung gemäß § 25 Abs. 3 GrStG und § 16 Abs. 3 GewStG bis zum 30. Juni für das laufende Jahr beschlossen sein muss. Dies entspricht dem Gedanken einer gewissen Voraussehbarkeit bei Steuererhöhungen (Vertrauensschutz). Da § 25 Abs. 2 GrStG und § 16 Abs. 2 GewStG die Realsteuern als Jahressteuern (Hebesatz ist mindestens für ein Kalenderjahr festzusetzen) beschreibt, können im Laufe des Haushaltsjahres durch eine Nachtragssatzung die Hebesätze der Haushaltssatzung nur rückwirkend zum Beginn des Haushaltsjahres erhöht werden. Deshalb kommt es bei der Nachtragssatzung zur selben zeitlichen Begrenzung wie bei der Haushaltssatzung, wenn die Steuersätze in § 6 der Haushaltssatzung erhöht werden sollen. Eine solche Nachtragssatzung muss vom Rat bis zum 30. Juni eines Jahres beschlossen sein. Insofern wird durch die Steuergesetze (Bundesrecht bricht Landesrecht) der durch § 81 Abs. 1 Satz 1 GO vorgegebene Beschlusszeitpunkt für die Nachtragssatzung eingeschränkt.

Gemäß § 81 Abs. 1 Satz 2 GO gelten für die Nachtragssatzung die Vorschriften der Haushaltssatzung entsprechend. Daher sind auch die Vorschriften des § 80 GO auf die Nachtragssatzung im vollen Umfang anzuwenden (siehe dazu Kap. 9.1.3).

Wie die Haushaltssatzung ist die Nachtragssatzung gemäß § 75 Abs. 4 Satz 1 GO zu genehmigen, wenn durch sie eine Verringerung der allgemeinen Rücklage vorgesehen ist. Ebenfalls ist eine Genehmigung erforderlich, wenn durch den Nachtrag ein bestehendes Haushaltssicherungskonzept geändert wird oder erstmals ein Haushaltssicherungskonzept aufzustellen ist (§ 76 GO). Ansonsten reicht eine entsprechende Anzeige. Bei den Kreisen ist gemäß § 56 Abs. 3 Satz 2 KrO die Erhöhung der Kreisumlage (§ 6 der Nachtragssatzung) zu genehmigen. Das Gleiche gilt auch für die Landschaftsumlage der Landschaftsverbände gemäß § 24 Abs. 3 LVerbO.

Die Frage, ob eine Nachtragssatzung durch Dringlichkeitsentscheidung nach § 60 Abs. 1 GO erlassen werden kann, ist umstritten. Sie wird vor allem deshalb verneint, weil das in § 80 GO vorgesehene umfangreiche formelle Verfahren bei einer Dringlichkeitsentscheidung nicht möglich ist. Die Befürworter einer Dringlichkeitsentscheidung stützen sich allein auf den Wortlaut des § 60

Abs. 1 GO, wonach **alle** Angelegenheiten des Rates bei Vorliegen der Voraussetzungen im Wege der Dringlichkeitsentscheidung beschlossen werden können. Dieser Rechtsauslegung ist nach Auffassung der Verfasser wegen der genannten Formvorschriften nicht zu folgen, sodass – wie bei der Haushaltssatzung auch – bei der Nachtragssatzung eine Dringlichkeitsentscheidung zu verneinen ist. Dabei wird nicht verkannt, dass es durchaus auch im Nachtragsverfahren zur Dringlichkeit kommen kann, z. B. bei einer unverzüglich durchzuführenden Erhöhung der Kreditermächtigung.

20.5 Praktische Beispiele und Übungen

Sachverhalt Nr. 1

Bei der Gemeinde G (Gesamtsumme der Aufwendungen im Ergebnisplan: 70.000.000 €, Gesamtsumme der Auszahlungen im Finanzplan: 80.000.000 €) fallen im Laufe des Haushaltsjahres folgende Sachverhalte an:

a) Durch ein Unwetter wird das Rathaus der Gemeinde G stark beschädigt. Die nicht veranschlagten Instandsetzungsaufwendungen (vor allem Dach- und Fenstererneuerung) werden auf 800.000 € geschätzt. Im zuständigen Produktbereich 01 werden die veranschlagten Aufwendungen für Sach- und Dienstleistungen ansonsten planmäßig abgewickelt.
b) Es soll eine Kindertagesstätte gebaut werden. Im Teilfinanzplan ist trotz der im Vorjahresplan enthaltenen Anfinanzierungsrate von 100.000 € der benötigte Betrag von 600.000 € für die Baufortsetzung irrtümlich nicht veranschlagt.
c) Durch das bereits bei a) beschriebene Unwetter ist auch eine Werkhalle einer Firma im Gemeindegebiet unbenutzbar geworden. Die Firma will eine neue Werkhalle errichten, an deren Baukosten sich die Gemeinde mit Zuwendungen in Höhe von 100.000 € beteiligen will. Mittel für diese Aufwendungen sind dafür im zuständigen Produktbereich nicht vorgesehen.
d) Auf dem Gelände des Gymnasiums sollen Fertiggaragen aufgestellt werden, deren damit verbundenen Auszahlungen in Höhe von 80.000 € nicht veranschlagt sind.

In der Hauptsatzung der Gemeinde G sind die Wertgrenzen nach § 81 GO wie folgt festgesetzt:

1. Als „erheblich" i. S. d. § 81 Abs. 2 Nr. 1 GO gilt ein Jahresfehlbetrag, der 2 v. H. der Gesamtsumme der Aufwendungen des laufenden Haushaltsjahres im Ergebnisplan übersteigt.
2. Als „erheblich" sind Mehraufwendungen i. S. d. § 81 Abs. 2 Nr. 2 GO dann anzusehen, wenn sie im Einzelfall 1 v. H. die Gesamtsumme der Aufwendungen des laufenden Haushaltsjahres im Ergebnisplan übersteigen. Das Gleiche gilt für Mehrauszahlungen im Finanzplan.
3. Als „geringfügig" i. S. d. § 81 Abs. 3 Nr. 1 GO gelten Auszahlungen für bisher nicht veranschlagte Investitionen, deren voraussichtliche Gesamtauszahlungen nicht mehr als 50.000 € betragen.

Aufgabe:

Prüfen Sie, ob die im Sachverhalt enthaltenen Tatbestände eine Pflicht zur Nachtragssatzung begründen.

Lösung:

Zu a)

Eine Pflicht zur Nachtragssatzung könnte sich zunächst aus § 81 Abs. 2 Nr. 2 GO ergeben, weil die Aufwendungen für die Instandsetzung des Rathauses die beim Produktbereich 01 veranschlagten Aufwendungen für Sach- und Dienstleistungen übersteigen (die veranschlagten Haushaltsmittel werden planmäßig benötigt.). Voraussetzung dazu ist, dass die Mehraufwendungen von 800.000 € als „erheblich" im Verhältnis zur Gesamtsumme der Aufwendungen zu werten ist. Aufgrund der Hauptsatzung der Gemeinde G sind Mehraufwendungen i. S. dieser Vorschrift dann erheblich, wenn sie 1 v. H. der Gesamtsumme der Aufwendungen im Ergebnisplan übersteigen. Die Gesamtsumme der Aufwendungen im Ergebnisplan der Gemeinde G beträgt 70.000.000 €, sodass die Grenze bei 700.000 € liegt. Die Mehraufwendungen für die in der Rathausreparatur bedingten Sach- und Dienstleistungen übersteigen diesen Betrag um 100.000 €. Sie stellen somit erhebliche Mehraufwendungen i. S. d. § 81 Abs. 2 Nr. 2 GO dar und könnten nur durch eine Nachtragssatzung bereitgestellt werden.

Es fragt sich aber, ob § 81 Abs. 3 Nr. 1 GO diesen Fall nicht als Ausnahme behandelt. In der Tat sind u. a. unabweisbare Instandsetzungen an Bauten von der Nachtragspflicht befreit. Laut Sachverhalt handelt es sich um die Beseitigung von Unwetterschäden. Das Aufwandsvolumen von 800.000 € belegt, dass erhebliche Schäden vorliegen. Die Funktionsfähigkeit des Rathauses ist für die praktische Verwaltungsarbeit unerlässlich. Werden die Reparaturarbeiten nicht sofort in Angriff genommen, besteht die Gefahr, dass sich die Schäden vergrößern. Insofern sind die zusätzlichen Instandsetzungsaufwendungen für die Reparatur sachlich und zeitlich unaufschiebbar und demnach unabweisbar.

Eine Nachtragssatzungspflicht gemäß § 81 Abs. 3 GO besteht nicht, da das Tatbestandsmerkmal „Investitionen" nicht gegeben ist. Es handelt sich um einen Unterhaltungsaufwand. § 81 Abs. 2 Nr. 1 GO ist nicht zu prüfen, weil das Tatbestandsmerkmal eines Fehlbetrags nicht gegeben ist. Ohnehin wäre hier auch die Erheblichkeitsgrenze laut Sachverhalt unterschritten.

Zu b)
Es ist wiederum zu prüfen, ob sich eine Verpflichtung zur Nachtragssatzung aus § 81 Abs. 2 Nr. 2 GO ergibt. In der Lösung zu a) wurde bereits festgestellt, dass die Wertgrenze durch Hauptsatzung festgesetzt ist. In diesem Fall allerdings ist auf den Finanzplan abzustellen, weil es sich um eine Auszahlung handelt. Insofern beträgt die Grenze 1 % von 80.000.000 €, demnach 800.000 €. Der für den Neubau der Kindertagesstätte benötigte Jahresbetrag von 600.000 € liegt somit unterhalb dieser Grenze, sodass nach dieser Norm keine Pflichtnachtragssatzung zu erlassen ist.

Es fragt sich nun, ob eine Nachtragssatzung gemäß § 81 Abs. 2 Nr. 3 GO erforderlich ist. Bei dem Neubau handelt es sich um eine Investition, weil kommunales Anlagevermögen (Gebäude als Grundstücksteil gemäß § 94 BGB) durch den Neubau vergrößert wird. Allerdings sieht diese Vorschrift eine Nachtragspflicht nur bei bisher nicht veranschlagten Investitionen vor, also erstmals zu veranschlagenden Investitionsauszahlungen. Laut Sachverhalt handelt es sich jedoch um eine Fortführungsmaßnahme, weil im Vorjahreshaushalt bereits Mittel für die Herstellung des Gebäudes der Kindertagesstätte veranschlagt waren. Insofern ergibt sich auch aus § 81 Abs. 2 Nr. 3 GO keine Pflicht zur Nachtragssatzung.

Zu § 81 Abs. 2 Nr. 1 GO gelten die Ausführungen zu Buchstabe a).

Zu c)
Die Gemeinde will einen Zuschuss in Höhe von 100.000 € zur Investition eines Dritten leisten, sodass es sich insofern um Aufwendungen in Form einer Investitionsförderung handelt. Wegen der Wertgrenze von 700.000 € (siehe Lösung zu a) ist die Prüfung des § 81 Abs. 2 Nr. 2 GO abwegig. Ebenfalls liegt kein Fall des § 80 Abs. 2 Nr. 3 GO vor, da dieser nur Investitionen und nicht Investitionsförderungen beinhaltet. Insofern ist der Erlass einer Nachtragssatzung nicht erforderlich. § 81 Abs. 2 Nr. 1 GO ist nicht zu prüfen, weil das Tatbestandsmerkmal eines Fehlbetrags nicht gegeben ist. Ohnehin wäre hier auch die Erheblichkeitsgrenze laut Sachverhalt unterschritten.

Zu d)
Die Aufstellung der Fertiggaragen ist zu den Investitionen zu zählen, da es sich um eine Neuerrichtung von Gebäuden handelt (Erweiterung des kommunalen Grundvermögens). Laut Sachverhalt sind die dafür benötigten Mittel von 80.000 € bisher nicht veranschlagt, sodass die Voraussetzungen zum Erlass einer Nachtragssatzung gemäß § 81 Abs. 2 Nr. 3 GO gegeben sind (für Näheres zur Auslegung siehe Lösung b).

Es fragt sich allerdings, ob die Ausnahme nach § 81 Abs. 3 Nr. 1 GO anzuwenden ist. Wie bereits festgestellt, liegt eine Investition vor. Diese ist auch nicht geringfügig, weil die Gemeinde G die Wertgrenze der Geringfügigkeit laut Sachverhalt auf 50.000 € festgesetzt hat. Insofern liegt die Ausnahme nach § 81 Abs. 3 Nr. 1 GO nicht vor, sodass der Erlass einer Nachtragssatzung erforderlich ist.

Sachverhalt Nr. 2

Die Gemeinde G stellt im August 2023 den ersten Nachtragshaushaltsplan für 2023 auf. Unter anderem ergibt sich im Produktbereich 08 „Sportförderung“ Folgendes:

a) Erhöhung der Baukosten für das Schwimmbad

Der Bau des Schwimmbades ist mit Bauauszahlungen von 4.000.000 € eingeplant, die je zur Hälfte für 2023 und 2024 vorgesehen sind. Nunmehr erhöhen sich die Auszahlungen für das Jahr 2023 um 300.000 € wegen bisher nicht eingeplanter zusätzlicher Bodensicherungsarbeiten. Die Einrichtungsauszahlungen in Höhe von 500.000 € waren bisher im vollen Umfang für 2024 vorgesehen. Nunmehr sollen bereits im Haushaltjahr 2023 Einrichtungen im Wert von 50.000 € gekauft werden. Die Verträge für die Baumaßnahme und die Einrichtungen werden bzw. wurden wie geplant insgesamt in 2023 abgeschlossen.

Bisher war eine Landeszuwendung in Höhe von 10 % der kassenwirksamen Auszahlungen für den Bau und die Einrichtung veranschlagt. Nunmehr hat das Land angekündigt, die Zuwendungsquote auf 20 % der jeweiligen kassenwirksamen Auszahlungen zu erhöhen.

b) Neubau eines bisher nicht veranschlagten Stadions

Die Grundstückssituation für das geplante Stadion stellt sich recht günstig dar. Es kann im Wesentlichen auf ein Grundstück des Grünflächenbereichs im Wert von 200.000 € zurückgegriffen werden, welches bisher bei den Parkanlagen im Produktbereich 13 geführt wird. Lediglich ein ca. 1.000 m² großes Grundstück muss zum Kaufpreis von 50.000 € erworben werden. Mit dem Abschluss des Kaufvertrages ist für September 2023 zu rechnen, die Zahlung erfolgt je zur Hälfte in 2023 und 2024. Der Verkäufer wird sich mit dem Baubeginn in 2023 bereiterklären. Dazu hat die Gemeinde G die Notar- und Grundbuchkosten von rund 5.000 € in 2023 zu tragen. Die auf dem Grundstück befindlichen Bäume werden gefällt, wobei noch in 2023 mit einem Verkaufserlös für das Holz in Höhe von 1.000 € gerechnet werden kann.

Die Baukosten belaufen sich auf insgesamt 20.000.000 €. Nach dem Bauzeitplan werden in 2023 lediglich noch 1.000.000 € verbaut werden können. Der Restbetrag wird je zur Hälfte in 2024 und 2025 anfallen. Eine Spezialfirma soll den Gesamtauftrag vor Baubeginn in 2023 erhalten.

Die für die Pflege der Rasenfläche im Stadion benötigte Spezialmaschine wird eine Auszahlung in Höhe von 100.000 € verursachen. Wegen der langen Lieferzeit soll sie bereits in 2023 bestellt werden, die Auslieferung und Rechnungsstellung sind für 2024 vorgesehen. Neben den Anschaffungskosten hat die Gemeinde G auch die Transportkosten für die Maschine in Höhe von 1.000 € dem Hersteller nach Lieferung zu erstatten.

Das Land Nordrhein-Westfalen wird sich an den Bau- und Grunderwerbskosten mit 10 % entsprechend der Auszahlungsveranschlagung beteiligen. Der örtliche Bundesligaverein wird der

Gemeinde G einen zweckgebundenen zinslosen Kredit von 200.000 € in 2023 auszahlen. Dieser ist erstmals in 2024 zu tilgen.

Aufgabe:
Erstellen Sie einen Auszug aus dem Teilfinanz-Nachtragshaushaltsplan 2023 für den Produktbereich 08 „Sportförderung“. Unterstellen Sie dabei, dass alle Änderungsbeträge die in der Gemeinde G geltende Wertgrenze nach § 10 Abs. 1 KomHVO übersteigen. Auf die Darstellung der Jahre der mittelfristigen Planung ist zu verzichten. Die Verpflichtungsermächtigungen sind in ihrer endgültigen Summe darzustellen (kein Veränderungsnachweis).

Lösung:

Produktbereich 08 „Sportförderung“ Teilfinanzplan Investitionstätigkeit	**neuer Ansatz 2023**	**alter Ansatz 2023**	**Veränderung 2023**	**VE 2023**
Einzahlungen				
aus Zuwendungen für Investitionsmaßnahmen	573.000	200.000	373.000	
aus der Veräußerung von Sachanlagen	1.000	0	1.000	
Summe der investiven Einzahlungen	574.000	200.000	374.000	
Auszahlungen				
für Erwerb von Grundstücken u. Gebäuden	30.000	0	30.000	25.000
für Baumaßnahmen	3.300.000	2.000.000	1.300.000	21.000.000
für Erwerb von bew. Anlagevermögen	50.000	0	50.000	551.000
Summe der investiven Ausgaben	3.380.000	2.000.000	1.380.000	21.576.000
Saldo Investitionstätigkeit PB Sportförderung	–2.806.000	–1.800.000	–1.006.000	

Übersicht Investitionsmaßnahmen	**neuer Ansatz 2023**	**alter Ansatz 2023**	**Verände rung 2023**	**VE 2023**
Maßnahmen oberhalb der Wertgrenze:				
Einzahlung: Landeszuweisung Stadion	103.000	0	103.000	
Einzahlung: Veräuß. v. Sachanlagen Stadion	1.000	0	1.000	
Auszahlung: Grunderwerb Stadion	30.000	0	30.000	25.000
Auszahlung: Baumaßnahme Stadion	1.000.000	0	1.000.000	19.000.000
Auszahlung: bewegliches Vermögen Stadion	0	0	0	101.000
Saldo Investitionsmaßnahme Stadion	–926.000		–926.000	19.126.000
Einzahlung: Landeszuweisung Schwimmbad	470.000	200.000	270.000	
Auszahlung: Baumaßnahme Schwimmbad	2.300.000	2.000.000	300.000	2.000.000
Auszahlung: bew. Vermögen Schwimmbad	50.000	0	50.000	450.000
Saldo Investitionsmaßnahme Schwimmbad	–1.880.000	–1.800.000	–80.000	2.450.000
Saldo	–2.806.000	–1.800.000	–1.006.000	21.576.000

Hinweise:

- Die zweckgebundene Krediteinzahlung des örtlichen Bundesligavereins ist dem Produktbereich 16 zuzuordnen und deshalb nach der Aufgabenstellung hier nicht nachzuweisen.
- Es wäre auch zulässig, die Einzahlung aus dem Holzverkauf in Höhe von 1.000 € beim Produktbereich 13 „Natur und Landschaftspflege“ (Grünflächen) nachzuweisen.

21. Der Jahresabschluss

21.1 Gestaltung des Jahresabschlusses

Der kommunale Jahresabschluss stellt vergleichbar mit dem kaufmännischen Abschluss das Ziel der Rechenschaft in den Vordergrund. Als Aufstellungsgrundsatz legt § 95 Abs. 1 Satz 4 GO fest, dass der Jahresabschluss ein den tatsächlichen Verhältnissen entsprechendes Bild der Vermögens-, Finanz- und Ertragslage der Gemeinde vermitteln muss. Hierbei hat nach § 38 Abs. 1 Satz 1 KomHVO die Gemeinde zum Schluss eines jeden Haushaltsjahres beim Jahresabschluss neben der Beachtung der Grundsätze ordnungsmäßiger Buchführung für Kommunen auch sämtliche weiteren in der KomHVO enthaltenen Maßgaben zu berücksichtigen. Das den tatsächlichen Verhältnissen entsprechende Bild soll darüber informieren, wie „reich" oder „arm" die Kommune ist und wie sich ihre Ertragskraft gestaltet. In der Praxis dürfte dieser Regelungsteil kaum relevant sein, da die anderen haushaltsrechtlichen Vorschriften, insbesondere die Grundsätze ordnungsmäßiger Buchführung, kaum eine Abweichung zulassen.

Für den Jahresabschluss von besonderer Bedeutung sind die im Rahmen der Rechenschaftspflicht geltenden Grundsätze der Recht- und Ordnungsmäßigkeit der Haushaltswirtschaft. Im Vorfeld des Jahresabschlusses sollte daher bereits im Rahmen der Bewirtschaftung – zwecks Vermeidung zusätzlicher zeitraubender Prüfarbeiten während des Jahresabschlusses – bei den einzelnen Rechnungskomponenten periodisch (z. B. monatlich) der Buchungsstoff geprüft werden. Hierzu gehört auch ein Abgleich der Nebenbuchhaltungen mit dem Hauptbuch. Unklare Buchungen sollten bis zum Jahresabschluss geklärt und fehlerhafte Buchungen berichtigt werden.

Der Jahresabschluss besteht nach § 95 Abs. 2 GO i. V. m. § 38 Abs. 1 Satz 2 KomHVO zum einen aus dem Abschluss der drei Rechnungskomponenten

- Ergebnisrechnung,
- Finanzrechnung und
- Bilanz.

Des Weiteren sind nach dieser Regelung in einem

- Anhang

Angaben und Erläuterungen zu relevanten Inhalten bezüglich des Jahresabschlusses zu treffen (§ 45 KomHVO). Dem Jahresabschluss ist nach § 38 Abs. 2 KomHVO außerdem ein Lagebericht entsprechend den Festlegungen im § 49 KomHVO beizufügen. Nach § 38 Abs. 1 Nr. 3 i. V. m. § 41 KomHVO sind außerdem für die produktorientierten Teilpläne

- Teilergebnisrechnungen und
- Teilfinanzrechnungen

aufzustellen.

Dem Anhang ist gem. § 95 Abs. 4 GO i. V. m. § 45 Abs. 3 KomHVO ein Anlagen-, ein Forderungs- und Verbindlichkeitenspiegel sowie ein Eigenkapitalspiegel und eine Übersicht über die in das Folgejahr übertragenen Haushaltsermächtigungen beizufügen.

Das nachstehende Schaubild verdeutlicht den Zusammenhang der auf unterschiedliche Regelungen verteilten Elemente des Jahresabschlusses:

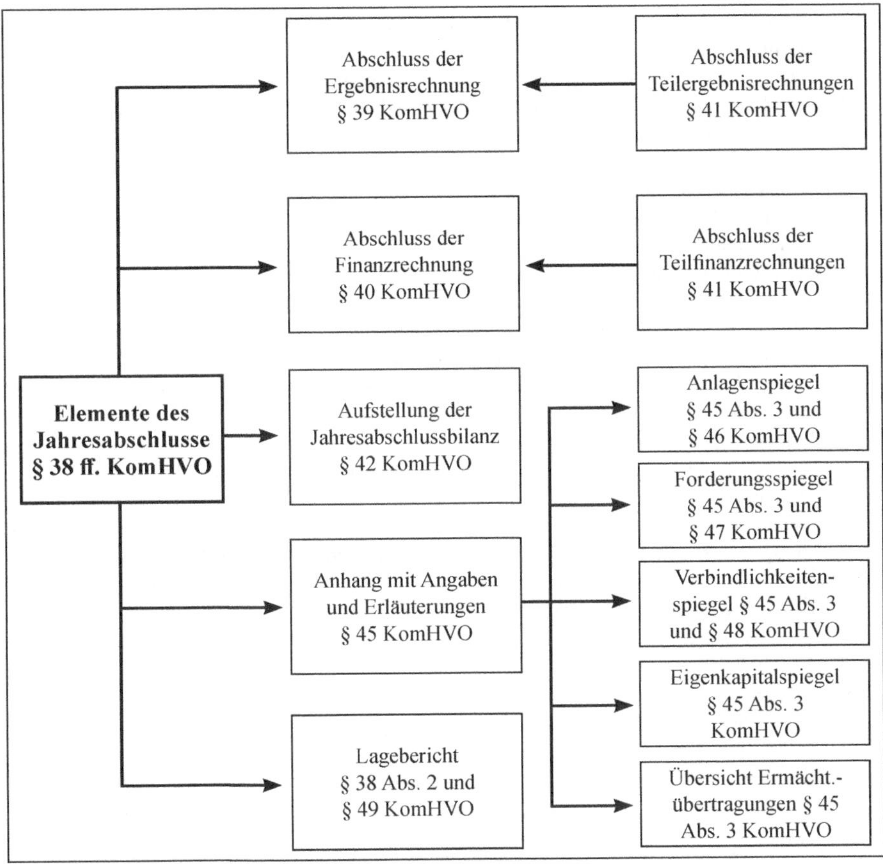

21.2 Die einzelnen Elemente des Jahresabschlusses

21.2.1 Ergebnisrechnung

In der Ergebnisrechnung sind nach § 39 Abs. 1 Satz 1 i. V. m. § 33 Abs. 1 Nr. 4 KomHVO die dem Haushaltsjahr wirtschaftlich zuzurechnenden Erträge und Aufwendungen nachzuweisen. Demnach sind sämtliche Vorschriften hinsichtlich der erfolgsmäßigen Abgrenzung des Haushaltsjahres zu beachten.[546] Die Abgrenzung der dem Haushaltsjahr zuzurechnenden Aufwendungen und Erträge findet in den einzelnen produktorientierten Teilergebnisrechnungen statt, da dort die produktorientierte Zuordnung der Aufwendungen und Erträge erfolgt. Die Ergebnisrechnung stellt eine zusammenfassende Aufstellung aller Aufwendungen und Erträge aus den einzelnen produktorientierten Teilergebnisrechnungen einer Kommune dar. Im Rahmen der ord-

546 Die Regelung des § 11 Abs. 2 Satz 2 GemHVO, wonach Erträge und Aufwendungen, die in einem Leistungsbescheid festgesetzt werden, dem Haushaltsjahr zuzurechnen sind, in dem der Erfüllungszeitpunkt liegt, wurde durch das 2. NKFWG gestrichen.

nungsmäßigen Aufstellung der Ergebnisrechnung ist es somit Grundvoraussetzung, dass die Abschlussbuchungen für die dem Haushaltsjahr zuzurechnenden Erträge und Aufwendungen in den produktorientierten Teilrechnungen vorgenommen werden.

Dies sind die Buchungen, die im Verlauf des Haushaltsjahres noch nicht vorgenommen wurden (bzw. werden konnten), zur

- transitorischen Rechnungsabgrenzung,
- antizipativen Rechnungsabgrenzung,
- zu Wertberichtigungen[547] und
- zu Rückstellungsbildungen bzw. -auflösungen[548].

Die Pflicht zur Periodenabgrenzung ist in den allgemeinen Bewertungsanforderungen des § 33 KomHVO enthalten. Nach § 33 Abs. 1 Nr. 4 KomHVO sind im Haushaltsjahr entstandene Aufwendungen und erzielte Erträge unabhängig von den Zeitpunkten der entsprechenden Zahlungen im Jahresabschluss zu berücksichtigen.

Eine Rechnungsabgrenzung ist daher erforderlich, wenn Erträge bzw. Aufwendungen dem laufenden Haushaltsjahr zuzurechnen sind, die Zahlungen aber in späteren Haushaltsjahren erfolgen (antizipative Rechnungsabgrenzung). Ebenso ist eine Rechnungsabgrenzung notwendig, wenn die Zahlungsverpflichtungen im laufenden Haushaltsjahr entstehen, aber die Erträge bzw. Aufwendungen späteren Haushaltsjahren zuzurechnen sind (transitorische Rechnungsabgrenzung). Die Unterscheidung der transitorischen und antizipativen Periodenabgrenzung wird anhand des folgenden Schaubildes deutlich:

Geschäftsvorfall ergibt im			
abzuschließenden Haushaltsjahr	Folgehaushaltsjahr oder später	Form der Periodenabgrenzung	Bilanzielle Darstellung
Aufwand	Ausgabe	Antizipative Periodenabgrenzung	Sonstige Verbindlichkeiten
Ertrag	Einnahme		Sonstige Forderungen
Ausgabe	Aufwand	Transitorische Periodenabgrenzung	Aktive Rechnungsabgrenzung
Einnahme	Ertrag		Passive Rechnungsabgrenzung

Transitorische Periodenabgrenzung

Die transitorische Periodenabgrenzung wird in § 43 KomHVO geregelt. Sie gliedert sich aus Sicht der Ergebnisrechnung in Aufwand und Ertrag und aus bilanzieller Sicht in aktive und passive Rechnungsabgrenzungsposten.

547 Unter den Begriff „Wertberichtigung" lassen sich zum einen alle plan- und außerplanmäßigen Abschreibungen sowie die Wertberichtigungen von Forderungen, zum anderen die ertragswirksame Auflösung der Sonderposten entsprechend der Abnutzung der jeweils bezuschussten Vermögensgegenstände zusammenfassen. Im Folgenden werden lediglich die Wertberichtigungen von Forderungen ausgeführt.

548 Der Themenbereich Rückstellungen ist in Kap. 10.3.7 ausführlich beschrieben, sodass hierzu auf weitergehende Ausführungen in diesem Kapitel verzichtet wird.

Nach § 43 Abs. 1 KomHVO sind Ausgaben im laufenden Haushaltsjahr, die erst einen Aufwand nach dem Abschlussstichtag darstellen, unter dem aktiven Rechnungsabgrenzungsposten anzusetzen. Mit „Ausgabe" ist in der Regel eine Auszahlung im laufenden Haushaltsjahr gemeint, die Aufwand nach dem Stichtag darstellt. Denkbar ist aber auch das Entstehen einer Verbindlichkeit im laufenden Haushaltsjahr.

Beispiel:
Die Gemeinde hat eine Mietzahlung vertragsgemäß einen Monat im Voraus zu entrichten. Also erfolgt die Mietzahlung für den Monat Januar bereits im Dezember. In diesem Fall ist im laufenden Haushaltsjahr ein aktiver Rechnungsabgrenzungsposten zu bilden, der im Folgejahr aufwandswirksam aufgelöst wird.

Ist die Mietzahlung entgegen der vertraglichen Vereinbarung nicht erfolgt, ist trotzdem ein aktiver Rechnungsabgrenzungsposten zu bilden und eine Verbindlichkeit aus Lieferung und Leistung (Ausgabe) zu passivieren. Im Folgejahr ist der Rechnungsabgrenzungsposten aufwandswirksam aufzulösen. Die Verbindlichkeit wird erst bei Zahlung ausgebucht.

Nach § 43 Abs. 3 KomHVO sind Einnahmen im laufenden Haushaltsjahr, die einen Ertrag erst nach dem Abschlussstichtag darstellen, unter dem passiven Rechnungsabgrenzungsposten anzusetzen. Einnahmen liegen vor, wenn Einzahlungen erfolgen oder eine Forderung entsteht.

Beispiel:
Der Stadthallenpächter ist verpflichtet, die Miete für die Stadthalle immer einen Monat im Voraus zu entrichten. Die Miete für den Monat Januar ging aber erst am 10.1.2023 auf dem städtischen Konto ein. Im Dezember 2022 ist gegenüber dem Stadthallenpächter eine privatrechtliche Forderung entstanden, die passivisch abzugrenzen ist. Der Ertrag ist wirtschaftlich dem Haushaltsjahr 2023 zuzurechnen. Daher ist 2023 der passive Rechnungsabgrenzungsposten ertragswirksam aufzulösen.

Für ein Disagio besteht nach § 43 Abs. 2 KomHVO analog zu den handelsrechtlichen Bestimmungen ein Wahlrecht hinsichtlich der transitorischen Rechnungsabgrenzung.[549] Das heißt, dieses Abgeld kann direkt als Zinsaufwand erfasst werden oder über die Laufzeit (Zinsbindungsfrist) des Darlehens aktivisch abgegrenzt werden. Gem. § 45 Abs. 1 KomHVO sind im Anhang zur Verdeutlichung dieser Wahlrechtsausübung die jeweiligen Bilanzierungs- bzw. Bewertungsmethode anzugeben und zu erläutern. Wird für das Disagio ein aktiver Rechnungsabgrenzungsposten gebildet, kann dieser über die gesamte Laufzeit des Darlehens verteilt aufgelöst werden.[550]

Darüber hinaus wird in § 43 Abs. 3 Satz 2 KomHVO geregelt, dass auch dann ein passiver Rechnungsabgrenzungsposten zu bilden ist, wenn die Gemeinde Zuwendungen für Investitionen erhält, die sie an Dritte weiterleitet. Nicht klar wird durch diese neue Vorschrift, ob ein passiver Rechnungsabgrenzungsposten bereits dann gebildet werden soll, wenn im Zuwendungsbescheid ein mehrjähriger Verwendungszeitraum festgelegt wurde, oder erst dann gebildet werden kann, wenn der Gemeinde daraus auch eine mehrjährige Gegenleistung erwächst.

549 „Disagio" ist der Unterschiedsbetrag, der durch einen höheren Rückzahlungsbetrag einer Verbindlichkeit gegenüber dem Kreditauszahlungsbetrag entsteht. Siehe hierzu auch Kap. 15.2.2.2.

550 Da es sich bei einem Rechnungsabgrenzungsposten nicht um einen Vermögensgegenstand handelt, ist die Formulierung „in planmäßigen jährlichen Abschreibungen aufzulösen" ungenau, deckt sich aber mit dem Wortlaut des § 250 Abs. 3 HGB. Die Auflösung ist unter „Zinsen und sonstige Finanzaufwendungen" zu erfassen.

Wie korrespondierend dazu mit den weitergeleiteten Geldern zu verfahren ist, wird nicht in § 43 Abs. 1 KomHVO geregelt, sondern im § 44 Abs. 2 KomHVO. Je nach Ausgestaltung des Zuwendungsbescheides kann dies zu einer Aktivierung eines Rechnungs-abgrenzungspostens führen (mehrjährige, zeitbezogene Gegenleistungsverpflichtung) oder es ist ein immaterieller Vermögensgegenstand zu aktivieren (mengenbezogene Gegenleistungsverpflichtung).

Im § 43 Abs. 1 Satz 2 KomHVO ist darüber hinaus geregelt, dass ein aktiver Rechnungsabgrenzungsposten auch dann zu bilden ist, wenn Sachzuwendungen geleistet werden. Hier ließe sich folgern, dass eine Umbuchung in den aktiven Rechnungsabgrenzungsposten nur bei Schenkungen mit einer zeitbezogenen, mehrjährigen Gegenleistungsverpflichtung zulässig ist.[551] Der aktive Rechnungsabgrenzungsposten ist dann wohl als Transferaufwand über die Dauer der Zeitbindung aufzulösen.

Diese Regelung lässt Fragen offen:

Zum einen bleibt die Frage, ob bei einer Sachzuwendung, die mit einer mengenmäßigen Gegenleistungsverpflichtung verbunden wird, analog zum § 44 Abs. 2 Satz 3 KomHVO zukünftig ein immaterieller Vermögensgegenstand zu aktivieren ist oder ein Rechnungsabgrenzungsposten gebildet wird. Zum anderen stellen Sachzuwendungen ohne Gegenleistungsverpflichtungen einen sofortigen Aufwand dar. Für die Anlagenbuchhaltung ergibt sich ein „Aufwand aus Anlagenabgang". Dieser wäre gem. § 44 Abs. 3 KomHVO insofern begünstigt, als diese Aufwendungen direkt mit der Allgemeinen Rücklage zu verrechnen sind.[552] Oder ist der § 43 Abs. 1 Satz 2 KomHVO so zu interpretieren, dass zwar bei Sachzuwendungen ein aktiver Rechnungsabgrenzungsposten zu bilden und über die Dauer der Gegenleistungsverpflichtung aufwandswirksam aufzulösen ist, dieser aber mit der Allgemeinen Rücklage zu verrechnen ist? In diesem Fall wäre die Sachzuwendung gegenüber einer Geldzuwendung begünstigt.[553]

Antizipative Periodenabgrenzung

Entstehen Erträge bzw. Aufwendungen im laufenden Haushaltsjahr, die Verpflichtung zur Zahlung aber erst in späteren Haushaltsjahren, so erfolgt eine ergebniswirksame Buchung über „Sonstige Forderung" (sonstige Vermögensgegenstände) bzw. „Sonstige Verbindlichkeiten". Sofern beispielsweise die Kommune Mietnutzungen wahrgenommen hat, die Aufwand des laufenden Haushaltsjahres darstellen, aber die Zahlung erst im folgenden Haushaltsjahr zu erfolgen hat, muss dieser Aufwand verursachende Sachverhalt im Rahmen der antizipativen Periodenabgrenzung abgebildet werden. Die Gegenbuchung zum Aufwand erfolgt als sonstige Verbindlichkeiten in der Höhe, die dem laufenden Haushaltsjahr zuzurechnen ist.

Beispiel:
Die Gemeinde hat am 31.3.2023 eine Mietzahlung für die Monate Oktober 2022 bis März 2023 von 30.000 € zu leisten. Für die ergebnisgerechte Abbildung des Aufwands muss im Haushaltsjahr 2022 eine Aufwandsbuchung i. H. v. 15.000 € (anteilige Ermittlung für das Haushaltsjahr 2022, 3 von 6 Monaten = 50 %) an „Sonstige Verbindlichkeiten" erfolgen.

Bei Erträgen ist analog zu verfahren. Sofern beispielsweise eine Kommune nunmehr Mietnutzungen gewährt, die einen Ertrag des laufenden Haushaltsjahres darstellen, der Nutzer aber erst im folgen-

551 In Anlehnung an § 44 Abs. 2 Satz 2 KomHVO.

552 Ob oder unter welchen Voraussetzungen die Schenkung ein Anwendungsfall des § 44 Abs. 3 KomHVO ist, ist bis heute durch den Gesetzgeber nicht geklärt worden.

553 Dieses Beispiel sollte zeigen, dass die Regelungen der §§ 39 Abs. 3 und 44 Abs. 3 KomHVO im Widerspruch zu den übrigen Bilanzierungsgrundsätzen und –vorschriften stehen und auch nach dem 2. NKFWG dringend einer Überarbeitung bedürfen.

den Haushaltsjahr zur Zahlung verpflichtet ist, muss der Ertrag des laufenden Haushaltsjahres im Rahmen der antizipativen Periodenabgrenzung abgebildet werden. Die Gegenbuchung zum Ertrag erfolgt als „Sonstige Forderungen" in der Höhe, die dem laufenden Haushaltsjahr zuzurechnen ist.

Häufige Anwendungsfälle der antizipativen Periodenabgrenzung sind nachschüssige Zinszahlungen bei Krediten und festverzinslichen Wertpapieren.

Beispiel:
Die Gemeinde nimmt einen Kredit auf. Die Zinsen i. H. v. 12.000 € für den Zeitraum 1.4.2022 bis 31.3.2023. sind nachschüssig jeweils am 31. März zu leisten. Im Haushaltsjahr 2022 sind anteilige Aufwendungen i. H. v. 9.000 € entstanden und als „Sonstige Verbindlichkeit" auszuweisen.

Wäre eine vorschüssige Zahlungsweise vereinbart worden, wären also die Zinsen am 1.4.2022 für ein Jahr im Voraus gezahlt worden, müssten in 2022 9.000 € als Zinsaufwand und 3.000 € als aktiver Rechnungsabgrenzungsposten erfasst werden.

Wertberichtigungen

Im Rahmen der periodengerechten Zuordnung von Aufwendungen ist es für den Forderungsbereich erforderlich, die Werthaltigkeit von Forderungen zu überprüfen und gegebenenfalls Wertberichtigungen durchzuführen. Da Forderungen zum Umlaufvermögen gehören, gilt hier – analog zu den handelsrechtlichen Bestimmungen – das strenge Niederstwertprinzip des § 36 Abs. 8 KomHVO. Wertberichtigungen auf den niedrigeren beizulegenden Wert am Abschlussstichtag sind zwingend erforderlich.

Das kaufmännische Rechnungswesen unterscheidet zwischen

- zweifelhaften Forderungen und
- uneinbringlichen Forderungen.

Uneinbringliche Forderungen liegen z. B. vor, wenn

- ein Insolvenzverfahren mangels Masse gar nicht eröffnet wird,
- im Rahmen der Insolvenz ein Vergleich geschlossen wird,
- eine Forderung auf Antrag erlassen wird,
- ein Schuldner verstirbt und die Erbmasse nicht reicht, um die Schuld zu begleichen oder
- eine Forderung verjährt.

Hierbei gehen Forderungen ganz oder teilweise endgültig verloren.[554] Uneinbringliche Forderungen werden unterjährig als Wertberichtigung direkt mit dem Forderungskonto verrechnet.[555]

554 Zur Klarstellung: Wird bspw. ein Gebührenbescheid zurückgenommen, weil er sich als unrichtig erwiesen hat, liegt keine uneinbringliche Forderung vor. In diesem Fall darf auch keine Wertberichtigung erfolgen, sondern die Forderung ist zu stornieren, also die Gebührenerträge zu korrigieren.

555 Dies wird häufig auch als „Abschreibung von Forderungen" bezeichnet. Handelsrechtlich werden diese Wertberichtigungen aber den „Sonstigen betrieblichen Aufwendungen" zugerechnet. Eine Zuordnung zu den „Bilanziellen Abschreibungen" erfolgt nur, wenn die Wertberichtigung das übliche Maß übersteigt, vgl. § 275 Abs. 2 Nr. 7 Buchst. b HGB. Auch wenn die Zuordnungsvorschriften zum kommunalen haushaltsrechtlichen Kontenrahmen nicht eindeutig sind (vgl. VV Muster zur GO und KomHVO, Anlage 17, Positionen 54 und 57), hat sich in der kommunalen Praxis ebenfalls eine Buchung über das Konto Wertberichtigungen auf Forderungen (547) durchgesetzt.

Zweifelhafte Forderungen sind solche, bei denen der Zahlungseingang unsicher ist, z. B. weil bereits Mahnungen erfolglos geblieben sind. Einige Kommunen buchen diese Forderungen unterjährig auf das Konto „Zweifelhafte Forderungen" um. Diese Umbuchung dient dem besseren Überblick, ist aber nicht zwingend erforderlich, mit heutiger Debitorenbuchhaltung sogar überflüssig. Die Debitorenkonten enthalten Informationen über die Forderungen, wie Zahlungsziel, Mahnstufen oder Vollstreckungsversuche.

Das kaufmännische Rechnungswesen sieht für die Wertberichtigungen von zweifelhaften Forderungen zwei Verfahren vor. Diese sind

- die Einzelwertberichtigung und
- die Pauschalwertberichtigung.

Darüber hinaus sieht § 34 Abs. 5 Satz 2 KomHVO eine pauschale Einzelwertberichtigung vor. Zum Jahresabschluss hat die Kommune die Aufgabe, alle Forderungen zu bewerten. Sind die Forderungen sicher, z. B. bei Forderungen gegenüber dem öffentlichen Bereich, so sind sie mit dem Nominalbetrag anzusetzen (§ 34 Abs. 5 Satz 1 KomHVO). Sind Forderungen zweifelhaft, ist abzuschätzen, wie hoch der Forderungsausfall voraussichtlich sein wird. Die Bewertung kann einzeln als sog. „Einzelwertberichtigung" oder für den jeweiligen Forderungsbestand pauschal erfolgen. Bei der Einzelwertberichtigung darf nicht direkt gegen das Forderungskonto gebucht werden, da die Forderung nicht endgültig verloren ist.[556] Es wird ein separates Einzelwertberichtigungskonto (passives Bestandskonto) eingerichtet.

Der kommunale Kontierungsplan legt fest, dass ein Bilanzausweis der Kontengruppe 21 (Wertberichtigungen) unzulässig ist. Dies deckt sich mit der Regelung des § 42 Abs. 6 Satz 2 KomHVO. Das Forderungs- und das Einzelwertberichtigungskonto werden zum Jahresabschluss daher miteinander verrechnet, und nur die Differenz wird als Wert in der Bilanz abgebildet. Wird die Forderung beglichen, so ist die Einzelwertberichtigung wieder aufzulösen.

Beispiel:
Eine Gebührenforderung in Höhe von 20.000 € wird mit Jahresabschluss zu 60 % einzeln wertberichtigt (d. h. man rechnet mit einem Zahlungseingang von 40 %)

Buchung:
Aufwand Wertberichtigung (547) 12.000 € an Wertberichtigung (213) 12.000 €
Im Folgejahr ergeben sich nun folgende Varianten:

a) Es werden 8.000 € gezahlt, die Restforderung wird erlassen.
b) Es wird wider Erwarten der gesamte Betrag gezahlt.
c) Der Schuldner stellt einen Antrag auf Erlass, dem wegen der besonderen Umstände entsprochen wird.

Die Buchungen lauten:

a)	*Bank (181) 8.000 €*			
	Wertberichtigungen (213) 12.000 €	*an*	*Gebührenforderung (161)*	*20.000 €*
b)	*Bank (181) 20.000 €*	*an*	*Gebührenforderung (161)*	*20.000 €*
	Wertberichtigung (213) 12.000 €	*an*	*Sonstige Erträge (458)*	*12.000 €*

556 Würde man das Forderungskonto vermindern, würde sich auch die Debitorenbuchhaltung verändern. Für die Zahlungsabwicklung, das Mahnverfahren etc. muss aber der Forderungsbetrag unverändert bleiben.

c) *Wertberichtigung (211) 12.000 €*
Aufwand Wertberichtigung (547) 8.000 € an *Gebührenforderung (161) 20.000 €*

Die öffentlich-rechtlichen Wertberichtigungsformen sind die Niederschlagung und der Erlass, geregelt in § 27 KomHVO. Der Niederschlagung (Absatz 2) bzw. dem Erlass (Absatz 3) geht ein strukturiertes Verfahren der Prüfung der Werthaltigkeit einer Forderung voraus. Es erfolgt ein öffentlich-rechtliches Mahnverfahren und die Gemeinde nimmt auch in eigener Zuständigkeit Vollstreckungsversuche vor. Auf der Grundlage der Ergebnisse der Einzelprüfung erfolgt die Entscheidung, ob eine einzelne Forderung niedergeschlagen bzw. erlassen wird oder nicht. Grundsätzlich erfolgt dieses strukturierte Verfahren der Einzelprüfung auch für privatrechtliche Forderungen, wobei jedoch ein privatrechtliches Mahnverfahren vorgeschaltet ist.

Wird eine Forderung erlassen, so ist sie uneinbringlich und wird unterjährig bereits aufwandswirksam ausgebucht.

Eine buchungstechnische Besonderheit stellt die **Niederschlagung von Forderungen** dar. Die Niederschlagung ist ein verwaltungsinterner Akt, der dazu führt, dass weitere Mahnungen und Vollstreckungsbemühungen von Seiten der Kommune eingestellt werden. Man rechnet nicht mehr damit, dass die Vollstreckung erfolgreich sein wird. Forderungen können befristet oder unbefristet niedergeschlagen werden. Die genauen Regelungen, wann eine Forderung niederzuschlagen ist, werden verwaltungsintern festgelegt. Die Buchung niedergeschlagener Forderungen erfolgt in Kommunen unterschiedlich. Einige Kommunen behandeln diese wie uneinbringliche Forderungen, andere nehmen jeweils eine Einzelwertberichtigung vor. Eine weitere Lösung besteht darin, unbefristet niedergeschlagene Forderungen als uneinbringlich zu behandeln und befristet niedergeschlagene Forderungen einzeln wertzuberichtigen.[557] Dies würde in Einklang mit dem durch das 2. NKFWG eingeführten § 27 Abs. 4 KomHVO stehen, nach dem Ansprüche, die die Kommune als dauerhaft uneinbringlich einschätzt, auszubuchen sind und nicht im Inventar geführt werden dürfen.

Ansonsten wird eine Einzelwertberichtigung nur bei besonders werthaltigen Forderungen vorgenommen, z. B. bei hohen Gewerbesteuerforderungen. Die Buchungen von Einzelwertberichtigungen sind arbeitsintensiv und bedürfen auch der unterjährigen Kontrolle.

Die Einzel- und Pauschalwertberichtigung von Forderungen, die Umsatzsteuer enthalten, erfolgen immer vom Nettobetrag. Die Umsatzsteuer kann vom Finanzamt (noch) nicht zurückgefordert werden. Sollte bereits ein Insolvenzverfahren eröffnet worden sein, so erstattet die Finanzverwaltung die Umsatzsteuer.

Die mit dem 2. NKFWG neu eingeführte pauschale Einzelwertberichtigung (§ 34 Abs. 5 KomHVO) sieht vor, dass bestimmte Gruppen von Forderungen (z. B. nach Schuldner oder Art des Geschäftsvorfalls) zusammengefasst und mit einem pauschalen Prozentsatz wertberichtigt werden. Letzterer wird aus Erfahrungswerten aus der Vergangenheit gebildet.

Beispiel:
Eine Bilanzierungsrichtlinie legt für eine Kommune fest, dass Gewerbesteuerforderungen ab einer Höhe von 100.000 € einzeln wertzuberichtigen sind. Hierbei werden Forderungen, die sich bereits in der dritten Mahnstufe befinden, pauschal mit 30 % einzeln wertberichtigt.

557 Werden niedergeschlagene Forderungen wie uneinbringliche Forderungen ausgebucht, ist ein Forderungsmanagement über die Debitorenbuchhaltung meist nicht mehr möglich. Hier sind getrennte Niederschlagslisten erforderlich, um ggf. Verjährungen oder die Möglichkeit des Zahlungseinbehalts zu überprüfen.

Aus Gründen der Wirtschaftlichkeit werden die restlichen Forderungsbestände pauschal wertberichtigt. Eine Pauschalwertberichtigung erfolgt nicht unterjährig. Vielmehr wird zum Jahresabschluss dem jeweiligen Gesamtforderungsbestand ein Pauschalwertberichtigungskonto gegenübergestellt. Die Wertberichtigung erfolgt anhand eines gemeindeindividuellen prozentualen Erfahrungssatzes von Ausfällen bei wirtschaftlich gleichartigen Forderungen, durch den der Gesamtbestand an Forderungen wertberichtigt wird. Die Herleitung des prozentualen Erfahrungssatzes muss den Grundsätzen ordnungsmäßiger Buchführung entsprechen, so dass die Quote an pauschalierten Forderungsausfällen sorgfältig beurteilt werden muss. Im Rahmen der Pauschalwertberichtigung erfolgt eine indirekte Abschreibung der Forderungen gegen das Konto Pauschalwertberichtigungen zu Forderungen (Konto 212 und 214). Damit die Bilanz aufgrund des nicht zugelassenen Bilanzausweises der „Pauschalwertberichtigungen zu Forderungen“ weiterhin aufgeht, muss analog zu den Einzelwertberichtigungen das Pauschalwertberichtigungskonto über das Forderungskonto abgeschlossen werden. Somit erscheint in der Jahresabschlussbilanz als Forderungsbestand ein um die pauschalierten Wertberichtigungen geminderter Wert (= Betrag der pauschaliert ermittelten werthaltigen Forderungen).

Das heißt, der Wert des PWB-Kontos entspricht dem anteiligen Ausfallrisiko auf den (sicheren) Gesamtforderungsbestand. Beträgt z. B. der Bestand an Hundesteuerforderungen zum Jahresabschluss 10.000 € und der durchschnittliche Forderungsausfall in diesem Bereich 6 %, so muss auf dem PWB-Konto 600 € passiviert werden.

Anders als die Einzelwertberichtigung wird das pauschale Wertberichtigungskonto jedoch unterjährig nicht gebucht. Das heißt, werden Forderungen beglichen oder uneinbringlich, bleibt das PWB-Konto unverändert. Der Bestand des PWB-Kontos wird erst am Jahresende immer dem neuen Endbestand der Forderungen angepasst.

Wenn der pauschal wertzuberichtigende Forderungsbestand zum Jahresabschluss höher ist als im Vorjahr und/oder der Ausfallsatz erhöht wird, ist die pauschale Wertberichtigung aufzustocken. Die Buchung lautet:

Wertberichtigung von Forderungen (547) an Pauschalwertberichtigung (212 oder 214)

Wenn die Pauschalwertberichtigung vermindert werden muss (Forderungsbestand ist niedriger als im Vorjahr oder der Ausfallsatz wird vermindert), ist die Pauschalwertberichtigung ergebniswirksam zu mindern.

Gliederungsstruktur

Für die Ergebnisrechnung ist nach § 39 Abs. 1 Satz 2 KomHVO die Gliederungsstruktur des Ergebnisplans nach § 2 KomHVO maßgeblich. Den in der Ergebnisrechnung nachzuweisenden Ist-Ergebnissen sind nach § 39 Abs. 2 KomHVO die Ergebnisse der Rechnung des Vorjahres und die fortgeschriebenen Planansätze des Haushaltsjahres voranzustellen und ein Plan-/Ist-Vergleich anzufügen. Die Fortschreibung der Haushaltsansätze ergibt sich durch Ermächtigungsübertragungen, Haushaltssperren, über- und außerplanmäßige Bewilligungen sowie einen Nachtragshaushalt. Für Ermächtigungsübertragungen sind gem. § 39 Abs. 2 KomHVO die nach § 22 Abs. 1 KomHVO übertragenen Ermächtigungen gesondert auszuweisen.

Des Weiteren gilt das Bruttoprinzip, sodass nach § 39 Abs. 1 Satz 2 KomHVO Aufwendungen grundsätzlich nicht mit Erträgen verrechnet werden dürfen, soweit durch Gesetz oder Verordnung nichts anderes zugelassen wird. Eine Ausnahme hierzu stellt § 24 Abs. 4 KomHVO dar, wonach Abgaben, abgabenähnliche Entgelte und allgemeine Zuweisungen, welche die Gemeinde zurückzuzahlen hat, bei den Erträgen abzusetzen sind.

21.2.2 Teilergebnisrechnungen

In den produktorientierten Teilergebnisrechnungen sind anhand der Gliederungsstruktur des § 2 i. V. m. § 4 Abs. 3 KomHVO nach § 41 Abs. 1 KomHVO die

- dem Haushaltsjahr und
- den jeweiligen Teilergebnisrechnungen

zuzurechnenden Erträge und Aufwendungen nachzuweisen. Wie bei der Ergebnisrechnung festgestellt, sind demnach in den Teilergebnisrechnungen sämtliche Vorschriften hinsichtlich der erfolgsmäßigen Abgrenzung des Haushaltsjahres zu beachten und dort die entsprechenden „vorbereitenden" Abschlussbuchungen vorzunehmen.

Den in den Teilergebnisrechnungen nachzuweisenden Ist-Ergebnissen sind analog zur Ergebnisrechnung nach § 41 Abs. 1 Satz 2 i. V. m. § 39 Abs. 2 KomHVO die Ergebnisse der Rechnung des Vorjahres und die fortgeschriebenen Planansätze des Haushaltsjahres voranzustellen und ein Plan-/Ist-Vergleich anzufügen.

Den Kommunen ist es nach § 4 Abs. 3 Satz 2 KomHVO freigestellt, ob sie in den Teilergebnisplänen zusätzlich die Erträge und Aufwendungen aus internen Leistungsbeziehungen abbilden.[558]

Des Weiteren sind die Teilergebnisrechnungen nach § 41 Abs. 2 KomHVO jeweils um die Ist-Zahlen der in den Teilergebnisplänen ausgewiesenen Leistungsmengen und Kennzahlen zu ergänzen.

21.2.3 Finanzrechnung

In der Finanzrechnung sind nach § 40 Satz 1 KomHVO die im Haushaltsjahr eingegangenen Einzahlungen und geleisteten Auszahlungen getrennt nachzuweisen.

Für die Finanzrechnung ist nach § 40 Satz 3 KomHVO die Gliederungsstruktur des Finanzplans nach § 3 KomHVO maßgeblich. Den in der Finanzrechnung nachzuweisenden Ist-Zahlungen sind nach § 40 Satz 3 i. V. m. § 39 Abs. 2 KomHVO die Zahlungen der Rechnung des Vorjahres und die fortgeschriebenen Planansätze des Haushaltsjahres voranzustellen und ein Plan-/Ist-Vergleich anzufügen.

Des Weiteren gilt analog zur Ergebnisrechnung das Bruttoprinzip, sodass nach § 40 Satz 2 KomHVO Auszahlungen grundsätzlich nicht mit Einzahlungen verrechnet werden dürfen, soweit durch Gesetz oder Verordnung nichts anderes zugelassen wird. Der § 24 Abs. 4 KomHVO regelt eindeutig die Durchbrechung des Bruttoprinzips nur für Erträge, so dass in diesen Fällen trotz einer Absetzung bei den Erträgen die Aus- und Einzahlungen bruttomäßig abzubilden sind.

Strittig bleibt die Frage, wie bzw. ob in der Finanzrechnung Sachverhalte abzubilden sind, die zu keiner Liquiditätsbewegung führen, dieser aber wirtschaftlich gleichzusetzen sind. Als Beispiele sind hier die Buchung von Tausch-, Leasing- oder Leibrentenverpflichtungen zu nennen.

In der Finanzrechnung sind in Abweichung zu den Posten des Finanzplans gem. § 40 Satz 4 KomHVO ferner die Zahlungen aus der Aufnahme und der Tilgung von Krediten zur Liquiditätssicherung gesondert auszuweisen. Des Weiteren sind nach § 40 Satz 5 KomHVO in der Finanzrechnung fremde Finanzmittel nach § 15 KomHVO gesondert von den liquiden Mitteln auszuweisen.

558 Freigestellt deshalb, weil die Abbildung interner Leistungsbeziehungen eine vollständige Kosten- und Leistungsrechnung über alle Produkte voraussetzt und diese nicht verpflichtend ist.

21.2.4 Teilfinanzrechnungen

Die Teilfinanzrechnungen haben hauptsächlich die Funktion einer Investitionsrechnung, wodurch eine Übersicht über durchgeführte Investitionsmaßnahmen gegeben wird. Diesbezüglich sind neben der Summe der Einzahlungen, der Summe der Auszahlungen und dem sich hieraus ergebende Saldo entsprechend der in § 4 Abs. 4 KomHVO vorgesehenen Gliederungsstruktur die produktorientierten Teilfinanzrechnungen nach § 41 Abs. 1 KomHVO die

- dem Haushaltsjahr und
- den jeweiligen Teilfinanzrechnungen

zuzurechnenden investiven Einzahlungen und Auszahlungen nachzuweisen. Teilfinanzrechnungen, die auch die Zahlungen aus laufender Verwaltungstätigkeit und Finanzierungstätigkeit abbilden, sind freiwillig.

Den in den Teilfinanzrechnungen nachzuweisenden Ist-Zahlungen sind analog zur (Teil-)Ergebnisrechnung nach § 41 Abs. 1 Satz 2 i. V. m. § 39 Abs. 2 KomHVO die Zahlungen der Rechnung des Vorjahres und die fortgeschriebenen Planansätze des Haushaltsjahres voranzustellen und ein Plan-/Ist-Vergleich anzufügen.

21.2.5 Bilanz[559]

Im Rahmen des Jahresabschlusses bildet die Bilanz das zentrale Element der drei Rechnungskomponenten. Sämtliche anderen Rechnungskomponenten sind vor der Bilanz abzuschließen.

Für den Jahresabschluss sind weitere Aufgaben durchzuführen und teilweise auch frühzeitig vorzubereiten. Beispielsweise ist für den Abschluss der Anlagenbuchhaltung bzw. der Bilanz gem. § 91 GO und § 29 KomHVO eine Inventur erforderlich. Die Inventurpflicht erstreckt sich nicht nur auf Vermögensgegenstände, sondern umfasst auch die Schulden, Sonderposten und Rechnungsabgrenzungsposten. Zum Beispiel sind für die Bildung von Rückstellungen bzw. die Fortschreibung der Rückstellungswerte gem. § 37 KomHVO die erforderlichen Daten und Werte zu ermitteln. Dies sind insbesondere:

- die Aufbereitung der Personaldaten für die Ermittlung der Pensionsrückstellungen,
- die Erhebung der Daten für die Berechnung der Urlaubs- und Überstundenrückstellungen,
- die Entscheidung über die Bildung von Rückstellungen für unterlassene Instandhaltung oder
- die Prüfung von außerplanmäßigen Abschreibungen.

Sofern eine Kommune Nebenbuchhaltungen wie Anlagenbuchhaltung, Kreditoren- und Debitorenbuchhaltung nutzt, muss der Jahresabschluss mit dem Abschluss dieser Rechnungskomponenten beginnen. Nach deren Abschluss sind die Teilrechnungen, die Ergebnisrechnung und die Finanzrechnung abzuschließen.

Vor Abschluss der Ergebnisrechnung sind Aufwendungen und Erträge im Sinne der §§ 39 Abs. 3 und 44 Abs. 3 KomHVO zu separieren und direkt gegen die Allgemeine Rücklage zu buchen. Es scheint daher zwingend geboten, für diese Erträge und Aufwendungen gesonderte Konten einzurichten.

---

559 Die Darstellungen zur Bilanz beschränken sich in diesem Kapitel auf das Verfahren des Jahresabschlusses. Das Kap. 10 beschäftigt sich ausführlich mit den Bilanzinhalten.

Das in der Ergebnisrechnung ermittelte Rechnungsergebnis der Kommune wird im Rahmen der Abschlussbuchungen in den Bilanzposten „Jahresüberschuss“ bzw. „Jahresfehlbetrag“ gebucht. Hierdurch erfolgt bei einem positiven Ergebnis eine Eigenkapitalerhöhung, bei einem negativen Ergebnis eine Minderung des Eigenkapitals.

Der in der Finanzrechnung ermittelte Zahlungsbestand stellt den Bestand an liquiden Mitteln in der Bilanz dar. Hierbei sind zum Bilanzstichtag den drei Rechnungskomponenten nicht zugeordnete Einzahlungen (durch fehlende Buchung eines Ertrages, eines durchlaufenden Postens, ...) in der Bilanz als „Sonstige Verbindlichkeiten“ auszuweisen. Im Rahmen der Grundsätze der Bilanzwahrheit bzw. Bilanzklarheit sollten die Kommunen bemüht sein, unklare Einzahlungen bis zum Bilanzstichtag zuzuordnen, um den Bilanzausweis der sonstigen Verbindlichkeiten möglichst gering zu halten.

In der Bilanz ist nach § 42 Abs. 5 KomHVO zu jedem Posten der entsprechende Betrag des vorhergehenden Jahres anzugeben.

21.2.6 Anhang

Die Funktion des Anhangs besteht darin, die im Rahmen des Jahresabschlusses in den drei Rechnungskomponenten dargestellten Informationen durch Erläuterungen zu ergänzen und hierdurch zusätzliche, haushaltswirtschaftlich wichtige Informationen im Rahmen der Rechenschaft mitzuteilen. Im Anhang sind daher nach § 45 Abs. 1 KomHVO zu den Posten der Bilanz die verwendeten Bilanzierungs- und Bewertungsmethoden anzugeben und zu erläutern. Die Positionen der Ergebnisrechnung sind ebenso zu erläutern wie die Zahlungen aus Investitions- und Finanzierungstätigkeit (§ 45 Abs. 1 Satz 2 KomHVO). Wünschenswert sind auch Erläuterungen zu den Zahlungen aus laufender Verwaltungstätigkeit (§ 3 Abs. 1 Nr. 1 bis 14 KomHVO), wenn diese betragsmäßig von den Erträgen und Aufwendungen aus laufender Verwaltungstätigkeit (§ 2 Abs. 1 Nr. 1 bis 17 KomHVO) erheblich abweichen. Die Erläuterungen müssen so gestaltet sein, dass ein sachverständiger Dritter die Wertansätze beurteilen kann. Des Weiteren sind angewandte Vereinfachungsregelungen sowie Schätzungen zu beschreiben.

Die im Verbindlichkeitenspiegel[560] ausgewiesenen Haftungsverhältnisse sowie alle Sachverhalte, aus denen sich künftig finanziellen Verpflichtungen ergeben können, sind gleichfalls zu erläutern (§ 45 Abs. 2 KomHVO).

Ein abgeschlossener Katalog von Erläuterungen ist in § 45 Abs. 2 KomHVO festgehalten. § 45 Abs. 2 KomHVO regelt konkret die Darstellung und Erläuterung folgender Inhalte:

- besondere Umstände, die dazu führen, dass der Jahresabschluss nicht ein den tatsächlichen Verhältnissen entsprechendes Bild der Lage der Gemeinde vermittelt,
- die Verringerung der allgemeinen Rücklage und ihre Auswirkungen auf die weitere Entwicklung des Eigenkapitals innerhalb der auf das abgelaufene Haushaltsjahr bezogenen mittelfristigen Ergebnis- und Finanzplanung,
- Abweichungen vom Grundsatz der Einzelbewertung und von bisher angewandten Bewertungsmethoden,
- die Vermögensgegenstände des Anlagevermögens, für die Rückstellungen für unterlassene Instandhaltung gebildet worden sind, unter Angabe des Rückstellungsbetrages,
- die Aufgliederung des Postens „Sonstige Rückstellungen“ nach § 37 Abs. 5 und 6 KomHVO, sofern es sich um wesentliche Beträge handelt,

560 Siehe Kap. 21.2.9.

- Abweichungen von der standardmäßig vorgesehenen linearen Abschreibung sowie von der örtlichen Abschreibungstabelle bei der Festlegung der Nutzungsdauer von Vermögensgegenständen,
- noch nicht erhobene Beiträge aus fertig gestellten Erschließungsmaßnahmen,
- bei Fremdwährungen der Kurs der Währungsumrechnung,
- die Verpflichtungen aus Leasingverträgen,
- Angabe zu Beteiligungen im Sinne des § 271 Abs. 1 HGB (u. a.: Name und Sitz, Kapitalanteil, Eigenkapital und Jahresergebnis) sowie
- Informationen zur Bildung von Bewertungseinheiten bei Krediten und Kreditsicherungsgeschäften (§ 35a KomHVO).

§ 45 Abs. 2 KomHVO enthält zusätzlich die Regelung, dass im Anhang anzugeben ist, ob und für welchen Zeitraum ein gültiger Gleichstellungsplan vorliegt.

Außerdem sind weitere wichtige Angaben, soweit sie in einzelnen Vorschriften der GO und der KomHVO enthalten sind, anzugeben und zu erläutern. Diese sind:

- Werden Ermächtigungen für Aufwendungen und/oder Auszahlungen übertragen, sind diese nicht nur im Plan-/Ist-Vergleich der Ergebnis- bzw. Finanzrechnung anzugeben, sondern auch im Anhang zu erläutern (§ 22 Abs. 4 Satz 2 KomHVO).
- Außerplanmäßige Abschreibungen (§ 36 Abs. 6 KomHVO) und Zuschreibungen (§ 36 Abs. 9 KomHVO) sind im Anhang zu erläutern.
- Sofern die Kommune keinen Gesamtabschluss erstellt, weil sie die Befreiungstatbestände des § 116a GO erfüllt, sind Angaben zu Erträgen und Aufwendungen der vollkonsolidierungspflichtigen verbundenen Unternehmen und Sondervermögen im Anhang erforderlich (§ 38 Abs. 2 KomHVO).
- Nicht vergleichbare Beträge bei Posten in der Bilanz zwischen Abschlussjahr und Vorjahr sind im Anhang zu erläutern (§ 42 Abs. 5 KomHVO).
- Werden in der Bilanz Posten zusammengefasst oder der Bilanz Posten hinzugefügt, ist dies zu erläutern (§ 42 Absätze 6 und 7 KomHVO). Voraussetzung für die Hinzufügung von Posten ist, dass der Bilanzierungsinhalt nicht von einem vorgeschriebenen Posten des § 42 Abs. 3 und 4 KomHVO erfasst wird. Posten dürfen zusammengefasst werden, wenn sie einen Betrag enthalten, der für die Vermittlung eines den tatsächlichen Verhältnissen entsprechenden Bildes nicht erheblich ist oder dadurch die Klarheit der Darstellung vergrößert wird.
- Zu erläutern ist auch der Bilanzausweis, wenn eine Mitzugehörigkeit des Bilanzpostens zu anderen Posten besteht (z. B. Vermögensgegenstände oder Schulden fallen unter mehrere Posten der Bilanz, § 42 Abs. 7 Satz 3 KomHVO).
- Erträge und Aufwendungen im Sinne des § 44 Abs. 3 i. V. m. § 39 Abs. 3 KomHVO, die direkt mit der Allgemeinen Rücklage zu verrechnen sind, sind im Anhang zu erläutern.
- Kostenunterdeckungen der kostenrechnenden Einrichtungen, die ausgeglichen werden sollen, sind im Anhang anzugeben (§ 44 Abs. 6 Satz 2 KomHVO).
- Der außerordentliche Ertrag und die damit zusammenhängende Bildung der Bilanzierungshilfe „Aufwendungen für die Erhaltung der gemeindlichen Leistungsfähigkeit" sind im Anhang zu erläutern (§ 5 Abs. 5 Satz 2 NKF-COVID-19-Ukraine-Isolierungsgesetz und § 33a Abs. 1 Satz 2 KomHVO).

Am Schluss des Anhangs sind gem. § 95 Abs. 3 GO

- der Bürgermeister,
- der Kämmerer,

- die Ratsmitglieder und
- die weiteren Mitglieder des Verwaltungsvorstands (soweit ein solcher zu bilden ist)

mit dem Familiennamen und mindestens einem ausgeschriebenen Vornamen, dem ausgeübten Beruf, den Mitgliedschaften in Aufsichtsräten und anderen Kontrollgremien i. S. d. § 125 Abs. 1 Satz 5 des Aktiengesetzes, der Mitgliedschaft in Organen von verselbstständigten Aufgabenbereichen der Gemeinde in öffentlich-rechtlicher oder privatrechtlicher Form und der Mitgliedschaft in Organen sonstiger privatrechtlicher Unternehmen anzugeben.

21.2.7 Anlagenspiegel

Nach § 45 Abs. 3 KomHVO ist dem Anhang ein Anlagenspiegel[561] beizufügen. Der Anlagenspiegel ist nach § 46 Abs. 1 KomHVO anhand der Gliederung des Anlagevermögens der Bilanz des § 42 Abs. 3 Nr. 1 KomHVO aufzustellen. Hierbei ist im Anlagenspiegel die Entwicklung der Posten des Anlagevermögens darzustellen. Der Aufbau des Anlagenspiegels deckt sich mit den Regelungen des § 284 Abs. 3 HGB.[562]

Für die darzustellenden Posten sind jeweils

- die ursprünglichen Anschaffungs- oder Herstellungskosten (der zu Beginn des Haushaltjahres im Bestand befindlichen Vermögensgegenstände des Anlagevermögens),
- ihre Veränderungen (jeweils zu Anschaffungs- und Herstellungskosten), in Form von
  - Zugängen,
  - Abgängen,
  - Umbuchungen sowie
- die Zuschreibungen im Haushaltsjahr,
- die kumulierten Abschreibungen (für sämtliche im Bestand befindlichen Vermögensgegenstände des Anlagevermögens) zu Beginn und am Ende des Haushaltsjahres,[563]
- die Abschreibungen im Haushaltsjahr,
- die Änderungen der kumulierten Abschreibungen im Zusammenhang mit Zu- und Abgängen sowie Umbuchungen im Haushaltsjahr,
- die Buchwerte[564] am Bilanzstichtag (31. Dezember des abzuschließenden Haushaltsjahres) sowie
- die Buchwerte am vorherigen Bilanzstichtag (31. Dezember des Vorjahres)

anzugeben. Wird von dem Wahlrecht nach § 34 Abs. 4 KomHVO Gebrauch gemacht und werden die Zinsen für Fremdkapital als Herstellungskosten aktiviert, so ist dies im Anlagenspiegel für jede Bilanzposition gesondert zu erläutern.

Die Inhalte des Anlagenspiegels liefern eine wichtige Kennzahl, da sich durch den Vergleich der Anschaffungs- und Herstellungskosten mit den kumulierten Abschreibungen der Alterungs-

561 Anlage 24 VV Muster zur GO und KomHVO.

562 Dass die Vorschrift mit dem 2. NKFWG wortgleich aus dem HGB übernommen wurde, erkennt man auch an der für die KomHVO ungewöhnlichen Wortwahl des „Geschäftsjahres".

563 Die kumulierten Abschreibungen am Ende des Haushaltsjahres enthalten alle Abschreibungen und Zuschreibungen der Vorjahre und die Abschreibungen des Haushaltsjahres. Lediglich die Zuschreibungen des Haushaltsjahres werden noch nicht mit einbezogen.

564 Die Angabe der Buchwerte sieht § 46 KomHVO nicht mehr ausdrücklich vor, lässt sich aber aus dem Wortlaut ableiten: „Entwicklung der einzelnen Posten des Anlagevermögens".

stand der Vermögensgegenwerte ergibt.[565] Auch für Kontrollzwecke kann der Anlagenspiegel herangezogen werden, z. B. durch einen Vergleich der investiven Zahlungen der Finanzrechnung mit den Anlagenzu- und Anlageabgängen.

Erstmalig entstand die Basis für einen Anlagenspiegel im Rahmen der Eröffnungsbilanzierung. Diese bildet die Grundlage für die Fortschreibung des Anlagevermögens bei den Folgebilanzierungen. Aufgrund der gem. § 46 KomHVO geregelten Struktur ergibt sich eine standardisierte Darstellung des Anlagenspiegels (Anlage 24 VV Muster zur GO und KomHVO), und eine interkommunale Vergleichbarkeit ist gewährleistet.

21.2.8 Forderungsspiegel

Nach § 45 Abs. 3 KomHVO ist dem Anhang ein Forderungsspiegel[566] beizufügen.

Der Forderungsspiegel weist nach § 47 KomHVO die Forderungen der Gemeinde nach. Zu den einzelnen Posten des Forderungsspiegels ist jeweils der Gesamtbetrag am Bilanzstichtag unter Angabe der Restlaufzeit, gegliedert in Betragsangaben für Forderungen mit Restlaufzeiten bis zu einem Jahr, von einem Jahr bis zu fünf Jahren und von mehr als fünf Jahren, sowie der Gesamtbetrag am vorherigen Bilanzstichtag anzugeben.

Er ist mindestens analog zu den Bilanzposten entsprechend § 42 Abs. 3 Nr. 2.2.1 und 2.2.2 KomHVO zu gliedern. Durch die Regelung des § 42 Abs. 3 KomHVO, wonach sowohl öffentlich-rechtliche als auch privatrechtliche Forderungen in der Bilanz nicht weiter zu untergliedern sind, ergibt sich ein Forderungsspiegel, der nur aus zwei Positionen besteht. Es ist dringend zu empfehlen, die Forderungen im Forderungsspiegelweiter zu untergliedern. Auch handelt es sich hierbei nur um den Bereich des Umlaufvermögens, das aus seiner Grundfunktion i. d. R. im kurzfristigen Restlaufzeitbereich von bis zu einem Jahr liegen dürfte. Für eine sinnvolle Forderungsrasterung nach Restlaufzeiten ist es erforderlich, den Ausleihungsbereich des Anlagevermögens mit in den Forderungsspiegel einzubeziehen.

21.2.9 Verbindlichkeitenspiegel

Nach § 45 Abs. 3 KomHVO ist dem Anhang ein Verbindlichkeitenspiegel[567] beizufügen.

Der Verbindlichkeitenspiegel ist nach § 48 Abs. 1 KomHVO entsprechend dem Bilanzausweis der Verbindlichkeiten zu gliedern. Eine tiefere Untergliederung der Verbindlichkeiten im Spiegel ist auch hier zu empfehlen.

Anzuzeigen ist, neben der Angabe des Gesamtbetrags

- des laufenden Jahres und
- des Vorjahres,

565 Aufgrund der erstmaligen Bilanzierung zu Zeitwerten in der Eröffnungsbilanz wird diese Kennzahl mangels historischer Anschaffungskosten im Anlagenspiegel – insb. bei den Sachanlagen mit langen Nutzungsdauern (Infrastrukturvermögen, Gebäude) – erst in späteren Jahren Bedeutung erlangen. Außerdem wird die Kennzahl zukünftig verändert durch Aktivierung von Instandhaltungsmaßnahmen oder erstmalige Komponentenbildung nach § 36 Abs. 5 KomHVO.

566 Anlage 25 VV Muster zur GO und KomHVO.

567 Anlage 27 VV Muster zur GO und KomHVO.

gem. § 48 Abs. 2 KomHVO eine Rasterung nach Restlaufzeiten. Diese Rasterung der Restlaufzeiten gliedert sich in Betragsangaben für Verbindlichkeiten mit Restlaufzeiten

- bis zu einem Jahr,
- von einem Jahr bis zu fünf Jahren und
- von mehr als fünf Jahren.

Des Weiteren sind nach § 48 Abs. 1 Satz 3 KomHVO daran anschließend nachrichtlich Haftungsverhältnisse, gegliedert nach Arten und mit Angabe des jeweiligen Gesamtbetrags, auszuweisen. Der Ausweis hat auch dann zu erfolgen, wenn eine vollwertige Rückgriffsforderung gegenüber einem Dritten besteht. Hier werden insbesondere die Bürgschaften der Kommune für verbundene Unternehmen und Dritte darzustellen sein.

21.2.10 Sonstige Spiegel

Mit dem 2. NKFWG wurden die pflichtigen Tabellen im Anhang um den Eigenkapitalspiegel und eine Übersicht über die im Haushaltsjahr übertragenen Haushaltsermächtigungen erweitert (§ 45 Abs. 3 KomHVO). Einzelvorschriften, die den Aufbau der Übersichten regeln, wurden nicht in die KomHVO aufgenommen.

Mit Anlage 26 VV Muster zur GO und KomHVO liegt für den Eigenkapitalspiegel allerdings eine Musterübersicht vor. Hiernach sind für die Eigenkapitalpositionen nach § 42 Abs. Abs. 4 Nr. 1 KomHVO folgende Informationen spaltenweise anzugeben:

- Bestand zum 31. Dezember des Vorjahres,
- Verrechnung des Vorjahresergebnisses (mit Ausgleichs- und/oder allgemeiner Rücklage),
- Verrechnungen der allgemeinen Rücklage nach § 44 Abs. 3 KomHVO im Haushaltsjahr,
- die Veränderung des Bestandes der Sonderrücklage im Haushaltsjahr,
- das aktuelle Jahresergebnis des Haushaltsjahres[568],
- der Bestand zum 31. Dezember des Haushaltsjahres.

Sollten einzelne Eigenkapitalpositionen bereits negativ sein bzw. sich negativ entwickeln, so wird dies auch mit negativem Vorzeichen gezeigt. Eine positive Summe der Positionen ist als Eigenkapital (gesamt) auszuweisen. Ist auch die Summe der Eigenkapitalpositionen negativ, so erfolgt ein Ausweis als „nicht durch Eigenkapital gedeckter Fehlbetrag“ (§ 44 Abs. 7 KomHVO).

Wenn Jahresfehlbeträge in den letzten drei Jahren vor Bilanzstichtag die allgemeine Rücklage verringert haben, so ist dies in einer gesonderten Übersicht anzugeben. Die Tabelle soll nachvollziehbar machen, ob ein positives Jahresergebnis nach § 96 Abs. 1 Satz 3 GO der allgemeinen Rücklage zuzuführen ist.

Ein amtliches Muster für eine Übersicht über die in das Folgejahr übertragenen Haushaltsermächtigungen existiert nicht. Diese Übersicht kann jedoch ohne größeren Aufwand aus den entsprechenden Spalten der Ergebnisrechnung (Anlage 19 VV Muster zur GO und KomHVO) und der Finanzrechnung (Anlage 21 VV Muster zur GO und KomHVO) abgeleitet werden.

568 Auch wenn diese Spalte mit dem Zusatz „vor Beschluss über Ergebnisverwendung“ versehen ist, ist diese Spalte überflüssig, da sie sich mit der Eigenkapitalposition 1.4 „Jahresüberschuss/Jahresfehlbetrag“ deckt.

21.2.11 Lageberícht

Dem Jahresabschluss ist gem. § 38 Abs. 2 KomHVO ein Lagebericht beizufügen. Durch den Lagebericht ist nach § 49 Satz 1 KomHVO das durch den Jahresabschluss zu vermittelnde Bild der Lage der Gemeinde zu erläutern. Dazu ist in einem Überblick über die wichtigen Ergebnisse des Jahresabschlusses und über die Haushaltswirtschaft im abgelaufenen Jahr Rechenschaft abzulegen. Hierzu sollte der Lagebericht wesentliche Geschehnisse des zurückliegenden Haushaltsjahres berücksichtigen und auch die Fakten darstellen, durch die das Ergebnis positiv oder negativ beeinflusst wurde. Diesbezüglich sollen nach § 49 Satz 4 KomHVO auch produktorientierte Ziele und Kennzahlen einbezogen werden, soweit diese für das Bild der Lage der Gemeinde bedeutsam sind. Mit Blick auf die künftige Entwicklung hat die Gemeinde über Vorgänge von besonderer Bedeutung, die nach Schluss des Haushaltsjahres eingetreten sind, zu berichten. Auch ist auf die voraussichtliche Entwicklung der Gemeinde und die Risiken der künftigen Entwicklung der Gemeinde einzugehen. Zugrunde gelegte Annahmen sind hierbei nach § 49 Satz 5 KomHVO anzugeben.

21.3 Aufstellung, Prüfung und Entlastung beim Jahresabschluss

a) Aufstellung

Der Rat ist gem. § 96 Abs. 1 GO für die Feststellung des Jahresabschlusses und die Entlastung des Bürgermeisters zuständig. Gem. § 41 Abs. 1 Buchst. j GO kann er seine Zuständigkeit hierfür nicht übertragen.

Der Entwurf des Jahresabschlusses wird gem. § 95 Abs. 5 GO vom Kämmerer innerhalb der ersten drei Monate nach Ablauf des Haushaltsjahres aufgestellt und vom Bürgermeister bestätigt. Der Bürgermeister leitet den Entwurf des Jahresabschlusses unverzüglich dem Rat zur Feststellung zu. Soweit er von dem ihm vorgelegten Entwurf abweicht, hat der Bürgermeister dem Rat eine Stellungnahme des Kämmerers mit vorzulegen.

b) Prüfung

Die Aufgabe der Prüfung des Jahresabschlusses obliegt gem. § 59 Abs. 3 GO dem Rechnungsprüfungsausschuss. Er bedient sich dabei der örtlichen Rechnungsprüfung oder eines Dritten. Wirtschaftsprüfer, Wirtschaftsprüfungsgesellschaft, die GPA oder, falls keine Rechnungsprüfung besteht, andere örtliche Rechnungsprüfungen können von der Gemeinde mit der Prüfung beauftragt werden. Voraussetzung ist ein entsprechender Beschluss im Rechnungsprüfungsausschuss (§ 102 Abs. 2 GO).

Vor der Feststellung des Jahresabschlusses durch den Rat ist gem. § 102 Abs. 1 GO der Jahresabschluss durch die örtliche Rechnungsprüfung (oder einen mit der Rechnungsprüfung Beauftragten) dahingehend zu prüfen, ob er ein den tatsächlichen Verhältnissen entsprechendes Bild der Lage der Gemeinde unter Beachtung der Grundsätze ordnungsmäßiger Buchführung ergibt. Die haushaltsrechtlichen Vorschriften, insbesondere die Grundsätze ordnungsmäßiger Buchführung, lassen kaum eine Abweichung hiervon zu, so dass sich i. d. R. die Prüfung nur auf die Einhaltung der haushaltsrechtlichen Vorschriften und der Grundsätze ordnungsmäßiger Buchführung beschränken wird. Des Weiteren umfasst die Prüfung des Jahresabschlusses auch die Einhaltung von Satzungsrecht und sonstigen ortsrechtlichen Bestimmungen, welche die rechtlichen Vorschriften ergänzen. Ferner ist die Buchführung, die Inventur und das Inventar sowie die Übersicht über örtlich festgelegte Nutzungsdauern der Vermögensgegenstände in die Prüfung einzubeziehen und das Ergebnis der Prüfung in einem Prüfungsbericht zusammenzufassen.

Der Lagebericht ist darauf zu prüfen, ob er mit dem Jahresabschluss in Einklang steht und ob seine sonstigen Angaben nicht eine falsche Vorstellung von der Lage der Gemeinde erwecken (§ 102 Abs. 5 GO).

Über Art und Umfang der Prüfung sowie über das Ergebnis der Prüfung ist von den Prüfern ein Prüfungsbericht zu erstellen. Der Prüfungsbericht muss einen Bestätigungsvermerk enthalten. Prüfungsbericht und Bestätigungsvermerk haben sich nach § 102 Abs. 8 GO an den Regelungen der §§ 321 und 322 HGB soweit möglich zu orientieren.

§ 322 HGB regelt für den Bestätigungsvermerk vier Abstufungen:

a) Uneingeschränkter Bestätigungsvermerk,
b) Eingeschränkter Bestätigungsvermerk,
c) Versagung des Bestätigungsvermerkes aufgrund von Einwendungen,
d) Versagung des Bestätigungsvermerkes aufgrund der Unmöglichkeit der Vornahme einer Beurteilung durch den Abschlussprüfer.

Zu a):
In einem uneingeschränkten Bestätigungsvermerk ist nach § 322 Abs. 3 HGB zu erklären, dass die durchgeführte Prüfung zu keinen Beanstandungen geführt hat, der Jahresabschluss aufgrund der bei der Prüfung gewonnenen Erkenntnisse den gesetzlichen Vorschriften, Satzungen und sonstigen ortsrechtlichen Bestimmungen entspricht und unter Beachtung der Grundsätze ordnungsmäßiger Buchführung ein den tatsächlichen Verhältnissen entsprechendes Bild der Lage der Gemeinde vermittelt. Dieser Bestätigungsvermerk kann um Hinweise ergänzt werden, die ihn nicht einschränken.

Sind Einwendungen zu erheben, ist die Erklärung nach Absatz 2 Satz 1 Nr.2 einzuschränken oder nach Absatz 2 Satz 1 Nr. 3 zu versagen.

Zu b):
Ein eingeschränkter Bestätigungsvermerk darf nur erteilt werden, wenn der geprüfte Jahresabschluss unter Beachtung der vom Prüfer vorgenommenen, in ihrer Tragweite erkennbaren Einschränkung ein den tatsächlichen Verhältnissen im Wesentlichen entsprechendes Bild der Lage der Gemeinde vermittelt.

Zu c):
Sind die Einwendungen so erheblich, dass kein den tatsächlichen Verhältnissen entsprechendes Bild der Lage der Gemeinde mehr vermittelt wird, ist der Bestätigungsvermerk zu versagen.

Zu d):
Der Bestätigungsvermerk ist auch dann zu versagen, wenn der Prüfer nach Ausschöpfung aller angemessenen Möglichkeiten zur Klärung des Sachverhaltes nicht in der Lage ist, eine Beurteilung abzugeben.

Die Versagung ist in einem Vermerk (z. B. Prüfungsvermerk), der nicht als „Bestätigungsvermerk" bezeichnet werden darf, aufzunehmen. Die Versagung sowie eine Einschränkung sind zu begründen.

Der Rechnungsprüfungsausschuss prüft Jahresabschluss und Lagebericht unter Einbeziehung des Prüfberichts der Prüfer, die gegenüber dem Ausschuss eine Berichtspflicht haben (§ 59 Abs. 3 GO). Der Ausschuss hat eine schriftliche Stellungnahme über das Ergebnis der Prüfung an den Rat abzugeben.

§ 101 GO regelt die Einrichtung einer Rechnungsprüfung. Nach § 101 Abs. 1 GO haben kreisfreie Städte, Große und Mittlere kreisangehörige Städte eine Rechnungsprüfung einzurichten.

Die übrigen Gemeinden sollen sie einrichten, wenn ein Bedürfnis hierfür besteht und die Kosten in angemessenem Verhältnis zum Umfang der Verwaltung stehen.

Große und Mittlere kreisangehörige Kommunen können sich gem. § 101 Abs. 1 GO durch eine öffentlich-rechtliche Vereinbarung einer anderen Rechnungsprüfung bedienen, die die Aufgaben der örtlichen Rechnungsprüfung ganz oder teilweise gegen Kostenerstattung wahrnimmt.

Neben der örtlichen Prüfung besteht zusätzlich eine überörtliche Prüfung. Diese stellt sich nach § 105 Abs. 1 GO als Teil der allgemeinen Aufsicht des Landes über die Gemeinden dar. Diese Aufgabe wurde seitens des Landes auf die Gemeindeprüfungsanstalt übertragen.

Die überörtliche Prüfung erstreckt sich gem. § 105 Abs. 3 GO darauf, ob bei der Haushaltswirtschaft der Gemeinden sowie ihrer Sondervermögen die Gesetze und die zur Erfüllung von Aufgaben ergangenen Weisungen eingehalten und die zweckgebundenen Staatszuweisungen bestimmungsgemäß verwendet worden sind. Die überörtliche Prüfung stellt zudem fest, ob die Gemeinde sachgerecht und wirtschaftlich verwaltet wird. Dies kann auch auf vergleichender Grundlage geschehen. Bei der Prüfung sind vorhandene Ergebnisse der örtlichen Rechnungsprüfung zu berücksichtigen.

c) Entlastung

Der durch den Rechnungsprüfungsausschuss geprüfte Jahresabschluss wird gem. § 96 Abs. 1 GO durch den Rat per Beschluss festgestellt. Hierzu ist eine verbindliche Frist festgelegt, wobei das Fristende der 31. Dezember des auf das Haushaltsjahr folgenden Jahres ist. Zugleich beschließt der Rat über die Verwendung des Jahresüberschusses oder die Behandlung des Jahresfehlbetrags. Hierbei sind pflichtige Vorschriften über die Gewinnverwendung zu beachten (§§ 96 Abs. 1 Satz 3, 75 Abs. 3 Satz 2 GO). In der Beratung des Rates über den Jahresabschluss kann der Kämmerer seine abweichende Auffassung vertreten. Die Ratsmitglieder entscheiden über die Entlastung des Bürgermeisters. Verweigern sie die Entlastung oder sprechen sie diese mit Einschränkungen aus, so haben sie dafür die Gründe anzugeben. Wird die Feststellung des Jahresabschlusses vom Rat verweigert, so sind die Gründe dafür gegenüber dem Bürgermeister anzugeben.

Nach dem Beschluss des Rates über den Jahresabschluss ist gem. § 96 Abs. 2 GO dieser der Aufsichtsbehörde unverzüglich anzuzeigen.[569] Der Jahresabschluss ist öffentlich bekanntzumachen und danach bis zur Feststellung des folgenden Jahresabschlusses zur Einsichtnahme verfügbar zu halten.

21.4 Übertragung von Ermächtigungen

Das Prinzip der Jährlichkeit bzw. der zeitlichen Beschränkung einer Ermächtigung für das Haushaltsjahr besteht weiterhin (§ 78 Abs. 1 GO), da sich die Gemeinden mittels Haushaltssatzung und Haushaltplan i. d. R. für ein Haushaltsjahr binden. Als Ausnahme dieses Grundsatzes können Ermächtigungen der Teilfinanzpläne für investive Maßnahmen (mit Wertgröße Auszahlungen) und Ermächtigungen der Teilergebnispläne für konsumtive Maßnahmen (mit Wertgröße Aufwendungen) gem. § 22 Abs. 1 KomHVO übertragen werden. Der Bürgermeister regelt mit Zustimmung des Rates die Grundsätze über Art, Umfang und Dauer der Ermächtigungsübertragungen (vgl. § 22 Abs. 1 Satz 2 KomHVO). Liegt eine solche Regelung nicht vor, darf eine Ermächtigungsübertragung nicht erfolgen.

---

569 Diese kann den Jahresabschluss lediglich im Rahmen der allgemeinen Rechtsaufsicht nach § 119 Abs. 1 GO beurteilen. Weitere aufsichtsrechtliche Folgen ergeben sich eventuell nach den §§ 75 Abs. 5 bzw. 76 Abs. 1 letzter Satz GO bereits bei Bestätigung des Jahresabschlussentwurfes durch den Bürgermeister nach § 95 Abs. 5 GO.

Werden Ermächtigungen übertragen, so erhöhen sie die entsprechenden Positionen im Haushaltsplan des Folgejahres (§ 22 Abs. 2 KomHVO).

Sind gem. § 22 Abs. 3 KomHVO Erträge oder Einzahlungen aufgrund rechtlicher Verpflichtungen zweckgebunden, bleiben die entsprechenden Ermächtigungen zur Leistung von Aufwendungen bis zur Erfüllung des Zwecks und die Ermächtigungen zur Leistung von Auszahlungen bis zur Fälligkeit der letzten Zahlung für ihren Zweck verfügbar. Im Rahmen einer wirtschaftlichen Haushaltsführung können auch Übertragungen von Kreditermächtigungen (vgl. z. B. § 86 Abs. 2 GO für Investitionskredite) vorgenommen werden.

Um das Volumen der Übertragung von Ermächtigungen darzustellen, sind gem. § 22 Abs. 4 KomHVO sowohl in der Ergebnisrechnung nach § 39 Abs. 2 als auch in der Finanzrechnung nach § 40 Satz 3 KomHVO die übertragenen Ermächtigungen gesondert auszuweisen. Dies gilt auch für die Teilrechnungen (§ 41 Abs. 1 Satz 2 KomHVO). Eine Übersicht über die übertragenen Ermächtigungen ist auch dem Anhang beizufügen (§ 95 Abs. 4 Nr. 5 GO, §§ 22 Abs. 4, 45 Abs. 3 KomHVO).

Übertragene Ermächtigungen werden nicht dem Haushaltsjahr des Jahresabschlusses, sondern im Rahmen einer Planfortschreibung dem Haushaltsjahr der Inanspruchnahme dieser Ermächtigung zugerechnet. Bei der Übertragung von Ermächtigungen für Aufwendungen wird somit das Ergebnis des Haushaltsjahres belastet, in dem der Ressourcenverbrauch erfolgt. Bei der Übertragung von Ermächtigungen für Auszahlungen werden die Auszahlungen dem Haushaltsjahr zugerechnet, in dem der Liquiditätsabfluss stattfindet.

22. Überblick über den Gesamtabschluss

22.1 Notwendigkeit und Umfang dieses Kapitels

Der Gesamtabschluss, der im 12. Teil der Gemeindeordnung und in Teil 7 der Kommunalhaushaltsverordnung seine rechtlichen Hintergründe findet, erzeugt ein umfangreiches Arbeitsfeld für die kommunalen Verwaltungen. Dieses Rechtsgebiet ist auch mit einer Reihe von juristischen und praktischen Problemstellungen verbunden und bedarf einer ausführlichen und tiefgehenden Darstellung, die dieses Fachbuch nicht leisten kann und soll. Nachfolgend wird daher ein Überblick über den kommunalen Gesamtabschluss vermittelt, um das Gesamtbild der kommunalen Finanzwirtschaft abzurunden. Dabei soll vor allem auf die rechtlichen Hintergründe abgestellt werden.

22.2 Ziele des Gesamtabschlusses

Die Gemeinden sind gemäß § 95 Abs. 1 GO verpflichtet, einen Jahresabschluss zu erstellen, der ein den tatsächlichen Verhältnissen entsprechendes Bild der Vermögens-, Finanz- und Ertragslage der Gemeinde vermittelt. Dieser Jahresabschluss bezieht sich jedoch nur auf den Kernbereich der Gemeinde, der sich aus der Abwicklung des kommunalen Haushalts bezieht. Im Einzelnen ist der Jahresabschluss in Kap. 21 behandelt.

Dieser Jahresabschluss vermittelt jedoch kein Bild der gesamten Vermögens-, Finanz- und Ertragslage der Gemeinde, da eine Reihe von öffentlichen Aufgaben außerhalb des Kernhaushaltes abgewickelt wird. So werden gemeindliche Aufgaben z. B. durch kommunale Anstalten, Eigenbetriebe, Eigengesellschaften (GmbH, AG) und gemischtwirtschaftliche Unternehmen (Beteiligungen) erledigt. Die Verbindung zum gemeindlichen Haushalt und dessen Jahresrechnung kann nur in einzelnen Geschäftsvorfällen bestehen, z. B. in einer Gewinnabführung, einer Verlustabdeckung oder einer Kapitalaufstockung. Zudem sind in der Kernbilanz die Kapitalanteile dokumentiert. Weitere Informationen kann der Jahresabschluss somit nicht liefern. Ein Überblick über die Gesamtsituation aller Aktivitäten der Gemeinde besteht nicht. Insofern ist es sinnvoll, dass der Gesetzgeber in den §§ 116 ff. GO und §§ 50 ff. KomHVO einen Gesamtabschluss grundsätzlich für alle Gemeinden verbindlich vorschreibt und die inhaltlichen Anforderungen konkretisiert. Nur so kann ein Gesamtüberblick über die gemeindliche Vermögens-, Finanz- und Ertragslage gewonnen werden.

Da das Rechnungswesen der Gemeinden die finanzielle Darstellung der öffentlichen Aufgaben dokumentiert, dient der Gesamtabschluss der Betrachtung aller kommunaler Aktivitäten und dient somit der Gesamtsteuerung des „Dienstleistungsunternehmens Kommune“. Dies ist auch vor dem Hintergrund, dass sich in den letzten Jahren die Zahl der Ausgliederung gemeindlicher Aufgaben in besondere öffentlich-rechtliche und vor allem aber privatrechtliche Bewirtschaftungsformen deutlich erhöht hat, von Bedeutung.[570]

Diese Überlegungen sind an die privatwirtschaftlichen Erfordernisse der Rechnungslegung angelehnt. So sehen auch die §§ 290 ff. HGB einen solchen Gesamtabschluss vor, der allerdings den Namen „Konzernabschluss“ trägt. Daran angelehnt übernimmt das NKF auch die Einzelhei-

---

570 Siehe dazu auch die ausführlichen Darstellungen zur wirtschaftlichen Betätigung der Kommunen in *Hofmann/Theisen/Bätge*, Kommunalrecht in Nordrhein-Westfalen, 19. Aufl., Witten 2021, S. 627 ff.

ten der Umsetzung. Besonders deutlich wird dies in § 51 KomHVO, der auf die entsprechenden Vorschriften im HGB verweist.[571]

22.3 Ausnahmen zur und Befreiungen von der Aufstellungspflicht

Gem. § 116 Abs. 1 Satz 1 GO hat die Gemeinde in jedem Haushaltsjahr zum 31. Dezember einen Gesamtabschluss aufzustellen. Da der Gesamtabschluss – (sehr) vereinfachend betrachtet – eine Zusammenfassung der Jahresabschlüsse der Kommune und ihrer verselbstständigten, d. h. ausgegliederten Aufgabenbereiche darstellt, kann hieraus schnell auf eine Ausnahme zur Aufstellungspflicht geschlussfolgert werden: Verfügt die Gemeinde über keine verselbstständigten Aufgabenbereiche i. S. v. § 51 KomHVO (vgl. Kap. 22.5), entfällt die Notwendigkeit zur Aufstellung eines Gesamtabschlusses.[572] Der Jahresabschluss der Gemeinde nach § 95 GO vermittelt dann ein ausreichendes Bild der Vermögens-, Finanz- und Ertragslage.

Verfügt die Gemeinde über einbeziehungspflichtige verselbstständigte Aufgabenbereiche, kann sie sich jedoch unter den Voraussetzungen des § 116a GO von der Pflicht zur Aufstellung eines Gesamtabschlusses befreien.[573] Der Gesetzgeber folgt hier dem Gedanken des § 293 HGB, der kleinere Konzerne ebenfalls von der sehr arbeitsintensiven Aufstellung eines Konzernabschlusses befreit, da der informatorische Zugewinn den Erstellungsaufwand in diesen Fällen nicht rechtfertigt. Dementsprechend knüpfen auch die Befreiungsvoraussetzungen des § 116a GO an die Einhaltung bestimmter Größenmerkmale an.

Konkret ist eine Befreiung gem. § 116a Abs. 1 GO möglich, wenn auf den „Konzern Kommune“ an zwei aufeinanderfolgenden Stichtagen mindestens zwei der folgenden drei Voraussetzungen zutreffen:

1. Die Summe der Bilanzsummen der Gemeinde und der einzubeziehenden verselbstständigten Aufgabenträger beträgt maximal 1,5 Mrd. €.
2. Die der Gemeinde zurechenbaren Erträge der gem. § 51 Abs. 1, 2 KomHVO voll zu konsolidierenden verselbstständigten Aufgabenträger[574] machen weniger als 50 % der ordentlichen Erträge in der Ergebnisrechnung der Gemeinde zum Stichtag aus.
3. Die der Gemeinde zurechenbaren Bilanzsummen der gem. § 51 Abs. 1, 2 KomHVO voll zu konsolidierenden verselbstständigten Aufgabenträger machen weniger als 50 % der Bilanzsumme der Gemeinde zum Stichtag aus.

Ob die Befreiungsvoraussetzungen vorliegen und in diesem Sinne von der Befreiungsmöglichkeit Gebrauch gemacht wird, entscheidet gem. § 116a Abs. 2 GO der Rat jedes Jahr aufs Neue. Die Verwaltung hat ihn dabei mit entsprechenden Informationen zu versorgen. Es ist daher we-

571 Es erfolgt ein statischer Verweis auf die HGB-Fassung vom 23.6.2017 (BGBl. I S. 1693), vgl. § 50 Abs. 4 KomHVO.

572 Verfügt die Gemeinde lediglich über verselbstständigte Aufgabenträger, die für die Vermittlung eines den tatsächlichen Verhältnissen entsprechenden Bildes der Vermögens-, Finanz- und Ertragslage von untergeordneter Bedeutung sind oder dem Zweck der unmittelbaren oder mittelbaren Trägerschaft an Sparkassen dienen, ist ebenfalls kein Gesamtabschluss aufzustellen. Dies ist darin zu begründen, dass diese Ausgliederungen gem. § 116b GO ohnehin nicht einbezogen werden würden.

573 Da § 116a GO erst mit dem 2. NKFWG zum 1.1.2019 eingeführt wurde, greift diese Befreiungsmöglichkeit auch erst für die Gesamtabschlüsse zum 31.12.2019 und später.

574 Vgl. hierzu Kap. 22.5.

nigstens eine überschlägige Berechnung der Bilanzsummen und Erträge der Gemeinde und der potentiell einzubeziehenden Aufgabenträger notwendig, um das Vorliegen der Befreiungsvoraussetzungen zu prüfen und nachzuweisen. Die Entscheidung des Rates hat bis zum 30. September des Folgejahres zu erfolgen und ist der Aufsichtsbehörde anzuzeigen (zusammen mit dem vom Rat festgestellten Jahresabschluss zum gleichen Stichtag).[575] Sollte der Rat unrechtmäßig von der Befreiungsmöglichkeit Gebrauch gemacht haben, wird der Aufsichtsbehörde hierdurch ein korrigierender Eingriff ermöglicht, z. B. durch Anordnung der Aufstellung eines Gesamtabschlusses (§ 123 Abs. 1 GO).

Macht die Gemeinde von der Befreiungsmöglichkeit Gebrauch, hat sie gem. § 116a Abs. 3 GO stattdessen einen Beteiligungsbericht i. S. v. § 117 GO aufzustellen. Der Beteiligungsbericht zielt nicht darauf ab, ein den tatsächlichen Verhältnissen entsprechendes Bild der Vermögens-, Finanz- und Ertragslage der Gemeinde – unabhängig davon, in welcher Rechts- oder Organisationsform sie ihre Aufgaben erledigt – zu vermitteln. Stattdessen dient er als Übersicht über sämtliche Ausgliederungen der Gemeinde. Dazu sind gem. § 117 GO und § 53 KomHVO mindestens folgende Angaben zu sämtlichen verselbstständigten Aufgabenträgern in öffentlich-rechtlicher oder privatrechtlicher Form zum Abschlussstichtag zu tätigen:

1. *Beteiligungsverhältnis zur Ausgliederung*
   Gemeint ist damit der Nachweis der Art der Beteiligung. Hat die Gemeinde sich mit Grund- oder Stammkapital beteiligt? Besteht eine Aktienbeteiligung? Liegen Mitgliedschaftsrechte vor? Wie hoch ist die jeweilige prozentuale Beteiligung? Diese Fragen sind umfassend zu beantworten.
2. *Ziele der Ausgliederung*
   Darzustellen ist, welche kommunale Aufgabenerfüllung die Gemeinde veranlasst hat, verselbstständigte Aufgabenbereiche einzurichten oder sich an solchen zu beteiligen. Dies kann regelmäßig der Satzung oder Gesellschafterverträgen entnommen bzw. aus diesen abgeleitet werden.
3. *Erfüllung des öffentlichen Zwecks durch die Ausgliederung*
   Die §§ 107 ff. GO sehen im Wesentlichen vor, dass eine wirtschaftliche Betätigung nur erfolgen darf, wenn ein öffentliches Interesse dafür vorliegt. Auch ist es bei anderen Ausgliederungen erforderlich, einen öffentlichen Zweck als rechtlich und wirtschaftlich notwendig nachzuweisen. Diese Zwecke sind zu erläutern.
4. *Jahresergebnis der Ausgliederung*
5. *Stand der Verbindlichkeiten und Entwicklung des Eigenkapitals der Ausgliederung*
6. *Wesentliche Finanz- und Leistungsbeziehungen der Ausgliederungen untereinander und mit der Gemeinde*
   Die wesentlichen Finanz- und Leistungsbeziehungen sind darzustellen. Dazu gehören vor allem Gewinnabführungen, Verlustbeteiligungen, Kapitalaufstockungen, Kapitalentnahmen, Zuwendungen und Darlehensbewegungen mit den verselbstständigten Aufgabenbereichen.

Anlage 32 VV Muster zur GO und KomHVO beinhaltet das amtliche Muster zum Beteiligungsbericht. Neben allgemeinen, für alle Anwender identischen Erläuterungen zur Zulässigkeit wirtschaftlicher Betätigung, dem Zweck des Beteiligungsberichts u. Ä. sieht das Muster folgende Erläuterungen zum Beteiligungsportfolio der Kommune vor:

575 Wenn die Befreiungsentscheidung des Rates der Aufsichtsbehörde zusammen mit dem festgestellten Jahresabschluss bis zum 30. September des Folgejahres anzuzeigen ist, verkürzt sich damit faktisch die von § 96 Abs. 1 GO eigentlich vorgesehene Feststellungsfrist bis zum 31. Dezember des Folgejahres um drei Monate.

- Änderungen im Portfolio,
- Beteiligungsstruktur,
- Wesentliche Finanz- und Leistungsbeziehungen,
- Einzeldarstellungen der unmittelbaren und mittelbaren Beteiligungen.

In den Einzeldarstellungen sind insbesondere die in den §§ 117 GO, 53 KomHVO geforderten Angaben zu tätigen. Das Muster verlangt dabei noch vereinzelte zusätzliche, nicht in der GO und KomHVO genannte Angaben, z. B. zur Zusammensetzung der Organe der jeweiligen Beteiligung. Nach den Einzeldarstellungen der Beteiligungen können optional die Organisation der Beteiligungsverwaltung erläutert und ein etwaiger Public Corporate Governance Kodex dargestellt werden.

22.4 Inhalt des Gesamtabschlusses

22.4.1 Überblick

Der Gesamtabschluss wird durch die Inhalte des § 116 GO konkretisiert. Diese Bestimmung ist aus den Regelungen für die Privatwirtschaft (im Wesentlichen § 290 HGB) entwickelt worden. Sie regelt insbesondere Folgendes:

- Umfang des Gesamtabschlusses, anzuwendende Grundsätze und Zuständigkeit,
- aufzunehmende verselbstständigte Aufgabenbereiche,
- Nachweis der Mitglieder des Verwaltungsvorstandes und des Rates,
- Terminierung des Gesamtabschlusses,
- Prüfung des Gesamtabschlusses.

22.4.2 Umfang des Gesamtabschlusses, anzuwendende Grundsätze und Zuständigkeiten

22.4.2.1 Umfang des Gesamtanschlusses

Der Umfang des Gesamtabschlusses wird durch § 116 Abs. 2 GO bestimmt. Eine Ergänzung der Regelungen enthält § 50 Abs. 1 KomHVO, der die Pflichtinhalte noch einmal wiederholt.

Der Gesamtabschluss setzt sich zusammen aus:

- Gesamtergebnisrechnung,
- Gesamtbilanz,
- Gesamtanhang,
- Kapitalflussrechnung,
- Eigenkapitalspiegel.

Darüber hinaus ist der Gesamtabschluss gem. § 50 Abs. 2 KomHVO um einen Gesamtlagebericht zu ergänzen.

Die Gemeinde ist zur Erstellung des Gesamtabschlusses zwangsläufig auf die termingerechte Übermittlung der Daten der verselbstständigten Aufgabenbereiche angewiesen. Dazu gehören auch die erforderlichen Auskunftspflichten durch diese Aufgabenbereiche. In der Praxis hat es mit der Einführung des NKF zuweilen Problemstellungen bei der Datenübermittlung gegeben, nicht nur im terminlichen Bereich.

Dazu bestimmt § 116 Abs. 6 GO die sog. „Vorlage- und Auskunftspflichten" der Ausgliederungen. Allerdings hat die Gemeindeordnung keine rechtlichen Möglichkeiten, zwingende Verpflichtungen für die verselbstständigten Aufgabenbereiche zu normieren. Insofern gibt sie den Auftrag an die Gemeinde weiter, dass sich diese in Verträgen (vor allem Gründungsverträgen) oder Satzungen das Recht einräumen lässt, Aufklärung und Nachweise von ihren verselbstständigten Aufgabenbereichen zu verlangen, die für die Aufstellung des Gesamtabschlusses erforderlich sind.

a) Gesamtergebnisrechnung

Die Inhalte einer Gesamtergebnisrechnung bestehen aus den Erträgen und Aufwendungen der Gesamttätigkeit der Kommune („Konzern Kommune"). Neben den Ergebnisrechnungen (z. B. der Gemeinde und evtl. der Eigenbetriebe sowie der Anstalten des öffentlichen Rechts) werden die Daten aus den Gewinn- und Verlustrechnungen der verselbstständigten Aufgabenbereichen ermittelt. Die Ergebnisrechnung ist ausführlich in Kap. 12 dargestellt, während die Besonderheiten der Datenermittlung im kaufmännischen Bereich der Gewinn- und Verlustrechnungen der Spezialliteratur vorbehalten sind.[576]

Da die Gesamtergebnisrechnung auf der Ergebnisrechnung des Kernhaushalts aufsetzt, sieht § 50 Abs. 3 KomHVO vor, unter anderem die Bestimmungen des § 39 KomHVO anzuwenden, der die Gliederung der Ergebnisrechnung und die Mindestinhalte vorsieht. Insofern entsprechen die Gliederung und Mindestinhalte der Gesamtergebnisrechnung denen der Ergebnisrechnung. Diese Gliederung ist bei Kap. 12.1 dargestellt und entspricht der Haushaltsplangliederung nach § 2 KomHVO (siehe dazu Kap. 7.1). Insofern erübrigt sich an dieser Stelle eine erneute Wiedergabe der einzelnen Inhalte. Zu beachten ist lediglich, dass die einzelnen Ergebnisbereiche den Zusatz „Gesamt" erhalten. So wird aus dem Ergebnisbereich „Ordentliche Aufwendungen" im Gesamtabschluss der Ergebnisbereich „Ordentliche **Gesamt**aufwendungen".

b) Gesamtbilanz

Die Inhalte einer Gesamtbilanz bestehen aus dem Nachweis des Vermögens, des Eigenkapitals, der Sonderposten, Rückstellungen, Verbindlichkeiten sowie der Rechnungsabgrenzungsposten des „Konzerns Kommune". Die Bilanzierung (Kernbilanz) ist ausführlich in Kap. 10 dargestellt, während die Besonderheiten der Datenermittlung in kaufmännischen Bilanzen der Spezialliteratur vorbehalten sind.[577]

Da die Gesamtbilanz auf der Kernbilanz aufsetzt, sieht § 50 Abs. 3 KomHVO vor, unter anderem die Bestimmungen des § 42 KomHVO anzuwenden, der die Gliederung der Kernbilanz und deren Mindestinhalte vorsieht. Insofern entsprechen Gliederung und Mindestinhalte der Gesamtbilanz denen der Kernbilanz. Diese Gliederung ist in Kap. 10.3 dargestellt.

In drei Positionen unterscheidet sich die Gesamtbilanz von der Gliederung der Bilanz des Kernhaushaltes:

- Unter den immateriellen Vermögensgegenständen ist ein Geschäfts- oder Firmenwert aus Kapitalkonsolidierung ausgewiesen.

576 Siehe dazu *Mutschler/Stockel-Veltmann*, Externes Rechnungswesen, 6. Aufl., Witten 2021, und die umfangreiche ausbildungsbezogene Darstellung der kaufmännischen Buchführung bei *Schmolke/Deitermann*, Industrielles Rechnungswesen, 50. Aufl., Braunschweig 2021.

577 Siehe vorangehende Fußnote.

- Im Eigenkapital, genauer: in der allgemeinen Rücklage findet sich ebenfalls ein Unterschiedsbetrag aus Kapitalkonsolidierung.[578]
- In der Gesamtbilanz ist ferner im Eigenkapital eine weitere Bilanzposition „1.5. Ausgleichsposten für Anteile anderer Gesellschafter" vorgesehen.[579]

Aufgabe des Gesamtabschlusses ist es, die Bilanz der Konzernmutter „Kommune" mit den Einzelabschlüssen der Tochtergesellschaften zu einer Gesamtbilanz zusammenzufügen. Da das gesamte Vermögen und alle Schulden der Tochtergesellschaften in diese Gesamtbilanz einfließen (Vollkonsolidierung), ergibt sich eine Doppelung. Der Wert der Tochtergesellschaft wird zum einen durch die auf der Aktivseite ausgewiesene Finanzanlage der Mutter und zum anderen durch das bilanzierte Eigenkapital bei der Tochtergesellschaft dargestellt. Aufgabe der Kapitalkonsolidierung ist es deshalb, die Finanzanlage der Mutter mit dem Eigenkapital der Tochter zu verrechnen.

Sind diese Positionen gleichwertig, können sie miteinander verrechnet werden, d. h. sie werden aus der Gesamtbilanz gestrichen. Übrig bleiben die einzelnen Vermögens- und Schuldpositionen der Tochter.

Ist der Wert der Finanzanlage bei der Mutter höher als das Eigenkapital der Tochter, bleibt ein positiver Unterschiedsbetrag aus Kapitalkonsolidierung. Dieser positive Unterschiedsbetrag ist häufig darin begründet, dass sich in der Bilanz der Tochter stille Reserven befinden. Im Rahmen der Kapitalkonsolidierung sind diese stillen Reserven aufzudecken und das Vermögen der Tochter ist neu zu bewerten (Neubewertungsmethode). Bleibt dennoch ein positiver Unterschiedsbetrag, so wird dieser als immaterieller Vermögensgegenstand im Gesamtabschluss ausgewiesen.

Auch der umgekehrte Fall ist denkbar: Der Wert der Finanzanlage bei der Mutter ist niedriger als das bei der Tochter ausgewiesene Eigenkapital. Der entstehende Unterschiedsbetrag wird auf der Passivseite Teil der allgemeinen Rücklage.

Der „Ausgleichsposten für Anteile anderer Gesellschafter" ist auszuweisen, wenn es sich nicht um eine 100%ige Beteiligung der Mutter an der Tochter handelt.

Beispiel:[580]
Eine Kommune ist zu 80 % an einer GmbH beteiligt, die diesen Anteil mit 80.000 € als Finanzanlage ausweist. Die GmbH bilanziert ein Eigenkapital von 100.000 €.
Im Rahmen der Vollkonsolidierung übernimmt die Kommune das gesamte Vermögen und die Schulden der GmbH in die Gesamtbilanz. Bei der Kapitalkonsolidierung erfolgt eine Verrechnung der Finanzanlage mit 80 % des Eigenkapitals. Die restlichen 20 % des Eigenkapitals werden als „Ausgleichsposten für Anteile anderer Gesellschafter" im Eigenkapital der Gesamtbilanz ausgewiesen.

Es ist wichtig zu verstehen, dass dieser Teil des Eigenkapitals nicht dem „Konzern Kommune" zuzurechnen ist.[581]

c) Gesamtanhang

Da der Gesetzgeber eine Darstellung der gesamten Vermögens-, Finanz- und Ertragslage erreichen will, die Gesamtbilanz und die Gesamtergebnisrechnung jedoch nicht alle Informationen für die

578 Vgl. Anlage 28 VV Muster zur GO und KomHVO, Positionen A1 und P1.

579 Vgl. Anlage 29 VV Muster zur GO und KomHVO.

580 Es ist hier ein bewusst einfaches Beispiel gewählt worden, ohne Unterschiedsbeträge aus Kapitalkonsolidierung.

581 Zum beschriebenen Vorgehen bei der sog. „Kapitalkonsolidierung" vgl. § 51 Abs. 1 KomHVO i. V. m. § 301 HGB.

Beurteilung bieten können, müssen weitere Informationen im Gesamtanhang zur Gesamtbilanz und Gesamtergebnisrechnung gegeben werden. Damit sollen Personen, die die Steuerung der Gemeinde betreiben (z. B. Ratsmitglieder, Mitglieder des Verwaltungsvorstandes, der Bürgermeister) und sachkundige Dritte in die Lage versetzt werden, die wirtschaftliche Beurteilung durchzuführen. Zu den sachkundigen Dritten zählen z. B. Rechnungsprüfung, Kommunalaufsicht und Kreditgeber. Konkretisiert wird der Gesamtanhang inhaltlich durch § 52 Abs. 2, 3 KomHVO. Danach sind zu der Gesamtbilanz und der Gesamtergebnisrechnung folgende Erläuterungen zu tätigen:

- *Darstellung der Bilanzierungs- und Bewertungsmethoden der Gesamtbilanz und der Gesamtergebnisrechnung*
  Da die Bewertungsmethoden gesetzlich vorgegeben sind, brauchen diese in ihrer Anwendung nicht besonders erläutert zu werden. Allerdings enthalten die gesetzlichen Regelungen einige Wahlrechte. Insofern ist vor allem die Ausnutzung von Ansatz- und Bewertungswahlrechten darzustellen, so z. B. der Verzicht auf die Erfassung geringwertiger Vermögensgegenstände nach § 36 Abs. 3 KomHVO[582] (siehe dazu im Einzelnen Kap. 10.3.2.3.4) oder die Bewertung nach Festwerten gemäß § 29 Abs. 1 KomHVO (siehe dazu im Einzelnen Kap. 10.1.2).
- *Anwendung von Vereinfachungsverfahren*
  Soweit nicht bereits im Rahmen der Bewertungsmethoden Vereinfachungsregelungen aufgelistet werden, sind diese nunmehr zu erläutern. Denkbar wären z. B. Inventurvereinfachungsverfahren gemäß § 30 KomHVO (siehe dazu im Einzelnen Kap. 10.1)
- *Anwendung von Schätzungen*
  Der Einsatz von Schätzungen dient ebenfalls der Vereinfachung. Insofern ist diese Erläuterungspflicht unmittelbar aus der vorangehenden Thematik abzuleiten. Konnten also vor allem Bilanzpositionen nur durch Schätzung ermittelt werden, ist dies besonders zu dokumentieren.
- *Kapitalflussrechnung*
  Lediglich die Gemeinden und einzelne verselbstständigte Aufgabenbereiche müssen als Teil ihrer NKF-Jahresabschlüsse eine förmliche Finanzrechnung erstellen, in denen die Ein- und Auszahlungen und somit auch die Liquidität nachgewiesen werden. Insbesondere für nach HGB bilanzierende privatrechtliche Ausgliederungen ist eine solche Rechnung jedoch nicht vorgesehen.[583] Es kann also keine Gesamtfinanzrechnung erstellt werden. Um dennoch die Finanzsituation des „Konzerns Kommune“ zu dokumentieren, sieht § 52 Abs. 3 KomHVO zwingend eine Kapitalflussrechnung vor. Mit Hilfe dieses Rechnungsinstruments kann die Gesamtzahlungsfähigkeit beurteilt werden. Die Kapitalflussrechnung ist unter Beachtung des Deutschen Rechnungslegungsstandards Nr. 21 in der nach § 342 Abs. 2 HGB bekanntgegebenen Form zu erstellen.
- *Verbindlichkeitenspiegel*
  Gemäß § 48 KomHVO, der aufgrund der Verweisung in § 50 Abs. 3 KomHVO auf den Gesamtabschluss Anwendung findet, ist ein Gesamtverbindlichkeitenspiegel zu erstellen. Einzelheiten zu den Inhalten sind in Kap. 21.2.9 dargestellt.
- *Weitere Anlagen*
  Die in den §§ 46 und 47 KomHVO für den Jahresabschluss vorgesehenen Anlage- und Forderungsspiegel müssen dem Gesamtabschluss nicht beigefügt werden. Dies ist in der fehlenden Verweisung in § 50 Abs. 3 KomHVO begründet. Allerdings sollte sich die Gemeinde überlegen, ob sie diese Übersichten nicht freiwillig dem Gesamtabschluss beifügt. Diese ergän-

582 Zu beachten sind die abweichenden Regelungen im Handels- und Steuerrecht.

583 Gem. § 264 Abs. 1 HGB ist eine Kapitalflussrechnung lediglich für kapitalmarktorientierte Kapitalgesellschaften, die nicht zur Aufstellung eines Konzernabschlusses verpflichtet sind, vorgeschrieben.

zende Anlage würde die Darstellung der wirtschaftlichen Gesamtsituation sicherlich unterstützen. Außerdem erleichtert der Anlagenspiegel die Erstellung der Kapitalflussrechnung.

- *Nachweis der Mitglieder des Verwaltungsvorstands und des Gemeinderates*
  Aus Gründen der Transparenz und zum Nachweis der Verantwortlichkeit sind gemäß § 116 Abs. 7 GO die nachstehenden Informationen zu den Mitgliedern des Verwaltungsvorstandes (§ 70 GO) am Schluss des Gesamtanhangs nachzuweisen. Ist ein solcher nicht bestellt, gilt dies für die Personen des Bürgermeisters und des Kämmerers. Außerdem gilt dies für die Mitglieder des Gemeinderates. Die Nachweispflicht besteht auch für Personen, die im Laufe des Haushaltsjahres ausgeschieden sind. Anzugeben sind:
  - Familien- und Vorname,
  - ausgeübter Beruf,
  - Mitgliedschaften in Aufsichtsräten und anderen unternehmerischen Kontrollgremien,
  - Mitgliedschaften in Organen von verselbstständigten Aufgabenbereichen sowohl in öffentlich-rechtlicher als auch in privatrechtlicher Form,
  - Mitgliedschaften in Organen sonstiger privatrechtlicher Unternehmen.

d) Gesamtlagebericht

Der Gesamtlagebericht ist gemäß § 50 Abs. 1 KomHVO kein Bestandteil des Gesamtabschlusses, wird allerdings gemäß § 50 Abs. 2 KomHVO zur Pflichtanlage erklärt.

Das reine Zahlenmaterial der vorangehend beschriebenen Teilbereiche beinhaltet den eigentlichen Gesamtabschluss. Zur Rechnungslegung gehört aber auch gemäß § 50 Abs. 2 KomHVO ein Gesamtlagebericht, dessen Inhalt in § 52 Abs. 1 KomHVO konkretisiert wird. Allein das Zahlenmaterial ist nicht ausreichend, um die gesamte wirtschaftliche Situation des „Konzerns Kommune" zu dokumentieren. Weitere Informationen, Einschätzungen und Bewertungen in verbaler Form sind erforderlich. Insofern wird eine Art Rechenschaftsbericht mit Ausblick auf die Zukunft gegeben. Nur so können sich Steuerungsverantwortliche und sachkundige Dritte einen Überblick verschaffen.

Dazu ist es erforderlich, einen Überblick über den Gesamtgeschäftsablauf zu geben. Insofern entspricht der Gesamtlagebericht einer wirtschaftlichen Analyse des „Konzerns Kommune". Dabei sind nach § 52 Abs. 1 Satz 4 KomHVO auch Darstellungen über das Erreichen der Ziele sowie die zugehörigen Kennzahlen erforderlich. Diese sollen vor allem Informationen für die Steuerung des Gesamtkonzerns geben.

22.4.2.2 Anzuwendende Grundsätze im Gesamtabschluss

Bei der Erstellung des Gesamtabschlusses sind gemäß § 116 Abs. 1 Satz 2 i. V. m. § 95 Abs. 1 GO die Grundsätze ordnungsmäßiger Buchführung anzuwenden. Diese Bestimmung ist eigentlich entbehrlich, weil diese Grundsätze ja bereits für das gesamte Rechnungswesen Anwendung finden und somit Basis für die Datenermittlung sind. Im Wesentlichen handelt es sich dabei stichwortartig um

- Dokumentation,
- Rechenschaft,
- Kapitalerhaltung und intergenerative Gerechtigkeit,
- Vollständigkeit,
- Verständlichkeit, Richtigkeit und Willkürfreiheit,
- Öffentlichkeit,
- Aktualität,

- Relevanz,
- Stetigkeit,
- Recht- und Ordnungsmäßigkeit.

Diese Grundsätze sind ausführlich in Kap. 9.4 behandelt, sodass sich an dieser Stelle eine weitere Darstellung erübrigt.[584] Von Bedeutung sind aber die Grundsätze ordnungsmäßiger Konzernrechnungslegung, die das Gesetz nicht förmlich nennt, aber aus der Natur des Gesamtabschlusses Anwendung finden müssen. Dabei sind die einzelnen Grundsätze[585] wie folgt zu erläutern:

- *Grundsatz der Fiktion der rechtlichen Einheit (Einheitstheorie)*
  Der Gesamtabschluss ist so aufzustellen, dass er mit dem Jahresabschluss eines fiktiven Unternehmens übereinstimmt, welches alle Konzernunternehmen als unselbstständige Teilbetriebe umfasst.
- *Grundsatz der Einheitlichkeit von Abschlussstichtag und Währung*
  Es muss ein einheitlicher Abschlussstichtag aller verselbstständigen Organisationseinheiten sowie Beteiligungen, die sich im Konsolidierungskreis befinden, hergestellt werden. Dieser kann nur der 31. Dezember sein, da § 116 Abs. 1 GO diesen Termin verbindlich vorschreibt. Dabei ist es unbedenklich, Jahresabschlüsse ab dem 30. September in den Gesamtabschluss zu übernehmen (analoge Anwendung des § 299 Abs. 2 Satz 2 HGB). Ansonsten sind Zwischenabschlüsse der verselbstständigten Organisationseinheiten erforderlich. Auch ist auf eine einheitliche Währung in Euro abzustellen.
- *Grundsatz der Vollständigkeit des Konsolidierungskreises*
  Inwieweit verselbstständigte Organisationseinheiten und Beteiligungen in den Konsolidierungskreis aufgenommen werden, wird weiter unten erläutert. Wird festgestellt, dass diese Einheit dem Konsolidierungskreis angehört, müssen alle anzusetzenden Werte vollständig erfasst und in den Gesamtabschluss übernommen werden. Zu den Methoden der Datenübernahme siehe Kap. 22.5.
- *Grundsatz der Einheitlichkeit der Bilanzierung und Bewertung*
  Die Bewertung hat gemäß § 50 Abs. 3 KomHVO nach den Bestimmungen der §§ 33 ff. KomHVO zu erfolgen, also nach den kommunalen Bewertungsvorschriften. So sehen es im Übrigen auch die §§ 301 Abs. 1 und 308 HGB vor, wonach das Recht der „Muttergesellschaft" gilt, somit beim kommunalen Gesamtabschluss das Recht der Gemeinde.
- *Grundsatz der Stetigkeit der Konsolidierungsmethode*
  Die Beibehaltung der Methoden soll der jahresbezogenen Vergleichbarkeit dienen. Sollte es allerdings gewichtige Gründe für Änderungen geben oder schreibt der Gesetzgeber zwingend Änderungen vor, ist dies besonders darzustellen. Zudem sind die Auswirkungen der Änderungen zu erläutern.
- *Grundsatz der Eliminierung konzerninterner Beziehungen*
  Bestimmte Positionen in den einzelnen Bilanzen und Ergebnisrechnungen wirken sich aufgrund der Verbindungen innerhalb des „Konzerns Kommune" mehrfach aus. Damit diese nicht doppelt erfasst werden, muss eine entsprechende Bereinigung erfolgen. Dies wurde bereits am Beispiel der Kapitalkonsolidierung in Kap. 22.4.2.1. dargestellt. Ebenso von Bedeutung ist in diesem Zusammenhang die Schuldenkonsolidierung. Schuldverhältnisse zwischen der Kommune und den Tochtergesellschaften sowie zwischen den Tochtergesellschaften untereinander sind zu eliminieren. Das heißt zum Beispiel, dass Forderungen der Kommune gegenüber

584 Siehe dazu auch *Mutschler/Stockel-Veltmann*, Externes Rechnungswesen, 6. Aufl., Witten 2021, S. 4 ff.

585 Vgl. Handreichung des Innenministeriums, 7. Aufl., Düsseldorf 2016, S. 1696.

einer Tochtergesellschaft mit den dort ausgewiesenen Verbindlichkeiten zu verrechnen sind. Dies gilt nicht nur für Forderungen des Umlaufvermögens, sondern auch für Ausleihungen. Auch in der Ergebnisrechnung sind Erträge und Aufwendungen, die auf konzerninternen Leistungen beruhen, zu verrechnen (Aufwands- und Ertragskonsolidierung). Gemäß der Einheitstheorie (siehe oben) werden diese Erträge und Aufwendungen wie interne Leistungsbeziehungen nicht in der Gesamtergebnisrechnung abgebildet. Dies gilt insbesondere für Erträge und Aufwendungen aus Mieten oder Zinsen, kann sich aber auch auf Steuern und Gebühren erstrecken.

- *Grundsatz der Wirtschaftlichkeit und Wesentlichkeit*
  Der Gesamtabschluss muss alle wesentlichen Informationen enthalten. Nur so kann ein zutreffendes Bild über die wirtschaftliche Situation des „Konzerns Kommune" vermittelt werden. Allerdings wäre es unverhältnismäßig, wenn dargestellte untergeordnete Informationen den Blick für das Wesentliche erschweren würden. Insofern hat der Gesetzgeber selbst einige Regelungen erlassen, die diesen Grundsatz umsetzen. Beispielsweise kann die Gemeinde bei einer Vollkonsolidierung gemäß § 116b GO auf die Aufnahme von verselbstständigten Aufgabenbereichen verzichten, wenn diese von untergeordneter Bedeutung sind.

22.4.2.3 Zuständigkeiten

Gemäß § 116 Abs. 9 Satz 2 GO bestätigt der Rat der Gemeinde den vorab geprüften Gesamtabschluss. Da keine Ausschließungsgründe ersichtlich sind, erfolgt die Bestätigung in öffentlicher Sitzung (§ 48 Abs. 2 GO). § 116 Abs. 9 Satz 2 GO erklärt die Verfahrensregelungen für den Jahresabschluss in § 96 GO auch für den Gesamtabschluss für verbindlich. Der Gesamtabschluss ist unverzüglich nach der erfolgten Bestätigung durch den Gemeinderat der Aufsichtsbehörde vorzulegen. Einzelheiten zum Verfahren enthält Kap. 21.3.

22.5 Aufzunehmende verselbstständigte Aufgabenbereiche

Bei diesem Gliederungspunkt stellt sich die Frage, welche verselbstständigten Aufgabenbereiche in den Gesamtabschluss aufzunehmen sind (Umfang des Konsolidierungskreises). Regelungen dazu treffen die §§ 116 Abs. 3 GO sowie 51 KomHVO.

Grundsätzlich sind alle verselbstständigten Aufgabenbereiche in den Gesamtabschluss einzubeziehen, unabhängig davon, ob sie öffentlich-rechtlich oder privatrechtlich geführt werden. Lediglich kann die Gemeinde gemäß § 116b GO darauf verzichten, wenn es sich um verselbstständige Aufgabenbereiche von untergeordneter Bedeutung handelt und die Nichtaufnahme keinen Einfluss auf die Darstellung der wirtschaftlichen Situation des „Konzerns Kommune" hat.

§ 51 Abs. 1 KomHVO zählt zunächst die verselbstständigten Aufgabenbereiche der Gemeinde in öffentlich-rechtlichen Organisationsformen zur Pflichtaufnahme in den Gesamtabschluss. Dabei wird von einer Vollkonsolidierung nach den Regelungen der §§ 300, 301, 303 bis 305 sowie 307 bis 309 HGB ausgegangen. Das bedeutet, dass in der Gesamtbilanz vollständig das Vermögen und die Schulden differenziert einzubeziehen sind.[586] Zu den öffentlich-rechtlichen verselbstständigen Aufgabenbereichen zählen insbesondere:

586 Inhalt und Verfahren der Methode werden in diesem Buch nicht besonders dargestellt. Hierzu wird auf die ausführlichen Hinweise in der Handreichung des Innenministeriums, 7. Aufl., Düsseldorf 2016 zu den entsprechenden Paragrafen sowie auf den Praxisleitfaden zur Aufstellung eines NKF-Gesamtabschlusses, 4. Aufl., Düsseldorf 2009 verwiesen.

- Anstalten des öffentlichen Rechts,
- Zweckverbände,
- Eigenbetriebe,
- Öffentlich-rechtliche Stiftungen,
- Gemeindegliedervermögen,
- Treuhandvermögen.

Einzelheiten zu den aufgelisteten verselbstständigten Aufgabenbereichen sind der Literatur zum Kommunalen Wirtschaftsrecht zu entnehmen.[587]

Ebenfalls unterliegen gemäß § 51 Abs. 2 KomHVO die Unternehmen und Einrichtungen des privaten Rechts der Vollkonsolidierung, wenn eine der folgenden Bedingungen erfüllt ist:

- Einheitliche Leitung durch die Gemeinde,
- Mehrheit der Stimmrechte liegt bei der Gemeinde,
- Gemeinde besitzt als Gesellschafterin das Recht, die Mehrheit der Mitglieder des Verwaltungs-, Leitungs- oder Aufsichtsorgans zu bestellen oder abzuberufen,
- Gemeinde besitzt das Recht, einen beherrschenden Einfluss aufgrund eines Beherrschungsvertrages oder aufgrund einer Satzungsregelung ausüben zu können.

Zu den Unternehmen und Einrichtungen des privaten Rechts zählen vor allem die Kapitalgesellschaften (GmbH und AG), an denen die Gemeinde unmittelbar oder mittelbar Anteile hält. Mittelbar bedeutet dabei, dass die Anteile nicht direkt von der Gemeinde, sondern von einem verselbstständigten Aufgabenbereich der Gemeinde gehalten werden (z. B. von einer Anstalt des öffentlichen Rechts, einem Zweckverband oder einer GmbH).

Besitzt die Gemeinde an einem verselbstständigten Aufgabenbereich in öffentlich-rechtlicher oder privatrechtlicher Form keinen beherrschenden, sondern nur einen maßgeblichen Einfluss, erfolgt die Aufnahme dieser Beteiligung in den Konsolidierungskreis nach § 51 Abs. 3 KomHVO, der auf die §§ 311 und 312 HGB verweist. § 311 Abs. 1 Satz 2 HGB drückt die Vermutung aus, dass ein maßgeblicher Einfluss bei 20 % der Stimmrechte der Gesellschafter beginnt (assoziierter Betrieb). Angewendet wird in diesem Bereich nicht die Vollkonsolidierung, sondern die **„Equity-Konsolidierung“**. Hier werden nicht Vermögensgegenstände, Schulden sowie Erträge und Aufwendungen in den Gesamtabschluss übernommen; vielmehr ist die Grundidee der Equity-Methode, den Beteiligungsbuchwert in die Gesamtbilanz der Gemeinde spiegelbildlich zu übernehmen. Dabei kann zwischen der Buchwert- und der Kapitalwertmethode gewählt werden. Die Darstellung der Einzelheiten würde die Darstellung in diesem Kapitel sprengen.[588]

22.6 Terminierung des Gesamtabschlusses

Gemäß § 116 Abs. 8 GO ist der Gesamtabschluss innerhalb von neun Monaten nach dem Abschlussstichtag aufzustellen. Abschlussstichtag ist der 31. Dezember, sodass die Aufstellung des

587 Vgl. *Hofmann/Theisen/Bätge*, Kommunalrecht in Nordrhein-Westfalen, 19. Aufl., Witten 2021, S. 637 ff.

588 Hierzu wird auf die ausführlichen Hinweise in der Handreichung des Innenministeriums, 7. Aufl., Düsseldorf 2016 zu den entsprechenden Paragrafen sowie auf den Praxisleitfaden zur Aufstellung eines NKF-Gesamtabschlusses, 4. Aufl., Düsseldorf 2009 verwiesen. Herangezogen werden kann auch der Beck'sche Bilanzkommentar, 13. Aufl., München 2022, Kommentar zu §§ 311 und 312 HGB.

Gesamtabschlusses bis zum 30. September des Folgejahres zu erfolgen hat. Das Abwicklungsverfahren entspricht dem des gemeindlichen Jahresabschlusses. Insofern wird zu Recht auf die Anwendung des § 95 Abs. 5 GO verwiesen. Eine ausführliche Darstellung dazu enthält Kap. 21.3.

22.7 Prüfung des Gesamtabschlusses

Hinsichtlich der Prüfung des Gesamtabschlusses ist § 116 Abs. 9 GO einschlägig, der wiederum auf § 59 Abs. 3 GO verweist. Danach erfolgt die Prüfung durch den Rechnungsprüfungsausschuss der Gemeinde danach, ob der Gesamtabschluss ein den tatsächlichen Verhältnissen entsprechendes Bild der Vermögens-, Finanz- und Ertragslage des „Konzerns Kommune" vermittelt. Da die Bestimmungen der §§ 101 ff. GO Anwendung finden, hat sich der Rechnungsprüfungsausschuss der örtlichen Rechnungsprüfung zu bedienen, soweit eine solche eingerichtet oder die örtliche Rechnungsprüfung auf den Kreis übertragen wurde, oder eines Dritten (z. B. Wirtschaftsprüfer oder GPA). Für Details wird auf Kap. 21.3 verwiesen.

Stichwortverzeichnis

A

B

C

D

E

F

H

I

J

K

O

P

R

S

T

U

V

Rohde | Lustig | Wöhler

Allgemeines Verwaltungsrecht

Lehrbuch, 17. Auflage 2022,
Softcover, 476 Seiten, 28 €,
ISBN 978-3-8293-1783-2

Odenthal | Beckermann

Einführung in die öffentliche Betriebswirtschaftslehre

Lehrbuch, 11. Auflage 2021,
Softcover, 305 Seiten, 22 €,
ISBN 978-3-8293-1712-2

Mutschler | Stockel-Veltmann

Externes Rechnungswesen

Lehrbuch, 6. Auflage 2021,
Softcover, 176 Seiten, 18 €,
ISBN 978-3-8293-1701-6

Palm | Rohde

Klausurfälle, Schemata und Prüfungstipps für das Verwaltungsrecht

Lehrbuch, 9. Auflage 2022,
Softcover, 250 Seiten, 20 €,
ISBN 978-3-8293-1784-9

Mutschler | Schlösser

Praktische Fälle aus dem Externen Rechnungswesen und Kommunalen Finanzmanagement NRW

Lehrbuch, 7. Auflage 2021,
Softcover, 229 Seiten, 19 €,
ISBN 978-3-8293-1700-9

Grosse

Praktische Fälle aus dem Sozialrecht

Lehrbuch, 10. Auflage 2022,
Softcover, 270 Seiten, 19 €,
ISBN 978-3-8293-1780-1

www.ksv-medien.de